U0901739

# Mass Extinction and Recovery

## Evidences from the Palaeozoic and Triassic of South China

# 生物大灭绝与复苏

## 来自华南古生代和三叠纪的证据

‖ 上卷 ‖

VOLUME ONE

主编　*戎嘉余　方宗杰*

Edited by *Rong Jiayu* and *Fang Zongjie*

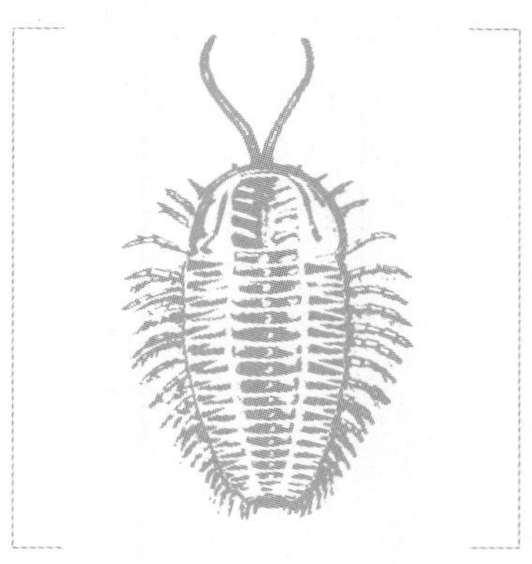

中国科学技术大学出版社

*University of Science and Technology of China Press*

**图书在版编目(CIP)数据**

生物大灭绝与复苏：来自华南古生代和三叠纪的证据 / 戎嘉余，方宗杰 主编．—合肥：中国科学技术大学出版社，2004.11

ISBN 7-312-01616-2

(国家十五重点图书)

Ⅰ．生… Ⅱ．①戎… ②方… Ⅲ．古生代－中生代－地层古生物学－研究－华南地区 Ⅳ．Q911.72

中国版本图书馆 CIP 数据核字(2004)第 132753 号

**责任编辑** 高哲峰
**特约编审** 王俊庚
**封面设计** 敬人书籍设计工作室
吕敬人＋张朋

© 中国科学技术大学出版社 2004
本书的任何部分不得以图表、声像、电子、影印、缩拍、录音或其他任何手段进行复制和转载。违者必究。
© University of Science and Technology of China Press 2004
All rights reserved. No part of this publication may be reproduced in any form or by any means without permission in writing from the publishers.

出版发行 中国科学技术大学出版社
（安徽省合肥市金寨路 96 号，230026）
印　　刷 合肥远东印务有限责任公司
经　　销 全国新华书店
开　　本 889 × 1194/16
印　　张 69.25
插　　页 3
字　　数 1358千
版　　次 2004年11月第1版
印　　次 2004年11月第1次印刷
印　　数 1～3000册
定　　价 220.00元（上下卷）

## 致　谢

**国家科学技术部**

**中国科学院**

**国家自然科学基金委员会**

**中国科学院南京地质古生物研究所**

**现代古生物学与地层学国家重点实验室**

**华夏英才基金**

---

## Acknowledgements

Ministry of Science and Technology, PRC

Chinese Academy of Sciences

National Natural Science Foundation of China

Nanjing Institute of Geology and Palaeontology, Chinese Academy of Sciences

State Key Laboratory of Palaeobiology and Stratigraphy

China Talent Foundation

# 全书提要

三叶虫和恐龙，这两类为很多人所熟悉的化石曾在地史时期极度繁盛，却先后在2.5亿年前和6500万年前的两次生物大规模集群灭绝（简称大灭绝）中永远从地球上消失了。为什么史前大多数动植物不再与人类生活在一起？地史上发生过几次这样的大灭绝？大灭绝的起因是什么？这些大的生物事件是突然地还是逐渐地发生的？这一连串令人感兴趣的有关生物演化的前沿主题，既为专家学者们所研究，也为社会大众和媒体所关注。

本书专门探讨史前生物大灭绝及其残存和复苏过程，焦点是华南古生代（距今5.5～2.5亿年间）奥陶纪末、泥盆纪晚期和二叠纪末三大灭绝事件，涉及华南常见的三叶虫、腕足动物、笔石、四射珊瑚、横板珊瑚、双壳类、腹足类、放射虫、有孔虫、介形虫、牙形类、层孔海绵、菊石等海洋生物类群、后生动物礁及微生物岩，也适当地考虑到植物界的情况。根据华南史实和国际资料，着重分析生物演变的过程，探讨引发大灭绝的外因，尤其是大气圈、水圈和岩石圈扰动时对生物圈的严酷影响。当多种地质事件导致全球环境严重恶化、生态系极度脆弱、种群处于生存临界状态时，大灭绝事件就不可避免地发生。大灭绝因发生在不同时期、不同演化阶段和不同环境背景下，时限、强度与型式不一，结局亦明显不同，虽拥有不少共性，但差异重于共性。本书还探索生物本身对恶化环境的应对，涉及生物忍耐度和适应度等内因。

紧随大灭绝后，生物类群进入了残存、残存-复苏或直接跃入复苏阶段。不同类群的复苏时限与型式之间的差异，强烈地反映在不同的生物类群、古地理环境和大灭绝后生物反弹之中。华南古生代三大灭绝过程显示，宏演化不存在统一的模式。大灭绝后，有些生物全部灭绝，有些遭受“重创”，还有些不仅劫后余生，更“受益”于大事件并取代先前优势类群的地位。所以大灭绝事件在这一演化进程中起了加速与催化的作用。危机先驱型和复活型生物是灭绝后复苏-辐射的源泉。漂浮或游泳生物往往复苏最快，底栖固着动物复苏稍晚，“娇生惯养”的后生动物礁的复苏总是殿后。

本书的研究表明，大灭绝是发生在自然界里一个十分残酷的事实。它既点断了生命演化的历程，也给生物界带来演化辐射的新机遇。我们的地球环境正在不断恶化，生物多样性在不断大幅度地下跌，物种灭绝率和濒危物种数目也在剧增。我们需要借鉴史前规律来认识人类生存环境的现状，寻找改善今日环境的对策。

本书是一本系统探索史前生物大灭绝及其后残存与复苏的科学专著，由39位来自中国科学院南京地质古生物研究所、北京大学、中国地质大学（北京和武汉）等国内外10余个单位的著者合作完成，包含既独立成节又有内在联系的32篇（节）论文。本书分为上、下两卷，上卷包括序、概论、奥陶纪末和晚泥盆世大灭绝与复苏，下卷包括二叠纪末大灭绝与复苏、华南古生代三大灭绝事件与复苏的对比分析和关于生物大灭绝涵义的讨论（结束语）。全书最后部分为论文的英文摘要。

本书可供地质科学、生命科学、环境科学、社会科学等科研人员、大学教师、研究生、大学生及对本书主题感兴趣的人阅读。希望这本有关生物宏演化的书籍能给广大读者、尤其是年轻读者传达一种科学的理念，启发他们追求科学的热情，引导他们加入探索生命演化的行列。

# 作者名单


曹长群　中国科学院南京地质古生物研究所，南京 210008
陈建强　中国地质大学，北京 100083
陈金华　中国科学院南京地质古生物研究所，南京 210008
陈秀琴　中国科学院南京地质古生物研究所，南京 210008
陈　旭　中国科学院南京地质古生物研究所，南京 210008
樊隽轩　中国科学院南京地质古生物研究所，南京 210008
方宗杰　中国科学院南京地质古生物研究所，南京 210008
顾兆炎　中国科学院地质与地球物理研究所，北京 100029
韩乃仁　桂林工学院，桂林 541004
何心一　中国地质大学，北京 100083
金玉玕　中国科学院南京地质古生物研究所，南京 210008
李　越　中国科学院南京地质古生物研究所，南京 210008
李镇梁　广西区域地质调查研究院，桂林 541003
廖卫华　中国科学院南京地质古生物研究所，南京 210008
刘　强　中国科学院地质与地球物理研究所，北京 100029
罗　辉　中国科学院南京地质古生物研究所，南京 210008
马学平　北京大学造山带与地壳演化教育部重点实验室，北京大学地球与空间科学学院，北京 100871
麦尔钦　加拿大圣弗朗西斯萨维尔大学地球科学系
米切尔　美国布法罗纽约州立大学地质系
潘华璋　中国科学院南京地质古生物研究所，南京 210008
戎嘉余　中国科学院南京地质古生物研究所，南京 210008
希　茨　美国布法罗堪尼西斯学院物理系
沈树忠　中国科学院南京地质古生物研究所，南京 210008
沈建伟　中国科学院南海海洋研究所，广州 510301
孙东立　中国科学院南京地质古生物研究所，南京 210008
童金南　中国地质大学，武汉 430074
王成源　中国科学院南京地质古生物研究所，南京 210008
王尚启　中国科学院南京地质古生物研究所，南京 210008
王　伟　中国科学院南京地质古生物研究所，南京 210008
王向东　中国科学院南京地质古生物研究所，南京 210008
王　怿　中国科学院南京地质古生物研究所，南京 210008
王　玥　中国科学院南京地质古生物研究所，南京 210008
王玉净　中国科学院南京地质古生物研究所，南京 210008
许　冰　中国科学院地质与地球物理研究所，北京 100029
袁文伟　中国科学院南京地质古生物研究所，南京 210008
詹仁斌　中国科学院南京地质古生物研究所，南京 210008
周志强　西安地质矿产研究所，西安 710054
周志毅　中国科学院南京地质古生物研究所，南京 210008
齐格勒　德国法兰克福森根堡研究所

# List of Authors


| | |
|---|---|
| **Cao Changqun** | Nanjing Institute of Geology and Palaeontology, CAS |
| **Chen Jianqiang** | China University of Geosciences, Beijing |
| **Chen Jinhua** | Nanjing Institute of Geology and Palaeontology, CAS |
| **Chen Xiuqin** | Nanjing Institute of Geology and Palaeontology, CAS |
| **Chen Xu** | Nanjing Institute of Geology and Palaeontology, CAS |
| **Fan Junxuan** | Nanjing Institute of Geology and Palaeontology, CAS |
| **Fang Zongjie** | Nanjing Institute of Geology and Palaeontology, CAS |
| **Gu Zhaoyan** | Institute of Geology and Geophysics, CAS, Beijing |
| **Han Nairen** | Guilin Institute of Technology |
| **He Xinyi** | China University of Geosciences, Beijing |
| **Jin Yugan** | Nanjing Institute of Geology and Palaeontology, CAS |
| **Li Yue** | Nanjing Institute of Geology and Palaeontology, CAS |
| **Li Zhenliang** | Guangxi Institute of Regional Geological Survey, Guilin |
| **Liao Weihua** | Nanjing Institute of Geology and Palaeontology, CAS |
| **Liu Qiang** | Institute of Geology and Geophysics, CAS, Beijing |
| **Luo Hui** | Nanjing Institute of Geology and Palaeontology, CAS |
| **Ma Xueping** | The Key Laboratory of Orogenic Belts and Crustal Evolution, Department of Geology, Peking University, Beijing |
| **M. J. Melchin** | Department of Earth Sciences, St. Francis Xavier University, Antigonish, Canada |
| **C. E. Mitchell** | Department of Geology, State University of New York at Buffalo, USA |
| **Pan Huazhang** | Nanjing Institute of Geology and Palaeontology, CAS |
| **Rong Jiayu** | Nanjing Institute of Geology and Palaeontology, CAS |
| **H. D. Sheets** | Department of Physics, Canisius College, Buffalo, USA |
| **Shen Jianwei** | South China Sea Institute of Oceanology, CAS, Guangzhou |
| **Shen Shuzhong** | Nanjing Institute of Geology and Palaeontology, CAS |
| **Sun Dongli** | Nanjing Institute of Geology and Palaeontology, CAS |
| **Tong Jinnan** | China University of Geosciences, Wuhan |
| **Wang Chengyuan** | Nanjing Institute of Geology and Palaeontology, CAS |
| **Wang Shangqi** | Nanjing Institute of Geology and Palaeontology, CAS |
| **Wang Wei** | Nanjing Institute of Geology and Palaeontology, CAS |
| **Wang Xiangdong** | Nanjing Institute of Geology and Palaeontology, CAS |
| **Wang Yi** | Nanjing Institute of Geology and Palaeontology, CAS |
| **Wang Yue** | Nanjing Institute of Geology and Palaeontology, CAS |
| **Wang Yujing** | Nanjing Institute of Geology and Palaeontology, CAS |
| **Xu Bing** | Institute of Geology and Geophysics, CAS, Beijing |
| **Yuan Wenwei** | Nanjing Institute of Geology and Palaeontology, CAS |
| **Zhan Renbin** | Nanjing Institute of Geology and Palaeontology, CAS |
| **Zhou Zhiqiang** | Xi'an Institute of Geology and Mineral Resources |
| **Zhou Zhiyi** | Nanjing Institute of Geology and Palaeontology, CAS |
| **W. Ziegler** | Forschungsinstitut Senckenberg, Senckenberganlage 25, D-60325, Frankfurt/Main, Germany |

# 序

奉献给读者的这本书,不是研究单个物种的灭绝问题,而是专门探讨短暂的地质时期内、影响全球、涉及很多门类的生物集群灭绝(简称大灭绝)事件。这种大灭绝现象在生物演化的历史长河中,公认的规模最大的有5次,即古生代(距今约5.4至2.5亿年间)的奥陶纪末期、泥盆纪晚期、二叠纪末期和中生代(距今约2.5～0.65亿年间)的三叠纪末期与白垩纪末期。

生物大灭绝是地质历史时期最重大的生物事件之一。近20年来,由于人类的活动导致生态环境的不断恶化,濒临灭绝的物种不断增多,物种灭绝事件加快发生,给全球生物多样性带来不可挽回的严重后果,也威胁到人类自身的生存。这就使得不少人产生疑惑:难道人类将面临第六次生物大灭绝事件吗?于是,人们对生物多样性问题开始重新思考,对史前大灭绝问题给予越来越多的关注。相关研究在国际上十分红火,科学工作者试图深入探索大灭绝是怎样发生的?为什么会发生?发生了什么变化?并希望从史前大灭绝事件的研究中为人类更好地应对环境恶化寻找办法。这些研究成果影响到了公众对生命演化的科学观和认识观。

本书由32篇(节)论文组成。它们既独立成节、又有内在联系。本书作者本着实事求是的治学态度,以中国南方古生代三次大灭绝的实际材料为基础,记述这些大灭绝与其后生物残存、复苏的史实,旨在探索大灭绝的发生、机制和结局,阐述生物残存、复苏的过程和特征,尽可能地在了解和审视生命的发展过程中,揭示生物演化之奥秘。根据这些研究结果看出,其一,上述三大灭绝事件无例外地都由全球环境的恶化所引起,但各次灾变环境因素不同,各时期生物发展阶段有别,在历次恶化环境中各门类乃至各物种的自身形态功能、生态习性、适应度、忍耐度等的表现和反应也存在差异,因而产生了不一样的结局;其二,大灭绝事件对生命演化影响极大,倘若这些事件不曾发生,全球生物发展进程会呈现另一番景象,正所谓"差之毫厘,谬以千里",生物界将"面目全非"。可见,大灭绝本身是引发生物演化历史更新的一个重大因素,实质上是一把"双刃剑":一方面"点断"了生命发展的记录,导致大量物种灭绝、生态系重创和生物地理格局变更,另一方面也带来了一次又一次生物辐射的新机遇和生物演化的新阶段。追寻史前全球性的灾难岁月,就是为了更理性、客观地认识生物怎样应对环境恶化、适应环境好转,从而为理解人类应采取的生存策略、为认识生存环境的全球变化,提供大范围、大尺度的地质历史借鉴。

尽管史前大规模的灾变事件在地球上发生过多次,但每次事件后,生物界在整体上从无"全军覆没"的记录,这是因为总有各种各样的幸存类型残存下来。有些类群还受益于大灭绝事件。所以,大灭绝在生物类群优势替代的演化进程中,起了加速和催化的作用,却没有彻底改变生物界的基础。认识这一点对于把握大灭绝的内涵有重要的意义。那些幸存分子在经历残存阶段之后,先后不同程度地参与到随后的生物复苏和辐射中。残存与复苏是许多门类在大灭绝后的生物演化进程中不可缺少的两个环节,这也是本书专门论述的两个内容。如果说残存是大灭绝的结局和延续、与后者的联系更紧密的话,那么复苏则是新一次生物辐射的前奏。大灭绝后生物残存与复苏的研究，近年来吸引着国际学术界的广泛关注，代表着当前古生物学研究的一个前沿，只因起步不足十年，还是一个知之甚少的全新领域。

许多生物学家或古生物学家花费大量笔墨写就了难以计数的生物演化教科书和科学论文，涵盖了物种形成、种系发生、系统发育、演化模式等一系列重要问题，但系统地展示实际资料，既涉及大灭绝，又探索残存、复苏事件的却为数不多。国内、外学者在思考这些饶有兴趣的问题时，已开始对从推理到理论的思维方式和一些具体论点提出质疑，我们需要在新方法、新手段的基础上，努力发掘更多、更翔实的实际材料，从宏观上认识全球环境的灾变以及与各圈层之间的联系。应该说，研究大灭绝、残存和复苏问题，已经成为演化生物学中不可或缺的组成部分。

人类正在渴望了解生物在环境恶化后复苏的过程和控制因素。一些学者指出，伴随人口急剧膨胀和经济快速发展，人类的破坏活动正愈演愈烈，生物多样性正在大幅度地下跌。对于今日令人堪忧的生物环境状况，人类理应保持清醒的头脑和科学的认识。从古生物学和演化生物学的角度出发，当今生物界正处于最严峻的时刻。研究生物演化过程，必须重视人类活动的危害后果。若人类把自己处在生物界的“中心”，欲征服自然、改造自然，不能与周围环境协调发展，不能与生物界“朋友”和谐共处，那么，最后遭殃的必将是破坏生存环境的人类自己。

自 19 世纪居维叶的“灾变论”和达尔文的“渐变论”，到 20 世纪中叶辛德沃尔夫(Schindewolf)的“新灾变论”，再到纽威尔(Newell)、塞普考斯基(Sepkoski)等对“大灭绝”事件的初探，人类在探讨史前生命演化进程的重大事件上，经历了一个认识不断深化的过程。近 20 年来，中国古生物学者开始关注这一领域并投入了大量的工作。尽管本书参与者经过多年的努力和探索，根据华南和世界的资料提出了一些新的认识，但由于相关领域的系统探讨还刚全面展开，目前仍遇到不少“扑朔迷离”、不易解决的科学难题。我们由衷地希望，本书的出版将有助于我国这一生命科学和地球科学的交叉前沿领域的研究不断深化。

本书的编写者还热切地期盼着更多有兴趣、有志向的年轻人能够参与到探索生命演化的奥秘、追寻一去不复返的大灭绝—残存的历史轨迹和为生物复苏解码的科学活动之中。年轻人在立志打开生命演化大门的同时，经过不断的实践和艰苦的努力，定能为破解大灭绝和复苏之谜、为探索生命演化的进程奉献智慧和力量。

中国科学院南京地质古生物研究所
戎嘉余　　方宗杰
2004 年 1 月

# 总目录

## 上　　卷

# 下　卷

# Whole Contents

## VOLUME ONE

## VOLUME TWO

# 第一章
Chapter 1

# 概 论
Introduction

生物界在地质历史时期中经历了数十亿年的宏演化(macroevolution)过程。这个过程纷繁复杂、精彩万分,不仅充盈着无数次各类、各级生物的起源和辐射事件,也包含着多次大规模的集群灭绝(mass extinction,简称大灭绝)、大灭绝后的生物残存与复苏事件。揭示这些事件的规律和对生物界演化所产生的后果,是生物宏演化研究的重要组成部分。近30年来,相关的研究成果引起了古生物学家、地质学家、生物学家、天文学家等的关注,并影响到公众的科学观。探讨生物灭绝的发生过程和控制因素、侦破导致大灭绝的"元凶"尤其引人注目,因为这些内容既可以揭示地史时期生物大灭绝的机理与生物对环境剧变(灾难环境出现)的反应,也为人类自身的生存环境提供不容忽视的大尺度、长历程的地史借鉴。本书将以华南古生代三次大灭绝的材料为基础,专门探讨上述这两方面的问题。

生物大规模的灭绝主要体现在以下几个方面。一是指大灭绝事件的发生时间短暂,在地质记录的尺度上,其时限通常约数十万年(甚至更短)至上百万年;二是灭绝事件波及的范围不限于局部地区,而是带来全球性的灾难;三是灭绝涉及的生物类别不止是少数几个门类,而是较为普遍的;四是灭绝量值大,经常有大量的物种在大灭绝事件后"销声匿迹"。所以,大灭绝是一种全球范围内破坏性极强的重大灾变事件,它重创或毁灭了旧的生态系统和各种生命形式之间的依存关系,淘汰了一大批一度繁衍的物种,使大部分海域生物群变得萧条,使许多生态域出现空缺。这样的大事件不仅导致生物多样性的急剧下跌、群落结构或群落类型的破坏,还使生物地理区系格架发生根本性的改变。

大灭绝事件实质上反映了生物演化历程轨迹的变更、生物演化趋势的转向和旧的生物演化阶段的终止,因此,具有十分重要的宏演化意义。正是大灭绝事件,指示了特定、短暂的地质历史时期中全球大范围、大强度、大规模的环境灾变。这是客观存在的地质历史事实。假设地史中没有发生过这些大灭绝事件,那么许多生物就不会在一次事件后消亡,生态域就不会出现那么多的空缺,新的生物就不可能拥有辐射甚至爆发的机遇,整个地球的生物演化将会是另一番景象,今日的生命世界也就不会呈现出像现今世界那样的组分、特征、多样性和格局。

大灭绝的结局,并非以生物大规模的消亡为唯一结局。我们同样要重视的,是在地史中没有一次大灭绝将地球上所有生物都消灭掉;事实上,每次大灾变事件后,总有部分生物"劫后余生"。正是这些不同寻常的生物,具有很强的抵抗或"躲避"大灾变的险恶环境的能力,开创了生物发展历史的新纪元,还不断地演变成大灭绝后新生物演化阶段的主力。从生物宏演化的角度来看,这些大灭绝事件,实质上是打断了地质历史时期中生命发展的记录,迎来了生物演化历程的新阶段。

大灭绝事件后,那些具有顽强生命力的幸存型(包括复活型、先驱型等)物种,返回原先生存区,或占领新的空缺生态域;并在经历残存期之后,开始各自的复苏阶段。各门类或者各种类别的复苏阶段的延续时间并不相同，有些快，有些慢；有时快，有时慢；有些生物门类的残存和复苏阶段甚至还有重叠现象。这些都反映了不同生物门类（甚至不同级别的分类单元）之间在适应环境变化时的强烈的差异性，这种差异正反映了不同地区生存环境改善的差异性及生物对这种改善的差异反应，指示了不同类别不同的生物演化速率。

灭绝后留下来的这些现象大部分应该在化石和地层记录上有所反映，这是人们研究大灭绝的根基。然而，世界上保存穿越大灭绝事件的连续地层剖面并不很多。剖面的不连续性加上这段时期生物相对稀少、化石不易发现，使地质古生物学家长期来对此注意不够，大灭绝事件也曾以"化石保存的不完整性"或"地球编年史的不完备性"来解释，而从生物宏演化的角度来认识这一特殊的生物演化环节更显得不够。高精度的地层对比和精细的化石研究，对探讨生物大灭绝事件是必不可少、甚至是决定性的。因此，发现并详细研究穿越大灭绝事件的连续地层剖面和深入研究相关化石的分类乃是本书的两大支柱。

在中国南部，5 亿至 2 亿年前这段地质历史时期（古生代和中生代早期）内，海洋无脊椎动物分别在奥陶纪末、晚泥盆世和二叠纪末发生过 3 次大灭绝事件。它们的每次表现都与世界上其他地区同期大灭绝事件彼此联系、遥相呼应。深入研究华南地区这三大灭绝事件，将揭示引起全球范围内大灭绝的主要因素和其后生物复苏的征兆和规律，并为生物宏演化研究提供重要的实例和证据。

奥陶纪末（距今约 4.4 亿年）发生的生物大灭绝事件，是地质历史时期中生物灭绝量较高的事件之一。对其控制因素的认知基本一致，即主要是南方冈瓦那大陆发育规模宏大的大陆冰川活动，全球气候明显变凉，海水温度实质性地下降。因当时陆生植物刚开始发育，未形成茂密的植被，故引发的这次大灭绝基本上反映在海洋生物中。本书探讨了在当时海域中占优势的底栖固着的腕足动物和四射珊瑚、营底栖移动或浮游方式的三叶虫、营漂浮生活方式的笔石等生物门类以及生物礁的大灭绝过程是否是瞬间、同时发生的？各类生物的灭绝型式是否相同？大灭绝前、后各生物门类群发生怎样的变化？哪些生物灭绝了？哪些生物幸存下来了？不同生态类型的生物复苏型式和速率有什么差异？本书的丰富材料为探讨这次大灭绝及其后的生物残存和复苏事件提供了来自华南板块的重要证据。

晚泥盆世弗拉期末（约 3.75 亿年前）发生的规模宏大的生物大灭绝事件，使具有泥盆纪面貌的浅海底栖固着生物，如苔藓虫、层孔海绵及泥盆纪类型的珊瑚几乎都灭绝了，泥盆纪后生动物礁全部消失，竹节石和一些特征的三叶虫科、腕足动物门中的五房贝目、无洞贝目和齿扭贝类完全消亡。引发这次大灭绝的原因众说纷纭，至今未取得令人满意的答案。本书将以中国南方的材料为基础，结合我国西北地区的资料，探讨这次灭绝的控制因素。本书从海平面升降、海水化学性质、缺氧事件等方面，对这次大灭绝事件后生物残存期为什么长短不一？残存期与复苏期如何识别和划分？海洋中游泳、漂浮和底栖生物是何时开始复苏的？为什么这次复苏之后并没有出现新的辐射阶段，而是又进入了一个新的生物灭绝阶段？这次灭绝的主控因素又是什么？等问题，作了一定深度的探讨。

二叠纪末期（约2.5亿年前）发生了地质历史中规模最大、影响最深远、灭绝程度最强的生物大灭绝事件。海洋生物种的灭绝率高达90%以上（Erwin，1994），居历次大灭绝事件之首。在海洋生物中，三叶虫、四射珊瑚、原生动物门中的䗴类等“全军覆没”，曾长期在浅海底域占据优势的腕足动物门中的长身贝目、戟贝亚目、正形贝目全部消亡。这次事件极大地重创了海洋动、植物界，二叠纪不同气候带的特征植物群从此消失就是重要证据。本书详细论述这次灭绝事件是否使当时植物界与动物界，以及陆地生态系统和海洋生态系统的大规模灭绝达到同步结局的问题，探讨大灭绝后生物残存和复苏的特点、过程和时限。此外，本书还探索这次残存期为什么如此之长？大灭绝后原生态系统是否被破坏殆尽？全球生态系发生了怎样的变化？等等问题。

本书在分析和论述上述三大灭绝资料的基础上，对比并探寻华南古生代历次大灭绝的型式和特点，总结其后生物复苏的进程，寻找它们之间的异同点。如探讨大灭绝后生物界少数物种是怎样渡过巨大灾难而幸存下来的？各时期的幸存者（包括复活者和先驱者）具备怎样的功能形态和应变策略？又如这3次大灾变后全球新的生态系是如何建立起来的，换句话说，大灭绝后生物的复苏机制是什么，复苏是否存在发源地？其形成的背景是怎样的？残存期和复苏期各有什么特点？两者间的界线如何划定？本书还将探讨残存期和复苏期不同生物类别、群落生态及其与环境变化的制约关系是否相同？本书在阐述华南这3次大灭绝后生物复苏的差异和共性的基础上，从特征、过程和时限上对万次生物复苏进行对比，以期提出来自同一板块这3次生物复苏的差异点。

本书的研究表明，每一次“大灭绝”事件，因所处生物发展阶段、大环境、地质背景完全不同，故灭绝量值、规模、强度及控制因素均有差异，历次的结局也都不同。因此，在大灭绝过程中，一种包罗万象的统一模式并不存在。若用史前大事件的型式硬套到现代全球变化的观察上，会因历史环境各异、时间尺度不同而得出不合适、甚至不科学的结论（如推算全球现存生物2千万种，若每天灭绝百种，难道无需千年，全部生物会“销声匿迹”?!）。人们既然不能精确地知道今日全球物种的总数，那么据此推算今日生物的灭绝率便有“误识”的可能。

本书所使用的原始资料，最早可追溯到上个世纪50年代。但主要材料还是来自以本书作者为主、近20年来在华南所做的大量的野外考察和室内研究成果。本书作者集中开展大灭绝的研究，始于20世纪90年代。1995年秋，在北京举行的“香山科学讨论会”上，部分作者曾就本书现在这个题目提出了初步认识和想法，始得到研究所和所内外的支持。更多的工作，尤其是准备和组织这本书的编写，是从

1998年起在得到基金委、中科院和我所及开放实验室的支持下开始的。但当时研究工作不断深入、领域不断扩大、门类不断增多，经费欠缺甚多。从2000年4月起，我们获得了科技部国家重点基础研究发展规划项目(973)《重大地质历史时期生物的起源、辐射、灭绝和复苏》(G2000077700)的强力资助，方使本项研究得以顺利进行。到了2003年冬，本书各章节的编写得以全部完成，进入最后的编辑阶段。

在本项研究过程之中，除得到国家科技部基础司的大力支持外，国家自然科学基金委员会、中科院院长基金、中科院资源环境重点项目、中科院南京地质古生物研究所、现代古生物学和地层学国家重点实验室、中科院古生物学和古人类学特别支持和江苏省“333”工程给予的资助。南京地质古生物所、现代古生物学和地层学国家重点实验室和华夏英才基金管理委员会为本书的出版提供了资助。我们得到了原中科院陈宜瑜副院长、原中科院资环局秦大河局长、原科技部基础司邵立勤副司长、原南京地质古生物研究所徐均涛副所长等的关心和支持。王俊庚等为本书的编辑出版付出了心血。靳吉琐、李荣玉、马振刚、吴同甲等给予了热心帮助。对于上述单位和个人，编者一并谨致谢忱。

第二章

Chapter 2

# 奥陶纪末大灭绝与复苏

# Latest Ordovician Mass Extinction and Its Subsequent Recovery

陈 旭 xu1936@yahoo.com
樊隽轩 fanjuanxuan@yahoo.com
中国科学院南京地质古生物研究所
南京市北京东路 39 号，210008

M. J. Melchin mmelchin@stfx.ca
Department of Earth Sciences, St. Francis Xavier University
Antigonish, N. S., B2G 2W5, Canada
C. E. Mitchell cem@nsm.buffalo.edu
Department of Geology, State University of New York at Buffalo
Buffalo, NY 14260-3050, USA

第一节

# 华南奥陶纪末笔石灭绝及幸存的进程与机制

**摘 要 →**

以实际资料为基础，充分发挥扬子区具有阿什极期笔石辐射至集群灭绝连续记录的优势，排除 Signor-Lipps 效应的干扰，从生物分类、生物地层到生物事件和地质事件，从局部地区到全球，并结合运用数值分析方法，来研究奥陶纪末笔石灭绝事件全过程的规律。奥陶纪末笔石的灭绝过程包括一个主灭绝（集群灭绝）和一个小灭绝事件，以及其间的幸存-复苏间隔期。中-晚阿什极期的辐射包括许多土著分子以及该期绝大多数的全球广布分子。奥陶纪的 DDO 笔石动物群的绝大多数在主灭绝事件中灭绝，并最终全部灭绝于其后的小灭绝事件中。扬子区主灭绝事件在浅水域从 *D. mirus* 亚带开始，至 *N. extraordinarius*-*N. ojsuensis* 带中期达到较深水域；而其后的小灭绝事件则发生于 *N. persculptus* 带末期。绝大多数地区性和器官特化的种属在主灭绝事件中灭绝。成种作用不但在阿什极辐射期中起着主导作用，而且在整个灭绝过程中都存在着。在主灭绝和小灭绝事件之间难以单独分出幸存期或复苏期，而存在一个幸存-复苏间隔期。DDO 笔石动物群和 N 笔石动物群的演替发生在奥陶纪与志留纪之交，与两系的分界一致，从志留纪开始笔石动物群即进入一个全面复苏的新阶段。阿什极期集群灭绝过程中的笔石包括 4 种分类单元类型，即灭绝单元、幸存单元、灾变先驱单元或劫后泛滥单元和新生单元，它们分别产生于集群灭绝全过程中的不同阶段。集群灭绝中导致笔石灭绝的物理因素主要是全球海水变冷和水层含氧量的改变，生物因素主要是居群大小、笔石体是否特化以及笔石体始端的群体发育形式的演变。阿什极期笔石在全球范围内有两个生物地理大区（Realm），它们的分布可归结为一种纬度梯度模式。扬子区是一个独立的生物区（Province）。阿什极期笔石地理大区的分布与笔石动物群的分异度梯度变化一致。

陈旭，樊隽轩，Melchin M J，Mitchell C E. 2004. 华南奥陶纪末笔石灭绝及幸存的进程与机制. 见：戎嘉余，方宗杰主编. 生物大灭绝与复苏——来自华南古生代和三叠纪的证据. 合肥：中国科学技术大学出版社. 9～54，1037～1038

**关键词 →**

笔石灭绝 幸存-复苏间隔期 辐射 生物地理 华南

# 一、前言

## （一）历史回顾

物种因灾变而灭绝（居维叶 Cuvier，1812）与物种发生和演化的研究（达尔文 Darwin，1859）是同世纪的产物。达尔文学说指导自然科学以至人类哲学思想一百余年，至今光辉犹存。灾变论虽几经批判，其突变论的思想终为自然科学界所接受。二者分别解释物种演变的渐进和突变两个侧面，在自然科学发展的百余年中斗争、发展，成为相互推动的两个既矛盾又统一的因素。到 20 世纪七八十年代形成了新的研究高潮，生物演化点断模式（Eldredge，1971；Eldredge and Gould，1972）以及地质历史中五大生物灭绝事件的提出（Raup and Sepkoski，1982），遂成为这场涉及全球自然科学界讨论的焦点。它的深远意义不仅涉及对生命演化基本模式的理解，还深入到哲学思想的根本问题，为人类现代文明所重视。

著者等对奥陶纪末生物集群灭绝，即显生宙地质历史中第一次生物大灭绝事件的研究，始于 1986 年，虽起步晚于西方国家学者十余年，但得益于华南完好的地质记录和丰富的化石资料（Rong and Chen，1986；陈旭、戎嘉余，1990；Chen and Rong，1991；Chen and Zhang，1995），引起了各国同行的注意。近年来，著者等在扬子区，特别是三峡和贵州、四川等地重新进行奥陶-志留系界线及其上、下地层的生物地层学研究（Chen *et al.*，1999，2000）。通过对宜昌王家湾、宜昌分乡、桐梓红花园和松桃陆地坪等 4 条剖面进行无间断的逐层采集，获得了较以前更详细、准确的地层和古生物资料（图 2.1.1），从而对奥陶纪末笔石集群灭绝及其后的幸存获得了一些新认识，并促使著者再一次著文，求教于诸位同行。

## （二）研究目的和方法

我们在以前发表的文章中，已论及奥陶纪最末期双幕式的集群灭绝（陈旭、戎嘉余，1990），讨论了笔石的灭绝规模和幅度，并也涉及其他生物门类。近年来的新资料促使著者认识到，当时对灭绝的幅度和时限的认识还有待深化，对双幕式灭绝过程的认识亦甚肤浅，灭绝与幸存、复苏的关系以及灭绝期的笔石生物地理分布等尚未开始研究，多元数值分析等新技术方法尚未得以运用。因此本节的目的在于力求提高对奥陶纪末笔石灭绝、复苏过程和机制认识的准确性和深入性。而对笔石在灭绝和复苏过程中不同时期的灭绝率和新生率的数值分析，将在下节表述。

古生物学在新技术的运用方法上较之一些应用性强的学科少，因此研究方法常为人们所忽视；似乎没有什么可值得讲究的。著者等则以为不然。新技术和新方法的运用，如我们在下一节中所运用的数值分析，固然是研究方法上的一个重要

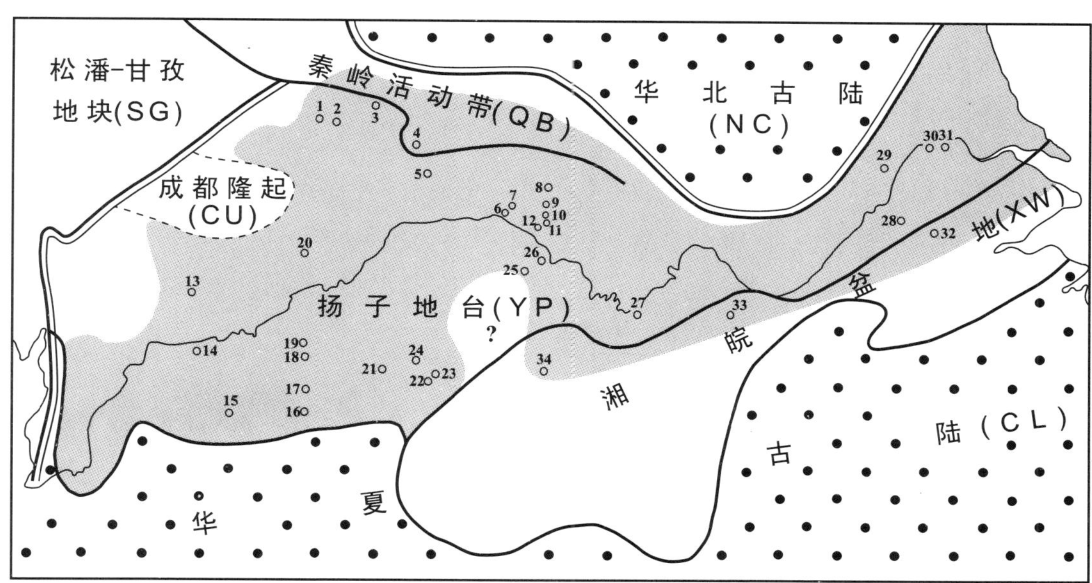


图 2.1.1　扬子区赫南特亚阶剖面点的分布

1. 四川南江桥亭(刘第墉等,1964)　2. 陕西南郑福成(Chen Shu'e *et al.*,1994)　3. 陕西西乡三郎铺(俞建华等,1986)　4. 陕西紫阳芭蕉口(傅力浦、宋礼生,1986)　5. 四川城口杨家坝(朱兆玲等,1977)　6. 湖北秭归新滩(穆恩之,1954)　7. 湖北兴山建阳坪(本文)　8. 湖北保康马良坪(穆恩之等,1993)　9. 湖北宜昌棠垭(穆恩之等,1993)　10. 湖北宜昌王家湾(Mu *et al.*,1984；本文)　11. 湖北宜昌分乡(Mu *et al.*,1984；本文)　12. 湖北宜昌黄花场(Mu *et al.*,1984)　13. 四川威远(穆恩之等,内刊,1965)　14. 四川长宁双河(穆恩之等,1978)　15. 贵州毕节燕子口(张文堂等,1964)　16. 贵州遵义董公寺(张文堂等,1964)　17. 贵州桐梓红花园(张文堂等,1964；本文)　18. 贵州桐梓韩家店(张文堂等,1964)　19. 四川綦江观音桥(张文堂等,1964)　20. 四川华蓥山阎王沟(穆恩之,1954)　21. 贵州沿河甘溪(穆恩之等,1993；本文)　22. 贵州松桃陆地坪(张文堂等,1964；本文)　23. 贵州松桃黄畈(穆恩之等,1993)　24. 四川秀山大田坝(穆恩之等,1993)　25. 湖北五峰渔洋关(穆恩之等,1993)　26. 湖北长阳花桥(穆恩之等,1993)　27. 湖南临湘五里牌(穆恩之等,1993)　28. 安徽泾县北贡里(李积金,1984)　29. 安徽和县四碾盘(张全忠等,1966)　30. 江苏南京汤山(张全忠、焦士鼎,1985)　31. 江苏句容仑山(陈旭等,1988)　32. 安徽宁国河沥溪(李积金,1984)　33. 江西武宁新开岭(俞建华等,1984)　34. 湖南安化大福坪(刘义仁、傅汉英,1984)

Figure 2.1.1　Index map showing distribution of the Hirnantian sections in the Yangtze Region

1. Qiaoting, Nanjiang, Sichuan (Liu *et al.*, 1964)　2. Fucheng, Nanzheng, Shaanxi (Chen Shu'e *et al.*, 1994)　3. Sanlangpu, Xixiang, Shaanxi (Yu *et al.*, 1986)　4. Bajiaokou, Ziyang, Shaanxi (Fu and Song, 1986)　5. Yangjiaba, Chengkou, Sichuan (Zhu *et al.*, 1977)　6. Xintan, Zigui, Hubei (Mu, 1954)　7. Jianyangping, Xingshan, Hubei (present paper)　8. Maliangping, Baokang, Hubei (Mu *et al.*, 1993)　9. Tangya, Yichang, Hubei (Mu *et al.*, 1993)　10. Wangjiawan, Yichang, Hubei (Mu *et al.*, 1984; present paper)　11. Fenxiang, Yichang, Hubei (Mu *et al.*, 1984; present paper)　12. Huanghuachang, Yichang, Hubei (Mu *et al.*, 1984)　13. Weiyuan, Sichuan (Mu *et al.*, Inner data, 1965)　14. Shuanghe, Changning, Sichuan (Mu *et al.*, 1978)　15. Yanzikou, Bijie, Guizhou (Zhang *et al.*, 1964)　16. Donggongsi, Zunyi, Guizhou (Zhang *et al.*, 1964)　17. Honghuayuan, Tongzi, Guizhou (Zhang *et al.*, 1964; present paper)　18. Hanjiadian, Tongzi, Guizhou (Zhang *et al.*, 1964)　19. Guanyinqiao, Qijiang, Sichuan (Zhang *et al.*, 1964)　20. Yanwanggou, Huayingshan, Sichuan (Mu, 1954)　21. Ganxi, Yanhe, Guizhou (Mu *et al.*, 1993; present paper)　22. Ludiping, Songtao, Guizhou (Zhang *et al.*, 1964; present paper)　23. Huangban, Songtao, Guizhou (Mu *et al.*, 1993)　24. Datianba, Xiushan, Sichuan (Mu *et al.*, 1993)　25. Yuyangguan, Wufeng, Hubei (Mu *et al.*, 1993)　26. Huaqiao, Changyang, Hubei (Mu *et al.*, 1993)　27. Wulipai, Linxiang, Hubei (Mu *et al.*, 1993)　28. Beigongli, Jingxian, Anhui (Li, 1984)　29. Sinianpan, Hexian, Anhui (Zhang Quan-zhong *et al.*, 1966)　30. Tangshan, Nanjing, Jiangsu (Zhang Quan-zhong and Jiao Shi-ting, 1985)　31. Lunshan, Jurong, Jiangsu (Chen *et al.*, 1988)　32. Helixi, Ningguo, Anhui (Li, 1984)　33. Xinkailing, Wuning, Jiangxi (Yu *et al.*, 1984)　34. Dafuping, Anhua, Hunan (Liu and Fu, 1984)

SG—Songpan-Ganzi Block; CU—Chengdu Uplift; QB—Qinglin Mobile Belt; NC—North China Oldland; YP—Yangtze Platform; XW—Xiangwan Basin; CL—Cathaysian Oldland

方面，但是思想方法和治学态度则是更重要和更根本的方面。20 世纪 70 年代末至 80 年代初，大批中国学者走出国门，在西方国家学习，并与那里的同行合作研究，带回来不少新理论、新技术和新方法，直接促使我国 20 世纪 80 年代以来在各学术领域大量科研成果的涌现。古生物学这门古老的学科亦不例外。但是不久又出现了一些新的问题。在相当一个时期内，在一些论文中，似乎基础资料已不再是重要的了，有的学者把主要精力放到所谓的“理论”和“模式”方面，在西方国家一些学者中也是如此。而对古生物学最根本的分类研究，物种的确定和生物地层学的研究等等却常常掉以轻心；对基础地质资料的调查、分析不花力气，立论不究其根源，长篇文字的讨论居然很少有引证和出处，令读者无从考究。一些“花拳绣腿”可哗众取宠，甚至成了争取资助的“捷径”，但是根本性、经典性的分类学研究和基础资料的积累却备遭冷落。其实地学和生命科学的理论无不出自坚实的基础资料。已故的古尔德(S. J. Gould)是点断平衡论的创始者之一，算是理论家了，他有一段文字写得很好，他说：“……大多数当红的年轻理论家非常看不起这一类活动(笔者注：即上述基础资料的积累)，他们认为，这些上山下海的工作就像是没有想像力的工蜂所做的苦力而已。但我们必须知道，如果没有这些资料作为基础，就不可能成为科学”(Gould，1977；程树德译，1995)。

在开展对奥陶纪末-志留纪初笔石集群灭绝与复苏、辐射的深入论述之前，我们和课题组的其他同行从 1995 年冬至 1998 年夏，先后 5 次到湖北和贵州两省，对上述 4 个重要剖面的化石重新逐层采集和现场考查，总计所采集五峰组、观音桥层和龙马溪组底部的笔石和其他门类化石，达到二百余层。同时在室内结合对已发表的五峰组笔石的再研究，详细鉴定了上述所有的笔石标本，获得了确切的笔石动物群组分和性质的资料。详细、连续的地层剖面资料和笔石及其他门类化石的物种地质延限表，构成了研究这一专题可靠的基础资料，这才使著者等能够获得一些新的认识。Kauffman 和 Harries(1996)建议，研究生物事件的基本工作方法是：(a)连续逐层采集化石物种并取得它们的延限资料；(b)获得生物地层学(阶、亚阶、生物带)的序列；(c)深入研究一个或几个对一个生物地理区中生物事件有代表性的剖面；(d)综合研究以获得灭绝—幸存—复苏的模式。看来我们这种研究方法也是不少国外同行所主张的。

我们之所以如此反复地逐层采集化石，固然是为了达到追求高精度和获得充足研究材料的直接目的，但坚持这种方法也还有它的理论根据。Signor 和 Lipps (1982)提出许多分类单元在灭绝事件发生之前表现出来的是逐渐消失，造成了一种渐变而非灭绝性突变的错觉。产生这种错觉的原因有两方面。第一方面的原因是由于地表露头的限制和岩相变化的约束，使人们采不到足够的标本和样品。第二方面的原因是研究者本身采集不够充分，造成人为的对物种地质延限的截切作用。由于化石的地质记录是不连续的，因此人们能确定的分类单元的延限，只能根据它们能被发现出来的层位而确定。如果这种分类单元的末现(LAD，Last Appearance Datum)相对生物灭绝事件而言是随机的，就不能与集群灭绝发生的突变性相一致。由样品采集而形成的、把突变生物灭绝事件人为地表现为一个事件前的渐变过程，从而掩盖了灭绝事件的存在，称为 Signor-Lipps 效应，这引起研究灭绝事件的专家们广为重视(如 Stanley and Yang，1994)。Signor 和 Lipps(1982)并提出了改进采样以尽量消除人为物种延限截切效应的办法。他们的模拟实验表明，在对事件前样品的采集中如果减小样品的大小，那么丢失的分类单元就会增加；相反，如果采集的样品成倍增加，那么分异度变化曲线也会成倍地接近真实的灭绝突变线(Signor and Lipps，1982，图 3)。

为了最大限度地弥补由于 Signor-Lipps 效应造成的渐变假象，我们首先确定桐梓红花园和松桃陆地坪两条代表浅水相带穿越灭绝事件的连续剖面，宜昌王家湾和宜昌分乡两条代表较深水相穿越相同时限的连续剖面，以保证供应足够且连续的样品，解决 Signor-Lipps 效应在上述第一方面的问题。我们特别注意在紧靠灭绝事件发生前的层位中，从上述 4 条穿越不同相区的连续剖面中采集尽量多的样品和标本，以期最大限度地解决 Signor-Lipps 效应中第二方面的问题，尽量减少物种延限的人为截切效应。

为了准确地确定所有笔石种的地区延限，特别是它们的首现(FAD，First Appearance Datum)和末现(LAD)，本文采用图形对比(Graphic Correlation)的方法建立了笔石复合标准序列(Graptolitic Composite Standard Sequence)。我们选择发育最完善、笔石最丰富的宜昌王家湾作为基准剖面，并将上述各地的剖面依次复合，最终获得理想的笔石复合标准序列，并显示接近真实的各种笔石的地质延限。它的首现图明确地说明我们划分的生物带是否合理，它的末现图明确而形象地说明笔石灭绝事件的峰值。因此从严格的生物地层学和分类学研究，到基于此的定量地层学，特别是数值分析的研究，遂成为研究生物灭绝-复苏事件的可靠方法，也是当今在国际上得到公认的方法。我们各种方式的统计和运算也都基于此笔石复合标准序列，在当前的研究中我们共运用了多种不同的数值分析方法，来分析奥陶纪末笔石动物群的分异度、新生率和灭绝率的变化。樊隽轩等在本章第二节中将详细论述这些数值分析方法。

### (三) 华南的特殊性和重要性

迄今为止，专门论及奥陶纪末笔石集群灭绝的论文已过 10 篇，其中，Melchin 和 Mitchell(1991)及 Koren(1991)论及此专题时，均在不同程度上引用并初步分析过中国当时已发表的材料。可以说，过去的这些文章大都是综合世界各地的资料而写成的，但由于世界许多地点都没有奥陶纪末至志留纪初连续的含笔石地层，因此综合起来的资料不可能是完整的。陈旭、戎嘉余(1990),Chen 和 Rong(1991)及 Chen 和 Zhang(1995)虽发表过基于华南连续地层记录之上讨论奥陶纪末笔石灭绝的论文,但又失于对某些重要层段,特别是 *Diceratograptus mirus* 亚带以及其上赫南特亚阶笔石动物群认识的不足,讨论也不够深入和准确。

华南,特别是扬子区五峰组至龙马溪组下部连续的含笔石地层,对研究奥陶纪末至志留纪初笔石由辐射、灭绝、复苏乃至新的辐射的完整过程和机制的重要性是不言而喻的,更何况上扬子区从贵州北部至鄂西三峡一带,在晚奥陶世末期,提供了从黔中古陆边缘经过浅水相带至台盆中央较深水相带连续的古地理格局和古海水深度变化的信息。因此,扬子区,特别是上扬子区,为研究这一专题提供了时空双向上的连续记录,无疑是全球最理想的研究基地之一。可以说,华南,特别是扬子区,对于在全球范围内研究这一专题具有特殊的重要性。

## 二、笔石灭绝的时限及其全球对比

### (一) 笔石带的划分及其与壳相动物群的对比

奥陶纪末生物的双幕式集群灭绝最早由 Brenchley 和 Newall(1984)提出,后来陈旭、戎嘉余(1990)及 Chen 和 Rong(1991)用以论述中国晚奥陶世末的两幕生物灭绝,认为第一幕发生在罗塞(Rawtheyan)末期,并称之为高潮幕,是奥陶纪末集群灭绝的主幕;另一幕发生在赫南特(Hirnantian)末期,又称之为尾幕。现在看来,从整个海洋生物而言,这两幕集群灭绝还是对的,但当时限于对五峰组笔石带的认识和与含赫南特贝动物群的观音桥组的对比,认为罗塞期和赫南特期的界线相当于 *Tangyagraptus typicus* 带和 *Diceratograptus mirus* 带的界线(Rong and Harper,1988)。现在看来这一对比还不精确。最近 Finney 等(1999)提出晚奥陶世全球海平面下降,在内华达引发了笔石、牙形类、几丁虫和放射虫阶梯式的和等时性的动物群演替。因此我们在发表本文之前,已把扬子区晚奥陶世阿什极期至兰多维列最早期的笔石带,与世界各地相当地层做了全球对比(陈旭等,2000;Chen *et al*.,2000),以期获得共同的时间标准。

上扬子区的腕足动物在 *D. mirus* 亚带发育的只是单调的 *Manosia* 组合。*Manosia* 始见于 *T. typicus* 亚带的顶部,但至 *D. mirus* 亚带大量繁衍,其分布在扬子区十分稳定。最近,戎嘉余等(Rong *et al*.,2002)提出赫南特贝动物群的一些核心分子,在贵州沿河甘溪和松桃陆地坪等地的 *P. pacificus* 带上部就已出现。在浅水带低分异度的赫南特贝动物群始现于 *N. extraordinarius*-*N. ojsuensis* 带的底部,而较深水域高分异度的赫南特贝动物群发育于扬子台盆中心的 *N. extraordinarius*-*N. ojsuensis* 带上部。因此赫南特贝动物群的空间分布具有明显的穿时性(Rong *et al*.,2002),而这种表现在赫南特层底界的穿时性,和灭绝期开始时全球海平面下降有着密切的关系。海平面下降时,最先影响近岸浅水相带并导致那里的海水变浅,达到适宜于赫南特贝动物群生长的BA2～3的深度范围。随着海平面进一步下降,台盆中央原来较深水的相带亦变浅到适宜于赫南特贝动物群发育的深度,这就导致了赫南特贝动物群最早出现在近岸浅水相带,随后才出现在远岸较深水相带的横向穿时展布。由近岸至远岸海水深度逐次变浅的过程,也导致笔石的灭绝首先发生在近岸浅水相带,然后才波及到远岸较深水相带。

观音桥层的顶界在扬子区一般可达到 *N. persculptus* 带的下部。最近的研究表明,有的地点(如桐梓红花园)可进入更高的层位(Rong *et al*.,2002)。对于 *N. persculptus*(Elles and Wood)(＝*N. persculptus* Salter)一种的定义,长期以来一直都是笔石工作者的分类难题,因为该种的模式标本(均为立体和半立体的标本)产自威尔士,而世界上其他地点,如中国扬子区、捷克波希米亚、波兰、哈萨克斯坦、俄罗斯西伯利亚和澳大利亚等地,*N. persculptus* 都是薄膜标本,这就导致对该种特征识别上的困难。从笔石体的形态特征来看,*N. persculptus* 的模式标本与捷克 Marek(1955)建立的 *Glyptograptus bohemicus* Marek,1955 和俄罗斯 Koren 等建立的 *Glyptograptus ojsuensis* Koren and Mikhailova,1980 的模式标本均甚相似。Storch 和 Loydell(1996)提出捷克的 *G. bohemicus* 就是英国 *Glyptograptus persculptus* Elles and Wood,1907 的同义名。而樊隽轩(1998)的形态数值分析研究证明,*G. ojsuensis* Koren and Mikhailova,1980 和产自扬子区、被中国学者鉴定为"*Glyptograptus bohemicus* Marek"的标本十分吻合,应该是同一个种。如果把 *N. persculptus*(Elles and Wood)的定义略微扩大,Storch 和 Loydell(1996)的这一意见是可以接受的。原来中国学者鉴定三峡 *N. persculptus* 带中的 *N. persculptus* 可以作为狭义的 *N. persculptus* (Elles and Wood)(s. s.),而原来中国学者鉴定的产自扬子区许多地点的 *Glyptograptus bohemicus* 或者 *Diplograptus bohemicus* 均应改归 *N. ojsuensis*(Koren and Mikhailova)(Chen *et al*.,2000; Chen *et al*.,in press)。

*N. persculptus* 带除了在上扬子区宜昌等地发育之外,在下扬子区的浙江于潜堰口组中也有发现(Ge,1984)。那里的 *N. extraordinarius*-*N. ojsuensis* 带和 *N. persculptus*带的笔石与腕足动物 *Paramalomena* 等共生。该地的 *N. persculptus*(Elles and Wood)曾被描述为 *Diplograptus bohemicus*(Marek)(Ge,1984)。1985年,Riva 访问南京时与陈旭共同研究扬子区晚奥陶世末期的笔石标本,认为这些标本(Ge,1984,pl. 3,figs. 10,13,14)应属 *N. persculptus*(Elles and Wood)。此外,在西藏北部的申扎地区,Mu 和 Ni(1983)发表晚奥陶世末期 *N. extraordinarius*-*N. ojsuensis* 带的笔石,他们所描记的*G.* cf. *persculptus*(Salter)也确实属于 *N. persculptus*(Elles and Wood)。因此西藏申扎的 *N. extraordinarius*-

*N. ojsuensis* 带和 *N. persculptus* 带也是齐全的,同样那里也发育赫南特贝腕足动物群(戎嘉余、许汉奎,1987)。

## (二) 笔石动物群灭绝的时限

如上所述,扬子区,特别是从黔中古陆北缘至上扬子海盆中心部位,不但记录了从近岸浅水相带至远岸较深水相带的海水深度变化,而且也记录了由于全球性海平面下降所标志的生物集群灭绝的时间。如果我们把桐梓红花园、松桃陆地坪、宜昌王家湾和宜昌分乡这4个穿越奥陶-志留系界线的地层柱,逐个化石层进行对比,就不难发现笔石的属、种两级的分异度变化,准确地指示了灭绝幕发生的时间,而且这一时间值在浅水相区和较深水相区是明显不一致的。这一灭绝幕的时限也被我们的数值分析研究所证实。奥陶纪末笔石的集群灭绝,我们称之为主灭绝事件(Major extinction event),以此区别其后的一次小灭绝事件(Minor extinction event)。作为笔石集群灭绝的主灭绝事件,在浅水相区发生较早(即发生在 *Tangyagraptus typicus* 亚带之末),而较深水区则发生较晚(在 *N. extraordinarius-N. ojsuensis* 带之内)。Finney 等(1999)认为,在美国内华达 Roberts in Vinini 峡谷剖面,笔石灭绝的第一幕发生在深水相的 *N. extraordinarius* 带中,因此中国扬子区和美国内华达的资料都说明,由于全球变冷、海平面下跌,从罗塞期末至赫南特早期表现最为明显。这一短暂的时间间隔正好与扬子地台上从浅水相带到较深水相带的相变过程一致。这一时限虽然短暂,但在笔石演化过程中仍然被记录下来了,扬子区和内华达笔石种的灭绝则可能和这些种在全球范围内的灭绝一致或大部分一致。特别是基于扬子区连续采集剖面上所记录下来的各种笔石的消失,可能更接近这些种在全球范围内的灭绝事实。

下面我们将对桐梓红花园、松桃陆地坪、宜昌王家湾和宜昌分乡4个剖面逐层进行分析,这一分析将首先看出上述从浅水带到深水带代表性剖面上笔石灭绝事件的时限。图2.1.2至图2.1.5用简单的直方图表示了上述4条剖面笔石分异度的变化。红花园和陆地坪两条浅水相带的剖面,显示了笔石分异度相似的变化,即阿什极期笔石分异度的高峰在 *T. typicus* 亚带的底部,表明 *D. complexus* 带至 *T. typicus* 亚带是晚奥陶世笔石的辐射期,这也是奥陶纪笔石动物群的最后一次辐射期。从 *T. typicus* 亚带开始,特别是从 *D. mirus* 亚带开始,在红花园和陆地坪两个剖面上都同时发生分异度的大幅度下跌。当然,在浅水区笔石分类单元的消失并不一定就是它们的末现(LAD),也就是说并不一定标志它们的灭绝,因为此时这些种可能仍然在深水区存活着。从樊隽轩等(本章第二节)的数值分析结果来看,笔石分异度实质性的下跌和 *D. mirus* 亚带的底界大致相当,这个时间值可能标志着这次伴随全球海平面下跌的笔石集群灭绝事件的开始。较深水相带的两条代表性剖面,即宜昌王家湾和宜昌分乡两条剖面,在较高的层位(*N. extraordinarius-*

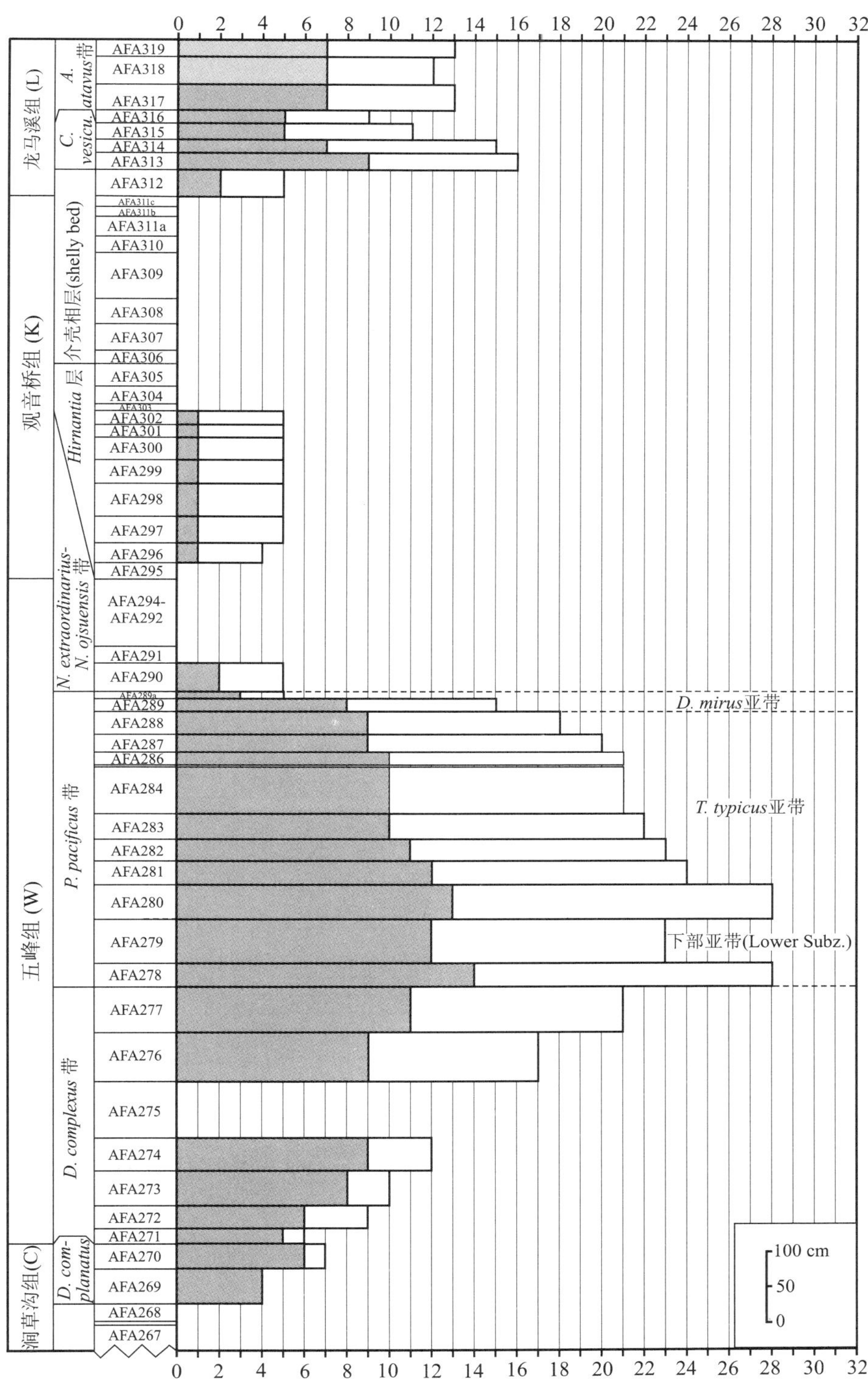


图 **2.1.2**　贵州桐梓红花园阿什极期至兰多维列早期笔石分异度的变化(灰色柱代表属级分异度,空心柱代表种级分异度)

Figure 2.1.2　Diversity changes of the Ashgillian to early Llandovery graptolites from Honghuayuan, Tongzi, Guizhou (Gray and open columns indicate generic and specific diversities respectively)

C—Chientsaokou Formation; W—Wufeng Formation; K—Kuanyinchiao Formation; L—Lungmachi Formation

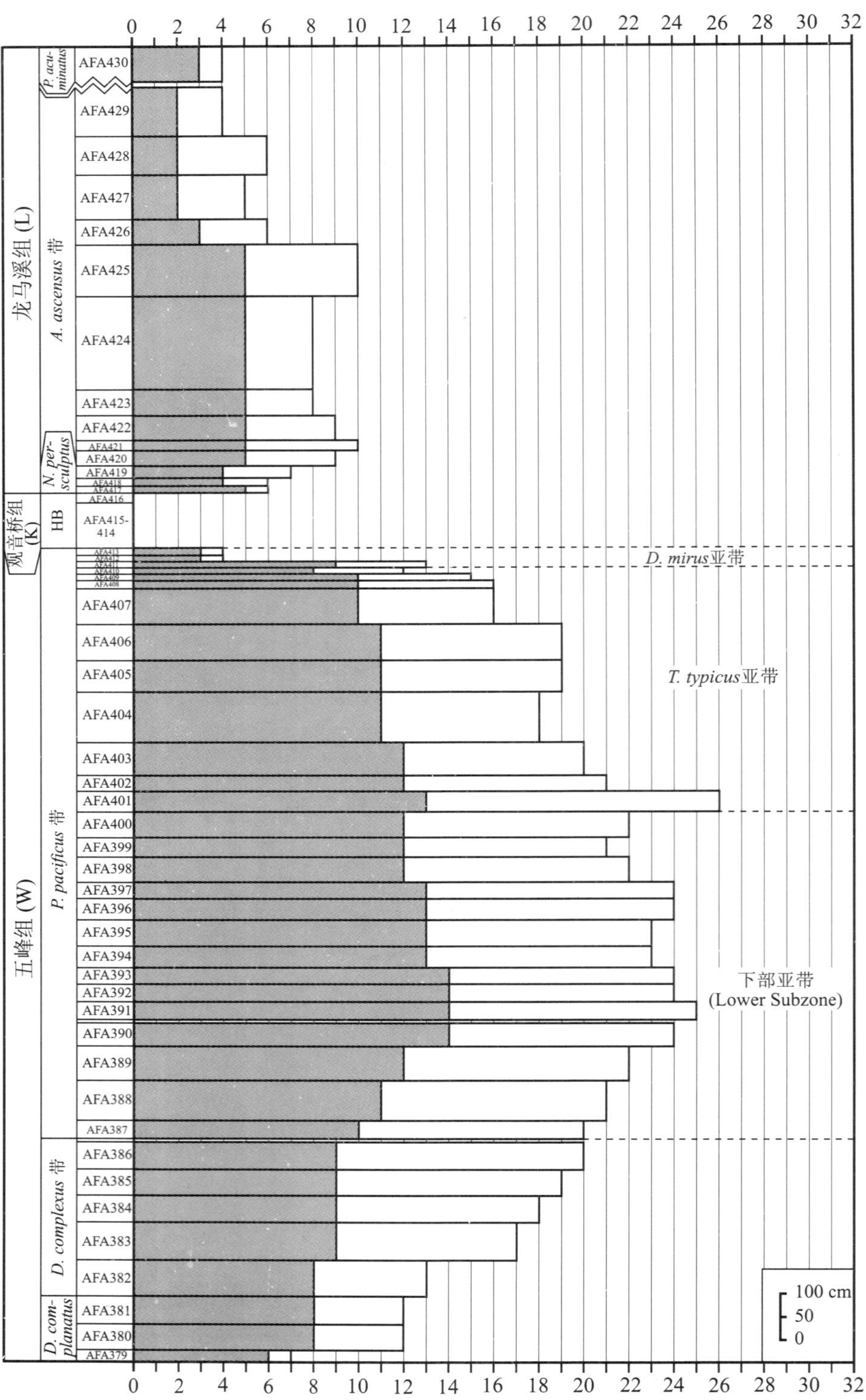


图 2.1.3 贵州松桃陆地坪阿什极期至兰多维列早期笔石分异度的变化（灰色柱代表属级分异度，空心柱代表种级分异度）

Figure 2.1.3 Diversity changes of the Ashgillian to early Llandovery graptolites from Ludiping, Songtao, Guizhou (Gray and open columns indicate generic and specific diversities respectively)

W—Wufeng Formation; K—Kuanyinchiao Formation; L—Lungmachi Formation

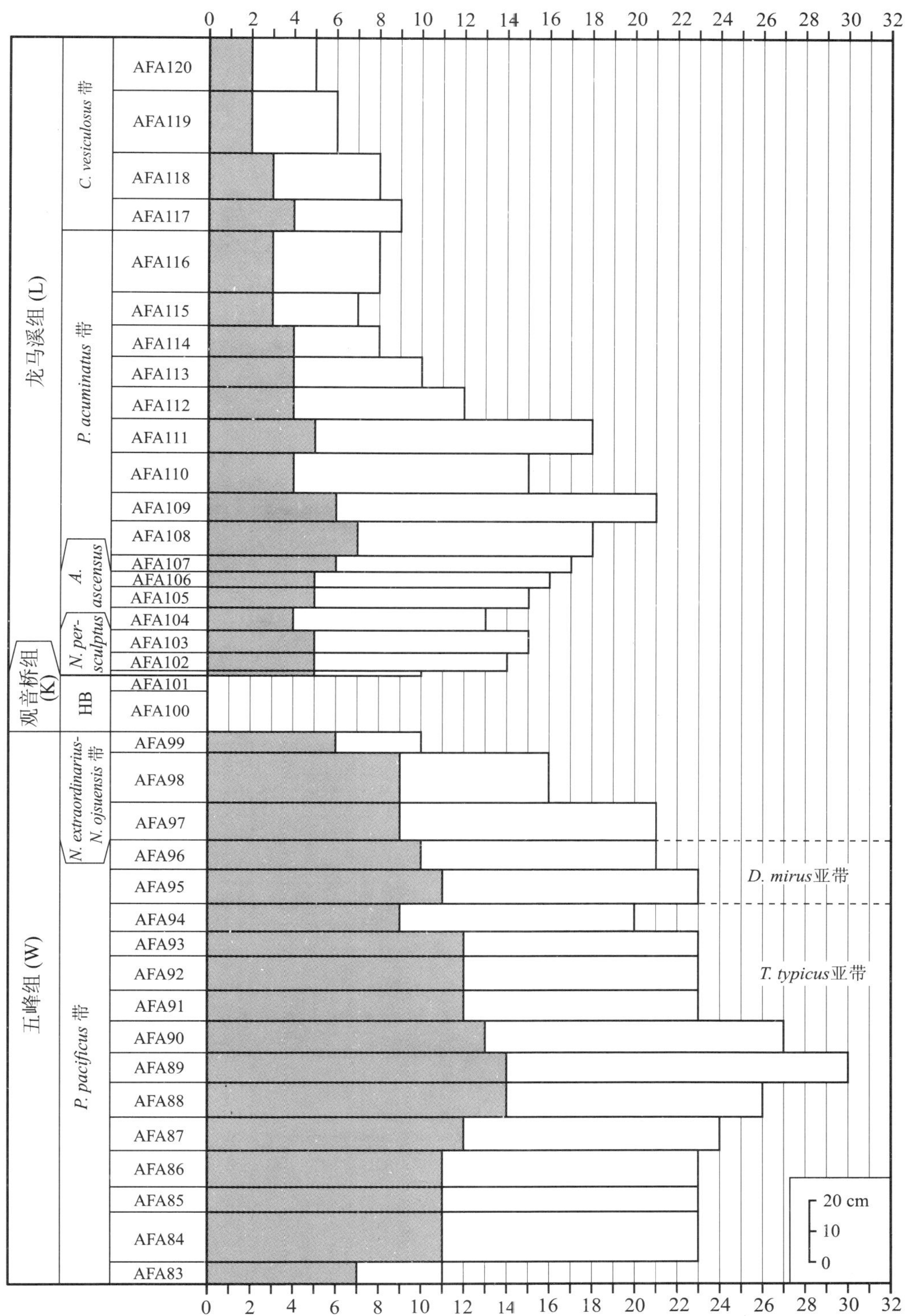


图 2.1.4 湖北宜昌王家湾阿什极期至兰多维列早期笔石分异度的变化(灰色柱代表属级分异度,空心柱代表种级分异度)

Figure 2.1.4 Diversity changes of the Ashgillian to early Llandovery graptolites from Wangjiawan, Yichang, Hubei (Gray and open columns indicate generic and specific diversities respectively)

W—Wufeng Formation; K—Kuanyinchiao Formation; L—Lungmachi Formation

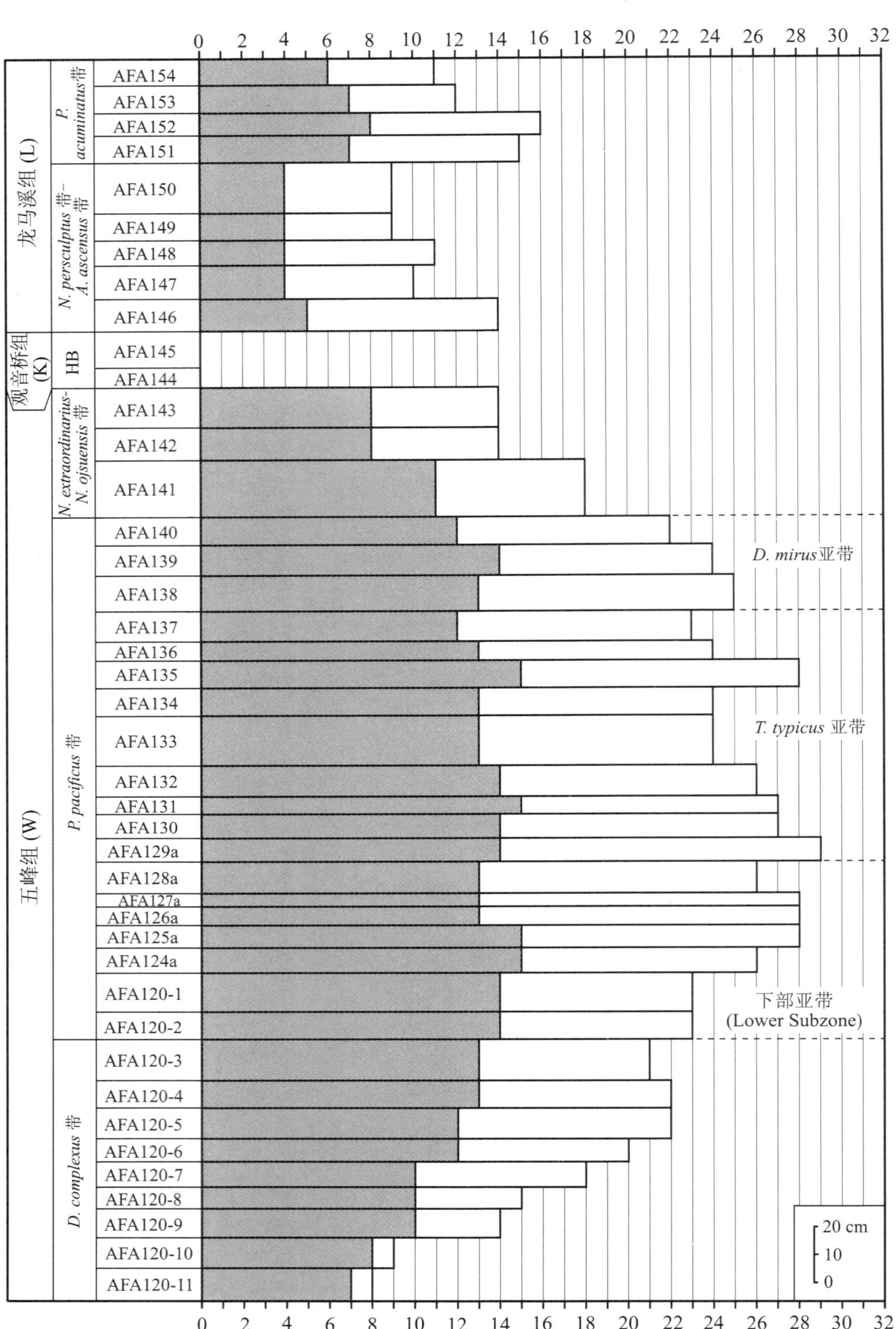


图 **2.1.5** 湖北宜昌分乡阿什极期至兰多维列早期笔石分异度的变化(灰色柱代表属级分异度,空心柱代表种级分异度)

Figure 2.1.5 Diversity changes of the Ashgillian to early Llandovery graptolites from Fenxiang, Yichang, Hubei (Gray and open columns indicate generic and specific diversities respectively)

W—Wufeng Formation; K—Kuanyinchiao Formation; L—Lungmachi Formation

*N. ojsuensis* 带）才显示出标志第一次或主灭绝事件的分异度下跌（图 2.1.4，图 2.1.5）。这与图形对比分析中表现的分异度下跌大体是一致的。

要确定后一次笔石的小灭绝事件的时限，比确定前一次笔石主灭绝事件（笔石集群灭绝事件）困难得多，因为小灭绝事件导致的分异度的下跌不很明显，我们除了运用数值分析方法之外，也仍然可以通过笔石动物群的组分分析间接地加以判别。从 *N. persculptus* 带上部开始，笔石动物群在组分上有一次新的变化，主要标志为出现以 *N. avitus*（Davies，1929）和 *Neodiplograptus charis*（Mu and Ni，1983）等为代表的劫后泛滥种（disaster species），它们在主灭绝事件（集群灭绝）发生之后开始出现，并可穿越小灭绝事件，在 *N. persculptus* 带上部至 *A. ascensus* 带繁盛起来。这些劫后泛滥种通常都以铺满层面的单种或少数种的形式出现，但是这种保存形式和五峰组或龙马溪组底部笔石聚集式的保存方式不同。笔石聚集式（铺满层面）保存虽然也是在沉积速率很低的静水缺氧状态下沉积的产物，却属种繁多，明显地体现出一个高分异度的笔石组合。而铺满层面的劫后泛滥种的出现则是因为在主灭绝事件之后，被淘汰、灭绝的物种留下巨大的生态空间（ecological space），才使这些劫后泛滥种几乎可以不受任何约束地自由泛滥，这些物种通常也都具有大居群，成为填补巨大生态空间的机会种（opportunistic species）。因此，劫后泛滥种的出现可以帮助我们间接地判别主灭绝幕的时间值。

上述笔石分异度在 4 条代表性剖面上的变化，向我们提供了两次灭绝事件的大致时限，而灭绝的精确时限和量值上的相对变化，尚需笔石复合标准序列和基于其上的数值分析才能加以判别（樊隽轩等，本章第二节）。

### （三）扬子区阿什极期笔石序列的图形对比分析

如上述研究目的和方法中所述，尽管我们不能让每个采集单层具有相等的厚度，但是我们连续采集的单层都具有大体相近的厚度，实际上这就是自然单层的厚度（图 2.1.2～2.1.5）。我们在采集每个自然单层化石时，都采到不再发现新分子为止。扬子区五峰组和龙马溪组底部的黑色页岩具有相同的保存条件，它们各自和其上、下层位的地层都是同类可比的，因此我们有充分理由相信已排除了 Signor-Lipps 效应的影响。基于这样的材料所获得的笔石科、属、种三级分类单元在数量的比较和笔石分异度的真实变化，与此间它们的灭绝速率是十分接近的，因此，在此剖面和笔石属种的延限的基础之上而作出的图形对比或笔石复合标准序列（GCSS）是可信的（Fan *et al.*，2002）。

本节的笔石复合标准序列中各个种的首现（FAD）和 Chen 等（2000）所提出的生物分带十分一致（图 2.1.6），而笔石复合标准序列中各种的末现（LAD）则明确地说明了阿什极晚期的集群灭绝（主灭绝）事件（图 2.1.7）。在 *T. typicus* 亚带近顶部笔石分异度的突变，清楚地指示了主灭绝事件的开始。主灭绝事件之后，灭绝

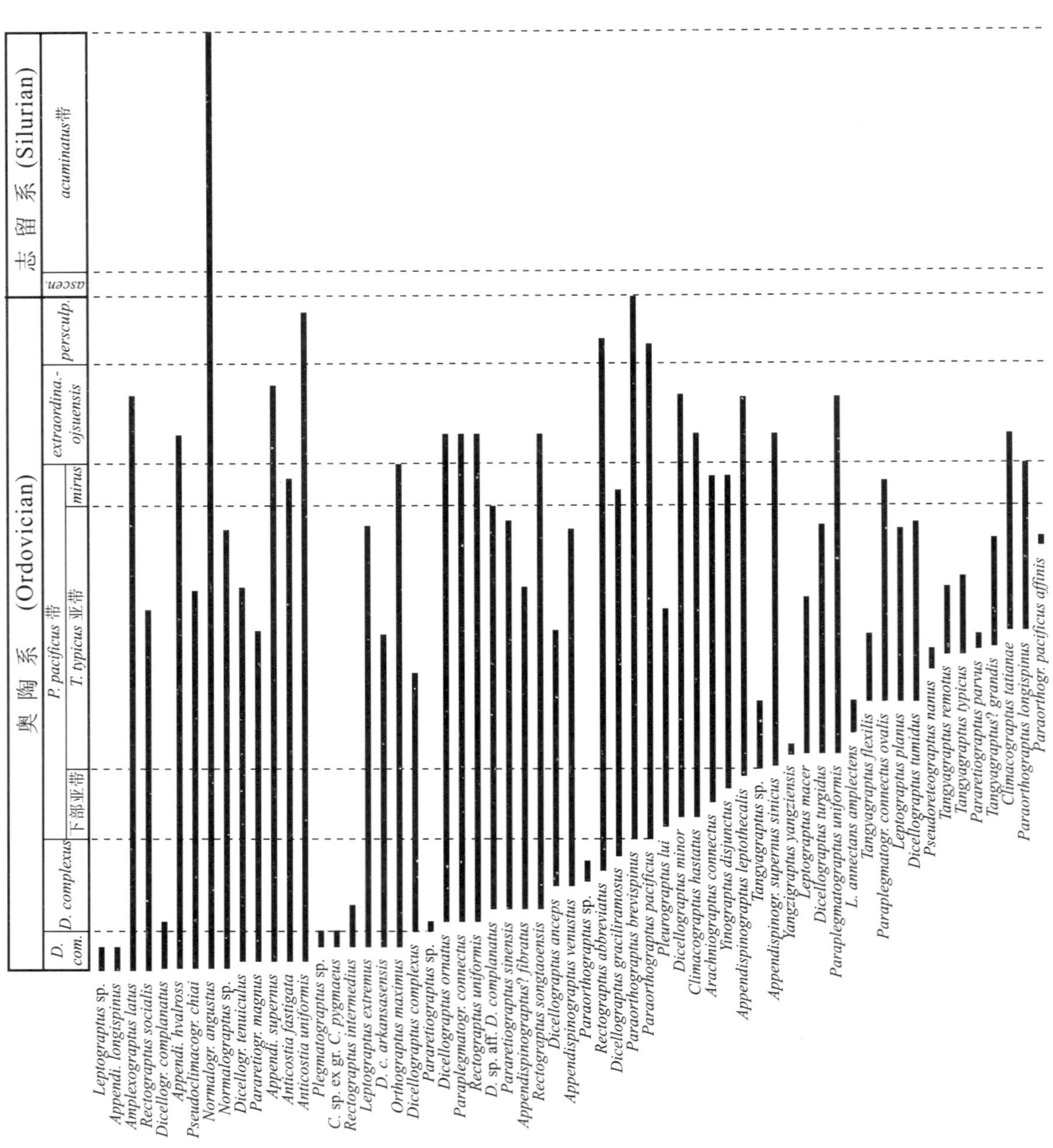

奥陶系 (Ordovician)
志留系 (Silurian)
D. com.
D. complexus
P. pacificus 带
下部亚带
T. typicus 亚带
mirus
extraordina.-ojsuensis
persculp.
ascen.
acuminatus带
Leptograptus sp.
Appendi. longispinus
Amplexograptus latus
Rectograptus socialis
Dicellogr. complanatus
Appendi. hvalross
Pseudoclimacogr. chiai
Normalogr. angustus
Normalograptus sp.
Dicellogr. tenuiculus
Paraetiogr. magnus
Appendi. supernus
Anticostia fastigata
Anticostia uniformis
Plegmatograptus sp.
C. sp. ex gr. C. pygmaeus
Rectograptus intermedius
Leptograptus extremus
D. c. arkansasensis
Orthograptus maximus
Dicellograptus complexus
Paraetiograptus sp.
Dicellograptus ornatus
Paraplegmatogr. connectus
Rectograptus uniformis
D. sp. aff. D. complanatus
Paraetiograptus sinensis
Appendispinograptus? fibratus
Rectograptus songtaoensis
Dicellograptus anceps
Appendispinograptus venustus
Paraorthograptus sp.
Rectograptus abbreviatus
Dicellograptus graciliramosus
Paraorthograptus brevispinus
Paraorthograptus pacificus
Pleurograptus lui
Dicellograptus minor
Climacograptus hastatus
Arachniograptus connectus
Ynograptus disjunctus
Appendispinograptus leptothecalis
Tangyagraptus sp.
Appendispinogr. supernus sinicus
Yangzigraptus yangziensis
Leptograptus macer
Dicellograptus turgidus
Paraplegmatograptus uniformis
L. annectans amplectens
Tangyagraptus flexilis
Paraplegmatogr. connectus ovalis
Leptograptus planus
Dicellograptus tumidus
Pseudoreteograptus nanus
Tangyagraptus remotus
Tangyagraptus typicus
Paraetiograptus parvus
Tangyagraptus? grandis
Climacograptus tatianae
Paraorthograptus longispinus
Paraorthogr. pacificus affinis

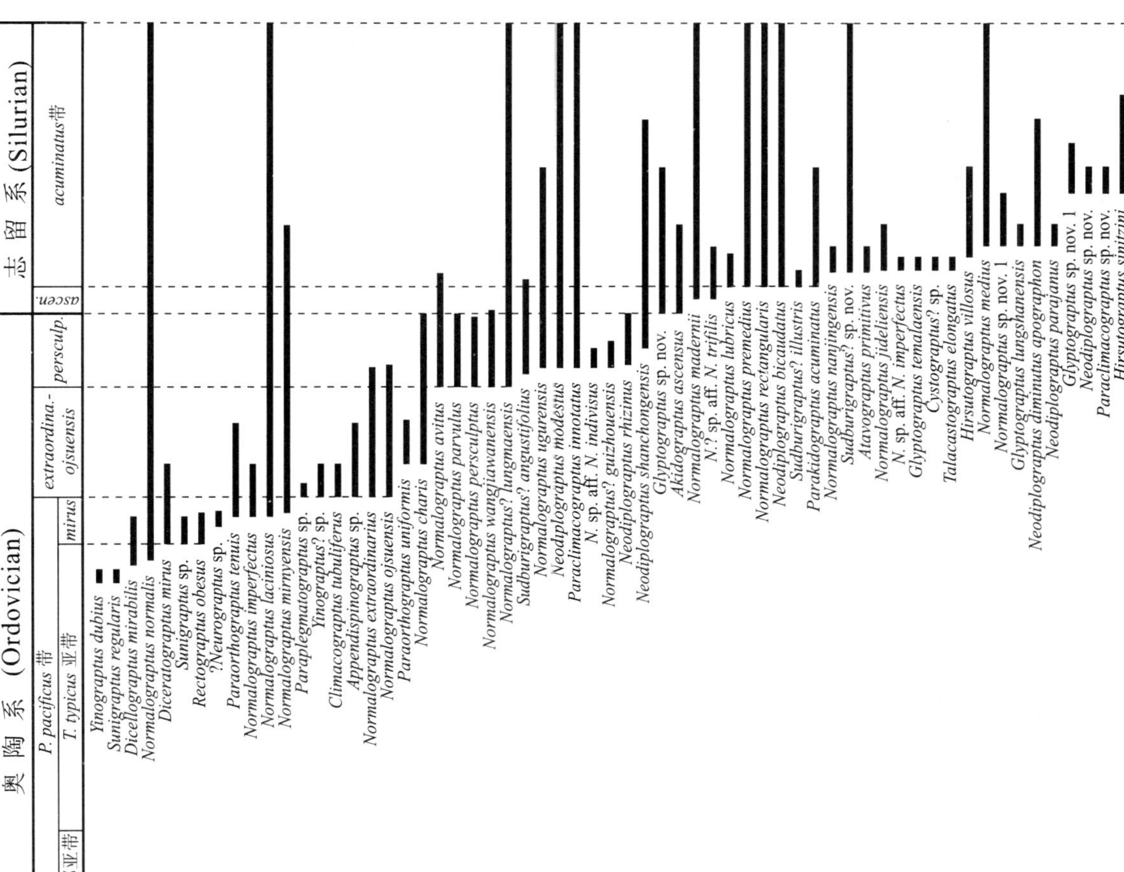


**图 2.1.6**　扬子区阿什极期笔石复合标准序列(首现图)

Figure 2.1.6　Ashgillian Graptolite Composite Standard Sequence (FAD) of the Yangtze Region

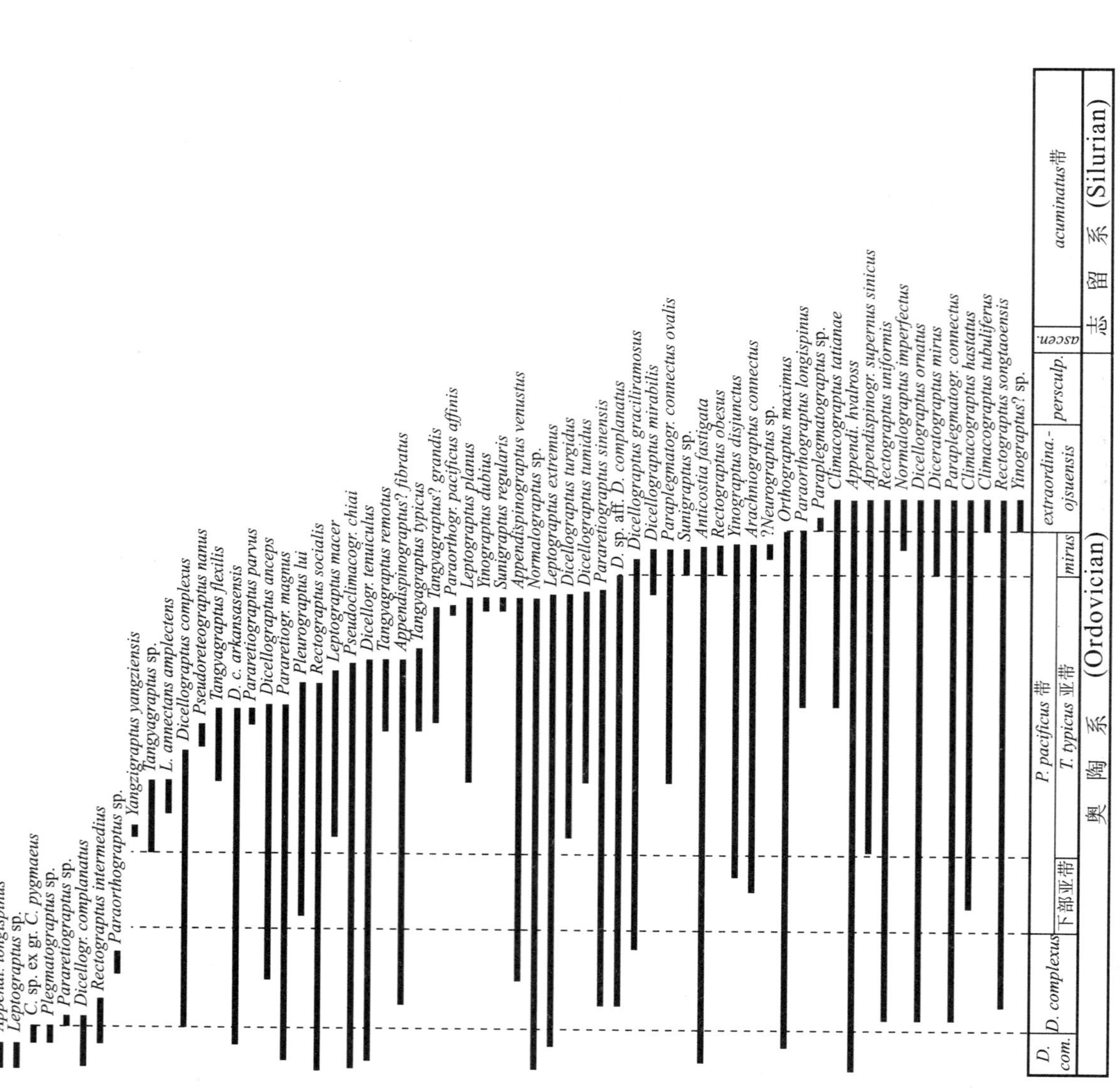

Appendi. longispinus
Leptograptus sp.
C. sp. ex gr. C. pygmaeus
Plegmatograptus sp.
Pararetiograptus sp.
Dicellogr. complanatus
Rectograptus intermedius
Paraorthograptus sp.
Yangzigraptus yangziensis
Tangyagraptus sp.
L. annectans amplectens
Dicellograptus complexus
Pseudoreteograptus nanus
Tangyagraptus flexilis
D. c. arkansasensis
Pararetiograptus parvus
Dicellograptus anceps
Pararetiogr. magnus
Pleurograptus lui
Rectograptus socialis
Leptograptus macer
Pseudoclimacogr. chiai
Dicellogr. tenuiculus
Tangyagraptus remotus
Appendispinograptus? fibratus
Tangyagraptus typicus
Tangyagraptus? grandis
Paraorthogr. pacificus affinis
Leptograptus planus
Yinograptus dubius
Sunigraptus regularis
Appendispinograptus venustus
Normalograptus sp.
Leptograptus extremus
Dicellograptus turgidus
Dicellograptus tumidus
Pararetiograptus sinensis
D. sp. aff. D. complanatus
Dicellograptus graciliramosus
Dicellograptus mirabilis
Paraplegmatogr. connectus ovalis
Sunigraptus sp.
Anticostia fastigata
Rectograptus obesus
Yinograptus disjunctus
Arachniograptus connectus
?Neurograptus sp.
Orthograptus maximus
Paraorthograptus longispinus
Paraplegmatograptus sp.
Climacograptus tatianae
Appendi. hyalross
Appendispinogr. supernus sinicus
Rectograptus uniformis
Normalograptus imperfectus
Dicellograptus ornatus
Diceratograptus mirus
Paraplegmatogr. connectus
Climacograptus hastatus
Climacograptus tubuliferus
Rectograptus songtaoensis
Yinograptus? sp.
D. com.
D. complexus
下部亚带
P. pacificus 带
T. typicus 亚带
mirus
extraordina.- ojsuensis
persculp.
ascen.
acuminatus带
奥 陶 系 (Ordovician)
志 留 系 (Silurian)

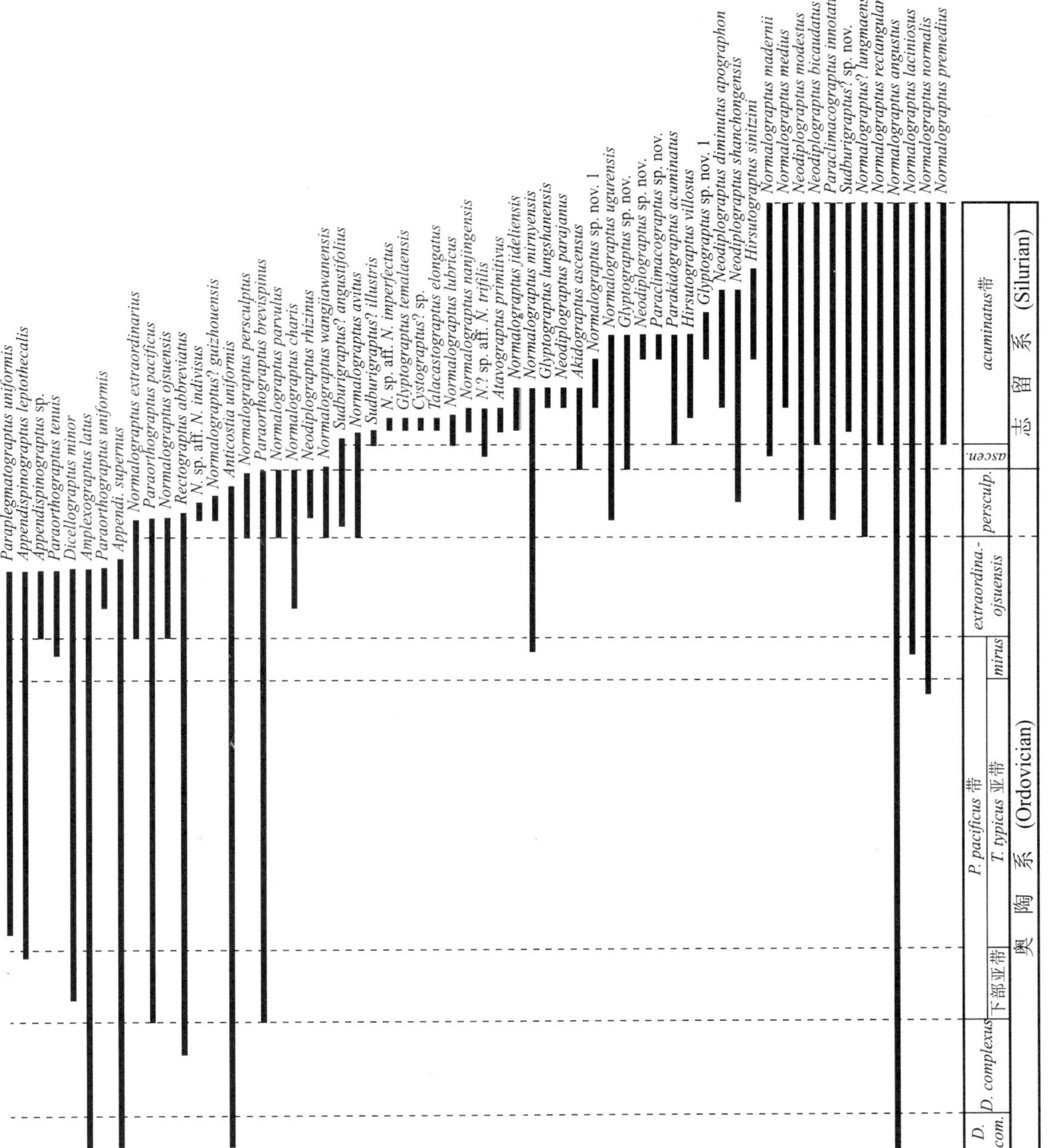


图 2.1.7　扬子区阿什极期笔石复合标准序列(末现图)

Figure 2.1.7　Ashgillian Graptolite Composite Standard Sequence (LAD) of the Yangtze Region

事件一直延续到 *N. persculptus* 带之末，在笔石复合标准序列各单位间隔中，分异度的变化显示为阶梯式（stepwise），而在各种不同类型的数值分析图表中，则表现为相对峰值的波动和变化（樊隽轩等，本章第二节）。扬子区内奥陶纪 DDO 笔石动物群中的最后几个种[如 *Rectograptus abbreviatus*（Elles and Wood），*Paraorthograptus pacificus*（Ruedemann），*P. brevispinus*（Mu and Li），*Anticostia uniformis*（Mu and Li）和 *Amplexograptus latus*（Elles and Wood）]，一直延至 *N. persculptus* 带结束之前才灭绝。这是一次小灭绝事件，灭绝涉及这几种 DDO 动物群的分子和其他几种正常笔石科（Normalograptidae）的分子。如果我们来看一下阿什极期笔石属的纵向分布，主灭绝事件和小灭绝事件同样也存在着（图 2.1.8），在主灭绝事件之前共灭绝了 18 属，而在小灭绝事件中只灭绝了 3 属。

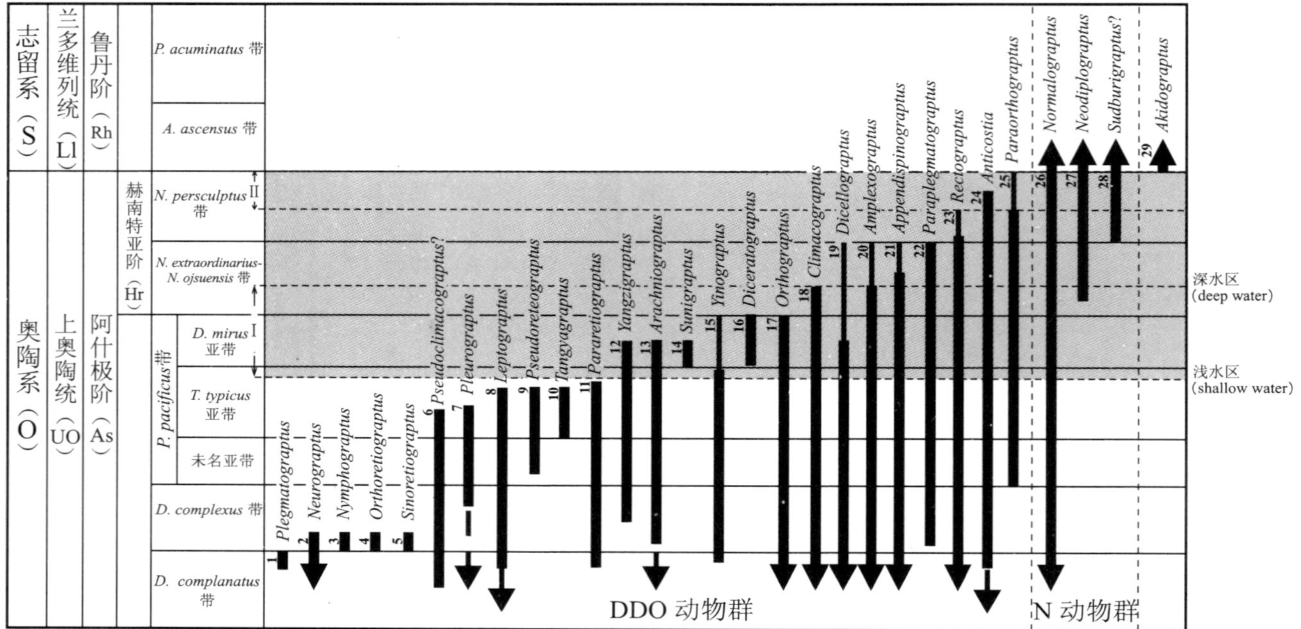


**图 2.1.8** 扬子区阿什极期笔石属的地层分布

Figure 2.1.8 Stratigraphical distribution of Ashgillian graptolite genera from the Yangtze Region

S—Silurian；O—Ordovician；Ll—Llandovery；UO—Upper Ordovician；Rh—Rhuddanian；As—Ashgillian；Hr—Hirnantian

## 三、笔石灭绝和复苏的进程和特征

上述章节中，我们已论述了两件事情：第一，奥陶纪末笔石的集群灭绝体现为一次主灭绝事件，其后还有一次小灭绝事件，它们都只占据了短暂的时限，而这两个事件的时限都可藉笔石动物群分异度的变化来加以限定；第二，主灭绝事件从浅水区至较深水区在发生时间上是穿时的，在量值上也是不同的。在本章中我们将讨论笔石集群灭绝（主灭绝）和其后小灭绝的过程和特征，并牵涉灭绝事件前阿什极期笔石的辐射。

## （一）阿什极期笔石的辐射与灭绝

扬子区晚奥陶世的基础资料表明，在笔石动物群集群灭绝（主灭绝）之前有一次辐射事件，这也是奥陶纪笔石动物群的最后一次辐射事件。这次辐射事件（从 *Dicellograptus complexus* 带开始至 *T. typicus* 亚带）与随即发生的主灭绝事件之间并没有一个间隔期，因此阿什极期笔石动物群的辐射之所以没有继续下去，是被突然而至的集群灭绝事件所打断的。

在扬子区，集群灭绝事件发生之前共有 24 属，包括穆恩之等（1993）描记的 *Nymphograptus* 在内（图 2.1.8）。这 24 属中，有 16 属都是全球广布或跨大区广布的，包括 *Pleurograptus*，*Leptograptus*，*Dicellograptus*，*Orthograptus*，*Rectograptus*，*Neurograptus*，*Nymphograptus*，*Arachiniograptus*，*Pararetiograptus*，*Paraplegmatograptus*，*Anticostia*，*Appendispinograptus*，*Climacograptus*，*Amplexograptus*，*Paraorthograptus* 和 *Normalograptus*。除 *Normalograptus* 之外，其余 15 个属都是 DDO 笔石动物群的分子，占这 16 属总数的 93.8%。在苏格兰 Dob's Linn 剖面上被 Williams（1982）描记为 *Plegmatograptus*? *craticulus* Williams，1982 和 *Orthoretiograptus denticulatus* Wang，1977 的两种笔石应分别改为 *Paraplegmatograptus uniformis* Mu，1978（汪啸风等，1978）和 *Pararetiograptus sinensis* Mu，1974（中国科学院南京地质古生物研究所，1974）。此外，哈萨克斯坦的 *Amplexograptus stukalinae* Mikhailova 和 *Glyptograptus posterus* Koren and Tzaj（Apollonov *et al.*，1980）应分别为 *Amplexograptus latus*（Elles and Wood，1906）和 *Orthograptus maximus* Mu，1945。Chen 和 Lenz（1984）以及 Lenz 和 McCracken（1988）描记产自加拿大育空地区的 *Rectograptus pulcherrimus* Keble and Harris，1934（同样见于 Lenz，1977）和 *Orthoretiograptus denticulatus* Wang 都应改为 *Pararetiograptus sinensis* Mu，1974（见中国科学院南京地质古生物研究所，1974）。除了上述广布属之外，这一笔石动物群在扬子区还包括了 8 个新属，即 *Tangyagraptus*，*Pseudoclimacograptus*?，*Orthoretiograptus*，*Sinoretiograptus*，*Pseudoreteograptus*，*Yangzigraptus*，*Yinograptus* 和 *Sunigraptus*（穆恩之等，1993），它们都是本区的特有分子。*Pseudoclimacograptus* 不是一个地区性属，但是阿什极期的 pseudoclimacograptid 一类的种都只见于扬子区。当我们把扬子区的这些地区性的属都考虑在内的话，那么，在阿什极中-晚期的辐射期内，地区性属就占了整个 DDO 动物群属级分类单元的 33.3%。

如果考虑种的分异度，我们就不难发现在扬子区 DDO 笔石动物群中，地区性的种占了更大的比例，因为这些地区性种不但在上述 8 个地区性属之中，而且还常见于广布属之中。因此我们十分严格地掌握地区性新种的确定原则，并在最近对扬子区阿什极期所有的种进行了修订，共计 28 属、94 种，在种的数量上比以前所发表的大大减少，部分修订的笔石名单已发表在 Chen 等(2000)所撰写的论文之中，笔石的地区种在不同的笔石带中所占的比例是不同的。在 *Dicellograptus complexus* 带和 *Paraorthograptus pacificus* 带中，地区种超过该笔石带中笔石种的一半，而在 *N. extraordinarius-N. ojsuensis* 带中地区种也占了一半左右。但是，在 *D. complexus* 带之前和 *N. extraordinarius-N. ojsuensis* 带之后，地区种都只占一半以下。地区种的高百分比含量，特别是那些特化的或狭适性的种的大量出现，可能和阿什极期扬子区五峰沉积期的半封闭隔离环境有关(陈旭等，1987；Chen *et al.*，2003)。扬子区的这种在一定程度上隔离和稳定的环境亦有利于高分异度动物群的发生(见 Walliser，1996)。不少这类地区性单元都只限于一个带或一个亚带的范围之内，这种短暂出现的分类单元一般亦都是狭适性的(Stanley，1979)，而它们的灭绝与主灭绝事件相关。

主灭绝事件的延续时间，从浅水区至深水区跨越了近一个笔石带，从 *Diceratograptus mirus* 亚带至 *N. extraordinarius-N. ojsuensis* 带中部。在主灭绝时期的 18 个属中，有 11 个属（约 61%）在主灭绝过程中灭绝，包括 *Yangzigraptus*，*Arachiniograptus*，*Yinograptus*，*Sunigraptus*，*Pseudoreteograptus*，*Pararetiograptus*，*Leptograptus*，*Tangyagraptus*，*Diceratograptus*，*Orthograptus* 和 *Climacograptus*，其中包括大多数具网线结构的 Orthograptidae(直笔石科)的属（*Pararetiograptus*，*Yangzigraptus*，*Arachiniograptus*，*Yinograptus* 和 *Sunigraptus*）。微小的环境改变会导致这些地区性、狭适性和短期内出现的分子的灭绝（Walliser，1996)。从科级分类单元来看，3 个笔石科 (Dicranograptidae，Orthograpti-dae 和 Diplograptidae）中 Dicranograptidae 的全部和其他两个科中的大部分，都在主灭绝事件中灭绝。DDO 动物群中只剩下 12 个种，在随后的小灭绝事件结束前消亡。现将主灭绝幕和小灭绝幕中所灭绝的科、属、种统计如表 2.1.1。

**表 2.1.1 扬子区奥陶纪末灭绝的笔石科、属、种统计**(数字表示灭绝数与总数的对比，百分比表示灭绝的百分率)

**Table 2.1.1 Extinction intensity of graptolite families, genera and species during the latest Ordovician mass extinction from the Yangtze Region** (Figures are numbers of taxa going extinct, total number of taxa percent, and percent extinction)

| | 主灭绝 (Major extinction) | 幸存-复苏间隔期 (Survival-recovery interregrum) | 小灭绝 (Minor extinction) | 总计 (Total) |
|---|---|---|---|---|
| 科 (Family) | 灭绝(Extinct)：1/4，25% | 灭绝(Extinct)：1/3，33.3% | 灭绝(Extinct)：1/2，50% | 灭绝(Extinct)：3/4，75% |
| 属 (Genus) | 灭绝(Extinct)：11/18，61.1%<br>新生(Origin)：3/18，16.7% | 灭绝(Extinct)：4/9，44.4%<br>新生(Origin)：1/9，11.1% | 灭绝(Extinct)：3/6，50% | 灭绝(Extinct)：18/21，85.7% |
| 种 (Species) | 灭绝(Extinct)：36/53，67.9%<br>新生(Origin)：16/53，30.2% | 灭绝(Extinct)：12/31，38.7%<br>新生(Origin)：14/31，45.2% | 灭绝(Extinct)：8/20，40%<br>新生(Origin)：1/20，5% | 灭绝(Extinct)：56/68，82.4% |

## （二）不同门类生物集群灭绝的量值与时限

奥陶纪末的笔石灭绝事件过去一直都作为一个集群灭绝或双幕式集群灭绝事件（陈旭、戎嘉余，1990；Chen and Zhang，1995）。当前的资料显示这是由一个集群灭绝（主灭绝）事件和其后的小灭绝事件所组成的。前者从 *Diceratograptus mirus* 带至 *N. extraordinarius-N. ojsuensis* 带中部，后者发生在 *N. persculptus* 带之末，小灭绝事件对笔石而言不构成集群灭绝，但是对底栖壳相动物群而言，则仍显示双幕式的集群灭绝事件。

两个腕足动物群先后遭受了奥陶纪末的大灭绝事件。它们是在赫南特亚阶之前灭绝的 *Foliomena* 动物群（较深水相）和 *Altaethyrella* 动物群（浅水相）以及在 *N. persculptus* 带末期灭绝的 *Hirnantia* 动物群。Rong 和 Harper（1999）阐述了腕足动物双幕式的集群灭绝，包括他们提出的罗塞期之末（大约相当于 *N. extraordinarius-N. ojsuensis* 带之始）的第一幕和 *N. persculptus* 带晚期的第二幕。华南阿什极中期的 54 个属中，在第一幕中灭绝了 42 个（占 77.8%）。Sheehan 和 Coorough（1990）曾统计了阿什极早、中期的腕足动物共 211 属，其中有 92 属（占 44%）在赫南特亚阶之前灭绝，49 属（占 23%）只见于赫南特亚阶而不延至志留纪，而有 70 属（占 33%）则从不见于志留纪。在华南赫南特亚阶中共有腕足动物 29 属，其中 23 属（占 80%）在第二幕中当赫南特亚阶一结束就完全消失。Sheehan 和 Coorough（1990）统计了整个赫南特亚阶共 124 属（包括 21 个新属），其中有 63 属（占 51%）到志留纪就已不复存在。据 Rong 和 Harper（1999）的统计，赫南特亚阶在第二幕灭绝之前共有 29 属，分别属于 19 科、13 个超科，与之可对比的是在第一期复苏间隔期（鲁丹晚期至埃隆早期）共计 24 个属，分别属于 17 科、11 个超科。因此腕足动物群的这一次灾变发生在赫南特期末，这和笔石动物群的小灭绝事件大体相同，也就是说腕足动物群的主要灾变发生在第一幕，和笔石的主灭绝事件相应。腕足动物群的上述分异度变化和它们在礁相中的不同，Copper（2001）最近报道赫南特期腕足动物在礁内和礁缘相带内的分异度，要比罗塞期的还要高一些。Rong 等（2002）最近提出 *Hirnantia* 动物群中的少数分子可上延至鲁丹早期，但这并不影响 *Hirnantia* 动物群整体灭绝的基本事实。

Brenchley（1984）提出北欧三叶虫在罗塞期有一次集群灭绝，这次灭绝之后只有 25%的属延至赫南特期。Briggs 等（1988）提出三叶虫中有两次灭绝事件，一次在罗塞期末，一次在赫南特期末。Brenchley 和 Storch（1989）报道罗塞期的 113 个三叶虫属到赫南特期灭绝了 71 个，而到了志留纪初的鲁丹期进一步减至 45 个；在科一级上，罗塞期灭绝了 3～4 科，赫南特晚期灭绝 10～11 科，占了当时三叶虫总数的 33%。Owen 等（1991）提出，在浅水域只有 60%的三叶虫属冲破罗塞期的灭绝事件，而在较深水域只有 20%的圆尾虫类三叶虫可冲破罗塞期的灭绝事件延至赫南特期,至于绝大多数赫南特期的浅水域分子均可冲破第二幕而进入志留纪,而在深水域则只有一个属 *Raphiophotus* 可冲破第二幕而存活下来。

Barnes 和 Bergstrom(1988)估计阿什极早、中期共有牙形类 75～100 种,而在兰多维列早期则下降至 20 种。Goodfellow 等(1992)认为奥陶纪末牙形类 25 属中的 18 属,或 14 科中的 7 科均告灭绝,然而 Barnes 和 Bergstrom(1988)认为牙形类的这种分异度的下降,并不是集群灭绝的结果,而是连续的背景灭绝中动物群的演替,其间灭绝率超过了成种率。最近,Bergstrom(1998)回顾了波罗的海和北美洲牙形类的分异度变化,在奥陶纪 Richmondian 期,牙形类达到 30 种,然后分异度逐渐下降,而最终只有几个种可以跨越奥陶-志留纪的界线。Armstrong(1996)的意见则有所不同,他认为阿什极晚期牙形类的灭绝有两幕,他还提出了阿什极期全球变冷时期牙形刺先驱种在深水生态域内存活发展的模式。

Grahn(1988)报道在罗塞至赫南特期的 11 种几丁虫中有 9 种灭绝,并认为几丁虫的灭绝幕和笔石的一致。但是在扬子区,几丁虫和疑源类在五峰组和观音桥组内却不丰富。

邹西平(见陈旭、戎嘉余,1990)统计了鹦鹉螺的资料,认为卡拉道克期(Caradocian)有 145 属,而至卡拉道克期末 73 属(占 50.3%)灭绝,扬子区的阿什极期共有鹦鹉螺 109 属,灭绝 87 属(占 79.8%)。这些资料都是根据 1990 年以前发表的材料统计的,其中不少分类单元还需进一步厘定。

Kaljo 和 Klaamann(1973)曾统计过晚奥陶世的床板珊瑚和四射珊瑚,在俄罗斯的亚洲部分和北美洲共有 70 属,在志留纪之前共灭绝了 50 属。林宝玉和邹鑫祜(1977)曾描记过浙赣交界地区阿什极中期下镇组和三衢山组中一个高分异度的珊瑚组合,但是这些地层的顶部均为一个大的不整合面所截,不见阿什极晚期的地层,因此,可能这个地区性的珊瑚组合的消失和灭绝事件并无关系。最近 Copper(2001)曾总结生物礁的灭绝事件,认为是一种阶梯式的,包括了由 3 起灭绝事件引起的 3 种礁相。第一起灭绝事件在罗塞末期,第二起在*N. extraordinarius*带之末,而第三起发生在 *N. persculptus* 带之末。但是 Copper(2001)基于加拿大安蒂科斯蒂岛(Anticosti Island)上阿什极期礁相地层与笔石带的对比是不准确的。Hallock(1997)基于热带生物礁相的研究,认为奥陶纪晚期是一起二级灭绝事件,不如晚泥盆世的集群灭绝事件。这一结论也得到 Copper(2001)的支持,因为从珊瑚和层孔虫科一级的分类单元来看,生物礁的建造者在晚奥陶世损失最小,只有几个属灭绝。

Droser 等(2000)认为晚奥陶世和晚泥盆世的集群灭绝各导致相近的分类单元的损失,海相生物各自损失 22%和 21%的科,但是晚奥陶世灭绝在永久性的生态变化上只造成微小的损失,不像晚泥盆世的灭绝造成了许多海相生态系的全部重组,因此从高级分类单元和生态意义上来讲,这两起灭绝事件级别不是同等的。

综上所述,我们认为在奥陶纪末不同门类生物灭绝的时间大体一致,但它们的量值和阶段各自有所不同。

### （三）小灭绝(Minor extinction)

上文中我们把笔石灭绝的第二个阶段称为一次小灭绝事件。我们采用小灭绝和主灭绝这样的名词不只是表明在晚奥陶世生物集群灭绝这两次事件中笔石灭绝的不同的量值，而且就笔石而言，这次小灭绝事件从性质上也不是再一幕集群灭绝。因为在 *N. extraordinarius-N. ojsuenesis* 带之后，从 *N. persculptus* 带开始不久，随着南极冰盖消融，全球海盆已恢复到笔石主灭绝事件之前的状态，不再有导致笔石发生集群灭绝第二幕的条件。但是尽管小灭绝在量值上较小，其重要性亦不可忽视。因为奥陶纪的DDO笔石动物群的最后几个种直至这次小灭绝事件才最终灭绝，这就意味着奥陶纪和志留纪笔石动物群之间的演替，最终完成于奥陶纪之末，这一时限的阐明不但对正笔石的演化历史十分重要，而且对奥陶-志留系界线的划分也至关重要。

### （四）幸存-复苏间隔期

在主灭绝和小灭绝事件之间，存在着一个自 *N. extraordinarius-N. ojsuensis* 带晚期至 *N. persculptus* 带晚期的间隔期（图 2.1.7，图 2.1.8）。这一间隔期内共有31 种，其中的 4 属 10 种系 DDO 分子，其他 2 种为正常笔石科分子（如 *Appendispinograptus supernus*，*A. leptothecalis*，*Paraorthograptus pacificus*，*P. uniformis*，*Rectograptus abbreviatus*，*Amplexograptus latus*，*Paraplegmatograptus uniformis*，*Normalograptus extraordinarius* 和 *N. ojsuensis*），它们均在此间灭绝。而另一方面又有 1 属（*Sudburigraptus*?）和 14 种则在此间产生，其中如 *N. avitus* 在 *N. persculptus* 带还是劫后泛滥种。统计分析结果表明，在这一间隔期间，笔石的灭绝量值和新生量值差不多，因此我们称此间隔期为幸存-复苏间隔期，而不能把幸存期和复苏期分隔开来，这一间隔期也是前一灭绝期的延续、下个阶段复苏的根源和开始。

Kauffman 和 Harris（1996：图 1）表明其幸存间隔期以劫后泛滥种和机会种的爆发为开始，随后，预适应幸存种（Pre-adapted survivors）增多，先驱单元（Progenitor taxa）首次辐射。他们认为新的物种在复苏早期大量产生，而后在复苏晚期形成一次大的辐射，这一模式是综合了灭绝—幸存—辐射全过程的各个方面。戎嘉余等（1996）曾提出在地区性的资料或单个生物门类中，很难辨别这一过程的各个方面。Fortey 等（1989）、Berry（1996）及 Hallam 和 Wignall（1997）都曾讨论过笔石从灭绝到复苏演变过程中的一些特殊方面，但他们当时引用的资料中仍有不妥之处，如他们认为 *Glyptograptus* 和 *Normalograptus* 的一些幸存种在 *N. extraordinarius* 带中出现，最早的单笔石类（*Atavograptus*）在 *N. persculptus* 带中就已出现等等。他们的这些"*Glyptograptus*"现在看来应为 *Normalograptus* 的某些种，而当前资料表明 *Atavograptus* 的首现应在 *Akidograptus ascensus* 带内。但他们认为双笔石类中 *Glyptograptus*, *Neodiplograptus* 和 *Normalograptus* 等属分异度的增大对于确定笔石的复苏期具有重要意义，这一点仍是正确的。

Kaljo 等(1996)还把相当于本文的主灭绝事件称为 *pacificus* 集群灭绝，而把我们的幸存-复苏间隔期和小灭绝事件作为 *N. persculptus* 带的快速成种事件，尽管他们的论述与我们的十分不同，但至少他们认识到 *N. persculptus* 带中有成种作用的存在。Koren 和 Bjerreskov(1999)基于双笔石动物群的研究，提出集群灭绝发生在 *P. pacificus* 带和 *N. extraordinarius* 带之间，并进而提出 *N. extraordinarius* 带是幸存期，而 *N. persculptus* 带至 *C. vesiculosus* 带是复苏期。这样一个划分不但不符合中国的材料，而且也与世界其他地区的资料不符，我们当前数值分析研究的结果充分说明她们这种划分是不够妥当的(樊隽轩等，本章第二节)。

Rong 和 Harper(1999)提出腕足动物在阿什极晚期 *N. extraordinarius*-*N. ojsuensis* 带集群灭绝的第一幕之后也有一个幸存-复苏间隔期，因此笔石和腕足动物具有一个相似而又同步的幸存-复苏间隔期。这两个门类的不同只是腕足动物在 *N. persculptus* 带之后具有一个幸存期，以及比笔石动物群发育更长的复苏期。

### (五) 阿什极期的笔石辐射和集群灭绝期间的成种作用

扬子区阿什极辐射期间出现的新属种可分为两种类型。第一类是地区性的属种。这些属大都是单种属，或只具有小居群的少种属，因此我们在讨论这一时期的成种作用的时候就可以对它们以属作为单位。这些土著属属于双头笔石科(如 *Tangyagraptus*)和直笔石科(如 10 个具细网结构的属)(图 2.1.8)。另一类是双头笔石科、直笔石科和双笔石科中的广布种，也大都是些常见的种，如 *Dicellograptus complexus*, *Rectograptus abbreviatus* 和 *Appendispinograptus supernus* 等。阿什极期笔石复合标准序列(GCSS，图 2.1.6)显示，在此辐射期生成的 60 个种，分属于 16 个属的 32 种均为土著分子，分属于 13 个属的 28 种为广布种。扬子区阿什极辐射期因为有大量土著种的出现，而比世界其他地区的量值都大。我们对扬子区阿什极期笔石的再研究，显示总共 28 属、94 种内有 44%的属(共 12 属，见图 2.1.8)、61%的种，产生于阿什极辐射期。

值得注意的是成种作用还继续到集群灭绝期间，而这一点恰恰是过去许多学者所忽视的。当然，成种作用在集群灭绝期间要远远小于它之前的辐射期。在主灭绝事件过程中共涉及笔石 18 属、53 种，其中 11 属、16 种(占 30.2%)则产生于此期间。从属一级来看，只有 *Diceratograptus* 一属产生于此期间，而阿什极辐射期的成种率为 44%(属级)、61%(种级)。在主灭绝事件之后的幸存-复苏间隔期共出现 9 属、31 种，其中 1 属(*Sudburigraptus*?，11.1%)、14 种(45.2%)发生于此间。

我们把集群灭绝过程中笔石的存活率、灭绝率和新生率在各阶段的变化另文论述并图示(见樊隽轩等,本章第二节)。

灾变先驱种(Crisis-progenitor),如 *Neodiplograptus charis*(Mu and Ni)首现于主灭绝事件期间,该种与 *Ne. modestus* 种群相关,因而有可能是新双笔石类(neodiplograptids)的祖先。而另一些种如 *Normalograptus ojsuensis* 和 *N. extraordinarius* 则可能属于失败的灾变先驱种(failed-crisis-progenitor)(Kauffman and Harris,1996),它们发生于主灭绝期间,但很快就消失在随后而至的小灭绝事件发生之时。

所有发生在幸存-复苏间隔期和小灭绝期间的种,86.7%都属于 *Normalograptus*,*Neodiplograptus* 和 *Sudburigraptus*? 3 个属,它们都具有相对简单的笔石体结构,而且产出的个体数量都较大,这些特征表明它们在生态上都是一般化的或非特化的种。这 3 个属的笔石不但都冲破了小灭绝事件存活下来,而且在兰多维列早期(鲁丹期)繁盛起来。和 DDO 动物群在阿什极早、中期辐射时相反,在这个阶段没有出现形态特化(specialization)的种,因为此间的环境压力不允许。Harris(1995)认为集群灭绝后空出的大量生态空间将不束缚生物的演进,也可能因此会产生"希望怪物"(hopeful monsters),这些新生的物种可望成为随后辐射的主干。戎嘉余、詹仁斌(1999)指出灾变先驱种能很好地适应环境压力并重建生态系。

笔石的复活单元(Lazarus taxa)在集群灭绝期以及其后的幸存和复苏期中均未出现。Chen 和 Zhang(1995)曾怀疑宜昌 *Tangyagraptus typicus* 亚带中的 *Akidograptus antiguus* Ge(见李积金、葛梅钰,1981)和桐梓红花园的 *Dimorphograptus rarissimus* Ge(见穆恩之等,1993)可能是复活单元。经过对这两种笔石的重新研究之后发现,这两种笔石都基于保存很差的标本之上,很难确定到属一级。上扬子区在观音桥层沉积期间,有些种,特别是正常笔石类的一些种如 *N. angustus*,*N. normalis*,*N. laciniosus*,*N. mirnyensis* 和 *Ne. charis* 等曾一度消失,但这只是岩相因素导致的,在下扬子区连续的笔石序列中,这些种仍可在相当于观音桥层和其上的层位中出现。

## (六)笔石动物群的演替

阿什极期笔石动物群包括两部分,即 DDO 动物群双头笔石科(Dicranograptidae)-双笔石科(Diplograptidae)-直笔石科(Orthograptidae)和正常笔石动物群(即 N 动物群,主要包括 *Normalograptus* 和 *Neodiplograptus* 等)。从属一级来说,DDO 动物群主要发育于 *Diceratograptus mirus* 亚带之前,从种一级来说,则主要发育于 *Tangyagraptus typicus* 带中期之前,而在这两个时间界线之后,DDO 笔石动物群的属和种的量值都剧烈下降,相反,与此同时 N 动物群的属、种则以相似的速率迅速上升(图 2.1.9:A,图 2.1.9:B)。如上所述,DDO 动物群的

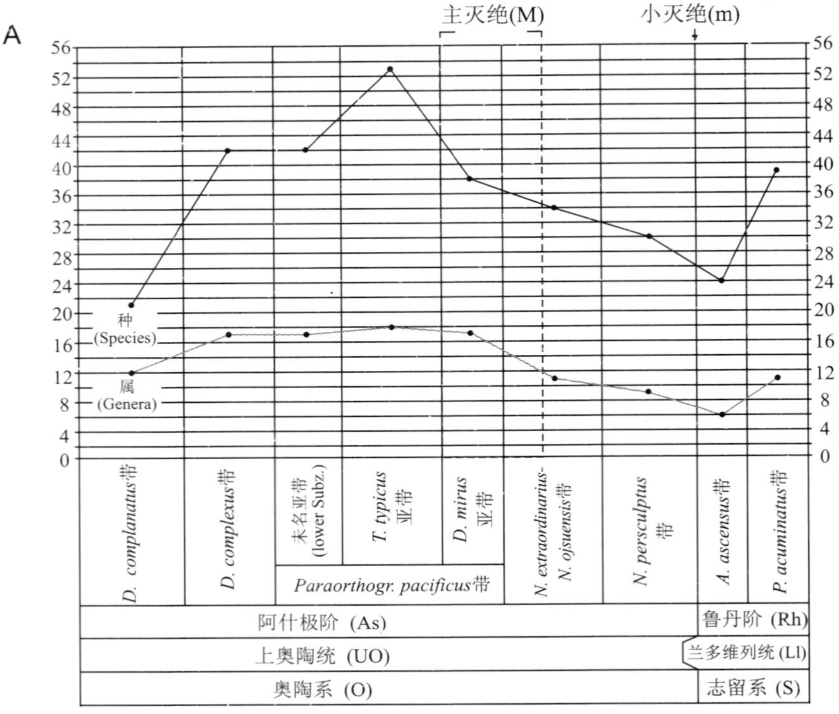


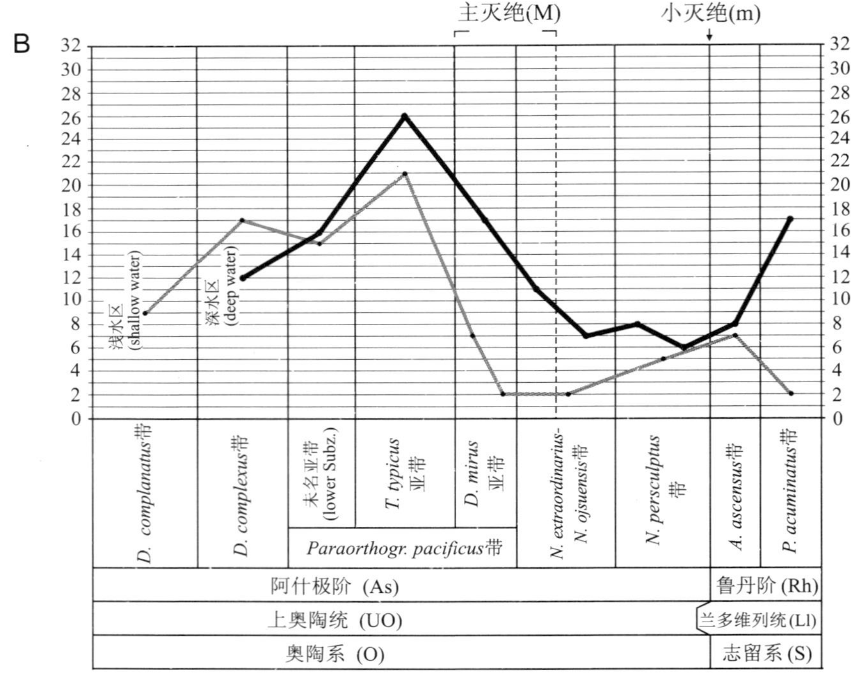


图 **2.1.9** 扬子区阿什极期 **DDO** 和 **N** 两个笔石动物群的百分率含量变化(A. 表示属级单元变化 B. 表示种级单元变化)

Figure 2.1.9 Percentage rates of the DDO and N graptolite faunas through Ashgillian from Yangtze Region (A. Generic changes B. Specific changes)

O—Ordovician; UO—Upper Ordovician; As—Ashgillian; S—Silurian; Ll—Llandovery; Rh—Rhuddanian

最后几个种在 *N. persculptus* 带结束之前消失，换言之，即消失于 *Akidograptus ascensus* 带开始之前，因此奥陶系与志留系的界线和奥陶纪的 DDO 笔石动物群与志留纪的 N 笔石动物群的演替是完全一致的，显然奥陶纪末的灭绝事件，包括主灭绝和小灭绝时间在内，都加速了笔石动物群的演替。

阿什极期笔石动物群的演替和笔石的群体发育形式（Astogenetic pattern）的演变也是一致的（图 2.1.10）。本文作者（Chen *et al.*，in press）最近在研究赫南特亚阶的笔石动物群时，识别出 6 种不同的笔石群体发育形式。在扬子区五峰组的笔石动物群中，双头笔石科的分子具有 A 型群体发育；栅笔石类中如 *Climacograptus hastatus* 和 *C. tatianae* 等具有 D 型群体发育；在围笔石类和拟直笔石类中具有 G 型群体发育；*Anticostia* 属具有 K 型群体发育；而正常笔石类则具有 H 型群体发育。如图 2.1.9：A 和图 2.1.9：B 中表示的那样，阿什极笔石动物群的演替发生在 *N. persculptus* 带晚期，因为此时整个笔石动物群已由 H 型群体发育形式的笔石占主导，全部由 *Normalograptus*、*Neodiplograptus* 和 *Sudburigraptus*？的种组成。从志留纪初的 *A. ascensus* 带开始，另 3 种不同的群体发育型式取而代之，除 H 型之外，新加入了 I 型（如 *Glyptograptus*）、J 型（如 *Akidograptus*）和 M 型（如 *Atavograptus*）的分子，因此一个以 Normalograptidae 为主的 N 动物群从志留纪一开始就取代了先前的晚奥陶世的 DDO 动物群，而 N 动物群已属于志留纪的笔石动物群，它的发育和繁盛已完全摆脱了灭绝事件的影响，进入了全面复苏的新阶段。

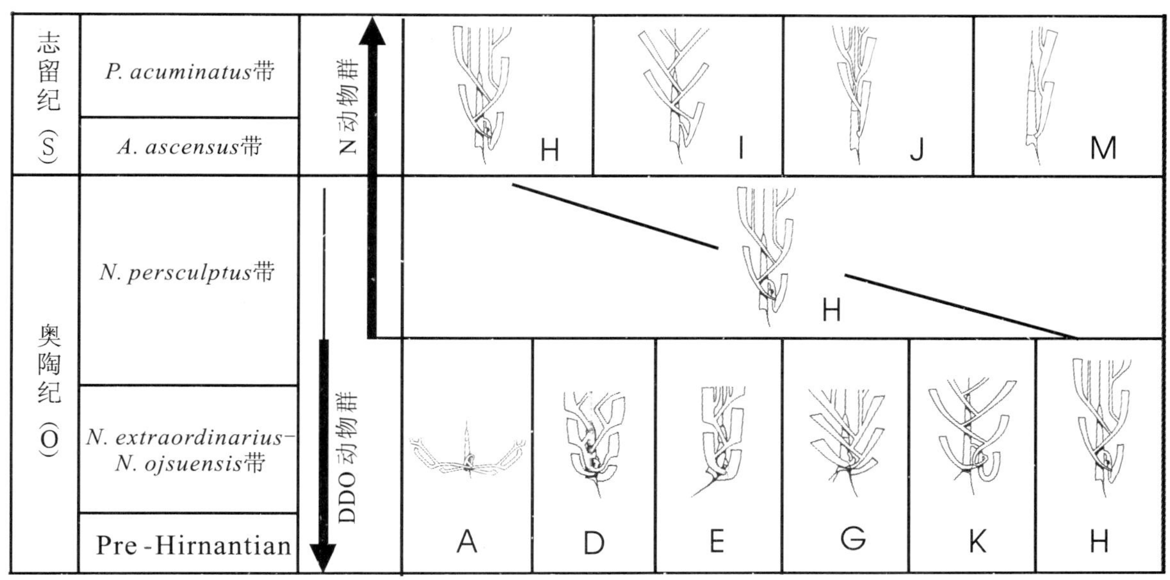


图 **2.1.10**　奥陶纪末至志留纪初笔石动物群演替过程中群体发育型式的变化

Figure 2.1.10　Graptolite astogenetic pattern changes through the latest Ordovician to earliest Silurian fauna replacement

O—Ordovician；S—Silurian

## （七）分类单元类型

从居群大小的分布来看，遭受灭绝的笔石包括两种类型，一种是具有小居群的土著分类单元，另一种是具有大居群的广布分类单元。有一部分小居群的土著分类单元在阿什极期的背景灭绝中遭淘汰（图 2.1.11），这是因为它们是具小居群的演化旁支。而另一些则是在主灭绝时间的前夕（如 *Tangyagraptus*）或在主灭绝的过程中被淘汰（如 *Yangzigraptus*，*Yinograptus*，*Sunigraptus* 和 *Parapleg-matograptus*）。此外还有一些具大居群的广布种，如 *Rectograptus socialis*，*Anticostia fastigata*，*Orthograptus maximus*，*Dicellograptus ornatus* 等，也在主灭绝事件的前夕或过程中被淘汰。这两类都是灭绝分类单元。

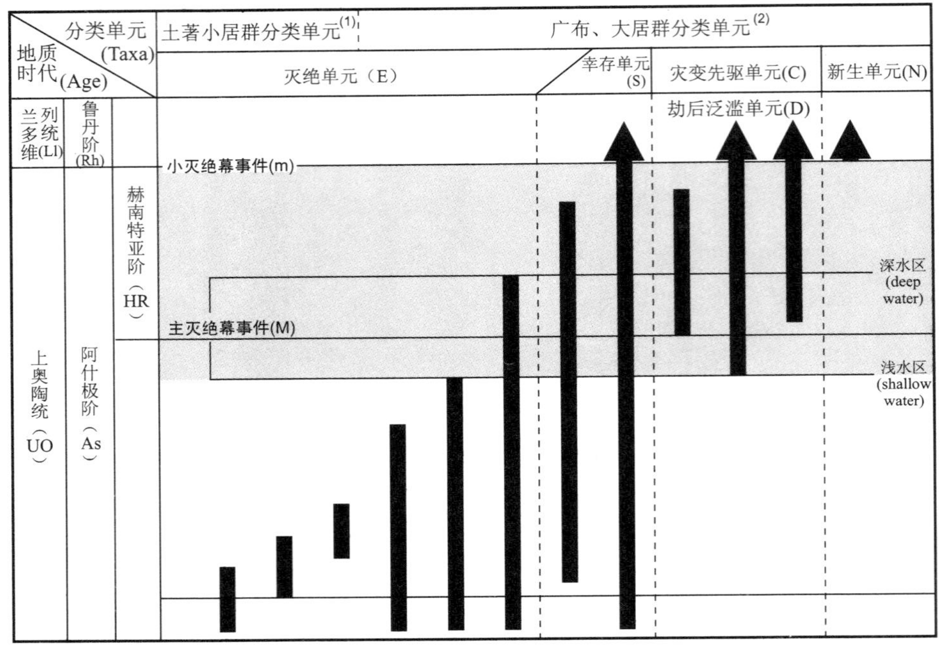


图 **2.1.11** 阿什极期笔石的不同单元类型

Figure 2.1.11 Various types of graptolite taxa through the Ashgillian

UO—Upper Ordovician; As—Ashgillian; HR—Hirnantian; Ll—Llandovery; Rh—Rhuddanian; E—Extinction taxa; S—Survival taxa; C—Crisis progenitor; N—Original taxa; D—Disaster taxa; M—Major extinction; m—Minor extinction; (1) Endemics with small populations; (2) Cosmopolitan taxa with large populations

没有一个土著属能够冲破主灭绝事件而延续下来。幸存分类单元均为发育大居群的广布种，它们又可分为两类，一类可冲破主灭绝但随即灭绝于后一小灭绝事件发生之前或小灭绝事件之中，包括上述幸存的 DDO 动物群中的最后几个种；另一类幸存者则是笔石体一般化的正常笔石类，它们不但冲破主灭绝和小灭绝事件，而且在集群灭绝之后繁盛起来。并不是所有的幸存分类单元都是灾变先驱分类单元或劫后泛滥分类单元，根据目前的材料来看，只有两种笔石可判别为灾变先驱种，它们是 *Normalograptus avitus*（Davies）和 *Neodiplograptus charis*（Mu and

Ni)，它们都产生于小灭绝事件发生的前夕。最近的系统古生物研究表明(Chen *et al*.,in press)，*N. avitus* 与产自 *N. persculptus* 带近顶部的 *N. rhizinus*(Li and Yang)有关，从形态上看，*N. rhizinus* 和 *Akidograptus ascensus*(Davies)相似，因此 *N. avitus*，*N. rhizinus* 和 *A. ascensus* 三者可能代表一个演化序列，它取决于笔石体始端不断尖削以及第二个胞管的生成点不断上移。另一个先驱种 *Ne. charis* 则是出现在 *N. persculptus* 带至鲁丹期早期的新双笔石类的祖先种。十分有趣的是 *N. avitus* 在扬子区的 *N. persculptus* 带中是灾后泛滥种，正如我们在前文中讨论的那样，任何其他笔石体特化的分子都不可能在集群灭绝的严酷环境下产生(图2.1.11)。

## 四、笔石灭绝和幸存的机制与主导因素

造成奥陶纪末生物集群灭绝的物理因素已公认为由于当时南极冰盖的凝聚和消融导致的海平面变化和海水温度变化。海水变冷对生活在海水表层和中层的笔石而言尤为重要，其道理也是显而易见的。除了这个一般性的模式之外，对笔石这样的漂浮生物来说，水层含氧量等物化性质的变化也至关重要。在奥陶纪和志留纪的大部分时期，华南古板块和其他中、低纬度带的块体，其大洋底层水都处于迟缓的环流(底流)的状态，因此海水的分层自上而下大致为表层暖水层、中上层贫氧水层(Dysaerobic zone)和中下层缺氧水层(Anaerobic zone)以及其下的底层水。对应于中层水和底层水的海底，则处于台缘—斜坡—盆地的部位，利于沉积笔石页岩。笔石主要生活在表层暖水和中上层贫氧水的水层内，死亡后则沉落埋葬在笔石页岩的沉积物中。这种海水正常分层和底层环流迟缓、充氧缓慢的海洋-大气层圈模式，即被称为温室效应的环流模式。晚奥陶世赫南特期之前的罗塞期仍保持着这种温室效应的模式。赫南特期南极冰盖的凝聚，大量的富氧底层冷水环流活跃，由极区高纬度向中低纬度的温暖滞流水体充氧，这种冰期强烈的底层水充氧，导致中下层水体缺氧状态消失，甚至中上层水体贫氧状态也消失，而大量高分异度的DDO笔石动物群又正是生活在中层水体之中，这种水温降低和水体充氧双管齐下的生境剧变，直接导致 *N. extraordinarius*-*N. ojsuensis* 带时期绝大部分DDO分子的灭绝，按照陈旭(1990)的笔石深度分带模式，N动物群则主要生活在GA3的深度水层之中，这种既可生活在中上层贫氧水体又可生活在表层暖水层中的N动物群(normalograptids为主的动物群)分子因此才得以逃脱劫难。

Jeppsson(1990,1998)曾提出一个大洋水层二重交替的模式。他认为大洋的基本状态只有两种，一种称之为第一状态(Primo state)，此时纬向温度梯度变化明显，赤道相对温热，底层洋流活跃，全球海洋生产量较高，这种状态和冰室效应相对应。另一种称之为第二状态(Secundo state)，以全球变暖，纬向温度梯度变化较

弱，赤道地区相对干旱，底层洋流迟缓，大洋相对较为贫氧为特征，这种状态和温室效应相对应。这两种海洋状态的转换，则在不同程度上伴随着生物的灭绝和分异度的变化。Jeppsson(1990,1998)的这一模式预示了3个方面：①漂浮生物的分异度和丰度在第一状态(P幕)时高，而在第二状态(S幕)时低；②绝大多数严重的生物灭绝事件都发生在P幕转向S幕的时刻；③灭绝事件可以由一系列以千年为单位的米兰柯维奇周期作为时间标尺。Armstrong(1996)进一步提出*N. extraordinarius*-*N. ojsuensis*带是P幕，而*P. pacificus*带和*N. persculptus*带则分别都是S幕。当前的材料显然与这一模式不符合。扬子区的资料表明，在相当于S幕时期笔石的分异度都很高，而在相当P幕早期(赫南特早期)分异度则明显下降。Loydell(1994)和Melchin(1998)也已注意到Jeppsson的上述模式，在志留纪的大多数时期也是与实际资料不符合的。从P幕转入S幕应相当于*N. persculptus*带早期，而此时并非笔石的灭绝期，而是幸存-复苏间隔期，此时笔石的新生率甚高，而笔石动物群也具有中等的分异度。此外，根据我们数值分析的结果，奥陶纪末高灭绝率持续的时间可达到60万年，远非P幕几个米兰柯维奇周期所能代表。

本节还要讨论这一时间间隔内笔石灭绝的生物因素，因为这一方面的讨论在过去发表的论著中是相对较为薄弱的。扬子区绝大多数具小居群的器官特化属(如绝大多数具细网结构的属)都在主灭绝事件发生之前就已灭绝，只有那些器官一般化或非特化的大居群全球广布属(如*Normalograptus*和*Neodiplograptus*)才有能力冲破主灭绝和小灭绝而存活下来。Gould(1989)也认为灭绝事件中绝大多数幸存者均非生态上的特化分子。阿什极期特化的笔石有3类，一类是次生枝的特化，如*Tangyagraptus*和*Diceratograptus*，前者发育次生枝，后者笔石枝始部膨胀并部分攀合，它们灭绝于主灭绝事件发生的前夕或发生过程之中；第二类则以表皮具细网结构的笔石为代表，它们都是小居群的属，如*Pseudoretiograptus*，*Pararetiograptus*，*Yangzigraptus*，*Arachniograptus*，*Yinograptus*，*Sunigraptus*和*Paraplegmatograptus*，它们也在主灭绝幕之前或之间灭绝；第三类是具形态奇特刺状附连物的属种，如*Appendispinograptus*，它们具有大居群和全球广布的特征，它们坚持冲破了主灭绝事件，但在小灭绝之前的幸存-复苏间隔期间被淘汰。总之，具小居群和特化的笔石易被淘汰，这些特化的器官如表皮具细网结构的土著分子，对南极冰盖凝聚扩张导致的全球海水变冷缺乏抗灾能力，则不能度过这个难关。

与上述各种特化的笔石相反，那些非特化的大居群全球广布分子，如*Normalograptus*和*Neodiplograptus*，不但冲破了主灭绝事件的严峻考验，而且在其后的幸存-复苏间隔期和小灭绝事件中繁盛起来。这些属和奥陶纪的双列攀合笔石的其他属相比，惟一不同的是其始端个体发育型式的不同(Mitchell,1987)，而这种不同却很少影响到笔石的外部形态，因此奥陶纪和志留纪双列攀合笔石生物学上的差异仍然不清楚。

## 五、阿什极期笔石的生物地理分布模式

最近我们分析了阿什极期全球16个地区笔石属级和种级的分异度，发现了阿什极期的笔石动物群按分异度的不同而分布在两个生物地理大区之内(Chen *et al.*，2003)，具有中-高分异度的笔石动物群的地区，包括我国的扬子区、苏格兰南部、威尔士中部、哈萨克斯坦、俄罗斯科累马、美国内华达、加拿大极区、澳大利亚维多利亚、中国西藏申扎和马来西亚，在阿什极期都分布在低-中纬度带，其中以扬子区的笔石动物群分异度最高(图2.1.12)。最近的系统古生物研究表明，扬子区赫南特亚阶共有笔石13属、41种(Chen *et al.*，in press)。而其他一些地区，包括尼日尔、毛里塔尼亚、阿根廷、波兰、捷克波希米亚、德国图林根等沿冈瓦纳周缘地区分布的，则处于当时的中-高纬度带，并都只具有正常笔石科分子为主的低分异度笔石动物群。由于岩相的制约，在这一地带缺少赫南特亚阶以前的笔石。但就以赫南特亚阶的笔石动物群来比，这一地带也远比扬子区和其他较低纬度带地区的要低。

如果把上述16个地区，投在Boucot等(in press)及陈旭等(2001)最近根据气候敏感沉积物数据库所作出的中-晚奥陶世的全球古地理和古气候重建图上，不难发现，上述两个按阿什极笔石动物群分异度划分的笔石动物地理大区，与此期间气候纬向带的分布十分一致(图2.1.13)。所有的中-高分异度笔石动物群的分布区都在低-中纬度带的范围之内，而所有的低分异度笔石动物群的产地则都在中-高纬度带的范围之内，因此这一生物地理分布恰好说明了一种纬度梯度分布模式，包括一个低-中纬度大区(realm)和一个中-高纬度大区。这和上文中我们论述的阿什极晚期全球变冷

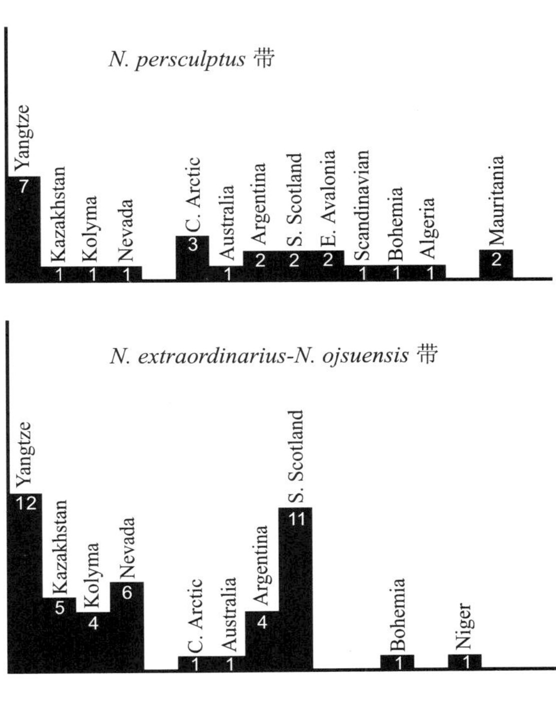


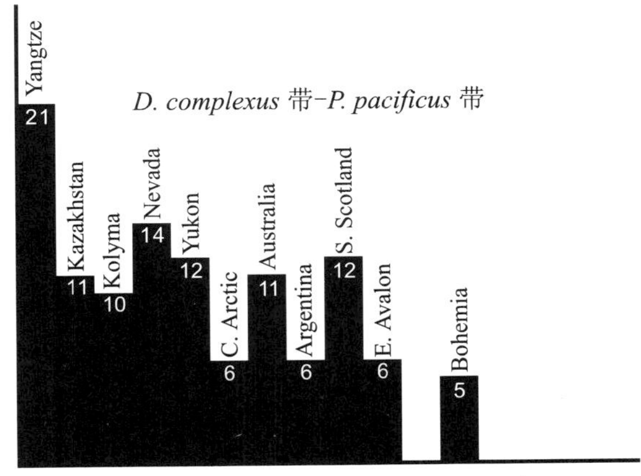


图 **2.1.12**　扬子区与世界其他地区阿什极期笔石动物群分异度的比较(据Chen Xu *et al.*，2003)
数字表示笔石属数。

Figure 2.1.12　A comparison of Ashgillian graptoloite diversities between the Yangtze and other regions around the world (after Chen Xu *et al.*，2003)
Numbers in columns indicate total numbers of genera.

导致海水降温对笔石分布起主要控制作用的意见是一致的。

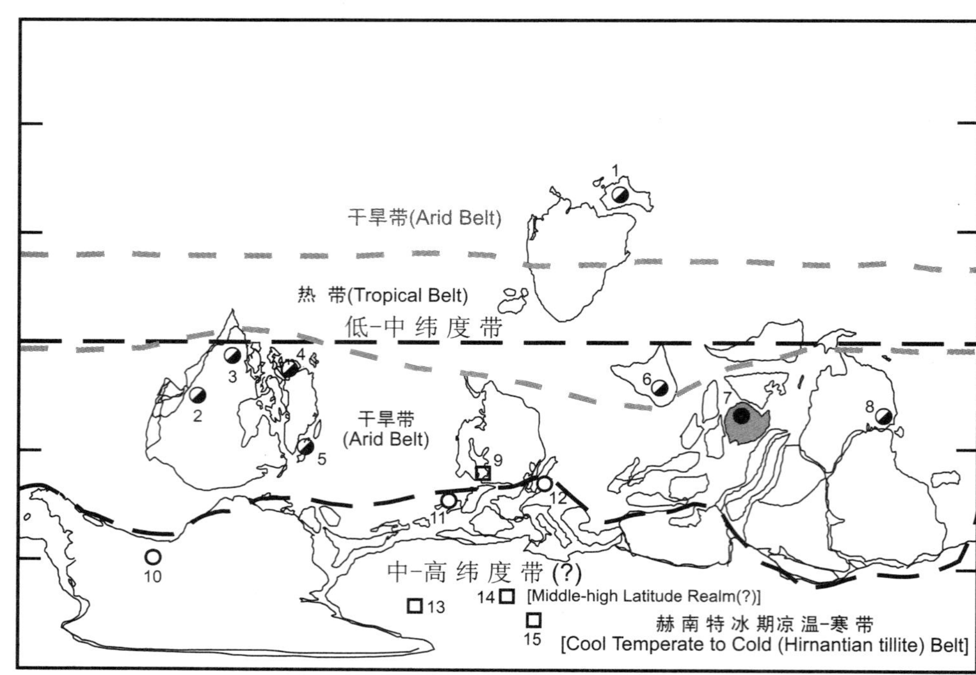


图 **2.1.13** 阿什极期两个笔石动物群大区的全球分布
所依托的中-晚奥陶世古地理和古气候重建图为 Scotese(见 Boucot *et al.*,in press)提供的。
1.俄罗斯科累马 2.美国内华达 3.加拿大育空 4.加拿大极区诸岛 5.苏格兰 6.威尔士 7.哈萨克斯坦 8.马来西亚 9.中国扬子区 10.中国西藏 11.澳大利亚维多利亚 12.阿根廷 13.德国图林根 14.捷克波希米亚和波兰 15.毛里塔尼亚 16.尼日尔

Figure 2.1.13 A global distribution of two graptolite biogeographic realms
The basic map is after Scotese (in Boucot *et al.*,in press).
1. Kolyma,Russia 2. Nevada,USA 3. Yukon,Canada 4. Canadian Arctic 5. Scotland 6. Wales 7. Kazakhstan 8. Malaysia 9. Yangtze, South China 10. Tibet, China 11. Victoria,Australia 12. Argentina 13. Thuringia,Germany 14. Bohemia and Poland 15. Mauritania 16. Niger

Finney 和 Berry(1997,1998)提出动物群分异度最高的地带是沿大陆边缘上升流作用地带分布的。他们的这一模式主要是根据美国内华达剖面资料提出的,同时他们也认为如果古海洋的水深发生变化,笔石动物群聚集区可以向内深入到陆棚区或者向外退至斜坡区或外海区。我们的资料表明,营养物质随着上升流漫淹到整个扬子地台,特别是它的盆地中央,而扬子台盆周缘阿什极期半封闭隔绝的古地理环境,更提供了地区性分子发育的古地理背景。陈旭等(1987)提出扬子台盆内五峰组中大量土著分子,特别是其中器官特化的窄布性属种的出现,是和这种特定的古地理环境密切相关的。Chen 等(2003)还指出,哈萨克斯坦有可能也属于扬子生物区(Yangtze Province)的一部分,当然这还有待于在这一地区开展更多的工作。

## 六、结论

扬子区具有阿什极期笔石辐射至集群灭绝的连续记录。奥陶纪末笔石的灭绝过程包括一个主灭绝(集群灭绝)和一个小灭绝事件以及其间的幸存-复苏间隔期。中-晚阿什极期的辐射包括许多土著分子以及该期绝大多数的全球广布分子。奥陶纪的DDO笔石动物群的绝大多数在主灭绝事件中灭绝,并最终全部灭绝于其后的小灭绝事件中。扬子区主灭绝事件在 *D. mirus* 亚带从浅水域开始,至 *N. extraordinarius*-*N. ojsuensis* 带中期达到较深水域,而其后的小灭绝事件发生于 *N. persculptus* 带末期。绝大多数地区性和器官特化的种属在主灭绝事件中灭绝。成种作用不但在阿什极辐射期中起着主导作用,而且在整个灭绝过程都存在着。在主灭绝和小灭绝事件之间难以单独分出幸存期或复苏期,而是一个幸存-复苏间隔期。DDO笔石动物群和N笔石动物群的演替发生在奥陶纪与志留纪之交,与两系的分界一致,从志留纪开始笔石动物群即进入一个全面复苏的新阶段。

阿什极期集群灭绝过程中的笔石包括4种单元类型,即灭绝分类单元、幸存分类单元、灾变先驱分类单元或劫后泛滥分类单元和新生分类单元,它们分别产生于集群灭绝全过程中的不同阶段。集群灭绝中导致笔石灭绝的物理因素主要是全球海水变冷和水层含氧量改变,生物因素主要是居群大小、笔石体是否特化以及笔石体始端的群体发育型式。

阿什极期笔石在全球范围内有两个生物地理大区,其分布受控于一种纬度梯度模式,且与笔石动物群的分异度大小有关。扬子区是一个独立的生物区。

**致 谢** 本文由国家重点基础研究发展规划(G2000077703)资助。在野外工作中得到戎嘉余、张元动、詹仁斌、王怿、李越、李荣玉等同事的大力协助。宜昌地质矿产研究所汪啸风所长提供我们在宜昌地区工作的方便,贵州桐梓、湄潭、松桃、沿河、仁怀和四川长宁各县政府提供在上述各县野外工作时的各种方便条件。本文初稿完成于美国马萨诸塞州哈佛镇和纽约州立大学地质系,戎嘉余仔细阅读文稿,并提出宝贵意见。此外,著者要感谢美国J. & J. Enterprise提供在美期间的工作条件。

## 参考文献

Armstrong H A. 1996. Biotic recovery after mass extinction: the role of climate and ocean-state in the post-glacial (Late Ordovician-Early Silurian) recovery of the conodonts. In: Hart M B, ed. Biotic Recovery from Mass Extinction Events. Geological Society Special Publication, 102: 105～117

Apollonov M K, Bandaletov S M, Nikitin J F. 1980. The Ordovician-Silurian Boundary in Kazakhstan, "Nauka" Kazakhstan SSR Publishing House. 1～232(in English)

Barnes D R, Bergstrom S M. 1988. Conodont biostratigraphy of the Uppermost Ordovician and Lowermost Silurian. In: Cocks L R M, Rickards R B, eds. A Global Analysis of the Ordovician-Silurian boundary. Bulletin of the British Museum (Natural History), Gology, 43: 325～344

Bergstrom S M. 1998. Conodont species diversity changes through the Ordovician: A comparison between Baltoscandia and North America. In: Rong Jiayu, Zhou Zhiyi, Chen Xu, eds. Abstracts and Programme for International Symposium on the Great Ordovician Biodiversification Event (IGCP Project No. 410). Palaeoworld, 10: 9～10

Berry W B N. 1996. Recovery of post-Late Ordovician extinction graptolites: a western North American perspective. In: Hart M B, ed. 1996. Biotic Recovery from Mass Extinction Events. Geological Society Special Publication, 102: 119～126

Boucot A J, Chen Xu, Scotese C R. Preliminary Compilation of Cambrian through Miocene Climatically Sensitive Deposits. in press

Brenchley P J. 1984. Late Ordovician Extinctions and their Relationship to the Gondwana Glaciation. In: Brenchley P J, ed. Fossils and Climate, 14: 291～315

Brenchley P J, Newall G. 1984. Late Ordovician environmental changes and their effect on faunas. In: Bruton D L, ed. Aspects of the Ordovician System. Palaeontological Contributions from the University of Oslo 295. Universitetsforlaget. 65～79

Brenchley P J, Storch P. 1989. Environmental changes in the Hirnantian (upper Ordovician) of the Prague Basin, Czechoslovakia. Geological Journal, 24: 165～181

Briggs D E G, Fortey R A, Clarkson E N K. 1988. Extinction and fossil record of the arthropods. In: Larwood G P, ed. Extinction and Survival in the Fossil Record, Systematics Association Special Volume, 34. Oxford: Clarendon Press. 171～209

Boucot A J. Chen Xu, Scotese C R. Preliminary Compilation of Cambrian through Miocene Climatically Sensitive Deposits. in press

Chen Shu'e, Xu Andong, Chen Hanjun. 1994. Ashgillian graptolite strata (Wufeng Formation) of Fucheng, Nanzheng, Southern Shaanxi. In: Chen Xu, B-D Erdtmann, Ni Yu'nan, eds. Graptolite Research Today. Nanjing: Nanjing University Press. 174～179

Chen Xu. 1990. Graptolite Depth Zonation. Acta Palaeontologica Sinica, 29(5): 507～526 (in Chinese with English summary)[陈旭. 1990. 论笔石的深度分带. 古生物学报, 29(5): 507～526]

Chen Xu, Fan Junxuan, Melchin M J, Mitchell C E. in press. Graptolites of the Hirnantian Substage (latest Ordovician) from the Upper Yangtze region, China. Palaeontology

Chen Xu, Lenz A C. 1984. Correlation of Ashgill Graptolite faunas of Central China and Arctic Canada, with a Description of *Diceratograptus* cf. *mirus* Mu from Canada. In: Nanjing Institute of Geology and Palaeontology, Academia Sinica, ed. Stratigraphy and Palaeontology of Systemic Boundaries in China, Ordovician-Silurian Boundary, 1. Hefei: Anhui Science and Technology Publishing House. 247～258

Chen Xu, Li Jijin, Geng Liangyu, Qiu Jinyu, Ni Yu'nan, Yang Xuechang. 1988. Silurian of Lower Yangtze Region, Jiangsu. In: Academy of Geological Sciences, Jiangsu Bureau of Petroleum Prospecting, Nanjing Institute of Geology and Palaeontology, Chinese Academy of Sciences, eds. Sinian-Triassic Biostratigraphy of the Lower Yangtze Peneplatform in Jiangsu Region. Nanjing: Nanjing University Press. 127～168 (in Chinese)[陈旭，李积金，耿良玉，丘金玉，倪寓南，杨学长. 1988. 江苏下扬子地区的志留系. 见：江苏石油勘探局地质科学研究院，中国科学院南京地质古生物研究所编著. 江苏地区下扬子准地台震旦纪-三叠纪生物地层. 南京：南京大

学出版社. 127～168]

Chen Xu, Melchin M J, Fan Junxuan, Mitchell C E. 2003. Ashgillian graptolite fauna of the Yangtze region and the biogeographical distribution of diversity in the latest Ordovician. Bulletin of Geological Society of France, 174(2): 141～148

Chen Xu, Rong Jiayu. 1990. Concepts and analysis of mass extinction with the late Ordovician event as an example. Chinese version. In: Rong Jiayu, Feng Zongjie, Wu Tongjia, eds. Proceeding of Theoretical Paleontology. Nanjing: Nanjing University Press. 91～120 (in Chinese)[陈旭，戎嘉余. 1990. 集群灭绝的基本概念及奥陶纪晚期的实例剖析. 见：戎嘉余，方宗杰，吴同甲主编. 理论古生物文集. 南京：南京大学出版社. 91～120]

Chen Xu, Rong Jiayu. 1991. Concepts and analysis of mass extinction with the late Ordovician event as an example. Historical Biology, 5: 107～121

Chen Xu, Rong Jiayu, Fan Junxuan, Zhan Renbin, Zhang Yuandong, Wang Zhihao, Wang Zongzhe, Li Rongyu, Wang Yi, Mitchell C E, Harper D A T. 2000. Biostratigraphy of the Hirnantian Substage from the Yangtze region. Journal of Stratigraphy, 24(3): 169～175 (in Chinese with English abstract)[陈旭,戎嘉余,樊隽轩,詹仁斌,张元动,王志浩,王宗哲,李荣玉,王怿,米切尔(C. E. Mitchell),哈帕尔(D. A. T. Harper). 2000. 扬子区奥陶纪末赫南特亚阶的生物地层学研究. 地层学杂志, 24(3): 169～175]

Chen Xu, Rong Jiayu, Mitchell C E, Harper D A T, Fan Junxuan, Zhang Yuandong, Wang Zhihao, Wang Zhongzhe, Wang Yi. 1999. Stratigraphy of the Hirnantian Substage from Wangjiawan, Yichang, W. Hubei and Honghuayuan, Tongzi, N. Guizhou, China. Acta Universitatis Carolinae-Geologica, 43(1/2): 233～236

Chen Xu, Rong Jiayu, Mitchell C E, Harper D A T, Fan Junxuan, Zhan Renbin, Zhang Yuandong, Li Rongyu, Wang Yi. 2000. Late Ordovician to earliest Silurian graptolite and brachiopod biozonation from the Yangtze region, South Chian with a global correlation. Geological Magazine, 137(6):623～650

Chen Xu, Ruan Yiping, Boucot A J, eds. 2001. Paleozoic Climatological Evolution of China. Beijing: Science Press. 1～325 (in Chinese)[陈旭,阮亦萍,布科主编. 2001. 中国古生代气候演变. 北京：科学出版社. 1～325]

Chen Xu, Xiao Chengxie, Chen Hongye. 1987. Wufenian (Ashgillian) graptolite faunal differentiation and Anoxic environment in South China. Acta Palaeontologica Sinica, 26(3): 326～344 (in Chinese with English summary)[陈旭,肖承协,陈洪冶. 1987. 华南五峰期笔石动物群的分异及缺氧环境. 古生物学报,26(3): 326～344]

Chen Xu, Zhang Yuandong. 1995. The Late Ordovician Graptolite Extinction in China. Modern Geology, 20(1): 1～10

Copper P. 2001. Evolution, radiation, and extinction in Proterozoic to Mid-Paleozoic Reefs. In: Stanley G D, Jr, ed. The History and Sedimentology of Ancient Reef System. Kluwer Academic/Plenum Publishers. 89～120

Cuvier G. 1812. Recherches sur les ossemen fossiles, discourse preliminaire.

Darwin C. 1859. On the Origin of Species by Means of Natural Selection. London: John Murray

Droser M L, Bottjer D J, Sheehan P M, McGhee G R, Jr. 2000. Decoupling of taxonomic and ecologic severity of Phanerozoic marine mass extinctions. Geology, 28(8): 675～678

Eldredge N. 1971. The allopatric model and phylogeny in Paleozoic invertebrates. Evolution. 25: 156～167

Eldredge N, Gould S L. 1972. Punctuated equilibria: an alternative to phyletic gradualism. In:Schopf T M, ed. Models in Paleobiology. San Francisco. 82～115

Fan Juanxuan. 1998. Studies on the Hirnantian graptolite fauna of Late Ordovician of Yichang with morphometric analysis of some normalograptids. Dissertation for Master, Nanjing Institute of Geology and Palaeontology, Chinese Academy of Sciences, 1～81 (in Chinese with English abstract) [樊隽轩. 1998. 宜昌奥陶纪末期赫南特亚阶的笔石及正常笔石类的形态统计分析:硕士论文. 中国科学院南京地质古生物研究所. 1～81]

Fan Junxuan, Chen Xu, Melchin M J, Sheets H D, Mitchell C E. 2004. Biodiversity, extinction and origination rates during the latest Ordovician graptolite extinction based on the data from South China. In: This book. Hefei: University of Science and Technology of China Press. [樊隽轩, 陈旭, 麦尔钦, 希兹, 米切尔. 2004. 华南奥陶纪末大灭绝前后笔石分异度、新生率与灭绝率的数值分析. 见:本书. 合肥:中国科学技术大学出版社]

Fan Junxuan, Chen Xu, Zhang Yuandong . 2002. Quantitative biostratigraphy of Upper Ordoivician to lowest Silurian on the Yangzte platform and the design of SinoCor 2. 0, software for graphic correlation. Memoirs of the Association of Australasian Palaeontologists, 27:53～58

Finney S C, Berry W B N. 1997. New perspectives on graptolite distributions and their use as indicators of platform margin dynamics. Geology, 25: 919～922

Finney S C, Berry W B N. 1998. An actualistic model of graptolite biogeography. Coleccion Temas Geologico-Mineros, 23: 183～185

Finney S C, Berry W B N, Cooper J D, Ripperdan R L, Sweet W C, Jacobson S R, Soufiane A, Achab A, Noble P J. 1999. Late Ordovician mass extinction: A new perspective from stratigraphic sections in central Nevada. Geology, 27(3): 215～218

Fortey R A, Owens R M, Rushton A W A. 1989. The palaeogeographic position of the Lake District in the Early Ordovician. Geological Magazine, 126(1): 9～17

Fu Lipu, Song Lishen. 1986. Stratigraphy and Palaeontology of Silurian in Ziyang Region, Shaanxi (Transitional Belt). Bulletin of Xi'an Institute of Geology and Mineral Resources, Chinese Academy of Geological Sciences, 14: 1～198 (in Chinese with English summary)[傅力浦, 宋礼生. 1986. 陕西紫阳地区(过渡带)志留纪地层及古生物. 中国地质科学院西安地质矿产研究所所刊, 14: 1～198]

Ge Meiyu. 1984. The Graptolite Fauna of the Ordovician-Silurian Boundary Section in Yuqian, Zhejiang. In: Stratigraphy and Palaeontology of Systemic Boundaries in China, Ordovician-Silurian boundary, 1. Hefei: Anhui Science and Technology Publishing House. 389～454

Goodfellow W D, Nowlan G S, McCracken A D, Lenz A C, Gregoire D C. 1992. Geochemical anomalies near the Ordovician-Silurian boundary, northern Yukon Territory, Canada. Historical Biology, 6: 1～23

Gould S J. 1977. Ever Since Darwin —Reflections in Natural History. American Museum of Natural History. 程树德译. 1995. 达尔文大震撼——听听古尔德怎么说. 台北:台北天下文化出版公司. 1～427

Gould S J. 1989. Wonderful Life: The Burgess Shale and the Nature of History. New York: Norton. 1～347

Grahn Y. 1988. Chitinozoan stratigraphy in the Ashgill and Llandovery. In: Cocks L R M, Rickards R B, eds. A Global Analysis of the Ordovician-Silurian boundary. Bulletin of the British Museum (Natural History), Geology, 43: 317～324

Hallam A, Wignall P B. 1997. Latest Ordovician extinctions: one disaster after another. In: Hallam A, Wignall P B, eds. Mass Extinctions and Their Aftermath. Oxford University Press. 39～61

Hallock P. 1997. Reefs and reef limestones in earth history. In: Birkeland C, ed. Life and death of coral reefs. New York: Chapman and Hall. 13～42

Harris P J. 1995. Recovery from mass extinction. Palaios, 10(4): 289～290

Jablonski D. 1986. Causes and Consequences of Mass Extinctions: A Comparative Approach. In:

Elliott D K, ed. Dynamics of Extinction, 10: 183～229

Jeppsson L. 1990. An oceanic model for lithological and faunal changes tested on the Silurian record. Journal of the Geological Society, London, 147:663～674

Jeppsson L. 1998. Silurian oceanic events: summary of general characteristics. In: Landing E, Johnson M E, eds. Silurian Cycles: Linkages of Dynamic Stratigraphy with Atmospheric, Oceanic and Tectonic Changes. New York State Museum Bulletin, 491: 239～257

Kaljo D L, Boucot A J, Corfield R M, Herisse A L, Koren T N, Kriz T N, Mannik P, Marss T, Nestor V, Shaver R H, Siveter D J, Viira V. 1996. Silurian Bio-Events. In: Walliser O H, ed. Global Events and Event Stratigraphy in the Phanerozoic. Heidelberg: Springer-Verlag. 173～224

Kaljo D L, Klaamann, E R. 1973. Ordovician and Silurian corals. In: Hallam A, ed. Atlas of palaeobiogeography. Amsterdam: Elsevier. 37～45

Kauffman E G, Harris P J. 1996. The importance of crisis progenitors in recovery from mass extinction. In:Hart M B, ed. Biotic Recovery from Mass Extinction Events. Geological Society Special Publication, 102: 15～39

Koren T N. 1991. Evolutionary crisis of the Ashgill graptolites. In: Barnes C R, Williams S H, eds. Advances in Ordovician Geology. Geological Survey of Canada, Paper 90-9: 157～164

Koren T N, Bjerreskov M. 1999. The generative phase and the first radiation event in the Early Silurian monograptid history. Palaeogeography, Palaeoclimatology, Palaeoecology, 154: 3～9

Lenz A C. 1977. Some Pacific faunal province graptolites from the Ordovician of Northern Yukon, Canada. Canadian Journal of Earth Sciences, 14: 1 946～1 952

Lenz A C, McCracken A D. 1988. Ordovician-Silurian boundary, northern Yukon. In: Cocks L R M, Rickards R B, eds. A global analysis of the Ordovician-Silurian boundary. Bulletin British Museum (Natural History), Geology, 43: 265～271

Li Jijin. 1984. Graptolites from the Xinling Formation (Upper Ordovician) of South Anhui. Memoirs of Nanjing Institute of Geology and Palaeontology, Chinese Academy of Sciences, 20: 145～194 (in Chinese with English abstract)[李积金. 1984. 皖南上奥陶统新岭组的笔石. 中国科学院南京地质古生物研究所集刊, 20: 145～194]

Li Jijin, Ge Meiyu. 1981. Development and systematic position of Akidograptids. Acta Palaeontologica Sinica, 3: 225～235 [李积金,葛梅钰. 1981. 尖笔石类的发育型式及其系统分类位置. 古生物学报,3:225～230]

Lin Baoyu, Zou Xinhu. 1980. Some Middle Ordovician corals from Jiangshan County, Zhejiang. Bulletin of the Chinese Academy of Geological Sciences, 3. Beijing: Geological Publishing House. 108～208 (in Chinese with English summary)[林宝玉,邹鑫祜. 1977. 浙赣地区晚奥陶世床板珊瑚、日射珊瑚及其地层意义. 地层古生物论文集, 3. 北京:地质出版社. 108～208]

Liu Yiren, Fu Hanying. 1984. Graptolites from the Wufeng Formation (Upper Ordovician) of Anhua, Hunan. Acta Palaeontologica Sinica, 23(5): 642～649(in Chinese with English abstract)[刘义仁, 傅汉英. 1984. 湖南安化上奥陶统五峰组 *Tangyagraptus typicus-Yinograptus disjunctus* 带(W3)的笔石. 古生物学报, 23(5): 642～649]

Liu Diyong, Chen Xu, Zhang Tairong. 1964. Early Paleozoic rocks of Nanjiang, northern Sichuan. Memoir of the Nanjing Institute of Geology and Palaeontology, Academia Sinica 1: 161～170[刘第墉, 陈旭, 张太荣. 1964. 四川北部南江早古生代地层. 中国科学院南京地质古生物研究所集刊, 1: 161～170]

Loydell D K. 1994. Early Telychian changes in graptoloid diversity and sea level. Geological Journal, 29:355～368

Marek L. 1955. *Glyptograptus bohemicus* n. sp. from the Kosov Beds (Ashgillian). Sbornik Ustredniho Ustavu Geologickeho, Svazek, 21: 1～10

Melchin M J. 1998. Morphology and Phylogeny of some early Silurian 'Diplograptid' genera from Cornwallis Island, Arctic Canada. Palaeontology, 41(2):263～315

Melchin M J, Mitchell C E. 1991. Late Ordovician extinction in the Graptoloidea. In: Barnes C R, Williams S H, eds. Advances in Ordovician Geology. Geological Survey of Canada, Paper 90-9: 143～156

Mitchell C E. 1987. Evolution and phylogenetic classification of the Diplograptacea. Palaeontology, 30 (2): 353～405

Mu Enzhi. 1945. Graptolite faunas from the Wufeng Shale. Bulletin of the Geological Society of China, 25. 201～209

Mu Enzhi. 1954. On the Wufeng Shale. Acta Palaeontologica Sinica, 2(2):153～170 (in Chinese)[穆恩之. 1954. 论五峰页岩. 古生物学报, 2(2): 153～170]

Mu Enzhi, Li Jijin, Ge Meiyu, Chen Xu, Lin Yaokun, Ni Yunan. 1993. Upper Ordovician Graptolites of Central China region. Palaeontologia Sinica, B29: 1～393 (in Chinese with English summary) [穆恩之,李积金,葛梅钰,陈旭,林尧坤,倪寓南. 1993. 华中区上奥统笔石. 中国古生物志, 新乙种 29 号, 1～393]

Mu Enzhi, Ni Yunan. 1983. Uppermost Ordovician and lowermost Silurian graptolites from the Xainza area of Xizang (Tibet) with discussion on the Ordovician-Silurian boundary. Palaeontologia Cathyana, 1: 155～179

Mu Enzhi, Qian Yiyuan, Chen Xu, Wang Yigang, Zou Xiping. 1965. Lower Palaeozoic rocks and fossils from Emeishan, Chengkou and the Weiji boring hole, Sichuan(in Chinese)[穆恩之,钱义元,陈旭,王义刚,邹西平. 1965. 四川峨眉山、城口、威基井下古生代地层及化石图谱. 中国科学院南京地质古生物研究所, 四川石油管理局(内刊)]

Mu Enzhi, Zhu Zhaoling, Chen Junyuan, Rong Jiayu. 1978. Ordovician near Shuanghe, Changning, Sichuan. Acta Stratigraphica Sinica, 2(2): 105～121(in Chinese)[穆恩之,朱兆玲,陈均远,戎嘉余. 1978. 四川长宁双河附近奥陶纪地层. 地层学杂志, 2(2): 105～121]

Mu Enzhi, Zhu Zhaoling, Lin Yaokun, Wu Hongji. 1984. The Ordovician-Silurian boundary in Yichang, Hubei. Stratigraphy and Palaeontology of Systemic Boundaries in China, Ordovician-Silurian Boundary, 1. Hefei: Anhui Science and Technology Publishing House. 15～44

Nanjing Institute of Geology and Palaeontology, Chinese Academy Sciences, ed. 1974. A Handbook of Stratigraphy and Palaeontology in Southwest China. Bejing: Science Press. 1～454 (in Chinese) [中国科学院南京地质古生物研究所. 1974. 西南地区地层古生物手册. 北京: 科学出版社. 1～454]

Owen A W, Harper D A T, Rong Jiayu. 1991. Hirnantian trilobites and brachiopods in space and time. In: Barnes C R, Williams S H, eds. Advances in Ordovician Geology. Geological Survey of Canada, Paper 90-9: 179～190

Raup D M, Sepkoski J J. 1982. Mass extinction in the marine fossil record. Science, 215: 1 501～1 503

Rong Jiayu, Chen Xu. 1986. A big event of latest Ordovician in China. In: Walliser O H, ed. Lecture Notes in Earth Sciences, Global Bio-Events. Heidelberg: Springer-Verlag. 127～132

Rong Jiayu, Chen Xu, Harper D A T. 2002. The latest Ordovician *Hirnantia* Fauna (Brachiopoda) in time and space. Lethaia, 35: 231～249

Rong Jiayu, Fang Zongjie, Chen Xu, Chen Jinhua, Liao Weihua, Sun Dongli, Zhan Renbin, Shen Jianwei, Tong Jinnan. 1996. Biotic Recovery—First Episode of Evolution after Mass Extinction. Acta Palaleontologica Sinica, 35(3): 259～271 (in Chinese with English summary)[戎嘉余,方宗杰,陈旭,陈金华,廖卫华,孙东立,詹仁斌,沈建伟,童金南. 1996. 生物复苏——大灭绝后生物演化历史的第一幕. 古生物学报, 35(3): 259～271]

Rong Jiayu, Harper D A T. 1988. A global synthesis of the latest Ordovician Hirnantian brachiopod faunas. Transactions of the Royal Society of Edinburgh: Earth Science, 79: 383～402

Rong Jiayu, Harper D A T. 1999. Brachiopod survival and recovery from the latest Ordovician mass extinction in South China. Geological Journal, 34: 321～348

Rong Jiayu, Xu Hankui. 1987. Terminal Ordovician *Hirnantia* fauna of the Xainza district, Northern Xizang. Bulletin of Nanjing Institute of Geology and Palaeontology, Academia Sinica, 11:1～20 (in Chinese with English summary)[戎嘉余,许汉奎. 1987. 申扎晚奥陶世腕足类. 中国科学院南京地质古生物研究所丛刊,11:1～20]

Rong Jiayu, Zhan Renbin. 1999. Chief sources of brachiopod recovery from the end Ordovician mass extinction with special references to progenitors. Science in China (Series D), 42(1): 1～8 (in Chinese)[戎嘉余,詹仁斌. 1999. 奥陶纪末集群灭绝后腕足动物复苏的主要源泉——论先驱型生物的分类. 中国科学(D辑), 29(3): 232～239]

Sheehan P M, Coorough P J. 1990. Brachiopod zoogeography across the Ordovician-Silurian extinction event. In: McKerrow W S, Scotese C R, eds. Palaeozoic palaeogeography and biogeography. Geological Society Memoir, 12: 181～187

Signor P W, Lipps J H. 1982. Sampling bias, gradual extinction patterns and catastrophes in the fossil record. Geological Society of America Special Paper, 190:291～296

Stanley S M. 1979. Macroevolution: Pattern and Process. San Francisco: W. H. Freeman

Stanley S M, Yang X. 1994. A Double Mass Extinction at the End of the Paleozoic Era. Science, 266: 1 340～1 344

Storch P, Loydell D K. 1996. The Hirnantian Graptolites *Normalograptus persculptus* and "*Glyptograptus*" *bohemicus*: Stratigraphical consequences of their synonymy. Palaeontology, 39 (4): 869～881

Walliser O H. 1996. Patterns and causes of global events. In: Walliser O H, ed. Global Event Stratigraphy in the Phanerozoic. Berlin, New York: Springer-Verlag. 7～20

Wang Xiaofeng, Jin Yuqin, Wu Zhaotong, Fu Hanying, Li Zuocong, Ma Guogan. 1978. Graptolites of Central-South China. In: Handbook of Palaeontological Atlas of Central South China, Part 1: Early Paleozoic. Beijing: Geological Publishing House. 266～371(in Chinese)[汪啸风,金玉琴,吴兆同,傅汉英,黎作聪,马国干. 1978. 笔石纲. 见:中南地区古生物图册(一). 北京: 地质出版社. 266～371]

Williams S H. 1982. The late Ordovician graptolite fauna of the Anceps Bands at Dob's Linn, southern Scotland. Geologica et Palaeontologica, 16: 29～56

Yu Jianhua, Fang Yiting, Liang Shijing, Liu Huaibao. 1984. On the Ordovician-Silurian Boundary in Wuning County, Jiangxi Province. Journal of Nanjing University (Natural Sciences), (3): 533～542(in Chinese with English abstract)[俞建华,方一亭,梁诗经,刘怀宝. 1984. 江西武宁奥陶系与志留系界线. 南京大学学报(自然科学版), (3): 533～542]

Yu Jianhua, Fang Yiting, Zhang Daliang. 1986. The Ordovician-Silurian Boundary in Xixiang, S. Shaanxi. Journal of Nanjing University (Natural Sciences), 22(2): 475～488 (in Chinese with English summary)[俞建华,方一亭,张大良. 1986. 陕西西乡三郎铺奥陶系与志留系界线剖面. 南京大学学报(自然科学版), 22(2): 475～488]

Zhang Quanzhong, Jiao Shiding. 1985. New advance of the Silurian of Tangshan area, Nanjing. Bulletin of Nanjing Institute of Geology and Mineral Resources, Chinese Academy of Geological Sciences, 6(2): 97～111 (in Chinese)[张全忠, 焦士鼎. 1985. 南京汤山地区志留系的新进展. 中国地质科学院南京地质矿产研究所所刊, 6(2): 97～111]

Zhang Quanzhong, Qiu Hongan, Jiao Shiding, Xu Xiaomei, Guo Peixia. 1966. Ordovician rocks of Hexian, Anhui. Journal of Stratigraphy, 1(1): 47～64 (in Chinese)[张全忠,仇洪安,焦世鼎,徐

晓梅，郭佩霞. 1966. 安徽省和县奥陶纪地层. 地层学杂志，1(1)：47～64]

Zhang Wentang, Xu Hankui, Chen Xu, Chen Junyuan, Yuan Kexing, Lin Yaokun, Wang Jungeng. 1964. Ordovician of Northern Guizhou. In: Nanjing Institute of Geology and Palaeontology, Chinese Academy of Sciences, ed. Palaeozoic rocks from Northern Guizhou. 33～78 (in Chinese) [张文堂，许汉奎，陈旭，陈均远，袁克兴，林尧坤，王俊庚. 1964. 贵州北部的奥陶系. 见：中国科学院南京地质古生物研究所编. 黔北地层现场会议，贵州北部的古生代地层. 33～78]

Zhu Zhaoling, Ge Meiyu, Xu Hankui, Yuan Kexing, Liu Yingkai, Li Yuzhong, Su Liangyou, He Tinggui, Wang Zhaoxi, Li Xizhang, Miao Zuogui, Ma Chunfa, Li Caishun. 1977. Early Paleozoic rocks from Chengkou area of Sichuan. Stratigraphy and Palaeontology, 5: 1～64 (in Chinese)[朱兆玲，葛梅钰，许汉奎，袁克兴，刘应楷，李豫忠，苏良友，何廷贵，王兆熙，李锡章，苗作贵，马春发，李财舜. 1977. 四川城口地区早古生代地层. 地层古生物(内刊)，5：1～64]

## 附录 2.1.1 扬子区阿什极期笔石属种名录及对照

穆恩之等(1993)出版古生物志《华中区上奥陶统笔石》后，引起国内外笔石工作者的广泛注意。由于此作初稿完成于 20 世纪 60 年代，穆恩之院士又不幸过早辞世而去，因此一些笔石属种的分类需要重新厘定。我们只是提出自己的方案，仅供各位原著者及国内外同行参考。表中的 Dc 代表 *Dicellograptus complexus* 带；U-Tt 代表 *Paraorthograptus pacificus* 带下部的未命名带和中部的 *Tangyagraptus typecus* 亚带；Dm 代表 *P. pacificus* 带上部的 *Diceratograptus mirus* 亚带；Neo 代表 *Normalograptus extraordinarius-N. ojsuensis* 带；Np 代表 *Normalograptus persculptus* 带。

| 修正后的种名 | Mu *et al*. (1993)的原种名 | 笔石带 | | | | |
|---|---|---|---|---|---|---|
| | | Dc | U-Tt | Dm | Neo | Np |
| *Pleurograptus* | | | | | | |
| *P. lui* Mu | *P. lui* Mu | + | + | | | |
| *Leptograptus* | | | | | | |
| *L. macer* Elles and Wood | *L. macer* Elles and Wood | + | + | | | |
| *L. planus* Chen | *L. planus* Chen | + | + | | | |
| *L. annectans amplectens* Ruedemann | *L. annectans amplectens* Ruedemann | + | | | | |
| *L. extremus* Mu and Zhang | *L. extremus* Mu and Zhang | + | + | | | |
| *Dicellograptus* | | | | | | |
| *D. graciliramosus* Yin and Mu | *D. graciliramosus* Yin and Mu | + | + | + | | |
| | *L. transformis* Chen | + | | | | |
| *D. tenuiculus* Mu *et al*. | *D. tenuiculus* Mu *et al*. | + | + | | | |
| *D.* cf. *complanatus* Lapworth | *D.* sp. cf. *D. complanatus* Lapworth | + | + | | | |
| *D. complanatus arkansaensis* Ruedemann | *D. complanatus arkansaensis* Ruedemann | + | + | | | |
| *D. ornatus* Elles and Wood | *D. ornatus* Elles and Wood | + | + | + | | |
| | *D. excavatus* Mu | + | + | | | |

续表

| 修正后的种名 | Mu *et al*. (1993)的原种名 | 笔石带 | | | | |
|---|---|---|---|---|---|---|
| | | Dc | U-Tt | Dm | Neo | Np |
| *D. mirabilis* Mu and Chen | *D. mirabilis* Mu and Chen | | + | + | | |
| *D. acanthodus* Li | *D. acanthodus* Li | + | | | | |
| *D. tumidus* Chen | *D. tumidus* Chen | | + | | | |
| *D. turgidus* Mu | *D. turgidus* Mu | + | | | | |
| *D. complexus* Davies | *D. szechuanensis* Mu | + | + | | | |
| *D.* sp. cf. *D. complexus* Davies | *D.* cf. *complexus* Davies | + | | | | |
| *D. anceps* (Nicholson) | *D. anceps* (Nicholson) | + | + | | | |
| | *D. brevis* Mu and Chen | + | | | | |
| *Diceratograptus* | | | | | | |
| *D. mirus* Mu | *D. mirus* Mu | | | + | + | |
| *Tangyagraptus* | | | | | | |
| *T. typicus* Mu | *T. typicus* Mu | | + | | | |
| *T. gracilis* Mu and Chen | *T. gracilis* Mu and Chen | | + | | | |
| *T. flexilis* Mu and Chen | *T. flexilis* Mu and Chen | | + | | | |
| *T. remotus* Mu and Chen | *T. remotus* Mu and Chen | | + | | | |
| *T.* ? *grandis* Mu and Chen | *T.* ? *grandis* Mu and Chen | | + | | | |
| *Diplograptus* | | | | | | |
| *D. ostreatus* Lin | *D. ostreatus* Lin | + | | | | |
| *Normalograptus* | | | | | | |
| *N. laciniosus* (Churkin and Carter) | *D. acutus* Lin | | | | + | + |
| | *D. carcharus* Lin | | | | + | |
| | *G. gracilis* Ge | | | | + | |
| | *G. mirus* Mu and Lin | | | | + | |
| *N. ojsuensis* (Koren and Mikhailova) | *Diplograptus bohemicus* (Marek) | | | | ++ | |
| | *Diplogr. wangcangensis* Mu and Li | | | | + | |
| | *Diplogr. vicatus* Lin (pars) | | | | + | |
| | *Glyptogr.* sp. | | | | + | |
| *N.* sp. | *Climacograptus angustatus* *Ekstrom* Ge(1993) | + | + | | | |
| | *C. celsus* Ekstrom, Ge (1993) | + | + | | | |
| *N. angustus*(Perner) | | | | | | |
| | *Glyptograptus salignus* Lin | | | | + | |
| | *C. miserabilis* Elles and Wood | + | + | | | |

续表

| 修正后的种名 | Mu *et al*. (1993)的原种名 | 笔石带 | | | | |
|---|---|---|---|---|---|---|
| | | Dc | U-Tt | Dm | Neo | Np |
| | *C. pygmaeus* Ruedemann, Ge (1993) | + | | | | |
| *N. ? spicatus* (Ge) | *C. spicatus* Ge | + | | | | |
| | *G. salignus* Lin | | | | + | |
| *N. tatianae* (Keller) | *C. tatianae* Keller | | + | + | + | |
| *N. extraordinarius* (Sobolevskaya) | *Diplogr. orientalis* Mu *et al*. | | | | + | |
| *N.* ? sp. | *C. raricaudatus* Ross and Berry, Ge (1993) | + | + | | | |
| | *C. corneus* Ge | + | + | | | |
| *Amplexograptus* | | | | | | |
| *A. mutabilis* Mu and Lin | *A. mutabilis* Mu and Lin | + | | | | |
| *A. latus* Elles and Wood | *A. regularis* Mu and Lin | + | + | + | + | cf. |
| | *A. disjunctus yangtzensis* Mu and Lin (pars) | + | | | | |
| | *A. inuiti* (Cox) | + | | | | |
| | *A. suni* (Mu) | + | + | | | |
| *A.* sp. nov. | *A. gansuensis yichangicus* Mu and Lin (pars) | + | | | | |
| *Pseudoclimacograptus* | | | | | | |
| *Pseudoclimacograptus chiai* (Mu) | *Amplexograptus hubeiensis* Mu and Lin | + | + | | | |
| | *Pseudoclimacograptus yilingensis* Mu and Lin | + | | | | |
| | *Pseudocli. arcanus* Lin | + | | | | |
| | *Climacogr. chiai* Mu | + | | | | |
| *Climacograptus* | | | | | | |
| *C. ? hastatus* (T. S. Hall) | *C. hastatus* T. S. Hall | + | + | + | + | + |
| | *C. hastatus finis* Ge | + | + | + | | |
| | *C. hastatus tentaculatus* Ge | + | + | + | | |
| | *C. hastatus tumidulus* Ge | | + | | | |
| | *C.* cf. *tridentatus* Lapw. | + | | | | |
| | *C. acutus* Ge | + | + | | | |
| | *C. abnormispinus* Ge | + | | | | |
| | *C. yingpanensis* Ge | + | | | | |
| | *C. ? hastatus vesicicaulis* (Ge) *C. vesicicaulis* Ge | + | + | + | | |
| | *C. tubuliferus* Lapworth | + | + | + | | |
| *Appendispinograptus* | | | | | | |

续表

| 修正后的种名 | Mu *et al*. (1993)的原种名 | 笔石带 | | | | |
|---|---|---|---|---|---|---|
| | | Dc | U-Tt | Dm | Neo | Np |
| *A. longispinus hvalross* (Ross and Berry) | *Climacogr. bellulus* Mu and Zhang (pars.) | + | + | + | + | |
| | *C. bicornis* (Hall), Ge 1993 | + | | | | |
| | *C. longispinus* T. S. Hall (pars.) | | + | + | | |
| | *C. xintanensis* Ge | + | + | | | |
| | *C.* cf. *hvalross* Ross and Berry | + | | | | |
| | *C. textilis* Ge | + | | | | |
| | *C. textilis yichangensis* Ge | + | + | | | |
| *A. hubeiensis* (Ge) | *C. hubeiensis* Ge | + | + | + | + | |
| | *C. hanyuanensis* Ge | + | | | | |
| *A. supernus* (Elles and Wood) | *C. supernus* Elles and Wood | + | + | + | + | |
| | *C. bellulus* Mu and Zhang (pars.) | + | | | | |
| | *C. minor* Ge | + | + | | | |
| *C. notabilis* Ge | | + | | | | |
| | *C. superus longus* Ge | + | + | | | |
| *A. supernus sinicus* (Ge) | *C. sinicus* Ge | | + | + | + | |
| | *C. diplacanthus* Bulman, Ge (1993) | | + | | | |
| *A. venustus* (Hsu) | *C. aequus* Ge | + | + | | | |
| | *C. mirus* Ge and Jiao | + | + | | | |
| | *C. venustus* Hsu | + | + | | | |
| | *C. venustus simplex* Ge | | + | | | |
| *A. leptothecalis* (Mu and Ge) | *C. leptothecalis* Mu and Ge | + | + | | | |
| *A.* ? *fibratus* Ge | *C. fibratus* Ge | + | + | | | |
| *Anticostia* | | | | | | |
| *A. fastigatus* (Davies) | *O. sextans* Li | + | | | | |
| | *Diplogr. palaris* Lin | + | | | | |
| | *Diplogr. ostreatus* Lin | + | | | | |
| *A. uniformis* (Mu and Lin) | *G. uniformis* Mu and Lin | + | + | + | + | |
| *Orthograptus* | | | | | | |
| *O. maximus* Mu | *O. maximus* Mu | + | + | + | | |
| | *O. rigidus* Lee | ? | | | | |
| | *Glyptograptus triangulatus* Mu and Lin | + | | | | |
| | *Glyptograptus lobosus* Lin | | + | | | |

续表

| 修正后的种名 | Mu *et al*. (1993)的原种名 | 笔石带 | | | | |
|---|---|---|---|---|---|---|
| | | Dc | U-Tt | Dm | Neo | Np |
| *O. rarithecatus* Ross and Berry | *O. rarithecatus* Ross and Berry | + | + | | | |
| *O.* sp. aff. *O. maximus* Mu | *O. xinanensis* Li | + | + | | | |
| | *O. augescens* Li | + | | | | |
| | *O. yangziensis* Li | + | | | | |
| *Rectograptus* | | | | | | |
| *R. obesus* Li | *R. truncatus obesus* Li | + | + | + | + | |
| *R. abbreviatus* Elles and Wood | *O. tsunyiensis* (Mu) | ? | | | | |
| | *R. ensiformis* Li | | + | | | |
| | *R. carnei* T. S. Hall | + | | | | |
| | *R. maliangensis* Li | | | | | |
| | *R. abbreviatus* Elles and Wood | + | + | + | + | + |
| | *R. abbreviatus holoensis* Li | | + | | | |
| | *R. gracilis sinicus* Li | + | | | | |
| *R. uniformis*(Mu and Lee) | *R. uniformis* (Mu and Lee) | + | + | + | + | |
| | *R. truncatus* (Lapworth) | ? | | | | |
| *R. socialis* (Lapworth) | *R. pauperatus* (Elles and Wood) | + | + | | | |
| | *R. yichangensis* Li | | | | | |
| | *R. socialis* (Lapworth) | + | | | | |
| *R. songtaoensis* Li | *R. songtaoensis* Li | + | + | + | + | |
| | *R. intermedius* (Elles and Wood) | ? | | | | |
| *Paraorthograptus* | | | | | | |
| *P. pacificus* (Ruedemann) | *P. pacificus* (Ruedemann) | | + | + | cf. | cf. |
| | *P. angustus* Mu and Li | | + | | | |
| | *P. typicus* Mu | | + | | | |
| *P. brevispinus* Mu and Li | *P. occidentatus* (Ruedemann), Li (1993) | + | + | + | + | |
| *P. uniformis* Mu and Li | *P. uniformis* Mu and Li | | | | + | |
| *P. affinis* (Koren and Tzaj) | *P. affinis* (Koren and Tzaj) | | + | | | |
| *P. longispinus* Mu and Li | *P. longispinus* Mu and Li | | + | + | | |
| | *P. nanchuanensis* Li | | ? | | | |
| | *P. simplex* Li | | + | | | |
| *P. tenuis* Li | *P. tenuis* Li | | | + | cf. | |
| *Neurograptus* | | | | | | |

续表

| 修正后的种名 | Mu *et al*.（1993)的原种名 | 笔石带 | | | | |
|---|---|---|---|---|---|---|
| | | Dc | U-Tt | Dm | Neo | Np |
| *N. guizhouensis* Mu | *N. guizhouensis* Mu | + | | | | |
| *Nymphograptus* | | | | | | |
| *N. velatus* Elles and Wood | *N. sichuanensis* Mu | + | | | | |
| *Pararetiograptus* | | | | | | |
| *P. sinensis* Mu | *P. sinensis* Mu | | + | + | | |
| | *P. regularis* Mu | + | + | | | |
| | *P. turgidus* Mu | + | | | | |
| *P. magnus* Mu | *P. magnus* Mu | | + | | | |
| *P. parvus* Mu | *P. parvus* Mu | | + | | | |
| *Pseudoretiograptus* | | | | | | |
| *P. nanus* Mu | *P. nanus* Mu | + | | | | |
| *Orthoretiograptus* | | | | | | |
| *O. denticulatus* Mu | *O. denticulatus* Mu | + | | | | |
| *Sinoretiograptus* | | | | | | |
| *S. mirabilis* Mu | *S. mirabilis* Mu | + | | | | |
| *Arachniograptus* | | | | | | |
| *A. connectus* (Wang) | *A. connectus* (Wang) | + | + | + | | |
| *Plegmatograptus* | | | | | | |
| *P. hubeiensis* Mu | *P. hubeiensis* Mu | + | | | | |
| *Paraplegmatograptus* | | | | | | |
| *P. uniformis* Mu | *P. uniformis* Mu | | + | + | + | |
| | *P. gracilis* Mu | + | | | | |
| | *P. formosus* Mu | + | + | | | |
| *P. delicatulus* Mu and Zhang | *P. delicatulus* Mu and Zhang | | + | | | |
| *P. connectus* Mu | *P. connectus* Mu | + | + | + | + | ? |
| | *P. hubeiensis* Mu | + | + | | | |
| | *P. sextans* Mu | + | | | | |
| *P. sinensis* Mu | *P. sinensis* Mu | + | + | | | |
| *P. connectus ovalis* Mu | *P. connectus ovalis* Mu | | + | + | | |
| *Sunigraptus* | | | | | | |
| *S. regularis* Mu | *S. regularis* Mu | | + | + | + | |
| *S.* sp | *S.* sp | | | | | |
| *Yinograptus* | | | | | | |

续表

| 修正后的种名 | Mu *et al*. (1993)的原种名 | 笔石带 | | | | |
|---|---|---|---|---|---|---|
| | | Dc | U-Tt | Dm | Neo | Np |
| *Y. disjunctus* Yin and Mu | *Y. disjunctus* Yin and Mu | + | + | + | | |
| | *Y. robustus* Mu | + | + | + | + | |
| | *Y. gracilispinus* Mu | + | + | | | |
| | *Y. brevispinus* Mu | + | | | | |
| *Y. grandis* Mu | *Y. grandis* Mu | | + | | | |
| *Y. dubius* Mu | *Y. dubius* Mu | | + | + | | |
| *Yangzigraptus* | | | | | | |
| *Y. yangziensis* Mu | *Y. yangziensis* Mu | + | + | + | | |
| | *Y. minutus* Mu | + | | | | |

## 附录 2.1.2 扬子区阿什极期笔石动物群科、属名录

阿什极期笔石动物群(DDO 动物群,Dicranograptidae-Diplograptidae-Orthograptidae Fauna),时代为晚奥陶世晚期(阿什极期),在我国主要繁盛于华南板块的扬子地台区,共计 5 科 26 属,是全世界最繁盛的 DDO 动物群。此外,在我国还见于西藏。

正笔石目(Graptoloidea)

胎刺亚目(Virgellina)

双笔石超科(Diplograptacea)

Dicranograptidae: *Dicellograptus*, *Tangyagraptus*, *Diceratograptus*, *Leptograptus*, *Pleurograptus*

Orthograptidae: *Orthograptus*, *Rectograptus*, *Amplexograptus*, *Paraorthograptus*, *Anticostia*, *Neurograptus*, *Nymphograputs*, *Pararetiograptus*, *Pseudoreteograptus*, *Orthoretiograptus*, *Sinoretiograptus*, *Arachniograptus*, *Paraplegmatograptus*, *Sunigraptus*, *Yinograptus*, *Yangzigraptus*

Diplograptidae: *Climacograptus*?, *Appendispinograptus*

Normalograptidae: *Normalograptus*, *Neodiplograptus*

Petalolithidae: *Sudburigraptus*

樊隽轩 fanjuanxuan@yahoo.com
陈 旭 xu1936@yahoo.com
中国科学院南京地质古生物研究所
南京市北京东路39号,210008
M. J. Melchin mmelchin@stfx.ca
Department of Earth Sciences, St. Francis Xavier University
Antigonish, N.S., B2G 2W5, Canada
H. D. Sheets sheets@gort.canisius.edu
Department of Physics, Canisius College,
2001 Main St.
Buffalo, NY 14208, USA
C. E. Mitchell cem@nsm.buffalo.edu
Department of Geology, State University of New York at Buffalo
Buffalo, NY 14260-3050, USA

第二节

# 华南奥陶纪末大灭绝前后笔石分异度、新生率与灭绝率的数值分析

**摘 要 →**

基于扬子区4条连续采集的晚奥陶世阿什极期至志留纪兰多维列世早期的地层剖面,以及该地区其他三十多条已发表的同时期地层剖面资料,进行笔石分异度变化的数值分析。这些剖面代表了扬子区从近岸浅水相区至盆地中心较深水相区的生物地层序列。所有的笔石种或亚种的延限资料都通过定量生物地层学的图形对比方法复合,以此建立一个高分辨率的笔石地层序列以及相应的时间框架。基于这些被时间准确标定的生物延限资料,采用一系列的数值分析方法,包括估算平均分异度(Estimated mean standing diversity)、每分类单元灭绝率和新生率(Per-taxon extinction and origination rates)、范·凡伦灭绝率和新生率(Van Valen extinction and origination rates)和估算单元灭绝率和新生率(Estimated per-capita extinction and origination rates),统计笔石在此期间种级的分异度、灭绝率和新生率的变化规律。采用类群幸存分析(Cohort survivorship and prenascence analysis)和支系独立性测试(Contingency tests of clade independence),以验证我们观察到的笔石灭绝和新生的峰值、平均值的变化、灭绝和新生的形态选择等的统计学意义。分析表明,在阿什极早期,直到 *Paraorthograptus pacificus* 带的中晚期,笔石种级的分异度都在稳步增长。此后,在60~90万年内(*D. mirus* 亚带至 *N. extrordinarius-N. ojsuensis* 带中部),灭绝率突然上升,而分异度却急剧下降,此即笔石的主灭绝事件(major extinction event)的发生时期。而在主灭绝事件之前,灭绝率和新生率低而稳定。紧随这一主灭绝事件之后是一个很短暂的高新生率阶段。然后,在赫南特亚期之末,发生第二次较高灭绝率的峰值,这一次灭绝率的峰值不足以代表笔石的集群灭绝,称为小灭绝事件(minor extinction event)。笔石灭绝率和新生率的急剧变化可延续至志留纪初的鲁丹期。无论灭绝还是新生,都具有高度的选择性,从而导致了Normalograptidae的多样化和Dicranograptidae, Diplograptidae, Orthograptidae这3个笔石科的灭绝。多元数值分析的结果使得笔石在奥陶纪末至志留纪初的灭绝—幸存—复苏过程中历程的研究进入定量化的范畴。

樊隽轩,陈旭,Melchin M J,Sheets H D,Mitchell C E. 2004. 华南奥陶纪末大灭绝前后笔石分异度、新生率与灭绝率的数值分析. 见:戎嘉余,方宗杰主编. 生物大灭绝与复苏——来自华南古生代和三叠纪的证据. 合肥:中国科学技术大学出版社. 55~70,1039

**关键词 →**

奥陶—志留纪之交
笔石 大灭绝 扬子区
多元数值分析

生物演化的研究表明,生命的历史多次被大规模的生物灭绝事件打断,表现为全球范围内不同分类等级的分异度的急剧下降。晚奥陶世晚期就发生了这样一次大灭绝事件,在此期间表现出很高比例的笔石动物群演替。以前的众多研究(如 Melchin and Mitchell,1991; Koren,1991; Koren and Bjerreskov,1999)所基于的资料大多是来自多个地区的剖面资料的简单综合,不同的分类原则(甚至是对立的分类原则)不可避免地导致分类单元的混乱,采样厚度和强度的差异也导致原始资料的精度存在较大差异。Chen 和 Zhang(1995)曾基于属一级的资料半定量地研究了华南晚奥陶世笔石动物群的灭绝规律。但是,只有更精确的定量研究才能更好地解释这次大灭绝的速率和幅度,以及灭绝的具体进程。

本文的数值研究基于华南 37 条剖面资料,其中包括 4 条连续密集采集的剖面,即湖北宜昌王家湾剖面与分乡剖面,贵州桐梓红花园剖面和松桃陆地坪剖面(见陈旭等,本书第二章第一节,图 2.1.1,剖面点 10,11,17 和 22),这 4 条剖面都跨越了几乎整个阿什极期并延续到早志留世兰多维列早期(Chen *et al*.,1999; 陈旭等,2000)。作者及其同事还考察过其他 33 个剖面中的 26 个(Chen *et al*.,2000)。为了准确地确定所有笔石种的地区延限,特别是它们的首现(FAD,First Appearance Datum)和末现(LAD,Last Appearance Datum),我们采用图形对比(Graphic Correlation,见 Shaw,1964)的方法,借助图形对比软件包 SinoCor 2.0(Fan *et al*.,2002),建立笔石复合标准序列(GCSS,Graptolite Composite Standard Sequence)。地层发育最连续、笔石动物群最丰富的宜昌王家湾剖面被作为基准剖面,上述各地剖面依次被复合到基准剖面上,最终获得理想的笔石复合标准序列(樊隽轩,2001; Fan *et al*.,2002)。从严格的生物地层学和分类学研究,到基于此的定量地层学,以及数值分析的研究,遂成为研究生物灭绝-复苏事件的可靠方法,也是当今在国际上得到公认的方法。我们各种方式的统计和运算也都基于这一笔石复合标准序列之上。在当前的研究中我们共运用了 6 种不同的数值分析方法,包括估算平均分异度(Estimated mean standing diversity)、每分类单元灭绝率和新生率(Per-taxon extinction and origination rates)、范·凡伦灭绝率和新生率(Van Valen extinction and origination rates)、估算单元灭绝率和新生率(Estimated per-capita extinction and origination rates)、类群幸存分析(Cohort survivorship and prenascence analysis)和支系独立性测试(Contingency tests of clade independence),获得了良好的结果。此外,一些最新的研究(Cooper and Sadler,in press; Melchin *et al*.,in press)则为笔石的灭绝率和新生率研究提供了从阿什极期到鲁丹期的百万年级的时间框架。

华南,特别是扬子区五峰组至龙马溪组下部连续的含笔石地层,对研究奥陶纪末至志留纪初笔石由辐射、灭绝、复苏乃至新的辐射的完整过程和机制的重要性是不言而喻的。我们在上述4条穿越不同相区的连续剖面中采集了尽可能多的样品和标本，每一个采集单层厚度控制在5～50 cm间(陈旭等，2000，图1～4)，每一层都至少采集了10～20 kg的笔石样品，并且，在采集的过程中，我们尽可能确保每一层再没有新的分子出现，从而避免了Signor-Lipps效应的出现(Stanley and Yang，1994)。所有的标本都保存良好，进一步的处理和鉴定都是在室内完成的。累计起来，前后大约有50万个标本被鉴定、统计和研究。因此，基于这样全面仔细的野外工作以及可靠的室内研究，后继的定量生物地层学研究和数值分析才是真实可信的。而且，上扬子区从贵州北部至鄂西三峡一带，在阿什极期至兰多维列早期的地层中，提供了从黔中古陆边缘经过浅水相带至台盆中央较深水相带连续的古地理格局和古海水深度变化的信息。因此，扬子区，特别是上扬子区为研究阿什极期至兰多维列早期笔石灭绝与复苏的进程与机制提供了时空双向上的连续记录，无疑是全球最理想的研究基地之一。需要指出的是，目前，我们对赫南特笔石动物群的系统分类研究工作已经告一段落(Chen *et al.*，in press)，而对鲁丹期笔石动物群的系统分类研究还在进行中，因此，对鲁丹期笔石的分类学和地层分布的研究还不够完整，文中的分析也就主要限于晚奥陶世晚期。此外，文中的笔石分带采用了Chen等(1999，2000)的意见。

## 一、扬子区阿什极期-鲁丹期的笔石复合标准序列与时间框架

我们选择地层发育最连续、笔石动物群最丰富的宜昌王家湾剖面作为基准剖面，采用图形对比技术，将上述各地的剖面依次复合，最终获得理想的笔石复合标准序列(樊隽轩、张元动，2000；樊隽轩，2001；Fan *et al.*，2002)。

引入复合标准序列的主要目的在于，使用这一方法，我们可以获得这一时间段里与地层序列一一对应的年代地层学的框架。在等时的间隔上统计笔石的分异度、成种速率和灭绝速率等，这要比单个剖面上的直接统计更为可信，并能揭示笔石灭绝和复苏的真实进程和规律。

在图形对比中，最终获得的复合标准序列受初始剖面(即参照剖面，reference section)的影响最大。也就是说，复合标准序列的间隔比例，主要是由初始剖面的沉积厚度控制的，是后者的一个函数。我们的初始剖面是王家湾剖面，该剖面从阿什极期至鲁丹早期沉积连续、出露完整、笔石动物群丰富、分带清楚(见陈旭等，本书第二章第一节，图2.1.4)，但很显然，该剖面在部分层段受沉积速率的影响很大，尤其是*N. persculptus*带和*Akidograptus ascensus*带为凝缩沉积，沉积速率明显偏低。Cooper和Sadler(in press)及Melchin等(in press)各自采用约束最优化法(Sadler，2001)对已有的放射性同位素年龄值进行了校准，建立了奥陶纪-志留纪笔石带的时间框架。于是，扬子区的笔石分带与笔石延限就可以很好地与此时间值

对应。为了更好地计算灭绝率和新生率，在我们的计算里做了如下的设计：设定 *Dicellograptus complexus* 带的底为 0［根据 Cooper 和 Sadler(in press)的研究，这大致相当于 438 Ma］，以 *Cystograptus vesiculosus* 带的底为顶，共计 6.9 Ma，将之等分为 23 个时间间隔，则每一时间间隔都为 30 万年。

## 二、生物多样性、灭绝率和新生率的统计模式

将笔石复合标准序列(GCSS)按照笔石各种的末现(LAD)排列(第二章第一节图 2.1.7)，可以发现阿什极末期从 *D. mirus* 亚带的顶部到 *N. persculptus* 带的底部呈一系列明显的阶梯排列。其中部分阶梯应该是采样或不完整的系统古生物研究造成的假象，如在 *P. acuminatus* 带中显示的灭绝的高峰值，可能是早志留世鲁丹期的笔石动物群的系统研究尚未完成而导致的偏差。由于 *C. vesiculosus* 带之上的资料尚未引入，图 2.1.7 中 *C. vesiculosus* 带中很多种或亚种的末次出现并不代表其真实的末次出现，所以本节的分析主要基于晚奥陶世末期，即赫南特亚阶的两个笔石带的笔石分异度、灭绝率和新生率的研究。扬子区几个首现于 *D. complexus* 带和 *P. pacificus* 带的种，如 *Climacograptus hastatus* T. S. Hall 和 *Amplexograptus latus*(Elles and Wood)，它们在其他地区的首现更早。我们并不清楚这种情况的存在是否就表明上述物种迁入扬子区比较晚，或者在我们的研究剖面中相应的层位里可能存在采样上的间断。但由于本文主要根据 *P. pacificus* 带至 *P. acuminatus* 带的资料研究笔石灭绝的模式，自然就避免了上述存在于所研究地层序列的底部和顶部的“边缘效应”(edge effects)。

Foote(2000)介绍了一系列的数值分析方法，并分析了它们在统计分异度、灭绝率和新生率上各自的意义。本节共采用了 2 种分异度统计方法、3 种灭绝率和新生率统计方法(表 2.2.1)。其中，分类单元数目就是种的数目，包括两个未命名的种(这些种通常都保存不够完好，因此尚不能正式命名)。在确定被统计的分类单元时，那些仅限于单个时间间隔的分类单元(singleton，见 Foote，2000)是否应被统计是必需面对的问题。Foote(2000)和部分专家指出，总分异度和每单元灭绝率、新生率(Per-taxon extinction and origination rates)受时间间隔延限、标本保存潜力、野外采样强度和密度的影响很大。特别是，当这些影响因子变化的时候，仅限于单个时间间隔的分类单元(singleton)就成了影响上述两种分异度统计参数的最重要因子。

总分异度，就是一个时间间隔里所有分类单元的数目总和。估算平均分异度，则是在总分异度的基础上排除了仅限于单个时间间隔内的分类单元。估算平均分异度还基于如下一个假设：那些仅仅在某时间间隔里首现或末现的分类单元，它们对该时间间隔分异度的影响平均只有一半。因此，这一参数代表的是在一个时间

间隔内任意一点的平均分异度，而非这一时间间隔整体的分异度，所以，从理论上说，这一参数更为准确。每分类单元灭绝率和新生率是两个经常被使用的参数(Foote,2000)，它们分别代表了在一个时间间隔里灭绝或新生的分类单元数目与该时间间隔里出现的分类单元总数和时间间隔延限的比值。范·凡伦灭绝率和新生率最早由 Van Valen(1984)提出，与每分类单元灭绝率和新生率的区别仅在于，前者计算的是灭绝或新生分类单元在估算平均分异度中所占的比例，而非在总分异度中所占的比例。Harper(1996)对范·凡伦灭绝率和新生率提出了一种修订，在计算灭绝或新生分类单元数目的时候，将仅限于该时间间隔的分类单元都排除在外，这一对参数我们称之为范·凡伦/哈珀灭绝率和新生率(Van Valen/Harper extinction and origination rates)。这一方法在本文中没有被采用，是因为基于扬子区的数据所做的分析里，范·凡伦/哈珀灭绝率和新生率与估算单元灭绝率和新生率的曲线在峰值和趋势变化上完全一致。

**表 2.2.1　笔石分异度、灭绝率和新生率的统计参数** (Foote,2000)

**Table 2.2.1　Definitions of measures used for calculation of diversity, extinction, and origination rates** (Foote,2000)

| 统计参数(Measure) | 定义(Definition) |
|---|---|
| 总分异度(Total diversity)— $N_{tot}$ | $N_{FL}+N_{bL}+N_{Ft}+N_{bt}$ |
| 估算平均分异度(Estimated mean standing diversity) | $(N_{bL}+N_{Ft}+2N_{bt})/2$ |
| 每分类单元灭绝率(Per-taxon extinction rate) | $(N_{FL}+N_{bL})/N_{tot}/\Delta t$ |
| 每分类单元新生率(Per-taxon origination rate) | $(N_{FL}+N_{Ft})/N_{tot}/\Delta t$ |
| 范·凡伦灭绝率(Van Valen extinction rate) | $(N_{FL}+N_{bL})/[(N_{bL}+N_{Ft}+2N_{bt})/2]/\Delta t$ |
| 范·凡伦新生率(Van Valen origination rate) | $(N_{FL}+N_{Ft})/[(N_{bL}+N_{Ft}+2N_{bt})/2]/\Delta t$ |
| 估算单元灭绝率(Estimated per-capita extinction rate) | $-\ln[N_{bt}/(N_{bL}+N_{bt})]/\Delta t$ |
| 估算单元新生率(Estimated per-capita origination rate) | $-\ln[N_{bt}/(N_{Ft}+N_{bt})]/\Delta t$ |

注：其中，$N_{FL}$ 是仅限于某一时间间隔的分类单元数目，$N_{bL}$ 是首现在时间间隔界线之下、末现在时间间隔里的分类单元的数目，$N_{Ft}$ 是首现在时间间隔里、末现在时间间隔之上的分类单元的数目，$N_{bt}$ 是首现和末现都在时间间隔之外的分类单元的数目，$\Delta t$ 是以百万年计的时间间隔延限。

$N_{FL}$, number of taxa that confined to the interval; $N_{bL}$, number of taxa that cross the bottom boundary and have their last occurrence within the interval; $N_{Ft}$, number of taxa that have their first occurrence within the interval and cross the top boundary; $N_{bt}$, number of taxa that pass through the interval crossing both the bottom and top boundaries. $\Delta t$ is the interval duration in millions of years.

Foote(2000)也注意到，如果计算灭绝率的时候，分母中包括了新生于该时间间隔的分类单元，那么灭绝率就不可能不受新生率变化的影响。新生率越高，总分异度就越高，虽然灭绝的分类单元数目不变，但其与总分异度的比值就会下降。在计算新生率的时候也存在类似的问题。因此，他提出采用估算单元灭绝率或新生率公式(表 2.2.1)。在该对公式里，灭绝率或新生率仅仅和灭绝或新生分类单元数目(不包括仅限于该时间间隔的分类单元)与穿越了底界和顶界的分类单元数目的比值有关。采用这种方法，新生率和灭绝率的统计完全独立于时间间隔延限和沉积速率的影响(Foote,2000),即不受时间单元的定义和该时间单元内沉积地层厚度的影响。他还指出,上述比值随时间的变化呈指数衰减,因此,对这些比值取对数后,这种衰减的幅度就等于新生率或灭绝率。但是我们仍然需要考虑一个重要的问题,在上述的统计方法中,我们逐渐排除了仅限于单个时间间隔内部的分类单元,但这种做法是否可能忽略了隐含在基础资料中的重要规律?尤其是在动物群演替速率很高的时期,如赫南特亚期,此时有大量的短延限分类单元的出现。出于这样的考虑,我们采用了上述一系列方法统计新生率和灭绝率,比较不同方法得出的结果,识别出在所有方法中都存在的普遍规律,以辨其真伪并讨论其间存在的差异及其意义所在。

图 2.2.1 是总分异度和估算平均分异度的统计。为了避免数据组装方式的不同而导致的偏差,我们采用了两种不同的数据组装方式,并在本文的其他统计分析中,也都采用了这两种不同的方法同时进行数据的处理和分析。一种是无偏移数据组(no-offset data set),起始点是 $T=0$ Ma,也就是 *D. complexus* 带的底部;然后以 0.3 Ma 为一个时间间隔进行等分,直至 *P. acuminatus* 带的顶部。第二种是有偏移数据组(offset data set),起始位置是 $T=0.15$ Ma,也是以 0.3 Ma 为一个时间间隔进行等分。有偏移数据组和无偏移数据组相比,前者有半个时间间隔(0.15 Ma)的偏移。这两种划分方法完全是人为的,但是,如果采用这两个方法得到的数

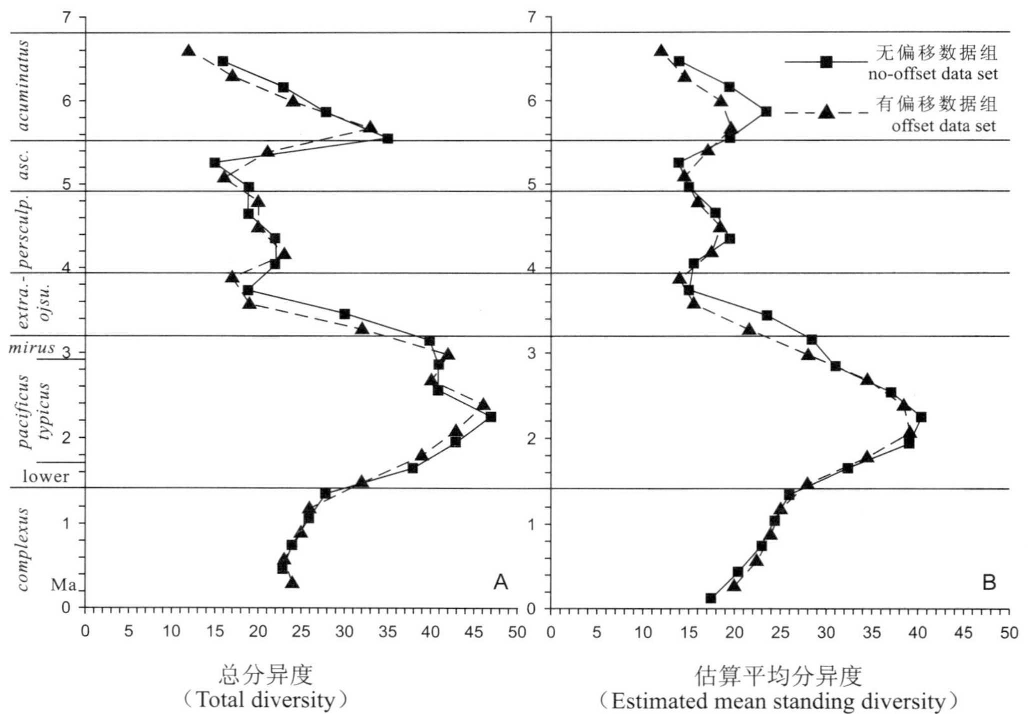


图 **2.2.1** 无偏移和有偏移的 **23** 等分数据组的总分异度(**A**)和估算平均分异度(**B**)统计

Figure 2.2.1 Total diversity(A) and estimated mean standing diversity(B) for the 23 interval no-offset and offset data sets

据和相关分析都揭示了相同的规律，那么，我们就有理由认为，这种规律应该代表了基础资料里确实隐含的真实规律。图 2.2.1 表明，从 *D. complexus* 带开始，总分异度逐渐上升。在 *P. pacificus* 带的早、中期有一次明显的分异度上升，并在 *T. typicus* 亚带的中部达到高潮。此后，分异度缓慢下降，在 *D. mirus* 亚带有一个短暂的稳定期。估算平均分异度曲线则表明在 *D. mirus* 亚带分异度依然是下降，存在这种差异的原因是，在 *D. mirus* 亚带突然有大量的新生和灭绝事件出现。此后，分异度快速下降，在 *N. extraordinarius*-*N. ojsuensis* 带中上部达到分异度的最低值。这一低谷，就代表了晚奥陶世笔石的主灭绝事件（major extinction event）。此后，在 *N. persculptus* 带和 *A. ascensus* 带，分异度一直都保持在很低的水平，直到 *P. acuminatus* 带下部才有一个明显的上升。但之后的分异度下降，则可能是基础资料不足所致。

图 2.2.2 是灭绝分类单元统计和采用 3 种不同参数得出的灭绝率统计曲线。从这 4 组曲线可以看出，从 *D. complexus* 带到 *P. pacificus* 带的下部，灭绝率始终很低。从 *P. pacificus* 带中部开始急剧上升，并在 *N. extraordinarius*-*N. ojsuensis* 带达到一个峰值。此后，灭绝率就开始强烈波动。为了能知道哪一个峰值代表了真正的事件，我们采用了 Melchin 等(1998)采用的统计方法，计算每一个时间间隔里灭绝率的均值和标准方差（图 2.2.2 中实线和虚线分别代表无偏移和有偏移数据组的均值加上标准方差后得到的“平均灭绝率”）。我们认为，只有高于“平均灭绝率”的峰值，才具有进一步分析的价值。采用有偏移数据组和无偏移数据组得出的灭绝率曲线，在 *D. mirus* 亚带至 *N. extraordinarius*-*N. ojsuensis* 带峰值出现在不同的位置上，这主要是因为在不同的数据组装方式下，大量的分类单元的末次出现被组装到了不同的时间间隔里。但是，基于图 2.2.2，我们至少可以肯定，在相当于 *D. mirus* 亚带至 *N. extraordinarius*-*N. ojsuensis* 带的 3 个时间间隔里，灭绝率异常地高。从 *N. extraordinarius*-*N. ojsuensis* 带顶部灭绝率开始下降，并在 *N. persculptus* 带早中期都维持比较低的水平。发生在 *N. persculptus* 带晚期和 *A. ascensus* 早期的灭绝率的峰值，在无偏移的每单元灭绝率和范 · 凡伦灭绝率曲线里，仅仅达到或略高于均值；而在有偏移的每单元灭绝率和范 · 凡伦灭绝率曲线里，则低于均值。但是，在受新生率和标本保存影响最小的估算单元灭绝率曲线上，这两个峰值都明显大于均值，因而这确实还是一次灭绝事件，我们将之作为小灭绝事件（minor extinction event）。

图 2.2.3 是新生分类单元统计和采用 3 种不同参数得出的新生率统计曲线。显然，这些曲线可以分成两部分：*N. extraordinarius*-*N. ojsuensis* 带之前和 *N. extraordinarius*-*N. ojsuensis* 带之后。后者的新生率波动曲线的幅度要大于前者。在分析的过程中我们采用了和上述灭绝率统计相同的原则，即只有高于均值和标准方差的峰值，才被认为是重要的新生事件。因此，我们可以识别出两次重要的新

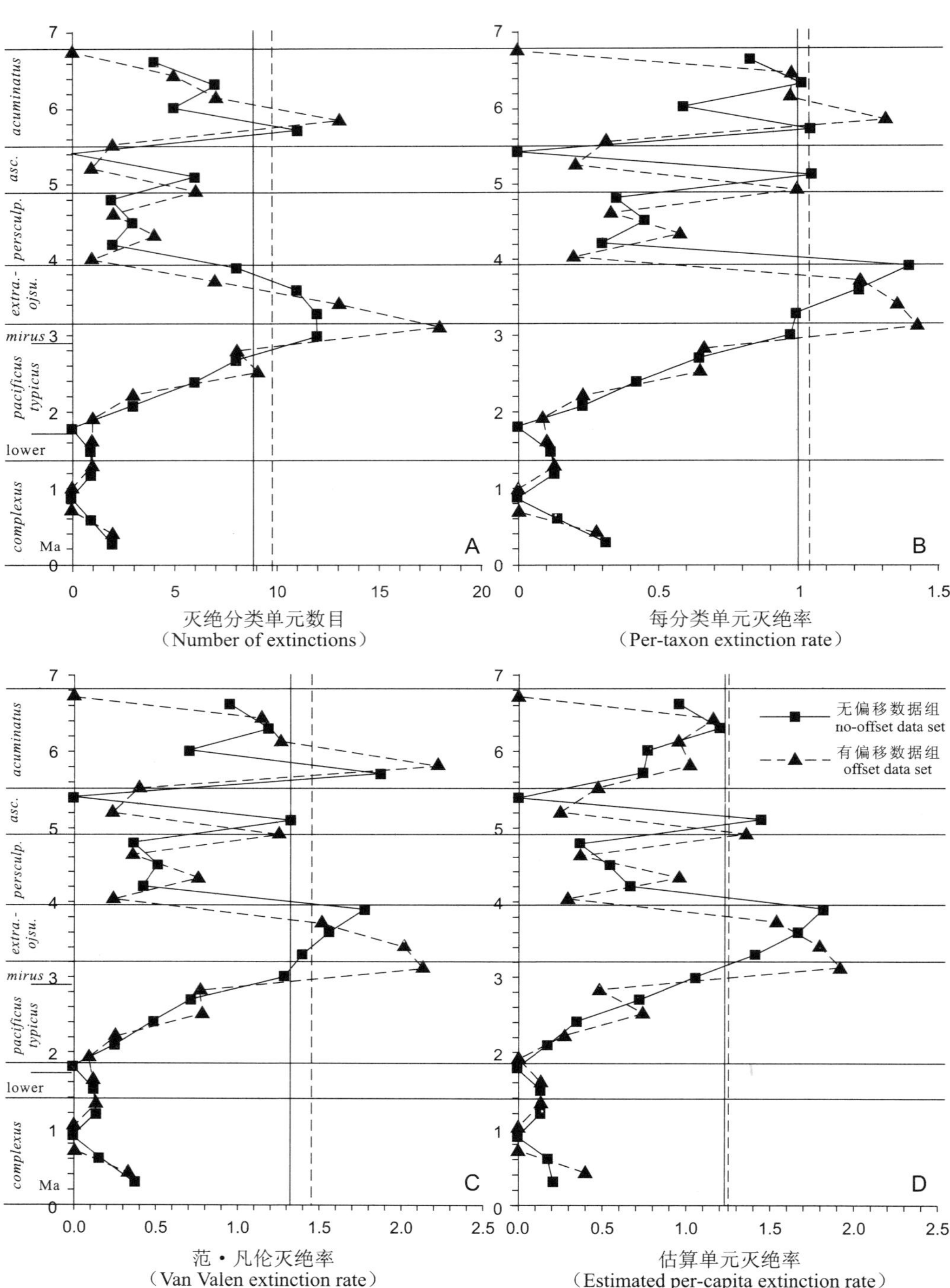


**图 2.2.2** 无偏移和有偏移的 **23** 等分数据组的灭绝分类单元数目(**A**)和灭绝率(**B～D**)统计(其中纵向的实线和虚线分别代表无偏移和有偏移数据组的均值加上标准方差后得到的"平均灭绝率")

A. 灭绝分类单元数目 B. 每分类单元灭绝率 C. 范·凡伦灭绝率 D. 估算单元灭绝率

Figure 2.2.2 Different statistics of extinction rates (see Table 2.1.7) using 23 interval no-offset and offset data sets [Vertical lines indicate the values of the mean plus one standard deviation for the no-offset (solid lines) and offset (dashed lines) data]

A. Number of extinctions B. Per-taxon extinction rate C. Van Valen extinction rate D. Estimated per-capita extinction rate

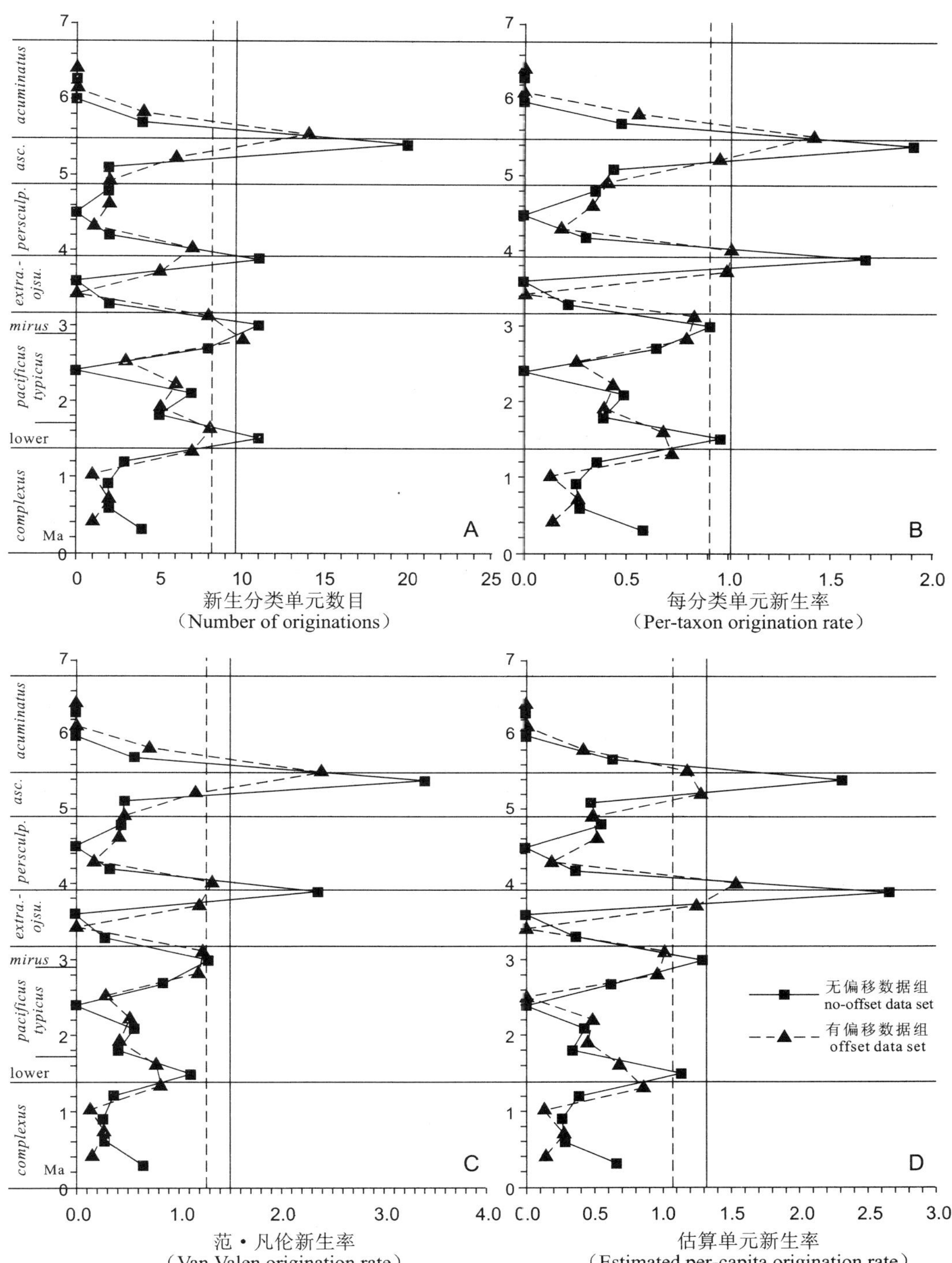


图 **2.2.3**　无偏移和有偏移的 **23** 等分数据组的新生分类单元数目(**A**)和新生率(**B～D**)统计(其中纵向的实线和虚线分别代表无偏移和有偏移数据组的均值加上标准方差后得到的"平均新生率")

A. 新生分类单元数目　B. 每分类单元新生率　C. 范·凡伦新生率　D. 估算单元新生率

Figure 2.2.3　Different statistics of origination rates (see Table 2.1.7) using 23 interval no-offset and offset data sets [Vertical lines indicate the values of the mean plus one standard deviation for the no-offset (solid lines) and offset (dashed lines) data sets]

A. Number of originations　B. Per-taxon origination rate　C. Van Valen origination rate　D. Estimated per-capita origination rate

生事件，一次发生在 *N. extraordinarius*-*N. ojsuensis* 带和 *N. persculptus* 带的界线上下，一次发生在 *A. ascensus* 带的顶部。

根据上述灭绝率和新生率的统计曲线，可以大致看出，与赫南特亚期之前相比，赫南特亚期和之后的灭绝率和新生率曲线的峰值和波动的频率更大。表 2.2.2 的分析进一步阐明了这一变化规律。扬子区奥陶纪末的沉积学证据表明，由于冰川凝聚导致的海平面下降开始于 *D. mirus* 亚带，而冰期结束、海平面再次上升则开始于 *N. persculptus* 带之初。扬子区（Wang *et al.*，1997）和其他地区（Underwood *et al.*，1997；Melchin and Holmden，2000）的碳同位素变化曲线也显示了一个开始于 *N. extraordinarius*-*N. ojsuensis* 带之下，结束于 *N. persculptus* 带下部的漂移。据此，可以将 22 个有偏差时间间隔划分为 3 个时间段，分别是冰期前（*D. complexus* 带至 *D. mirus* 亚带中部）、冰期（*D. mirus* 亚带中部至 *N. extraordinarius*-*N. ojsuensis* 带顶部）和冰期后（*N. persculptus*带至*P. acuminatus* 带）。冰期前包括了 10 个时间间隔，冰期包括了 3 个时间间隔，冰期后包括了 9 个时间间隔。我们分别计算了冰期前、冰期和冰期后各自的估算单元灭绝率的平均值、方差和估算单元新生率的平均值和方差，比较其异同。冰期前的灭绝率均值远小于冰期和冰期后，冰期的灭绝率均值最大，冰期后的灭绝率均值次之。新生率的均值从冰期前至冰期后逐渐增大，而方差也随之快速增大。由于方差的大小可以代表曲线的波动幅度，因此，这表明从冰期前至冰期至冰期后新生率的波动越来越强烈。

**表 2.2.2　冰期前、冰期和冰期后灭绝率和新生率的统计**

**Table 2.2.2　Statistics of the extinction and origination rates of estimated per-capita extinction and origination rates**

| 时间段（Internval） | 冰期前（pre-glacial） | 冰期（glacial） | 冰期后（post-glacial） |
|---|---|---|---|
| 时间间隔个数（Number of intervals） | 10 | 3 | 9 |
| 估算单元灭绝率的平均值（Mean extinction rate） | 0.299 | 1.632 | 0.747 |
| 估算单元灭绝率的方差（Variance of extinction rate） | 0.114 | 0.0433 | 0.188 |
| 估算单元新生率的平均值（Mean origination rate） | 0.497 | 0.554 | 0.779 |
| 估算单元新生率的方差（Variance of origination rate） | 0.102 | 0.443 | 1.005 |

## 三、类群幸存和死亡分析

用类群分析方法确定晚奥陶世灭绝事件对笔石演化的影响程度，也是一种有效的方法（Gilinsky，1991；German，1991；Foote，2001a）。在类群分析中，所研究的时间段需等分为等间距的时间间隔，而类群的建立可以有几种不同的获取方法（Foote，2001a）。我们首先采用的是新生类群分析，其原理是，某一个时间间隔里所有新生的分类单元即为该时间间隔的新生类群（birth cohort），然后，统计在后继的每一个时间间隔里该类群剩余的分类单元的数目和百分比，从而获得该类群的变化曲线。在这一分析里我们使用 0.6 Ma 的最小时间间隔而非 0.3 Ma，以避免因为很多的类群太小而不能提供有意义的分析由线。每一个类群里幸存曲线都投影到对数坐标上，借此可以确定灭绝风险的量级（Foote，2001a）。

如果图 2.2.4(A)中的类群幸存曲线满足对数线性关系，则表明在我们研究的这一时间跨度里，灭绝的概率是稳定的。很显然，图 2.2.4(A)中的类群幸存曲线并非是对数线性关系，这就说明我们面对的是一种异常的情况。在 *D. complexus* 带和 *P. pacificus* 带早中期，有比较高的幸存率和低的灭绝率；从 *P. pacificus* 带中晚期开始，所有的曲线都变得非常陡峭，指示了很高的灭绝率。与灭绝前相比，幸存曲线一直很陡，表明有很高的种级灭绝率，这种情况一直延续到鲁丹早期。

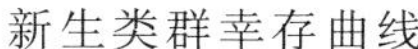


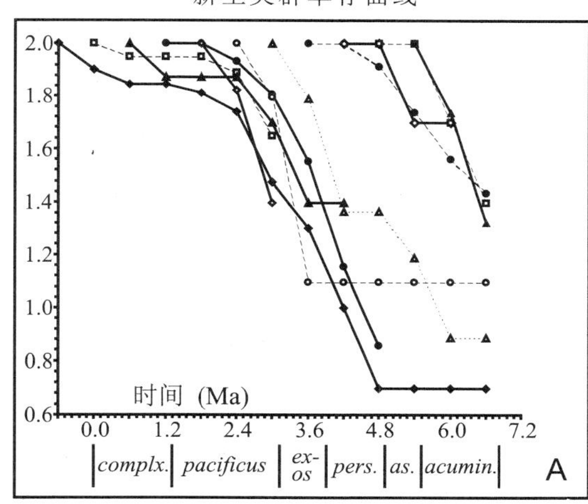


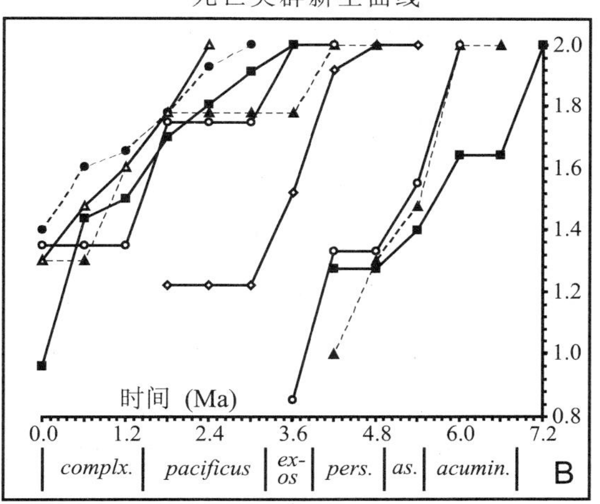


**图 2.2.4**　以 **0.6 Ma** 为最小时间间隔统计新生类群幸存曲线(**A**)和死亡类群新生曲线(**B**)

Figure 2.2.4　Birth cohort survivorship curves(A) and death cohort prenascence curves(B) using 0.6 Ma interval data

采用类群分析方法，同样可以估算分类单元的新生概率（Foote，2001a）。我们采用如下的方法生成相应的死亡类群：统计某一个时间间隔里所有灭绝的分类单元数目就构成了死亡类群（death cohort）；然后，追溯在之前的每一个时间间隔里该类群的新生百分比，就获得了该类群的变化曲线[图 2.2.4(B)]。可以看出，大多数的死亡类群都只是概略地呈现对数线性关系，表明确实存在一些新生事件，但其幅度要明显低于灭绝率对这些类群的影响。值得关注的是，所有类群的曲线在 *P. pacificus* 带晚期和 *N. extraordinarius-N. ojsuensis* 带相对陡峭些，表明在扬子区赫南特期的灭绝事件里，同时伴随有明显的笔石成种事件。

## 四、支系独立性测试

双笔石超科在奥陶纪末大灭绝事件中展现的另一个重要特征就是其明显的分类选择性(taxonomic selectivity)。Mitchell(1987)及 Melchin 和 Mitchell(1991)都指出,在这一时间段里,在优势支系上发生了根本的变革。在大灭绝前,正常笔石科(Normalograptidae)仅仅是双笔石超科中一个很小的类群,而灭绝事件发生后,到兰多维列世早期,双笔石超科几乎全部由正常笔石科的种及其后继分子组成。这究竟是分类选择的结果,还是生物大灭绝事件中幸存下来的个别种的意外产物?我们采用了一种类似卡方($\chi^2$)分布的检验方法,来比较晚奥陶世可识别的双笔石超科的 4 个支系的幸存和种级新生概率(表 2.2.3),这 4 个支系分别是:正常笔石类(normalograptids,在灭绝前,属于这一支系的都是 *Normalograptus* 一属的分子)、双头笔石类(dicranograptids,包括 *Dicellograptus*, *Tangyagraptus*, *Diceratograptus* 和 *Leptograptus*)、双笔石类(diplograptids,包括 *Appendispinograptus* 和 *Climacograptus*)和直笔石类(orthograptids,一个高分异度的类群,包括 archiretiolites, *Amplexograptus*, *Anticostia*, *Rectograptus* 和 *Orthograptus*)。叉笔石类(dicellograptids)、双笔石类和直笔石类被 Melchin 和 Mitchell(1991)定义为 DDO 动物群。在检验新生事件的选择性时,我们统计以下几个数据:所有出现在所检验的时间段里(*N. extraordinarius*-*N. ojsuensis* 带至 *N. persculptus* 带早期)的笔石种,所有在所检验的时间段里新生的种(命名为"新生种"),所有出现于所检验的时间段之前并延续到该时间段里的种(命名为"非新生种")。在检验灭绝事件的选择性时,我们统计以下几个数据:所有在所检验的时间段里消失的种(命名为"灭绝种"),所有延续到该时间段之后的种(命名为"未灭绝种")。在检验灭绝事件的选择性时,我们将首现于所检验时间段内的分子都排除在外,因为我们进行卡方检验的目的仅仅是想了解,奥陶纪末大灭绝事件对事件前就存在的支系的影响力是否存在差异。

我们采用 $G$ 检验方法检验数据的偶然性[详细的讨论见 Sokal and Rohlf (1995)],并通过威廉姆斯校正(Williams Correction)减小由于小样方而产生的误差(Sokal and Rohlf, 1995)。对新生事件和灭绝事件的测试都返回了非常小的 $p$ 值(表 2.2.3),表明我们可以排除由于随机事件的累积而导致了这一新生和灭绝事件的假设。因此,我们可以认为,DDO 动物群很明显地受灭绝事件的强烈影响,灭绝事件发生后正常笔石类的分子在动物群里所占的比例比灭绝前大幅提高。相似的另一个结论是,在奥陶纪末大灭绝事件和其后的余波中继续演化发展的新种中,正常笔石类占据非常高的比例,这也和上述随机假设模式可得出的推论是不符的。在上述的分析中,我们甚至未曾考虑灭绝前 DDO 动物群很高的分异度,仅仅考虑在这 4 个支系中新种是否以一样的概率新生，而答案是否定的。

**表 2.2.3　对随机事件导致赫南特亚期笔石大灭绝的可能性的偶然性测试**

**Table 2.2.3　Contingency tests for departure from random extinction and origination among clades**

<table>
<tr><td rowspan="7">新生事件<br>(Origination)</td><td>支系(Clade)</td><td>新生种<br>(New species)</td><td>非新生种<br>(Not new species)</td><td>合计<br>(Total)</td><td>新生种所占比例<br>(Proportion of new species)</td></tr>
<tr><td>直笔石类<br>(orthograptids)</td><td>3</td><td>12</td><td>15</td><td>20.0%</td></tr>
<tr><td>双笔石类<br>(diplograptids)</td><td>2</td><td>6</td><td>8</td><td>25.0%</td></tr>
<tr><td>双头笔石类<br>(dicranograptids)</td><td>0</td><td>3</td><td>3</td><td>0.0</td></tr>
<tr><td>正常笔石类<br>(normalograptids)</td><td>16</td><td>5</td><td>21</td><td>76.2%</td></tr>
<tr><td>合计(Total)</td><td>21</td><td>26</td><td>47</td><td></td></tr>
<tr><td></td><td>测试结果<br>(Result)</td><td colspan="3">$G=14.245, df=3, p=0.0052$</td></tr>
<tr><td rowspan="7">灭绝事件<br>(Extinction)</td><td>支系(Clade)</td><td>灭绝种<br>(Extinct species)</td><td>非灭绝种<br>(Not extinct species)</td><td>合计<br>(Total)</td><td>灭绝种所占比例<br>(Proportion of extinct species)</td></tr>
<tr><td>直笔石类<br>(orthograptids)</td><td>11</td><td>1</td><td>12</td><td>91.7%</td></tr>
<tr><td>双笔石类<br>(diplograptids)</td><td>8</td><td>0</td><td>8</td><td>100.0%</td></tr>
<tr><td>双头笔石类<br>(dicranograptids)</td><td>3</td><td>0</td><td>3</td><td>100.0%</td></tr>
<tr><td>正常笔石类<br>(normalograptids)</td><td>1</td><td>4</td><td>5</td><td>20.0%</td></tr>
<tr><td>合计(Total)</td><td>23</td><td>5</td><td>28</td><td></td></tr>
<tr><td></td><td>测试结果<br>(Result)</td><td colspan="3">$G=17.510, df=3, p=0.0006$</td></tr>
</table>

注：表中的统计数据仅限于从 *N. extraordinarius-N. ojsuensis* 带底部到 *N. persculptus* 带中部。表格中各条目的解释详见正文。

此外，我们将上述 4×2 的表格折叠成 2×2 的表格（纵向为“DDO”和“正常笔石类”两项的比较，横向是“新生种”与“非新生种”的比较），在此基础上，采用了 Fisher 精确性测试（Fisher's exact test）检验新生事件的选择性，最终得到了相似的结果（$p=0.0047$）。由于灭绝事件的表格比较复杂，无法用相似的方法进行简化，因此无法使用上述 Fisher 精确性测试。但上述结果确实表明，基于对卡方分布的近似分析的 $G$ 检验在本节的应用是相当准确的。

综上所述，上文的偶然性测试表明，在奥陶纪末大灭绝期间，笔石种级的分类学特征与灭绝、幸存和新生的关系并非是随机的。在灭绝前繁盛于扬子区的高度分化的DDO支系受环境的影响很深，因此，当环境改变，大灭绝来临的时候，原本极度繁盛的DDO支系的分子纷纷灭绝。相对而言，正常笔石类的分子受环境的影响要小得多。此外，虽然仍有个别新的DDO支系的分子在灭绝的主幕中新生，但从总体上看，正常笔石类占据了新生分子类群的绝大多数。因此，正常笔石类这一特殊的支系，虽然在灭绝前仅仅是扬子地台的笔石动物群中一个很小的组成部分，却戏剧性地得益于这次大灭绝事件，并成为灭绝期间及其后笔石群落中的主体。

## 五、结论

采用多种不同的数值分析方法研究扬子区晚奥陶世-志留纪初的笔石多样性变化，最终得出了一系列一致的分析结果，说明晚奥陶世主灭绝和多样性下降事件发生在 *P. pacificus* 带的顶部至 *N. extraordinarius-N. ojsuensis* 带的中下部。通过统计学的方法我们可以算出这一时间间隔里笔石灭绝概率的峰值持续的时间大约是0.6～0.9 Ma。主灭绝幕之后，在 *N. extraordinarius-N. ojsuensis* 带上部，灭绝概率仍然保持很高的水平。至 *N. persculptus* 带下部，新生概率突然上升到很高的水平。此后，在 *N. persculptus* 带和 *A. ascensus* 带界线附近，又有一次比主幕的峰值小、延续时间短的灭绝概率高峰值。

赫南特期的大灭绝事件发生于晚奥陶世笔石动物群高度分异的时期，因此，代表了笔石分异度演化上一次非常显著的突变，而绝非仅仅是一系列笔石多样性下降事件的偶然叠加。晚奥陶世从 *D. complexus* 带到 *P. pacificus* 带下部，笔石的灭绝和新生概率分别在低和中等水平上，有众多的长延限分子，因此，种级的分异度一直在稳定上升。相比较而言，赫南特晚期和鲁丹早期(合计至少有2 Ma)，有大量短延限的分子，分异度剧烈波动，新生概率和灭绝概率快速变化，在这一时间段里统计到的许多数值都明显高于大灭绝之前。

这次笔石大灭绝事件带有明显的分类选择性。正常笔石类在灭绝来临时优先幸存了下来，并且在新生的类群里占据了非常重要的地位。而之前的高度分异的支系，包括双笔石科、双头笔石科和直笔石科，在灭绝主幕中几乎消亡殆尽，仅有的几个残余分子，以及个别在灭绝主幕中新生的分子，也在第二幕来临前，在 *N. persculptus* 带中彻底消亡。

综上所述，奥陶纪末的大灭绝事件在笔石的演化历史上具有重要的地位，它终结了之前相对稳定、分异度逐步增长、灭绝率很低的晚奥陶世笔石动物群。这一灭绝事件引发了一个种级高演替率的阶段：从赫南特晚期至兰多维列世早期，灭绝率和新生率都保持在很高的水平上。

**致　谢**　本文由国家重点基础研究发展规划(G2000077700)、中国科学院资源环境领域知识创新工程重大项目(KZCX2-SW-129)、现代古生物学和地层学国家重点实验室(033108)联合资助。在野外工作中得到戎嘉余、张元动、詹仁斌、王怿、李越、李荣玉等的大力协助，一并致谢。

## 参考文献

Chen Xu, Fan Junxuan, Melchin M J, Mitchell C E. (in press). Graptolites of the Hirnantian Substage (latest Ordovician) from the Upper Yangtze Region, China. Palaeontology

Chen Xu, Rong Jiayu, Fan Junxuan, Zhan Renbin, Zhang Yuandong, Wang Zhihao, Wang Zongzhe, Li Rongyu, Wang Yi, Mitchell C E, Harper D A. 2000. Biostratigraphy of the Hirnantian Substage in the Yangtze region. Journal of Stratigraphy, 24(3): 169～175 [陈旭，戎嘉余，樊隽轩，詹仁斌，张元动，王志浩，王宗哲，李荣玉，王怿，米切尔(C. E. Mitchell)，哈帕尔(D. A. T. Harper). 2000. 扬子区奥陶纪末赫南特亚阶的生物地层学研究. 地层学杂志，24(3): 169～175]

Chen Xu, Zhang Yuandong. 1995. The Late Ordovician Graptolite Extinction in China. Modern Geology, 20(1): 1～10

Chen Xu, Rong Jiayu, Mitchell C E, Harper D A T, Fan Junxuan, Zhan Renbin, Zhang Yuandong, Li Rongyu, Wang Yi. 2000. Late Ordovician to earliest Silurian graptolite and brachiopod biozonation from the Yangtze region, South China with a global correlation. Geological Magazine, 137(6):623～650

Chen Xu, Rong Jiayu, Mitchell C E, Harper D A T, Fan Junxuan, Zhan Renbin, Zhang Yuandong, Wang Zhihao, Wang Zhongzhe, Wang Yi. 1999. Stratigraphy of the Hirnantian Substage from Wangjiawan, Yichang, W. Hubei and Honghuayuan, Tongzi, N. Guizhou, China. In: Kraft P, Fatka O, eds. Quo vadis Ordovician? Acta Universitatis Carolinae-Geologica, 43 (1/2). Univerzita Karlova v Praze. 233～236

Cooper R A, Sadler P M. (in press). Chapter 15: Ordovician System. In: Gradstein F M, Ogg J G, Smith A G, eds. A Geologic Time Scale. Cambridge University Press

Fan Junxuan. 2001. Quantitative biostratigraphy from Late Ordovician to earliest Silurian in the Yangtze region. [Doctoral dissertation]: Nanjing Institute of Geology and Palaeontology, Chinese Academy of Sciences. 1～188 [樊隽轩. 2001. 扬子区晚奥陶世至早志留世初定量生物地层学. [博士论文]: 中国科学院南京地质古生物研究所. 1～188]

Fan Junxuan, Zhang Yuandong. 2000. SinoCor 1.0, a biostratigraphic program for graphic correlation. Acta Palaeontologica Sinica, 39(4): 573～583 [樊隽轩，张元动. 2000. 生物地层学图形对比软件包 SinoCor 1.0. 古生物学报，39(4): 573～583]

Fan Junxuan, Chen Xu, Zhang Yuandong. 2002. Quantitative biostratigraphy of Upper Ordovician to lowermost Silurian on the Yangtze platform—with the designing of SinoCor 2.0, a software for graphic correlation. Memoirs of the Association of Australasian Palaeontologists, 27: 53～58

Foote M. 2000. Origination and extinction components of taxonomic diversity: general problems. In: Erwin D H, Wing S L, eds. Deep Time: Paleobiology's Perspective. Lawrence, Kansas: The Paleontological Society. 74～102

Foote M. 2001a. Evolutionary rates and the age distributions of living and extinction taxa. In: Jackson J B, Lidgard S, McKinney F K, eds. Evolutionary Patterns: Growth, Form, and

Tempo in the Fossil Record. University of Chicago Press. 245～294

Foote M. 2001b. Inferring temporal patterns of preservation, origination, and extinction from taxonomic survivorship analysis. Paleobiology, 27: 602～630

German R Z. 1991. Taxonomic survivorship curves. 175～184. In: Gilinsky N L, Signor P W, eds. Analytical Paleontology, Paleontological Society, Short Courses in Paleontology No. 4. 1～216

Gilinsky N L. 1991. The pace of taxonomic evolution. 157～174. In: Gilinsky N L, Signor P W, eds. Analytical Paleontology, Paleontological Society, Short Courses in Paleontology No. 4. 1～216

Harper D A T. 1996. Patterns of diversity, origination, and extinction, in the Ordovician-Devonian Stropheodontacea. Historical Biology, 11: 267～288

Koren T N. 1991. Evolutionary crisis of the Ashgill graptolites. In: Barnes C R, Williams S H, eds. Advances in Ordovician Geology. Geological Survey of Canada, Paper 90-9: 157～164

Koren T N, Bjerreskov M. 1999. The generative phase and the first radiation event in the Early Silurian monograptid history. Palaeogeography, Palaeoclimatology, Palaeoecology, 154: 3～9

Melchin M J, Holmden C. 2000. Carbon Isotope stratigraphy of the mid-Ashgill (Late Ordovician) to Lower Telychian (Early Silurian) of the Cape Phillips Formation, Central Canadian Arctic Islands. Palaeontology Down Under 2000, Geological Society of Australia, Abstracts 61. 166

Melchin M J, Mitchell C E. 1991. Late Ordovician extinction in the Graptoloidea. In: Barnes C R, Williams S H, eds. Advances in Ordovician Geology. Geological Survey of Canada, Paper 90-9: 143～156

Melchin M J, Cooper R A, Sadler P M. in press. Chapter 16: Silurian System. In: Gradstein F M, Ogg J G, Smith A G, eds. A Geologic Time Scale, Cambridge University Press

Melchin M J, Koren T N, Storch P. 1998. Global diversity and survivorship patterns of Silurian Graptoloids. In: Landing E, Johnson M E, eds. Silurian Cycles: Linkages of Dynamic Stratigraphy with Atmospheric, Oceanic and Tectonic Changes. New York State Museum Bulletin, 491: 165～182

Mitchell C E. 1987. Evolution and phylogenetic classification of the Diplograptacea. Palaeontology, 30(2):353～405

Sadler P M. 2001. Constrained optimization approaches to the paleobiologic correlation and seriation problems: a user's guide and reference manual to the CONOP program family, v. 6. 1. University of California, Riverside. 1～159

Shaw A B. 1964. Time in Stratigraphy. New York:McGraw-Hill. 1～365

Sokal R R, Rohlf F J. 1995. Biometry. The Principles and Practice of Statistics in Biological Research, 3rd Edition. New York:W. H. Freeman. 887

Stanley S M, Yang X. 1994. A Double Mass Extinction at the End of the Paleozoic Era. Science, 266:1 340～1 344

Underwood C J, Crowley S F, Marshall J D, Brenchley P J. 1997. High-resolution carbon isotope stratigraphy of the basal Silurian Stratotype (Dob's Linn, Scotland) and its global correlation. Journal of the Geological Society, London, 154:709～718

Van Valen L M. 1984. A resetting of Phanerozoic community evolution. Nature, 307: 50～52

Wang Kun, Chatterton B D E, Wang Yang. 1997. An organic carbon isotope record of Late Ordovician to Early Silurian marine sedimentary rocks, Yangtze Sea, South China: implications for $CO_2$ changes during the Hirnantian glaciation. Palaeogeography, Palaeoclimatology, Palaeoecology, 132: 147～158

戎嘉余 jyrong@nigpas.ac.cn
詹仁斌 rbzhan@nigpas.ac.cn
中国科学院南京地质古生物研究所
南京市北京东路39号,210008

第三节

# 华南晚奥陶世腕足动物的大灭绝

**摘 要 →**

奥陶纪-志留纪交界期的海洋底栖无脊椎动物群常以腕足动物占优势。依据江南区(浙赣交界区)中Ashgill期和扬子区晚Ashgill期(=Hirnantian期)地层所含腕足类的综合研究,确认这个特定时期里发生过两幕生物大灭绝事件,对其分类组成、多样性、群落生态和生物地理等均产生强烈影响。大灭绝首幕发生之时,全球气温和水温骤降,海平面下降,使江南区中Ashgill期各类群落生存环境丧失,属的灭绝率达56.3%,而未延至Hirnantian期的属所占的比例超过总属数的5/6;然而,较高级分类单元的灭绝率偏低,在华南没有一个超科及其以上的阶元灭绝。研究结果表明,广布型分子有着广泛的适应性,易于应对环境的恶化,灭绝率较低;而窄布型分子适应性能差,很难适应恶化的环境,一旦栖息地消失,种群骤减到一定程度,物种也就灭亡了,故灭绝率很高。中Ashgill期腕足类的灭绝和晚Ashgill期*Hirnantia*动物群的出现应该可以衔接,后者在扬子区的初现可以作为这次大灭绝首幕结束的证据。这次环境大变化致使原先缺氧的底域变成浅凉水、充氧的环境,有利于以外来分子为主体的*Hirnantia*动物群的生根和繁衍。后一动物群,尽管正形贝目和扭月贝目仍占据优势,但一改中Ashgill期的组分特点与群落格架,使属级分类群面目全非,动物群发生了实质性的变化。当大灭绝的次幕落下时,扬子区底域因被缺氧、较暖海水替代而返回到类似百万年前的环境状态,导致凉、浅水*Hirnantia*动物群的整体灭绝,不过属级灭绝率(43.3%)明显比首幕的小。大灭绝首幕后的腕足动物群显示了强烈的奥陶纪色彩,表现了这些类别对灾变环境的特殊适应;但在属群组分上却与先前暖水期的差异很大。而那些在大灭绝前已有所建树的志留纪类型(五房贝目、无洞贝目和石燕目)在环境恶化(变冷)时基本消失,这种发生在大灭绝前的早期"生态尝试"受到了环境的强烈抑制而推迟了快速发展的进程。直到志留纪鲁丹(Rhuddanian)晚期开始,它们才替代奥陶纪腕足动物群而成为当时海洋底栖动物群的常见优势分子。通过这次大灭绝事件,腕足动物群的大更迭比笔石"滞后"了2~3 Ma。次幕后的腕足类进入了萧条的残存期,为新一轮的辐射作了长达数百万年的铺垫。

戎嘉余,詹仁斌. 2004. 华南晚奥陶世腕足动物的大灭绝. 见:戎嘉余,方宗杰主编. 生物大灭绝与复苏——来自华南古生代和三叠纪的证据. 合肥:中国科学技术大学出版社. 71~96,1040

**关键词 →**

腕足动物 大灭绝 扬子区
奥陶纪-志留纪交界期
江南区

奥陶纪末海洋生物集群灭绝问题的研究，主要依赖于无脊椎动物化石（如腕足动物、笔石、三叶虫、牙形类和珊瑚）的地层分布信息。这方面国内外已积累了丰富的资料（Cocks，1988；Owen *et al.*，1991；Armstrong，1995；Elias and Young，1998；Rong and Harper，1999；Sheehan，2001；Chen *et al.*，2000 等）。但是，从生物宏演化，特别是从灭绝、残存与复苏的角度所做的研究，还显得比较薄弱。

在这个特定地史时期的海洋底栖无脊椎动物中，腕足动物在数量上最丰富，在底栖海域中占有优势。国际上，曾有学者详细计算过穿越奥陶-志留纪界线的腕足动物属的数目（Boucot，1975；Cocks，1988；Sheehen and Coorough，1990；Chen and Rong，1991；Roberston *et al.*，1991；Brenchley *et al.*，1995；Owen and Roberston，1995）。主要有 4 种统计结果：① Williams 等（1965）在 Treatise 腕足动物卷中记录了穿越奥陶-志留纪界线的腕足动物共 44 个属。② Boucot（1975）记载了从 Ashgill 到 Llandovery 早、中期的 75 属，其中 27 属（占 36%）在志留纪前灭绝，另有 27 属（36%）在 Llandovery 早、中期灭绝。③ Cocks（1988）的统计结果表明，在 Hirnantian 共记载有 90 属，到 Rhuddanian 递减到 54 属，其中两者共同属有 32 个。④ Sheehan 和 Coorough（1990）统计 Ashgill 早、中期的 211 属，Ashgill 晚期的 124 属（其中，63 属从未在志留系报道过），早志留世的 130 属。据此，不同研究者对晚奥陶世-早志留世腕足动物组分和分异度形式变化提出了各自的看法。他们总结的是全球范围内的面上资料，却隐含着两个问题：一是化石时代精度有误，如一些确定为 Hirnantian 时期的化石被证明是中 Ashgill 期的，一个例子是含 *Holorhynchus* 的地层并非如 Brenchley 和 Cocks（1982）所说是 Hirnantian 期的，而应是中 Ashgill 期（Rong and Harper，1988；Brenchley *et al.*，1997；Rong and Boucot，1998）；二是有些化石的鉴定存疑，给准确的统计带来问题。分析化石的地质历程，特别是分析生物的灭绝、残存与复苏时，用这些材料难免会发生细节性的误差。

为此，本节作者完成了分析穿越奥陶-志留纪界线这一地质历史时期、来自华南同一个古板块已知全部腕足动物资料（包括已发表的、本文修正的和我们掌握的未发表的资料）的数据库。这些资料一是基于较高分辨率的地层对比，故地层时代确定得较好，特别是由陈旭等提供的以笔石分带再研究为根据的资料（Chen *et al.*，1995，2000）；二是经过腕足动物分类学的研究，诚然，还有少量属的鉴定仍然存疑，但统计时，将它们作为存在属的处理是可以理解的。这些内容在 Rong 和 Harper（1999）的文章中已初步论述，本节在该篇论文的基础上做出了进一步的提炼和修正。

经过国际上许多地层古生物学家约 20 年的研究，奥陶纪末大灭绝两幕式的特点已获公认，即第一幕（首幕）发生在晚奥陶世 Ashgill 中期之末，第二幕（次幕）发生在奥陶-志留纪之交 Hirnantian 晚期(Brenchley,1984；Brenchley and Newall,1984；Sheehan,1988；Sheehan and Coorough,1990；陈旭、戎嘉余,1990；Rong and Harper,1999 等等),但是,这两幕与笔石带的精确对比,还没有定论。本节基本上仍然按照这两幕来分别叙述,涉及的材料也相应地分成两部分,一是 Ashgill 中期(长坞组、下镇组及其相当地层),材料来自浙西和赣东北,二是晚 Ashgill 早、中期(观音桥层、下扬子区新开岭层及其相当层位),材料主要来自上扬子区,少数来自下扬子区(图 2.3.1)。至于这两幕与笔石带的精确对比,是根据陈旭提供的笔石鉴定意见与腕足动物研究的结论而得出的。

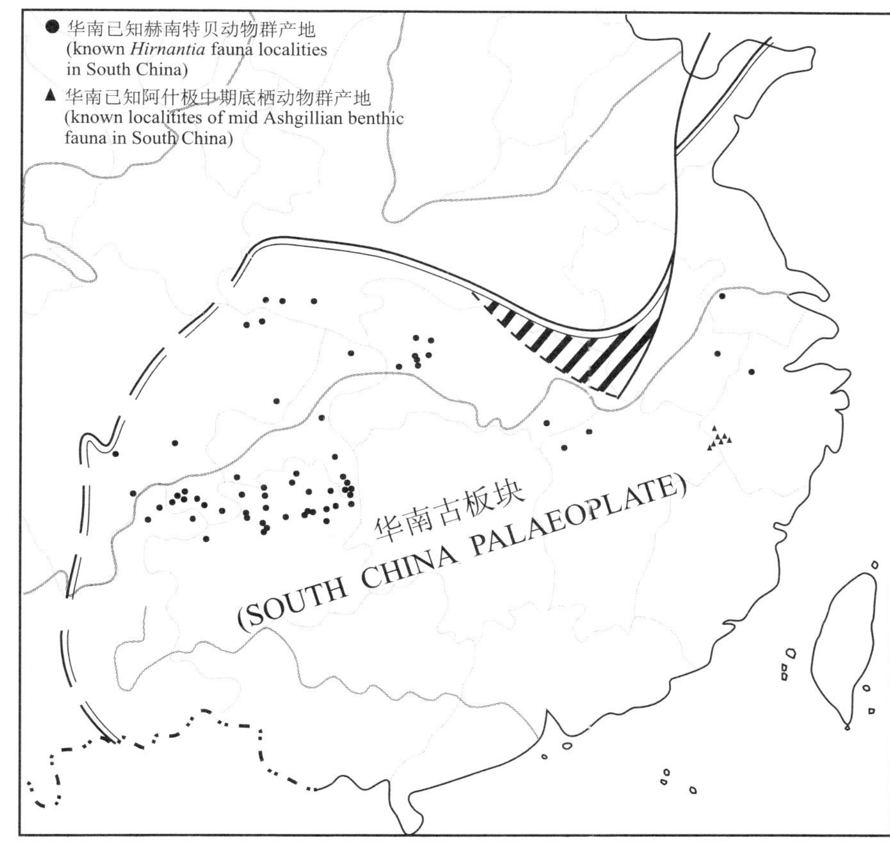


**图 2.3.1** 华南晚奥陶世腕足动物化石产地分布图
Figure 2.3.1 Location map of Late Ordovician brachiopods of South China

## 一、材料与环境背景

奥陶纪末大灭绝前(即中 Ashgill 期)的腕足类化石在世界上非常丰富,产出地点很多(如北美、波罗的海、俄罗斯地台、波希米亚、南欧、北非、哈萨克斯坦等)。但是,在华南的扬子海盆,环境条件却很特殊,表现在海盆底域广泛发育缺氧环境,底栖动物不宜存活,在较深水的笔石相地层(五峰组)黑色页岩中偶含磷酸盐质壳的腕足动物,它们不是营底栖固着,而可能是营假漂浮的生活方式;但是在五峰组之上则发育晚 Ashgill 期(即 Hirnantian 期)的观音桥层(介壳相),富含浅水环境为主的腕足动物群(即 *Hirnantia* 动物群,见戎嘉余,1979; Rong and Harper,1988 等)。

从笔石相到介壳相的变化是明显的,因为它反映了一次重大的、实质性的环境变化。这里需要指出的是,在这个变化过程中,在扬子区出现了一段较薄(通常为数十厘米)的、介于笔石相(下)和介壳相(上)之间的混合相地层。在这段地层中,发育以营底栖固着生活方式的腕足类 *Manosia* 为主体,可能反映其对贫氧(而不是缺氧)底域环境的特殊适应,这一点充分说明当时扬子海盆浅水底域已从完全缺氧的状态向充氧的状态转变(有关 *Manosia* 单种组合的研究正在进行)。这一改变非同小可,很可能与南方大陆冰川的开始形成"遥相呼应",因此应引起关注。但是,在扬子区至今没有发现一条穿越中-晚 Ashgill 界线、介壳相化石连续发育的地层剖面。这一地质发育的限制为研究奥陶纪末生物大灭绝带来不利的因素。

那么,在华南,什么地方可以弥补中 Ashgill 期的壳相化石群呢?近年来详细的系统分类研究表明,在浙赣边区,在相当于长坞组及三衢山组、下镇组(见詹仁斌和傅力浦,1994)的地层中繁衍了这个时期的腕足动物(图 2.3.2),并被系统地研究

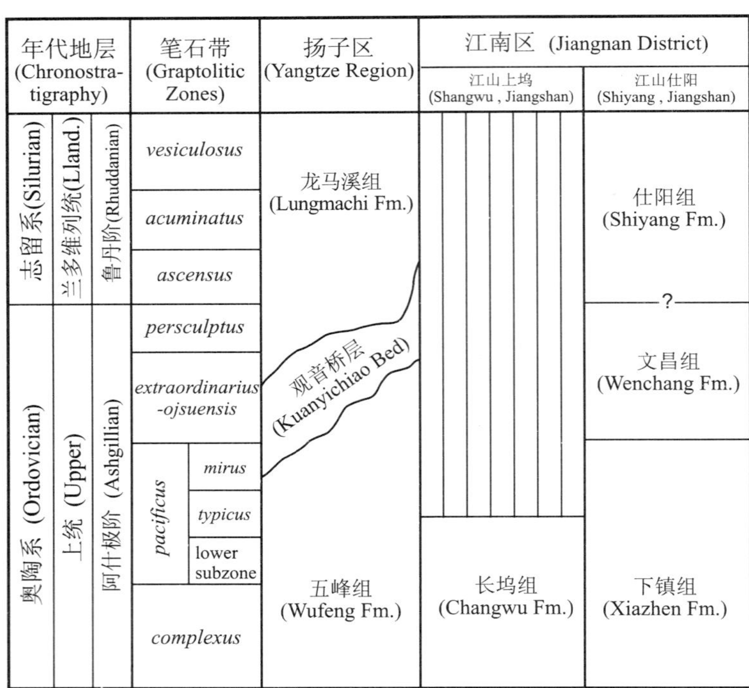


图 2.3.2 扬子区和江南区奥陶-志留系界线岩石地层单元对比

Figure 2.3.2 Correlation of Upper Ordovician and Lower Llandovery rocks in Yangtze and Jiangnan regions

了(Zhan and Cocks,1998)。这个动物群含有丰富的属群,占领着 BA1～5 的各个生态域(詹仁斌、戎嘉余,1995a; Zhan *et al.*,2002)(图 2.3.3)。然而,遗憾的是那里与扬子区不同,至少目前未找到确凿的晚 Ashgill 期的化石;同时,由于剖面有限,与笔石带的对比难以进行,确定中 Ashgill 期腕足动物各属灭绝(或消失)的具体时限相当困难。尽管如此,假设(这种可能性很大)前江南区中 Ashgill 期腕足动物的大灭绝和 *Hirnantia* 动物群在扬子海域的出现可以衔接(环境的重大变迁理应在华南有所反映)的话,那么后一个动物群初现的一瞬间似可作为大灭绝首幕开

始的一个证据。这就为我们研究奥陶纪末腕足动物大灭绝提供了重要的材料基础(Rong *et al.*,2002)。

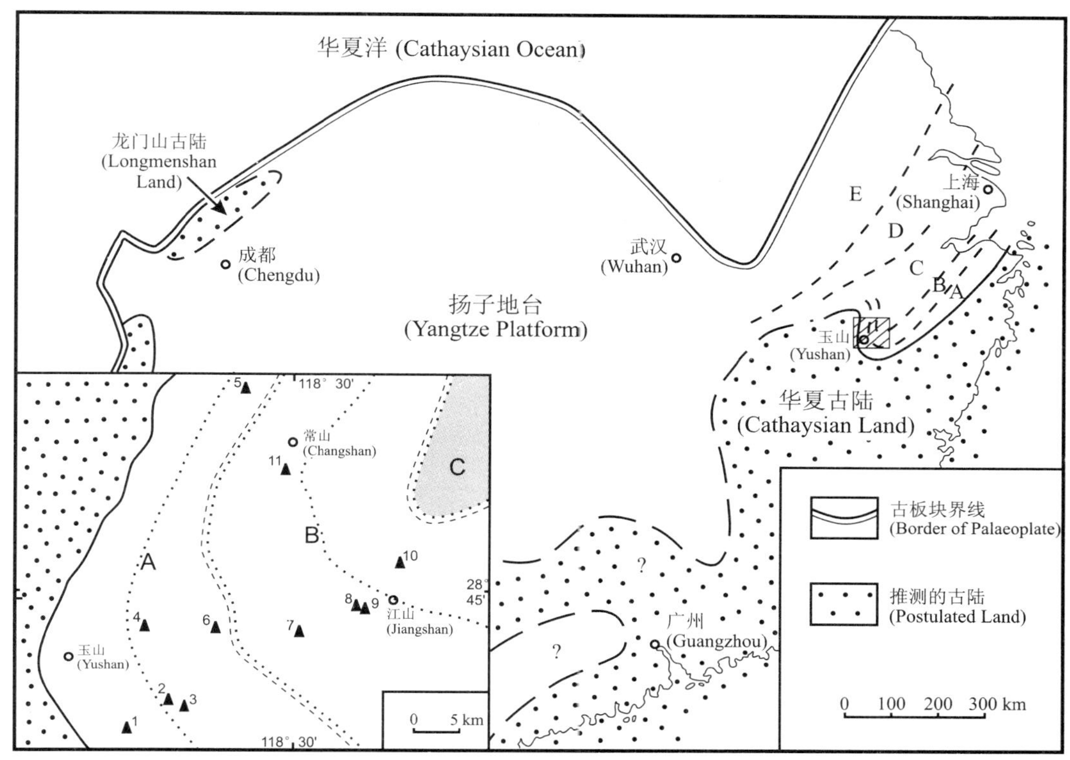


图 **2.3.3** 示浙赣交界地区晚奥陶世阿什极中期腕足动物群落生态分布模式(据 Zhan *et al.*, 2002)
A. 浙赣台地;B. 浙西斜坡;C. 浙皖盆地;D. 皖南斜坡;E. 下扬子台地

Figure 2.3.3 Synecological pattern of mid Ashgillian brachiopods in the border district of Zhejiang and Jiangxi provinces, E China(After Zhan *et al.*,2002)
A. Zhe-Gan Platform; B. Zhexi Slope; C. Zhe-Wan Basin; D. Wannan Slope; E. Lower Yangtze Platform

还有两点需要特别说明。第一,本节有关属的延限标注得还不精确,例如,中 Ashgill 地层中出现并消失的属的地层历程在图 2.3.4 中都充塞在该地层整个框架内,实际上各个属的具体的地层延限并非如此,这样处理的结果造成了所有这些属似乎都在中 Ashgill 之末灭绝的假象,我们将在论述奥陶纪末腕足类大灭绝的全过程和形式时注意这个问题。第二,由于研究基础和目前条件的限制,本节没有能对中、晚 Ashgill 腕足动物属级分类单元进行 Signor-Lipps 效应的干扰排除工作,也没有能结合运用数值分析方法、采用图形对比方法来建立腕足类的复合标准序列,以至于不能确定各属接近真实的地层延限(地质历程),对于更准确地理解奥陶纪末腕足动物大灭绝特点不无影响。

浙赣交界地区 Ashgill 中期的腕足动物,最早由王钰(见王钰、金玉玕,1964)报道两个种,其中 *Rhynchotrema zhejiangensis* Wang 被改归 *Altaethyrella* 属(詹仁斌、李荣玉,1998)。梁文平等(见刘第墉等,1983)描述了这个时期的部分属种,建立了一批新的分类单元。Rong 和 Han(1986)首次记载了下镇组的五房贝族

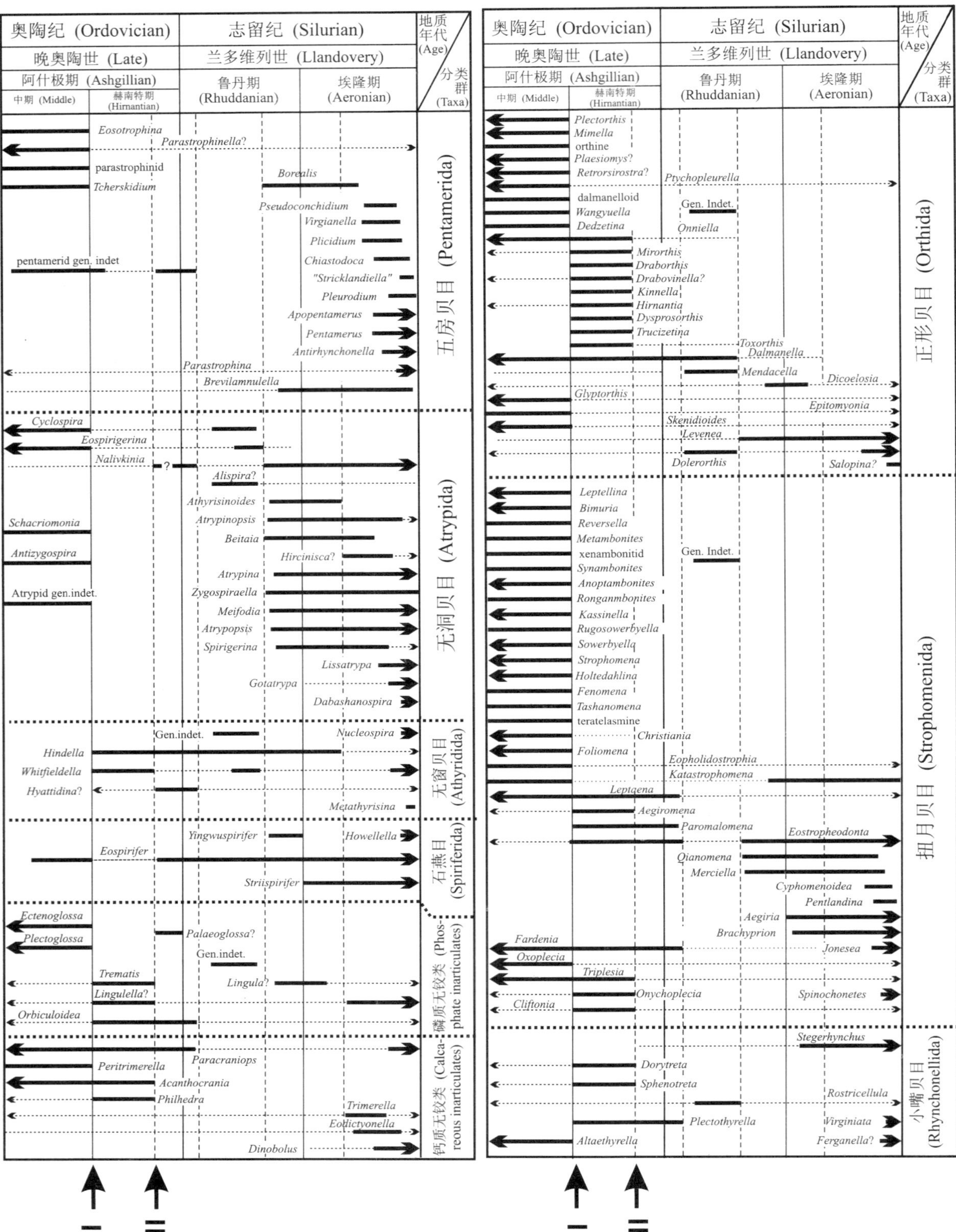


图 2.3.4　华南晚奥陶世阿什极中、晚期和志留纪兰多维列世早、中期腕足动物属的地层延限(据 Rong and Harper，1999 修改)

Figure 2.3.4　Stratigraphical range of brachiopod genera from mid Ashgill to Aeronian of South China (revised from Rong and Harper, 1999)

*Tcherskidium zhejiangensis*，这类化石在早期“生态尝试”后消失在大灭绝的首幕(Rong and Boucot，1998；Zhan and Cocks，1998)。戎嘉余、陈旭(1987)记述了这个地区两个以腕足动物占优势的群落，即 *Tcherskidium* 群落和 *Sowerbyella-Zygospira*(改为 *Antizygospira*，见詹仁斌、戎嘉余，1995a)群落。Rong 等(1994)及 Rong 和 Zhan(1996a)描记了已知最早的始石燕(*Eospirifer praecursor* Rong *et al.*，1994)。詹仁斌、戎嘉余(1994，1995b)建立了下长坞组中的 5 个新属。这个地区 Ashgill 中期腕足动物的全面系统的古生物学研究是由詹仁斌等(Zhan and Cocks，1998)完成的，他们共描述 41 属、41 种(含 2 新属、7 新种)。这个动物群被称为阿尔泰窗贝动物群(*Altaethyrella* Fauna)。至此，其基本面貌和性质都比较清楚了。

奥陶纪末期前，一度位于华南板块北缘的东秦岭(河南淅川—内乡一带)地区，在 Ashgill 期石燕河组(含寺岗组)和刘家坡组中发现了丰富的腕足类化石，最早由曾庆銮等(1993)报道，并确认其是志留纪初期的产物。后来，经许汉奎(1996)研究，该组合的时代被改归于奥陶纪。笔者赞同此说，并在编写《中国奥陶-志留纪腕足动物群落生态和生物地理》一书时，进一步厘定了这个动物群，确定其时代为早、中 Ashgill 期。由于该区在奥陶纪-志留纪交界时期作为一个小地体可能已经离开华南板块，向华北(中朝)板块靠拢，所以本节在统计时并未将它考虑进来。

现将已知这些奥陶纪晚期和志留纪早期的属级分类单元的地层历程资料全部绘制下来(图 2.3.4)，作为本节和下节讨论分析的基础。

## 二、奥陶纪末大灭绝的第一幕

### (一) Ashgill 中期腕足动物基本概况

华南晚奥陶世 Ashgill 中期的腕足动物群可识别为两大生物相。

**1. 较深水相**

较深水相是叶月贝动物群(*Foliomena* Fauna)栖息之处，这个时期该动物群只在江南区(即浙赣交界地区)的长坞组中发育，分布在浙江西部的江山和常山。它们生活在较深水、贫氧、泥底上，腕足类具有低分异度、小个体等特点，常与三叶虫 *Novaspis*-cyclopygid 组合共生(Sheehen，1973，1979；Harper，1981；戎嘉余，1984；Cocks and Rong，1988；Owen *et al.*，1991；Rong and Zhan，1996b；Rong *et al.*，1999；周志毅等，本章第五节)。而扬子区当时仍处于较深水、底域严重缺氧的环境(五峰组)，底栖固着的海洋无脊椎动物绝迹。

中 Ashgill 期前，*Foliomena* 动物群也曾在扬子地台生存，如宝塔组(Caradoc 中上部)(图 2.3.5)。宝塔组曾因发育所谓“龟裂纹”构造而被认为是在干燥气候、潮间带或宽阔潮坪沉积的。然而，很难想象在如此漫长的地史岁月里（长约 5 Ma），如此阔平的台地（东西超过 1 800 km，南北约 800 km，若不考虑水平构造运动的话）上发育如此均质性的沉积。20 世纪 80 年代初，人们开始对此认识提出质疑，并提出新假说，认为这种构造可能是水下沉积过程中的“凝缩”产物（陈旭、丘金玉，1986），或是生物遗迹（陈均远等，1991），或是成岩早期的一种准同生变形构造（周传明、薛耀松，2000）。于是，“浅水说”被否认，沉积在水深 50～150 m（正常浪基面以下、风暴浪基面之上）（周传明、薛耀松，2000）、100～200 m（姬再良，1985；陈旭、丘金玉，1986；戎嘉余、陈旭，1987）之间，甚至 400 m 或更深（陈均远等，1991）的认识被提出来了。宝塔组的 *Foliomena* 动物群，也以小型个体为特征，体宽常小于 10 mm；分异度小，单层群落中，腕足类常少于 6～8 属；生存密度也小。研究证明，它们大都生活在 BA4～5～6、寡营养、贫氧的海水底域，水深在 100～200 m 之间（Rong *et al*.，1999）。研究相伴的三叶虫 *Cyclopyge* 动物群也得出类似的结论（周志强等，2000）。从群落生态角度，验证了宝塔组的沉积环境，确立了 *Foliomena* 动物群的总体历程和发育过程。截止目前，尚未在更晚的地层中发现过这个动物群，由此表明其整体灭绝时间在 Ashgill 中期末。

| 系 (System) | 统 (Series) | 阶 (Stage) | 生物带 (Biozone) | 组 (Fms.) | A:松桃陆地坪 | B:宜昌王家湾 | C:桐梓红花园 | D:湄潭五里坡 | E:石阡雷家屯 | F:湄潭牛场 |
|---|---|---|---|---|---|---|---|---|---|---|
| Ⅰ | Ⅱ | 鲁丹阶 (Rhudd.) | *ascensus* | | | | | | | |
| 奥陶系 (Ordovician) | 上统 (Upper) | 阿什极阶 (Ashgillian) | *persculpius* | 五峰组 (Wufeng Fm.) | | AFA102 | | | | |
| | | | *extraordinarius-ojsuensis* | | AFA417 AFA416 AFA414 | AFA101 AFA100 AFA99 | AFA295 | | L2 | |
| | | | *pacificus* | | | AFA83 | AFA290 | | | |
| | | | *complexus* | | AFA382 | | AFA271 AFA269 | | | |
| | | | *complanatus* | | AFA397 | | | | | |
| | | | *Foliomena-Nankinolithus* | 临湘组 (Linhsiang Fm.) | AFA378 | | | | L1 | |
| | | 卡拉道克阶 (Caradocian) | *Sinoceras* | 宝塔组 (Pagoda Fm.) | | | | | | |

图 2.3.5　上扬子区上奥陶统岩石地层及化石发育情况（附野外采集号码）

Figure 2.3.5　Upper Ordovician lithostratigraphy and fossils of the Upper Yangtze Region, with collection numbers indicated

A. Ludiping, Songtao　B. Wangjiawan, Yichang, western Hubei　C. Honghuayuan, Tongzi　D. Wulipo, Meitan　E. Leijiatun, Shiqian　F. Niuchang, Meitan　A and C～F in northern Guizhou

## 2. 浅水相

浅水相主要发育在江南区，以 Ashgill 中期阿尔泰窗贝动物群（*Altaethyrella* Fauna）为特征，在陆棚区（碳酸盐岩相或碎屑岩相）环境中栖息。当华夏古陆（Cathaysian Oldland）进一步扩展形成一个特殊的台地-斜坡相（包括浙赣台地和浙西斜坡）时，那里发育浅（水深常在 100 m 以内）暖水、底域充氧、底质多样的环境（戎嘉余、陈旭，1987），生物群拥有分异度高、个体异质发育的特征，尤其适宜于底栖生物栖息，腕足动物占优势，组合面貌繁多，多种群落或群集大都生活在 BA2～3～4生态域（詹仁斌、戎嘉余，1995a；Zhan *et al*.，2002）（图 2.3.3），组成了华南板块晚奥陶世最丰富、分异度最大的一个腕足动物群（Zhan and Cocks，1998）。

有些腕足类群落与 *Agetolites* 珊瑚动物群相伴。*Altaethyrella* 动物群，连同 *Agetolites* 珊瑚动物群，基本上在中 Ashgill 期末灭绝（戎嘉余、陈旭，1987；詹仁斌、戎嘉余，1995a）。

根据上述，已知 Ashgill 中期共含腕足类 55 属，分属于 10 目、21 超科、34 科（见附录 2.3.1）。其中，土著属有 16 个[*Peritrimerella*，*Zhejiangorthis*，orthine gen. indet.，dalmanelid gen. indet.，*Wangyuella*，*Rongambonites*，*Reversella*，*Synambonites*，*Metambonites*，xenambonitid gen. indet.，*Fenomena*，*Tashanomena*（=*Yushanomena* Zeng and Hu，1997），teratelasmine gen. indet.，*Eosotrophina*，parastrophinid gen. indet.，atrypid gen. indet.]，占总数的近 30%；在这些土著属中，有 50%属于扭月贝目。除地方性分子外，*Tcherskidium*，*Eospirifer* 等属是在 Ashgill 中期首次出现的。由此表明，本期的新生率超过 1/3。区域性分子（限于 2～3个古板块）有 7 属[*Ectenoglossa*，*Plectoglossa*，*Kassinella*，*Tcherskidium*，*Altaethyrella*，*Schachriomonia*（=*Ovalospira*，Popov *et al*.，2000），*Antizygospira*]，占总数的 14.5%。余下的 29 属基本上都属于广布型分子（占52.7%）。

### （二）Ashgill 中期末腕足动物的大灭绝

Ashgill 中期之末，南极冰盖迅速形成、海平面大幅度下降（Sheehan，1975，1988；戎嘉余，1984a；Sheehan and Coorough，1990）、海水温度剧烈下降，与此相伴随的是广西运动的发生（吴浩若，2000），使华夏古陆进一步上升并向西北方扩展。这几种因素的叠加，使得华南海平面下降，强烈升隆的华夏古陆经风化剥蚀给不断下沉的海盆供应了大量的碎屑物源，改变了底域生态环境，一些地区早先拥有的那种环境完全丧失，曾极度繁盛的底栖动物群遭到重创。这个时期的总灭绝属数为 31 个，灭绝率达 56.4%。华南晚奥陶世腕足动物第一幕的属级灭绝幅度与 Sepkoski（1982）的统计结果接近。本区在中 Ashgill 生存的 55 属中只有 7 属上延，其余都在晚 Ashgill（Hirnantian）地层中消失（或灭绝、或迁出）。此外，较高级分类单元在这次事件中虽遭重创，但少有灭绝。据目前资料分析，华南海域没有一个超科及其以上分类阶元遭受灭绝。这一点与世界材料比较一致。从全球分析，钙质壳纲腕足动物中，除一个超科外，其余超科没有一个永久消失。以上事实充分说明了这次灭绝事件的强度。

### （三）Ashgill 中期腕足动物属的类型

本节作者曾就生物分类单元的具体类型做过初步研究，识别了一系列类型（戎嘉余、詹仁斌，1999）。实际上，穿过大灭绝的生物主要由 3 种类型组成：①灭绝型，②广义幸存型，③新生型（图 2.3.6）。而后者又可以介入到前两种类型之中，如有些属既是新生型又是灭绝型，或者既是新生型又是广义幸存型。所以在下面的讨论中我们将第三种类型放在前两种类型中给予说明。现将这个时期所含的属级分类单元作如下的分析。

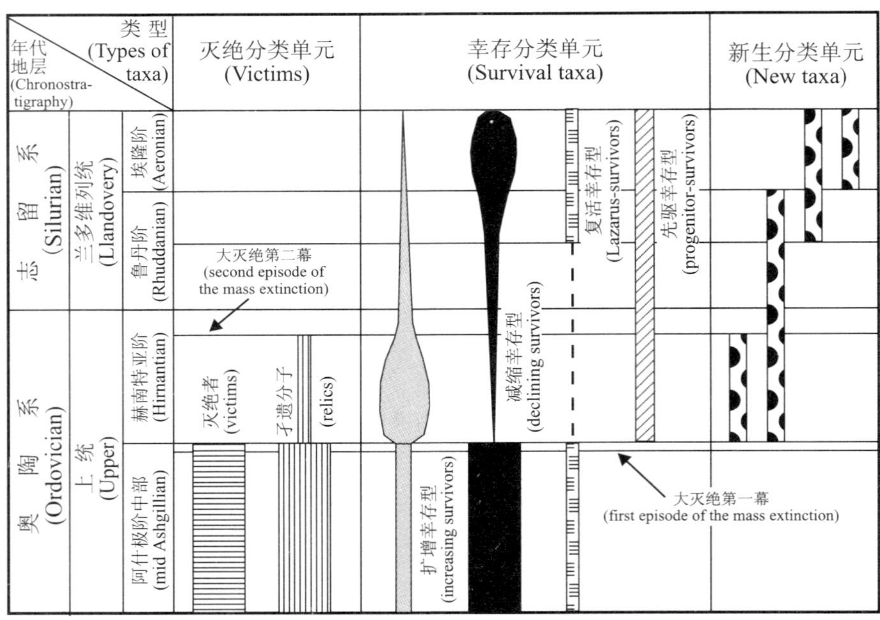


图 **2.3.6** 示穿越晚奥陶世晚期大灭绝事件的腕足动物分类单元类型

Figure 2.3.6 Showing the taxonomic types of brachiopods across the end Ordovician mass extinction event

### 1. 灭绝属

已知中 Ashgill 期灭绝的属占总属数的 56.4%。需要再次指出的，是本节所列属的地层历程(见图 2.3.4)只是为了统计方便，把在这个时间段灭绝的属的最后历程都画在中 Ashgill 末，而事实上这些属的历程并不一定占满整个中 Ashgill 的时间框架。换言之，若把这些属的真正历程投在图上，完全可能是参差不齐的。只是目前要精确地划定这些属在整个年代地层中的历程是不可能的，其主要原因是笔者所研究的剖面还很有限，所收集的材料还不够多，其时代因缺少笔石而难以确定，更不能对已有的数据做数值分析。但不管怎样，它们的灭绝并非同时和瞬间发生的。这些灭绝属主要是那些土著和区域性分子，共有 23 个，它们在这场劫难中永远消失，灭绝率高达 100%，也就是说，没有一个土著分子(属级分类单元)能够“劫后余生”；而且这些土著分子都是在中 Ashgill 期内新生的。但也有一部分灭绝属(12 个)应归于广布型分子，它们在 29 个广布属中占 1/3 稍强。至于具体的控制因素，例如为什么有些广布型分子灭绝了，而另一些广布属却延伸到了志留纪，目前还很难提出明确的看法。虽说如此，至少反映了上述这两种类型(广布型和窄布型)对环境恶化的应对存在着显著的差异。广布型分子有着广泛的适应性和栖息地，易于应对环境的恶化，加上种群多样、分布很广，即使大部分惨遭变故，也会有冲破灭绝幕而幸存下来的，所谓的“东方不亮西方亮”可用来比喻这种现象，故灭绝率较低；而窄布型就逊色多了，它们不仅适应性能差，而且种群单调、分布局限，特别是适应恶化环境的能力弱，一旦环境恶化，种群和栖息地消失，整个物种也就灭亡了，所以灭绝率很高。

**2. 广义幸存属**

广义幸存属共19个，可以分成狭义幸存型和复活型两类。

(1) 狭义幸存型(survivor taxa)：7属。它们幸运地逃过了大灭绝的首幕，不仅延至Hirnantian期，还进入了志留纪。它们在Hirnantian期里，数量上或较少见(如 *Fardenia*, *Acanthocrania*, *Onniella*, *Triplesia*)，或因大灭绝首幕后生存底域空出而大量入侵(如 *Pseudopholidops*, *Dalmanella*)，或局部较丰富(如 *Leptaena*)。

(2) 复活型(Lazarus taxa)：包括华南"复活型"和世界复活型。其中，华南"复活型"(Rong and Harper, 1999)有5属，它们在大灭绝前始现、首幕后消失、在志留纪不同时期重现，如重现在Rhuddanian早期(*Eospirifer*)、晚期(*Leptellina*, *Katastrophomena*), Aeronian(*Brevilamnulella*)或Telychian(*Epitomyonia*)。其中有些曾被称为"复活-先驱型"(Lazarus-progenitors)(戎嘉余、詹仁斌，1999)，如 *Eospirifer*，这只是因为要强调它们的先驱性质，因为这些属是在大灭绝前不久刚刚起源的，当环境恶化时消失、环境好转时复出，还是属于复活型分子。世界复活型已知有6属，包括 *Glyptorthis*, *Eopholidostrophia*, *Oxoplecia*, *Parastrophinella*, *Ptychopleurella*, *Skenidioides*。大灭绝前它们在华南出现过，但大灭绝首幕后并没有灭绝却永远从华南消失、再也没有回来过(一直未在华南Hirnantian和志留纪发现)。值得指出的，是华南Ashgill中期的大多数正形贝族和扭月贝族属级代表在事件首幕中灭绝或消失了；而五房贝族、无洞贝族和石燕族的属在华南Hirnantian地层中却基本"出局"，它们大多属于这种复活类型，具有重要的演化意义。

上述两种类型所占的比例可与Sheehan和Coorough(1990)的统计结果相比较。后两位作者列出了Ashgill中期腕足动物共211属，其中，44%(92个)的属未进入Hirnantian期，这个比例比华南的低；23%(49个)的属在Hirnantian出现，但未进入志留纪；33.3%(70个)的属未在志留纪记载。由于他们没有说明哪些属未在志留纪记载，所以很难与华南的材料作具体的比较分析。

Ashgill中期后半段因受全球冰川活动的影响，东秦岭地区也持续地出现海退(曾庆銮等，1993)，腕足类相继消失。可能是没有强烈区域构造运动的叠加，东秦岭的属级灭绝率(52.9%)较小，指示了灭绝首幕对东秦岭的影响不及对浙赣"三山"地区的影响。在上延至志留纪的9个属中，广布型的(*Orbiculoidea*, *Skenidioides*, *Salopina*?, *Leangella*, *Aegiria*, *Rostricelltula*, *Zygospira*)分子占绝大多数，区域性的(*Nalivkinia*)仅1属。作为一个特殊的广义幸存分子(即复活-先驱分类单元)，*Nalivkinia* 在中Ashgill出现、在Hirnantian期短暂"消失"、于志留纪重现，并发展成浅海群落中的常见分子(戎嘉余、詹仁斌，1999)。

## 三、奥陶纪末大灭绝的第二幕

### （一）Hirnantian腕足动物的基本概况

在这个时期里，动物群组成与前一个时期有很大的变化。其中，三分贝目、五房贝目、无洞贝目和石燕目在本期全部消失；在扭月贝目中，褶脊贝超科从原先发育10属到本期只剩下1属；扭月贝超科原来十分繁盛，共有11属之多，现在只剩下3属；在正形贝目中，正形贝超科原来有5属也只剩下1属，至于织形贝超科、似帐幕贝超科、全形贝超科的代表则全部消失（见附录2.3.1）。

这次大灭绝的第二幕主要体现在 *Hirnantia* 动物群的整体灭绝上。这个动物群的时代，由上覆、下伏含笔石地层的时代所确定。根据华南的情况，它可以对比到这样一个时间段，即 *Diceratograptus mirus* 带到 *Normalograptus persculptus* 带下部（Chen *et al.*，2000；Rong *et al.*，2002）。这个动物群的一个突出的特点是其时空分布的穿时性（图2.3.7，图2.3.8）。

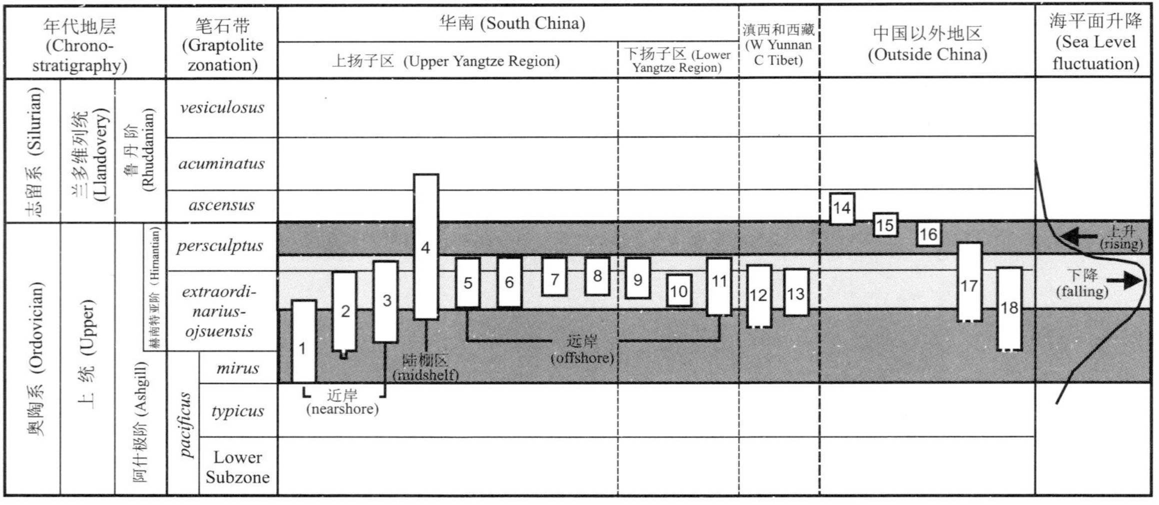


图2.3.7 华南及世界其他地区含赫南特贝动物群的层位对比（据Rong *et al.*，2002）

1.贵州沿河甘溪 2.贵州松桃陆地坪 3.贵州仁怀石厂与杨柳沟 4.贵州桐梓红花园 5.四川兴文古宋 6.四川长宁双河 7，8.湖北宜昌王家湾和黄花场 9.江西武宁官堂园 10.安徽泾县北贡 11.浙江临安堰口 12.云南潞西弯腰树 13.西藏申扎支哇左谷 14.英格兰北部Yewdale Beck 15.泰国南部Satun省 16.捷克布拉格地区Kosov 17.阿根廷圣胡安Precordillera 18.波兰南部圣十字山（Holy Cross Mountains）

Figure 2.3.7 Correlation of the occurrences of the *Hirnantia* fauna with graptolite biozones at different localities on South China Plate and others (from Rong *et al.*, 2002)

1. Ganxi, Yanhe, NE Guizhou 2. Ludiping, Songtao, NE Guizhou 3. Shichang and Yangliugou, Renhuai, NW Guizhou 4. Shanwangmiao, Honghuayuan, Tongzi, N Guizhou 5. Gusong, Xingwen, S Sichuan 6. Shuanghe and Helong, Changning, S Sichuan 7, 8. Wangjiawan and Huanghuachang, Yichang, W Hubei 9. Guantangyuan, Wuning, N Jiangxi 10. Beigong, Jingxian, S Anhui 11. Yankou, Lin'an, N Zhejiang 12. Wanyaoshu, Luxi, W Yunnan 13. Zhiwazuogu, Xainza, south-central Xizang 14. Yewdale Beck, N England 15. Satun Province, S Thailand 16. Kosov, the Prague area, Czech 17. Precordillera de San Juan, Argentina 18. Holy Cross Mountains, S Poland

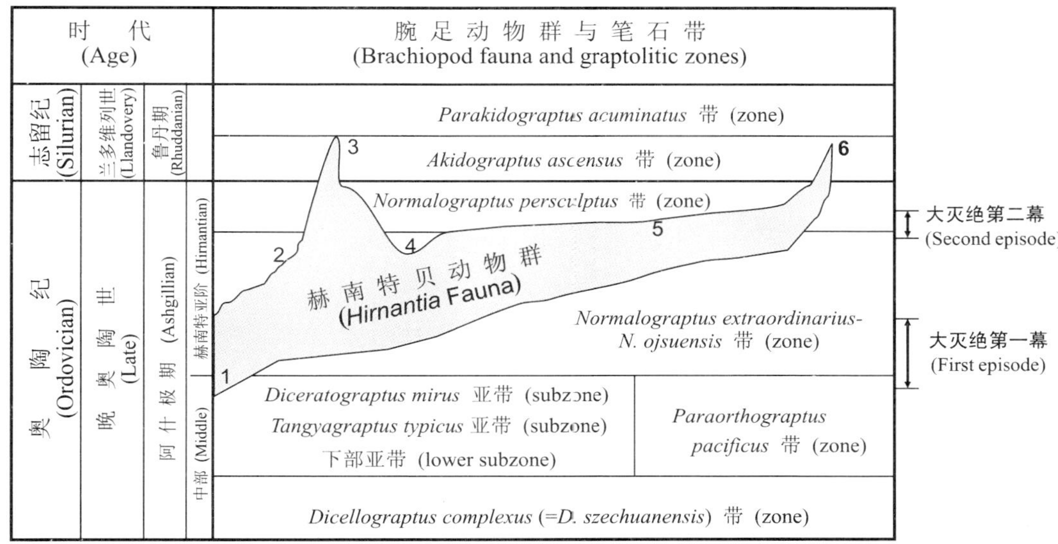


图 **2.3.8**　示含赫南特贝动物群的层位及与笔石带的对比(根据华南和英国的资料)
1. 贵州沿河甘溪　2. 贵州松桃陆地坪　3. 贵州桐梓红花园　4. 安徽泾县北贡里　5. 湖北宜昌王家湾　6. 英格兰北部 Yewdale Beck(Harper and Williams,2001)

Figure 2.3.8　Correlation of the *Hirnantia* fauna with graptolitic zones based on the Chinese and British data (Revised from Rong and Harper,1999)
1. Ganxi, Yanhe, Guizhou　2. Ludiping, Songtao, Guizhou　3. Honghuayuan, Tongzi, Guizhou　4. Beigongli, Jingxian, Anhui　5. Wangjiawan, Yichang, Hubei　6. Yewdale Beck, Northern England (Harper and Williams,2001)

### 1. 分类组成

在 *Hirnantia* 动物群中,目前已知有 30 属(见附录 2.3.1)。其中,磷质壳腕足动物有 6 属(*Pseudolingulops*, *Lingulella*, *Acanthocrania*, *Philhedrella*, *Trematis*,*Orbiculoidea*;以第一个属的数量最多)。在大量钙质壳腕足动物中,德姆贝族最发育,无论属数(共 9 个:*Dalmanella*, *Kinnella*, *Hirnantia*, *Draborthis*, *Drabovinella*,*Dysprosorthis*,*Onniella*,*Trucizetina*,*Mirorthis*)还是个体数量都最多。上列名单的前 3 属,都是该动物群的典型分子。其次是扭月贝族(共 4 属:*Paromalomena*,*Eostropheodonta*,*Leptaena*,*Fardenia*),前两者数量很多,也是该动物群的典型分子。三重贝族(*Triplesia*,*Onychoplecia*,*Cliftonia*)和小嘴贝族(*Plectothyrella*, *Sphenotreta*, *Dorytreta*)各 3 属,以 *Cliftonia* 和 *Plectothyrella*(是典型成员)尤为醒目,在 *Hirnantia* 动物群中常有发现。无窗贝族 2 属,*Hindella* 是该动物群的常见分子,*Whitfieldella* 并不多见,但它们均自 Hirnantian 起源,均有很强的生存能力。需要说明的是,在这个动物群中,有 4 个目级分类单元基本上没有代表出现。它们是三分贝目(Trimerellida)、五房贝目(Pentamerida)、无洞贝目(Atrypida)和石燕目(Spiriferida)。这可能说明这些分子主要适应于暖水环境之中,而基本上不适宜于在凉水环境中生存。

**2. 群落生态**

在上扬子区，观音桥层含有不同类型的群落（戎嘉余，1986；Wang *et al*.，1987），它们以腕足动物最常见，也最丰富，其中，德姆贝族和扭月贝族数量最多，伴以个别小嘴贝族和无窗贝族。在较浅水群落中，分异度不高，化石材料中个体密度则很高。从黔北遵义（靠近当时海岸线）到重庆綦江（两者今日直线距离约 120 km），底域较平坦，水浅、富氧；属种数量常有限（4～8 个）；个体大小不一[壳宽在 10～20 mm 之间的最常见，极少数的个体（*Hirnantia*）最大壳宽超过 35 mm]。在遵义董公寺，*Hirnantia* 常与大个体的双壳类共生，可能在 BA2～3 上部底域栖息。向北、向东，到本区远岸较深水域，如川南长宁和鄂西宜昌一带，*Hirnantia* 动物群分异度明显增加，属的分异度经常超过 12，最多可接近 20，个体也很丰富；推测这些地区海水已经加深，可能栖息在 BA3 下部的底域生态位（戎嘉余，1986）。

在下扬子区，如赣北修水、武宁，皖南泾县（北贡里）和南京（汤山）新开岭层（相当于观音桥层）含有分异度很低的腕足类组合（仅由 2～3 种组成），包括 *Hirnantia* 动物群的典型分子 *Paromalomena*，与三叶虫 *Dalmanitina* 或 *Songxites* 相伴（Li *et al*.，1984），代表远岸深水、贫氧、弱光、寡营养的底域生态环境（BA4～5），那里显然并不适宜底栖固着动物繁衍。已有的腕足类个体与同期同属种浅水代表相比明显偏小，也说明了这一点。

在江南区的浙江于潜堰口组中上部，也发育 *Hirnantia* 动物群的个别典型分子（*Paromalomena*），但数量很少，与三叶虫 *Dalmanitina* 和 *Platycoryphe* 共生，还有笔石发现（Ge，1984）。这些说明了这个产地可能发育深水、弱光、贫氧、寡营养的底域环境（BA4～5）。

*Hirnantia* 动物群中各主要大类在海洋底域的底栖组合（Benthic Assemblage，其概念见 Boucot，1975；戎嘉余，1986）的归属与分布见图 2.3.9。

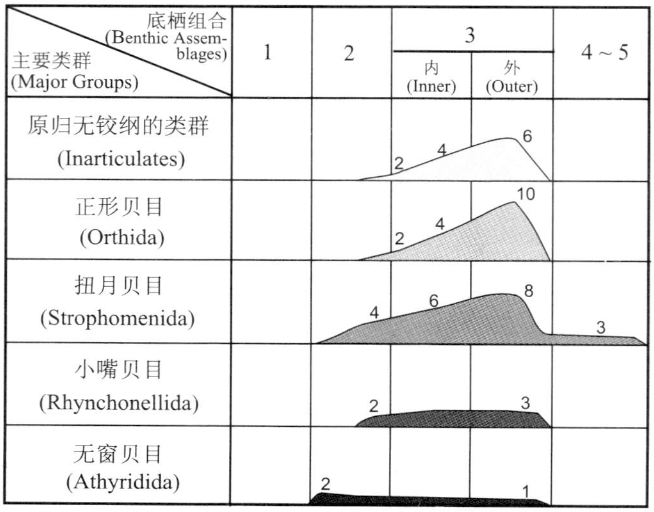

| 底栖组合 (Benthic Assemblages) / 主要类群 (Major Groups) | 1 | 2 | 3 内 (Inner) | 3 外 (Outer) | 4～5 |
|---|---|---|---|---|---|
| 原归无铰纲的类群 (Inarticulates) | | | 2, 4 | 6 | |
| 正形贝目 (Orthida) | | | 2, 4 | 10 | |
| 扭月贝目 (Strophomenida) | | 4 | 6 | 8 | 3 |
| 小嘴贝目 (Rhynchonellida) | | 2 | | 3 | |
| 无窗贝目 (Athyrida) | | 2 | | 1 | |

图 2.3.9 华南奥陶纪末期赫南特贝动物群中主要分类群的底栖组合分布（曲线上的数字表示各主要类群在不同生态位的属数）

Figure 2.3.9 Ecological distribution of major groups of brachiopods in the *Hirnantia* fauna of South China; the number of genera within various major groups is shown on the top of each curve in different Benthic Assemblages

从这个分布图可以看出，它们大部分栖息在BA3的内带和外带中，少数在BA2和BA4～5中。目前所识别的以上这些群落及各自所含属数分布曲线见图2.3.10。

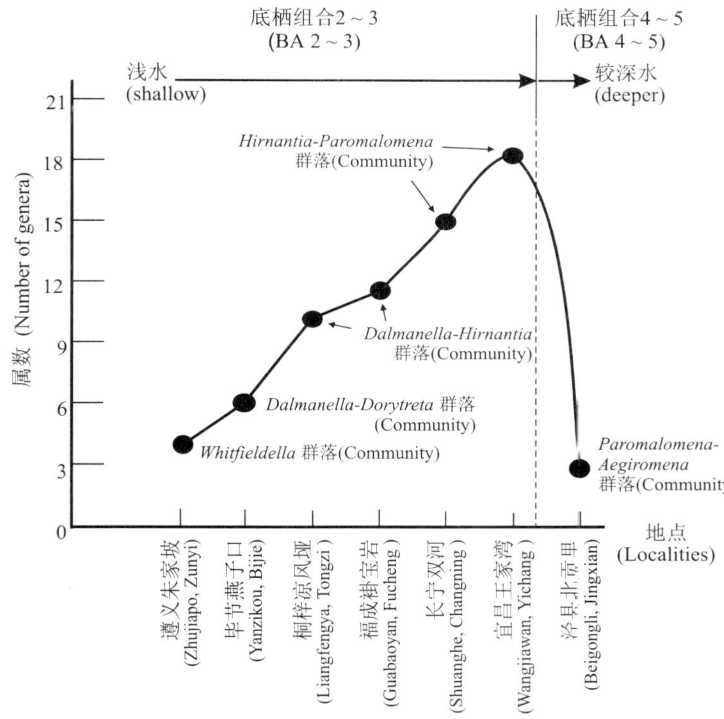


图**2.3.10**　华南奥陶纪末期赫南特贝动物群中从浅水至较深水已识别的群落所含的属数

Figure 2.3.10　Different communities recognized within the latest Ordovician *Hirnantia* fauna from shallow to deeper water regimes of South China with their generic numbers indicated

**3. 生物地理**

华南Hirnantian期腕足类已知主要分布在扬子区，以*Hirnantia*动物群、伴以三叶虫*Dalmanitina*组合为特征（戎嘉余，1979；Rong and Harper，1988；见周志毅等，本章第五节）。它与上述中Ashgill期的组分和特征有很大的差异。其组成颇具特色，地质历程短暂（Rong *et al*.，2002），地理分布广泛，见于华南、滇缅马苏（Sibumasu）、西藏、哈萨克斯坦、北美东缘、阿凡隆尼亚（Avalonia）、波罗的海（Baltica）、佩鲁尼卡（Perunica，波希米亚地区）、萨丁岛、南美等十余个大小不同的块体，这些地区共同构成了“Kosov生物地理区”（Rong and Harper，1988）。这个地理区系位于赤道热带（变窄）低纬度的“Mid-Continent生物地理区”和南极寒带（加宽）高纬度的“Bani生物地理区”之间的广阔海域。这个海域以凉水生物群，即以*Hirnantia*动物群为标志（图2.3.11）。这样一个生物地理区系的格局，与Ashgill中期完全不同，大约只保持了1 Ma。

## （二）Hirnantian期腕足动物属的类型

在上述Hirnantian期30个腕足类属中，也包含3种类型：一是灭绝型，二是广义幸存型，三是新生型。其中，广义幸存型又可分为狭义幸存型、复活幸存型和先

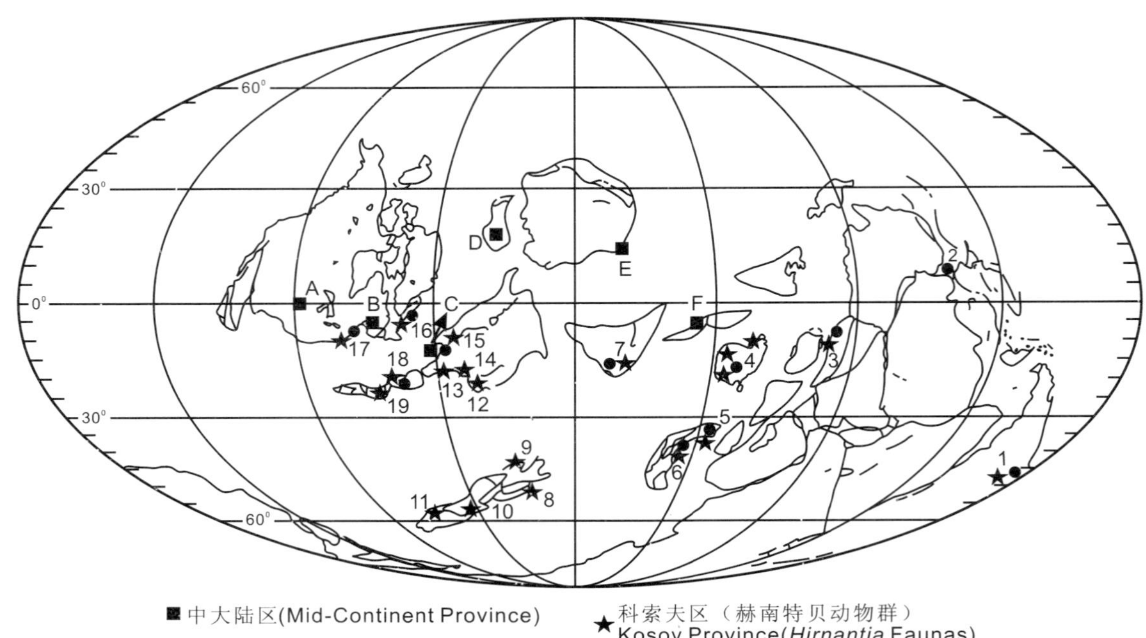


图 **2.3.11** 晚奥陶世晚期腕足动物全球古生物地理分布图(据 Rong *et al.*,2002 修改)

Figure 2.3.11 Global biogeographical distribution of the Hirnantian brachiopod faunas(modified from Rong *et al.*,2002)

驱幸存型。

**1. 灭绝属**

灭绝属 13 个(占总属数的 43.3%)。9 属(*Trematis*,*Draborthis*,*Trucizetina*,*Dysprosorthis*,*Drabovinella*,*Onychoplecia*,*Aegiromena*,*Dorytreta*,*Sphenotreta*)在 Hirnantian 末期之前灭绝；4 属(*Kinnella*,*Paromalomena*,*Mirorthis* 和 *Plectothyrella*)一直延至 Rhuddanian 初期。在英格兰湖区,它们继续存活到 *Akidograptus ascensus* 带(即过去的 *Parakidograptus acuminatus* 带下部)；那些属种的贝体都很小,而且常与笔石保存在一起(Harper and Williams,2002),可能反映了较深水底域的环境条件。

**2. 广义幸存属**

广义幸存属 15 个(占 50%)。在这些属中,大部分(如 *Paracraniops*,*Orbiculoidea*,*Toxorthis*,*Onniella*,*Leptaena*,*Fardenia*,*Triplesia*,*Cliftonia*,*Whitfieldella*)在 Rhuddanian 中期之后可在不同区域重现,但是,只有少数几个属(*Dalmanella*,*Eostropheodonta*,*Hindella*,*Whitfieldella*)在华南 Rhuddanian 早、中期再现。其中,*Dalmanella* 和 *Eostropheodonta* 属于真正的狭义幸存型,而 *Hindella* 和 *Whitfieldella* 因为始见于大灭绝首幕之后(Hirnantian 期),可以称为“先驱幸存型”。在这个动物群中,可能发育复活型幸存分子,这是指有些在大灭绝次幕后一度消失、到志留纪不同时期重又出现的属,如 *Leptaena* 等。

在灭绝次幕发生(*N. persculptus* 带下部附近)时,*Hirnantia* 动物群中有 85%

以上的种消失了，分异度剧烈下降。作为整个动物群而言，它未能残存到志留纪。但是，这个动物群的有些常见属，可以在少数地方（如桐梓红花园）残存到志留纪Rhuddanian之初（如笔石 *Akidograptus ascensus* 带），不久也消亡。

**3. 新生属**

新生属9个（占30%）（*Toxorthis*，*Kinnella*，*Dysprosorthis*，*Draborthis*，*Mirorthis*，*Trucizetina*，*Paromalomena*，*Plectothyrella*，*Whitfieldella*）。除最后1属外，其余因未上延超过 *Parakidograptus acuminatus* 带，故也应视作灭绝分子。这一点说明了 *Hirnantia* 动物群拥有较高的新生率。这些新生分子在该动物群中占据着重要的位置；同时，也说明它们对这种凉水环境有着特殊的适应，一旦这种环境丧失，只能“束手待毙”。

## （三）对Hirnantian期腕足动物演化阶段的认识

如我们所认识的，*Hirnantia* 动物群代表了大灭绝第一幕后、以凉水型分子为标志、在当时浅海底域占优势的生物组合。按通常理解，紧接着大灭绝的是“残存期”。这个时期有几个特点，如分异度较低、个体较丰富、发育广适性的机会种，包括“劫后泛滥分类单元”（disaster taxa），这些生物栖息和繁衍在一个“几乎真空”的生态系里。*Hirnantia* 动物群中，有一些常见分子就属于“劫后泛滥种”。它们在世界上分布较广，说明当时环境条件（凉水与浅水）较普遍地发育，这也显示了其“残存期”的特点。该动物群绝大部分种（超过95%）都是从未在华南Ashgill早、中期地层中发现过的（非“土生土长”的属种），其中相当部分来自当时南半球海域的古地中海大区。随着气候变凉，它们朝赤道方向迁移，侵入当时地处亚热带的扬子海域（Rong and Harper，1988）。然而，这个动物群还存在着一些复苏期的特征。

一般说来，“复苏期”的特点之一是发育一批新生分类单元（如种、属、科级分类单元）（戎嘉余等，1996）。在气候变凉的Hirnantian期，这些腕足动物生活在与以往（Ashgill中期）温暖气候不同的环境条件，适应凉水海底环境，成为狭适性（喜凉水）生物。尽管刚遭遇环境恶化，分异度依然较高，拥有30属（属于20科、14超科、9目），各个分类阶元的数目都超过复苏阶段的（35属、16科、10超科、8目）（见下节）。更有甚者，如上所述，本期新生分子含量很高，几乎占总数的1/3（9/30属）；较多新生分类单元的出现，意味着在这样的海洋环境中仍不乏成种作用。因此，这显然不是一个“灭绝期”，也不仅仅显示“残存期”的特点，因为在“残存期”间，“成种作用”极少发生或基本停滞（Harries，1995）。从另一方面也说明，这次环境恶化的强度有限。其次，从华南材料看，Hirnantian期腕足动物的分异度接近大灭绝后第一个复苏期（晚Rhuddanian-早Aeronian）的分异度。这些特点均显示了“复苏期”的特征。根据上述，我们认为，晚奥陶世大灭绝首幕后的腕足动物并非处于“灭绝期”，而表现出既发育“残存期”又具有“复苏期”的特点，宜称为大灾变环境下的“残存-复苏期”(Rong *et al*.,2000)。

## 四、结论

综上所述,华南奥陶纪末腕足动物大灭绝由两幕组成。首幕的结局表现得比次幕更强烈。首幕时,在江南区中 Ashgill 期腕足动物的灭绝率略超过总属数的一半(56.4%)。更有甚者,在生存于中 Ashgill 期的腕足动物属中,有超过 4/5 的属(48 个,占总属数的 87.3%)没有上延到扬子区的晚 Ashgill 期,表明这次灭绝的强度。但是,在这次灭绝事件中,华南没有发生较高级分类单元(超科及其以上)的灭绝事件,灭绝主要发生在较低级的分类阶元上,这从另一方面说明了这次灭绝事件所造成影响的深度。

大灭绝次幕时,在扬子区晚 Ashgill 期腕足动物属中,灭绝的 13 属,占总属数的 43.3%;其灭绝率比首幕的略低。但是,也应该注意的是在已知 30 个属中,除灭绝分子外,还有不少属也没有上延到志留纪去,尽管在个别地点有些分子可以延续到 Hirnantian 末期和 Rhuddanian 初期,但都很快消亡。另外,较高级分类单元的灭绝率相对较低也是事实。

大灭绝首幕时,形成以北非为中心的大陆冰川,导致全球海平面下降、气候变冷(梯度骤增)、大洋翻转(oceanic overturn),对华南海域发生重要影响(戎嘉余,1984;Chen,1984)。其影响的结局在时空上有不同的反映(Rong *et al*.,2002)。首先是伴随水温的骤降,一改扬子区(特别是上扬子区)Ashgill 中期较深水、底域缺氧、还原的状态,变成正常浅水、充氧、滋生大量底栖无脊椎动物的环境条件。海盆环境的急剧变化使扬子区由底域闭塞变得“开放”起来,外来族的 *Hirnantia* 动物群分子“纷至沓来”,在这里生根繁衍。这是奥陶纪动物群的第一次大更替(图 2.3.12)。在江南区,中 Ashgill 期腕足类(主要是暖水分子)大批消亡或迁出,各类群落消失。

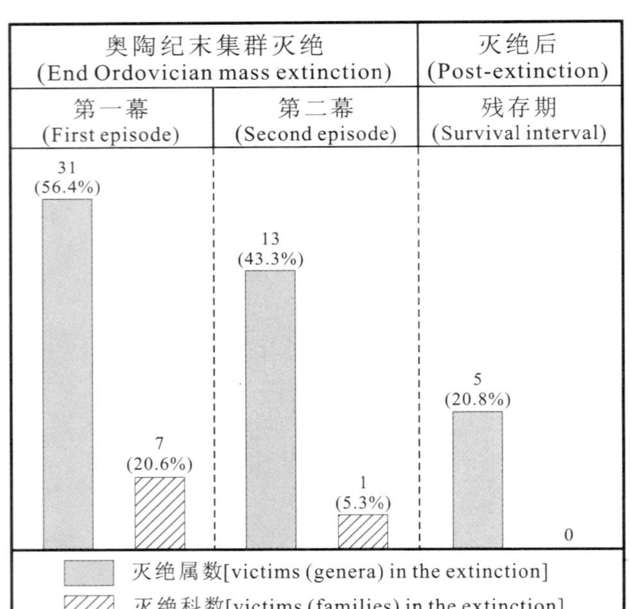


图 **2.3.12** 示华南晚奥陶世晚期大灭绝过程前后腕足动物科和属的灭绝百分含量

Figure 2. 3. 12 Showing percentage of extinct families and genera of brachiopods across the process of the latest Ordovician mass extinction in South China

认识这次大灭绝首幕前(Ashgill 中期)、后(Hirnantian 期)腕足动物群的差异很重要,主要表现在以下四方面:

(1) 从生物多样性看,Hirnantian 期腕足动物群属的分异度较小,与 Ashgill 中期的相比,下降了约40%。

(2) 在分类组成上，与 Ashgill 中期相比，Hirnantian 期腕足类已面目全非，组分上发生了实质性的变化：五房贝目、无洞贝目和石燕目（晚奥陶世始现、志留纪成为优势族群）在 Hirnantian 期基本消失；新产生了无窗贝目、小嘴贝目等和其他许多目中的一些新属种；正形贝目和扭月贝目（均系奥陶纪优势族群，见图 2.3.13）在属一级上发生了实质性的变化（Ashgill中期正形贝目 14 属中有 12 属、扭月贝目 24 属中有 21 属均未延至 Hirnantian 期）。

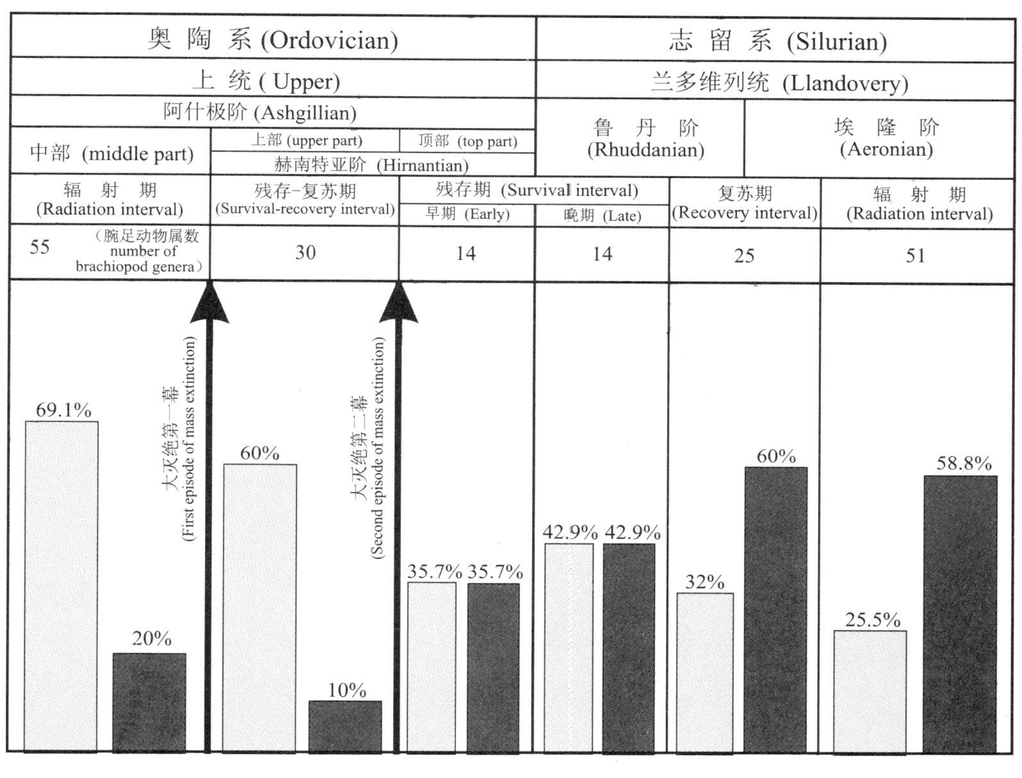


图 **2.3.13**　示华南晚奥陶世晚期大灭绝过程前后各阶段腕足动物群中两大类群（正形贝目-扭月贝目和五房贝目-无洞贝目-无窗贝目-石燕目）属的百分含量

Figure 2.3.13　Showing generic percentages of two large groups (Orthida-Strophomenida and Pentamerida-Atrypida-Athyridida-Spiriferida) of brachiopods of South China during each interval across the latest Ordovician mass extinction

(3) 在生态群落上，Ashgill 中期发育了多种多样的腕足动物群落（BA1～5）（Zhan *et al*.，2002），而 Hirnantian 期的群落类型则显得较为单调，群落成分（属和种级）也发生了很大的变化（Rong，1984；戎嘉余，1986；Wang *et al*.，1987）。

(4) 在生物古地理上，Ashgill 中期显示了暖水、较强隔离程度的区域性甚至土著性特征，而 Hirnantian 期则显示凉水动物群入侵并在世界上广布的特征。

以上四方面均说明这次大灭绝首幕的强烈程度。

大灭绝次幕是以冰川融化、气候变暖、海平面快速上升，带来全球性缺氧事件为标志的。华南毫不例外地受到这种环境恶化事件的冲击。扬子区大部分海盆原先充氧、水温较低的底域环境被缺氧、较暖的海水环境所替代，整个海域又回到了约百万年前的底域还原、缺氧的状态，从而造成了广布于扬子区的凉水 *Hirnantia* 动物群整体消亡，底栖动物群发生了第二次大规模的更替(图 2.3.14)。惟有极个别地点因底域没有完全缺氧使 *Hirnantia* 动物群部分成员继续上延到志留纪初期，不久也全部绝迹。这些说明从 Hirnantian 期凉、浅水、富氧的环境到暖水、较深水、缺氧的条件，使得扬子海盆底域环境发生了多么巨大的变化。

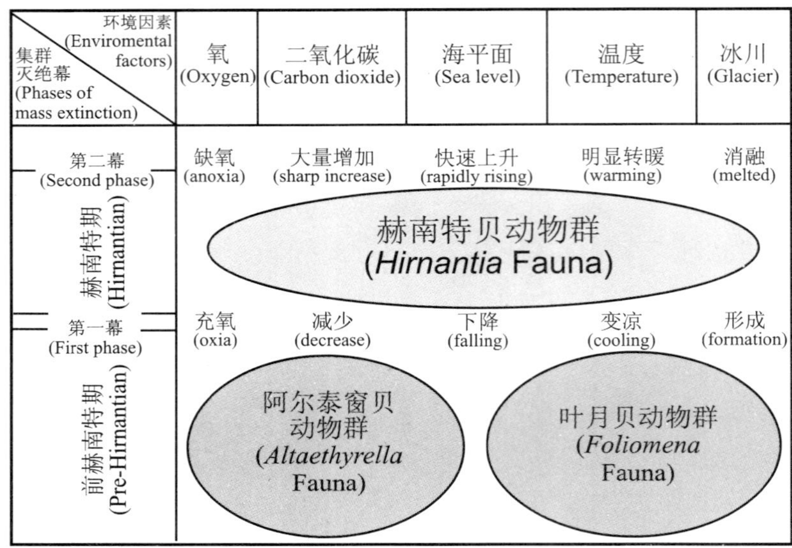


图 **2.3.14** 示晚奥陶世晚期华南腕足类三大动物群的灭绝与更替及其控制因素

Figure 2.3.14 Showing extinction and turnover of the Late Ordovician brachiopod faunas in South China with the references to controlling factors

正是上述这两次环境的巨变，导致华南大量腕足动物在经历奥陶纪末大灭绝第一、第二幕之后，进入了萧条的“残存期”(详见本章第四节)，为志留纪新一轮辐射期的到来作了长约数百万年的铺垫。

**致　谢**　本文受国家重点基础研究发展计划(G20000777)资助。在野外和室内工作中，得到陈旭、周志毅、王怿、张元动、樊隽轩、李荣玉等同事的大力协助。

## 参考文献

Armstrong H A. 1995. High-resolution biostratigraphy (conodonts and graptolites) of the Upper Ordovician and Lower Silurian-evaluation of the Late Ordovician mass extinction. Modern Geology, 20: 41～68

Boucot A J. 1975. Evolution and Extinction Rate Controls. Developments in Palaeontology and Stratigraphy, 1. Amsterdam (Elsevier), Elsevier. 1～427

Brenchley P J. 1984. Late Ordovician extinctions and their relationship to the Gondwana glaciation.

In:Brenchley P J, ed. Fossils and Climate. John Wiley & Sons Ltd. 1～352

Brenchley P J, Carden G A F, Marshall J D. 1995. Environmental changes associated with the "first strike" of the Late Ordovician mass extinction. Modern Geology, 20: 83～100

Brenchley P J, Cocks L R M. 1982. Ecological associations in a regressive sequence: the latest Ordovician of the Oslo-Asker District, Norway. Palaeontology, 25: 783～815

Brenchley P J, Marshall J D, Hints L, Nõlvak J. 1997. New isotopic data solving an old biostratigraphic problem: the age of the upper Ordovician brachiopod *Holorhynchus giganteus*. Journal of the Geological Society, London, 154:335～342

Brenchley P J, Newall G. 1984. Late Ordovician environmental changes and their effect on faunas. In:Bruton D L, ed. Aspects of the Ordovician System. Palaeontological Contributions from the University of Oslo, 295: 65～79

Chen Junyuan, Lindström M. 1991. Cephalopod Septal Strength Indices (SSI) and depositional depth of Swedish Orthoceratite limestone. Geologica et Palaeontologica, 25: 5～18

Chen Xu, Qiu Jinyu. 1986. Ordovician palaeoenvironmental reconstruction of Yichang area, W. Hubei. Journal of Stratigraphy, 10(1): 1～15 (in Chinese with English abstract) [陈旭，丘金玉. 1986. 宜昌奥陶纪的古环境演变. 地层学杂志，10(1): 1～15]

Chen Xu, Rong Jiayu. 1990. Concepts and analysis of mass extinction with an example of late Ordovician event. In: Rong Jiayu, Fang Zongjie, Wu Tongjia, eds. Selected Papers of Theoretical Palaeontology. Nanjing:Nanjing University Press. 91～120 (in Chinese) [陈旭，戎嘉余. 1990. 集群绝灭的基本概念及奥陶世晚期的实例剖析. 见：戎嘉余，方宗杰，吴同甲主编. 理论古生物学文集. 南京：南京大学出版社. 91～120]

Chen Xu, Rong Jiayu. 1991. Concepts and analysis of mass extinction with the late Ordovician event as an example. Historical Biology, 5:107～121

Chen Xu, Rong Jiayu, Mitchell C E, Harper D A T, Fan Junxuan, Zhan Renbin, Zhang Yuandong, Li Rongyu, Wang Yi. 2000. Late Ordovician to earliest Silurian graptolite and brachiopod zonation from Yangtze Region, South China with a global correlation. Geological Magazine, 137 (6): 623～650

Chen Xu, Rong Jiayu, Wang Xiaofeng, Wang Zhihao, Zhang Yuandong, Zhang Renbin. 1995. Correlation of the Ordovician Rocks of China. IUGS Publication, 31: 1～104

Cocks L R M. 1988. Brachiopods across the Ordovician-Silurian boundary. In: Cocks L R M, Rickards R B, eds. A Global Analysis of the Ordovician-Silurian Boundary. Bulletin of the British Museum (Natural History) (Geology), 43: 311～315

Cocks L R M, Rong Jiayu. 1988. A review of the Late Ordovician *Foliomena* brachiopod fauna with new data from China, Wales and Poland. Palaeontology, 31(1): 53～67

Elias R J, Young G A. 1998. Coral diversity, ecology, and provincial structure during a time of crisis: the latest Ordovician to earliest Silurian Edgewood Province in Laurentia. Palaios, 13(2): 98～112

Ge Meiyu. 1984. The graptolite fauna of the Ordovician-Silurian boundary section in Yuqian, Zhejiang. In:Nanjing Institute of Geology and Palaeontology, Academia Sinica, ed. Stratigraphy and Palaeontology of Systemic Boundaries in China. Ordovician-Silurian Boundary (1): 389～444

Harper D A T. 1981. The stratigraphy and faunas of the Upper Ordovician High Mains Formation of the Girvan district. Scottish Journal of Geology, 17: 247～255

Harper D A T, Rong Jiayu. 1995. Patterns of change in the brachiopod faunas through the Ordovician-Silurian interface. Modern Geology, 20(1): 83～100

Harper D A T, Rong Jiayu. 2001. Palaeozoic brachiopod extinctions, survival and recovery: patterns within the rhynchonelliformeans. Geological Journal, 36: 317～328

Harper D A T, Williams S H. 2002. A relict Ordovician brachiopod fauna from the *Parakidograptus acuminatus* Biozone (lower Silurian) of the English Lake District. Lethaia, 35(1): 71～78

Harries P J. 1995. Recovery from mass extinction. Palaios, 10(4): 289～290

Ji Zailiang. 1985. Preliminary study on the sedimentological environment of the Upper Ordovician Pagoda Formation, SW and Central China. In: Paper Collections of Palaeontology and Stratigraphy, 12. Beijing: Geological Publishing House. 87～93(in Chinese) [姬再良. 1985. 华中西南地区上奥陶统宝塔组的沉积环境初探. 见:地层古生物论文集,12 辑. 北京:地质出版社. 87～96]

Li Jijin. 1984. Graptolites across the Ordovician-Silurian boundary from Jingxian, Anhui. In: Nanjing Institute of Geology and Palaeontology, Academia Sinica, ed. Stratigraphy and Palaeontology of Systemic Boundaries in China. Ordovician-Silurian Boundary (1): 309～370

Liu Diyong, Xu Hankui, Liang Wenping. 1983. Brachiopoda. In: Paleontological Atlas of East China, Ⅰ, Early Paleozoic Volume. Beijing: Geological Publishing House. 254 ～ 286 (in Chinese) [刘第墉, 许汉奎, 梁文平. 1983. 腕足动物门. 见: 地质矿产部南京地质矿产研究所主编. 华东地区古生物图册(1), 早古生代分册. 北京:地质出版社. 254～286]

Owen A W, Harper D A T, Rong Jiayu. 1991. Hirnantian trilobites and brachiopods in space and time. In: Barnes C R, Williams S H, eds. Ordovician Geology. Geological Survey of Canada, Paper 90-9: 179～190

Owen A W, Roberston D B R. 1995. Ecological changes during the end-Ordovician extinction. Modern Geology, 20: 21～40

Popov L E, Nikitin I F, Cocks L R M. 2000. Late Ordovician brachiopods from the Otar Member of the Chu-Ili Range, South Kazakhstan. Palaeontology, 43(5): 833～870

Roberston D B R, Brenchley P J, Owen A W. 1991. Ecological disruption close to the Ordovician-Silurian boundary. Historical Biology, 5: 131～144

Rong Jiayu. 1979. The *Hirnantia* fauna of China with comments on the Ordovician-Silurian boundary. Journal of Stratigraphy, 3(1):1～28 (in Chinese with English abstract) [戎嘉余. 1979. 中国的赫南特贝动物群(*Hirnantia* Fauna)并论奥陶系与志留系的分界. 地层学杂志,3(1):1～28]

Rong Jiayu. 1984a. Ecostratigraphic evidence of the Upper Ordovician regressive sequences and the effect of the glaciation. Journal of Stratigraphy, 8(1):19～29 (in Chinese with English abstract) [戎嘉余. 1984. 上扬子区晚奥陶世海退的生态地层证据与冰川活动影响. 地层学杂志,8(1):19～29]

Rong Jiayu. 1984b. Brachiopods of latest Ordovician in the Yichang District, western Hubei, central China. In: Nanjing Institute of Geology and Palaeontology, Academia Sinica, ed. Stratigraphy and Palaeontology of Systemic Boundaries in China. Ordovician-Silurian Boundary (1): 111～176

Rong Jiayu. 1986. Ecostratigraphy and community analysis of the Late Ordovician and Silurian in Southern China. In: Palaeontological Society of China, ed. Selected Paper Collections of the Annual Symposium of the Thirteenth and Fourteenth Committee of the Palaeontological Society of China. Hefei: Anhui Science and Technology Press. 1 ～ 24 (in Chinese with English summary) [戎嘉余. 1986. 生态地层学的基础——群落生态的研究. 见:中国古生物学会编. 中国古生物学会第十三、十四届学术年会论文集. 合肥:安徽科学技术出版社. 1～24]

Rong Jiayu, Boucot A J. 1998. A global review of the Virgianidae (Ashgillian-Llandovery, Brachiopoda, Pentameroidea). Journal of Paleontology, 72(3): 457～465

Rong Jiayu, Chen Xu. 1986. A big event of latest Ordovician in China. In: Walliser O H, ed. Lecture Notes in Earth Sciences, Global Bio-Events, 8. Heidelberg: Springer-Verlag. 127～132

Rong Jiayu, Chen Xu. 1987. Faunal differentiation, biofacies and lithofacies patterns of the Late

Ordovician (Ashgillian) in South China. Acta Palaeontologica Sinica, 26 (5): 507～535 (in Chinese with English summary) [戎嘉余，陈旭. 1987. 华南晚奥陶世的动物群分异及生物相、岩相与环境模式. 古生物学报，26(5): 507～535]

Rong Jiayu, Chen Xu, Harper D A T. 2002. The latest Ordovician *Hirnantia* Fauna (Brachiopoda) in time and space. Lethaia, 35(3): 231～249

Rong Jiayu, Fang Zongjie, Chen Xu, Chen Jinhua, Liao Weihua, Sun Dongli, Zhan Renbin, Shen Jianwei, Tong Jinnan. 1996. Biotic recovery—first episode of evolution after mass extinction. Acta Palaeontologica Sinica, 35(3): 259～271 (in Chinese with English summary) [戎嘉余，方宗杰，陈旭，陈金华，廖卫华，孙东立，詹仁斌，沈建伟，童金南. 1996. 生物复苏——大绝灭后生物演化历史的第一幕. 古生物学报，35(3): 259～271]

Rong Jiayu, Han Nairen. 1986. Preliminary report on Upper Ordovician (mid-Ashgillian) brachiopods from Yushan, northeastern Jiangxi (Eastern China). In: Racheboeufand P R, Emig C C, eds. Les Brachiopodes Fossils et Actuels. Biostratigraphie du Paleozoique, 4: 485～490

Rong Jiayu, Happer D A T. 1988. A global synthesis of the latest Ordovician Hirnantian brachiopod faunas. Transactions of the Royal Society of Edinburgh, Earth Sciences, 79: 383～402

Rong Jiayu, Harper D A T. 1999. Brachiopod survival and recovery from latest Ordovician mass extinction in South China. Geological Journal, 34(4): 321～348

Rong Jiayu, Zhan Renbin. 1996a. Brachidium of Late Ordovician and Silurian eospiriferines (Brachiopoda) and the origin of spiriferids. Palaeontology, 39(4): 941～977

Rong Jiayu, Zhan Renbin. 1996b. Distribution and ecological evolution of the *Foliomena* Fauna (Late Ordovician brachiopods). In: Wang Hongzhen, Wang Xunlian, eds. Centenial Memorial Volume of Prof. Sun Yunzhu: Palaeontology and Stratigraphy. Beijing: China University of Geosciences Press. 90～97

Rong Jiayu, Zhan Renbin. 1999. Chief sources of brachiopod recovery from the end Ordovician mass extinction with special references to progenitors. Science in China (Series D, English version), 42 (1): 1～8 [戎嘉余，詹仁斌. 1999. 奥陶纪末集群灭绝后腕足动物复苏的主要源泉——论先驱型生物的分类. 中国科学(D辑), 29(3): 232～239]

Rong Jiayu, Zhan Renbin, Han Nairen. 1994. The oldest known *Eospirifer* (Brachiopoda) in the Changwu Formation (Late Ordovician) of western Zhejiang, East China, with a review of the earliest spiriferoids. Journal of Paleontology, 68(4): 763～776

Rong Jiayu, Zhan Renbin, Harper D A T. 1999. Late Ordovician (Caradoc-Ashgill) brachiopod faunas with *Foliomena* based on data from China. Palaios, 14(4): 412～431

Sepkoski J J, Jr. 1982. Mass extinctions in the Phanerozoic oceans: a review. In: Silver L T, Schultz P H, eds. Geological Implications of the Impact of Large Asteroids and Comets on the Earth. Special Papers of Geological Society of America, 190: 283～290

Sheehan P M. 1973. Brachiopods from the Jerrestad Mudstone (early Ashgillian, Ordovician) from a boring in Southern Sweden. Geologica *et* Palaeontologica, 7: 59～76

Sheehan P M. 1975. Brachiopod synecology in a time of crisis (Late Ordovician-Early Silurian). Paleobiology, 1(2): 205～212

Sheehan P M. 1979. Swedish late Ordovician marine benthic assemblages and their bearing on brachiopod zoogeography. In: Gray J, Boucot A J, eds. Historical Biogeography, Plate Tectonics, and the Changing Environment. Oregon State University Press, Corvallis. 61～73

Sheehan P M. 1988. Late Ordovician events and the terminal Ordovician extinction. New Mexico Bureau of Mines and Mineral Resources, Memoir, 44: 405～415

Sheehan P M. 2001. The Late Ordovician mass extinction. Annual Review of Earth Plannetary Sciences, 29: 331～364

Sheehan P M, Coorough P J. 1990. Brachiopod zoogeography across the Ordovician-Silurian extinction event. In: McKerrow W S, Scotese C R, eds. Paleozoic Paleogeography and Biogeography. Geological Society Memoir, 12: 181～187

Villas E, Vennin E, Alvaro J J, Hammann W, Herrera Z A, Piovano E L. 2002. The late Ordovician carbonate sedimenation as a major triggering factor of the Hirnantian glaciation. Bullettin of Society of Geology of France, 173(6): 569～578

Wang Yu, Boucot A J, Rong Jiayu, Yang Xuechang. 1987. Community Palaeoecology as a Geologic Tool—the Chinese Ashgillian-Eifelian (latest Ordovician through early Middle Devonian) as an example. Special Paper of the Geological Society of America, 211: 1～100

Wang Yu, Jin Yugan. 1964. Brachiopods. In: Nanjing Institute of Geology and Palaeontology, Chinese Academy of Sciences, ed. A Handbook of Standard Fossils from South China. Bejing: Science Press. 1～46 (in Chinese) [王钰, 金玉玕. 1964. 腕足类. 见:中国科学院南京地质古生物研究所编. 华南区标准化石手册. 北京: 科学出版社. 1～46]

Williams A, and others. 1965. Treatise on Invertebrate Paleontology, pt. H, 1 ～ 2, H927p. Geological Society of America and University of Kansas Press

Xu Hankui. 1996. Late Ordovician brachiopods from central part of eastern Qinling region. Acta Palaeontologica Sinica, 35 (5): 544～574 (in Chinese with English summary) [许汉奎. 1996. 东秦岭中部晚奥陶世腕足类. 古生物学报,35(5):544～574]

Zeng Qingluan, Hu Changming. 1997. Discovery of new early Llandoverian brachiopod fauna from Wangjiaba of Yushan County, Jiangxi and its significance. Acta Palaeontologica Sinica, 36(1): 1～17 (in Chinese with English summary) [曾庆銮,胡昌铭. 1997. 江西玉山王家坝早志留世早期(Early Llandoverian)新腕足动物群的发现及其意义. 古生物学报, 36(1): 1～17]

Zeng Qingluan, Liu Yinhuan, Wan Jianping, Pei Fang, Yan Guoshun, Zhang Haiqing, Du Fengjun. 1993. Succession and ecology of brachiopod faunas across Ordovician-Silurian boundary, south of eastern Qinling Mountains. Acta Palaeontologica Sinica, 32 (3): 372 ～ 383 (in Chinese with English summary) [曾庆銮,刘印环,王建平,斐放,阎国顺,张海清,杜凤军. 1993. 东秦岭南部奥陶-志留系界线附近腕足动物群演替及生态. 古生物学报,32(3): 372～383]

Zhan Renbin, Cocks L R M. 1998. Late Ordovician brachiopods from the South China Plate and their palaeogeographical significance. Special Papers in Palaeontology, 59: 1～70

Zhan Renbin, Fu Lipu. 1994. New observations on the Upper Ordovician stratigraphy of the Zhejiang-Jiangxi border region, E China. Journal of Stratigraphy, 18(4): 267 ～ 274 (in Chinese with English abstract) [詹仁斌, 傅力浦. 1994. 浙赣边区晚奥陶世地层之新见. 地层学杂志, 18(4): 267～274]

Zhan Renbin, Li Rongyu. 1998. The discovery of *Altaethyrella* Severgina 1978 (Late Ordovician rhynchonelloid brachiopods) in China. Acta Palaeontologica Sinica, 37(2): 194～211 [詹仁斌,李荣玉. 1998. 晚奥陶世 *Altaethyrella*(腕足动物)在中国的发现. 古生物学报,37(2): 194～211]

Zhan Renbin, Rong Jiayu. 1994. *Tashanomena*, a new strophomenoid genus from middle Ashgill rocks (Ordovician) of Xiazhen, Yushan, NE Jiangxi, East China. Acta Palaeontologica Sinica, 33(4): 416～428 [詹仁斌,戎嘉余. 1994. 江西玉山下镇晚奥陶世扭月贝族一新属——*Tashanomena*. 古生物学报,33(4): 416～428]

Zhan Renbin, Rong Jiayu. 1995a. Distribution pattern of Late Ordovician brachiopod communities in the Zhejiang-Jiangxi border region. Chinese Science Bulletin, 40: 932～935 (in Chinese) [詹仁斌, 戎嘉余. 1995a. 浙赣边区晚奥陶世腕足动物群落生态分布型式. 科学通报, 40(10): 932～935]

Zhan Renbin, Rong Jiayu. 1995b. Four new Late Ordovician brachiopod genera of the Zhejiang-Jiangxi border region, E China. Acta Palaeontologica Sinica, 34(5): 549～574 [詹仁斌, 戎嘉余. 1995b.

浙赣边区晚奥陶世腕足动物四新属. 古生物学报, 34(5): 549～574]

Zhan Renbin, Rong Jiayu, Jin Jisuo, Cocks L R M. 2002. Late Ordovician brachiopod communities of southeastern China. Canadian Journal of Earth Sciences, 39(4): 445～468

Zhou Chuanming, Xue Yaosong. 2000. On polygonal reticulate structure of the Ordovician Pagoda Formation of the Western Hunan-Hubei area. Journal of Stratigraphy, 24 (4): 307～309 (in Chinese with English abstract) [周传明, 薛耀松. 2000. 湘鄂西奥陶纪宝塔组灰岩网纹构造成因及沉积环境探讨. 地层学杂志, 24(4): 307～309]

Zhou Zhiqiang, Zhou Zhiyi, Yuan Wenwei. 2000. Middle Caradoc trilobite biofacies of the Micangshan area, northwestern margin of the Yangtze Block. Journal of Stratigraphy, 24 (4): 264～274 (in Chinese with English abstract) [周志强, 周志毅, 袁文伟. 2000. 上扬子区西北缘米仓山地区卡拉道克中期的三叶虫相. 地层学杂志, 24(4): 264～274]

## 附录 2.3.1

这里刊录的资料,包括华南奥陶纪末大灭绝第一幕之前和第一幕与第二幕之间两个时期的腕足动物属、科、超科和目级分类单元。①中 Ashgill,奥陶纪末大灭绝前的最后一次辐射; ②晚 Ashgill(*Normalograptus extraordinarius-N. ojsuensis* 带和 *Normalograptus persculptus* 带下部,属于 Hirnantian 期大部分),奥陶纪末大灭绝第一幕后的残存-复苏期。

**1. Ashgill 中期**:共 55 属、33 科、20 超科、10 目

舌形贝目(Lingulida,2 属、1 科、1 超科):舌形贝超科 *Ectenoglossa* 和 *Plectoglossa*。

髑髅贝目(Craniida,1 属、1 科、1 超科):髑髅贝超科 *Acanthocrania*。

似髑髅贝目(Craniopsida,1 属、1 科、1 超科):似髑髅贝超科 *Pseudopholidops*?。

三分贝目(Trimerellida,1 属、1 科、1 超科):三分贝超科 *Peritrimerella*。

正形贝目(Orthida,14 属、8 科、5 超科):正形贝超科 orthine gen. indet., *Glyptorthis*, *Ptychopleurella*, *Plaesiomys*?, *Retrorsirostra*?; 织形贝超科 *Mimella* 和 *Plectorthis*; 似帐幕贝超科 *Skenidioides*; 德姆贝超科 *Dalmanella*, *Dedzetina*, *Onniella*, dalmanelid gen. indet. 和 *Epitomyonia*; 全形贝超科 *Wangyuella*。

扭月贝目(Strophomenida,24 属、13 科、4 超科):褶脊贝超科 *Bimuria*, *Anoptambonites*, *Rongambonites*, *Kassinella*, *Leptellina*(曾被梁文平鉴定为 *Qianjiangella* Liang,见刘第墉等,1983), *Reversella*, *Sowerbyella*, *Rugosowerbyella*, *Metambonites*, *Synambonites* 和 xenambonitid gen. indet.; 扭月贝超科 *Fenomena*, *Holtedahlina*, *Katastrophomena*, *Strophomena*, *Christiania* [梁文平建立的 *Christianella* Liang(见刘第墉等,1983)也归该属], *Eopholidostrophia*, *Foliomena*, *Tashanomena* (曾庆銮、胡昌铭所建新属 *Yushanomena* Zeng and Hu, 1997 应为该属的次异名), teratelasmine gen. indet. 和 *Leptaena*; 直形贝超科 *Fardenia*; 三重贝超科 *Triplesia* 和 *Oxoplecia*。

五房贝目(Pentamerida,5 属、3 科、2 超科):小房贝超科 *Eosotrophina*, *Parastrophinella* 和 parastrophinid gen. indet.; 五房贝超科 *Tcherskidium*, *Brevilamnulella*。

小嘴贝目(Rhynchonellida,1 属、1 科、1 超科):嘴孔贝超科 *Altaethyrella*。

无洞贝目(Atrypida,5 属、3 科、3 超科):光无洞贝超科 *Cyclospira*; 无洞贝超科 *Eospirigerina*, *Ovalospira* 和 atrypid gen. indet.; 轭螺贝超科 *Antizygospira*。

石燕目(Spiriferida,1 属、1 科、1 超科):穹石燕超科 *Eospirifer*。

**2. Hirnantian 早、中期**：共 30 属、20 科、14 超科、9 目

舌形贝目(*Lingulida*,1 属、1 科、1 超科)：舌形贝超科 Lingulella。

髑髅贝目(*Craniida*,2 属、1 科、1 超科)：髑髅贝超科 Acanthocrania,Philhedra。

平圆贝目(*Discinida*,2 属、2 科、1 超科)：平圆贝超科 Orbiculoidea,Trematis。

似髑髅贝目(*Craniopsida*,1 属、1 科、1 超科)：似髑髅贝超科 Pseudopholidops?。

正形贝目(*Orthida*,10 属、4 科、2 超科)：正形贝超科 Toxorthis；德姆贝超科 Dalmanella, Onniella, Mirorthis, Trucizetina, Draborthis, Hirnantia, Kinnella, Drabovinella, Dysprosorthis。

扭月贝目(*Strophomenida*,8 属、6 科、4 超科)：褶脊贝超科 Aegiromena；扭月贝超科 Paromalomena,Leptaena,Eostropheodonta；直形贝超科 Fardenia；三重贝超科 Triplesia, Cliftonia,Onychoplecia。

五房贝目(*Pentamerida*, 1 属、1 科、1 超科)：五房贝超科 Brevilamnulella?。

小嘴贝目(*Rhynchonellida*,3 属、2 科、2 超科)：钩嘴贝超科 Sphenotreta,Dorytreta；嘴孔贝超科 Plectothyrella。

无窗贝目(*Athyridida*, 2 属、2 科、1 超科)：无窗贝超科 Hindella,Whitfieldella。

戎嘉余 jyrong@nigpas.ac.cn
詹仁斌 rbzhan@nigpas.ac.cn
中国科学院南京地质古生物研究所
南京市北京东路39号,210008

## 第四节

# 华南志留纪早期腕足动物的残存与复苏

**摘要**

世界上位于奥陶纪末期含赫南特贝(*Hirnantia*)动物群层位之上的志留系经常是笔石相地层(缺氧环境)。因壳相地层分布有限而使志留纪初期腕足动物知识较为贫乏,与笔石带的对比更不清楚。根据上扬子区资料(包括与笔石带的对应)和腕足动物地层分布,本节识别出奥陶纪末大灭绝后的腕足动物群如下3个宏演化阶段:①残存早期(Hirnantian末-Rhuddanian初期:*Normalograptus persculptus*带中上部-*Akidograptus ascensus*带)和晚期(Rhuddanian早中期:*Parakidograptus acuminatus*带-*Cystograptus vesiculosus*带);②复苏期(Rhuddanian晚期-Aeronian早期:*Pristiograptus cyphus*带-*Demirastrites triangulatus*带);③辐射期(Aeronian中晚期:*Demirastrites convolutus*-*Stimulograptus sedgwickii*带)。残存早期时,上扬子区黑色笔石页岩的广布和海平面迅速上升和海水升温使赫南特贝动物群整体消亡,分异度显著下降,惟独海域南缘的个别地区发育浅水孑遗组合,几乎全部由奥陶纪残余分子组成。残存晚期的腕足动物组合面貌发生了重要变化,孑遗分子基本不再存活,出现或迁入了不少广义幸存分子,但新生属种仍然很少;各分类级别的数量均高于残存早期的,指示了大灭绝次幕后,腕足动物群的演化更替呈现了一个逐步变化的过程。到了复苏期,许多残余分子被新生、土著、复活、外来分子所取代,复活或灾变先驱型分子扮演了重要角色,新生率大幅度升高;各主要类群的复苏,起始并不同步,无洞贝目率先在腕足类整体复苏时期进入辐射状态,而其他类型分子还处于复苏甚至残存阶段。至辐射期,产生了许多新的类群,分异度大增,群落类型增多,新生率达到大灭绝后的第一次新高峰。上扬子区志留纪最早期的腕足动物群由于组成相对单调、以正形贝目和扭月贝目为特征、以普适性的广义幸存属为主、分异度低、分布地区窄狭,仍属于奥陶纪的残存组合。典型的志留纪腕足动物群主要由无洞贝目、五房贝目、石燕目以及外地迁入的分子所组成,化石类群较丰富,分异度较高,除广义幸存属外,新生、土著属、迁入分子及后来扩散到其他地区的新生分类单元不断增多,新生率远大于灭绝率。根据动物群分类多样性和生态群落结构特征分析,奥陶纪末的大灭绝前、后两次不同级别的分类单元的辐射量值,似乎具有“镜像效应”,但这种效应却不完全是简单的“反弹”,而是一次具有实质性的、动物群更新的宏演化过程。

戎嘉余,詹仁斌. 2004. 华南志留纪早期腕足动物的残存与复苏. 见:戎嘉余,方宗杰主编. 生物大灭绝与复苏——来自华南古生代和三叠纪的证据. 合肥:中国科学技术大学出版社. 97~126,1041

**关键词**

腕足动物 宏演化阶段 残存
复苏 辐射
奥陶纪-志留纪交界时期
华南

奥陶纪末大灭绝的第二幕，起因于冈瓦纳大陆冰川的消融、志留纪初全球的迅速海侵（及伴随的缺氧事件）和气候变暖。在世界上许多地方，连续上覆于赫南特贝动物群（*Hirnantia* Fauna）的志留纪初期地层中，经常能见到的惟一大化石就是笔石。当时这些地区的海底严重缺氧，底栖壳相生物不适宜于在这样的恶化环境中生存。但是，有少数浅海相或近岸处、充氧底域，则有壳相生物生存，但分布有限。

国际上，北美的许多地区（如 Anticosti 岛），奥陶-志留纪交界地层因缺乏能确定地层时代的标准化石，两系界线不易精确划分；尽管如此，那里 Rhuddanian 期的腕足动物化石报道了不少（如 Sheehan，1973；Amsden，1974；Oradovskya in Koren *et al.*，1983；Jin and Copper，2000）。这个时期腕足动物在世界其他地区记载的为数也不少（如 Williams，1951；Boucot and Johnson，1964；Temple，1970；Rubel，1970a，b；Williams and Wright，1981；傅力浦，1985；Baarli and Harper，1986；Baarli，1987 等），但是，这些化石经常发育在介壳相地层序列中，与笔石带的对比基本上不清楚。有关早志留世早期（Rhuddanian）腕足动物的贫乏知识使得奥陶纪大灭绝后腕足类的残存和复苏研究基本上还是空白。

本节以上扬子区志留纪早期腕足类为例，着重对奥陶纪末大灭绝之后的宏演化阶段的识别、划分与特征作如下的阐述。有关动物群中所含属级分类单元的地层历程已在上一节中全部记录了，相关内容可参考图 2.3.4。

## 一、大灭绝后腕足动物的残存

奥陶纪末大灭绝后不久，扬子海域内腕足动物化石记录比灭绝前、后都少得多，其原因是 Llandovery 世早期黑色笔石页岩在扬子区广泛发育，而正常海域、底栖充氧生态环境在绝大部分地区完全丧失。然而，据笔者所知，有一个地区属于例外，这就是在贵州省北部和东北部，那里是我国研究大灭绝后海洋底栖无脊椎动物残存和复苏最理想的地区。当时的这个地区正位于上扬子海盆的南部边缘，属于黔中古陆的北和东北边缘、与海岸线大致平行的狭长条带内（相当于近岸“内陆棚”）（图 2.4.1）。与扬子区其他广大地区相比，这个带内的 Rhuddanian 地层以碎屑堆积为主（如泥岩、粉砂岩和泥灰岩）、以发育介壳相化石（如腕足类、三叶虫、腹足类、双壳类、苔藓虫及海百合）（张文堂等，1964；葛治洲等，1979；戎嘉余，1986）为标志，与同期黑色笔石页岩相完全不同。在这样环境里繁衍的底栖动物，经常以腕足动物占优势，分异度不高，丰度高低不一。

本节研究的材料主要来自桐梓红花园、湄潭五里坡和湄潭牛场的奥陶系顶部和/或志留系底部至下部的地层和腕足动物群。它们的地层位置和对比意见参看图 2.4.2。

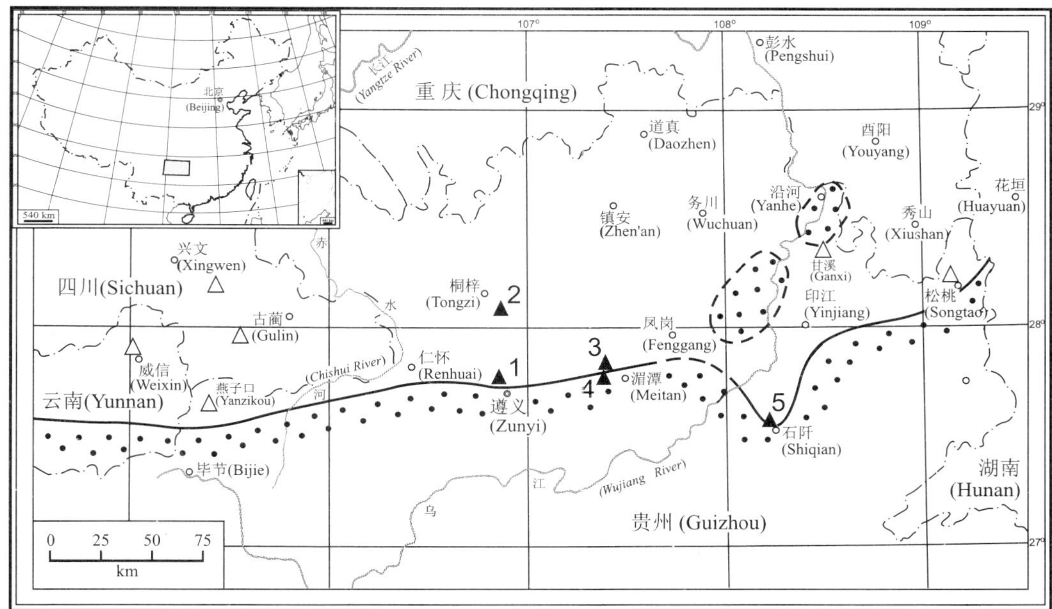


图 2.4.1 中国西南地区奥陶纪末至志留纪初腕足动物产地(白三角:奥陶纪末化石产地;黑三角:志留纪初化石产地)

1. 遵义董公寺 2. 桐梓红花园 3. 湄潭五里坡 4. 湄潭牛场 5. 石阡雷家屯

Figure 2.4.1 Location map showing geographical occurrences of the latest Ordovician and early Llandovery brachiopods in northern Guizhou, SW China (White triangle: latest Ordovician locality; Black trangle: early Llandovery locality)

1. Donggongsi, Zunyi 2. Honghuayuan, Tongzi 3. Wulipo, Meitan 4. Niuchang, Meitan 5. Leijiatun, Shiqian

| 系 (System) | 统 (Series) | 阶 (Stage) | 生物带 (Biozone) | A:松桃陆地坪 | B:宜昌王家湾 | C:桐梓红花园 | D:湄潭五里坡 | E:石阡雷家屯 | F:湄潭牛场 |
|---|---|---|---|---|---|---|---|---|---|
| 志留系 (Silurian) | 兰多维列统 (Llandovery) | 埃隆阶 (Aeronian) | *triangulatus* | | | | | | AFA480 |
| | | 鲁丹阶 (Rhuddanian) | *cyphus* | | | | | L5<br>TT820 | AFA475<br>AFA485 |
| | | | *vesiculosus* | | | | AFA487 | L3 | |
| | | | *acuminatus* | | | AFA313<br>AFA312 | AAE507<br>AFA486<br>AAE506 | | |
| | | | *ascensus* | | | AFA311c | | | |
| 奥陶系 (Ordovician) | 上统 (Upper) | 阿什极阶 (Ashgillian) | *persculptus* | AFA417 | AFA102<br>AFA101 | | | | |
| | | | *extraordinarius-ojsuensis* | AFA416<br>AFA414 | AFA100<br>AFA99 | AFA295<br>AFA290 | | L2 | |
| | | | *pacificus* | | AFA83 | | | | |
| | | | *complexus* | AFA382 | | AFA271 | | | |

图 2.4.2 上扬子区上奥陶系-志留系交界岩石地层及化石发育情况(附野外号码)

Figure 2.4.2 Upper Upper Ordovician and lower Llandovery lithostratigraphy and fossils of the Upper Yangtze Region with collection numbers indicated

A. Ludiping, Songtao B. Wangjiawan, Yichang, western Hubei C. Honghuayuan, Tongzi D. Wulipo, Meitan E. Leijiatun, Shiqian F. Niuchang, Meitan

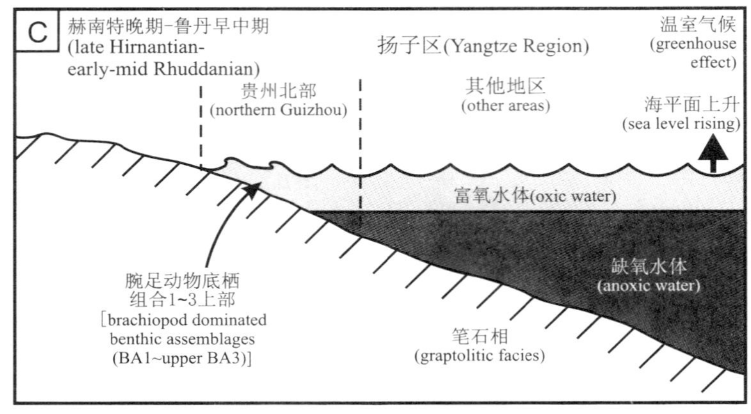


大灭绝第二幕(second episode of the mass extinction)

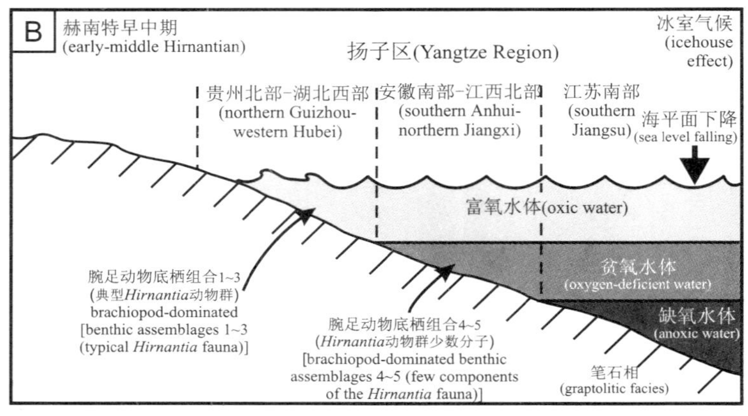


大灭绝第一幕(first episode of the mass extinction)

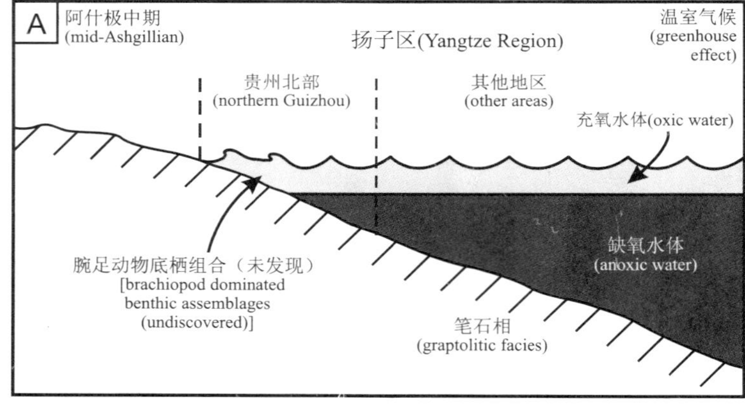


图 **2.4.3** 扬子海域奥陶纪末大灭绝前后环境演替

Figure 2.4.3 Environmental changes through the Ordovician-Silurian transition in the Yangtze Region

根据腕足动物资料分析，华南 Hirnantian 最末期（相当于 *N. persculptus* 带上部）和 Rhuddanian 早期（*A. ascensus* 带-*P. acuminatus* 带）分别可识别出一个荒凉的残存早期和一个开始孕育生机的残存后期。在残存期的沉积地层中，化石记录通常是很少的，呈现大范围的荒芜景象（Kauffman and Erwin，1995；戎嘉余等，1996）。而且，这个时期的生物个体经常是很小的，被称为 Lilliput 现象（Urbanek，1993；Twichett，2001）。目前，我们没有在本研究区残存早期发现过深水的介壳相群落。究其原因，一方面是由于海洋环境发生巨变（如海水快速变暖、海平面快速上升），广泛发育黑色笔石页岩（BA4～5 甚至更深水的缺氧底域），那里的正常环境条件不复存在；另一方面，晚奥陶世较深水 *Foliomena* 动物群遭到大灭绝首幕重创而整体消亡，深水群落格架被严重破坏，幸存的深水分子尚未复苏和扩大分布范围，故深水群落未在本区形成（图 2.4.3）。

## （一）残存早期（Hirnantian 末期-Rhuddanian 初期）

大灭绝后，残余的、低分异度动物群分布很局限，目前仅在贵州北部个别地点采获过 Hirnantian 末期（*N. persculptus* 带）-Rhuddanian 初期（*A. ascensus* 带）腕足动物标本。黔北桐梓县城南红花园的山王庙一带发育穿越奥陶-志留系界线地层剖面就是最好的例子（见附录 2.4.1；图 2.4.4）。笔者在观音桥层上部（AFA309-311c：相当于*N. persculptus*带上部到*A. ascensus*带，甚至有可能进入

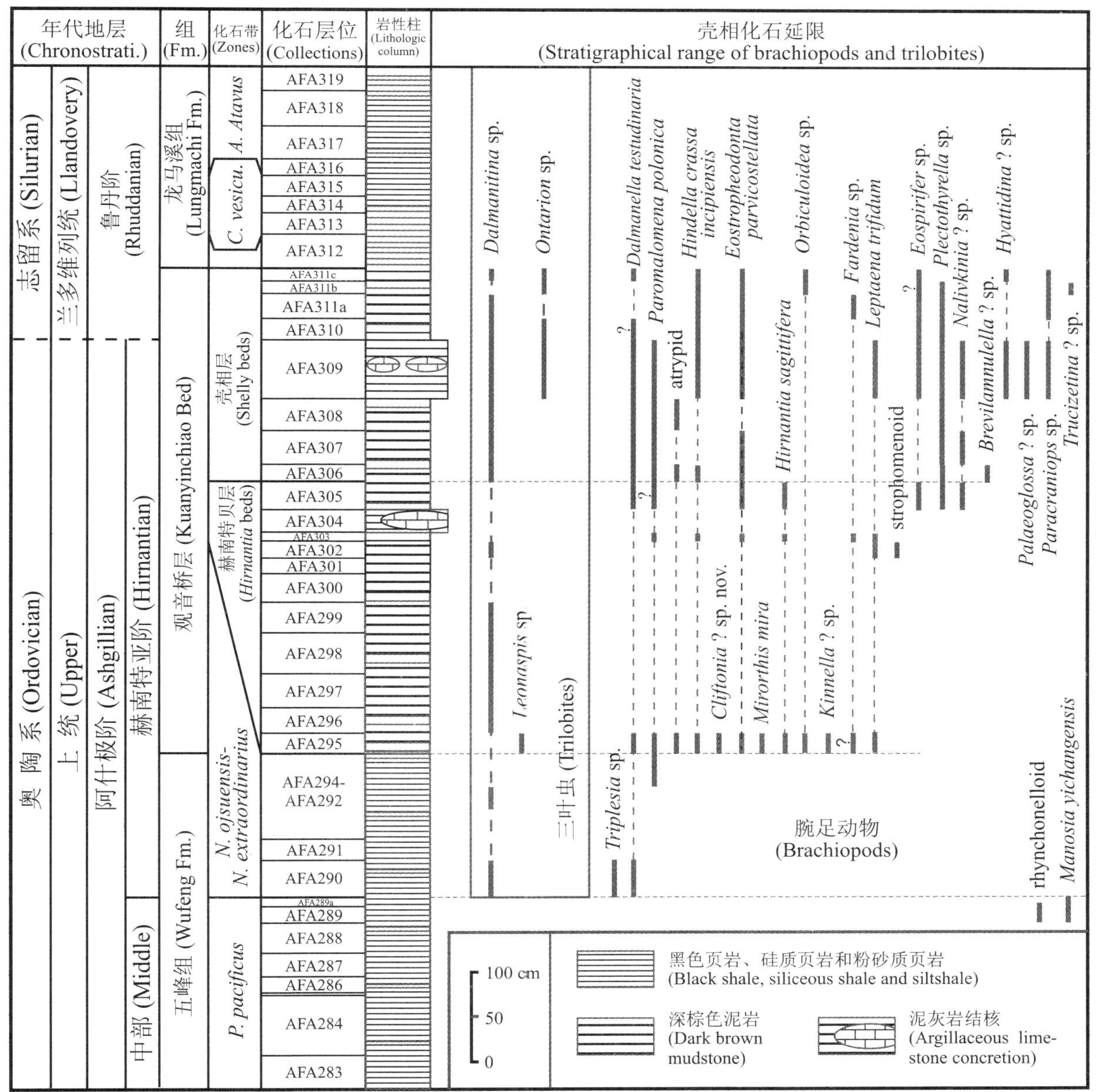


**图 2.4.4**　贵州北部桐梓红花园山王庙奥陶系顶部和志留系底部岩石地层和腕足动物、三叶虫的地层分布（据 Chen *et al.*, 2000 修改）

Figure 2.4.4　Uppermost Ordovician-lowest Silurian lithostratigraphic section with stratigraphic range of brachiopods and trilobites at Shanwangmiao, Honghuayuan, Tongzi, northern Guizhou, SW China (revised from Chen *et al.*, 2000)

*P. acuminatus* 带下部）发现了分异度不低的腕足动物组合。其中，首先引人注目的是发育一批早先 *Hirnantia* 动物群的常见成员（包括 *Paracraniops*，*Dalmanella*，*Leptaena*，*Paromalomena*，*Eostropheodonta*，*Fardenia*，*Plectothyrella*，*Hindella*），

它们是大灭绝后的残余或称孑遗分子，不少分类单元甚至与 *Hirnantia* 动物群中的分子同种。在这个组合中未发现该动物群的典型分子，如 *Hirnantia sagittifera* (McCoy)，*Kinnella kielanae*（Temple）等，也不见该动物群中较深水的特征分子，如 *Draborthis caelebs* Marek and Havlíček 和 *Mirorthis mira* Zeng 等。其次，与上述这些残余分子共生的有 *Nalivkinia*? sp. 和 *Eospirifer* cf. *praecursor* Rong *et al.*，这些属种既是成功的、危机-先驱分子（successful crisis-progenitor），又是复活分子（Lazarus taxon），尽管它们只含单一物种，化石数量又很少，却是无洞贝目和石燕目两个大类群的惟一代表。在恶化环境中，大类群的多样性均显著下降，但是它们的存在绝非无足轻重，相反，其旺盛的生存能力是志留纪演化阶段的基础保证，正是这些类别成为随后腕足动物首次辐射的主要类群。

上述地层位于 *P. acuminatus* 带地层（AFA312）和含典型 *Hirnantia* 动物群的地层（对应于 *N. extraordinarius-ojsuensis* 带）之间（Chen *et al.*，2000），是迄今所知 *Hirnantia* 动物群残余分子在华南延续的最高层位。其中，*Paracraniops*，*Dalmanella*，*Eostropheodonta*，*Leptaena*，*Fardenia*，*Hindella*，*Nalivkinia*? 和 *Eospirifer* 还继续上延，只有 *Plectothyrella* 和 *Paromalomena* 未再上延。颇有意思的是，这前 8 属分别代表腕足动物的 8 科、8 超科、8 目（或亚目），也就是说每一个目（或亚目）都仅发育一个代表，正是这些属支撑着整个大类群的演化。大批孑遗分子的出现，任何新属种或新支系的缺失，少量复活分子（*Nalivkinia*? 和 *Eospirifer*）的露面，均体现了大灭绝后的早期残存阶段的特征。这些事实充分表明，在当时这个荒芜的海洋环境（近岸、浅水 BA2～3 上部、充氧）中，极个别地区还挣扎着一个衰弱的底栖腕足动物群。

### （二）残存晚期（Rhuddanian 早中期）

大灭绝后残存晚期（*P. acuminatus* 带-*C. vesiculosus* 带）的腕足动物发现于黔北湄潭官堰苟连田（五里坡顶上）的五里坡层（戎嘉余，1979）。那里的地层和化石最早是张文堂等（1964）发现的；当时本文第一作者与许汉奎等，曾在苟连田一带的龙马溪组之下、宝塔组（现证实更可能是临湘组）之上的志留系底部页岩（AAE506）中，采集了大批腕足类化石。1998 年和 2000 年，作者和王怿、张元动、樊隽轩等分别在上述地点的坡下和坡旁小路边的五里坡层页岩或泥岩（AFA486、600，约 20 cm）中，又采获了更多的化石。含此化石地层之上是泥质灰岩（AFA487、601，约 40 cm），在灰岩中发现的笔石，经陈旭鉴定属于 *C. vesiculosus* 带。这样，其下伏的页岩可以与 *P. acuminatus* 带的上部对比，或者甚至可能进入 *C. vesiculosus* 带下部（图 2.4.5）。

上述五里坡层的腕足动物组合数量丰富，分异度不低；但是在其他地点（如贵州北部毕节、仁怀、遵义、石阡等地）相当层位的单层面上所产者，分异度通常不高

(仅 1～3 属)。这个组合以无洞贝族的 *Alispira*? 数量最多,其次是无窗贝族的 *Hindella*。此外,还有 *Dalmanella*, *Mendacella*, *Rostricellula*, *Eospirifer* 和其他属种未定者(见附录 2.4.2)。在属数上,正形贝目占总数的近一半。在这些属中,有 7 个(46.6%)未出现在 Rhuddanian 晚期和 Aeronian 期,有 8 个(53.4%)延至 Aeronian 期。

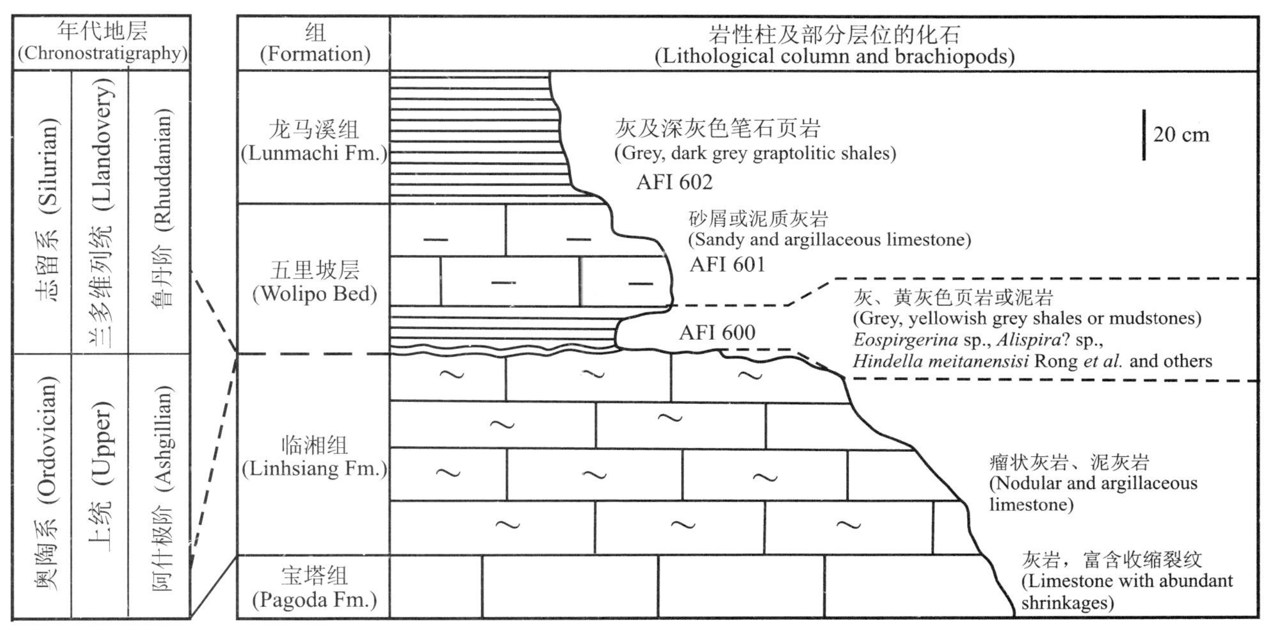


图 **2.4.5**　贵州北部湄潭五里坡上奥陶统和志留系底部岩石地层剖面图

Figure 2.4.5　Showing Upper Ordovician-lowest Silurian lithostratigraphic section with collection numbers at Gouliantian, Wulipo, Meitan, northern Guizhou, SW China

如上所述,正形贝目和扭月贝目是奥陶纪腕足动物群的主要组成部分。残存晚期的腕足动物群在属级分类单元上,除 *Alispira*? 和两个未定名者外,全部由奥陶纪上延分子所组成。这些属一部分见于华南奥陶纪晚期,另一部分是从国外或区外迁入本区的。这些幸存者具有提高残存水平的生活策略和忍受恶劣环境条件的能力,正是这些幸存分子成为大灭绝后生态系复苏和演化辐射的源泉之一(图 2.4.6)。

## (三) 残存期动物群的分类分析

在大灭绝事件前后的分类单元类型,基本上可以识别为三大类型:灭绝型、幸存型和新生型。新生属在大灭绝事件次幕后确在本区出现(如 *Alispira*? 等),属于个别分子。大部分则是自大灭绝前延续上来的幸存者,它们都是广适性分子。不过,*Eospirifer* 是个例外。进一步分析这些广义幸存属,又可以细分为以下几种类型:

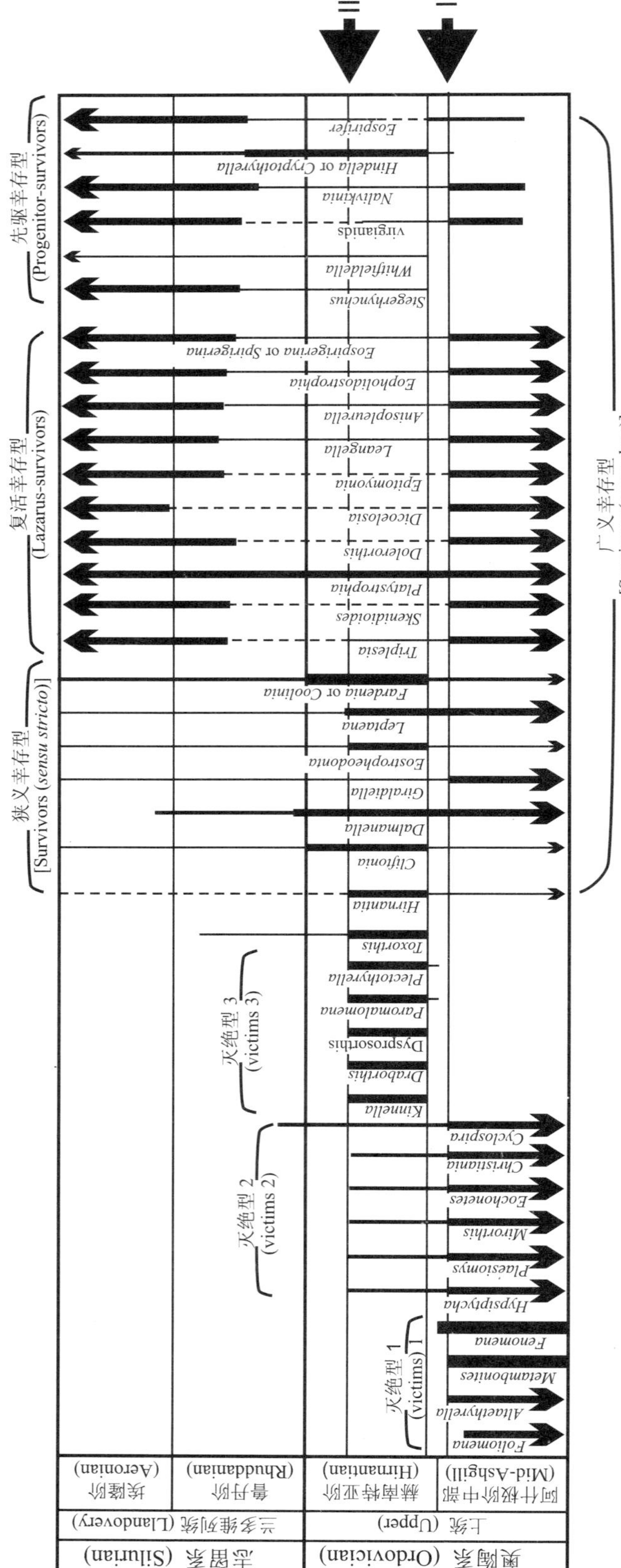


图 2.4.6 穿越奥陶-志留纪交界期腕足动物两种类型(灭绝型与幸存型)常见属的地层分布

Figure 2.4.6 Showing stratigraphical range of common genera of two types (victims and survivors) of brachiopods through the Ordovician-Silurian transition

**1. 狭义幸存属**(Survivor taxa s. s.)

狭义幸存属产自当时凉水科索夫生物地理区(Kosov Province)的 *Hirnantia* 动物群中(Rong and Harper,1988),也见于暖水域(Mid-Continent Province),如 *Paracraniops*,*Dalmanella*,*Eostropheodonta*,*Hindella* 和 *Eospirigerina*。它们都是从 Hirnantian 期浅水域上延的,却没有一个来自 Ashgill 中期深水的 *Foliomena* 动物群。

**2. 复活幸存属**(Lazarus-survivor taxa)

复活幸存属在奥陶纪末大灭绝之前出现、在两幕间(Hirnantian)消失、大灭绝后又返回曾是 *Hirnantia* 动物群生活过的地区,如 *Dolerorthis*,*Levenea*,*Mendacella*,*Rostricellula*,*Eospirifer*,它们也都是世界性分子,或常见于北方志留系域(North Silurian Realm)(Boucot,1975),大灭绝后迁入本区。

**3. 先驱幸存属**(Progenitor-survivor taxa)

先驱幸存属在大灭绝首幕前起源,或在大灭绝两幕间产生,至志留纪有可观的发展。前者如 *Eospirifer*,后者如 *Whitfieldella*。这种类型十分重要,需要多费笔墨加以论述。*Eospirifer* 既是复活属,又是先驱属。它本质上属于先驱-幸存分子(progenitor-survivor)。该属的已知最低层位在华南东部和哈萨克斯坦 Ashgill 中期(Rong *et al*.,1994),适宜于生活在暖水海域。迄今为止,尚未在凉水 *Hirnantia* 动物群中报道过(Rong and Harper,1988)。它在塔斯马尼亚岛的奥陶纪最顶部地层(相当于 *N. persculptus* 带)中(Laurie,1991)以及在澳大利亚东部志留纪 Rhuddanian 早期地层中均有产出(Sheehan and Baillie,1981)。早期始石燕类在亚洲和澳大利亚奥陶纪-志留纪交界时期的发现(Rong *et al*.,1994; Rong and Zhen,1996)十分重要,因为它们在欧洲和南、北美洲 的最早记录是在 Aeronian 晚期(至少是 *M. sedgwickii* 带)(Boucot,1975; Villas and Cocks,1996)。这些材料可以证实,石燕目始现于亚洲奥陶纪末大灭绝之前(Rong *et al*.,1994;Rong and Zhan,1996),至 Llandovery 世中晚期(复苏期和辐射期)迅速扩散并成为浅海群落的常见分子。

又如 *Levenea* 和 *Hindella*(Ashgill 中期初现:Walmsley and Boucot,1975; Hiller,1981; Harper,1981),*Eostropheodonta*(Ashgill 早期首现: Rozman,1983),*Whitfieldella*(Hirnantian 期初现:戎嘉余,1979),除 *Levenea* 外,在 Hirnantian 时期都很常见且局部丰富。

**4. 灾后泛滥属**(Disaster taxa)

灾后泛滥属在大灭绝次幕后的一个相对真空的生态系中大量产出,种类单调、数量很多,如 *Alispira*?, *Hindella*。它们是在残存期或复苏早期当海域生态系还没有被占据之时临时广布一特定区域的分类单元。

## （四）小结

华南奥陶纪末大灭绝后残存分子在志留纪初期的地层分布如图 2.4.7 所示。根据这些资料，华南大灭绝后腕足动物的残存阶段具有以下几个特征：

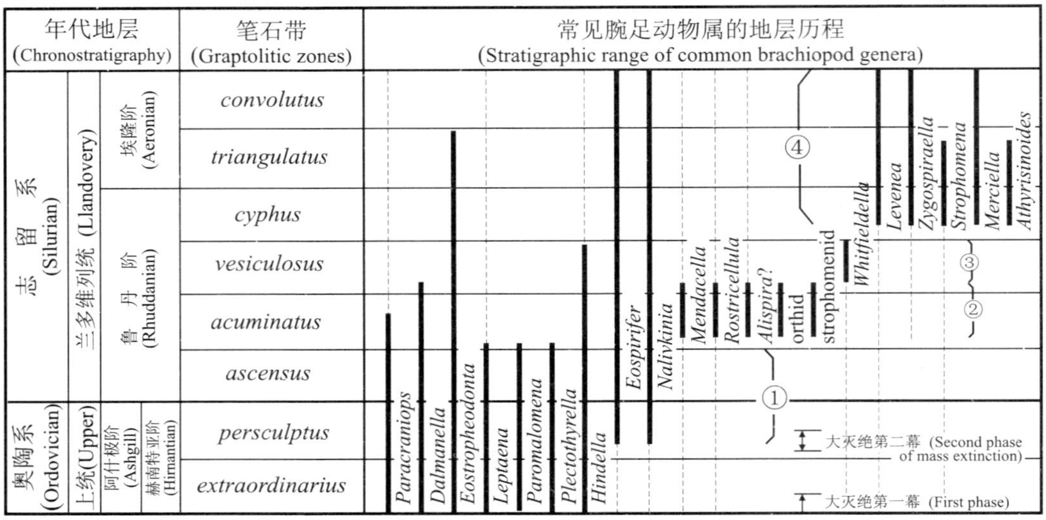

| 年代地层 (Chronostratigraphy) | | | 笔石带 (Graptolitic zones) | 常见腕足动物属的地层历程 (Stratigraphic range of common brachiopod genera) |
|---|---|---|---|---|
| 志留系 (Silurian) | 兰多维列统 (Llandovery) | 埃隆阶 (Aeronian) | *convolutus* | |
| | | | *triangulatus* | ④ |
| | | 鲁丹阶 (Rhuddanian) | *cyphus* | |
| | | | *vesiculosus* | ③ |
| | | | *acuminatus* | ② |
| | | | *ascensus* | ① |
| 奥陶系 (Ordovician) | 上统 (Upper) | 阿什极阶 (Ashgill) 赫南特亚阶 (Hirnantian) | *persculptus* | 大灭绝第二幕 (Second phase of mass extinction) |
| | | | *extraordinarius* | 大灭绝第一幕 (First phase) |

*Paracraniops*, *Dalmanella*, *Eostropheodonta*, *Leptaena*, *Paromalomena*, *Plectothyrella*, *Hindella*, *Eospirifer*, *Nalivkinia*, *Mendacella*, *Rostricellula*, *Alispira?*, orthid, strophomenid, *Whitfieldella*, *Levenea*, *Zygospiraella*, *Strophomena*, *Merciella*, *Athyrisinoides*

图 **2.4.7** 华南奥陶纪末大灭绝后残存分子在志留纪初期的地层分布

Figure 2.4.7 Showing stratigraphical range of common genera after the latest Ordovician mass extinction in South China

（1）分析生物群组分后，可以将残存期分成早、晚两期。残存早期（*N. persculptus* 带中上部–*A. ascensus* 带）腕足类的种级分类单元中，除个别分子外，都是从华南 *Hirnantia* 动物群上延的孑遗分子，与凉水 *Hirnantia* 动物群有较大的相似性，是大灭绝次幕的延续。这种情况可与英格兰湖区（Harper and Williams, 2002）和挪威奥斯陆一带（Baarli and Harper, 1986）的情况相比较，尽管后两地区的残存研究尚未深入展开。残存晚期（*P. acuminatus*–*C. vesiculosus* 带）的腕足动物组合面貌则发生了重要变化，那些孑遗分子都在残存晚期消失而不再幸存，而新出现或从外区新迁入了不少幸存分子（包括复活幸存和先驱幸存分子），特别是属级代表，前者如 *Alispira*?，后者如 *Mendacella* 和 *Rostricellula*。

（2）根据分异度分析，残存期早、晚两期腕足类的分异度，与大灭绝两幕间的 Hirnantian 早、中期相比，下降了许多。残存晚期所拥有的目、超科、科和属的数量都高于残存早期的，指示了大灭绝次幕后，环境开始好转，腕足动物群的演化更替呈现了一个逐步变化的过程。

（3）根据新生率判断，新的属级分类单元在残存早期没有发现，而在残存晚期则有少量代表（如 *Alispira*），后者属于无洞贝目，是个体数量最丰富的属。新生率从无到有的变化实际上反映了大灭绝后腕足动物演替的渐变和质变性质。

（4）若从腕足动物大类分析，大灭绝次幕前发育的凉水 *Hirnantia* 动物群中，占优势的是正形贝目和扭月贝目两大类群，基本缺失腕足动物钙质壳纲的三分贝目、五房贝目、无洞贝目和石燕目这四大类的代表，可能指示这些类别基本上适宜于暖水的海底域环境。这一情况到了残存早期开始发生变化：除了继续发育那些广适性分子外，还出现了个别的无洞贝目和石燕目的代表，指示当时的环境开始向好的方向转化。进入残存晚期后，除五房贝目、三分贝目（在本区更晚些时候出现）以外，其余常见的这些钙质壳纲的主要类群均已出现。但是，这个阶段正形贝目的萧条、扭月贝目和小嘴贝目的几近消失、磷酸盐质壳类群的缺失和无洞贝目的开始兴盛，整个动物群的组合面貌与早先凉水 *Hirnantia* 动物群相比，发生了实质性的变化，反映了大灭绝后腕足动物残存期早、晚两期在组合面貌上的明显差异。

(5) 残存早期，腕足动物含有 10 目（或亚目）、11 超科、14 科、14 属，除扭月贝超科外，每个目大都仅发育 1 属。至残存晚期，腕足动物仅出现 7 目，说明当时的环境尚未好转，生物多样性仍处于低潮，但正是这些个别属支撑着整个大类群的演化。

值得注意的是，本区首次出现从外区迁入的分子，它们多半是幸存者。这些不仅说明当时环境虽未好转，但发生了有利于底栖生物生存的变化，还指示了区间动物群的交流业已开始了。

上述种种现象均表明奥陶纪末大灭绝后的动物群，开始（早期）基本上是大灭绝后的残留，那些忍耐度很强的属种继续幸存，并开始出现个别复活幸存、先驱幸存分类单元；后来（晚期）在组分、分异度、丰度及群落成分上，发生了一系列实质性的变化，反映了环境好转的开始。但是，整个动物群基本上仍以幸存者为主，加之分异度不高，群落类型不多，新生率很低，所以被识别为残存期。

## 二、大灭绝后腕足动物的复苏

从 Rhuddanian 晚期（*Pristiograptus cyphus* 带）到 Aeronian 早期（*Demirastrites triangulatus* 带），华南腕足动物发展进入了奥陶纪末大灭绝后的第一次复苏期（Rong and Harper，1999）。当时底栖腕足动物组合主要还是栖息于上扬子陆表海南部边缘区的近岸、浅水环境（BA2 到 BA3 上部），但是在西部二郎山一带也有少量的发育。至于这个时期更深水（BA3 下部、BA4～5）的正常底域环境在华南还未发现，所以，相关腕足动物群落至今没有记载。

### （一）动物群基本面貌和特征

复苏期的浅水腕足动物群，一方面继承了上述残存晚期的某些特征，另一方面在海域条件逐渐好转的环境中发生了不少新的变化。先从分布区域看，这个时期的动物群分布范围比残存期加宽，不仅发育在黔北，还见于川西地区。再从属的组分分析，这个时期总共有25属(归于8目、10超科、16科)(见图2.3.3)。在这些大的类群中，正形贝目的成员极大地减少，属数甚至比残存晚期的还少；扭月贝目的代表比残存期的有所增加，特别是褶脊贝族的分子在大灭绝后首次重现；无洞贝目和石燕目的属依然占据重要的位置；更醒目的是，五房贝目(以 *Borealis* 属为特征)的分子开始大量而局部地出现(见附录2.4.2)。在分异度方面，与残存时期相比，明显升高(从14属上升到25属)，尽管在单层中腕足类组合分异度依然不高。新生率显著增加，特别是属级分类单元，出现了不少新生分子。同时，群落类型开始增加。这些情况说明，从生物群分布、组成、分异度、新生率和群落特征分析，这个时期的华南腕足动物的发育进入了一个新的、复苏阶段。

## (二) 属级分类单元的类型

在本阶段已知25属中，大致可以分成如下几种类型：

**1. 狭义幸存属**(*Eostropheodonta* 和 *Hindella*)

始于灭绝期前，延至灭绝两幕间、残存早期和晚期，一直到本阶段。它们在这个动物群中数量不多，但因是其后演化辐射的源泉，故其重要性不可忽视。如 *Eostropheodonta*，便是后来齿扭贝族兴盛的一个先驱属。

**2. 复活幸存属**(如 *Levenea*, *Dicoelosia*, *Nalivkinia*, *Eospirifer*, *Strophomena*)

始于灭绝前、消失于灭绝两幕间、复现于灭绝后。始于大灭绝前夕(Ashgill中期)的也可视作先驱型分子，如上列名单中的某些属；*Dicoelosia* 首现时间在Caradoc晚期(Williams and Harper，2000)，不属于先驱型范畴。

**3. 迁入属**(如 *Borealis*, *Brevilamnulella*, *Atrypopsis*, *Meifodia* 和 *Zygospiraella*)

这些属，除 *Brevilamnulella* 外，都是典型的志留纪类型，起源于欧洲或西伯利亚，在大灭绝后首次迁入本区。*Borealis* 最早代表发现于爱沙尼亚 Rhuddanian 晚期(Boucot *et al.*，1971；Rubel，1970a，b；戎嘉余、杨学长，1981)，至 Aeronian 分布在挪威、西伯利亚和科累马(Rubel，1970b；Mørk，1981；Nikiforova and Andreeva，1961；Nikiforova and Oradovskaya，1975)。志留纪最早期的 *Brevilamnulella* 见于爱沙尼亚的 $G_{1-2}$ (Rubel，1970a)和威尔士 Haverfordwest 的 Gasworks 泥岩(Rhuddanian 晚期)中(Temple，1970)。黔北印江和务川的香树园组中、下部产 *B. undata*，曾被归于 *Clorinda* 属(戎嘉余、杨学长，1981)。无洞贝族的 *Atrypopsis* 最早代表见于爱沙尼亚 Rhuddanian 地层中(Rubel，1970a)，在华南，它的最早代表产自川西天全二郎山马场坡组歪嘴岩段下部(Aeronian 早期)(江新胜，1989)；*Meifodia* 最早代表(即模式种 *Meifodia subundata*)见于威尔士"下兰多维列统"(很可能 Rhuddanian)，*M. subundata prima* Williams，1951产自威尔士兰多维列地区 Rhuddanian 晚期的 $A_3$ 层(Williams，1951；Cocks，1977)，该属其他种还见于华南、爱沙尼亚、挪威、威尔士、澳大利亚(即 *Tyrothyris* Öpik，1953)和委内瑞拉

(Benedetto,1985)等地的 Aeronian 地层中;*Zygospiraella* 最早代表(即模式种 *Z. duboisi*)产自爱沙尼亚的 $G_{1-2}$(Rhuddanian)(Rubel,1970a)和西伯利亚 Aeronian 地层(Nikiforova and Andreeva,1961)中,还见于华南贵州东北部香树园组中、下部(Aeronian 早期)(戎嘉余、杨学长,1981)。

**4. 新生属**[*Qianomena*,*Athyrisinoides*(=*Kritorhynchia*),*Beitaia*,*Atrypinopsis*,*Yingwuspirifer*,*Atrypina* 和 *Striispirifer*]

这些属都是华南板块的新生分子,大多数基本上也是扬子区的土著属。*Beitaia* 还出现在塔里木板块西缘柯坪塔格组中(Rhuddanian 晚期—Aeronian 早期)(张师本采集的化石,交由笔者鉴定);*Atrypinopsis* 首现于华南,后来也在加拿大西北部 Wenlock 世地层中被发现(Lenz,1989)。上列名单中后 2 属可能也是在华南复苏期起源而后扩散到其他许多地区的。这些属的最早代表均见于贵州东北部香树园组的中、下部(Rhuddanian 晚期—Aeronian 早期)(戎嘉余、杨学长,1981)。大批这种新生类型的属的出现,反映了当时环境的实质性改观,显示了腕足动物复苏时期的到来。

## (三) 动物群分类学分析

复苏期 25 属中,最常见、最丰富的是无洞贝目的代表,共有 9 属(*Athyrisinoidea*,*Beitaia*,*Nalivkinia*,*Zygospiraella*,*Spirigerina*,*Atrypina*,*Atrypinopsis*,*Meifodia* 和 *Atrypopsis*),占总属数的 1/3 以上;其次是扭月贝目6 属(*Merciella*,*Aegiria*,*Qianomena*,*Katastrophomena*,*Brachyprion*,*Eostropheodonta*,约占1/5)。剩下的属数就少多了:石燕目 3 属,正形贝目和五房贝目各 2 属,舌形贝目、小嘴贝目、无窗贝目各 1 属(见附录 2.4.2)。分析表明,扭月贝目、石燕目、五房贝目等三大类可以看作刚刚进入复苏期,其余几个目仍处于残存阶段,惟独无洞贝目率先进入了辐射期。上述情况一方面显示了各主要大类的复苏期始现时间的不一致性,另一方面反映了各大类群演化阶段的差异性。这主要可能是取决于各自对灾变时期恶化环境的忍耐度、对环境变化的适应能力和其后的复苏能力。

在上述 25 个属中,新出现不少新生土著属和新迁入属(占一半以上),许多残存分子和新分类单元的明显增加,显示了生物复苏的基本特征。在这些属种中,有约 2/3 的属延续到了 Aeronian 中晚期,有约 1/5 的属没有在华南 Aeronian 中晚期地层中出现。

## (四) 小结

(1) 从生物群分布、组成、分异度、新生率和群落特征分析,这个时期的华南腕足动物的发育进入了一个新的、复苏阶段。

(2) 奥陶纪末大灭绝后,喜暖水的五房贝族代表到这个复苏阶段才首次以主要群落组分的面貌出现，如 *Borealia* 群落（戎嘉余、杨学长，1981；Wang *et al.*，1987）。这里要说明的是，五房贝超科作为一个主要类群，在大灭绝前 Ashgill 中期刚刚出现并很快进入首次辐射期（含 9 属），在暖水海域里占据一定的位置（Rong and Boucot，1998），到 Hirnantian 期和志留纪初期几无化石记录；到本阶段首次出现，可视为复活型分子。同时，有趣的是舌形贝族和褶脊贝族的代表在残存期里也没有化石记录，在本阶段的重现说明它们也属于复活型。此外，另一些如髑髅贝超科（Cranioidea）、三分贝超科（Trimerelloidea）、似髑髅贝超科（Craniopsioidea）和三重贝超科（Triplesioidea），在华南复苏期内一直没有化石记录，到 Aeronian 中晚期才又出现，进一步证实华南各主要类群的复苏时间是明显不一致的。

（3）残存期中的大部分属都未在本阶段出现，只有 *Levenea*，*Eospirifer*，*Eostropheodonta*，*Hindella* 这 4 个广布属上延到了复苏期（它们大部分属于先驱型，前 2 者还是复活型），指示了它们完全被新型的浅水群落所取代。

（4）在复苏期间，腕足动物拥有的 8 目、10 超科、16 科和 25 属都明显高于残存晚期的数目，饶有意思的是这些数字与大灭绝两幕之间（8 目、14 超科、21 科和 30 属）的比较，相当接近。

（5）复苏期的动物群显示了典型的志留纪腕足动物面貌，与仍拥有奥陶纪腕足动物总体特征的残存期大不相同。主要表现在大类群中无洞贝目的属数猛增，石燕目开始发展，舌形贝目和五房贝目在大灭绝后首现于本阶段，而无窗贝目、小嘴贝目的属数仍继续处于弱势。

（6）残存期中很少有新生属出现，而复苏期内则产生许多新生属种，这些分子大都是土著分子，说明环境的好转允许（或接纳）许多本地特产。这个时期不仅出现了大批新生、土著类型，还出现了许多从外区迁入的分子，使得分异度明显递增，群落类型也显著增加，这些便是腕足动物发育进入复苏阶段的标志。

## 三、大灭绝后腕足动物的第一次辐射

### （一）动物群基本面貌和特征

华南奥陶纪末大灭绝后腕足动物的首次辐射期发生在 Aeronian 中、晚期。辐射期已知共记载腕足类 51 属，其中有许多属是从复苏期延上来的，表明这两个时期之间的紧密联系（见图 2.3.4）。腕足动物研究进一步说明：复苏期是辐射期的基础，是辐射阶段的组成部分。

辐射期的腕足动物，在组分上，一改奥陶纪的面貌特征，以五房贝族、无洞贝族和石燕族的大量出现为标志，此外，褶脊贝族和扭月贝族也继续发育。在化石丰度上，以无洞贝族和五房贝族的代表占据优势，其他目的成员，如褶脊贝族、扭月贝族、德姆贝族和石燕族，位居次席。这个时期产生了不少新生属种，其中多数为五房贝族的代表，说明新生率高升；后者又使分异度增高。这一切都和环境好转、环境类型增加、群落类型增加有密切关系。

### （二）辐射期与复苏期的比较

这个时期与之前的复苏期最显著的差异在于以下两点：

**1. 组成特征**

本辐射期最突出的一点是，五房贝目属数的激增（从复苏期的 2 属增加到 12 属）。五房贝目和无洞贝目（也拥有 12 属）的代表，双双构成了丰富度和分异度均最繁盛的两大类群，成为志留纪腕足动物群最重要的组成部分。这个期间，扭月贝目也有不小的长进，从原来的 5 属扩展到 10 属，在当时腕足动物属数中排行第三位，更重要的是除了扭月贝族和褶脊贝族以外，齿扭贝族和戟贝族都有代表，与晚奥陶世的扭月贝目相比已面目全非；齿扭贝族和戟贝族的代表，都是志留纪、泥盆纪腕足动物群中的常见分子。正由于上述这三大类在整个动物群中占据优势，再加上石燕目（虽说只有 3 属，但是数量很多、分布较广）的加盟，共同成为这次辐射期内最繁盛的四大类群。这些在当时正常浅海、平底环境下的常见成员的联合出现，彻底改变了奥陶纪腕足动物群的总体组成结构。

**2. 群落类型**

辐射期间群落数目和类型明显增加，从复苏期的 4 个群落发展到辐射时期的至少 10 个群落（Wang *et al.*，1987）。它们的分布范围不像复苏期那样仅限于黔北和川西，除川西外，从黔北还向东北方包括川东南、湘鄂西延伸，从近岸、浅水域（BA2 至 BA3 上部）到远岸较深水域（BA3 下部至 BA4）都有分布。当时海盆底域缺氧环境条件从浅水到较深水域逐渐消失，开始被充氧、富营养、光线充足的正常浅海的生存条件所取代。与腕足动物相伴的还有大量多型的四射珊瑚、床板珊瑚、海百合、层孔海绵、苔藓虫等底栖生物，在局部碳酸盐台地上已经发育生物层和小型生物礁，产生了多种生态环境类型，为腕足动物的栖息和多样性的递增创下了良好的条件。

### （三）小结

值得注意的是，奥陶纪末大灭绝后腕足动物的首次辐射（11 目、21 超科、32 科和 51 属）与大灭绝前最后一次辐射（10 目、17 超科、33 科和 55 属），在各级分类阶元上的数量都相当接近（表 2.4.1）。如果大致以奥陶-志留纪界线为镜面，前后这两次辐射各级分类单元量值几乎都具有“镜像效应”（图 2.4.8）。再从这两个辐射期的群落数量和类型来看，大灭绝前的辐射期间已知出现8个群落，从近岸潮间

**表 2.4.1 华南奥陶-志留纪交界时期各主要宏演化阶段腕足动物不同级别分类单元具体数目**

**Table 2.4.1 Number of brachiopods at different taxonomic ranks in various macroevolutionary stages through Ordovician and Silurian transition in South China**

| 年代地层 (Chronostratigraphy) | | | 各级别分类单元数目 (Number of brachiopod taxa of different ranks) | | | | 主要类群属数 (Number of genera of major groups) | | 宏演化阶段 (Macroevolutionary stages) |
|---|---|---|---|---|---|---|---|---|---|
| | | | 目 (Order) | 超科 (Superfamily) | 科 (Family) | 属 (Genus) | 正形贝类-扭月贝类 (Orthids and strophomenids) | 五房贝类、无洞贝类、无窗贝类和石燕类 (Pentamerids, atrypids, athyrids and spiriferids) | |
| 志留系 (Silurian) | 埃隆阶 (Aeronian) | | 11 | 21 | 32 | 51 | 3+10 | 12+12+3+3 | 辐射期 (Radiation interval) |
| 志留系 (Silurian) | 鲁丹阶 (Rhuddanian) | | 8 | 10 | 16 | 25 | 2+6 | 2+9+1+3 | 复苏期 (Recovery interval) |
| 志留系 (Silurian) | 鲁丹阶 (Rhuddanian) | | 7 | 9 | 12 | 14 | 4+2 | 0+2+3+1 | 残存期 (Survival interval) 晚期 (Late) |
| 奥陶系 (Ordovician) | 阿什极阶 (Ashgillian) | 赫南特亚阶 (Hirnantian) | 10 | 11 | 14 | 14 | 1+4 | 1+1+2+1 | 残存期 (Survival interval) 早期 (Early) |
| | | | | | | | | | 大灭绝第二幕 (Second phase) |
| 奥陶系 (Ordovician) | 阿什极阶 (Ashgillian) | 赫南特亚阶 (Hirnantian) | 9 | 14 | 20 | 30 | 10+8 | 1+0+2+0 | 残存-复苏期 (Survival-recovery interval) |
| | | | | | | | | | 大灭绝第一幕 (First phase) |
| 奥陶系 (Ordovician) | 阿什极阶 (Ashgillian) | 中部 (Middle) | 10 | 17 | 33 | 55 | 14+24 | 5+5+0+1 | 辐射期 (Radiation interval) |

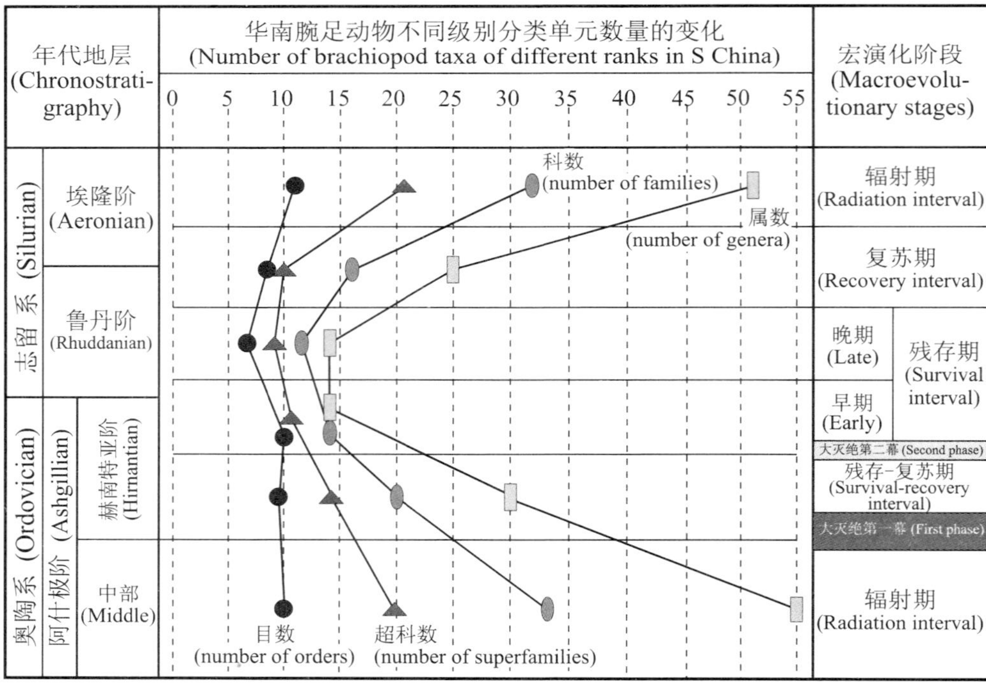


图 2.4.8 华南奥陶-志留纪交界时期各主要宏演化阶段腕足动物不同级别分类单元数量的变化

Figure 2.4.8 Biodiversity changes of brachiopods at different taxonomic levels in various macroevolutionary stages through the Ordovician and Silurian transition in South China

带到远岸深水(BA1～6)都有代表(Zhan *et al*.,2002);而灭绝后辐射期的群落数目多达10个,分布在BA2～4(Wang *et al*.,1987),尽管缺少BA5～6的群落,两者(8个和10个)也较接近。至于群落的结构和水平,在大灭绝前后基本上大同小异(Zhan *et al*.,2002),从而说明前后的相互关系。

这里还有两点需要说明。首先,大灭绝前辐射期的群落识别是经过数理统计分析确定的,比较可靠;而灭绝后辐射期的群落没有做过这方面的研究。其次,灭绝前辐射期的群落只见于浙赣交界地区,分布范围远不及灭绝后辐射期的广。尽管灭绝前辐射的群落范围有限,可群落类型却不少,是灭绝后辐射所不及的,其原因主要是由于华南Llandovery世缺失BA5底域群落,连BA4的分布范围也很有限(戎嘉余,1986; Wang *et al*.,1987)。根据分类组成和群落结构分析,华南奥陶纪末大灭绝重创了腕足动物群,导致大灭绝前、后两个辐射期动物群貌的本质差异。因此,大灭绝前、后的辐射完全不是简单的“反演”,而是一次繁复、更新的宏演化过程。

两次辐射期腕足类总属数的相似性(均未超过60个)似乎还说明,在华南海域,大灭绝前、后不同级别分类单元上腕足动物的最大数量是有限的(图2.4.8)。

## 四、结论

对华南腕足动物地层分布的分析表明,在Ashgill和Llandovery期间腕足动物的分异度发生两次急剧下降。这是显生宙腕足动物分异度不可忽视的记录,尽管Holland(1989)在对化石记录进行全面总结时并没有认识到这一次下跌。奥陶纪腕足动物的危机最终发生在Hirnantian晚期,之前发育一个短暂的残存-复苏期,主要都是适合冷水的类型,再加上一些广适性分子(如*Dalmanella*,*Eostropheodonta*,*Triplesia*,*Cliftonia*,*Fardenia*,*Hindella*),所以在大灭绝次幕前的情况或多或少被紧接灭绝的各种现象掩盖了。

### (一)奥陶纪-志留纪界线上下腕足动物多样性的“镜像效应”说明了什么?

根据华南Ashgill中期、晚期和Llandovery世早、中期腕足动物的分异度、分类单元组成、生态群落成分和生物地理变化,在Rong和Harper(1999)、本章第三节和本节工作中,我们为这个地质时间段的腕足动物群演变和更迭,共识别了5个演化阶段:辐射期、残存-复苏期、残存期(早期与晚期)、复苏期和辐射期,与相应的笔石带做了对比,并不断做了修正,如图2.4.8和图2.4.9所示。从这两张图中可以看出,腕足动物群无论在较高(目、科)或较低(属、种)分类级别,在大灭绝前后的多样性都显示了“镜像效应”,但是动物群组分却发生了重要的、实质性的变化。我们把穿越奥陶纪-志留纪界线的腕足动物群的大规模更迭时间,确定在

Rhuddanian 中期和晚期之间，比奥陶-志留纪界线明显要高，比大灭绝次幕至少晚了 2～3 Ma，这种更迭充分说明了这次大灭绝的效应和延续时间，大灭绝事件使得动物群的更迭发生了"滞后"的现象。

<table>
<tr><th colspan="4">年代地层 (Chronostratigraphy)</th><th>笔石带 (Graptolitic zones)</th><th colspan="3">宏演化阶段 (Macroevolutionary stages)</th></tr>
<tr><td rowspan="6">志留系 (Silurian)</td><td rowspan="6">兰多维列统 (Llandovery)</td><td colspan="2" rowspan="2">埃隆阶 (Aeronian)</td><td>convolutus</td><td colspan="2">辐射期 (Radiation interval)</td><td rowspan="3">志留纪腕足动物群 (Silurian brachiopod faunas)</td></tr>
<tr><td>triangulatus</td><td colspan="2" rowspan="2">复苏期 (Recovery interval)</td></tr>
<tr><td colspan="2" rowspan="4">鲁丹阶 (Rhuddanian)</td><td>cyphus</td></tr>
<tr><td>vesiculosus</td><td rowspan="3">残存期 (Survival interval)</td><td rowspan="2">晚期 (Late)</td><td rowspan="6">奥陶纪腕足动物群 (Ordovician brachiopod faunas)</td></tr>
<tr><td>acuminatus</td></tr>
<tr><td>ascensus</td><td>早期 (Early)</td></tr>
<tr><td rowspan="3">奥陶系 (Ordovician)</td><td rowspan="3">上统 (Upper)</td><td rowspan="3">阿什极阶 (Ashgillian)</td><td rowspan="2">赫南特亚阶 (Hirnantian)</td><td>persculptus</td><td colspan="2">大灭绝第二幕 (Second phase)</td></tr>
<tr><td>Extraordinarius-ojsuensis</td><td colspan="2">残存-复苏期 (Survival-recovery interval)<br>大灭绝第一幕 (First phase of the mass extinction)</td></tr>
<tr><td>中部 (Middle)</td><td>Pacificus</td><td colspan="2">辐射期 (Radiation interval)</td></tr>
</table>

图 **2.4.9** 奥陶纪末大灭绝前后腕足动物宏演化阶段与笔石带的对比

Figure 2.4.9 Correlation of macroevolutionary stages of brachiopods before and after the end Ordovician mass extinction with graptolite zones

## (二) 志留纪最早期的腕足动物是否属于典型的志留纪腕足动物群？

华南志留纪最早期(Rhuddanian 早、中期)腕足动物处于奥陶纪末大灭绝后的残存晚期阶段，结构和组成相对单调，分异度低，主要由分布广、浅水、延限长、生态适应广的幸存属组成，栖居在一个与黔中古陆北海岸线平行的、发育浅水、富氧环境的狭窄条带内。至于大类群，则以无洞贝目、石燕目及无窗贝目为主，或许拥有较多的选择性和宽得多的幸存机制范围(Harries *et al.*，1996)。当时没有发育较深水腕足动物，可能系当时较深水底域缺氧所致。当时的灭绝率和新生率都较小。结论是它们尚不属于典型的志留纪腕足动物群。

## (三) 什么是典型的志留纪动物群？

纵观奥陶、志留纪腕足动物群的演变史，我们认为典型奥陶纪腕足动物群是以正形贝目和扭月贝目为主体，共凸贝类也很常见。经过奥陶纪末大灭绝冲击后，这些类别在分异度和丰度上都明显或一度明显下降。有意义的是，前两大类中遭到淘汰的绝大部分是生活于浅水域的分子，而那些常生活于较深水域的不少属(如 *Leangella*，*Skenidioides*，*Epitomyonia*，*Dicoelosia*)延续到了志留纪。不仅在组成上，而且在生态群落分布上，志留纪腕足动物群也与奥陶纪的差异很大，如 *Foliomena* 动物群(BA3 下部至 BA6 甚至更深)的底域环境(Sheehan，1973；Harper，1979；Cocks and Rong，1988；戎嘉余、詹仁斌，1995；Rong and Zhan，

1996；Rong *et al*.,1994,1999)到了志留纪便销声匿迹,位于大陆边缘的*Clorinda*群落比*Foliomena*动物群的最深处明显更浅。研究表明,典型的志留纪腕足动物群主要由无洞贝目、五房贝目和石燕目以及齿扭贝类的代表组成。

## (四) 典型的志留纪动物群是何时开始出现的? 从何处而来?

在华南,典型志留纪动物群首次出现在复苏期,其特点是五房贝目、无洞贝目和石燕目的大量繁盛。它们的分布比残存期广,化石组合较丰富,分异度较高。除幸存属外,还包括不断增多的新生属、土著属、迁入分子及后来扩散到其他地区的新生分类单元,新生率远大于灭绝率。典型的志留纪腕足动物的源区是多种多样的,包括波罗的海(Rubel,1970a,b; Baarli and Harper,1986)、威尔士(Williams and Wright,1981)与哈萨克斯坦(Modzalevskaya and Popov,1995)。各大类群的复苏起始时间存在明显不等时性,说明它们的复苏速率有差异。当其他大类(如五房贝目、石燕目和扭月贝目)还处在残存阶段时,无洞贝目率先复苏和辐射。当整体到了辐射期时,小嘴贝目等还处于萧条状态,表明它们的辐射期要滞后得多。

## (五) 奥陶纪-志留纪交界期全球腕足动物群是如何演变的?

在华南的早、中 Ashgill 期,无论是浅水还是较深水腕足动物群都属于暖水海域的产物(Rong *et al*.,1994,1999;Boucot *et al*.,2003)。这些暖水动物群在世界上有着广泛的分布范围,反映了当时全球处于"温室效应"气候条件下。但是,到了晚 Ashgill 期,整个扬子区分布着凉水的赫南特贝动物群,从全球范围看,这个动物群的分布区占领了许多原先暖水海域,标志着气候条件进入了"冰室效应"的状态中。3 个受温度控制的腕足动物地理分布区系在当时的环境中形成了(Rong and Harper,1988)。其中,"中大陆区"(Mid-Continent Province)被暖水动物群占领,主要分布在当时的热带海域,但是其地理范围明显地窄缩了许多。而属于冷水海域的"班尼区"(Bani Province),特别是赫南特贝动物群分布区大大扩大了。这一分布格局只是到了志留纪初期全球重新回返到"温室效应"气候条件时才发生改变(图 2.4.10)。

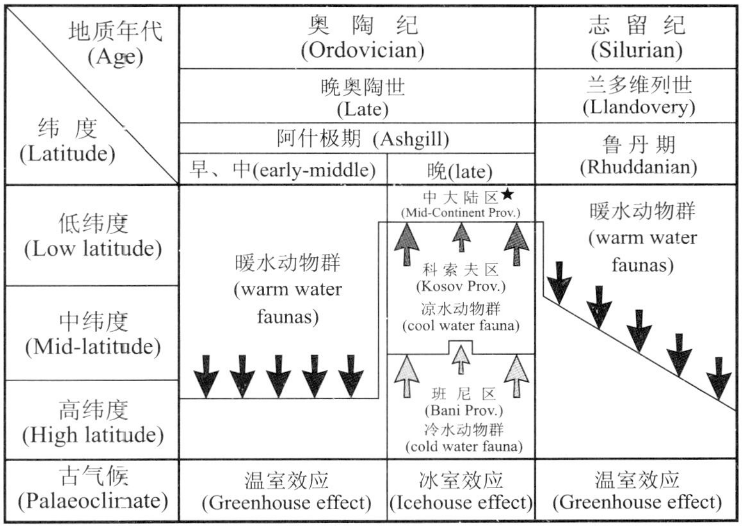

| 地质年代 (Age) / 纬度 (Latitude) | 奥陶纪 (Ordovician) 晚奥陶世 (Late) 阿什极期 (Ashgill) 早、中(early-middle) | 奥陶纪 (Ordovician) 晚奥陶世 (Late) 阿什极期 (Ashgill) 晚(late) | 志留纪 (Silurian) 兰多维列世 (Llandovery) 鲁丹期 (Rhuddanian) |
|---|---|---|---|
| 低纬度 (Low latitude) | 暖水动物群 (warm water faunas) | 中大陆区★ (Mid-Continent Prov.) | 暖水动物群 (warm water faunas) |
| 中纬度 (Mid-latitude) | | 科索夫区 (Kosov Prov.) 凉水动物群 (cool water fauna) | |
| 高纬度 (High latitude) | | 班尼区 (Bani Prov.) 冷水动物群 (cold water fauna) | |
| 古气候 (Palaeoclimate) | 温室效应 (Greenhouse effect) | 冰室效应 (Icehouse effect) | 温室效应 (Greenhouse effect) |

图 **2.4.10**　示奥陶纪末大灭绝前、后腕足动物地理分布格局的演变,主要受控于水温的变化

Figure 2.4.10　Change of biogeographical distribution of brachiopod faunas before and after the end Ordovician mass extinction

**致　谢**　本文由国家重点基础研究发展计划(G20000777)资助。感谢陈旭、王怿、张元动、樊隽轩、李荣玉等同事在野外和室内提供的许多帮助。

## 参考文献

Amsden T W. 1974. Late Ordovician and Early Silurian articulate brachiopods from Oklahoma, southwestern Illinois, and eastern Missouri. Oklahoma Geological Survey, Bulletin, 119: 1～154

Baarli B G. 1987. Benthic faunal associations in the Lower Silurian Solvik Formation of the Oslo-Asker Districts, Norway. Lethaia, 20: 75～90

Baarli B G, Harper D A T. 1986. Relict Ordovician brachiopod faunas in the Lower Silurian of Asker, Oslo Region. Norsk Geologisk Tidsskrift, 66: 87～98

Bassett, M G. 1985. Towards a "common language" in stratigraphy. Episodes, 8: 87～92

Benedetto J L. 1985. Early Ordovician brachiopods of Argentine Precordillera and their paleogeographic significance. First International Congress on Brachiopods, Brest, Abstracts, 14

Boucot A J. 1975. Evolution and Extinction Rate Controls. Developments in Palaeontology and Stratigraphy, 1: 1～427. Amsterdam (Elsevier), Elsevier

Boucot A J, Johnson J G. 1964. Brachiopods of the Ede Quartzite (Lower Llandovery) of Norderoen, Jaemtland. Uppsala University Geological Institutions, Bulletin, 42(7～9): 1～11

Boucot A J, Johnson J G, Rubel M. 1971. Descriptions of brachiopod genera of subfamily Virgianinae Boucot and Amsden 1963. Eesti NSV Teaduste Akadeemia Toimetised (Keemia Geologia), 20: 271～281

Boucot A J, Rong Jiayu, Chen Xu, Scotese C R. 2003. Pre-Hirnantian Ashgill climatically anomalous warm event in the Mediterranean Region. Lethaia, 36:119～132

Chen Xu, Rong Jiayu. 1992. Ordovician plate tectonics of China and its neighbouring regions. In: Webby B D, Laurie J R, eds. Global Perspectives on Ordovician Geology. 277 ～ 292. Proceedings of the Sixth International Symposium on the Ordovician System. University of Sydney, Australia

Chen Xu, Rong Jiayu, Mitchell C E, Harper D A T, Fan Junxuan, Zhan Renbin, Zhang Yuandong, Li Rongyu, Wang Yi. 2000. Late Ordovician to earliest Silurian graptolite and brachiopod zonation from Yangtze Region, South China with a global correlation. Geological Magazine, 137 (6): 623～650

Cocks L R M. 1977. A review of British Lower Palaeozoic brachiopods, including a synoptic revision of Davidson's Monograph. Palaeontological Society, London, Publication, 549. issued as part of Volume 131 for 1977

Cocks L R M. 1985. The Ordovician-Silurian boundary. Episodes, 8: 98～100

Cocks L R M, Rong Jiayu. 1988. A review of the Late Ordovician *Foliomena* brachiopod fauna with new data from China, Wales, Poland. Palaeontology, 31(1): 53～67

Cocks L R M, Rong Jiayu. 1989. Classification and review of the brachiopod Superfamily Plectambonitacea. Bulletin of the British Museum (Natural History) (Geology), 45(1): 77～163

Copper P. 2001. Reefs during the multiple crises towards the Ordovician-Silurian boundary: Anticosti

Island, eastern Canada, and worldwide. Canadian Journal of Earth Sciences, 38: 153～171

Fu Lipu. 1985. Early Silurian brachiopods from Zhaohuajing at Tongxin County, Ningxia. Xi'an Institute of Geology and Mineral Resources, Chinese Academy of Geological Sciences, Bulletin, 9: 90～102 (in Chinese with English summary) [傅力浦. 1985. 宁夏同心照花井早志留世腕足类. 中国地质科学院西安地质矿产研究所所刊, 9: 90～102]

Ge Zhizhou, Rong Jiayu, Yang Xuechang, Liu Gengwu, Ni Yu'nan, Dong Deyuan, Wu Hongji. 1979. The Silurian System in Southwest China. In: Nanjing Institute of Geology and Palaeontology, Chinese Academy of Sciences, ed. The Carbonate Biostratigraphy of Southwest China. Beijing: Science Press. 155～220 (in Chinese) [葛治洲, 戎嘉余, 杨学长, 刘耕武, 倪寓南, 董得源, 伍鸿基. 1979. 西南地区的志留系. 见: 中国科学院南京地质古生物研究所编. 西南地区碳酸盐生物地层. 北京: 科学出版社. 155～220]

Harper D A T. 1979. The environmental significance of some faunal changes in the Upper Ardmillan succession (upper Ordovician), Girvan, Scotland. In: Harris A L, Holland C H, Leake B E, eds. The Caledonides of the British Isles-reviewed. Special Publication of the Geological Society of London, 8: 439～445

Harper D A T. 1981. The stratigraphy and faunas of the Upper Ordovician High Mains Formation of the Girvan district. Scottish Journal of Geology, 17: 247～255

Harries P J, Kauffman E G, Hansen T A. 1996. Models for biotic survival following mass extinction. In: Hart M B, ed. Biotic Recovery from Mass Extinction Events. Geological Society Special Publication, 102: 41～60

Hiller N. 1981. Ashgill Brachiopoda from the Glyn Ceiriog District, north Wales. Bulletin of the British Museum (Natural History), Geology, 34(3): 109～216

Holland C H. 1985. Series and stages of the Silurian System. Episodes, 8: 101～103

Holland C H. 1989. The Yangtze Platform: a gateway to Chinese geology. Proceedings of the Geological Association of London, 101: 1～17

Jiang Xinsheng. 1989. In: Silurian stratigraphy and palaeontology of Erlandshan District, Sichuan Province. Bulletin of Chengdu Institute of Geology and Mineral Resources, Chinese Academy of Geosciences, 11: 120～147 (in Chinese) [江新胜. 1989. 腕足动物. 见: 四川二郎山地区志留纪地层及古生物(部分化石描述, 3). 中国地质科学院成都地质矿产研究所所刊, 11: 120～147]

Jin Jisuo. 1988. Late Ordovician and Early Silurian rhynchonellid brachiopods of Anticosti Island, Quebec. Dissertation Abstracts International (B) (Ann Arbor), 50(6): 2310

Jin Jisuo, Copper P. 2000. Late Ordovician and Early Silurian pentamerid brachiopods from Anticosti Island, Quebec, Canada. Palaeontologica Canadiana, 18: 1～140

Kauffman E G, Erwin D H. 1995. Surviving mass extinction. Geotimes, 40(3): 14～17

Laurie J R. 1991. Articulate brachiopods from the Ordovician and Lower Silurian of Tasmania. Memoir of the Association of Australasian Palaeontologists, 11: 1～106

Lenz A C. 1989. Silurian (Wenlockian) brachiopods from the southern Mackenzie Mountains, Northwest Territories. Canadian Journal of Earth Sciences, 26: 1220～1233

Modzalevskaya T L, Popov L E. 1995. Earliest Silurian articulate brachiopods from central Kazakhstan. Acta Palaeontologica Polonica, 40(4): 399～426

Mørk A. 1981. A reappraisal of the Lower Silurian brachiopods *Borealis* and *Pentamerus*. Palaeontology, 24: 537～554

Mu Enzhi, Rong Jiayu. 1983. On the international Ordovician-Silurian boundary. Journal of Stratigraphy, 7(2): 81～91 (in Chinese) [穆恩之, 戎嘉余. 1983. 论国际奥陶-志留系的分界. 地层学杂志, 7(2): 81～91]

Mu Enzhi, Li Jijin, Ge Meiyu, Chen Xu, Lin Yaokun, Ni Yu'nan. 1993. Upper Ordovician Graptolites of Central China Region. Palaeontologia Sinica, 182 (B29): 1～393 (in Chinese with English summary) [穆恩之，李积金，葛梅钰，陈旭，林尧坤，倪寓南. 1993. 华中区上奥陶统笔石. 中国古生物志，总号 182 册，新乙种 29: 1～393]

Nikiforova O I, Andreeva O N. 1961. Stratigrafiya ordovika i silura sibirskoy platformy i ee paleontologicheskoe obosnovanie (Brakhiopody). Trudy VSEGEI, Novaya Seriya, 56: 1～412. Leningrad

Nikolayev A A, Oradovskaya M M. 1975. Tip Brakhiopody. In: Polevoi atlas siluriiskoi fauny Severo-Vostoka SSSR. 60～128. Magadan

Öpik A A. 1953. Lower Silurian fossils from the *Illaenus* Band, Heathcote, Victoria. Victoria Geological Survey, Memoir, 19: 1～42

Rong Jiayu. 1979. The *Hirnantia* fauna of China with comments on the Ordovician-Silurian boundary. Journal of Stratigraphy, 3(1): 1～28 (in Chinese with English abstract) [戎嘉余. 1979. 中国的赫南特贝动物群(*Hirnantia* Fauna)并论奥陶系与志留系的分界. 地层学杂志，3(1): 1～28]

Rong Jiayu. 1986. Ecostratigraphy and community analysis of the Late Ordovician and Silurian in Southern China. In: Palaeontological Society of China, ed. Selected Paper Collections of the Annual Symposium of the Thirteenth and Fourteenth Committee of the Palaeontological Society of China. Hefei: Anhui Science and Technology Press. 1～24 (in Chinese with English summary) [戎嘉余. 1986. 生态地层学的基础——群落生态学的研究. 见:中国古生物学会编. 中国古生物学会第十三、十四届学术年会论文集. 合肥:安徽科学技术出版社. 1～24]

Rong Jiayu, Boucot A J. 1998. A global review of the Virgianidae (Ashgillian-Llandovery, Brachiopoda, Pentameroidea). Journal of Paleontology, 72(3): 457～465

Rong Jiayu, Cocks L R M. 1994. True *Strophomena* and a revision of the classification and evolution of strophomenoid and strophodontoid brachiopods. Palaeontology, 37(3): 651～694

Rong Jiayu, Fang Zongjie, Chen Xu, Chen Jinhua, Liao Weihua, Sun Dongli, Zhan Renbin, Shen Jianwei, Tong Jinnan. 1996. Biotic Recovery —First Episode of Evolution after Mass Extinction. Acta Palaeontologica Sinica, 35(3): 259～271 (in Chinese with English summary) [戎嘉余，方宗杰，陈旭，陈金华，廖卫华，孙东立，詹仁斌，沈建伟，童金南. 1996. 生物复苏——大绝灭后生物演化历史的第一幕. 古生物学报，35(3): 259～271]

Rong Jiayu, Happer D A T. 1988. A global synthesis of the latest Ordovician Hirnantian brachiopod faunas. Transactions of the Royal Society of Edinburgh, Earth Sciences, 79: 383～402

Rong Jiayu, Harper D A T. 1999. Brachiopod survival and recovery from latest Ordovician mass extinction in South China. Geological Journal, 34(4): 321～348

Rong Jiayu, Harper D A T, Zhan Renbin, Li Rongyu. 1994. *Kassinella-Christiania* Associations in the early Ashgill *Foliomena* brachiopod fauna of South China. Lethaia, 27(1): 19～28

Rong Jiayu, Xu Hankui. 1987. Terminal Ordovician *Hirnantia* fauna of the Xainza District, northern Xizang. Bulletin of Nanjing Institute of Geology and Palaeontology, Academia Sinica, 11: 1～19 (in Chinese with English summary) [戎嘉余，许汉奎. 1987. 西藏北部申扎地区奥陶纪末期的赫南特贝(*Hirnantia*)动物群. 中国科学院南京地质古生物研究所丛刊，11: 1～19]

Rong Jiayu, Xu Hankui, Yang Xuechang. 1974. Silurian brachiopods. In: Nanjing Institute Handbook of Stratigraphy and Palaeontology in Southwest China. Beijing: Science Press. 195～208 (in Chinese) [戎嘉余，许汉奎，杨学长. 1974. 志留纪腕足动物. 见:中国科学院南京地质古生物研究所编. 西南地区地层古生物手册. 北京:科学出版社. 195～208]

Rong Jiayu, Yang Xuechang. 1981. Middle and late Early Silurian brachiopod faunas in Southwest China. Memoir of Nanjing Institute of Geology and Palaeontology, Academia Sinica, 13: 163～278 (in Chinese with English summary) [戎嘉余，杨学长. 1981. 西南地区早志留世中晚期腕足

动物群. 中国科学院南京地质古生物研究所集刊，13：163～278]

Rong Jiayu, Zhan Renbin. 1995. On *Foliomena* fauna (Ordovician brachiopods). Chinese Bulletin of Sciences, 40(10)：928～931 (in Chinese) [戎嘉余，詹仁斌. 1995. 论晚奥陶世叶月贝动物群. 科学通报，40(10)：928～931]

Rong Jiayu, Zhan Renbin. 1996. Distribution and ecological evolution of the *Foliomena* Fauna (Late Ordovician brachiopods). In：Wang Hongzhen, Wang Xunlian, eds. Centenial Memorial Volume of Prof. Sun Yunzhu：Palaeontology and Stratigraphy. Beijing：China University of Geosciences Press. 90～97

Rong Jiayu, Zhan Renbin, Harper D A T. 1999. Late Ordovician (Caradoc-Ashgill) brachiopod faunas with *Foliomena* based on data from China. Palaios, 14(4)：412～431

Rozman Kh S. 1983. Ranneashgil'skie Stropheodontacea (Brakhopody) srednei Azii [Early Ashgillian Stropheodontacea (brachiopods) from Central Asia]. Palaeontologicheskii Zhurnal, 1983 (1)：61～65

Rubel M P. 1970a. Brakhiopody Pentamerida i Spiriferida silura Estonii. Akademiya Nauk Estonskoy SSR, Institut Geologii, Tallinn, Valgus. 1～132, 40 pls.

Rubel M P. 1970b. On the distribution of brachiopods in the lowermost Llandovery of Estonia. Eesti NSV Treaduste Akadeemia Toimetised (Keemia Geologia), 19(1)：69～79

Sheehan P M, Baillie B G. 1981. A new species of *Eospirifer* from Tasmania. Journal of Paleontology, 55(2)：248～256

Sheehan P M. 1973. Brachiopods from the Jerrestad Mudstone (early Ashgillian, Ordovician) from a boring in Southern Sweden. Geologica et Palaeontologica, 7：59～76

Temple J T. 1970. The lower Llandovery brachiopods and trilobites from Ffridd Mathrafal, near Meifod, Montgomeryshire. Monographs of the Palaeontographical Society, 124：1～76

Twitchett R J. 2001. Incompleteness of the Permian-Triassic fossil record：a consequence of productivity decline? Geological Journal, 36：341～353

Urbanek A. 1993. Biotic crises in the history of upper Silurian graptoloids：a palaeobiological model. Historical Biology, 7：29～50

Villas E, Cocks L R M. 1996. The first early Silurian brachiopod fauna from the Iberian Peninsula. Journal of Paleontology, 70：571～588

Walmsley V G, Boucot A J. 1975. The phylogeny, taxonomy, and biogeography of Silurian and Early to Mid-Devonian Isorthinae (Brachiopoda). Palaeontographica (A), 148：34～108

Wang Yu, Boucot A J, Rong Jiayu, Yang Xuechang. 1987. Community Palaeoecology as a Geologic Tool—the Chinese Ashgillian-Eifelian (latest Ordovician through early Middle Devonian) as an example. Special Paper of the Geological Society of America, 211：1～100

Williams A, Wright A D. 1981. The Ordovician-Silurian boundary in the Garth area of Southwest Powys, Wales. Geological Journal (Liverpool), 16：1～39

Williams A. 1951. Llandovery brachiopods from Wales with special reference to the Llandovery District. Quarterly Journal of the Geological Society of London, 107：85～136

Xian Siyuan, Jiang Zonglong. 1978. Phylum Brachiopoda. In：Guizhou Working Team of Stratigraphy and Palaeontology, ed. Palaeontological Atlas of Southwest Region, Volumen of Guizhou Povince, 1, Cambrian to Devonian. Beijing：Geological Publishing House. 251～337 (in Chinese) [鲜思远，江宗龙. 1978. 腕足动物门. 见：贵州地层古生物工作队编著. 西南地区古生物图册，贵州分册(1)：寒武纪-泥盆纪. 北京：地质出版社. 251～337]

Yang Xuechang, Rong Jiayu. 1982. Brachiopods from the Upper Xiushan Formation (Silurian) in the Sichuan-Guizhou-Hunan-Hubei border region. Acta Palaeontologica Sinica, 21(4)：417～434 (in Chinese with English summary) [杨学长，戎嘉余. 1982. 川黔湘鄂边区志留系秀山组上段的腕

足类化石群. 古生物学报,21(4): 417～434]

Zeng Qingluan. 1987. Brachiopoda. In: Wang Xiaofeng, Ni Shizhao, Zeng Qingluan, Xu Guanghong, Zhou Tianmei, Li Zhihong, Xiang Liwen, Lai Caigen. Biostratigraphy of the Yangtze Gorge area, Ⅱ. Paleozoic Volume. Beijing: Geological Publishing House. 209～244 (in Chinese) [曾庆銮. 1987. 腕足动物门. 见:汪啸风,倪世钊,曾庆銮,徐光洪,周天梅,李志宏,项礼文,赖才根. 长江三峡地区生物地层学(2),早古生代分册. 北京:地质出版社. 209～244]

Zhan Renbin, Rong Jiayu, Jisuo Jin, Cocks L R M. 2002. Late Ordovician brachiopod communities of southeastern China. Canadian Journal of Earth Sciences, 39(4): 445～468

Zhang Wentang, Xu Hankui, Chen Xu, Chen Junyuan, Yuan Kexing, Lin Yaokun, Wang Jungeng. 1964. Ordovician of northern Guizhou. In: Nanjing Institute of Geology and Palaeontology, ed. Palaeozoic Rocks from Northern Guizhou. Nanjing: Nanjing Institute of Geology and Palaeontology, Chinese Academy of Sciences. 33～78(in Chinese) [张文堂, 许汉奎, 陈旭, 陈均远, 袁克兴, 林尧坤, 王俊庚. 1964. 贵州北部的奥陶系. 见: 中国科学院南京地质古生物研究所编. 贵州北部的古生代地层. 南京:中国科学院南京地质古生物研究所. 33～78]

## 附录 2.4.1 华南奥陶-志留纪界线及其相关地层剖面

国际地层委员会(ICS)早已批准将奥陶-志留系界线确定在 *Parakidograptus acuminatus* 带的底部,因此 *Normalograptus persculptus* 带被划归于奥陶系,并成为奥陶系的最高笔石带(Bassett,1985; Holland,1985; Cocks,1985)。作为奥陶系最上部的一个壳相地层,Hirnantian 亚阶包含两个笔石带,即下部的 *Normalograptus extraordinaruius* 带和上部的 *N. persculptus* 带。对华南扬子区穿过界线的许多连续剖面的调查发现,含 *Hirnantia-Dalmanitina* 壳相动物群的地层(在上扬子区多称为"观音桥层")一般在 *N. extraordinarius* 带[包括以前的 *Paraortloograptus uniformis* 带,即穆恩之等(1993)的 W5 带,据陈旭面告(1998); Chen *et al*., 2000]之内,或在 *N. extraordinarius* 带和 *N. persculptus*带之间(戎嘉余,1979; 穆恩之、戎嘉余,1983; Rong and Harper,1988)。需要指出的是,在华南,仅黔北桐梓红花园一带的剖面产壳相动物群的观音桥层直接被产 *Parakidograptus acuminatus* 带(部分)笔石动物群的地层所覆盖。一般来说,典型的 *Hirnantia* 动物群在时代上包括整个 *N. extraordinarius* 带和 *N. persculptus* 带下部,因此,奥陶纪末大灭绝的最后一幕可能发生在 *N. persculptus* 带的早期和晚期之间,这比 *P. acuminatus*带的底界低(图 2.4.2)。

在黔北,穿越奥陶-志留系界线有许多剖面(图 2.4.1)。这里选择 5 条剖面简述如下。

### 1. 遵义董公寺剖面

位于贵州北部遵义市以北 9 km,董公寺以西 1 km 涧草河南 100 m 处(1992 年夏,戎嘉余、詹仁斌、李荣玉和 David A. T. Harper 参加了野外考察)。

铜矿溪组(早二叠世)

——————————假整合——————————

**"龙马溪组"**(Rhuddanian,Llandovery 早期):浅棕黄色粉砂质泥岩,产 *Alispira*? sp., *Hindella crassa* 及一些其他腕足类(RZL-54)。 4.2 m

——————————假整合(?)——————————

**观音桥层**(奥陶纪末 Hirnantian 期):棕黄色泥岩,产丰富壳相化石(RZL-53),属 *Hirnantia* 动物群,包括丰富的 *Hirnantian magna* Rong, *Leptaena trifidum* (Marek and Havlicek), *Eostropheodonta parvicostellata* (Rong), 少量 *Paromalomena polonica*

(Temple), *Fardenia* sp., *Triplesia* sp. 等，共生有大量的 *Dalmanitina nanchengensis* Lu 和海百合茎碎片。 0.6 m

——————————假整合(?)——————————

**五峰组**(Ashgill 中期，奥陶系)：棕黄色页岩，产丰富笔石(RZL-51a、b，52a、b)。 3.6 m

**涧草沟组**(Ashgill 早期)：浅黄绿色钙质泥岩，主要产三叶虫 *Nankinolithus* 动物群和非典型的 *Foliomena* 动物群(见 Rong *et al*.，1994)。 1.5 m

遵义市董公寺涧草河一带在奥陶纪末靠近古海岸线。这里的奥陶系和志留系交界地层的厚度小，发育不完整，两组地层之间可能存在间断。*Hirnantia* 动物群很发育，数量极多，分异度也不低，属于近岸、浅水的产物(BA3 上部)。往上的 *Alispira* 组合属于志留纪近岸、浅水动物群，与 *Hirnantia* 动物群相比，化石数量少、类群明显单调，是大灭绝后残存期的产物。

### 2. 桐梓红花园山王庙剖面

位于贵州北部桐梓县城以南红花园之东约 5 km 的山王庙附近(1998 年春，本文作者与陈旭、张元动、樊隽轩、王怿参加野外工作)。

**龙马溪组底部**(Rhuddanian，Llandovery 早期)(AFA 312～314)：风化后呈灰棕色泥岩，产笔石及少量腕足类(Gen. *et* sp. indet.)。 0.4 m

**观音桥层**可分为顶部、上部、下部和底部。

总厚度：5.21 m

观音桥层顶部(志留系 Rhuddanian 底部)(AFA 311a～c，310)：风化后呈棕黄色泥岩，产壳相化石，包括 *Paracraniops partibilis* Rong，*Orbiculoidea*? sp.，*Dalmanella* cf. *testudinaria*(Dalman)，*Paromalomena polonica* (Temple)，*Eostropheodonta parvicostellata* (Rong)，*Fardenia* sp.，*Plectothyrella* sp.，*Whitfieldella*? sp.，*Hindella crassa incipiens* (Williams)，*Eospirifer* sp. 等，共生有 *Dalmanitina*-*Ontarion* 和短剑类、翼足类、腹足类(*Holopea*? sp.)、苔藓虫和海百合茎碎片等。 0.55 m

观音桥层上部(Hirnantian 上部)(AFA304～309)：顶部(AFA 309)为最厚约 70 cm 的灰色灰岩透镜体，横向相变为灰黄色泥岩；底部(AFA 304)为厚仅 28 cm 的灰色泥质灰岩；其余为风化后呈浅棕色泥岩，厚 133 cm。灰岩中产单带型单体珊瑚，泥岩中产壳相化石，后者包括 *Paracraniops partibilis* Rong，*Dalmanella* cf. *testudinaria* (Dalman)，*Hirnantia sagittifera* (M'Coy)(限于本层下部)，*Leptaena trifidum* (Marek and Havlicek)，*Paromalomena polonica* (Temple)，*Eostropheodonta parvicostellata* (Rong)，*Fardenia* sp.，pentamerids (Gen. *et* sp. indet.)，*Plectothyrella* sp.，atrypids (Gen. *et* sp. indet.)，*Whitfieldella*? sp.，*Hindella crassa incipiens* (Williams)，*Eospirifer* sp. 等，共生有 *Dalmanitina*，*Ontarion* 以及短剑类、翼足类、腹足类(*Holopea*? sp.)、苔藓虫和海百合茎碎片等。 2.31 m

观音桥层下部(Hirnantian 中下部)(AFA296～303)：顶部(AFA 303)为仅厚 10 cm 的灰黄色泥岩，富产腕足动物化石，包括 *Dalmanella* cf. *testudinaria* (Dalman)，*Hirnantia sagittifera* (M'Coy)，*Leptaena trifidum* (Marek and Havlicek)，*Paromalomena polonica* (Temple)，*Eostropheodonta parvicostellata* (Rong)，*Fardenia* sp.，*Hindella crassa incipiens* (Williams)等，共生有 *Dalmanitina*、短剑类、腹足类、海百合茎碎片等。其余均为深色泥岩(AFA 296～302)，含单调的笔石，均属于 *N. extraordinarius*-*N. ojsuensis* 带。 2.30 m

观音桥层底部(Hirnantian 下部)(AFA295)：25 cm 厚的棕黄色泥岩，富产腕足动物化石：*Orbiculoidea* sp.，*Mirorthis* sp.，*Dalmanella* cf. *testudinaria* (Dalman)，*Hirnantia* sagittifera(M'Coy), *Leptaena trifidum* (Marek and Havlicek), *Paromalomena polonica* (Temple), *Eostropheodonta parvicostellata* (Rong), *Fardenia* sp., *Triplesia* sp., *Dorytreta* sp., *Hindella crassa incipiens* (Williams)等,共生有 *Dalmanitina*、*Eoleonaspis*、短剑类、腹足类、海百合茎碎片等。 0.25 m

**五峰组**发育完整,下面只记载该组顶部和上部的岩性和生物组合。

五峰组顶部(Hirnantian 底部)(AFA 290～294):黑色中层、薄层碳质泥岩,产丰富的笔石,偶见腕足类 *Dalmanella testudinaria* (Dalman),三叶虫 *Dalmanitina*,双壳类。笔石组合属于 *N. extraordinarius-N. ojsuensis* 带。 1.70 m

五峰组上部(Ashgill 中期)(AFA287～289):黑色、风化后呈棕褐色中层、薄层碳质泥岩,产丰富的笔石。其中,AFA 289 的笔石属于 *Diceratograptus mirus* 带,AFA 288～287 的笔石属于 *Tangyagraptus typicus* 带。此外,含腕足类 *Manosia*。 0.94 m

这是迄今为止扬子区穿越奥陶-志留纪界线地层出露最完整、介壳相地层厚度最大的一条剖面。从目前情况分析,这里的五峰组顶部(AFA290)到观音桥组下部(AFA302)均属于 *N. extraordinarius-N. ojsuensis* 带,系 Hirnantian 亚阶的下部,厚度达到 4.15 m。往上,由于未发现 *N. persculptus* 带的标准分子(受岩相的制约),因此,代表 Hirnantian 亚阶上部的地层被推测为观音桥组上部(AFA 303～309)的一部分(Chen *et al.*, 2000),即 Hirnantian 亚阶之顶界很可能在观音桥组上部之内,但具体界线难以划定。值得注意的是,再往上,相当于志留系底部的 *A. ascensus* 带(甚至 *P. acuminatus* 带下部)地层很可能仍然是介壳相地层,即位于观音桥组上部的一部分和观音桥组顶部(AFA310～311a,b,c)。据陈旭等的研究(Chen *et al.*, 2000),此处龙马溪组底部(AFA312)开始转为笔石相地层,富含单调的化石组合,推测仍属于 *P. acuminatus* 带。更高的层位(AFA313)富产笔石,属于 *Cystograptus vesiculosus* 带。根据上述,再考虑到野外观察的结果,我们认为,桐梓红花园山王庙的奥陶-志留纪地层发育是完整和连续的。这样,*Hirnantia* 动物群的时代延限就成为一个相当关键的问题。如前所述,该动物群从观音桥组底部开始,一直延续到观音桥层的顶部,历程相当于 3.5 个笔石带,即 *N. extraordinarius-N. ojsuensis* 带,*N. persculptus*带和 *A. ascensus* 带(甚至 *P. acuminatus* 带下部)。

据笔者所知,在一个剖面上延续时间最长的 *Hirnantia* 动物群就发育在这条剖面上。需要说明的是,*Hirnantia sagittifera*(M'Coy)本身在剖面上的地层位置,已知从 AFA295 到 AFA306,已经超过了 *N. extraordinarius-N. ojsuensis* 带的顶界,进入了 *N. persculptus* 带。更值得注意的是层位 AFA307 和 AFA309 也产有 *Hirnantia* 的可疑标本(小个体)。至于再往上,*Hirnantia* 完全消失,在 AFA309 之上的地层(观音桥组顶部,AFA310～311c)未见 *Hirnantia*;只产 *Paracraniops partibilis* Rong, *Dalmanella* cf. *testudinaria*(Dalman), *Paromalomena polonica* (Temple), *Eostropheodonta parvicostellata*(Rong), *Plectothyrella* sp., *Hindella crassa incipiens* (Williams)等 6 种,它们均是 *Hirnantia* 动物群中常见分子。在这些地层中,引人注目的是还发现了 *Eospirifer* sp. 等,这是石燕族最早期分子在此处顽强残存的记录。

### 3. 湄潭五里坡剖面

位于贵州北部湄潭县城之西 8 km,官堰乡以西阎家寨五里坡山顶的苟连田(1963 年夏张文堂、陈旭、许汉奎、王俊庚、林尧坤、戎嘉余等首先赴该地进行野外考察,参见:张文堂等,1964; 戎嘉余等,1974; 戎嘉余,1979。1998 年春本文作者与陈旭、张元动、樊隽轩、王怿等赴苟连田做野外工作,2000 年初秋戎嘉余、詹仁斌、张元动、樊隽轩在苟连田以东约 200 m 小路旁发现了一个新的穿越奥陶、志留纪界线地层的剖面,进行了丈量和采集工作）。

**龙马溪组底部**（Rhuddanian，Llandovery 早期）：风化后呈灰棕色粉砂质页岩和泥质粉砂岩（AFI 602），在页岩中采集了一批笔石，经陈旭鉴定，它们属于 *Cystograptus vesiculosus* 带。 0.4 m

**五里坡层**（Rhuddanian 早期，参见戎嘉余，1979），无论在苟连田附近还是在其以东的小路旁，本层均可分为上下两部分：

上部为棕灰色泥质灰岩，风化后呈棕黄色，因钙质淋滤似呈泥岩状。厚度多变，在靠近苟连田处，厚仅 10 cm；向东一条小路旁，增厚达 60 cm。在苟连田处（AAE 507），发现腕足动物 *Eospirigerina* sp.；在小路旁（AFI 601）发现笔石，经陈旭鉴定，属于 *Cystograptus vesiculosus* 带。 0.1～0.6 m

下部为灰绿色页岩，产丰富的腕足动物（AAE 506、AFI 600）：*Dolerorthis*，*Levenea*，*Mendacella*，*Dalmanella*，*Fardenia*，*Eostropheodonta*?，*Rostricellula*，*Alispira*？（最丰富），*Eospirigerina*，*Hindella meitanensis*（常见），*Whitfieldella*? 和 *Protozyga*? or *Eospirifer*（次丰富）（戎嘉余等，1974）。 0.15～0.2 m

——————————假整合——————————

**临湘组**（Ashgill 早期）：灰色薄层瘤状灰岩，除三叶虫碎片外，未发现腕足类和其他底栖无脊椎动物化石（AAE505）。 12.0 m

该剖面显示这里 Ashgill 中期的五峰组和 Ashgill 末期的观音桥层均告缺失。五里坡层的时代是根据紧接其上的地层中发现属于 *Cystograptus vesiculosus* 带的笔石而初步确定的，对比的一个可能性是其大致相当于 *Parakidograptus acuminatus* 带，时代为 Rhuddanian 早期。对笔石的进一步研究可能会确定其精确的时代对比意见。贵州遵义董公寺的“龙马溪组”中也产 *Alispira* 动物群，与五里坡层大致可以对比，但化石组合面貌要单调得多。

#### 4. 湄潭牛场剖面

位于贵州北部湄潭县城西黄家坝南 6 km 处牛场西北 2 km 的高滩（张文堂等，1964；本文作者与陈旭、王怿、张元动、樊隽轩在 1998 年又对该剖面进行了考察，并采集了笔石和壳相化石）。

**石牛栏组**底部（early Aeronian）：灰色厚层泥灰岩。

**牛场组**（Rhuddanian 晚期至 Aerornian 早期，总厚 28.5 m）。

上部：棕黄色粉砂质泥岩（AFA480），富含腕足动物化石，但是数量虽多，种类极少，主要为无洞贝族的 *Athyrisinoides*（=*Kritorhynchia*）*fengkangensis*（Wang）。 15.0 m

中部：棕黄色粉砂质泥岩（AFA478～479），富产腕足动物化石，种类较多，包括 *Levenea qianbeiensis*（Rong *et al.*），*Leptellina* sp.，*Katastrophomena* sp.，*Fardenia* sp.，*Zygospiraella duboisi*（Verneuil），*Eospirifer* sp.。 12.5 m

下部：灰色泥岩（AFA476～477），主要含低分异度的腕足动物化石，包括 *Levenea qianbeiensis*（Rong *et al.*），*Palaeoleptostrophia* sp.。 9.0 m

底部：黄色泥岩（AFA485）：产笔石，据陈旭鉴定（1998），属于 *Monograptus acinaces* 带的一部分（Rhuddanian 较晚期）。 2.0 m

——————————假整合——————————

**宝塔组**：厚层灰岩（Carados 中、晚期）。

这条剖面缺失上扬子区广泛发育的临湘组（Ashgill 早期）、五峰组（Ashgill 中期）、观音桥层（Ashgill 晚期）和龙马溪组最下部（Rhuddanian 期）地层。重要的是，根据牛场组所含的腕足动物组合确定，该组在层位上高于上述五里坡层（Rhuddanian 早期），时代上可能属于 Rhuddanian 晚期至 Aeronian 早期。

**5. 石阡香树园剖面**

位于贵州东北部石阡县城以北 6 km、雷家屯以西 2 km 的香树园（1970 年戎嘉余、杨学长、杨玉刚、江宗龙等在此测制剖面并采集化石，参见：葛治洲等，1979；后来，1972 年穆恩之、朱兆玲、陈均远、戎嘉余等，1989 年后，陈旭、戎嘉余等，又多次前往该地及邻近地点进行野外考察）。

**香树园组**（Rhuddanian 晚期至晚 Aeronian 早期：*Pristiograptus cyphus* 带到 *Monograptus sedgwickii* 带下部）。

上部：灰色生物屑灰岩、瘤状泥灰岩夹钙质泥岩，富产珊瑚及腕足类，腕足类：*Pseudoconchidiun*（= *Paraconchidium*）*shiqianensis*（Rong, Xu and Yang），*Virgianella glabera* Rong and Yang；珊瑚：*Ceriaster columelatus* Ge and Yu，*Microplasma* sp.，“*Syringopora*” sp.。 38 m

中部：灰色厚层灰岩和黄色瘤状灰岩。产珊瑚、腕足类、层孔虫等化石。腕足动物：*Zygospiraella duboisi* Verneuil，*Nalivkinia kweichouensis*（Wang），*Spirigerina sinensis*（Wang），*Striispirifer acuminipticatus* Rong，Xu and Yang；珊瑚：*Brachyelasma*，“*Pycnactis*”，*Cystiphyllnus*，*Cysticonophyllum*；层孔虫：*Clathrodictyon vesiculosum* var. *shiqianense* Yang and Dong。 23 m

下部：棕黄色泥灰岩，上部含瘤状灰岩，富产腕足动物：*Eospirifer sinensis* Rong and Yang，*Beitaia modica* Rong，Xu and Yang，*Athyrisinoides*（= *Kritorhynchia* Rong and Yang，1981）*fengkangensis*（Wang），*Borealis borealis*（Verneuil）。 14 m

**“龙马溪组”**（Rhuddanian 早-中期）：灰黑色页岩（$L_3$），产笔石 *Normalograptus normalis*，*N. angustus*，*Paraclimacograptus innotatus*，*Dictyonema* sp.，据陈旭面告，这些笔石指示了从 *P. acuminatus* 带到 *C. vesiculosus* 带。 3.3 m

—————————假整合—————————

**观音桥层**（Ashgill 晚期）：灰色中层隐晶灰岩，偶含珊瑚化石，其中下部产 *Palaeofavosites*，*Catenipora*，*Propora*，*Brachyelasma*，上部产 *Crassilasma*，*Streptelasma*。 1.0 m

—————————假整合—————————

**临湘组**（Ashgill 早期）：灰色薄层灰岩，未发现腕足类和其他古无脊椎动物。

此处剖面的“龙马溪组”，厚度很薄，在石阡县城以北地区所发育的这段地层，是已知上、下扬子区最薄的。根据笔石资料，其时代很可能属于 Ruddanian 早、中期（分别经穆恩之、陈旭于 1972 年、1987 年面告）。古地理上，此处当时靠近古陆，在缺氧条件持续不久后便恢复了充氧环境。石阡香树园的香树组下部（属于充氧的介壳相环境）很可能属于 Rhuddanian 晚期，与石阡香树园以南 2 km 处的赵家湾的香树园组下部产出 *Borealis borealis*（Rhuddanian 晚期至 Aeronian 早期）和湄潭牛场牛场组产出 *Athyrisinoides fengkangensis*（Wang）（Llandovery 早、中期）所得出的结论是一致的。

## 附录 2.4.2

这里的资料包括华南奥陶纪大灭绝第二幕之后 4 个宏演化阶段的腕足动物属、科、超科和目级分类单元。①残存早期：Ashgill 末期即 Hirnantian 最晚期（*N. persculptus* 带中上部)-Rhuddanian 初期(*Akidograptus ascensus* 带);②残存晚期:Rhuddanian 早中期(*Parakidograptus acuminatus* 带-*Cystograptus vesiculosus* 带);③复苏期:Rhuddanian 晚期-Aeronian 早期(*Pristiograptus cyphus* -*Demirastrites triangulatus* 带);④辐射期:Aeronian 中晚期(*Demirastrites convolutus*-*Stimulograptus sedgwickii* 带)。

**1. 残存早期**(Hirnantian 最晚期-Rhuddanian 初期)14 属、14 科、11 超科、10 目

舌形贝目(Lingulida,1 属、1 科、1 超科):舌形贝超科 *Palaeoglossa*?。
似髑髅贝目(Craniopsida,1 属、1 科、1 超科):似髑髅贝超科 *Paracraniops*。
平圆贝目(Discinida,1 属、1 科、1 超科):平圆贝超科 *Orbiculoidea*。
正形贝目(Orthida,1 属、1 科、1 超科):德姆贝超科 *Dalmanella*。
扭月贝目(Strophomenida,4 属、4 科、2 超科):扭月贝超科 *Paromalomena*,*Leptaena*,*Eostropheodonta*;直形贝超科 *Fardenia*。
五房贝目(Pentamerida,1 属、1 科、1 超科):五房贝超科 pentamerid gen. indet。
小嘴贝目(Rhynchonellida,1 属、1 科、1 超科):嘴孔贝超科 *Plectothyrella*。
无洞贝目(Atrypida,1 属、1 科、1 超科):无洞贝超科 *Nalivkinia*?。
无窗贝目(Athyridida,2 属、2 科、1 超科):无窗贝超科 *Hindella*,*Hyattidina*?。
石燕目(Spiriferida,1 属、1 科、1 超科):穹石燕超科 *Eospirifer*。

**2. 残存晚期**(Rhuddanian 早、中期)14 属、12 科、9 超科、7 目

舌形贝目(Lingulida,1 属、1 科、1 超科):舌形贝超科 Gen. indet.。
正形贝目(Orthida,4 属、4 科、2 超科):正形贝超科 *Dolerorthis*,Gen. indet.;德姆贝超科 *Dalmanella*,*Mendacella*。
扭月贝目(Strophomenida,2 属、2 科、2 超科):扭月贝超科 Gen. indet.;直形贝超科 *Fardenia*。
小嘴贝目(Rhynchonellida,1 属、1 科、1 超科):嘴孔贝超科 *Rostricellula*。
无洞贝目(Atrypida,2 属、1 科、1 超科):无洞贝超科 *Alispira*?,*Eospirigerina*。
无窗贝目(Athyridida,3 属、2 科、1 超科):无窗贝超科 *Hindella*,*Whitfieldella*,Gen. indet.。
石燕目(Spiriferida,1 属、1 科、1 超科):穹石燕超科 *Eospirifer*。

**3. 复苏期**(Rhuddanian 晚期-Aeronian 早期)25 属、16 科、10 超科、8 目

舌形贝目(Lingulida,1 属、1 科、1 超科):舌形贝超科 *Lingula*。
正形贝目(Orthida,2 属、2 科、1 超科):德姆贝超科 *Levenea*,*Dicoelosia*。
扭月贝目(Strophomenida,6 属、5 科、2 超科):褶脊贝超科 *Merciella*,*Aegiria*;扭月贝超科 *Katastrophomena*,*Qianomena*,*Brachyprion*,*Eostropheodonta*。
五房贝目(Pentamerida,2 属、1 科、1 超科):五房贝超科 *Borealis*,*Brevilamnulella*。
小嘴贝目(Rhynchonellida,1 属、1 科、1 超科):嘴孔贝超科 *Stegerhynchus*。
无洞贝目(Atrypida,9 属、4 科、2 超科):光无洞贝超科 *Meifodia*,*Atrypopsis*;无洞贝超科 *Athyrisinoides* (= *Kritorhynchia* Rong and Yang, 1981), *Beitaia*, *Nalivkinia*, *Spirigerina*,*Zygospiraella*,*Atrypina*,*Atrypinopsis*。
无窗贝目(Athyridida,1 属、1 科、1 超科):无窗贝超科 *Hindella*。
石燕目(Spiriferida,3 属、1 科、1 超科):穹石燕超科 *Eospirifer*, *Striispirifer*, *Yingwuspirifer*。

**4. 辐射期**(Aeronian 中、晚期)51 属、32 科、21 超科、11 目

舌形贝目(Lingulida,1 属、1 科、1 超科):舌形贝超科 *Lingulella*。

似髑髅贝目(Craniopsida,1 属、1 科、1 超科):似髑髅贝超科 *Pseudopholidops*。

三分贝目(Trimerellida,2 属、1 科、1 超科):三分贝超科 *Trimerella*,*Dinobolus*。

绮丽贝目(Chileiida,1 属、1 科、1 超科):艾奇沃德贝超科 *Dictyonella*。

正形贝目(Orthida,3 属、3 科、2 超科):正形贝超科 *Dolerorthis*;德姆贝超科 *Levenea*,*Salopina*?。

扭月贝目(Strophomenida,10 属、6 科、3 超科):褶脊贝超科 *Merciella*,*Aegiria*,*Jonesea*;扭月贝超科 *Qianomena*,*Katastrophomena*,*Pentlandina*,*Cyphomenoidea*,*Eostropheodonta*,*Brachyprion*;戟贝超科 *Spinochonetes*(=*Megaspinochonetes* Yang and Rong,1982 和 *Shiqianella* Xian in Xian and Jiang,1978)。

五房贝目(Pentamerida,12 属、6 科、4 超科):小房贝超科 *Parastrophina*;斯特兰贝超科 *Chiastodoca*,"*Stricklandiella*";五房贝超科 *Borealis*,*Pseudoconchidium*(=*Paraconchidium* Rong and Yang,1981),*Virgianella*,*Pleurodium*,*Plicidium*,*Pentamerus*,*Apopentamerus*(=*Sulcupentamerus* Zeng,1987),*Brevilamnulella*;克罗林贝超科 *Antirhnchonella*。

小嘴贝目(Rhynchonellida,3 属、3 科、1 超科):嘴孔贝超科 *Stegerhynchus*,*Virginiata*,*Ferganella*?。

无洞贝目(Atrypida,12 属、5 科、2 超科):光无洞贝超科 *Meifodia*,*Atrypopsis*,*Lissatrypa*,*Hirciniscа*;无洞贝超科 *Beitaia*,*Nalivkinia*,*Spirigerina*,*Dabashanospira*,*Gotatrypa*,*Atrypina*,*Atrypinopsis*,*Zygospiraella*。

无窗贝目(Athyridida,3 属、3 科、3 超科):无窗贝超科 *Whitfieldella*;小莱采贝超科 *Metathyrisina*;核螺贝超科 *Nucleospira*。

石燕目(Spiriferida,3 属、2 科、2 超科):穹石燕超科 *Eospirifer*,*Striispirifer*;窗孔贝超科 *Howellella*。

周志毅 zyizhou@jlonline.com
袁文伟 wwyuan@nigpas.ac.cn
中国科学院南京地质古生物研究所
南京市北京东路 39 号,210008
韩乃仁
桂林工学院,桂林,541004
周志强
西安地质矿产研究所,西安,710054

## 第五节

# 扬子陆块奥陶纪末期—志留纪早期三叶虫的灭绝和复苏

周志毅,袁文伟,韩乃仁,周志强. 2004. 扬子陆块奥陶纪末期—志留纪早期三叶虫的灭绝和复苏. 见:戎嘉余,方宗杰主编. 生物大灭绝与复苏——来自华南古生代和三叠纪的证据. 合肥:中国科学技术大学出版社. 127~152,1042

**摘 要 →**

扬子陆块奥陶纪 Ashgill 中期-志留纪 Aeronian 期的三叶虫共有 56 属,分属 28 科、19 超科。根据三叶虫的演替和各时期动物群的组成、分异度和环境分布,确定奥陶纪末灾变事件前后三叶虫曾历经灾变前辐射期(Ashgill 中期)、首幕群体灭绝事件之后的残存-复苏期(Hirnantian 期)、二幕群体灭绝事件之后的残存期(Rhuddanian 早-中期)和复苏期(Rhuddanian 晚期-Aeronian 早期),才迎来了志留纪的第一次辐射(Aeronian 中-晚期)。本节研究了这 5 个时段的三叶虫群体生态,共识别出 11 个生态组合,它们分布于水深<30 m~<200 m 不同底质的各种环境。扬子陆块 Ashgill 中期的 22 科三叶虫属于 Ibex 动物群的有 12 科,除个别科外,全部在首幕灾变事件中灭绝;属于 Whiterock 动物群的有 10 科,只有 2 科在 Ashgill 中期之末灭绝,其余全部上延并构成志留纪动物群的重要组成部分。扬子陆块 Hirnantian 期共有 5 科三叶虫,是由迁入的冷水分子和幸存分子组成的混合动物群,它们均属于 Whiterock 动物群,而且大部分能挺过二幕灾变事件在志留纪最早期残存。因此扬子陆块奥陶纪末的首幕灾变的发生要较第二幕更为突然和剧烈,Ibex 动物群与 Whiterock 动物群的更迭在 Ashgill 中期之末业已基本完成。扬子陆块在奥陶纪末灾变中深水三叶虫遭受灭顶之灾,能渡过难关并在志留纪继续生存繁衍的都是浅水分子。志留纪早期三叶虫的残存和复苏在浅水一侧完成,复苏分子逐渐向较深水的地区扩张,占领更多的生态域,逐渐达到新的生态平衡,建立了新的生态结构,形成了生物多样的辐射期特征。但是,从志留纪开始,三叶虫总体上已一蹶不振,浮游类型和深水底栖分子从此绝迹。

**关键词 →**

三叶虫 灭绝 复苏
奥陶纪末期-志留纪早期
扬子陆块

奥陶纪末期的生物集群灭绝事件很早就得到人们的关注(Sheehan,1973),经过30年的研究,基本上已有共识,即这一事件包括两幕,第一幕发生在Ashgill中期,第二幕在Hirnantian晚期,分别与冈瓦纳大陆冰盖的形成和消融时间相对应。冰盖的形成和消融导致全球气温的巨变、海平面的大幅度降升、海水翻转及海水温度和含氧量的变化,这些变化彻底破坏了生物原来的生存环境,它们从而遭受了大规模灭绝。戎嘉余、詹仁斌(1999)及Rong等(1999)最近已对奥陶纪末期生物集群灭绝事件的机制及其研究现状和进展做了详细介绍,本节不再赘述。在我国,有关研究(Chen and Rong,1991; Chen and Zhang,1995; Rong *et al.*,1999)也已开展多年,主要工作集中于扬子陆块。最近Rong和Happer(1999)对这一陆块晚奥陶世晚期至志留纪早期腕足类的宏演化做了深入研究,揭示了动物群在经历集群灭绝事件后经过残存和复苏、再一次辐射的完整演替过程,为开展类似的研究提供了一个很好的范例。总体来说,有关研究在国内外都已投入过大量工作,研究程度较高,有的结论已得到反复论证,理论上已比较成熟。扬子陆块晚奥陶世晚期至志留纪早期三叶虫发育并不理想,但还是记录了有关生物事件的痕迹,可以从一个侧面对已有的有关结论提供一些新的旁证。

## 一、三叶虫的时空和环境分布

### (一) Ashgill 中期(middle Cautleyan-Rawtheyan)

广大扬子陆块为五峰组笔石页岩覆盖。这一时期该组包括两个笔石带(Chen *et al.*,2000),即下部的 *Dicellograptus complexus* 带和上部的 *Paraothograptus pacificus* 带。三叶虫仅发现于上笔石带,其古地理分布范围十分有限(图2.5.1)。

上扬子区三叶虫的分布限于扬子海盆西缘地区,如四川洪雅老矿山、贵州遵义十字铺(卢衍豪、张文堂,1974)、毕节燕子口(盛莘夫,1974)和陕西南郑元坝(李耀西等,1975),计有4属4科,即 *Diacanthaspis* (Odontopleuridae), *Triarthrus* (Olenidae), *Kweichowilla* (Shumardidae)和 *Robergia* (Remopleurididae),其中 *Triarthrus* 一属为优势分子,且分布最广,这里暂时将这一动物群称为 *Triarthrus* 组合。类似的三叶虫组合见于瑞典中部Jämtland地区Andersön笔石页岩上部(Caradoc早期)(Månsson,2000)和Öràn笔石页岩(Caradoc中期)(Månsson,1998),以及爱尔兰Leinster地体Moyne Upper地方Duncannon群Burrellian晚期笔石页岩(Caradoc中期)(Owen and Parkes,2000),它们均被划归Olenid相。该相系为Fortey(1975)及Fortey和Owens(1978)所建,指示含氧量极低的、水深大于100 m的外陆棚环境。

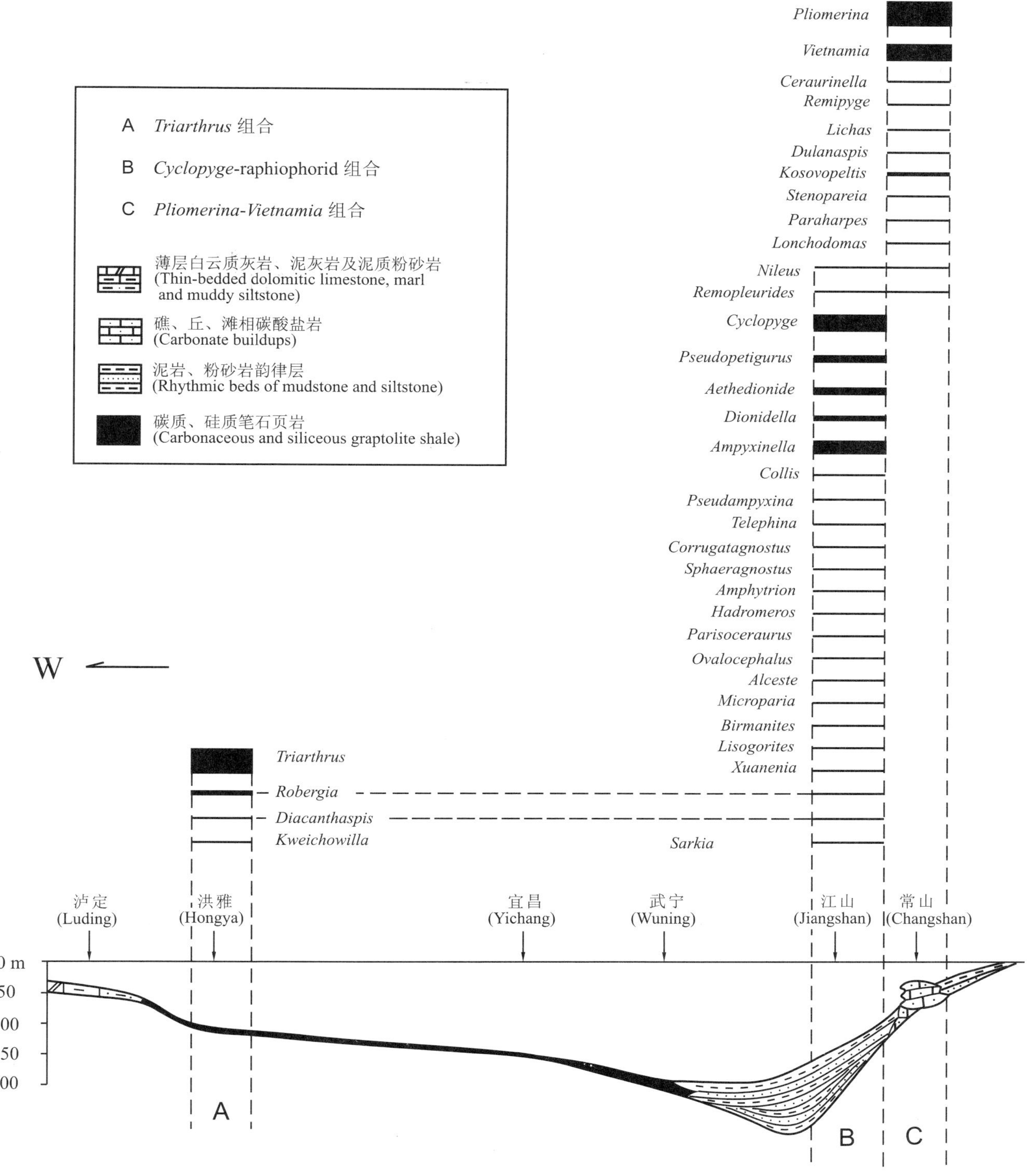


图 **2.5.1** 扬子陆块 **Ashgill** 中期三叶虫的古地理分布示意

Figure 2.5.1 Profile showing palaeogeographical distribution of the middle Ashgill trilobites in the Yangtze Block

浙赣地区发育了浅水碳酸盐相三衢山组和陆棚斜坡碎屑相长坞组（戎嘉余、陈旭，1987；赖才根等，1993）。长坞组三叶虫以浙江江山地区，特别是上坞村（Zhan and Cocks，1998：text-fig. 1，Loc. 10）最为丰富，经鉴定共有16科24属和亚属之多，包括 *Cyclopyge*，*Microparia*（*Microparia*）（Cyclopygidae）；*Dionidella*（*Huangnigangia*），*Aethedionide*（Dionididae）；*Ampyxinella*，*Collis*，*Pseudampyxina*（Raphiophoridae）；*Remopleurides*，*Amphytrion*，*Robergia*（Remopleurididae）；*Parisoceraurus*，*Hadromeros*（Cheiruridae）；*Ovalocaphalus*（Pliomeridae）；*Alceste*（Illaenidae）；*Nileus*（Nileidae）；*Pseudopetigurus*（Isocolidae）；*Birmanites*，*Lisogorites*（Asaphidae）；*Xuanenia*（Bathycheilidae）；*Diacanthaspis*（Odontopleuridae）；*Corrugatagnostus*（Metagnostidae）；*Sphaeragnostus*（Sphaeragnostidae）；*Telephina*（Telephinidae）以及 *Sarkia*（Sarkiidae）。这一组合水中浮游（mesopelagic）类型的 cyclopygids 三叶虫为优势分子，占全部采集标本的35%以上，其次为 raphiophorids 类，约占动物群的25%左右，其余数量较多的三叶虫有 isocolids（10%），dionidids（7%）和 metagnostids（5%）等类；这里命名为 *Cyclopyge*-raphiophorid 组合。就 *Cyclopyge* 的相对丰度这一指标来判断，长坞动物群与湘西桃源茅草铺（周志毅等，2000）和陕南宁强竹叶沟（周志强等，2000）Caradoc 中期宝塔组深外陆棚相三叶虫动物群的生态域十分接近，均应生活于深度大于100 m 的深外陆棚环境。与三叶虫同产的长坞组腕足类属于典型的 *Foliomera* 动物群（Rong *et al*.，1999），这一底栖群落也被推测为栖居于深度大于100 m（BA5）的深水泥质海底（詹仁斌、戎嘉余，1995）。

三衢山组在江西玉山祝宅（陈旭等，1987；Zhan and Cocks，1998：text-fig. 1，Loc. 1）由碳酸盐岩和泥岩组成，三叶虫十分丰富，经鉴定共有9科10属，即 *Vietnamia*（Calymenidae），*Pliomerina*（Pliomeridae），*Remopleurides*（Remopleurididae），*Lichas*（Lichidae），*Paraharpes*（Harpetidae），*Stenopareia*（Illaenidae），*Kosovopeltis*，*Dulanaspis*（Styginidae），*Ceraurinella*（Cheiruridae）和 *Nileus*（Nileidae）。在浙江常山灰埠灰山底和江西玉山鸡头山（Zhan and Cocks，1998：text-fig. 1，Loc. 12，4）三衢山组全部由碳酸盐岩组成，经鞠天吟（私人通讯）多年工作，也发现了与祝宅相似的三叶虫动物群，除上列10属外，还有 *Remipyge*（Cheiruridae）和 *Lonchodomas*（Raphiophoridae）。这一动物群中 raphiophorid 和 nileid 类均只有个别标本或碎片为代表，祝宅三叶虫材料的统计表明以 Cheiruroidea 超科分子最为丰富（*Pliomerina* 占全部采集标本的56%，*Hadromeros* 占2.5%），其次为 Calymenidae（*Vietnamia* 占20%），第三是 Illaenoidea 超科分子（*Kosovopeltis* 占5%，*Dulanaspis* 占2.5%，*Stenopareia* 占2.5%）。这里将这一动物群称之为 *Pliomerina*-*Vietnamia* 组合。虽然优势分子有所不同，但从属的组成来判断，这一组合与 Fortey（1975）建立的 Illaenid-cheirurid 组合十分相似，代表浅水碳酸盐隆

起(滩、丘、礁)的生态环境,类似的三叶虫组合广泛分布于华北地台西缘和其他奥陶纪低纬度地区(周志毅等,1989)。据詹仁斌、戎嘉余(1995)研究,浙赣边区碳酸盐隆起的腕足类群落指示 BA2～3 上部的生态位,水深虽有变化,但推测在10～60 m之间。沉积岩方面的研究也有类似结论(陈旭等,1987)。

### (二) Ashgill 晚期(Hirnantian)及 Rhuddanian 早-中期

Chen 等(2000)详细研究了扬子区晚奥陶世晚期至早志留世早期的笔石和腕足类序列,Hirnantian 亚阶笔石可分两带,下部为 *Normalograptus extraordinarius-N. ojsuensis* 带,上部为 *N. persculptus* 带。腕足类 *Hirnantia* 动物群分布于壳相或混合相泥岩、泥灰岩和页岩(观音桥层或相当地层)之中,该层为一穿时岩石地层单位(Rong,1984a),顶底界常因地而异。三叶虫在区内广泛分布,多数与 *Hirnantia* 动物群同产,有时也分布于笔石页岩中。据戎嘉余、詹仁斌(1999)和戎嘉余(见 Chen *et al.*,2000)研究,*Hirnantia* 动物群可分为近岸群落及远岸较深水和深水 3 个群落。

近岸群落如贵州遵义董公寺朱家坡和加泹湾一带的 BA2 动物群(戎嘉余,1986),同产三叶虫仅为 *Dalmanitina*(Dalmanitidae);遵义董公寺涧草河 BA3 上部动物群(戎嘉余,1986;Chen *et al.*,2000:fig. 1,Loc. 21)中的三叶虫也只有 *Dalmanitina*,但在邻近的十字铺的观音桥层中,除 *Dalmanitina* 外,还发现有 Lichidae 科的 *Dicranopeltis* [原名为 *Tsunyilichas pustulosus* Chang,1974;据 Thomas 和 Holloway(1988)的意见,*Tsunyilichas* Chang,1974 应为 *Dicranopeltis* 的晚出同义名];贵州松桃陆地坪的动物群(Chen *et al.*,2000:fig. 1,Loc. 27;fig. 6),分布于 BA2～3 中上部的生态位,同产三叶虫包括 *Dalmanitina* 和 *Platycoryphe*(Homalonotidae),层位限于 *Normalograptus extraordinarius-N. ojsuensis* 带;贵州桐梓红花园(Chen *et al.*,2000:fig. 1,Loc. 22; fig. 5)的 BA3 上部动物群,包含三叶虫 *Dalmanitina*,*Niuchangella*(Brachymetopidae)(原称 *Otarion*)和 *Eoleonaspis*(Odontopleuridae)[原名为 *Leonaspis sinensis* Chang,1974;Ramsköld and Chatterton(1991)将其归为 *Eoleonaspis*],它们从 Hirnantian 亚阶底部开始出现,前两属可一直延伸到志留纪早期 *Parakidograptus accuminatus* 笔石带之中(戎嘉余,私人通讯)。以上地点均离滇黔古陆不远(Chen *et al.*,2000:fig. 1)。

远岸浅侧的腕足类以川西长宁和鄂西宜昌(Chen *et al.*,2000:fig. 1,Loc. 19,11; Rong,1984b)的动物群为代表,分布于 BA3 下部的生态位,同产三叶虫在长宁(戎嘉余,1984)和宜昌[汪啸风等,1983(其中图版 11 图 2 所示 *Neseuretus* sp. 应归属 *Platycoryphe*),1987;Zhu and Wu,1984]相同,包括 *Dalmanitina*,*Eoleonaspis* 和 *Platycoryphe* 3 属,层位可能限于 *Normalograptus extraordinarius-N.*

*ojsuensis* 带上部和 *N. persculptus* 带下部(Chen *et al.*,2000:fig. 3)的泥岩和页岩中。类似的组合也见于陕南汉中地区南郑组(泥岩和页岩),有关三叶虫已经卢衍豪、伍鸿基(1982)及 Lu 和 Wu(1983)研究,除上列 3 属外,尚有 *Niuchangella*(原称 *Otarion*);据陈旭(私人通讯)研究,同产笔石指示 *Normalograptus extraordinarius-N. ojsuensis* 带和 *N. persculptus* 带。

远岸深侧的三叶虫分布于江西武宁(林天瑞,1985)、江苏南京汤山(张全忠、焦世鼎,1985)新开岭层(碳质硅质泥岩),以及浙西于潜、德清的堰口层(粉砂质泥岩、粉砂岩)(Ge,1984; Wu,1984),根据笔石重新鉴定(陈旭,私人通讯),层位应在 *Normalograptus extraordinarius-N. ojsuensis* 带和 *N. persculptus* 带之间。其中以武宁的化石点采集最详,共有 4 属,即 *Songxites*(Dalmanitidae),*Dalmanitina*,*Eoleonaspis* 和 *Platycoryphe*,同产腕足类指示 BA4～5 的生态环境(戎嘉余、詹仁斌,1999)。

初步研究表明 Ashgill 晚期不同沉积环境的三叶虫动物群分异度均较低(图 2.5.2),在近岸和远岸浅侧(水深小于60m)均以 *Dalmanitina* 为主,*Eoleonaspis*

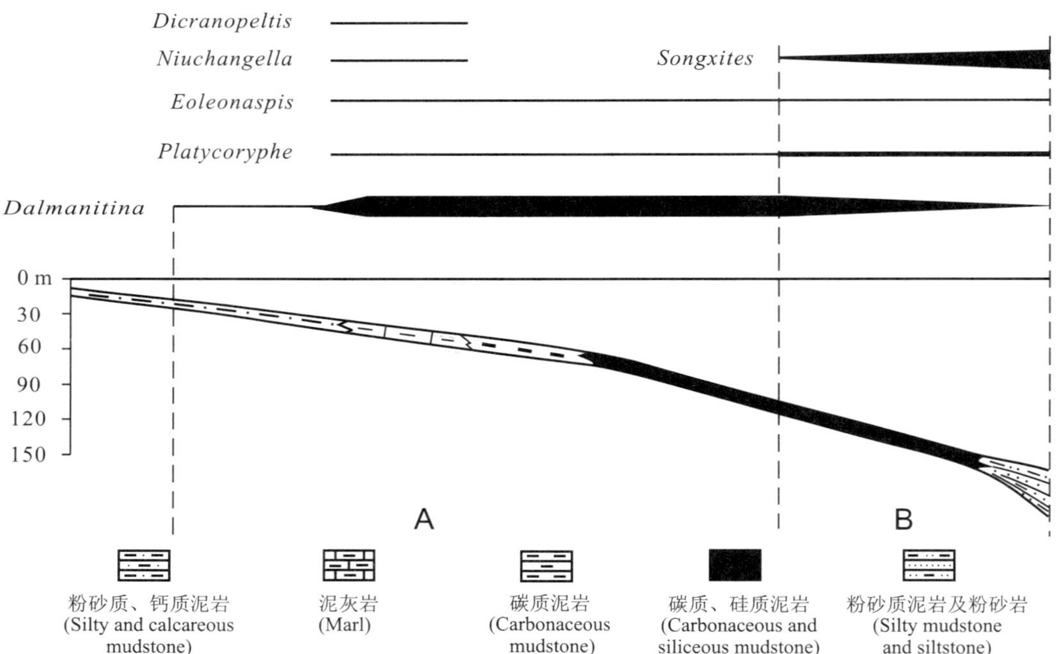


图 **2.5.2** 扬子陆块 **Hirnantian** 期三叶虫的古地理分布模式

A. *Dalmanitina* 组合 B. *Songxites* 组合

Figure 2.5.2 Model showing palaeogeographical distribution of the Hirnantian trilobites in the Yangtze Block

A. *Dalmanitina* Association B. *Songxites* Association

和 *Platycoryphe* 以及其他三叶虫数量甚少,这里称之为 *Dalmanitina* 组合。在远岸深侧多数 *Dalmanitina* 眼睛退化变小,林天瑞(1981)命名为 *Songxites*,指示昏暗的海底环境(Wu,1984),水深应大于 100 m,同时与前一组合相比 *Platycoryphe*

的相对丰度略有所增，这里将这一动物群暂称为 *Songxites* 组合。

Chen 等(2000)注意到壳相动物群在浅水一侧出现要早于深水一侧，典型的实例是松桃陆地坪和桐梓红花园的 *Dalmanitina* 动物群。红花园剖面还表明浅水三叶虫组合延限较长，可延伸到志留纪早期，类似的例子还见于贵州湄潭牛场高滩和官堰五里坡(张文堂等，1964a，1964b)，这两地的壳相地层超覆于宝塔组灰岩之上，并分别为志留纪早期的 *Coronograptus cyphus* 笔石带和 *Cystograptus veciculosus* 笔石带所覆(Chen *et al*.，2001)。在高滩，张文堂等(1964a，1964b)称之为"观音桥层"(粉砂岩)的三叶虫以 *Niuchangella* 最为丰富，还有少量 *Dalmanitina* 和 *Eoleonaspis* [原名为 *Leonaspis pusillus* Chang，1974；Ramsköld and Chatterton (1991)将其归于 *Eoleonaspis*]。在五里坡，戎嘉余等从五里坡层(页岩、粉沙岩)中采得 *Niuchangella*，*Dalmanitina* 和个别 asaphid 类头盖；盛莘夫(1982)也曾报道过五里坡层的 4 种三叶虫，计 3 属，即 *Dalmanitina*，*Niuchangella* 和 *Dicranopeltis* (原称为 *Tsunyilichas pustulosus* Chang，1974)；同产腕足类指示 BA2～3 的生态位(戎嘉余，1979，1986)。这里暂将 Rhuddanian 早-中期的这一小型三叶虫动物群归诸 *Niuchangella* 组合(图 2.5.3)。

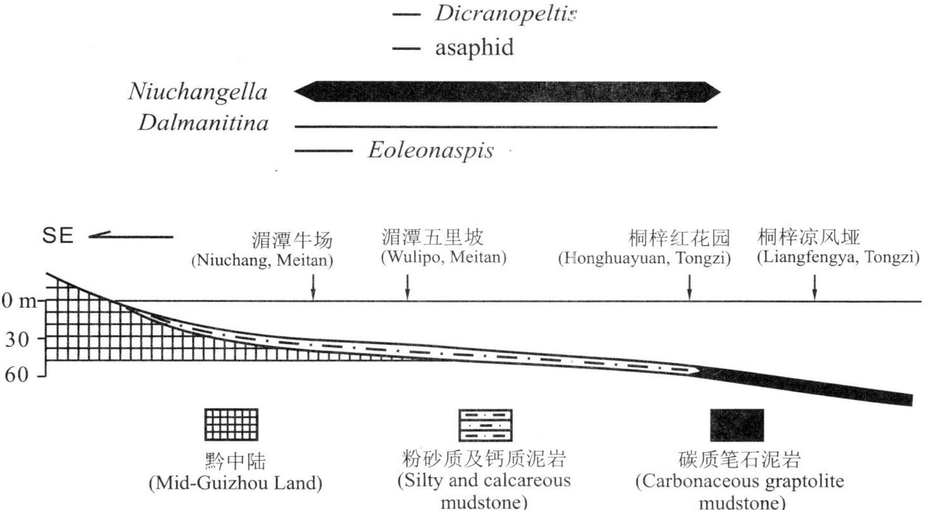


图 **2.5.3**　黔北 **Rhuddanian** 早-中期 ***Niuchangella*** 组合三叶虫的古地理分布

Figure 2.5.3　Profile showing palaeogeographical distribution of trilobites of the *Niuchangella* Association during the early-middle Rhuddanian of northern Guizhou

## (三) Rhuddanian 晚期-Aeronian 早期

这一时期广大扬子区为龙马溪组笔石页岩所覆盖，三叶虫鲜见，但在黔中隆起东北侧湄潭牛场(张文堂等，1964b)在上述"观音桥层"与石牛栏群之间发育了厚约 18 m 的"龙马溪群"。其下部 8 m 为灰黄色砂质页岩、钙质泥岩和粉砂岩，距底 2 m

处含笔石，Chen 等(2001)确定属于 *Coronograptus cyphus* 带的层位，三叶虫则产于这套地层的顶部，据张文堂(1974)记载以及戎嘉余等最近的补充采集，共有 7 科 8 属，即 *Meitanillaenus*，*Kosovopeltis*(原记述为 *Planiscutellum niuchangensis* Chang，1974)(Styginidae)，*Gaotania* (Odontopleuridae)，*Encrinuroides* (Encrinuridae)，*Raphiophorus*(Raphiophoridae)，*Aulacopleura*(*Paraulacopleura*)(=*Songkania* Chang，1974，见袁文伟等，2001)(Aulacopleuridae)，*Hyrokybe* [=*Shiqiania* Chang，1974，见伍鸿基、Lane(陈旭、戎嘉余，1996:67)](Cheiruridae)和 *Dicranopeltis*。动物群以 *Encrinuroides* 为优势分子，这里暂称为 *Encrinuroides* 组合(图 2.5.4)，大部分三叶虫头、胸、尾分离，但保存完好，也有少数完整个体发现，指示水体比较平静的浅水环境。三叶虫与丰富的腕足类同产，据戎嘉余(私人通讯)初步研究，腕足类群落应生活于 BA3 上部的生态位，水深推测<60 m。同层三叶虫还零星报道于黔中隆起东北侧的湄潭兴隆场(*Meitanillaenus*，*Encrinuroides*)(张文堂，1974)和仁怀中枢[*A.*(*Paraulacopleura*)(原称 *Songkania*)，*Encrinuroides*](尹恭正、李善姬，1978)。

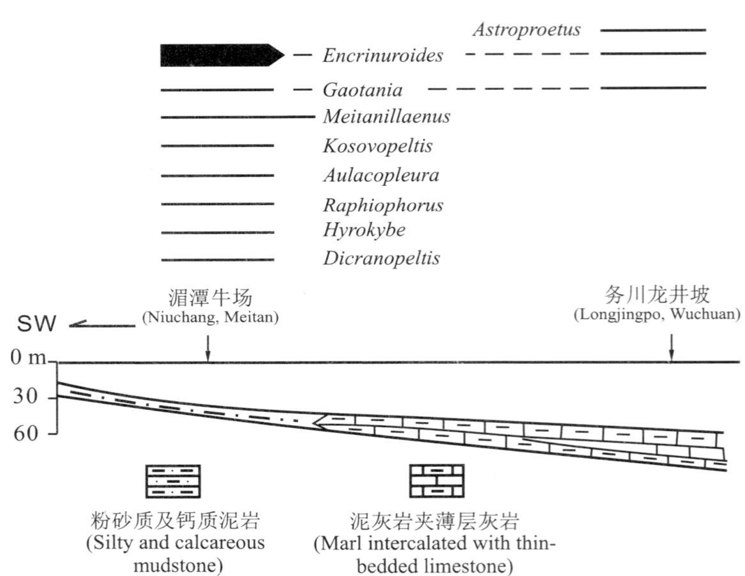


图 **2.5.4** 黔北 **Rhuddanian** 晚期-**Aeronian** 早期 ***Encrinuroides*** 组合三叶虫的古地理分布

Figure 2.5.4 Profile showing palaeogeographical distribution of trilobites of the *Encrinuroides* Association during the late Rhuddanian-early Aeronian of northern Guizhou

大致相当的地层在贵州务川龙井坡包括龙马溪组顶部的钙质粉砂岩和香书园组下部的钙质泥岩、泥灰岩和薄层灰岩(葛治洲等，1977，1979)也发现三叶虫 *Gaotania*，*Astroproetus*(Proetidae)(原称 *Latiproetus*)和 *Encrinuroides*。香书园组下部的腕足动物群属于 *Borealis-Kritorhynchia* 组合(戎嘉余、杨学长，1981)，群落研究表明 BA3 的生态位(戎嘉余，1986)，仍指示<60 m 的水深环境。

### (四) Aeronian 中-晚期

这一时期的三叶虫在扬子区有广泛分布(图 2.5.5)。据张文堂(1974)记述，黔中隆起东北侧的 Rhuddanian 晚期–Aeronian 早期近岸动物群在湄潭牛场[*Encrinuroides*, *Meitanillaenus*, *Aulacopleura*（*Paraulacopleura*）, *Gaotania*, *Hyrokybe*]和兴隆场(*Meitanillaenus*, *Encrinuroides*)继续上延至“龙马溪群”上部，新出现的分子只有 *Scotoharpes*(Harpitidae)，报道于湄潭牛场(尹恭正、李善姬，1978)；动物群仍以 *Encrinuroides* 为优势分子，一直到石牛栏群还见其踪迹(张文堂，1964b)。

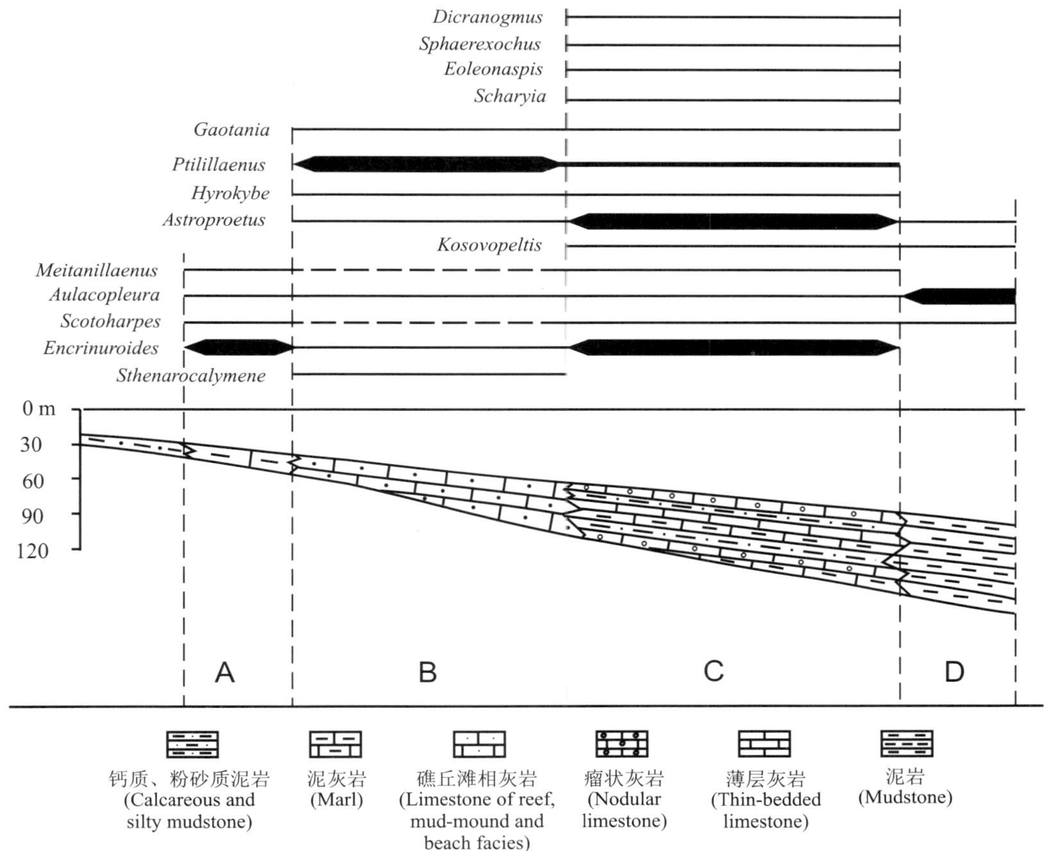


**图 2.5.5** 扬子陆块 Aeronian 中–晚期三叶虫的古地理分布模式

A. *Encrinuroides* 组合 B. *Ptilillaens* 组合 C. *Astroproetus* 组合 D. *Aulacopleura* 组合

Figure 2.5.5 Model showing palaeogeographical distribution of the middle-late Aeronian trilobites in the Yangtze Block

A. *Encrinuroides* Association B. *Ptilillaens* Association C. *Astroproetus* Association D. *Aulacopleura* Association

有代表意义的动物群主要分布于鄂西龙马溪组上段(曾称彭家院段)和罗惹坪组、黔北石牛栏组，以及黔东北香树园组上部和雷家屯组。香树园组上部和雷家屯组为一套礁、滩相碳酸盐地层，自南而北分布于石阡、凤岗、湄潭、正安及绥阳一带(葛治洲等，1979)；向北至桐梓一带厚层礁灰岩和介壳灰岩层段减少，仅发育于石牛栏组上段的若干层位，但据四射珊瑚，葛治洲等(1979)认为石牛栏组上段与雷家屯组应完全相当；陈旭、戎嘉余(1996：图 4～5)则进一步将石牛栏组与香树园组上部和雷家屯组相对比。

据葛治洲等(1979),桐梓韩家店石牛栏组产三叶虫 *Ptilillaenus*(Illaenidae),*Encrinuroides*,*Astroproetus*(原报道为 *Latiproetus*),*Aulacopleura*(*Paraulacopleura*)(原称 *Songkania*)和 *Sthenarocalymene*(Calymenidae)(原称 *Calymene*);除此以外,张文堂(1974)还记述了 *Gaotania pulchella*。类似的三叶虫组合也发现于石阡雷家屯(葛治洲等,1979),但其中尚包含有石牛栏组没有发现的 *Hyrokybe*(原记述为 *Shiqiania punctata*,见张文堂,1974)。上述两地与三叶虫同层所产的腕足类已经研究(戎嘉余、杨学长,1981),群落生态位均被确定为 BA3(戎嘉余,1986)。三叶虫以斜视虫科 *Ptilillaenus* 为优势分子,并称之为 *Ptilillaenus* 组合(伍鸿基、Lane,见陈旭、戎嘉余,1996),应指示内陆棚外缘碳酸盐隆起带的沉积环境。

在务川龙井坡香树园组上部和雷家屯组以泥灰岩、钙质泥岩为主,厚层灰岩锐减,局部层段并含有少量笔石,与石阡一带相比泥质岩和碳酸盐岩比例有较大差异,而且产出更丰富的三叶虫(葛治洲等,1977,1979),其中一部分已经伍鸿基(1977)描述;计有 *Ptilillaenus*,*Encrinuroides*,*Scotoharpes*,*Meitanillaenus*(原记述为 *Cekovia*),*Hyrokybe*(原记述为 *Shiqiania*),*Astroproetus*(原记述为 *Hypaproetus*),*Gaotania*,*Aulacopleura* (*Paraulacopleura*)(原称 *Songkania*),*Sphaerexochus* 和 *Kosovopeltis*(? =*Leioscutellum* Wu,1977);除此以外,伍鸿基(1977)还报道了沿河一带发现的 *Dicranogmus*(Lichidae)。

鄂西的龙马溪组上段和罗惹坪组以宜昌大中坝(葛治洲等,1979)和王家湾(汪啸风等,1987)剖面研究最详,并采得丰富的三叶虫,其中部分已作描述(张文堂,1974;伍鸿基,1977;项礼文、周天梅,见汪啸风等,1987)。龙马溪组上段以黄绿色泥岩为主,而罗惹坪组则由钙质砂质泥岩、粉砂质泥灰岩、薄层灰岩及瘤状灰岩组成。汪啸风等(1987)认为龙马溪组上段应包括 *Demirastrites convolutus* 笔石带和 *Monograptus sedgwickii* 笔石带下部的层位,而罗惹坪组的层位相当于 *sedgwickii* 带上部,但顶界可能已进入 *Spirograptus turriculatus* 笔石带之中。鉴于顶界的确定尚无可靠证据,本文采用陈旭、戎嘉余(1996)意见,将罗惹坪组视为 Aeronian 晚期的沉积。龙马溪组上段上部产三叶虫 *Scotoharpes*,*Aulacopleura* (*Aulacopleura*)(见袁文伟等,2001),*Aulacopleura* (*Paraulacopleura*),*Astroproetus*(=*Yichangaspis* Xiang and Zhou,见汪啸风等,1987)和 *Kosovopeltis*(见张文堂,1974)。罗惹坪组三叶虫包括 *Encrinuroides*,*Astroproetus*,*Ptilillaenus*,*Kosovopeltis*,*Meitanillaenus*,*Hyrokybe*,*Gaotania*,*Aulacopleura* (*Paraulacopleura*),*Scharyia* (Brachymetopidae),*Scotoharpes* 和 *Eoleonaspis*(原称为 *Leonaspis wangjiawanensis* Xiang and Zhou,见汪啸风等,1987:图版 40,图 17)。

务川和宜昌的腕足类已经戎嘉余、杨学长(1981)研究,属于远岸、较深水、宁静、灰泥质海底的 BA4 群落(戎嘉余,1986; Wang *et al*.,1987)。务川香树园组上部和雷家屯组的三叶虫组成和分异度与宜昌罗惹坪组相似,均以 *Astroproetus* 最为丰富,其次为 *Encrinuroides*,这里暂称为 *Astroproetus* 组合。宜昌龙马溪组上段上部的腕足类虽然也同样指示 BA4 的生态位(Wang *et al*.,1987),但三叶虫分异度显然小于 *Astroproetus* 组合,而且优势分子为 *Aulacopleura*,个别层段密集保存,而且不乏完整个体,这一组合三叶虫常与比较丰富的笔石同产,暂称为 *Aulacopleura* 组合,从三叶虫埋葬特征和同生化石判断,应指示水体略深于 *Astroproetus* 组合的泥质海底环境。

综如上述,根据三叶虫动物群的组成、分异度和各组成分子的相对丰度,共识别出扬子陆块奥陶纪 Ashgill 中期—志留纪 Aeronian 期 5 个时段的 11 个生态组合,它们分布于水深<30 m～<200 m 不同底质的各种环境。根据文献记录和库存标本的初步鉴定,分布于扬子陆块这一时期不同古地理环境的三叶虫总共有 56 属,按 Fortey(1997)的分类,它们分属 28 科和 19 超科(表 2.5.1)。

## 二、三叶虫在奥陶纪末期灾变事件中的灭绝和残存

### (一)奥陶纪 Ashgill 中期之末的首幕灭绝

Ashgill 中期奥陶纪生物多样性达到高峰,是生物演化的辐射期(Sepkoski, 1995; Webby,2000),扬子陆块这一时期壳相地层出露十分有限,目前仅发现了当时分布于外陆棚深侧和内陆棚外缘的碳酸盐隆起带的一些三叶虫(图 2.5.1),即使如此,仍记录有 36 属(图 2.5.6),分属 22 科和 13 超科(图 2.5.7)。虽然并无属一级新生分子的繁衍,但与 Ashgill 早期相比,由于区内环境进一步变迁、分异和复杂化,三叶虫新的种群大量滋生,形成了一次区域性的小规模适应性辐射。

随着 Ashgill 中期之末冈瓦纳冰盖的形成,全球气温、水温和海平面急剧下降,所有这些三叶虫均未能在扬子陆块 Hirnantian 期继续存活。这种现象在低纬度区应是一个特例,可能与扬子陆块局部环境有一定的关系,这一陆块在 Ashgill 中期岩相及生物相类型比较单调,广大地区为笔石页岩所覆盖,海底处于还原环境,能够容纳三叶虫生存的空间本来就狭小,面对灾变的压力,三叶虫难以在区内寻得合适环境继续生存,特别是区内原来一些小面积的碳酸盐隆起在事件发生前已中止发育,而区外若干三叶虫则往往是在碳酸盐隆起带避难残存得以延续的(Briggs *et al*., 1988)。据 Owen(1986)罗列的世界各地 Hirnantian 期三叶虫,区内的 *Cyclopyge* 在爱尔兰、*Remopleurides* 在挪威奥斯陆、*Remipyge* 和 *Paraharpes* 在加拿大 Anticosti 岛,以及 *Triarthrus* 在加拿大 Mackenzie 山脉、*Diacanthaspis* 在英国和爱尔兰等低纬度地区均能上延到奥陶纪末期。区内浅水一侧还有一些延限

**表 2.5.1 扬子陆块奥陶纪 Ashgill 中期-志留纪 Aeronian 期三叶虫一览**

**Table 2.5.1 List of trilobites that occur in the Yangtze Block during the middle Ashgill(Ordovician)-Aeronian(Silurian)**

SUBORDER AGNOSTINA
SUPERFAMILY AGNOSTOIDEA
Family Metagnostidae
*Corrugatagnostus*
SUPERFAMILY UNCERTAIN
Family Sphaeragnostidae
*Sphaeragnostus*

ORDER CORYNEXOCHIDA
SUBORDER ILLAENINA
SUPERFAMILY ILLAENOIDEA
Family Illaenidae
*Alceste*, *Stenopareia*, *Ptilillaenus*
Family Styginidae
*Dulanaspis*, *Kosovopeltis*, *Meitanillaenus*

ORDER LICHIDA
SUPERFAMILY LICHOIDEA
Family Lichidae
*Lichas*, *Dicranopeltis*, *Dicrangmus*
SUPERFAMILY ODONTOPLEUROIDEA
Family Odontopleuridae
*Eoleonaspis*, *Gaotania*, *Diacanthaspis*

ORDER PHACOPIDA
SUBORDER CALYMENINA
SUPERFAMILY CALYMENOIDEA
Family Calymenidae
*Vietnamia*, *Sthenarocalymene*
Family Homalonotidae
*Platycoryphe*
Family Bathycheilidae
*Xuanenia*
SUBORDER PHACOPINA
SUPERFAMILY DALMANITOIDEA
Family Dalmanitidae
*Songxites*, *Dalmanitina*
SUBORDER CHEIRURINA
SUPERFAMILY CHEIRUROIDEA
Family Cheiruridae
*Parisoceraurus*, *Hadromeros*, *Ceraurinella*, *Remipyge*, *Hyrokybe*, *Sphaerexochus*
Family Pliomeridae
*Ovalocephalus*, *Pliomerina*
Family Encrinuridae
*Encrinuroides*

ORDER PROETIDA
SUPERFAMILY PROETOIDEA
Family Proetidae
*Astroproetus*
SUPERFAMILY AULACOPLEUROIDEA
Family Aulacopleuridae
*Aulacopleur*(*Aulacopleura*)
*A.* (*Paraulacopleura*)
Family Brachymetopidae
*Niuchangella*, *Scharyia*
SUPERFAMILY BATHYUROIDEA
Family Telephinidae
*Telephina*

ORDER ASAPHIDA
SUPERFAMILY ASAPHOIDEA
Family Asaphidae
*Biramnites*, *Lisogorites*, asaphid
SUPERFAMILY REMOPLEURIDIOIDEA
Family Remopleurididae
*Remopleurides*, *Amphytrion*, *Robergia*
SUPERFAMILY CYCLOPYGOIDEA
Family Cyclopygidae
*Cyclopyge*, *Microparia*(*Microparia*)
Family Nileidae
*Nileus*
SUPERFAMILY TRINUCLEOIDEA
Family Dionididae
*Dionidella*(*Huangnigangia*), *Aethedionide*
Family Raphiophoridae
*Ampyxinella*, *Collis*, *Pseudampyxina*, *Lonchodomas*, *Raphiophorus*

ORDER PTYCHOPARIDA
SUBORDER PTYCHOPARINA
SUPERFAMILY PTYCHOPARIOIDEA
Family Shumardiidae
*Kweichowilla*
Family Sarkiidae
*Sarkia*
SUBORDER OLENINA
SUPERFAMILY OLENOIDEA
Family Olenidae
*Triarthrus*
SUBORDER HARPINA
SUPERFAMILY HARPETOIDEA
Family Hapetidae
*Scotoharpes*, *Paraharpes*

ORDER UNCERTAIN
SUPERFAMILY UNCERTAIN
Family Isocolidae
*Pseudopetigurus*

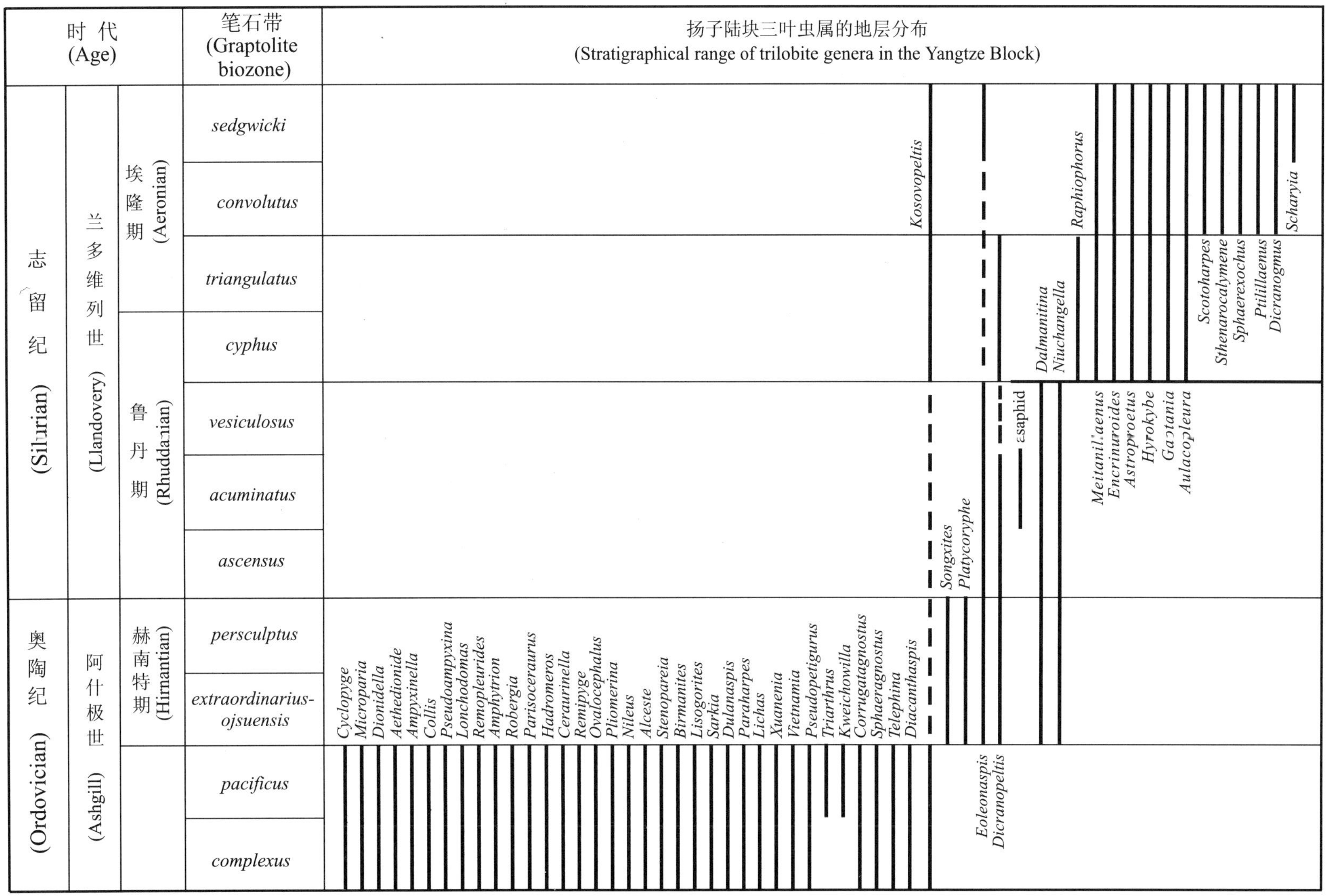

| 时代 (Age) | | | 笔石带 (Graptolite biozone) |
|---|---|---|---|
| 志留纪 (Silurian) | 兰多维列世 (Llandovery) | 埃隆期 (Aeronian) | sedgwicki |
| | | | convolutus |
| | | | triangulatus |
| | | 鲁丹期 (Rhuddanian) | cyphus |
| | | | vesiculosus |
| | | | acuminatus |
| | | | ascensus |
| 奥陶纪 (Ordovician) | 阿什极世 (Ashgill) | 赫南特期 (Hirnantian) | persculptus |
| | | | extraordinarius-ojsuensis |
| | | | pacificus |
| | | | complexus |

扬子陆块三叶虫属的地层分布 (Stratigraphical range of trilobite genera in the Yangtze Block)

Cyclopyge, Microparia, Dionidella, Aethedionide, Ampyxinella, Collis, Pseudoampyxina, Lonchodomas, Remopleurides, Amphytrion, Robergia, Parisoceraurus, Hadromeros, Ceraurinella, Remipyge, Ovalocephalus, Pliomerina, Nileus, Alceste, Stenopareia, Birmanites, Lisogorites, Sarkia, Dulanaspis, Paraharpes, Lichas, Xuanenia, Vietnamia, Pseudopetigurus, Triarthrus, Kweichowilla, Corrugatagnostus, Sphaeragnostus, Telephina, Diacanthaspis

Kosovopeltis

Songxites, Platycoryphe

Eoleonaspis, Dicranopeltis

εsaphid

Dalmanitina, Niuchangella

Raphiophorus

Meitanillaenus, Encrinuroides, Astroproetus, Hyrokybe, Gaotania, Aulacopleura

Scotoharpes, Sthenarocalymene, Sphaerexochus, Ptilillaenus, Dicranogmus

Scharyia

图 **2.5.6**　扬子陆块 **Ashgill** 中期–**Aeronian** 期三叶虫属的地层分布

Figure 2.5.6　Stratigraphical range of the middle Ashgill-Aeronian trilobite genera in the Yangtze Block

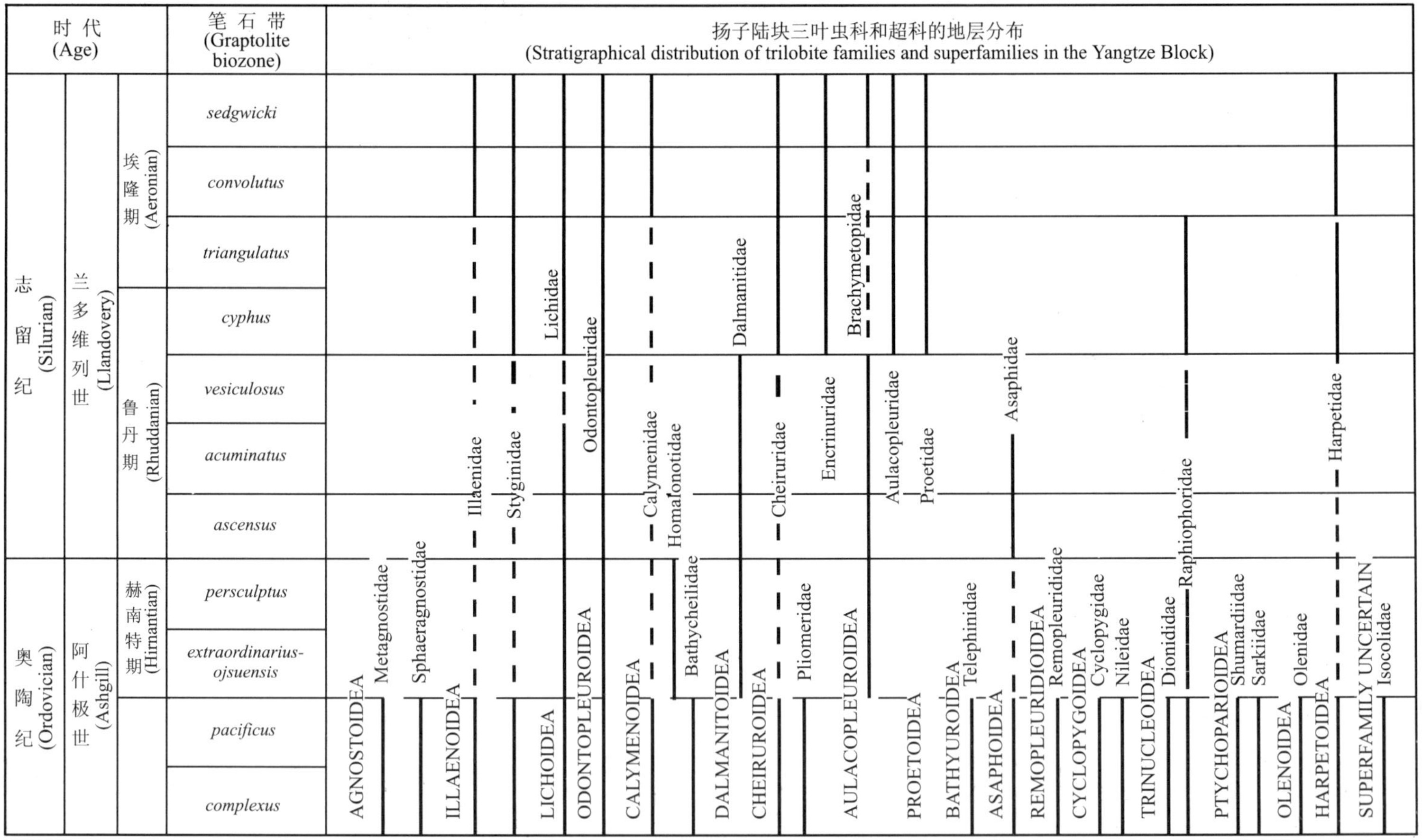

时代 (Age)
笔石带 (Graptolite biozone)
扬子陆块三叶虫科和超科的地层分布 (Stratigraphical distribution of trilobite families and superfamilies in the Yangtze Block)

志留纪 (Silurian)
兰多维列世 (Llandovery)
埃隆期 (Aeronian)
鲁丹期 (Rhuddanian)
奥陶纪 (Ordovician)
阿什极世 (Ashgill)
赫南特期 (Himantian)

*sedgwicki*
*convolutus*
*triangulatus*
*cyphus*
*vesiculosus*
*acuminatus*
*ascensus*
*persculptus*
*extraordinarius-ojsuensis*
*pacificus*
*complexus*

AGNOSTOIDEA
Metagnostidae
Sphaeragnostidae
ILLAENOIDEA
Illaenidae
Styginidae
LICHOIDEA
Lichidae
ODONTOPLEUROIDEA
Odontopleuridae
CALYMENOIDEA
Calymenidae
Homalonotidae
Bathycheilidae
DALMANITOIDEA
Dalmanitidae
CHEIRUROIDEA
Cheiruridae
Pliomeridae
Encrinuridae
AULACOPLEUROIDEA
Brachymetopidae
Aulacopleuridae
PROETOIDEA
Proetidae
BATHYUROIDEA
Telephinidae
ASAPHOIDEA
Asaphidae
REMOPLEURIDIOIDEA
Remopleurididae
CYCLOPYGOIDEA
Cyclopygidae
Nileidae
TRINUCLEOIDEA
Dionididae
Raphiophoridae
PTYCHOPARIOIDEA
Shumardiidae
Sarkiidae
OLENOIDEA
Olenidae
HARPETOIDEA
Harpetidae
SUPERFAMILY UNCERTAIN
Isocolidae

图 **2.5.7** 扬子陆块 **Ashgill** 中期–**Aeronian** 期三叶虫科和超科的地层分布

Figure 2.5.7 Stratigcaphical distribution of the middle Ashgill-Aeronian trilobite families and superfamilies in the Yangtze Block

较长的广布分子，如 *Hadromeros*，*Stenopareia*，*Lichas* 和 *Kosovopeltis*，它们大都产于碳酸盐隆起带，在北欧、英国等地均可延伸到志留纪，其中后者在区内也可上延(图 2.5.6)。因此，扬子陆块 Ashgill 中期的 36 属三叶虫(图 2.5.1)中，在其末期真正遭到灭绝的共有 26 属，占全部三叶虫的 72%，其中深水一侧 *Triarthrus* 组合和 *Cyclopyge*-raphiophorid 组合的 26 属中，共有 21 属灭绝，占动物群的 81%，而浅水一侧的 12 属中有 6 属灭绝，占 *Pliomerina*-*Vietnamia* 组合三叶虫的 50%。

### (二) 奥陶纪 Hirnantian 期的残存-复苏

有人认为这一时期全球海平面较 Ashgill 中期下降 100 m 以上(Sheehan，1973；Brenchley and Newell，1984)，戎嘉余(1984)及戎嘉余、詹仁斌(1999)根据腕足动物生态群演替研究指出下降幅度应在 50～100 m 之间。扬子陆块并不例外，Hirnantian 期海平面急剧跌落(对比图 2.5.1 和图 2.5.2)，三叶虫属的分异度从前一时期的 36 突然降至为 6，优势分子是 *Dalmanitina*，另一重要分子是 *Platycoryphe*，两者都是南欧、中欧、西南欧和北非的典型三叶虫，前者从 Llanvirn 晚期(Llandeilo)(Holloway，1981)、后者从 Arenig 期(Thomas，1977)首现，但我国及东亚从未在 Hirnantian 期以前的地层中发现过(Zhou and Dean，1989)。其他分子如 *Dicranopeltis* 首见于捷克 Bohemia 的 Caradoc 期；*Eoleonaspis* 也首现于 Bohemia 的 Ashgill 中期，如果接受 Ramsköld 和 Chatterton(1991：357)的意见，即将 *Primaspis* (*Bojokoralaspis*)认同为 *Eoleonaspis* 的同义名的话，其最低的层位甚至还可追溯到 Caradoc 期。所以扬子陆块 Hirnantian 期三叶虫大部分系从高纬度区迁入的外来分子，Jaanusson(1979)注意到地中海(即冈瓦纳)型动物群在这一时期向赤道带的扩展现象，Owen 等(1991)认为高纬分子向低纬迁移导因于冷水范围的逐步扩张。另一分子 *Niuchangella* Chang，1974 与西方建立的 *Radnoria* Owens and Thomas，1975 一属十分相似，疑为同属，至少两者具有明显的演化关系(Owens，私人通讯，2002-06)，后者在区外 Caradoc-Ashgill 期有较广的分布(Owens and Hammann，1990)，在扬子区宝塔组中也有广泛分布，出现于深水一侧(周志强等，2000)。在灾变恶劣的环境下，*Radnoria* 的个别种改变生态策略，形态也小有变化，演变为 *Niuchangella*，得以在浅水中幸存。所以，扬子区的 Hirnantian 三叶虫是由迁入的冷水分子和幸存分子(survivor)组成的混合动物群，与当时世界其他位于低纬度带的陆块所产动物群的结构(Owen，1986)是相似的。

这一动物群均由残存分子组成，Hirnantian 期应是灾变后的残存期，但是，这些分子一旦在本区得到残存，就开始了新的发展和革新。动物群先在区内浅侧发育，种属单调，但繁衍迅速、丰度甚大，逐步向深侧扩大生存领域；不久，在 Hirnantian 中期它们就占领了 BA3 上部至 BA4～5 的生态位(图 2.5.2)；在深水区，部分 *Dalmanitina* 的眼睛高度退化，演变出一个新的分子 *Songxites*，形成了这一时期除 *Dalmanitina* 组合以外的另一个新的组合；因此，从某种意义上讲，动物群似乎已得到了较好的复苏。

### （三）奥陶纪 Hirnantian 期之末的二幕灭绝

第二幕灾变事件波及扬子陆块，造成了 Hirnantian 期三叶虫的大面积衰亡和深水分子 *Songxites* 的灭绝，但是，大部分分子在区外（*Platycoryphe*，*Dicranopeltis*，*Eoleonaspis*，*Dalmanitina*，*Niuchangella*）和区内（*Dicranopeltis*，*Eoleonaspis*，*Dalmanitina*，*Niuchangella*）均能寻得合适的环境一隅，在志留纪有时限不等的延续。

### （四）志留纪 Rhuddanian 早-中期的残存

Rhuddanian 早、中期扬子陆块与全球同步发生了冰期后的大规模海侵，形成黑色笔石页岩堆积，海底严重缺氧，黔中隆起北侧湄潭牛场、五里坡和桐梓红花园一带的一小片近岸浅水区就成了奥陶纪末灾变后残存分子（图 2.5.3）在本区的惟一栖息地。*Dalmanitina*，*Niuchangella*，*Eoleonaspis* 和 *Dicranopeltis* 都是起源于灾变事件之前、连续躲过了两幕灭绝后在本区继续幸存的。区内发现的 *Dalmanitina* 标本应代表这一属在世界上时代最晚的一些个体，有的已经记载（盛莘夫，1982：图版 6，图 5，6），但尚未系统描述。另外 3 属，*Dicranopeltis* 在欧美志留纪，*Eoleonaspis* 在区内和英格兰（Ramsköld and Chatterton，1991：365）Aeronian，*Niuchangella* 在英格兰（原称 *Radnoria triquetra* Owens and Thomas，1975）Wenlock（Owens，私人通讯，2002-06）仍有踪迹可循。饶有兴趣的是戎嘉余等还在五里坡发现了一枚栉虫类（asaphid）的破损头盖，这类三叶虫灭绝于奥陶纪末，在灭绝前夕主要云集在低纬度地区（北美和苏格兰），以前从未在志留纪有过报道，这一发现从某种意义上讲是完整了以前缺损的地质记录，也值得今后工作中进一步搜寻。

### （五）小结和讨论

扬子区的 Hirnantian 三叶虫是由迁入的冷水分子和幸存分子组成的混合动物群，这与世界其他当时位于低纬度带的陆块所产动物群的结构（Owen，1986）是相似的。

Hirnantian 期总体上应是灾变后的残存期，三叶虫残存分子在区内先在浅侧发育，然后逐步向深侧扩大它们的生存领域，动物群似乎得到了一定的复苏（图 2.5.8）。这与腕足类研究（Rong and Harper，1999）所得出的结果相符。

扬子陆块三叶虫在奥陶纪末灾变事件中的灭绝基本上与世界其他陆块同步并

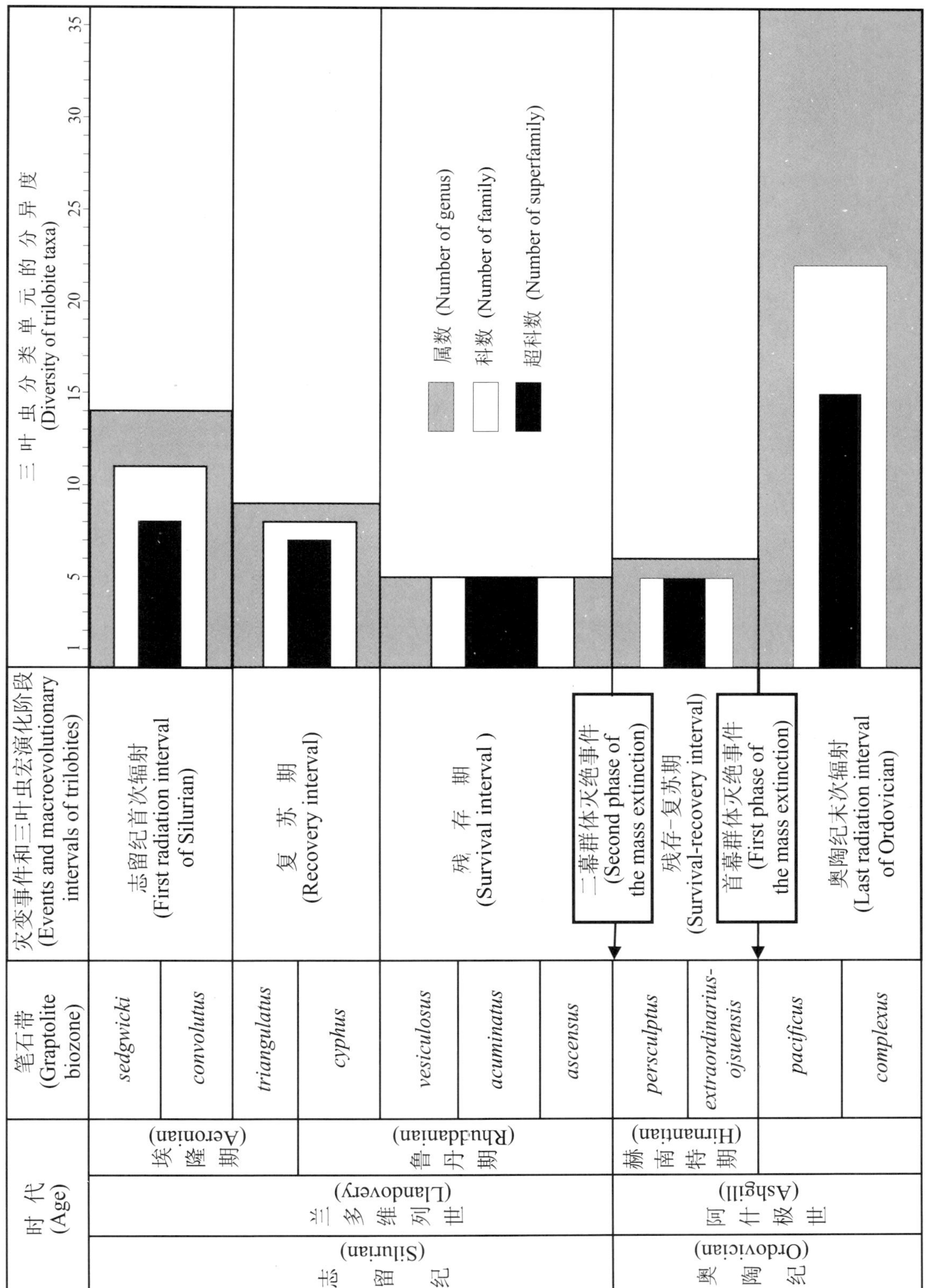


**图 2.5.8** 扬子陆块 **Ashgill** 中期–**Aeronian** 期三叶虫多样性递变

Figure 2.5.8 Successive changes of the trilobite diversity during the middle Ashgill-Aeronian of the Yangtze Block

具有大致一致的规律，即事件的波及程度是由深水区向浅水区减弱，能渡过难关并在志留纪继续生存繁衍的都是浅水分子，部分是碳酸盐隆起带分子（如上述的Illaenidae，Styginidae，Cheiruridae 等），部分是原先适应冷水的冈瓦纳分子（如上述的 Lichidae，Homalonotidae，Dalmanitidae 等）（Briggs *et al.*，1988；Fortey，1989）。

区内 Ashgill 中期三叶虫中有 7 科（占总共 22 科的 32%）与全球同步在 Ashgill 中期之末灭绝，包括 Sphaeragnostidae，Bathycheilidae，Pliomeridae，Telephinidae，Dionididae，Sarkiidae 和 Nileidae [Owen（1986）依据盛莘夫（1982）报道的湄潭牛场"*Dalmanitina* 层"的？*Barrandia* sp. 曾将此科时限上延到 Hirnantian 期，据 Chen 等（2001），牛场并无 Hirnantian 期沉积，而且从戎嘉余系统采集的三叶虫标本中也未见所谓的？*Barrandia*，疑为 *Meitanillaenus* 之误，此注]，除 Pliomeridae 科的 *Pliomerina* 外，有关属主要都是深水一侧的分子。另有 6 科，即 Metagnostidae，Asaphidae，Cyclopygidae，Olenidae，Remopleurididae 和 Shumardidae，虽在区内未能上延（图 2.5.7），但在区外的少数地点可继续残存（Owen，1986），最终灭绝于 Hirnantian 末期，它们也主要都是深水一侧的分子。因此，从三叶虫科级分类单元来分析，正如 Briggs 等（1988）和 Fortey（1989）所指出的，在奥陶纪末灾变中遭受灭顶之灾的多为深水类群，包括浮游的（telephinids，cyclopygids）和可能浮游的（agnostids）以及深水底栖的（olenids，shumardids，Bathycheilidae 的 *Xuanenia*，Illaenidae 的 *Alceste*，Sarkiidae 的 *Sarkia*，Isocolidae 的 *Pseudopetigurus*，Pliomeridae 的 *Ovalocephalus*）。Chatterton 和 Speyer（1989）发现原虫营浮游生活的底栖三叶虫（主要是 Asaphida 目的三叶虫）基本上都未能挺过灾变在志留纪存活，这一结论得到本区三叶虫分布的进一步证明，区内的这些三叶虫包括 asaphids，nileids，remopleuridids，raphiophorids 和 dionidids，例外的只有 Raphiophoridae 科的 *Raphiophorus* 和个别的 asaphid（图 2.5.6）。Wilde 和 Berry（1984）首先注意到冰期形成和消融的两次事件均导致了大洋翻转，Owen 等（1991）认为大洋翻转往往伴随缺氧或有毒水体沿斜坡和陆棚边缘的上升，水体遭到污染，这应该就是导致深水相三叶虫（包括浮游的幼虫和成虫以及底栖的成虫）迅速灭绝的主要原因。

Adrain 等（1998）将奥陶纪三叶虫划分为 Ibex 动物群和 Whiterock 动物群，认为前者在奥陶纪渐趋衰落并灭绝于奥陶纪末灾变事件，而后者则于中奥陶世辐射并在奥陶纪之后的漫长的古生代继续繁衍发展。扬子陆块 Ashgill 中期的 22 科三叶虫属于 Ibex 动物群的有 12 科，包括 Metagnostidae，Sphaeragnostidae，Bathycheilidae，Pliomeridae，Telephinidae，Asaphidae，Remopleurididae，Nileidae，Shumardiidae，Sarkiidae，Olenidae 和 Isocolidae，在区内除 Asaphidae 的个别标本仍可残存于志留纪最早期外，全部在 Ashgill 中期之末灭绝；属于 Whiterock 动物群的有 10 科，它们是 Illaenidae，Styginidae，Lichidae，Odontopleuridae，Calymenidae，

Cheiruridae，Dionididae，Harpetidae，Raphiophcridae 和 Cyclopygidae，在区内除 Dionididae 和 Cyclopygidae 外，全部上延成为志留纪动物群的重要组成部分。扬子陆块 Hirnantian 期共有 5 科三叶虫，即 Lichidae，Odontopleuridae，Homalonotidae，Dalmanitidae 和 Brachymetopidae，它们无一属于 Ibex 动物群而均为 Whiterock 动物群。以上分析表明扬子陆块奥陶纪/志留纪动物群的更迭与 Adrain 等(1998)揭示的全球框架基本是相符的，但有趣的是动物群的更迭在 Ashgill 中期之末已基本完成，结合上述区内 Hirnantian 三叶虫大部分能上延到志留纪最早期的事实，可以推论在扬子陆块奥陶纪末的首幕灾变的发生要较第二幕更为突然和剧烈。从全球三叶虫演替资料来分析，首幕灾变导致了三叶虫的大幅度灭绝(包括大量属和部分科)，而第二幕灾变则导致了许多奥陶纪重要科的残存分子的最终灭绝，要评价两者孰重孰轻只是一个观点的问题，Briggs 等(1988)和 Fortey(1989)强调了高级分类单元的最终灭绝，因此更加看重第二幕灾变的影响。

## 三、三叶虫在志留纪早期的复苏和辐射

### (一) 志留纪 Rhuddanian 晚期-Aeronian 早期的复苏

这一时期黔中隆起北侧随着志留纪早期海侵，水体逐渐加深，而且粉砂质、钙质和泥质海底供氧充分，为生物繁衍滋生提供了良好的环境，共发现三叶虫 9 属(图 2.5.4)，其中 *Dicranopeltis* 为下伏地层的上延分子，而 *Gaotania*，*Meitanillaenus* 和 *Hyrokybe* 为新生的土著分子，它们在区内可持续生活到 Telychian 期，前者在格陵兰北部和加拿大西北部(伍鸿基、Lane，见陈旭、戎嘉余，1996)、*Meitanillaenus* 在格陵兰西北部(Lane and Siveter，1991)Telychian 期、后者在格陵兰北部 Llandovery 晚期或 Wenlock 早期(Lane and Owens，1982)也有发现。其余分子如 *Raphiophorus*，*Kosovopeltis*，*Aulacopleura*，*Encrinuroides* 和 *Astroproetus* 都是起源于奥陶纪的长命三叶虫属。其中 *Raphiophorus* 首现于捷克 Bohemia 地方 Llanvirn 期，在波兰见于 Hirnantian 期(Owen，1986)，志留纪分子为数不多(Edgecombe and Sherwin，2001)，虽可延续到 Wenlock 期，但只是断续零星分布，一直是志留纪动物群的一个陪衬分子，属于幸存型分子。另外 4 属均未在奥陶纪末的灾变期、也未在志留纪最早期发现过，属于所谓的复活(Lazarus)型分子；Briggs 等(1988)和 Fortey(1989)曾列举了不少这一时期的复活型分子，并坚信它们曾在一些尚未发现的“避难所(refugia)”苟活。

*Encrinuroides* 在北美 Llanvirn 即已出现(Sloan，1991)，但在扬子区直至 Ashgill 早期才有报道，如 *E. zhenxionensis* Sheng(盛莘夫，1964)，该种在形态上关联了许多奥陶纪和志留纪的这类三叶虫分子，也是皇冠虫类的一个祖先分子

(Edgecombe *et al*.,1988);*Astroproetus* 首见于北美 Llanvirn 晚期(Sloan,1991);两者在区内出现后,在 Aeronian 中-晚期和 Telychian 期繁衍出繁多的种群,特别是属种纷呈的皇冠虫类三叶虫的大量涌现,形成了 Telychian 期三叶虫动物群大辐射的主要特色。*Aulacopleura* 和 *Kosovopeltis* 则分别起源于扬子陆块 Tremadoc 期和 Caradoc 早期,它们复出后在 Aeronian 中-晚期得到发展,在区内有着广泛的分布,有时在局部层段十分富集。按 Rong 和 Zhan(1999),这 4 个属均可归入复活-幸存型分子(Lazarus-Progenitors)。

总体上,这一时期三叶虫在扬子区仍只在局部发育于浅于 60 m 的浅水环境,但组成分子已具有明显的志留纪色彩,奥陶纪末期生物灭绝事件之后的新的动物群雏型已经复苏形成。

### (二)志留纪 Aeronian 中-晚期的辐射

前一时期得到复苏的动物群这一时期在区内繁衍,*Encrinuroides*,*Aulacopleura* 和 *Astroproetus* 分别在不同环境的三叶虫组合中发展成优势分子,同时还出现了一个新的土著分子 *Ptilillaenus*,并在碳酸盐隆起带发育成优势分子。*Scotoharpes*,*Sphaerexochus*,*Dicranogmus*,*Sthenarocalymene* 和 *Scharyia* 都是这一时期迁入本区的长命分子,全部起源于奥陶纪,它们在奥陶纪最后出现的层位或是 Caradoc 期(*Scotoharpes*,见 Sloan,1991;*Sthenarocalymene*,见 Siveter,1976),或是 Ashgill 中期(*Scharyia*,见 Owens,1974),只有 *Sphaerexochus* 在西伯利亚、*Dicranogmus* 在波罗的地区东部 Hirnantian 期有过报道(见 Owen,1986),但是在 Llandovery 世早期从未见过它们的踪迹。按 Briggs 等(1988)的观点,这些分子主要也应属于所谓的复活型分子,有的属如 *Scharyia* 甚至一直到中泥盆世才最后灭绝。这些分子在区内组成志留纪动物群的一个部分,但分布零星,从不繁盛。

这一时期区内三叶虫属的分异度已达 14,它们几乎占领了浅水陆棚各个生态领域,分别属于 4 个生态组合,从扬子区志留纪三叶虫发育的规模来衡量,这一时期已进入志留纪第一次辐射期,虽然规模较小,但已为 Telychian 晚期较大的生物辐射打下了充分的基础。

### (三)小结

根据三叶虫的组成和环境分布,确定在奥陶纪末灾变事件之后,动物群历经残存期(Rhuddanian 早-中期)和复苏期(Rhuddanian 晚期-Aeronian 早期)后,进入志留纪第一次辐射(Aeronian 中-晚期)(图 2.5.8),与腕足类研究(Rong and Harper,1999)的结果十分相似。

区内志留纪三叶虫多数系奥陶纪上延的浅水分子,绝大多数属于 Adrain 等(1998)的 Whiterock 动物群。

志留纪早期三叶虫的残存和复苏在浅水一侧完成，复苏分子逐渐向较深水的地区扩张，占领更多的生态域，逐渐达到新的生态平衡，建立了新的生态结构，形成了生物多样的辐射期特征。但是，从志留纪开始，三叶虫总体上已经一蹶不振，从此浮游类型绝迹，底栖分子再也无法进入深水领域繁衍滋生。

**致　谢**　戎嘉余在本文写作过程中提出了许多宝贵建议；戎嘉余、詹仁斌慷慨馈赠有关标本，没有这些材料要了解扬子陆块 Ashgill 中期、Hirnantian 期和志留纪最早期的三叶虫动物群全貌几乎是不可能的；陈旭、戎嘉余热心帮助解决文内涉及的有关地层对比问题；任玉皋协助清绘部分插图。笔者谨致深切谢忱。

## 参考文献

Adrain J M, Fortey R A, Westrop S R. 1998. Post-Cambrian trilobite diversity and evolutionary faunas. Science, 280: 1 922～1 925

Brenchley P J, Newall G. 1984. Late Ordovician environmental changes and their effect on faunas. In: Bruton D L, ed. Aspects of the Ordovician System. Palaeontological Controbutions from the University of Oslo, 295: 65～80

Briggs D E G, Fortey R A, Clarkson E N K. 1988. Extinction and the fossil record of the arthropods. In: Larwood G P, ed. Extinction and survival in the fossil record. Oxford: Clarendon Press. 171～209

Chatterton B D E, Speyer S E. 1989. Larval ecology, life history strategies, and patterns of extinction and survivorship among Ordovician trilobites. Paleobiology, 15: 118～132

Chen Xu, Rong Jiayu. 1991. Concepts and analysis of mass extinction with the Late Ordovician event as an example. Historical Biology, 5: 107～121

Chen Xu, Rong Jiayu, eds. 1996. Telychian (Llandovery) of the Yangtze region and its correlation with British Isles. Beijing: Science press. 1～162 (in Chinese with English abstract) [陈旭，戎嘉余主编. 1996. 中国扬子区兰多维列统特列奇阶及其与英国的对比. 北京:科学出版社. 1～162]

Chen Xu, Rong Jiayu, Mitchell C E, Harper D A T, Fan Junxuan, Zhan Renbin, Zhang Yuandong, Li Rongyu, Wang Yi. 2000. Late Ordovician to earliest Silurian graptolite and brachiopod biozonation from the Yangtze region, South China, with a global correlation. Geological Magazine, 137 (6): 623～650

Chen Xu, Rong Jiayu, Qiu Jinyu, Han Nairen, Li Luozhao, Li Shoujun. 1987. Preliminary inverstigation of the late Ordovician strata of Zhuzhai in Yushan of Jiangxi, their depositional features and environment. Journal of Stratigraphy, 11: 23 ～ 34 (in Chinese with English abstract) [陈旭，戎嘉余，丘金玉，韩乃仁，李罗照，李守军. 1987. 江西玉山祝宅晚奥陶世地层、沉积特征及环境初探. 地层学杂志，11: 23～34]

Chen Xu, Rong Jiayu, Zhou Zhiyi, Zhang Yuandong, Zhan Renbin, Liu Jianbo, Fan Junxuan. 2001. The Central Guizhou and Yichang uplifts, Upper Yangtze region, between Ordovician and Silurian. Chinese Science Bulletin, 48 (18): 1 580～1 584

Chen Xu, Zhang Yuandong. 1995. The Late Ordovician graptolite extinction in China. Modern Geology, 20: 1～10

Edgecombe G D, Sherwin L. 2001. Early Silurian (Llandovery) trilobites from the Cotton Formation, near Forbes, New South Wales, Australia. Alcheringa, 25: 87～105

Edgecombe G D, Speter S E, Chatterton B D E. 1988. Protaspid larvae and phylogenetics of encrinurid trilobites. Journal of Paleontology, 62, 779～799

Fortey R A. 1975. Early Ordovician trilobite communities. Fossils and Strata, 4: 339～360

Fortey R A. 1989. There are extinctions and extinctions: examples from the Lower Palaeozoic. Philosophical Transactions of the Royal Society, London, B325: 327～355

Fortey R A. 1997. Classification. In: Kaesler R L, ed. Treatise on Invertebrate Paleontology. Part O. Arthropoda 1. Trilobita, Revised. Volume 1. The Geological Society of America, Inc. and the University of Kansas, Boulder, Colorado and Lawrence, Kansas. 289～302

Fortey R A, Owens R M. 1978. Early Ordovician (Arenig) stratigraphy and faunas of the Carmarthen district, south-west Wales. Bulletin of the British Museum (Natural History), Geology Series, 41: 225～294

Ge Meiyu. 1984. The graptolite fauna of the Ordovician-Silurian boundary section in Yuqian, Zhejiang. In: Stratigraphy and Palaeontology of Systmic Boundaries in China. Ordovician-Silurian Boundary (1). Hefei: Anhui Science and Technology Publishing House. 389～454

Ge Zhizhou, Rong Jiayu, Yang Xuechang, Liu Gengwu, Ni Yu'nan, Dong Deyuan, Wu Hongji. 1977. Ten measured Silurian sections from Southwest China. Stratigraphy and Palaeontology, 8: 92～111 (in Chinese) [葛治洲，戎嘉余，杨学长，刘耕武，倪寓南，董得源，伍鸿基. 1977. 西南地区志留系十条剖面资料. 地层古生物，8:92～111]

Ge Zhizhou, Rong Jiayu, Yang Xuechang, Liu Gengwu, Ni Yu'nan, Dong Deyuan, Wu Hongji. 1979. The Silurian of Southwest China. In: Biostratigraphy of carbonate rocks in Southwest China. Beijing: Science Press. 155～220 (in Chinese) [葛治洲，戎嘉余，杨学长，刘耕武，倪寓南，董得源，伍鸿基. 1979. 西南地区的志留系. 见：西南地区碳酸盐生物地层. 北京:科学出版社. 155～220]

Holloway D J. 1981. Silurian Dalmanitacean trilobites from North America and the Subfamily Dalmanitinae and Synphoriinae. Palaeontology: 24: 695～731

Jaanusson V. 1979. Ordovician. In: Robisen R A, Teichert C, eds. Treatise on Invertebrate Paleontology, Part A, Introduction. Lawrence, Kansas: Geological Society of America and University of Kansas Press. A136～166

Lai Caigen, Jin Ruogu, Lin Baoyu, Huang Zhigao. 1993. Biofacies, Sedimentary Facies and Palaeogeographic Characteristics of the Ordovician in the Lower Yangtze Area. Beijing: Geological Publication House. 1～87 (in Chinese with English summary) [赖才根，金若谷，林宝玉，黄枝高. 1993. 下扬子地区奥陶纪生物相、沉积相及古地理特征. 北京:地质出版社. 1～87]

Lane P D, Owens R M. 1982. Silurian trilobites from Kap Schuchert, Washington Land, western North Greenland. Rapport Grønland geologiske Undersogelse, 108: 41～69

Lane P D, Siveter D J. 1991. A Silurian trilobite fauna dominated by *Calymene* from Kap Tyson, Hall Land, western North Greenland. Rapport Grønland geologiske Undersogelse, 150: 5～14

Li Yaoxi, Song Lisheng, Zhou Zhiqiang, Yang Jingyao. 1975. Stratigraphical Gazetteer of Lower Palaeozoic, Western Dabashan. Beijing: Geological Publishing House. 1～372 (in Chinese) [李耀西，宋礼生，周志强，杨景尧. 1975. 大巴山西段早古生代地层志. 北京:地质出版社. 1～372]

Lin Tianrui. 1981. *Songxites*, a new subgenus of *Dalmanitina* (Trilobita) from the late Upper

Ordovician of Jiangxi. Acta Palaeontologica Sinica, 20: 88～91 (in Chinese with English abstract)[林天瑞. 1981. 江西武宁晚奥陶世 *Dalmaritina* 的一个新亚属——*Songxites*. 古生物学报, 20:88～91]

Lin Tianrui. 1985. A late Upper Ordovician trilobite faunule from NW Jiangxi. Journal of Nanjing University (Natural Sciences), 21: 146～154 (in Chinese with English abstrct)[林天瑞. 1985. 江西武宁晚奥陶世晚期三叶虫. 南京大学学报(自然科学版), 21:146～154]

Lu Yanhao, Chang Wentang. 1974. Ordovician trilobites. In: A Handbook of Stratigraphy and Palaeontology of Southwest China. Beijing: Science Press. 124～136 (in Chinese)[卢衍豪, 张文堂. 1974. 奥陶纪三叶虫. 见:西南地区地层古生物手册. 北京:科学出版社. 124～136]

Lu Yanhao, Wu Hongji. 1982. The Ontogeny of *Platycoryphe sinensis* and its bearing on the phylogeny of the Homalonotidae (Trilobita). Acta Palaeontologica Sinica, 21: 37～57 (in Chinese with English summary)[卢衍豪, 伍鸿基. 1982. 中华平宽头盔虫(*Platycoryphe sinensis*)的个体发育及其与平背虫类系统演化的关系. 古生物学报, 21:37～57]

Lu Yanhao, Wu Hongji. 1983. Ontogeny of the trilobite *Dalmanitina* (*Dalmanitina*) *nanchengensis* Lu. Palaeontologica Cathayana, 1: 123～153

Mänsson K. 1998. Middle Ordovician olenid trilobites (*Triarthrus* Green and *Portefieldia* Cooper) from Jämtland, central Sweden. Transactions of the Royal Society of Edinburgh: Earth Sciences, 89: 47～62

Mänsson. 2000. Trilobites from the Middle and Upper Ordovician Andersön Shale Formation in Jämtland and the equivalent Killeröd Formation in Skåne, Sweden. Lund Publications in Geology, 152: 1～21

Owen A W. 1986. The uppermost Ordovician (Hirnantian) trilobites of Girvan, SW Scotland with a review of coeval trilobite faunas. Transactions of the Royal Society of Edinburgh: Earth Sciences, 77: 231～239

Owen A W, Harper D A T, Rong Jiayu. 1991. Hirnantian trilobites and brachiopods in space and time. In: Barnes C R, Williams S H, eds. Ordovician Geology. Geological Survey of Canada, Paper 90-9: 179～190

Owen A W, Parkes M A. 2000. Trilobite faunas of the Duncannon Group: Caradoc stratigraphy, environments and palaeobiogeography of the Leinster Terrane, Ireland. Palaeontology, 43: 219～269

Owens R M. 1974. The affinities of the trilobite genus Scharyia, with a description of two new species. Palaeontology, 17: 685～697

Owens R M, Hammann W. 1990. Proetide trilobites from the Cystoid Limestone (Ashgill) of NW Spain, and the suprageneric classification of related forms. Paläontologische Zeitschrift, 64: 221～244

Owens R M, Thomas A T. 1975. *Radnolia*, a new Silurian Proetacean trilobite, and the origins of the Brachymetopidae. Palaeontology, 18: 809～822

Ramsköld L, Chatterton B D E. 1991. Revision and subdivision of the polyphyletic "*Leonaspis*" (Trilobita). Transactions of the Royal Society of Edinburgh: Earth Sciences, 82: 333～371

Rong Jiayu. 1979. The *Hirnantia* fauna of China with comments on the Ordovician-Silurian boundary. Acta Stratigraphica Sinica, 3: 1～29 (in Chinese)[戎嘉余. 1979. 中国的赫南特贝动物群(*Hirnantia* fauna)并论奥陶系与志留系的分界. 地层学杂志, 3:1～29]

Rong Jiayu. 1984. Ecostratigraphic evidence of the Upper Ordovician regressive sequences and the effect of glaciation. Journal of Stratigraphy, 8: 19～29 (in Chinese with English abstract)[戎嘉余. 1984. 上扬子区晚奥陶世海退的生态地层证据与冰川活动影响. 地层学杂志, 8:19～29]

Rong Jiayu. 1984a. Distribution of the *Hirnantia* fauna and its meaning. In: Bruton D L, ed.

Aspects of the Ordovician System. Paleontological Contributions from the University of Oslo, 295: 101～112

Rong Jiayu. 1984b. Brachiopods of latest Ordovician in the Yichang district, western Hubei, Central China. In: Stratigraphy and Palaeontology of Systmic Boundaries in China. Ordovician-Silurian Boundary (1). Hefei: Anhui Science and Technology Publishing House. 111～190

Rong Jiayu. 1986. Ecostratigraphy and community analysis of the late Ordovician and Silurian in southern China. In: Selected papers of the 13 th and 14 th Annual Convention of the Palaeontological Society of China. Hefei: Anhui Science and Technology Publishing House. 1～24 (in Chinese with English summary)[戎嘉余. 1986. 生态地层学的基础——群落生态的研究. 见:中国古生物学会第十三、十四届学术年会论文选集. 合肥:安徽科学技术出版社. 1～24]

Rong Jiayu, Chen Xu. 1987. Faunal differentiation, biofacies and lithofacies patterns of Late Ordovician (Ashgillian) in South China. Acta Palaeontologica Sinica, 26: 507～535 (in Chinese with English summary)[戎嘉余, 陈旭. 1987. 华南晚奥陶世的动物群分异及生物相、岩相分布模式. 古生物学报: 26: 507～535]

Rong Jiayu, Harper D A T. 1999. Brachiopod survival and recovery from the latest Ordovician mass extinctions in South China. Geological Journal: 34, 321～348

Rong Jiayu, Yang Xuechang. 1981. Middle and late Earlier Silurian faunas in SW China. Momoir of Nanjing Institute of Geology and Palaeontology, Academia Sinica, 13: 163～278 (in Chinese)[戎嘉余, 杨学长. 1981. 西南地区早志留世中、晚期腕足动物群. 中国科学院南京地质古生物研究所集刊, 13:163～278]

Rong Jiayu, Zhan Renbin. 1999. Ordovician-Silurian brachiopod faun turnover in South China. Geoscience, 13: 390～394 (in Chinese with English abstract)[戎嘉余, 詹仁斌. 1999. 华南奥陶、志留纪腕足动物群的更替——兼论奥陶纪末冰川活动的影响. 现代地质, 13:390～394]

Rong Jiayu, Zhan Renbin. 1999. Chief sources of brachiopod recovery from the end Ordovician mass extinction with special references to progenitors. Science in China, B, 42: 553～560

Rong Jiayu, Zhan Renbin, Harper D A T. 1999. Late Ordovician (Caradoc-Ashgill) brachiopod faunas with *Foliomena* based on data from China. Palaios, 14: 412～431

Sepkoski J J, Jr. 1995. The Ordovician Radiations: diversification and extinction shown by global genus-level taxonomic data. In: Cooper J D, Droser M L, Finney S C, eds. Ordovician Odyssey: Short Papers. 7th International Symposium of Ordovician System. Fullerton, Pacific Section Society of Sedimentary Geology, 77: 393～396

Sheehan P M. 1973. The relation of Late Ordovician glaciation to the Ordovician-Silurian changeover in North American brachiopod faunas. Lethaia, 6: 147～154

Sheng Xinfu. 1964. Upper Ordovician trilobite faunas of Szechuan-Kweichow with special discussion on the classification and boundaries of the Upper Ordovician, Acta Palaeontologica Sinica, 12: 537～571 (in Chinese with English summary) [盛莘夫. 1964. 川黔晚奥陶世三叶虫的研究并讨论上奥陶统的上下界线问题. 古生物学报, 12:537～571]

Sheng Xinfu. 1974. Age of the *Dalmanitina* beds in China. In: Sheng Xinfu. Subdivision and Correlation of the Ordovician in China. Beijing: Geological Publishing House. 53～95 (in Chinese) [盛莘夫. 1974. 中国小达尔曼虫(*Dalmanitina*)层的时代. 见:盛莘夫. 中国奥陶系划分和对比. 北京:地质出版社. 53～95]

Sheng Xinfu. 1982. On the distribution and age of the *Hirnantia* Fauna and the *Dalmanitina* beds in China. Bulletin of the Institute of Geology, Chinese Academy of Geological Sciences, 6: 33～56 (in Chinese with English abstract) [盛莘夫. 1982. 中国赫南特贝动物群与小达尔曼虫层的分布及其时代. 中国地质科学院地质研究所所刊, 6:33～56]

Siveter D J. 1976. The Middle Ordovician of the Oslo Region, Norway, 27. Trilobites of the Family

Calymenidae. Norsk Geologisk Tidsskrift, 56: 335～396

Sloan R E. 1991. A chronology of North American Ordovician trilobite genera. In: Barnes C R, Williams S H, eds. Ordovician Geology. Geological Survey of Canada, Paper 90-9: 165～177

Thomas A T. 1977. Classification and phylogeny of homalonotid trilobites. Palaeontology, 20: 159～178

Thomas A T, Holloway D T. 1988. Classification and phylogeny of the trilobite order Lichida. Philosophical Transactions of the Royal Society of London, B321: 179～262

Wang Xiaofeng, Zeng Qingluan, Zhou Tianmei, Ni Shizhao, Xu Guanghong, Sun Quanying, Li Zhihong, Xiang Liwen, Lai Caigen. 1983. Latest Ordovician and earliest Silurian faunas from the eastern Yangtze Gorges, China with comments on Ordovician-Silurian Boundary. Bulletin of the Yichang Institute of Geology and Mineral Resources, Chinese Academy of Geological Sciences, 6: 95～182 (in Chinese with English summary)[汪啸风，曾庆銮，周天梅，倪世钊，徐光洪，孙全英，李志宏，项礼文，赖才根. 1983. 长江三峡东部地区奥陶纪晚期与志留纪初期的化石群并兼论奥陶系与志留系界线问题. 中国地质科学院宜昌地质矿产研究所所刊，6:95～182]

Wang Xiaofeng, Ni Shizhao, Zeng Qingluan, Xu Guanghong, Zhou Tianmei, Li Zhihong, Xiang Liwen, Lai Caigen. 1987. Biostratigraphy of the Yangtze Gorge area (2), Early Palaeozoic Era. Beijing: Geological Publishing House. 1～641 (in Chinese with English summary)[汪啸风，倪世钊，曾庆銮，徐光洪，周天梅，李志宏，项礼文，赖才根. 1987. 长江三峡地区生物地层学(2)，早古生代分册. 北京:地质出版社. 1～641]

Wang Yu, Boucot A J, Rong Jiayu, Yang Xuechang. 1987. Community Paleoecology as a Geologic Tool: The Chinese Ashgillian-Eifelian (latest Ordovician through early Middle Devonian) as an example. Special Paper of the Geological Society of America, 211: 1～100

Webby B D. 2000. In search of triggering mechanisms for the great Ordovician biodivesification event. In Palaeontology Down-Under 2000. Abstracts for the International Symposium of IGCP Projects 410 and 421. Orange, NSW, Australia. 129～130

Wilde P, Berry W R N. 1984. Destabilization of the oceanic density structure and its significance to marine "extinction" events. Palaeogeography, Palaeoclimatology, Palaeoecology, 48: 143～162

Wu Hongji. 1977. Comments on new genera and species of Silurian-Devonian trilobites in Southwest China and their significance. Acta Palaeontologica Sinica, 16: 95～119 (in Chinese with English abstract)[伍鸿基. 1977. 西南地区志留-泥盆纪三叶虫的新属种及其地层意义. 古生物学报，16:95～119]

Wu Hongji. 1979. Silurian Encrinuridae (Trilobita) from southwestern China. Acta Palaeontologica Sinica, 18: 125～150 (in Chinese with English abstract) [伍鸿基. 1979. 西南地区志留纪彗星虫科三叶虫. 古生物学报，18:125～150]

Wu Hongji. 1984. A species of *Dalmanitina* (Trilobita) from Deqing and Yuqian counties, western Zhejiang. In:Stratigraphy and Palaeontology of Systmic Boundaries in China. Ordovician-Silurian Boundary (1). Hefei: Anhui Science and Technology Publishing House. 455～466

Yuan Wenwei, Li Luozhao, Zhou Zhiyi, Zhang Cunshan. 2001. Ontogeny of the Silurian trilobite *Aulacopleura* (*Aulacopleura*) *wulongensis* Wang of western Hubei and its implications for the phylogeny of the Aulacopleurinae. Acta Palaeontologica Sinica, 40: 388～398 (in Chinese with English summary)[袁文伟，李罗照，周志毅，张存善. 2001. 鄂西早志留世 *Aulacopleura* (*Aulacopleura*) *wulongensis* Wang(1989)的个体发育及 Aulacopleurinae 亚科的系统演化. 古生物学报，40:388～398]

Yin Gongzheng, Li Shanji. 1978. Trilobita. In: Palaeontological Atlas of Southwest China, Guizhou (1). Beijing: Geological Publishing House. 385～595 (in Chinese)[尹恭正，李善姬. 1978. 三叶

虫纲. 见:贵州省地层古生物工作队编著. 西南地区古生物图册，贵州分册(1):寒武纪-泥盆纪. 北京:地质出版社. 385～595]

Zhan Renbin, Cocks L R M. 1998. Late Ordovician brachiopods from the South China Plate, and their palaeobiogeographical significance. Special Paper in Palaeontology, 59: 5～70

Zhan Renbin, Rong Jiayu. 1995. Synecology and their distribution pattern of Late Ordovician brachiopods from the Zhejiang-Jiangxi border region, E. China. Chinese Science Bulletin, 40: 932～935 (in Chinese)[詹仁斌，戎嘉余. 1995. 浙赣边区晚奥陶世腕足动物群落分布型式. 科学通报，40: 932～935]

Zhang Quanzhong, Jiao Shiding. 1985. The new success in the study of Silurian of Tangshan, Nanjing, Jiangsu Province. Bulletin of the Nanjing Institute of Geology and Mineral Resources, Chinese Academy of Geological Sciences, 6: 97～111 (in Chinese with English abstract)[张全忠，焦世鼎. 1985. 南京汤山地区志留系研究的新进展. 中国地质科学院南京地质矿产研究所所刊，6:97～111]

Zhang Wentang. 1974. Silurian trilobites. In: A handbook of stratigraphy and palaeontology of Southwest China. Beijing: Science Press. 173～187 (in Chinese)[张文堂. 1974. 志留纪三叶虫. 见:西南地区地层古生物手册. 北京:科学出版社. 173～187]

Zhang Wentang, Xu Hankui, Chen Xu, Chen Junyuan, Yuan Kexing, Lin Yaokun, Wang Jungeng. 1964a. Ordovician of northern Guizhou. In: Palaeozoic strata of northern Guizhou. Nanjing: Nanjing Institute of Geology and Palaeontology, Academia Sinica. 33～78 (in Chinese) [张文堂，许汉奎，陈旭，陈均远，袁克兴，林尧坤，王俊庚. 1964a. 贵州北部的奥陶系. 见: 中国科学院南京地质古生物研究所编. 贵州北部的古生代地层. 南京:中国科学院南京地质古生物研究所. 33～78]

Zhang Wentang, Chen Xu, Xu Hankui, Wang Jungeng, Lin Yaokun, Chen Junyuan. 1964b. Silurian of northern Guizhou. In: Palaeozoic strata of northern Guizhou. Nanjing: Nanjing Institute of Geology and Palaeontology, Academia Sinica. 79～110 (in Chinese)[张文堂，陈旭，许汉奎，王俊庚，林尧坤，陈均远. 1964b. 贵州北部的志留系. 见:中国科学院南京地质古生物研究所编. 贵州北部的古生代地层. 南京:中国科学院南京地质古生物研究所. 79～110]

Zhou Zhiqiang, Zhou Zhiyi, Yuan Wenwei. 2000. Middle Caradoc trilobite biofacies of the Micangshan area, northwestern margin of the Yangtze Block. Journal of Stratigraphy, 24: 264～274 (in Chinese with English abstract)[周志强，周志毅，袁文伟. 2000. 上扬子区西北缘米仓山地区卡拉道克中期的三叶虫相. 地层学杂志，24: 264～274]

Zhou Zhiyi, Dean W T. 1989. Trilobite evidence for Gondwanaland in east Asia during the Ordovician. Journal of Southeast Asian Earth Sciences, 3: 131～140

Zhou Zhiyi, Zhou Zhiqiang, Yuan Wenwei, Zhou Tianmei. 2000. Late Ordovician trilobite biofacies and palaeogeographyical development, western Hubei-Hunan. Journal of Stratigraphy, 24: 249～263 (in Chinese with English abstract)[周志毅，周志强，袁文伟，周天梅. 2000. 湘鄂西部地区晚奥陶世三叶虫相和古地理演化. 地层学杂志，24: 249～263]

Zhou Zhiyi, Zhou Zhiqiang, Zhang Jinlin. 1989. Ordovician trilobite biofacies of North China Platform and its western marginal area. Acta Palaeontologica Sinica, 28: 296～313 (in Chinese with English summary)[周志毅，周志强，张进林. 1989. 华北地台及其西缘奥陶纪三叶虫相. 古生物学报，28:296～313]

Zhu Zhaoling, Wu Hongji. 1984. The *Dalmanitina* fauna (Trilobita) from Huanghuachang and Wangjiawan, Yichang area, Hubei Province. In: Stratigraphy and Palaeontology of Systmic Boundaries in China. Ordovician-Silurian Boundary (1). Hefei: Anhui Science and Technology Publishing House. 83～110

摘 要 →

依据下扬子区浙赣地区三衢山组(中 Ashgill)和上扬子区黔北地区观音桥层(晚 Ashgill)四射珊瑚属种的系统厘定及其时空分布的分析,首次识别出扬子区奥陶纪晚期四射珊瑚大灭绝事件发生两幕。第一幕在罗塞(Rawtheyan)末期,即中 Ashgill 末期。下扬子区中 Ashgill 期共有四射珊瑚 16 属,至中 Ashgill 末期灭绝了 6 属(*Cystocantrillia*, *Hillophyllum*, *Bowanophyllum*, *Parastreptelasma*, *Favistina* 及扭心类一新属),属的灭绝率为 37.5%;第二幕在赫南特(Hirnantian)末期,即晚 Ashgill 末期。上扬子区晚 Ashgill 期共有四射珊瑚 9 科 15 属,至晚 Ashgill 末期灭绝了 9 属(*Sinkiangolasma*, *Lambeophyllum*, *Kenophyllum*, *Borelasma*, *Salvadorea*, *Utlernelasma*, *Siphonolasma*, *Pycnactoides*, *Bodophyllum*),属的灭绝率高达 60%,还灭绝了 2 个科(Primitophyllidae, Lambelasmatidae),科的灭绝率为22%。第二幕珊瑚群灭绝规模明显高于第一幕。本节探讨这两幕灭绝事件的主控因素及其差异。第一幕大灭绝的主控因素是由于奥陶纪晚期极地冈瓦纳冰盖的形成,引起全球海平面和气温的急速下降,并影响到扬子区。同时,在下扬子区伴生的"广西运动"对灭绝的规模和时间产生一定影响。至 Hirnantian 期,海平面进一步下降,使上扬子区出现由四射珊瑚、腕足类、三叶虫等组成的浅水和冷水型动物群。至 Hirnantian 末期与早志留世初期,因全球性气温回升,极地冰盖快速消融带来全球海平面的快速上升和大规模海侵,及伴随的全球性缺氧事件,这是第二幕大灭绝的主控因素。扬子区奥陶纪晚期四射珊瑚大灭绝事件中,科的灭绝不很明显,种的灭绝率大于 90%。扬子区奥陶纪晚期四射珊瑚大灭绝规模第二幕大于第一幕,其原因是早志留世初期全球性冰川消融,海平面快速上升所带来的缺氧事件,对珊瑚等底栖生态系的破坏更大,从而对四射珊瑚造成更致命打击。本节对奥陶纪顶部观音桥层四射珊瑚动物群的特征和性质进行分析,其最突出的特点是:①所有四射珊瑚均为单体;②大多数属种的隔壁均强烈加厚;③均为单带型(除 *Sinkiangolasma* 和 *Lambeophyllum* 外)。这些一般被认为是冷水型珊瑚的特征。这与该珊瑚群与凉水型腕足类 *Hirnantia* 动物群共生一致,可能与当时南半球冰川活动达到顶峰有关。北美东部某些晚奥陶世四射珊瑚属种如 *Salvadorea*, *Brachyelasma subregulare*(以往认为是暖水型珊瑚)在 Hirnantian 期迁移到上扬子区,表明这些珊瑚具有广布和较强的适应能力,在古生物地理上有重要意义。晚奥陶世晚期华南四射珊瑚在生物古地理上,不但与北欧同期珊瑚群有密切关系,且与北美珊瑚群也有一定的联系。

何心一 hexy@cugb.edu.cn
陈建强 chenjq@cugb.edu.cn
中国地质大学
北京市学院路 29 号,100083

## 第六节

# 扬子区奥陶纪晚期四射珊瑚的大灭绝

何心一,陈建强. 2004. 扬子区奥陶纪晚期四射珊瑚的大灭绝. 见:戎嘉余,方宗杰主编. 生物大灭绝与复苏——来自华南古生代和三叠纪的证据. 合肥:中国科学技术大学出版社. 153～168,1043

关键词 →

大灭绝 四射珊瑚 晚奥陶世 扬子区

对奥陶纪晚期四射珊瑚的大灭绝及其后复苏的研究在国内尚未见报道。Elias 和 Young(1998)讨论了北美中东部奥陶纪末期和志留纪初期珊瑚群的分异度变化,与海平面升降有关;并指出,在 Laurentia 内陆,一次大的海平面下降与 Richmondian 末期珊瑚的大灭绝有关。我国扬子区晚奥陶世至早志留世的四射珊瑚极为发育,是一个理想的研究地区。本节系统地研究浙赣地区三衢山组和黔北、黔东北观音桥层的四射珊瑚动物群在 Rawtheyan 末(中 Ashgill 末)和 Hirnantian 末(晚 Ashgill 末)遭受大灭绝的背景、过程和主控因素。研究工作包括对三衢山组和观音桥层的四射珊瑚进行全面系统的清理,重点是属一级的修订,从而确定扬子区中 Ashgill 三衢山组和晚 Ashgill 观音桥层的四射珊瑚属的数量、大灭绝两幕分别灭绝了多少属、灭绝率是多少等。同时,本节也探讨了两幕大灭绝差异性的原因。关于扬子区奥陶纪晚期四射珊瑚大灭绝之后在早志留世初期的复苏与辐射,将在第七节讨论。

## 一、三衢山组(中 Ashgill)四射珊瑚动物群

浙赣地区晚奥陶世四射珊瑚的研究,最早由俞昌民(1960)报道 *Streptelasma chekiangensis* 及 *Palaeophyllum minimum*。亦农(林宝玉)(1974)提出三衢山组及其相当层位长坞组的珊瑚属种名单。林宝玉、邹鑫祜(1986)描述了该层位的四射珊瑚 10 属、25 种(其中 2 新属、20 新种)。邓占球(1986)描述了 *Favistina* cf. *burksae*。李志明、龚淑云(Li and Gong,1996)描述了 6 属、10 种(其中 1 新属、6 新种)。钟虎(1988)描述了 11 属、16 种(其中 1 新属、2 新种)。笔者进一步厘定钟虎的珊瑚材料,计有 *Sinkiangolasma*,*Tryplasma*,*Aphyllum*,*Cantrillia*,*Neocantrillia*,*Cystocantrillia*,*Hillophyllum*,*Bowanophyllum*,*Streptelasma*,*Brachyelasma*,*Bodophyllum* 和 1 新属,共 12 属。经过对上述成果的分析和系统厘定,并按王鸿祯等(1989)的分类体系,三衢山组的四射珊瑚共有 8 科、19 属(其中 *Rhabdocyclus*,*Grewingkia*,*Lambeophyllum* 3 属存疑)、32 种(包括未定种)(表 2.6.1,表 2.6.2)。需要指出,本节对 *Streptelasma* 属仍采用传统的定义(Hill,1956)。

该动物群以泡沫珊瑚目 Tryplasmatidae 科和扭心珊瑚目 Streptelasmatidae 科为主。*Tryplasma* 是晚奥陶世世界广布属,*Cantrillia* 在欧洲、北美仅见于志留系,在阿尔泰地区 Ashgill 晚期地层中发现 *Cantrillia archalykia* Sokolov and Yolkin (Sokolov and Yolkin,1978)。三衢山组含 *Cantrillia* 种群较多,该属可能起源于下扬子浙赣地区的中 Ashgill 期地层中。同时在该时期形成了 *Cantrillia* 演化系列,即 *Cantrillia*→*Neocantrillia*→*Cystocantrillia*。目前认为 *Aphyllum* 属也最早出现于下扬子浙赣地区的Ashgill中期的三衢山组。该属在世界其他地区仅见于

**表 2.6.1 扬子区奥陶纪晚期四射珊瑚属的时空分布**

**Table 2.6.1 Stratigraphic distribution of Late Ordovician rugosan genera in the Yangtze Region**

| 地区 (Area) | 下扬子区 (Lower Yantgze Region) | 上扬子区 (Upper Yangtze Region) | | | | | | |
|---|---|---|---|---|---|---|---|---|
| 时代、层位 (Age, Horizon) | 中 Ashgill | 晚 Ashgill | Rhuddanian | | Aeronian | | Telychian | |
| 属 (Genus) | 三衢山组 (S) | 观音桥层 (K) | 龙马溪组 (Lu) | 香树园组 (Xia) | 雷家屯组 (Le) | 马脚冲组 (M) | 溶溪组 (R) | 秀山组/宁强组 (Xiu) |
| *Sinkiangolasma* | — | — | | | | | | |
| *Rhabdocyclus* | ··· | - - - | - - - | — | | | | |
| *Tryplasma* | — | - - - | - - - | — | — | - - - | - - - | — |
| *Cantrillia* | — | - - - | - - - | — | - - - | - - - | - - - | — |
| *Neocantrillia*△ | — | - - - | - - - | — | — | | | |
| *Cystocantrillia*△ | — | | | | | | | |
| *Aphyllum* | — | - - - | - - - | — | — | | | |
| *Hillophyllum* ⊕ | — | | | | | | | |
| *Bowanophyllum* ⊕ | — | | | | | | | |
| *Streptelasma* | — | — | - - - | — | — | | | |
| *Brachyelasma* | — | — | - - - | — | — | - - - | - - - | — |
| *Parastreptelasma*△ | — | | | | | | | |
| 新属 1(sp.)△ | — | | | | | | | |
| *Kenophyllum*○ | — | — | | | | | | |
| *Salvadorea*○ | | — | | | | | | |
| *Grewingkia* | ··· | — | - - - | — | | | | |
| *Borelasma*○ | | — | | | | | | |
| *Ullernelasma*○ | | — | | | | | | |
| *Crassilasma* | | — | - - - | — | — | | | |
| *Siphonolasma*△ | | — | | | | | | |
| *Paramplexoides*△ | | — | - - - | — | — | | | |
| *Pycnactoides*△ | | — | | | | | | |
| *Lambeophyllum*○ | ··· | — | | | | | | |
| *Bodophyllum*○ | — | — | | | | | | |
| *Dalmanophyllum*○ | | — | - - - | — | | | | |
| *Palaeophyllum* | — | - - - | - - - | — | — | | | |
| *Favistina* | — | | | | | | | |

注:△扬子区地方性属;⊕澳大利亚特有属;○北美、北欧分子;…表示该属产于三衢山组存疑。

S—Sanjushan Fm.; K—Kuanyinchiao Bed; Lu—Lungmachi Fm.; Xia—Xiangshuyuan Fm.; Le—Leijiatun Fm.; M—Majiaochong Fm.; R—Rongxi Fm.; Xiu—Xiushan Fm. /Ningqiang Fm.

**表 2.6.2 浙赣地区晚奥陶世四射珊瑚属、种的地层分布**

**Table 2.6.2 Stratigraphic distribution of Late Ordovician rugosan genera and species in western Zhejiang and eastern Jiangxi**

| 地 区<br>(Area) | 下扬子区<br>(Lower Yangtze Region) | 上扬子区<br>(Upper Yangtze Region) |
|---|---|---|
| 属、种<br>(Genus and species) | 中 Ashgill<br>三衢山组<br>(Sanjushan Fm.) | 晚 Ashgill<br>观音桥层<br>(Kuanyinchiao Bed) |
| *Sinkiangolasma simplex* | —— | —— |
| *Rhabdocyclus*? *longiseptatus* | —— | |
| *Tryplasma minima* | —— | |
| *T. gigantea* | —— | |
| *T. longispina* | —— | |
| *T. yushanensis* | —— | |
| *T. vagiseptata* | —— | |
| *T. crassispina* | —— | |
| *Cantrillia subcylindrica* | —— | |
| *C. zhejiangensis* | —— | |
| *C. crassitabulata* | —— | |
| *C. scolecoidea* | —— | |
| *C. multitabulata* | —— | |
| *Neocantrillia minima* | —— | |
| *N. cystitabulata* | —— | |
| *Cystocantrillia planotabulata* | —— | |
| *C. cystitabulata* | —— | |
| *Aphyllum* sp. | —— | |
| *Hillophyllum* cf. *priscum* | —— | |
| *Bowanophyllum* sp. | —— | |
| *Streptelasma chekiangense* | —— | |
| *S. corniculum rariseptatum* | —— | |
| *S.* sp. | —— | |
| *Brachyelasma minimum* | —— | |
| *B. primum* | —— | —— |
| *B. yushanense* | —— | |
| *Parastreptelasma raritabulatum* | —— | |
| *P. jiangxiense* | —— | |
| 新属种 1(gen. *et* sp. nov.) | —— | |
| *Kenophyllum* cf. *cylindricum* | —— | —— |
| *Grewingkia*? sp. | —— | |
| *Bodophyllum jiangxiense* | —— | |
| *Lambeophyllum*? sp. | —— | |
| *Palaeophyllum minimum* | —— | |
| *Favistina* cf. *burksae* | —— | |

志留纪。

最令人注目的是 *Hillophyllum* 和 *Bowanophllum* 在三衢山组中的发现。*Hillophyllum* 原见于澳大利亚中奥陶统。王鸿祯(1985)及王鸿祯、陈建强(Wang and Chen,1991)提到三衢山组产 *Hillophyllum*。*Bowanophyllum* 过去仅见于澳大利亚的上奥陶统。以上两属分布范围较小,可称为"窄布属"。推测扬子区三衢山组所产的 *Hillophyllum* 和 *Bowanophyllum* 源于澳大利亚,而属于华北地台的陕西桃曲坡组(晚 Caradoc 至早 Ashgill)(与华南临湘组层位大致相当)所产的 *Hillophyllum* 也可能源于澳大利亚。

三衢山组的扭心珊瑚类 *Streptelasma*, *Brachyelasma* 和 *Kenophyllum*,前两者为世界广布属,后者是北欧、北美生物区系的重要分子。另有 *Bodophyllum* 主要分布在北欧(Neuman,1969),也见于北美晚奥陶世 Gamachian 阶(Elias,1989)和英国威尔士的中 Ashgill(Orita and Ezaki,1999)。产于该组的 *Parastreptelasma* Li and Gong,1996 和扭心珊瑚类一新属均为地方性属。

三衢山组柱珊瑚目仅有 *Palaeophyllum* 和 *Favistina*。林宝玉等(1995)报道浙江江山县中奥陶世砚瓦山组底部产 *Palaeophyllum* 和 *Yohophyllum*,并认为 *Palaeophyllum* 属发源于砚瓦山组底部。*Favistina* 发源于北美中奥陶世晚期黑河阶,属于北美-西伯利亚大区(或称北方大区)中晚奥陶世重要分子。该属在我国西北昆仑山、祁连山等地和浙赣地区也有发现,可称为混生区。

## 二、观音桥层(晚 Ashgill 期)四射珊瑚动物群

对黔北毕节地区观音桥层的四射珊瑚,何心一(1978,1986)最早报道 14 属、40 种。孔磊、黄蕴明(1978)报道了贵州仁怀观音桥层的 *Brachyelasma renhuaiense*。此外,胡兆珣等(1983)报道黔东北石阡雷家屯观音桥层产有 *Streptelasma*, *Borelasma*, *Brachyelasma*, *Crassilasma*, *Grewingkia* 等。1992 年笔者在石阡香树园观音桥层中采到一些四射珊瑚化石,现经笔者鉴定,其内容与胡兆珣等(1983)报道的属种基本相同。对观音桥层的四射珊瑚,经本节修订共有 15 属、34 种(表 2.6.3)。何心一、陈建强(He and Chen,1996)已将该层位原归于 *Pycnactis* 的 3 个种分别改归 *Crassilasma yentzekouensis* (He), *Kenophyllum kueichouense* (He), *K. minor* (He)。

Nelson(1981)和 Elias(1985)对 *Streptelasma* 属进行了厘定,把具开阔主内沟、后期主隔壁变短、横板强烈上凸并在内沟处凹陷的类型归入 *Salvadorea* 属。据此,笔者将原归 *Streptelasma megafossulata* 及 *Streptelasma insolitum* 的标本改定为 *Salvadorea megafossulata* (He) 和 *Salvadorea insolita* (He)。此外,在观音桥层中还新发现 *Dalmanophyllum*,该属主要见于北欧、中亚的晚奥陶世及欧

**表 2.6.3 黔北晚奥陶世末期观音桥层四射珊瑚属、种的地层分布**

**Table 2.6.3 Stratigraphic distribution of latest Ordovician rugosan genera and species of Kuanyinchiao Beds in northern Guizhou**

| 层位 (Horizon) / 属与种 (Genus and species) | 上奥陶统 (Upper Ordovician) | 兰多维列统 (Llandovery) | |
|---|---|---|---|
| | 观音桥层 (Kuanyinchiao Bed) | 龙马溪组 (Lungmachi Fm.) | 香树园组 (Xiangshuyuan Fm.) |
| *Sinkiangolasma simplex* | —— | | |
| *Lambeophyllum* sp. | —— | | |
| *L. breviseptatum* | —— | | |
| *Streptelasma kueichouense* | —— | | |
| *Salvadorea insolita* △ | —— | | |
| *S. megafossulata* △ | —— | | |
| *Brachyelasma primum* ○ | —— | | |
| *B. renhuaiense* | —— | | |
| *B. lindstroemophylloides* | —— | | |
| *B. irregulare* | —— | | |
| *B. subregulare* ○ | —— | | |
| *B.* cf. *medioseptatum* ○ | —— | | |
| *Grewingkia sinensis* | —— | | |
| *G. irregularis* | —— | | |
| *G.* cf. *bilateralis* ○ | —— | | |
| *Borelasma cf. crassitangens* | —— | | |
| *B. sinensis* | —— | | |
| *B. corniculum* | —— | | |
| *B. bijieense* | —— | | |
| *Bodophyllum ? chinense* | —— | | |
| *Dalmanophyllum* sp. ○ | —— | | |
| *Siphonolasma obliquitabulatum* | —— | | |
| *Paramplexoides cylindricus* | —— | - - - - | —— |
| *Ullernelasma crassiseptatum* | —— | | |
| *U. minor* | —— | | |
| *Kenophyllum* cf. *cylindricum* ○ | —— | | |
| *K. kueichouense*△ | —— | | |
| *K. minor*△ | —— | | |
| *Crassilasma concavum* | —— | | |
| *C. actheseptatum* | —— | | |
| *C. polytabulatum* | —— | | |
| *C. yentzekouensis* △ | —— | | |
| *Pycnactoides marginotabulatus* | —— | | |
| *P. minutus* | —— | | |

注:△修订后的属、种;○北欧或北美上奥陶统的常见分子。

洲、北美早、中志留世地层中。

观音桥层的四射珊瑚均为单体，其中Streptelasmatidae科的属种占98%以上，另有Dalmanophyllidae科的少数代表，如*Dalmanophyllum*和*Bodophyllum*，以及个别泡沫类珊瑚，如*Sinkiangolasma*。除发育世界广布属*Streptelasma*，*Brachyelasma*，*Grewingkia*，*Crassilasma*外，还有北欧和中亚晚奥陶世特有分子*Borelasma*和*Bodophyllum*。*Salvadorea*属以往仅见于北美东部的上奥陶统，*Lambeophyllum*属过去仅产于北美东、西部的中奥陶统，现均发现于黔北观音桥层中，对阐述当时珊瑚生物古地理区系有重要意义。

观音桥层的某些珊瑚属种，属于广布种，如*Brachyelasma primum*，*Kenophyllum* cf. *cylindricum*，*Sinkiangolasma simplex*等，它们很可能从下扬子区三衢山组迁移而来。在观音桥层四射珊瑚中（表2.6.3），有3个地方性属——*Paramplexoides*，*Siphonolasma*，*Pycnactoides*。尤以*Paramplexoides cylindricum*数量最多，且个体一般较大，属于优势种。同时，惟有该种可上延至早志留世的香树园组（如近年来发现于石阡香树园组）。*Paramplexoides*除广布于川黔地区晚奥陶世及早志留世地层外，在宁夏中宁地区的早志留世照花井组和西秦岭迭部地区早志留世地层中也找到过（何心一、陈建强，1999）。

观音桥层的四射珊瑚动物群，称为*Borelasma-Grewingkia*组合（王鸿祯等，1989）。该组合层位可与北欧瑞典同期地层*Dalmanitina*层或挪威的5b层对比，同时可与北美晚奥陶世Gamachian阶珊瑚群对比。Elias（1989）曾指出北美Edgewood地区Gamachian阶的珊瑚群与北欧*Dalmanitina*层及黔北观音桥层珊瑚群层位可以对比。但北美地区的四射珊瑚甚为单调，其中98%的标本属于*Brachyelasma*的若干种，其个体较大，并与群体四射珊瑚*Palaeophyllum*，*Pycnostylus*（Yong and Elias，1995）共生，属于暖水型动物群。而观音桥层的四射珊瑚属种甚为丰富，分异度较大（有15属、34种）（表2.6.3），属于冷水型珊瑚动物群，主要特征是均为小型至中型、单体、单带型四射珊瑚，一般隔壁加厚。其中，有些属种（*Brachyelasma primum*，*Kenophyllum* cf. *cylindricum*等）原为暖水型珊瑚，在经受了第一幕大灭绝后，于灾变期，即在观音桥期转变为逐渐适应冷水环境，与冷水型腕足类*Hirnantia*动物群共生。

## 三、奥陶纪晚期四射珊瑚的大灭绝

奥陶纪晚期生物的大灭绝，已由国内外许多学者论及（Rong and Chen，1986；Kauffman and Erwin，1995；Sheehan *et al.*，1996；陈旭、戎嘉余，1990）。陈旭、戎嘉余（1990）指出："奥陶纪末期集群绝灭应称为奥陶纪晚期的集群绝灭，它至少由两幕组成，即罗塞（Rawtheyan）末期以及赫南特（Hirnantian）末期"。Rawtheyan末期即相当于中 Ashgill 期之末，而 Hirnantian 期相当于上扬子地区的晚 Ashgill 期，与观音桥层时代相当。扬子区三衢山组及观音桥层的四射珊瑚非常丰富，这两个珊瑚群分别在 Rawtheyan 末期（第一幕）以及 Hirnantian 末期（第二幕）遭受大灭绝。以下将分别论述。

### （一）扬子区奥陶纪晚期四射珊瑚第一幕大灭绝

浙赣地区三衢山组四射珊瑚大致在 Rawtheyan 后期遭受了第一幕大灭绝事件。大灭绝之前，三衢山组四射珊瑚共有 16 属（表 2.6.1），其中，经受第一幕大灭绝后，上延至晚 Ashgill 期的有 *Sinkiangolasma*，*Streptelasma*，*Brachyelasma*，*Kenophyllum*，*Bodophyllum* 等 5 属。当 Rawtheyan 末期大灭绝来临时，有些属因不适应环境被迫逃离原生活场所，寻找避难地，赖以生存。如 *Cantrillia*，*Neocantrillia*，*Tryplasma*，*Aphyllum*，*Palaeophyllum* 等 5 属在 Rawtheyan 末似已消失，在其上的 Hirnantian 期（观音桥层）、早志留世龙马溪组及其相当地层中均未见其踪影，但在黔东北等地早志留世香树园组（Rhuddanian 末至 Aeronian 早、中期）中重新出现。在计算属的灭绝率时未包括这些属。因此，三衢山组四射珊瑚 16 属在 Rawtheyan 末期实际灭绝了 6 属，它们是 *Cystocantrillia*，*Hillophyllum*，*Bowanophyllum*，*Parastreptelasma*，*Favistina* 及扭心珊瑚类 1 新属。属的灭绝率为 37.5%。Raup（1982）提出了一个集群灭绝的经验值，他认为 20%～25%属的灭绝是集群灭绝的最小值。由此看来，三衢山组四射珊瑚在 Rawtheyan 末期的灭绝属于大灭绝。

灭绝的四射珊瑚 6 属中，*Cystocantrillia*，*Parastreptelasma* 和 1 新属均为下扬子区地方性属。*Hillophyllum*，*Bowanophyllum* 原为澳大利亚中、晚奥陶世特有属，这 2 属总的可称为窄布属。*Favistina* 为北方大区的重要分子，系群体喜礁生物，一旦环境改变，礁体被毁，它即随之迁移或消亡。该属在世界范围内均在奥陶纪晚期灭绝。Sheehan 等（1996）提出，晚奥陶世灭绝期，遭遇劫难后的生物存在两种不同模式：一是那些地方性属群或窄布属，尤其是对于分离的陆表海而言，在大灭绝期间，遭受灭绝的规模更大；二是那些广布属则易于残存。三衢山组中的广布属 *Sinkiangolasma*，*Streptelasma*，*Brachyelasma*，*Kenophyllum*，*Bodophyllum* 等 5 属上延至晚 Ashgill 观音桥层；地方性属 *Parastreptelasma*，*Cystocantrillia* 和扭心类一个未定名新属等 3 属则已灭绝，均印证了 Sheehan 等（1996）的观点。

三衢山组四射珊瑚共 35 种（表 2.6.2），至 Rawtheyan 末期灭绝 29 种，种的灭绝率为 90.6%。值得注意的是残存的 3 种均为广布种。

## （二）扬子区奥陶纪晚期四射珊瑚第二幕大灭绝

川、黔地区观音桥层的四射珊瑚15属（表2.6.1）中，至Hirnantian末期灭绝了9属（*Sinkiangolasma*，*Lambeophyllum*，*Kenophyllum*，*Borelasma*，*Salvadorea*，*Ullernelasma*，*Siphonolasma*，*Pycnactoides*，*Bodophyllum*），属的灭绝率高达60%，与Raup(1982)提出的标准（20%～25%）比较，灭绝率显然较高。在这些灭绝的属中，除一些地方性属和窄布属外，有一些广布属（如*Kenophyllum*，*Bodophyllum*等）也难逃厄运。

值得注意的是，三衢山组四射珊瑚属于暖水型动物群，全球范围生物大灭绝第一幕的主控因素是冰川事件及其伴生的全球海平面快速下降，下降幅度可达50～100 m(Sheehan,1973；戎嘉余，1984；Brenchley *et al*.,1995)，在扬子区相当于晚Ashgill的灾变期总体为寒冷环境。冰盖的形成使全球大气和海水的平均温度下降幅度可达8℃～10℃(Brenchley *et al*.,1995)。三衢山组四射珊瑚经第一幕大灭绝后，延入上扬子区观音桥层的只有5属（*Sinkiangolasma*，*Kenophyllum*，*Bodophyllum*，*Streptelasma*，*Brachyelasma*），其中前3属在第二幕末灭绝。属于灾变期的观音桥层中新出现的属达9个之多（*Pycnactoides*，*Siphonolasma*，*Ullernelasma*，*Borelasma*，*Salvadorea*，*Lambeophyllum*，*Dalmanophyllum*，*Paramplexoides*，*Grewingkia*），这些都属于冷水（凉水）型珊瑚，其中，前6个属灭绝于第二幕。另外，*Crassilasma*可能是从上扬子区临湘期延续而来的，在黔东北石阡雷家屯晚奥陶世涧草沟组中已有发现(He and Chen,2003)。部分暖水型珊瑚可能被迫迁移到一个至今尚不明的避难处。在上扬子区，灾变期寒冷、浅水，经第一幕后延续下来的部分暖水型珊瑚达到新的适应，同时出现了较丰富的冷水型珊瑚。但是，接踵而来的奥陶-志留纪之交冰期结束，因气候回暖、海平面快速上升、缺氧事件等因素使其大量灭绝，规模大于第一幕。

观音桥层四射珊瑚的34种（表2.6.3）中，至Hirnantian末期，除*Paramplexoides cylindricus*一种上延至早志留世香树园组外，其余全部灭绝，种的灭绝率更高达97.06%。因此，扬子区四射珊瑚第二幕的大灭绝，无论是属的灭绝率(60%)，还是种的灭绝率(97.06%)，均明显超过第一幕。另从科级分类单元来看，三衢山组共有9科，大灭绝第一幕科的灭绝率为零。Hirnantian末（大灭绝第二幕）则有Primitophyllidae和Lambelasmatidae两科灭绝，灭绝率为22.2%。在扬子区中、晚奥陶世四射珊瑚9科（表2.6.4）中，有7科上延至早志留世。

**表 2.6.4 扬子区中、晚奥陶世四射珊瑚各科的延限**

**Table 2.6.4 The range of Middle and Late Ordovician rugosan families in the Yangtze Region**

| 时代 (Age) / 科 (Family) | 中奥陶世 (Middle Ordovician) | 晚奥陶世 (Late Ordovician) | | | 兰多维列世 (Llandovery) |
|---|---|---|---|---|---|
| | | 早Ashgill期 | 中Ashgill期 | 晚Ashgill期 | Llandovery |
| Palaeocyclidae | | | ——— | ——— | ———▶ |
| Primitophyllidae | ——— | ——— | ——— | ——— | |
| Tryplasmatidae | | | ——— | ——— | ———▶ |
| Mucophyllidae | ——— | ——— | ——— | ——— | ———▶ |
| Lambelasmatidae | ——— | ——— | ——— | ——— | |
| Streptelasmatidae | ——— | ——— | ——— | ——— | ———▶ |
| Dalmanophyllidae | | | ——— | ——— | ———▶ |
| Stauriidae | ——— | ——— | ——— | ——— | ———▶ |
| Calostylidae | ——— | ——— | ——— | ——— | ———▶ |

注：——▶表示上延。

## 四、奥陶纪晚期两次大灭绝原因及扬子区实例剖析

对奥陶纪晚期生物集群灭绝的原因，许多学者都将其归咎于晚奥陶世极区冰盖的大量凝聚，造成全球性急剧的海平面下降，由于浅水生态域大面积地缩小，导致许多海生底栖无脊椎生物群的灭绝。Rawtheyan 末期和 Hirnantian 末期两次大灭绝虽然均与冰川活动及其伴生的全球性海平面升降、气温变化等因素有关，但两次灭绝的主控因素是不同的。前者主要由于海平面急速下降和气温变冷所致，后者主要由于 Hirnantian 末冰期结束、气温回升，早志留世初期海平面快速上升、全球性缺氧事件，四射珊瑚失去生活场所而遭受致命的打击。以下将结合扬子区的实例加以剖析。

在 Rawtheyan 末期，正值冈瓦纳南极冰盖凝聚达到最大时期。戎嘉余(1984)曾估计当时全球海平面下降达 50～100 m。这对浅海生活的各类生物，尤其对造礁生物而言，因大面积生态域的丧失给许多生物类别带来致命的打击。尽管扬子地台当时远离南极冰川活动区，并未留下冰川活动的直接痕迹，但间接影响是十分明显的。除海平面下降外，全球大气和海水温度平均下降 8℃～10℃(戎嘉余、詹仁斌，1999)，这对生物群也产生了重要影响，如产生食物链的中断危机。戎嘉余、詹仁斌(1999)认为冰盖形成、大气和水温实质性的下降是奥陶纪末集群灭绝第一幕(Rawtheyan 末期)的主控因素。笔者同意此观点。

浙赣地区三衢山组为一套碳酸盐岩沉积，常含生物礁灰岩，中、上部四射珊瑚和横板珊瑚均很发育。其沉积环境处于浙赣台地边缘，属浅海无碎屑岩供应地区。

在水动力相对较强、水循环良好、营养充足的台地环境中，生物礁发育，以横板珊瑚和群体四射珊瑚及层孔虫等为主。如在江西玉山、浙江常山灰埠和江山地区发育面积不大的碳酸盐沉积，构成浅海陆棚上的小型孤立台地，其上发育生物礁（金善燏等，1998）。由于Rawtheyan末期极地冰川活动加剧，全球海平面大幅度下降和气温变冷，浙赣地区沉积环境、生态环境也发生改变，使三衢山组底栖生物如珊瑚、腕足类主要类别失去生态位而大量灭绝，有的被迫迁移它处成为残存分子。在江西玉山祝宅三衢山组顶部有古风化壳的存在是海平面下降的直接证据，即浙赣台地在中Ashgill中晚期已抬升并露出海面成为华夏古陆的一部分（陈旭等，1987）。陈旭、米切尔（1996）指出，广西运动前缘增生楔由东南向北西方向推进，与华夏古陆不断扩张是一致的。现已查明在Rawtheyan期之末发生的生物大灭绝事件是全球性的，北美地台、西伯利亚地台、俄罗斯地台、扬子地台均发生动物群的整体灭绝。

至Ashgill晚期，即Hirnantian期，全球生物界的发展处于灾变期，南极冰川活动达到顶峰，而冰川分布范围也随之由高纬度向低纬度扩展，这就导致海洋中一些喜温生物消亡或发展停滞。Hirnantian最末期全球气候回升、冰期结束，早志留世初冰川消融、海平面大幅度上升、缺氧环境等是奥陶纪末期第二幕大灭绝的主控因素。由于冰盖消融形成全球大规模海侵，因而使许多生物群大量灭绝。早志留世初的缺氧环境形成广布的黑色页岩或笔石页岩相，均不利于底栖生物（珊瑚类、腕足类、三叶虫）等生存，同时也因早志留世初期大规模海侵，使一些底栖生物失去生态位而消亡。最令人注目的是，世界广布的*Hirnantia*动物群整体在Hirnantian期之末灭绝。

上扬子区奥陶纪宝塔期至临湘期为较深的浅海环境，腕足类以代表BA4～5的*Foliomena*动物群为特征（戎嘉余、詹仁斌，1999）。当下扬子区Ashgill中期发育珊瑚动物群时，上扬子区仍为不适宜珊瑚生长的环境。随着海平面进一步下降和广西运动的影响，下扬子区上升为陆地，上扬子区转化为适宜珊瑚生长的环境，发育了浅水底栖*Hirnantia*动物群。Hirnantian期观音桥层位于五峰组的上部，早志留世龙马溪组之下，其岩性多为深灰色泥灰岩和生物碎屑灰岩，当其厚度大于1 m至数米时，往往含有较丰富的单体四射珊瑚、腕足类及三叶虫等，反映当时海水清澈和营养丰富，海底性质适宜珊瑚的固着生活。当观音桥层厚度较薄，随泥砂质的增多，海水变混浊，珊瑚减少或无，而腕足类*Hirnantia*动物群分子及三叶虫等则增多。观音桥层含丰富的四射珊瑚动物群，在Hirnantian之末遭受大灭绝，属的灭绝率达60%。灭绝的原因为：①Hirnantian期处于全球生物宏演化的灾变期，也是全球性冰川发育的高峰期，生物的发展处于极度的低潮时期，观音桥层四射珊瑚的一些地方性属（*Siphonolasma*，*Pycnactoides*等）和窄布属（*Sinkiangolasma*，*Lambeophyllum*，*Borelasma*，*Ullernelasma*，*Kenophyllum*等）在

Hirnantian末期均已灭绝。戎嘉余(1984)曾从生态地层学论述上扬子区晚奥陶世海退与冰川活动影响,认为晚奥陶世临湘组为较深水沉积(BA4～5)→五峰组沉积稍变浅(BA3～4)→观音桥层浅海沉积(BA2～3),说明Ashgill期从早期到晚期,在上扬子地区海水不断变浅是受到全球性海退事件影响,并出现观音桥层浅水底栖动物群,在毕节、仁怀一带还出现珊瑚富集层。②水温变化的影响,当极地冰川发育达到高峰时,全球气温和中、低纬度海水温度也将大大降温,而高纬度低寒海水趋向于向中、低纬度海域流动,这就大大不利于一些喜温生物的生存,而出现冷水型*Hirnantia*动物群和冷水型四射珊瑚动物群,其中四射珊瑚表现为中小型、单体、单带型、厚隔壁的类型,这些四射珊瑚一般适应性较强,在水温较低或较深环境也可生存。早二叠世的*Lytvolasma*动物群(均为单体,单带型,隔壁一般加厚)即属于冷水型珊瑚动物群(吴望始,1975)。观音桥层中扭心珊瑚科有不少属的隔壁加厚密接,如*Kenophyllum*,*Siphonolasma*,*Pycnactoides*等,属较典型的冷水型(凉水型)珊瑚。同时由于海水温度进一步变低,水质也发生了一些变化,如碳、氧同位素比值的变化,以及浮游生物大量死亡,食物链中断,对底栖生物极为不利,使生物发展处于低潮期,很容易遭受灭绝。③早志留世初期全球冰期结束、气温迅速回升、快速海侵及缺氧事件(龙马溪组黑色页岩沉积),使底栖生物赖以生存的生态位和生活环境丧失殆尽。

在下扬子区早志留世高家边组未见黑色页岩,主要为灰绿色砂质岩层,表明水质不清洁,底质松软,同样不利于珊瑚的生长发育。至今尚未在龙马溪组和高家边组中发现过珊瑚化石。因此在广阔的扬子区,一方面早志留世初期海侵迅速吞没原有晚奥陶世最晚期珊瑚生态位,另一方面早志留世初期缺氧和碎屑沉积环境均不利于珊瑚的生长,因而导致观音桥层珊瑚群的大灭绝。

扬子区奥陶纪晚期四射珊瑚大灭绝规模第二幕明显大于第一幕,其主要原因是:①早志留世初期因全球性冰川消融,海平面快速上升,底栖生物的生态位极大地缩小,对于适于浅水、底栖、清澈环境的珊瑚来说,第二幕的剧变因素对它们的打击更大;②由于全球性海平面快速上升,相伴生的是全球性缺氧事件,对底栖生态系的破坏更大,给四射珊瑚造成了致命的打击。

**致　谢**　本文是国家重点基础研究发展规划项目"重大地史时期生物的起源、辐射、灭绝和复苏"(G2000077703)、中国科学院南京地质古生物研究所开放实验室基金项目(983103)和教育部高等学校博士学科点专项科研基金(20010491005)成果之一。

本文的完成,承蒙中国科学院南京地质古生物研究所戎嘉余、陈旭、詹仁斌的支持和帮助,在此表示衷心感谢!

## 参考文献

Brenchley P J, Carden G A F, Marshall J D. 1995. Environmental changes associated with the "first strike" of the Late Ordovician mass extinction. Modern Geology, 20: 69～82

Brenchley P J. 1984. Late Ordovician extinctions and their relationship to the Gondwana glaciation. In: Brenchley P J, ed. Fossils and Climate. Chichester: John Wiley and Sons, Ltd. 291～315

Chen Xu, Mitchell C E. 1996. Stratigraphic evidences on Taconican and Guangxian Orogeney. Journal of Stratigraphy, 20(4): 305～313 (in Chinese with English abstract)［陈旭，米切尔(Mitchell C E). 1996. 塔康运动与广西运动的地层学证据. 地层学杂志，20(4)：305～313］

Chen Xu, Rong Jiayu. 1990. Concepts and analysis of mass extinction with an example of Late Ordovician event. In: Rong Jiayu, Fang Zongjie, Wu Tongjia, eds. Selected Papers of Theoretical Paleontology. Nanjing: Nanjing University Press. 91～120(in Chinese)［陈旭，戎嘉余. 1990. 集群绝灭的基本概念及奥陶纪晚期的实例剖析. 见：戎嘉余，方宗杰，吴同甲主编. 理论古生物学文集. 南京：南京大学出版社. 91～120］

Chen Xu, Rong Jiayu, Qiu Jinyu, Han Nairen, Li Luozhao, Li Shoujun. 1987. Preliminary investigation of the Late Ordovician strata of Zhuzhai in Yushan of Jiangxi, their depositional features and environment. Journal of Stratigraphy, 11(1): 23～34 (in Chinese with English abstract)［陈旭，戎嘉余，丘金玉，韩乃仁，李罗照，李守军. 1987，江西玉山祝宅晚奥陶世地层沉积特征及环境初探. 地层学杂志，11(1)：23～34］

Deng Zhanqiu. 1986. Notes on some Early Paleozoic corals. Acta Palaeontologica Sinica, 25(6): 648～656 (in Chinese with English Abstract)［邓占球. 1986. 记述几种早古生代珊瑚. 古生物学报，25(6)：648～656］

Elias R J. 1985. Solitary rugose corals of the Upper Ordovician Montoya Group, southern New Mexico and westernmost Texas. Journal of Paleontology, The Palaeontological Society, Memoir, 16: 1～54

Elias R J. 1989. Extinctions and origins of solitary rugose corals, latest Ordovician to earliest Silurian in North America. In: Jell P A, Pickett J W, eds. Fossil Cnidaria, 5, Association of Australian paleontologists, Memoir, 8: 319～326

Elias R J, Young G A. 1998. Coral diversity, ecology and provincial structure during a time of crisis: the latest Ordovician to earliest Silurian Edgewood Province in Laurentia. Journal of Paleontology, 13(2): 98～112

He Xinyi, Chen Jianqiang. 1996. Microskeletal structures and classification of the Family Streptelasmatidae, Kodonophyllidae and Pycnactidae (Rugosa). In: Wang Hongzhen, Wang Xunlian, eds. Centennial Memorial Volume of Professor Sun Yunzhu. Paleontology and Stratigraphy. Wuhan: China University of Geosciences Press. 36～41

He Xinyi. 1978. Tetracoral fauna of the Late Ordovician Guanyinqiao Formation, Bijie, Guizhou Province. In: Editorial Committee of Professional Papers of Stratigraphy and Paleontology, Chinese Academy of Geological Sciences. Professional Papers of Stratigraphy and Paleontology, 6. Beijing: Geological Publishing House. 1～45(in Chinese with English abstract)［何心一. 1978. 贵州毕节晚奥陶世观音桥层四射珊瑚动物群. 见：中国地质科学研究院地层古生物论文集编委会编. 地层古生物论文集，6. 北京：地质出版社. 1～45］

He Xinyi. 1986. New material of rugose corals of the Late Ordovician Guanyinqiao Beds in Bijie, Guizhou Province. In: Editorial Committee of Professional Papers of Stratigraphy and Paleontology, Chinese Academy of Geological Sciences. Professional Papers of Stratigraphy and

Paleontology, 14. Beijing: Geological Publishing House. 29～48 (in Chinese with English abstract) [何心一. 1986. 贵州毕节晚奥陶世观音桥层四射珊瑚新资料. 见:中国地质科学研究院地层古生物论文集编委会编. 地层古生物论文集,14. 北京:地质出版社. 29～48]

He Xinyi, Chen Jianqiang. 1998, Origin. dispersion and biogeographic affinity of Ordovician and Silurian rugose corals in Yangtze region. Geoscience--Journal of Graduate School, China University of Geosciences, 12(2): 151～159 (in Chinese with English abstract) [何心一,陈建强. 1998. 扬子区奥陶纪和志留纪四射珊瑚的起源扩散及生物古地理关系. 现代地质,12(2):151～159]

He Xinyi, Chen Jianqiang. 1999. Early Silurian rugose coral fauna of Tewo area, west Qinling. Acta Palaeontologica Sinica, 38(4):423～434 (in Chinese with English abstract) [何心一,陈建强. 1999. 西秦岭迭部地区早志留世四射珊瑚动物群. 古生物学报,38(4):423～434]

He Xinyi, Chen Jianqiang. 2003. New information on the Late Ordovician and Early Silurian rugose corals from northern Guizhou Province. Acta Palaeontologica Sinica, 42(2): 174～188 (in English with Chinese abstract) [何心一,陈建强. 2003. 黔北晚奥陶世和早志留世四射珊瑚新资料. 古生物学报,42(2):174～188]

Hill D. 1956. Rugosa. In: Moore R C, ed. Treatise on Invertebrate Paleontology, Part F, Coelenterata. Geological Society of America and University of Kansas (New York, Lawrence). P. F 233～324

Hu Zhaoxun, Gong Lianzan, Yang Shengwu, Wang Hongdi. 1983. Ordovician-Silurian boundary in Shiqian, Guizhou. Journal of Stratigraphy, 7(2):140～142 (in Chinese with English abstract) [胡兆珣,龚联瓒,杨绳武,王洪第. 1983. 贵州石阡奥陶-志留系分界地层新知. 地层学杂志,7(2):140～142]

Jin Shanyu, Ju Tianyin, *et al*. 1998. Feature, Genesis and Reservoir Characteristic of Reef of Sinian-Triassic in South China. Shanghai: Shanghai Science and Technology Press. 1～152 (in Chinese) [金善燏,鞠天吟等著. 1998. 中国南方震旦纪-三叠纪生物礁分布特征、成因及储集性能的研究. 上海:上海科学技术出版社. 1～152]

Jin Yugan. 1991. Two stages of latest Permian biotic mass extinction event. Palaeoworld, 1:39 (in Chinese with English abstract) [金玉玕. 1991. 二叠纪末期生物集群绝灭的两个阶段. Palaeoworld, 1:39]

Kaljo D, Klaamann E. 1973. Ordovician and Silurian corals. In: Hallam A, ed. Atlas of Palaeobiogeography. Amsterdam, Elsevier. 37～46

Kauffman E G, Erwin D H. 1995. Surviving mass extinctions. Geotimes, 40(3):14～17

Kong Lei, Huang Yunming. 1978. Tetracoral. In: Palaeontological Atlas of Southwest China, Guizhou Volume, Part 1. Beijing: Geological Publishing House. 35～160 (in Chinese) [孔磊,黄蕴明. 1978. 四射珊瑚亚纲. 见:贵州地层古生物工作队编著. 西南地区古生物图册, 贵州分册(1):寒武纪-泥盆纪. 北京:地质出版社. 35～160]

Li Zhiming, Gong Shuyun. 1996. Rugose coral faunas from the Late Ordovician Sanjushan Formation of western Zhejiang and eastern Jiangxi. In: Wang Hongzhen, Wang Xunlian, eds. Centennial Memorial Volume of Prof. Sun Yunzhu (Y C Sun), Palaeontology and Stratigraphy. Wuhan: China University of Geosciences Press. 42～48

Liao Weihua. 1997. Research progress of the earliest and latest Devonian coral faunas. Acta Palaeontologica Sinica, 36(2):143～150 (in Chinese with English abstract) [廖卫华. 1997. 泥盆纪最早期和最晚期珊瑚群研究的进展——兼论泥盆纪珊瑚的绝灭、复苏及其底栖组合. 古生物学报,36(2):143～150]

Lin Baoyu, Zou Xingu. 1986. Upper Ordovician rugose corals from Zhejiang and Jiangxi provinces. In: Editorial Committee of Professional Papers of Stratigraphy and Paleontology, Chinese

Academy of Geological Sciences. Professional Papers of Stratigraphy and Palaeontology, 14. Beijing: Geological Publishing House. 1～28 (in Chinese with English abstract) [林宝玉,邹鑫祜. 1986. 浙赣地区晚奥陶世的四射珊瑚化石. 见:中国地质科学研究院地层古生物论文集编委会编. 地层古生物论文集,14. 北京:地质出版社. 1～28]

Lin Baoyu, Xu Shouyong, Jia Huizhen, Guo Shengzhe, Ouyang Xuan, Wang Zengji, Ding Yunjie, Cao Xuanduo, Yan Youyin, Chen Huacheng. 1995. Rugosa and Heterocorallia. Beijing: Geological Publishing House. 1～778 (in Chinese with English abstract) [林宝玉,许寿永,贾慧贞,郭胜哲,欧阳萱,王增吉,丁蕴杰,曹宣铎,严幼因,陈华成. 1995. 皱纹珊瑚与异形珊瑚. 北京:地质出版社. 1～778]

Nelson S J. 1981. Solitary streptelasmatid corals, Ordovician of northern Hudson Bay Lowland, Manitoba, Canada. Palaeontographica Abteilung A., 172(1～3):1～71

Neuman B E. 1969. Upper Ordovician streptelasmatid corals from Scandinavia. Bulletin Geological Institute University Uppsala (N. S.), 1(1):1～73

Orita S, Ezaki Y. 1999. Ordovician rugose corals of Britain and their palaeobiogeographic significance. In: The 8th International Symposium on Fossil Cnidaria and Porifera. Abstract. Sendai Japan. 104

Raup D M. 1982. Biogeographic extinction: A feasibility test. In: Siliver L I, Schultz P H, eds. Geological implication of impacts of Large Asteroids and Comets on the Earth. Geological Society of America Special Paper., 100:277～281

Raup P M, Sepkoski J J. 1982. Mass extinction in the marine fossil record. Science, 215: 1 501～1 503

Rong Jiayu, Chen Xu. 1986. A big event of latest Ordovician in China. In: Walliser O H, ed. Lecture Notes in Earth Sciences, Global Bio-Events, 8. Heidelberg: Springer-Verlag. 127～131

Rong Jiayu. 1984. Ecostratigraphic evidence of the Upper Ordovician regressive sequences and the effect of glaciation. Journal of Stratigraphy, 8(1):19～29 (in Chinese with English abstract) [戎嘉余. 1984. 上扬子区晚奥陶世海退的生态地层证据与冰川活动影响. 地层学杂志,8(1):19～29]

Rong Jiayu, Zhan Renbin. 1999. Ordovician and Silurian brachiopod fauna turnover in South China. Geoscience—Journal of Graduate School, China University of Geosciences, 13(4): 390～394 (in Chinese with English abstract) [戎嘉余,詹仁斌. 1999. 华南奥陶、志留纪腕足动物群的更替——兼论奥陶纪末冰川活动的影响. 现代地质—中国地质大学研究生院学报,13(4):390～394]

Sheehan P M. 1973. The relationship of end Ordovician glaciation to the Ordovician-Silurian change over in North American brachiopod faunas. Lethaia, 6:147～154

Sheehan P M, Coorough P J, Fastovsky D E. 1996. Biotic selectivity during the K/T and Late Ordovician extinction events. Geological Society American Special Paper, 307: 477～489

Sokolov B S, Yolkin E A, eds. 1978. The boundary beds of Ordovician and Silurian in Altay-Sayan Mountain region and Tianshan. Nauk, Moscow. 1～221 (in Russian)

Wang Hongzhen, Chen Jianqiang. 1991. Late Ordovician and Early Silurian rugose coral biogeography and World reconstruction of palaeocontinents. Palaeogeography, Palaeoclimatology, Palaeoecology, 86(1991):3～21

Wang Hongzhen. 1985. Systematics and palaeobiogeography of the Middle and late Ordovician rugose corals of China. Earth Science, 10(Special Paper): 19～34 (in Chinese with English abstract) [王鸿祯. 1985. 中国中晚奥陶世四射珊瑚分类及生物古地理. 地球科学,10(特刊):19～34]

Wang Hongzhen, Wang Xunlian, Chen Jianqiang. 1989. Evolutional stages and biostratigraphy of the rugose corals. In: Wang Hongzhen, He Xinyi, Chen Jianqiang, *et al*. Classification, Evolution and Biogeography of the Paleozoic corals of China. Beijing: Science Press. 175～225(in Chinese with English summary)[王鸿祯,王训练,陈建强. 1989. 四射珊瑚的组合、演化阶段与生物古地理. 见:王鸿祯,何心一,陈建强等著. 中国古生代珊瑚分类演化及生物古地理. 北京:科学出版社. 175～225]

Wu Wangshi. 1975. Corals fossils of the Mountain Qomolangma region. In: Scientific Expedition on the Mountain Qomolangma region, Palaeontology, 1. Beijing: Science Press. 83～113 (in Chinese)[吴望始. 1975. 珠穆朗玛峰地区的珊瑚化石. 见:珠穆朗玛峰地区科学考察报告,古生物第一分册. 北京:科学出版社. 83～113]

Yi Nung [Lin Baoyu]. 1974. A preliminary study on the stratigraphic distribution and zoogeographical province of the Ordovician corals of China. Acta Geologica Sinica, 1:5～22 (in Chinese with English abstract)[亦农. 1974. 中国奥陶纪珊瑚化石的地层分布与动物地理分区的初步看法. 地质学报,1:5～22]

Yong G A, Elias R J. 1995. Latest Ordovician to earliest Silurian colonial corals of the east-central United States. Bulletins of American Paleontology, 108(347): 1～148, 21pls.

Yu Changmin. 1960. Late Ordovician corals of China. Act Palaeontologica Sinica, 8(1):65～102 (in Chinese with English abstract)[俞昌民. 1960. 中国晚奥陶世珊瑚化石. 古生物学报,8(1):65～102]

陈建强 chenjq@cugb.edu.cn
何心一 hexy@cugb.edu.cn
中国地质大学
北京市学院路 29 号,100083

## 第七节

# 上扬子区早志留世四射珊瑚的复苏与辐射

**摘 要 →**

上扬子区发育许多出露良好的完整晚奥陶世和早志留世地层剖面。本节依据黔东北地区早志留世(兰多维列统)四射珊瑚 3 目、13 科、44 属的时空分布分析,识别出扬子区四射珊瑚在奥陶纪晚期大灭绝事件后早志留世经历的残存期(Rhuddanian 早中期)、复苏期(Rhuddanian 晚期至 Aeronian 早期)和辐射期(Aeronian 中、晚期)3 个宏演化阶段,阐述这 3 个时期四射珊瑚动物群的组成及其演化特征。残存期(6 属)主要由少数幸存属和复活属组成;复苏期(15 属)以小型、单体 Streptelasmatida 目占优势(67%),出现了较丰富的新生型和土著分子;辐射期(42 属)的主要特征是丰度和分异度剧增,优势类群不很明显(Cystiphyllida 目 13 属,Streptelasmatida 目 19 属,Columnariida 目 10 属),新出现 14 属,还有丰富的复体珊瑚(12 属),并出现由珊瑚、层孔虫等组成的小型生物礁。研究结果表明,本区早志留世四射珊瑚以 Streptelasmatida 目的 Streptelasmatidae 科和 Columnariida 目的 Stauriidae 科及 Amplexidae 科占优势,它们以灾变先驱型(crisis-progenitor)和在复苏期和辐射期起源于扬子区的新生型或土著的新生型为主。研究表明,四射珊瑚 3 个目(Cystiphyllida 目、Streptelasmatida 目和 Columnariida 目)在复苏期与辐射期的起始时间各异,比较先行的是早期就比较繁盛的相对低等类群(Streptelasmatida 目和 Cystiphyllida 目)。Columnariida 目的背景演化(background evolution)在早志留世还处于相对低等阶段,在当时的生态系中最适宜的类群是 Streptelasmatida 目和 Cystiphyllida 目,所以造成 Columnariida 目在辐射期的繁荣稍稍滞后。首次将新生型进一步区分为土著新生型(endemic-debutantes)、迁出新生型(emigrant-debutantes)和迁入新生型(immigrant-debutantes) 3 种类型,这对分析大灭绝后生物复苏和辐射期动物群的组成和性质具有重要意义。

陈建强,何心一. 2004. 上扬子区早志留世四射珊瑚的复苏与辐射. 见:戎嘉余,方宗杰主编. 生物大灭绝与复苏——来自华南古生代和三叠纪的证据. 合肥:中国科学技术大学出版社. 169~186,1044

**关键词 →**

四射珊瑚 残存期 复苏期 辐射期 早志留世 上扬子区

我国晚奥陶世至早志留世生物的大灭绝与复苏的研究已取得可喜成果。陈旭、戎嘉余(1990),戎嘉余、詹仁斌(1999a,1999b),Rong 和 Happer(1999),陈旭、张元动(Chen and Zhang,1995)已对扬子区晚奥陶世至早志留世笔石、腕足类作了较系统的研究,尤其是戎嘉余、詹仁斌(1999b),Rong 和 Happer(1999)对生物复苏的基本形式和理论两个方面都取得了新的认识。对晚奥陶世四射珊瑚的大灭绝及其后复苏的研究国内外尚未见报道。

何心一、陈建强在本章第六节中对下扬子浙赣地区中阿什极期(middle Ashgill)三衢山组和上扬子黔北、黔东北晚阿什极期(late Ashgill)观音桥层四射珊瑚进行了详细分析,识别出扬子区奥陶纪晚期四射珊瑚大灭绝经历了两幕。第一幕在罗塞(Rawtheyan)末期,属的灭绝率为 37.5%;第二幕在赫南特(Hirnantian)末期,属的灭绝率为 60%。从不同分类级别讨论了灭绝特征(表 2.7.1),并探讨了这两幕灭绝事件的主控因素。

**表 2.7.1 扬子区晚奥陶世四射珊瑚大灭绝事件科、属、种灭绝率**

**Table 2.7.1 Extinction percentages of Late Ordovician rugose coral species, genera and families in the Yangtze Region**

| 分类单元 (Taxa) | | 种 (Species) | 属 (Genera) | 科 (Families) |
|---|---|---|---|---|
| 第一幕 (First phase of the mass extinction) | 总数 (Total numbers) | 32 | 16 | 9 |
| | 灭绝数 (Number of extinction) | 29 | 6 | 0 |
| | 灭绝率 (Extinction rates) | 90.6% | 37.5% | 0% |
| 第二幕 (Second phase of the mass extinction) | 总数 (Total numbers) | 36 | 15 | 9 |
| | 灭绝数 (Number of extinction) | 35 | 9 | 2 |
| | 灭绝率 (Extinction rates) | 97.2% | 60.0% | 22.0% |
| 第一幕和第二幕 (First and second phases of the mass extinction) | 总数 (Total numbers) | 65 | 27 | 9 |
| | 灭绝数 (Number of extinction) | 64 | 15 | 2 |
| | 灭绝率 (Extinction rates) | 98.5% | 55.6% | 22.0% |
| 延续到早志留世的数目 (Number continued into the Silurian) | | 1 | 12 | 7 |

扬子区晚奥陶世至早志留世地层记录完整，含丰富的四射珊瑚等门类化石，是研究奥陶纪晚期四射珊瑚大灭绝及其后复苏与辐射的理想地区。关于该区四射珊瑚动物群演替和某些类别的起源演化已有较好的研究基础（何心一、陈建强，1998；Chen and He，1997a；陈建强、何心一，1997b）。本节系统研究黔北和黔东北下志留统香树园组和雷家屯组及其相当的石牛栏组四射珊瑚动物群，经过晚奥陶世大灭绝后，在早志留世残存、复苏和辐射阶段的基本特征、基本形式及其控制因素；分析残存、复苏和辐射阶段幸存型、复活型、先驱型、新生型等四射珊瑚动物群的组成结构特征。

## 一、早志留世四射珊瑚动物群

本节使用的下志留统相当于兰多维列统（Llandovery），根据国际标准，进一步划分为鲁丹阶（Rhuddanian）、埃隆阶（Aeronian）和特列奇阶（Telychian）。四射珊瑚主要产于黔北、黔东北早志留世香树园组和雷家屯组及其相当的石牛栏组。这两个组的时代几经变化，本节采用戎嘉余等（1996）的方案，龙马溪组为鲁丹阶下部；香树园组为鲁丹阶上部至埃隆阶下部；雷家屯组为埃隆阶上部。香树园组和雷家屯组及其相当的石牛栏组富含四射珊瑚，前人发表了多篇论著。近年来，在生物地层（戎嘉余等，1990；陈旭、戎嘉余，1996）、层序地层（陈建强等，1997，1998）、动物群的更替与起源演化（王鸿祯等，1989；Chen and He，1997a；何心一、陈建强，1998；戎嘉余、詹仁斌，1999a）方面发表了较多的成果，为生物复苏研究奠定了很好的基础。

在黔北、黔东北早志留世四射珊瑚的研究中，葛治洲、俞昌民（1974）及葛治洲等（1979）总结出香树园组四射珊瑚共 19 属，雷家屯组四射珊瑚 23 属，并描述了主要类型和新属种。孔磊、黄蕴明（1978），何原相（1978）及何心一（1985）等报道和描述了丰富的珊瑚动物群。何心一、陈建强（1997）描述了香树园组和雷家屯组四射珊瑚 11 属（*Brachyelasma*，*Crassilasma*，*Tunguselasma*，*Grewingkia*，*Axolasma*，*Pterophrentis*，*Pseudophaulactis*，*Shiqianophylium*，*Briantelasma*，*Holophragma*，*Kungejophyllum*）、12 种，并指出 *Tunguselasma*，*Briantelasma*，*Holophragma*，*Kungejophyllum* 等属均在上扬子区首次出现，且层位较低，在研究四射珊瑚某些属的起源、演化及生物古地理方面有重要的意义。何心一、陈建强（1998）进一步提出扬子区是奥陶纪和志留纪四射珊瑚的起源中心之一。整个扬子区奥陶纪和志留纪目前已报道的四射珊瑚 153 属，包括中奥陶世 4 属，晚奥陶世 25 属，早、晚志留世分别为 90 属、30 属。153 属中约有 30 属在扬子区出现最早。扬子区典型的早志留世四射珊瑚属有 *Pycnactis*，*Holophragma*，*Pseudophaulactis*，*Dinophyllum*，*Tunguselasma*，*Briantelasma*，*Pilophyllia*，*Amplexoides*，*Synamplexoides*，

*Eostauria*，*Ceriaster*，*Stauria*，*Paraceriaster*，*Parastauria*，*Rhizophyllum*，*Protocystiphyllum*，Gyalophylloides 等。近年来，在黔东北石阡早志留世地层中还首次发现 *Schlotheimophyllum*，*Rhegmaphyllum* 等（何心一、陈建强，2003）。何心一、陈建强（1999）报道了西秦岭迭部地区早志留世四射珊瑚 9 属（*Brachyelasma*，*Paramplexoides*，*Kodonophyllum*，*Eostauria*，*Cystocantrillia*，*Cystiphyllum*，*Gyalophylloides*，*Pseudamplexus*，*Tryplasma*），并将它们与雷家屯组动物群对比，同属扬子生物地理区。Chen 和 He（1997a），陈建强、何心一（1997b）对奥陶-志留纪四射珊瑚动物群更替及扬子区珊瑚组合带做了详细分析，世界范围内四射珊瑚包括中奥陶世 17 属，晚奥陶世 55 属，早、中志留世 135 属，晚志留世 112 属，并提出志留纪与奥陶纪四射珊瑚在分异度和丰度上有重要的变化，类群也发生了质的变化。笔者近年对贵州石阡雷家屯和白沙志留系剖面进行了珊瑚化石的详细采集和室内研究，并对上述成果进一步分析和系统厘定。本节采用王鸿祯等（1989）的分类体系，确认石阡雷家屯香树园组和雷家屯组四射珊瑚共有 3 目、13 科、44 属（表 2.7.2）。

## 二、早志留世四射珊瑚宏演化阶段及其四射珊瑚动物群组成

### （一）宏演化阶段——残存期、复苏期、辐射期的基本特征

**1. 残存期**

生态系在大灭绝期被毁坏，生态系处于“贫瘠”状态，生物分异度很低，只有那些具有先进形态功能结构的属种，或者生态忍耐度很强的属种能得以幸存。残存期以幸存者占主导地位，但数量很少，灾后泛滥种的个体数量可达到鼎盛。残存期的灭绝率和成种率很低，很少出现土著（新生）分子。

**2. 复苏期**

紧跟残存期后，是辐射期的前夜。复苏期恢复了正常环境，新的生态系统基本建立。群落类型和群落数量增多，群落结构趋于复杂。新的广布分子和土著分子开始出现，生物区系变得明显。成种率大大高于灭绝率，新进化的类型占优势，分异度明显高于残存期。

**3. 辐射期**

是大灭绝后生物演化的高潮期。由于新的生态系统已经建立，环境已变得适宜各类生物的生存。生物分异度和丰度达到顶峰，成种率大大高于复苏期。由于分异度的增高，群落类型增多，群落结构变得复杂，生物成功地占领广阔的生态领域。辐射期较高的分类单元大量产生，新的形态构造和器官等演化新质普遍出现，生物礁的发育是辐射期的良好标志。

表 2.7.2　贵州石阡雷家屯下志留统(兰多维列统)四射珊瑚属地层分布

**Table 2.7.2　Stratigraphical occurrences of Lower Silurian (Llandovery) rugose coral genera in Leijiatun, Shiqian, Guizhou**

| 年代地层单位 (Chronostratigraphical unit) | 上奥陶统($O_3$) | 兰多维列统(Llandovery) | | | | | | | | | | | | | | |
|---|---|---|---|---|---|---|---|---|---|---|---|---|---|---|---|---|
| | 阿什极阶(Ashgill) | 鲁丹阶(Rhuddanian) | | | | | | 埃隆阶(Aeronian) | | | | | | | | |
| 岩石地层单位 (Lithostratigraphical unit) | 观音桥层 (Kuanyinchiao Bed) | 龙马溪组 (Lungmachi Formation) | 香树园组底部 (Base of Xiangshuyuan Fm.) | | | | 香树园组下部 (Lower part of Xiangshuyuan Fm.) | | 香树园组中、上部 (Middle-upper part of Xiangshuyuan Fm.) | | | | 雷家屯组 (Leijiatun Formation) | | | |
| 地层厚度(Thickness) | 0.6 m | 5.5 m | 6.9 m | | | | 6.6 m | | 58.6 m | | | | 31.2 m | | | |
| 剖面分层号(Horizon) | 4 | 5～7 | 8A | 8B | 9A | 9B | 9C | 10 | 11 | 12～14 | 15～21 | 22～23 | 24～29 | 30 | 31 | 32～33 |
| **Cystiphyllida 目** | | | | | | | | | | | | | | | | |
| Cystiphyllidae 科 | | | | | | | | | | | | | | | | |
| *Protocystiphyllum* | | | | | | | | | + | | | | | | | |
| *Cysticonophyllum* | | | | | | | | | + | + | | | | | | |
| *Cystiphyllum* | | | | | | + | + | + | + | + | | | | + | + | + |
| *Microplasma* | | | | | | | | | | | | | | | | + |
| Tryplasmatidae 科 | | | | | | | | | | | | | | | | |
| *Aphyllum* | | | | | | | | | | + | | + | | | + | + |
| *Maikottia* | | | | | | | | | | | | | | | + | |
| *Neocantrillia* | | | | | | | | | | | | | | | | + |
| *Tabularia* | | | | | | | | | + | | | | | | | + |
| *Tryplasma* | | | | | | | | | | + | | | | | | + |
| *Cantrillia* | | | | | | | | | + | | | | | | | |
| Holmophyllidae 科 | | | | | | | | | | | | | | | | |
| *Hedstroemophyllum* | | | | | | | | | | | | | | | | + |
| *Gyalophylloides* | | | | | | | + | | | | | | | | | |
| Palaeocyclidae 科 | | | | | | | | | | | | | | | | |
| *Rhabdocyclus* | | | | | | | + | | | + | | | | | | |
| Goniophyllidae 科 | | | | | | | | | | | | | | | | |
| *Rhizophyllum* | | | | | | | | | + | | | + | | | | + |
| **Streptelasmatida 目** | | | | | | | | | | | | | | | | |
| Streptelasmatidae 科 | | | | | | | | | | | | | | | | |
| *Brachyelasma* | | | + | + | + | | + | | + | + | | | | | | + |
| *Briantelasma* | | | | | | | + | + | + | + | | | | | | + |
| *Crassilasma* | | | | + | | + | + | + | + | + | | | | | | |
| *Leolasma* | | | | + | | | + | | | + | | | | | | |
| *Rhegmaphyllum* | | | | | | | | | + | + | | | | | | |
| *Streptelasma* | | | | + | | | + | | + | | | | | | | |
| *Tunguselasma* | | | | | | | | | + | | | | | | | |

**续表 2.7.2**

| 年代地层单位 (Chronostratigraphical unit) | 上奥陶统(O$_3$) | 兰多维列统(Llandovery) | | | | | | | | | | | | | | |
|---|---|---|---|---|---|---|---|---|---|---|---|---|---|---|---|---|
| | 阿什极阶(Ashgill) | 鲁丹阶(Rhuddanian) | | | | | | 埃隆阶(Aeronian) | | | | | | | | |
| 岩石地层单位 (Lithostratigraphical unit) | 观音桥层 (Kuanyinchiao Bed) | 龙马溪组 (Lungmachi Formation) | 香树园组底部 (Base of Xiang-shuyuan Fm.) | | | | 香树园组下部 (Lower part of Xiangshuyuan Fm.) | | 香树园组中、上部 (Middle-upper part of Xiangshuyuan Fm.) | | | | 雷家屯组 (Leijiatun Formation) | | | |
| *Grewingkia* | | | | | | | + | | | | | | | | | |
| *Yangziphyllum* | | | | | | | | | + | | | | | | | |
| *Pterophrentis* | | | | | | | | | + | | | | | | | |
| *Paramplexoides* | | | | | | | + | | + | | | | | | | |
| Dalmanophyllidae 科 | | | | | | | | | | | | | | | | |
| *Dalmanophyllum* | | | | | | | | | | | | + | | | | |
| Dinophyllidae 科 | | | | | | | | | | | | | | | | |
| *Dinophyllum* | | | | | | | | | + | + | | | | | | |
| *Axolasma* | | | | | | | | + | + | + | | | | | | |
| Kodonophyllidae 科 | | | | | | | | | | | | | | | | |
| *Kodonophyllum* | | | | | | | | | + | | | + | | | + | + |
| *Schlotheimophyllum* | | | | | | | | | | + | | | | | | |
| Pycnactidae 科 | | | | | | | | | | | | | | | | |
| *Holophragma* | | | | | | | + | | + | | | | | | | |
| *Pseudophaulactis* | | | | + | | | | | | | | + | | | | |
| *Pycnactis* | | | | | | | + | | | + | | | | | | |
| *Shiqianophyllum* | | | | | | | | | | | | | | | | + |
| **Columnariida 目** | | | | | | | | | | | | | | | | |
| Stauriidae 科 | | | | | | | | | | | | | | | | |
| *Paraceriaster* | | | | | | | + | | | + | | + | | | | + |
| *Palaeophyllum* | | | | | | | | | | | | + | | | + | |
| *Stauria* | | | | | | | | | | + | | + | | | | + |
| *Ceriaster* | | | | | | | | | | | | | | | | + |
| *Parastauria* | | | | | | | | | | | | + | | | | |
| *Eostauria* | | | | | | | | | | + | | + | | | | |
| Amplexidae 科 | | | | | | | | | | | | | | | | |
| *Synamplexoides* | | | | | | | | | | | | + | | | | |
| *Amplexoides* | | | | | | | | | | + | | | | | + | |
| *Pilophyllia* | | | | | | | + | | | + | | + | | + | + | + |
| Stauromatidiidae 科 | | | | | | | | | | | | | | | | |
| *Stauromatidium* | | | | | | | | | | | | | | | | + |
| 宏演化阶段 (Macroevolutionary stages) | 灾变期 (Crisis interval) | 残存期 (Survival interval) | | | | | 复苏期 (Recovery interval) | | 辐射期 (Radiation interval) | | | | | | | |

### （二）幸存型、复活型、先驱型、新生型和辐射型生物的识别标志

残存、复苏、辐射阶段的生物可以区分为幸存型、复活型、先驱型、新生型和辐射型等不同类型。戎嘉余等(1996)，戎嘉余、詹仁斌(1999b)对生物复苏、辐射期幸存型、复活型、先驱型、新生型和辐射型生物的识别标志做了详细的论述，并提出了典型例证。

幸存型是指那些在大灭绝前早已长期生存、大灭绝期间其居群没有被扼杀殆尽，并仍在原生活区存活，大灭绝后继续幸存的生物分类单元(Bretsky，1973)。幸存者不仅需要有很强的环境适应和忍耐能力，而且在复苏过程中加速分异，产生新分子，占领新生境，否则，即便逃脱了大灭绝的厄运，也会在复苏中被淘汰。幸存者通常是世界性分子。在残存期，有一些幸存者发育成灾后泛滥分类单元。华南早志留世四射珊瑚的残存期共发现 6 个属，其中幸存型 2 属(*Streptelasma*，*Brachyelasma*)。

复活型(Jablonski，1986)，即避难种(Kauffman and Harris，1996)，是指在大灭绝期前早已起源，但消失于大灭绝期的恶劣环境，移至避难所“隐居”，又复现于大灭绝后的残存期和复苏期的属种，分别有 *Leolasma* 和 *Palaeophyllum* 属。

先驱型，按 Kauffman 和 Erwin(1995)及 Kauffman 和 Harris(1996)的观点，是指那些在大灭绝高压环境中起源、大灭绝后迅速分异、辐射，并广泛分布的类群。戎嘉余、詹仁斌(1999b)对生物复苏的基本形式和理论概念两方面都有新认识，尤其是对先驱型生物的概念提出了创新见解，认为先驱型生物拥有非凡的预适应能力，在功能形态、生态、生理上具有成功的幸存机制，在适应能力、分异度、丰度等方面都明显超过幸存型和复活型。先驱型是新时期生物演化的主要源泉和大量新兴生物的祖先。戎嘉余、詹仁斌(1999b)将先驱型进一步划分为幸存先驱型、灾变先驱型和复活先驱型 3 类。

新生型是指在残存期(少数)、复苏期和辐射期(大多数)首次出现的属种。根据本文研究的材料，将新生型进一步区分为 3 种类型：土著新生型(endemic-debutantes)；迁出新生型(起源于扬子区的新生型)(emigrant-debutantes)；迁入新生型(在其他地区出现比扬子区早)(immigrant-debutantes)。

辐射型是在辐射期内广泛占领并适应不同生境的过程中产生的各类新分类单元的通称。

### （三）扬子区早志留世残存期四射珊瑚组成特征

据戎嘉余、詹仁斌(1999b)，在华南早志留廿初期(残存期)含有铰纲腕足动物 11 属，包括幸存属 1 个，复活属 2 个，先驱属 6 个，新属 2 个，并指出华南可能存在

一个至今尚不明的避难处。

奥陶纪晚期和早志留世初期在扬子区内目前还没有找到大灭绝事件期间的避难所。四射珊瑚残存期的特征也不是很明显。贵州北部石阡雷家屯剖面志留系底(下)部龙马溪组(5～7 层,5.5 m)以黄绿色泥岩和页岩为特征,因岩相关系不含四射珊瑚,但仍应相当于残存期的一部分。含有珊瑚的残存期层位见于香树园组底部,即 8A～9B 层,厚度约 6.9 m,其上覆紧接复苏期层位(表 2.7.2,表 2.7.3,表 2.7.4)。8A～9B 层由黄绿色泥岩和页岩夹薄层泥质灰岩组成,稀少的小型、单体四射珊瑚产于泥质灰岩中。在早于珊瑚出现层位的 6 层、7 层中含少量腕足动物化石(*Beitaia*? sp.,*Levenea*? sp.),可能表明腕足动物的残存期化石记录更加明显,其复苏起始时间早于四射珊瑚。在 8A～9B 层中含腕足动物化石:*Eospirifer sinensis*, *Beitaia modica*, *Athyrisinoides fengkangensis*, *Eostropheodonta* sp., *Nalivkinia* cf. *kweichowensis*。该动物群的时代大致为 Rhuddanian 晚期。

**表 2.7.3 贵州石阡雷家屯下志留统(兰多维列统)残存、复苏和辐射期四射珊瑚属的分异度和丰度**

**Table 2.7.3 Lower Silurian (Llandovery) rugose coral generic diversity and abundance of the survival, recovery and radiation intervals in Leijiatun, Shiqian, Guizhou**

| 岩石地层 (Lithostratigraphy) | 组 (Formation) | 香树园组中、上部至雷家屯组 (Middle-upper part of Xiangshuyuan Fm. and Leijiatun Fm.) | 香树园组下部 (Lower part of Xiangshuyuan Fm.) | |
|---|---|---|---|---|
| | 层 位 (Horizon) | 11～33 | 9C～10 | 8A～9B |
| 宏演化阶段 (Macroevolutionary stages) | | 辐射期 (Radiation interval) | 复苏期 (Recovery interval) | 残存期 (Survival interval) |
| 泡沫珊瑚目 (Cystiphyllida) | 属 数 (Number of genera) | 13 | 3 | 1 |
| | 百分比 (Percentages) | 31% | 20% | 17% |
| 扭心珊瑚目 (Streptelasmatida) | 属 数 (Number of genera) | 19 | 10 | 5 |
| | 百分比 (Percentages) | 45% | 67% | 83% |
| 柱珊瑚目 (Columnariida) | 属 数 (Number of genera) | 10 | 2 | 0 |
| | 百分比 (Percentages) | 24% | 13% | 0% |
| 总属数 (Total number of genera) | | 42 | 15 | 6 |
| 单体珊瑚属数 (Number of solitary genera) | | 24 | 14 | 6 |
| 复体珊瑚属数 (Number of colonial genera) | | 12 | 1 | 0 |

**表 2.7.4 贵州石阡雷家屯下志留统(兰多维列统)四射珊瑚宏演化阶段与目、科、属数**

**Table 2.7.4 The macroevolutionary stages and numbers of the Lower Silurian(Llandovery) rugose coral orders, families and genera in Leijiatun, Shiqian, Guizhou**

| 宏演化阶段 (Macroevolutionary stage) | 残存期 (Survival interval) | 复苏期 (Recovery interval) | 辐射期 (Radiation interval) |
|---|---|---|---|
| 泡沫珊瑚目(Cystiphyllida) | | | |
| 泡沫珊瑚科(Cystiphyllidae) | 1 | 1 | 4 |
| 刺壁珊瑚科(Tryplasmatidae) | | | 6 |
| 侯尔孟珊瑚科(Holmophyllidae) | | 1 | 1 |
| 古盘珊瑚科(Palaeocyclidae) | | 1 | 1 |
| 方锥珊瑚科(Goniophyllidae) | | | 1 |
| 扭心珊瑚目(Streptelasmatida) | | | |
| 扭心珊瑚科(Streptelasmatidae) | 4 | 7 | 10 |
| 达尔曼珊瑚科(Dalmanophyllidae) | | | 1 |
| 卷心珊瑚科(Dinophyllidae) | | 1 | 2 |
| 喇叭珊瑚科(Kodonophyllidae) | | | 2 |
| 闭珊瑚科(Pycnactidae) | 1 | 2 | 4 |
| 柱珊瑚目(Columnariida) | | | |
| 十字珊瑚科(Stauriidae) | | 1 | 6 |
| 包珊瑚科(Amplexidae) | | 1 | 3 |
| 十字伴珊瑚科(Stauromatidiidae) | | | 1 |
| 目总数(Totall number of orders) | 2 | 3 | 3 |
| 科 总 数(Totall number of families) | 3 | 8 | 13 |
| 属 总 数(Totall number of genera) | 6 | 15 | 42 |

通过对四射珊瑚的分析(表 2.7.1,图 2.7.1,图 2.7.2),从 Ashgill 期末幕灭绝期后进入早志留世残存期和复苏期的四射珊瑚有 12 属。残存期出现 6 个属(*Cystiphyllum*, *Streptelasma*, *Brachyelasma*, *Crassilasma*, *Pseudophaulactis*, *Leolasma*),其中从本区 Ashgill 末进入的有 3 属(*Streptelasma*, *Brachyelasma*, *Crassilasma*),最早首现于爱沙尼亚中奥陶统的有 1 属(*Leolasma*),本区新出现(不是起源于扬子区)2 属(*Pseudophaulactis*, *Cystiphyllum*)。*Streptelasma* 和 *Brachyelasma* 为幸存属,后者分别首现于我国和北美中奥陶统,*Streptelasma* 首现于下扬子区三衢山组,它们在扬子区 Ashgill 灭绝期前后两幕均存在,是较典型的幸存属。*Crassilasma* 首现于早 Ashgill,在贵州发现的最低层位也是早 Ashgill 涧草沟组,但在中 Ashgill 的浙赣地区三衢山组未发现该属,而繁盛于晚 Ashgill 观音桥层。该属在早志留世初期的残存期和复苏期大量繁盛,为幸存先驱型分子。*Leolasma* 首现于爱沙尼亚中奥陶统,在扬子区 Ashgill 灭绝期前后两幕均不

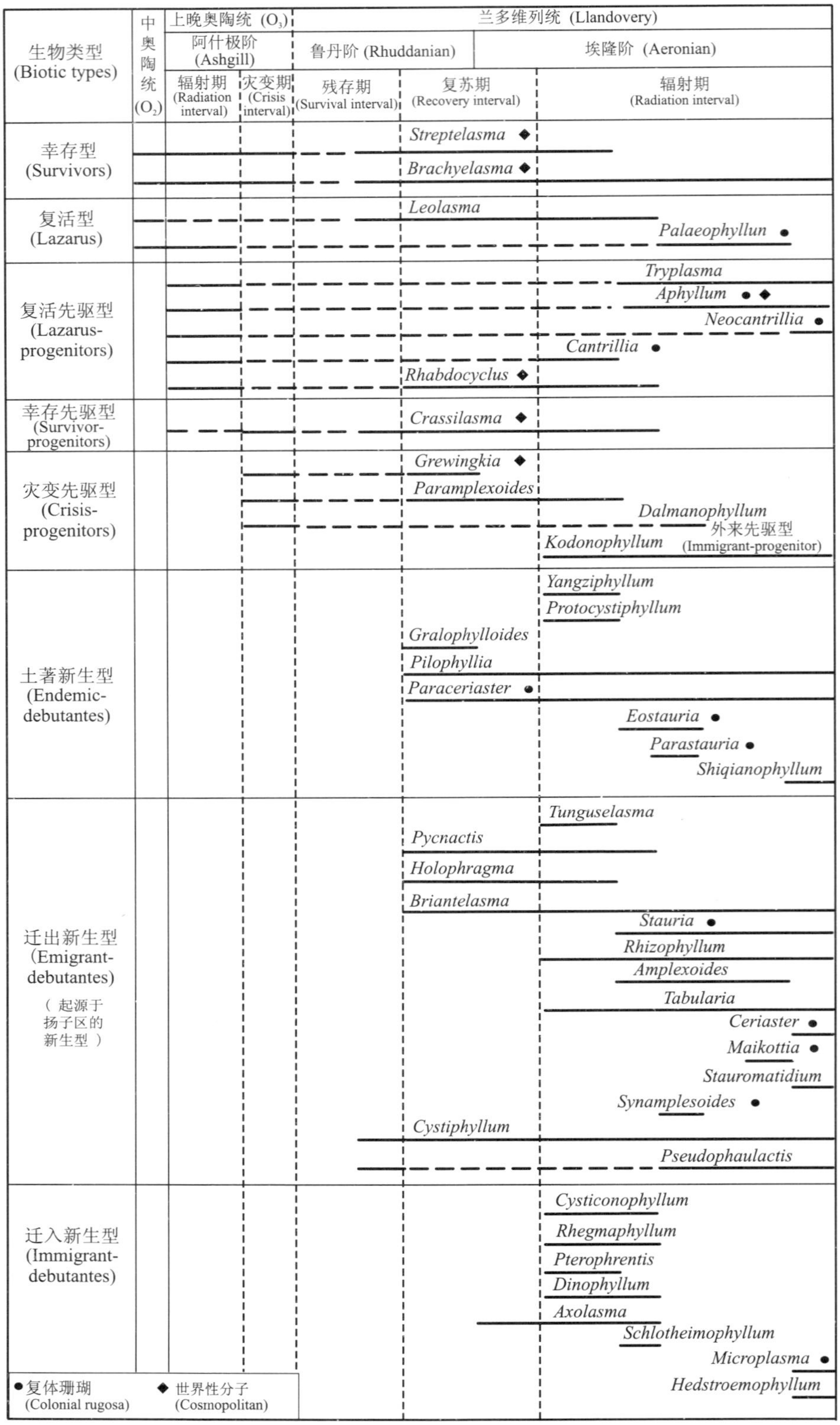

生物类型 (Biotic types)
中奥陶统 ($O_2$)
上晚奥陶统 ($O_3$)
阿什极阶 (Ashgill)
辐射期 (Radiation interval)
灾变期 (Crisis interval)
兰多维列统 (Llandovery)
鲁丹阶 (Rhuddanian)
残存期 (Survival interval)
复苏期 (Recovery interval)
埃隆阶 (Aeronian)
辐射期 (Radiation interval)

幸存型 (Survivors)
*Streptelasma* ◆
*Brachyelasma* ◆

复活型 (Lazarus)
*Leolasma*
*Palaeophyllun* ●

复活先驱型 (Lazarus-progenitors)
*Tryplasma*
*Aphyllum* ● ◆
*Neocantrillia* ●
*Cantrillia* ●
*Rhabdocyclus* ◆

幸存先驱型 (Survivor-progenitors)
*Crassilasma* ◆

灾变先驱型 (Crisis-progenitors)
*Grewingkia* ◆
*Paramplexoides*
*Dalmanophyllum*
*Kodonophyllum* 外来先驱型 (Immigrant-progenitor)

土著新生型 (Endemic-debutantes)
*Yangziphyllum*
*Protocystiphyllum*
*Gralophylloides*
*Pilophyllia*
*Paraceriaster* ●
*Eostauria* ●
*Parastauria* ●
*Shiqianophyllum*

迁出新生型 (Emigrant-debutantes)
（起源于扬子区的新生型）
*Tunguselasma*
*Pycnactis*
*Holophragma*
*Briantelasma*
*Stauria* ●
*Rhizophyllum*
*Amplexoides*
*Tabularia*
*Ceriaster* ●
*Maikottia* ●
*Stauromatidium*
*Synamplesoides* ●
*Cystiphyllum*
*Pseudophaulactis*

迁入新生型 (Immigrant-debutantes)
*Cysticonophyllum*
*Rhegmaphyllum*
*Pterophrentis*
*Dinophyllum*
*Axolasma*
*Schlotheimophyllum*
*Microplasma* ●
*Hedstroemophyllum*

● 复体珊瑚 (Colonial rugosa)
◆ 世界性分子 (Cosmopolitan)

图 **2.7.1** 上扬子区早志留世(兰多维列统)四射珊瑚宏演化阶段及其各种生物类型实例的地层分布

Figure 2.7.1 Early Silurian (Llandovery) rugose coral macroevolutionary stages and their stratigraphic distribution in Upper Yangtze region

存在，属于“迁入复活型”。四射珊瑚残存期与腕足动物相比，区别在于其出现的层位稍高，丰度较低，新生属较少。

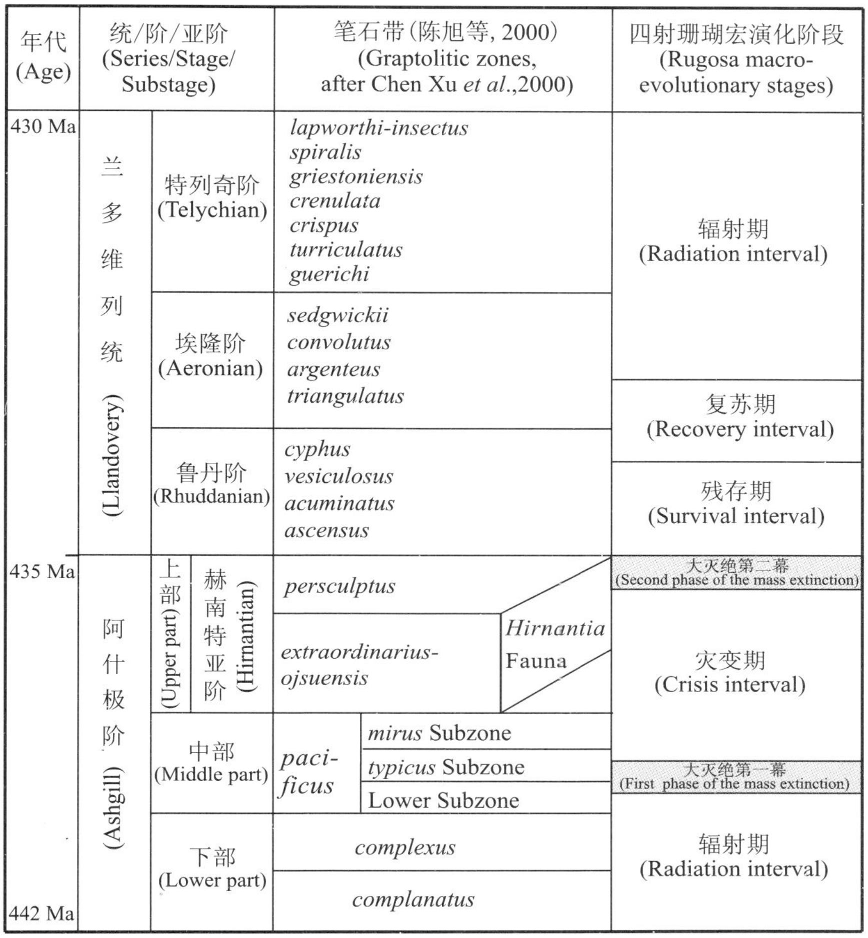

| 年代 (Age) | 统 (Series) | 阶/亚阶 (Stage/Substage) | 笔石带(陈旭等, 2000) (Graptolitic zones, after Chen Xu *et al*.,2000) | 四射珊瑚宏演化阶段 (Rugosa macro-evolutionary stages) |
|---|---|---|---|---|
| 430 Ma | 兰多维列统 (Llandovery) | 特列奇阶 (Telychian) | *lapworthi-insectus*<br>*spiralis*<br>*griestoniensis*<br>*crenulata*<br>*crispus*<br>*turriculatus*<br>*guerichi* | 辐射期 (Radiation interval) |
| | | 埃隆阶 (Aeronian) | *sedgwickii*<br>*convolutus*<br>*argenteus*<br>*triangulatus* | 复苏期 (Recovery interval) |
| | | 鲁丹阶 (Rhuddanian) | *cyphus*<br>*vesiculosus*<br>*acuminatus*<br>*ascensus* | 残存期 (Survival interval) |
| 435 Ma | 阿什极阶 (Ashgill) | 上部 (Upper part) 赫南特亚阶 (Himantian) | *persculptus* | 大灭绝第二幕 (Second phase of the mass extinction) |
| | | | *extraordinarius-ojsuensis*; *Hirnantia* Fauna | 灾变期 (Crisis interval) |
| | | 中部 (Middle part) | *pacificus*: *mirus* Subzone | |
| | | | *pacificus*: *typicus* Subzone | 大灭绝第一幕 (First phase of the mass extinction) |
| | | | *pacificus*: Lower Subzone | 辐射期 (Radiation interval) |
| | | 下部 (Lower part) | *complexus* | |
| 442 Ma | | | *complanatus* | |

**图 2.7.2　扬子区奥陶纪晚期和志留纪早期四射珊瑚宏演化阶段**

Figure 2.7.2　Latest Ordovician and Early Silurian rugose coral macroevolutionary stages of the Yangtze Region

总的来看，残存期总体分异度和丰度均很低，包括 6 属、3 科。其识别标志是：①6 属全为小型、单体，其中扭心珊瑚目 5 属，泡沫珊瑚目 1 属，分异度和丰度均很低；②6 属中，有 4 属是从奥陶纪延续下来的，本区新出现 2 属(*Pseudophaulactis*, *Cystiphyllum*)；③幸存型 2 属(*Streptelasma*, *Brachyelasma*)为世界性分子。*Brachyelasma* 在北美最早见于黑河阶，在我国最早见于 Llandeilo 至 Caradoc 阶下部上巧家组，可能说明该属在扬子区出现最早。龙马溪组未见珊瑚化石，因此，所识别的四射珊瑚残存期(的属种)可能不能反映残存期的整体面貌。雷家屯剖面 9B 与 9C 层发生了质和量的跃进变化(8A 至 9B 层共含 6 属，而仅 9C 层含 14 属)，是划分残存期与复苏期的良好标志。

由于扬子区志留纪初期(龙马溪组)以(黑色)笔石页岩相泥质和粉砂质沉积为主，不产珊瑚化石，寻找晚奥陶世四射珊瑚大灭绝期的避难所和早志留世较完整的残存期层位可望在奥陶-志留纪连续碳酸盐沉积区(如北欧、哈萨克斯坦、阿尔泰-萨彦岭地区、北美中东部)找到。据 Neuman(1982)报道,在挪威 Oslo 地区的 6a 层(Llandovery 统底部)仍保存某些晚奥陶世四射珊瑚分子,如 *Bodophyllum euthum*, *Borelasma* sp., *Ullernelasma svartoeyensis* 等。Elias(1989)报道了北美 Edgewood 地区晚奥陶世 Gamachian 阶至 Llandovery 统下部连续碳酸盐沉积也含有晚奥陶世-早志留世早期珊瑚属种,如 *Brachyelasma subregulare* 等。

## (四) 上扬子区早志留世复苏期四射珊瑚组成特征

先驱型、复活型和幸存型生物是地质历史中生物大灭绝后(复苏期)宏演化的主要源泉(戎嘉余、詹仁斌,1999b)。在雷家屯剖面(表 2.7.2)上,复苏期位于香树园组下部(9C～10 层,厚度约 6.6 m),以黄绿-灰绿色瘤状生物碎屑灰岩、泥质灰岩与泥岩互层,含丰富的小型、单体四射珊瑚和腕足动物化石。腕足动物化石包括:*Zygospiraella yingwuxiensis*, *Zygospiraella* cf. *duboisi*, *Nalivkinia* cf. *kweichowensis*, *Qianomena unicostata*, *Eospirifer* sp., *Beitaia* cf. *modica*, *Spirigerina* cf. *sinensis*。该动物组合的时代为早 Aeronian 晚期到中 Aeronian 期。

扬子区四射珊瑚从晚奥陶世 Ashgill 期大灭绝末幕后进入早志留世残存期和复苏期的四射珊瑚有 12 属(表 2.7.1)。其中 4 属(*Streptelasma*, *Brachyelasma*, *Crassilasma*, *Pseudophaulactis*)经历了残存期后,进入复苏期;其余进入复苏期的有 4 属(*Rhabdocyclus*, *Cantrillia*, *Paramplexoides*, *Grewingkia*)。这 8 属中,以 Tryplasmatidae 科和 Streptelasmatidae 科分子为主,包含先驱型和幸存型两种类型。Tryplasmatidae 科 2 属(*Rhabdocyclus*, *Cantrillia*)为世界性分子,且属于较原始的四射珊瑚类别(包括宏观构造和微细构造)。Streptelasmatidae 科 5 属(*Streptelasma*, *Brachyelasma*, *Crassilasma*, *Grewingkia*, *Paramplexoides*)中前 4 属均为世界性分子,一方面说明广布属易于残存,另一方面,后 3 属(*Crassilasma*, *Grewingkia*, *Paramplexoides*)又为灾变先驱型,是复苏期的源泉。

在早志留世生物复苏期,沉积环境已转变为正常浅海,底栖生物珊瑚、腕足类等大量繁盛,四射珊瑚的分异度和丰度迅速增加,新属种和新类型出现较多。上扬子区早志留世复苏期含 8 科、15 属,复苏期典型类群和特征分子以 Streptelasmatida 目为主,达 10 属(67%),Cystiphyllida 目 3 属(20%),Columnariida 目 2 属(13%)(表 2.7.3)。Streptelasmatida 目可能具有较先进功能形态(如较完善的纵列构造和横列构造),有的具根部构造,有利于底栖生活,有成功的幸存机制,并在复苏期充当了主角。至辐射期,虽然 Streptelasmatida 目的属数达到了 19 属,但其相对含量则有所衰减(45%)。

复苏期四射珊瑚 15 属中,①幸存型 2 属(*Streptelasma*, *Brachyelasma*);②复活型 1 属(*Leolasma*),该属为迁入复活型,首现于爱沙尼亚中奥陶统,出现于扬子区残存期和复苏期,而未见于灭绝期;③*Rhabdocyclus* 属为复活先驱型,它出现于下扬子区阿什极中期(辐射期),在阿什极晚期和残存期均未见到,而重现于复苏期;④灾变先驱型2属(*Paramplexoides*,*Grewingkia*)出现于灾变期(观音桥层);⑤幸存先驱型1属(*Crassilasma*),在华南最早出现早Ashgill涧草沟组,繁盛于晚Ashgill观音桥层,在浙赣地区中Ashgill未发现该属。该属在残存期和复苏期大量繁盛,为幸存先驱型分子。复苏期15属中有6属为新生型,根据它们起源地点和迁移扩散的不同,可以区分为3种情况:①起源于扬子区复苏期的土著新生型(endemic-debutantes)3属(*Gyalophylloides*,*Pilophyllia*,*Paraceriaster*);②迁出新生型(emigrant-debutantes),即起源于扬子区复苏期的新生分子3属(*Pycnactis*,*Holophragma*,*Briantelasma*);③迁入新生型(immigrant-debutantes),即起源于国外早志留世复苏期(或残存期)的1属(*Axolasma*为迁入新生型),这类分子主要发育于辐射期。

复苏期出现了一些典型的志留纪四射珊瑚,以Streptelasmatida目为优势(15属中占10属,67%),以先驱型和新生型(土著新生型和起源区新生型)为特征(11属,73%)。复苏期总体分异度和丰度均明显超过残存期,但属数仍不太丰富。科和属的分异度较大,除了Streptelasmatidae科含7属外,其余8属分别归于7个科中(表2.7.4)。

## (五)上扬子区早志留世辐射期四射珊瑚组成特征

辐射期新的生态系统已经建立并不断完善,环境变得适宜各类生物的生存。表现为生物分异度或丰度大于复苏期,成种率大大高于复苏期。辐射期较高级别的分类单元大量产生,新的形态构造和器官等演化新质普遍出现,生物礁的发育也是辐射期的良好标志。

雷家屯剖面(表2.7.2)辐射期相当于中Aeronian中、晚期,包括香树园组中、上部(11～23层,厚度约58.6 m)和雷家屯组(24～33层,厚度约31.2 m)。香树园组中、上部黄绿色泥岩、页岩,灰色厚层生物碎屑灰岩,海百合茎灰岩,珊瑚和层孔虫生物格架灰岩(生物礁),礁前塌积角砾灰岩,含丰富的单体和复体四射珊瑚,上部礁体主要由十字珊瑚类(staurids)组成,少量层孔虫。雷家屯组以黄绿-灰绿色瘤状生物碎屑灰岩、泥质灰岩与泥岩互层,上部夹礁前塌积角砾灰岩(陈建强等,1997,1998),丰富的单体和复体四射珊瑚产于灰岩中。

辐射期与复苏期相比,既有继承(辐射期42属中,从复苏期延续13属,占31%),又有明显的发展,新出现的属达14个,占33.3%,其中包括土著新生型5属(*Yangziphyllum*,*Protocystiphyllum*,*Eostauria*,*Shiqianophyllum*,*Parastauria*),起源于扬子区的新生型9属(迁出新生型)(*Tunguselasma*,*Stauria*,*Rhizophyllum*,*Amplexoides*,*Tabularia*,*Ceriaster*,*Maikottia*,*Stauromatidium*,*Synamplexoides*)。辐射期四射珊瑚的主要面貌是分异度明显提高,优势科、目不

明显，泡沫珊瑚目(Cystiphyllida，13 属，31%)、扭心珊瑚目(Streptelasmatida，19 属，45%)和柱珊瑚目(Columnariida，10 属，24%)并驾齐驱；出现丰富的复体珊瑚和造礁生物，辐射期 42 属中复体珊瑚达 12 属(29%)(图 2.7.1，表 2.7.3)，这与复苏期复体珊瑚只占 7%形成鲜明的对比。

辐射期还包括幸存型 2 属(*Streptelasma*，*Brachyelasma*，5%)，复活型 2 属(*Leolasma*，*Palaeophyllum*，5%)，复活先驱型 5 属(*Tryplasma*，*Aphyllum*，*Neocantrillia*，*Cantrillia*，*Rhabdocyclus*，12%)，幸存先驱型 1 属(*Crassilasma*)，灾变先驱型 3 属(*Paramplexoides*，*Dalmanophyllum*，*Kodonophyllum*)，*Kodonophyllum* 属于外来灾变先驱型(首现于爱沙尼亚上奥陶统)，很显然，幸存型(5%)、复活型(5%)和先驱型(22%)都不是辐射期的主要类群。

根据上述，辐射期的主要类群是新生型，包括从残存期和复苏期延入辐射期在内共 29 属(69%)，其中土著新生型 7 属(17%)，起源于扬子区的新生型(迁出新生型)14 属(33.3%)，迁入新生型 8 属(19%)。值得注意的是，新生型 29 属中，起源于扬子区辐射期的达 14 属(33.3%)。

辐射期出现了丰富的、典型的志留纪四射珊瑚，特征与复苏期的相似，不同的是数量大大增加了，仍以 Streptelasmatida 目为优势(19 属，45%)，其中又以 Streptelasmatidae 科为主(10 属，24%)，其余 4 科共计 9 属。与复苏期不同的是，辐射期高级别分类单元 Columnariida 目明显增加，并显示出 Columnariida 目的辐射期起始时间稍晚于 Streptelasmatida 目和 Cystiphyllida 目(表 2.7.2)。Columnariida 目中又以 Stauriidae 科和 Amplexidae 科为主(10 属，67%)，以先驱型和新生型(土著新生型和迁出新生型)为主要面貌(11 属，73%)。这一事实可能说明四射珊瑚不同大类(3 个目)在复苏与辐射的进程中表现有所不同，比较先行的是早期就比较繁盛的相对低等类群(Streptelasmatida 目和 Cystiphyllida 目)。对于较高等的类群(Columnariida 目)，其背景演化(background evolution)在早志留世还处于相对低等阶段(Columnariida 目在泥盆纪以后才进入大发展时期)，在当时生态系中最适宜生存的类群可能是 Streptelasmatida 目和 Cystiphyllida 目，而 Columnariida 目在辐射期的繁荣则稍滞后。

辐射期的分异度和丰度均大大超过复苏期，辐射期不但科(13 科)、属(42 属)数丰富，而且分异度大，除了 Streptelasmatidae 科含 10 属之外，其余 32 属包含于 12 科中。值得注意的是，复苏期比残存期多 5 科，辐射期也比复苏期多 5 科(表 2.7.4)。

我们的研究结果与生物礁演化历程的分析基本一致(见李越，本书第二章第八节)，Rhuddanian 至 Aeronian 中期为珊瑚、层孔虫生物礁的复苏过程，Aeronian 晚期生物礁持续增长，可能已进入礁的辐射期。该时期生物礁的宏演化各阶段起始时间可能晚于四射珊瑚的相应时间。

何心一、陈建强(1997)提出，香树园组出现许多属(如 *Amplexoides*，

*Pilophyllia*, *Parastauria*, *Eostauria*, *Stauria*, *Paraceriaster*, *Ceriaster*, *Briantelasma*, *Holophragma*, *Rhizophyllum*, *Tungusetasma*, *Axolasma*, *Pterophrentis*, *Kungejophyllum* 等），还有雷家屯组的 *Synamplexoides*, *Maikottia* 等属，产出的层位在世界上是最低的。因此，它们可能起源于扬子区，并可能是复苏期和辐射期的新生分子和特征分子。经修订，本文将上列属中 *Axolasma* 和 *Pterophrentis* 置于“迁入新生型”。*Crassilasma* 实为幸存先驱型，*Kungejophyllum* 仅在黔北石阡白沙香树园组中发现。何心一、陈建强（1998）曾提出扬子区是奥陶纪和志留纪四射珊瑚起源中心之一的观点。早志留世早、中期，上述四射珊瑚属最初在上扬子区繁衍，以后才迁移到中亚、西伯利亚、澳大利亚以及西欧、北美等地。

## 三、主要结论

奥陶纪晚期和志留纪初期在扬子区内目前还没有找到大灭绝期和残存期的避难所。四射珊瑚的残存期不很明显，只在原生活地、复苏期之前的层位中找到少量残存属种，以幸存型为主，其分异度和丰度均很低。

复苏期四射珊瑚的丰度和分异度都发生了质的变化。复苏期以小型、单体 Streptelasmatida 目的分子占绝对优势（67%）；出现了土著新生型分子；先驱型和新生型达 12 属（80%）。

辐射期优势类群不很明显，Cystiphyllida 目 13 属、Streptelasmatida 目 19 属和 Columnariida10 属目并驾齐驱。辐射期既有复苏期的继承，又有重要的发展，新出现的属多达 14 个；出现丰富的复体珊瑚并发育成礁；高级别分类单元明显增加，生物的多样性、成种速率、丰度都明显高于复苏期。

四射珊瑚 3 个目（Cystiphyllida 目 13 属、Streptelasmatida 目 19 属和 Columnariida 目 10 属）在复苏与辐射期的起始时间各异，表明在相同生态环境背景下，各目的演化进程各不相同，比较先行的是早期较繁盛的相对低等类群（Streptelasmatida 目和 Cystiphyllida 目）。较高等类群（Columnariida 目）的背景演化在早志留世还处于相对低等阶段，在当时生态环境中最适宜的类群是 Streptelasmatida 目和 Cystiphyllida 目，而 Columnariida 目在辐射期的繁荣则稍滞后。

在残存期、复苏期、辐射期中，科的丰度和分异度也有明显的增加，分别为 3 科、8 科、13 科。首次将新生型进一步区分为土著新生型（endemic-debutantes）、迁出新生型（emigrant-debutantes）、迁入新生型（immigrant-debutantes）3 种类型，这对分析大灭绝后生物的复苏期和辐射期动物群的组成和性质具有重要意义。在扬子区早志留世四射珊瑚复苏期和辐射期，典型的志留纪四射珊瑚以 Streptelasmatida 目 Streptelasmatidae 科和 Columnariida 目 Stauriidae 科和 Amplexidae 科为主，它们几乎都由先驱型和新生型组成。

**致　谢**　本文为国家重点基础研究发展规划项目"重大地史时期生物的起源、辐射、灭绝和复苏"(G2000077703)、中国科学院南京地质古生物研究所开放实验室基金项目(983103)和教育部高等学校博士学科点专项科研基金(20010491005)成果之一。本文的完成，承蒙中国科学院南京地质古生物研究所戎嘉余和陈旭的指导，并协助腕足动物化石的鉴定与分析，李越博士与笔者共同完成部分野外工作，在此表示衷心感谢！

## 参考文献

Bretsky P W. 1973. Evolutionary pattern in the Paleozoic bivalvia: documentation and some theoretical considerations. Bulletin Geological Society of America, 83: 1～11

Chen Jianqiang, Li Zhiming, Gong Shuyun, Li Quanguo, Su Wenbo. 1997. Lower and Middle Silurian sequence stratigraphy of north-eastern Guizhou, China. Earth Science—Journal of China University of Geosciences, 22(6): 559～565, Ⅰ pl. (in Chinese with English abstract)[陈建强，李志明，龚淑云，李全国，苏文博. 1997. 贵州东北部下、中志留统层序地层研究. 地球科学—中国地质大学学报，22(6): 559～565，图版Ⅰ]

Chen Jianqiang, He Xinyi. 1997a. Lower Silurian (Llandovery) rugose coral assemblage zones and their relation with depositional sequence of Upper Yangtze region, China. Proceeding 30th International Geological Congress, 11: 85～90

Chen Jianqiang, He Xinyi. 1997b. Ordovician and Silurian rugose coral faunas and assemblage zones in Yangtze region, China. Earth Science—Journal of China University of Geosciences, 22(1): 1～155 (in Chinese with English abstract)[陈建强，何心一. 1997. 扬子区奥陶纪和志留纪四射珊瑚动物群及组合带. 地球科学—中国地质大学学报，22(1): 15～19]

Chen Jianqiang, Li Zhiming, Gong Shuyun, Li Quanguo, Su Wenbo. 1998. Silurian sequence stratigraphy of Upper Yangtze region, China. Acta Sedimentologica Sinica, 16(3): 58～65 (in Chinese with English abstract)[陈建强，李志明，龚淑云，李全国，苏文博. 1998. 上扬子区志留纪层序地层特征. 沉积学报，16(3): 58～65]

Chen Xu, Rong Jiayu. 1990. Concepts and analysis of mass extinction with an example of Late Ordovician event. In: Rong Jiayu, Fang Zongjie, Wu Tongjia, eds. Selected Papers of Theoretical Paleontology. Nanjing: Nanjing University Press. 91～120[陈旭，戎嘉余. 1990. 集群绝灭的基本概念及奥陶纪晚期的实例剖析. 见：戎嘉余，方宗杰，吴同甲主编. 理论古生物学文集. 南京：南京大学出版社. 91～120]

Chen Xu, Zhang Yuandong. 1995. The Late Ordovician graptolite extinction in China. Modern Geology, 20(1): 1～10

Chen Xu, Rong Jiayu, eds. 1996. Telychian (Llandovery) of the Yangtze Region and Its Correlation with British Isles. Beijing: Science Press. 1～155 (in Chinese with English Summary)[陈旭，戎嘉余主编. 中国扬子区兰多维列统特列奇阶及其与英国的对比. 北京：科学出版社. 1～155]

Chen Xu, Rong Jiayu, Mitchell C E, Harper D A T, Fan Junxuan, Zhan Renbin, Zhang Yuandong, Li Rongyu, Wang Yi. 2000. Late Ordovician to earliest Silurian graptolite and Brachiopod biozonation from the Yangtze region, South China, with a global correlation. Geological Magazine, 137(6): 623～650

Elias R J. 1989. Extinctions and origins of solitary rugose corals, latest Ordovician to earliest Silurian in North America. Memoirs Association Australas Palaeontols, 8: 319～326

Ge Zhizhou, Yu Changmin. 1974. Silurian corals. In: Nanjing Institute of Geology and Paleontology, Chinese Accdemy of Sciences, ed. A Handbook of the Stratigraphy and Paleontology of Southwest China. Beijing: Science Press. 163～173 (in Chinese)［葛治洲，俞昌民. 1974. 志留纪珊瑚. 见：中国科学院南京地质古生物研究所编著. 西南地区地层古生物手册. 北京：科学出版社. 165～173］

Ge Zhizhou, Rong Jiayu, Yang Xuechang, Liu Genwu, Ni Yu'nan, Dong Deyuan, Wu Hongji. 1979. Silurian of southwest China. In: Nanjing Institute of Geology and Paleontology, Chinese Accdemy of Sciences, ed. Biostratigraphy of Southwest China. Beijing: Science Press. 155～220 (in Chinese)［葛治洲，戎嘉余，杨学长，刘耕武，倪寓南，董得源，伍鸿基. 1979. 西南地区的志留系. 见：中国科学院南京地质古生物研究所著. 西南地区碳酸盐生物地层. 北京：科学出版社. 155～220］

He Xinyi. 1985. New rugose corals species from the Lower Silurian of Guizhou, Sichuan and Shaanxi with a discussion on some Silurian Rugosa genera. Earth Science—Journal of Wuhan College of Geology, 10(special papers): 43～54(in Chinese with English abstract)［何心一. 1985. 黔、川、陕早志留世四射珊瑚新种及对一些属的讨论. 地球科学—中国地质大学学报，10(特刊)：43～54］

He Xinyi, Chen Jianqiang. 1997. New material on rugose corals of Lower Silurian in northeastern Guizhou and its geological significance. Acta Palaeontologica Sinica, 36(4): 432～445 (in Chinese with English abstract)［何心一，陈建强. 1997. 黔东北早志留世四射珊瑚新资料. 古生物学报，36(4)：432～445］

He Xinyi, Chen Jianqiang. 1998. Origin, dispersion and biogeographic affinity of Ordovician and Silurian rugose corals in Yangtze region. Geoscience—Journal of Graduate School, China University of Geosciences, 12(2): 151～159 (in Chinese with English abstract)［何心一，陈建强. 1998. 扬子区奥陶纪和志留纪四射珊瑚的起源、扩散及生物古地理. 现代地质—中国地质大学研究生院学报，12(2)：151～159］

He Xinyi, Chen Jianqiang. 1999. Early Silurian rugose coral fauna of Tewo area, West Qinling. Acta Palaeontologica Sinica, 38(4): 423～434 (in Chinese with English abstract)［何心一，陈建强. 1999. 西秦岭迭部地区早志留世四射珊瑚动物群. 古生物学报，38(4)：423～434］

He Xinyi, Chen Jianqiang. 2003. New information on the Late Ordovician and Early Silurian rugose corals from northern Guizhou Provincen. Acta Palaeontologica Sinica, 42(2): 174～188 (in English with Chinese abstract)［何心一，陈建强. 2003. 黔北晚奥陶世和早志留世四射珊瑚新资料. 古生物学报，42(2)：174～188］

He Yuanxiang. 1978. Subclass Rugosa. In: Palaeontological Atlas of Southwest China, Sichuan Volume, Part 1. Beijing: Geological Publishing House. 98～178 (in Chinese)［何原相. 1978. 皱纹珊瑚亚纲. 见：西南地区古生物图册，四川分册(一). 北京：地质出版社. 98～178］

Jablonski D. 1986. Causes and consequences of mass extinctions: a comparative approach. In: Elliott D K, ed. Dynamics of Extinction. New York: Wiley. 183～229

Jin Yugan. 1991. Two stages of latest Permian biotic mass extinction event. Palaeoworld, 1: 39［金玉玕. 1991. 二叠纪末期生物集群绝灭的两个阶段. Palaeoworld, 1: 39］

Kauffman E G, Erwin D H. 1995. Surviving mass extinctions. Geotimes, 40(3): 14～17

Kauffman E G, Harris P J. 1996. The importance for crisis progenitors in recovery from mass extinction. In: Hart M B, ed. Biotic Recovery from Mass Extinction Events. Americal Geological Society Special Publication, 102: 1～392

Kong Lei, Huang Yunming. 1978, Tetracoralla. In: Guizhou Province Work Team of Stratigraphy and Palaeontology, ed. Palaeontological Atlas of Southwest China, Guizhou Volume, 1. Beijing: Geological Publishing House. 35～160 (in Chinese)［孔磊，黄蕴明. 1978. 四射珊瑚亚纲. 见：

贵州地层古生物工作队编著. 西南地区古生物图册，贵州分册(一). 北京：地质出版社. 35～160]

Liao Weihua. 1997. Research progress of the earliest and latest Devonian coral faunas with a discussion on the extinction, recovery and benthic assemblage. Acta Palaeontologica Sinica, 36(2):143～150 (in Chinese with English abstract) [廖卫华. 1997. 泥盆纪最早期和最晚期珊瑚群研究的进展——兼论泥盆纪珊瑚的绝灭、复苏及其底栖组合. 古生物学报,36(2):143～150]

Neuman B E E. 1982. Early Silurian rugose corals of the Oslo region. Palaeontological contributions from the University of Oslo, 278:33～42

Neuman B E E. 1984. Origin and evolution of rugose corals. Palaeontographica American, 54:119～126

Raup P M , Sepkoski J I. 1982. Mass extinction in the marine fossil record. Science, 215: 1 501～1 503

Rong Jiayu, Chen Xu, Wang Chengyuan, Geng Liangyu. 1996, The top and base boundary of Telychian Stage and their correlation. In: Chen Xu, Rong Jiayu, eds. Telychian (Llandovery) of the Yangtze Region and its Correlation with British Isles. Beijing: Science Press. 80～90 (in Chinese with English Summary) [戎嘉余,陈旭,王成源,耿良玉. 1996. 特列奇阶的顶、底界线及其对比. 见:陈旭,戎嘉余主编. 中国扬子区兰多维列统特列奇阶及其与英国的对比. 北京:科学出版社. 80～90]

Rong Jiayu, Chen Xu, Wang Chengyuan, Geng Liangyu, Wu Hongji, Deng Zhanqiu, Chen Tinen, Xu Juntao. 1990. Some problems concerning the correlation of the Silurian rocks in South China. Journal of Stratigraphy, 14(3):161～177 [戎嘉余,陈旭,王成源,耿良玉,伍鸿基,邓占球,陈挺恩,徐均涛. 1990. 论华南志留纪对比的若干问题. 地层学杂志,14(3):161～177]

Rong Jiayu, Fang Zongjie, Chen Xu, Chen Jinhua, Liao Weihua, Sun Dongli, Zhan Renbin, Shen Jianwei, Tong Jinnan. 1996. Biotic recovery—first episode of evolution after mass extinction. Acta Palaeontologica Sinica, 35(3):259～271 (in Chinese with English abstract)[戎嘉余,方宗杰,陈旭,陈金华,廖卫华,孙东立,詹仁斌,沈建伟,童金南. 1996. 生物复苏——大绝灭后生物演化历史的第一幕. 古生物学报,35(3):259～271]

Rong Jiayu, Happer D A T. 1999. Brachiopod survival and recovery from the latest Ordovician mass extinctions in South China. Geological Journal, 34: 321～348

Rong Jiayu, Zhan Renbin. 1999a. Ordovician and Silurian brachiopod fauna turnover in South China. Geoscience—Journal of Graduate School, China University of Geosciences, 13(4): 390～394 (in Chinese with English abstract) [戎嘉余,詹仁斌. 1999. 华南奥陶、志留纪腕足动物群的更替——兼论奥陶纪末冰川活动的影响. 现代地质—中国地质大学研究生院学报,13(4):390～394]

Rong Jiayu, Zhan Renbin. 1999b. The main source of brachiopod recovery after latest Ordovician mass extinction event. Science in China (Series D), 29(3): 232～239 (in Chinese) [戎嘉余,詹仁斌. 1999b. 奥陶纪末集群灭绝后腕足动物复苏的主要源泉. 中国科学(D),29(3):232～239]

Wang Hongzhen, He Xinyi, Chen Jianqiang, *et al*. 1989. Classification, Evolution and Biogeography of the Palaeozoic Corals of China. Beijing: Science Press. 1～391 (in Chinese with English summary) [王鸿祯,何心一,陈建强等著. 1989. 中国古生代珊瑚分类演化及生物古地理. 北京:科学出版社. 1～391]

Yin Hongfu, Tong Jinnan. 1997. Ecosystem at the turning point of geological history. Earth Science Fronties (China University of Geosciences, Beijing), 4(3～4): 111～116 (in Chinese with English abstract) [殷鸿福,童金南. 1997. 地史转折期的生态系. 地学前缘(中国地质大学,北京),4(3～4):111～116]

李越 yueli@nigpas.ac.cn
中国科学院南京地质古生物研究所
南京市北京东路39号,210008

第八节

# 华南晚奥陶世至早志留世生物礁的演化历程

**摘要**

生物礁的演化取决于生物和环境双重因素,主要表现为地史时期造礁群落的更替。晚奥陶世气候变化造成冈瓦纳大陆冰川和全球海退,导致了双幕式生物灭绝事件。通过对华南晚奥陶世阿什极中期(Middle Ashgillian)至志留纪兰多维列世(Llandovery)各类生物礁和非礁碳酸盐岩沉积相的时空分布和规模的分析,论述它们受南极冰盖凝聚影响的程度和冰盖消融之后所经历的复苏到繁盛的过程。晚奥陶世阿什极期的扬子地台沉积了五峰组黑色笔石页岩,只有在浙赣边区一带才发育浅水碳酸盐岩台地,分布着阿什极中期下镇组的层状礁、点礁以及三衢山组灰泥丘共同建造的礁组合。这些礁相单元从台地到斜坡作西南-东北方向排列。造礁分子为丛状珊瑚、皮壳状层孔海绵以及苔藓虫,并在礁前形成塌积岩。低分异度的层孔海绵或腕足动物形成生物层。在浙赣台地边缘斜坡上端,菌藻类建造的4期灰泥丘总厚度超过500 m,并与鲕灰岩等互层;浙赣台地与扬子地台间的盆地区为页岩沉积。浙赣边区这套礁组合因沉积区抬升的截切效应而终止于罗塞期(Rawtheyan)末第一幕生物集群灭绝事件到来之前。赫南特期(Hirnantian)海平面下降,在上扬子区出现了小规模的观音桥层或南郑组非礁相碳酸沉积,厚度多不超过1 m,以发育凉水介壳相的*Hirnantia*动物群为特征。第二幕灭绝事件之后,扬子区被龙马溪组黑色笔石页岩超覆,在滇黔桂古陆北缘的黔东北一带出现了最早的志留纪灰岩,此后鲁丹阶(Rhuddanian)早期-埃隆阶(Aeronian)中期的香树园组开始了灰岩透镜体—生物层—珊瑚、层孔虫生物礁的复苏过程;埃隆阶晚期,上扬子区碳酸盐岩分布已较广泛并持续增长,不少地层单元中都夹含生物礁、生物层建造;特列奇阶(Telychian)早期曾有过生物礁衰减,仅川西、滇东北发育碳酸盐岩;至特列奇阶晚期的宁强组沉积时期生物礁和生物层则达到繁盛阶段,并在扬子区西北快速沉降补偿区发育了多期生物礁和生物层建造。特列奇阶之末扬子地台整体抬升,使生物礁失去了生存空间。

李越. 2004. 华南晚奥陶世至早志留世生物礁的演化历程. 见:戎嘉余,方宗杰主编. 生物大灭绝与复苏——来自华南古生代和三叠纪的证据. 合肥:中国科学技术大学出版社. 187~222,1045~1046

**关键词**

生物礁 碳酸盐岩 演化历程 晚奥陶世至早志留世 华南 扬子地台

## 一、概述

显生宙数次生态系统恶化、生物集群灭绝事件假说的证据，源于地球化学元素异常值和生物分类单元延续时限统计的分析数据（Alvarez *et al.*，1980；Sepkoski，1982；Raup and Sepkoski，1982；Jablonski，1986；Benton，1995），“新灾变论”以及对灭绝事件之后生态系统重建和生物复苏的研究（Hallam and Wignall，1997；Kauffman and Erwin，1995；戎嘉余等，1996），共同构成了演化古生物学的重要内容，而奥陶-志留纪之交大灭绝与其后复苏事件就是其中一个不可或缺的环节（Brenchley and Newall，1984；Brenchley *et al.*，1994；Hallam and Wignall，1997）。关于这次事件的起因曾有多种假说，目前以冰盖说最为广泛接受。灭绝事件经历了两幕，始于罗塞期末和赫南特期末（陈旭、戎嘉余，1990）。根据北非、南欧等地冰川沉积物时代与生物分异度骤减在时间上的一致性，推测第一幕主要引发因素是冈瓦纳大陆冰盖凝聚和扩增导致全球海平面跌落、海水降温以及气候梯度增强（Berry and Boucot，1973；Sheehan，1973；Brenchley and Newall，1984；Sheehan *et al.*，1996）。之后的冰川消融、海平面急剧上升、纬向气候分带性减弱（Rong and Chen，1986）等导致第二幕 *Hirnantia* 动物群灭绝。本节基于华南这一时限生物礁及各类碳酸盐岩相的发育特点，对此特殊生态系统的演化历程作一探讨。

生物礁是地球海洋生物圈中由原地底栖造礁生物格架（framework）为主体而形成的碳酸盐岩建造，它依附于碳酸盐岩台地而存在（Wilson，1975）。礁最重要的判别标志是生物的丰度（abundance）而非生物分异度（biotic diversity），更确切地说是由原地造礁生物碳酸盐岩生产量的大小及其生物聚集（gregarious）、沉积方式所决定的，除数量上必须达到一定的标准外（Fagerstrome，1987），还必须具有原地生物格架岩（Chillingare，1956；Chave *et al.*，1972）。礁的生态系统中生物门类的分异度则取决于不同地史时期生物面貌或同一地史时期不同地点礁的生物组合，甚至在同一个礁体的不同相带生物组合也有差异（Heckel，1974；Fluegel and Flugel-Kahler，1992；Kuznetsov，1990；Wood，1995）。礁是特定物理化学条件下的产物，造礁分子多属狭适型生物，与水深、温度、营养、盐度、清洁度相关的礁群落分子生长极限决定了绝大多数礁只限于热带低纬浅海地区（Birkland，1977；Guilcher，1988；Roberts *et al.*，1992）；也有现代和古代深水、凉水型礁，但数量有限，研究程度较低。

生物礁群落组成的类型多样，决定了这一特殊碳酸盐沉积体的建造方式、生长速度、地形地貌、空间分布的差异，并导致不同研究者对其判别的多重标准（Stanton，1967；Dunham，1970；Webby，1984）。礁既是一个生态学概念，又是一个沉积学概念，对它的内涵定义不同，对其外延的使用也就无法统一（Riding，2002）。

狭义的生物礁仅指能与现代珊瑚礁类比的格架礁;广义的礁则包括后生动物,诸如珊瑚、层孔海绵等具抗浪能力者所建造的格架礁,壳相动物密集堆积成的生物层,隐藻、钙藻粘结岩(bindstone)为主体而长成的灰泥丘等各类生物岩隆(buildups)。根据格架礁的外形,即隆升(relief)程度,可再划分为层状礁和点礁等。Cumings(1932)的生物岩礁(bioherm)实际上是生物礁的同义词(Kershaw,1994)。生物层(biostrome)和灰泥丘(carbonate mud mound)是与生物礁并列的沉积单元,从生长外形、生物格架岩的发育程度、非生物格架岩和灰泥所占比例方面区别于生物礁。并非所有的碳酸盐岩台地都能向礁的方向发展,也并非所有礁都能达到成熟阶段,中途夭折的礁屡见不鲜。生物礁消亡的概念并不等同于生物物种的灭绝,物种的灭绝是指分类单元基因库延续终结。礁则是类型不同的造礁群落建造的,地史时期的礁属于不同种类的沉积体系,礁的形成主要取决于它所赋存的碳酸盐沉积体中生物骨骼的密度和生长、沉积方式(Wood,1999; Riding,2002),因此生物礁的消亡并不等于构成这些生物礁的物种的消亡。

造礁生物生长的特殊要求,诸如温度、盐度、清洁度等条件,不可或缺,任何一个参数的改变都可能导致礁正常生长的终结。而且礁体内各生态单元形成有生态学上的相互依存关系,物种分异度、碳酸盐生产量指标对环境变化反应相当敏感,小规模的环境变化就可能导致大的灭绝(Jackson,1988)。所以礁是海洋中最脆弱的生态系统,即使在地史中的非生物集群灭绝期,它们的分布也很局限,甚至屡屡出现礁空白期。Wood(1993)统计出大型礁组合发育时期只占整个显生宙历史的25%~35%。礁极端贫乏的时限分别被解释为礁的复苏(recovery)和重组(reorganization)(James,1983; Copper,1989; Stanley,1988a),或称为演化迟滞(evolutionary lags)(Sheehan,1985)和抑制演替(arrested succession)(Copper,1988b)。导致礁生长终结的因素也因时、因地而异。有的灾变事件是针对所有物种的,如任何生物都不会从外来天体撞击事件的那一瞬间中受益,尘埃落定后的灾后泛滥种(disaster taxa)(Schubert and Bottjer,1992)则另当别论;而地球内的事件如降温、海平面变化等或许只危及部分地区、个别群落或部分种群。有的气候变化事件与全球生物事件有密切联系,而不少则并无重要联系,即使这两种事件发生的时间和规模存在明显的一致性,也并不一定存在着因果关系(陈旭等,1997)。诸如晚奥陶世冰期海水降温和集群灭绝事件是密切相关的,前者引发了后者(Brenchley and Newall,1984; 陈旭、戎嘉余,1990; 陈旭等,1997)。冰期到来时,随着海洋中单个或与此相关而引发和叠加的多种物理化学条件逐渐或急剧恶化(Walliser,1986),导致生态系统食物链的崩溃,最适宜礁生长的热带海区则具有更高级别的分类单元的丧失(Jablonski,1986),灾变程度远远超过礁群落的抗衡限度,生物礁和礁相生态系统中的生物门类抗灾变能力最脆弱,更是首当其冲(Kauffman and Erwin,1995; Stanley,1984,1988b; Jackson,1988)。

生物礁的复苏是一个复杂的过程。首先要有碳酸盐岩台地的沉积背景，否则“皮之不存，毛将焉附”？进而要进一步区分是什么类型的礁复苏。有的地史时期后生动物礁的灭绝事件并不明显地影响到碳酸盐岩台地建造，隐藻或钙藻群落的生长同样能维持着碳酸盐岩生产量，如华南晚泥盆世弗拉（Frasnian）-法门（Famennian）阶（F-F）大灭绝事件前桂林组的层孔海绵-珊瑚礁被灭绝事件后的东村组结晶孔洞灰岩（stromatolitic limestone）或融县组灰泥丘取代（钟铿等，1992）。随着后生动物分异度和丰度的降低，非大灭绝期受啃食（grazing）压力影响被抑制的底栖藻类反而能繁盛起来，占领原来的浅水生态域，如二叠纪末海绵-藻礁灭绝后，三叠纪初的隐藻灰岩和叠层石曾一度兴盛（Kerr，1994），而隐藻及叠层石礁群落的复杂程度与海绵-藻礁群落的复杂程度则相差悬殊。有的生物礁群落的更新在灭绝事件之后就随即完成，如澳大利亚 Canning 盆地 F-F 事件后藻群落为主体构建的生物礁，就是在法门最早期出现的（Wood，2000）。但一般来说，礁的复苏相对滞后（Newell，1971；Heckel，1974；Boucot，1983；Copper，1974；Stanley，1981），等到各种参数指标恢复到适合于礁生长的程度，造礁生物才开始新的生态系统重组（Pomeroy，1970；Plotnick and McKinney，1993）。随着礁的生长，群落营养结构由简单到复杂的演化，促使礁群落属种生物分异度增高而填补礁区各种生态位，形成更高级的生态优化组合。有的成种作用本身就产生于礁生态系统中，且只能在这种特殊生态系统中生存，所以礁生态系统的重建也促使了造礁生物和附礁生物的演化（O'Neill *et al.*，1986）。生物礁在某一区域内是否达到复苏阶段是与它灭绝前的规模比较而言的，礁生态系统的复杂程度与它灾后复苏到灭绝前水平的难度成正比，所以要将地史中礁的灭绝过程和复苏过程互相参照（Droser，1997）。

研究地史中生物礁的灭绝和复苏过程要尽可能在精确的地层时空对比框架内进行，以利于识别礁的建造方式、过程、规模和分布规律。但是，受地层出露条件的限制，总会给研究礁的灭绝和复苏过程带来困难。生物层是碳酸盐岩台地的另一种更常见的建造单元，类型更多样，分布更广泛，根据生物建造碳酸盐岩层的单层厚度划分为薄层、中层、厚层生物层及其之间的过渡类型，再根据化石的保存方式划分为原地生物层（autobiostrome）、拟原地生物层（parautobiostrome）和异地生物层（allobiostrome）等类型（Kershaw，1994）。它们既可能与生物礁的形成无关，也可能是生物礁组合发育的某一阶段或某一相带（如礁基相、礁前、礁后的介壳滩等）的产物，有的生物层生态系统构成的复杂程度与礁并无本质区别，仅仅是缺乏地貌上的建隆（Kershaw，1994）。一个造架生物形成的底栖群落最终是长成二维的生物层（或称层状礁）还是长成三维的、具有显著地貌隆起、形成礁平台、礁前、礁后一系列地形差异和生态差异的礁组合（reef complexes），还受海底地貌等物理参数的控制。所以生物层，特别是由高生物分异度和丰度的底栖造架生物形成的原地生物层，与生物礁应属同一层次的生态复苏单元。在局部露头上，有时则难以断定是生物层还是属于生物礁的一个相带，或者是否应伴随着礁的同时存在。简单地肯定或否定礁的存在，会造成对礁灭绝和复苏过程识别前移或滞后的偏差。

## 二、实例

华南没有任何一条剖面能完整记录阿什极期至兰多维列世时限内的生物礁发展序列，也缺乏指示各种类型的碳酸盐岩连续沉积的地质记录。但是生物地层学的深入研究和完善的地层划分对比框架，为将不同时限、不同地点的剖面拼接起来，为分析华南，特别是扬子地台阿什极期至兰多维列世的生物礁演化历程，提供了可能。笔者把华南这一时限内碳酸盐岩沉积单元的分布和生物礁的产地以图2.8.1表示。

### （一）浙赣边区阿什极中期的生物礁组合

阿什极期浅海台地上的生物礁、灰泥丘，仅分布于浙赣交界的常山、玉山一带，并产于由南而北同期异相的下镇组和三衢山组。根据其中产 *Folimena* 动物群而未出现 *Hirnantia* 动物群，故知其时限是阿什极中期（陈旭等，1987；詹仁斌、傅力浦，1994）。下镇组和三衢山组是由南而北由生物礁、塌积岩（talus）和灰泥丘形成的礁组合沉积。前人对这套地层的生物群组成和造礁作用（陈旭等，1987；俞剑华等，1992；边立曾等，1996）做过详细的研究。下镇组为灰岩和页岩互层的地层，生物礁建造类型主要有两种，即层状礁和点礁群。

层状礁分布于玉山祝宅的下镇组下部，以珊瑚和层孔海绵为造架生物，藻席形成粘结岩，并伴随有高分异度的附礁动物（边立曾等，1996）。下镇组底部的沉积序列为潮坪蒸发相的白云岩至潮间带藻席脱水形成的龟裂纹泥灰岩。其后为稳定潮下浅水带层状礁之礁基建造，由棘屑为主、格架岩逐渐增多的定殖期（pioneer stage）和拓殖期（colonization）礁基相，演变为12 m厚大量格架岩密集生长、具有抗浪能力的礁核相。其中块状、圆块状、穹窿状皮壳状床板珊瑚 *Agetolites*，*Plasmoporella*，*Favistina* 和层孔海绵 *Clathrodictyon* 形成盖覆岩（coverstone），钙藻 Dasycladaceae 形成粘结岩（bindstone），栅状床板珊瑚 *Catenipora*，丛状床板珊瑚 *Eoflecheriella* 和单体四射珊瑚 *Palaeophyllum* 等形成障积岩（bafflestone），其中又以 *Catenipora* 所占比例最高，近50%；附礁生物有腕足类 *Tcherskidium*，鹦鹉螺 *Fengzuceras* 等。礁顶相格架岩密度骤减，被拟整合面（paracomformity）之上含 *Sowerbyella* 群落的黄色泥岩盖覆（陈旭等，1987）。

祝宅剖面下镇组中部有一层厚2.35 m、几乎是单一属种原地生长的丘状层孔海绵 *Clathrodictyon* 形成的层状礁，单个丘高10 cm，直径30～50 cm。根据Kershaw（1990）对层孔海绵埋葬学的分类，它们属低丘状（lowdomical）原地生物

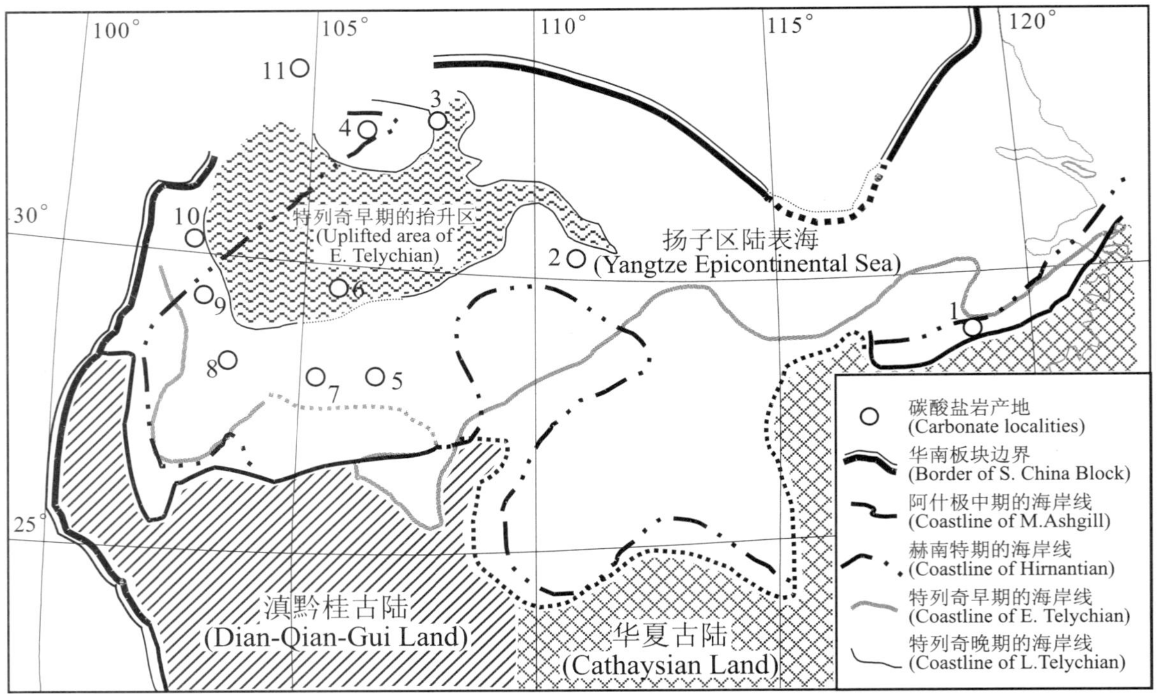


图 2.8.1　华南阿什极中期至兰多维列世的碳酸盐岩相分布(据 Li and Kershaw,2003)

1.浙赣交界玉山-常山,阿什极中期下镇组、三衢山组礁组合　2.鄂西宜昌,埃隆晚期罗惹坪组生物层　3.陕南南郑,赫南特期南郑组灰岩和特列奇晚期宁强组生物礁　4.陕南川北宁强-广元,特列奇晚期宁强组生物礁　5.黔东北石阡,赫南特-埃隆晚期观音桥层灰岩、香树园组-雷家屯组生物层和生物礁　6.黔北川南桐梓-綦江,埃隆晚期石牛栏组生物层和生物礁　7.黔西毕节,赫南特期观音桥层灰岩和埃隆晚期石牛栏组生物层和生物礁　8.滇东北大关,埃隆晚期-特列奇晚期黄葛溪段-大路寨段生物层和生物礁　9.川西汉源,赫南特期南郑组灰岩　10.川西二郎山,埃隆早-晚期罗圈湾组-龙胆岩组-长岩子组生物层以及特列奇早期爆火岩组白云岩　11.西秦岭迭部,埃隆晚期拉垅组生物礁

Figure 2.8.1　Distribution of carbonate sediments during M. Ashgill-Llandovery in South China (modified from Li and Kershaw, 2003)

1. Reef Complexes of the Xiazhen Fm. and Sanqushan Fm. (M. Ashgill), Jiangxi-Zhejiang border area　2. Biostromes of the Lojoping Fm. (L. Aeronian), Yichang, W. Hubei　3. Carbonates of the Nanzheng Fm. (Hirnantian) and reefs of the Ningqiang Fm. (L. Telychian), Nanzheng, S. Shaanxi　4. Reefs of the Ningqiang Fm. (L. Telychian), Shaanxi-Sichuan border area　5. Carbonates of the Kuanyinchiao Beds (Hirnantian) and biostromes and reefs of the Xiangshuyuan and Leijiatun Fms. (Rhuddanian-Aeronian), Shiqian, NE. Guizhou　6. Biostromes and reefs of the Shihniulan Fm. (L. Aeronian), Tongzi-Qijiang, Guizhou-Sichuan border area　7. Carbonates of the Kuanyinchiao Bed (Hirnantian) and biostromes and reefs of the Shihniulan Fm. (L. Aeronian), Bijie, W. Guizhou　8. Biostromes and reefs of the Huanggexi-Daluzhai Members (L. Aeronian-L. Telychian), Daguan, NE. Yunnan　9. Carbonates of the Nanzheng Fm. (Hirnantian), Hanyuan, W. Sichuan　10. Biostromes of the Luoquanwan, Longdanyan and Changyanzi Fms. (M.-L. Aeronian) and dolomilites of the Baohuoyan Fm. (E. Telychian), Erlangshan, W. Sichuan　11. Reefs of the Lalong Fm. (L. Aeronian), Tewo, W. Qinling

层。附礁生物为少量腕足类、腹足类和海百合。其他生物层类型有祝宅下镇组中部的原地生物层，这种生物层多为原地密集生长，并含少量被高能水流轻度破碎的腕足类 *Tcherskidium*，指示 BA2～3 的深度，此外还包括钙藻 *Ortonella*，*Garwoodia* 和 *Ortonellina* 形成的凝块岩(thrombolite)。

玉山王家坝产有地貌上突出于周缘钙质泥岩、多期生长的小型点礁群。大者个体直径达 3 m 多，小者不足 0.5 m，礁基相多为钙质泥岩。点礁体之间多为泥岩充填，点礁生长规模受控于清水环境持续时间的长短。礁群落由床板珊瑚 *Agetolites*，*Agetolitella*，*Agetolitoides*，*Fletcheriella*，*Hemiagetolites*，*Stelliporella*，*Streptelasma*，*Acdalopora*，*Parastelliporella*，*Plasmoporella*，*Constellaria*，*Sibiriolites*，*Heliolites*，*Proheliolites*；钙藻 *Microcodium*，*Solenopora*，*Solenopora*?，*Vermiporella*，*Parachaetetes*，*Hedstromia*，*Rothpletzella*，*Eofletcheria*，*Batenevia*；苔藓虫 *Dekayia*，*Constellaria*，*Homotrypa*，*Homotrypella*，*Hallopora*；层孔海绵 *Pachystylostroma*，*Cystosroma*，*Pseudostylodictyon*，*Stromatocerium*，*Plexodictyon*，*Ecclimadictyon*，*Clathrodictyon* 组成，礁周边的钙质泥岩相中富含包括三叶虫 *Illaenus*，*Remopleurides*；腕足类 *Zygospia*，*Rhynchotrema*，*Triplesia* 和钙藻 *Solenopora*，并参与造礁(边立曾等，1996)。

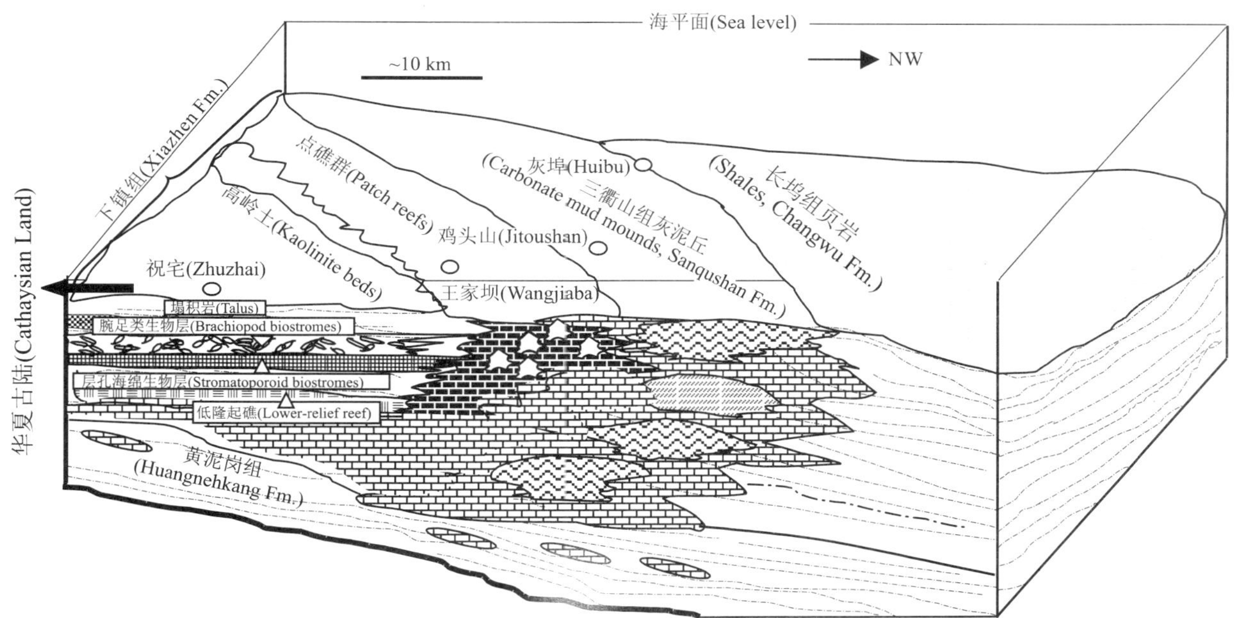


图 **2.8.2**　浙赣交界玉山-常山阿什极中期的沉积相模式

Figure 2.8.2　Middle Ashgillian sedimental facies pattern in the Yushan-Changshan area, the border area between Zhejiang-Jiangxi provinces

塌积岩分布于祝宅下镇组上部和玉山鸡头山三衢山组中部，在玉山八都一带也有出露。为非原地生长状态保存、边界破碎的珊瑚及层孔虫砾块堆积的飘砾岩(floatstone)和粗砾岩(rudstone)(陈旭等，1987)，有的砾块被栅状珊瑚 *Catenipora*

和藻类包裹固结。从八都和鸡头山露头上可见塌积岩有从西南向东北减薄的趋势，因而推测礁核可能在塌积岩之西南，其东北面为礁前。

灰泥丘分布于玉山鸡头山、常山灰埠一线，由蓝绿藻、钙藻和少量瓶筐石类粘结、障积大量灰泥而成。间夹有因重力流和风暴潮将礁平台上的海百合、珊瑚、腕足类、三叶虫带下所形成的骨屑层，局部见小型滑动构造、鲕粒灰岩、团块灰岩、鸟眼灰岩和白云岩。在鸡头山剖面可见4期由南而北叠覆退积的灰泥丘，占三衢山组总厚度一半。据边立曾、周小平(1990)对其中钙藻分类学的研究，共计21属23种，分属蓝藻、绿藻、红藻门，组成4个群落，地层序列由下至上的群落演替显示了海退过程：

极浅水潮坪 *Ortonella furcate* 群落。

开阔海台地 *Ajakmalajsoria rotunda* 群落。

较深水灰泥丘 *Phacelophyton yushanensis* 和 *Renalcis devonicus* 群落。

较深水(浪基面以下，透光带以上)*Coelosphaeridium cyclocrinophilum* 群落。

灰泥丘沉积位于碳酸盐岩台地北缘，缺乏后生动物格架岩，本身抗浪能力低，也未见及有来自丘核相的砾块形成丘前塌积岩，可见其大部分生长期处于较深水的低能环境。但几期灰泥丘之间夹含的极浅水潮坪相钙藻群落、鲕粒、团块、鸟眼构造灰岩和局部层的白云岩均指示波基面之上，甚至暴露于淡水淋溶面之上的环境，这种极浅水标志在同期沉积的下镇组中是不易见及的。三衢山组极浅水的沉积夹含于灰泥丘的现象表明，礁平台到外海的斜坡转折端只是在灰泥丘沉积时才相对较深，而其余时段，由于灰泥堆积速度较高，斜坡区沉积补偿速率有时超过了基底沉降速率，因此能在礁前形成比礁平台更浅的潮坪区。

台地边缘的灰泥丘带与 Milliman(1974)提到的现代陆架转折(shelf break)区40～100 m深度的藻脊系统(algea ridge system)相似。现代浅海区如 Bahama 台地上，灰泥的成因除源于钙藻文石针碎解、重结晶外，还可能与反硝化细菌通过自身新陈代谢作用或改变局部海水物理-化学性质而直接沉淀碳酸钙有关。推测三衢山组中的灰泥成因亦有可能如此，大洋海水上升流带有大量营养盐，形成富营养环境，有利于微生物群落生长，增强了陆架转折区微生物岩(microbial)的生产和沉积能力，但这种环境却不利于适宜在贫营养条件中生长的后生动物礁(Hallock and Schlager，1986；Vogt，1989)。

从祝宅下镇组顶部的高岭石风化壳(陈旭等，1987)和鸡头山灰泥丘由北向南退积，灰泥丘建造经历了台地斜坡—台地边缘—台地内部的更替，可知这一地区总体的盆地演化趋势是最终被抬升为陆。

### （二）赫南特期的近岸台地碳酸盐岩相

扬子区奥陶-志留系间普遍发育连续的沉积，但这些连续的沉积序列中，仅有的几处碳酸盐岩却都没有生物礁。扬子区壳相碳酸盐岩台地及其适宜于浅海凉水区生存的 *Hirnantia* 动物群（Rong and Li，1999）在滇黔桂古陆北缘的贵州东北部和西北部的观音桥层，汉南古陆西北的陕西南郑县梁山南郑组顶部，康滇古陆以西的川西汉源县的南郑组也有小规模重现。

石阡香树园雷家屯的黄牛坡-苦竹园及邻近剖面的观音桥层深灰色泥灰岩、生物骨屑灰岩厚 1～2.5 m，与下覆临湘组之间呈假整合。产珊瑚？*Borelasma*，*Crassilasma*，*Brachyelasma*，*Helicelasma*，*Palaeofavosites*，*Propora*，*Grewingkia*，*Halysites*；苔藓虫 *Hallopora*；腕足类"*Hirnantia*"；三叶虫 *Dalmanitina* 及海百合茎等（葛治洲等，1979；胡兆珣等，1983）。尽管底栖生物分异度不低，但该层生物骨屑丰度仍是不均匀的，上下大部分为含少量隐藻微晶凝块和鲕粒的泥灰岩，未见微层理，有较强的生物扰动现象。仅在中部出现 3～20 cm 厚的骨屑密集层，呈透镜状分布，横向延伸数米，生物中较完整个体极少，非原位生长状态保存，似为灰泥坪上短暂的近岸滩相沉积。石阡白沙龙口-筷子山剖面的观音桥层假整合于临湘组（或称涧草沟组）侵蚀面之上，缺失五峰组，下部为 0.1 m 的黄绿色泥岩、粉砂岩，腕足类碎片多，并见少量单体四射珊瑚，上部为 0.05～0.2 m 的泥灰岩。白沙以南约 3 km 的水田沟缺失五峰组、观音桥层及龙马溪组。

黔东北思南文家店瓮溪红岩水库十几厘米的观音桥层中产珊瑚 *Catenipora*，*Grewingkia*，*Brachyelasma*，*Shdohalysites*；层孔海绵 *Ecclimadictyon* 等。印江合水东南的小湾观音桥层灰岩透镜体产珊瑚 *Brachyelasma*，*Grewingkia*。凤冈硐卡拉观音桥层为厚 11.5m 的灰色中厚层鲕灰岩、生物碎屑灰岩夹结晶泥灰岩，产珊瑚 *Brachyelasma* 等。沿河甘溪石场坳也发育灰岩相的观音桥层。以上灰岩中都有腕足类 *Hirnantia* 动物群分子（葛治洲等，1979）。

黔西毕节燕子口剖面观音桥层厚度 1.3 m，上部有三叶虫 *Dalmanitina* 和丰富的四射珊瑚 *Streptelasma*，*Brachyelasma*，*Grewingkia*，*Crassilasma*，*Borelasma*，*Kenophyllum*，*Siphonolasma*，*Lambeophyllum*，*Paramplexoides*，*Pycnactis*，*Pycnactoides*，无床板珊瑚（何心一，1978）；腕足类 *Dalmanella*，*Plectothyrella*，*Hindella*，*Eostropheodonta*，*Fardenia*，*Dorytreta*；腹足类 *Holopea*，*Homotoma*，*Cirropsis*？。属 BA3 的 *Dalmanella testudinaria-Dorytreta longicrura* 群落（Rong and Li，1999）。

陕南南郑梁山的南郑组上部 1.5 m 为黄色钙质泥岩、褐灰色骨屑泥灰岩，生物群属混合相。壳相化石以三叶虫 *Dalmanitina*，*Platycoryphe*，*Leonaspis* 居多，另有腕足类 *Aegiromena*，*Coolinia*，*Orbiculoidea*；双壳类 *Deceptrix*，*Palaeoneilo*（朱

兆玲等，1986)。

川西汉源南郑组中的生物骨屑灰岩夹含于细-粗粒的石英砂岩中，局部地点发育侵蚀面，有三叶虫、腕足类、腹足类(胡正国，1980)和藻纹层(冯洪真，1991，博士论文；Fan *et al*.，1999)。

扬子区无论碳酸盐岩相还是页岩相的观音桥层或南郑组，以及分布于下扬子区南缘同时代的新开岭层，厚度普遍偏小，底栖组合所指示的深度可从滨岸浅海带延至滨外广海区(Rong *et al*.，2002)。

### (三) 鲁丹早期-埃隆中期局限碳酸盐岩台地、生物层和生物礁的复苏过程

扬子区的志留纪沉积是伴随着冈瓦纳大陆冰期的结束、龙马溪组海侵开始的(戎嘉余等，1984)。龙马溪组是穿时的地层单位，最早结束笔石页岩、始现灰岩的沉积分布于滇黔桂古陆北缘滨岸的黔东北石阡一带。早志留世海进波及黔中古陆海岸线时间不一，志留系最低层位的底界面由北向南逐渐升高，石阡本庄为香树园组与宝塔组接触，湄潭兴隆场为香树园组与牯牛潭组接触，余庆苏羊为雷家屯组与大湾组接触，呈现出奥陶系剥蚀量从北向南加大、志留系呈上超的趋势(陈建强等，1997)。要研究志留纪最早的碳酸盐岩相特征，就应选择地层缺失最少、碳酸盐岩首现层位最低的地点，石阡雷家屯剖面和白沙龙口-筷子山剖面自然就成为首选剖面(图 2.8.3)。本节在陈旭等(1997)研究的基础上讨论早志留世的台地型碳酸盐岩以及生物层和生物礁时空分布。

扬子区的龙马溪组岩性主要是黑色页岩或硅质岩，但是石阡一带的龙马溪组例外，那里发育纯页岩和页岩夹灰岩两种类型。石阡香树园雷家屯的黄牛坡-苦竹园剖面中，龙马溪组假整合于观音桥层之上，为 3.3 m 厚的黑灰色页岩(葛治洲等，1979)。作者 1998 年与中国地质大学陈建强博士共同测制该剖面时，将龙马溪组分为 2 段。下段为 1.2 m 厚黄色粉砂质泥岩，层理不明显，化石极少。以灰岩的出现作为上段，岩性为灰绿、黄绿色页岩和灰质粉砂岩，夹薄层砂岩或泥灰岩结核和灰岩透镜体，厚 2 m。最低层位灰岩中生物骨屑成分为腕足类、三叶虫，数量少，向上生物分异度和骨屑密度渐增，主要是海百合茎、三叶虫和腕足类，但不见珊瑚、苔藓虫和层孔海绵。壳体保存较完整的少量腕足类和三叶虫 *Latiproetus* 尾部分别是在距龙马溪组底界 1.95 m 和 2.15 m 的灰岩透镜体中发现的，但这不是它们的首现层位。近龙马溪组顶部的腕足类有 *Beitaia*? sp.，*Levenea*? sp. (R17＝GXH6a)。

雷家屯西南的白沙龙口-筷子山剖面龙马溪组假整合地盖覆于观音桥层上部泥灰岩凹凸不平的剥蚀面之上。下部为 1 m 厚的黄色页岩，上部为 3 m 厚的黑色页岩，含笔石和腕足类，没有灰岩透镜体。其中的笔石经陈旭鉴定，龙马溪组上部为 *Normalograptus lubricus*，*N*. cf. *normalis*(R73d)；顶部为 *Normalograptus madernii*，

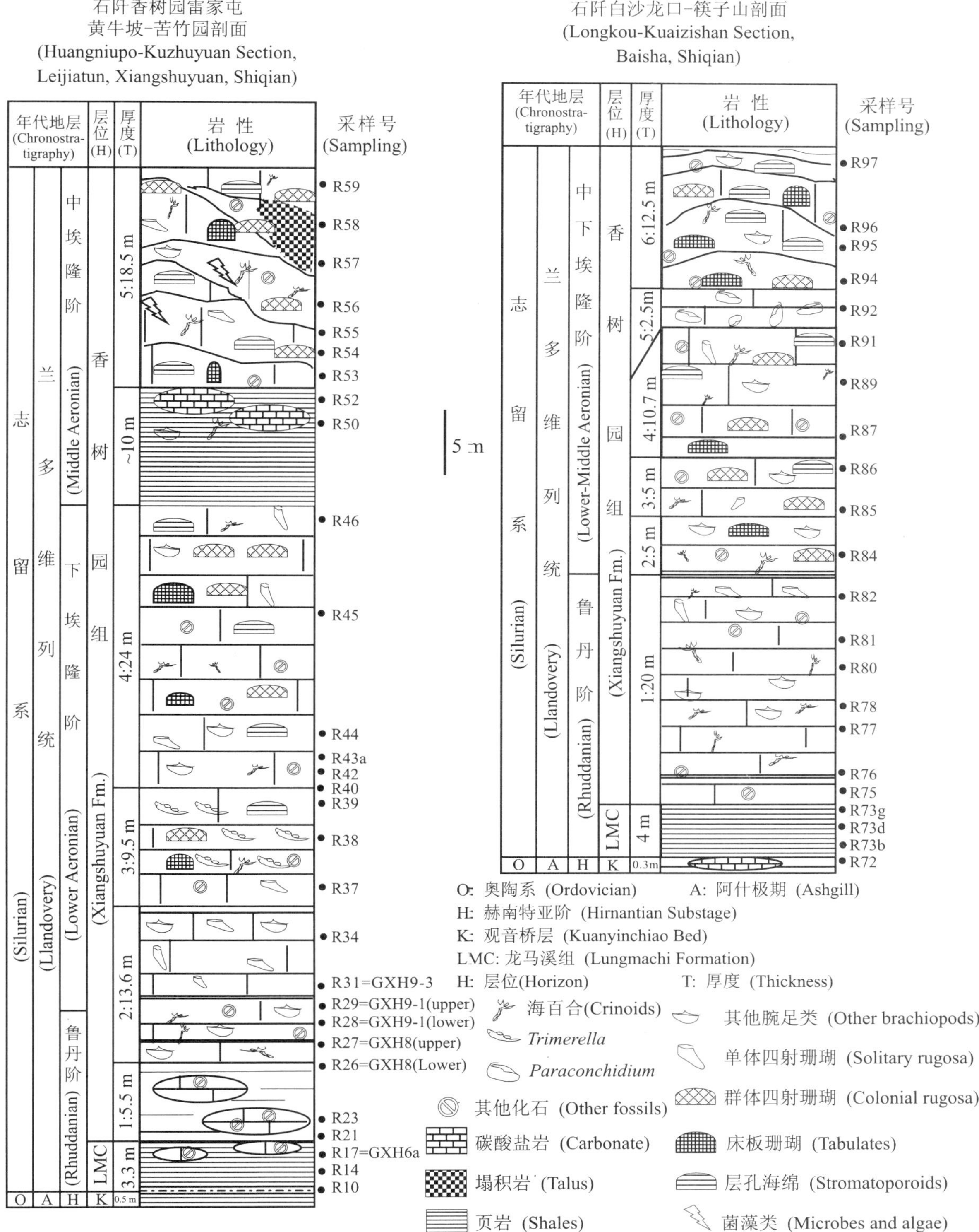


图 **2.8.3** 黔东北石阡兰多维列世香树园组的生物层和生物礁序列

Figure 2.8.3 A biostrome-reef sequence of the Xiangshuyuan Formation (Llandovery) from Shiqian, northeastern Guizhou

*N. lubricus*, *N. persculptus*, *Neodiplograptus bicaudatus*(R73g),龙马溪组所含的笔石组合相当于鲁丹初期的 *Akidograptus ascensus* 带。距龙口-筷子山剖面以东约3 km的水田沟缺失五峰组至龙马溪组,香树园组含腕足类和棘屑的薄层泥灰岩直接盖覆于临湘组之上,这是当时滇黔桂古陆滨岸区的直接证据。五峰组和龙马溪组在本地区普遍厚度偏薄,岩性软,短期的抬升就可被剥蚀殆尽,所以它的抬升时间不一定在临湘组沉积之末,而在临湘组至香树园组下部泥灰岩沉积开始之间的任一短暂时间段。龙马溪组沉积期,水田沟缺失沉积,故推知海岸线在水田沟剥蚀区和龙口之间,白沙龙口-筷子山剖面位置比雷家屯更靠近滨岸。白沙龙口-筷子山的龙马溪组在岩性上表现为更具特征的黑色笔石页岩,可能是因为地处近岸局限潟湖环境水体滞留而致,而雷家屯剖面则位于开阔海台地相,更有利于碳酸钙沉积。

香树园雷家屯的黄牛坡-苦竹园剖面的香树园组总共厚 82 m,其碳酸盐岩建造以及生物礁复苏过程,由老到新可分别划分为以下几个主要阶段:

**1. 薄层瘤状灰岩层首现**

香树园组底部开始页岩逐渐减少,瘤状灰岩逐渐增多(约占 25%),灰岩中的生物骨屑比例、生物门类也明显增加,但未达到生物层的密度。有腕足类 *Eospirifer sinensis*, *Beitaia modica*,珊瑚 *Brachyelasma* cf. *sibrricum*, *Brachyelasma* sp. [R26 =GXH8(lower)]。海百合、三叶虫、苔藓虫、腹足类等,破碎程度较高,指示的环境处于近岸浅水高能带贝壳滩相,缺乏具格架岩性质的砾屑,这些生物层的组分不是从礁平台上被搬运来的,说明还没有生物礁复苏的迹象。

**2. 四射珊瑚分异度逐渐增高的薄层拟原地生物层首现**

四射珊瑚开始复苏后,丰度从零星而逐渐增高,分异度也增大,计有:*Brachyelasma* cf. *concavifundatum*, *B.* sp., *Crassilasma* sp., *Pseudophaulactis* sp. [R27 = GXH8(upper)]; *Pilophyllia* sp., *Cystiphyllum* sp., *Crassilasma* sp. (GXH9-3=R31), *Brachyelasma* sp., *B.* sp., *B.* cf. *shiqianensis*, *Crassilasma* sp., *Streptelasma* sp., *Leolasma* sp. (GXT8), *Cystiphyllum* sp., *Crassilasma* sp., *C. leijiatunense*, *Rhabocyclus* sp., *Pycnactis* sp., *Gyalophjylloides* sp., *Brachyelasma* sp., *B.* sp., *Briantelasma* sp., *Holophragma irregulare* (GXH9-4), *Brachyelasma* sp., *Leolasma* sp. (GXT9)。其他门类生物进一步增加。腕足类有 *Eospirifer sinensis*, *Beitaia modica*, *Athyrisinoides fengkangensis* [R27=GXH8(upper)], *Eostropheodonta* sp., *Eospirifer sinensis*, *Beitaia modica* [R28 = GXH9-1 (lower)], *Athyrisinoides fengkangensis*, *Nalivkinia* cf. *kweichouensis* [R29 = GXH9-1(upper)]。陆源泥质沉积只占很低的比例,因此为随后的碳酸盐岩台地的稳定沉积、适应于在这种环境下生存的珊瑚以及其他造架生物建造生物层创造了机会。

**3. 风暴层中复体床板珊瑚格架岩始现和拟原地生物层的首现**

最早的小型复体珊瑚 *Heliolites* 首现之上 2 m，床板珊瑚 *Syringopora* 格架岩出现于腕足类 *Trimerella* 壳体密集的风暴层中。在该风暴层上，四射珊瑚分异度进一步增高：*Briantelasma* sp.，*Axolasma yichangensis*，*Crassilasma* sp.，*Cystiphyllum* sp.（GXH10），*Briantelasma* sp.，*Axolasma* sp.，*Crassilasma* sp.，*Cystiphyllum* sp.，*Cysticonophyllum* sp.，*Tabularia* sp.，*Holophragma* sp.，*Brachyelasma* cf. *sibrricum*，*B.* cf. *shiqianensis*，*Dinophyllum* sp.，*Crassilasma leijiatunense*，*C. roboriseptatun*，*Kodonophyllum* sp.，*Rhegmaphyllum* cf. *daytonensis*（GXH11）；床板珊瑚 *Heliolites*，*Halysites*，*Favosites* 等形成格架岩，小型层孔海绵开始出现，但只占极小比例。局部层面上的格架岩比例可占 50%。有的珊瑚、层孔海绵呈倒伏状堆积，显然是搬运的产物。格架岩的出现是底栖群落向生物礁建造发展的重要前提。

**4. 中厚层原地生物层的首现**

珊瑚的分异度和格架岩的丰度进一步增加，计有：*Cystiphyllum* sp.，*Dinophyllum yunnanense*，*Brachyelasma* sp.，*B. shiqianensis*，*B.* cf.，*shiqianensis*，*Pycnactis mitratus*，*Axolasma flexuosum*，*Crassilasma* sp.，*C.* cf. *simplex*，*Aphyllum* sp.，*Rhegmaphyllum* sp.，*Briantelasma* cf. *guizhouense*（R40～44＝GXH12）；*Pilophyllia* sp.，*Leolasma* sp.，*Rhabdocyclus* sp.，*Cystiphyllum* sp. *Briantelasma* sp.，*Schlotheimophyllum* sp.，*Cysticonophyllum* sp.，*Crassilasma leijiatunense*，*Stauria* sp.，*Paraceriaster* sp.（R45～46＝GXH13）。有的大型珊瑚直径达 40 cm，多呈原地生长。虽然格架岩叠覆生长的密度达不到礁核相标准，但已经类似于礁滩相。多次短暂的陆源泥质侵漫而影响了生物礁在此基础上复苏，而且在这期生物层灰岩之顶盖覆了 10 m 厚的泥岩，强烈地点断了原地生物层向生物礁的发展过程。

**5. 大量格架生物建造的生物礁复苏**

泥岩沉积结束后，香树园组距顶部近 20 m 的层位开始了生物礁的复苏。其礁基相是棘屑滩（crinoid meadows），礁的外形呈层状，有向北减薄的趋势。大量单体和复体四射珊瑚 *Pilophyllia* sp. 等（R53＝GXH22～23），块状、皮壳状、栅状床板珊瑚，层孔海绵及局部富集的海百合、苔藓虫、藻席建造了缓丘状、波纹状、叠覆生长的障积岩和粘结岩，占据了礁核相的主体，礁核的造架生物多为原地生长位保存，局部可见珊瑚、层孔海绵和棘屑角砾。附礁生物有少量三叶虫、腕足类、鹦鹉螺等。礁的不同部位生物分布不均匀，礁前丘状层孔海绵与床板珊瑚密集，抗浪性强，少量的丛状四射珊瑚和海百合在礁前生长，因其本身抗浪性低而更容易形成礁前塌积岩。层状礁北侧可见礁翼相灰岩与泥页岩呈指状交叉，指示层状礁的礁前边缘带，并发育小型塌积岩。向南靠近古陆一侧未见页岩，为稳定的礁平台区。礁核上部复体珊瑚、层孔海绵格架岩急剧减少，单体四射珊瑚、海百合和泥质增加，由于泥质侵染，礁灰岩颜色从礁核相中部的浅灰、深灰色向上渐变成浅红色。真正的礁顶相是灰泥岩，被保存的海百合茎长度可达 20 cm 以上，有的呈纵向生长状保存。一般海百合茎是极易被强水流破碎的，能作长枝状保存于灰泥岩中，则指示了低水动能的生长和埋葬环境，当时可能发生了一次地区性的海侵事件，使礁平台高能带在短暂的时限内变成了潮下低能带，水流荡涤作用的减弱、陆源泥盖覆作用的增强，窒息了生物礁的生长。礁终结之后，出现了 7 层 8～30 cm 厚、夹含于泥岩中的风暴层，以棘屑为主，并有单体四射珊瑚和小型床板珊瑚 *Halysites*，*Syringopora*，*Favosites*，*Heliolites*，它们原来是在泥底上生长的，因为在泥岩中也能见及呈原位生长状保存的珊瑚和海百合，在成岩固结前，若遇强风暴作用，这些生物能被簸扬起来，泥质被淘洗后，形成类似礁基相的局部硬底。但风暴作用同样能摧毁造礁萌芽期抗浪能力尚未完善的珊瑚，且大多数时间是处于有利于泥质沉积而不利于生物礁生长的低水动能环境，之上逐渐过渡到雷家屯组底部的页岩。上述从礁基相至礁顶相完整的发育过程说明该地香树园组顶部层位中的生物群落结构和碳酸盐堆积方式已进入了礁的复苏阶段。

白沙龙口-筷子山剖面香树园组厚度为 57.8 m，这一剖面上生物礁的复苏过程由老而新也可分为以下 6 个阶段：

**1. 碳酸盐岩台地的首现**

香树园组底部为瘤状灰岩夹少量泥岩薄层。低分异度的腕足类 *Eospirifer* 和棘屑占的比例相对很少，尚未达到生物层的水平。向上丰度略有增加，并有三叶虫等生物碎屑。

**2. 生物层的首现**

随着泥岩沉积减少，开始出现稳定的灰岩沉积，并出现分异度较高的腕足类、珊瑚生物层。四射珊瑚计有：*Pycnactis* sp.，*Briantelasma* sp.，*Brachyelasma* sp.，*Cystiphyllum* sp.，*Neocantrillia* sp.，*Pseudophaulactia* sp.（R84＝GBK8）。

**3. 格架岩生物层的首现**

在该剖面，块状、栅状的床板珊瑚 *Halysites*，*Heliolites*，*Favosites* 等和球状层孔海绵格架岩是与丰度较高的单体四射珊瑚同时出现的，四射珊瑚计有：*Briantelasma* sp.，*Briantelasma densum*，*B.* cf. *involutum*，*Crassilasma* sp.，*C. leijiatunense*，*Leolasma* sp.，*Pycnactis* sp.，*Phegmaphyllum* cf. *daytonensis*（R85＝GBK10），开始并不达到生物层的密度，只占灰岩的 10％左右，格架间为棘屑充填，亮晶胶结，可能是礁后骨屑滩沉积，由于目前尚未发现礁体真正出露，是否能将生物礁的复苏定位于此还不能肯定。在间隔 0.1 m 的棘屑风暴滩之后，顶部过渡为珊瑚格架岩密集层。

#### 4. 厚层珊瑚生物层的首现

在床板珊瑚群落组成上与上一阶段基本一致，而四射珊瑚计有：*Brachyelasma* sp.，*Dinophyllum* cf. *yunanense*，*Axolasma* sp.，*Fengganophyllum* sp.，*Briantelasma* sp.，*Crassilasma leijiatunense*，*Pterophrentis* sp.（R87＝GBK12），*Briantelasma* sp.，*Protocystiphyllum* sp.（R89 ＝ GBK13），*Leolasma* sp.，*Brachyelasma* sp.，*Cystiphyllum* sp.，*Dinophyllum* cf. *yunanense*，*Briantelasma densum*，*B.* sp.，*Crassilasma leijiatunense*（R91＝GBK14～16）。层面上格架岩的密度近50％，由于格架岩的发育，障积作用增强，单层厚度增大，已达到生物层的标准，并出现球状层孔海绵密集层。

#### 5. 腕足类风暴层

几乎是单一属种的腕足类 *Paraconchidium* 堆积的风暴层，是多期风暴使此时几乎占据整个海底的腕足类簸扬沉积，指示 BA3 的水深。这是白沙型香树园组的特征之一，在黔中古陆北缘广泛分布，成为当时底栖群落最主要的分子，基本上全部替代了珊瑚群落，腕足类风暴层的出现暂时点断了珊瑚生物层向生物礁发展，但并不影响生物礁的总体发展过程。

#### 6. 床板珊瑚层状礁复苏

床板珊瑚 *Heliolites*，*Favosites*，*Halysites* 为主的珊瑚群落紧密堆积而形成礁格架岩，占岩层层面的60％以上，单体四射珊瑚计有：*Cysticonophyllum* sp.，*Cystiphyllum* sp.，*Pilophyllia* sp.，*Aphyllum* sp.（R94＝GBK17～18）；附礁生物极少。层状礁在横向上厚度变化小，在白沙以东的水田沟、以北的李家寨一带稳定发育，无塌积岩。

白沙龙口-筷子山香树园组页岩比例较香树园雷家屯黄牛坡-苦竹园剖面要少得多，白沙的层状礁更靠近古陆沿岸一侧，处于礁平台位置，群落组成与雷家屯礁前缘区有差别，前者分异度较低，缺乏附礁生物和藻粘结岩，四射珊瑚、层孔海绵极少，地貌上无明显的正向隆起；而后者处于礁前地带，生物格架的抗浪性更强。香树园组的礁是沿岸分布的中型堡礁（barrel reef）。

川西二郎山埃隆早中期（据戎嘉余，私人通讯）的罗圈湾组页岩中夹有一些棘屑灰岩，含珊瑚 *Palaeofavosites*，*Multisolenia*，*Favosites*，属种异常单调（金淳泰等，1989），不形成生物层或生物礁。

### （四）埃隆晚期的生物层和生物礁

这一时期上扬子区碳酸盐岩沉积分布相当广泛，包括黔东北的雷家屯组，黔西北、黔北川南的石牛栏组，鄂西的罗惹坪组，滇东北大关的大关组黄葛溪段，川西二郎山的龙胆岩组、长岩子组，西秦岭迭部的拉垅组。

石阡香树园雷家屯的黄牛坡-苦竹园和白沙龙口-筷子山两个剖面整合于香树

园组之上的雷家屯组生物层、生物礁和塌积岩沉积(埃隆晚期),含珊瑚约 40 个属(葛治洲等,1979;陈建强、何心一,1997)。这两个剖面上雷家屯组的生物层和生物礁纵向分布如图 2.8.4 所示。

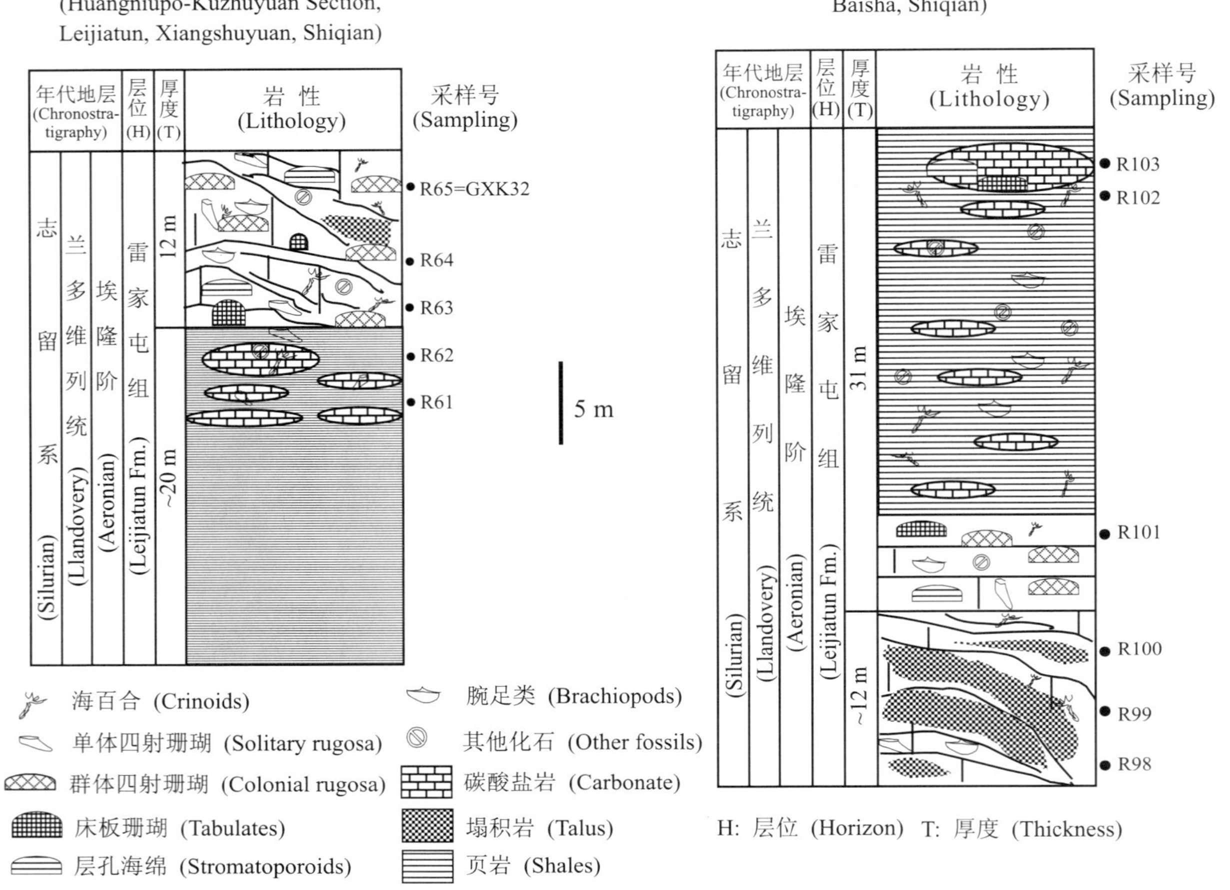


图 **2.8.4** 黔东北石阡雷家屯组生物层和生物礁

Figure 2.8.4 Biostrome and reef sequences of the Leijiatun Formation from Shiqian, northeastern Guizhou

香树园雷家屯的黄牛坡-苦竹园剖面的雷家屯组厚度为 32 m,该地雷家屯组下部为厚约 20 m 的黄绿色页岩夹薄层或透镜状灰岩;上部为 12 m 的厚层灰岩,灰岩层中夹有一层出露厚近 4 m、横向延伸约 20 m 的点礁灰岩。礁基相为海百合 *Petalocrinus*;珊瑚 *Pilophyllia* sp.,*Cystiphyllum* sp.(R61～62 =GXK30)。礁核相富含珊瑚 *Amplexoides* sp., *Palaeophyllum* sp., *Kodonophyllum* sp., *Shiqianophyllum breviseptatum*, *Pilophyllia* sp., *Cystiphyllum* sp., *Aphyllum* sp., *Mailottia multitabulatus* (R63 ～ 64 = GXK31); *Stauromatidium* sp., *Cystiphyllum* sp., *Tryplasma* sp., *Shiqianophyllum breviseptatum*, *Pilophyllia* sp., *Tabularia* sp., *Kodonophyllum* sp., *K. leijiatunense*, *Brachyelasma* sp. (R65=

GXK32)；*Hedstroemophyllum* sp.，*Aphyllum* sp.，*Neocantrillia* sp.，*Paraceriaster shiqianensis*，*Pilophyllia* sp.(GXK33)，以及大型丘状层孔海绵，边缘有2层出露厚度约0.5 m，其间为10～30 cm泥岩间隔，浅红色的塌积岩由来自礁前花瓣海百合为主、少量经成岩后再被风浪破碎的珊瑚角砾构成。向北相变为四射珊瑚为主的生物层灰岩与页岩，作指状交叉，生物层有向北尖灭的趋势。向南200 m的苦竹园村一带则出露层状礁，具有大型的造架珊瑚 *Halysites*，*Catenipora*，*Ceriaster* 及丘状、皮壳状层孔海绵，格架岩密集程度与点礁相似。有的障积岩和盖覆岩直径可达0.5 m，高0.2～0.4 m。礁顶相也是原地生长保存的海百合灰泥岩，与香树园组礁顶相类似，差别在于前者珊瑚较少。雷家屯组顶部是单复体珊瑚、腕足类密集的薄层拟原地生物层，原地生长状态保存的多为珊瑚，部分腕足类受过搬运。此生物层顶部出现泥裂构造和鸟眼灰岩。

白沙龙口-筷子山剖面的雷家屯组厚度为33 m，其底部以海百合 *Petalocrinus*，*Spirocrinus* 出现为标志，四射珊瑚计有：*Neocantrillia* sp.，*Pilophyllia* sp.，*Kodonophyllum* sp.，*Aphyllum* sp.，*Tryplasma* sp.，*Kodonophyllum* sp.(R98～99＝GBK18～20)，下部为12 m厚夹含于泥岩中的礁塌积岩，大量礁角砾是从礁平台区被风暴带来的，限于地层出露有限，生物礁礁核目前还无法追溯，从塌积岩的规模可推测这一生物礁的规模相当可观。这里雷家屯组的礁更具有点礁(patch reef)的特征。雷家屯组上部泥岩逐渐增高，灰岩逐渐减少，产珊瑚 *Protocystiphyllum* sp.，*Briantelasma* sp.，*B. densum*，*B.* cf. *guizhouense*，*Brachyelasma* sp.(R101～103＝GBK29～31)。之后过渡到马脚冲组底部不含化石的黄绿色瘤状钙质泥岩，指示海进体系域(TST)沉积(陈建强、何心一，1997)。

黔西北毕节和黔北川南桐梓綦江地区石牛栏组石牛栏段为灰岩夹碎屑岩，珊瑚、腕足类等仍然有较高的分异度，石牛栏段珊瑚有 *Syringoporinus*，*Plasmopora*，*Zelophyllum*，*Tabularia*，*Amplexoides*，*Pycnactis*，*Ceriaster*，*Stauria*，*Pilophyllia*，*Codonophyllun*，*Contrillia*，*Tryplasma*，*Cystiphyllum*，*Cysticonophyllum*，*Heliolites*等，还有层孔海绵 *Pachystylostroma*(葛治洲等，1979)，形成点礁和瘤状灰岩生物层(张廷山等，1994)。

鄂西宜昌黄陵背斜东翼的罗惹坪组厚度为150 m，珊瑚有 *Pycnactis*，*Cysticonophyllum*，*Protocystiphyllum*，*Favosites*，*Helioplasmolites*，*Heliolitella*，*Halysites*，*Mesofavosites*，*Tryplasma*，*Palaeofavosites*，*Cateniopora*，*Onychophyllum*，*Pseudoplasmopora*，*Palaeoculipora*，*Teratophyllum*，*Streptelasma*，*Pterophrentis*，*Halysites*，*Rhizophyllum* 等(汪啸风等，1987)。底栖群落保留着珊瑚格架岩的原地生物层和贝壳滩相的拟原地生物层建造，生物层连续沉积厚度不过数米就被泥岩和页岩所盖覆。生物礁不发育的原因主要是陆源碎屑沉积物堆积过于频繁，

从时间上抑制了生物层向生物礁生长的趋势。据作者1999年与英国Bristol大学Simon Braddy博士的调查，黄陵背斜西翼建阳坪公路边剖面罗惹坪组的厚度偏小(约20 m)，仅发育2层1 m厚的泥晶灰岩和生物碎屑灰岩，几乎不见大化石，也不是生物层。

滇东北大关的大关组黄葛溪段(陈旭等，1996)[叶少华等(1983)称之为黄葛溪组]也发育灰岩沉积，含珊瑚 *Favosites*，*Palaeofavosites*，*Halysites*，*Propora*，*Rhabdocyclus*，*Orthophyllum*，*Pacnactis*，*Cystiphyllum*，*Brachyelasma*，层孔海绵 *Clathrodictyon* 及腕足类、三叶虫等，其中上部为长石石英砂岩和钙质砂岩(叶少华等，1983；金淳泰，1984)，指示近岸沉积，灰岩中有生物层、生物礁(张廷山等，1994)。

川西二郎山的龙胆岩组到长岩子组及与龙胆岩组同期的驷狗岩组有分异度较高的灰岩相底栖生物群落，珊瑚有 *Brachyelasma*，*Propora*，*Palaeofavosites*，*Favosites*，*Heliolites*，*Halysites* 等，数量不多，外形呈小球状或结核状，泥砂沉积干扰其生长(金淳泰等，1989)，可能是泥底上的生物介壳滩堆积。

扬子陆表海西缘与秦岭三江海槽相连的西秦岭迭部地区相当于雷家屯组的兰多维列统拉垅组上段，也存在着高分异度的四射珊瑚动物群，含有四射珊瑚 *Brachyelasma*，*Paramplexoides*，*Kondonophyllum*，*Dinophyllum*，*Eostauria*，*Palaeophyllum*，*Amplexoides*，*Tryplasma*，*Aphyllum*，*Cystocantrillina*，*Cystiphyllum*，*Gyalophylloides*，*Pseudamplexus*，并有床板珊瑚 *Mesofavosites*，*Favosites*，*Fletcheria*，*Syringopora* 及层孔海绵 *Clathrodictyon*，同属扬子生物地理区，并含生物礁建造(何心一、陈建强，1999)。

### (五)特列奇早期的碳酸盐岩台地

特列奇早期的沉积在扬子区以泥、页岩沉积为主，还有粉砂岩、泥质粉砂岩和砂岩，出现了分布广泛的溶溪组(即下红层)。川西二郎山的爆火岩组是非礁相的白云岩沉积(金淳泰等，1989)。大量的陆源碎屑物堆积的陆表海区是不易造礁的环境。惟有滇东北大关的大关组嘶风崖段(陈旭等，1996)[叶少华等(1983)和金淳泰(1984)称之为嘶风崖组]是个例外，该组页岩所夹的厚层灰岩中产珊瑚 *Favosites*，*Mesofavosites*，*Palaeofavosites*，*Halysites*，*Heliolites*，*Subalveolites*，*Multisolenia*，*Parastriatopora*，*Propora*，*Laceropora*，*Strombodes*，*Crassilasma*，*Pseudophaulactis*，*Borelasma*，*Ketophyllum*，*Brachyelasma*，*Nikolasma*，*Enterlophyllum*，*Codonophyllum*，*Ceriaster*，*Pycnostylus*，*Microplasma*；层孔海绵 *Clathrodictyon*，*Lophiostroma* 及腕足类、三叶虫等。据张廷山等(1994)报道有生物礁发育。

### （六）特列奇晚期的生物层、生物礁

特列奇晚期扬子区开始了扬子上升，出现广泛分布的浅海“上红层”。位于扬子区西北缘的宁强湾沉积宁强组小型局限碳酸盐岩台地上，频繁出现了各种类型的生物层和点礁类型为主的生物礁建造（丘金玉，1990；张廷山等，1994；李越等，1998；李越、陈旭，1998；李越、傅启龙，1998；Li *et al*.，2002）。同期的赣西北武宁、修水一带的夏家桥组底部有生物碎屑灰岩透镜体（陈旭等，1996），但不是生物礁；滇东北大关的大关组大路寨段（陈旭等，1996）[叶少华等（1983）称大路寨组]与页岩互层的灰岩中有分异度极高的底栖壳相群落，有生物礁发育（张廷山等，1994）。

## 三、讨论

开始于罗塞期末的生物集群灭绝事件是以深水相的 *Folimena* 腕足动物群因冰期造成底水缺氧而灭绝为标志的（Brenchley，1984；Sheehan，1988；Rong *et al*.，1999）。浙赣边区中阿什极期的礁组合具有相当规模的分异度，已经达到了统殖期阶段（dominative stage），这种生物礁的抗灾变能力是非常脆弱的。遗憾的是目前没有任何证据表明导致这一生物礁组合消亡的原因是经历了大冰期事件，因为在下镇组或三衢山组顶部未发现任何生物集群灭绝的征兆，即使在下镇组顶部的红层或高岭石风化壳，指示的也是湿热气候条件下而非冰川作用下的产物。基底沉降终止、抬升作用开始或快速沉积充填造成沧海桑田的变迁，也导致当时处于低纬度浅海区（戎嘉余、陈旭，1987；Rong and Li，1999）的各类碳酸盐岩，包括生物礁、灰泥丘以及附生于生物礁群落中的各门类生物，丧失了一个最佳的生存海域。生物礁分布的浅海区和灰泥丘分布的前沿斜坡区都被抬升为陆地时，还未进入罗塞期末生物集群灭绝期。而扬子区此时正是五峰组黑色笔石页岩沉积期（戎嘉余、陈旭，1987），生物礁群落无法向此地缺氧环境迁移。由于大灭绝前区域性构造抬升作用，华南板块上缺乏穿越奥陶-志留系完整的碳酸盐岩相地层序列，因而无法分析生物礁、生物层和灰泥丘以及其各类造礁、附礁分子的抗灾变能力和造礁群落随着环境骤变的衰退（decline）过程，这是截切效应（truncation effect）造成的结果。发育于浙赣边区的生物礁组合是因生长区构造上升而消亡的，这种消亡方式为全球奥陶纪末造礁以不同方式走向低谷提供了一个特例。

极冰现象在地质历史时期并非罕见，冰期固然对喜暖的生物礁有一定影响，但这种影响力有多大还与各地质历史时期生物特征、冰盖规模大小及古地理背景密切相关。现代南极有数千米厚的大陆冰盖，环大洋上升冷水团不能波及的低纬度浅海域或深海岛屿周缘浅水带依然繁盛着生物礁，但在中新世晚期之末的南极冰盖规模更大，造成全球海退达 50 m 的幅度，导致中国南海生物礁大灭绝和因暴露

于淡水淋滤带之上而白云岩化(许红等,1999)。奥陶纪又是地史上陆表海分布最广泛时期(Jaanusson,1984),晚奥陶世冈瓦纳大陆面积比现代南极大。海平面下跌是一个渐进过程,此时的各沉积区盆地所处抬升或沉降阶段也肯定有差异,如果说仅仅是海平面下降,浅海陆架生物群完全有充足的时间向原来斜坡区迁移,或在某些基底沉降能抵消海平面下降影响的地区尚可寻求生存之地的话,海平面下降效应或许只能导致物种居群规模的降低而不是集群灭绝。但是,冰盖的影响不仅是全球大面积浅海生态领域的丧失,还会引发海水急剧降温、上升流、表层水淡化和底层水缺氧等多重不利因素的叠加作用,必然给浅水和较深水的生物群落,特别是热带浅海区狭温狭盐型的、以后生动物为主要造礁者的生物礁造成致命创击(Stanely,1984,1988b; Jablonski,1986; Boucot,1983; Sheehan,1985)。五峰期扬子区是一半封闭的陆表海,局部地点海水缺氧、淡化、分层在从 *D. complexus* 带开始的较长时限内,只适宜沉积笔石页岩(成汉钧、王玉忠,1991)。某些生物类群,如笔石和腕足类的集群灭绝在华南的表现是非常明显的(陈旭、戎嘉余,1990; Rong and Shen,2002; Chen *et al*.,2003),在扬子海区的中心沉积带重庆綦江也发现了赫南特期的冰川存在的地化证据(Zhang *et al*.,2000)。而恰逢两幕集群灭绝事件之间的赫南特期,观音桥层开始出现壳相碳酸盐沉积,由此似乎又可推测,在扬子地台局部近岸区及部分远岸区如宜昌等地在罗塞期末的灭绝高峰后,始于 *D. complexus* 带、长期持续的海底缺氧、分层、淡化的恶劣条件曾经一度有所缓和。观音桥层的时限为 1 或 1 个半笔石带(*Normalograptus extraordinarius*-*N. ojsuensis* 带至 *N. persculptus* 带下部)(Chen *et al*.,1999),无论碎屑岩相还是碳酸盐岩相,沉积厚度却普遍很小,一般在 1 m 左右(除凤岗硐卡拉的观音桥层厚 11.5 m,是目前发现最厚的沉积外),即层序地层学上称之为凝缩段(condensed section)或饥饿段(starved section),可推测不是由于陆源堆积速率太高、水体浑浊而抑制了碳酸盐岩台地发育。冰期的到来使海平面一度下降,局部平缓海底浮出水面,由于这不是造山运动形成的古陆,因此,陆上的夷平剥蚀作用、陆表海盆地的充填作用并不强。底栖生物分异度和丰度也不太低,但造礁群落的特殊营养结构、生态系统尚未建立。钙藻作为生物礁碳酸盐沉积的主体,在扬子区观音桥层中并不丰富。毕节、石阡的四射珊瑚基本上是单体厚壁型非造礁珊瑚,可忍耐较大的温度变化,能栖居于冷水区(周名魁等,1993)。南郑组更无珊瑚、层孔海绵等可形成格架岩的生物,基本排除这些灰岩沉积属生物礁周缘相带的可能。固然部分灰泥可能是钙藻文石针散落堆积的,但时常可能有来自高纬度地区盐度较低的冷水团在扬子陆表浅海区形成上升流,侵漫到近岸碳酸盐岩台地上,一则溶解了部分未成岩、孔隙度高的沉积物,减低了厚度,二则低温上升流环境不利于喜暖、贫营养的礁相 $CaCO_3$ 沉积,从时间上抑制了珊瑚等造架生物的大规模生长及礁生态系统的重建。根据 Scotese 和 McKerrow(1990)对当时的全球板块古地理位置复原图,华南位于南半球的中低纬度区，其西侧是开阔大洋，来自冈瓦纳大陆冰盖的冷水上升流达到华南浅海区是完全可能的。随之冰盖融化、海平面升高、龙马溪组黑色笔石页岩盖覆和赫南特期末第二幕生物大灭绝事件（陈旭、戎嘉余，1990；Rong *et al.*，2002）到来，小型局限碳酸盐岩台地尚未形成向生物礁过渡趋势就终止了。赫南特期的灰岩大多形成于扬子区古陆边缘近岸带，代表华南罗塞期末第一幕集群灭绝事件后残存期的局限碳酸盐岩台地，或者说是第一幕大灭绝后小型碳酸盐岩台地的复苏，但这是很短暂的复苏，小型碳酸盐岩台地以及珊瑚群落的形成离建造大型生物层乃至生物礁还有相当大的距离，这是生物集群灭绝事件期间的碳酸盐生产量衰退、大型台地的扩展受到抑制的结果。

龙马溪组页岩在黔中古陆北缘石阡一带最早结束，鲁丹早期龙马溪组薄层灰岩中生物含量低，尚未达到生物层的密度，它的空间规模、叠加总厚度依然很小，还时常受到泥砂覆盖。尽管如此，这是灾后近岸相碳酸盐岩重建的雏形，它之所以不同于凉水型观音桥层灰岩，在于后者始终笼罩在冈瓦纳大陆冰盖所引发的各种灾变阴影之下，而龙马溪组的灰岩已摆脱了灾变期，随着生物的复苏，它向生物层和生物礁的发展只是时间问题。从鲁丹晚期至埃隆早期开始出现相对长期稳定建造的香树园组灰岩，进入到生物层和生物礁复苏阶段。香树园组可分为白沙型和印江型（葛治洲等，1979），根据离黔中古陆的距离，白沙型是近岸礁-介壳滩灰岩相，而印江型为远岸正常浅海灰泥岩相。在石阡白沙、思南文家店、凤岗、正安以南等地白沙型香树园组底栖珊瑚、腕足类等分异度和丰度很高，礁灰岩由丛状、块状复体四射珊瑚 *Ceriaster*, *Stauria*, *Palaeophyllum* 和床板珊瑚、日射珊瑚、层孔海绵和藻类组成，其规模已不亚于第一幕大灭绝发生之前华夏古陆北缘玉山、常山一带层状生物礁、生物层、灰泥丘组合，除 *Palaeophyllum*, *Catenipora* 和 *Bakitolites* 是奥陶纪延伸属外，其他珊瑚大都显示了早志留世特征。香树园组四射珊瑚属 *Dinophyllum*-*Rhabdocyclus* 组合（陈建强、何心一，1997）包括 30 多个属（葛治洲等，1979；陈建强、何心一，1997），说明此地的近岸环境中，底栖生物的成种速率已大大高于物种灭绝速率，复活者和土著新类群的重现，标志着群落进入了大灭绝后的复苏期。香树园组夹含泥质较高的生物层中，层孔海绵极为罕见，只有在水质特别清洁的生物层或生物礁中才有层孔海绵密集生长，它的复苏也最迟，而相比之下，单体四射珊瑚、海百合、苔藓虫适应能力更强，在短暂的灰岩薄层沉积期，甚至在泥底环境中就可迅速生长，即使在两幕事件之间亦不鲜见，复苏也就最早，并和隐藻、钙藻类一道成为灭绝事件之后碳酸盐岩台地生物层建造的先驱。

对黔中古陆北缘的近岸区石阡香树园雷家屯的黄牛坡-苦竹园和白沙龙口-筷子山两个剖面的分析表明，在赫南特期末的灭绝事件后，局限碳酸盐岩台地—腕足类生物层—格架岩生物层，再到生物礁复苏这一总体过程是基本一致的，都不晚于埃隆中期。在香树园组上部出现点礁或层状礁之前，如果以香树园雷家屯的黄牛坡-苦竹园剖面第4阶段、白沙剖面第3阶段似礁滩相堆积来推测已有生物礁存在迹象的话，香树园组中部或许已有小型生物礁的生长；到香树园组上部，生物礁已扩展到雷家屯、白沙一线的整个近岸区，即白沙型灰岩相，若再加上滨外延伸的印江型灰岩相，可知碳酸盐岩台地规模达数千平方公里。埃隆期的香树园组中部生物层和上部的生物礁规模已完全复苏到截切效应发生之前的浙赣交界地区生物层和生物礁的发育水平。黔中古陆以北印江型沉积区未记录有灰泥丘，可能是因为它的海底地貌并不像浙赣交界地区那样坡度变化大，具有明显的礁前斜坡的缘故，而灰泥丘一般在缓斜坡区最适宜生长，因为那里的水流能量相对较低，而灰泥丘主要是由菌藻类的粘结作用沉积的，抗浪性相对弱。埃隆晚期是生物层和生物礁复苏后稳定持续增长阶段，碳酸盐岩及各类生物层、生物礁建造在扬子区达到了最广泛分布。埃隆末期的马脚冲组黄绿、灰绿色页岩厚48 m，这一厚度相对于扬子区兰多维列期并不鲜见、动辄数百乃至上千米厚的碎屑岩来说不是很大，但碳酸盐岩能夹含于巨厚的碎屑岩中（如陕南川北的宁强组），马脚冲组中腕足类的分异度和丰度均很低，与香树园组和雷家屯组高分异度和丰度的底栖生物组合相区别。根据马脚冲组的厚度不大而又延伸了相当时限，说明陆源碎屑堆积的速率不是特别高，还不足以彻底抑制碳酸盐岩台地和生物层或生物礁建造。马脚冲组生物分异度急剧降低的异常现象，或许有其他值得进一步分析的环境控制因素，目前还无法作出满意的解释。

特列奇早期由于海相红层广布，生物层和生物礁发育虽然较埃隆晚期大为逊色，但这些零星的生物层或生物礁有利于保存适宜于在碳酸盐岩底质上生存的、具有造礁潜力的壳相生物群落。特列奇晚期宁强组生物的丰度、分异度和生物层以及生物礁的规模已经超过罗塞期大灭绝前浙赣边区的层状生物礁、生物层水平，形成了由大量土著种类型构成的扬子生物地理区（陈旭等，1996），达到了与生物辐射同步的生物礁真正繁盛期。之所以称之为繁盛期，并不在于宁强组的生物礁和生物层的空间分布比埃隆晚期的碳酸盐岩更广泛，而在于宁强组在1个半笔石带的时限内，有8次造礁，形成了近30个点礁（李越等，1998）。之后随着特列奇期之末扬子地台的整体上升，华南板块南北陆表海性质的海域几乎完全被陆地取代，文洛克期生物礁的分布在世界范围达到了高峰（Copper and Brunton，1989），但却在华南板块上失去了生存空间。

生物礁的消亡和复苏过程是与碳酸盐岩台地的消失、重建以及建造并依附台地的底栖生态群落的灭绝、复苏紧密相关的。由于华南板块特殊的古地理格局和变迁过程，生物礁的灭绝发生于晚奥陶世生物大灭绝高潮幕之前，是以其所依托的古地理背景条件的抬升而失去生存海域，这也许与壳相底栖群落属种的抗灾变能力无关，即使没有随之而来的罗塞末的集群灭绝事件，这一地区的生物礁组合中的各类生态群落也在劫难逃（Li and Kershaw，2003）。在灭绝事件后，碳酸盐岩台地首先在黔中古陆北缘复苏，通过香树园组底部最早复苏的碳酸盐岩的微相分析，推知这些灰岩主要是由钙藻文石针碎解重结晶而成，底栖钙藻或隐藻具有更强的生存适应性，它们的光合作用对改善大灭绝时期底栖后生动物生存底质以及其他生态环境参数如营养、温度、盐度、含氧量等起了一定的作用。在此基础上，随着碳酸盐岩台地的上底栖壳相后生动物的复苏、分异度和丰度的增高，格架生物在碳酸盐岩台地建造过程中逐渐成为主要的生产者，进而向生物层或生物礁的方向发展。所以碳酸盐岩台地、底栖壳相生态群落、生物礁或生物层是3种重建单元，它们的时空演化序列、底栖造架生物由零散而密集、分异度由低向高的演化，指示了灭绝事件后灾变环境逐步修复过程有一个量变积累阶段。生物礁虽然稍晚于壳相底栖群落的复苏，但也是相当迅速的。生物礁的复苏到繁盛不是直接演替的，与沉积相的分布密切相关。整个兰多维列期生物礁的分布规模虽然时常有变，却始终维系着底栖壳相生物群落的正常发育。礁的发育还与沉积相的分布密切相关。Kershaw(1993)认为沉积速率和基底性质是决定志留纪礁群落构建的主要因素。整个扬子区的兰多维列世龙马溪组页岩结束时间不一(陈旭等，1996)，局部凹陷区如南江一带黑色笔石页岩延续时间更长。五峰期沉积之后，尽管海水深度一般不超过BA3，由于加里东运动的影响，扬子区以南大规模的抬升，以北与华北地台拼贴造山，来自剥蚀区的陆源碎屑大量充填于扬子区大幅度沉降区，造成泥页岩广布，厚度很大，这是控制生物礁生长最主要的原因，扬子区的实例为Kershaw(1993)的观点提供了佐证。

玉山、常山阿什极中期发育了华南最古老的珊瑚-层孔海绵生物礁，它与兰多维列世乃至整个志留纪的生物礁在造礁生物组成上无高级别分类单元上的不同，如果将晚奥陶世的珊瑚-层孔海绵礁群落与扬子区早奥陶世仑山组叠层石和红花园组瓶筐石类-苔藓虫的礁群落比较，这种相似性就更加明显。阿什极期末两次生物灭绝事件并未使志留纪的生物礁或生物层建造群落发生高分类级别上的更新换代。整个华南在赫南特期间确实存在着一个生物礁的空白期，但从阿什极中期的消亡到鲁丹早期生物层、埃隆中期生物礁重现之间的时间差并不比阿伦尼格期红花园组托盘类生物礁到阿什极中期的珊瑚-层孔海绵礁之间华南生物礁建造空白期的时间差更长。Droser等(1997)认为奥陶纪和志留纪间集群灭绝事件前后的生物礁群落并不发生大的更替，只是礁生态群落未发生实质性改变下的暂时消亡，正如Copper(1994)所谓的志留纪生物礁只是奥陶纪生物礁的复活单元(Lazarus taxa)，志留纪的珊瑚、层孔海绵、海绵等造礁生物与奥陶纪末比较，在亚科和属级的分类上是相同的。奥陶纪末的生物集群灭绝事件对礁群落的影响远较晚二叠世、甚至较晚泥盆世的F-F事件为逊(Copper，1994；Droser *et al.*，1997)，在加拿大Anticosti岛，两幕生物集群灭绝事件期间还有生物礁的生长(Copper，1988a，1994；Brunton and Copper，1994)。

志留纪平缓海底的底栖群落面貌显著地受控于海水深度，最高底栖壳相分异度的群落，包括造礁群落，多集中在陆表浅海区（Ziegler，1965）。Watkins（1993）对美国威斯康星州东南 Wenlock 期 Racine 组层孔虫、珊瑚、苔藓虫等造礁分子和腕足类、头足类、腹足类、三叶虫、棘皮类等栖礁分子（reef dwellers）及依照它们在碳酸盐岩建造过程中起不同作用（障积、盖覆、充填等）划分的群团（guilds），进行了191 种、38 个群团的分析统计，认为志留纪生物礁环境在生物分异度上与普通平底群落并无特殊的差异，而现代珊瑚礁群落和非生物礁群落显著不同，从而证实了Fargerstrome（1987）和 Sepkoski（1981）所认为的古生代生物礁的进化程度尚属低级生态组合（lower grade of ecologic complexity）阶段，与现代生物礁相比要低得多。用这一观点就能很好地解释为什么在华南两幕生物集群灭绝事件之后，生物层或生物礁在香树园组就能迅速复苏的原因，生物礁复苏的快慢除与环境条件好转的快慢有关外，还与志留纪陆表海区生物礁建造所处的低级进化程度相关。

志留纪并无生物集群灭绝事件发生，扬子区兰多维列世的生物礁复苏之后，似乎再无诸如大规模的海域整体抬升和生物灭绝事件的点断。虽然生物礁及生物层在不同时间段里规模有变，群落相异，扬子区上升波及区有早有迟，但始终能维持正常发展，并在特列奇晚期顺利地达到繁盛阶段。

## 四、结论

通过对华南晚奥陶世到早志留世不同地点和层位的生物礁及相关的浅海碳酸盐岩台地演化历程的分析，可以得出以下几点认识：

（1）阿什极期的华南地区普遍为相对深水相的笔石页岩沉积或典型（typical）及非典型（atypical）的 *Folimena* 动物群（Rong *et al.*，1999），生物礁组合仅在阿什极中期发育于相对浅水的浙赣交界玉山-常山一线，显著的地形差异控制了礁组合各亚相的空间分布，而以灰泥丘带的碳酸盐生产量最高。生物礁的终止发生于罗塞期末生物集群灭绝事件之前，由于区域性基底抬升的截切效应造成生物礁在原来生存海域沉积空间的丧失。

（2）晚奥陶世始于赫南特期两幕生物集群灭绝事件造成华南这一时限内生物礁的缺失，仅在扬子区的几个近岸浅海带有小型非礁相碳酸盐岩台地的观音桥层沉积。

（3）第二幕生物集群灭绝事件之后，从鲁丹早期在黔中古陆北缘的石阡雷家屯、白沙一带近岸区的龙马溪组上部开始出现华南灾后最早的碳酸盐岩台地；之后是香树园组非格架岩生物层、格架岩生物层的出现；至埃隆中期，香树园组上部，雷家屯-白沙已形成与生物集群灭绝事件前浙赣边区规模相当的沿岸礁相带。由于扬子陆表海坡度平缓，缺乏明显的斜坡转折带，故而灰泥丘不发育。这是华南奥陶

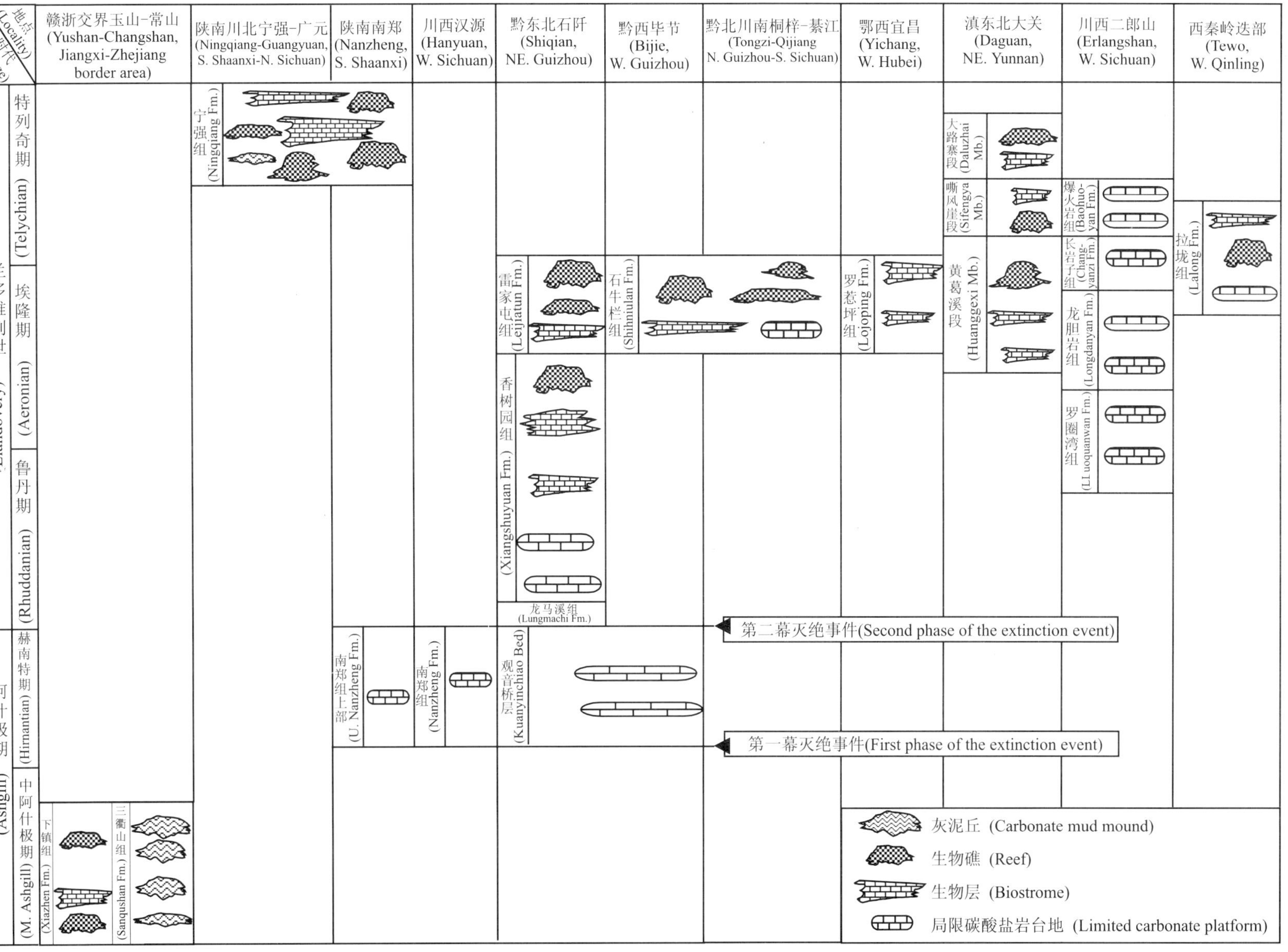


**图 2.8.5** 华南阿什极中期至兰多维列世生物礁的演化历程

Figure 2.8.5 Reef evolution process from M. Ashgill-Llandovery in South China

纪晚期与志留纪早期造礁特征的显著差别。

(4) 埃隆晚期上扬子区的碳酸盐岩台地规模一度达到广布,雷家屯组是灾后的第二期造礁,具有点礁特征。在扬子陆表浅海的远岸地区,石牛栏组、黄葛溪组、拉垅组都有生物礁,但这些生物礁的厚度较小;鄂西罗惹坪组和川西龙胆岩组、长岩子组由于泥质侵漫过于频繁,灰岩基底上的底栖群落只能发育到生物层或介壳滩的阶段。

(5) 特列奇早期扬子区浅海相红层曾一度广布,碳酸盐岩相建造分布缩减,仅在滇东北大关的大关组嘶风崖段发育生物层或生物礁、川西二郎山的爆火岩组有白云岩。

(6) 特列奇晚期陕川边区的宁强组中,在基底快速沉降、巨厚层泥页岩快速补偿沉积时,相对短暂的清洁环境中形成了多期局限碳酸盐岩台地,生物层和生物礁达到繁盛阶段。文洛克世的全球生物礁大量繁盛时,整个扬子区主体部分基本上因扬子上升而致海域不复存在。

**致　谢**　本项研究由中国科学院资源环境领域知识创新工程重大项目(KZ952-J1-023)、现代古生物学和地层学国家重点实验室研究基金(No. 023109)和日本科学振兴会(JSPS)资助。

对戎嘉余、陈旭、薛耀松、方宗杰研究员在化石、薄片鉴定和论文撰写过程中的不吝赐教,英国 Brunel 大学 S. Kershaw 博士修改英文摘要,以及邓东兴制作图片,特别是中国地质大学陈建强教授在野外工作中的帮助和提供四射珊瑚鉴定的详细名单,作者诚致谢意。

## 参考文献

Alvarez L W, Alvarez W, Asaro F. 1980. Extraterrestrial cause for the Cretaceous-Tertiary extinction. Science, 208: 1 095～1 098

Benton M J. 1995. Diversification and extinction in the history of life. Science, 268: 52～58

Berry W B N, Boucot A J. 1973. Glacio-eustatic control of Upper Ordovician-Early Silurian platform sedimentation and faunal changes. Geological Society America Bulletin, 84: 275～284

Bian Lizeng, Fang Yiting, Huang Zhicheng. 1996. On the types of Late Ordovician reefs and their characteristics in the neighboring regions of Zhejiang and Jiangxi provinces, South China. In: Fan Jiasong, ed. The Ancient Organic Reefs of China and Their Relations to Oil and Gas. Beijing: Ocean Publication House. 54～75[边立曾,方一亭,黄志诚. 1996. 浙赣交界区晚奥陶世生物礁的类型及其特征. 见:范嘉松主编. 中国生物礁与油气. 北京:海洋出版社. 54～75]

Bian Lizeng, Zhou Xiaoping. 1990. Calcareous algae from the Sanqushan Formation (Upper Ordovician) at the border area between Zhejiang and Jiangxi provinces. Journal of Nanjing University (Earth Sciences), 3(1):1～23(in Chinese with English abstract)[边立曾,周小平. 1990. 浙赣交界地区上奥陶统三衢山组钙藻化石的研究. 南京大学学报(地球科学版),3(1):1～23]

Birkland C. 1977. The importance of rate of biomass accumulation in early successional stages of benthic communities to the survival of coral recruits. Proceedings of Third International Coral Reef Symposium, Miami, 1:16～21

Boucot A J. 1983. Does evolution take place in an ecological vacuum? Journal of Paleontology, 57 (1): 1～30

Brenchley P J. 1984. Later Ordovician extinction and their relationship to the Gondwana glaciation. In:Brenchley P J. ed. Fossils and Climate. John Wiley and Sons Ltd. 291～315

Brenchley P J, Marshall J D, Carden G A F, Robertson D B R, Long D G F, Meidla T, Hints L, Anderson T F. 1994. Bathymetric and isotopic evidence for a short-lived Late Ordovician glaciation in a greenhouse period. Geology, 22(4): 295～298

Brenchley P J, Newall G. 1984. Late Ordovician environment changes and their effect on faunas. In: Bruton D L, ed. Aspects of Ordovician System. Palaeontological Contribution from the University of Oslo, 295:65～79

Brunton F R, Copper P. 1994. Paleoecology, temporal, and spatial analysis of Early Siluriun reefs of the Chicootte Formation, Anticosti Island, Quebec, Canada. Facies, 31: 57～80

Chave K E, Smith S V, Roy K J. 1972. Carbonate production by coral reefs. Marine Geology, 12: 123～140

Chen Jianqiang, Li Zhiming, Gong Shuyun, Li Quanguo, Su Wenbo, 1997. Lower and Middle Silurian sequence stratigraphy of Northeastern Guizhou, China. Earth Science—Journal of China University of Geoscience, 22(6): 559～564 (in Chinese with English abstract) [陈建强,李志明,龚淑云,李全国,苏文博. 1997. 贵州东北部下、中志留统层序地层研究. 地球科学—中国地质大学学报,22(6):559～564]

Chen Jianqiang, He Xinyi, 1997. Lower Silurian (Llandovery) rugose coral assemblage zones and their relation with depositional sequence of Upper Yangtze Region, China. Geoscience, 11(1): 1～7 (in Chinese with English abstract) [陈建强, 何心一. 1997. 上扬子区下志留统四射珊瑚组合带与层序地层序列的关系. 现代地质,11(1):1～7]

Chen Xu, Boucot A J, Ruan Yiping, Scotese C R, Fan Junxuan. 1997. Correlation between geologically marked climatic changes and extinctions. Earth Science Frontiers, 4(3):123～128 (in Chinese with English abstract) [陈旭,布科,阮亦萍,斯科梯司,樊隽轩. 1997. 显生宙气候变化与生物绝灭事件的联系. 地学前缘,4(3～4):123～128]

Chen Xu, Melchin M J, Fan Junxuan, Mitchell C E. 2003. Ashgillian graptolite fauna of the Yangtze region and the biogeographical distribution of diversity in the latest Ordovician. Bulletin of Geology Society of France, 174(2): 39～47

Chen Xu, Rong Jiayu. 1990. Concepts and analysis of mass extinction with an example of Late Ordovician event. In: Rong Jiayu, Fang Zongjie, Wu Tongjia, eds. Selected Papers of Theoritical Palaeontology. Nanjing: Nanjing University Press. 91～120 [陈旭, 戎嘉余. 1990. 集群绝灭的基本概念及奥陶纪晚期的实例剖析. 见:戎嘉余,方宗杰,吴同甲主编. 理论古生物学文集. 南京:南京大学出版社. 91～120]

Chen Xu, Rong Jiayu, Mitchell C E, Harper D A T, Fan Juanxuan, Zhang Yuandong, Zhan Renbin, Wang Zhihao, Wang Zhongzhe, Wang Yi. 1999. Stratigraphy of the Hirnantian Substage from Wangjiawan, Yichang, W. Hubei and Honghuayuan, Tongzi, N. Guizhou, China. Acta Universitatis Carolinae-Geologica, 43(1/2): 233～236

Chen Xu, Rong Jiayu, Wang Chengyuan, Geng Liangyu, Deng Zhanqiu, Wu Hongji, Chen Tingen, Xu Juntao, Holland C H, Aldridge R J, Bassett M G, Downie C, Lane P D, Richards R B, Scrutton C T. 1996. Telychian (Llandovery) of the Yangtze Region and its correlation with British Isles. Beijing: Science Publishing House. 1～162 (in Chinese with English abstract) [陈

旭，戎嘉余，王成源，耿良玉，邓占球，伍鸿基，陈挺恩，徐均涛（中国科学院南京地质古生物研究所），Holland C H，Aldridge R J，Bassett M G，Downie C，Lane P D，Richards R B，Scrutton C T. 1996. 中国扬子区兰多维列统特列奇阶及其与英国的对比. 北京：科学出版社. 1～162]

Chen Xu，Rong Jiayu，Qiu Jinyu，Han Nairen，Li Luozhao，Li Shoujun. 1987. Preliminary investigation of the Late Ordovician Strata of Zhuzhai in Yushan of Jiangxi，their depositional features and environment. Journal of Stratigraphy，11(1)：23～34(in Chinese with English abstract)[陈旭，戎嘉余，丘金玉，韩乃仁，李罗照，李守军. 1987. 江西玉山祝宅晚奥陶世地层、沉积特征及环境初探. 地层学杂志，11(1)：23～34]

Cheng Hanjun，Wang Yuzhong. 1991. A discussion on the genesis of the Wufengian desalinated sea in the Upper Yangtze sea. Journal of Stratigraphy，15(2)：109～114 (in Chinese with English abstract)[成汉钧，王玉忠. 1991. 五峰期上扬子淡化海成因之探讨. 地层学杂志，15(2)：109～114]

Chillingare G V. 1956. Short note on classification of limestones. The Compass of Sigma Gamma Epsilon，33：342～344

Copper P. 1974. Structure and development of Early Paleozoic reefs. Proceedings of Second International Coral Reef Symposium，1：365～386

Copper P. 1988a. Upper Ordovician and Lower Silurian reefs of Anticosti Island，Quebec. In：Geldsetzer H H J，James N P，Tebbutt G E，eds. Reefs，Canada and Adjacent areas. Canada Society of Petrologic Geology，13：271～276

Copper P. 1988b. Ecological succession in Phanerozoic reef ecosystems：Is it real? Palaios，3(2)：136～152

Copper P. 1989. Enigmas in Phanerozoic reef development. Memoirs of the Association of Australasian Palaeontologist，8：171～185

Copper P. 1994. Ancient reef ecosystem expansion and collapse. Coral Reefs，13(1)：3～12

Copper P，Brunton F R. 1989. A global review of Silurian reefs. In：Bassett M G，Lane P D，Edward D，eds. The Muchison Symposium：Proceedings of an International Conference on the Silurian System. Palaeontology，London (Palaeontology Association London)，44：225～260

Cumings E R. 1932. Reefs or bioherms? Geology Society America Bulletin，43(3)：331～352

Droser M L，Bottjer D J，Sheehan P M. 1997. Evaluating the ecological architecture of major events in the Phanerozoic history of marine invertebrate life. Geology，25(2)：167～170

Dumham R J. 1970. Straitigraphic reefs versus ecologic reefs. America Association Petrologic Geology Bulletin. 54 (10)：1 931～1 932

Fagerstrome J A. 1987. The Evolution of Reef Communities. New York：Wiley. 1～600

Fan Delian，Hein J R，Ye Jie. 1999. Ordovician reef-hosted Jiaodingshan Mn-Co deposit and Dawashan Mn deposit，Sichuan Province，China. Ore Geology Reviews，15：135～151

Feng Hongzhen. 1991. On the biostratigraphy，stratigeochemistry，and sedimentology environments of Hanyuan-Jinkouhe area in Sichuan，China. [Doctoral dissertation]：Department of Earth Sciences，Nanjing University[冯洪真. 1991. 四川汉源金口河地区五峰期生物地层、地层地球化学及沉积环境的研究.[博士论文]：南京大学地球科学系]

Fluegel E，Flugel-Kahler E. 1992. Phanerozoic reef evolution：basic question and database. Facies，26，167～278

Ge Zhizhou，Rong Jiayu，Yang Xuechang，Liu Gengwu，Ni Yunan，Dong Deyuan，Wu Hongji. 1979. Silurian System of southwestern China. In：Nanjing Institute of Geology and Palaeontology，Acadmia Sinica. Carbonate Biostratigraphy of Southwestern China. Beijing：Science Publishing House. 155～220[葛治洲，戎嘉余，杨学长，刘耕武，倪寓南，董得源，伍鸿基. 1979. 西南地区的志留系. 见：中国科学院南京地质古生物研究所著. 西南地区碳酸盐生物

地层，北京：科学出版社. 155～220]

Guilcher A. 1988. Coral reef geomorphology. In: Bird E C F, ed. Coastal Morphology and Research. John Wiley and Sons Ltd. 1～288

Hallam A, Wignall P B. 1997. Mass Extinctions and Their Aftermath. Oxford: Oxford University Press. 1～309

Hallock P, Schlager W. 1986. Nutrient excess and the demise of reefs and carbonate platforms. Palaios, 1(4): 389～398

He Xinyi. 1978. Tetracoral fauna of the Late Ordovician Guangyinqiao Formation, Bijie, Guizhou province. In: Editorial Committee of Professional Papers of Stratigraphy and Palaeontology, Chinese Academy of Geological Sciences. Professional Papers of Stratigraphy and Palaeontology, 6. Beijing: Geological Publishing House. 1～45 (in Chinese with English abstract) [何心一. 1978. 贵州毕节晚奥陶世观音桥层四射珊瑚动物群. 见：中国地质科学院地层古生物论文集编委会. 地层古生物论文集，6. 北京：地质出版社. 1～45]

He Xinyi, Chen Jianqiang. 1999. Early Silurian rugose coral fauna of Tewo area, West Qingling. Acta Palaeontologica Sinica, 38(4): 423～434 (in Chinese with English abstract) [何心一，陈建强. 1999. 西秦岭迭部地区早志留世四射珊瑚动物群. 古生物学报，38(4),423～434]

Heckel P H. 1974. Carbonate buildups in the geological record: A Review. In: Laporte Leo F, ed. Reefs in time and space. Society Economical Palaeontological and Mineral Special Publication, 18: 90～154

Hu Zhaoxun, Gong Lianzan, Yang Shengwu, Wang Hongdi. 1983. Ordovician-Silurian boundary in Shiqian, Guizhou. Journal of Stratigraphy, 7(2): 140～142 (in Chinese) [胡兆珣，龚联瓒，杨绳武，王洪第. 1983. 贵州石阡奥陶-志留系分界新知. 地层学杂志，7(2),140～142]

Hu Zhengguo. 1980. The "*Dalmanitina* bed" in the region of the Lower Reaches of Dadu River. Journal of Stratigraphy, 4(1): 29～36 (in Chinese) [胡正国. 1980. 大渡河下游地区的"达尔曼虫层". 地层学杂志，4(1):29～36]

Jaanusson V. 1984. Introduction: What is so special about the Ordovician? In: Bruton D L, ed. Aspects of the Ordovician System. Palaeontological Contribution from the University of Oslo, 295:1～4

Jablonski D. 1986. Cause and consequences of mass extinction: a comparative approach. In: Elliott D K, ed. Dynamics of Extinction. New York: Wiley. 183～229

Jackson J B C. 1988. Dose ecology matter? Paleobiology, 14: 307～312

James N P. 1983. Reefs. In: Scholle P A, Bebout D G, Moore C H. eds. Carbonate depositional environments. American Association Petroleum Geologists Memoir, 33: 345～440

Jin Chuntai. 1984. Silurian tabulate coral succession in Huanggexi of Daguan, Yunnan. Acta Palaeontologica Sinica, 23(1): 1～19 (in Chinese with English abstract) [金淳泰. 1984. 云南大关黄葛溪志留系床板珊瑚序列. 古生物学报，23(1):1～19]

Jin Chuntai, Ye Shaohua, Jiang Xinsheng, Li Yuwen, Yu Honglu, He Yuanxiang, Yi Yongen, Pan Yuntang. 1989. The Silurian Stratigraphy and Paleontology in Erlangshan District, Sichuan. Bulletin of the Chengdu Institute of Geology and Mineral Resources, Chinese Academy of Geological Sciences, 11. Beijing: Geological Publishing House. 1～224 (in Chinese with English abstract) [金淳泰，叶少华，江新胜，李玉文，喻洪律，何原相，易庸恩，潘云唐. 1989. 四川二郎山地区地层及古生物. 成都地质矿产研究所所刊，11 号. 北京：地质出版社. 1～224]

Kauffman E G, Erwin D H. 1995. Surviving mass extinctions. Geotimes, 40(3): 14～17

Kershaw S. 1990. Stromatoporoid palaeobiology and taphonomy in a Silurian biostrome, Gotland, Sweden. Palaeontology, 33(3): 681～705

Kershaw S. 1993. Sedimentation control on the growth of stromatoporoid reefs in the Silurian of

Gotland, Sweden. Journal of the Geological Society, London, 150: 197～205

Kershaw S. 1994. Classification and Geological Significance of Biostromes. Facies, 31: 81～92

Kerr R A. 1994. Who profit from ecological disaster? Science, 266:28～30

Kuznetsov V G. 1990. The evolution of reef structures through time: importance of tectonic and biological controls. Facies, 22: 159～168

Li Yue, Chen Xu. 1998. The reef complexes of Ningqiang Formation, Telychian, Ningqiang-Guangyuan area. Acta Sedimentologica Sinica, 16(3): 124～131 (in Chinese with English abstract)[李越，陈旭. 1998. 陕南川北志留系兰多维列统特列奇阶宁强组的生物礁. 沉积学报,16(3):124～131]

Li Yue, Chen Xu, Fan Juanxuan. 1998. Temporal and spatial distribution of the carbonate platform of Llandovery Ningqiang Formation (Silurian) with special reference to the closure of Ningqiang Bay. Journal of Stratigraphy, 22(1): 16～24 (in Chinese with English abstract)[李越，陈旭，樊隽轩. 1998. 志留纪宁强组碳酸盐岩台地的时空演变及宁强湾的封闭. 地层学杂志,22(1):16～24]

Li Yue, Fu Qilong. 1998. The microfacies of the Ningqiang Formation, Telychian (Silurian) in the Ningqiang-Guangyuan area. Acta Micropalaeontologica Sinica, 15(3): 294～306 (in Chinese with English abstract)[李越，傅启龙. 1998. 宁强广元地区志留系宁强组灰岩的微相研究. 微体古生物学报,15(3):294～306]

Li Yue, Kershaw S, Chen Xu. 2002. Biotic structure and morphology of patch reefs from South China (Ningqiang Formation, Telychian, Llandovery, Silurian). Facies, 46: 133～148

Li Yue, Kershaw S. 2003. Reef reconstruction after extinction event of Latest Ordovician in Yangtze Platform, South China. Facies, 48: 269～284

Milliman J D. 1974. Marine Carbonates. In: Milliman J D, Muller U F, eds. Recent Sedimentary Carbonates: Part 1. Heidelberg: Springer-Verlag. 1～230

Newell N D. 1971. An outline of history of tropic reefs. America Museum Novition, 2 465: 37

O'Neill R V, Deangelis D L, Waide J B, Allen T F H. 1986. A hiararchical concept of ecosystems. Princeton: Princeton University Press.

Plotnick R E, McKinney M L. 1993. Ecosystem organization and extinction dynamics. Palaios, 8(2): 202～212

Pomeroy L R. 1970. The strategy of mineral recycling. Annular Reviews of Ecology and Systematic, 1: 171～190

Qiu Jinyu. 1990. Llandovery bioherms of Guangyuan (NW. Sichuan)-Ningqiang (S. Shaanxi) area. Acta Palaeontologica Sinica, 29(5): 555～566 (in Chinese with English abstract)[丘金玉. 1990. 川北广元及陕南宁强地区兰多维列世生物岩礁. 古生物学报, 29(5):555～566]

Raup D M, Sepkoski J J, Jr. 1982. Mass extinction in the marine fossil record. Science, 215: 1 501～1 503

Riding R. 2002. Structure and composition of organic reefs and carbonate mud mounds: concepts and categories. Earth Science Reviews, 58(1-2): 163～231

Roberts H H, Wilson P A, Lugo-Fernandez A. 1992. Biological and geologic responses to physical processes: examples from modern reef systems of the Caribbean-Atlantic region. Continental Research, 12(4): 809～834

Rong Jiayu, Chen Xu. 1986. A big event of latest Ordovician in China. In: Walliser O H, ed. Global Bio-events. Lecture Notes in Earth Sciences, 8. Berlin, Heideberg: Springer-Verlag. 127～131

Rong Jiayu, Chen Xu. 1987. Faunal differentiation, biofacies and lithofacies pattern of Late Ordovician (Ashgillian) in South China. Acta Palaeontologica Sinica, 26(5): 507～535 (in Chinese with English abstract)[戎嘉余,陈旭. 1987. 华南晚奥陶世的动物群分异及生物相、岩

相分布模式．古生物学报，26(5)：507～535]

Rong Jiayu, Chen Xu, Harper D A T. 2002. The latest Orcovician Hirnantia Fauna (Brachiopoda) in time and space. Lethaia, 35(2): 231～249

Rong Jiayu, Fang Zongjie, Chen Xu, Chen Jinhua, Liao Weihua, Sun Dongli, Zhan Renbin, Shen Jianwei. 1996. Biotic recovery—first episode of evolution after mass extinction. Acta Palaeontologica Sinica, 35(3): 259～271(in Chinese with English abstract) [戎嘉余，方宗杰，陈旭，陈金华，廖卫华，孙东立，詹仁斌，沈建伟．1996．生物复苏——大灭绝后生物演化历史的第一幕．古生物学报，35(3)：259～271]

Rong Jiayu, Johnson M E, Yang Xuechang. 1984. Early Silurian (Llandovery) sea-level change in the Upper Yangzi Region of central and southwestern China. Acta Palaeontologica Sinica, 23 (6): 672～694 (in Chinese with English abstract) [戎嘉余，马科斯·约翰逊，杨学长．1984．上扬子区早志留世(兰多维列世)的海平面变化．古生物学报，23(6)：672～694

Rong Jiayu, Li Rongyu. 1999. A silicified *Hirnantia* fauna (Latest Ordovician brachiopodas) from Guizhou, southwestern China. Journal of Paleontology, 73(5): 831～849

Rong Jiayu, Shen Shuzhong. 2002. Comparative analysis of the end-Permian and end-Ordovician brachiopod mass extinctions and survivals in South China. Palaeogeography, Palaeoclimatology, Palaeoecology, 188(1): 25～38

Rong Jiayu, Zhan Renbin, Harper D A T. 1999. Late Ordovician (Caradoc-Ashgill) Brachiopod faunas with *Folimena* based on data from China. Palaios, 14(5): 412～431

Schubert J K, Bottjet D J. 1992. Early Triassic stromatolites as post-mass extinction disaster forms. Geology, 20(10): 883～886

Scotese C R, Mckerrow W S. 1990. Revised world maps and introduction. In: Mckerrow W S, Scotese C R, eds. Palaeozoic Palaeogeography and Biogeography. Memoir of Geological Society, 12: 1～21

Sepkoski J J, Jr. 1981. A factor analytic description of the Phanerozoic marine fossil record. Paleobiology, 7(1): 36～53

Sepkoski J J, Jr. 1982. Mass extinction in the Phanerozoic oceans: a review. Geology Society of America, Special Paper, 190: 283～289

Sheehan P M. 1973. The relation of Late Ordovician glaciation to the Ordovician-Silurian changeover in North America brachiopod faunas. Lethaia, 6(2): 147～154

Sheehan P M. 1985. Reefs are not so different—they follow the evolutionary pattern of level-bottom communities. Geology, 13(1): 46～49

Sheehan P M. 1988. Late Ordovician events and the terminal Ordovician extinction. New Mexico Bureau Ministry and Mineral Resources, 44: 405～415

Sheehan P M, Coorough P J, Fastovsky D E. 1996. Biotic selectivity during the K/T and Late Ordovician extinction events. Geological Society of America, Special Paper, 307: 477～489

Stanley G D. 1981. Early history of Scleractinian corals and its geological consequences. Geology, 9 (10): 507～511

Stanley S M. 1984. Temperature and biotic crisis in the marine realm. Geology, 12:205～208

Stanley S M. 1988a. Climatic cooling and mass extinction of Paleozoic reef communities: Palaios, 3 (2): 228～232

Stanley S M. 1988b. Paleozoic mass extinctions: shared patterns suggest global cooling as a common cause. American Journal of Science, 228: 334～352

Stanton R J. 1967. Factors controlling shape and internal facies distribution of organic carbonate buildups. Bulletin of America Association Petrologic Geology, 51: 2 462～2 467

Vogt P R. 1989. Vocanogenic upwelling of anoxic, nutrient-rich water: a possible factor in carbonate-bank/reef demise and benthic faunal extinction? Geological Society of American Bulletin, 101: 1 225～1 245

Walliser O H. 1986. Towards a more critical approach to Bio-events. In: Walliser O H, ed. Global Bio-events. Lecture Notes in Earth sciences, 8. Berlin, Heidelberg: Springer-Verlag. 5～16

Wang Xiaofeng, Ni Shizhao, Zeng Qingluan, Xu Guanghong, Zhou Tianmei, Li Zhihong, Xiang Liwen, Lai Caigen. 1987. Biostratigraphy of the Yangtze Gorges Area (2): Early Paleozoic Era. Beijing: Geology Publishing House. 1～640 (in Chinese with English abstract) [汪啸风,倪世钊,曾庆銮,徐光洪,周天梅,李志宏,项礼文,赖才根. 1987. 长江三峡地区生物地层学(2),早古生代分册. 北京:地质出版社,1～640]

Watkins R. 1993. The Silurian (Wenlockian) reef fauna of Southeastern Wisconsin. Palaios, 8(4): 325～338

Webby B D. 1984. Ordovician reefs and climate: a review. In: Brunton D L, ed. Aspects of the Ordovician System. Palaeontological Contribution from the University of Oslo, 89～100

Wilson J L. 1975. Carbonate Facies in Geological History. Heidelberg: Springer-Verlag. 1～471

Wood R. 1993. Nutrients, predation and the history of reef building. Palaios, 8(6): 526～543

Wood R. 1995. The changing biology of reef building. Palaios, 10(6): 517～529

Wood R. 1999. Reef Evolution. Oxford University Press. 1～414

Wood R. 2000. Novel paleoecology of a postextinction reef: Famennian (Late Devonian) of the Canning basin, northwestern Australia. Geology, 28: 987～990

Xu Hong, Wang Yujing, Cai Feng, Gou Yunxian, Sun Ping, Zhang Binggao, Gong Jianming, Zhang Xiaoyun, 1999. Miogene Biostrata, Reef Building actions of Algae and Evolutionary characters of Bioreef in Xisha Islands. Beijing: Science Publishing House, 1～144 (in Chinese) [许红,王玉净,蔡峰,勾韵娴,孙萍,章炳高,龚建明,张小筠. 1999. 西沙中新世生物地层和藻类的造礁作用与生物礁演变特征. 北京:科学出版社,1～144]

Ye Shaohua, Jin Chuntai, He Yuanxiang, Wan Zhengquan. 1983. The Silurian stratigraphy of the Daguan area, northeastern Yunnan. Bulletin of the Chengdu Institute of Geology and Mineral Resources, Chinese Academy of Geological Sciences, 4: 119～140 (in Chinese with English abstract) [叶少华,金淳泰,何原相,万正权. 1983. 滇东北大关地区的志留纪地层. 中国地质科学院成都地质矿产研究所所刊, 4: 119～140]

Yu Jianhua, Bian Lizeng, Huang Zhicheng, Chen Minjuan, Fang Yiting, Zhou Xiaoping, Shi Guijun. 1992. A preliminary study on the Late Ordovician buildup at the border area between Zhejiang and Jiangxi provinces. Journal of Nanjing University (Earth Science), 4(2): 1～13( in Chinese with English abstract) [俞剑华,边立曾,黄志诚,陈敏娟,方一亭,周小平,施贵军. 1992. 浙赣交界地区晚奥陶世生物礁初步研究. 南京大学学报(地球科学版), 4(2): 1～13]

Zhan Renbin, Fu Lipu. 1994. New observations on the Upper Ordovician stratigraphy of Zhejiang-Jiangxi border region, E China. Journal of Stratigraphy, 18(4): 267～274 (in Chinese with English abstract) [詹仁斌,傅力浦. 1994. 浙赣边区晚奥陶世地层之新见. 地层学杂志,18(4): 267～274]

Zhang Tingshan, Kershaw S, Wan Yun, Lan Guangzi. 2000. Geochemical and facies evidence for palaeoenviromental change during the Late Ordovician Hirnantian glaciation in South Sichuan Province, China. Global and Planetary Change, A Daughter Journal of Palaeogeography, Palaeoclimatology, Palaeoecology, 24(2): 133～152

Zhang Tingshan, Lan Guangzhi, Gao Weidong, Copper P. 1994. Silurian Reefs in Northeastern Sichuan, China. Chengdu: Chengdu Science and Technology University Publishing House. 1～115 (in Chinese with English abstract) [张廷山,兰光志,高卫东,P·科珀. 1994. 中国川西北地区志留纪生物礁. 成都: 成都科技大学出版社. 1～111]

Zhong Keng, Wu Yi, Yin Baoan, Liang Yanlin, Yao Zhaogui, Peng Jinlan. 1992. Devonian of Guangxi. Wuhan: The Press of the China University of Geosciences. 1～384(in Chinese with English summary)[钟铿,吴诒,殷保安,梁演林,姚肇贵,彭金兰. 1992. 广西的泥盆系. 武汉:中国地质大学出版社. 1～384]

Zhou Mingkui, Wang Ruzhi, Li Zhiming, Yuan Erong, He Yuanxiang, Yang Jialu, Hu Changmin, Xiong Daiquan, Lou Xiongyin. 1993. Ordovician to Silurian Lithofacies, Palaeogeography, and Mineralization in South China. Beijing: Geological Publishing House. 1～111 (in Chinese with English abstract) [周明魁,王汝植,李志明,袁鄂荣,何原相,杨家禄,胡昌铭,熊代全,楼雄英. 1993. 中国南方奥陶-志留纪岩相古地理与成矿作用. 北京:地质出版社. 1～111]

Zhu Zhaoling, Lin Yaokun, Chen Tingen, Zhang Sengui, Yu Changmin. 1986. Review on the "Nanzheng Shale". Journal of Stratigraphy, 10(2): 98～107(in Chinese) [朱兆玲,林尧坤,陈挺恩,章森桂,俞昌民. 1986. 南郑页岩的再认识. 地层学杂志,10(2):98～107]

Ziegler A M. 1965. Silurian marine communities and their environmental significance. Nature, 207: 270～272

## 图版说明

**图版 2.8.1**

图 1:江西玉山祝宅下镇组下部层状生物礁中原地生长栅状珊瑚 *Catenipora* 形成障积岩

图 2:江西玉山祝宅下镇组下部层状生物礁中原地生长栅状珊瑚 *Catenipora* 形成障积岩,丘状珊瑚 *Agetolites* 形成盖覆岩,藻席粘结岩

图 3:江西玉山祝宅下镇组中部层状生物礁中丘状层孔虫 *Clathrodicyon* 呈原地生长状态保存

图 4:贵州石阡香树园雷家屯黄牛坡-苦竹园龙马溪组下段的页岩及上段的灰岩透镜体,指示赫南特期末第二幕生物集群灭绝事件后碳酸盐岩台地的复苏

图 5:贵州石阡香树园雷家屯黄牛坡-苦竹园香树园组首现栅状珊瑚 *Halysites* 格架岩生物层

**图版 2.8.2**(全部图片摄自贵州石阡香树园雷家屯的黄牛坡-苦竹园剖面)

图 1:香树园组中部厚层生物层复苏时由丛状四射珊瑚 *Tryplasma* 形成的格架岩

图 2:雷家屯组生物礁塌积岩中的海百合 *Petalocrinus*

图 3:香树园组上部生物礁礁前由层孔虫、床板珊瑚原地密集生长形成的格架岩,具有强抗浪性

图 4:雷家屯组生物礁的珊瑚 *Codonophyllum*-*Qianbeilites*-*Stauria* 格架岩原地密集生长群落

图 5:香树园组生物礁礁前塌积岩,由单体珊瑚和海百合茎砾屑组成

图版 2.8.1

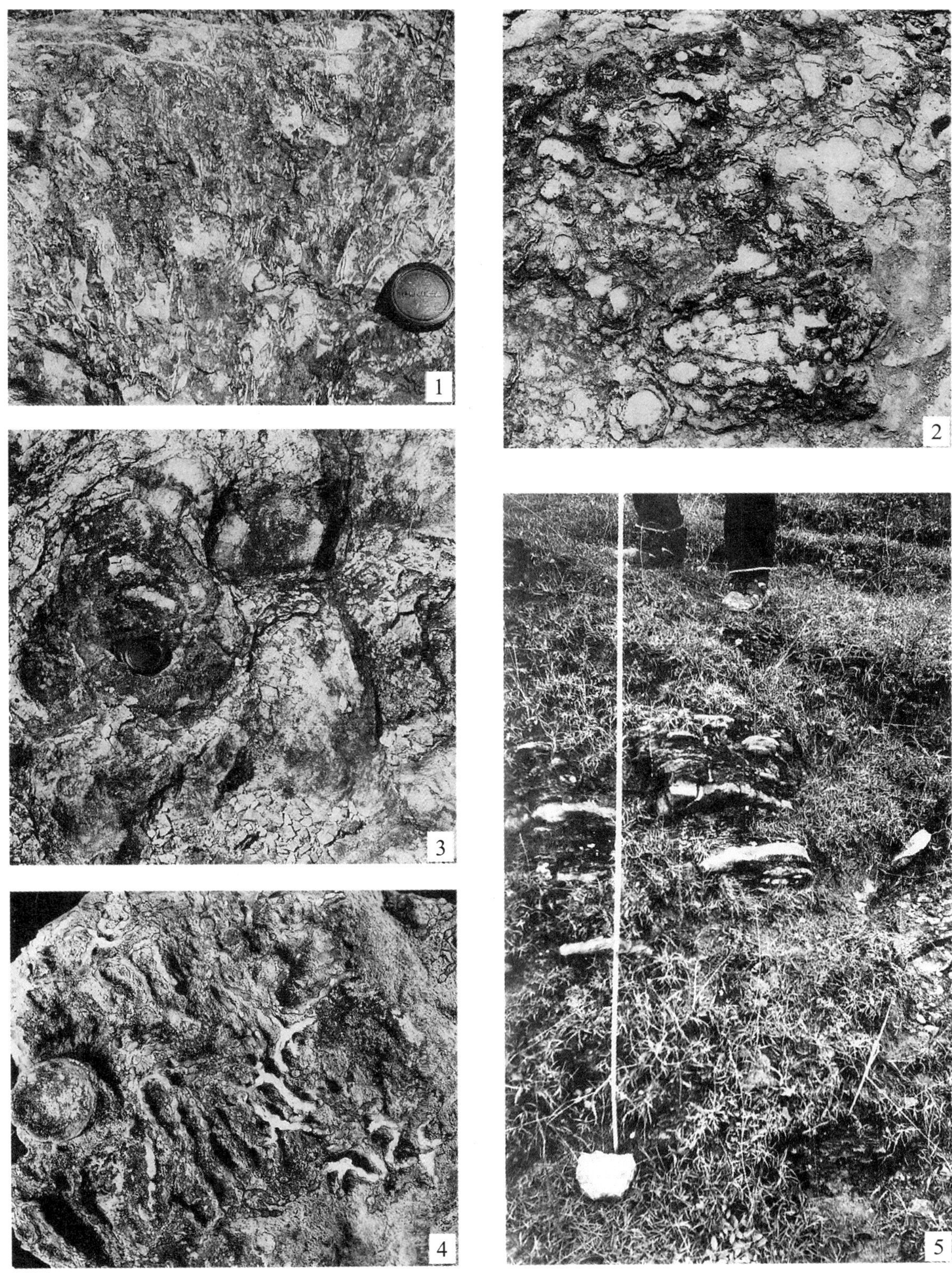

图版 2.8.2

王怿 ywangngs@hotmail.com
中国科学院南京地质古生物研究所
南京市北京东路39号,210008

## 第九节

# 奥陶纪-志留纪之交陆生植物的演变

**摘 要**

根据早期陆生植物化石的记录,古生代陆生植物的演变分为3个时期,即始胚植物期(Eoembryophytic)、始维管植物期(Eotracheophytic)和真维管植物期(Eutracheophytic)。奥陶-志留纪之交是早期陆生植物出现和演化的关键时期,植物界完成了真正登陆的过程,开始了陆生植物的多样性,并开始建立陆地生态系统。从大植物的研究看,早期陆生植物发生了从陆生非维管植物类型(始胚植物)到陆生维管植物类型(始维管植物)的重大演变;从微体化石的研究看,由晚奥陶世以隐孢子为主的组合演变到志留纪以三缝孢为主的组合。晚奥陶世末因受全球冰川的影响,早期陆生植物由始胚植物期时段进入了始维管植物期时段,其标志是陆生维管植物的出现。由于陆生非维管植物处于发展的初期阶段,具有相对较先进的结构和机制,有较强的生态适应能力,同时,全球海平面的下降,为早期陆生非维管植物的生存提供了更多的空间,因此,晚奥陶世末全球冰川活动并未造成早期陆生非维管植物(似苔藓植物)的灭绝。晚奥陶世末冰川的消融和随后的气温回暖、志留纪兰多维列世晚期全球部分地区海陆的频繁变迁和适合植物登陆的古地理环境,为植物新类群的产生提供了优越的外界条件,使得在早志留世晚期出现了早期陆生维管植物。我国贵州凤冈兰多维列世晚期发现的 *Pinnatiramosus qianensis* Geng 是这类植物的代表分子之一,出现在一种近岸浅水环境,而近岸地带十分有利于早期陆生维管植物的产生。结合我国上扬子地区早志留世晚期古地理环境特征,推测在我国华南地区的其他地点也可能存在早期陆生维管植物。

王怿. 2004. 奥陶纪-志留纪之交陆生植物的演变. 见:戎嘉余,方宗杰主编. 生物大灭绝与复苏——来自华南古生代和三叠纪的证据. 合肥:中国科学技术大学出版社. 223~234,1047~1048

**关键词**

陆生非维管植物
陆生维管植物 起源 演化
奥陶-志留纪

地球生物圈演化过程中，植物登陆是一件既十分重要又颇饶兴趣的生物学事件。什么样的植物率先登陆？何时植物真正登陆？何地是早期陆生植物登陆的理想地区？什么因素导致植物的登陆？这些问题是早期陆生植物起源和演化研究中的工作重点，却长期以来一直困扰着古植物学工作者。

奥陶-志留纪之交是早期陆生植物起源和演化的关键时期，探讨这一时期植物特征的演变过程和引起植物演变的外界因素是十分重要的。

## 一、古生代陆生植物研究状况

根据早期陆生植物化石记录的情况，古生代陆生植物的演变划分为3个时期，即：始胚植物期(Eoembryophytic)、始维管植物期(Eotracheophytic)和真维管植物期(Eutracheophytic)(Gray，1993；Kenrick and Crane，1997；李承森，1999)。

始胚植物期是以微体植物化石研究结果为依据而建立的，分布于中奥陶世(early Llanvirn，距今约476 Ma)至兰多维列世晚期(late Llandovery，距今约432 Ma)。从目前的资料来看，确切的最早隐孢子(cryptospore)发现在沙特阿拉伯(Saudi Arabia)的中奥陶世早期地层中(Strother *et al*.，1996)。隐孢子主要繁盛期在始胚植物期的中后期，并出现了较多的类型。根据Gray(1993)及Kenrick和Crane(1997)的推测，这一时期的植物以陆生似苔藓植物(liverwort-like plant)为主，陆生维管植物尚未出现。

始维管植物期是根据植物大化石和三缝孢的研究结果而识别的，分布于兰多维列世最晚期(latest Llandovery，距今约432 Ma)至早泥盆世(mid Gedinnian，距今约402 Ma)。这段时期出现了一些植物大化石属种，其中重要的有：*Cooksonia*，*Salopella*，*Baragwanathia*，*Hedeia* 等(Edwards *et al*.，1983；Tims and Chamber，1984)，它们被认为属于早期陆生维管植物的主要代表分子。最早的陆生维管植物是产自我国贵州凤冈Llandovery晚期的 *Pinnatiramosus qianensis* Geng(Cai *et al*.，1996；耿宝印，1986)。大量陆生维管植物出现在始维管植物期时段的后期(Pridoli期至early Gedinnian期)(Cai *et al*.，1993；Raymond and Metz，1995)，其特征是具有一定的分异度，但总体上较为单调，只有一到几个属种。从微体植物化石的研究结果看，隐孢子的数量开始减少，取而代之的是简单三缝孢的出现和繁盛。综合大植物化石和微体植物化石的研究结果，始维管植物期属于早期陆生维管植物的发生和发展初期。

真维管植物期是根据大植物化石研究的结果而确立的，分布于早泥盆世(late Gedinnian，距今约398 Ma)至晚二叠世(距今约256 Ma)。在这一时期内，大量的、多种类型的陆生维管植物出现并繁盛，占据了整个陆地，形成了一系列的植物群。

在 Siegenian 期早期陆生维管植物出现了分化，但仍以蕨类植物为主（Edwards and Davies，1990；Hao and Gensel，2001）；发展到石炭-二叠纪，陆生维管植物进一步分化，在全球形成了四大植物区系，蕨类植物和裸子植物均十分繁盛。

根据现有植物大化石和微体植物化石资料，Kenrick 和 Crane（1997）总结了早期陆生植物各大类群的起源和早期演化的关系（图 2.9.1），早期陆生植物在中奥陶世的早期开始出现，在早志留世晚期出现了一次大的变革，其标志为陆生维管植物的出现，由此引发了后来陆生维管植物的分异和繁盛。因此，研究奥陶-志留纪之交早期陆生植物是有重要科学意义的。

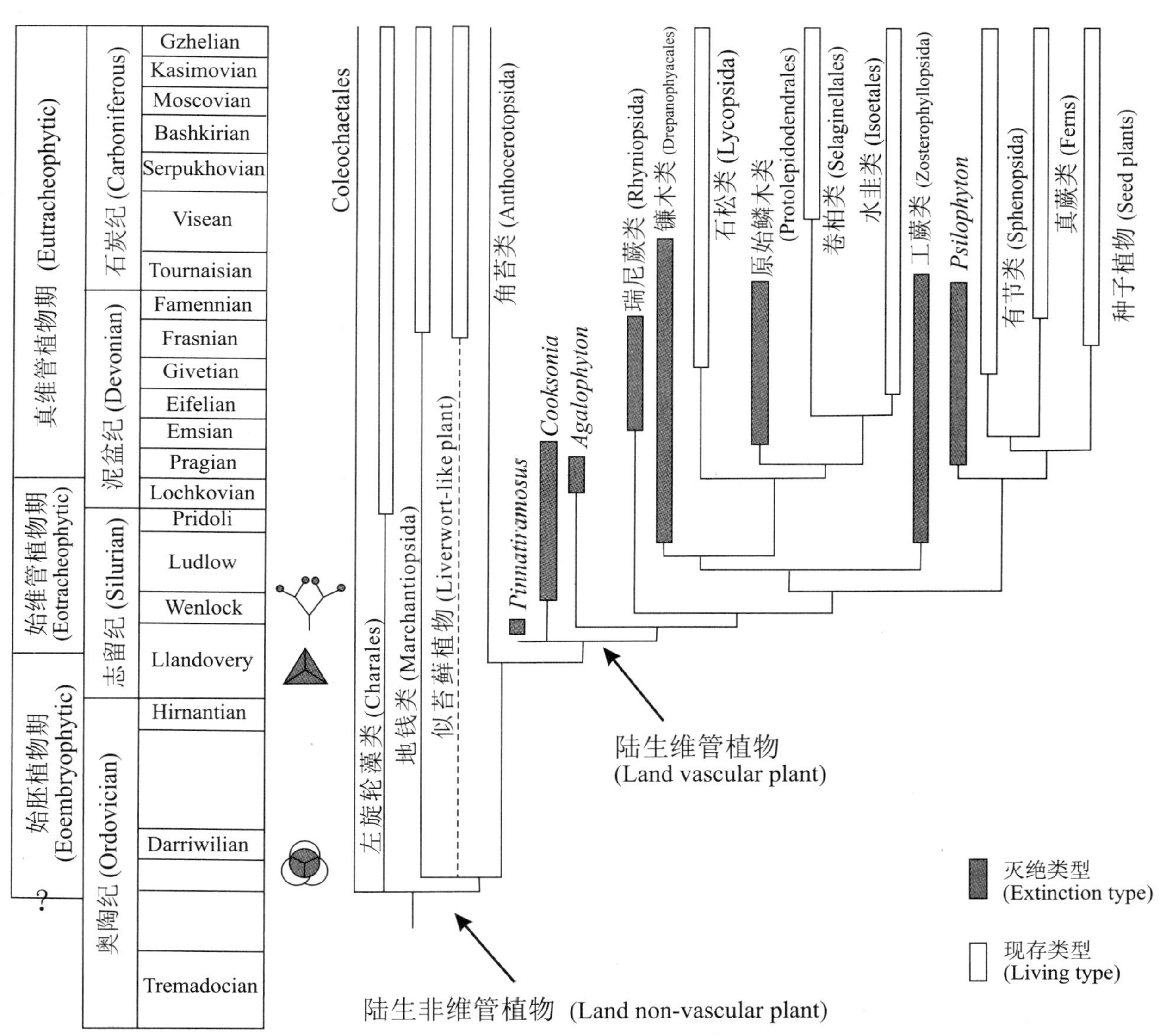


**图 2.9.1**　陆生植物各大类群的起源和早期演化关系（修改自 Kenrick and Crane，1997）

Figure 2.9.1　Origin and early evolution of land plants (revised from Kenrick and Crane，1997)

## 二、中、晚奥陶世陆生植物的特征

迄今为止，全世界尚未在奥陶纪地层中发现有真正的陆生植物大化石。Obrhel(1959，1964)曾报道一种产自波希米亚地区(Bohemia)中奥陶世的陆生植物 *Boiophyton pragense* Obrhel。但 Kenrick 等(1999)的最新研究认为，这种植物是一种动物化石。

Strother 等(1996)研究了产于沙特阿拉伯中奥陶世早期的微体植物化石，发现已知最早的隐孢子(cryptospores)，包括 *Pseudodyadospora* spp.，*Laevolancis* sp.，*Stegambiquadrella contenta* 等，并据此提出了中奥陶世早期出现陆生植物的观点。

从 Llanvirn 到 Llandovery，隐孢子在世界范围内广泛分布(Richardson，1988；Wellman，1996，1999；Steemans *et al*.，1996；Wang *et al*.，1997)，并且具有很相似的组合特征，以四分体、二分体和单分体为主，常见的分子有：*Tetrahedraletes*，*Velatitetras*，*Cheilotetras*，*Dyadospora*，*Pseudodyadospora*，*Laevolancis* 等。

中、晚奥陶世的隐孢子被认为源于陆生植物，主要依据是：①大小和总体形态与现有陆生植物(主要是苔藓植物)的“孢子”相似；②孢子壁的超微特征与原始陆生植物的原位隐孢子的孢壁特征很类似；③在晚志留-早泥盆世的一些真正的陆生植物的原位孢子中发现了类似的隐孢子(Wellman，1999)。根据上述理由，Wellman 认为在中奥陶世早期之后，陆地上已经出现陆生植物；同时，根据隐孢子的古地理分布，他认为这种陆生植物是全球分布的，可以在不同的气候条件下生存。

由于到目前为止一直未发现始胚植物时期的大植物化石，有关这一时期的陆生植物的特征一无所知。根据 Gray(1993)，Kenrick 和 Crane(1997)及 Wellman(1999)的研究认为，生活在奥陶纪的陆生植物是一种似苔藓植物，个体很细小(Wellman，1999)。

当然，必须指出的是，在土耳其南部(South Turkey)的 Hirnantian 期地层中发现了真正的三缝孢，即 *Ambitisporites avitus-dilutus* 型的三缝孢(Steemans *et al*.，1996；Steemans，1999)。Wellman(1999)依据真正三缝孢的出现认为，在晚奥陶世晚期就已出现陆生维管植物。

## 三、兰多维列世陆生植物的特征

在兰多维列世早-中期(Ruddanian-Aeronian 期)尚未有陆生植物大化石的报道。这一时期的世界各地存在一个微体植物组合，以隐孢子为主，组合特征与中、晚奥陶世的十分相似(Steemans,1999),具有很强的继承性。根据这些隐孢子的研究,这一时期陆地上的植物也是一种似苔藓植物(Gray,1993; Kenrick and Crane,1997)。需要说明的是,在英国、沙特阿拉伯、利比亚、南非、美国等地的兰多维列世地层中,除隐孢子外,还发现了较少的真正的三缝孢(Burgess,1991; Steemans *et al*., 1996; Hoffmeister,1959; Richardson,1985,1988; Gray *et al*.,1986; Pratt *et al*.,1978; 等等)。这些三缝孢在世界不同地区的出现似乎预示着陆生维管植物可能在早志留世已经出现。

从兰多维列世 Telychian 开始,陆生植物的演变进入了一个新的演化阶段,即始维管植物期。这一时段不但出现陆生维管植物的大化石,而且具有较丰富的三缝孢和一定数量的隐孢子。

在贵州凤冈发现的 *Pinnatiramosus qianensis* Geng,被认为是目前已知最早的陆生维管植物(Cai *et al*.,1996; Cai *et al*.,1995)。通过对同层中几丁虫、腕足类、双壳类和三缝孢的研究,确认其产出的时代为兰多维列世晚期,相当于 Telychian (Cai *et al*.,1996; Wang *et al*.,1996; 王怿、欧阳舒,1997; Cai *et al*.,1995)。而被人们认为是早期陆生维管植物的主要代表 *Cooksonia*,最早出现在文洛克晚期(Edwards and Davies,1976),并上延到早泥盆世。总体看来,从兰多维列世晚期起,陆生维管植物开始出现,随后进入了一个最初的发展阶段,但是志留纪陆生维管植物相对于泥盆纪植物比较简单,分异度较低。不过,这一时期的陆生维管植物完成了植物登陆过程,已经具备了在陆地上生存的基本条件。

丰富的三缝孢组合从兰多维列世晚期出现,类型不断增多,数量不断增加,常见的主要分子有:*Ambitisporites*, *Apiculiretusispora*, *Retusotriletes*, *Archaeozonotriletes*, *Emphanisporites*, *Synorisporites* 等(Richardson,1988)。从它们的出现和繁盛分析,陆生植物的演化已经真正进入了维管植物的演化阶段,同时,随时间的推移,陆生维管植物不断地繁盛。要说明的是,从兰多维列世晚期开始,随着三缝孢的出现,隐孢子的数量在逐步下降,尽管仍保持一定的丰度,一些主要分子基本上是从晚奥陶世和早志留世早中期延续上来的,如 *Tetrahedraletes*, *Laevolancis*, *Dyadospora*, *Pseudodyadospora* 等,同时也出现了一些新的分子。根据隐孢子的分布和繁盛情况,可以认为,晚奥陶世-早志留世早中期的陆生植物仍然存在,只是随着陆生维管植物的出现和增多,其繁盛程度可能有所下降。

## 四、奥陶-志留纪之交植物演变的因素

早期陆生植物起源和演化最关键的时期是在奥陶-志留纪之交。从大植物的研究看,这个阶段的早期陆生植物完成了从陆生非维管植物类型到陆生维管植物类型的重大演变;从微体化石的研究看,则由晚奥陶世以隐孢子为主的组合演变到

以三缝孢为主的组合(图 2.9.2)。从宏观上观察,奥陶-志留纪之交的植物界完成了植物的真正登陆过程,开始了陆生生物多样性,同时也开始建立陆地生态系统。那么,究竟是何种因素导致植物界在早志留世(也许在晚奥陶世的最晚期)发生如此巨大的变化(陆生维管植物的出现)呢?

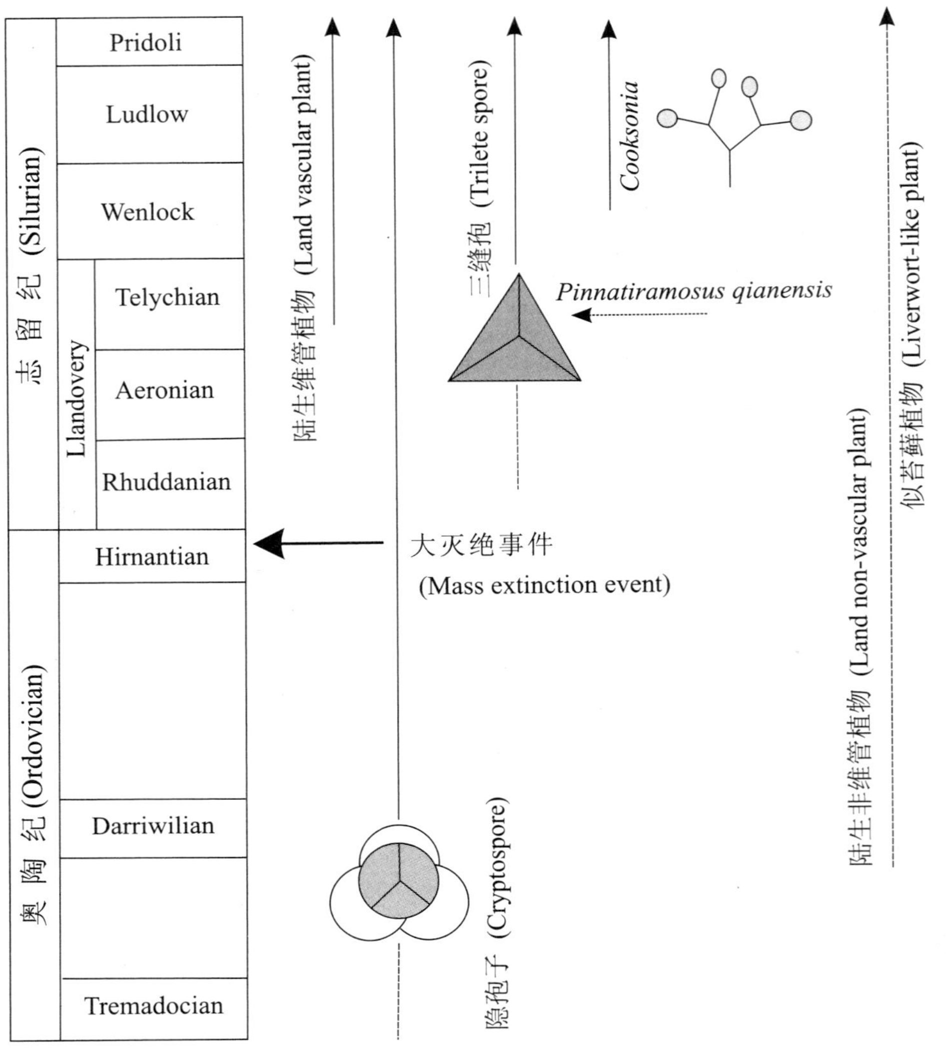


图 **2.9.2** 奥陶纪-志留纪植物的演变

Figure 2.9.2 The evolution of the Ordovician and Silurian land plants

陆生非维管植物经过了从中奥陶世到兰多维列世的长期演变,从植物演化的内在条件上分析,已经具备了演化产生新类型(陆生维管植物)的基本条件。但促使陆生植物在奥陶-志留纪之交完成从陆生非维管植物类型到陆生维管植物类型的演变的外界因素是什么呢?

奥陶纪末期在全球范围内发育了大陆冰川,形成了大范围的冰盖。由于冰川的影响,全球平均大气和海水的温度下降,且幅度相当可观,可达 8℃～10℃(Brenchley *et al*.,1994),同时全球的海平面可能下降 50～100 m(戎嘉余,1984;

Robertson *et al*.,1991),从而造成了大量海洋生物的灭绝。

大气温度是控制植物生长和发育的重要因素,温度的下降会导致植物界的较大变化,一些植物类群因不适应气候的变化而灭绝,另一些新的分类类群因气候的变化而产生。因此,有理由认为晚奥陶世末全球冰川大范围分布和由此而引起的全球气温的下降,对于早期陆生植物的起源和演化是有重要影响的。

从早期陆生非维管植物的发育状况分析,并未因晚奥陶世恶化环境的影响,而使之灭绝。Steemans(1999)认为:由于隐孢子植物在全球的广泛分布并生活在不同的气候条件下,早期陆生非维管植物并未因晚奥陶世末冰川的活动而灭绝。笔者认为,究其原因可能有下列 5 个方面:①早期陆生非维管植物正处于发展的初期阶段,具有相对较先进的结构和机制,能够适应这种突发性的气候变化;②根据 Kenrick 和 Crane(1997)的认识,早期陆生非维管植物的植物类群属于似苔藓植物,而现代植物学的研究表明,苔藓植物具有较强的生态适应性,可以在气候十分恶劣的条件下生存;③根据隐孢子外壁特征的分析,早期陆生似苔藓植物生活在一种干旱到半干旱(arid to semiarid)的生态条件下(Gray and Boucot,1999);④根据隐孢子的分布,早期陆生非维管植物分布于古赤道附近到极区(Steemans,1999),而 Gray 和 Boucot(1999)认为这类植物多分布于寒冷气候区(cool climate regions);⑤由于全球海平面下降 50～100 m 的影响,相对地陆地面积扩大很多,为早期陆生植物的生存提供了更多的可选空间。基于上述五方面的因素,晚奥陶世末全球冰川活动期间,尽管气温大幅下降,并未造成早期陆生非维管植物的灭绝。

需要指出的是,晚奥陶世末冰川大范围分布一方面造成全球气温的下降,陆地生态环境的恶化,另一方面使得全球陆地面积大量增加。这两方面的外界因素,对早期陆生植物的生存提出了更高的要求,促进了早期陆生植物的进一步演化发展,以期产生具有更为先进结构和机制的新类群,这种新类群更能适应各种生态条件和更利于在广阔陆地上繁衍。当然,全球气候的恶化是不利于新类群产生的重要因素,这可能是晚奥陶世末冰川活动期间,早期陆生植物新类群并未出现的一个原因。

晚奥陶世末冰川活动后气温回暖,为植物新类群的产生提供了较为优越的气候条件。正如前文所述,在 Hirnantian 期,全球一些地区出现了真正的三缝孢,有些作者甚至认为在这一时期已经出现陆生维管植物(Steemans *et al*.,1996;Steemans,1999;Wellman,1999)。但是全球气候回暖和海平面上升造成了陆地面积的剧减也是不利于植物新类群产生的重要因素,故在晚奥陶世末冰川消融后,出现陆生维管植物是完全有可能的,只是可能分布区域局限,数量极少,并未像海洋动物一样产生大量和大范围分布的新植物类群。

根据对造礁生物的研究,到了 Llandovery 世最晚期全球部分地区气温才能完全恢复;同时,由于构造运动的影响,全球部分地区的海平面在早志留世有一个动荡过程(Johnson *et al*.,1997),造成了海陆变迁的变化较为繁多。根据上述两方面的因素,使早志留世晚期早期陆生植物新类群开始大量和大范围出现(基于早志留世晚期三缝孢的研究),早期陆生植物的演化进入了始维管植物期时段,早期陆生维管植物开始大量出现。

综上分析,由于晚奥陶世末全球冰川的影响,促使早期陆生植物的演化由陆生非维管植物期发展到陆生维管植物期,也就是由始胚植物期时段进入了始维管植物期时段,其标志是陆生维管植物的出现。

## 五、我国华南兰多维列世晚期 *P. qianensis* 出现的外界因素

*Pinnatiramosus qianensis* Geng 发现于我国贵州凤冈兰多维列世 Telychian 期,被认为是世界上已知最早具有维管束的植物(Cai *et al*.,1996)。从早期陆生植物起源和演化的时间段上看,*P. qianensis* 出现在始维管植物期的最早期,属于始维管植物期的先驱分子。那么,为什么 *P. qianensis* 会在兰多维列世晚期出现和在我国的贵州凤冈滋生?

如前所述,晚奥陶世末的全球冰川活动导致了早期陆生维管植物的出现。晚奥陶世末冰川活动在我国并未留下冰川痕迹或岩石学证据,但是间接的影响(包括海平面升降、温度变化、生物相、古地理等方面)却十分明显(戎嘉余等,1996;戎嘉余、詹仁斌,1999)。在我国华南地区,晚奥陶世晚期的冰川活动导致了水温大幅度下降(8℃~10℃),因而造成大量海洋生物灭绝。从 Hirnantian 期开始冰川消融,气温大幅度回升,海平面快速上升。在兰多维列世早期(即 Rhuddanian 期和 Aeronian 期),腕足类、腹足类等生物先后开始复苏并辐射(戎嘉余等,1996),在香树园组中已出现大量的生物层,如腕足动物层、珊瑚层,这表明当时气温已基本恢复正常。

*P. qianensis* 在兰多维列世晚期(Telychian 期)的出现,正处于华南地区晚奥陶世末冰川消融后海洋生物的复苏和辐射时期。就其产生的外界因素分析,有 3 个方面的因素:①从气候条件看,经过晚奥陶世末冰川活动期间气温的下降到兰多维列世早期气温的开始回暖,直至兰多维列世晚期气温基本恢复到正常的气温条件;②从早期植物的演化上分析,在经历了一段较为恶化的气候条件环境后,一旦出现较优越的生态气候条件,是十分有利于新类群产生的;③在我国华南地区的兰多维列世晚期出现了海进和海退的动荡时期,海平面的变化较为频繁(戎嘉余等,1984),这种频繁的海陆变化十分有利于某些海生植物的登陆,特别是近岸的海生藻类,在这种状况下,产生适应于陆生生存的新结构和新机制是完全可能的,即产生陆生维管植物。*P. qianensis* 在我国贵州凤冈的出现还与当时的古地理环境

相关。在早志留世晚期贵州凤冈处于一种近岸环境(图 2.9.3)(陈旭,1990),近岸地带十分利于早期陆生维管植物的产生。基于上述三方面的外界因素,在贵州凤冈兰多维列世晚期出现 *P. qianensis* 这类具有维管束的、能适应于陆生环境的植物就不足为奇了。

需要指出的是,在我国华南地区兰多维列世晚期可能存在有多处与贵州凤冈地区相仿的生态环境,如贵州翁项等,是否在这些地区会存在有其他类的早期陆生维管植物?根据 Gao(1983)的报道,在贵州翁项兰多维列世晚期地层中发现大量陆生维管植物的三缝孢,似乎预示着这一地区也有陆生维管植物存在的可能。

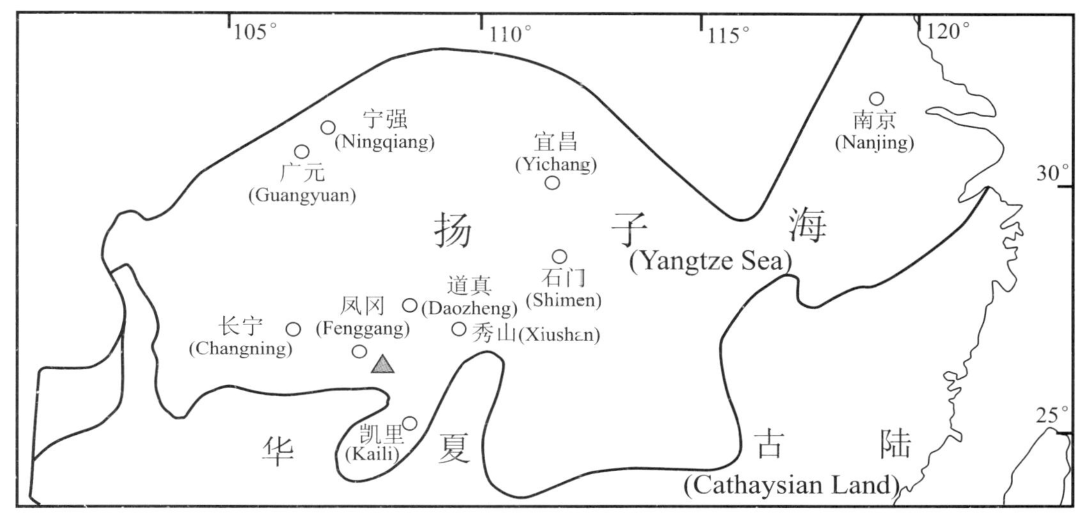


图 **2.9.3**　扬子区早志留世古地理图(修改自陈旭,1990)
Figure 2.9.3　The palaeogeographical map of Lower Silurian in the Yangtze Region (revised from Chen, 1990)

## 六、结论

(1) 奥陶-志留纪之交是一个极其重要的演化时期,其重要标志是早期陆生植物从陆生非维管植物演变为陆生维管植物。

(2) 晚奥陶世末全球冰川活动并未造成早期陆生非维管植物的灭绝,主要是因为植物体发育新结构和新机制,生态适应性较强和生态空间的可选点较多。

(3) 早期陆生维管植物出现的外界因素主要与晚奥陶世末冰川活动后的生态系统的变化有关,影响的因素主要是气温的变化和海平面的频繁动荡。

(4) 贵州凤冈兰多维列世晚期出现已知最早陆生维管植物——*P. qianensis*,主要受晚奥陶世末冰川活动后气温的完全恢复、海平面的频繁动荡变化和古地理环境三方面因素的影响;根据 *P. qianensis* 出现的条件,推测在我国华南地区的其他地点也可能存在早期陆生维管植物。

**致 谢** 戎嘉余和陈旭研究员为本文提供了宝贵资料和意见，作者深表感谢。本研究获得了国家重点基础研究发展规划项目（G2000077700）、国家自然科学基金（No. 40232019）和中国科学院资源环境领域知识创新工程重大项目（KZCX2-SW-130）的资助。

## 参考文献

Brenchley P J, Marshll J D, Carden G A F, Robertson D B R, Long D G F, Meidla T, Hints L, Anderson T F. 1994. Bathymetric and isotopic evidence for a short-lived Late Ordovician glaciation in a greenhouse period. Geology, 22: 295～298

Burgess N D. 1991. Silurian cryptospores and miospores from the type Llandovery area, south-west Wales. Palaeontology, 34: 575～599

Cai Chongyang, Dou Yawei, Edwards D. 1993. New observations on a Pridoli plant assemblage from north Xinjiang, northwest China, with comments on its evolutionary and palaeographical significance. Geologica Magazine, 130: 155～170

Cai Chongyang, Ouyang Shu, Wang Yi. 1995. Silurian Floras. In: Li Xingxue, ed. Fossil Floras of China Through the Geological Ages. Guangzhou: Guangdong Science and Technology Press. 3～27

Cai Chongyang, Ouyang Shu, Wang Yi, Fang Zongjie, Rong Jiayu, Geng Liangyu, Li Xingxue. 1996. An early Silurian vascular plant. Nature, 379: 592

Chen Xu. 1990. Graptolite depth zonation. Acta Palaeontologica Sinica, 29: 520～539 (in Chinese with English summary)[陈旭. 1990. 论笔石的深度分带. 古生物学报,29:520～539]

Edwards D, Feehan J. 1988. Recorded of *Cooksonia*-type sporangia from late Wenlock strata in Ireland. Nature, 287: 41～42

Edwards D, Feehan J, Smith D G. 1983. A late Wenlock flora from Co. Tipperary Ireland. Botanical Journal of the Linnean Society, 86: 19～36

Edwards D, Davies M S. 1990. Interpretation of Early land plant radiations: facile adaptationist guesswork or reasoned speculation? In: Taylor P D, Larwood G P, eds. Major Evolutionary Radiations. Oxford: Clarendon Press. 352～376

Edwards D, Davies E C W. 1976. Oldest recorded *in situ* tracheids. Nature, 263: 494～495

Gao Lianda. 1981. Devonian spore assemblages of China. Review of Palaeobotany and Palynology, 34: 11～23

Gray J. 1993. Major Paleozoic land plant evolutionary bio-events. Palaeogeography, Palaeoclimatology, Palaeoecology, 104: 153～169

Geng Baoyin. 1986. Anatomy and morphology of *Pinnatiramosus*, a new plant from the Middle Silurian (Wenlockian) of China. Acta Botanica Sinica, 28: 664～670 (in Chinese with English abstract)[耿宝印. 1986. 贵州中志留世羽枝属(新属)的形态和解剖. 植物学报,28:664～670]

Gray J, Boucot A J. 1999. Ordovician environments of early embryophyte origin. In: XVI International Botanical Congress Abstract, Number: 4431

Gray J, Theron J N, Boucot A J. 1986. Age of the Cedarberg Formation, South Africa and early land plant evolution. Geological Magazine, 123: 445～454

Hao Shougang, Gensel P G. 2001. The Posongchong floral assemblages of Southeastern Yunnan, China—diversity and disparity in Early Devonian plant assemblages. In: Gensel P G, Edwards D, eds. Plant Invade the Land: Evolutionary and Environmental Perspectives. New York: Columbia University Press. 103～119

Hoffmeister W S. 1959. Lower Silurian plant spores from Libya. Micropaleontology, 5: 331～334

Johnson M E, Tesakov Y E, Predtetcheusky N N, Baarli B G. 1997. Comparison of Lower Silurian Shores and Shelves in North American and Siberia. Geological Society of America, Special Paper, 321: 23～46

Kenrick P, Crane P R. 1997. The origin and early evolution of plants on land. Nature, 389: 33～39

Kenrick P, Kvacek Z, Bengtson S. 1999. Putative Ordovician land plant from central Bohemia reinterpreted as animals. Acta Universitis Caroline-Geologica, 43: 315

Li Chengsen. 1999. Proceeding of researches on early land plants and early terrestrial ecosystems. Advances in Plant Sciences, 2: 2～12 (in Chinese) [李承森. 1999. 早期陆地植物和早期陆地生态系统的研究进展. 植物科学进展,2:2～12]

Obrhel J. 1959. Ein Landpflanzenfund im mittelbohmischen Ordovizium. Geologie, 8: 535～541

Obrhel J. 1964. Zu den Pflanzenfunden im mittelbohmischen Ordovizium. Vestnik Ustredniho ustavu geologickeho, 39: 377～379

Pratt L M, Phillips T L, Dennison J M. 1978. Evidence for non-vascular land plants from the early Silurian (Llandoverian) of Virgin, U. S. A. Review of Palaeobotany and Palynology, 25: 121～149

Raymond A, Metz C. 1995. Laurussian land-plant diversity during the Silurian and Devonian: Mass extinction, sampling bias, or both? Paleobiology, 21: 74～91

Richardson J B. 1985. Lower Palaeozoic sporomorphs: their stratigraphical distribution and possible affinities. In: Chaloner W G, Lawson J D, eds. Evolution and Environment in the Late Silurian and Early Devonian. Philosophical Transactions of the Royal Society of London, B 309: 201～205

Richardson J B. 1988. Late Ordovician and Early Silurian cryptospores and miospores from northeast Libya. In: El-Arnauti A, Owens B, Thusu B, eds. Subsurface Palynostratigraphy of Northeast Libya. Garyounis University Publications, Benghazi, Libya, 89～109

Rong Jiayu. 1984. Ecostratigraphic evidence of the Upper Ordovician regressive sequences and the effect of glaciation. Journal of Stratigraphy, 8: 19～29 (in Chinese with English abstract) [戎嘉余. 1984. 上扬子区晚奥陶世海退的生态地层证据与冰川活动的影响. 地层学杂志,8:19～29]

Rong Jiayu, Fang Zongjie, Chen Xu, Chen Jinhua, Liao Weihua, Sun Dongli, Zhan Renbin, Shen Jianwei, Tong Jinnan. 1996. Biotic recovery—first episode of evolution after mass extinction. Acta Palaeontologica Sinica, 35: 259～271 (in Chinese with English summary) [戎嘉余,方宗杰,陈旭,陈金华,廖卫华,孙东立,詹仁斌,沈建伟,童金南. 1996. 生物复苏——大灭绝后生物演化历史的第一幕. 古生物学报,35:259～271]

Rong Jiayu, Johnson M E, Yang Xuechang. 1984. Early Silurian (Llandovery) sea-level changes in the Upper Yangzi region of central and southwestern China. Acta Palaeontologica Sinica, 23: 687～697 (in Chinese with English summary) [戎嘉余,马科斯·约翰逊,杨学长. 1984. 上扬子区早志留世(兰多维列世)的海平面变化. 古生物学报,23:687～697]

Rong Jiayu, Zhan Renbin. 1999. Ordovician-Silurian brachiopod fauna turnover in South China. Geoscience, 13: 390～394 (in Chinese with English abstract) [戎嘉余,詹仁斌. 1999. 华南奥陶、志留纪腕足动物群的更替——兼论奥陶纪末冰川活动的影响. 现代地质,13:390～394]

Steemans P. 1999. Cryptospores and spores from the Ordovician to the Llandovery. A review. Acta Universitis Caroline-Geologica, 43: 271～273

Steemans P, Le Herisse A, Bozdogan N. 1996. Ordovician and Silurian cryptospores and miospores from Southeastern Turkey. Review of Palaeobotany and Palynology, 93: 35～76

Strother P K, Al-Hajri S, Traverse A. 1996. New evidence for land plants from the lower Middle Ordovician of Saudi Arabia. Geology, 24: 55～59

Tims J D, Chamber T C. 1984. Rhyniophytina and Trimerophytina from the early land flora of Victoria, Australia. Palaeontology, 27: 265～279

Wang Yi, Li Jun, Wang Ruimin. 1997. Latest Ordovician cryptospores from southern Xinjiang, China. Review of Palaeobotany and Palynology, 99: 61～74

Wang Yi, Ouyang Shu. 1997. Discovery of Early Silurian spores from Fenggang, northern Guizhou, and its palaeobotanical significance. Acta Palaeontologica Sinica, 36: 217～237 (in Chinese with English summary) [王怿,欧阳舒. 1997. 贵州凤冈早志留世孢子组合的发现及其古植物学意义. 古生物学报,36:217～237]

Wang Yi, Ouyang Shu, Cai Chongyang. 1996. Early Silurian microfossil plants from the Xiushan Formation in Guizhou Province, China, and their paleobotanical significance. Palaeobotanist, 45: 181～237

Wellman C H. 1996. Cryptospores from the type area for the Caradoc Series (Ordovician) in southern Britain. Palaeontology, 55: 103～136

Wellman C H. 1999. Ordovician land plant: evidence and interpretation. Acta Universitis Caroline-Geologica, 43: 275～277

戎嘉余 jyrong@nigpas.ac.cn
陈 旭 xu1936@yahoo.com
周志毅 zyizhou@jlonline.com
中国科学院南京地质古生物研究所
南京市北京东路39号,210008
陈建强 chenjq@cugb.edu.cn
中国地质大学
北京市学院路29号,100083

第十节

# 华南奥陶纪-志留纪之交常见生物类群如何应对灾变环境

**摘 要 →**

华南的材料揭示奥陶纪末大灭绝事件比以往认识的更复杂。这不是一次地质瞬间的突发事件,而是一次型式复杂多样、幕式灭绝时限延续较长、较低级分类单元灭绝量值大、较高级分类单元灭绝率低的生物事件。营不同生活方式的生物灭绝型式有相似亦有不同。分析笔石、腕足动物、三叶虫和四射珊瑚的分类组成、多样性和群落生态后发现,华南奥陶纪末生物大灭绝的全过程被进一步证实由首幕和次幕(笔石系尾幕)共两幕组成。基于笔石带的对比,限定了该过程的时限:首幕始于 *D. mirus* 亚带,延续至 *N. extraordinarius*-*N. ojsuensis* 带中期;次幕发生在 *N. persculptus* 带早中期;笔石的尾幕为小灭绝,发生在接近奥陶纪-志留纪交界之时。本节统计出华南上述4个门类属的总灭绝率为:首幕59.2%、次幕47.4%,为识别全球奥陶纪末大灭绝的重创程度提供了重要依据。其中,首幕和次幕属的灭绝率,腕足动物为56.4%、43.3%,三叶虫为72.2%、33.3%,笔石为61.1%、50%,都表明首幕的灭绝率比次幕的高。但四射珊瑚的情况相反,两幕属的灭绝率分别为37.5%、60%,这与次幕发生时凉水珊瑚动物群不利于在缺氧、暖水、泥砂质底域上生存有关。笔石的资料显示与众不同的特点,大灭绝首幕是其主灭绝事件,次幕尽管为小灭绝(对多样性影响微弱),仍表现为DDO笔石动物群的消亡。值得注意的是笔石在科、属和种级分类单元上的总体灭绝率十分接近,分别为75%、80%和81.8%;而其余门类属、种的灭绝率明显高于科的灭绝率。三叶虫高的首幕灭绝率导致其在大灭绝之后的衰落;而笔石首幕的灭绝率尽管不低,因其迅速适应环境、新生率增高、动物群更替速度快,仍在大灭绝后达到新的顶点。大灭绝期间在不同条件下环境剧变的始、末不同,结局有别,显示各类群被重创的差异性。新材料证实,笔石主灭绝的发生有一个"先浅水、后深水"的过程,奥陶纪DDO动物群中绝大多数属种在这次事件中消亡,而其最后几个种在 *N. persculptus* 带末的小灭绝事件中绝迹。凉水 *Hirnantia* 腕足类和三叶虫动物群的出现也有"先浅水、后深水"的过程,反映大灾变环境在古地理格局上的先后顺序变化。上述门类在灭绝两幕间都有一定规模的发展与革新,含残存、复苏期的双重特征。从灭绝强度看,笔石动物群发生重大演替;三叶虫面临最大的一次灾难事件:所有浮游(和可能浮游)的与深水底栖的分子都惨遭厄运,重创程度从深水区向浅水区明显减弱,能渡过难关的大都是浅水分子,遭受灭顶之灾的多是深水分子。志留纪动物群替代奥陶纪分子的时间各有区别,腕足类和三叶虫比笔石滞后2~3 Ma;四射珊瑚因受岩相控制,复苏稍晚;后生动物礁殿后。大灭绝的发生主要由生态环境恶化引起,与生物适应环境恶化的忍耐度也有很重要的关系。各类生物的共同点显示大灭绝的强度和结局;差异性指示它们对环境恶化与好转的差异适应能力。奥陶纪末大灭绝后,以底栖固着、摄悬浮物为生的腕足动物、珊瑚、苔藓虫、海百合等继续占领海底;三叶虫因浮游分子绝迹,底栖分子在深水域消失而使面貌大为改观。从阿什极中期辐射到晚期大灭绝两幕间的残存-复苏期,到鲁丹早中期底栖生物残存或笔石复苏,再到鲁丹晚期至埃隆早期底栖生物复苏或笔石辐射,不同分类级别的多样性若以奥陶-志留纪界线为镜面,大致呈现"镜像效应"。但这种效应并不表现为简单的相似,因为无论是生物组合面貌、生态系统和海底群落结构以及生物地理格局,在大灭绝后均发生了实质性的变化。

戎嘉余,陈旭,周志毅,陈建强. 2004. 华南奥陶纪-志留纪之交常见生物类群如何应对灾变环境. 见:戎嘉余,方宗杰主编. 生物大灭绝与复苏——来自华南古生代和三叠纪的证据. 合肥:中国科学技术大学出版社. 235~256,1049~1050

**关键词 →**

奥陶纪末大灭绝 笔石
腕足动物 三叶虫 四射珊瑚
残存 复苏 华南

奥陶纪末期大灭绝的生物地层和化学地层研究最近取得了许多进展。生物地层学的研究促进了对事件本身的深入探讨，全球或局部地区化学和沉积地层学的研究则是对事件向纵深探索的重要途径（如 Marshall and Middleton，1990；Middleton *et al.*，1991；Brenchley *et al.*，1994，2003；Marshall *et al.*，1997；Zhang *et al.*，2000）。对于引起这次事件的主要控制因素，特别是物理因素，全球学者的见解基本相同，包括冈瓦纳大陆冰川的形成和消融、全球海平面和温度的大幅度升降和大洋翻转（如 Sheehan，1988，2001；Brenchley *et al.*，1995，2003；Harper and Rong，1995，2001）。根据铱异常确定奥陶纪末发生地外事件的认识已被基本否定（Wang *et al.*，1992）。但是对诱发这些物理因素的原因，譬如为什么全球气温会剧烈下降，为什么大陆冰川会在这个时期形成，仍有不同的认识（如 Gibbs *et al.*，1995，1997；Kump *et al.*，1999；Villas *et al.*，2002）。当然，还有些学者对于生物地层研究的认识还存在着误区，例如将 Ashgill 中期的生物礁和碳酸盐地层误认为是 Hirnantian 期的产物（Copper，2001a）。有关这次事件的整个过程与细节、不同生物门类在这个过程中的不同应对方式及所涉及的生物因素，是本节研讨的重点内容。

华南，特别是扬子区，是研究这个事件最理想的地区之一。本节就是根据华南奥陶、志留纪海洋无脊椎动物中最常见的 4 个门类化石的基本资料写成的。研究笔石（陈旭等，本书第二章第一节；樊隽轩等，本书第二章第二节）、三叶虫（周志毅等，本书第二章第五节）、四射珊瑚（何心一、陈建强，本书第二章第六节；陈建强、何心一，本书第二章第七节）和腕足动物（戎嘉余、詹仁斌，本书第二章第三节、第四节）的作者们对相关门类在大灭绝至复苏的全过程中的特征做了较深入的分析。这些生物门类营不同的生活方式：笔石一生都漂浮在海洋的表层和上层水中，死后沉落海底被埋葬；四射珊瑚和腕足动物的幼虫营漂浮生活方式，一旦在海底找到位置便终生固着而不离开原位；三叶虫则营漂游、游移、底栖等多种不固着的生活方式。在华南奥陶纪-志留纪交界地层中，腕足动物是最丰富的一个化石门类；笔石则富集于笔石相，也散见于混合相地层中；三叶虫到了奥陶纪末期分异度比以往明显降低，并低于腕足类；四射珊瑚因受沉积相的强烈控制，分布区域有限。因而，这四大类群为了解不同生态类型的生物在大灭绝中的表现和应对方式提供了较好的实证。

大量的华南材料揭示，晚奥陶世末期（即赫南特期）生物大灭绝呈现出一个比以往认识远为复杂的宏演化型式。这次大灭绝并不是一次地质瞬间同时突发的事件，而是一次较低级别生物（科、属、种）灭绝量值大、较高级别分类单元（目和超科）灭绝量值小、灭绝时限延续较长、灭绝型式复杂多样的生物宏演化大事件。它的一个重要特点，是营不同生活方式以及在不同生活环境中的生物类群对大灭绝有相似或明显不同的应对方式。了解引起大灭绝的物（理）化（学）控制因素（外因）是认识大灭绝的一个重要内容。如前所述，这次大灭绝主要是由全球气候剧烈变化（海水降温和升温)、海平面大幅度升降及大洋翻转所引起的。正是这样一个环境强烈变迁的综合性事件导致全球环境的恶化,迫使具有不同忍耐度的各类生物对这次大事件产生不同的应对能力,于是就呈现出一个颇具特色的灭绝过程和型式。

在研究过程中,如何排除 Signor-Lipps 效应的干扰问题(Signor and Lipps,1982)是十分重要的。本书研究笔石的作者们根据多个剖面连续采集的化石材料,较好地排除了这一干扰;在此基础上,运用图形对比和多元数值分析方法,为探索奥陶纪末生物大灭绝及其后残存、复苏事件做了有益的尝试,提出了颇有新意的认识。但其他 3 个门类的资料,因化石分布不均匀(如大灭绝前的材料来自江南区、大灭绝两幕间和其后的材料来自扬子区),有待积累更多的材料后再进行图形对比和数值分析研究。有些学者认为,"若没有发育 K/T 含铱层那样的等时标志,冰川时期剖面的精确对比是不可能的"(Sheehan *et al.*,1996:480)。但本书的资料表明,高分辨率含笔石地层的全球对比研究也能较为可靠地确定华南奥陶纪大灭绝及其后残存与复苏的时限,并对其他门类类似的演化过程的时限提供较可靠的对比标准。从目前的研究来看,根据华南材料确定的大灭绝全过程时限及其与笔石带对比的结论,显然具有全球对比的意义(Chen *et al.*,2000; Rong *et al.*,2002)。因华南大灭绝过程中数量最多的生物门类是笔石与腕足动物,所以本节将以较多的笔墨分析与之相关的资料。

## 一、奥陶纪末生物大灭绝的基本特征

在华南奥陶纪末大灭绝的整个过程中,上述 4 个门类都遭到了不同程度的重创。3 个壳相门类(腕足动物、三叶虫和四射珊瑚)经历了双幕式大灭绝的遭遇,这与国际上普遍的认识基本一致(Brenchley,1984;Brenchley *et al.*,1995; Sheehan,2001)。然而,大灭绝两幕与笔石带对比的结果显示:第一幕(首幕)不是正好始于赫南特期之初,而是发生在中阿什极最晚期;第二幕(次幕)则出现在赫南特晚期。当然,不同门类的灭绝时限并不完全相同(见下文)。正是这两个灭绝幕的历史构成了这次大灭绝的全部故事。

Hallam 和 Wignall(1997:54)指出"华南的材料只揭示单一的大灭绝事件",未详述理由。由于他们所参考的华南资料有限,这一结论与我们的认识有别,但在某些方面却与笔石的研究结果相近。陈旭等(见本书第二章第一节)提出华南笔石的大灭绝由主灭绝(major extinction)和小灭绝(minor extinction)组成的观点,似乎还与最近 Brenchley 等(2003)提出的意见接近。

### (一) 大灭绝第一幕的时空分布

大灭绝两幕在地质上均非瞬间发生,因为它们各自拥有一段时间过程。根据笔石动物群分异度由浅水至较深水海域不断发生剧烈下降来判别,首幕从

*Diceratograptus mirus* 亚带(即 *Paraorthograptus pacificus* 带上部),即中阿什极(mid Ashgill)的最晚期开始,延续至赫南特(Hirnantian)早期的 *Normalograptus extraordinarius-N. ojsuensis* 带中期。以笔石动物群的分布为例,分异度的这种实质性下跌首先发生于上扬子地台南缘(即位于黔东北仁怀-桐梓-沿河-松桃一带)*D. mirus* 亚带的浅水动物群中,而后才向北、北东扩展到上扬子地台腹地(如长宁、兴文、綦江、宜昌等地区)较深水动物群中。腕足动物也是如此:代表恶化环境中生存的浅、凉水的 *Hirnantia* 动物群中有少数成员最早首先出现于近岸浅水(如沿河甘溪)的 *D. mirus* 亚带,比远岸深水的同一动物群早。种属单调、丰度较大的三叶虫组合也是先在浅水区发育,后向深水区扩展的。上述 3 个门类的资料说明,这次大灭绝首幕先在浅水海域拉开,后波及到较深水海域(图 2.10.1)。

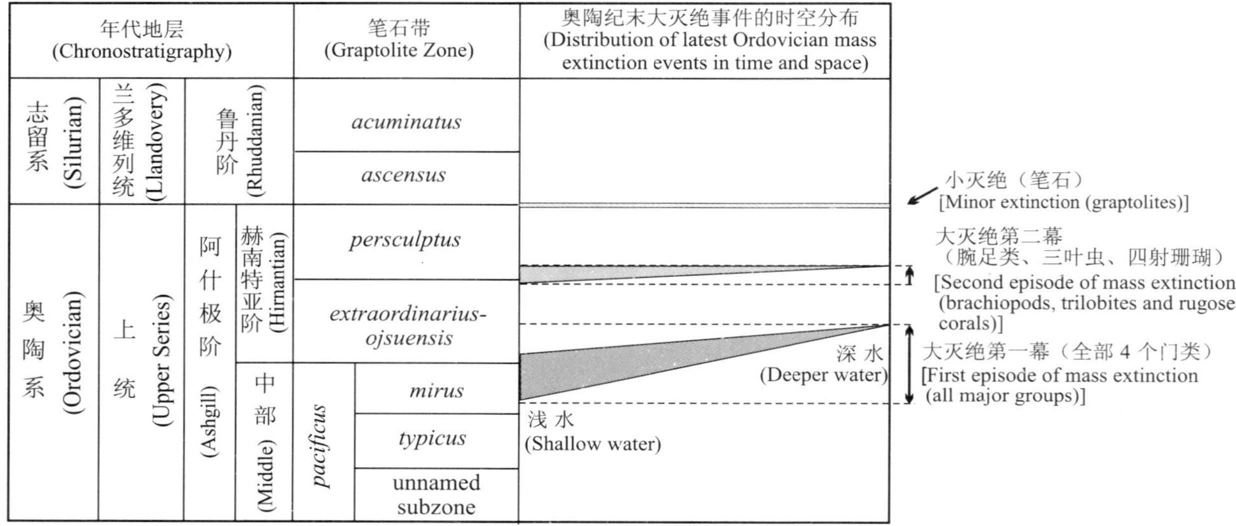


**图 2.10.1** 奥陶纪末期生物大灭绝事件发生在华南的时空分布

Figure 2.10.1 Showing time and space of the latest Ordovician mass extinction process in South China

## (二) 大灭绝第二幕的时空分布

笔石的小灭绝事件发生在 *N. persculptus* 带之末,尽管它的灭绝率不高,但标志着奥陶纪的 DDO(Dicranograptidae-Diplograptidae-Orthograptidae,即双头笔石科-双笔石科-直笔石科)笔石动物群的全部消亡,这是笔石宏演化史中一个重大的动物群演替事件。从此,具有过渡性质的 N(Normalograptidae,即正常笔石科)动物群取而代之,并向志留纪 M(Monograptidae,即单笔石科)动物群演化。扬子海域的这次灭绝次幕对腕足类、三叶虫和四射珊瑚的影响比笔石更剧烈,不仅属种灭绝率较笔石的高,且灭绝幕起始时间(*N. persculptus* 带早期)也比笔石的早(Rong *et al.*, 2002)。这是由生物门类的生活方式所决定的,这些栖息在海底的类别不能忍受底域的缺氧环境,与生活在表层充氧水域、营漂浮方式的笔石不同。幸而,有少数地点(如桐梓红花园)底域发育一定的充氧环境,又因岩相、水深(BA3 上部)适宜，故 *Hirnantia* 动物群中部分属种能持续上延（残存）到 *N. persculptus* 带（奥陶纪末）甚至 *A. ascensus* 带（志留纪初），直至指示底域缺氧环境的黑色笔石页岩在该处的出现（Chen *et al.*，2000）。

## （三）大灭绝两幕间的性质

大灭绝两幕间的地史时期不宜简单地概括为"灭绝期"或"残存期"。奥陶纪末大灭绝首幕后，各类别属种分异度下降，生物组合变得显然不如前一阶段丰富，那些灾后泛滥属（disaster species）（如腕足类 *Hirnantia*，笔石 *Normalograptus*，三叶虫 *Dalmanitina* 的个别种），犹如机遇分子那样，迅速而又广泛地占领由于一大批生物灭绝而留下的空缺生态域（在扬子海域表现为从底栖缺氧向有氧环境的转变），显示了这个时期发育残存期的特点。同时，这一阶段又产生了不少新种、新属、新科，使该期新生率达到了一定的水平（图 2.10.2）。笔石与腕足类低级别分类单元的分异度均不低，这一时期华南拥有世界上同期最多的笔石种类；腕足类的属数甚至与大灭绝后的复苏期相近。三叶虫和四射珊瑚也有一定规模的发展与革新，个别三叶虫甚至向深水域（BA4～5）扩展，因此，动物群又显示了某些复苏期的特征。所以我们把这次大灭绝两幕间的地质时期称为"残存-复苏期"（Rong and Harper，1999；参看本书陈旭等、周志毅等的文章）。从图 2.10.2 中还可以看出，大灭绝首幕前腕足动物、四射珊瑚和笔石的属的新生率都高于大灭绝两幕间的新生率，但三叶虫却与众不同。

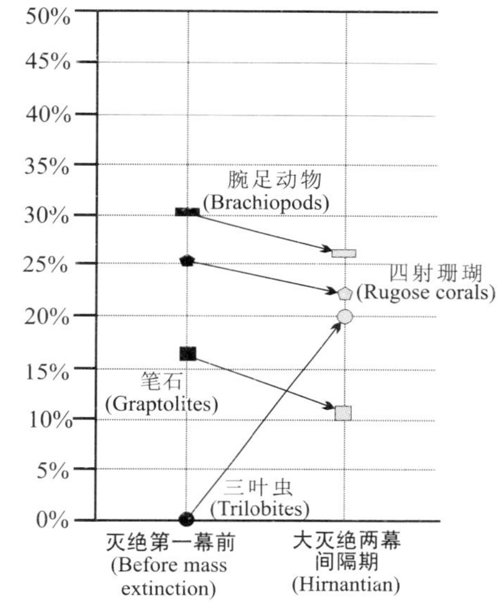


图 **2.10.2**　华南奥陶纪末生物大灭绝两幕之间主要海洋无脊椎动物门类属的新生率。大灭绝首幕之前三叶虫的零新生率可能反映这个门类在奥陶纪后逐渐衰落的演化趋势

Figure 2.10.2　Generic origination rate of major marine invertebrate groups between the two episodes of the latest Ordovician mass extinction in South China

## （四）大灭绝首幕后的生物群来源

属，甚至扬子海域赫南特期的笔石、腕足类、三叶虫和四射珊瑚组合都是适应凉水、充氧的海洋环境的生物。笔石以广适型的 N 动物群的分子为特征，其中又以 *Normalograptus* 和 *Neodiplograptus* 两属的种群占据主导地位，它们既能适应低纬度、暖水环境，也可扩大到高纬度、凉水海域（Chen *et al.*，2003），而那些适应于低纬暖水域的 DDO 动物群 78.8%的种被淘汰了。腕足动物则由多种类群的分子所组成，包括①从凉水域迁入的、②广适型（常见于暖水）的、③凉水域新生的分子，类型比较复杂。三叶虫则共包括两类：大部分是从中高纬度、凉水海域首次迁入本区的，而个别的幸存者则是从本区延续上来的（见本书周志毅等的论文）。在

四射珊瑚 15 属中，有 1/3 是自江南区中 Ashgill 期上延的幸存者；还有多数（9 属）是凉水域的新生分子，这些新属占该期总属数的近 2/3。

## 二、奥陶纪末不同生物门类大灭绝的差异性

### （一）大灭绝第一幕的时限和时空差异

笔石的主灭绝过程（先浅水、后深水）延续长达数十万年。扬子区阿什极中期，底栖腕足类受黑色笔石页岩相的制约，基本缺失，但阿什极晚期却很发育（戎嘉余，1979；Rong and Harper，1988）。与扬子区相反，江南区阿什极中期的腕足动物大量繁衍（Zhan and Cocks，1998）并占领多种生态域（Zhan *et al*.，2002），但阿什极晚期的 *Hirnantia* 动物群因地层缺失至今不明，故该区大灭绝首幕时限还难以确定。阿什极中期腕足类的灭绝理应与 *Hirnantia* 动物群的出现紧密衔接，也就是说，该动物群的初现是大环境转折的标志，可作为这次大灭绝首幕的证据。但是，如前所述，这个动物群的首现并非瞬间发生，而是穿时的或因地而异的：近岸浅水的早，远岸较深水的晚。这种显著的穿时性（图 2.10.3）充分说明了灭绝首幕后凉水腕足类

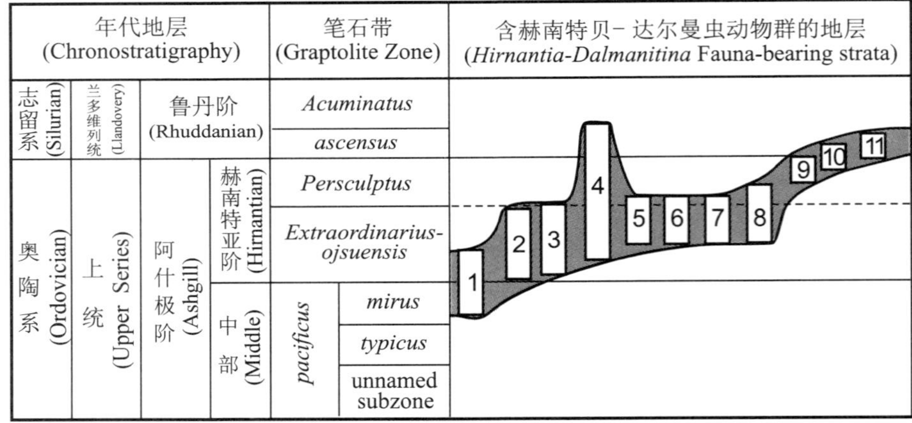


**图 2.10.3** 华南奥陶纪末期含赫南特贝-小达尔曼虫动物群地层的穿时性（修改自 Rong *et al*.，2002）

1. 贵州沿河甘溪 2. 贵州松桃陆地坪 3. 贵州仁怀石场与杨柳坪 4. 贵州桐梓红花园 5. 四川兴文古宋 6. 四川长宁双河 7. 湖北宜昌王家湾 8. 阿根廷（Beneddetto，1986） 9. 捷克波希米亚（Storch and Loydell，1996） 10. 泰国南部 Satun 省（Cocks and Fortey，1997） 11. 英格兰北部 Yewdale Beck（Harper and Williams，2002）

Figure 2.10.3 Diachroneity of the latest Ordovician *Hirnantia-Dalmanitina* Fauna bearing strata in South China, Sibumasu, South America, Perunica, and Avalonia (revised from Rong *et al*., 2002)

1. Ganxi, Yanhe, NE Guizhou 2. Ludiping, Songtao, NE Guizhou 3. Shichang and Yangliuping, Renhuai, NW Guizhou 4. Honghuayuan, Tongzi, N Guizhou 5. Gusong, Xingwen, SW Sichuan 6. Shuanghe, Changning, SW Sichuan 7. Wangjiawan, Yichang, W Hubei 8. San Juan, Argentina (Beneddetto, 1986) 9. Bohemia, Czech (Storch and Loydell, 1996) 10. Satun Province, S Thailand (Cocks and Fortey, 1997) 11. Yewdale Beck, N England (Harper and Williams, 2002)

是按先浅水、后深水底域的顺序渐次在扬子区展开的(Rong *et al*.,2002)。时代更晚、分异度更高的典型 *Hirnantia* 动物群则在捷克波希米亚上奥陶统 Kosov 组的顶部(对应于 *N. persculptus* 带上部)被发现(Storch and Loydell,1996)。三叶虫的情况与腕足动物比较接近。

### (二) 大灭绝第二幕的时限和时空差异

笔石与腕足动物、三叶虫、四射珊瑚大灭绝次幕的规模和时限均有较大的差别。笔石发生在 *N. persculptus* 带末的小灭绝事件,规模小、历程短。而在许多地区 *Hirnantia* 动物群和相关的三叶虫、四射珊瑚动物群整体消失于 *N. persculptus* 带早期,因而比笔石灭绝时间早且灭绝率高。在个别环境合适的地区(如桐梓红花园),*Hirnantia* 动物群的常见分子可延至 *A. ascensus* 带,甚至更晚,与国外个别地区(如英国湖区)类同(Harper and Williams,2002)。所不同的是前者(黔北)在浅水区,后者(英格兰)在深水区。因此,腕足类灭绝次幕虽主要发生在 *N. persculptus* 带早期,却穿越广阔地区并延续了更长的时间;三叶虫与四射珊瑚的情况类似于腕足动物。惟独营漂浮生活的笔石不同,它在小灭绝过程中只是完成奥陶纪动物群的最后演替事件(faunal replacement),一旦这个事件结束,奥陶纪的 DDO 动物群成员便彻底绝迹,无一进入志留纪。

### (三) 不同门类灭绝率的比较

这里指的是"简单灭绝率",采用公式 $E/N= N_1/(N_1+N_2)$来计算。$E/N$ 为比率灭绝量(proportional extinction magnitude),$N_1$代表灭绝的属数,$N_2$代表幸存到下一个时期的属数(McGhee,1996)。那么,实际上,$N_1$与 $N_2$之和就等于总属数。$N_1/(N_1+N_2)$%系本节计算的结果。

本节所涉及的这 4 个门类在大灭绝过程中,属级分类单元遭到的重创程度也各有不相同。笔石、腕足类和三叶虫的结局都是首幕比次幕强烈(图 2.10.4)。这一结论与 Hallam 和 Wignall(1997:54)的认识不同,他们认为中阿什极期末的危机在华南影响很小。但华南的四射珊瑚情况却与众不同,该门类的基础材料表明:第二幕属的灭绝率(60%)高于第一幕(37.5%)。

先看超科级灭绝率。奥陶纪末期大灭绝首幕中,华南的腕足动物(20 超科)和笔石均未发生超科一级分类单元的灭绝事件;四射珊瑚一般不采用超科一级的分类,但是该大类与超科相关的单元也没有发生灭绝现象。三叶虫(18 超科)的情况基本相似,仅一个超科灭绝(5.6%)。从华南这个窗口看这次全球灭绝事件,说明其灭绝规模和强度对超科一级分类单元而言,比起泥盆纪 F-F 稍弱,更远不如二叠纪末的大灭绝事件。

再看科级灭绝率。大灭绝首幕中,华南四射珊瑚科级灭绝率为 0,三叶虫为

36.4%(8/22),腕足动物为20.6%(7/34)。次幕中,四射珊瑚科级灭绝率为22.2%(2/9),腕足动物为5.3%(1/19),三叶虫5科全部上延,灭绝率为0。笔石在大灭绝主幕中有25%的科灭绝,到小灭绝之前,还有2个科残存下来,小灭绝后只剩最后一个科,科的灭绝率高达50%。但是,这一现象并不表明笔石小灭绝的重创程度大于前一次主灭绝,这个高灭绝率只是一个假象,因为在主灭绝幕后正常笔石科的分子已占主导,另一科只剩下极少数残存分子。所以在分析穿越大灭绝事件过程中的数据资料时,我们需要考虑分类组群的基本成员、百分含量和它们在演化过程中的作用。高级别的分类单元最后消失的时刻,并不一定就是该动物群整体灭绝率最高的时候。所以,在统计和分析灭绝率时,首先需要分辨是哪一单元级别的灭绝率。

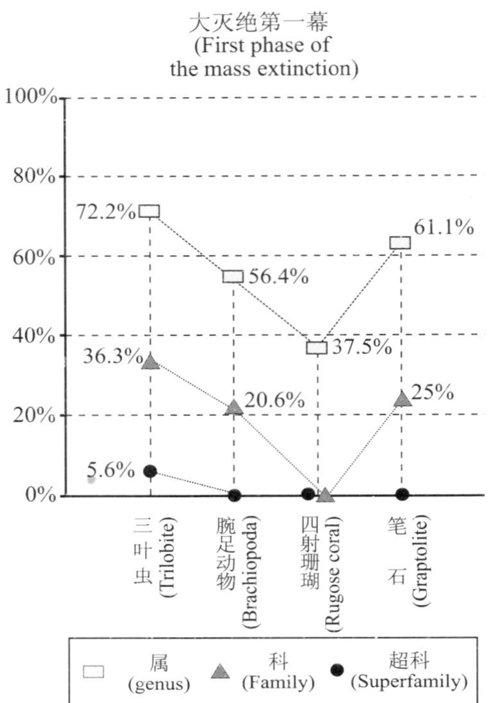


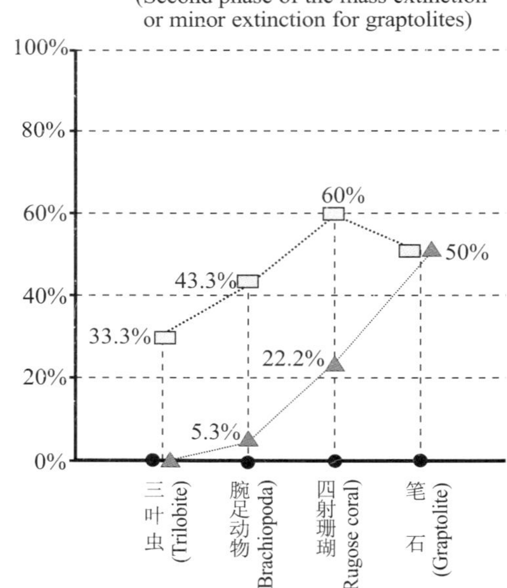


**图 2.10.4** 华南奥陶纪末期大灭绝过程中不同生物门类各级分类单元的灭绝率

Figure 2.10.4 Extinction rates of four major groups at superfamiliar, familiar, and generic levels across the latest Ordovician mass extinction

最后分析属级灭绝率。在大灭绝首幕(或主灭绝)中,三叶虫属级灭绝率最高,达72.2%(26/36)(周志毅等,本书第二章第五节);笔石有61.1%(11/18)的属灭绝(陈旭等,本书第二章第一节);腕足动物有56.4%(31/55)的属绝迹(戎嘉余、詹仁斌,本书第二章第三节);四射珊瑚最低,只有37.5%(6/16)(何心一、陈建强,本书第二章第六节)。但是,在随后的大灭绝次幕(或小灭绝)中,腕足类是除四射珊瑚以外的3个门类中灭绝量值最高的,属级分类单元有43.3%(13/30)消失,似乎说明它对温度变化的适应性在这3个门类中最弱;三叶虫其次,为33.3%(2/6)。笔石的情况有些不同,首先在两幕之间"残存-复苏间隔期"内属的灭绝率为44.4%(4/9),

小灭绝期间属的灭绝率为50%(3/6)。四射珊瑚的情况与上述3个门类正相反，如上所述，其科级灭绝率首幕为0，次幕跃升到22.2%；其属的灭绝率也有升高的趋势：首幕为37.5%(6/16)，次幕高到60%(9/15)(何心一、陈建强，本书第二章第六节)。

为什么四射珊瑚大灭绝次幕的灭绝率比首幕高，其次幕灭绝率比其他3个门类都高呢？我们认为，可能有如下内、外因素：①首幕前，虽然华夏古陆隆升和扩大，大量碎屑物质注入海盆，破坏了碳酸盐台地的生成基础，使四射珊瑚丧失生存所需环境；但当时的那些四射珊瑚属大部分系非土著分子，相比之下，它们的幼虫浮游能力较强，当环境开始恶化时，仍有足够的时间和能力迁出本区到合适的海域栖息，所以其首幕的灭绝率较低。②首幕发生后，局部近岸海底(以灰泥沉积为主)滋生了大量以小中型单体、单带型、隔壁较厚、对凉水环境比较适宜的土著属种，它们的幼虫浮游能力弱、扩散本领有限，环境的突变又使其来不及向暖水域转移，遂在次幕来临时绝迹，这是内因。③次幕发生时，华南缺氧环境已广泛分布，恶化环境对底栖生态系破坏很大，底域沉积物又都以泥质为主，完全缺乏适合四射珊瑚生存的生态环境，从而对它造成了致命的打击，这是外因。上述内、外因的结合和两幕的环境背景性质导致了四射珊瑚与其他门类有不同的结局。

上述表明，4个门类在这次大灭绝过程中，科的总灭绝百分含量首幕为23.2%，次幕为11.4%；属的总灭绝百分含量首幕为59.2%，次幕为47.4%。由此得出结论，华南奥陶纪末的大灭绝首幕灭绝率高于次幕是一般规律。

### (四) 大灭绝期前后动物群的更迭

笔石动物群的演替在本章第一节中已经述及。大灭绝首幕后，奥陶纪笔石动物群惟少数劫后余生；作为向典型志留纪M(单笔石)动物群过渡的N动物群的属、种数量却迅速上升，发育许多大居群、成功的先驱型(Kauffman and Harries, 1996)，成为这个时期的主导分子。这一演替的时间与奥陶-志留系的界线完全一致。但20世纪80年代初当国际奥陶系-志留系界线工作组确定志留系底界时(Cocks, 1985)，并没有意识到将此界线从*N. persculptus*带的底移位到该带的顶的重要性。现在查明，此界正是DDO动物群灭绝的位置，这对重新研究志留系的底界有十分重要的意义(Melchin and Williams, 2000; Chen and Rong, 2002)。

腕足动物与笔石的差异颇为有趣。在灭绝首幕后正形贝目和扭月贝目仍占优势，分异度和丰度处于顶峰状态，显示了强烈的奥陶纪色彩。但在属群组分上，它们却与先前暖水期的差异很大。首幕后，这两个目还在不断地产生新属种(占总数的3/4)，不仅指示了奥陶纪特征继续赋存，还表现了它们对灾变环境的特殊适应；而像无洞贝族、五房贝族和石燕族那些在大灭绝前已开始建树的志留纪类型却在环境恶化时基本消失(Sheehan and Baillie, 1981; Laurie, 1991; Rong and Zhan,

1996)。看来,奥陶纪末的环境恶化事件,把这些类群业已建立的早期"生态尝试"强烈地抑制住了,因此它们的快速发展机遇被推迟了。这一点与 Copper(2001b)的认识不同,后者认为志留纪动物群是在 Hirnantian 确立的。而事实上,它们对奥陶纪腕足动物群的取代始于志留纪初(即鲁丹晚期)。这一更迭时间表明,腕足类的演化发育比笔石"滞后"了 2～3 Ma。

三叶虫与腕足动物情况相似。周志毅等的研究表明,三叶虫在灭绝首幕后与之前的差异很大。在首幕前,三叶虫隶属于"寒武纪演化动物群"中 Ibex 动物群的13 科,除 1 科外,全部在灭绝首幕后消亡;而归于"古生代演化动物群"的 Whiterock 动物群的 9 科,除 2 科外,全部延至志留纪。有意义的是灭绝首幕后的三叶虫基本上都是 Whiterock 动物群的分子。无论属于上述哪个动物群,在奥陶纪地层中都相当常见;而它们的更迭是发生在大灭绝首幕,与全球的格架一致(Adrain *et al*.,1998)。典型的志留纪三叶虫动物群的雏形,也是到鲁丹晚期才开始形成,与腕足动物的更迭时间接近。

四射珊瑚的情况更复杂。据陈建强、何心一的研究,在志留纪早、中兰多维列世之交(Rhuddanian 晚期-Aeronian 早期),四射珊瑚正处于复苏阶段,其动物群以 Streptelasmatida 目占优势;到 Aeronian 中晚期的辐射期,占优势地位的不是 Streptelasmatida 目,而是 Cystiphyllida 和 Columnariida 两目,后两者成为志留纪四射珊瑚的常见类型。如果这一论述合适,那么四射珊瑚动物群的更迭可能发生在 Aeronian 中期。如果这种更迭对于四射珊瑚的演化发展是一个重要步骤的话,那么显然比腕足动物和三叶虫更晚些。这可能反映四射珊瑚比前两个门类需要更苛求的环境条件,而这种条件来得确实更晚些。

上述情况表明穿过奥陶纪末大灭绝事件的这些化石门类的更迭时间是不一样的,而且,这种更迭在不同地区也是穿时的,这后一个结论与 Finney 等(1999)对内华达中部奥陶纪末期大灭绝事件研究的结果是相近的,从一个方面说明这次大灭绝事件不是瞬间、突然发生的,而是有一个相对较长的时间过程。

### (五) 灭绝的选择性

生物大规模集群灭绝无例外地受到物理因素(physical factors)(外因)和生物因素(biological factors)(内因)的控制。这里将集中探讨生物本身对灭绝事件的反应(适应度)、对恶化环境的适应能力和抗灾变能力(忍耐度)。灭绝的选择性可从居群规模、特化程度、分布广度、生态习性等方面论述,也涉及生物对海水温度和深度变化的适应能力。

#### 1. 居群规模与分布广度

生物的窄布或广布问题,在大灭绝研究中一直引起许多学者的关注(Sheehan and Coorough,1990; Sheehan *et al*.,1996;Jablonski,1986; Kauffman and Harries,

1996)。华南的材料表明,窄布的生物比广布者易于灭绝。当大灭绝首幕结束时,DDO笔石动物群中有41种(占82%)土著分子(小居群)未能冲破主灭绝事件;而幸存者绝大多数都是广适型分子。以 *Normalograptus* 为代表的笔石动物群保留并新生了一些大居群、广布型的物种(如成功的先驱型分子),不但冲破了灭绝次幕,还在其后迅速繁衍成主导分子。奥陶纪DDO动物群的残存属仅含少数种,其居群规模大大缩小,即使在随后发生的"小灭绝"事件中也未能幸免。就腕足动物而言,情况似乎更为复杂。灭绝首幕确实使许多窄布的、小居群的土著分子消亡;但当次幕发生时,许多大居群、广布分子(如 *Hirnantia sagittifera*)也遭"灭顶之灾",这是由于适应凉水环境的腕足动物因海水明显变暖、缺氧水体覆盖了底栖生态域而遭厄运的缘故。在四射珊瑚中,Ashgill中期出现的32种中,只有3个广布种冲破了大灭绝的首幕。在首幕灭绝的6个属中,窄布属占了5个;在次幕灭绝的9个属中,则既有窄布属,也有广布属(如 *Kenophyllum*,*Bodophyllum*),但它们都属于凉水型的四射珊瑚,其灭绝原因与腕足动物相似。三叶虫(如 *Dalmanitina* 属)情况类似,因为这些大居群分子原来主要生活在冈瓦纳边区,适应凉水生活条件,然而,尽管它们居群大、分布广,一旦次幕暖水、缺氧环境出现,也难逃灭绝的厄运。

**2. 特化程度**

在扬子区,凡发育特化器官的笔石,绝大多数都在"主灭绝幕"中被淘汰,那些具有次生枝(如 *Tangyagraptus*)、网状结构(如 *Pseudoretiograptus*,*Yinograptus* 等)、奇特刺状附连物(如 *Appendispinograptus* 的大量种)的特化属就是典型的例子。它们对环境变化的适应能力较弱,抗灾变忍耐度差,而大灭绝首幕又来势凶猛,因此,它们难以适应这一恶化环境。大灭绝首幕后,腕足动物群中产生了不少较低级别的新分类单元(如具有独特主基类型的 *Draborthis caelebs*,高耸腹铰合面的 *Kinnella kielanae*,长壮腕棒的 *Plectothyrella crassicosta* 等),它们虽说不是典型的特化类型,但至少也发育了特殊的形态构造(Rong and Harper,1988;Rong and Li,1999),最终也难逃覆灭的命运。可见特化类型或似特化类型的属种在大灭绝过程中是注定要被淘汰的。

在大灭绝首幕发生之后的上扬子海域南部边缘栖息的四射珊瑚中,有7属是从世界其他地区(而不是我国东部的江南区)迁入、在扬子区首现的分子,还有3属系本区土著分子,均属于扭心珊瑚目中较低级的代表,小型、单体、厚骨骼的特征是专门适应凉水生活环境的特化结果。一旦环境变暖,易遭灭绝的下场。

**3. 生态习性**

奥陶纪末,作为"寒武纪演化动物群"主力的三叶虫动物群,发生了一次最大的灾难事件,那就是所有的浮游(和可能浮游)的以及深水底栖的三叶虫都没能摆脱大灭绝的厄运(Briggs *et al*.,1988;Fortey,1989;周志毅等,本书第二章第五节),

它们从此在志留纪以及以后的地质历史中消失殆尽，这与大洋翻转关系密切。Chatterton 和 Speyer(1989)还发现在底栖三叶虫中，凡原虫营浮游生活方式的(主要是 Asaphida 目的分子)，基本上都没能挺过大灾变事件而残存到志留纪。本书周志毅等的研究进一步证明了这个重要的结论。扬子区的此类三叶虫在灭绝后也几乎消失。然而，有意义的是，周志毅等首次在黔北湄潭五里坡的五里坡层(很可能相当于 *P. acuminatus* 带)中，发现了个别 asaphid 标本，属于残存的奥陶纪的孑遗分子。

**4. 对海水温度变化的适应能力**

N 笔石动物群主要生活在 GA3 生态域中(陈旭，1990)，既可以生活在中上层贫氧、暖水体中，又可出现在表层富氧、暖水体中。当全球气候和海洋大幅度降温时，它们中的绝大多数在浅水域中没能幸存下来，但仍可生活在较深水域的表层富氧水中，其中的少数分子(如 *N. ojsuensis* 和 *N. normalis* 等)还可散布到高纬区表层富氧、冷水体中(Legrand，1986，1993)。就腕足动物而言，*Hirnantia* 动物群也发育了不少广温性的分子(如 *Hindella*，*Eostropheodonta*，*Dalmanella*，*Leptaena*)，它们既能在凉水中、也能在暖水中存活，这可能是它们“劫后余生”的一个重要原因。可是窄温性分子却不能适应这种水温的实质性变化而消亡。四射珊瑚的情况就是这样。

**5. 对水深的适应能力**

无论是浅水相还是深水相腕足动物组合，在大灭绝首幕中，都遭到了重创。深水相的叶月贝动物群(*Foliomena* Fauna)就是一例(Rong *et al.*，1999)，它们作为动物群的整体，于大灭绝首幕前消失。但是，该动物群的某些典型分子，如 *Christiania* 却可冲破大灭绝的首幕，但也只能成为“孑遗分子”，再也未延至志留纪；有些属，如 *Eoplectodonta* 还可穿过次幕继续在志留纪繁衍。这是深水动物群的情况。至于浅水组合，因为发育更大的分异度和多样的生态环境类型，所以情况较为复杂，灭绝的属种与个体大小(如腕足动物)、分布范围、居群规模、形态特化与否等都有重要关系。三叶虫的例子可能更说明这个问题。据本书周志毅等的研究，在大灭绝首幕中，华南三叶虫动物群 36 属中共灭绝了 26 属，其中深水海域的 *Triarthrus* 组合和 *Cyclopyge*-raphiopgorid 组合中属的灭绝率高达 81%；而在浅水海域 *Pliomerina*-*Vietnamia* 组合的 12 属中只灭绝了一半。这一对数据揭示：在奥陶纪末大灭绝过程中，三叶虫受影响的程度从深水区向浅水区减弱。遭受灭顶之灾的大都是那些深水分子，而能渡过难关的基本上是浅水分子。

## 三、奥陶纪末大灭绝后不同门类在残存-复苏期中的对比

长期处于“温室效应”(greenhouse)条件下的奥陶纪，其末期发生了气候变冷

事件，全球气候变冷、海水温度大幅度下跌约 10℃(Brenchley *et al*.,1994)，进入了“冰室效应”(icehouse)时期，结束了海洋生物长期繁盛的阶段。许多暖水属种大量灭绝，只有部分广布性(或广适性)分类单元幸存下来了。与此同时，恶化环境下的成种作用还在发生，一些新的分类单元加入了凉水生物群。至奥陶纪最末期，当冰川消融、全球重返“温室效应”状态时，凉水生物群中的许多物种多半消亡，而部分广适性生物则幸存下来，并与抗灾变能力较强的暖水生物一起，产生了新的、适应于“温室效应”环境的新群落。就笔石而言，它们重返“温室效应”状态，亦即恢复其固有的适应生活的状态，因此，当时占主导的 N 动物群分子“如鱼得水”，不但未受影响，相反，却得到进一步的发展。

上述 4 个生物门类在奥陶纪两幕式大灭绝后都进入了各自的残存期和复苏期，但各阶段的起始时间并不相同，残存的表现形式和特征以及复苏的过程，都和环境好转有着重要的关系。笔石在“小灭绝”事件后，从 *A. ascensus* 带开始便进入了复苏期。其他门类则相对滞后。笔石(如 *Normalograptus*，*Neodiplograptus*，*Sudburigraptus*)、腕足动物(如五房贝族、无洞贝族、石燕族)和四射珊瑚都发育了先驱型分子，它们成功地冲破了大灭绝两幕后成为志留纪动物群的主干。

## (一) 残存、复苏期的时限差异

上述 4 个门类在大灭绝后的残存期和复苏期呈现出明显的异时性特点，反映了全球环境变化在各地区存在着差异；同时，各门类对环境恶化的反应也表现出不同的特点。笔石没有单独的残存期，只有短暂的残存-复苏间隔期，从 *A. ascensus* 带开始即进入了全面的复苏期。腕足动物与三叶虫的复苏滞后于笔石，首先表现在残存期延续时间较长，从赫南特末期(局部地区甚至更晚)到志留纪鲁丹中期(大致到 *C. vesiculosus* 带)；其次，复苏期开始较晚，大致始于鲁丹晚期(*C. cyphus* 带)。所以，腕足动物和三叶虫的复苏期比笔石大致迟了 2 百多万年(约相差 3 个笔石带)。四射珊瑚的残存期结束得更晚(大致在鲁丹晚期)；而生物礁的复苏开始时间则最迟，大致在埃隆中晚期，在大灭绝后生物礁的首次辐射则发生在兰多维列世的特列奇(Telychian)中晚期(李越，本书第二章第八节)。

上述差异也反映在同一门类中。各类群(如目和超科)复苏时限不一样，最明显的例子来自底栖生物(如腕足动物和四射珊瑚)。在腕足动物各个目级分类单元中，无洞贝目的复苏阶段来得最早，大致在鲁丹晚期；五房贝目居次，大致在鲁丹-埃隆期的交界处；石燕目更后，在埃隆早期，至于三分贝目等还要晚。三叶虫的总体复苏开始时间，与腕足动物大致相似，在复苏期已知属群中，复活-幸存分子和新生土著分子各占据 50% 和 37.5%，剩下的 12.5% 是典型幸存分子。在四射珊瑚中，最先复苏的是 Streptelasmida 目的 Streptelasmidae 科，其次是 Cystiphillida 和 Columnariida 两个目。这种复苏的差异性可能是各门类所需生活环境、对突变环境的响应和适应性有着明显差异的缘故。

### （二）残存和复苏期的环境差异

造成上面所述差异的原因，主要是当时生物所处环境的差异和生物各自对环境变化的适应能力的差异。大灭绝结束时，大陆冰川的消融、全球大规模的海侵、缺氧环境的广布，使得扬子区海水温度增高，绝大部分海底域发育黑色笔石页岩。在这么广大的海域里，只有黔中古陆北缘近岸区发育志留纪初期的底栖生物群的生存地。三叶虫和四射珊瑚也栖息在与腕足类相似的底域。这 3 个门类（以腕足动物占绝对优势）就是在遵义、湄潭、石阡一线的 BA2～3 上部（水深不足 60 m）浅水环境的狭长条带中残存和开始复苏的。这个栖息区在进入复苏期时开始扩展，至少一路向川西方向、一路向黔东北方向延伸。对于前者目前了解得不多，对于后者，显然是从浅水域（包括石阡、思南等地）逐渐向较深水域扩展（包括印江、务川、沿河等地）的。随着四射珊瑚、床板珊瑚、层孔海绵、苔藓虫、海百合等生物门类的加盟，黔东北地区便成为扬子区志留纪海洋底栖无脊椎动物的一个最重要的发源地。

### （三）残存、复苏期动物群性质的差异

值得注意的是残存早期的腕足动物在组成上与早先的 *Hirnantia* 动物群有一定的联系，不少分子的上延说明当时环境虽有变化，但这种变化并不是很剧烈的。到了残存后期，除少数分子继续上延外，从区外迁入许多属级成员，还发育一些灾后泛滥分子（散布在黔中古陆北缘近岸区）。在三叶虫残存期里，属级分类单元也几乎都是从赫南特期延续上来的，其历程只限于残存期，之后不久便告消亡。与腕足动物大致相似，具明显志留纪色彩的三叶虫新属、新种只是到了复苏期才开始出现，构成了志留纪三叶虫动物群的雏形。当腕足动物和三叶虫还处于残存期（*P. acuminatus*-*C. vesiculosus* 带）的时候，四射珊瑚仍未出现。后一门类已知残存期内共有 6 属，其中 Hirnantian 期有 5 属，均延续至复苏期，未在残存期里灭绝。此外，只有个别的床板珊瑚（*Proheliolites*）在湄潭五里坡志留纪初期的五里坡层（Rhuddanian 早中期）灰岩透镜体中被报道（葛治洲等，1979）。

### （四）残存、复苏期的分类单元性质的差异

在腕足动物中，已经有一系列的先驱型和复活型生物被识别出来了（戎嘉余、詹仁斌，1999），它们都属于广义的幸存分子。这些类型往往能在大灭绝的严酷环境中发生（如 *Whitfieldella*）、幸存（如 *Hindella*），或转移到适合其生存的环境（如 *Eospirifer*），当环境好转时再返回来。但是，在漂浮生物笔石中，至今尚未识别出复活型分子。从全球范围看，上扬子区当时是一个广阔的、半封闭式的大海湾

(Chen,1984; Chen *et al*.,2003);扬子区,特别是上扬子区,赫南特期笔石类群几乎包容了全球同期的全部属种,多样性在世界上达于顶点。换言之,部分DDO动物群的属种在其他板块海域中已经消失,而在扬子区仍然存活着,可见扬子区在广义上可视为一个潜在的"避难所"(Mitchell *et al*.,2003)。笔石原先就适应在表层、暖水海域,多半是上层水域中,当环境变凉时,凭借其数量极盛的个体、规模大的居群来应对大灭绝事件。当气候变暖时,它们很快就恢复其祖先的生态习性,所以似乎未必需要复活类型和过程。凭借拥有大居群而又有先进形体结构(包括简化的单笔石类始端发育型式的属种),N动物群很快蓬勃发展起来,并在复苏期内立即产生真正的单列笔石类的先驱属——*Atavograptus*。奥陶纪末大灭绝后,出现的种种差异自然导致各门类对大灭绝事件响应的差异。无论是笔石、腕足动物,还是三叶虫和四射珊瑚,它们的残存和复苏的宏演化阶段是不完全一致的,各自表现方式也和灭绝过程一样不尽相同。具体细节见图2.10.5。

| 年代地层 (Chronostratigraphy) \ 化石群 (Major fossil group) | | | | 笔石 (Graptolites) | 腕足动物 (Brachiopods) | | 三叶虫 (Trilobites) | 四射珊瑚 (Rugose corals) | 后生动物礁 (Metazoan Reef) | |
|---|---|---|---|---|---|---|---|---|---|---|
| 志留系 (Silurian) | 兰多维列统 (Llandovery) | 埃隆阶 (Aeronian) | | 辐射期 (Radiation interval) | 辐射期 (RI) | | 辐射期 (RI) | 复苏期 (Recovery interval) | 复苏期 (Recovery interval) | |
| | | | | | 复苏期 (Recovery interval) | | 复苏期 (Recovery interval) | | 间断 (Gap) | |
| | | 鲁丹阶 (Rhuddanian) | | 复苏期 (Recovery interval) | 残存期 (Survival interval) | 晚期 (Late) | 残存期 (Survival interval) | 残存期 (Survival interval) | | |
| | | | | | | 早期 (Early) | | | | 大灭绝第二幕 (Second phase of the mass extinction) |
| 奥陶系 (Ordovician) | 上统 (Upper Series) | 阿什极阶 (Ashgill) | Himantian | 残存-复苏间隔期 (Survival-recovery interregnum) | 残存-复苏期 (Survival-recovery interval) | | 残存-复苏期 (Survival-recovery interval) | 残存-复苏期 (Survival-recovery interval) | | |
| | | | | | | | | | | 大灭绝第一幕 (First phase of the mass extinction) |
| | | | Middle | 辐射期 (Radiation interval) | 辐射期 (Radiation interval) | | 辐射期 (Radiation interval) | 辐射期 (Radiation interval) | 辐射期 (Radiation interval) | |

**图 2.10.5**　华南奥陶纪末期不同的主要门类生物和生物礁在穿过大灭绝事件过程中的宏演化阶段

Figure 2.10.5　Macroevolutionary stages of four major groups and reefs through the latest Ordovician mass extinction in South China

## 四、奥陶纪末大灭绝前后的"镜像效应"

从奥陶纪阿什极(Ashgill)中期的生物"辐射期"开始,到阿什极晚期发生在大灭绝两幕间的"残存-复苏(间隔)期",再到志留纪鲁丹早中期底栖生物的"残存期"或笔石的"复苏期",体现了不同分类级别生物多样性由多到少、又到多的"反弹"特性,指示了古环境从"温室效应"经过"冰室效应"再回到"温室效应"的状态。若以奥陶-志留纪分界为镜面,大致展示了一种生物多样性的"镜像效应"(图2.10.6)。这种"反弹"特性反映在奥陶纪末灭绝前、后宏演化阶段的本身、分类单元的分异度及生态群落的性质和结构上。

然而，这种情况并非简单地体现了“反弹”的特点，因为在灭绝前、中、后这 3 个阶段里，无论是生物组合面貌、生态系统和海底群落的结构以及生物地理格局，均发生了非同小可的变化。正是这一系列变化指示了奥陶纪末大灭绝的强度。

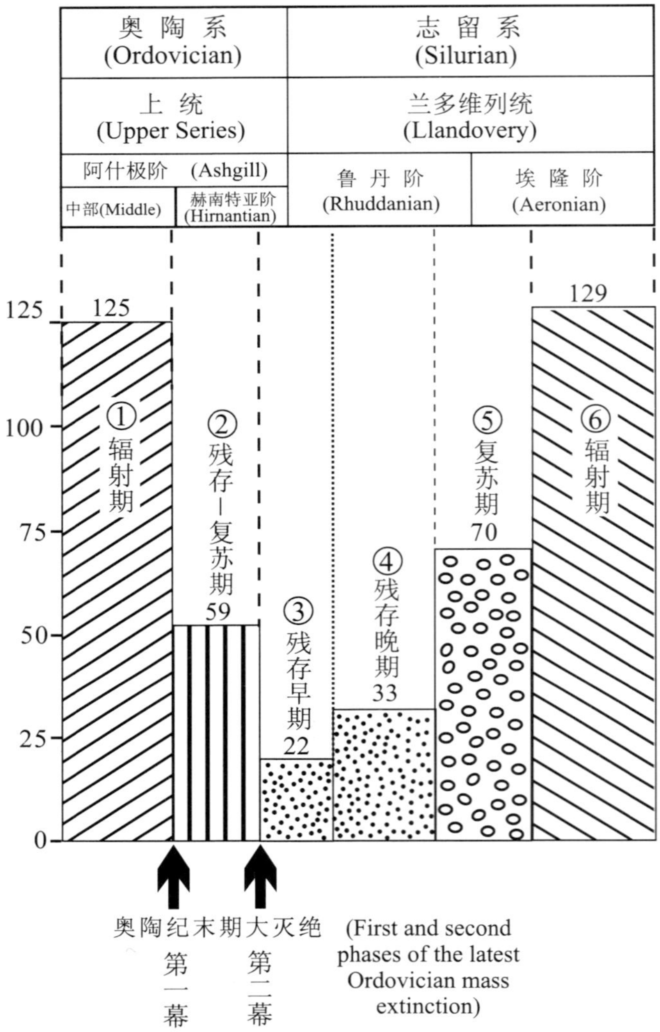

**图 2.10.6** 华南奥陶纪末期三叶虫、腕足动物和四射珊瑚属的总体多样性在大灭绝前后不同演化阶段的变化（圆圈内的数字代表各演化时期；其余数字代表属的数目）

Figure 2.10.6 Showing generic biodiversity changes of brachiopods, trilobites, and rugose corals across the two episodes of the latest Ordovician mass extinction in South China

The numbers representing genus numbers. ① Radiation interval; ② Survival-recovery interval; ③ Early Survival interval; ④ Late Survival interval; ⑤ Recovery interval; ⑥ Radiation interval

更进一步说，不同门类在大灭绝前、后的表现是不一样的。本节研究的是 4 个门类，其中 2 个门类（腕足动物和笔石）相似：Aeronian 中晚期的腕足动物（51 属）和笔石（22 属）的多样性，各自基本接近于大灭绝前即中 Ashgill 期的水平（分别为 55 和 21 属）；而三叶虫和四射珊瑚则完全相反：三叶虫在中 Ashgill 期的多样性（36 属）明显高于 Aeronian 中晚期的（14 属），而四射珊瑚在 Aeronian 中晚期的（42 属）则比中 Ashgill 期的（16 属）高许多。至于三叶虫、四射珊瑚与腕足动物、笔石的差异，强烈地反映在图 2.10.7 中。但是，就是这 4 个大类群的总体多样性在大灭绝前后却显示了“镜像效应”。

就现有资料分析，Rhuddanian 中期笔石属级分异度（14 属）已开始接近大灭绝前中 Ashgill 期的水平；到 Aeronian 中晚期，笔石属数已达 22 属。然而，腕足动物要接近中 Ashgill 期的水平（含 55 属），是在 Aeronian 中晚期（51 属），四射珊瑚（中 Ashgill 期含 16 属）是在 Aeronian 早期（15 属），而 Aeronian 中晚期的属数则超过中 Ashgill 期的 1 倍多；至于三叶虫（中 Ashgill 期含 36 属）在大灭绝两幕后受到了严酷的重创（到 Aeronian 期才只有 14 属），再也没有恢复到大灭绝前中 Ashgill 期的水平。这些情况不仅说明各门类生物受大灭绝事件的影响程度不同，而且也与不同门类本身演化阶段（发展还是衰落）的差异有重要关系。以腕足动物为例，奥陶纪的动物群较低分类单元（科、属、种）组成与志留纪有明显的差异。至于上述 4 个门类多样性在大灭绝前后的“反弹”特点，仅仅提示奥陶纪末大灭绝在规模、强度、幅度和结局等方面的变化远不如二叠纪末那样剧烈，因为后者完全没有这种“反弹”特点。

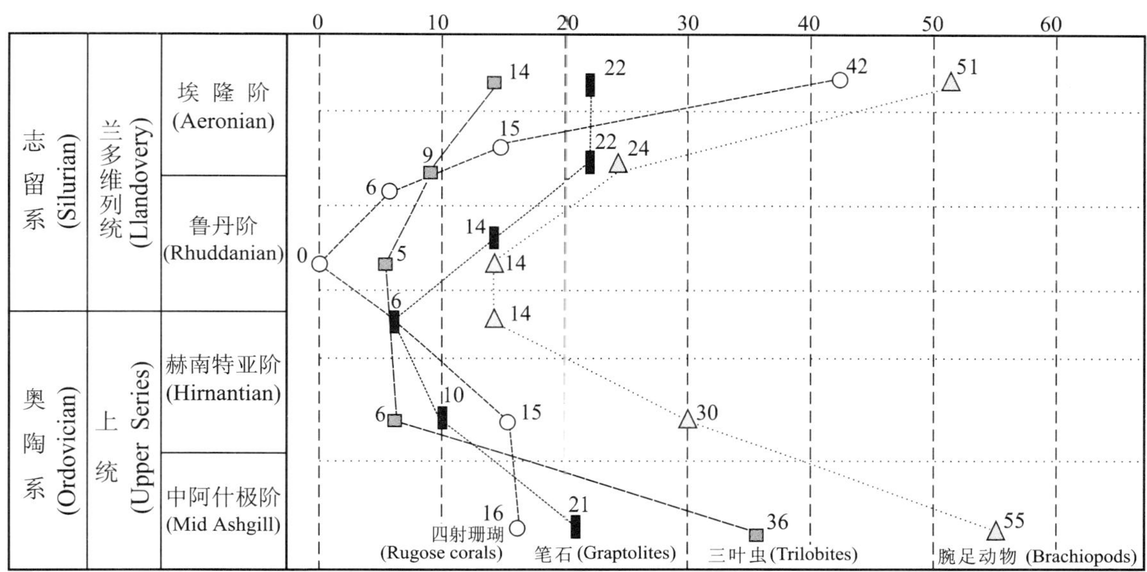


图 **2.10.7**　示华南奥陶纪末期三叶虫、腕足动物、四射珊瑚和笔石在大灭绝前后的每一个演化阶段中的属级分类单元数目及变化曲线

Figure 2.10.7　Genus-biodiversity changes of brachiopods, trilobites, rugose corals, and graptolites in various macroevolutionary stages during Late Ordovician and Early Silurian in South China

## 五、结论

全球气候变冷、冰川形成、海平面和海水温度大幅度下降与大洋翻转伴随缺氧等系列事件，是导致奥陶纪末生物大灭绝的外界主控因素，体现了环境恶化的强度。同时，生物的适应、忍耐度和/或抗灾变能力是内因，反映在各类生物应对环境的差异反应。外因和内因的综合，制约着灭绝过程的特殊性质和基本型式。深入认识这些因素，能更深刻地了解大灭绝的真谛。

### （一）奥陶纪末大灭绝的灭绝率

华南奥陶纪大灭绝被进一步证实由首幕和次幕组成。基于笔石、腕足动物、三叶虫和四射珊瑚这 4 个门类的情况，统计出这些门类属的总灭绝率为：首幕 60％、次幕 45％，首幕灭绝率明显高于次幕。其中，各类别的灭绝幅度有一定的差异：腕足动物首幕和次幕分别为 56.3％、43.3％；笔石为 61.1％、50％；三叶虫为 72.2％、33.3％。四射珊瑚的情况正相反，两幕的灭绝率分别为 37.5％、60％。笔石的大灭绝首幕是其主灭绝事件，次幕为小灭绝（对多样性影响微弱），但关键的问题是这次小灭绝仍然导致 DDO 笔石动物群的消亡。笔石的科、属和种的总灭绝率很接近，分别为 75％、85.7％和 82.4％；而其他门类则不同，都显示属、种灭绝率（较高）与科级灭绝率（较低）相差很大。三叶虫高的首幕灭绝率导致其在大灭绝之后的衰落；而笔石首幕的灭绝率尽管不低，因其迅速适应环境、新生率增高、动物群更替速度快，仍在大灭绝后继续繁衍达到新的顶点。

### （二）奥陶纪末大灭绝的特征和时限

奥陶纪末大灭绝两幕过程比较复杂。首幕时（*Paraorthograptus pacificus* 带最上部-*Normalograptus extraordinarius* 带中部），扬子海域水温首先在海水表层变凉，后伸达到较深水域；主要受害者是暖水生物，“应运而生”的是适应冷-凉水的生物（即赫南特贝-小达尔曼虫动物群，*Hirnantia*-*Dalmanitina* Fauna）。次幕（*Normalograptus persculptus* 带下中部）导致凉水动物群整体灭绝，残存暖水生物重返华南广阔海域。各类群凭借适应环境变化能力的强弱，或冲破灭绝事件幸免于难（如大居群、广分布、长历程、非特化的普适型分子），或成为大灭绝的牺牲品（尤其是小居群、土著、特化类型），反映灭绝事件的选择性和生物内因的本身特点。

### （三）奥陶纪末大灭绝后的残存期

残存期留下了大灭绝事件的阴影和后果。灭绝所引发的生态域空缺使灾后泛滥分子“乘虚而入”。先驱和复活等幸存分子成为相关类别繁衍的种子。各类生物的残存期延续时间明显不同，是奥陶纪末大灭绝向复苏阶段演替的一个重要特征。

### （四）奥陶纪末大灭绝后的复苏期

复苏期是继残存期后的一个过渡阶段，是辐射期的前奏和基础。笔石的复苏阶段来得最早，腕足动物和三叶虫稍后，四射珊瑚更晚，后生动物礁殿后，反映了不同门类生物应对大灭绝事件的异质性。

### （五）志留纪初期各类生物的演化特征

奥陶纪末的大灭绝后，适合于笔石生活的环境首先恢复，给笔石创造了一个比别的生物更适宜的演化契机。腕足动物演化滞后，尽管典型志留纪类型（如五房贝类、始石燕类）在灭绝前已经开始进行"生态尝试"，却因 Hirnantian 时期全球环境恶化的抑制推迟了迅速发展的时机。从志留纪开始，三叶虫浮游类型绝迹，底栖分子再也未进入深水域内。而以底栖固着的腕足动物占优势、其他生物（如珊瑚、苔藓虫、海绵、海百合等）相伴而生的古生代演化动物群牢牢地占领了浅海底域。

### （六）大灭绝前、后的"镜像效应"

从奥陶纪末大灭绝前夕的"辐射期"到灭绝两幕间的"残存-复苏（间隔）期"、再到灭绝后的残存、复苏和辐射期，华南海域常见海洋生物门类超科级、科级和属级这 3 个不同级别分类单元的多样性，体现了由多到少、又从少到多的特性。但是，其中两个门类（腕足动物和笔石）具有相似的"对称性反弹"，而另两个（四射珊瑚和三叶虫）门类的"对称性反弹"不明显，但多样性在大灭绝前后的总体情况仍大致展示了大灭绝前后（以奥陶纪-志留纪界线为镜面）的一种"镜像效应"，只是后生动物礁出现了滞后发育的情况，显示了"非对称性反弹"的特征。

**致　谢**　本文由国家重点基础研究发展计划（G20000777）资助。感谢何心一、詹仁斌、樊隽轩、袁文伟等诸位提供的许多帮助。

## 参考文献

Adrain J M, Fortey R A, Westrop S R. 1998. Post-Cambrian trilobite diversity and evolutionary faunas. Science, 280: 1 922～1 925

Benedetto J L. 1986. The first typical *Hirnantia* fauna from South America (San Juan Province, Argentine Precordillera). In: Racheboeuf P R, Emig C C, eds. Les Brachiopodes Fossiles *et* Actuels. Biostratigraphie du Paléozoique, 4: 439～447

Brenchley P J. 1984. Late Ordovician extinctions and their relationship to the Gondwana glaciation. In: Brenchley P J, ed. Fossils and Climate. John Wiley and Sons Ltd. 1～352

Brenchley P J, Marshall J D, Carden G A F, Robertson D B R, Long D G F, Meidla T, Hints L, Anderson, T F. 1994. Bathymetric and isotopic evidence for a short-lived late Ordovician glaciation in a greenhouse period. Geology, 22: 295～298

Brenchley P J, Carden G A F, Marshall J D. 1995. Environmental changes associated with the "first strike" of the Late Ordovician mass extinction. Modern Geology, 20: 83～100

Brenchley P J, Carden G A, Hints L, Kaljo D, Marshall J D, Martma T, Meidla T, Nolvak J. 2003. High-resolution stable isotope stratigraphy of Upper Ordovician sequences: Constraints on the timing of bioevents and environmental changes associated with mass extinction and glaciation. Geological Society of America, Bulletin, 115(1): 89～104

Briggs D E G, Fortey R A, Clarkson E N K. 1998. Extinction and the fossil record of the arthropods. In: Larwood G P, ed. Extinction and Survival in the Fossil Record. Oxford: Clarendon Press. 171～209

Chatterton B D E, Speyer S E. 1989. Larval ecology, life history sytrategies, and patterns of extinction and survivorship among Ordovician trilobites. Paleobiology, 15: 107～121

Chen Xu. 1984. Influence of the Late Ordovician glaciation on basin configuration of the Yangtze Platform in China. Lethaia, 17: 51～59

Chen Xu. 1990. On the depth zonation of graptolites. Acta Palaeontologica Sinica, 29(5): 507～526 (in Chinese with English summary) [陈旭. 1990. 论笔石的深度分带. 古生物学报, 29(5): 507～526]

Chen Xu, Melchin M J, Fan Junxuan, Mitchell C E. 2003. Ashgillian graptolite fauna of the Yangtze region and the biogeographical distribution of diversity in the latest Ordovician. Bulletin de la Societe geologique de France, 174(2): 39～47

Chen Xu, Rong Jiayu. 2002. A proposal for the candidate section of the base of the Silurian. Silurian Times, 10: 19～22

Chen Xu, Rong Jiayu, Mitchell C E, Harper D A T, Fan Junxuan, Zhan Renbin, Zhang Yuandong, Li Rongyu, Wang Yi. 2000. Late Ordovician to earliest Silurian graptolite and brachiopod zonation from Yangtze Region, South China with a global correlation. Geological Magazine, 137 (6): 623～650

Cocks L R M. 1985. The Ordovician-Silurian boundary. Episodes, 8: 98～100

Cocks L R M, Fortey R. 1997. A new *Hirnantia* Fauna from Thailand and the biogeography of the latest Ordovician of South-East Asia. Geobios, 20: 117～126

Copper P. 2001a. Reefs during the multiple crises towards the Ordovician-Silurian boundary: Anticosti Island, eastern Canada, and worldwide. Canadian Journal of Earth Sciences, 38: 153～171

Copper P. 2001b. Originations and extinctions in brachiopods. In: Carlson S J, Sandy M R, eds. Brachiopods Ancient and Modern. Paleontological Society Papers, 7: 249～261

Finney S C, Berry W B N, Cooper J D, Ripperdan R L, Sweet W C, Jacobson S R, Soufiane A, Achab A, Noble P J. 1999. Late Ordovician mass extinction: A new perspective from stratigraphic sections in central Nevada. Geology, 27: 215～218

Fortey R A. 1989. There are extinctions and extinctions: examples from the Lower Palaeozoic. Philosophical Transactions of Royal Society of London, B325: 327～355

Ge Zhizhou, Rong Jiayu, Yang Xuechang, Liu Gengwu, Ni Yunan, Dong Deyuan, Wu Hongji. 1979. Silurian rocks of Southwest China. In: Nanjing Institute of Geology and Palaeontology, Chinese Academy of Sciences, ed. Carbonate Biostratigraphy of Southwest China. Beijing: Science Press. 155～220 (in Chinese)[葛治洲, 戎嘉余, 杨学长, 刘耕武, 倪寓南, 董得源, 伍鸿基. 1979. 西南地区的志留系. 见:中国科学院南京地质古生物所编. 西南地区碳酸盐生物地层. 北京:科学出版社. 155～220]

Gibbs M T, Barron E J, Crowley T J, Kump L R. 1995. Model sensitivity of the late Ordovician climate to atmospheric $pCO_2$. In: Cooper J D, Droser M L, Finney S C, eds. Ordovician Odyssey—Short Papers for the 7th International Symposium of Ordovician System. Pacific Section, Society for Sedimentary Geology, Fullerton, CA 297～298

Gibbs M T, Barron E J, Kump L R. 1997. An atmospheric $pCO_2$ threshold for glaciation in the late Ordovician. Geology, 25(5): 447～450

Hallam A, Wignall P. 1997. Mass Extinctions and Their Aftermath. Oxford: Oxford University Press. 1～328

Harper D A T, Rong Jiayu. 1995. Patterns of change in the brachiopod faunas through the Ordovician-Silurian interface. Modern Geology, 20 (1): 83～100

Harper D A T, Rong Jiayu. 2001. Palaeozoic brachiopod extinctions, survival and recovery: patterns within the rhynchonelliformeans. Geological Journal, 36: 317～328

Harper D A T, Williams S H. 2002. A relict Ordovician brachiopod fauna from the *Parakidograptus acuminatus* Biozone (lower Silurian) of the English Lake District. Lethaia, 35: 71～78

Jablonski D. 1986. Causes and consequences of mass extinctions: a comparative approach. In: Elliot D K, ed. Dynamics of Extinctions. New York: John Wiley. 183～229

Kauffman E G, Harries P J. 1996. The importance of crisis progenitors in recovery from mass extinction. In: Hart M B, ed. Biotic Recovery from Mass Extinction Events. Geological Society Special Publication, 102: 15～39

Kump L R, Arthur M A, Patzowsky M E, Gibbs M T, Pinkus D S, Sheehan P M. 1999. A weathering hypothesis for glaciation at high atmospheric $pCO_2$ during the late Ordovician. Palaeogeography, Palaeoclimatology, Palaeoecology, 152: 173～187

Laurie J. 1991. Articulate brachiopods from the Ordovician and Lower Silurian of Tasmania. Memoir of the Association of Australasian Palaeontologists, 11: 1～106

Legrand P. 1986. The Lower Silurian graptolites of Oued In Djerane: a study of populations at the Ordovician-Silurian boundary. In: Hughes C P, Rickards R B, Chapman A J. eds. Palaeoecology and Biostratigraphy of Graptolites. Geological Society Special Publication, 20: 145～153

Legrand P. 1993. Graptolites d'âge Ashgillien dans la région de Chirfa (Djado, République du Niger). Bulletin des Centres de Recherches Exploration-Production elf aquitane, 17: 435～442

Marshall J D, Middleton P D. 1990. Changes in marine isotopic composition and the late Ordovician glaciation. Journal of Geological Society, London, 147: 1～4

Marshall J D, Brenchley P J, Mason P, Wolff G A, Astini R A, Hints L, Meidla T. 1997. Global carbon isotopic events associated with mass extinction and glaciation in the late Ordovician. Palaeogeography, Palaeoclimatology, Palaeoecology, 132: 195～210

McGhee G R. 1996. The Late Devonian Mass Extinction: the Frasnian/Famennian Crisis. Columbia University Press. 1～303

Melchin M J, Williams S H. 2000. A restudy of the akidograptidine graptolites from Dob's Linn and a proposal redifined zonation of the Silurian Stratotype. Palaeontology Down Under 2000. Geological Society of Australia, Abstracts: 61～63

Middleton P D, Marshall J D, Brenchley P J. 1991. Evidence for isotopic change associated with late Ordovician glaciation, from brachiopods and marine cements of central Sweden. In: Barnes C R, Williams S H, eds. Advances in Ordovician Geology. Geological Survey of Canada, Paper 90-9: 313～323

Mitchell C E, Melchin M J, Sheets H D, Chen Xu, Fan Junxuan. 2003. Was the Yangtze Platform a refugium for graptolites during the Hirnantian (Late Ordovician) mass extinction? In: Albanesi G L, Beresi M S, Peralta S H, eds. Ordovician from the Andes. Serie Correlacion Geologica, 17: 523～526

Rong Jiayu. 1979. The *Hirnantia* Fauna of China with the comments on the Ordovician and Silurian boundary. Acta Stratigraphica Sinica, 3(1): 1～28 (in Chinese) [戎嘉余. 1979. 中国的赫南特贝动物群(*Hirnantia* Fauna)并论奥陶系与志留系的分界. 地层学杂志, 3(1): 1～28]

Rong Jiayu, Harper D A T. 1988. A global aynthesis of the latest Ordovician Hirnantian brachiopod faunas. Transactions of the Royal Society of Edinburgh, Earth Sciences, 79: 383～402

Rong Jiayu, Zhan Renbin, Harper D A T. 1999. Late Ordovician (Caradoc-Ashgill) brachiopod faunas with *Foliomena* based on data from China. Palaios, 4: 412～431

Rong Jiayu, Harper D A T. 1999. Brachiopod survival and recovery from latest Ordovician mass extinction in South China. Geological Journal, 34 (4): 321～348

Rong Jiayu, Li Rongyu. 1999. A silicified *Hirnantia* Fauna (latest Ordovician brachiopods) from Guizhou, Southwest China. Journal of Paleontology, 73(5): 831～849

Rong Jiayu, Zhan Renbin. 1996. Brachidia of Late Ordovician and Silurian Eospiriferines (Brachiopoda) and the origin of the spiriferides. Palaeontology, 39(4): 941～977

Rong Jiayu, Zhan Renbin. 1999. Chief sources of brachiopod recovery from the end Ordovician mass extinction with special references to progenitors. Science in China (Series D), 42: 553～560(in English)[戎嘉余，詹仁斌. 1999. 奥陶纪末集群灭绝后腕足动物复苏的的主要源泉——论先驱型生物的分类. 中国科学(D辑), 29(3): 232～239(in Chineses)]

Rong Jiayu, Chen Xu, Harper D A T. 2002. The latest Ordovician *Hirnantia* Fauna (Brachiopoda) in time and space. Lethaia, 35: 231～249

Sheehan P M. 1988. Late Ordovician events and the terminal Ordovician extinction. New Mexico Bureau of Mines and Mineral Resources Memoir, 44:405～415

Sheehan P M. 2001. The Late Ordovician mass extinction. Annual Review of Earth and Plannetary Sciences, 29: 331～364

Sheehan P M, Baillie P. 1981. A new species of *Eospirifer* from Tasmania. Journal of Paleontology, 55: 248～256

Sheehan P M, Coorough P J. 1990. Brachiopod zoogeography across the Ordovician-Silurian extinction event. In: Mckerrow W S, Scotese C R, eds. Palaeozoic Palaeogeography and Biogeography. Geological Society of London Memoir, 12: 181～187

Sheehan P M, Coorough P J, Fatovsky, D E. 1996. Biotic selectivity during the K/T and Late Ordovician extinction events. Geological Society of America, Special Paper, 307: 477～489

Signor W P, Lipps J H. 1982. Sampling bias, gradual extinction patterns and catastrophes in the fossil record. Geological Society of America, Special Paper, 190: 291～296

Storch P, Loydell D K. 1996. The Hirnantian graptolites *Normalograptus persculptus* and "*Glyptograptus*" *bohemicus*: stratigraphical consequences of their synonymy. Palaeontology, 39 (4): 869～881

Villas E, Vennin E, Alvaro J J, Hammann W, Herrera Z A, Piovano E L. 2002. The late Ordovician carbonate sedimentation as a major triggering factor of the Hirnantian glaciation. Bulletin de la Societe geologique de France, 173(6): 569～578

Wang Kun, Chatterton B D E, Attrep M, Jr, Orth C J. 1992. Iridium abundance maxima at the latest Ordovician mass extinction horizon, Yangtze Basin, China: Terrestrial or extraterrestrial? Geology, 20: 39～42

Zhan Renbin, Cocks L R M. 1998. Late Ordovician brachiopods from the South China Plate and their palaeogeographical significance. Special Papers in Palaeontology, 59: 1～70

Zhan Renbin, Rong Jiayu, Jin Jisuo, Cocks L R M. 2002. Late Ordovician brachiopod communities of southeastern China. Canadian Journal of Earth Sciences, 39 (4): 445～468

Zhang Tingshan, Kershaw S, Wan Yun, Lan Guangzi. 2000. Geochemical and facies evidence for palaeoenvironmental change during the Late Ordovician Hirnantian glaciation in South Sichuan Province, China. Global and Planetary Change, 24: 133～152

第三章
Chapter 3

# 晚泥盆世大灭绝与复苏

# Late Devonian Mass Extinction and Its Subsequent Recovery

廖卫华 weihualiao@163.com
中国科学院南京地质古生物研究所
南京市北京东路39号，210008

第一节

# 华南晚泥盆世弗拉期－法门期之交大灭绝后珊瑚群的复苏

**摘 要 →**

晚泥盆世 Frasnian-Famennian 期之交，地球上发生了一次生物大灭绝事件，在低纬度地区尤甚，大量的浅海壳相生物惨遭灭绝。Frasnian 期末是珊瑚演化史上的一次大灭绝期，绝大多数泥盆纪浅海台地相珊瑚和生物礁均遭厄运，只有极少数的属能幸免于难，全球 Frasnian 期的47个珊瑚属中，只有2～3个属侥幸残存下来，华南地区晚泥盆世早期佘田桥组（或望城坡组）22属珊瑚中几乎全部灭绝。Famennian 早、中期为珊瑚演化史上的残存期，这时刚刚经历大灭绝事件，海洋环境十分恶劣，珊瑚非常稀少，目前只在湖南省的隆回、道县等个别剖面上的上泥盆统锡矿山组中找到过 *Smithiphyllum* 1个属。但我国新疆和布克赛尔的洪古勒楞组却保存着丰富的珊瑚和其他门类的化石，可能是 F-F 大灭绝后海洋生物理想的避难所。经历了漫长岁月以后，海洋环境逐渐得到改善，到了 Famennian 晚期（即 Strunian）珊瑚才开始复苏，海洋中出现了许多新的珊瑚属种，并逐渐得到进一步的发展。另外一些躲藏在避难所的分子也迁回原来生活过的场所，因此，Famennian 晚期是珊瑚演化史上的复苏期。由于在泥盆-石炭纪之交，又发生了一次生物灭绝事件（或称 D-C 事件），虽然这一次的规模不及 F-F 生物集群灭绝事件那么大，但毕竟使不少 Famennian 晚期的珊瑚消失，使本来已经开始的生物复苏势头受到挫折，中断了生物向辐射阶段演化的进程，致使晚泥盆世珊瑚的“灭绝—残存—复苏—辐射”演化阶段变得不完整，缺少了最后一个辐射阶段。法门早、中期珊瑚隔壁的微细构造与弗拉期的微细构造基本相似，都属于泥盆纪珊瑚隔壁微细构造类型，但法门晚期珊瑚隔壁的微细构造却不属于泥盆纪类型，而与石炭纪珊瑚隔壁的微细构造比较接近。

廖卫华. 2004. 华南晚泥盆世弗拉期-法门期之交大灭绝后珊瑚群的复苏. 见：戎嘉余，方宗杰主编. 生物大灭绝与复苏——来自华南古生代和三叠纪的证据. 合肥：中国科学技术大学出版社. 259～280，1052

**关键词 →**

珊瑚群　生物复苏　晚泥盆世　华南

## 一、晚泥盆世 F-F 集群灭绝事件对珊瑚群的重创

泥盆纪(距今约 3.54～4.17 亿年前)是地质历史中珊瑚生长发育的繁盛时期之一。在浅海台地相中,繁育着大量的双带型(具鳞板但无中轴构造)、泡沫型(体腔内充满了泡沫板)和少量的单带型(无鳞板构造)皱纹珊瑚以及床板珊瑚(隔壁构造不发育)。但在 200～400 m 水深的透光带之下,仅生活着一些骨骼构造简单的单带型小单体珊瑚(Sorauf and Pedder,1986)。到了距今约3.64亿年前的晚泥盆世弗拉期末,地球上发生了一次规模巨大的、影响深远的生物集群灭绝事件,即 F-F 生物集群灭绝事件。这次事件是显生宙五次最大的灭绝事件之一(Oliver and Pedder,1994),它使生物礁全部消亡,泥盆纪面貌的珊瑚基本灭绝,在美洲东部大区的全部 13 个属中,只有一个属幸免于难,灭绝率高达 92%(Oliver,1990)。就全世界范围而言,浅海台地相弗拉期的 47 属中,经历 F-F 大灭绝后,只有 2～3 个属残存下来,其余的均难逃劫运,151 个种全遭劫难(Sorauf and Pedder,1986;Sorauf,1989)。我国华南各地晚泥盆世弗拉期浅海相地层中计有皱纹珊瑚(Rugosa)22 个属,经过 F-F 生物大灭绝事件后,几乎全部灭绝,仅在湖南省的隆回、道县等个别剖面的锡矿山组中找到 1 个属(*Smithiphyllum*)。华南弗拉期共有 8 个属的床板珊瑚(Tabulata),经过 F-F 事件后全部灭绝(图 3.1.1),因此,弗拉期末是珊瑚的集群灭绝期。关于引发 F-F 大灭绝的机制,目前仍存在着不同的解释,从广义上来说大致可以分成地外(extra-terrestrial)(McLaren,1982;Wang and Bai,1988)和地内(terrestrial)(House,1985;Copper,1986;Stanley,1984;Walliser,1985;Wilde and Berry,1984)两大类。由于在 F-F 事件界线层中所能找到的“地外”事件的证据还不太多,所以目前主张“地内”机制的学者逐渐增多,但有关引起 F-F 生物集群灭绝事件的因素可能是相当复杂的,不是能用某一种单一的因素所能解释的。但根据华南地区晚泥盆世地层发育的实际情况,我们认为,大范围内海平面的突然下降和黑色页岩缺氧事件很可能是引起生物集群灭绝的直接因素之一(戎嘉余等,2000;廖卫华,2001;Liao,2002)。

## 二、法门早、中期是 F-F 集群灭绝后珊瑚的残存期

由于弗拉期末巨大的集群灭绝事件重创了珊瑚的发展势头,因此,法门早期在全球范围内目前发现的珊瑚化石并不太多,例如在比利时、波兰和俄罗斯东北部的奥莫隆地区等地珊瑚化石都很少见及(Poty,1986)。由于弗拉期末大范围内海平面的突然下降致使湖南的锡矿山组(地质时代为早 Famennian 期)的海水变浅,一般只有几米至十余米,有时海底还经常露出水面,不适宜珊瑚的生长,所以珊瑚化

床板珊瑚
(Tabulate)

| 弗拉期 (Frasnian) | 法门期 (Famennian) | |
|---|---|---|
| *Alveolites* | | Alveolitiina |
| *Crassialveolitella* | | Alveolitiina |
| *Alveolitella* | | Alveolitiina |
| *Syringopora* | *Syringopara* | Syringoporida |
| *Syringoporella* | | Syringoporida |
| *Thecostegites* | | Sarcinulida |
| *Fuchungopora* | | Sarcinulida |
| *Aulocystes* | | Auloporida |

皱纹珊瑚
(Rugosa)

| | 弗拉期 (Frasnian) |
|---|---|
| Ketophyllina | *Waptiphyllum* |
| Ketophyllina | *Iowapphyllum* |
| Ketophyllina | *Tabulophyllum* |
| Ketophyllina | *Smithiphyllum* |
| Ketophyllina | *Tarphyllum* |
| Ptenophyllina | *Grypophyllum* |
| Cyathophyllina | *Mictophyllum* |
| Cyathophyllina | *Sinodisphyllum* |
| Columnariina | *Disphyllum* |
| Columnariina | *Alaiophyllum* |
| Columnariina | *Argutastraea* |
| Columnariina | *Temnophyllum* |
| Columnariina | *Pseudozaphrentis* |
| Columnariina | *Hunanophrentis* |
| Columnariina | *Hexagonaria* |
| Columnariina | *Haplothecia* |
| Columnariina | *Phacellophullum* |
| Columnariina | *Thamnophyllum* |
| Columnariina | *Pterorrhiza* |
| Columnariina | *Phillipsastrea* |
| Columnariina | *Frechastraea* |
| Columnariina | *Peneckiella* |

| 法门期 (Famennian) | |
|---|---|
| *Neaxon* | Metriophyllina |
| *Zaphrentoides* | Stereolasmatina |
| *Beichuanophyllum* | Stereolasmatina |
| *Neobeichuanophyllum* | Stereolasmatina |
| *Zaphriphyllum* | Aulophyllina |
| *Cystophrentis* | Caniniina |
| *Siphonophylloides* | Caniniina |
| *Eocaninophyllum* | Caniniina |
| *Ceriphyllum* | Caniniina |
| *Complanophyllum* | Caniniina |
| *Dematophyllum* | Lithostrotionina |
| *Diphyphyllum* | Lithostrotionina |

图 **3.1.1** 华南晚泥盆世皱纹珊瑚(**Rugosa**)和床板珊瑚(**Tabulata**)属的地层分布表

Figure 3.1.1 Stratigraphic range of Late Devonian coral genera in South China

石罕见，迄今为止仅找到了 *Smithiphyllum* 一属的少量标本(王根贤、左自璧，1983)(图 3.1.2)，该属的个体不大，骨骼的形态构造不很复杂，生存适应性强一些，显然它是残存者(survivor)；即使是生存适应性较强的腕足类，它们的分异度也

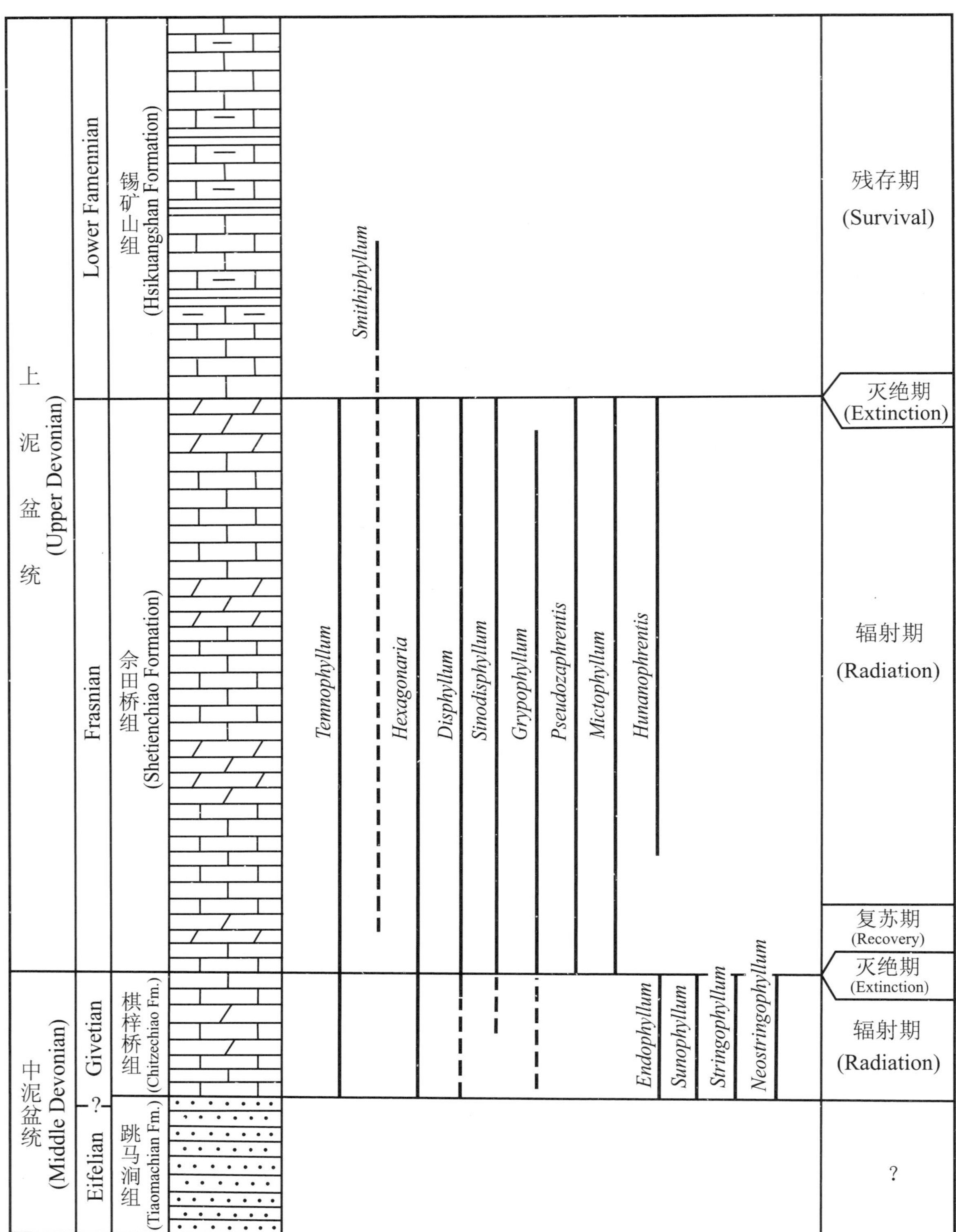


**图 3.1.2** 湖南邵东马鞍山泥盆系剖面珊瑚的地层分布（锡矿山组的珊瑚化石产自道县、双峰、隆回等地）（据湖南省地矿局，1988）

Figure 3.1.2 Stratigraphic distribution of rugose corals at Maanshan section, Shaodong, Hunan. The coral fossil data of the Hsikuangshan Formation came from Daoxian, Shuangfeng and Longhui counties, Hunan Province (after Hunan Bureau of Geology and Mineral Resources, 1988)

很低(也就是属种十分单调),这时五房贝目、无洞贝目都已消失,仅见有少量石燕和小嘴贝类的分子,如 *Cyrtospirifer*, *Tenticospirifer*, *Yunnanella*, *Yunnanellina* 等属,估计它应属于海洋底栖组合的 BA2～3。在广西桂林,弗拉期末海平面突然下降,海水变得非常浅,有时海底甚至部分露出海面之上,法门阶下部的东村组石灰岩具"鸟眼状"和"窗格状"构造,生物化石甚少,偶见有生活在潮间带的介形类,珊瑚不能生长。在四川江油、甘肃迭部等地的法门早期地层中也很少发现珊瑚化石(图 3.1.3,图 3.1.4)。因此,华南地区法门早、中期应属于珊瑚群的残存期(survival interval)。

## 三、北疆的洪古勒楞组是 F-F 大灭绝后海洋生物理想的避难所

与华南法门早期浅水相的锡矿山组珊瑚化石十分稀少的情景形成鲜明对比的是,在新疆北部沙尔布尔提山法门阶下部的洪古勒楞组中,我们发现了大量的珊瑚化石(廖卫华、蔡土赐,1987),共生的还有许多腕足类、棘皮类、三叶虫、头足类、牙形类、疑源类、孢子和植物等化石,目前已引起中外学者的广泛兴趣。Kerr(1994)等主张北疆沙尔布尔提山的洪古勒楞组是晚泥盆世 F-F 大灭绝后海洋生物的避难所(refugia)。可能当时该地的海水较深一些(但不是深海),食物丰富,海水温度适宜,对海洋生物的生长十分有利。目前世界上已发现的 F-F 大灭绝后的生物避难所还不多,因此新疆沙尔布尔提山洪古勒楞组避难所的发现和深入研究将具有十分重要的意义。

洪古勒楞组中产有 10 属牙形类,时代为法门早期的 *crepida* 带至 *marginifera* 带(赵治信、王成源,1990)。但夏凤生(1996)认为洪古勒楞组的时代从弗拉晚期的 *rhenana* 带上部至法门早期的 *crepida* 带上部。

洪古勒楞组中产有 34 种疑源类和 21 种孢子,它们的地质历程主要分布于弗拉晚期至法门期,但更接近于比利时和北美的法门期组合(Lu and Wicander, 1988)。

洪古勒楞组中也产有大量的腕足类,其中也不乏有法门期常见的属,如 *Ptychomalotoechia*, *Productellana*, *Sinoproductella*, *Planovatirostrum* 等,另外,*Cyrtospirifer* 也具有明显的法门期特征(如贝体巨大,中隆、中槽内的壳线复杂),而且,中泥盆世和晚泥盆世早期常见的 *Atrypa* 在洪古勒楞组中已告绝迹(许汉奎等,1990)。

更引人注意的是洪古勒楞组中还产有丰富的、保存完美的棘皮动物化石(海百合和海林檎等),中外不少的古生物学家正在进行研究中,不久将有这方面的著作问世。

洪古勒楞组中产有丰富的珊瑚化石,堪称世界之最,不仅个体数量多,随手可

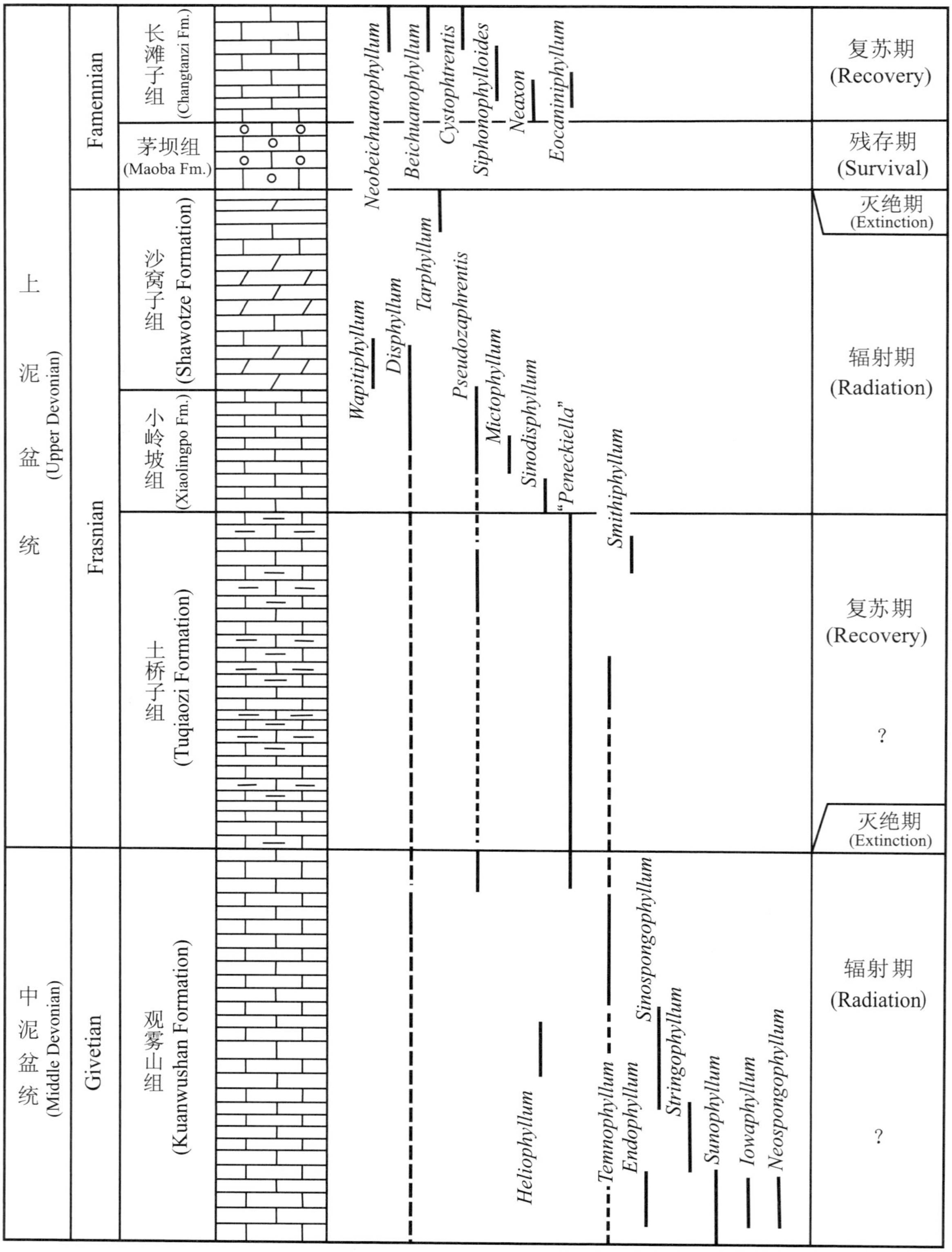

图 **3.1.3** 四川省北川县甘溪-沙窝子泥盆系剖面珊瑚化石的分布(据侯鸿飞等,1988)

Figure 3.1.3 Stratigraphic distribution of corals at Ganxi-Shawozi section, Beichuan, Sichuan (after Hou *et al.*, 1988)

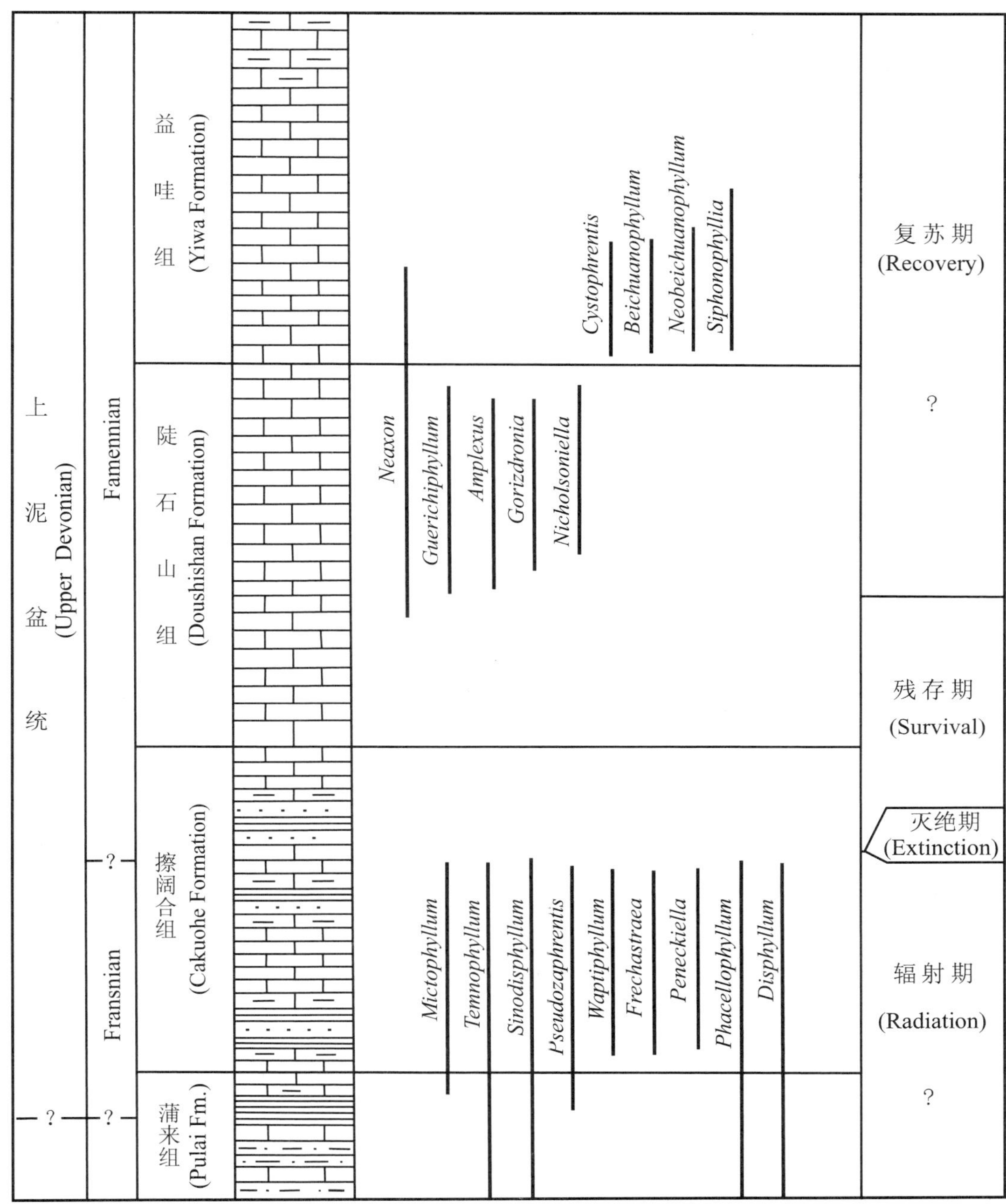


**图 3.1.4**　甘肃省迭部县当多沟泥盆系剖面珊瑚化石的地层分布(据曹宣铎等,1987)

Figure 3.1.4　Stratigraphical range of coral genera at Dangduogou section, Tewo, Gansu (after Cao *et al.*, 1987)

拾(丰度大),而且种属繁多(分异度高),大都是高 10～38 mm、体径 7～24 mm 的单体珊瑚。按其骨骼构造的不同可以分成两类:一类是无鳞板构造的单体珊瑚,如 *Nicholsonia*, *Nalivkinella*, *Gorizdronia*, *Amplexocarinia*, *Amplexus*, *Honggulasma*, *Neaxon* 等;另一类是具鳞板构造但无轴部构造的单体珊瑚,如 *Tabulophyllum*, *Guerichiphyllum* 等。这些珊瑚可能生活在陆棚斜坡的上部,氧气充足,光照度好,营养供应良好,水动力较弱的低能环境,大致相当于海洋底栖组合的 BA5。

其中,*Nalivkinella*,*Gorizdronia*,*Amplexus*,*Nicholsonia* 等属常见于我国准噶尔-兴安区、俄罗斯东北部奥莫隆、波兰圣十字山、比利时和德国等地的法门阶中。*Tabulophyllum*,*Guerichiphyllum*,*Neaxon* 等属是从下伏弗拉期地层中上延来的分子,并继续存在于法门期的地层中,前两个属是双带型珊瑚(具鳞板构造),后两个属为单带型珊瑚(无鳞板构造),它们都属于残存型分子(survivors)。*Amplexus*,*Amplexocarinia*, *Hebukephyllum* 等属则是石炭纪珊瑚的先驱者(progenitor taxa )。

## 四、法门晚期是珊瑚群的复苏期

经历了 3～6 Ma 漫长的残存期之后,到了法门晚期,特别是到了法门期末的 Strunian 期(部分相当于 Etroeungt 层),珊瑚才从浩劫中逐渐复苏,进入了珊瑚群演化的复苏期(recovery interval),此时一共出现了 27 个属,其中 24 个属可以继续上延到石炭纪去,但没有一个属曾见于下伏的弗拉期地层中(Sorauf and Pedder, 1986; Sorauf,1989)。晚泥盆世法门期的残存阶段与复苏阶段最明显的界线是划在 Strunian 阶的底部之下(相当于 Fa 2d,LV 孢子带之底)。虽然在此之前已开始呈现某些复苏的迹象,但还没有形成全面复苏的"气候"。

在我国广西桂林(图 3. 1. 5)和宜山的融县组近顶部、贵州独山的革老河组、湖南邵东、新邵、隆回、祁阳和桂阳等地的邵东组和孟公坳组(图 3. 1. 6)以及新疆和布克赛尔的根那仁组底部陆续都发现了法门晚期的珊瑚群。根据珊瑚的骨骼构造和属种组合结合沉积相,大致可分为两类:一类是浅水相珊瑚,如黔南革老河组、湘中孟公坳组的 *Cystophrentis* 珊瑚群和湘中邵东组的 *Caninia-Ceriphyllum* 珊瑚群(吴望始等,1981; 廖卫华,1997; Poty,1999),它们都是一些地方型的属种或地质历程较长的分子,它们大都是一些个体细小、内部结构简单的 Hapsiphyllidae(科),如 *Complanophyllum*,*Ceriphyllum*,*Zaphrentoides* 等,或骨骼构造没有特化的 Caniniidae 和 Diphyphyllinae,如 *Caninia*,*Dematophyllum*,*Diphyphyllum*。由于当时低纬度地区浅海盆地分割性明显,地方性属种所占的比例较高,所以珊瑚群洲际对比性比较差。共生的牙形类也都是一些浅水相分子,属于浅海台地相或局限台地相,如 *Bispathodus*, *Spathognathodus*, *Clydagnathus* 等,以及少量 *Polygnathus*,缺少能够进行全球性对比的标准分带化石;另一类是较深水相珊瑚,如广西宜山等地融县组近顶部的下 *praesulcata* 带的 *Neaxon-Yishanophyllum* 珊瑚群(吴望始、廖卫华,1988),以小型单带型单体珊瑚居多,珊瑚的骨骼结构十分简单的 Cyathaxoniidae, Metriophyllidae, Laccophyllidae, Hapsiphyllidae, Polycoeliidae,Plerophyllidae(科)等,珊瑚体常被包裹在灰白色石灰岩围岩中。共生的牙形类一般都是广布于世界各地晚泥盆世末期的标准带化石,属于广海或斜

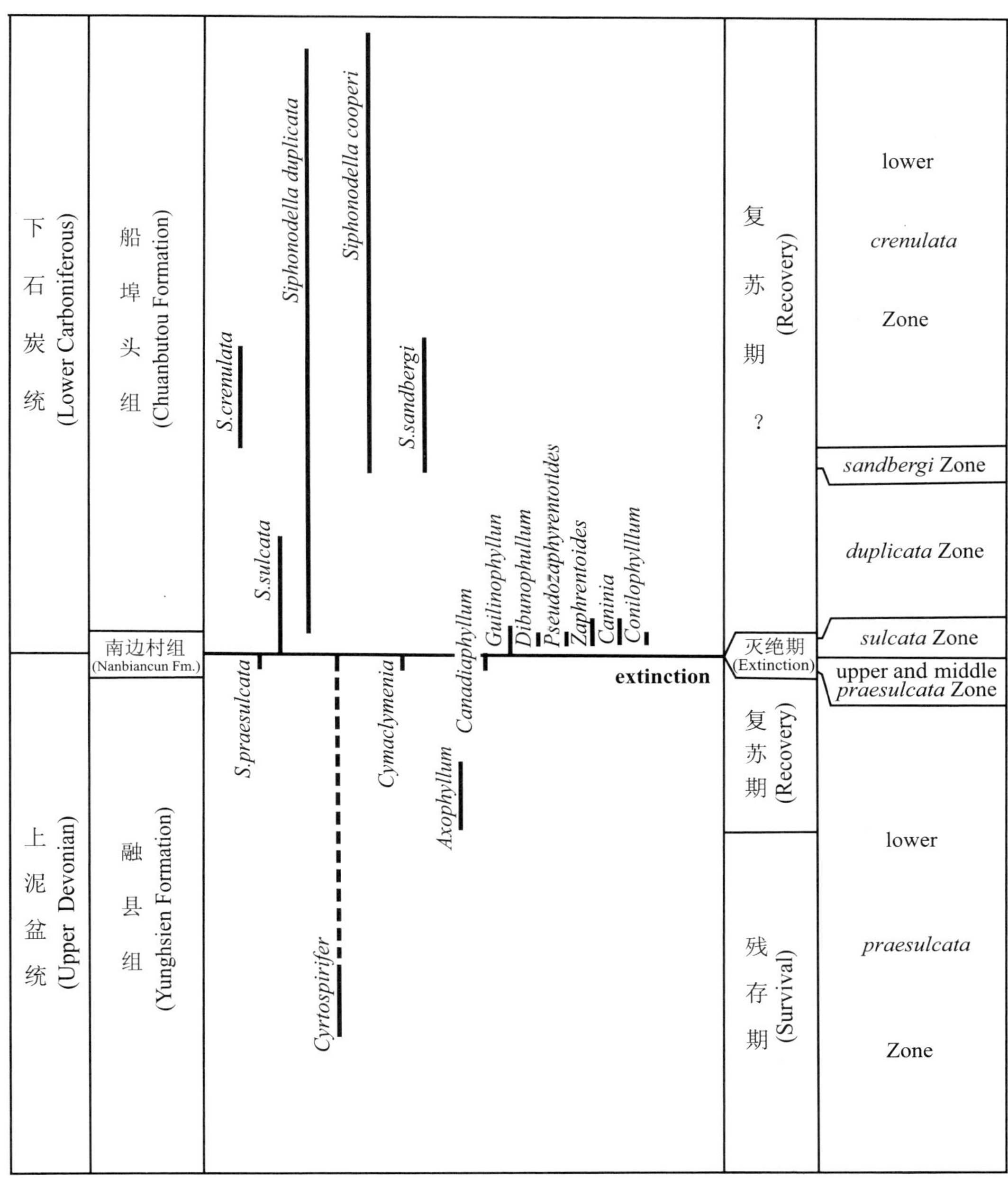


图 3.1.5 广西桂林南边村泥盆-石炭系界线层型剖面珊瑚、牙形类的地层分布(据俞昌民等,1988)
Figure 3.1.5 Stratigraphic distribution of corals and conodonts at Nanbiancun section of Guilin, Guangxi (after Yu *et al.*, 1988)

坡相的 *Palmatolepis-Protognathodus* 动物群的分子。

湖南中部的邵东组、孟公坳组和贵州南部的者王组、革老河组过去长期被置于下石炭统的下部,邵东组和孟公坳组的中、下部以碎屑岩为主,含有丰富的晚泥盆世晚期的标准孢子化石 *Retispora lepidophyta*(卢礼昌,1995;王怿,1996),该种在亚洲、欧洲、北美、南美、澳大利亚等地均产于 Strunian 期的地层中,其地质分布的顶界是石炭系底部牙形类 *sulcata* 带的底界,所以 *R. lepidophyta* 可视为法门晚期的标准化石,因此,王怿主张将邵东组和孟公坳组的中、下部划归上泥盆统。孟

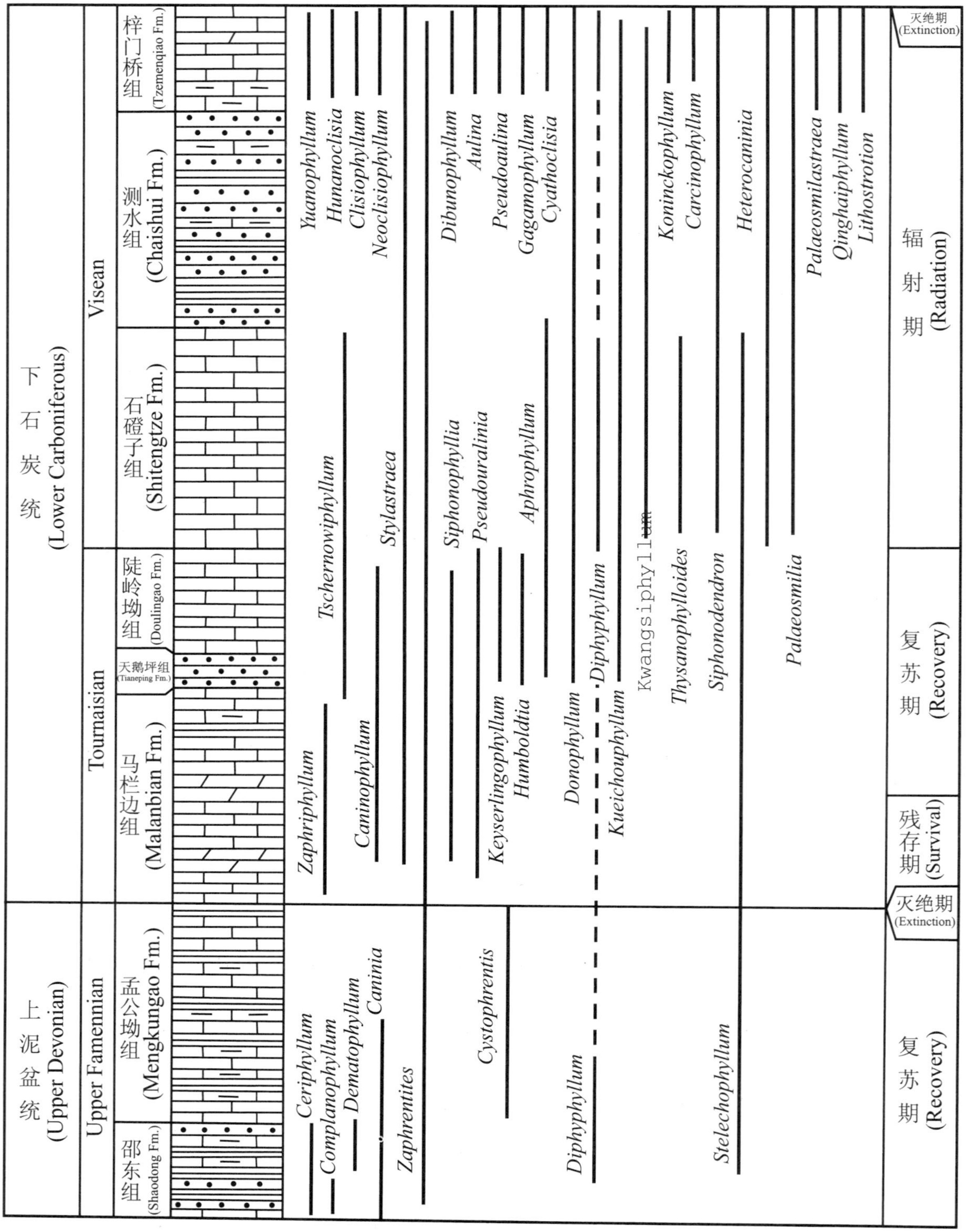

**图 3. 1. 6** 湖南省新邵县田心乡上泥盆统-下石炭统剖面珊瑚化石的分布(据湖南地质矿产局,1988)

Figure 3. 1. 6 Stratigraphic distribution of corals at Tianxin section, Xinshao, Hunan (after Hunan Brueau of Geology and Mineral Resources, 1988)

公坳组的上部以石灰岩为主，富含有孔虫 *Quasiendothyra konensis-Q. kobeitusana* 组合带（王克良，1987），它们是比利时的狄南盆地、俄罗斯的乌拉尔、顿涅茨、奥莫隆以及哈萨克斯坦和吉尔吉斯斯坦等地艾特隆（Etroeungt）层的标准化石，说明湘中孟公坳组的上部也应该划归泥盆系。另外，在黔南革老河组的上部和广西宜山融县组的近顶部也发现了这一有孔虫组合带，表明这些地层之间可以互比，它们均应属于晚泥盆世晚期的沉积。邵东组和孟公坳组或革老河组中的珊瑚都可能是复苏期的产物。

不论是在浅水相还是较深水相，最先开始复苏的都是一些个体较小、骨骼构造比较简单或不是特化类型的单体珊瑚，这些珊瑚适应性强，首先开始复苏。

由于晚泥盆世的 F-F 灭绝规模巨大、影响深远，浅海底栖生物受到了重创，因此紧随其后的残存期也就持续得相当长，一直到法门晚期珊瑚才开始复苏。经历了“灭绝—残存—复苏” 3 个演化阶段之后，本来最后应该向辐射阶段发展，但由于泥盆纪末又发生了一次新的集群灭绝事件（即 D-C 事件），从而中断了其原来的演化进程，使晚泥盆世珊瑚群缺少了最后一个辐射演化阶段。

## 五、晚泥盆世F-F大灭绝事件过程中各种不同类型珊瑚分子的初步分析

珊瑚是一种营底栖固着的海洋生物，它对生活环境的要求比较苛刻，尤其是造礁群体珊瑚，一般生长在 20 m 深度以内、18℃温度以上的浅海潮下带之中，而在潮上带和潮间带是不能生存的。

在 F-F 大灭绝事件中，大多数的浅水相珊瑚，如 *Disphyllum*，*Phillipsastraea*，*Pachyphyllum*，*Frechastraea*，*Haplothecia*，*Wapitiphyllum*，*Iowaphyllum*，*Peneckiella*，*Temnophyllum*，*Mictophyllum*，*Sinodisphyllum*，*Pseudozaphrentis*，*Hunanophrentis* 等属均惨遭灭绝，它们都是灭绝者（victims）。

经过 F-F 大灭绝事件以后，绝大多数的珊瑚都惨遭浩劫，在华南地区法门早、中期（early to middle Famennian）的残存期地层中，只有少数个体不大、骨骼结构不甚复杂、没有特化的珊瑚，如 *Smithiphyllum* 等（属于 Endophyllidae 科中个体较小、骨骼构造比较简单的类型），这类珊瑚对环境的适应性比较强，尚能继续生存下来，目前仅在湖南省道县和隆回县等地的上泥盆统锡矿山组中找到少量标本，因此它是幸存者。

残存期持续了很长的一段时间之后，到了法门期的晚期，珊瑚开始进入复苏阶段，这时在浅水相的邵东组和孟公坳组（湖南）、者王组和革老河组（贵州）、额头村组（广西）以及长滩子组（四川）中都相继出现了不少的珊瑚和层孔虫化石，如 *Complanophyllum*，*Dematophyllum*，*Caninia*，*Ceriphyllum*，*Diphyphyllum*，

*Cystophrentis*,*Beichuanphyllum*,*Neobeichuanophyllum* 等,它们大多数是一些个体细小、结构简单或没有特化的类型,当时海洋环境虽然已经开始有所好转,但还不够理想,但它们对于环境的适应能力比较强,所以最先开始复苏,上述的属种均属于新生类别(debutantes)(图 3.1.7),它们的形态构造与 F-F 事件之前的典型的泥盆纪类型珊瑚有很大的不同,所以它们的祖先是什么还不大清楚。它们当中除少数的属如 *Caninia*,*Diphyphyllum* 外,大多数在泥盆纪末的 D-C 事件中都惨遭灭绝,而且从生物地理分布来看,由于受当时海盆地分割的影响,Strunian 期的浅海相珊瑚大都属于一些地方性的属种,洲际对比性差。而 *Syringopora* 则是复活者(Lazarus taxa),因为该属在中泥盆世早期的地层中比较常见,到了中泥盆世晚期和晚泥盆世早期却很少见及,但至泥盆纪末和早石炭世又能经常看到它。

从珊瑚隔壁微细构造的研究,我们也可得到许多有关 F-F 事件对珊瑚骨骼构造影响的信息。例如,根据日本北海道大学加藤教授(Kato,1963)的研究,泥盆纪珊瑚隔壁的微细构造主要是由晶楣(trabecular septa)组成,见有单晶楣(monoacanthine)和杆晶楣(rhabdacanthine),发育了马蹄形鳞板(horse-shoe dissepiments)。而石炭纪珊瑚隔壁的微细构造则以层纤状(fibro-normal)为主,晶楣虽然仍有见之,但代之以散晶楣型(diffuso-trabecular)和层纤型(fibro-normal type),不少的种属都出现了轴部构造(axial structure)(图 3.1.8)。经过 F-F 事件之后,在晚泥盆世末的复苏期,许多泥盆纪晶楣型的珊瑚消失了,取而代之的是与石炭纪珊瑚相似的层纤型珊瑚。

根据王鸿祯等(1989)的最新研究,泥盆纪 Columnariidae(科)的隔壁由单列细小的晶楣组成,隔壁的轴部为纤状(fibrous)带,两侧为层状(lamellar)带。Stringophyllidae(科)由单列粗的晶楣组成。Disphyllidae(科)的晶楣较粗,往往膨胀成楣凸。而石炭纪的 Caniniidae(科)隔壁的轴部为纤状带,但两侧却为层状带。粗大的晶楣(trabecula)和直长的晶针(needle)是石炭-二叠纪珊瑚的特征。特别需要指出的是 Strunian 期珊瑚隔壁的微细构造主要由平行生长的晶针组成,显然属于石炭纪类型。

在较深水相的法门晚期地层中,也有一大批珊瑚复苏,例如广西宜山峡口融县组的 *praesulcata* 带下部产有许多无鳞板构造的小单体珊瑚,如 *Neaxon*,*Kielcephyllum*,*Prosmilia*,*Ufimia*,*Yishanophyllum*,*Zaphriphyllum* 等,它们的个体很小、骨骼构造非常简单、无鳞板构造,以往人们常将这类无鳞板构造的小型单体珊瑚统称为"*Cyathaxonia* fauna",它们当中,*Neaxon*,*Ufimia* 是复活者,它们在早泥盆世曾经出现过,但后来一度又暂时消失了,到了法门晚期复现,并且还可以延续到石炭纪或二叠纪;而 *Kielcephyllum*,*Prosmilia*,*Yishanophyllum*,*Zaphriphyllum* 等则是从法门晚期才开始兴起的分子,属于新生种,其中,*Yishanophyllum* 还具有一般只在石炭-二叠纪才出现的中轴构造,不过,

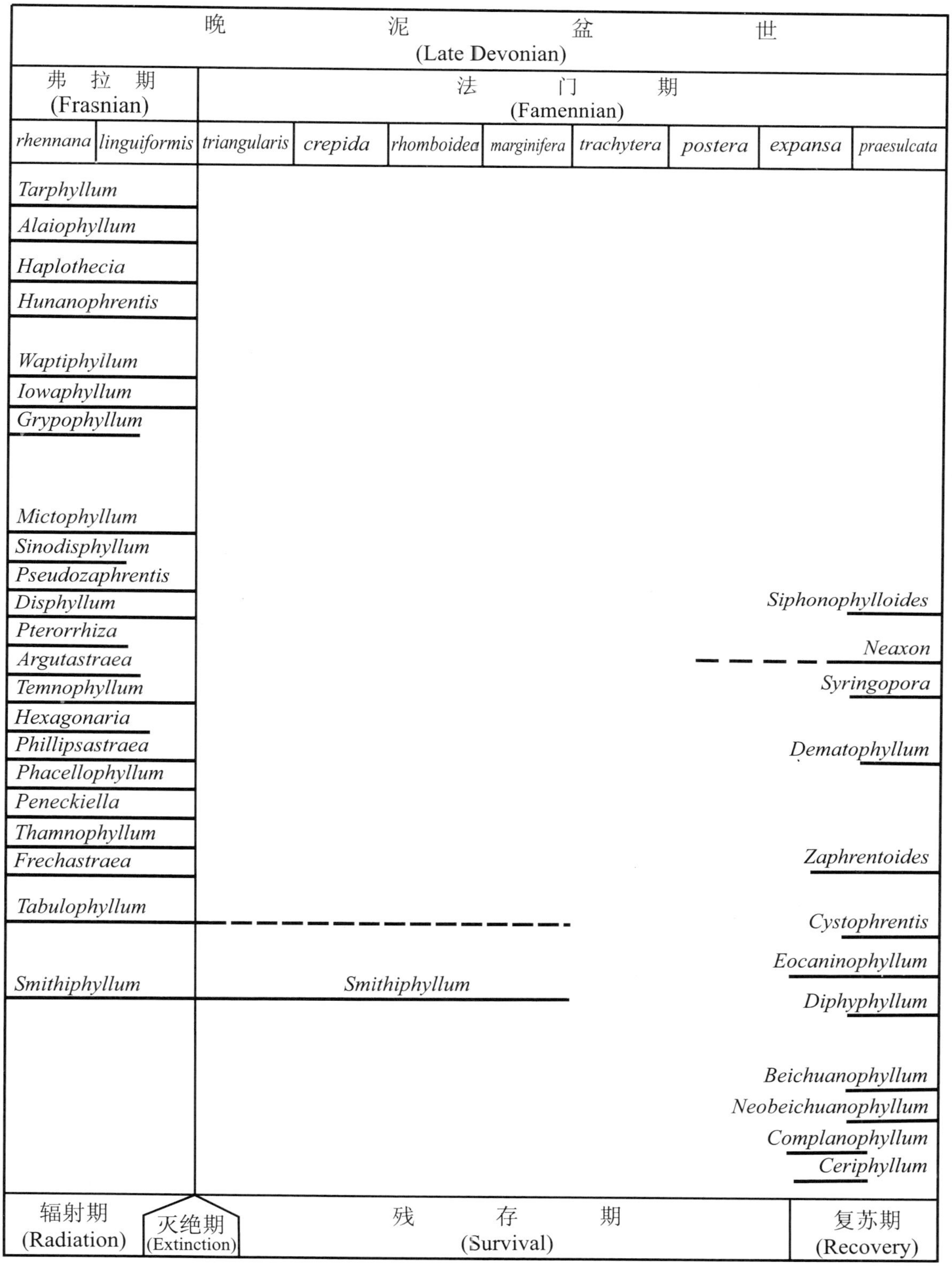

图 3.1.7 华南晚泥盆世 F-F 大灭绝后珊瑚的残存和复苏(据 Liao, 2002 稍作修改)

Figure 3.1.7 Coral survival and recovery after the Late Devonian F-F extinction event in south China (revised from Liao, 2002)

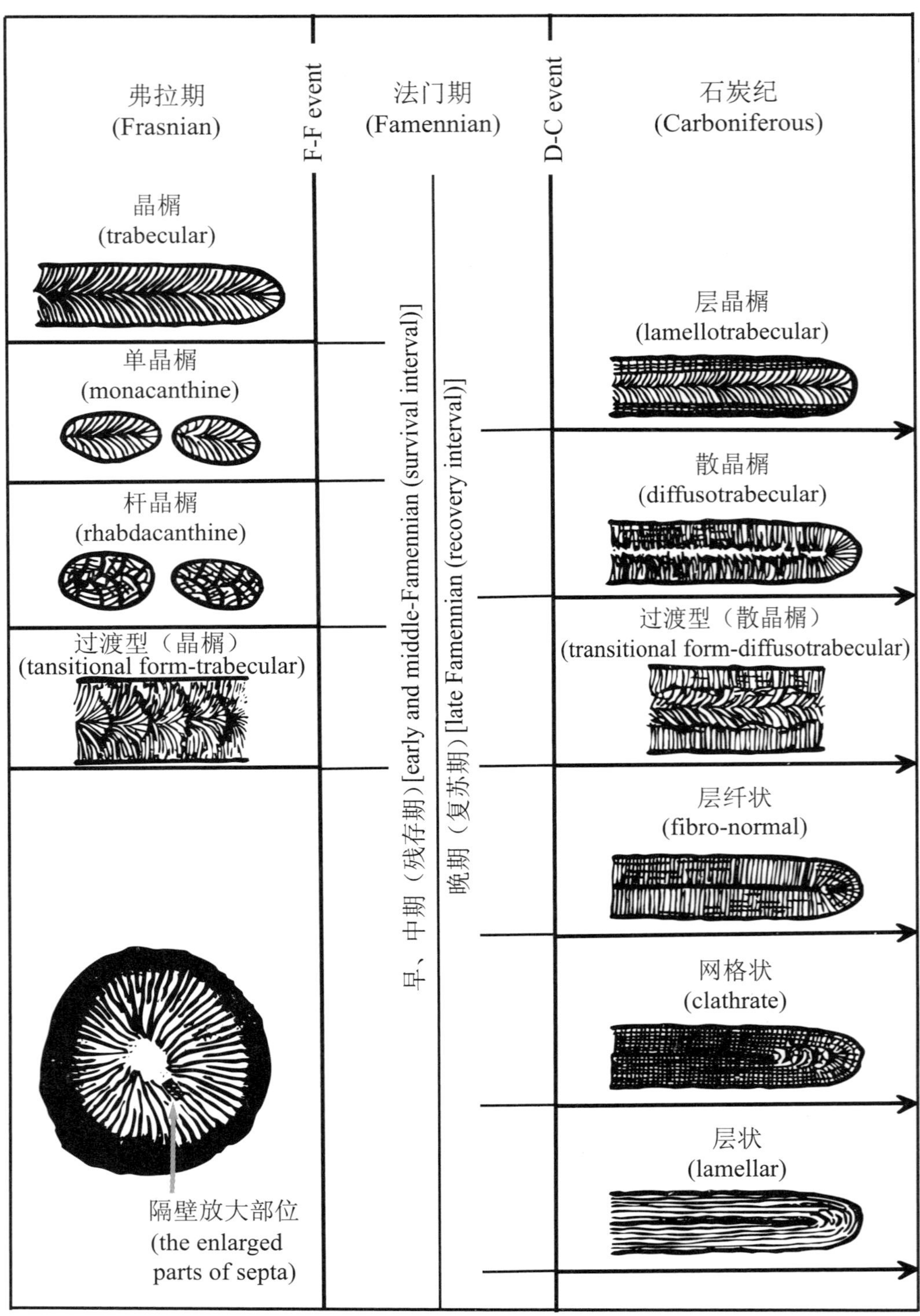


图 3.1.8 泥盆纪和石炭纪珊瑚隔壁微细构造变化示意图

F-F 大灭绝后，泥盆纪法门早期（残存期）珊瑚隔壁微细构造与弗拉期的相同；但法门晚期（复苏期）珊瑚隔壁却与石炭纪的相似

Figure 3.1.8 The septal microstruture of Devonian and Carboniferous corals

The septal microstructures of early Famennian corals are similar to those of Frasnian corals, but the late Famennian are similar to Carboniferous ones.

*Yishanophyllum* 的轴部构造还不十分稳定，属于比较原始的轴部构造类型。

在新疆北部所谓的"避难所"洪古勒楞组中，我们发现一些残存种，如 *Neaxon*，*Tabulophyllum*，*Guerichiphyllum*，*Catactotoechus* 与一些新生种，如 *Amplexus*，*Hebukophyllum*，*Nalivkinella*，*Gorizdonia*，*Honggulasma* 等共生在一起。

## 六、关于 D-C 事件以及石炭、二叠纪珊瑚群的灭绝、复苏和辐射

D-C 灭绝事件（相当于西欧的 Hangenberg event），使不少法门晚期的珊瑚如 *Palaeosmilia aquisgranensis*，"*Clisiophyllum*" aff. *omaliusi*，"*Dibunophyllum*" *praecursor*，*Campophyllum flexuosum* 惨遭厄运（据 Poty，1984）。但这次灭绝事件的规模不及 F-F 灭绝事件那么巨大，所以珊瑚群很快就开始复苏，Tournaisian 中、晚期是它们的复苏期。Visean 则是辐射期，这时珊瑚群不管是在数量上（丰富度）还是在属种数目（分异度）方面都达到空前的繁盛，出现了大量具有复杂的轴部构造和典型朗士德型鳞板的三带型以及双带型和单带型四射珊瑚。但好景不长，后来到了石炭系中间（mid-Carboniferous）的 *Eumorphoceras*-*Homoceras* 菊石带之间，发生了另一次较小的集群灭绝事件（lesser mass extinction event）（Kossovaya，1996），有不少早石炭世珊瑚科（如 Uralinidae，Palaeosmilidae）、亚科（如 Aulophyllinae）、属（如 *Amygdalophyllum*，*Aulina*，*Aulophyllum*，*Clisiophyllum*，*Gangamophyllum*，*Lithostrotion*，*Palaeosmilia*）和种（如 *Zaphrentites paralella*，*Sychnoelasma konincki*，*Palaeosmilia* ex gr. *stutchburgi*，*Siphonodendron irregulare*，*Gangamophyllum boreale*，*Arachnolasma sinensis*，*Lonsdaleia arctica*，*Actinocyathus longiseptata* 等）相继消亡，其中，头两个种是无鳞板构造的单带型小单体珊瑚，第三个种为具鳞板双带型大型单体珊瑚，第四个种则是具鳞板双带型丛状群体珊瑚，最后 4 个种均为具鳞板又具复杂轴部构造的三带型珊瑚（包括了单体、群体和具边缘泡沫板的珊瑚）。但也有一些残存分子如 *Dibunophyllum*，*Caninia*，*Bothrophyllum* 等仍可继续生活下来。例如，早石炭世末期床板珊瑚共有 90 个种，但其中只有 6 个种残存。早石炭世的床板珊瑚 *Syringopora* 也被中石炭世的相关属 *Multithecopora* 所代替。刺毛虫科只有 1 个属 *Chaetetes* 及其 1 个亚属 *Boswellia* 可能残存下来。至 Bashkirian 阶中间的 *Pseudostaffella praegorsky* - *Profusulinella staffelliformis* 䗴带，珊瑚开始复苏并出现了一些新的科（如 Geyerophyllidae，Durhaminidae，Petalaxidae）、新的属（如 *Barytichisma*，*Sterecorypha*，*Stereophrentis*，*Donophyllum*，*Amandophyllum*，*Petalaxis*，*Yakovleviella*，*Pseudotimania*，*Cystolosdaleia* 等）。至 Moscovian 阶中间的 *Fusulinella calaniae*-*F. vozhgalensis*-*F. kamensis* 䗴带，珊瑚开始进入辐射阶段，主要特征是出现了许多星射状的群体珊瑚，这时的珊瑚群不论在其分异度还是在其丰度等方面

都达到了相当的繁盛。但值得指出的是，石炭系中间灭绝事件的残存期、复苏期和辐射期的划分与石炭纪生物地层的 Serpukhovian 阶、Bashkirian 阶、Moscovian 阶的界线并不一致。

Moscovian 与 Kasimovian 之间，许多块状群体 Petalaxidae（科）珊瑚又遭灭绝，这一现象在俄罗斯的莫斯科盆地（Moscow Basin）、乌拉尔山（the Urals）和季曼岭（Timan）北部等地均可发现。残存期比较长，残存分子包括了 *Caninia* 和 *Bothrophyllum* 的一些种。一直到早二叠世的 Asselian 期初才开始复苏，出现一些丛状（fasciculate）珊瑚 *Tshussovskenia*，*Heritschiodes* 和块状（massive colonial）珊瑚 *Stylastraea*，*Kleopatrina* 等。早二叠世的 Sakmarian 中期正式进入辐射期，这时在乌拉尔山和季曼岭等地广泛分布着星射状群体（asteroid colonies）珊瑚。

## 七、F-F 大灭绝事件之前发生的 3 次泥盆纪珊瑚群的更替

关于在 F-F 灭绝事件之前的早、中泥盆世所发生的生物事件，过去人们对它们的注意相对地要少一些。近年来 Oliver（1990）及 Oliver and Pedder（1989，1994）已逐步开展这方面的研究工作，他们统计了全球两大区的 470 个四射珊瑚属，并按阶（stage）进行了统计，计算出新生率（origination rate）、灭绝率（extinction rate）、更替率（turnover rate），并画出各种图表。他们发现 Lochkovian 和 Pragian 都有适度高的灭绝率，而且 Pragian 还有较大的新生率。Eifelian 的灭绝率也比较大，新生率居泥盆纪各阶的第二位。Givetian 晚期在东美大区有很高的灭绝率，从全球范围来说，Givetian 与 Frasnian 珊瑚属的灭绝率几乎相差不大，当然灭绝比例最大的还是在 Frasnian 末期。因此，追溯在 F-F 灭绝事件之前，也曾发生过 3 次泥盆纪珊瑚的灭绝事件，比较明显的要算是 Lochkovian-Pragian 生物事件，它使具志留纪“色彩”的珊瑚被具泥盆纪“特征”的珊瑚所替代。另外两次发生在艾菲尔（Eifelian）中期和吉微期（Givetian）末（Oliver and Pedder，1994）。

Lochkovian-Pragian 灭绝事件使具泥盆纪“特征”的珊瑚取代了具志留纪“色彩”的珊瑚，而 Frasnian-Famennian 灭绝事件又使具有某些石炭纪“特色”的珊瑚取代了具泥盆纪“特征”的珊瑚。真正的泥盆纪“面貌”的珊瑚则是从布拉格期（Pragian）至弗拉期（Frasnian）。因为泥盆最早期（Lochkovian）的珊瑚是具志留纪“色彩”的，而泥盆纪最晚期（Famennian）的珊瑚却具有某些石炭纪的“特色”。在泥盆纪发生的几次生物集群灭绝事件中，Frasnian-Famennian 是影响最大的一次，其次要算 Lochkovian-Pragian 灭绝事件，再其次才算是 mid-Eifelian 事件和 end-Givetian 事件。前者使一些蜂巢珊瑚类的 *Favosites*，*Squameofavosites*，*Dictyofavosites* 和日射珊瑚类的 *Heliolites*，*Pachycanalicula* 等属开始消逝，后者则使泡沫类珊瑚，如 *Cystiphylloides*，*Mesophyllum*，*Calceola* 等属全部绝迹。

Lochkovian-Pragian 事件中不同生物群的更替在时间上有部分是重叠的，而Frasnian-Famennian 灭绝事件使前后两种不同的珊瑚群截然分开。

生物界包括珊瑚在内，在其演化的进程中，灭绝—残存—复苏—辐射，再灭绝、再复苏，周而复始，形成了它们固有的规律，并造就了当今千姿百态的生物世界。

**致　谢**　国家重点基础研究发展规划（G2000077704）和国家自然科学基金（No. 40272005）资助项目；王根贤先生提供个别珊瑚照片，谨此致谢。

## 参考文献

Cao Xuanduo, Zhou Zhiqiang, Zhang Yan, *et al*., 1987. Late Silurian to Devonian stratigraphy and palaeontology in Luqu and Tewo regions of West Qinling Mountians. In: Xi′an Institute of Geology and Mineral Resources, Nanjing Institute of Geology and Palaeontology, Academia Sinica, 1987. Late Silurian-Devonian strata and fossils from Luqu-Tewo area of West Qinling Mountains, China, vol. 1. Nanjing: Nanjing University Press. 1～23 (in Chinese)[曹宣铎，周志强，张研等. 1987. 主要剖面介绍(一)甘肃迭部县当多沟剖面. 见：西安地质矿产研究所，中国科学院南京地质古生物研究所. 1987. 西秦岭碌曲、迭部地区晚志留世与泥盆纪地层古生物(上册). 南京：南京大学出版社. 1～23]

Copper P. 1986. Frasnian/Famennian mass extinction and cold water oceans. Geology, 14: 835～839

Hou Hongfei (chief-in-editor), Wan Zhengquan, Xian Siyuan (vice chief-in-editor). 1988. Devonian Stratigraphy, Paleontology and Sedimentary Facies of Longmenshan, Sichuan. Beijing: Geological Publishing House. 1～487 (in Chinese with English Summary) [侯鸿飞(主编)，万正权，鲜思远(副主编). 1988. 四川龙门山地区泥盆纪地层古生物及沉积相. 北京：地质出版社. 1～487]

House M R. 1985. Correlation of mid-Palaeozoic ammonoid evolutionary events with global sedimentary perturbations. Nature, 313: 17～22

Hunan Bureau of Geology and Mineral Resources. 1988. Regional geology of Hunan Province. Beijing: Geological Publishing House. 100～134 (in Chinese with English summary)[湖南省地质矿产局，1988. 湖南省区域地质志. 北京：地质出版社，100～134]

Kato M. 1963. Fine skeletal structures in Rugosa. Journal of the Faculty of Science Hokkaido University, Ser. 4 (geology and mineralogy), 11(4): 571～630

Kerr R A. 1994. Who profits from ecological disaster? Science, 266: 28～30

Kossovaya O L. 1996. The mid-Carboniferous rugose coral recovery. In: Hart M B, ed. Recovery from mass extinction event. Geological Society Special Publication(London), 102: 187～199

Liao Weihua. 1997. On Devonian Lochkovian and Famennian coral faunas. Acta Palaeontologica Sinica, 36(2): 143～150(in Chinese with English summary)[廖卫华. 1997. 泥盆纪最早期和最晚期珊瑚群研究的进展——兼论泥盆纪珊瑚的灭绝、复苏及底栖组合. 古生物学报，36(2): 143～150]

Liao Weihua. 2002. Biotic recovery from the Late Devonian F-F mass extinction event in China. Science in China (Series D), 45(4): 380～384 [廖卫华. 2001. 中国晚泥盆世 F-F 生物集群灭绝事件及其后的生物复苏的研究. 中国科学(D 辑)，31(8): 663～667]

Liao Weihua, Cai Tuci. 1987. Sequence of Devonian rugose coral assemblages from northern Xinjiang. Acta Palaeontologica Sinica, 26(6): 689～707(in Chinese with English abstract)[廖卫

华,蔡土赐. 1987. 新疆北部泥盆纪四射珊瑚组合序列. 古生物学报,26 (6): 689～707]

Lu Lichang. 1995. Miospores from Shaodong Member at Jieling section of Hunan, China and their geological age. Acta Palaeontologica Sinica, 34(1): 40～52 (in Chinese with English abstract) [卢礼昌. 1995. 湖南界岭邵东段小孢子及其地质意义. 古生物学报,34(1): 40～52]

Lu Lichang, Wicander R. 1988. Upper Devonian acritarchs and spores from the Hongguleleng Formation, Hefeng district in Xinjiang, China. Revista Española de Micropaleontologia. 20(1): 109～148

McLaren D J. 1982. Frasnian-Famennian extinction. In: Silver L T, Schultz P H, eds. Geological Implications of large asteroids and comets on the Earth. The Geological Society of America, Special Paper, 190: 477～484

Oliver W A, Jr. 1990. Extinctions and migrations of Devonian rugose corals in the Eastern American Realm. Lethaia, 23: 167～178

Oliver W A, Jr, Pedder A E H. 1989. Origins, migrations, and extinctions of Devonian Rugosa on the North American Plate. Memoir of the Association of Australasian Palaeontologists, 8: 231～237

Oliver W A, Jr, Pedder A E H. 1994. Crises in the Devonian history of the rugose corals. Paleobiology, 20(2): 178～190

Paris F, Girard C, Feist R, Winchester-Seeto T. 1996. Chitinozoan bio-event in the Frasnian-Famennian boundary beds at La Serre (Montagne Noire, Southern France). Palaeogeography, Palaeoclimatology, Palaeoecology, 121: 131～145

Poty E. 1984. Rugose corals at the Devonian-Carboniferous boundary. Courier Forschungs-Institut Senckenberg, 67: 29～35

Poty E. 1986. Late Devonian to early Tournaisian rugose corals. Annales de la Sociétégéologique de Belggique, T. 109: 65～74

Poty E. 1999. Famennian and Tournaisian recoveries of shallow water Rugosa following late Frasnian and late Strunian major crises, southern Belgium and surrounding areas, Hunan (South China) and the Omolon region (NE Siberia). Palaeogeography, Palaeoclimatology, Palaeoecology, 154: 11～26

Poty E, Xu Shaochun. 1996. Rugosa from the Devonian-Carboniferous transition in Hunan, China. In: Coen M, Hance L, Hou H F, eds. Papers on the Devonian-Carboniferous transition beds of central Hunan, South China. Memoires de l'Institut Geologique de l' Universite de Louvain, Tome 36: 89～139

Regional Geological Surveying Party of Hunan Province, ed. 1987. The Late Devonian and Early Carboniferous strata and palaeobiocoenosis of Hunan. Beijing: Geological Publishing House. 1～231(in Chinese with English summary)[湖南省区域地质调查队. 1987. 湖南晚泥盆世和早石炭世地层和古生物群. 北京:地质出版社. 1～231]

Rong Jiayu, Fang Zongjie, Liao Weihua. 2000. Preliminary study on mass extinction and recovery of marine invertebrates in South China. Proceeding of the 2000' Cross-Strait Symposium on Biodiversity and conservation. Taichung: "National Museum of Natural Science". 459～473 (in Chinese with English abstract)[戎嘉余,方宗杰,廖卫华. 2000. 华南史前海洋生物大灭绝与复苏之初探. 2000年海峡两岸生物多样性与保育研讨会论文集. 中国台中:"国立自然科学博物馆印". 459～474]

Sorauf J E. 1989. Rugosa and the Frasnian-Famennian extinction event: a progress report. Memoir of Association of Australasian Palaeontologists, 8: 327～338

Sorauf J E, Pedder A E H. 1986. Late Devonian rugose corals and the Frasnian-Famennian crisis. Canadian Journal of Earth Sciences, 23(9): 1 265～1 287

Stanley S M. 1984. Temperature and biotic crises in the marine realm. Geology, 12: 205～208

Tappen, H. 1980. The paleobiology of plant protists. In: Freeman W H, San Fransisco Walliser O H. 1985. Natural boundaries and commission boundaries in Devonian. Courier Forschungs-

Institut Senckenberg, 75:401～408

Walliser O H. 1985. Natural boundaries and Commission boundaries in the Devonian. Courier Forschungsinstitut Senckenberg, 75:401～407

Wang Genxian, Zuo Zibi. 1983. The distribution and age basis of tetracoralalla of Famennian stage in Hunan. Hunan Geology, 2(1): 54～63(in Chinese with English abstract)[王根贤,左自壁. 1983. 湖南法门期四射珊瑚的分布和时代依据. 湖南地质, 2(1): 54～63]

Wang Hongzhen, He Xinyi, Chen Jianqiang, *et al*. 1989. Classification, Evolution and Biogeography of the Palaeozoic corals of China. Beijing: Science Press. 1～391(in Chinese with English summary)[王鸿祯,何心一,陈建强等著. 1989. 中国古生代珊瑚分类演化及生物古地理. 北京:科学出版社. 1～391]

Wang K, Bai S L. 1988. Faunal changes and events near the Frasnian-Famennian boundary of South China. In:McMillan N J, Embry A F,Glass D J, eds. Devonian of the World, vol. Ⅲ: 71～78

Wang Keliang. 1987. On the Devonian-Carboniferous boundary based on foraminiferal fauna from South China. Acta Micropalaeontologica Sinica, 4(2): 161～177(in Chinese with English abstract)[王克良. 1987. 从有孔虫动物群论华南泥盆-石炭系之分界. 微体古生物学报,4(2): 161～177]

Wang Yi. 1996. Miospore assemblages from the Shaodong and Mengkung'ao Formation at Xikuangshan, central Hunan with discussion on Devonian-Carboniferous boundary. Acta Micropalaeontologica Sinica, 13(1): 13～42(in Chinese with English abstract)[王怿. 1996. 湘中锡矿山邵东组和孟公坳组孢子组合——兼论泥盆-石炭系界线. 微体古生物学报, 13(1): 13～42]

Wilde P, Berry W B N. 1984. Destabilization of the oceanic density structure and its significance to marine "extinction" events. Palaeogeography, Palaeoclimatology, Palaeoecology, 48:143～162

Wu Wangshi, Liao Weihua, 1988. Some Famennian rugose corals from Yishan, Guangxi. Acta Palaeontologica Sinica, 27(3): 269～277(in Chinese with English abstract)[吴望始,廖卫华. 1988. 广西宜山法门期珊瑚. 古生物学报,27(3): 269～277]

Wu Wangshi, Zhao Jiamin, Jiang Shuigen. 1981. Corals from the Shaodong Formation (Etroeungt) of South China. Acta Palaeontologica Sinica, 21(1): 1～14(in Chinese with English abstract)[吴望始,赵嘉明, 姜水根. 1981. 华南地区邵东组的珊瑚化石及其地质时代. 古生物学报,21(1): 1～14]

Xia Fengsheng. 1996. New knowledge on the age of Hongguleleng Formation in northwestern margin of Junggar basin, northern Xinjiang. Acta Micropalaeontologica Sinica, 13(3): 143～151(in Chinese with English abstract)[夏凤生. 1996. 新疆准噶尔盆地西北缘洪古勒楞组时代的新认识. 微体古生物学报,13(3): 143～151]

Xu Hankui, Cai Chongyang, Liao Weihua, Lu Lichang. 1990. Hongguleleng Formation in western Junggar and the boundary between Devonian and Carboniferous. Journal of Stratigraphy, 14(4): 292～301(in Chinese with English abstract)[许汉奎,蔡重阳,廖卫华,卢礼昌. 1990. 西准噶尔洪古勒楞组及泥盆-石炭系界线. 地层学杂志,14(4): 292～301]

Yu Changmin, Wang Chengyuan, Ruan Yiping, Ying Baoan, Li Zhenliang, Wei Weilie. 1988. Journal of Stratigraphy, 12(2):104～111[俞昌民,王成源,阮亦萍,殷保安,李镇梁,韦炜烈. 1988. 广西桂林一个合乎要求的泥盆-石炭系界线层型剖面. 地层学杂志,12(2):104～111]

Zhao Zhixin, Wang Chengyuan. 1990. Age of the Hongguleleng Formation in the Junggar Basin of Xinjiang. Journal of Stratigraphy. 14(2): 145～146(in Chinese with English abstract)[赵治信, 王成源. 1990. 新疆准噶尔盆地洪古勒楞组的时代. 地层学杂志,14(2): 145～146]

## 图版说明

### 图 版 3.1.1

本图版的珊瑚标本均产自湖南省冷水江市锡矿山老江冲剖面 Frasnian 阶最顶部的一层含珊瑚化石灰岩中。薄片存放在中国科学院南京地质古生物研究所标本室。

图 1～6 *Disphyllum cylindricum* (Sun)

1,5,6 横切面×3；2,3,4 纵切面 ×3 登记号:133157a～f

图 7～10 *Mictophyllum zhuzhouense* Jiang

7,8,9 横切面×2；10 纵切面 ×2 登记号:133158a～d

图 11～13 *Pseudozaphrentis* ? sp.

11,12 横切面×2 登记号:133159a～b

13 纵切面×2 登记号:133160

### 图 版 3.1.2

图 1～10 的珊瑚标本产自湖南省冷水江市锡矿山老江冲剖面 Frasnian 阶最顶部(大灭绝事件发生之前)的一层含珊瑚化石灰岩中。薄片保存在中国科学院南京地质古生物研究所标本室。

图 11～16 的珊瑚照片由王根贤先生友情提供,薄片保存在湖南省地质研究所,标本产自湖南省隆回县石义杨家和道县拐子井 Famennian 阶下部(大灭绝事件之后的残存期)的锡矿山组中。

图 17～29 的珊瑚标本分别产自广东省韶关、湖南省邵东 Famennian 阶顶部(复苏期)的孟公坳组中,薄片保存在中国科学院南京地质古生物研究所标本室。

图 1～3 *Disphyllum* sp. 1

1,2,3 横切面 ×3 登记号:133161a～c

图 4～5 *Disphyllum* sp. 2

4 横切面 ×3；5 纵切面 ×3 登记号:133162a～b

图 6～7 *Disphyllum* sp. 3

6 横切面 ×3；7 纵切面 ×3 登记号:133163a～b

图 8～10 Gen. et sp. indet.

8～10 横切面 ×3 登记号:133164a～c

图 11～14 *Smithiphyllum sinense* Wang and Zuo

11 横切面 ×3 登记号:Hc0071

12,13 横切面×3;14 纵切面×3 登记号:Hc0069(正模)

图 15,16 *Smithiphyllum longhuiense* Wang and Zuo

15 横切面×3；16 纵切面×3 登记号:Hc0077(正模)

图 17～20 *Cystophrentis kolaohoensis* Yu

17～19 横切面 ×2；20 纵切面 ×2 登记号:127464a～d

图 21～29 *Cystophrentis kolaohoensis* Yu

21～29 横切面 ×2 登记号:127465a～c,h～k

图版 3.1.1

图版 3.1.2

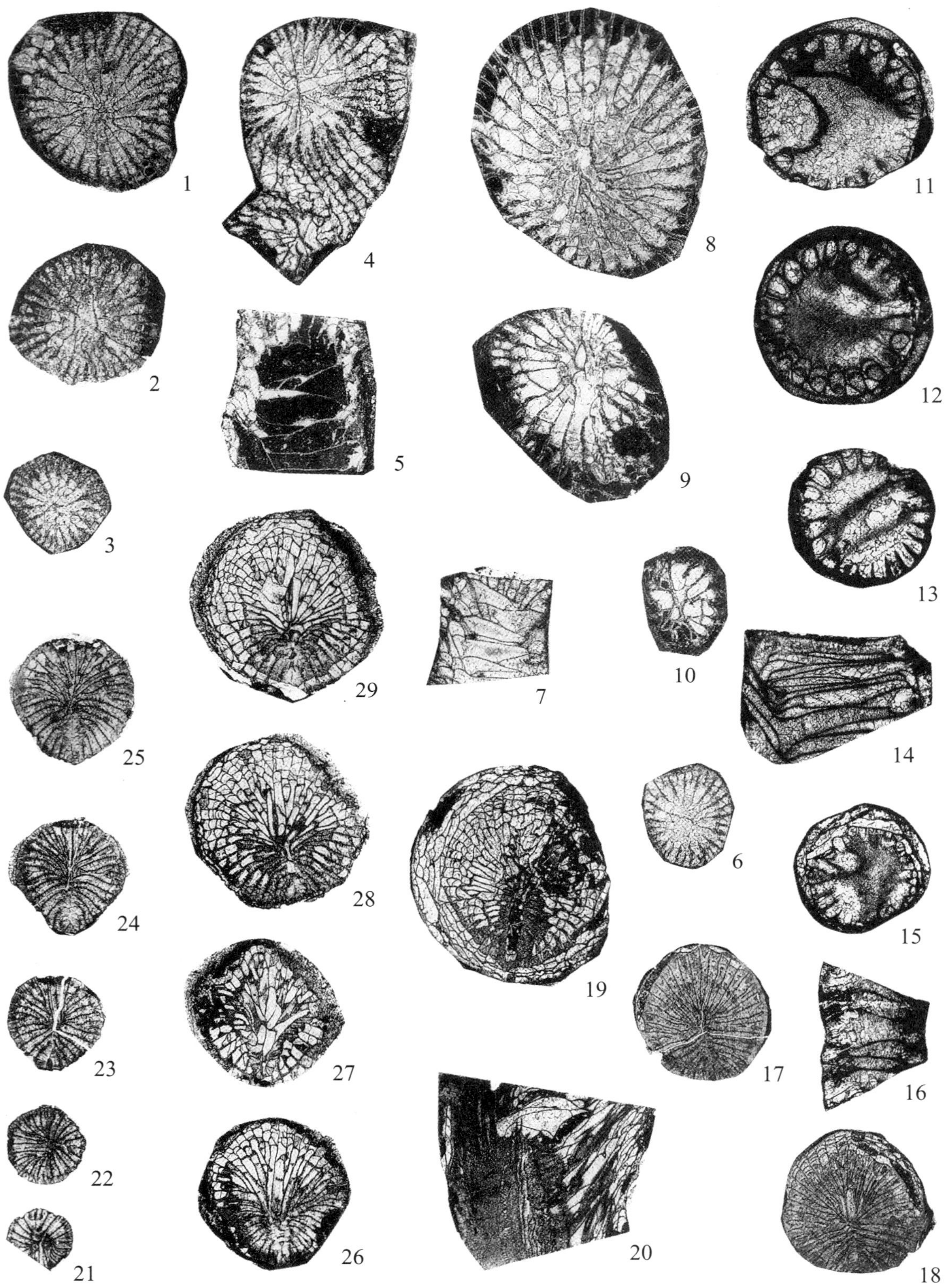

第二节

# 华南桂林地区泥盆纪弗拉期-法门期之交牙形刺的集群灭绝及其后的复苏

王成源 cywang@nigpas.ac.cn
中国科学院南京地质古生物研究所
南京市北京东路39号,210008
Willi Ziegler
Forschungsinstitut Senckenberg,
Senckenberganlage 25,
D-60325, Frankfurt/Main, Germany

王成源,Willi Ziegler. 2004. 华南桂林地区泥盆纪弗拉期-法门期之交牙形刺的集群灭绝及其后的复苏. 见:戎嘉余,方宗杰主编. 生物大灭绝与复苏——来自华南古生代和三叠纪的证据. 合肥:中国科学技术大学出版社. 281～316,1053

**摘要**

牙形刺对F-F事件中生物的集群灭绝与复苏的研究是很重要的。广西桂林龙门和垌村剖面是研究华南F-F事件中牙形刺集群灭绝及其后复苏的最好的2个剖面。牙形刺的集群灭绝发生在Frasnian最晚期(*linguiformis*带的晚期),是逐步(多幕式)发生的,时限很短,可能小于15 000年,而且是全球性的。可以识别出牙形刺集群灭绝的4个步骤(幕):①*Palmatolepis ederi*, *Pal. eureka* 和 *Pal. rhenana rhenana* 的灭绝;② *Palmatolepis linguiformis* 的灭绝;③ *Palmatolepis subrecta*, *Pal. rhenana nasuta* 和 *Pal. gigas extensa* 的灭绝;④仅存在少量的 *Palmatolepis praetriangularis* 和 *Icriodus alternatus* 的分子。牙形刺的集群灭绝速率是很高的。Frasnian期和 *linguiformis* 带的早、中期,*Palmatolepis* 属内某些种的灭绝均属正常的背景灭绝(backgroud extinction),不属于集群灭绝的范畴。*Palmatolepis* 的种,在 *linguiformis* 带之前的Frasnian期,平均每50 Ma有一个种灭绝,在 *linguiformis* 带的早、中期,平均每15万年灭绝一个种,而在 *linguiformis* 带晚期的集群灭绝期间,平均每1 200年就有一个种或亚种灭绝。在世界其他地方同样表现出相似的模式。牙形刺集群灭绝的原因有多种假说。地外撞击、海平面下降和缺氧事件可能是诱发F-F事件的主因。牙形刺的复苏在Famennian最早期,以 *Palmatolepis triangularis* 的首次出现为标志。估计牙形刺的复苏期远远小于0.5 Ma,可能小于0.35 Ma。在复苏期,*Palmatolepis* 种或亚种的复苏速率也很高,平均每0.05～0.1 Ma出现一个种或亚种。底栖生物(如珊瑚)的复苏期很长,大约为9 Ma,直到 *expansa* 带至 *praesulcata* 带才开始复苏。在华南牙形刺的独立的残存期的确定还存在问题。*Pal. linguiformis* 灭绝之后至 *Pal. triangularis* 出现之前的一段时间间隔,有可能属残存期。*triangularis* 带中、下部全部归属牙形刺的复苏期,可识别出复苏的5个步骤:① *Palmatolepis triangularis* 的首次出现;② *Pal. delicatula delicatula* 的首次出现;③ *Pal. protorhomboidea* 的首次出现;④*Pal. delicatula platys* 的首次出现;⑤在 *Pal. triangularis* 带中、下部,*Icriodus* 分子的迅速增加。从 *triangularis* 带上部开始,即从 *Pal. minuta* 首次出现,牙形刺的演化进入辐射期。*Plamatolepis* 的复苏机制,可以相信Schülke(1997)提出的假说,即 *Palmatolepis praetriangularis* 通过幼型持续成种而形成 *Pal. triangularis*。*Pal. praetriangularis* 是危机先驱分子(crisis progenitor taxa),对浮游相区牙形刺的复苏至关重要。*Icriodus alternatus*, *I. praealternatus*, *I. deformatus asymmetricus* 也是危机先驱分子,对浅水相区牙形刺的复苏最为重要。F-F事件后,华南并未发现避难分子和复活分子。*Polygnathus* 和 *Icriodus* 的某些种是生态广适分子(ecological generalists)。

**关键词**

F-F事件　集群灭绝　复苏
牙形刺　龙门　垌村　华南

显生宙五大集群灭绝事件的研究中，晚泥盆世 F-F 事件中生物集群灭绝的研究相对较好，现在 Famennian 期各类化石的残存与复苏的研究，更引起人们的注意。高分辨率的生物地层与正确的生物分类是生物灭绝与复苏研究的基础。泥盆纪的高分辨率的生物年代地层学，为全球泥盆系地层的精确对比提供了坚实的基础，而 Ziegler 和 Sandberg(1994)提出的谱系带(phylogenetic zone)使泥盆纪牙形刺生物地层更加精确，更利于全球对比。在目前，标准的晚泥盆世牙形刺分带，远比层序地层、图解对比或按居群所确定的没有演化关系而交替叠置的化石带(Dzik，1997；Klapper，1988)要有效、有用得多。晚泥盆世牙形刺的分带和分类在地质界是广为人知的。几乎所有涉及 F-F 集群灭绝与复苏的各门类化石的研究，都要与晚泥盆世的标准牙形刺带进行对比。由此，可以认为 F-F 事件中牙形刺的集群灭绝与复苏的研究是很重要的。

F-F 事件中的集群灭绝曾是 20 世纪 70 年代和 80 年代的热门话题(McLaren，1970，1982，1985；Ziegler，1984；Johnson *et al.*，1985；McLaren and Orchard，1987；Ji，1989)。90 年代生物复苏的研究又成为主要话题，但是只有很少的文章谈及 F-F 界线层中牙形刺的复苏(Cejchan and Hladil，1996；Girard and Renaud，1998；Hladil *et al.*，1994；Schindler，1990a，1990b，1993；Schülke，1998a，1998b)。目前，还没有一篇文章论述华南 F-F 集群灭绝后牙形刺的复苏。本节的目的，就是要为华南 F-F 牙形刺集群灭绝后的复苏提供一些具体的实例，并讨论牙形刺 F-F 集群灭绝与复苏的规律和机制。

## 一、研究的剖面

为建立华南 Frasnian 期牙形刺的标准分带，Wang(1994)曾描述广西的 4 个剖面，由此，Frasnian 期的牙形刺标准分带在华南得到确认。为研究 F-F 事件中牙形刺的集群灭绝与复苏，王成源于 1997 年春又在这 4 个剖面进行了采集，主要集中采集 F-F 界线层，即 *linguiformis* 带和 *triangularis* 带的牙形刺。但是 1997 年 9 月至 11 月，王成源在德国森根堡博物馆研究这 4 个剖面的牙形刺后意识到，进一步补充采集很有必要。1998 年 3 月，王成源在垌村和龙门剖面进行了野外工作，在龙门剖面挖了一个短的探槽(L19-z8 和 L19-z9 之间)(图 3. 2. 2a)，在探槽中取了 21 个样；在垌村剖面同样进行了补充取样，在 D19-8s 之上取了 29 个样(749 cm 厚)。在 1999 年 10 月和 2000 年 1 月，对垌村、龙门剖面又进行了 2 次取样，至此，F-F 界线终于得到精确的确定。垌村、龙门两剖面为华南 F-F 牙形刺的集群灭绝和复苏研究提供了良好的基础。在桂林白沙镇附近的白沙剖面也进行了 2 次取样。此项研究的化石资料来自 5 个剖面，但本节 F-F 牙形刺的集群灭绝与复苏研究，主要依据是经过5次取样的龙门、垌村两个剖面。付合剖面较短，海平面变化太快，而且没有发现 *linguiformis*；德保四红山剖面含有很多再沉积的牙形刺；白沙剖面正是在F-F界线层，有层间断层，也不适合F-F界线和牙形刺灭绝与复苏的研究。

**1. 垌村剖面**

垌村剖面位于阳朔县的西北方，距杨堤7 km的垌村附近，这个剖面最早由王成源(Wang，1994)描述，但当时采样的最高层仅及 *linguiformis* 带。Becker 和 House(1998)推荐垌村剖面为上 Frasnian 亚阶底界的潜在的层型剖面之一(以 *semichatovae* 的海进为准)。1997年至2000年5次在垌村剖面共采集了112个牙形刺样品。*linguiformis* 带在垌村剖面厚为2 398 cm。早 *triangularis* 带始于 D20-48 的底，中 *triangularis* 带以 D20-57 的底界为准，厚58 cm，晚 *triangularis* 带始于 D20-60 之底，岩层厚341 cm。垌村剖面全部由灰色、暗灰色薄层、中厚层灰岩组成。D20-46 层厚仅9 cm，由很薄的暗色的11层瘤状灰岩组成。这层可能相当于"上 KW 层"(Upper Kellwasser Horizon)的下部(图3.2.1a)。

F-F界线在垌村剖面可以得到精确的确定。牙形刺的集群灭绝清楚地显示出逐步发生的特征。牙形刺的集群灭绝和复苏的时间间隔同样可依据牙形刺带和岩层的厚度比例估算出来。

Wang(1994，Text-figs. 3，4)曾将此剖面的相关地层与典型地区的榴江组对比。但是典型的榴江组主要由硅质页岩组成，夹有一些灰岩透镜体。垌村剖面主要由灰色的薄层灰岩组成，应当归入谷闭组。谷闭组的标准剖面在广西横县六景，由邝国敦等(1989)命名，代表地台边缘和斜坡相沉积，含有非常丰富的浮游生物，特别是牙形刺。此剖面的最大特点之一，是在F-F界线之下的地层均以 *Palmatolepis* 为主，只含有非常少的 *Icriodus*，*Ancyrognathus* 和 *Ancyrodella*，是典型 Palmatolepid 牙形刺生物相。但是在 Frasnian 的最高层位，就在F-F界线之下 *Icriodus* 的分子突然增加，表明沉积盆地的迅速变浅。

**2. 龙门剖面**

龙门剖面位于广西阳朔县高寨田乡东2 km龙门村的金鸡山。此剖面最早由 Wang(1994)描述，完全由灰岩组成，含有丰富的牙形刺，Frasnian 期的标准牙形刺分带可以在此剖面上得到确认(Wang，1994，Text-fig. 5)。

为研究牙形刺的复苏，牙形刺的采集主要集中于19层和20层，即 *rhenana* 带顶部至 *triangularis* 带上部。可惜的是，在样品 L19-z8 和 L19-z9 之间(见图3.2.2b)有190 cm的覆盖，正好位于早 *triangularis* 带内。1998年3月在此挖了一个探槽，在 L19-z8 与 L19-z9 之间取了21个样品，探槽的地层几乎全部是由薄层灰岩组成的。但是在岩性上，有两层是值得注意的。探槽下部有一层13 cm厚的黑色薄层或瘤状灰岩，含有较多的有机质或泥质(L19-z8c～L19-z8f，图3.2.2a)，

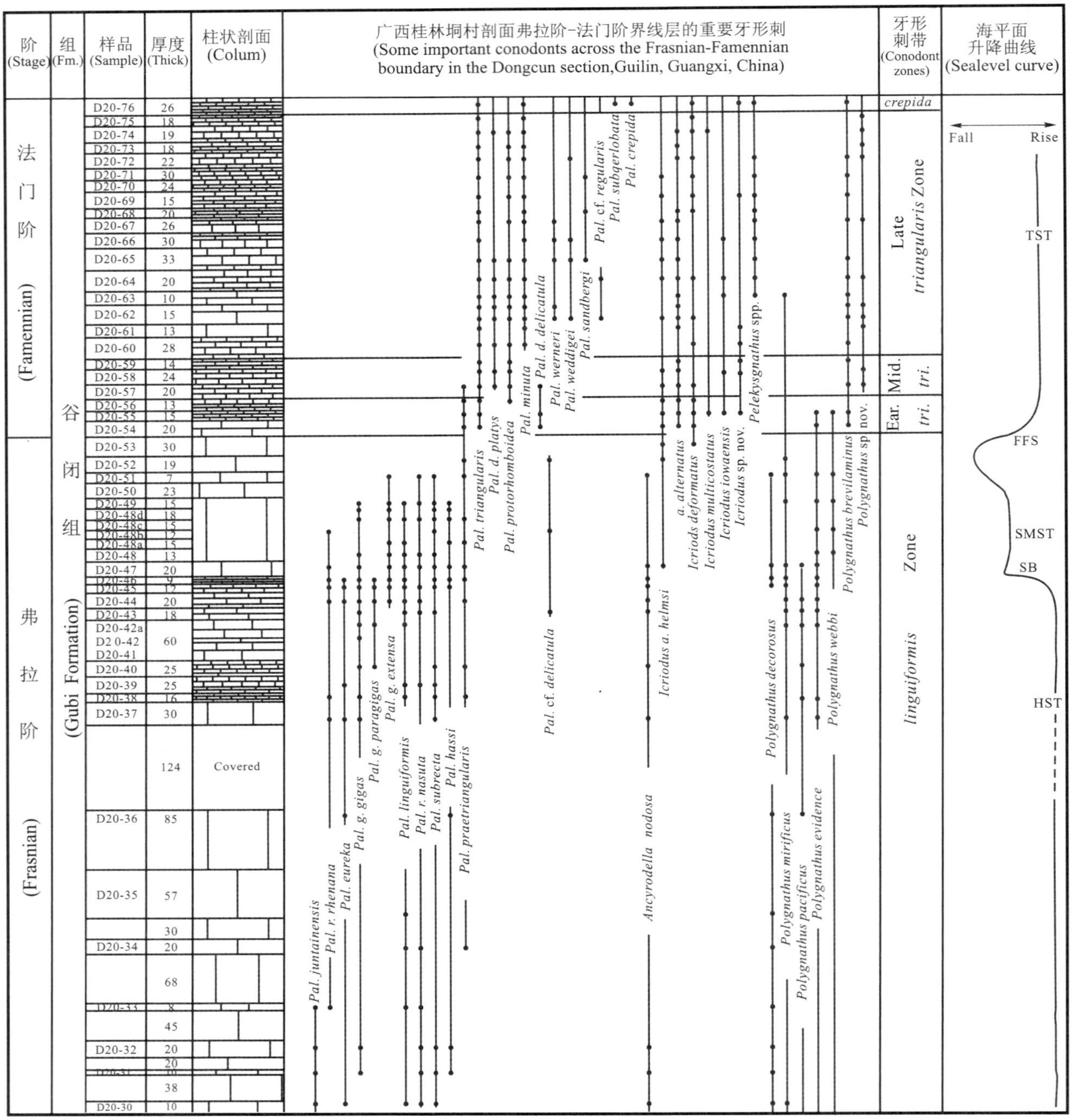

图 **3.2.1a** 垌村剖面 **F-F** 界线层位的柱状图及牙形刺的分布。集群灭绝逐步发生在 ***linguiformis*** 带顶部，复苏在 ***triangularis*** 带的中、下部(改自 Wang and Ziegler，2002：464，插图 1a)。

Figure 3.2.1a Columnar section across the F-F boundary beds and conodont distribution in the Dongcun section. The mass extinction occurred in stepwise in the latest *linguiformis* Zone, recovery in the Early-and Middle *triangularis* Zone (revised from Wang and Ziegler, 2002: 464, text-fig. 1a)

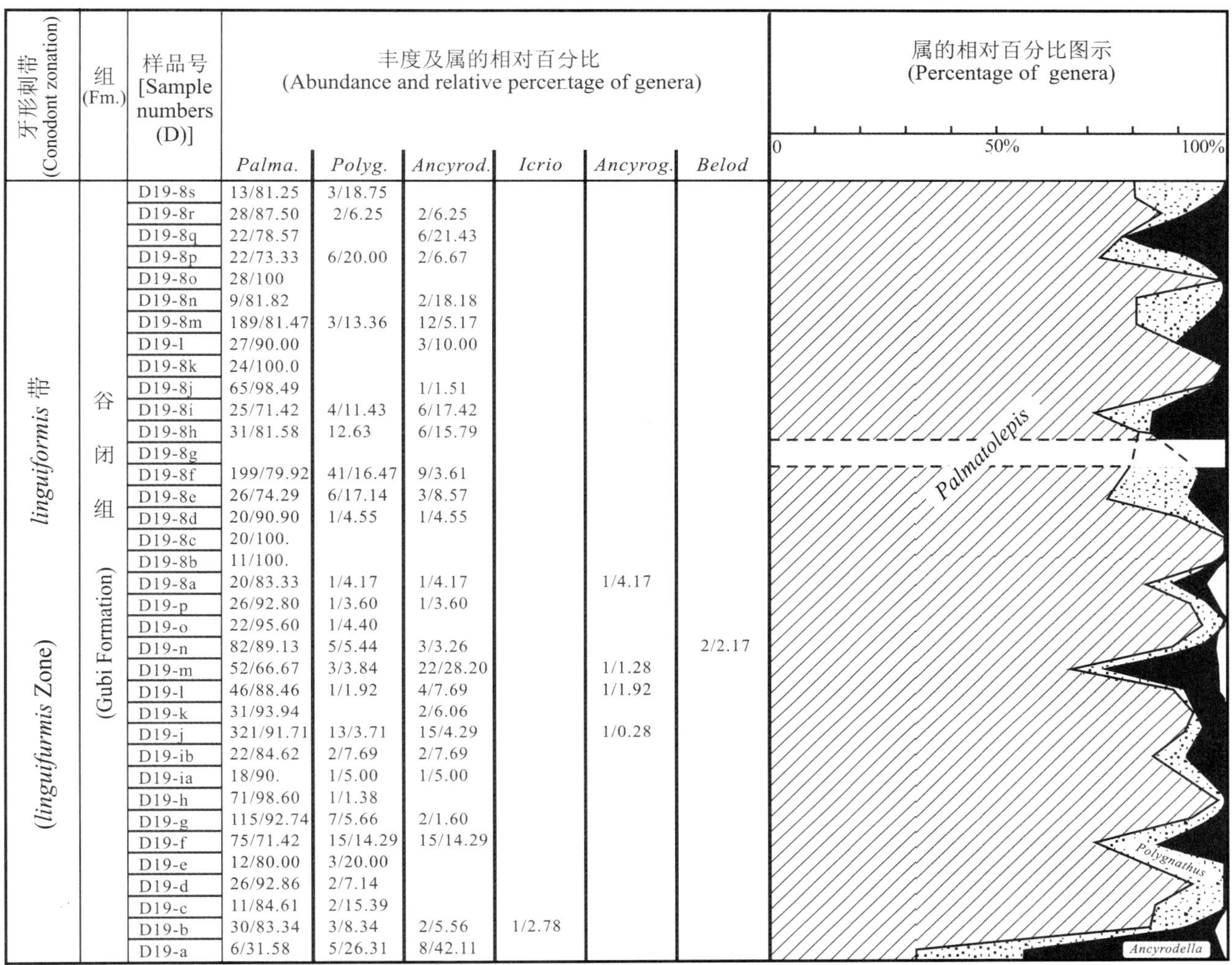


| 牙形刺带 (Conodont zonation) | 组 (Fm.) | 样品号 [Sample numbers (D)] | 丰度及属的相对百分比 (Abundance and relative percentage of genera) | | | | | |
|---|---|---|---|---|---|---|---|---|
| | | | *Palma.* | *Polyg.* | *Ancyrod.* | *Icrio* | *Ancyrog.* | *Belod* |
| *linguiformis* 带 (*linguifurmis* Zone) | 谷闭组 (Gubi Formation) | D19-8s | 13/81.25 | 3/18.75 | | | | |
| | | D19-8r | 28/87.50 | 2/6.25 | 2/6.25 | | | |
| | | D19-8q | 22/78.57 | | 6/21.43 | | | |
| | | D19-8p | 22/73.33 | 6/20.00 | 2/6.67 | | | |
| | | D19-8o | 28/100 | | | | | |
| | | D19-8n | 9/81.82 | | 2/18.18 | | | |
| | | D19-8m | 189/81.47 | 3/13.36 | 12/5.17 | | | |
| | | D19-l | 27/90.00 | | 3/10.00 | | | |
| | | D19-8k | 24/100.0 | | | | | |
| | | D19-8j | 65/98.49 | | 1/1.51 | | | |
| | | D19-8i | 25/71.42 | 4/11.43 | 6/17.42 | | | |
| | | D19-8h | 31/81.58 | 12.63 | 6/15.79 | | | |
| | | D19-8g | | | | | | |
| | | D19-8f | 199/79.92 | 41/16.47 | 9/3.61 | | | |
| | | D19-8e | 26/74.29 | 6/17.14 | 3/8.57 | | | |
| | | D19-8d | 20/90.90 | 1/4.55 | 1/4.55 | | | |
| | | D19-8c | 20/100. | | | | | |
| | | D19-8b | 11/100. | | | | | |
| | | D19-8a | 20/83.33 | 1/4.17 | 1/4.17 | | 1/4.17 | |
| | | D19-p | 26/92.80 | 1/3.60 | 1/3.60 | | | |
| | | D19-o | 22/95.60 | 1/4.40 | | | | |
| | | D19-n | 82/89.13 | 5/5.44 | 3/3.26 | | | 2/2.17 |
| | | D19-m | 52/66.67 | 3/3.84 | 22/28.20 | | 1/1.28 | |
| | | D19-l | 46/88.46 | 1/1.92 | 4/7.69 | | 1/1.92 | |
| | | D19-k | 31/93.94 | | 2/6.06 | | | |
| | | D19-j | 321/91.71 | 13/3.71 | 15/4.29 | | 1/0.28 | |
| | | D19-ib | 22/84.62 | 2/7.69 | 2/7.69 | | | |
| | | D19-ia | 18/90. | 1/5.00 | 1/5.00 | | | |
| | | D19-h | 71/98.60 | 1/1.38 | | | | |
| | | D19-g | 115/92.74 | 7/5.66 | 2/1.60 | | | |
| | | D19-f | 75/71.42 | 15/14.29 | 15/14.29 | | | |
| | | D19-e | 12/80.00 | 3/20.00 | | | | |
| | | D19-d | 26/92.86 | 2/7.14 | | | | |
| | | D19-c | 11/84.61 | 2/15.39 | | | | |
| | | D19-b | 30/83.34 | 3/8.34 | 2/5.56 | 1/2.78 | | |
| | | D19-a | 6/31.58 | 5/26.31 | 8/42.11 | | | |

图 **3. 2. 1b** 广西阳朔县垌村剖面 ***rhenana*** 带上部和 ***linguiformis*** 带牙形刺的丰度和属的相对百分比。它表明垌村剖面为典型的 **Palmatolepid** 生物相。数量统计包括 ***Palmatolepis*** 和 ***Polygnathus*** 的 **Pa** 分子的幼年期标本和不完整的标本，但肢形分子没有包括在内(图 **3. 2. 1b** 所包含的地层低于图 **3. 2. 1c** 的地层，并与其下部相接)(引自 Wang and Ziegler，2002：465，text-fig. 1b)

Figure 3. 2. 1b Abundances and relative percentages of conodont genera in the late *rhenana* and *linguiformis* Zone of the Dongcun section in Yangsuo County，Guangxi showing a typical palmatolepid facies. The calculated numbers include jurvenile and incomplete specimens of Pa elements of *Palmatolepis* and *Polygnathus*，the ramiform e ements are not included（The strata containing in Fig. 3. 2. 1b are below the strata of Fig. 3. 2. 1c，and continue with its lower part）(after Wang and Ziegler，2002：465，text-fig. 1b)

这一层可能相当德国“上 KW 层”的下部，在探槽上部，还有一层 3 cm 厚的粘土岩层(L19-z8p)。

在龙门剖面的 F-F 界线层，先后共采集了 111 个牙形刺样品。F-F 界线可以精确确定，即在 L19-z8K4 之底 12(图 3. 2. 2a)。龙门剖面有完整的牙形刺序列，适合牙形刺集群灭绝与复苏的研究。

此剖面的相关地层(18 层至 21 层)曾被归入融县组(Wang，1994，图 5，6)。典

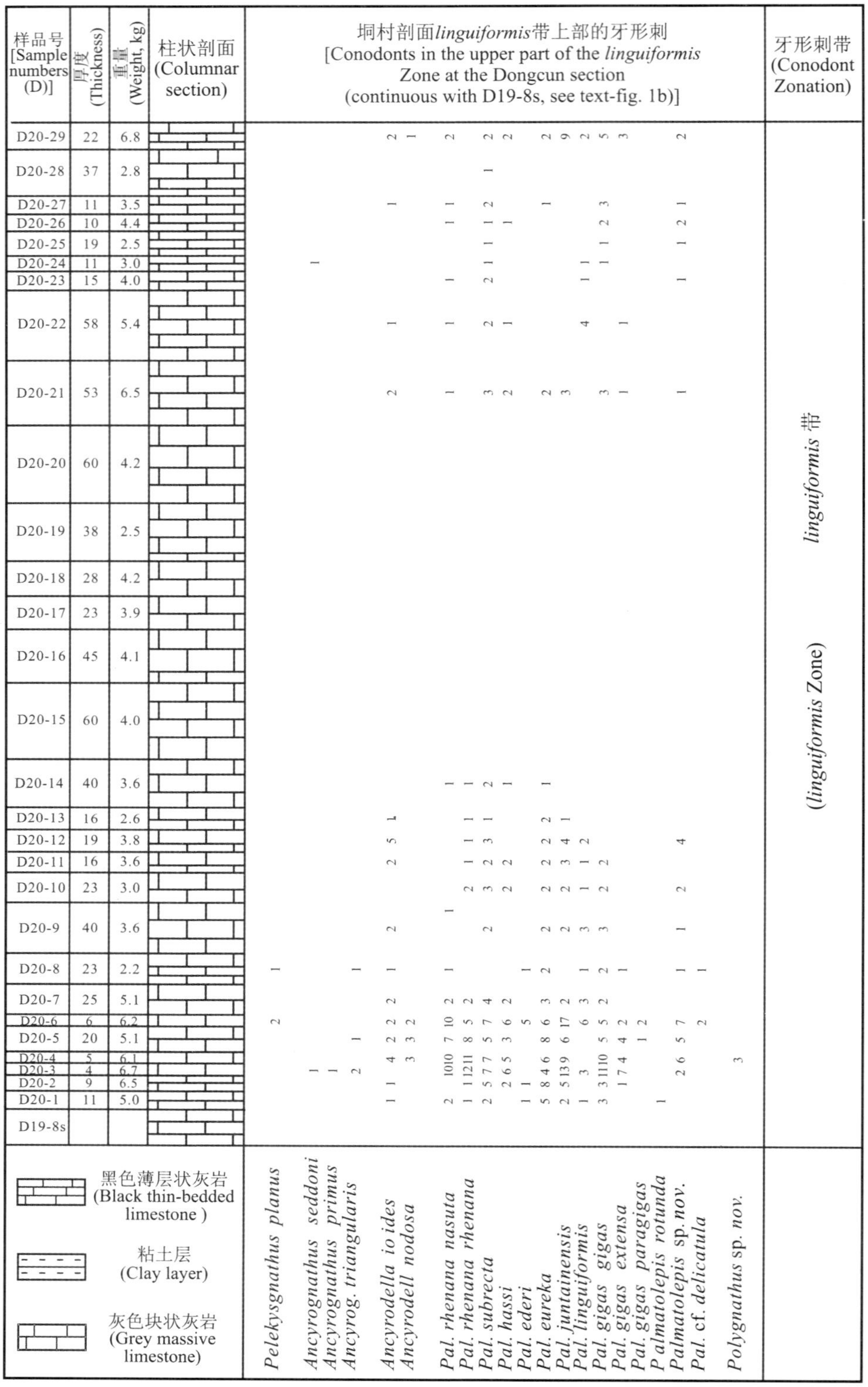

| 样品号 [Sample numbers (D)] | 厚度 (Thickness) | 重量 (Weight, kg) | 柱状剖面 (Columnar section) | 垌村剖面*linguiformis*带上部的牙形刺 [Conodonts in the upper part of the *linguiformis* Zone at the Dongcun section (continuous with D19-8s, see text-fig. 1b)] | | | | | | | | | | | | | | | | | | | | | 牙形刺带 (Conodont Zonation) |
|---|---|---|---|---|---|---|---|---|---|---|---|---|---|---|---|---|---|---|---|---|---|---|---|---|---|
| | | | | *Pelekysgnathus planus* | *Ancyrognathus seddoni* | *Ancyrognathus primus* | *Ancyrog. triangularis* | *Ancyrodella ioides* | *Ancyrodell nodosa* | *Pal. rhenana nasuta* | *Pal. rhenana rhenana* | *Pal. subrecta* | *Pal. hassi* | *Pal. ederi* | *Pal. eureka* | *Pal. juntainensis* | *Pal. linguiformis* | *Pal. gigas gigas* | *Pal. gigas extensa* | *Pal. gigas paragigas* | *Palmatolepis rotunda* | *Palmatolepis* sp. *nov.* | *Pal.* cf. *delicatula* | *Polygnathus* sp. *nov.* | |
| D20-29 | 22 | 6.8 | | | | | | 2 | 1 | 2 | | 2 | 2 | | 2 | 9 | 2 | 5 | 3 | | | 2 | | | *linguiformis* 带 (*linguiformis* Zone) |
| D20-28 | 37 | 2.8 | | | | | | | | | | 1 | | | | | | | | | | | | | |
| D20-27 | 11 | 3.5 | | | | | | 1 | | 1 | | 2 | | | 1 | | | 3 | | | | 1 | | | |
| D20-26 | 10 | 4.4 | | | | | | | | 1 | | 1 | 1 | | | | | 2 | | | | 2 | | | |
| D20-25 | 19 | 2.5 | | | | | | | | | | 1 | | | | | | 1 | | | | 1 | | | |
| D20-24 | 11 | 3.0 | | | 1 | | | | | | | 1 | | | | | 1 | 1 | | | | | | | |
| D20-23 | 15 | 4.0 | | | | | | | | 1 | | 2 | | | | | 1 | | | | | 1 | | | |
| D20-22 | 58 | 5.4 | | | | | | 1 | | 1 | | 2 | 1 | | | | 4 | | 1 | | | | | | |
| D20-21 | 53 | 6.5 | | | | | | 2 | | 1 | | 3 | 2 | | 2 | 3 | | 3 | 1 | | | 1 | | | |
| D20-20 | 60 | 4.2 | | | | | | | | | | | | | | | | | | | | | | | |
| D20-19 | 38 | 2.5 | | | | | | | | | | | | | | | | | | | | | | | |
| D20-18 | 28 | 4.2 | | | | | | | | | | | | | | | | | | | | | | | |
| D20-17 | 23 | 3.9 | | | | | | | | | | | | | | | | | | | | | | | |
| D20-16 | 45 | 4.1 | | | | | | | | | | | | | | | | | | | | | | | |
| D20-15 | 60 | 4.0 | | | | | | | | | | | | | | | | | | | | | | | |
| D20-14 | 40 | 3.6 | | | | | | | | 1 | 1 | 2 | 1 | | 1 | | | | | | | | | | |
| D20-13 | 16 | 2.6 | | | | | | 1 | | | 1 | 1 | | | 2 | 1 | | | | | | | | | |
| D20-12 | 19 | 3.8 | | | | | | 5 | | | 1 | 3 | | | 2 | 4 | 2 | | | | | 4 | | | |
| D20-11 | 16 | 3.6 | | | | | | 2 | | | 1 | 2 | 2 | | 2 | 3 | 1 | 2 | | | | | | | |
| D20-10 | 23 | 3.0 | | | | | | | | | 2 | 3 | 2 | | 2 | 2 | 1 | 2 | | | | 2 | | | |
| D20-9 | 40 | 3.6 | | | | | | 2 | | 1 | | 2 | | | 2 | 2 | 3 | 3 | | | | 1 | | | |
| D20-8 | 23 | 2.2 | | 1 | | | 1 | 1 | | 1 | | | | 1 | 2 | | 1 | 2 | 1 | | | 1 | 1 | | |
| D20-7 | 25 | 5.1 | | | | | | 2 | | 2 | 2 | 4 | 2 | | 3 | 2 | 3 | 2 | | | | | | | |
| D20-6 | 6 | 6.2 | | 2 | | | | 2 | 2 | 10 | 5 | 7 | 6 | 5 | 6 | 17 | 6 | 5 | 2 | 2 | | 7 | 2 | | |
| D20-5 | 20 | 5.1 | | | | | 1 | 2 | 3 | 7 | 8 | 5 | 3 | | 8 | 6 | | 5 | 4 | 1 | | 5 | | | |
| D20-4 | 5 | 6.1 | | | | | | 4 | 3 | 10 | 11 | 7 | 5 | | 6 | 9 | | 10 | 4 | | | 6 | | 3 | |
| D20-3 | 4 | 6.7 | | | 1 | 1 | 2 | | | 10 | 12 | 7 | 6 | | 4 | 13 | 3 | 11 | 7 | | | 2 | | | |
| D20-2 | 9 | 6.5 | | | | | | 1 | | | 1 | 5 | 2 | 1 | 8 | 5 | | 3 | 1 | | | | | | |
| D20-1 | 11 | 5.0 | | | | | | 1 | | 2 | 1 | 2 | | 1 | 5 | 2 | 1 | 3 | | | 1 | | | | |
| D19-8s | | | | | | | | | | | | | | | | | | | | | | | | | |

黑色薄层状灰岩 (Black thin-bedded limestone)

粘土层 (Clay layer)

灰色块状灰岩 (Grey massive limestone)

**图 3.2.1c** 垌村剖面 ***linguiformis*** 带上部的牙形刺(与 D19-8s 相接,见图 3.2.1b)

Figure 3.2.1c Conodonts in the upper part of the *linguiformis* Zone at the Dongcun section (continuous with D19-8s, see Figure 3.2.1b) (revised from Wang and Ziegler, 2002: 466, text-fig. 1c)

型的融县组由厚层灰岩组成，含大量的底栖生物，代表台地浅水相沉积。此剖面的所谓融县组由 18 层至 21 层全部由灰色薄层灰岩组，代表斜坡相沉积，应当归入谷闭组(邝国敦等，1989)。

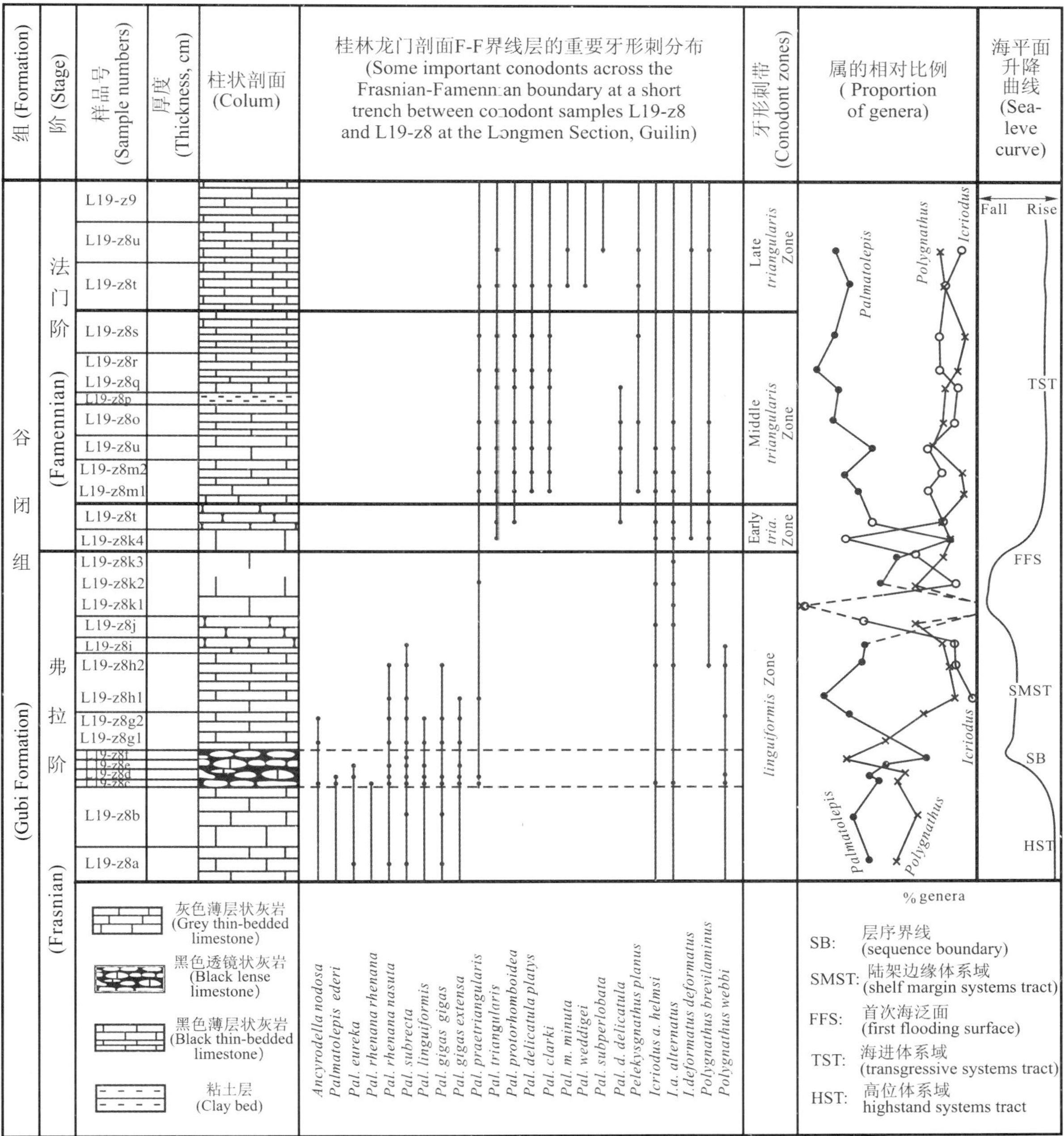


图 **3.2.2a** 广西龙门探槽剖面 **F-F** 界线层的柱状图(见图 **3.2.2b**)和重要牙形刺的分布(改自 Wang and Ziegler，2002：468，插图 2a)

Figure 3.2.2a Some important conodonts just across the Frasnian－Famennian boundary at a short trench between conodont sample L19-z8a and L19-z9 at the Longmen section (See Figure 3.2.2b) (revised from Wang and Ziegler，2002：468，text-fig. 2a)

## 二、牙形刺生物地层

垌村和龙门两剖面牙形刺的分布见图 3.2.1a～3.2.2b。

| 组 (Formation) | 阶 (Stage) | 样品号 [Sample numbers(L)] | 丰度及属的相对百分比 (Abundance and relative percentage of genera) | | | | | | 属的相对百分比图示 (Percentage of Genera) 0 50% 100% |
|---|---|---|---|---|---|---|---|---|---|
| | | | Palmat. | Polyg. | Ancyrod. | Icrio. | Ancyrog. | Belod. | |
| 谷闭组 (Gubi Formation) | 法门阶 (Famennian) | L21a | 85/88 | 5/5.0 | | 7/7.0 | | | |
| | | L20g | 73/90.0 | 8/9.9 | | 1/0.1 | | | |
| | | L20f | 13/93.0 | | | 1/7.0 | | | |
| | | L20e | 23/82 | 2/7.0 | | 3/11.0 | | | |
| | | L20d | 9/60.0 | 3/20.0 | | 3/20.0 | | | |
| | | L20c | 18/78.0 | 4/17.0 | | 1/5.0 | | | |
| | | L20b | 20/71 | 8/29.0 | | | | | |
| | | L20a | 47/80.0 | 12/20.0 | | | | | |
| | | L19z11 | 34/79.0 | 9/21.0 | | | | | |
| | | L19z10 | 30/42.0 | 31/44.0 | | 10/14.0 | | | |
| | | L19z9 | 123/82.0 | 14/9.3 | | 13/8.7 | | | |
| | 弗拉阶 (Frasnian) | L19z8 | 7/54.0 | 6/46.0 | | | | | |
| | | L19z7 | 30/64.0 | 17/36.0 | | | | | |
| | | L19z6 | 23/64.0 | 12/34.0 | 1/3.0 | | | | |
| | | L19z5 | 73/84.0 | 14/16.0 | | | | | |
| | | L19z4 | 19/91.0 | 2/9.0 | | | | | |
| | | L19z3 | 32/86.0 | 5/14.0 | | | | | |
| | | L19z2 | 22/79.0 | 6/21.0 | | | | | |
| | | L19z1 | 25/53.0 | 22/47.0 | | | | | |
| | | L19y | 31/77.5 | 3/7.5 | 6/15 | | | | |
| | | L19x | 15/83 | 1/6.0 | 2/11.0 | | | | |
| | | L19w | 66/81 | 12/15 | 3/4.0 | | | | |
| | | L19v | 28/74.0 | 8/21.0 | 2/5.0 | | | | |
| | | L19u | 12/50.0 | 12/50.0 | | | | | |
| | | L19t | 7/64.0 | 3/27.0 | 1/9.0 | | | | |
| | | L19s | 11/61.0 | 6/33.0 | | | | 1/6.0 | |
| | | L19r | 30/81 | 7/19 | | | | | |
| | | L19q | 15/75.0 | 4/25.0 | | | | | |
| | | L19p | 28/62 | 16/36 | | | | | |
| | | L19o | 4/80.0 | 1/20.0 | | 1/2.0 | | | |
| | | L19n | 20/80.0 | 3/12.0 | 2/8.0 | | | | |
| | | L19m | 58/85.0 | 8/12.0 | 1/1.5 | | 1/1.5 | | |
| | | L19l | 56/81.0 | 8/12.0 | 2/3.0 | | 3/4.0 | | |
| | | L19k | 65/71.0 | 18/20.0 | 5/6.0 | | 3/3.0 | | |
| | | L19j | 109/82 | 18/13.0 | 7/5.0 | | | | |
| | | L19i | 40/89.0 | 3/6.7 | 2/4.3 | | | | |
| | | L19h | 7/70.0 | 3/30.0 | | | | | |
| | | L19g | 16/70.0 | 7/30.0 | | | | | |
| | | L19f | 43/79.0 | 8/15.0 | 1/2.0 | | 1/2.0 | 1/2.0 | |
| | | L19e | 42/75.0 | 14/25.0 | | | | | |
| | | L19d | 18/62.0 | 10/35.0 | 1/3.0 | | | | |
| | | L19c | 787/50.0 | 755/48.0 | 25/2.0 | | | | |
| | | L19b | 30/84.0 | 3/8.0 | 3/8.0 | | | | |
| | | L19a | 7/58.0 | 4/33.0 | 1/9.0 | | | | |

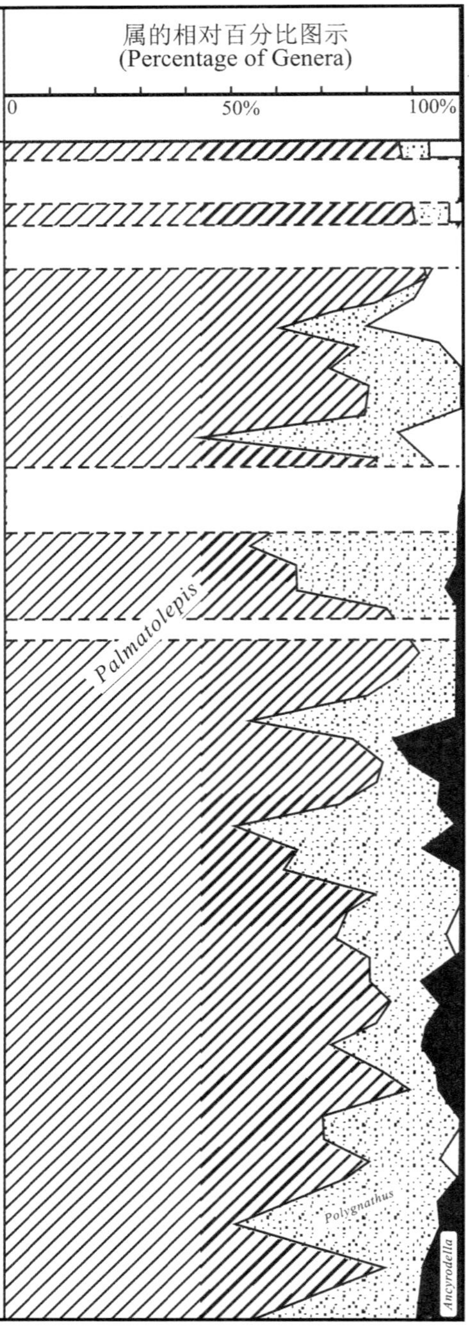

Palmatolepis　Polygnathus　Ancyrodella

图 **3.2.2b**　龙门剖面的牙形刺丰度的属的百分比，显示此剖面为典型的 **Palmatolepid-Polygnathid** 生物相（修改自 Wang and Ziegler，2002：469，text-fig. 2b）

Figure 3.2.2b　Abundances and percentages of genera at the Longmen section, showing a typical palmatolepid - polygnathid biofacies (revised from Wang and Ziegler, 2002: 469, text-fig. 2b)

1. 垌村剖面 *linguiformis* 带的下限，Wang(1994)将其确定在 D18-5 层之底。此剖面的重新采集表明，*linguiformis* 带的底界并没有这样低。原来在 18 层上部的鉴定为 *linguiformis* 带的标本，应当归入 *Pal. ederi*（Wang，1994，text-figs. 3）。*linguiformis* 在垌村剖面最早出现在 D19-g(图 3.2.1b)。

斜坡相的"上 KW 层"岩层，可能只是颜色深一些，在野外仅根据颜色的深浅是很不容易识别的(图 3.2.1a)。5 次牙形刺采集，使 F-F 界线在垌村剖面得到较精确的确定，即在 D20-54 之底，*linguiformis* 带由 D19-g 至 D20-53，岩层厚度达 2 398 cm。值得注意的是由"上 KW 层"之底(D20-46)至早 *triangularis* 带之底，岩层厚 196 cm，仅占整个 *linguiforis* 带厚度的 8.17%。*Palmatalepis linguiformis* 在 D20-49 层最后灭绝，但在 D20-49 与 D20-51 之间，*Palmatolepis subrecta*，*Pal. rhenana nasuta*，*Pal. gigas gigas*，*Pal. g. extensa* 仍然存在。D20-52 的牙形刺样品只含有 2 个 *Palmatolepis praetriangularis* 的个体，样品 D20-53 中，除 *Icriodus* 的两个标本外，没有其他牙形刺化石。几乎所有 Frasnian 的 manticolepid 的种都在这个层位灭绝(D20-52，D20-53)。这个没有 *Palmatolepis linguiformis* 的层位(D20-49～D20-53)仍属 *linguiformis* 带。

*triangularis* 带下部由 D20-54 至 D20-56，厚仅 48 cm。*trangularis* 带中部由 D20-57 至 D20-59，厚 58 cm。*triangularis* 带上部由 D20-60 至 D20-75，厚 341 cm，比 *triangularis* 带中、下部的厚度之和还厚得多。

2. 龙门剖面 L19-z8 与 L19-z9 之间的探槽中的补充取样，使相关的牙形刺带得到精确的确定(图 3.2.2a，b)。由 L19-z8c 至 L19-z8f 的地层由黑色薄层或瘤状灰岩组成，含有丰富的有机质和泥质，产有 *Pal. gigas gigas*，*Pal. g. extensa*，*Pal. rhenana rhenana*，*Pal. linguiformis*，*Pal. subrecta* 等牙形刺。这个层位可能相当于"上 KW 层"的下部，正是在这个层位之上，在 L19-z8g 与 L19-z8i 之间的地层中，牙形刺的丰度和分异度大量减少，但是仍存在 *Pal. rhenana nasuta*，*Pal. subrecta* 和 *Pal. linguiformis*。在 *linguiformis* 灭绝之后(L19-z8g2，图 3.2.2a)，在 L19-z8g2 和 L19-z8j 之间仍存在 *Pal. rhenana nasuta*，*Pal. subrecta*，*Pal. gigas gigas*，*Pal. g. extensa*。

L19-z8j 和 L19-z8k2 之间的地层只产很少的 *Pal. praetriangularis*，很多 Frasnian 期的 *Palmatalepis* 的种都已灭绝，这是一个非常重要的集群灭绝期和低分异度时期。既没有 *linguiformis*，也没有 *triangularis*。*triangularis* 带下部之底是在 L19-z8k4 层之底。这段地层可能相当于德国 Sessacker 剖面的 23a～c 层(Schindler *et al.*，1998)。可靠的 *Pal. triangularis* 出现在龙门剖面的 L19-z8k4。*triangularis* 带下部岩层厚仅 15 cm(图 3.2.2a)。

从"上 KW 层"底部到 Famennian 阶底，*linguiformis* 带在龙门探槽内的厚度仅 68 cm。而龙门剖面全部 *linguiformis* 带的厚度为 1 347 cm。*triangularis* 带下

部厚仅 15 cm，中部厚 55 cm，上部厚 155 cm。*crepida* 带下部始于 L20-b2，龙门 *crepida* 带下部的岩层厚为 152 cm。*Pal. linguiformis* 在“上 KW 层”底部之上的 L19-z8g2 仍然存在。*Pal. linguiformis* 灭绝之后，*Palmatolepis rhenana rhenana*，*Pal. r. nasuta*，*Pal. gigas gigas*，*Pal. g. extensa* 和 *Pal. praetriangularis* 仍然存在，但除 *Pal. praetriangularis* 外，这些种在 L19-z8j 均告灭绝。几乎所有的 manticolepid 的种，除 *Pal. praetriangularis* 有少量标本外，在 L19-z8j 至 L19-z8k3 之间的地层内，全部灭绝。*triangularis* 带下部始于 L19-z8k4 之底，*triangularis* 带中部始于 L19-z8m 之底，而 *triangularis* 带上部始于 L19-z8t 之底(图 3.2.2a)。

## 三、牙形刺生物相分析

牙形刺生物相受区域古构造条件、水深或海平面升降和与海岸的距离等因素的控制，自 Sandberg(1976)将晚泥盆世 *crepida* 带下部分为 5 种生物相带以来，这已成为共识。Famennian 期牙形刺生物相已增加到 11 种(Sandberg *et al.*，1979，1998；Ziegler and Sandberg，1990；Ziegler and Weddige，1999)。晚泥盆世牙形刺生物相识别和命名的原则，Sandberg 等(1988)已做了总结。

**1. 垌村剖面**

垌村剖面上部的柱状剖面图(图 3.2.1a，3.2.1b)显示，*Palmatolepis*，*Polygnathus* 和 *Ancyrodella* 三属为主，特别是 *Palmatolepis*，此属为浮游相，生活在深水或远岸的环境。在垌村剖面(图 3.2.1b)，除 D19-a 仅含 31.58% 的 *Palmatolepis* 外，所有样品中 *Palmatolepis* 的含量都高达 67%～100%，平均高达全部动物群的 85%，表明垌村剖面的 *linguiformis* 带是典型的 Palmatolepid 生物相。*Polygnathus* 的百分比仅占 1%～18%，仅 D19-a 含有较高的百分比(26%)，平均低于 15%。*Ancyrodella* 所占的百分比几乎与 *Polygnathus* 相同，有时它的丰度甚至比 *Polygnathus* 还高。在前两次的采集中，仅发现 *Icriodus* 的一个标本。在 *linguiformis* 带的第三次采集中，牙形刺生物相没有变化，仍以 *Palmatolepis* 为主，没有 *Icriodus*。但是在 D20 层的中部，岩性为白云质灰岩，未发现牙形刺(D20-14至 D20-20，图 3.2.1c)。

由 D20-23 向上至 D20-46，所有地层都是由灰色至黑色的薄层与中层灰岩交替组成的，含有丰富的牙形刺，属典型的 Palmatolepid 生物相。依据层序地层学的分析，这段地层属高水位体系域(HST，highst systems tract)，相当于 Sandberg 等(2001)海平面上升事件 5 的一部分(图 3.2.3)。然后是“上 KW 层”事件(D20-46，图 3.2.1a)突然发生，生物相与岩相瞬间发生变化，海平面突然降低，这可能相当于 Sandberg 等(2001)的海平面下降的开始(图 3.2.3)，之后为由 D20-47 至 D20-53 的厚层的白云质灰岩，属陆架边缘体系域(SMST，shelf margin system tract)。

Frasnian 期该体系域的动物群大量减少，牙形刺分异度低，个体稀少，所有生物都是由下伏地层上延来的残存分子。D20-47 至 D20-49 之间的地层相当于 Sandberg 等(2001)的海平面下降事件 7。*Palmatolepis linguiformis* 的最后灭绝是在 D20-49，它是 Sandberg 等(2001)等提出的更快的海平面下降事件 8 的标志。该种灭绝之后，*Palmatolepis subrecta*，*Pal. rhenana nasuta* 和 *Pal. gigas extensa* 仍存在于 D20-50 和 D20-51。D20-52 和 D20-53 之间的界线是一个非常重要的海平面转换面，代表最浅的相，正是从 D20-53 开始，地层向上变薄，由黑色薄层灰岩组成，代表快速的海平面上升，这是三级层序的初始海泛面(FFS，first flooding surface)的开始。但是在 D20-53 还没有发现牙形刺，这个期间可能正是牙形刺集群灭绝的关键时间，可能相当于 Sandberg 等(2001)的事件 9(图 3.2.3)，也就是灭绝页岩(extinction shale)。D20-50 至 D20-53 这段地层，或 *linguiformis* 灭绝至 *triangularis* 首次出现这段时间间隔，有可能归入牙形刺的残存期。*Palmatolepis triangularis* 出现于 D20-54，恰是 Famennian 期三级层序的初始海泛面(FFS)之上的第一个广泛分布的牙形刺生物带。由早 *triangularis* 带至早 *crepida* 带，海水进一步变深，但仍比 *linguiformis* 带 D20-46 之下的地层所代表的岩相浅得多，含有

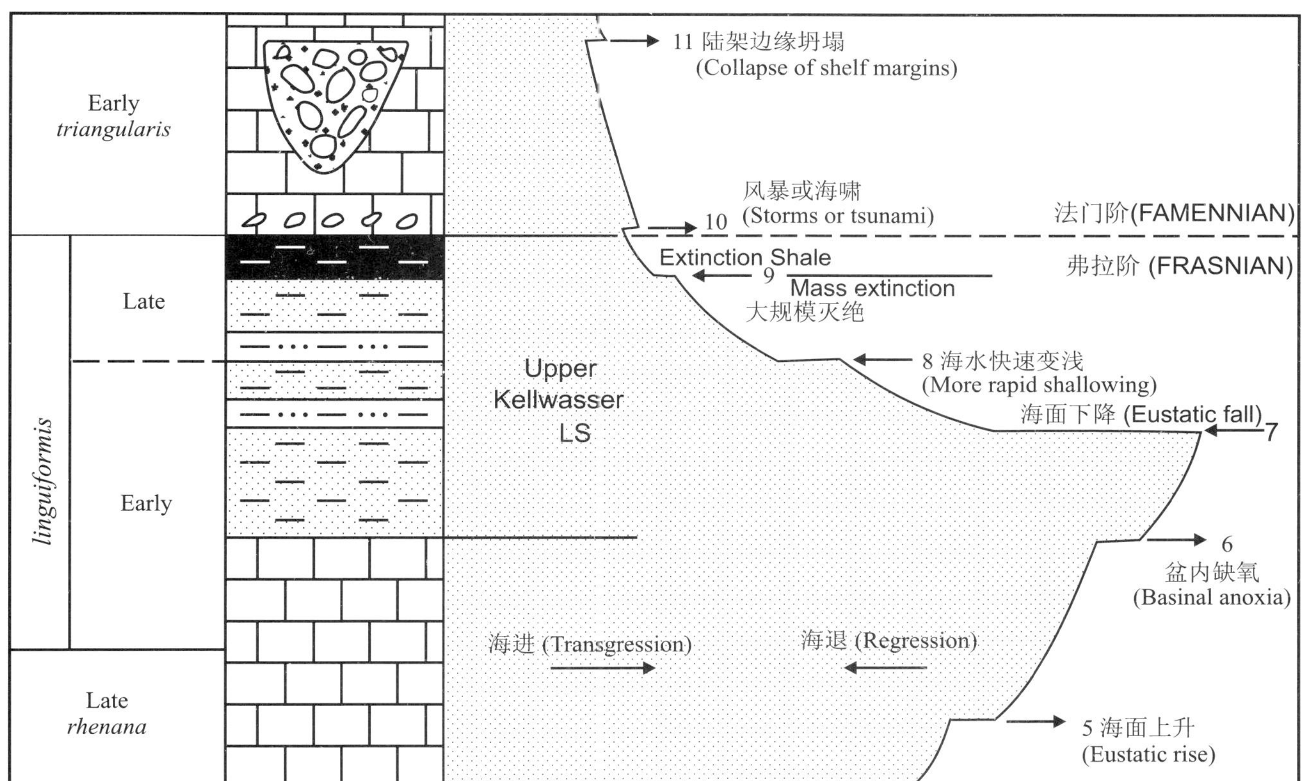


**图 3.2.3　Frasnian-Famennian** 界线地层的海平面变化总模式(引自 Sandberg *et al*.，2001)

Figure 3.2.3　Detailed Late Devonian sea-level curve across Frasnian-Famennian Stage boundary and generalized pattern of sedimentation related to the late Frasnian(F.-F. mass extinction). (after Sandberg *et al*., 2001)

较多的 *Icriodus* 和 *Polygnathus*，属 Palmatolepid-Polygnathid-Icriodid 生物相和海进体系域(TST，trasgressive systems tract)。Famennian 期底界开始的一个重要标志就是 *Icriodus* 的突然增加(Ji，1989)，特别是在 D20-54 层，它出现在海进进程中，但海水仍较浅。

**2. 龙门剖面**

龙门剖面各样品中牙形刺的丰度或数量变化较大，但属的相对比例变化不大，在多数样品中 *Palmatolepis* 的百分比高于 65%～70%，最高达 93%(L20f)，最少达 42%(L19-z10)。另一个重要的属 *Polygnathus* 见于每一个样品，最高达 50%(L19u)，最低为 5%(L21a，图 3.2.2b)。

除样品 L19y 之外，*Palmatolepis* 和 *Polygnathus* 两者的百分比之和超过 90%，就是在样品 L19y 中也高达 85%，它清楚地表明，龙门剖面属典型的 Palmatolepid-Polygnathid 生物相，由于 *Polygnothus* 百分比较高，龙门剖面的沉积环境显然比垌村剖面的浅(图 3.2.1a，3.2.1b)，但两者都属深水相环境。*Ancyrodella*，*Ancyrognathus*，*Icriodus* 和 *Pelekysgnathus* 非常少，并非在每个样品中都存在(图 3.2.2b)。

图 3.2.2a 的右侧表明龙门探槽剖面 L19-z8 和 L19-z9 地层中牙形刺属的比例。*Palmatolepis* 在 L19-z8i 中百分比突然减少，表明 *linguiformis* 带上部发生了突然的海退事件。

看起来，*triangularis* 带下部似乎海水变浅，*Palmatolepis triangularis* 出现在海退进程中，因为出现了很多 *Icriodus* 的分子，特别是在 *triangularis* 带下部之底至 *triangularis* 带中部之底。但是从层序地层学分析，突然的海退还是发生在层序界面(SB，sequence boundary，L19-z8c 至 L19-z8f)处，由 L19-z8g 至 L19-z8i 之间地层的沉积环境属陆架边缘体系域(SMST)，相当于 Sandberg 等(2001)的事件 7(图 3.2.3)。L19-z8j 至 L19-z8k3 地层的沉积环境最浅，缺少 Frasnian 期的 *Palmatolepis* 分子。在陆架边缘体系域(SMST)期间，所有牙形刺分子都是由下伏地层上延来的残存分子，而且对 Frasnian 期最晚期的牙形刺多幕集群灭绝是最关键的时期。从沉积物的变化和 *Polygnathus* 的突然增加来看，L19-z8j 和 L19-z8k1 之间的界线是重要的转换面，相当于 Sandberg 等(2001)的事件 9，正是从这个层面开始，变为厚层的白云质灰岩。L19-z8k1 和 L19-z8k2 之间(13 cm)的地层含牙形刺非常少，仅发现少量的 *Palmatolepis praetriangularis*，*Icriodus alternatus alternatus*，*I. a. helmsi* 和 *Polygnathus brevilaminus*。但由 L19-z8k1 往上，*Polygnathus* 属的比例突然增加，而 *Palmatolepis* 相对减少，表明海进的开始。L19-z8k1 之底应属初始海泛面(FFS)，很短的时期之后(19 cm)，*Palmatolepis triangularis* 在海进的进程中而不是在海退的进程中开始出现，但海水仍然是较浅的。*Pal. triangularis* 带正是三级层序中的初始海泛面之上第一个广泛分布的化石带。在 *triangularis* 带下部之顶至 *triangularis* 带中部之底海水进一步加深,但仍比 L19-z8c 之下的生物相浅得多,非常适合 *Icriodus* 和 *Polygnathus* 的生存,这是牙形刺复苏的关键时期,由 *triangularis* 带下部之顶至 *triangularis* 带上部范围,应属 Palmatolepid-Polygnathid-Icriodid 生物相,属海进体系域(TST)。

## 四、牙形刺的集群灭绝

McLaren(1970)最早识别出 F-F 集群灭绝的全球性。他假定,在 F-F 界线层,非常突然的生物集群灭绝是由地外天体的撞击而引起的。从此,在 20 世纪 70 年代和 80 年代,发表了很多文章讨论 F-F 事件,但只有很少的文章论述华南 F-F 的集群灭绝(侯鸿飞、王士涛,1985; Wang and Bai,1988; 季强等,1986)。

F-F 事件中,华南牙形刺的集群灭绝首先是由季强(Ji,1989)讨论的。他采用 Sandberg 等(1988)提出的方案,将华南 F-F 界线层的牙形刺也分为 5 个类型:①事件分子(event specialists),②机遇分子(opportunists),③强残存分子(strong survivors),④弱残存分子(weak survivors )和⑤灭绝分子(extinct forms)。季强(Ji,1989)认识到 Frasnian 海进海退(T-R)旋回和牙形刺丰度的曲线变化很相似,并认为 F-F 的集群灭绝实际是多次积累,而不是单一灾难的后果。

Schindler(1990a,1993)在详细研究了欧洲 30 个 F-F 界线剖面之后提出,KW 生物事件并不是一刀切的(sharp knife cut),而表现为生物灭绝的逐步(stepwise)发生的特点。他把 Kellwasser Crisis(开尔瓦塞危机)确定由在下 *gigas* 带内的世界性分布的光壳节石类(stylionids)的消失开始,稍高于上 KW 层之上的等环节石类的消失为其上界。整个 KW 事件持续了 1 Ma(也可能 2 Ma)。在此期间内,Schindler 识别出 5 个生物灭绝阶段。他认为生物的逐步灭绝发生在很长的时间内,用地内成因解释远比用地外成因解释更令人信服。

从 5 次华南 F-F 界线层牙形刺的采样分析,并结合已有的文献资料,作者认为以下几点是值得特别强调的:

**1. 在 F-F 集群灭绝事件中,牙形刺的集群灭绝发生得最晚**

Schindler(1990a,1993)反复强调,KW 生物事件表现出逐步发生的特点,且对不同化石门类的影响完全不同,对某些门类影响特别大,对另一些门类几乎没有什么影响。同一个化石门类的灭绝是在整个 F-F 事件不同时间界面上发生的。由珊瑚和层孔虫建造的生物礁的灭绝是在 *rhenana* 带上部发生的(Eder *et al.*,1982);某些三叶虫灭绝于下 KW 层,cricoconarids 灭绝于 KW 生物事件的过程中;光壳节石在 *rhenana* 带下部就已消失,但塔节石类(nowakiids)最后灭绝的时间仍不清楚。李酉兴(1995)依据中国的资料提出,可上延至法门期 *triangularis* 带,但 Sandberg

等(2001)认为不能排除再沉积的可能性。

华南 F-F 界线层中的牙形刺表明,某些种,如 *Palmatolepis proversa*,*Pal. foliacea* 在 *linguiformis* 带早期即已灭绝,而 *Pal. juntainensis* 直到 *linguiformis* 带早中期才灭绝,这些都属于正常的(背景)灭绝,不属于集群灭绝。从龙门与垌村两个剖面来看,在 *linguiformis* 带的顶部,即由上 KW 事件层下部(龙门剖面 L19-z8c 和垌村剖面 D20-46)至 F-F 界线,牙形刺的集群灭绝表现出逐步发生的特点,可分为 4 个阶段或幕,与德国的 Sessacker 探槽剖面相似,这 4 个阶段的划分是本节作者首先提出的(图 3.2.4):

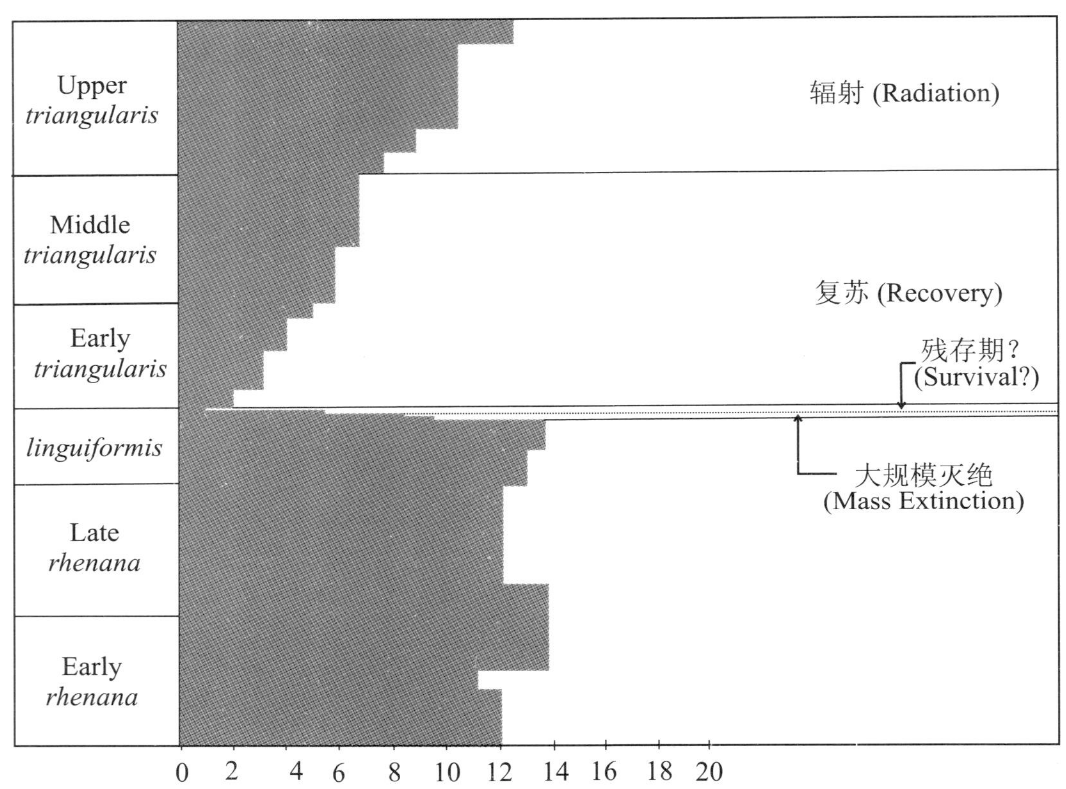


图 3.2.4 示 ***Palmatolepis*** 属内种与亚种的集群灭绝与复苏(底线数字表示种与亚种的数目)
Figure 3.2.4 Showing the F-F mass extinction and recovery of the species and subspecies of *Palmatolepis* (Number below the base line represents the numbers of species and subspecies of *Palmatolepis*)

(1) *Pal. ederi*,*Pal. eureka* 和 *Pal. rhenana rheana* 在龙门剖面的 L19-z8c~L19-z8f(图 3.2.2a)之间灭绝,这段地层仅代表德国 Steinbruch Schmidt 剖面上 KW 灰岩的下部。*Pal. eureka*,*Pal. gigas paragigas* 在垌村剖面"上 KW 层"的下部(D20-46,图 3.2.1a)灭绝。*Pal. rhenana rhenana* 上延到 D20-48c,穿过"上 KW 层"的下部。*Pal. linguiformis*,*Pal. subrecta*,*Pal. rhenana nasuta*,*Pal. gigas gigas*,*Pal. gigas extensa* 和 *Pal. hassi* 全部穿过"上 KW 层"的下部。这一幕的灭绝与明显的海平面下降有关,相当于 Sandberg 等(2001)所提出的事件 7。

(2)*Pal. linguiformis* 分别在龙门剖面 L19-z8g2 层和垌村剖面 D20-49 层灭绝(图 3.2.1a,图 3.2.2a),同样是由于海平面迅逗下降引起的,相当于 Sandberg 等(2001)所提出的事件 8 的下部。

(3)在龙门剖面上,*Pal. subrecta*,*Pal. rhenana nasuta* 和 *Pal. gigas extensa* 上延到 L19-z8i,在 22 cm 厚的地层中,没有 *Pal. linguiformis*,这一段地层可能相当于 Sandberg 等(2001)所提出的事件 8 的上部。

(4)在龙门剖面存在 25 cm 厚的地层(L19-z8k1～L19-z8k3),未发现 *Pal. rhenana nasuta*,*Pal. gigas extensa* 和 *Pal. subrecta*,而只有极少量的 *Pal. praetriangularis*,*Icriodus alternatus alternatus* 和 *I.* a. *helmsi*,牙形刺非常少。

垌村剖面 D20-50(23 cm)层牙形刺非常少,未见 *Palmatolepis* 的任何种,仅发现 2 个 *Polygnathus decorosus* 标本,但在垌村剖面 D20-51 仍然存在 *Pal. rhenana nasuta*,*Pal. gigas extensa* 和 *Pal. subrecta*。在 D20-52 和 D20-53 之间,没有 Frasnian 的 manticolepid 的种,只存在 *Pal. praetriangularis* 和 *Icriodus alternatus* 的分子,正是在这个层位,*Pal. rhenana nasuta*,*Pal. gigas extensa* 和 *Pal. subrecta* 最后灭绝,这一幕相当于 Sandberg 等(2001)所提出的事件 9。

*Palmatolepis triangularis* 突然出现在龙门剖面的 L19-z8k4 层和垌村剖面的 D20-54 层,标志着集群灭绝期的结束。王成源和 Ziegler(2002)曾将这一阶段作为牙形刺灭绝的第 5 阶段。

Schindler 等(1998a,1998b)对 Sessacker 探槽剖面的研究资料表明,Frasnian 阶最上部以"上 KW 层"之上的地层为代表,这段地层存在 Frasnian 的牙形刺,但缺少 *Pal. linguiformis*。在这样短的地层间隔内,牙形刺的演化步骤同样是可识别的:在高分异度的 *Palmatolepis* 属"正常"分布之后,即为非常短的低分异度时期,没有 *Pal. linguiformis*,之后为残存的 *Palmatolepis subrecta/hassi* 和 *Pal. rhenana/gigas* 支系(stocks),再后则 *Palmatolepis* 的种消失,仅存 *Pal. subrecta/hassi* 支系,紧接着就是 *Pal. triangularis* 的突然出现,标志 Famennian 阶的开始。龙门剖面表明,在"上 KW 层"下部的地层之上,仍存在 *Pal. linguiformis* (L19-z8f～L19-z8g2,图 3.2.2),这部分地层仍归"上 KW 层"。

几乎所有的 *Ancyrodella* 和 *Ancyroides* 的种在 F-F 界线之下都灭绝了,除了 *Ancyroides ubiquitus*,但此种在华南并没有发现。*Ancyrodella ioides*,*Ancyro. nodosa* 和 *Ancyro. curvata* 均未穿过 F-F 界线。这说明,牙形刺集群灭绝是发生在 *linguiformis* 带顶部,已非常靠近或已达 F-F 界线,特别是在"上 KW 层"下部(龙门剖面的 L19-z8c 和垌村剖面 D20-46)到 F-F 界线(龙门剖面的 L19-z8k4 和垌村剖面的 D20-54)之间的地层内,这一灭绝事件是在 Frasnian 最晚期发生的,是全球性的。

**2. 牙形刺集群灭绝的时间间隔与机制**

如上所述，Frasnian 牙形刺的集群灭绝发生在 *linguiformis* 带的最晚期。Schindler(1993)估计，Kellwasser Crisis 的时间间隔为 1 Ma 或 2 Ma，包括由 *rhenana* 带下部至 *triangularis* 带下部之底(Schindler，1990a，1990b)。而廖卫华(Liao，2002)依据华南珊瑚化石的研究，将整个 *linguiformis* 带都归入 Frasnian 期的生物集群灭绝期，远比牙形刺的集群灭绝发生得早，持续的时间也长。但廖卫华图示的珊瑚化石的时限与牙形刺化石带的对比只是大致的(Liao，2002，fig. 1)，两种化石很少共生，对比不可能那样精确。

晚泥盆世的持续时间，Sandberg 和 Ziegler(1996)的估算是：Famennian，10 Ma(百万年)；Frasnian，5 Ma，晚泥盆世平均每个牙形刺带所持续的时间是 0.5 Ma，但他们估算，*linguiformis* 带持续的时间仅为 0.3 Ma。

假定在同一剖面 *linguiformis* 带的时间间隔内，沉积速率是相同的，那么时间间隔大致可以按地层的沉积厚度估算。

按 Schindler(1990a，1990b)的资料，德国“上 KW 层”在多数地区为 20～40 cm 厚(极少数地区为 90 cm，也有只 10 cm 的单层)，而 *linguiformis* 带所包括的地层总厚度为 120～200 cm，有时达 400 cm，这就意味着“上 KW 层”只相当于 *linguiformis* 带持续的时间间隔的 1/3 或 1/4，也就是 0.1 Ma 或更少。最有代表性的德国 Steinbruch Schmidt 剖面，*linguiformis* 带岩层厚 116 cm，上 KW 层厚 40 cm，只相当于 *linguiformis* 带的时限的 1/3。多数牙形刺种(*Pal. linguiformis*，*Pal. rhenana rhenana*，*Pal. gigas gigas*，*Pal. gigas extensa*，*Pal. subrecta*，*Ancyrodella curvata*)等都在 *linguiformis* 带的顶部灭绝了。在样品 11 与 12 之间，或 *linguiformis* 带(最后灭绝)与 *triangularis* 带下部之间仅为 5 cm 的地层没有详细的牙形刺记录(Sandberg *et al*.，1988：text-figs. 6，7，table 1)，这正是牙形刺集群灭绝的层位，即牙形刺集群灭绝的时间只相当于 *linguiformis* 带时间间隔的 1/20，约 15 000 年。Sandberg 等(1998)曾认为，牙形刺 F-F 事件中“集群灭绝的时间间隔少于 20 000 年，而且很可能在几年或几天之内”。按 Schindler 等(1998b)对 Sessacker 探槽剖面的研究，F-F 事件中，*Palmatolepis* 的最大变化发生在 23c-a1 的地层内，它仅代表非常短的时间间隔。

在同样的假设条件下，以同样的方式计算，龙门剖面的牙形刺集群灭绝的时间间隔，即由“上 KW 层”之底到 *triangularis* 带下部之底，约为 13 700 年，这样的结果与 Steinbruch Schmidt 剖面的结果几乎非常一致(15 000 年)。在龙门和垌村剖面都可识别出牙形刺集群灭绝的 4 个步骤，对每一个步骤来讲，时间间隔就更短，可能平均小于 3 500 年。

总的来说，牙形刺集群灭绝发生在 *linguiformis* 带的顶部，持续的时间最短，少于 15 000 年，因此，从地质历史上看，是在很短的时间内发生的多幕的集群灭绝事件,是全球性的。在 *rhenana* 带上部和 *linguiformis* 带下部,*Palmatolepis* 某些种的灭绝属于背景灭绝,不属于集群灭绝的范畴。

仅从 *Palmatolepis* 一属中的统计数字可以看出,Frasnian 晚期,牙形刺的灭绝率是很高的。在 Frasnian 期,*Palmatolepis* 一属内共有 24 个种和亚种,*linguiformis* 带中有 14 个种和亚种,其中 13 个在 F-F 事件中灭绝,占 Frasnian 阶 *Palmatolepis* 总数的 54%,占 *linguiformis* 带的 93%。据统计,这样的集群灭绝发生在 15 000 年的时间内,Frasnian 期的时限是 5 Ma,而 *linguiformis* 的时限是 0.3 Ma(Sandberg and Ziegler,1996),在集群灭绝发生之前,有 *Palmatolepis* 的 10 个种和亚种灭绝,平均每 1 Ma 年有 2 个种灭绝,这属背景灭绝,在 *linguifromis* 带中、下部,有 2 个种灭绝,平均每 15 万年灭绝 1 个种,而在 F-F 事件中的 15 000 年的时限内,有 13 个种和亚种灭绝,平均每 1 150 年就有 1 个种或亚种灭绝,这种灭绝速率是很高的。

Frasnian 期晚期牙形刺集群灭绝的原因是复杂的,不是单一的灾难事件。F-F 事件以海平面突然发生变化为特征,在 *linguiformis* 带末期存在大规模的海退,但很快被下一次海进所终止。短时间内大规模的海退可能是造成 F-F 集群灭绝的重要原因之一,Tsien 和 Fong(1997)认为,华南 F-F 集群灭绝与重大的海水加深事件和随后的大海退有关,海退持续的时间长而不利于生物礁和无脊椎动物的生存。在浅水相区,似乎是这样。但在浮游相区,特别是就牙形刺的集群灭绝而言,*linguiformis* 带顶部的海退只发生在很短的时间间隔之内。F-F 事件同样受到火山作用影响。而 Sandberg 等(2001)认为突然的海平面降低是由一系列的陨石雨造成的,从而引起 Frasnian 晚期的集群灭绝。

Kalvoda(1997)假定,F-F 生物灭绝,是由于巨大的天体撞击到远岸的"中层浮游"水域,引起中层浮游分子的大量灭绝,而浅水相区几乎没有什么变化。海洋状态发生巨大变化,热带生存条件变窄,很可能此时仅 *Pal. praetriangularis* 一种继续生存在很特化的生境(窄的水层或水域),它继续生存而成为 Famennian 期牙形刺的先躯。

Sandberg 等(2001)认为,在欧洲普遍存在的 *linguifromis* 带最晚期的"灭绝页岩",是缺氧事件的标志,也是集群灭绝的原因之一(图 3.2.3)。但"灭绝页岩"在世界各地出现的时间和持续的时间都可能不同。垌村和龙门剖面的黑色有机质瘤状灰岩与页岩(图 3.2.1a,D20-46;图 3.2.2a,L19-z8c～L19-z8f),有可能相当于"灭绝页岩",但并非出现在 *linguiformis* 带顶部,持续的时间也短。湖南锡矿山老姜冲剖面 F-F 界线层也有一层黑色页岩,时代还没有准确地确定,被视为缺氧事件的标志(Liao,2002)。

许冰等(Xu *et al.*,2003)指出,垌村剖面 F-F 界线的碳同位素正偏移具有全球一致性的意义,并认为海水缺氧的发生导致了海水有机质氧化速率的降低以及有机碳埋藏速率的增加，进一步驱使大气温室气体 $CO_2$ 浓度降低，全球变冷，致使热带生物大量灭绝，因此他们支持缺氧→有机碳快速埋藏→气候变冷是晚泥盆世生物集群灭绝的主要原因的观点。

然而牙形刺集群灭绝的原因，正如 McGhee(1994)所指出的，也可能与 Frasnian 期晚期多次地外撞击事件有关。他所描述的晚泥盆世的 3 个撞击坑是很有意义的，特别是瑞典的 Siljan 撞击坑，直径 52 km，放射性元素的测定，其年龄也非常接近 F-F 界线。Sandberg 等(2002，私人通讯)令人信服地指出，一系列的陨石雨引起了 Frasnian 晚期的集群灭绝，这可由美国内华达州 Alamo 撞击构造和较早发生在德国的 Aönau 事件，以及相距很远的各地区的微球粒得到证实。中国在 F-F界线层同样发现了微球粒(Ji，1990；Bai *et al*.，1994)，Sandberg 等(2001)的提法似乎是可信的，虽然微球粒也可能是火山喷发的产物。

## 五、牙形刺的复苏

### 1. 牙形刺从 F-F 集群灭绝事件中复苏得最早

Kauffman 和 Erwin(1995b)已经指出，在集群灭绝事件之后，不同的生物分支和生态系统的复苏速率是不同的，复苏通常都是逐步发生的。据他们的估计，温带生态系统的复苏平均为 1～2 Ma，然而古热带生态系统的复苏，需要 2～10 Ma。

多数特定的生物分支，特别是底栖造礁生物群，在集群灭绝与复苏的过程中，一般消失得最早，再现得最晚，珊瑚礁就是一个最好的例子。相反，牙形刺的集群灭绝发生在 Frasnian 最晚期，而复苏在 Famennian 最早期。一般来说，在海退—海进的配对中(regression-transgression couplet)，在海退过程，浅水生态系统比深水生态系统更早遭到破坏；而在海进过程，浅水生态系统远比深水生态系统复苏得晚。结果是，深水区的底栖自游的、浮游生物复苏得早，而另外一些类群，特别是底栖的，复苏较晚(Wang and Su，2000)。

早 *triangularis* 带的时限估计为 0.5 Ma，中 *triangularis* 带有同样的时限(Sandberg and Ziegler，1996)。在 *triangularis* 带下部，*Palmatolepis delicatula delicatula*，*Pal. protorhomboidea* 由 *Pal. triangularis* 演化而来，并最后出现 *Pal. delicatula platys*。*triangularis* 带中部仍属复苏阶段，从 *triangularis* 带上部，即从 *Pal. minuta minuta* 出现，牙形刺的演化就进入辐射期。Sandberg 等(2001)认为辐射期始于 *triangularis* 带的中部(即 Johnson *et al*.，1985，T-R cycle Ⅱe 的开始)，这样 Famennian 牙形刺的复苏期最多是 0.75 Ma 或 1.0 Ma。如果像 Schülke (1998a，1998b)所认为的那样以 *Pal. delicatula delicatula* 的首次出现作为复苏期的开始，由集群灭绝到复苏期开始仅为 0.25 Ma。与其他化石门类相比，这是一个很短的时间间隔。但是笔者在集群灭绝后并没有识别出牙形刺的独立的残存期，

正是在 Frasnian 末的集群灭绝之后，牙形刺最早复苏。牙形刺的复苏期同样可区分出 5 个逐步发生的时期(图 3.2.4)：

(1) *Pal. triangularis* 首次出现。在 *triangularis* 带之底，仅见 *Pal. triangularis*，*Pal. praetriangularis*，个体很少，*Pal. triangularis* 由 *Pal. praetriangularis* 演化而来，在很短的时间之后，*Pal. triangularis* 就演化出具不同齿台形态的分子；

(2) *Pal. delicatula delicatula* 的首次出现，是由 *Pal. triangularis* 在 *triangularis* 带底部演化而来；

(3) *Pal. protorhomboidea* 的首次出现，同样是由 *Pal. triangularis* 演化而来，但出现比 *Pal. delicatula delicatula* 稍晚；

(4) *Pal. delicatula platys* 的首次出现，由 *Pal. delicatula delicatula* 演化而来，标志着 *triangularis* 带中部的开始；

(5)在早和中 *triangularis* 带中、下部 *Icriodus* 分子迅速增加。某些尚未描述的 *Icriodus* 和 *Polygnathus* 的新种，见于 *triangularis* 带中部，*Pal. clarki* 最早出现在 *triangularis* 带中部。与前 4 点不同，这不是一个特定的时期，而是复苏期的一个重要特点。从 *Pal. minuta* 出现，牙形刺的演化进入辐射期。

假定在同一剖面上沉积速率大致相同，*triangularis* 带下部的岩层厚度，在德国的 Steinbruch Schmidt 和华南的龙门、垌村剖面都比 *triangularis* 带中部和上部的岩层厚度小得多，像 Sandberg 和 Ziegler(1996)估算的那样，如果 *triangularis* 带的全部时限为 1.5 Ma，那么按厚度比例计算，牙形刺的复苏期，包括 *triangularis* 带中、下部，可能远远少于 0.5 Ma。又如果像 Sandberg 等(2001)推测的那样，辐射期由 *triangularis* 带中部开始，复苏的时限仅包括 *triangularis* 带下部和 *triangularis* 带中部之底，则牙形刺的复苏期可能少于 0.35 Ma，与其他门类，特别是底栖珊瑚相比，复苏最早，复苏期也最短。廖卫华(Liao，2002)确定的华南珊瑚化石的复苏期发生于 Famennian 期的晚期(*expansa* 带至 *praesulcata* 带)，复苏得很晚，而整个 Famennian 期都没有底栖生物(主要是珊瑚)的辐射期。

**2. F-F 事件中无牙形刺避难类别与复活类别**

对避难类别性质的认识是有争议的，但避难类别的发现和特征对残存期和复苏期的研究是至关重要的。根据避难场所的性质，避难分子可分为两大类：①大规模稳定的水域，即深海的稳定的避难分子；②生态体系域经常改变的不稳定的避难分子(Hladil and Cejchan，1995)。

多数避难分子都有重返原居住地的能力，在集群灭绝期间，它们由原居住地消失，当环境稳定适宜时，它们又重返原地，避难分子就成为复活分子。从生物地层角度，可区分出长期的和短期的避难种(Kauffman and Harries，1996)，迄今，我们还没有发现晚泥盆世牙形刺的避难种或复活种。

Maples 等(1997)和戎嘉余等(1996)曾报道,在新疆可能存在 Famennian 期的避难分子,特别是棘皮动物,极为特殊。而依据赵治信、王成源(1990)对新疆洪古勒楞组牙形刺的初步研究,即使在种一级的水平上,也不存在牙形刺的避难分子和复活分子。华南晚泥盆世牙形刺的研究表明,同样不存在避难分子和复活分子。由于 *Ancyrognatus cryptus* 的一些标本具有与 *Ag. triangularis* 有关的表型特征(phenotypic features),Schülke(1998b)假定 *Ag. triangularis* 曾迁移到第二居住地(避难所),并迅速演化成 *Ag. cryptus*。但是在华南从未在 Famennian 期发现 *Ag. cryptus*,也没有证据表明 *Ag. triangularis* 有避难所。由于晚泥盆世最主要的属 *Palmatolepis* 生活于深水环境,或远岸的中层游泳的环境,F-F 界线时期,海洋状态的改变可能导致 *Palmatolepis* 多数种的灭绝,*Palmatolepis* 居群迅速减少,并只限于原来居住水域中很窄的一个水层,一些危机先驱分子(crisis progenitor)生活在深水生态带中很特定的水层,或者是在深透光带(deep euphotic zone)或暗光带(dysphotic zone),正是在这样的水层,它们能得到足够的营养而生存下来。在危机生态环境正常化之后,*Palmatolepis* 的先驱种,迅速扩展它们的生态域,这些分子不能称为避难分子,相反,Vermeij(1987)及 Kauffman 和 Harries(1996)称这样的残存分子为"困境居群"(stranded population)。*Palmatolepis praetriangularis*, *Pal. triangularis* 就属于"困境居群"。

**3. 残存期与复苏期**

残存期的早、中期是以灾后泛滥类别(disaster taxa)和幸存类别(survivors)的繁盛为特征的。*Ancyroides ubiguitus* 是一典型的灾后泛滥分子(Morrow and Sandberg,1996)。Schülke 引用 Kauffman 和 Harries(1996)的术语,称其为"失败的危机先驱分子"(failed crisis progenitor),它的时限只限于 *linguiformis* 带上部至 *triangularis* 带底部,可作为残存期早期的标志。*Palmatolepis praetriangularis*, *Pal. triangularis* 是 *triangularis* 带底部仅存的 2 个 *Palmatolepis* 的种,它们的后继种 *Pal. delicatula delicatula* 和 *Pal. protorhomboidea* 在 *triangularis* 带的中部开始出现,而 *Pal. praetriangularis* 变少并在 *triangularis* 带中部灭绝。*Icriodus* 的一些种,如 *Icriodus multicostatus lateralis*, *I. multicostatus multicostatus*,作为预适应残存分子(pre-adapted suvivors)开始出现于 *triangularis* 带中部,而 *I. iowaensis* 的演化既不始于 *triangularis* 带下部(Sandberg and Dreesen,1984),也不始于 *triangularis* 带中部(Ji and Ziegler,1993),而始于 *rhenana* 带上部(Sandberg *et al.*,1992)。某些尚未描述的 *Icriodus* 和 *Polygnathus* 的新种同样始于 *triangularis* 带下部之顶和 *triangularis* 带中部之初。

长期的或短期的避难分子和复活分子在华南均未发现,很难将残存期与复活期区别开来。如果我们考虑到在 *triangularis* 带下部之底,*Pal. praetriangularis*

和 *Ancyroides ubiquitus* 的个体丰度非常低，加之在华南从来没有发现 *Ancyroides ubiquitus*，很难将这一时期称为“灾后泛滥种和幸存种的”繁盛时期。Schülke (1998b)将下 *triangularis* 带的中、下部归入残存期，但未提出相应的证据。本节作者认为，牙形刺的复苏期就始于 *Pal. triangularis* 的首次出现，独立的残存期目前还难以确定。但 *linguiformis* 是 *linguiformis* 带中最重要的分子，从 *linguiformis* 灭绝到 *triangularis* 出现，这段时间间隔，牙形刺分异度低，丰度也很低，只有很少的 *Palamtolepis* 的分子，也可能属残存期，虽然没有发现灾后泛滥种。也有另外一种可能，就是把残存期限定在只存在 *Pal. praetriangularis*, *Icriodus alternatus alternatus*, *I. a. helmsi* 的时间间隔内，即本节提出的灭绝期第 4 阶段，时间间隔非常短(龙门剖面 L19-z8j～L19-z8k3；垌村剖面 D20-52～D20-53)。这个期间内只存在 *Palmatolepis* 的一个种。但也没有发现灾后泛滥种，还不能肯定地归入残存期。*triangularis* 带的中、下部都属于复苏期。

牙形刺的残存期可能存在，但很短。这与底栖珊瑚化石正相反。廖卫华(Liao, 2002)将 Famennian 期的绝大部分都划归到晚泥盆世的生物的残存期(*triangularis* 带至 *expansa* 带中部)。

**4. 牙形刺复苏期的重要类别**

Harries 和 Kauffman(1990), Harries(1993, 1995)及 Kauffman 和 Harries (1996)已将残存分子按地层模式特征进行了划分。这里使用他们的名词和定义来分析复苏期牙形刺种的不同属性。

Sandberg 等(1988)将 F-F 界线层附近的牙形刺分为 5 种类型，其中 A, B 两种类型的牙形刺对分析牙形刺的复苏是重要的。

类型 A 为事件种，包括仅生存于灭绝事件层的时限很短的种，典型的代表分子为 *Ancyroides ubiquitus*。按 Kauffman 等(1996)的定义，“事件种”可称为“失败的危机先驱分子”(failed crisis progenitor)。先驱种起源于集群灭绝期间，并生存在此期间，但是它自己并没有产生新的分子，在残存期或复苏期就灭绝。*Ancyroides ubiquitus* 是 *Ancyroides* 属的最后一个种，并未产生新的后继分子。本节作者曾认为此种可称为灾后泛滥种(Wang and Ziegler, 2002)。但此种分布很有限，数量也少，在华南并没有发现，还不够灾后泛滥种的标准。

类型 B 被称为机遇种(opportunists)，是指穿过 F-F 灭绝期继续生存并且是 Famennian 期辐射阶段的“根源种”(root species)。*Palmatolepis praetriangularis* 是惟一的根源种或所有 Famennian 期的 *Palmatolepis* 种的祖先种，是惟一的起源于 Frasnian 期并进入 Famennian 期的 *Palmatolepis* 的种，是典型的危机先驱种(crisis progeritor species)。此种起源不明，可能来源于 *Pal. hassi* 或 *Pal. subreceta*(Ziegler, 1960)，但是它也可能来源于尚未命名的新种，此新种的后齿台窄，后端微向下弯(Wang, 1994：119, pl. 5, Figs. 9～10)。

*Palmatolepis praetriangularis*，*Pal. triangularis* 是典型的危机先驱分子，是牙形刺由集群灭绝到复苏的最重要的类别，特别是在浮游相区。

Ji 和 Ziegler(1993)报道，*Icriodus deformatus asymmetrcus* 和 *Pal. triangularis* 同时出现在 *triangularis* 带下部，但是付合剖面的资料(Wang，1994)，前者出现较早。*Icriodus praealternatus*，*I. alternatus* 和 *I. deformatus asymmetricus* 都是危机先驱分子，是浅水相区牙形刺复苏的重要类别。

Sandberg 和 Morrow(1998)将 *Polygnathus brevilaminus*，*Poly.* cf. *planirostratus*，*Pelekysgnathus planus* 和 *Pelekysgnathus brevis* 归入机遇种。*Polygnathus brevilaminus* 的最低层位在垌村剖面在 *triangularis* 带下部，但在龙门剖面则在 *linguiformis* 带的顶部。在垌村剖面，某些种，如 *Polygnathus pacificus*，*Polygnathus decorosus* 上延到或接近 *linguiformis* 带的顶。*Polygnathus webbi* 和 *Polygnathus evidens* 向上延至 *triangularis* 带中部，*Ancyrodella nodosa* 和 *A. curvata* 的最高层位是到 *linguiformis* 带的顶。

某些 *Icriodus* 和 *Polygnathus* 的种，有广泛的适应性，能忍受不同环境的变化，如 *Polygnathus brevis*，*Poly. webbi*，*Poly. normalis*，*Poly. angustidiscus* 和 *Icriodus alternatus*，这些可归入生态广布种(ecological generalists)。

**5. 牙形刺的复苏机制**

Armstrong(1996)认为晚奥陶世的很多牙形刺先驱分子在冰期之前开始来源于深水环境。这些分子在以后的冰期期间很快扩展到浅水区。随温跃层的提高，海洋状态变温，这些分子迅速演化，进入志留纪辐射期。先驱分子起源于集群灭绝时期的不利环境，并在灭绝期成功地生存，并演化到后来的辐射期。

Kalvoda(1997)假定，F-F 生物灭绝是由于巨大的天体撞击到远岸的“中层浮游”水域，引起中层浮游分子的大量灭绝，热带生存条件变窄，很可能此时仅 *Pal. praetriangularis* 一种继续生存在很特化的生境(窄的水层或水域)，它继续生存而成为 Famennian 期牙形刺的先驱。

Schülke(1997)提出的 *Palmatolepis triangularis* 幼型持续成种假说，也许是可以接受的，他发现早 *triangularis* 带的牙形刺具有以下特征：

(1) 在 *triangularis* 带底部，只存在 *Pal. triangularis*，它的最早的后继者出现在 *triangularis* 带下部之半；

(2) 所有 *Palmatolepis* 的 Pa 分子都小而脆，表现出幼年的特征；

(3) 与 Pa 分子相反，Pb，M，Sa-Sd 分子在大小上没有什么变化，而且较常见。因此，他假定，*Palmatolepis* 在幼年期和成年期有完全不同的生态习性。在幼年期，*Palmatolepis* 仅发育有 Pa 分子，这一过程被其他分子矿化作用的提前而大大缩短，在 *triangularis* 带底部，成体时间缩短，种的形成不可能很快，也不可能重新占领以前的生境。在集群灭绝之后，作为中层自游生物群，*Pal. praetriangularis*

只有很窄的生境，通过幼型持续成种而形成 *Pal. triangularis*，才进入到复苏期。

**6. 复苏期间的生物类别与生物地层带化石的选择**

牙形刺是泥盆纪生物地层的主导门类，为泥盆纪高分辨率生物地层提供了最好的基础。自 Ziegler 和 Sandberg(1994)提出牙形刺谱系带(phylogenetic zone)的概念之后，所有泥盆纪的牙形刺带都是以谱系带中相关种的首次出现为定义的。晚泥盆世标准牙形刺分带，主要是依据 3 个浮游牙形刺属：*Mesotaxis*，*Palmatolepis* 和 *Siphonodella*，其中尤以 *Palmatolepis* 最为重要。

对于生物地层的研究，通常都是选择演化快、分布广、数量多的种作为带化石。按现有谱系的概念，还应强调演化谱系清楚的种。在生物的灭绝与复苏阶段，避难分子和复活分子不宜选作生物地层的标准化石，因为它们很少，分布有限，不能发现它们的连续的演化系列。生态广适分子和预适应幸存分子(pre-adapted survivors)，不适合被选为带化石，因为它们太保守，演化慢。幸存种和失败的危机先驱分子，也不宜作为残存期和复苏期的带化石。而危机先驱种和它们的后继种，可以作为带化石，它们对残存期和复苏期的确定是重要的。

## 六、结论

广西桂林龙门和垌村剖面是华南研究牙形刺灭绝与复苏的最好的剖面。这两个穿越 F-F 界线地层的剖面的研究表明，牙形刺的集群灭绝与海平面的突然下降有密切的关系，也与缺氧事件有直接的关系，Sandberg 等(2001)提出 Frasnian 最晚期的海平面下降与一系列的陨石雨有关。*Palmatolepis* 在 Frasnian 期晚期的灭绝速率很高，并在很短的，大约少于 15 000 年的时间内，表现出逐步灭绝的特征。在 *linguiformis* 带顶部，可区分出 4 个灭绝的步骤。上述两个剖面所体现的海平面变化进程与牙形刺逐步灭绝的特征，与德国的 Steinbruch Schmidt 剖面和 Sessacher 探槽剖面很相似。

应当强调的是，浮游生物的集群灭绝和复苏的框架与底栖生物的框架不同。与其他化石门类相比，特别是与底栖生物相比，牙形刺是从集群灭绝中复苏得最早的门类，以 *Palmatolepis triangularis* 的首次出现为标志。牙形刺复苏期的时间间隔估计大大小于 0.5 Ma。牙形刺复苏速率的不同，可能受海平面变化的控制，也可能是由于分类位置不同或食物链中的位置不同，可区别出 5 个复苏的步骤。在华南还不能肯定地确定牙形刺的独立的残存期，但从 *linguiformis* 灭绝到 *triangularis* 首现的时间间隔，或仅存在 *Pal. praetriangularis*，*Icriodus alternatus alternatus*，*I. a. helmsi* 的时间间隔，可能归入牙形刺的残存期，但并没有发现灾后泛滥种。这与底栖珊瑚有漫长的残存期完全不同(Liao，2002)。*Pal. triangularis* 的幼型持续成种的假说可能是合理的。*Pal. praetriangularis* 和 *Pal. triangularis*

是危机先驱种，对浮游相牙形刺的复苏最为重要。*Icriodus alternatus*，*I. praealternatus* 和 *I. defermatus asymmetricus* 同样是危机先驱种，对浅水相牙形刺的复苏最为重要。在华南 F-F 复苏期，并没有发现牙形刺的避难分子和复活分子。在生物的残存期和复苏期，危机先驱种和它的后继种，可以作为带化石，对生物地层的划分是最为重要的。在华南 F-F 界线层，进一步寻找微球粒和进行同位素的地球化学研究是完全必要的。

**致　谢**　本文是 Wang(1994)一文的继续。研究得到国家重点基础研究发展规划项目(G2000077708)、中国科学院南京地质古生物研究所开放实验室(No. 990406)和德国马普学会的资助。特别感谢德国马普学会的资助，使这一项目得以顺利进行，森根堡博物馆为此项研究提供方便。感谢广西区域地质调查院李镇梁、卢宏金和农国忠连续 4 年陪第一作者进行野外考察。感谢 Schindler 博士提供信息和文献，Sandberg 博士提供尚未发表的手稿。

## 参考文献

Armstrong H A. 1996. Biotic recovery after mass extinction: the role of climate and ocean-state in the post-glacial (Late Ordovician-Early Silurian) recovery of the conodonts. In: Hart M B, ed. Biotic Recovery from Mass Extinction Events. Geological Society (London) Special Publication, 102: 105～117

Bai Shunliang, Bai Zhiqiang, Ma Xueping, Wang Darui, Sun Yuanlin. 1994. Devonian and Biostratigraphy of South China. Beijing: Peking University Press. 1～303

Bai Shunliang, Jin Shanyu, Ning Zongshan, and others eds. 1982. The Devonian biostratigraphy of Guangxi and adjacent area. Beijing: Peking University Press. 1～165 (in Chinese)[白顺良，金善燏，宁宗善等著. 1982. 广西及邻区泥盆纪生物地层. 北京：北京大学出版社. 1～165]

Becker R T, House M R. 1998. Proposal for an international Substage Subdivision of the Frasnian. Document submitted to the International Subcommision on Devonian Startigraphy. Annual meeting at Bologna, 1998. 1～9

Cejchan P, Hladil J. 1996. Searching for extinction/recovery gradients: The Frasnian/Famennian Interval, Miokra section, Moravia, central Europe. In: Hart M B, ed. Biotic Recovery from Mass Extinction Events. Geological Society (London) Special Publication, 102: 135～161

Dizk J. 1997. Emergence and succession of Carboniferous conodont and ammonoid communities in the Polish part of the Variscan sea. Acta Palaeontologica Polonica, 42: 57～170

Eder W, Franke W. 1982. Death of Devonian reefs. N. Jb. Geol. Paläontal. , Abh. , 163:241～243

Erwin D H. 1993. The great Paleozoic crisis, life and death in the Permian. New York: Columbia University press. 1～327

Girard G , Renaud S. 1998. Stragegies of survival of conodonts in response to the Kellwasser crisis. Abstracts of Seventh Conodont International Symposium held in Europe. 42～43

Hallam A, Wignall P B. 1997. Mass extinction and their Aftemath. Oxford: Oxford University Press. 1～320

Han Yingjian. 1987. Study on Upper Devonian Frasnian/Famennian boundary in Ma-Anshan,

Zhongping, Xiangzhou, Guangxi. Chinese Academy of Geological Sciences Bulletin, 17: 171～194 (in Chinese with English abstract) [韩迎建. 1987. 广西象州中平马鞍山上泥盆统弗拉斯阶法门阶界线研究. 中国地质科学院院报, 17: 172～197]

Harries P J. 1993. Dynamics of survival following the Cenomanian-Turonian (Upper Cretaceous) mass extinction event. Cretaceous Research, 14: 563～583

Harries P J. 1995. Recovery from mass extinction. Palaios, 10 (4): 1～2

Harries P J, Kauffman E G. 1990. Patterns of survival and recovery following the Cenomanian-Turonian (Late Cretaceous) mass extinction in the Western Interior Basin, United Stateds. In: Kauffman E G, Walliser O H, eds. Extinction events in Earth history. Heidelberg: Springer-Verlag. 177～198

Hladil J, Cejchan P. 1995. Identify of refugian, can we find them by basic system deliberation? Sixth circular of IGCP project 335: Biotic recoveries from mass extinction. 4～5

Hladil J, Kalvoda J. 1994. Extinction and recovery of the Devonian marine shoals: Eiferina-Givetian and Frasnian-Famennian events, Moravia and Bohemia. Vestnik Ceskeno geol. Ustavu. 68 (4): 13～24

Hou Hongfei, Ji Qiang, Wang Jinxin. 1988. Preliminary report on Frasnian-Famennian events in South China. In: McMillan N J, Embry A F, Glass D J, eds. Devonian of the world. Canadian Society of Petroleum Geologists, Memoir, 14(3): 63～70

Hou Hongfei, Wang Shitao. 1985. Devonian palaeogeography of China. Acta Palaeontologica Sinica, 24: 186～197(in Chinese with English abstract) [侯鸿飞, 王士涛. 1985. 中国泥盆纪古地理. 古生物学报, 24: 186～197]

Ji Qiang. 1989. On the Frasnian-Famennian mass extinction event in South China. In: Ziegler W, ed. First Senckenberg Conferrence and 5th European Conodont Symposium (ECOS V), Contribution 3. Courier Forschungsinstitut Senckenberg, 117: 303～319

Ji Qiang. 1990. On the Frasnian-famennian mass extinction event in South China. Courier Forschungsinstitut Senckenberg, 117: 275～301

Ji Qiang, Wang Guibin, Chen Xuanzhong, Huang Xiaomei, Deng Yanfang. 1986. Research on the Middle/Upper Devonian Boundary at Dale, Guangxi. Acta Micropalaeontologica Sinica, 3(1): 89～98 (in Chinese with English abstract) [季强, 王桂斌, 陈宣忠, 黄小梅, 邓艳芳. 1986. 广西大乐中、上泥盆统界线的再研究. 微体古生物学报, 3(1): 89～98]

Ji Qiang, Ziegler W. 1993. The Lali section. An excellent reference section for Upper Devonian in South China. Courier Forschungsinstitut Senckenberg, 157: 1～183

Johnson J G, Klapper G, Sandberg C A. 1985. Late Devonian eustatic cycles around margin of Old Red Continent. Annales de la Société Geologique de Belgique, 109(1): 141～147

Kalvoda J. 1997. Late Devonian-Early Carboniferous concdont evolution. Abstract book of the final Conference of IGCP project 335: "Biotic recoveries from mass extinction". 11～12

Kauffman E G, Erwin D H. 1995a. Surviving mass extinctions. Geotimes, 40(3): 14～17

Kauffman E G, Erwin D H. 1995b. IGCP 335: Biotic recoveries from mass extinction: initial meetings. Episodes, 17(3): 68～73

Kauffman E G, Harries P J. 1996. The importance of crisis progenitors in recovery from mass extinction. In: Hart, ed. Biotic recovery from mass extinction. Geological Society Special Publication, 102: 15～39

Klapper G. 1988. The Montagne Norie Frasnian (Upper Devonian) conodont successions. In: McMillian N J, Embry A F, Glass D J, eds. Devonian of the world. Canadian Society of Petroleum Geologists, Memoir, 14(3): 1～26

Klapper G. 2000. Species of Spathognathdontidae and Polygnathidae (Conodonta) in the recognition of Upper Devonian stage boundaries. Courier Forschungsinstitut Senckenberg，220：153～159

Kuang Guodun，Zhao Mingte，Tao Yebin. 1989. The Standard Devonian section of China：Liujing section of Guangxi. Beijing：China University of Geosciences Press. 1～154 (in Chinese)［邝国敦，赵明特，陶业斌. 1989. 中国海相泥盆系标准剖面：广西六景纪盆系剖面. 北京：中国地质大学出版社. 1～154］

Li Youxing. 1995. Late Devonian Frasnian Tentaculites from Eastern and Southeastern Guangxi. Acta Micropalaentologica Sinica，12(1)：67～78 (in Chinese with English abstract)［李酉兴. 1995. 桂东、桂东南晚泥盆世弗拉斯期的竹节石. 微体古生物学报，12(1)：67～78］

Liao Weihua. 2002. Biotic recovery from the Late Devonian F-F mass extinction event in China. Science in China (Series D)，45(4)：380～384

Maples C G，Waters J A，Lane H G，Marcus S A，*et al*. 1997. "Carboniferous" echioderms in the Late Devonian? Refugia，rebound，and repopulation. In：Cejchan P，Hladil J，eds. Abstract Book. UNESCO-IGCP Project 335 "Biotic Recoveries from Mass Extinction" Final Conference "Recoveries 97". 11

McGhee G R，Jr. 1994. Comets，Astroids and the Late Devonian mass extinction. Palaios，9(6)：513～515

McLaren D. 1970. Presidential address：time，life and boundaries. Journal of Paleontology，44：801～805

McLaren D J. 1982. Frasnian-Famennian extinctions. Geological Society of America，Special Paper，190：313～24

McLaren D J. 1985. Mass extinction and Iridium anomaly in the Upper Devonian of western Australia：a commnentary. Geology，13：170～172

McLaren D L. 1992. Frasnian-Famennian extinctions. Nature，313：12～13

Morrow J R. Sandberg C A. 1996. Conodont faunal turnover and diversity changes through the Frasnian-Famennian (F-F) mass extinction and recovery episodes. In：Repetski J E，ed. Sixth North American Paleontological Convention Abstracts，Paleontological Society Special Publications，8：284

Raup D M，Sepkoski J J. 1982. Mass extinctions in the marine fossil record. Science，215：1 501～1 503

Rong Jiayu，Fang Zongjie，Chen Xu，Chen Jinhua，Liao Weihua，Sun Dongli，Zhan Renbin，Shen Jianwei. 1996. Biotic recovery-First episode of evolution after mass extiction. Acta Palaeontologica Sinica，35(3)：259～271 (in Chinese with English abstract)［戎嘉余，方宗杰，陈旭，陈金华，廖卫华，孙东立，詹仁斌，沈建伟. 1996. 生物复苏——大灭绝后生物演化历史的第一幕. 古生物学报，35(3)：259～271］

Sandberg C A. 1976. Conodont biofacies of Late Devonian *Polygnathus styriacus* zone in western United States：Conodont Palaeoceology：Assoc. Canada，Spec. Paper，15：171～186

Sandberg C A，Dreesen R. 1984. Late Devonian Icriodontid biofacies models and alternate shallow-water conodont zonation. In：Clark D L，ed. Conodont biofacies and provincialism. Geological Society of America，Special Paper，196：143～178

Sandberg C A，Morrow J R. 1998. Conodont evidences for Late Devonian Alamo Impact，southern Nevada. Geological Society of America Abstract with programs，30(2)：69

Sandberg C A，Morrow J R，Ziegler W. 2002. Late Devonian sea-level changes，catastrophic events，and mass extinction. (MS.)

Sandberg C A，Ziegler W. 1979. Taxonomy and biofacies of important conodonts of Late Devonian *styriacus* Zone，United States and Germany：Geologica *et* Paleontologica，13：173～212

Sandberg C A，Ziegler W. 1996. Devonian conodont biochronology in geologic time calibration.

Senckenbergiana Lethaea, 76: 259～265

Sandberg C A, Ziegler W, Dreesen R. 1987. Abrupt conodont biofacies changes redate and delimit Frasnian (Late Devonian) extinction event in Euramerica. Geological Society of America Abstracts with Programms, 19: 177 (Also published in Terra cognita, 7: 209～210, and in Calgary, Second International Symposium, Devonian System, Aug. 17～20, 1987, Program and Abstract: 199); Boulder

Sandberg C A, Ziegler W, Dreesen R, Butler J L. 1988. Late Frasnian mass extinction event stratigraphy, global changes, and possible causes. Courier Forschungsinstitut Senckenberg, 102: 263～307

Sandberg C A, Ziegler W, Dreesen R, Butler J L. 1992. Conodont biochronology, Biofacies, taxonomy, and Event Stratigraphy aroud Middle Frasnian Lion Mudmound (F2h), Frasnes, Belgium. Courier Forschungsinstitut Senckenberg, 150: 1～87

Schindler E. 1990a. Die Kellwasser-Krise (hohe Frasne-Stufe, Over-Devon). Göttinger Arbeiten zur Geolologie und Paläontololgie, 46: 1～115

Schindler E. 1990b. The late Frasnian (Upper Devonian) Kellwasser crisis. In: Kauffman E G, Walliser, eds. Extinction Events in Earth History. Heidelberg: Springer-Verlag. 151～159

Schindler E. 1993. Event-stratigraphic markers within the Kellwasser Crisis near the Frasnian/Famennian boundary (Upper Devonian) in Germany. Palaeogeography, Palaeoclimatology, Palaeoecology, 104: 115～125

Schindler E, Schülke I, Ziegler W. 1998a. Conodont stratigraphy and sedimentology across the Frasnian/Famennian boundary at the Sessacker trench section in the Dill Syncline (Rheinisches Schiefergebirge, Germany). Abstracts of Seventh International Conodont Symposium held in Europe (ECOS Ⅶ). 98

Schindler E, Schülke I, Ziegler W. 1998b. The Frasnian/Famennian boundary at the Sessacker Trench section near Oberscheld (Dill Syncline, Rheiniches Schiefergebirge, Germany). Senchenbergiana Lethaea, 77 (1/2): 243～261

Schülke I. 1997. Post-event paedomorphosis at *Palmatolepis triangularis* (Frasnian/Famennian boundary). Abstract book of the final conference of the IGCP project 335 "Biotic recoveries from mass extion". 9～10

Schülke I. 1998a. Early Famennian conodont biostratigraphy of the Montagne Noire (Southern France). Abstracts of Seventh International Conodont Symposium held in Europe. 100～101

Schülke I. 1998b. Conodont community structure around the "Kellwasser mass extinction event" (Frasnian/Famennian boundary interval). Senckenbergiana Lethaea, 77 (1/2): 87～99

Sepkoski J J, Jr. 1982. Mass extinction in the phanerozoic ocean: A review. Geological society of America, Special Paper, 190: 283～290

Sepkoski J J, Jr. 1991. A model of onshore-offshore in faunal diversity. Palaeobiology, 17 (1): 58～77

Stanley S M. 1984. Temperature and biostic crisis in the marine realm. Geology, 12: 202～208

Talent J A, Mawson R, Andrew A S, Hamilton P J, Whiford D J. 1993. Middle Palaeozoic extinction events: Faunal and isotopic data. Palaeogeography, Palaeoclimatology, Palaeoecology, 104: 139～152

Tsien H H, Fong C C K. 1997. Sea-level fluctuations in South China. Courier Forschungsinstitut Senckenberg, 199: 103～116

Tucker R D, Bradley D C, Ver Straeten C A, Harris A G, Ebert J R, McCutcheon S R. 1998. New U-Pb zircon ages and the duration and division of Devonian time. Earth and Planetary letters, 158: 175～186

Veimarn A B, Kuzmin A V, Kononova L L, Baryshew, Vorontzova T N. 1997. Geological events at the Frasnian/Famennian boundary on the territory of Kazakhstan, Urals and adjacent regions of the Russian Plate. Courier Forschungsinstitut Senckenberg, 199: 51～64

Vermeij G J. 1987. Evoluiton and escalation. Princeton: Princeton University Press

Wang Chengyuan. 1990. Conodont biostratigraphy of China. Courier Forschungsinstiytut Senckenberg, 118: 591～610

Wang Chengyuan. 1994. Application of the Frasnian standard conodont zonation in South China. Courier Forschungsinstitut Senckenberg, 168: 83～129

Wang Chengyuan. 1989. Devonian conodonts of Guangxi. Memoirs of Nanjing Institute of Geology and Palaeontology, Academia Sinica. 25: 1～212 (in Chinese with English abstract)[王成源. 1989. 广西泥盆纪牙形刺. 中国科学院南京地质古生物研究所集刊, 25:1～167]

Wang Chengyuan. 1999. Conodont mass extinction and recovery from Permian-Triassic boundary beds in the Meishan section, Zhejiang, China. Bolletino della Societa Paleontologica Italiana, 37 (2～3): 489～495

Wang Chengyuan, Ziegler W. 2002. The Frasnian-Famennian conodont mass extinction and recovery in South China. Senckenbergiana lathaea, 82(2) special issue: 463～496

Wang K, Bai S L. 1988. Faunal changes and events near the Frasnian-Famennian boundary of South China. In: McMilan N J, Embry A F, Glass D J, eds. Devonian of the World, 3. 71～78

Wang K, Orth C J, Attrep M, Chartterton B D E, Hou Hong-fei, Geoldsetzer H H J. 1991. Geochemical evidence for a catastrophic biotic event at the Frasnian/ Famennian boundary in South China. Geology, 19: 776～779

Wang Xunlian, Su Wenbo. 2000. An important reference criterion for the selection of GSSP. Chinee Science Bulletin, 45(5): 472～480

Xu Bing, Gu Zhaoyan, Liu Qiang, Wang Chengyuan, Li Zhenliang. 2003. Carbon isotopic record from Upper Devonian carbonates at Dongcun in Guilin, southern China, suppoting the worldwide pattern of carbon isotope excursions during Frasnian-Famennian transition. Chinese Science Bulletin, 48(8):856～862(in Chinese)[许冰,顾兆炎,刘强,王成源,李镇梁. 2003. 广西桂林垌村上泥盆统碳同位素正偏移与全球一致性的记录.科学通报, 48(8):856～862]

Zhao Zhixin, Wang Chengyuan. 1990. Age of the Hongguleleng Formation in the Junggar basin of Xinjiang. Journal of Stratigraphy, 14(2): 145～146,144 (in Chinese with English abstract) [赵治信, 王成源. 1990. 新疆准噶尔盆地洪古勒楞组的时代. 地层学杂志,14(2):145～146,144]

Ziegler W. 1962. Taxonomie and Phylogenie Oberdevonischer Conodonten und ihre stratigraphische bedeutug. Abhandlungen des Hessischen Landesamtes for Bodenforschung:1～166

Ziegler W. 1984. Conodonts and the Frasnian-Famennian crisis. Geological Society of America, Abstracts with Programs, 16: 73

Ziegler W, Lane H R. 1987. Cycles in conodont evolution from Devonian to mid-Carboniferous. In: Aldridge, ed. Palaeobiology of Conodonts. Chichester: Ellis Horwood Limited Publishers. 147～163

Ziegler W, Sandberg C A. 1984. *Palmatolepis*-based revision of upper part of standard Late Devonian conodont zonation. In: Clark D L, ed. Conodont biofacies and provincialism. Geological Society of America, Special Paper, 196: 179～194

Ziegler W, Sandberg C A. 1990. The Late Devonian standard conodont zonaiton. In: Ziegler, ed. First International Senckenberg Conference and 5th European Conodont Symposium (ECOS Ⅴ). Courier Forschungsinstitut Senckenberg, 121: 1～115

Ziegler W, Sandberg C A. 1994. Conodont phylogenetic zone concept. Newsletter Stratigraphy, 30: 105～123

Ziegler W, Sandberg C A. 1996. Reflexions on Frasnian and Famennian Stage boundary decisions as a guide to future deliberations. Newsletter Stratigraphy, 33(3): 157～180

Ziegler W, Wang Chengyuan 1985. Sihongshan section, a regional reference section for the Lower-Middle and Middle-Upper Devonian boundaries in East Asia. Courier Forschungsinstitut Senckenberg, 75: 17～38

Ziegler W, Weddige K. 1999. Zur Biologie, Taxonomie und Chronologie der conodonten. Paläontologische Zeitschrift, 75(1/2):1～38

## 图 版 说 明

所有图示标本均保存在中国科学院南京地质古生物研究所标本室，登记号为 132540～132553 和 132619～132668。

### 图版 3.2.1

1. *Palmatolepis triangularis* Sannemann，1955，Morphotype 1
   上视，L19-z8K4/132540 *，×60，Early *triangularis* 带，龙门剖面谷闭组。

2～6. *Palmatolepis triangularis* Sannemann，1955，Morphotype 2
   2. 上视，D20-70/132541，×60，Early *triangularis* 带，垌村剖面谷闭组。
   3. 上视，D20-64/132542，×60，Early *triangularis* 带，垌村剖面谷闭组。
   4. 上视，L19-z8l/132543，×60，Early *triangularis* 带，龙门剖面谷闭组。
   5. 上视，D20-54/132544，×50，Early *triangularis* 带，垌村剖面谷闭组。
   6. 上视，D20-55/132545，×60，Early *triangularis* 带，垌村剖面谷闭组。

7. *Palmatolepis rhenana nasuta* Müller，1956
   上视，D20-48c/132546，×60，*linguiformis* 带，垌村剖面谷闭组。

8～14. *Palmatolepis praetriangularis* Ziegler and Sandberg，1988
   8. 上视，D20-48/132547，×60，*linguiformis* 带，垌村剖面谷闭组。
   9. 上视，L19-z8h2/132548，×60，*linguiformis* 带，龙门剖面谷闭组。
   10. 上视，D20-55/132549，×60，Early *triangularis* 带，垌村剖面谷闭组。
   11. 上视，L19-z8l/132550，×60，Early *triangularis* 带，龙门剖面谷闭组。
   12. 上视，D20-44/132551，×50，*linguiformis* 带，垌村剖面谷闭组。
   13. 上视，L19-z8c/132552，×50，*linguiformis* 带，龙门剖面谷闭组。
   14. 上视，D20-52/132553，×50，*linguiformis* 带最上部，垌村剖面谷闭组。

### 图版 3.2.2

1～3. *Palmatolepis gigas extensa* Ziegler and Sandberg，1990
   1. 上视，D20-44/132619，×50，*linguiformis* 带，垌村剖面谷闭组。
   2. 上视，L19-z8H1/132620，×50，*linguiformis* 带，龙门剖面谷闭组。
   3. 上视，L19-z8g2/132621，×60，*linguiformis* 带，龙门剖面谷闭组。

4～5. ? *Palmatolepis gigas gigas* Miller and Youngquist，1947
   4. 上视，D20-44/132622，×60，*linguiformis* 带，垌村剖面谷闭组。
   5. 上视，D20-44/132623，×60，*linguiformis* 带，垌村剖面谷闭组。

6，8. *Palmatolepis gigas paragigas* Ziegler and Sandberg，1990
   6. 上视，D20-44A/132624，×50，*linguiformis* 带，垌村剖面谷闭组。
   8. 上视，D20-48/132626，×60，*linguiformis* 带，垌村剖面谷闭组。

7. *Palmatolepis gigas gigas* Miller and Youngquist，1947
   上视，D20-44A/132625，×50，*linguiformis* 带，垌村剖面谷闭组。

9～10. *Palmatolepis rhenana rhenana* Bischoff，1956
   9. 上视，D20-44/132627，×40，*linguiformis* 带，垌村剖面谷闭组。
   10. 上视，D20-46/132628，×50，*linguiformis* 带，垌村剖面谷闭组。

11. *Palmatolepis rhenana rhenana* Müller，1956

上视,D20-44B/132629,×50,*linguiformis* 带,垌村剖面谷闭组。

## 图版 3.2.3

1～4. *Palmatolepis delicatula delicatula* Branson and Mehl,1934

1. 上视,D20-64/132630,×80,Late *triangularis* 带,垌村剖面谷闭组。
2. 上视,D20-65/132631,×60,Late *triangularis* 带,垌村剖面谷闭组。
3. 上视,L19-z8m2/132632,×60,Middle *triangularis* 带,龙门剖面谷闭组。
4. 上视,L19-z8m2/132633,×60,Middle *triangularis* 带,龙门剖面谷闭组。

5～10. *Palmatolepis delicatula platys* Ziegler and Sandberg,1990

5. 上视,D20-65/132634,×60,Late *triangularis* 带,垌村剖面谷闭组。
6. 上视,D20-65/132635,×60,Late *triangularis* 带,垌村剖面谷闭组。
7. 上视,L19-z8m1/132636,×80,Middle *triangularis* 带,龙门剖面谷闭组。
8. 上视,D20-64/132637,×60,Late *triangularis* 带,垌村剖面谷闭组。
9. 上视,D20-59/132638,×60,Middle *triangularis* 带,垌村剖面谷闭组。
10. 上视,L19-z8m2/132639,×60,Middle *triangularis* 带,龙门剖面谷闭组。

11～15. *Palmatolepis protorhomboidea* Sandberg and Ziegler,1973

11. 上视,D20-69/132640,×60,Late *triangularis* 带,垌村剖面谷闭组。
12. 上视,D20-71/132641,×60,Late *triangularis* 带,垌村剖面谷闭组。
13. 上视,D20-68/132642,×60,Late *triangularis* 带,垌村剖面谷闭组。
14. 上视,L19-z8m1/132643,×60,Middle *triangularis* 带,龙门剖面谷闭组。
15. 上视,L19-z8m2/132644,×60,Middle *triangularis* 带,龙门剖面谷闭组。

16～17. *Palmatolepis subrecta* Miller and Youngquist,1947

16. 上视,L19-z8d/132645,×50,*linguiformis* 带,龙门剖面谷闭组。
17. 上视,D20-46/132646,×50,*linguiformis* 带,垌村剖面谷闭组。

18～20. *Palmatolepis linguiformis* Müller,1956

18. 上视,L19-z8c/132647,×60,*linguiformis* 带,龙门剖面谷闭组。
19. 上视,L19-z8g2/132648,×60,*linguiformis* 带,龙门剖面谷闭组。
20. 上视,D20-44/132649,×60,*linguiformis* 带,垌村剖面谷闭组。

## 图版 3.2.4

1. *Palmatolepis clarki* Ziegler,1962

上视,D20-65/132650,×60,Late *triangularis* 带,垌村剖面谷闭组。

2. *Palmatolepisi* sp.

上视,L19-z8h2/132651,×80,*linguiformis* 带,龙门剖面谷闭组。从齿台构造上看,层位可疑。

3,12. *Palmatolepis sandbergi* Ji and Ziegler,1993

3. 上视,D20-60/132652,×60,Late *triangularis* 带,垌村剖面谷闭组。
12. 上视,D20-63/132661,×60,Late *triangularis* 带,垌村剖面谷闭组。

4～7. *Palmatolepis minuta loba* Helms,1963,Morphotype 2

4. 上视,D20-68/132653,×60,Late *triangularis* 带,垌村剖面谷闭组。
5. 上视,D20-65/132654,×60,Late *triangularis* 带,垌村剖面谷闭组。
6. 上视,D20-72/132655,×60,Late *triangularis* 带,垌村剖面谷闭组。
7. 上视,D20-65/132656,×60,Late *triangularis* 带,垌村剖面谷闭组。

8,9,16. *Palmatolepis triangularis* Sanneman,1955,Morphotype 1

8. 上视,L19-z8m1/132657,×80,Middle *triangularis* 带,龙门剖面谷闭组。

9. 上视,L19-z8m2/132658,×60,Middle *triangularis* 带,龙门剖面谷闭组。

16. 上视,D20-62/132665,×80,Late *triangularis* 带,垌村剖面谷闭组。

10. *Palmatolepis* cf. *regularis* Cooper,1931

上视,D20-76/132659,×60,Early *crepida* 带,垌村剖面谷闭组。

11. *Palmatolepis* cf. *Pal. delicatula* Branson and Mehl,1934

上视,L19-z8H2/132660,×80,*linguiformis* 带,龙门剖面谷闭组。

13. *Palmatolepis rotunda* Ziegler and Sandberg,1990

上视,L19-z8e/132662,×60,*linguiformis* 带,龙门剖面谷闭组。

14. *Palmatolepis rhenana nasuta* Müller,1956

上视,L19-z8d/132663,×60,Late *linguiformis* 带,龙门剖面谷闭组。

15. *Palmatolepis gigas gigas* Miller and Youngquist,1947

上视,D20-46/132664,×50,Late *linguiformis* 带,垌村剖面谷闭组。

17. *Palmatolepis triangularis* Sannemann,1955,Morphotype 2

上视,D20-73/132666,×60,Late *triangularis* 带,垌村剖面谷闭组。

18. *Palmatolepis werneri* Ji and Ziegler,1993

上视,D20-71/132667,×60,Late *triangularis* 带,垌村剖面谷闭组。

图版 3.2.1

图版 3.2.2

图版 3.2.3

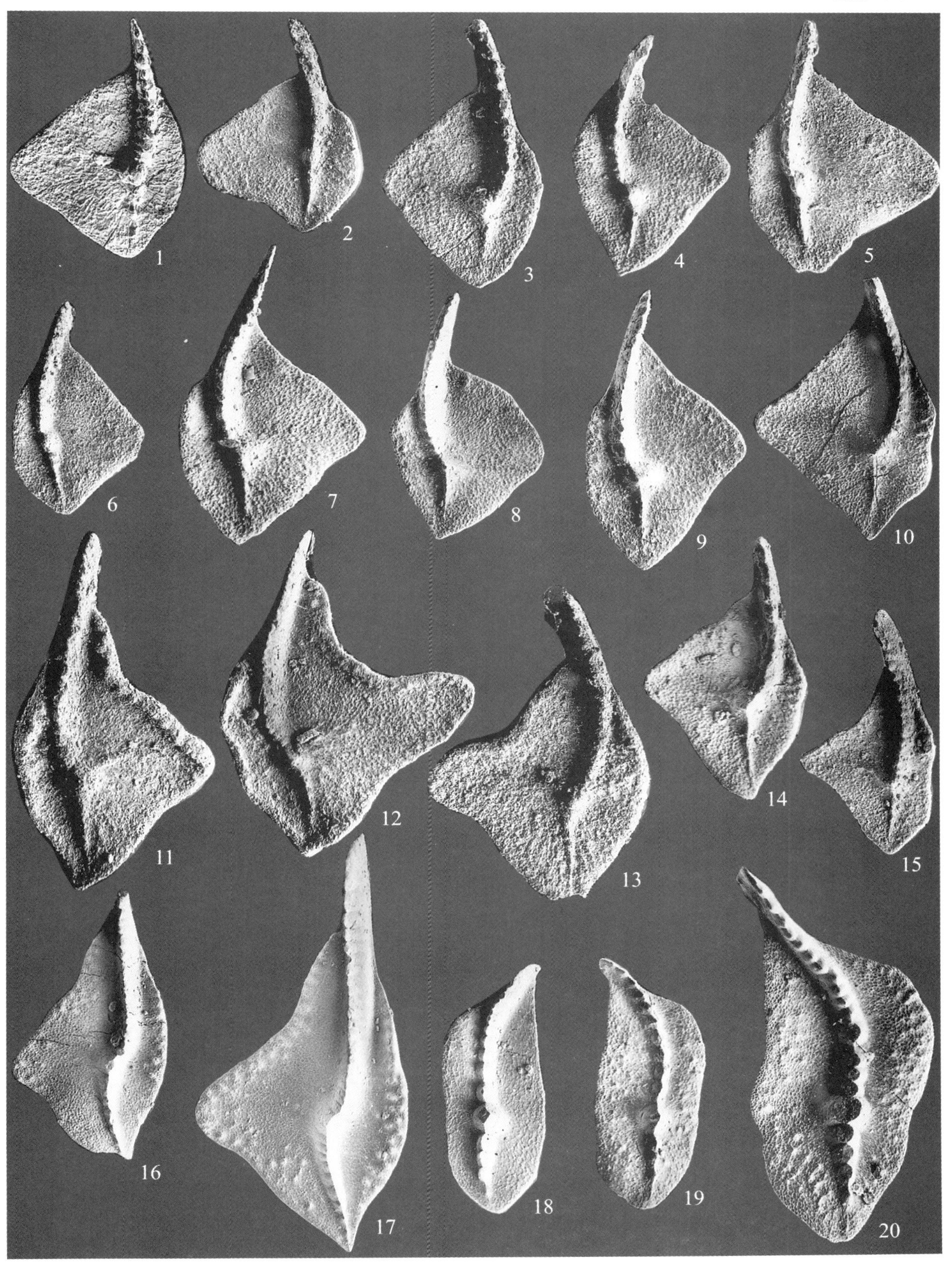

图版 3.2.4

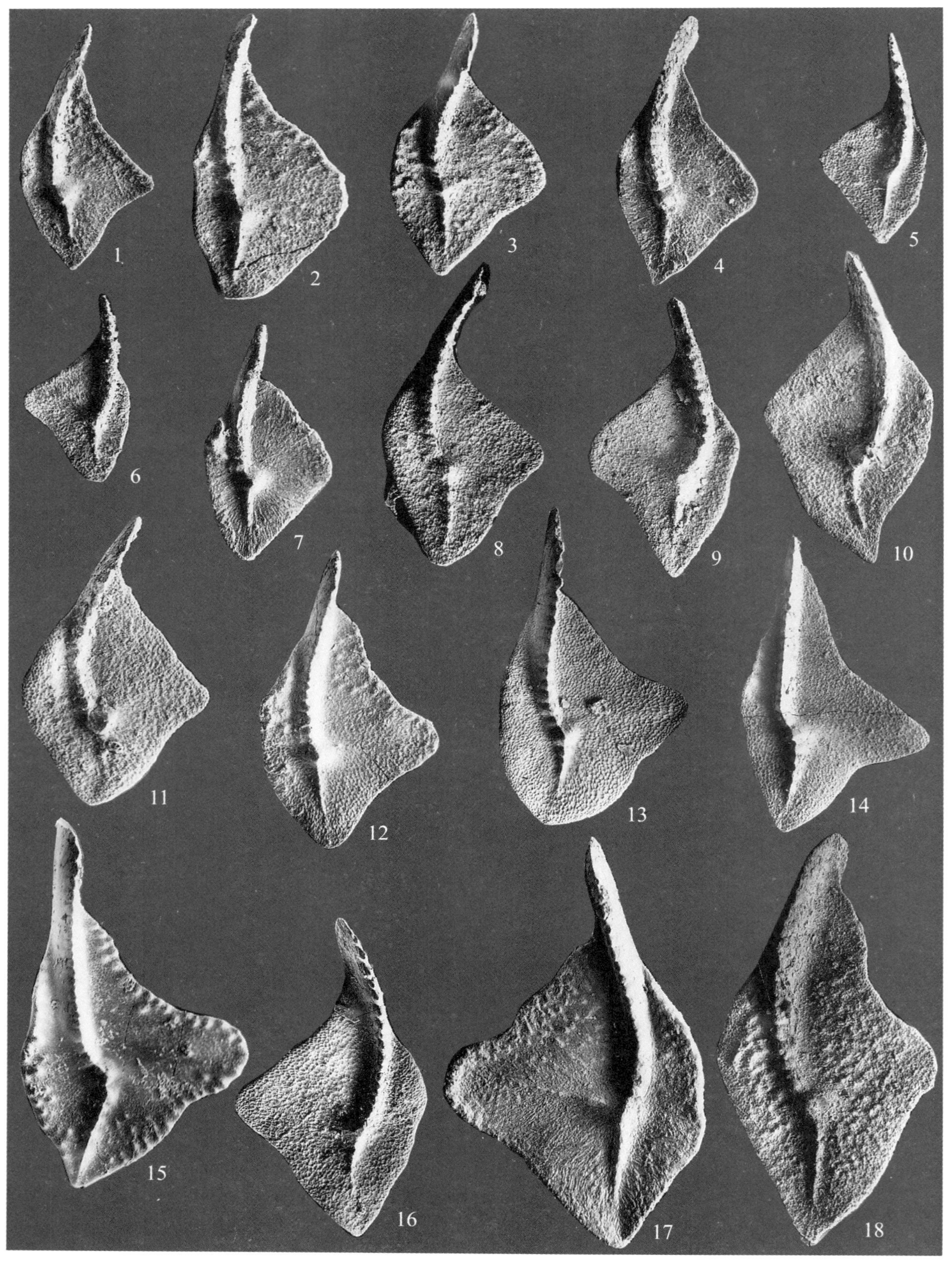

陈秀琴 chenxq@public1.ptt.js.cn
中国科学院南京地质古生物研究所
南京市北京东路39号,210008
马学平 maxp@pku.edu.cn
北京大学造山带与地壳演化教育部重点实验室
北京大学地球与空间科学学院
北京,100871

## 第三节

# 华南晚泥盆世腕足动物的灭绝和复苏

陈秀琴,马学平. 2004. 华南晚泥盆世腕足动物的灭绝和复苏. 见:戎嘉余,方宗杰主编. 生物大灭绝与复苏——来自华南古生代和三叠纪的证据. 合肥:中国科学技术大学出版社. 317～356,1054

**摘 要 →**

晚泥盆世弗拉期末发生的大规模生物灭绝事件,是显生宙五大生物灭绝事件之一(简称F-F事件)。这次事件具有全球性、同时性和生物灭绝率高等特点。低纬度热带礁的生态系统在这次事件中遭到严重破坏,浅海底栖生物所受影响尤为明显,21%的科和50%的属在这次事件中灭绝。作者通过对华南地区已发表的弗拉期至法门期腕足动物目、科、属等分类单元的统计结果证实,无洞贝目和五房贝目在F-F事件中全部灭绝,扭月贝目和正形贝目在这次事件中消失。统计结果显示,目级灭绝率和消失率均达20%,科级灭绝率和消失率分别为20%和40%,属级灭绝率和消失率分别达到60%和20%。统计结果说明,F-F灭绝事件对华南地区腕足动物的影响甚为显著。值得注意的是,根据统计结果得知,华南地区腕足动物在法门中期 *marginifera* 带顶部又表现出很高的灭绝率或消失率,其中3目、7科在这个带附近消失,消失量高达1/2,2/3以上的属在这个带附近灭绝或消失,属级灭绝率和消失率分别达45.8%和25%。腕足动物各分类单元在 *marginifera* 带顶部表现出如此高的灭绝率或消失率提供了新的信息:除F-F事件外,法门中期华南地区可能又发生了一定规模的灭绝事件。在灭绝的11属中,4属是分布在华南地区的土著分子,5属仅在少数地区出现,分布地域很窄,它们占整个灭绝属数的81.8%,地域分布较广或呈世界性分布的仅2属。由此看出,土著分子或地域分布较窄的类型在这次事件中所受影响比较明显。资料显示,法门中期(*marginifera* 带后)华南地区发生过较大规模的海退,一些地区岩性明显从灰岩变化为石英砂岩、粉砂岩和页岩。由此推断,腕足动物在 *marginifera* 带顶部高的灭绝率或消失率,可能与这个时期发生的海退和岩相变化密切相关。深入开展对 *marginifera* 带顶部生物事件的性质、影响的范围、各类生物的表现型式和发生的原因等研究,不仅对揭示泥盆纪腕足动物的演化进程和规律有重要的意义,而且对晚泥盆世生物灭绝和复苏研究、华南地区环境的演变也能提供有价值的资料。本节以华南地区弗拉期至法门期腕足动物不同分类单元的统计分析为基础,根据腕足动物灭绝、幸存、复苏和辐射状况,大致识别出5个演化阶段:①弗拉期的背景演化阶段(*falsiovalis-linguiformis* 带);②紧接着F-F灭绝事件后的第一次残存期(*triangularis* 带);③法门早、中期的复苏期(*crepida-marginifera* 带);④紧接着 *marginifera* 带顶部灭绝事件后的第二次残存期(*trachytera-postera* 带);⑤法门晚期的复苏-辐射期(*expansa-praesulcata* 带)。通过对华南地区晚泥盆世腕足动物在5个演化阶段各种特征的详细分析,阐述腕足动物自晚泥盆世早期的背景演化阶段,经过F-F生物集群灭绝事件至晚泥盆世晚期幸存和复苏时期的表现型式及演化规律。

**关键词 →**

腕足动物 灭绝 复苏
泥盆纪 华南

晚泥盆世弗拉期(Frasnian)末发生的生物灭绝事件是显生宙五次大规模生物灭绝事件中较大的集群灭绝事件之一,简称 F-F 事件(McLaren,1970)。在已经识别的五大灭绝事件中,此次事件在规模和程度上仅次于二叠纪末的灭绝事件,造成世界各地 F-F 之交生物群的变化十分显著,60%的生物在这次事件中灭绝(Boucot,1975)。在欧洲等地,F-F 事件被称为 Kellwasser 事件(Eder *et al*.,1977;Walliser,1984,1996;Schindler,1990;Schindler *et al*.,1998)。在这次事件中,腕足动物的正形贝目、五房贝目、无洞贝目和齿扭贝超科灭绝,71 个弗拉期的属仅有10 属存活下来(Johnson and Boucot,1973;Boucot,1975)。根据 Johnson(1971,1974)、Johnson 和 Boucot(1973)、McGhee(1981)的研究,腕足动物遭受的损失约86%。F-F 事件尤其是对低纬度热带礁的生态系统和浅海中生物群的影响严重,21%的科和 50%的属灭绝(Sepkoski,1982,1986)。泥盆纪生物礁、层孔虫、苔藓虫、竹节石、菊石中的尖棱菊石(*Manticoceras*)以及三叶虫的 3 科和 1 亚科(Tropidocoryphidae,Scutelluidae,Odontopleuridae,Asteropyginae)基本灭绝,全球151 个珊瑚种全部遭受劫难,47 个浅海相珊瑚属中只有 2~3 个属残存下来(Sorauf,1989;Sorauf and Pedder,1986;廖卫华,2001b,2002)。华南地区牙形刺的灭绝率高达 90%以上(季强,1994)。此次事件后,法门初期大部分生物呈现萧条状态。进入法门晚期,随着环境逐渐趋向正常和稳定,各种类型的生物先后开始复苏,新生分子陆续出现,进入生物的繁盛时期。

Copper(1966a)分析欧洲西北部浅海陆棚泥盆纪无洞贝类腕足动物 7 个不同群落的生境特征时,论述了弗拉期末世界范围内无洞贝类灭绝的特征。McLaren(1970)首次对弗拉期末生物灭绝事件的规模、灭绝的种类和发生的原因做了论述,提出F-F事件是一次全球范围的大规模生物集群灭绝事件。嗣后,各国学者从不同的角度对弗拉期末生物灭绝事件开展了研究,对这一灭绝事件的规模和程度做了分析和论述,对造成 F-F 生物大规模灭绝的原因进行了推测,提出了多种假说,如海平面变化说、天体撞击说、气温或水温(升温或降温)变化说、缺氧事件说、全球海洋有机碳埋藏速率增强说等。

本节通过华南地区晚泥盆世腕足动物不同级别分类单元的统计和分析,研究腕足动物在 F-F 事件中的灭绝程度,阐述腕足动物在集群灭绝后幸存和复苏的类型及机制;同时,对晚泥盆世可能的其他灭绝事件进行认识,探讨华南地区晚泥盆世不同阶段腕足动物的演化特征,揭示生物演化和发展的规律。

## 一、F-F 事件研究历史与腕足动物分类基础

### （一）研究历史

古生代历次大的生物灭绝事件中，由于生物自身的特征、生物对环境的适应能力和不同生物生存方式的差异等，各种生物遭受灭绝的程度也非常不同。Kauffman 和 Erwin（1994，1995）论述了大灭绝后基本生态系的改变和生物复苏过程中各种生命形式之间的依存关系，提出了幸存型、复活型、先驱型等生物在灭绝与复苏过程中的 3 种基本表现型式，为生物演化研究的开展提供了更大的思考空间。戎嘉余等（1996，1999）通过对华南晚奥陶世至早志留世腕足动物的研究，引入了幸存先驱型、灾变先驱型、复活先驱型等联合命名，对大灭绝后原有生态系统变化引起的生物演变状况、3 种先驱型生物的特征和识别，以及它们在生物灭绝和复苏阶段所扮演的角色和作用，进行了具体的分析，进一步揭示了它们的内在关系。他们的研究成果为后人进一步开展生物灭绝和复苏的研究奠定了基础，提供了可供参考的模式。

华南地区泥盆纪地层发育，沉积类型齐全，各门类化石丰富，是开展生物灭绝和复苏研究最理想的地区之一。尤其是泥盆纪生物类群中占主导门类的底栖腕足动物几乎各大类都有代表，其多样性和丰富度都能提供大量的信息，是研究生物灭绝和复苏的理想门类之一。20 世纪 80 年代中期至今，一些学者分别对华南地区腕足动物在 F-F 事件中的灭绝状况、原因进行了研究和论述（陈源仁，1988；季强，1991，1994；马学平，2001；马学平，白顺良，1996；廖卫华，2001a，2001b；戎嘉余，2000；Bai *et al*.，1994；Hou *et al*.，1988，1996；J.，1988，1989；Jia *et al*.，1988；Liao，2002；Ma and Bai，2002；Ma *et al*.，2002；Wang and Ziegler，2002；Chen and Tucker，2003）。为了从宏观上记录腕足动物在晚泥盆世生物灭绝事件中的表现型式、事件发生后生物幸存和复苏的状况，深入揭示生物在 F-F 灭绝事件过程中的演变规律，作者对华南地区，包括广东、广西、云南、贵州、湖南、湖北、江西、四川龙门山和若尔盖地区、甘肃碌曲和迭部、陕西南部和西南部等地已经发表的（方润森等，1974；王国平等，1982；王淑敏，1984；侯鸿飞，1965；侯鸿飞等，1985；冯少南等，1984；白顺良等，1982；陈源仁，1983；杨德骊等，1977；许庆建等，1978；柳祖汉等，1982；鲜思远等，1978；谭正修，1987；张研等，1983；张研，1987；Brice and Hou，1992；Chen，1983，1984；Ma，1993，1995，1998；Ma and Day，1999，2000；Ma and Sun，2001；Ma *et al*.，2002，2003；Sartenaer and Xu，1991）弗拉期至法门期腕足动物目、科、属等分类单元的资料做了详细的统计。在此基础上，对华南地区弗拉期至法门期腕足动物的灭绝和复苏进行分析。

## (二) 分类基础

本节使用的分类方案，是在 Williams 等(1965)的分类基础上，充分参照 Williams 等(2000,2002)(扭月贝目、戟贝亚目、长身贝目、德姆贝亚目、五房贝目、小嘴贝目、无洞贝目)、Carlson(1996)和 Carlson 等(2002)(五房贝目)、Savage(1996)和 Savage 等(2002)(小嘴贝目)、Alvarez 等(1998)(无窗贝目)、Day 和 Copper(1998)及 Copper(1998,2001,2002)(无洞贝目)、Carter 等(1994)(石燕目、准石燕目)等资料。经统计，华南地区从弗拉期至法门期腕足动物共 97 属，归于 12 目(或亚目)、45 科(见附录 3.3.1)。

近年来，部分腕足动物的系统分类研究有了新的进展或变化。如石燕类的 *Tenticospirifer* Tien，1938 是华南晚泥盆世地层中的常见属，以往的文献中，此属一直被报道主要出现在法门期地层中(湖南锡矿山组、孟公坳组，湖北写经寺组等)(杨德骊等，1977；许庆建等，1978；柳祖汉等，1982；王国平等，1982；冯少南等，1984；王淑敏，1984)。Ma 和 Day(2000)对俄罗斯地台弗拉期 *Tenticospirifer* 模式种的标本进行了重新研究后提出，真正的 *Tenticospirifer* 时代是吉维特期至弗拉期。为此，他们排除了以往描述的华南和北美地区归入法门期的 *Tenticospirifer* 所有的种，对以往放入此属的法门期的类型暂时以"*Tenticospirifer*"示之。作者采用了 Ma 和 Day(2000)的观点。

长期以来，*Sinospirifer* Grabau，1931 一直被视为 *Cyrtospirifer* Nalivkin，1918 的同物异名。Carter 等(1994)重新把 *Sinospirifer* 属作为一个有效属提出，但没有提供详细的论述和依据。马学平等在湖南中部采集了大量 *Sinospirifer* 的标本，并对存放在中国科学院南京地质古生物研究所葛利普 1931 年 *Sinospirifer* 的模式标本和湖南中部的选模标本进行了详细的观察和比较，对 *Sinospirifer* 作为一个有效属，提供了具体的论据(Ma *et al.*，2002；马学平等，2003)。

石燕类的 *Hunanospirifer* Tien，1938 和 *Lamarckispirifer* Gatinaud，1949 两属一直被视为 *Cyrtospirifer* Nalivkin，1918 的同物异名(Williams *et al.*，1965；Carter *et al.*，1994)。作者注意到，在近些年的一些文献中(Brice and Hou，1992；Hou *et al.*，1996；Ma and Day，2000；Ma *et al.*，2002)，两属被重新使用。如 Hou 等(1996)对 *Hunanospirifer* 和 *Tenticospirifer* 与 *Cyrtospirifer* 的区别进行了讨论，认为 *Hunanospirifer* 与 *Cyrtospirifer* 的区分在于腹壳铰合面高，微弯，铰窝板细长，附有模式种 *H. wangi* 较详细的内部构造切面图。他们指出，中国法门期所谓的 *Tenticospirifer* 是 *Hunanospirifer* 的同义名。Ma 等(2002)指出，*Lamarckispirifer* 可能是有效的。作者就 *Hunanospirifer* 属的使用等问题也与 Gourvennec 博士、侯鸿飞、杨德骊教授进行了通讯联系和讨论，Gourvennec 博士向作者提供了即将出版的腕足动物文集修订本石燕类部分的资料，其中这两属仍被

作为 *Cyrtospirifer* 同义名。在没有更新的资料证明 *Hunanospirifer* 和 *Lamarckispirifer* 的有效性之前，本节目前依据 Carter 等（1994）的观点和 Gourvennec 博士提供的信息。

经查证，目前华南文献中定为 *Spinulicosta* Nalivkin，1937、*Eoparaphorhynchus* Sartenaer，1961、*Ypsilorhynchus* Sartenaer，1970、*Camarotoechia* Hall and Clarke，1893 和 *Cassidirostrum* McLaren，1961 的属，系统分类存有疑义；*Lingxiangxiella* Yang，1984（冯少南等，1984）由于内部构造不清楚，被 Savage 等（2002）作为可疑学名；*Striatopugnax* Chen，1978（许庆建等，1978）被视作 *Pugnax* Hall and Clarke，1893 的同义名（Savage *et al.*，2002）；*Synatrypa* Copper，1966b 和 *Filiatrypa* Chen，1983 分别作为 *Desquamatia* Alekseeva，1960 和 *Seratrypa* Copper，1967 的同义名（Copper，2002）。因此，*Spinulicosta*，*Striatopugnax*，*Eoparaphorhynchus*，*Cassidirostrum*，*Camarotoechia*，*Ypsilorhynchus*，*Lingxiangxiella*，*Filiatrypa* 和 *Synatrypa* 等 9 属的资料，本节没有使用。

## 二、华南上泥盆统若干地层单元的研究状况

近些年来，随着生物地层工作的深入，岩石地层方面的研究相应有了新的进展，作者就涉及到的华南地区晚泥盆世部分地层单元的研究现状进行论述（图 3.3.1）。

| 时代 (Age) | | 湖南中部 (Central Hunan) (王成源,1978; Hou *et al.*,1996; Ma and Bai, 2002) | 湖北 (Hubei) (冯少南等,1984) | 广西桂林 (Guilin, Guangxi) (Yin *et al.*,1987; Li *et al.*,1988; 殷保安等,1992) | 广西六景等地 (Liujing, Guangxi) (殷保安等,1992 广西地矿局, 1997) | 贵州南部 (Southern Guizhou) (王成源等,1978; 侯鸿飞等,1985) | 四川龙门山 (Longmenshan, Sichuan) (成都地矿所、地科院地质所, 1988) | 四川若尔盖甘肃迭部碌曲 (Ruoergai,Sichuan; Luqu-Tewo, Gansu) (曹宣铎等, 1987) | 陕鄂交界 (Shaanxi and Hubei) (金经炜等,1990) |
|---|---|---|---|---|---|---|---|---|---|
| 晚泥盆世 (Late Devonian) | 法门期 (Famennian) | 孟公坳组 (Menggongao Fm.)<br>邵东组 (Shaodong Fm.)<br>欧家冲组 (Oujiachong Fm.)<br>锡矿山组 (X)：玛牯脑灰岩 / 泥塘里含铁层 / 兔子塘灰岩<br>长龙界页岩上段 (Changlongjie Shale) | 写经寺组 (Xiejingsi Fm.)<br>? | 南边村组 (N)<br>额头村组 (Etoucun Fm.)<br>东村组 (Dongcun Fm.) | 融县组 (Rongxian Fm.) | 革老河组 (Gelaohe Fm.)<br>者王组 (Zhewang Fm.)<br>尧梭组 (Yaosuo Fm.)<br>代化组 (Daihua Fm.)<br>? | 长滩子组 (Changtanzi Fm.)<br>茅坝组 (Maoba Fm.)<br>? | 陡石山组 (Doushishan Fm.)<br>? | 南羊山组 (Nanyangshan Fm.)<br>? |
| | 弗拉期 (Frasnian) | 佘田桥组 (Shetianqiao Fm.) | 黄家磴组 (Huangjiadeng Fm.) | 桂林组 (Guilin Fm.) | 谷闭组 (Gubi Fm.) | 响水洞组 (Xiangshuidong Fm.) | 沙窝子组 (Shawozi Fm.)<br>小岭坡组 (Xiaolingpo Fm.)<br>土桥子组 (Tuqiaozi Fm.) | 擦阔合组 (Cakuohe Fm.) | 冷水河组 (Lengshuihe Fm.) |

图 3.3.1 华南晚泥盆世主要地层单元对比表

Figure 3.3.1 A correlation chart of Late Devonian main stratigraphic units in South China

X—Xikuangshan Fm.； N—Nanbiancun Fm.

**1. 佘田桥组**

佘田桥组是湖南中部一个岩石地层单位，由田奇瓗等1929年命名，命名地点位于湖南邵东县佘田桥。根据菊石 *Manticoceras wedekindi* 的发现，孙云铸(Sun，1935)首次确定其时代为晚泥盆世早期，与弗拉期相当。王钰等(1962，1982)的研究证实，佘田桥组的时代为弗拉期。谭正修2000年(侯鸿飞等，2000：71)对佘田桥组重新整理定义：主要由页岩、泥灰岩组成，夹灰岩和泥质灰岩。根据所含菊石 *Manticoceras*、牙形刺 *Palmatolepis*，*Ancyrognathodus triangularis* 以及珊瑚和腕足动物化石，确定佘田桥组的时代为弗拉期晚期。近些年一些学者(王成源，2000；Ma and Sun，2001；Ma *et al.*，2002，Ma and Bai，2002)对湖南中部上泥盆统及生物群的研究证实，佘田桥组的时代大致为弗拉期。

**2. 法门阶和锡矿山组**

锡矿山组是湖南中部一个岩石地层单位，由田奇瓗等1929年创建，命名地点在湖南中部冷水江市锡矿山，最初被称为锡矿山系。自下而上包括长龙界页岩、兔子塘灰岩、泥塘里含铁层、玛牯脑灰岩，以含腕足动物 *Yunannella-Nayunnella* 组合和石燕类 *Sinospirifer* 等为主要特征，代表晚泥盆世晚期的地层，曾被认为时代与法门期大致相当。实际上，锡矿山组的上覆还存在一大套地层，自下而上为欧家冲组、邵东组、孟公坳组等。王成源1978年对锡矿山组牙形刺进行研究后认为，原锡矿山组最高层位是玛牯脑灰岩，相当于 *marginifera* 带(俞昌民等，1983)。王成源等(1982)的研究证明，邵东组的牙形刺只相当于下 *costatus* 带，肯定了邵东组的时代为泥盆纪。他们指出，邵东组与孟公坳组之间仅是岩石地层界线，泥盆系与石炭系界线可能在孟公坳组内部或上部穿过。王成源等(1984，1985)通过浮游相区和浅水相区牙形刺的研究，提出将湖南、贵州底栖相区的邵东段和革老河下亚段归到泥盆系，湖南孟公坳组和贵州的革老河段，至少部分归泥盆系。季强(1986)研究了湖南界岭王冲剖面邵东组的牙形刺，认为多为泥盆纪法门阶上部的分子，证明了邵东组的时代为晚泥盆世晚期。王成源(1987)强调，孟公坳组和革老河组应全部归入上泥盆统上部。侯鸿飞2000年(侯鸿飞等，2000：88～89)的资料显示，锡矿山组包括兔子塘灰岩、泥塘里含铁层和马牯脑灰岩，时代为法门期早期，相当于牙形石 *rhomboidea* (?)至 *marginifera* 带。综合近些年的资料(Hou *et al.*，1996；王成源，2000；Ma and Day，1999；Ma *et al.*，2002；Ma and Bai，2002)，长龙界页岩的上段大致与 *triangularis* 带相当，锡矿山组的范围从 *crepida* 至 *marginifera* 带，法门阶包括长龙界页岩的上段、锡矿山组、欧家冲组、邵东组、孟公坳组的看法比较趋向统一。

**3. 写经寺组**

根据冯少南等(1984)提供的资料，写经寺组由谢家荣和刘季臣1927年建立，命名剖面在湖北西南部宜都县松木坪西北写经寺。杨敬之等(1953)确定这段地层的时代为晚泥盆世。代表一套浅海泥灰岩、白云质泥灰岩、白云岩、钙质泥岩、泥岩及鲕状赤铁矿层，厚 13～19 m，含 *Yunannella-Nayunnella* 腕足动物组合。写经寺组一直被划归法门阶，大致相当于牙形刺的 *rhomboidea* 至 *marginifera* 带。

张仁杰等(2001)在对湖北西部建始长梁子一带写经寺组底部珊瑚化石研究后提出，所含珊瑚化石 *Pseudozaphrentis ? curvatum*，*Mictophyllum zhuzhouense*，*Phillipsastrea hunanense*，*Peneckiella* sp. 和 *Crassialveolites* sp. 是我国南方上泥盆统弗拉阶的重要化石，从而把湖北西部建始长梁子一带写经寺组底部划归弗拉阶，其余归入法门阶。作者就写经寺组的时限等问题与珊瑚化石的鉴定者廖卫华教授进行了讨论，据他告知，建始长梁子一带仅 1～2 条剖面写经寺组的底部发现弗拉期的珊瑚化石，湖北宜都松木坪西北命名剖面写经寺组目前没有发现弗拉期珊瑚化石。

为此，作者重新查看了与写经寺组有关的资料，发现建始长梁子一带写经寺组与命名剖面写经寺组在岩性、厚度、动物群特征等方面差异较大，主要表现在：①建始长梁子一带写经寺组下部为泥岩、生屑泥灰岩、瘤状生屑泥灰岩和白云质灰岩，中部为瘤状泥灰岩、泥灰岩和瘤状泥灰岩互层，上部为泥灰岩、瘤状灰泥灰岩，顶部为粉晶白云岩，厚 60 m；②建始长梁子一带写经寺组不发育命名剖面写经寺组的含鲕赤铁矿层；③建始长梁子一带写经寺组没有发现命名剖面写经寺组中常见的腕足动物 *Yunnanella-Nayunnella* 组合。张仁杰等也指出，建始长梁子一带写经寺组中下部发现了法门期的牙形刺 *Polygnathus timorensis*，*P.* cf. *procera*，*P.* cf. *obliquicostatus*，*P.* cf. *fallax*，*P.* cf. *ordinates*，*Hibbardella angulata*，*Palmatolepis* sp.，*Drepanodus* sp.，*Ozarkodina brevis*，*Spathognathodus* sp.，*Ligonodina* sp.，*Icroidus alternatus*，*Neoprioniodus* cf. *huishuiensis* 等，证实该组的时代为法门期。

根据上述情况，湖北西南部宜都县松木坪西北写经寺组的主体时代为法门期的认识比较一致。建始长梁子一带所谓写经寺组由于与命名剖面写经寺组的岩性差异较大，从岩石地层学的概念讲，使用写经寺组一名显然不合适。建始长梁子一带所谓写经寺组的下部是否包括部分弗拉期的地层，这段地层与命名剖面写经寺组的关系如何，有待证实。作者目前采用冯少南等(1984)的观点。

**4. 桂林组**

原称“桂林灰岩”。1929 年冯景兰初创这一地层单位时，认为是一套晚泥盆世最晚期的地层。Chao(1947)将上泥盆统含腕足动物 *Cyrtospirifer* 和枝状层孔海绵 *Amphipora* 的灰岩层定为“桂林灰岩”，时代限于晚泥盆世早期，标准地点在桂林城西老人山一带。殷保安等 1992 年(钟铿等，1992：151)把桂林组的层型剖面重新确定在桂林唐家湾，给予桂林组的定义是：半局限、局限台地相的一套碳酸盐岩地层，岩性以灰色、深灰色、灰黑色中-厚层状双孔层孔海绵泥晶灰岩、白云岩为主，纹层与鸟眼状构造发育，韵律旋回明显，产大量层孔海绵 *Paramphipora* 和少量腕

足动物 *Cyrtospirifer*，*Tenticospirifer* 等，时代确定为晚泥盆世早期。

**5. 东村组**

东村组由殷保安等 1987 年创建，命名剖面位于广西桂林瓦窑口南约 5 km 东村一带。是一套浅灰色中厚层状灰岩、白云质灰岩、白云岩为主的地层，具鸟眼和窗孔构造。殷保安等 1992 年资料显示（钟铿等，1992：159），东村组的时代为晚泥盆世晚期，底界大致相当于法门阶底界，顶界似不超过 *expansa* 带。

**6. 额头村组**

额头村组由殷保安等 1987 年创建，命名剖面位于广西桂林瓦窑口南约 5.5 km 额头村一带。是一套厚约 64 m 的灰色-深灰色中厚层状灰岩夹泥质灰岩、生物碎屑灰岩、白云质灰岩为主的地层。根据所含腕足动物、珊瑚、有孔虫等化石，尤其是珊瑚 *Cystophrentis kolaohoensis*、有孔虫 *Quasiendothyra* 一些种的存在，殷保安等 1992 年提出（钟铿等，1992：163），额头村组的时代为法门期的最晚期，大致相当于 *praesulcata* 带的时限。

**7. 南边村组**

由李镇梁等创建（Li *et al.*，1988），命名剖面位于广西桂林西北部 6.6 km 的南边村。是一套厚约 1.7 m 的灰岩和泥灰岩，含丰富的腕足动物、牙形刺和少量海百合茎、珊瑚、介形类等化石。牙形刺带化石 *Siphonodella praesulcata* 几乎在每一个层位（B50～B67）中都有发现，上部地层中除 *S. praesulcata* 外，还发现了 *S. sulcata*，为南边村组时代的确定提供了可靠的生物证据。

**8. 融县组和谷闭组**

融县组最早由田奇瓗命名为“融县灰岩”，命名地点位于现在广西融水苗族自治县附近。殷保安等 1992 年（钟铿等，1992：165）对融县组定义：指开阔台地、台地边缘相的一套以浅灰、灰白色灰岩、藻灰岩、鲕状灰岩等为主的地层，时代为晚泥盆世，是一个穿时的岩石地层单位。侯鸿飞 2000 年（侯鸿飞等，2000：66）提出，融县组的时代主要为法门期，部分地区代表整个晚泥盆世。

谷闭组由赵明特等 1989 创建（邝国敦等，1989：18～19），命名地点位于广西横县六景南东 2 km 谷闭村。下、中部以薄-中层状含泥质条带粉晶灰岩为主，含丰富的腕足动物、珊瑚、层孔虫等化石，如 *Tenticospirifer*，*Atrypa*，*Truncicarinulum*，*Paracolumnaria* 和牙形刺 *Palmatolepis asymmetricus*，上部主要为灰色薄层扁豆状生物屑泥晶灰岩，含牙形刺 *Palmatolepis hassi*，*Ancyrodella gigas*。

赵明特等 1989 年把谷闭组作为民塘组之上、融县组之下的一个地层单位。殷保安等 1992 年（钟铿等，1992：177）展示的横县六景谷闭组沉积模式图中表明，融县组和闭谷组呈相变关系。广西地矿局 1997 年的地层对比表中，把赵明特等（1989）的谷闭组作为整个晚泥盆世的一个地层单位。通过近几年对广西桂林附近几条剖面牙形刺反复取样研究，Wang 等（2002）证实，谷闭组和融县组为相变关系，

顶部时限达 *marginifera* 带。

**9. 代化组**

代化组是贵州南部晚泥盆世晚期的一个地层单位。王成源等(1978)对贵州长顺代化地区标准剖面代化组中的牙形刺和菊石研究后指出,这个组的时代无疑属晚泥盆世晚期,即牙形刺的 *crepida* 至 *praesulcata* 带。侯鸿飞等(1985)对贵州王佑地区代化组牙形刺的研究,进一步证实了代化组的上限为 *praesulcata* 带。

**10. 土桥子组**

土桥子组由陈源仁(1978)命名,命名剖面位于四川北川县土桥子村附近。是一套中至薄层状的灰黑色泥晶灰岩、团块团粒生物屑灰岩夹泥质泥晶灰岩,富含 *Leiorhynchus* 等小嘴贝类,另有少量珊瑚、牙形刺、介形虫等,厚 211.35 m。时代大致为弗拉期早期。

**11. 小岭坡组**

小岭坡组由侯鸿飞等(1988)创建,命名剖面位于四川北川县土桥子村附近小岭坡一带。是介于土桥子组和沙窝子组之间的一套厚约 266 m 的地层,发育层孔虫泥晶灰岩、生物屑泥晶灰岩、纹层藻纹泥晶灰岩。含丰富的层孔虫、少量珊瑚和腕足动物化石。时代大致为弗拉期早中期。

**12. 沙窝子组**

沙窝子组原称沙窝子白云岩,命名剖面位于四川北川县甘溪沙窝子村附近,是一套细晶白云岩夹纹层灰岩的沉积,厚 357.2 m。王钰等(1962,1982)提出,这段地层的时代应为弗拉期。1988 年,侯鸿飞等报道这段地层中发现了牙形刺 *Polygnathus lagowiensis* Helms and Wolska,认为此种在波兰圣十字山法门阶 *marginifera* 带至下 *velifer* 带出现。为此,他们把此段地层的时代改为法门早期。王士涛 2000 年(侯鸿飞等,2000:69)根据沙窝子组中少量珊瑚,如 *Tarphyphyllum elegantus*, *T. zhongguoense*, *T. streoseptatum*, *Longmenshanophylloides sichuanensis* 等,认为沙窝子组的时代应为弗拉期。综合现有的资料和观点,沙窝子组的时代大致相当于弗拉期中晚期的观点比较趋向统一。

**13. 茅坝组**

茅坝组是沙窝子白云岩之上的一套含化石甚少的浅灰色及灰白色的灰岩,命名剖面位于四川江油雁门坝西北约 4 km 的茅坝村附近,厚 360 m。侯鸿飞等(1988)报道,此组的底界以牙形刺 *Polygnathys znepolensis* 的首次出现为标志,顶界以 *P. obliquicostatus* 的灭绝确定。他们认为,*P. znepolensis* 在西欧、北美等地的时限为下 *costatus* 带至上 *costatus* 带底部,在我国产于湖南中部晚泥盆世锡矿山期晚期的地层中,茅坝组上部地层基本可与湖南中部邵东组下部地层进行对比。鲜思远 2000 年指出(侯鸿飞等,2000:54),茅坝组下部生物贫乏,上部含石燕类腕足动物 *Cyrtospirifer* 和丰富的牙形刺,识别出牙形刺 *P. obliquicostatus* 下亚带,时代大体相当于法门期中晚期。

**14. 长滩子组**

长滩子组是一套灰色、深灰色灰岩、结晶灰岩，富含单体珊瑚的地层，原称长滩子段，由范影年 1980 年命名，命名剖面位于四川北川县甘溪沙窝子村以东长滩子对岸的石灰窑一带。侯鸿飞等(1985，1988)将长滩子段提升为长滩子组。根据所含牙形刺 *Polygnathus znepolensis*，*Spathognathus planiconvexus* 以及珊瑚、层孔虫等，侯鸿飞等(1988)提出，长滩子组下部可与法国、比利时盆地的艾特隆层，华南的邵东组、者王组直接对比。

**15. 冷水河组**

根据金经炜等(1990)的资料，冷水河组由王六合 1978 年创建，命名剖面位于陕西和湖北交界的旬阳县张坪冷水河胡家院子附近。主要岩性为灰褐、紫灰、深灰色薄至厚层状泥灰岩、泥质砂质灰岩组成，夹灰岩或珊瑚礁灰岩。厚度可从 249 m 变化至 1 092 m。此组含丰富的腕足动物化石，如 *Cyrtospirifer*，*Tenticospirifer* 等，时代大致为弗拉期。

**16. 南羊山组**

根据金经炜等(1990)的资料，南羊山组由王六合 1978 年创建，命名剖面位于陕西和湖北交界的旬阳县张坪冷水胡家院子附近。主要为灰色、灰褐色薄至中厚层状泥质条带状灰岩、灰岩、泥灰岩、含砂质泥灰岩，夹砂岩、钙质砂岩及页岩。厚度为 235～817 m。根据南羊山组含小嘴贝类腕足动物 *Yunnanella*，*Nayunnella* 和石燕类 *Cyrtiopsis* 等，上部含法门晚期的牙形刺 *Bispathodus jugosus*，*Pseudopolygnathus trigonicus*，*Polygnathus sturiacus*，此组的时代大致为法门期。

**17. 擦阔合组**

根据曹宣铎等 1987 年的资料，擦阔合组由西安地质矿产研究所、甘肃第一区测队 1973 年创建，命名剖面位于甘肃碌曲县波海以北约 10 km 的擦阔合地区。主要为灰色、深灰色薄层微晶砂屑灰岩、砂屑凝块灰岩、藻球灰岩与黑灰色钙质、粉砂钙质页岩、黄灰色泥质粉砂岩互层。厚度 149～260 m 不等，有的地区厚达 547.4 m。根据牙形刺的分布，曹宣铎等提出，擦阔合组的时代似从晚泥盆世弗拉期早中期至法门早期。曹宣铎 2000 年又提出(侯鸿飞等，2000：21)，擦阔合组的时代拟定为弗拉期至早法门期。最近，王成源仔细查看了产自甘肃迭部当多沟剖面擦阔合组上部、被李晋僧(1987)鉴定为 *Palmatolepis klapperi*(图版 167，图 8，12)的牙形刺，认为是典型的法门中期的分子，应定为 *P. glabra* 和 *P. marginifera*；鉴定为 *Apatognathus cuspidata*(图版 167，13～15 图)的牙形刺，可从法门期出现，一直延续到早石炭世。

**18. 陡石山组**

根据曹宣铎等 1987 年的资料，陡石山组是西安地质矿产研究所、甘肃省第一区测队 1973 年创建,命名剖面位于甘肃迭部县西北 24 km 处的当多沟。主要为深灰色、灰色中-厚层微晶灰岩、砂屑微晶灰岩、亮晶粒屑灰岩,厚 659.7 m。依据 *Yunnanella*,*Nayunnella* 等腕足动物群的存在,曹宣铎等认为,陡石山组的腕足动物群可与湖南锡矿山组的进行比较。2000 年曹宣铎(侯鸿飞,2000: 29～30)根据此组中部产 *Yunnanella-Nayunnella* 组合、珊瑚 *Gorizdronia-Synaptophyllum* 组合和牙形刺化石 *Polygnathus perplexus*,*P. semicostatus*,*Apatognathus cuspidata* 等,定义陡石山组的时代为法门中晚期。根据王成源提供的信息,产自甘肃迭部当多沟剖面陡石山组上部的 *Polygnathus semicostatus*,在湖南中部邵东组也有报道。

## 三、F-F 灭绝事件及对腕足动物的影响

许多资料已经证明,晚泥盆世 F-F 生物灭绝事件具全球性,事件发生的层位具稳定性,比较一致的看法是,弗拉期末牙形刺 *linguiformis* 带顶部是生物灭绝期。季强(1991,1994)、廖卫华(2001a)对华南地区泥盆纪海相地层和生物群研究后证实,湖南中部佘田桥组顶部和广西东北部桂林组顶部是弗拉期-法门期生物灭绝事件发生的层位。作者根据晚泥盆世腕足动物目、科、属的统计,重点对华南地区腕足动物在 F-F 事件中的灭绝程度和表现型式进行论述。

### (一) F-F 事件对腕足动物的影响

F-F 事件发生前,腕足动物各大类基本都有代表,已记载有 30 属,归于 10 目、20 科。F-F 事件造成五房贝目和无洞贝目全部灭绝,目级灭绝率达 20%,扭月贝目和正形贝目消失,目级消失率达 20%。4 科在这次事件中丧生,科级灭绝率达 20%,8 科相继消失,科级消失率达 40%(图 3.3.2)。

F-F 事件对腕足动物属级的影响程度甚为明显,18 属在这次事件中灭绝,属级灭绝率高达 60%。6 属在这次事件中消失,消失率达 20%。F-F 事件对五房贝目和无洞贝目的打击是致命性的,弗拉期五房贝目仅存的 *Gypidula* 属和无洞贝目的 7 属都在这次事件中灭绝,五房贝目和无洞贝目从此销声匿迹,不再出现(图3.3.3)。

### (二) 分类单元演化型式

在腕足动物属数量统计的基础上,作者对华南地区 F-F 事件发生前后记载的各属群性质进一步分析,可以识别出如下几种类型的腕足动物属群。

#### 1. 幸存属

F-F 事件中幸存下来的腕足动物有 6 属。其中长身贝目的 *Productella* 在华南中泥盆世地层中已有记载,晚泥盆世(湖南的佘田桥组、锡矿山组,湖北的写经寺组)比较常见。F-F 灭绝事件发生期间,此属一直生活在这些地区,是一个幸存型

分子。*Schuchertella* 是一个世界性分布的属，在华南各地分布也比较广泛，广西、贵州、云南等地中泥盆世地层中都有记载。晚泥盆世早期，虽然此属在有些地区消失，但在湖南等地晚泥盆世早期地层中（佘田桥组）仍有发现，是一个幸存属。小嘴贝目 *Pugnax* 在 F-F 灭绝期前已经出现（四川龙门山土桥子组和沙窝子组，云南华宁县华宁组曲靖段），F-F 灭绝事件发生时期，继续生活在一些地区（广西的桂林组，湖南的佘田桥组），也是一个幸存分子。无窗贝目的 *Athyris* 是华南中泥盆世地层（广西象州、武宣，东岗岭组；贵州独山，独山组；云南施甸、曲靖，华宁组；四川北川，观雾山组；湖南中部，棋子桥组）中的常见分子，经历了 F-F 事件后，仍然在华南的一些地区出现（湖南中部，锡矿山组），是一个幸存型分子。石燕目 *Cyrtospirifer* 和 *Dmitria* 起源于灭绝期（佘田桥组，沙窝子组），经历了 F-F 事件后的恶劣环境存活下来，幸存至晚泥盆世晚期，属幸存型分子。统计结果显示，这个

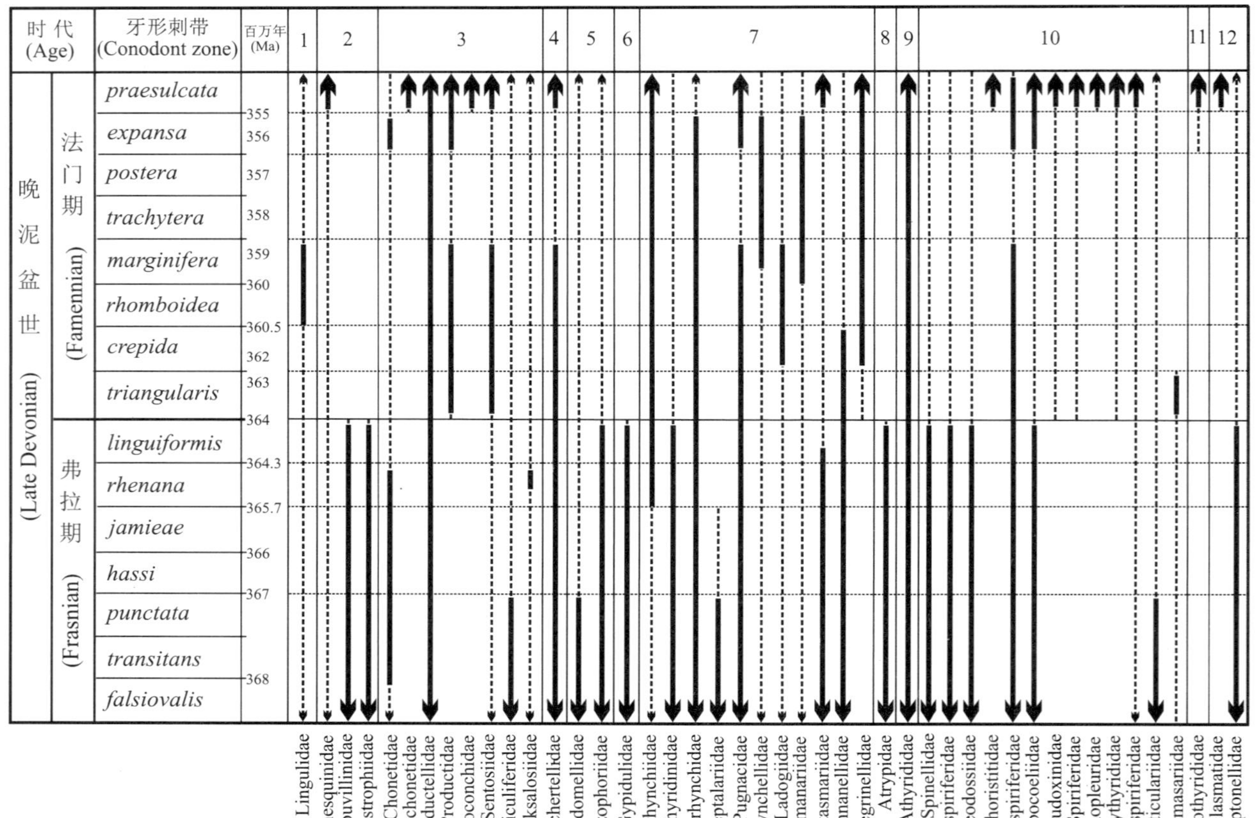


**图 3.3.2** 华南晚泥盆世腕足动物目、科宏演化阶段和地层分布

1. 舌形贝目 2. 扭月贝目 3. 长身贝目 4. 直形贝目 5. 正形贝目 6. 五房贝目 7. 小嘴贝目 8. 无洞贝目 9. 无窗贝目 10. 石燕目 11. 准石燕目 12. 穿孔贝目

Figure 3.3.2 Macroevolutionary stages and stratigraphical range of Late Devonian brachiopod orders and families in South China

1. Lingulida 2. Strophomenida 3. Productida 4. Orthotetida 5. Orthida 6. Pentamerida 7. Rhynchonellida 8. Atrypida 9. Athyridida 10. Spiriferida 11. Spiriferinida 12. Terebratulida

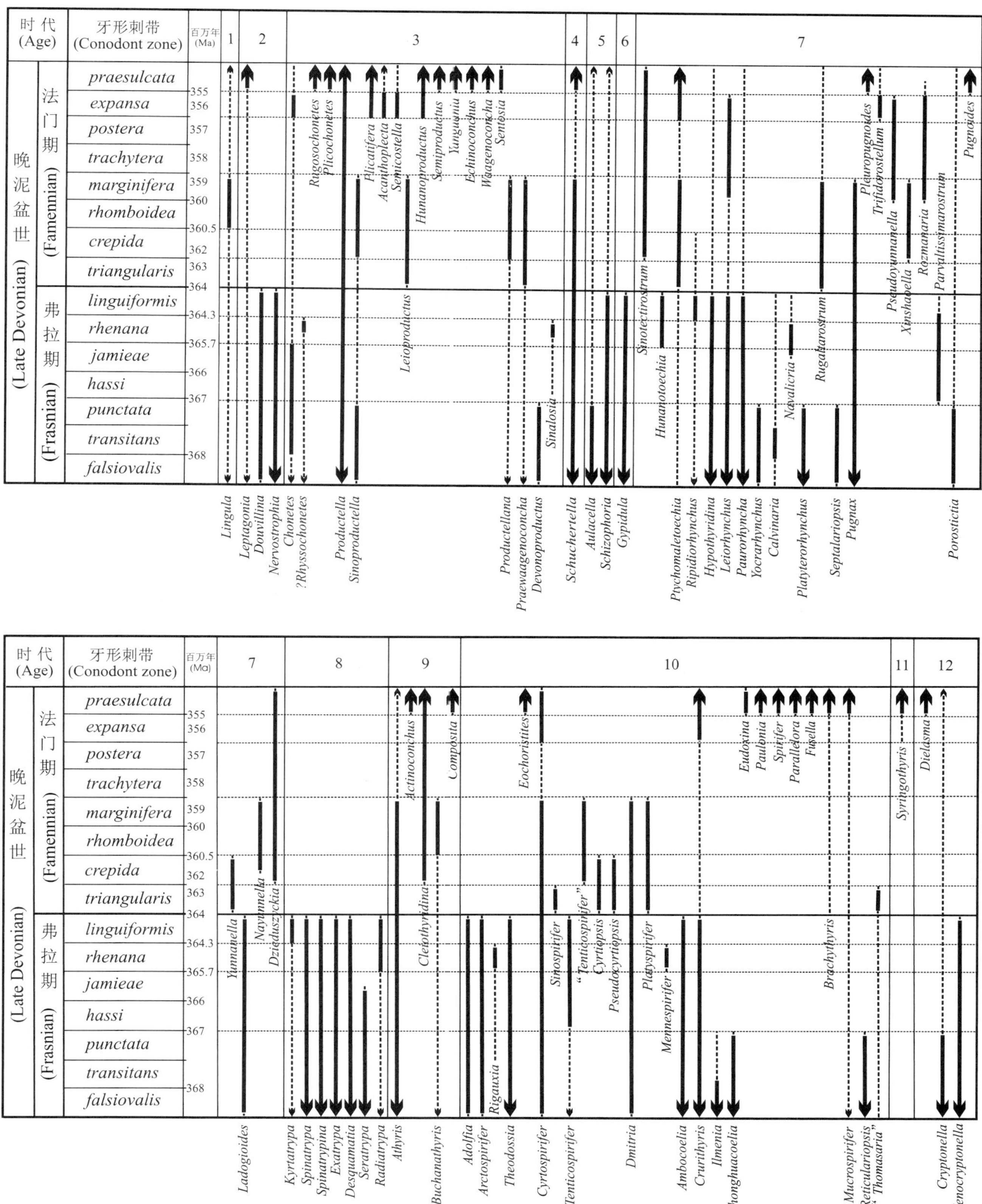


图 **3.3.3**　华南晚泥盆世腕足动物属宏演化阶段和地层分布(图中数字 1～12 的内容同图 3.3.2)

Figure 3.3.3　Macroevolutionary stages and stratigraphical range of Late Devonian brachiopod genera in South China(the contents of numbers from one to twelve in this figure are same to those in figure 3.3.2)

时期幸存型分子占整个动物群的 20%(图 3.3.4)。

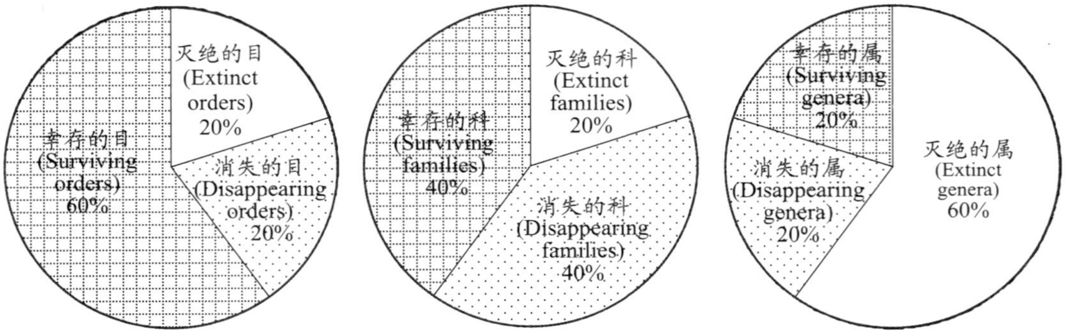

图 **3.3.4** 华南晚泥盆世(***linguiformis*** 带顶部)腕足动物目、科、属灭绝率或消失率

Figure 3.3.4 Extinction and disappearance rates of Late Devonian (the top of *linguiformis* zone) brachiopod orders, families and genera in South China

**2. 复活分类单元**

一些在早、中泥盆世十分繁盛或在 F-F 事件前已经存在的属,F-F 事件发生期间能够及时逃离恶劣环境,当环境有所恢复,重新返回华南地区的复活型分子有 6 个。无铰纲腕足动物 *Lingula* 在华南早泥盆世地层中已有报道(广西横县六景,郁江组霞义岭段;甘肃迭部,尕拉组),之后很快消失,到了晚泥盆世法门中期重新出现(湖北松滋县磺矿锈水沟,写经寺组),被视为复活分子。长身贝目的 *Sinoproductella* 是一个弗拉期早期出现的属(四川龙门山土桥子组和沙窝子组下部),近 *punctata* 带消失后,*crepida* 带重新出现(湖南中部锡矿山组和湖北长阳写经寺组)。*Productellana* 是华南中泥盆世地层中的常见分子(湖南中部棋子桥组,贵州独山地区独山组,四川北川甘溪观雾山组,甘肃宕昌鲁热组),但是,晚泥盆世早期,这个属没有了踪影,进入法门早期,重新在湖北等地出现,并逐渐丰富起来。*Praewaagenoconcha* 在广西、云南等地中泥盆世地层(东岗岭组)中较为常见,中泥盆世晚期和 F-F 事件发生期间,此属避开了恶劣的环境,直到法门早期,在华南一些地区的地层中重新出现,如湖南中部祁东县东家剖面锡矿山组(柳祖汉等,1982)、湖南中部和南部蒋家桥剖面下 *triangularis* 带至 *crepida* 带的层位中(Ma *et al.*,2002)。小嘴贝目 *Leiorhynchus* 属起源于中泥盆世晚期(Givetian),地理分布非常广泛,北美、东欧、乌拉尔、阿尔泰、西伯利亚中泥盆世至弗拉期地层中都有报道。此属在华南的分布也很广,尤其是在四川龙门山地区弗拉期早期地层中(土桥子组)富集(侯鸿飞等,1988)。如土桥子组中上部的 B135 层中,距层底部 3.5 m 处和上部 2 m 厚的介壳层,都由 *Leiorhynchus* 组成。土桥子组上部 B131 层也有近 1 cm 厚的 *L. kwangsiensis*。这些秃嘴贝类腕足动物在四川龙门山区弗拉期早期十分繁盛,当环境变得恶劣时,能够避开不利的环境,直到法门中期重返原地(四川龙门山茅坝组)。*Buchanathyris* 起源于早泥盆世,除了澳大利亚东部外,华南中泥盆

世地层中也有报道(云南华宁盘溪华宁组,湖南宁乡棋子桥组),之后消失不见,到法门中期(*rhomboidea* 至 *marginifera* 带)重新在华南个别地区出现(湖北南漳写经寺组),上述6属均为复活型分子。这类分子在集群灭绝前都曾在华南地区生活过,集群灭绝后生态系统重新复苏时又返回原生活区,也是先驱型分子。

### (三) 新生类型

晚泥盆世弗拉期腕足动物属群中新生分子占据一定的比例(16属)。这些在弗拉期新出现的类型主要由长身贝目(3属)、小嘴贝目(7属)和石燕目(6属)组成。新生类型中9属分布比较广或呈世界性分布(*Devonoproductus*, *Yocrarhynchus*, *Calvinaria*, *Navalicria*, *Porostictia*, *Adolfia*, *Cyrtospirifer*, *Tenticospirifer* 和 *Rigauxia*),占整个新生类型的56.3%;7属仅在华南地区发现(*Sinoproductella*, *Sinalosia*, *Hunanotoechia*, *Septalariopsis*, *Parvaltissimarostrum*, *Arctospirifer* 和 *Mennespirifer*),占整个新生类型的43.7%。

### (四) 其他事件的识别

根据 Walliser(1996)的统计,晚奥陶世与晚泥盆世之间发生了24次之多的生物灭绝事件,仅泥盆纪世界范围发生的灭绝事件就达10余次。腕足动物不同级别分类单元的统计反映出,F-F事件发生前,华南地区已经发生过一些规模不等的灭绝事件,这些事件的发生和累积,造成底栖生物生活环境中不利因素的逐渐形成,当环境发生大的变化时(如海平面下降等),很容易导致大批生物的灭绝和消失。根据腕足动物的统计结果,华南地区 F-F 事件发生前至少存在两次小规模的生物灭绝事件。

#### 1. *punctata* 带顶部灭绝事件的识别

晚泥盆世初期,华南地区已经记载的腕足动物有24科、38属。其中4科在 *punctata* 带的顶部消失,消失率达16.7%。6属在 *punctata* 带顶部灭绝,灭绝率达15.8%。4属在 *punctata* 带顶部消失,消失率达10.5%。从腕足动物科和属的灭绝率和消失率看,华南地区 *punctata* 带顶部曾经发生过生物灭绝事件,但规模远远小于 F-F 灭绝事件。

#### 2. *rhenana* 带顶部灭绝事件的识别

第一次小规模的灭绝事件后,腕足动物很快进入复苏阶段(F-F 事件发生前),这个时期华南地区已记载的腕足动物有32属。其中4属(? *Rhyssochonetes*, *Sinalosia*, *Rigauxia* 和 *Mennespirifer*)生存时间很短,近 *rhenana* 带顶部很快灭绝;小嘴贝目的 *Navalicria* 也在 *rhenana* 带顶部消失,这些属占整个动物群的15.6%。从腕足动物的灭绝率和消失率来看,华南地区 *rhenana* 带顶部也曾发生过生物灭绝事件。但是,这次灭绝事件对腕足动物的影响不甚明显。

以上统计资料表明，华南地区晚泥盆世 *punctata* 和 *rhenana* 带顶部都曾发生过生物灭绝事件，这两次事件对腕足动物的影响不显著。对这两次灭绝事件的规模、性质、与 F-F 大规模生物灭绝事件的关系，以及不同生物群所受影响的程度，还需更多的资料证实。

## 四、*marginifera* 带顶部腕足动物灭绝事件的识别

华南晚泥盆世腕足动物不同分类单元的统计结果显示，法门中期 *marginifera* 带顶部，腕足动物目、科和属级的灭绝率或消失率都很高。由此说明，除了 F-F 事件外，法门中期华南地区可能还发生过一定规模的生物灭绝事件，这次事件对腕足动物的影响十分明显。作者将这次事件对腕足动物的影响程度、不同分类单元的表现型式等进行论述。

### （一）灭绝程度

经历了 F-F 灭绝事件后，海洋中生态环境受到严重破坏，法门初期大部分生物的分异度都很低，华南地区已记载的腕足动物有 11 科、16 属。随着环境条件逐步好转，腕足动物开始复苏，数量逐渐增多，从 *crepida* 带的 12 科、22 属到 *marginifera* 带的 14 科、24 属。然而，*marginifera* 带顶部腕足动物不同分类单元再次显示出较高的灭绝率或消失率，说明这个时期华南地区可能也发生过一定规模的生物灭绝事件。3 目、7 科在这次事件中消失，目和科级消失率分别高达 50%。耐人寻味的是，腕足动物目和科在这次事件中的消失率如此之高，却没有 1 个目或科灭绝。腕足动物属在这次事件中受到的影响甚为明显，24 属中的 11 属在这次事件中灭绝，灭绝率达 45.8%；6 属消失，消失率达 25%。在遭受灭绝的 11 属中，4 属是主要分布在华南地区的地方性分子（*Sinoproductella*，*Xinshaoella*，“*Tenticospirifer*”和 *Platyspirifer*），5 属的分布地域比较窄，仅在两个地区出现（*Leioproductus*，*Praewaagenoconcha*，*Productellana*，*Buchanathyris* 和 *Dmitria*），这些类型占整个灭绝属数的 81.8%。地域分布较广的属（*Nayunnella*，3 个地区）或呈世界性分布的分子（*Pugnax*）所占比例仅 18.2%。由此看出，一些土著分子或地域分布较窄的类型在这次事件中所受影响程度明显大于地域分布较广的类型。

那么，什么原因造成腕足动物属群在 *marginifera* 带顶部出现较高的灭绝率呢？根据目前资料的显示，法门中期（*marginifera* 带后）华南发生过较大规模的海退，一些地区的岩性随之发生了变化。如湖南中部玛牯脑组是一套厚 100～300 m 的瘤状灰岩、生物屑灰岩为主的地层，产牙形刺 *Palmatolepis rhomboidea*，*P. marginifera* 和少量小型腕足动物、水平虫管遗迹和核形石等。此套地层之上的欧家冲组岩性有了明显变化，是一套厚 116 m 的石英砂岩、粉砂岩和页岩，含孢子、植

物、鱼类和双壳类化石。这些地区岩性的明显变化被认为是 *marginifera* 带以后，华南地区大规模海退造成的（王成源，1987）。由此推断，腕足动物在 *marginifera* 带顶部表现出如此高的灭绝率或消失率，可能与这个时期发生的较大规模海退有关。对 *marginifera* 带顶部灭绝事件的规模、性质、影响的范围等，值得今后深入研究。

类似上述情况在波兰的圣十字山也有报道。Johnson 等（1986）和 Biernat（1988）对波兰圣十字山晚泥盆世腕足动物群研究后发现，*marginifera* 带和 *trachytera* 带界线之间，腕足动物的属种都发生了明显的变化，一些法门早期的类型在 *marginifera* 带大量灭绝（14 种），被十分单一的、新的小嘴贝类（9 种）取代。他们指出，波兰圣十字山晚泥盆世腕足动物在 *marginifera* 带和 *trachytera* 带界线之间发生的事件引起腕足动物的这些变化，与海平面的升降有关。

## （二）分类单元演化型式

通过对华南地区 *marginifera* 带顶部灭绝事件发生前后腕足动物属群性质的进一步分析，可以识别出如下几种类型的腕足动物属群。

**1. 幸存属**

经历了 *marginifera* 带顶部灭绝事件后，仍然存活下来的腕足动物有 7 属，其中大部分是法门早中期新出现的类型（*Sinotectirostrum*，*Pseudoyunnanella*，*Rozmanaria*，*Dzieduszyckia* 和 *Cleiothyridina*），少数是从下部地层中延伸而来（*Productella*）和复活型分子（*Leiorhynchus*），它们占整个动物群的 29.2%（图 3.3.5）。

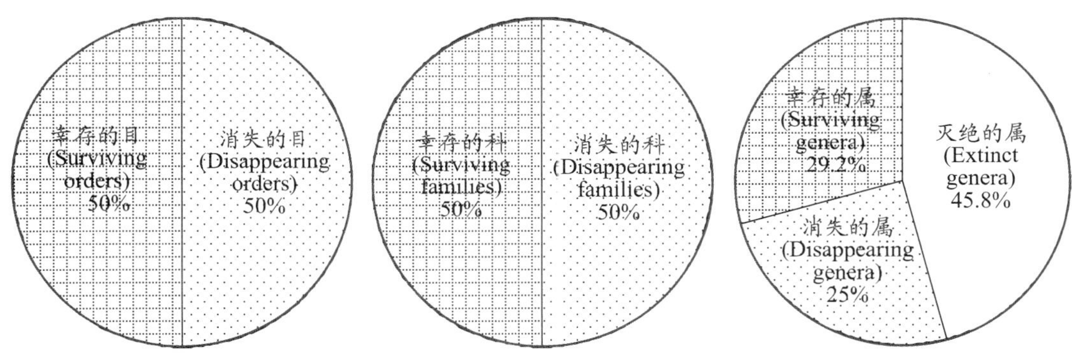


图 **3.3.5**　华南晚泥盆世（***marginifera*** 带顶部）腕足动物目、科、属灭绝率或消失率

Figure 3.3.5　Extinction and disappearance rates of Late Devonian ( the top of *marginifera* zone) brachiopod orders, families and genera in South China

**2. 复活分类单元**

经历了 *marginifera* 带顶部灭绝事件后，腕足动物复苏得十分缓慢，直到 *expansa* 带开始明显复苏。*Chonetes* 在华南早中泥盆世地层中比较常见，晚泥盆世早期仅在甘肃等地有报道（*transitans-jamieae* 带），之后很长阶段不曾在华南地区露面，法门晚期重又出现（湖南界岭刘家塘，邵东组）。小嘴贝目的 *Ptychomaletoechia* 是一个世界性分布的属，它是否在弗拉期的地层中存在（甘肃

碌曲擦阔合地区擦阔合组）还有待考证。但是，此属在华南地区法门期地层中分布十分广泛，标本个体数量多。当 *marginifera* 带顶部生物灭绝事件发生期间，此属消失不见，一旦环境有所好转，此属复苏得很快，在晚泥盆世晚期出现并延续到石炭纪。石燕目的 *Cyrtospirifer* 和 *Crurithyris* 两属也是 *marginifera* 带顶部灭绝事件后复苏的类型。扭月贝目的 *Leptagonia* 偶尔在华南一些地区（贵州独山下司，独山组）露了一面，之后很快不见踪影，*Schuchertella* 属在 *marginifera* 带顶部消失，这两属在法门晚期重新出现。法门中期以后和晚期开始时期，上述 6 属扮演了复活型分子的角色。这些分子在 F-F 事件或 *marginifera* 带顶部事件发生前都在华南地区生活过，当生态系统重新复苏时，很快回到原生活区继续生存、繁衍，也是先驱型分子。

**3. 新生类型**

法门早中期，华南地区腕足动物属群出现了一批新生分子（15 属）。尽管小嘴贝类在 F-F 事件中几乎全部灭绝或消失，但是法门早中期新生小嘴贝类的数量居其他类型之首（8 属），*Yunnanella*，*Nayunnella*，*Sinotectirostrum*，*Rugaltarostrum*，*Rozmanaria*，*Dzieduszyckia* 和一些地方性的类型 *Pseudoyunnanella*，*Xinshaoella* 的出现，使小嘴贝类开始呈现繁盛的特征。石燕类在这个时期有了明显的变化，一批颇具地方性色彩的新类型，如 *Sinospirifer*，“*Tenticospirifer*”，*Pseudocyrtiopsis*，*Cyrtiopsis* 和 *Platyspirifer* 的出现，取代了弗拉期的小型石燕类。长身贝类在这个时期仅 1 个新生分子（*Leioproductus*），但是一些复活类型的出现，使长身贝类的分异度明显增高，成为晚泥盆世晚期长身贝类大量繁盛的主要源泉。这个时期也存在为数不多的无窗贝类的代表（*Cleiothyridina*）。新生分子中，在华南地区分布的属有 8 个（*Xinshaoella*，*Yunnanella*，*Pseudoyunnanella*，*Sinospirifer*，“*Tenticospirifer*”，*Pseudocyrtiopsis*，*Cyrtiopsis* 和 *Platyspirifer*），占整个新生类型的 53.3%。分布地域比较广和呈世界性分布的有 7 属（*Leioproductus*，*Nayunnella*，*Sinotectirostrum*，*Rugaltarostrum*，*Rozmanaria*，*Dzieduszyckia* 和 *Cleiothyridina*），占整个新生类型的46.7%。

## 五、腕足动物的演化阶段及特征

根据统计，华南地区晚泥盆世弗拉期至法门期腕足动物共 12 目、45 科、97 属。由于数次灭绝事件、尤其是 F-F 事件和 *marginifera* 带顶部生物灭绝事件的发生，造成华南地区晚泥盆世腕足动物不同演化阶段有明显的差异（图 3.3.6）。根据这些变化，自下而上大致可识别出 5 个演化阶段：①弗拉期的背景演化阶段（*falsiovalis-linguiformis* 带）；②紧接着 F-F 灭绝事件后的第一次残存期（*triangularis* 带）；③法门早、中期的复苏期（*crepida-marginifera* 带）；④紧接着

*marginifera* 带顶部灭绝事件后的第二次残存期（*trachytera-postera* 带）；⑤法门晚期的复苏-辐射期（*expansa-praesulcata* 带）。

| 时代 (Age) | | 牙形刺带 (Conodont zone) | 百万年 (Ma) | 目的数目 (Number of orders) | 科的数目 (Number of families) | 属的数目 (Number of genera) |
|---|---|---|---|---|---|---|
| 晚泥盆世 (Late Devonian) | 法门期 (Famennian) | *praesulcata* | 355 | 8 | 22 | 32 |
| | | *expansa* | 356 | 4 | 12 | 16 |
| | | *postera* | 357 | 3 | 7 | 7 |
| | | *trachytera* | 358 | | | |
| | | *marginifera* | 359 | 6 | 14 | 24 |
| | | *rhomboidea* | 360 | | | |
| | | *crepida* | 360.5 / 362 | 5 | 12 | 22 |
| | | *triangularis* | 363 | | 11 | 16 |
| | 弗拉期 (Frasnian) | *linguiformis* | 364 | 10 | 20 | 30 |
| | | *rhenana* | 364.3 | | 22 | 32 |
| | | *jamieae* | 365.7 | | 20 | 29 |
| | | *hassi* | 366 | | | |
| | | *punctata* | 367 | | 24 | 38 |
| | | *transitans* | | | | |
| | | *falsiovalis* | 368 | | | |

图 3.3.6　华南晚泥盆世不同演化阶段腕足动物目、科、属的数目

Figure 3.3.6　Numbers of brachiopod orders, families and genera for the different evolutionary stages of the Late Devonian in South China

## （一）背景演化阶段

据文献记载，中泥盆世晚期（Givetian）发生了大规模生物灭绝事件，House（1985）首次把这次事件命名为"Taghanic 事件"。据初步统计，华南地区已记载的中泥盆世腕足动物约 104 属，吉维特期末灭绝 76 属，占整个属数的 73.1%。晚泥盆世早期，复苏后的腕足动物很快进入正常的演化阶段，已记载的腕足动物有 10 目、24 科、38 属。除准石燕目和穿孔贝目外，腕足动物的主要类型都有代表，小嘴贝类和小型石燕类是这个时期的主要成员。

背景演化时期的小嘴贝类数量比较多（6 科、14 属），主要特征为槽隆发育、高强，壳体后部壳褶弱或光滑，背壳内部中隔板和隔板槽通常不发育。其中 6 属是从早中泥盆世延续来的类型，8 属是新增的外来型分子。除了 2 个地方性的土著属（四川龙门山土桥子组的 *Septalariopsis* 和湖南中部佘田桥组顶部的 *Hunanotoechia*）外，这个时期小嘴贝类的大部分属都是地理分布较广的类型。

石燕目在背景演化时期以小型石燕类的繁盛为主要特征（6 科、13 属），贝体较小的 *Cyrtospirifer* 和 *Tenticospirifer* 在华南各地晚泥盆世早期地层中常见，数量丰富。还有一些具细壳线的类型，如 *Adolfia*，*Arctospirifer*，*Theodossia* 和

*Dmitria*。这些具细壳线类型的石燕类地方性色彩强烈，分布地域很窄，据目前已有的资料显示，仅湖南中部有少量分布。

弗拉期是无洞贝目走向灭亡前的最后衰败时期。据 Copper(1998)的统计，全球已记载的泥盆纪无洞贝目有 72 属，早泥盆世(Emsian 期)是无洞贝类最繁盛的时期(41 属)，地方性分子的大量发育是这个时期无洞贝类的主要特征。中泥盆世起，无洞贝类呈减弱趋势，从中泥盆世早期(Eifelian)的 30 属至晚期(Givetian 期)的 24 属。到弗拉期，无洞贝类明显衰退，世界范围内仅存 15 属。华南地区弗拉期记载的 7 属中，6 属是从中泥盆世延伸来的类型，新增类型 1 属(*Kyrtatrypa*)。与世界其他地区一样，F-F 事件对华南地区无洞贝类的影响甚为明显，所有无洞贝类在弗拉期末绝迹。Copper(1977,1986)认为低纬度区全球变冷、生物礁的居住地消失、陆棚区减少等是造成无洞贝目在弗拉期末最终灭绝的主要原因。

### （二）第一次残存期

这里指紧接着 F-F 大灭绝事件后出现的腕足动物幸存期。经历了 F-F 事件，腕足动物属群遭受了严重的创伤，能够幸存下来的腕足动物仅有 6 属。各大类腕足动物在这个阶段的演化程度存在差异，长身贝类、小嘴贝类和石燕类已经出现了复苏的迹象。长身贝科和森诺贝科开始有了代表(*Leioproductus* 和 *Praewaagenoconcha*)；小嘴贝类在 F-F 事件中遭受的打击比较严重，仅 1 属幸存下来(*Pugnax*)，但是 3 个新生类型(*Ptychomaletoechia*，*Rugaltarostrum* 和 *Yunnanella*)的出现，使濒临灭绝的小嘴贝类重新有了生机；石燕类有 2 属存活下来(*Cyrtospirifer* 和 *Dmitria*)，新出现的类型颇具地方性色彩，如 *Sinospirifer*，*Cyrtiopsis*，*Pseudocyrtiopsis* 和 *Platyspirifer*。

### （三）复苏期

随着环境的进一步稳定，从 *crepida* 带开始，进入了腕足动物的复苏阶段。与前面的幸存期相比，腕足动物的分异度明显升高，一些新类型的出现使腕足动物群的面貌有了较大改观，主要表现在：① 随着一些属的复苏(*Sinoproductella* 和 *Productellana*)，长身贝类的分异度明显高于弗拉期和法门期的初期。②小嘴贝类在这个时期逐渐增多，*Sinotectirostrum*，*Ptychomaletoechia* 和 *Rugaltarostrum* 等成为法门早中期的主要分子，在湖北、贵州等地时有报道。颇具特征的 *Yunnannella*-*Nayunnella* 动物群在华南各地法门早中期地层中几乎都有发现，尤其在湖南中部最为丰富，成为野外工作识别法门早中期地层不可多得的化石群。*Rozmanaria* 和 *Dzieduszyckia* 的出现，一些典型的地方性类型如 *Xinshaoella* 和 *Pseudoyunnanella* 的加入，使小嘴贝类世界变得更加丰富多彩。③繁盛于弗拉期的小型石燕类如 *Tenticospirifer tenticulum*，*Mennespirifer yangqiaoensis* Ma and

Sun, *Cyrtospirifer* cf. *whitneyi*, *Cyrtospirifer* (?) *variabilis* Ma and Sun 等，被一些颇具特征、分布时限较短的新类型，如 *Sinospirifer*，*Cyrtiopsis*，*Pseudocyrtiopsis* 和 *Platyspirifer* 所取代，数量十分丰富，成为华南晚泥盆世法门期地层中石燕类的主要代表。④消失了很久的无铰纲舌形贝类 *Lingula*，在华南晚泥盆世法门期地层中(湖北松滋县磺矿锈水沟，上泥盆统写经寺组)重新有了报道。

### (四) 第二次残存期

这里指经历了 *marginifera* 带顶部生物灭绝事件后出现的腕足动物幸存期。由于法门中期生物灭绝事件发生，海洋生态环境再次遭到破坏，自 *trachytera-postera* 带期间，腕足动物经历了晚泥盆世第二次幸存阶段。这个时期腕足动物分异度很低，幸存下来的 7 科中，每一科仅含 1 属。7 个幸存属中，除了 *Productella* 是从下部延伸过来的，其余 6 属都是法门早中期出现的类型。显然，这些新生分子加强了自身的生存能力，得以在 *marginifera* 带顶部的灭绝事件中存活下来，在晚泥盆世晚期生态系的复苏中扮演了重要的角色，也是生物繁盛的主要源泉。

### (五) 复苏-辐射期

这里指法门晚期腕足动物的复苏和辐射期。*marginifera* 带顶部灭绝事件发生后，随着腕足动物的大量灭绝或消失，腾出了一些生态境地，为日后腕足动物复苏、新生分子的进入和辐射提供了宽敞的空间。从 *expansa* 带开始，腕足动物开始进入复苏阶段，与 *trachytera-postera* 带时期相比，各分类单元多样性明显增多，已经记载的腕足动物有 4 目、12 科、16 属。进入法门最晚期(*praesulcata* 带)，全球海洋环境变得更有利于底栖生物的生存和繁衍，尤其是华南一些陆棚浅海地域，大量生态空间水体变暖，环境变得更适宜喜暖水的固着底栖生物生存，迎来了泥盆纪腕足动物的又一个繁盛期。与 *expansa* 带相比，这个时期腕足动物各分类单元的多样性几乎以成倍的比例增长，达到 8 目、22 科、32 属，基本上接近了弗拉期早期的数量。与弗拉期相比，法门晚期腕足动物在目、科和属的成分上有了明显的改变，主要表现在如下几方面：

(1)伴随着扭月贝目、长身贝目、直形贝目、小嘴贝目和石燕目的复苏，一些在晚泥盆世早期未曾“露面”的类型，如准石燕目和穿孔贝目也相继有了代表(Syringothyrididae 和 Dielasmatidae)。这个时期以石燕目(8 科、10 属)、长身贝目(5 科、10 属)和小嘴贝目(4 科、5 属)繁盛为主要特征，3 种类型占这个时期腕足动物属群的 78.1%。与其他类型相比，长身贝目、小嘴贝目和石燕目已经呈现出辐射的迹象。扭月贝目、直形贝目、准石燕目和穿孔贝目各有 1 属，无窗贝目 3 属。由此看出，集群灭绝后各大类腕足动物复苏和辐射的程度差异较大。

(2)腕足动物在结构和构造方面有了明显的变化，一些新类型在壳饰的结构和内部构造方面，比弗拉期的类型更为复杂。从科一级可以看出，壳表具壳皱的皱戟贝科的出现，改变了原来壳表仅具简单同心状壳饰的戟贝科的单一类型；体腔厚大、壳面具宽阔同心层、同心层上具数排壳刺的轮刺贝科替代了以往常见的贝体小、体腔较薄的长身贝科和小长身贝科。另一个明显的变化是石燕目的大改组：晚泥盆世常见的小刺贝科、轮刺石燕科、切多斯贝科、弓石燕科和网格贝科分别被古分喙石燕科、真美石燕科、石燕科、扭肋贝科、准腕孔贝科和尖翼石燕科所替代。经历了泥盆纪不同时期环境的变化，为适应不断变化的新环境，这些石燕类在结构等方面进行了调整，通常壳线分叉、主端展翼呈锐角状。尤其是中槽、中隆上壳线分叉的型式，已成为鉴定和区分某些腕足动物属群的重要特征。

(3)大量新的、颇具石炭纪色彩的腕足动物属群出现，是这个时期腕足动物属群繁盛的又一特征。尤其是法门期的最晚期(*praesulcata* 带)，腕足动物属由 *expansa* 带的 16 属猛增至 32 属，其中 21 属是 *marginifera* 带顶部灭绝事件后新出现的类型，占整个属数的 65.6%。新出现的类型明显具有石炭纪动物群的特征，是石炭纪腕足动物群的先驱型分子。

上述分析结果表明，华南晚泥盆世腕足动物大致经历了弗拉期的背景演化阶段、弗拉期末集群灭绝后的第一次残存期、法门早中期的复苏期、法门中期以后的第二次残存期和法门晚期的复苏-辐射期等 5 个主要演化阶段，不同演化阶段的腕足动物各具特色，构成了华南晚泥盆世丰富多彩的浅海底栖生物世界(图 3.3.7)。

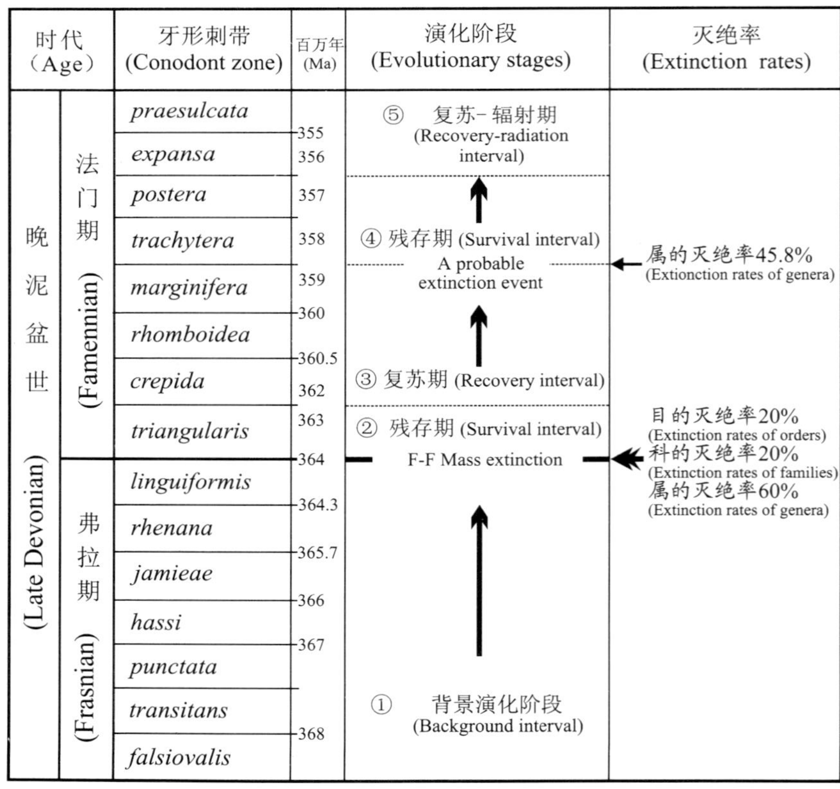


图 3.3.7 华南晚泥盆世腕足动物宏演化阶段和灭绝率
Figure 3.3.7 Macroevolutionary stages and extinction rates of Late Devonian brachiopods in South China

## 六、F-F 灭绝事件发生原因剖析

### (一) F-F 灭绝事件发生的原因

造成 F-F 事件发生的原因,有许多假说和解释,其中几种假说具代表性,如:①行星撞击假说。这种假说首次由 McLaren(1970)提出,他认为 F-F 之交曾发生巨大的天体撞击地球的事件,造成地球构造或地磁的变化,导致大量生物的突然灭绝。一些学者也强调撞击事件是 F-F 事件发生的主要原因(Geldsetzer *et al*., 1987; Goodfellow *et al*., 1988; Sandberg *et al*., 1988)。②海平面变化假说。其论点认为全球性海平面升降活动导致海洋环境发生变化或海水变深造成大量底栖生物死亡或地球有节律的变化引起海平面和气候的变化,从而导致生物的大量死亡(House, 1975; Eder and Franke, 1982; McLaren, 1982; Johnson *et al*., 1985, 1986)。③缺氧事件假说。这种假说认为 F-F 界线附近黑色页岩的存在是缺氧事件的产物,强调下 Kellwasser 层黑色页岩的出现,是晚弗拉期危机的开始(Walliser, 1984, 1986, 1996; Geldsetzer *et al*., 1987; Schindler, 1990)。④气候变化假说。主张这种假说最具代表性的是加拿大学者 Copper,他认为气候变化的理论机制是极地的冷水流到赤道附近区域,使得赤道附近区域内喜暖生物大量灭绝(Copper, 1977, 1986, 1998)。Stanley(1984, 1988)、Joachimski 和 Buggisch(2002)也强调全球性气候变冷是晚泥盆世大规模生物灭绝的一个引发机制,是导致大规模生物灭绝事件发生的主要原因。

近些年来,F-F 界线地层中稳定碳同位素的研究引起了人们越来越多的关注,为 F-F 灭绝事件发生的原因提供了更多的证据(Becker, 1986; McGhee *et al*., 1986a, b; Buggisch, 1991; Talent *et al*., 1993)。McGhee 等(1986b)及 Buggisch(1991)发现,F-F 地层中普遍存在碳同位素 $\delta^{13}C$ 的正偏移现象; Joachimski 和 Buggisch(1993, 1994)根据欧、美等地晚泥盆世 F-F 界线地层中稳定同位素的研究,划分出 $\delta^{13}C$ 的两次正偏移(*rhenana* 带和 *triangularis-linguiformis* 带界线上下),分别对应于早、晚 Kellwasser 事件,偏移幅度达 3‰ 左右。Joachimski 等(2002)指出,非洲、美洲、澳洲等地 F-F 事件地层中,也存在碳同位素 $\delta^{13}C$ 的正偏移,由此推测,这种碳同位素 $\delta^{13}C$ 的正偏移是全球海洋有机碳埋藏增强的结果,具有全球一致性的特征。Joachimski 和 Buggisch(1993)及 Joachimski 等(2002)认为,碳同位素 $\delta^{13}C$ 的这种正偏移与 F-F 之交发生的生物集群灭绝事件密切相关。他们提出,晚弗拉期时亚热带至热带大陆架有大量的暖盐水体形成,诱导海水缺氧,使得海水中有机物氧化速率降低,有机碳的埋藏速率增加,导致大气 $CO_2$ 浓度降低,全球变冷,这一系列的连锁变化造成了晚泥盆世生物的大量灭绝。

## (二) 华南 F-F 事件发生的原因

华南地区 F-F 事件发生的原因一直为人们所关注。那么,哪些是造成华南地区弗拉期末发生如此大规模生物灭绝事件的主要因素?哪些假说解释华南晚泥盆世弗拉期末生物大量灭绝比较合理?作者在参考大量资料的基础上,经过多次在广西、湖南中部野外工作中的观察和华南晚泥盆世腕足动物不同级别分类单元的统计研究提供的信息等,认为大规模海平面突然下降、天体撞击和缺氧事件等 3 种假说对于造成华南晚泥盆世弗拉期末发生大规模生物灭绝的主要原因所做的解释比较合理,证据较为充分。

**1. 海平面升降假说及证据**

季强(1989,1991,1994)对华南晚泥盆世牙形刺生物相、灭绝类型和沉积相分析后提出,弗拉期一系列海平面升降造成了持续重复的恶劣环境条件,严重地毁坏了当时的海洋生态系统,导致大量生物的急剧减少和灭绝,而弗拉期末的一次短暂而迅猛的海平面下降,终于导致生物灭绝事件的发生。Hou 等(1988)通过华南盆地、斜坡、碳酸盐台地和近岸环境跨越 F-F 界线 4 条剖面的研究,认为弗拉期末出现的大规模海平面上升、法门早期世界范围的海退和沉积事件是造成华南 F-F 生物灭绝事件发生的主要原因。马学平等(1996)根据湖南中部锡矿山底栖相剖面研究,认为从生物群及岩性(包括地球化学)特征,弗拉末期(相当于牙形刺 *linguiformis* 带)为一持续的海退阶段。廖卫华(2001b)提出,湖南中部和贵州南部 F-F 灭绝事件层的上、下出现过海水突然变浅的情况。

广西桂林附近唐家湾剖面上泥盆统弗拉阶的桂林组是一套生物碎屑灰岩、泥晶灰岩和礁灰岩,产少量腕足动物、珊瑚、腹足类、牙形刺和丰富的枝状、球状层孔虫和藻类化石,代表正常浅海或半局限浅海的沉积环境。法门阶下部的东村组(或融县组)岩性为浅灰色、灰色中厚层状砂屑或球粒微晶灰岩、白云质球粒微晶灰岩、竹叶状灰岩等,灰岩中普遍发育泥裂、鸟眼状、窗格状和潮上滩等构造。这些层位中腕足动物化石等十分罕见,珊瑚化石缺失,说明当时的海水非常浅。殷保安等(1992)指出,东村组潮坪是由潮间上部细晶白云岩和潮间下部白云质球粒微晶灰岩、潮间纹层状灰岩组成的韵律序列。这种韵律序列在东村剖面上频繁交替出现,代表水体向上变浅的海退序列。

**2. 天体撞击假说及证据**

Wang 等(1991)通过对广西罗秀香田剖面 F-F 界线地层的研究,证明了 F-F 界线地层中 $\delta^{13}C$ 的异常与 Ir 的弱异常是一致的。根据香田剖面 F-F 界线地层中 Ir 的过剩、生物群的灭绝情况和界线层上下大量角砾灰岩的存在,以及湖南祁东佘田桥阶与锡矿山阶界线附近地层中发现地化异常和丰富的微球粒,Wang 等推测,华南地区 F-F 事件的发生可能与天体撞击有关。马学平等(1996)根据广西武宣南洞剖面和湖南中部锡矿山老江冲剖面存在3层主要球粒层，老江冲剖面L6～L8中的Ni/$\overline{\text{Ni}}$比值明显高于上下层位的含量，香田剖面和南洞剖面F-F界线附近黑色页岩中有弱Ir异常等证据，提出弗拉期末全球范围可能出现了一系列的撞击事件。

**3. 缺氧事件假说及证据**

华南地区一些剖面F-F事件层发育不同厚度的黑色或褐色页岩，如湖南中部锡矿山老江冲剖面、广西罗秀香田剖面和桂林附近的唐家湾剖面。这些黑色（或褐色）页岩的存在通常被认为是缺氧事件的标志，被解释可能是F-F事件发生的主要原因之一。湖南中部老江冲剖面有厚度较大的黑色钙质、粉砂质页岩，黑色页岩之下存在礁灰岩，含丰富的珊瑚和小嘴贝类、弓石燕类腕足动物等，黑色页岩之上珊瑚绝迹。根据Bai等（1994）和马学平等（1996）的测试，黑色页岩之下灰岩中Ce/La的比值小于1.5，黑色页岩中灰岩夹层的Ce/La比值在1.8至2.0以上，代表半还原至还原的环境。根据这些测试结果，他们认为，弗拉期末黑色或褐色页岩的存在，可能代表了一种还原和缺氧的环境。季强（1991，1994）指出，湖南中部和广西香田等地分别处于陆棚区内相对低凹的凹陷区和盆地边缘水下隆起区，黑色页岩的存在，是海平面迅猛下降，造成浅海陆棚区或海底隆起区生物的大量死亡，有机质在相对低凹的地方不断聚集与分解，造成一种还原、缺氧环境时的产物。

**4. 其他假说及证据**

近些年，同位素地球化学的研究越来越引起人们的重视，并运用到对华南F-F事件的研究中，取得了一定的进展。如王大锐等（2001）根据华南中部晚泥盆世腕足动物*Cyrtospirifer*壳体稳定同位素的分析结果，推断从弗拉期末至法门初期，华南地区的古海洋发生了降温事件。

龚一鸣等（2002）根据广西近岸碳酸盐海域藻类大量繁殖和高度富集，海水富营养化、缺氧、高盐度、碳酸盐同位素正偏和生物分异度锐减等，提出F-F之交为赤潮的多发期，F-F之交低纬度礁生态系、浅水海相生物集群绝灭可能与赤潮的频繁出现有密切关系。他们指出，F-F之交的赤潮事件与生物集群灭绝事件不仅在时间上相伴，在空间上紧密共生，而且具全球性。

根据Joachimski和Buggisch（1993）、Joachimski等（2002）所述，碳同位素$\delta^{13}C$的正偏移是全球海洋有机碳埋藏增强的结果，具有全球一致性的特征，碳同位素$\delta^{13}C$的正偏移与F-F之交发生的生物集群灭绝事件关系密切。那么，华南晚泥盆世F-F事件层中是否存在碳同位素$\delta^{13}C$的正偏移？对广西桂林垌村剖面F-F事件层上下进行逐层详细的采样后，许冰等（2003）对所有样品做了高分辨率碳酸盐稳定同位素的分析。结果显示，$\delta^{13}C$在F-F转换时期总体呈逐步增加趋势，这种趋势由两次明显的$\delta^{13}C$正偏移组成：第一次正偏移出现在*linguiformis*带的底界，$\delta^{13}C$增加幅度达1.5‰；第二次正偏移出现在*linguiformis-triangularis*带的界线，增幅达2.1‰。许冰等指出，在生物地层时限上，垌村剖面第一次出现的$\delta^{13}C$正偏移较晚，第二次正偏移在生物地层和变化幅度上与世界其他地区的同位素记录基本一致，支持了F-F时期全球性有机碳埋藏增强的观点。

综上所述，造成大规模生物灭绝事件的原因是多方面的，仅Herman(1981)就归纳出17种。随着F-F事件有关研究工作的深入开展，还将有更多的假说和证据不断产生。究竟哪些因素最有可能导致晚泥盆世大规模生物灭绝事件的发生，全球性大规模生物灭绝事件发生的原因是否一致，目前仍未取得统一的认识，仍需深入探讨和研究，提供更多的依据。

## 七、结束语

通过对腕足动物目、科和属等不同分类单元的统计分析得知，华南地区晚泥盆世腕足动物大致经历了弗拉期的背景演化阶段、弗拉期末生物集群灭绝事件后的第一次残存期、法门早中期的复苏期、法门中期的第二次残存期和法门晚期的复苏-辐射期等5个主要演化阶段。除了弗拉期末大规模的生物灭绝事件外，华南地区可能还发生过一些程度不等的生物灭绝事件，尤其是发生在*marginifera*带顶部的灭绝事件，对华南腕足动物的影响甚为明显，造成较高的灭绝率或消失率，值得今后深入研究。在众多假说中，大规模海平面突然下降、天体撞击和缺氧事件可能是造成华南地区晚泥盆世弗拉期末大规模生物灭绝事件发生的主要原因。需要说明的是：

(1) 在研究的过程中，作者尽可能地查找了已出版的资料并利用了最新的资料和信息。但是，由于已有的生物地层资料研究程度参差不齐，系统分类方面仍存在一些有待解决、非本节现阶段能够同期修订和解决的问题，故所得结论仍然是粗线条的。不同单元系统分类方面的统计，尤其是属的数目可能会有遗漏。一些科、属的分布时限在图件绘制中多少具人为性。考虑到不同科或属灭绝或消失时间的差异，在绘制的生物分布图中，一些生物带(如*linguiformis*带和*marginifera*带)附近灭绝或消失的腕足动物科、属的分布时限，使用了虚线。

(2) 生物灭绝层位的确定，尽管从理论上认为是弗拉期末*linguiformis*带顶部，但是王成源等(2002)在对华南牙形刺研究后认为，在整个F-F灭绝事件中，牙形刺的集群灭绝发生得最晚(*linguiformis*带的最上部)，时间间隔很短(0.3 Ma)。华南地区F-F事件发生时，腕足动物的灭绝是否与牙形刺的灭绝时限相近似或一致？如何运用牙形刺的生物年代衡量底栖生物灭绝与复苏的时限？一些属的灭绝是地方性的、区域性的，还是全球性的？另外几次灭绝事件的发生与F-F事件的关系，尤其是发生在*marginifera*带顶部的生物灭绝事件的性质、规模、范围等，值得今后深入探讨。

（3）文中晚泥盆世腕足动物宏演化阶段和各种生物地层分布图中使用的牙形刺带化石的标准，主要依照 Sandberg 和 Ziegler（1996）的观点，晚泥盆世牙形刺各化石带的延续时限，*linguiformis* 带和 *jamieae* 带的时限为 0.3 Ma，其余各带延续时限平均为 0.5 Ma。为制图方便，文中各带采月了等距离线条绘制。

（4）华南地区已有的化石资料中，鉴定为 *Lingula*，*Chonetes*，*Buchanathyris*，*Mucrospirifer* 和 *Reticulariopsis* 属的时代与一些文献（Gourvennec，1994；Williams *et al*.，2000，2002）提供的时代差异较大．鉴定为 *Rigauxia*，*Arctospirifer*，*Dmitria* 的属可能还存有问题，作者将会通过进一步的工作核实它们的分类位置和时代。

（5）与华南其他地区相比，四川若尔盖、甘肃迭部和碌曲、陕西南部和西南部、陕西和湖北交界处的生物地层、动物群等方面的研究程度比较低。晚泥盆世一些岩石地层单位的时代和对比还存在很多问题，如陡石山组、南羊山组是否完全相当于法门阶，还是法门阶的一部分？擦阔合组、冷水河组的时代是否与弗拉期完全相当？这些问题都需要进一步的研究，才能提供更确切的资料。因此，在绘制图件时，涉及到这些地层中部分腕足动物属、科的分布时限，仍是比较粗糙的。另外，甘肃迭部当多沟剖面蒲莱组是一个跨统的岩石地层单位，研究程度还很低，其时代的确定缺少牙形刺的详细资料和依据，其中被鉴定为 *Uncinulus*，*Astutorhyncha*，*Atrypa*，*Anatrypa*，*Leptathyris*，*Amboglossa*，*Undispirifer* 和 *Cyrtinaella* 等 8 属腕足动物在系统分类方面明显存在问题，本节暂时没有使用这些资料。

**致　谢**　此项目得到国家重点基础研究发展规划项目（G2000077700）、国家自然科学基金（No. 49972005）和中国科学院资源环境领域知识创新工程重大方向项目（KZCX2-SW-129）资助。

戎嘉余对文稿、图件进行过多次细致的修改，提出了许多宝贵和关键性的建议；法国 Bretagne Occidentale 大学地层古生物实验室 Remy Gourvennec 博士提供石燕目系统分类方面的最新资料；侯鸿飞、杨德骊教授对一些属的特征和使用提供了可供参考的建议，作者表示诚挚谢意。

## 参考文献

Alekseeva R E. 1960. O novom podrode *Atrypa*（*Desquamatia*） subgen. nov. iz sem. Atrypidae Gill（Brakhiopody）[ A new subgenus *Atrypa*（*Desquamatia*） subgen. nov. of the family Atrypidae Gill（brachiopods）]. Doklady Akademii Nauk SSSR. 131（2）：421～424

Alvarez F，Rong Jiayu，Boucot A J. 1998. The classification of athyridid brachiopods. Journal of Paleontology，72（5）：827～855

Bai Shunliang，Bai Ziqiang，Ma Xueping，Wang Darui，Sun Yuanlin. 1994. Devonian Events and Biostratigraphy of South China. Beijing：Peking University Press. 1～303

Bai Shunliang, Jin Shanyu, Ning Zongshan. 1982. Devonian Biostratigraphy in Guangxi and Related Areas. Beijing: Peiking University Press. 1～203 (in Chinese) [白顺良，金善燏，宁宗善等. 1982. 广西邻区泥盆纪生物地层. 北京：北京大学出版社. 1～203]

Becker R T. 1986. Ammonoid evolution before, during and after the "Kellwasser-event"-review and preliminary new results. In: Walliser O H, ed. Global Bio-Events. Lecture Notes in Earth Sciences, 8. Heidelberg: Springer-Verlag. 181～188

Biernat G. 1988. Famennian brachiopods of the Holy Cross Mountains, Poland. Devonian of the World. Memoirs of the Canadian Society of Petroleum Geologists, 14(3): 327～335

Boucot A J. 1975. Evolution and Extinction Rate Controls. Development in Palaeontology and Stratigraphy, 1. New York: Elsevier Scientific Publishing Company. 1～427

Brice D, Hou Hongfei. 1992. "Blisters" in a Famennian cyrtospiriferid brachiopod from Hunan (South China). Palaeogeography, Palaeoclimatology, Palaeoecology, 94: 253～260

Buggisch W. 1991. The global Frasnian-Famennian "Kellwasser Event". Geologische Rundschau, 80: 49～72

Bureau of Geology and Mineral Resource of Guangxi Zhuang Autonomous Region. 1997. Stratigraphy (Lithostratic) of Guangxi Zhuang Autonomous Region. Beijing: China University of Geosciences Press. 1～310 (in Chinese) [广西壮族自治区地质矿产局. 1997. 广西壮族自治区岩石地层. 北京：中国地质大学出版社. 1～310]

Cao Xuanduo, Zhou Zhiqiang, Zhang Yan, Wen Yuling, Ye Xiaorong, Liu Jiande, Li Shuyuan, Shen Shaoning, *et al*. 1987. Stratigraphy and Lithofacies. In: Xi'an Institute of Geology and Mineral Resources, Nanjing Institute of Geology and Palaeontology, Academia Sinica, eds. Late Silurian-Devonian strata and fossils from Luqu-Tewo area of west Qinling Mountains, China, vol. 1. Nanjing: Nanjing University Press. 1～138 (in Chinese with English abstract)[曹宣铎，周志强，张研，温玉领，叶晓荣，刘建德，李树源，申少宁等. 1987. 地层及岩相. 见：地质部西安地质矿产研究所，中国科学院南京地质古生物研究所著. 西秦岭碌曲、迭部地区晚志留世与泥盆纪地层古生物，上册. 南京：南京大学出版社. 1～138]

Carlson S J. 1996. Revision and review of the order Pentamerida. In: Copper P, Jin J, eds. Brachiopods. Balkema, Rotterdam. 53～58

Carlson S J, Boucot A J, Rong Jiayu, Blodgett R B. 2002. Order Pentamerida. In: Kaesler R L, ed. Treatise on Invertebrate Paleontology. Part H, Brachiopoda. Boulder and Lawrence: The Geological Society of America and The University of Kansas Press. 921～1 026

Carter J L, Johnson J G, Gourvennec R, Hou Hongfei. 1994. A revised classification of the spiriferid brachiopods. Annals of Carnegie Museum, 63(4): 327～374

Chao Kingkoo (Zhao Jinke). 1947. Stratigraphical Development in Kwangsi. Bulletin of the Geological Society of China, 27: 321～346

Chen Daizhao, Tucker M E. 2003. The Frasnian-Famennian mass extinction: insights from high-resolution sequence stratigraphy and cyclostratigraphy in South China. Palaeogeography, Palaeoclimatology, Palaeoecology, 193: 87～111

Chen Yuanren. 1983. Devonian Atrypoids (Brachiopods) from Longmenshan Area, northwestern Sichuan, China. In: CGQXP Editorial Committee Ministry of Geology and Mineral Resources, ed. Contribution to the Geology of the Qinghai-Xizang (Tibet) Plateau (Stratigraphy and Palaeontology), 2. Beijing: Geological Publishing House. 265～371(in Chinese)[陈源仁. 1983. 四川龙门山泥盆纪的无洞贝类(Atrypoida). 见：地质矿产部青藏高原地质文集编委会. 青藏高原地质文集(2)(地层、古生物). 北京：地质出版社. 265～371]

Chen Yuanren. 1984. Brachiopods from the Upper Devonian Tuqiaozi Member of the Longmenshan area (Sichuan, China). Palaeontographica Abteilung A, 184(5～6): 95～166

Chen Yuanren. 1988. Internal causes of biotic extinction and extinction event. Professional Papers of Stratigraphy and Palaeontology, 20: 11～27 (in Chinese with English abstract) [陈源仁. 1988: 生物灭绝和灭绝事件. 地层古生物论文集, 20: 11～27]

Copper P. 1966a. Ecological distribution of Devonian atrypid brachiopods. Palaeogeography, Palaeonclimatology, Palaeonecology, 2: 245～266

Copper P. 1966b. The *Atrypa zonata* brachiopod group in the Eifel, Germany. Senckenbergiana lethaea, 47(1): 1～55

Copper P. 1967. Frasnian Atrypidae (Bergisches Land, Germany). Palaeontographica Abteilung A, 126: 116～140

Copper P. 1977. Paleolatitudes in the Devonian of Brazil and the Frasnian-Famennian mass extinction. Palaeogeography, Palaeoclimatology, Palaeoecology, 21: 165～207

Copper P. 1986. Frasnian/Famennian mass extinction and cold-water oceans. Geology, 14: 835～839

Copper P. 1998. Evaluating the Frasnian-Famennian mass extinction: Comparing brachiopod faunas. Acta Palaeontologica Polonica, 43(2): 137～154

Copper P. 2001. Radiations and extinctions of atrypide brachiopods: Ordovician-Devonian. In: Brunton C H C, Cocks L R M, Long S L, eds. The Systematics Association Special Volume Series 63: Brachiopods Past and Present. Taylor and Francis. 201～211

Copper P. 2002. Order Atrypida. In: Kaesler R L, ed. Treatise on Invertebrate Paleontology. Part H, Brachiopoda. Boulder and Lawrence: The Geological Society of America and The University of Kansas. 1 378～1 474

Day J, Copper P. 1998. Revision of latest Givetian-Frasnian Atrypida (Brachiopoda) from central North America. Acta Palaeontologica Polonica, 43(2): 155～204

Eder W, Engel W, Franke W, Langenstrassen F, Walliser O H, Witten W. 1977. Überblick über die paläogeographische Entwickling des östlichen Rheinischen Schiefergebirges. Exk. -Führer Geotagung '77, I, Exk. A, 2-11, Göttingen.

Eder W, Franke W. 1982. Death of Devonian reefs. Neues Jahrbuch für Geologie und Paläontologie Abhandlingen, 163(2): 241～243

Fang Yunshen, Zhu Xiangshui. 1974. Brachiopoda. In: Atlas of Yunnan Volume 1. Kunming: Yunnan People's Press. 285～479 (in Chinese) [方润森, 朱相水. 1974. 腕足类. 云南化石图册. 上册. 昆明: 云南人民出版社. 285～479]

Feng Shaonan, Xu Shouyong, Lin Jiaxing, Yang Deli. 1984. Biostratigraphy of the Yangtze Gorge Area (3) (Late Palaeozoic Era). Beijing: Geological Publishing House. 1～411 (in Chinese with English abstract) [冯少南, 许寿永, 林甲兴, 杨德骊. 1984. 长江三峡地区生物地层学(3), 晚古生代分册. 北京: 地质出版社. 1～411]

Gatinaud G. 1949. Contributions *à* l'étude des brachiopodes Spiriferidae, 1. Exposé d'une nouvelle méthode d' étude de la morpholgie externe des Spiriferidae *à* sinus plissé. Muséum National d'Histoire Naturelle, Bulletin, series 2, 21(4): 487～492

Geldsetzer H H J, Goodfellow W D, McLaren D J, Orchard M J. 1987. Sulfur-isotope anomaly associated with the Frasnian-Famennian extinction, Medicine Lake, Alberta, Canada. Geology, 15: 393～396

Gong Yiming, Li Baohua, Si Yuanlan, Wu Yi. 2002. Late Devonian Red Tide and Mass Extinction. Science Bulletin, 47(7): 554～560 (in Chinese) [龚一鸣, 李保华, 司远兰, 吴诒. 2002. 晚泥盆世赤潮与生物集群绝灭. 科学通报, 47(7): 554～560]

Goodfellow W D, Geldsetzer H H J, McLaren D J, Orchard M J, Klapper G. 1988. The Frasnian-Famennian extinction: Current results and possible causes. In: McMillan N J, Embry A F, Glass D J, eds. Devonian of the World. Memoirs of the Canadian Society of Petroleum

Geologists, 14 (3): 9～21

Gourvennec R. 1994. Précisions nouvelles sur le genre *Reticulariopsis* Frederiks, 1916 (Brachiopoda, Spiriferida). Extraint des Annales de la Société Geologique du Nord, T. 3 (2ème série) : 123～131

Grabau A W. 1931. Devonian Brachiopoda of China. Palaeontologia Sinica, Series B, 3:1～454

Hall J, Clarke J M. 1893. An Introduction to the Study of the Genera of Palaeozoic Brachiopoda. Palaeontology of New York, vol. 8, Part 2. Charles van Benthuysen and Sons. Albany. 1～317

Herman Y. 1981. Causes of massive biotic extinctions and explosive evolutionary diversification throughout phanerozoic time. Geology, 9: 104～108

Hou Hongfei. 1965. Early Carboniferous brachiopods from the Mengkungao Formation of Gieling, central Hunan. Academy of Geological Sciences, Ministry of Geology, People's Republic of China, Proessional Papers, Section B, 1 (Stratigraphy and Palaeontology). Beijing: China Industry Press. 111～158 (in Chinese with English summary) [侯鸿飞. 1965. 湘中界岭早石炭世孟公坳组腕足类化石论石炭系下界. 中华人民共和国地质部地质科学院论文集,乙种 1 号(地层学,古生物学). 北京: 中国工业出版社. 111～158]

Hou Hongfei, Brice D, Tan Zhengxiu. 1996. Revision on Famennian Spiriferid Brachiopoda of Hunan, China. In: Coen M, Hance L, Hou H F, eds. Papers on the Devonian-Carboniferous transition beds of central Hunan, South China. Mémmoires de L' Institut Géologique de L'Université de Louvain, 36: 153～174

Hou Hongfei, Cao Xuanduo, Wang Shitao, Xian Siyuan, Wang Jinxing. 2000. China Stratigraphic Canon (Devonian System). Beijing: Geological Publishing House. 1～119 (in Chinese) [侯鸿飞,曹宣铎,王士涛,鲜思远,王金星. 2000. 中国地层典,泥盆系. 北京:地质出版社. 1～119]

Hou Hongfei, Ji Qiang, Liang Qingju. 1988. Tuqiaozi Formation to Changtanzi Formation. In: Hou Hongfei, ed. Devonian stratigraphy, Paleontology and sedimentary facies of Longmenshan, Sichuan. Beijing: Geological Publishing House. 29～34 (in Chinese with English summary) [侯鸿飞,季强,梁庆驹. 1988. 土桥子组至长滩子组. 见:侯鸿飞主编. 四川龙门山地区泥盆纪地层古生物及沉积相. 北京:地质出版社. 29～34]

Hou Hongfei, Ji Qiang, Wang Jinxing. 1988. Preliminary report on Frasnian-Famennian events in South China. In: McMillan N J, Embry A F, Glass D J, eds. Devonian of the World. Memoirs of the Canadian Society of Petroleum Geologists, 14(3): 63～69

Hou Hongfei, Ji Qiang, Wu Xianghe, Xiong Jianfei, Wang Shitao, Gao Lianda, Sheng Huaibin, Wei Jiayong, Turner S. 1985. Muhua Sections of Devonian-Carboniferous boundary beds. Beijing: Geological Publishing House. 1～226(in Chinese with English summary)[侯鸿飞,季强,吴祥和,熊剑飞,王士涛,高联达,盛怀斌,魏家庸,苏姗·特纳. 1985. 贵州睦化泥盆-石炭系界线. 北京:地质出版社. 1～226]

Hou Hongfei, Muchez P, Swennen R, Hertogen J, Yan Zheng, Zhou Huailing. 1996. The Frasnian-Famennian event in Hunan Province, South China: biostratigraphical, sedimentological and geochemical evidence. In: Coen M, Hance L, Hou H F, eds. Papers on the Devonian-Carboniferous transition beds of central Hunan, South China. Mémmoires de L' Institut Géologique de L'Université de Louvain, 36: 209～229

House M R. 1975. Faunas and time in the marine Devonian. Proceedings of Yorkshire Geological Society, 40: 459～490

House M R. 1985. Correlation of mid-Palaeozoic ammonoid evolutionary events with global sedimentary perturbations. Nature, 313: 17～22

Ji Qiang. 1986. Conodonts and Conodont Biofacies of the Shaodong Formation in Jieling, Central Hunan. Professional Papers of Stratigraphy and Palaeontology, 15: 73～79 (in Chinese with

English abstract) [季强. 1986. 湘中界岭邵东组的牙形刺及其生物相. 地层古生物论文集, 15: 73～79]

Ji Qiang. 1988. A preliminary report on the Frasnian-Famennian extinction event in South China. Courier Forschungsinstitut Senckenberg, 102: 243

Ji Qiang. 1989. On the Frasnian-Famennian Mass Extinction Event in South China. Courier Forschungsinstitut Senckenberg, 117: 275～301

Ji Qiang. 1991. Conodont biostratigraphy and mass extinction event near the Frasnian-Famennian boundary in South China. Bulletin of the Chinese Academy of Geological Sciences, 23: 115～127 (in Chinese with English abstract) [季强. 1991. 华南弗拉斯阶-法门阶界限层牙形刺生物地层研究——兼论弗拉斯期-法门期生物绝灭事件. 中国地质科学院院报, 23: 115～127]

Ji Qiang. 1994. On the Frasnian-Famennian extinction event in South China as viewed in light of conodont study. Professional Papers of Stratigraphy and Palaeontology, 24: 79～107 (in Chinese with English abstract) [季强. 1994. 从牙形类研究论华南弗拉斯阶-法门阶生物绝灭事件. 地层古生物论文集, 24: 79～107]

Jia Huizhen, Xian Siyuan, Yang Deli, Zhou Huailing. 1988. An ideal Frasnian-Famennian boundary in Maanshan, Zhongping, Xiangzhou, Guangxi, South China. In: McMillan N J, Embry A F, Glass D J, eds. Devonian of the World. Memoirs of the Canadian Society of Petroleum Geologists, 14(3): 79～92

Jin Jingwei, Luo Xiancai, Li Zuocong, Chen Gongxin. 1990. Part One: Stratigraphy. In: Huang Jianxun, ed. Ministry of Geology and Mineral Resources of People's Republic of China, Geological Memoirs Series 1, Number 20. Beijing: Geological Publishing House. 5～263 (in Chinese with English abstract) [金经炜,罗贤材,黎作骢,陈公信. 1990. 第一篇:地层. 见:黄建勋主编,中华人民共和国地质矿产部地质专报1,区域地质,第20号. 湖北省区域地质志. 北京:地质出版社. 5～263]

Joachimski M M, Buggisch W. 1993. Anoxic events in the late Frasnian—Causes of the Frasnian-Famennian faunal crisis? Geology, 21: 675～678

Joachimski M M, Buggisch W, Anders T. 1994. Mikrofazies, Conodontenstratigraphie und Isotopengeochemie des Frasne/Famenne -Grenzprofils Wolayer Gletscher (Karnische Alpen). Abhandlungen der Geologischen Bundesanstalt Band, 50: 183～195

Joachimski M M, Pancost R D, Freeman K H, Ostertag-Henning C, Buggisch W. 2002. Carbon isotope geochemistry of the Frasnian-Famennian transition. Palaeogeogrphy, Palaeoclimatology, Palaeoecology, 181: 91～109

Johnson J G. 1971. A quantitative approach to faunal province analysis. American Journal of Science, 270: 257～280

Johnson J G. 1974. Extinction of perched faunas. Geology, 2: 479～482

Johnson J G, Boucot A J. 1973. Devonian brachiopods. In: Hallam A, ed. Atlas of Palaeobiogeography, Amsterdam: Elsevier. 89～96

Johnson J G, Klapper G, Sandberg C A. 1985. Devonian eustatic fluctuation in Euramerica. Bulletin of the Geological Society of America, 96: 567～587

Johnson J G, Klapper G, Sandberg C A. 1986. Late Devonina eustatic cycles around margin of Old Red Continent. Annales de la Société géologique de Belgique, 109: 141～147

Kauffman E G, Erwin D H. 1994. IGCP 335: Biotic recoveries from mass extinction: initial meetings. Episodes, 17(3): 68～73

Kauffman E G, Erwin D H. 1995. Surviving mass extinction. Geotimes, 40(3): 14～17

Kuang Guodun, Zhao Mingte, Tao Yebin. 1989. Liujing Section of Guangxi. Wuhan: China University of Geosciences Press. 1～154 (in Chinese with English summary) [邝国敦,赵明特,

陶业斌. 1989. 广西六景泥盆系剖面. 武汉:中国地质大学出版社. 1～154]

Li Jinseng. 1987. Late Silurian-Devonian Conodonts from Luqu-Tewo region, West Qinling Mountains, China. In: Xi'an Institute of Geology and Mineral Resources, Nanjing Institute of Geology and Paleontology, Academia Sinica, eds. Late Silurian-Devonian strata and fossils from Luqu-Tewo area of West Qinling Mountains, China, vol. 2. Nanjing: Nanjing University Press. 357～378 (in Chinese with English abstract)[李晋僧. 1987. 西秦岭碌曲-迭部地区晚志留世和泥盆纪牙形刺. 见:地质矿产部西安地质矿产研究所,中国科学院南京地质古生物研究所. 西秦岭碌曲、迭部地区晚志留世与泥盆纪地层古生物,下册. 南京:南京大学出版社. 357～378]

Li Zhenliang, Lu Hongjin, Yu Changmin. 1988. Description of the Devonian-Carboniferous Boundary Sections. In: Yu Changmin, ed. Devonian-Carboniferous Boundary in Nanbiancun, Guilin, China—Aspects and Records. Beijing: Science Press. 19～36

Liao Weihua. 2001a. Biotic Recovery from the Late Devonian F-F Mass Extinction Event. Abstract of twenty-first conference of China Paleontology Association. 23 (in Chinese) [廖卫华. 2001. 晚泥盆世 F-F 生物灭绝事件及其后的生物复苏. 中国古生物学会第 21 届学术年会论文摘要集. 23]

Liao Weihua. 2001b. Biotic recovery from the Late Devonian F-F mass extinction event in China. Science in China (Series D), 31(8): 663～667 (in Chinese) [廖卫华,2001. 中国晚泥盆世 F-F 生物集群灭绝事件及其后的生物复苏的研究. 中国科学(D辑),31 (8):663～667]

Liao Weihua. 2002. Biotic Recovery from the Late Devonian F-F mass extinction event in China. Science in China (Series D), 45(4): 380～384

Liu Zuhan, Tan Zhengxiu, Ding Yaling. 1982. Brachiopoda. In: Palaeontological Atlas of Hunan, Ministry of Geology and Mineral Resources of People's Republic of China, Geological Memoir (series 2), Stratigraphy and Palaeontology, 1. Beijing: Geological Publishing House. 172～216 (in Chinese) [柳祖汉,谭正修,丁雅翎. 1982. 腕足动物门. 见:中华人民共和国地质矿产部地质专报 II,地层、古生物,第 1 号,湖南古生物图册. 北京:地质出版社. 172～216]

Ma Xueping. 1993. *Hunanotoechia*: A new Late Devonian rhynchonellid brachiopod from Xikuangshan, Hunan, China. Acta Palaeontologica Sinica, 32(6): 716～724 (in Chinese with English summary) [马学平,1993. 湘中锡矿山弗拉期晚期腕足动物一新属. 古生物学报,32 (6): 716～724]

Ma Xueping. 1995. The type species of the brachiopod *Yunnanellina* from the Devonian of South China. Palaeontology, 38(2): 385～405

Ma Xueping. 1998. Latest Frasnian Atrypida (Brachiopoda) from South China. Acta Palaeontologica Polonica, 43(2): 345～360

Ma Xueping. 2001. Sedimentary environments cross the Frasnian-Famennian boundary in central Hunan. Abstract of twenty-first conference of China Paleontology Association. 25～26 (in Chinese) [马学平. 2001. 湖南中部泥盆纪弗拉-法门阶界限附近的沉积环境. 中国古生学会第 21 届学术年会论文摘要集. 25～26]

Ma Xueping, Bai Shunliang. 1996. Frasnian-Famennian mass extinction and its mechanisms in the benthic facies of central Hunan, China. In: Li Maocong, ed. Lithospheric Geoscience, vol. 4. Beijing: Seismic Press. 76～85 (in Chinese with English abstract) [马学平,白顺良. 1996. 湘中底栖相泥盆纪弗拉-法门生物绝灭特征及原因. 见:李茂松主编. 岩石圈地质科学,第四卷. 北京:地震出版社. 76～85]

Ma Xueping, Bai Shunliang. 2002. Biological, depositional, microspherule, and geochemical records of the Frasnian/Famennian boundary beds, South China. Palaeogeography, Palaeoclimatology, Palaeoecology, 181: 325～346

Ma Xueping, Chen Xiuqin, Day J, Jin Yugan. 2003. Revision of the Chinese Upper Devonian

Cyrtospiriferid Brachiopod Genus *Sinospirifer* Grabau, 1931. Acta Palaeontologica Sinica, 42(2):293～305. (in English with Chinese abstract) [马学平, 陈秀琴, Day J, 金玉玕. 2003. 晚泥盆世腕足动物中国石燕属(*Sinospirifer*)之修订. 古生物学报,42(2): 293～305]

Ma Xueping, Day J. 1999. The Late Devonian brachiopod *Cyrtiopsis davidsoni* Grabau, 1923, and related forms from central Hunan of South China. Journal of Paleontology, 73(4): 608～624

Ma Xueping, Day J. 2000. Revision of *Tenticospirifer* Tien, 1938, and similar spiriferid brachiopod genera from the Late Devonian (Frasnian) of Eurasia, North America, and Australia. Journal of Paleontology, 74(3): 444～463

Ma Xueping, Sun Yuanlin. 2001. Small-sized cyrtospiriferids from the Upper Devonian (late Frasnian) of central Hunan, China. Journal of the Czech Geological Society, 46(3-4): 161～168

Ma Xueping, Sun Yuanlin, Hao Weicheng, Liao Weihua. 2002. Rugose corals and brachiopods across the Frasnian-Famennian boundary in central Hunan, South China. Acta Palaeontologica Polonica, 47(2): 373～396

McGhee G R. 1981. The Frasnian-Famennian extinctions: A search for extraterrestrial causes. Field Museum Natural History Bulletin, 52: 3～5

McGhee G R, Orth C J, Quintana L R, Gilmore J S, Olsen E J. 1986a. Late Devonian "Kellwasser Event" mass extinction horizon in Germany: No geochemical evidence for a large body impact. Geology, 14: 776～779

McGhee G R, Orth C J, Quintana L R, Gilmore J S, Olsen E J. 1986b. Geochemical analyses of the Late Devonian "Kellwasser Event" stratigraphic horizon at Steinbruch Schmidt (F. R. G). In: Walliser O H, ed. Global Bio-Events [Lecture Notes in Earth Sciences, 8]. Heidelberg: Springer-Verlag. 219～224

McLaren D J. 1961. Three new genera of Givetian and Frasnian (Devonian) rhynchonelloid brachiopods. Institut Royal des Sciences Naturelles de Belgique, Bulletin, 37(23): 1～7

McLaren D J. 1970. Time, life and boundaries. Journal of Paleontology, 44(5): 801～815

McLaren D J. 1982. Frasnian-Famennian extinctions. Geological Society of America, Special Paper, 190: 477～484

Nalivkin D V. 1937. Brakhiopody verkhnego i scrednego Devona i nizhnego Karbona severovostochnogo Kazakhstana [Brachiopoda of the Upper and Middle Devonian and Lower Carboniferous of northeastern Kazakhstan]. Tsentral'nyi Nauchno-Issledovatel'skii Geologo-Razvedochnyi Institut (TSNIGRI), Trudy 99: 1～200

Rong Jiayu. 2000. Preliminary Study on Mass Extinctions and Biotic Recoveries of South China. In: Unified Plan Bureau of the Chinese Academy of Sciences, Innovators' reports 5. Sha Jingeng, Zhu Min, eds. Monography of achievements in Palaeontology study. Beijing: Science Press. 190～200(in Chinese)[戎嘉余. 2000. 华南地质历史时期生物大灭绝和复苏的初步研究. 见:中国科学院综合计划局编. 创新者的报告 5. 沙金庚,朱敏主编. 古生物学研究成果专辑. 北京: 科学出版社. 190～200]

Rong Jiayu, Fang Zongjie, Chen Xu, Chen Jinhua, Liao Weihua, Sun Dongli, Zhan Renbin, Shen Jianwei. 1996. Biotic recovery-first episode of evolution after mass extinction. Acta Palaeontologica Sinica, 35(3): 259～271(in Chinese with English abstract)[戎嘉余, 方宗杰, 陈旭, 陈金华, 廖卫华, 孙东立, 詹仁斌, 沈建伟. 1996. 生物复苏——大绝灭后生物演化历史的第一幕. 古生物学报,35(3): 259～271]

Rong Jiayu, Zhan Renbin. 1999. Chief sources of brachiopod recovery from the end Ordovician mass extinction with special references to progenitors. Science in China (Series D), 29(3): 232～239 (in Chinese) [戎嘉余, 詹仁斌. 1999. 奥陶纪末集群灭绝后腕足动物复苏的主要源泉. 中国科学(D辑),29(3): 232～239]

Sandberg C A, Ziegler W, Dreesen R, Butler J L. 1988. Part 3: Late Frasnian mass extinction: conodont event stratigraphy, global changes, and possible causes. Courier Forschungsinstitut Senckenberg, 102: 263～307

Sandberg C A, Ziegler W. 1996. Devonian conodont biochronology in geologic calibration. Senckenbergiana lethaea, 76(1/2): 259～265

Sartenaer P. 1961. Étude nouvelle, en deux parties, du genre *Camarotoechia* Hall et Clarke, 1893. Première Partie: *Atrypa congregata* Conrad, espèce-type. Institut Royal des Sciences Naturelles de Belgique, Bulletin 37(22): 1～11

Sartenaer P. 1970. Nouveaux genres Rhynchonellides (Brachiopodes) du Paléozoïque. Institut Royal des Sciences Naturelles de Belgique, Bulletin 46(32): 1～32

Sartenaer P, Xu Hankui. 1991. Two new Rhynchonellid (brachiopod) species from the Frasnian Shetienchiao (1) Formation of central Hunan, China. Bulletin de l' Institut Royal des Sciences Naturelles de Belgique (Sciences de la Terre), 61: 123～133

Savage N M. 1996. Classification of Paleozoic rhynchonellid brachiopods. In: Copper P, Jin J, eds. Brachiopods. Balkema, Rotterdam. 249～260

Savage N M, Mancenido M O, Owen E F, Carlson S J, Grant R E, Dagys A S, Sun Dongli. 2002. Order Rhynchonellida. In: Kaesler R L, ed. Treatise on Invertebrate Paleontology. Part H, Brachiopoda. Boulder and Lawrence: The Geological Society of America and The University of Kansas Press. 1 027～1 376

Schindler E. 1990. Die Kellwasser-Krise (hohe Frasne-Stufe. Ober-Devon). Göttinger Arbeiten zur Geologie und Pälaeontologie, 46: 1～115. Göttingen.

Schindler E, Schulke I, Ziegler W. 1998. The Frasnian/Famennian boundary at the Sessacker Trench section near Oberscheld (Dill Syncline, Rheinisches Schiefergebirge, Germany). Senckenbergiana lethaea, 77(1/2): 243～261

Sepkoski J J. 1982. A compendium of fossil marine families: Milwaukee Museum Publications, Contributions to Biology and Geology, 51: 1～125

Sepkoski J J. 1986. Phanerozoic overview of mass extinctions. In: Jablonski D, Raup D M, eds. Patterns and process in the history of life, Dahlem Konferenzen. Heidelberg: Springer-Verlag. 277～295

Sorauf J E. 1989. Rugosa and the Frasnian-Famennian extinction event: a progress report. Memoir of the Association of Austalasian Palaeotologists, 8: 327～338

Sorauf J E, Pedder A E H. 1986. Late Devonian rugose corals and the Frasnian-Famennian crisis. Canadian Journal of Earth Sciences, 23(9): 1 265～1 287

Stanley S M. 1984. Temperature and biotic crisis in the marine realm. Geology, 12: 205～208

Stanley S M. 1988. Paleozoic mass extinctions: shared patterns suggest global cooling as a common cause. American Journal of Science, 288: 334～352

Sun Yunzhu(Y. C. Sun). 1935. On the Occurrence of the *Manticoceras* in Central Hunan. Bulletin of the Geological Society of China, 14(2): 249～254

Talent J A. 1956. Devonian brachiopods and pelecypods of the Buchan Caves Limestone, Victoria. Proceedings of the Royal Society of Victoria (new series),68: 1～56

Talent J A, Mawson R, Andrew A S, Hamilton P J, Whitford D J. 1993. Middle Palaeonzoic extinction events: Faunal and isotopic data. Palaeogeography, Palaeoclimatology, Palaeoecology, 104: 139～152

Tan Zhengxiu. 1987. Brachiopods. In: The Late Devonian and Early Carboniferous Strata and Palaeobiocoenosis of Hunan. Beijing: Geological Publishing House. 111～133 (in Chinese with English summary) [谭正修. 1987. 腕足类. 见:湖南晚泥盆世和早石炭世地层及古生物群. 北

京：地质出版社. 111～133]

Tien C C. 1938. Devonian Brachiopoda of Hunan. Palaeontologia Sinica, New Series B, 4:1～192

Walliser O H. 1984. Geologic processes and global events. Terra cognita 4: 17～20

Walliser O H. 1986. The IGCP Project 216 "Global biological events in Earth history". Lecture Notes Earth Science. 8. Heidelberg: Springer-Verlag. 1～4

Walliser O H. 1996. Global Events of the Devonian and Carboniferous. In: Walliser O H, ed. Global Events and Event Stratigraphy. Heidelberg: Springer-Verlag. 235～250

Wang Chengyuan. 1987. On the age of *Cystophrentis* Zone. Journal of Stratigraphy, 11(2): 120～125 (in Chinese with English abstract) [王成源. 1987. 论 *Cystophrentis* 带的时代. 地层学杂志,11(2): 120～125]

Wang Chenyuan. 2000. Devonian System. In: Nanjing Institute of Geology and Palaeontology, Chinese Academy of Sciences, ed. Stratigraphical Studies in China (1979～1999). Hefei: China Science and Techonogy University Press. 73～94 (in Chinese)[王成源. 2000. 泥盆系. 见:中国科学院南京地质古生物研究所编著. 中国地层研究二十年(1979～1999). 合肥: 中国科学技术大学出版社. 73～94]

Wang Chengyuan, Wang Zhihao. 1978. Conodonts from Late Devonian and Early Carboniferous in Southern Guizhou. Memoirs of Nanjing Institute of Geology and Palaeontology, Academia Sinica, 11: 51～91 (in Chinese with English abstract) [王成源, 王志浩. 1978. 黔南晚泥盆世和早石炭世牙形刺. 中国科学院南京地质古生物研究所集刊,11 号,51～91]

Wang Chengyuan, Yin Baoan. 1984. Conodont zonations of Early Lower Carboniferous and Devonian-Carboniferous boundary in pelagic facies, South China. Acta Palaeontologica Sinica, 23 (2): 224～238 (in Chinese with English abstract )[王成源, 殷保安. 1984. 华南浮游相区早石炭世早期牙形刺分带和泥盆系、石炭系的分界. 古生物学报,23(2):224～238]

Wang Chengyuan, Yin Baoan. 1985. An important Devonian-Carboniferous boundary stratotype in neritic facies of Yishan county, Guangxi. Acta Micropalaeontologica Sinica, 2(1): 28～48 (in Chinese with English abstract) [王成源, 殷保安. 1985. 广西宜山浅水相区的一个泥盆系-石炭系界线层型剖面. 微体古生物学报, 2(1):28～48]

Wang Chengyuan, Ziegler W. 1982. On the Devonian-Carboniferous boundary in South China based on conodonts. Geologica et Palaontologica, 16: 151～162

Wang Chengyuan, Ziegler W. 2002. The Frasnian-Famennian conodont mass extinction and recovery in South China. Senckenbergiana lethaea, 82(2): 463～493

Wang Darui, Ma Xueping, Dong Aizheng, Zhu Desheng. 2001. Isotopic Evidence for the Temperature Change of the Paleo-Ocean between Late Devonian Frasnian Period and Famennian Period in South China. Acta Geoscientia Sinica, 22(2): 141～144 (in Chinese with English abstract) [王大锐,马学平,董爱正,朱德升. 2001. 晚泥盆世弗拉期-法门期之交海水温度变化的同位素证据. 地球学报, 22(2): 141～144]

Wang Guoping, Liu Qingzhao, Jin Yugan, Hu Shizhong, Liang Wenping, Liao Zhuoting. 1982. Brachiopoda. In: Paleontological Atlas of East China (Late Paleozoic), vol. 2. Beijing: Geological Publishing House. 186～256 (in Chinese) [王国平,刘清昭, 金玉玕, 胡世忠, 梁文平, 廖卓庭. 1982. 腕足动物门. 见: 华东地区古生物图册(Ⅱ)(晚古生代分册). 北京: 地质出版社. 186～256]

Wang Kun, Orth C J, Attrep M, Chatterton B D E, Hou Hong-fei, Geldsetzer H H J. 1991. Geochemical evidence for a catastrophic biotic event at the Frasnian/ Famennian boundary in South China. Geology, 19: 776～779

Wang Shumin. 1984. Phylum Brachiopoda. In: Paleontological Atlas of Hubei. Wuhan: Hubei Science and Techonology Press. 128～236 (in Chinese) [王淑敏. 1984. 腕足动物门. 见:湖北

省古生物图册. 武汉:湖北科学技术出版社. 128～236]

Wang Yu, Yu Changmin. 1962. Devonian System of China. Beijing: Science Press. 1～140 (in Chinese)[王钰, 俞昌民. 1962. 中国的泥盆系. 北京:科学出版社. 1～140]

Wang Yu, Yu Changmin, Liao Weihua, Shi Congguang, Hu Zhaoxun, Deng Zhanqiu, Rong Jiayu, Ni Yunan, Wang Chengyuan, Ruan Yiping, Cai Chongyang, Wang Shangqi, Mu Daocheng, Xia Fengsheng, Wang Zhihao. 1982. Correlation chart of the Devonian in China with explanatory text. In: Nanjing Institute of Geology and Palaeontology, Academia Sinica, ed. Stratigraphyic Correlation Chart in China with Explanatory Text. Beijing: Science Press. 90～108 (in Chinese)[王钰,俞昌民,廖卫华,施从广,胡兆珣,邓占球,戎嘉余,倪寓南,王成源,阮亦萍,蔡重阳,王尚启,穆道成,夏风生,王志浩. 1982. 中国泥盆纪地层对比表及说明书. 见:中国科学院南京地质古生物研究所编著. 中国各纪地层对比表及说明书. 北京:科学出版社. 90～108]

Williams A, Brunton C H C, Carlson S J. 2000～2002. Brachiopod Classification. In: Kaesler R L, ed. Treatise on Invertebrate Paleontology. Part H, Brachiopoda(Revised), vol. 2, 3-4. Boulder and Lawrence: The Geological Society of America and The University of Kansas: 1～1 688

Williams A, Rowell A J. 1965. Brachiopoda. In: Moore R C, ed. Treatise on Invertebrate Paleontology. Part H, vol. 1-2. New York and Lawrence: The Geological Society of America and The University of Kansas Press. 1～927

Xian Siyuan, Jiang Zonglong. 1978. Phylum Brachiopoda. In: Paleontological Atlas of Southwestern China (Guizhou Province), vol. 1 (Cambrian-Devonian). Beijing: Geological Publishing House. 251～337 (in Chinese)[鲜思远,江宗龙. 1978. 腕足动物门. 见:西南地区古生物图册,贵州分册(Ⅰ)(寒武纪-泥盆纪). 北京:地质出版社. 251～337]

Xu Bing, Gu Zhaoyan, Liu Qiang, Wang Chengyuan, Li Zhenliang. 2003. Carbon isotopic record from Upper Devonian carbonates at Dongcun in Guilin, Guangxi, suppoting the worldwide pattern of carbon isotope excursions during Frasnian-Famennian transition. Science Bulletin, 48 (8): 856～862 (in Chinese)[许冰,顾兆炎,刘强,王成源,李镇梁. 2003. 广西桂林垌村上泥盆统碳同位素正偏移与全球一致性的记录. 科学通报,48 (8): 856～862]

Xu Qingjian, Wan Zhengquan, Chen Yuanren. 1978. Brachiopoda. In: Palaeontological Atlas of Southwestern China (Sichuan Province), 1 (Sinian-Devonian). Beijing: Geological Publishing House. 284～381 (in Chinese)[许庆建,万正权,陈源仁. 1978. 腕足动物门. 见:西南地区古生物图册,四川分册(Ⅰ)(震旦纪-泥盆纪). 北京:地质出版社. 284～381]

Yang Deli, Ni Shizhao, Chang Meili, Zhao Ruxuan. 1977. Brachiopoda. In: Paleontological Atlas of Central-South China (Late Paleozoic Part), vol. 2. Beijing: Geological Publishing House. 303～470 (in Chinese)[杨德骊,倪世钊,常美丽,赵汝旋. 1977. 腕足动物门. 见:中南地区古生物图册Ⅱ(晚古生代部分). 北京:地质出版社. 303～470]

Yang Jingzhi, Mu Enzhi. 1953. Devonian strata of West Hubei. Acta Palaeontologica Sinica, 1(2): 58～65 (in Chinese)[杨敬之,穆恩之. 1953. 鄂西泥盆纪地层. 古生物学报,1(2):58～65]

Yin Baoan, Zhou Jiang, Zhang Shuling, Chen Jian, Huang Jianqiang, Lu Hongjin. 1987. Part Ⅰ (C): The Devonian-Carboniferous boundary section of Etoucun. In: Kuang Guodun, Yin Baoan, eds. 11th International Congress of Carboniferous Stratigraphy and Geology, Guide Book, Excursion 6: Carboniferous Carbonate Sequences in Guangxi. 21～22. Beijing, China.

Yu Changmin, Xu Hankui, Peng Ji, Xiao Songtao, Liu Zuhan. 1983. Devonian of Hunan with a bearing on the ore deposits. In: Papers submitted to the Symposium on the siderite oredeposits. Beijing: Science Press. 262～298 (in Chinese)[俞昌民,许汉奎,彭骥,肖松涛,柳祖汉. 1983. 湖南泥盆纪地层及其成矿特征. 见:湖南菱铁矿会议论文集. 北京:科学出版社. 262～298]

Zhang Renjie, Liao Weihuan, Feng Shaonan. 2001. Frasnian fossils from the lowermost part of Hsiehchingsu Formation of Jianshi, west Hubei. Journal of Stratigraphy, 25(1): 58～62 (in

Chiense with English abstract) [张仁杰,廖卫华,冯少南. 2001. 湖北建始写经寺组的弗拉期化石. 地层学杂志,25(1):58～62]

Zhang Yan. 1987. Devonian brachiopods from Luqu-Tewɔ area of West Qinling Mountains, China. In: Xi'an Institute of Geology and Mineral Resources, Nanjing Institute of Geology and Paleontology, Academia Sinica, eds. Late Silurian-Devonian strata and fossils from Luqu-Tewo area of West Qinling Mountains, China, vol. 2. Nan ing: Nanjing University Press. 95～164(in Chinese with English abstract)[张研. 1987. 西秦岭碌曲-迭部地区泥盆纪腕足类. 见:地质矿产部西安地质矿产研究所，中国科学院南京地质古生物研究所著. 西秦岭碌曲、迭部地区晚志留世与泥盆纪地层古生物，下册. 南京:南京大学出版社. 95～164]

Zhang Yan, Fu Lipu, Ding Peizhen, Qi Wentong. 1983. Brachiopoda (Late Palaeozoic Part). In: Paleontological Atlas of Northwest China (Shaanxi. Gansu and Ningxia provinces), vol. 2. Beijing: Geological Publishing House. 244～425 (in Chinese)[张研,傅力浦,丁培榛,齐文同. 1983. 腕足动物门(晚古生代部分). 见:西北地区古生物图册,陕甘宁分册(Ⅱ). 北京:地质出版社. 244～425]

Zhong Keng, Wu Yi, Yin Baoan, Liang Yanlin, Yao Zhaogui, Peng Jinlan. 1992. Devonian of Guangxi. Wuhan: China University of Geosciences Press. 1～384 (in Chinese with English abstract) [钟铿,吴诒,殷保安,梁演林,姚肇贵,彭金兰. 1992. 广西的泥盆系. 武汉:中国地质大学出版社. 1～384]

## 附录 3.3.1 华南晚泥盆世腕足动物分类表

Order Lingulida Waagen, 1885 (舌形贝目)

Superfamily Linguloidea Menke, 1828

**Family Lingulidae** Menke, 1828

*Lingula* Bruguière, 1797

Order Strophomenida, Öpik, 1934(扭月贝目)

Superfamily Strophomenoidea King, 1846

**Family Rafinesquinidae** Schuchert, 1893

Subfamily Leptaeninae Hall and Clarke, 1894

*Leptagonia* M'Coy, 1844

**Family Douvillinidae** Caster, 1939

Subfamily Douvillininae Caster, 1939

*Douvillina* Oehlert, 1887

**Family Leptostrophiidae** Carster, 1939

*Nervostrophia* Caster, 1939

Order Productida Sarytcheva and Sokolskaya, 1959(长身贝目)

Suborder Chonetidina Muir-Wood, 1955

Superfamily Chonetoidea Bronn, 1862

**Family Chonetidae** Bronn, 1862

Subfamily Chonetinae Bronn, 1862

*Chonetes* Fischer de Waldheim, 1830

Subfamily Dagnachonetinae Racheboeuf, 1981

? *Rhyssochonetes* Johnson, 1970

**Family Rugosochonetidae** Muir-Wood, 1962

Subfamily Rugosochonetinae Muir-Wood, 1962

*Rugosochonetes* Sokolskaya, 1950

Subfamily Plicochonetinae Sokolskaya, 1960

*Plicochonetes* Paeckelmann, 1930

Suborder Productidina Waagen, 1883

Superfamily Productoidea Gray, 1840

**Family Productellidae** Schuchert, 1929

Subfamily Productellinae Schuchert, 1929

*Productella* Hall, 1867

*Sinoproductella* Wang, 1955

Subfamily Plicatiferinae Muir-Wood and Cooper, 1960

*Plicatifera* Chao, 1927

*Acanthoplecta* Muir-Wood and Cooper, 1960

*Semicostella* Muir-Wood and Cooper, 1960

**Family Productidae** Gray, 1840

Subfamily Leioproductinae Muir-Wood and Cooper, 1960

*Leioproductus* Stainbrook, 1947

*Hunanoproductus* Hou, 1963
*Semiproductus* Bublitschenko, 1956
*Yanguania* Yang, 1978
Superfamily Echinoconchoidea Stehli, 1954
**Family Echinoconchidae** Sehli, 1954
Subfamily Echinoconchinae Stehli, 1954
*Echinoconchus* Weller, 1914
Subfamily Juresaniinae Muir-Wood and Cooper, 1960
*Waagenoconcha* Chao, 1927
**Family Sentosiidae** McKellar, 1970
Subfamily Sentosiinae McKellar, 1970
*Sentosia* Muir-Wood and Cooper, 1960
*Productellana* Stainbrook, 1950
Subfamily Caucasiproductinae Lazarev, 1987
*Praewaagenoconcha* Sokolskaya, 1948
Superfamily Linoproductoidea Stehli, 1954
**Family Monticuliferidae** Muir-Wood and Cooper, 1960
Subfamily Devonoproductinae Muir-Wood and Cooper, 1960
*Devonoproductus* Stainbrook, 1943
Suborder Strophalosiidina Schuchert, 1913
Superfamily Strophalosioidea Schuchert, 1913
**Family Araksalosiidae** Lazarev, 1989
Subfamily Rhytialosiinae Lazarev, 1989
*Sinalosia* Ma and Sun in Ma *et al.*, 2002

Order Orthotetida Waagen, 1884 (直形贝目)
Superfamily Orthotetoidea Waagen, 1884
**Family Schuchertellidae** Williams, 1953
Subfamily Schuchertellinae Williams, 1953
*Schuchertella* Girty, 1904

Order Orthida Schuchert and Cooper, 1932 (正形贝目)
Suborder Dalmanellidina Moore, 1952
Superfamily Dalmanelloidea Schuchert, 1913
**Family Rhipidomellidae** Schuchert, 1913
Subfamily Rhipidomellinae Schuchert, 1913
*Aulacella* Schuchert and Cooper, 1931
Superfamily Enteletoidea Waagen, 1884
**Family Schizophoriidae** Schuchert and LeVene, 1929
*Schizophoria* King, 1850

Order Pentamerida Schuchert and Cooper, 1931(五房贝目)
Suborder Pentameridina Schuchert and Cooper, 1931
Superfamily Gypiduloidea Schuchert and LeVene, 1929
**Family Gypidulidae** Schuchert and LeVene, 1929
Subfamily Gypidulinae Schuchert and LeVene, 1929
*Gypidula* Hall, 1867

Order Rhynchonellida Kuhn, 1949 (小嘴贝目)
Superfamily Rhynchotrematoidea Schuchert, 1913
**Famiy Trigonirhynchiidae** Schmidt, 1965
Subfamily Trigonirhynchiinae Schmidt, 1965
*Sinotectirostrum* Sartenaer, 1961
*Hunanotoechia* Ma, 1993
Subfamily Hemitoechiinae Savage, 1996
*Ptychomaletoechia* Sartenaer, 1961
Subfamily Ripidiorhynchinae Savage, 1996
*Ripidiorhynchus* Sartenaer, 1966
Superfamily Uncinuloidea Rzhonsnitskaya, 1956
**Family Hypothyridinidae** Rzhonsnitskaya, 1956
*Hypothyridina* Buckman, 1906
Superfamily Camarotoechioidea Schuchert, 1929
**Family Leiorhynchidae** Stainbrook, 1945
Subfamily Leiorhynchinae Stainbrook, 1945
*Leiorhynchus* Hall, 1860
*Paurorhyncha* Cooper, 1942
*Yocrarhynchus* Sartenaer, 1995
Subfamily Calvinariinae Sartenaer, 1994
*Calvinaria* Stainbrook, 1945
*Navalicria* Sartenaer, 1989
Subfamily Platyterorhynchinae Savage, 1996
*Platyterorhynchus* Sartenaer, 1970
Subfamily Basilicorhynchinae Savage, 1996
*Rugaltarostrum* Sartenaer, 1961
**Family Septalariidae** Havlîĉek, 1960
*Septalariopsis* Chen, 1978
Superfamily Pugnacoidea Rzhonsnitskaya, 1956
**Family Pugnacidae** Rzhonsnitskaya, 1956
*Pugnax* Hall and Clarke, 1893
*Pleuropugnoides* Ferguson, 1966
*Trifidorostellum* Sartenaer, 1961
**Family Plectorhynchellidae** Rzhonsnitskaya, 1956
Subfamily Plectorhyncholliinae Rzhonsnitskaya, 1956
*Pseudoyunnanella* Chen, 1978

**Family Ladogiidae** Ljaschenko, 1973
*Xinshaoella* Zhao, 1977
**Family Rozmanariidae** Havlíček, 1982
*Rozmanaria* Weyer, 1972
**Family Petasmariidae** Savage, 1996
*Parvaltissimarostrum* Sartenaer and Xu, 1991
*Porostictia* Cooper, 1955
*Pugnoides* Weller, 1910
**Family Yunnanellidae** Rzhonsnitskaya, 1959
*Yunnanella* Grabau, 1923
*Ladogioides* McLaren, 1961
*Nayunnella* Sartenaer, 1961
Superfamily Dimerelloidea Buckman, 1918
**Family Peregrinellidae** Ager, 1965
Subfamily Dzieduszyckiinae Savage, 1996
*Dzieduszyckia* Siemiradzki, 1901

Order Atrypida Rzhonsnitskaya, 1960(无洞贝目)
Suborder Atrypidina Moore, 1952
Superfamily Atrypoidea Gill 1871
**Family Atrypidae** Gill, 1871
Subfamily Atrypinae Gill, 1871
*Kyrtatrypa* Struve, 1966
Subfamily Spinatrypinae Copper, 1978
*Spinatrypa* Stainbrook, 1951
*Spinatrypina* Rzhonsnitskaya, 1964
*Exatrypa* Copper, 1967
Subfamily Variatrypinae Copper, 1978
*Desquamatia* Alekseeva, 1960
*Seratrypa* Copper, 1967
*Radiatrypa* Copper, 1978

Order Athyridida Boucot, Johnson and Staton, 1964 (无窗贝目)
Suborder Athyrididina Boucot, Johnson and Staton, 1964
Superfamily Athyridoidea Davidson, 1881
**Family Athyrididae** Davidson, 1881
Subfamily Athyridinae Davidson, 1881
*Athyris* M'Coy, 1844
*Actinoconchus* M'Coy, 1844
Subfamily Cleiothyridininae Alvarez, Rong and Boucot, 1998
*Cleiothyridina* Buckman, 1906
Subfamily Didymothyridinae Modzalevskaya, 1979
*Buchanathyris* Talent, 1956
Subfamily Spirigerellinae Grunt, 1965
*Composita* Brown, 1849

Order Spiriferida Waagen, 1883(石燕目)
Suborder Spiriferidina Waagen, 1883
Superfamily Spinelloidea Johnson, 1970
**Family Spinellidae** Johnson, 1970
Subfamily Spinellinae Johnson, 1970
*Adolfia* Gurich, 1909
**Family Echinospiriferidae** Ljaschenko, 1973
*Arctospirifer* Stainbrook, 1950
*Rigauxia* Brice, 1988
Superfamily Theodossioidea Ivanova, 1959
**Family Theodossiidae** Ivanova, 1959
Subfamily Theodossiinae Ivanova, 1959
*Theodossia* Nalivkin, 1925
**Family Palaeochoristitidae** Carter, 1994
*Eochoristites* Chu, 1933
Superfamily Cyrtospiriferoidea Termier and Termier, 1949
**Family Cyrtospiriferidae** Termier and Termier, 1949
Subfamily Cyrtospiriferinae Termier and Termier, 1949
*Cyrtospirifer* Nalivkin, 1918
*Sinospirifer* Grabau, 1931
*Tenticospirifer* Tien, 1938
"*Tenticospirifer*" Tien, 1938
Subfamily Cyrtiopsinae Ivanova, 1972
*Cyrtiopsis* Grabau, 1923
*Pseudocyrtiopsis* Ma and Day, 1999
*Dmitria* Sidiachenko, 1961
*Platyspirifer* Grabau, 1931
*Mennespirifer* Ljaschenko, 1973
Superfamily Ambocoelioidea George, 1931
**Family Ambocoeliidae** George, 1931
Subfamily Ambocoeliinae George, 1931
*Ambocoelia* Hall, 1860
*Crurithyris* George, 1931
Subfamily Rhynchospiriferinae Paulus, 1957
*Ilmenia* Nalivkin, 1941
*Zhonghuacoelia* Chen, 1978

**Family Eudoxinidae** Nalivkin, 1979
*Eudoxina* Fredericks, 1929
*Paulonia* Nalivkin, 1925
Superfamily Spiriferoidea King, 1846
**Family Spiriferidae** King, 1846
Subfamily Spiriferinae King, 1846
*Spirifer* Sowerby, 1816
Subfamily Prospirinae Carter, 1974
*Parallelora* Carter, 1974
Superfamily Paeckelmanelloidea Ivanova, 1972
**Family Strophopleuridae** Carter, 1974
Subfamily Bashkiriinae Nalivkin, 1979
*Fusella* M'Coy, 1844
**Family Brachythyrididae** Frederiks, 1924
*Brachythyris* M'Coy, 1844
Suborder Delthyridina Ivanova, 1972
Superfamily Delthyridoidea Phillips, 1841
**Family Mucrospiriferidae** Boucot, 1959
Subfamily Mucrospiriferinae Boucot, 1959
*Mucrospirifer* Grabau, 1931
Superfamily Reticularioidea Waagen, 1883
**Family Reticulariidae** Waagen, 1883
Subfamily Reticulariopsinae Gourvennec, 1994
*Reticulariopsis* Fredericks, 1916
**Family Thomasariidae** Cooper and Dutro, 1982
"*Thomasaria*" Stainbrook, 1945

Order Spiriferinida Ivanova, 1972(准石燕目)
Suborder Spiriferinidina Ivanova, 1972
Superfamily Syringothyridoidea Frederiks, 1926
**Family Syringothyrididae** Frederiks, 1926
Subfamily Syringothyridinae Frederiks, 1926
*Syringothyris* Winchell, 1863

Order Terebratulida Waagen, 1883 (穿孔贝目)
Suborder Terebratulidina Waagen, 1883
Superfamily Dielasmatoidea Schuchert, 1913
**Family Dielasmatidae** Schuchert, 1913
Subfamily Dielasmatinae Schuchert, 1913
*Dielasma* King, 1859
Suborder Terebratellidina Muir-Wood, 1955
Superfamily Cyrptonelloidea Thomson, 1926
**Family Cryptonellidae** Thomson, 1926
*Cryptonella* Hall, 1861
*Xenocryptonella* Zhang, 1983

王尚启 wangsq@nigpas.ac.cn
中国科学院南京地质古生物研究所
南京市北京东路39号，210008

第四节

# 晚泥盆世介形类豆石目的大灭绝

**摘 要 →**

介形类豆石目含2科，即等缘介科(Isochilinidae Swarts，1949)和豆石介科(Leperditiidae Jones，1856)，其延限从早奥陶世到晚泥盆世。豆石目类介形类主要生活在近岸浅水地带，特别是潮间带、潟湖和局限海台地环境。晚泥盆世豆石目主要产在原苏联东欧部分和西伯利亚地区、中国华南及邻近地区。在弗拉期，等缘介科含1属(*Hogmochilina* Solle，1935)和1种；豆石介科含4属(*Hermannina* Kegel，1933，*Moelleritia* Abushik，1958，*Paramoelleritia* Wang，1976 和 *Sinoleperditia* Wang，1989)和8种。由于F-F集群灭绝事件，等缘介科及其所含的1属和1种，豆石介科的2属(*Moelleritia*，*Paramoelleritia*)和6种灭绝，灭绝数分别占到科、属和种的50%、60%和78%，其余幸存。在残存期中，仅有1种，即 *Sinoleperditia* (*Sinoleperditia*) *guilinensis* (Wang)，1994年被找到。豆石目复苏时间大约始于牙形刺 *expansa* 带。在复苏期，共发现10种，其中 *Hermannina* 含1种；*Sinoleperditia* 含9种。*S.* (*Sinoleperditia*) *guilinensis* 和 *S.* (*Yaosuoleperditia*) *mansueta* 可能是2复活种，并由它们演化出其余7种。所有这些种借助于壳体形态，特别是下垂“V”字型大颚肌(痕)的变化，以适应新的环境。在接近法门期末，豆石目在华南及全球突然全部消失。究其原因，是由于：①下垂“V”字型大颚肌(痕)的变化已达到极限，导致它们的灭绝；②发生在法门期末的Hangenberg事件，导致它们的灭绝。

王尚启. 2004. 晚泥盆世介形类豆石目的大灭绝. 见：戎嘉余，方宗杰主编. 生物大灭绝与复苏——来自华南古生代和三叠纪的证据. 合肥：中国科学技术大学出版社. 357～366，1055

**关键词 →**

F-F生物集群灭绝事件
介形类豆石目 灭绝
残存 复苏 晚泥盆世

距今约 3.67 亿年，发生在晚泥盆世弗拉期（Frasnian）与法门期（Famennian）之间的多发性的生物集群灭绝事件，被称为 F-F 生物集群灭绝事件，被视为显生宙（Phanerozoic）的五大生物集群灭绝事件之一。其特点是同时性、全球性和灾难性。此事件同时发生在晚泥盆世弗拉期与法门期之间，即牙形刺 *linguiformis* 与 *triangularis* 带之间（相当于德国的 Kellwasser 事件），并已在全球得到证实（廖卫华，2001）；在此事件中，浮游，特别是底栖生物群遭到重创，分异度大大降低，生物礁基本消失。对于 F-F 生物集群灭绝事件的发生机制，有多种解释，归纳起来有地内说（terrestrial）和地外说（extra-terrestrial）两类。地内说包括贫氧或含毒环境，海平面升降，气候变化，甚至全球构造活动等；地外说主要指外星体撞击地球。海平面的升降和缺氧事件是最可能的因素，但也有可能是数种因素联合造成的。

迄今为止，对许多门类的化石已进行过与 F-F 生物集群灭绝事件相关的研究，不仅揭示了在大灭绝事件中生物自身演化的特征，而且为大灭绝事件提供了生物证据。在介形类方面，与 F-F 生物集群灭绝事件相关的研究工作，也见有报道（如 Casier and Lethiers，1998；Casier *et al.*，1999；Lethiers and Casier，1999），但是有关豆石目（leperditicopida）与 F-F 生物集群灭绝事件相关的研究工作尚未进行。

豆石目（Leperditicopida Scott，1961）归介形类亚纲，始现于早奥陶世，在经历了若干次大小生物地质事件后，灭绝于晚泥盆世。它们具有特殊的大的卵圆形闭壳肌痕和“V”字型或下垂“V”字型肌痕（现已基本搞清“V”字型或下垂“V”字型肌痕实际上就是大颚肌痕。下称下垂“V”字型大颚肌痕）；壳体特别大（壳长一般在 10 mm 以上，某些甚至达到 80 mm），是介形类中的庞然大物。此目在介形类中的分类位置一直非常稳定，含有 2 科，即等缘介科（Isochilinidae Swarts，1949）和豆石介科（Leperditiidae Jones，1856），两者的区别也很清楚，即前者两瓣相等且无叠覆，后者两瓣不等且有叠覆。比较而言，研究晚泥盆世 F-F 生物集群灭绝事件对豆石目的影响，比研究 F-F 生物集群灭绝事件对其他（微体）介形类的影响，更具优势。

豆石目的生态特征主要是底栖爬行，且它们主要生活在近岸浅水地带，尤其是潮间带、潟湖和局限海台地环境，属于地理分布狭窄的类群。在 F-F 生物集群灭绝事件中，豆石目所处的生态系极易被破坏，其当属重创对象。本节就此事件对介形类豆石目演化的影响，包括其成员的灭绝、残存和复苏进行探讨。

根据现有资料，除原苏联东欧部分和西伯利亚地区、华南及邻近地区外，在世界其他地区，在晚泥盆世弗拉期前，豆石目已经消失。本节的研究材料，主要来源于华南及邻近地区，部分来自原苏联东欧部分和西伯利亚地区。

## 一、灭绝

根据已发表的资料和手头材料可知，在晚泥盆世弗拉期晚期的 F-F 生物集群灭绝事件发生前，豆石目的等缘介科（Isochilinidae）含有 1 属，即 *Hogmochilina*（资料来源于 Abushik，1979：Table 1，2）；豆石介科（Leperditiidae）含有 4 属，即 *Hermannina*，*Moelleritia*，*Paramoelleritia*，*Sinoleperditia*（图 3.4.1），后 2 个属为产自华南及相邻地区的中华豆石介族分子（SinoleperditiiniWang，1994）。由于

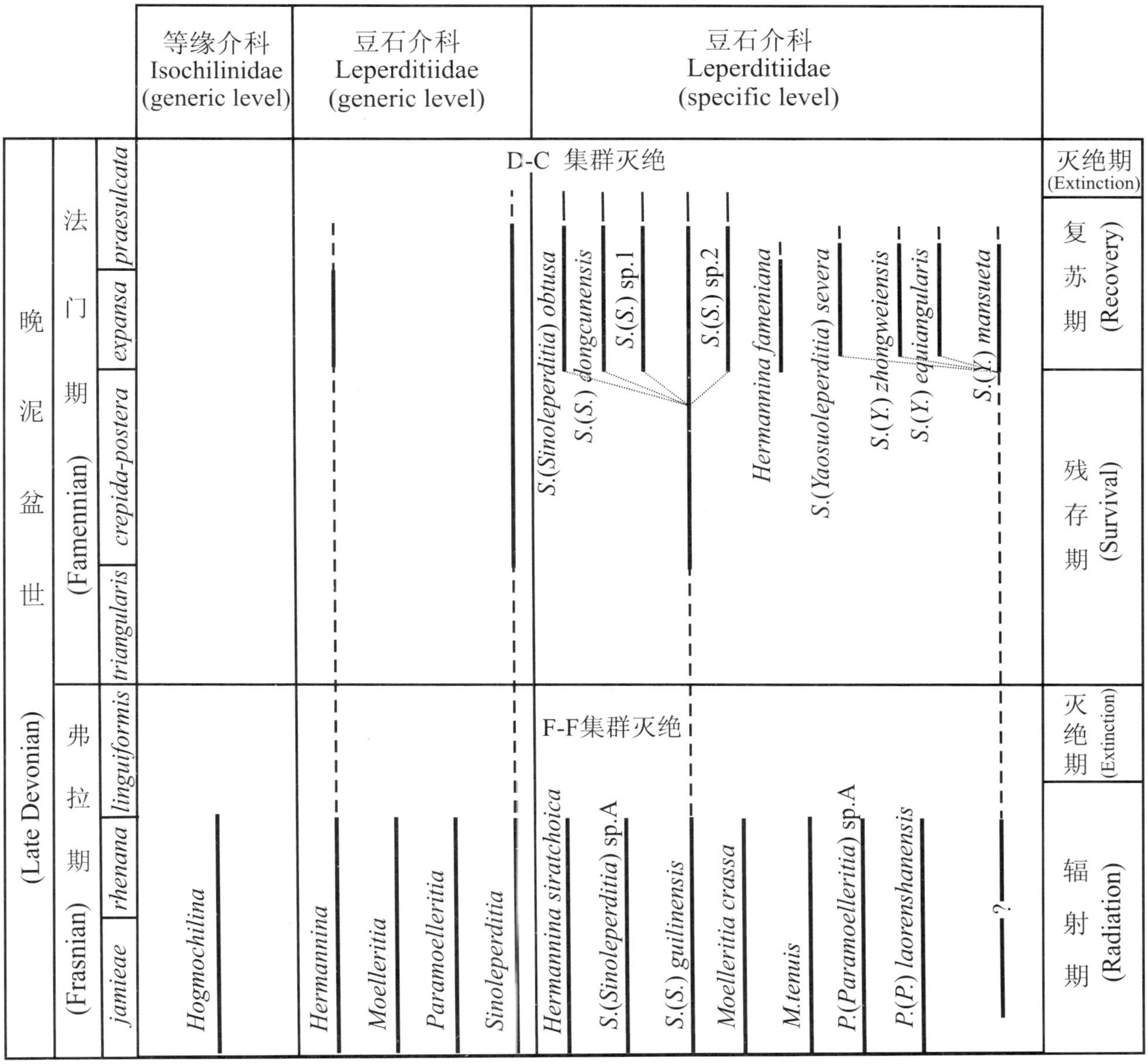

图 **3.4.1**　晚泥盆世 **F-F** 集群灭绝事件对介形类豆石目演化的影响：灭绝和复苏

Figure 3.4.1　The influence of the F-F mass extinction event upon evolution of Leperditicopida：extinction and recovery

F-F 生物集群灭绝事件，导致 1 科和 3 属，即 Isochilinidae，*Hogmochilina*，*Moelleritia* 和 *Paramoelleritia* 灭绝（图 3.4.1）。Schevtsov（1971）曾提到，Schneider 曾记述过产自原苏联东欧部分南蒂曼（Timan）法门期地层中的豆石目的一个新种，即 *Leperditia robusta*，但无图示，也未正式发表。在泥盆纪期间，在左壳上具有后背隆起的 *Leperditia* 分子是很少见及的，一般均为 *Hermannina* 的分子，因此，*Leperditia* 分子在晚泥盆世存在的可能性不大。据此分析，在此次事件中，曾生活在弗拉期的豆石目的科和属的灭绝数分别为 50% 和 60%（图 3.4.1）。

在弗拉期，属于豆石介科的约有 9 种（图 3.4.1）：*Moelleritia crassa* Abushik，1963，*M. tenuis* Abushik，1963，*Hermannina siratchoica* Martinova，1960，*Hogmochilina* 的 1 种，*Paramoelleritia*（*Paramoelleritia*?）*laorenshanensis*（Wang），1994，*P.*（*P.*）sp.，*Sinoleperditia*（*Sinoleperditia*）*guilinensis*（Wang），1994，*S.*（*S.*）sp. A 和尚不能确定的 *S.*（*Yaosuoleperditia*）*mansueta*（Shi），1964。后 5 个种为分布于华南及邻近地区泥盆纪地层的中华豆石介族（Sinoleperditiini）的分子。*Moelleritia crassa* 和 *M. tenuis* 产自西伯利亚地台晚泥盆世弗拉期 Kalargonsk 组（Коларгонская свита）（Abushik，1963；Abushik *et al.*，1990）。*Hermannina siratchoica* 产自原苏联东欧部分南蒂曼弗拉期 Syragoisk 层（Сирагойскии слой）。*Paramoelleritia*（*Paramoelleritia*?）*laorenshanensis* 产自广西桂林地区弗拉期桂林组。1994 年，此种被笔者归到 *Sinoleperditia*（*Yaosuoleperditia*）亚属。经过再研究，发现其正模标本具有相当明显的后背膨胀，应改归 *Paramoelleritia* 属。由于主要出现在壳体两端的边缘带（brim）不甚明显，故被带有疑问地归到 *P.*（*Paramoelleritia*）亚属。*P.*（*Paramoelleritia*）sp. 是一个产自桂林地区弗拉期桂林组尚未报道过的种，其特征是壳体较小（<10 mm）且瘦长，具有弱的后背膨胀和两端的边缘带。*Sinoleperditia*（*Sinoleperditia*）*guilinensis* 也产自桂林地区弗拉期桂林组。此种原归 *S.*（*Yaosuoleperditia*）亚属，由于后来此亚属的定义被修订（Wang and Mckenzie，2000），即被定义为：其所属分子的下垂“V”字型（大颚）肌痕，需具有滴状的下端。*S.*（*S.*）sp. A 也是一个尚未报道过的种，与 *S.*（*Sinoleperditia*）*guilinensis* 的区别是其侧视轮廓为近方形，而后者则近长方形。它不仅出现在桂林地区弗拉期桂林组中，而且也存在于贵州独山地区弗拉期望城坡组中。在这些种中，除 *S.*（*Sinoleperditia*）*guilinensis* 幸存外，其余均在 F-F 生物集群灭绝事件中灭绝，灭绝种占总数的 78%。在晚泥盆世期间，作为生存的策略，*S.*（*Sinoleperditia*）*guilinensis* 像其他种一样，个体普遍变小，以减低环境压力。但本种还具有一些其他种所不具备的特征：①近长方形的外形，两端近于等宽，意味着所赋含的下垂“V”字型大颚肌（在化石上称谓下垂“V”字型大颚肌痕）仍有不断向下扩展的空间，用于抵抗环境压力，继续生存。王尚启（1994）指出，在泥盆纪期间，特别是晚泥盆世期间，华南地区的豆石目或豆石介科比世界

其他地区更为丰富(包括分异度和个体丰度),其原因可能就是因为它们发育有随时间推移而不断向腹方扩展的这种大颚肌。②下垂"V"字型大颚肌有变得相对宽钝的趋势,即用向左、右扩展的途径来取代向下的扩张。大颚肌向下延伸或向左、右拓展,都是对大颚肌功能的增强。大颚肌功能包括咀嚼功能和(像弹簧一样)辅助壳瓣开起功能。通过下垂"V"字型大颚肌的变化求得生存的例子,在本节下面还将涉及。

## 二、残存

F-F生物集群灭绝事件后,迎来了漫长的残存期。迄今仅发现一个种在残存期幸存,这就是起源于弗拉期的 S.(*Sinoleperditia*) *guilinensis*[以前曾被鉴定为 *Leperditia* sp.(王尚启,1984)](图 3.4.1)。在残存期,此种的标本被发现在广西桂平木圭地区浮游相地层中,产出层位是浮游介形类 *serratostriata-nehdensis* 带(位于牙形刺 *crepida* 带到 *marginifera* 带之间)。这个种,如上所述,已具备抵抗底栖相恶劣环境的能力,它的标本出现在浮游相地层中,可能为异地埋葬。

## 三、复苏

随着时间的推移,漫长残存期(3~6 Ma)的生态环境逐渐得到改善,晚法门期开始进入生物的复苏期。在此期间,豆石介科类的幸存种继续存在、复活种返回家园,并由它们演化出许多新种。

在广西桂林额头村剖面,豆石介科的产出层位接近东村组的近顶部。根据钟铿等(1992)的分析,东村组的顶部不超过牙形刺 *expansa* 带(的顶界)。在贵州独山地区,豆石介科主要产在尧梭组的顶部,即所谓的"豆石层",大致可与桂林额头村剖面的东村组近顶部含豆石介科的层位对比。据此推测,豆石介科的复苏期大致始于牙形刺 *expansa* 带。在同一剖面上,根据我们的采集,豆石介科产出的最高层位是额头村组的下部。根据钟铿等(1992)的意见,额头村组大致相当于牙形刺 *praesulcata* 带的时限。额头村组含豆石介科类的层位,正好位于产珊瑚 *Cystophrentis* 属的层位之下,并与有孔虫 *Quasiendothyra communis*, *Septatournayella rauserae* 等共生,大致可与 *Quasiendothyra communis-Septatournayella rauserae* 组合带上部对比。

在晚法门期,已经被报道的豆石介科共2属、10种(图 3.4.1):*Hermannina fameniana* Schevtsov, 1971, *Sinoleperditia*(*Sinoleperditia*) *obtusa*(Wang), 1994, S.(S.) *dongcunensis* (Wang), 1994, S.(S.) sp. 1, S.(S.) sp. 2, S.(S.) *guilinensis* (Wang), 1994, S.(*Yaosuoleperditia*) *equiangularis*(Hou and Shi), 1964, S.(Y.)

*severa*(Shi),1964,*S.*(*Y.*)*mansueta*(Shi),1964 和 *S.*(*Y.*)*zhongweiensis* Wang,1994。其中 *H. fameniana* 由 Schevtsov(1971)记述自原苏联东欧部分蒂曼地区晚法门期(无产出地层名称);其余种均产自华南及相邻地区且全为豆石介科中华豆石介族的分子。*S.*(*S.*)*guilinensis* 被考虑是一幸存种,在复苏期由它演化出 *S.*(*S.*)*obtusa*,*S.*(*S.*)sp. 1,*S.*(*S.*)sp. 2。这些种,除其下垂"V"字型大颚肌痕与闭壳肌痕高度的比值比弗拉期的稍有增加外,下垂"V"字型大颚肌痕的形态和结构构造也有了新的变化,用以适应新的变化了的环境。如 *S.*(*S.*)*obtusa* 的下垂"V"字型大颚肌痕变得比它祖先更为宽钝(图 3.4.2:A;王尚启,1994:图版Ⅵ,图 10),进

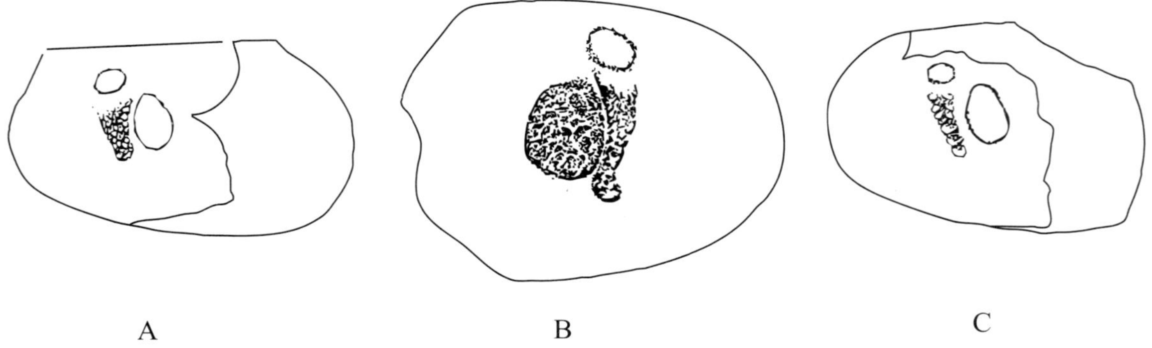


**图 3.4.2** 晚泥盆世豆石介科中华豆石介族下垂"V"字型大颚肌(痕)的形态变化

A. *Sinoleperditia*(*Sinoleperditia*)*obtusa*,×8. 产自广西桂林法门期东村组。示下垂"V"字型大颚肌痕向两侧扩张变宽。来自王尚启(1994)图版Ⅵ,图 10

B. *S.*(*Yaosuoleperditia*)*mansueta*,×7.5. 产自贵州独山法门期尧梭组。示发育有滴状下端的下垂"V"字型大颚肌痕。来自王尚启(1994)图版Ⅵ,图 17

C. *S.*(*Sinoleperditia*)sp. 1,×8. 产自广西桂林法门期东村组。示下垂"V"字型大颚肌痕的次级肌痕,在个体上变大和数量上减少。来自王尚启(1994)图版Ⅵ,图 6

Figure 3.4.2 Evolutionary changes of the trailing chevron muscle scar in the Late Devonian Sinoleperditiini

A. *Sinoleperditia*(*Sinoleperditia*)*obtusa* from the Famennian Dongcun Formation of Guilin,Guangxi,×8. Showing widened trailing chevron muscle scar. [after Wang(1994: pl. Ⅵ,fig. 10)]

B. *S.*(*Yaosuoleperditia*)*mansueta* from the upper part of the Famennian Yaosuo Formation of Dushan, Guizhou,×7.5. Showing the trailing chevron muscle scar with a drop-shaped lower end. [after Wang(1994: pl. Ⅳ, fig. 17)]

C. *S.*(*Sinoleperditia*) sp. 1 from the Famennian Dongcun Formation of Guilin,Guangxi,×8. Showing secondary scars constituting trailing chevron muscle scar with a tendency to enlarge in individual and to decrease in number. [after Wang(1994: pl. Ⅳ,fig. 6)]

一步向左、右拓展,取代向下延伸;*S.*(*S.*)sp. 1,*S.*(*S.*)sp. 2 的下垂"V"字型大颚肌痕由少量大的结节组成(图 3.4.2:C;王尚启,1994:图版Ⅵ,图 6~8,11),每个大结节明显是由相邻几个肌束合并而成的,另择途径增强壳体起闭(主要是起)和咀嚼功能。*S.*(*Y.*)*mansueta* 可能是一复活种,其特征是下垂"V"字型大颚肌痕的下端或末端增大,呈"滴"状或小球状(图 3.4.2:B;王尚启,1994:图版Ⅵ,图 17)。作者在蒋志文提供的云南宣威歌乐山宰格灰岩的中华豆石介族材料中,发现一个

标本，其下垂“V”字型大颚肌痕发育有“滴”状的下端，且外形特征与 *S.*（*Y.*）*mansueta* 的标本十分相似，两者可能是同种。宰格灰岩是一组跨弗拉阶和法门阶的地层。据蒋氏说，产有这些中华豆石介族材料的层位为弗拉阶，但无其他化石证据。由于标本保存差，尤其缺少下垂“V”字型大颚肌痕和闭壳肌痕保存在同一壳面的标本，无法统计出下垂“V”字型大颚肌痕与闭壳肌痕高度的比值，也就难以确定其确切时代。不过，根据以往的资料，在云贵一带，产自法门阶的中华豆石介族，其下垂“V”字型大颚肌痕的下端多为“滴”状，而在这些标本中，仅找到一个具有这种特征的下垂“V”字型大颚肌痕，在其他标本上观察到的则均为非“滴”状下垂“V”字型大颚肌痕，因此，在宰格灰岩中，赋含这些材料的层位，划归弗拉阶似要比划归法门阶更为合适。据此分析，主要产自法门阶的 *S.*（*Y.*）*mansueta*，早在弗拉期就可能已经存在。赋含“滴”状下端的下垂“V”字型大颚肌痕的种，其外形是多变的，因为它们用下垂“V”字型大颚肌（痕）下端的增大来取代向下伸展，如 *S.*（*Y.*）*mansueta*（图 3.4.2：B；王尚启，1994：图版 Ⅵ，图 17；施从广，1964：图版 1，图 5～9）和 *S.*（*Y.*）*zhongweiensis*，其前端显著地窄于后端。包括 *S.*（*Y.*）*zhongweiensis*，*S.*（*Y.*）*equiangularis* 和 *S.*（*Y.*）*severa* 都可能演化自 *S.*（*Y.*）*mansueta*。另外，在我们未发表的晚法门期的中华豆石介族材料中，还发现一些标本上的下垂“V”字型大颚肌痕的下端不是向腹方或后腹方延伸，而是转向前下方延伸。总之，中华豆石介族类，通过其下垂“V”字型大颚肌痕的变化，作为适应新的环境和求生的主要策略。

## 四、法门期末的灭绝

前面已经指出，豆石目的等缘介科，因 F-F 生物集群灭绝事件，已经灭绝。在晚法门期，仅豆石介科，特别是中华豆石介族仍然存活，并具有较高的分异度（图 3.4.1），在接近法门阶顶部，突然灭绝。究其灭绝原因在于：①内因：中华豆石介族之所以能够生活到晚法门期，与其下垂“V”字型大颚肌（痕）的演变紧密相关。到晚法门期晚期，包括下垂“V”字型大颚肌（痕）的腹向延伸、末端增大、左右拓展等可能均已达到极限，不能无限制地变化，导致它们的灭绝。②外因：包括生态环境的变化和 Hangenberg 事件（发生在法门期末的一短暂的海退事件）。豆石介科，乃至豆石目，主要生存在潮间带、潟湖和局限海台地环境。就华南地区而言，进入到晚法门期，已逐渐发展为开阔海环境，显然已不适应豆石目类的生存，导致它们的灭绝。根据 Milhau 等（1997）的报道，他们在额头村组的上部还发现有保存不好的豆石介科标本，按此推测，豆石介科的延限可能直到法门期末，其灭绝与随后发生的 Hangenberg 事件不无关系。法门期末的 Hangenberg 事件的影响，虽说不及 F-F 生物集群灭绝事件严重，但也造成了许多生物门类的灭绝（Young，1995：31），如绝大多数菊石类群的灭绝。不能排除此事件对豆石介科的最终灭绝是最后的一击。因此，豆石介科的灭绝，更可能是多种因素联合造成的。

## 五、结语

（1）F-F 生物集群灭绝事件，正如廖卫华（2001）指出的那样，发生的同时性、全球性和灾难性，已成为生物地层学和年代地层学的全球性标志，即使在底栖相地层中，也是可以辨别的。

（2）F-F 生物集群灭绝事件，对豆石目的演化产生巨大影响，造成其科、属和种的大量灭绝。

（3）豆石介科的复苏期开始时间比有些生物门类（如四射珊瑚）要早。在华南地区，豆石介科的复苏期，如在桂林地区始于东村组的近顶部，在独山地区，始于尧梭组的近顶部；而如四射珊瑚等，在桂林地区，复苏期始于额头村组，在独山地区，则始于革老河组。

（4）F-F 交界时期，在豆石目演化中的反映为灭绝期及其后的残存期和复苏期。由于 F-F 生物集群灭绝事件后的残存期长（3～6 Ma），复苏期短，特别是在豆石介科复苏后不久，接着又有 Hangenberg 事件发生等因素，导致豆石介科完全灭绝。

**致　谢**　本文由国家重点基础研究发展规划项目（G2000077700）资助。任玉皋为本文清绘插图。

## 参考文献

Abushik A F. 1963. Two new species of Leperditicopida from the Late Devonian of the Siberian Platform. Palaeontologicheskii Zhurnal, (1): 100～104 [Абушик А Ф. 1963. Два новых вида позднедевонских лепер-дитиид Сибирской платформы. Палеонтологический Журнал, (1): 100～104]

Abushik A F. 1979. Order Leperditicopida-structure, taxonomy and distribution. In: Proceedings of the Ⅶ International Symposium on Ostracoda: 29 ～ 34 [Абушик А Ф. 1979. Отряд Leperditicopida-Строение, классификция, распространение. In: Proceedings of the Ⅶ International Symposium on Ostracoda. 29～34]

Abushik A F, Gusseva E A, Ivanova V A, Kanygin A V, Kashevarova N P, Melnikova L M, Molostovskaja I I, Neustrueva I Ju, Sidaravichiene N V, Stepanaitys N E, Tschigova V A. 1990. Practical manual on Microfauna of USSR. Vol. 4, Paleozoic Ostracoda. 1～356. Ministry of Geology of USSR, All-Union Geological Research Institute. Leningrad

Casier J-G, Lethiers F. 1998. The recovery of the ostracod fauna after the Late Devonian mass extinction: the Devils Gate Pass section example (Nevada, USA). Compte Rendus de L' Academie des. Sciences de Paris, 327:501～507

Casier J-G, Lethiers F, Baudin F. 1999. Ostracods, organic matter and anoxic events associated with the Frasnian-Famennian boundary in the Schmidt quarry parastratotype section (Kellerwald, Germany). Geobios, 32(6):869～881

Lethiers F, Casier J-G. 1999. Autopsy of a biological extinction example: the Frasnian-Famennian boundary crisis (364 Ma). Compte Rendus de L'Academie des. Sciences de Paris, 329:303～315

Liao Weihua. 2001. Biotic recovery from the Late Devonian F-F mass extinction event in China. Science in China (Series D), 31(8): 663～667[廖卫华. 2001. 中国晚泥盆世 F-F 生物集群灭绝事件及其后的生物复苏的研究. 中国科学(D 辑),31(8):663～667]

Martinova G P. 1960. New Paleozoic ostracodes from the Russian and Siberian Platforms, the Ural and Pechora Ranges. In new species offossil plants and invertebrates from USSR. Part 2: 282～283. Gosgeoltekhizdat. [Мартынова Г П. 1960 Новые палеозойские остракоты Русской и Сибирск-ой платформ, Урала и Печорской гряды. В сб. : Новые виды древних растений звоночных СССР. ч. 2 : 282～283. Госгеолтехиздат]

Milhau B, Hou Hongfei, Wu Xiantao. 1997. Presence de Leperditiidae (Ostracoda) dans le Devonian terminal d' Etaoucun (Guangxi, Chine du Sud). Signification paleoecologique. Geobios, Memoire Special, 20: 387～395

Rong Jiayu, Fang Zongjie, Cheng Xu, Chen Jinhua, Liao Weihua, Sun Dongli, Zhan Renbin, Shen Jianwei. 1996. Biotic recovery—first episode of evolution after mass extinction. Acta Palaeontologica Sinica, 35(3): 259～271 (in Chinese with English summary) [戎嘉余,方宗杰,陈旭,陈金华,廖卫华,孙东立,詹仁斌,沈建伟. 1996. 生物复苏——大绝灭后生物演化历史的第一幕. 古生物学报,35(3):259～271]

Schevtsov S I. 1971. Discoveries of Leperditiidae (Ostracoda) in the Famennian of eastern districts in European USSR. Palaeontologicheskii Zhurnal, (2): 123～124 [Шевцов С И. 1971. О нахо дкахлеперди-тиид ( Ostracoda ) в Фамене восточныхрайонов ев-ропейской части СССР. Палеонтологие-ский Журнал, (2): 123～124]

Shi Congguang. 1964. The Middle and Upper Devonian Ostracoda from Dushan and Douyun, S. Kueichow. Acta Palaeontologica Sinica, 12(1): 34～49 (in Chinese with English summary) [施从广. 1964. 贵州独山、都匀等地中、上泥盆统中的介形类. 古生物学报,12(1):34～59]

Vannier J, Wang Shangqi, Coen M. 2001. Leperditicopid arthropods (Ordovician-Late Devonian): Functional morphology and ecological range. Journal of Paleontology, 75(1): 75～95

Wang Keliang. 1987. On the Devonian-Carboniferous boundary based on foraminiferal fauna from South China. Acta Micropalaeontologica Sinica, 4(2): 161～173 (in Chinese with English summary) [王克良. 1987. 从有孔虫动物群论华南泥盆-石炭系之界线. 微体古生物学报,4(2):161～173]

Wang Shangqi. 1984. Pelagic ostracods from Givetian to Tournaisian in South China. Bulletin of Nanjing Institute of Geology and Palaeontology, Academia Sinica, 9: 1～80 (in Chinese with English summary) [王尚启. 1984. 广西及邻近地区中泥盆世晚期到早石炭世早期浮游介形类动物群. 中国科学院南京地质古生物研究所丛刊,9:1～80]

Wang Shangqi. 1994. A new leperditiid Tribe Sinoleperditiini (Ostracoda) from the Devonian of South China. Acta Palaeontologica Sinica, 33(6): 686～719 (in Chinese with English summary) [王尚启. 1994. 华南泥盆纪介形类豆石介类一新族 Sinoleperditiini. 古生物学报,33(6):686～719]

Wang Shangqi, Mckenzie G. 2000. Sinoleperditiini (Ostracoda) from the Devonian of South China.

Senckenbergiana lethaea, 79(2): 589～601

Young G C. 1995. Timescales: 4 Devonian. Australian Geological Survey Organisation, Record 1995/33: 1～44

Zhong Keng, Wu Yi, Yin Baoan, Liang Yanlin, Yao Zhaogui, Peng Jinlan. 1992. Stratigraphy of Guangxi, China. Part 1: Devonian of Guangxi. Wuhan: China University of Geoscience Press. 1～384 (in Chinese with English summary) [钟铿,吴诒,殷保安,梁演林,姚肇贵,彭金兰. 1992. 广西的泥盆系. 武汉:中国地质大学出版社. 1～384]

王向东 xdwang@nigpas.ac.cn
中国科学院南京地质古生物研究所
南京市北京东路39号，210008
沈建伟 jwshen@scsio.ac.cn
中国科学院南海海洋研究所
广州市新港西路164号，510301

第五节

# 华南晚泥盆世—早石炭世生物礁的灭绝和复苏

**摘 要→**

生物礁具有空间上的展布性，易于识别，是揭示地史时期全球环境变迁和生物生产率的很好的指示物。从晚泥盆世至早石炭世，华南的生物礁经历了繁盛、消亡、灭绝和复苏的演变历史。中泥盆世晚期的吉维特期是华南生物礁最为发育的时期，层孔海绵、横板珊瑚和群体四射珊瑚是主要的造架生物，层孔海绵和珊瑚的生物多样性也达到了地史时期的最大值。晚泥盆世弗拉期早期的礁由吉维特期延续而来，但造礁生物数量明显减少，华南层孔海绵从吉维特期的40属减至弗拉期的23属，四射珊瑚从43属减至33属；弗拉期晚期，华南生物礁已大为衰退，在广西仅出露在桂林附近，但在湖南有较多的地点出露。除了层孔海绵-珊瑚礁外，藻类和微生物菌类开始单独成礁。由于F-F大灭绝事件的影响，法门期早期，层孔海绵和群体珊瑚在华南已消失，后生动物骨骼礁也随之消失，微生物菌类开始在造礁过程中起主导作用，在桂林附近的两处有藻类和微生物菌类礁的确切报道。尽管在法门期晚期，四射珊瑚和层孔海绵有一个短暂的复苏期，但它们并未成礁。桂林额头村法门晚期的层孔海绵点礁有待进一步的证实。

华南的礁生态系统的复苏经历了漫长的过程。与世界其他地区(如西欧)不同，华南早石炭世杜内期并未出现微生物菌类和藻类形成的礁或丘，整个法门期加上早石炭世杜内期(逾22 Ma)，没有确切的后生动物礁体的出现。尽管在杜内期，后生动物迅速复苏并开始辐射演化，四射珊瑚达到50属，其生物多样性已达到吉维特期的水平，但由于缺乏造礁的群体生物，此时仍然没有后生动物礁。直到维宪期，造架生物如群体珊瑚和苔藓虫再次繁盛，复体四射珊瑚已达到23属，华南的后生动物骨骼礁才真正复苏。法门期末与杜内期的礁的缺失可能与当时全球的冷室气候有关，早石炭世早期的全球变冷事件在北美和欧洲表现在碳同位素的大规模正向漂移。从晚泥盆世至早石炭世，后生动物礁的兴衰与群体造架生物如群体四射珊瑚的多样性变化相一致，而与后生动物总的生物多样性的分布型式并不一致。

王向东，沈建伟．2004．华南晚泥盆世—早石炭世生物礁的灭绝和复苏．见：戎嘉余，方宗杰主编．生物大灭绝与复苏——来自华南古生代和三叠纪的证据．合肥：中国科学技术大学出版社．367～380，1056

**关键词→**

生物礁演化　后生动物礁
微生物菌类礁　F-F灭绝事件
晚泥盆世　早石炭世
华南

泥盆纪是地史时期珊瑚和海绵最大的造礁期，其堡礁的面积远远超过现代的规模。在中泥盆世，珊瑚礁可出现在南纬45°和北纬60°之间的广大地区，陆表海的温度平均达到25℃以上。由于超暖室效应，大气$CO_2$浓度是当今的14～24倍，造成了海洋中大量碳酸钙的沉淀，以及钙质生物如珊瑚、层孔海绵(原称层孔虫)、钙质微生物菌类和藻类等高度繁盛。因此，由这些生物造礁形成的礁相碳酸盐岩几乎覆盖了全球，包括北美、俄罗斯地台、西伯利亚地台、西欧、澳大利亚、华南等陆块(Copper，2002)。从埃姆斯到吉维特期，全球生物造礁达到了地史时期的顶峰，主要造礁生物四射珊瑚和横板珊瑚共约200属(Scrutton，1997)，层孔海绵60属(Stearn *et al*.，1999)。然而，到了弗拉期，珊瑚和层孔海绵礁的分布变得十分有限。在法门期，后生动物礁(Metazoan reefs)完全消失，被钙质微生物菌(calcimicrobe and microbialite)和藻礁所代替。

生物礁是由造架生物构筑而成的特殊碳酸盐构造体，其繁盛和衰亡与地史时期海洋碳酸盐生产率密切相关。作为一个复杂的生态系统，它对任何环境变化都十分敏感。在地史时期的几次大的灭绝事件(如早寒武世、晚奥陶世、晚泥盆世，以及白垩纪末)中，生物礁常常在灭绝界线之前的0.5～1 Ma就先期消失(Copper，1994；Droser *et al*.，1997)。另一方面，由生物多样性揭示的生物灭绝事件，不可避免地会有一些采样和统计偏差，如Signor-Lipps效应(Signor and Lipps，1982)。但由于生物礁具有空间上的展布性，极易识别，从而减少了这种偏差。因此，生物礁可能是揭示地史时期全球环境变迁和生物生产率的最好的指示物。

目前，对生物礁的识别趋向于采用更广义的定义：地形上有一定的隆起，由“基质(matrix)-生物骨架(skeletons)-胶结物(cement)”三者构架而成的“由固着生物产生的基本上为原地的钙质沉积物(essentially in place calcareous deposits created by sessile organisms)”(Riding，2002)。依据这样的定义，华南泥盆系可能有更多的礁尚未被识别与报道。

在泥盆纪，华南发育一些孤立的碳酸盐台地，它们常受北北东-南南西方向的构造体系控制，台地之间被较深的台沟和盆地所隔。生物礁常出现在台地内部和台地边缘(陈代钊、陈其英，1994；Shen and Zhang，1997；Chen *et al*.，2001，2002；Shen，2002)(图3.5.1)。本节主要涉及华南扬子陆块以南地区，包括滇黔盆地和南岭盆地(曾允孚等，1992)的生物礁，同时也涉及华南板块西北缘的龙门山陆缘断陷盆地中的礁。基于已发表的资料，本节拟较系统地总结这些生物礁的分布、类型和主要造礁生物，间略地讨论晚泥盆世-早石炭世生物礁的演替，以及早石炭世生物礁的复苏。文中提及的弗拉期早期和晚期以牙形刺*jamieae*带-*rhenana*带为界；法门期早期和晚期以牙形刺*postera*带-*expansa*带为界。

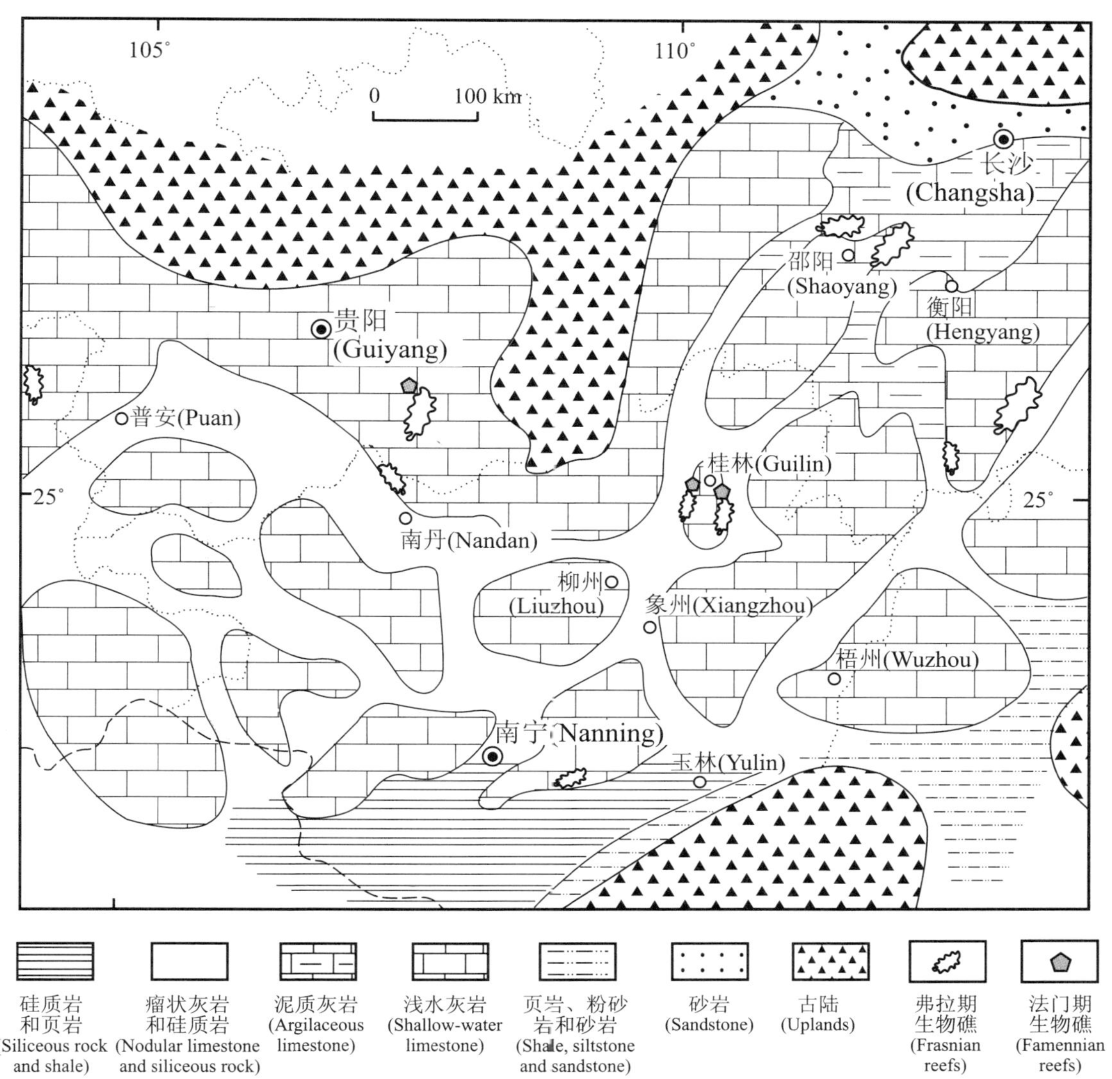


**图 3.5.1**　华南弗拉期岩相古地理(据 Chen *et al.*,2001)及弗拉期和法门期生物礁的主要分布地

Figure 3.5.1　Palaeogeographic setting of South China in the Frasnian (from Chen *et al.*,2001) and main distributions of the Frasnian and Famennian reefs

## 一、华南中、晚泥盆世及早石炭世生物礁

与全球分布相似,泥盆纪是我国地史时期最重要的造礁期,目前已发现的地点超过 100 个(齐文同,2002),主要分布在早泥盆世晚期到晚泥盆世早期地层中,其中,吉维特期的生物礁最发育。

### (一) 吉维特期生物礁

华南生物礁最为繁盛的时期是吉维特期,在云南、贵州、广西、湖南、四川均有报道,其中,对广西和湖南的研究最详。

在云南,泥盆纪生物礁出露在滇东,为四射珊瑚和横板珊瑚造架的丘状礁(洪天求、戴清明，1997)，繁盛于吉维特期，衰亡于弗拉期。造架的四射珊瑚主要为块状的 *Hexagonaria* 和丛状的 *Disphyllum*，横板珊瑚为枝状的 *Neosyringopora* 和块状的 *Thamnopora*。

贵州吉维特期生物礁主要出露在黔南。已报道的有：独山布寨层孔海绵-珊瑚礁(曾鼎乾等，1988；陈代钊、陈其英，1994)，紫云猫营层孔海绵礁(毛应江、吴道远，1995)和长顺漫滩层孔海绵礁(刘沛，1989)。由块状、球状、半球状、树枝状层孔海绵和丛状珊瑚构成生物礁的格架，附礁生物有腕足类、棘皮类、小型单体珊瑚等。

广西吉维特期的生物礁发育广泛，出露在南丹、环江、融安、桂林、阳朔、灵川、贺县、钟山、苍梧、横县、北流等地(见陈旭等，2001)。其分布大致可识别为西带、中带、东带。西带包括南丹六寨礁、南丹大厂礁向东北的环江北山礁，再进入贵州境内有独山布寨礁；中带南起融安泗顶，经桂林进入湖南西部，有融安古当和泗顶点礁、桂林岩山和阳朔堡礁，向北进入湖南西南部，有城步铺头礁、洞口巨口铺礁、马鞍山礁等；东带从南到北有北流大风门礁，以及苍梧石桥、贺县社坡、钟山梯等点礁(钟铿等，1992)。在广西泥盆纪生物礁中，早埃姆斯期为首次造礁期，造礁生物以珊瑚为主，层孔海绵为辅；晚埃姆斯期至艾菲尔期为珊瑚-层孔海绵礁；而吉维特期至弗拉期为造礁的高峰期，多为层孔海绵礁或层孔海绵-珊瑚-刺毛类礁；法门期生物礁则仅仅是藻礁(彭懋媛，1985；周怀玲，1996)。

环江北山礁和南丹六寨礁为典型的吉维特期层孔海绵礁，对其研究最详(周环玲等，1985；刘家润、董得源，1991；周环玲，1996；董得源，2001)。这里主要造礁生物为各种形态的层孔海绵(每个礁体 15 属以上)和刺毛类，蓝绿藻类主要起捆绕和粘结作用。少量丛状珊瑚和单体珊瑚、厚壳腕足类、腹足类、棘皮类等作为附礁生物。

桂林附近吉维特期生物礁发育在岩山和阳朔(钟铿等，1992；Yu and Shen，1998)。岩山礁可划分为两个礁旋回，第一个旋回为层孔海绵礁，第二个旋回以层孔海绵、复体珊瑚和刺毛类造礁(沈建伟等，1994)。阳朔礁也可以划分成两个旋回，第一个旋回以球状层孔海绵和粘结层孔海绵造礁，第二个旋回以柱状和球状层孔海绵为主要造礁生物，伴随有大量的枝状层孔海绵 *Amphipora*(Yu and Shen，1998)。

广西中部北流城北大风门一带的生物礁包括了从埃姆斯期到弗拉期不同层位的礁和滩(周怀玲，1996)，造礁生物主要为层孔海绵和横板珊瑚。

湖南吉维特期生物礁主要分布在中部和西南部，受城步-新化、蓝山-株洲等北东向同沉积断裂控制，生物礁发育于台沟的两侧，呈串珠状或线状出露在涟源、湘乡、新邵、隆回、邵东、武岗、城步等县境内(王根贤，1996)。由一系列的层状礁和台缘礁组成，还包括丘礁和点礁。依据造礁生物类型和形状的不同，柳祖汉等(2000)将层状礁分为 A，B，C，D，E，F 等 6 种类型。其中 A，D，E 型礁分别以块状、网球状和薄层状层孔海绵为主要造礁骨骼；B 型礁以块状四射珊瑚 *Argutastrea* 和 *Endophyllum* 为主，层孔海绵和横板珊瑚为辅的生物礁；C 型礁以横板珊瑚 *Thamnopora*，*Crassialveolitella* 和 *Alveolitella* 以及层孔海绵共同造礁；F 型礁为藻类层状礁，基本上由篮绿藻为主，几乎没有其他生物化石。台缘礁在层状礁的基础上发育起来，往往具有较大的规模，形成几百米厚的生物礁骨架岩，延绵达数十公里（王根贤，1996；柳祖汉等，2000）。

根据发育阶段，湖南吉维特期礁可分为早、中、晚三期。早期和中期生物礁以点礁、岸礁和层状礁为主，晚期是生物礁发展的鼎盛阶段，有大型的台缘礁、小型丘状礁群和点礁。其造礁生物主要为层孔海绵和珊瑚，尚有刺毛类和藻类。层孔海绵呈块状、半球状、球状、板状和枝状，常见的有：*Actinostroma*，*Stromatopora*，*Stromatoporella*，*Clathrocoiloma*，*Trupetostroma*，*Atelodictyon*，*Hermatostroma* 等；四射珊瑚呈不规则块状、球状和枝状，包括 *Argutastrea*，*Endophyllum*，*Disphyllum*，*Spongophyllum*，*Hexagonaria*；横板珊瑚有不规则块状、板状、链状和枝状：*Alveolites*，*Crassialveolites*，*Caliapora*，*Thamnopora*，*Alveolitella*，*Crassialveolitella*；以及蓝绿藻 *Rothpletzella*，*Girvanella* 等（柳祖汉等，2000）。其板状、链状层孔海绵和珊瑚也起包覆和连结作用，蓝绿藻主要起粘结作用。附礁生物包括单体四射珊瑚（*Temnophyllum*，*Cyathophyllum*，*Stringophyllum*，*Cystiphylloides*，*Hunanaxonia*，*Atellophyllum* 等）、腕足类（早中期 *Stringocephalus*，晚期 *Ilmenia*）、双壳类、腹足类、海百合、介形类和有孔虫等。

四川龙门山地区吉维特期生物礁分布在北川沙窝子剖面的金宝石组和观雾山组，共有生物礁 7 层（侯鸿飞等，1988），为层状礁和堤礁，礁体最厚达 36 m。主要造礁生物为块状、层状、板状和球状层孔海绵，包括：*Actinostroma*，*Bifariostroma*，*Gerronostroma*，*Stromatopora*，*Parallelopora*，*Pseudoctionodictyon*，*Ferestromatopora*，*Hermatostroma*，*Synthetostroma*，*Clathrocoiloma*，*Idiostroma* 和 *Stachyodes* 等；块状四射珊瑚 *Hexagonaria* 和横板珊瑚 *Thamnopora*，*Alveolites* 等。

### （二）弗拉期生物礁

在弗拉期，生物礁有了明显的衰退。在广西和贵州，部分吉维特期生物礁可延至弗拉期早期，但弗拉期晚期的礁已不多见。在湖南，晚弗拉期生物礁出现在东南部；在四川龙门山仅有少量的点礁。

广西桂林侯山和奇峰镇的弗拉期生物礁分布在桂林碳酸盐台地的西翼和东翼（Yu and Shen，1998）。侯山礁组合包括了多种礁类型：藻类-层孔海绵礁，主要由枝状层孔海绵 *Stachyodes*，*Paramphipora* 和藻类 *Renalcis* 造礁；葵盘石-藻礁，由葵盘石（receptaculitids）和蓝绿藻造礁；以及珊瑚礁，由丛状珊瑚 *Smithiphyllum* 造礁（Shen and Zhang，1997）。

桂林奇峰镇礁以葵盘石、藻类及少量复体四射珊瑚造礁，时代为弗拉期晚期（周怀玲，1996）。微生物菌类有 *Garwoodia*，*Renalcis*，*Rothpletzella*，*Rivularia*，*Keega*；红藻类有 *Rarachaetetes* 和 *Solenopora*；绿藻类有 *Diplopora* 等。这些藻类常呈叠层状、结核状、皮壳状，包绕和缠结葵盘石和珊瑚，形成抗浪骨架（钟铿等，1992）。

湖南晚泥盆世生物礁主要发育在弗拉期晚期（杨开济，1986；王根贤，1996），包括：岸礁，主要分布在湖南东南部桂东-汝城一带；丘礁，出露在城步、新化和涟源一带；点礁，出现在衡东、宜章等地。造礁生物有：丛状和块状四射珊瑚 *Phillipsastraea*，*Haplothecia*，*Hexagonaria*，*Donia*，*Frechastraea*，*Disphyllum*，*Peneckiella*；板状和链状横板珊瑚 *Mastopora*，*Crassialveolites*，*Alveolites*；板状和块状层孔海绵 *Hammatostroma*，*Atelodictyon*，*Actinostroma*，*Ferestromatopora*；以及蓝绿藻等。它们常以块状珊瑚、块状层孔海绵构成骨架岩，板状层孔海绵、板状和链状横板珊瑚和藻类组成盖覆岩或捆扎岩。

四川龙门山地区晚泥盆世弗拉期礁都是小型的点礁，每个礁体规模甚小，高 2～4 m，宽 30～40 m，由球状、半球状、少数结壳状和指状层孔海绵造架，障积礁灰岩中的填积物除枝状层孔海绵、腕足类、介形类外还有较多灰泥，其上覆和下伏一般为 *Amphipora* 泥晶灰岩（侯鸿飞等，1988）。

### （三）法门期生物礁

Milhau 等（1997）曾提及广西桂林额头村附近法门晚期东村组与额头村组有层孔海绵礁层，但未有进一步的证实。已确切报道的法门期生物礁仅出现在广西桂林附近，在桂林的东南侧阳朔白沙镇岩塘礁为肾形藻（*Renalcis*）丘状礁；在古地理上，位于桂林碳酸盐台地的边缘上斜坡带。微生物菌类藻丘以各种形态的 *Renalcis* 为主，伴生有树枝状的表附藻（*Epiphyton*），构成灌木状、丛状的格架，其边缘发育藻鲕和藻团粒等。单个泥丘长 10～50 m，高 2.5～7 m，其复合体总厚可大于 100 m（周怀玲，1996）。

Shen 等（1997）、Yu 和 Shen（1998）报道的桂林以西寨江藻丘是另一个法门期礁，高 35 m，宽 50 m，以微生物菌类 *Epiphyton* 为主以及 *Renalcis*，*Wetheredella*，*Girvanella* 微生物等造礁。除了微生物菌类外，仅有少量的棘属和介形类出现在这两个礁体中。尽管广义的生物礁包括了这些钙质藻类和微生物菌类礁（microbial reef）（Copper，1994；Fagerstrom，1994；Webb，1996；Riding，2002），但由于它们缺乏真正的生物骨骼岩（framestone），因此，也常被称为广义的泥丘（mud mound）。

贵州独山也有法门期藻礁的报道，最早被介绍的是在第 11 届（1987 年，北京）国际石炭系地质大会的野外地质旅行指南上，后被引用为藻礁（Tsien *et al*.，1988；

Tsien and Fong,1997; Copper,2002),但未经详细研究。

另外,由于缺乏对微生物菌类礁的认识,华南法门期的微生物菌类成礁可能有更广泛的分布。融县组出露在广西的广大地区和云南东部,在广西德保燕峒附近,厚达1 500多米,包括弗拉阶和法门阶,在其上部含有丰富的蓝藻类,局部可能成礁(钟铿等,1992)。

### (四) 早石炭世生物礁

华南尚没有早石炭世杜内期的礁的报道。世界各地的下石炭统下部常发育一些碳酸盐礁丘(West,1988),如在比利时被称为Waulsortian礁(Lees,1964),它们常常是由微生物菌类形成的、地形上有一定隆起的建造(Lees and Miller,1985)。Riding(2002)认为它们应区别于真正的由骨骼形成的礁体,而使用"碳酸盐泥丘"一名(carbonate mud mound)。最近,在澳大利亚昆士兰,发现了石炭纪最早期(Tnlb,Gudman组)的生物礁(Webb,1998),是微生物菌类形成的点礁,规模甚小,仅4 m至十多米宽,1 m至几米高,一些非常小的苔藓虫骨骼参与造礁。

在湖南南部桂阳组的中上部,发育有藻纹层和藻屑灰岩,伴生有珊瑚*Caninophyllum*,*Caninia*,*Syringopora*等,牙形刺*Siphonodella levis*指示其时代为石炭纪最早期(潭正修等,1987)。值得研究的是这些藻纹层灰岩局部是否也含有Waulsortian礁的特点。

可靠的早石炭世礁见于广西田林,为维宪斯早期苔藓虫-珊瑚点礁(方少仙、候方浩,1986)。此礁的基底是由苔藓虫和海百合茎组成的生物岩丘,主要造架生物是四射珊瑚*Thysanophyllum*和苔藓虫*Fistulipora*,次要的有四射珊瑚*Lithostrotion*和横板珊瑚*Syringopora*。整个礁序由4个旋回组成,由下向上分别为:泡沫柱珊瑚构架生长阶段;笛管苔藓虫构架阶段;泡沫柱珊瑚构架阶段;苔藓虫-泡沫柱珊瑚构架阶段。蓝藻普遍形成粘结或包壳(方少仙、候方浩,1986; 齐文同,2002)。后生生物骨架礁在F-F灭绝后的再次出现有着重要的意义,说明礁生态系统的恢复和有利于大型后生动物尤其是复体生物所需要的物化环境的改善。但在华南,早石炭世的苔藓虫和珊瑚礁规模都很小,一般均为点礁,没有达到F-F灭绝前的水平。

广西来宾蒙村的叠层石礁是另一个早石炭世维宪期生物礁(周怀玲、张振贤,1991)。在层纹-叠层石礁灰岩中的藻层纹与不同形状的藻叠层石组成厚30 cm的旋回层,藻叠层形状多样,由陀螺状、半球状及扁柱状组合而成。显然,这是典型的菌藻微生物礁。

## 二、华南中泥盆世-早石炭世生物礁演化

### （一）造架生物的演替

造架生物的演替是晚泥盆世-早石炭世生物礁演化的主要方面。吉维特期的主要造架生物为层孔海绵和珊瑚。在吉维特期温暖的气候和广泛的海侵条件下(Copper，1994，2002；Tsien and Fong，1997；House，2002)，层孔海绵和珊瑚的生物多样性也达到了地史时期的最大值(Scrutton，1997；Stearn *et al*.，1999；董得源，2001)。到了弗拉期，层孔海绵和珊瑚的属种数量明显减少，如层孔海绵，从吉维特期的 40 属减至弗拉期的 23 属，四射珊瑚从 43 属减至 33 属(图 3.5.2)。

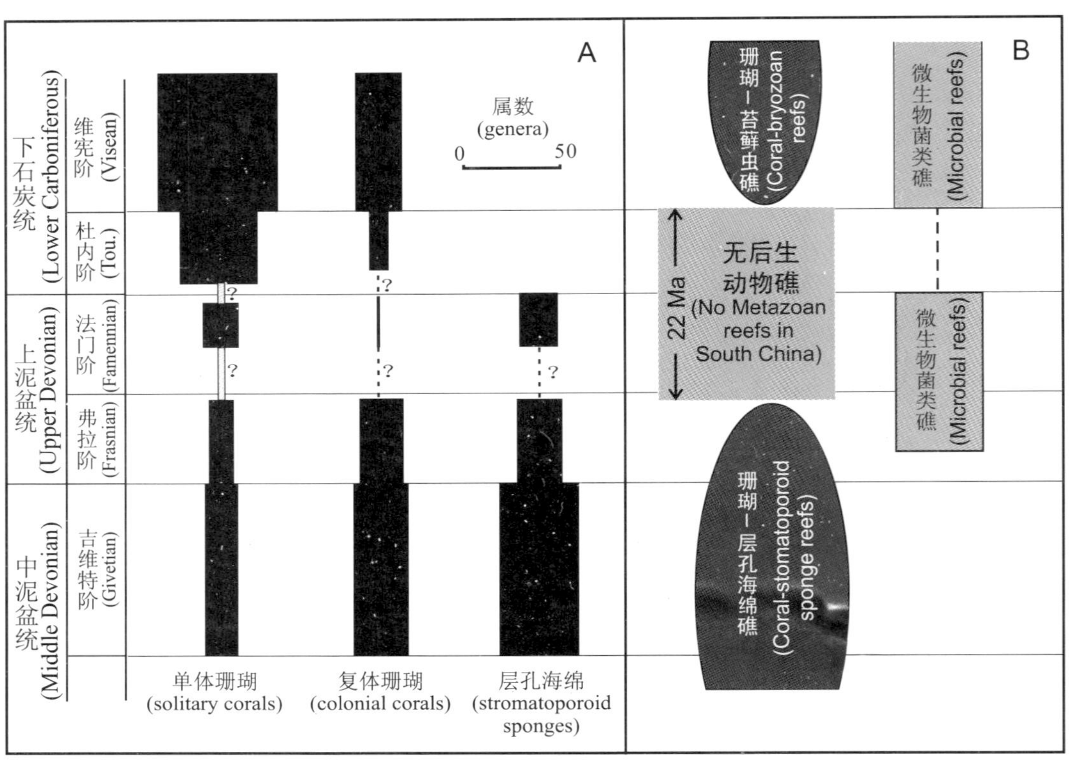


图 3.5.2　华南中泥盆世晚期至早石炭世四射珊瑚和层孔海绵(A)以及生物礁(B)的分布

Figure 3.5.2　Ranges of rugose corals and stromatoporoid sponges(A) and distributions of reefs(B) from the late Middle Devonian (Givetian) to the middle Early Carboniferous (Visean) in South China

由于遭受 F-F 灭绝事件的影响，法门期早期，层孔海绵和群体珊瑚在华南已完全消失，藻类和菌藻微生物开始大量出现，这是继前寒武纪以及晚寒武世-早奥陶世之后的藻类和微生物菌类的第三次繁荣(Riding，2000)。龚一鸣等(2002)称之为晚泥盆世赤潮。由于后生动物的大量灭绝，海洋中广泛的生态空间被微生物菌类和藻类所占据。但事实上，藻丘和藻礁在华南的分布并没有那么广，仅发现极少

量的几个产地。法门期晚期，层孔海绵和珊瑚有一个小的复苏期（Poty，1999；董得源，2001；廖卫华，2001），但未成礁。在泥盆纪末，层孔海绵全部灭绝。

早石炭世杜内期，单体四射珊瑚经泥盆纪末的再次灭绝后开始复苏，并快速辐射演化。但一直到维宪期，群体动物如苔藓虫和复体珊瑚才再次繁盛，此时，后生动物骨骼礁真正复苏。早石炭世苔藓虫的繁盛在礁生态系统演化中起了重要的作用，它代替了灭绝的层孔海绵，与四射珊瑚一起造礁，惟规模甚小（Fagerstrom，1994；Webb，1998）。在早石炭世晚期（Serpukhovian），全球四射珊瑚生物多样性又一次达到高峰（图 3.5.3）（Scrutton，1997）。

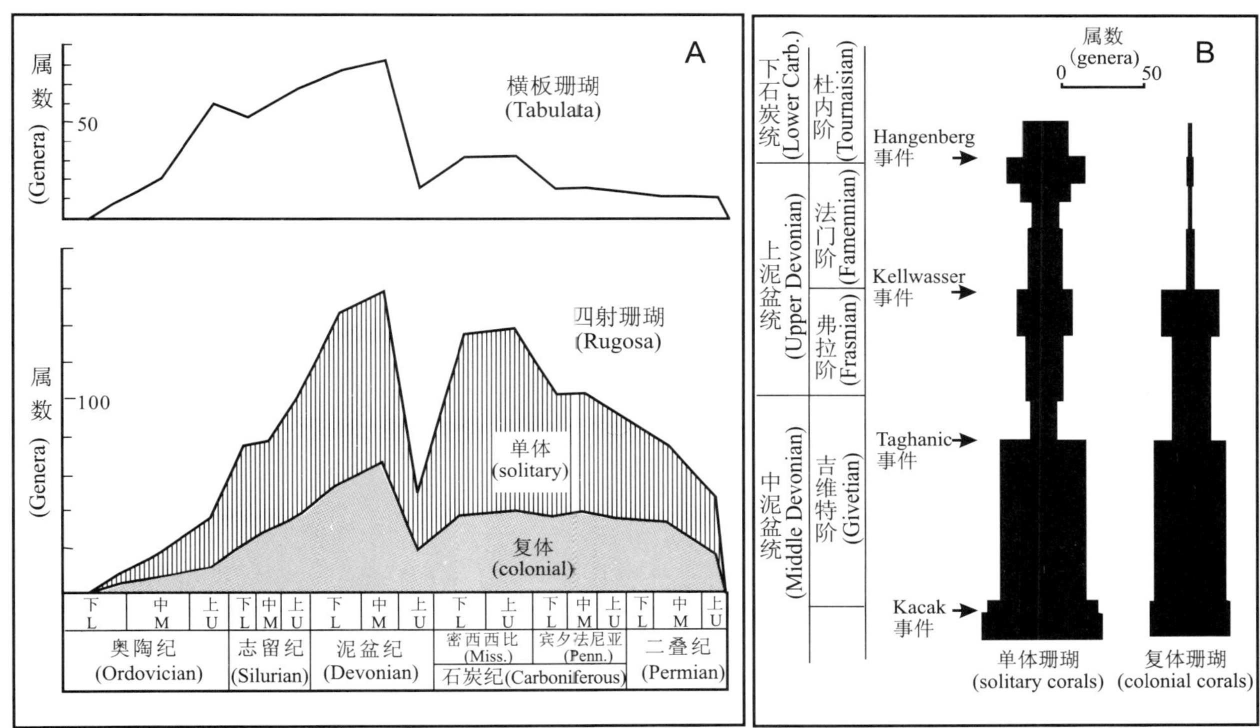


图 **3.5.3**　**A.** 全球四射珊瑚和横板珊瑚的生物多样性。**B.** 中、晚泥盆世四射珊瑚的分布（据 Scrutton，1997，略有改动）
Figure 3.5.3　A. Generic diversity of the Tabulata and Rugosa　B. Ranges of rugose corals in the late Middle-Late Devonian (slightly modified from Scrutton，1997)

## （二）生物礁的演化

在华南，中泥盆世是地史时期生物礁最为发育的时期，尤其是中泥盆世晚期（吉维特期），延伸达几百公里的生物礁出现在湖南中部（Tsien *et al*.，1988）。在广西和湖南发现的生物礁达 50 处以上，层孔海绵、横板珊瑚和群体四射珊瑚礁广泛地分布在华南的各个孤立碳酸盐台地。此时的生物礁中的藻类主要起捆绕和粘结作用。

晚泥盆世早期的弗拉期，礁的数量大为减少，弗拉期早期的少量礁体是由吉维特期延续而来的，到了弗拉期后期，华南层孔海绵-珊瑚生物礁大大衰退，在广西仅出露在桂林附近，但在湖南有较多的地点出露。此时，藻类和微生物菌类开始单独成礁。

晚泥盆世晚期的法门期，所有层孔海绵和珊瑚等后生动物骨架礁完全消失，仅在桂林附近的两处有藻类和微生物菌类礁的确切报道。

早石炭世杜内期，与世界其他地区不同，华南并未出现微生物菌类礁，也无任何后生动物礁。维宪期的生物礁包括两种类型，后生动物（苔藓虫和珊瑚）骨架礁和微生物菌类礁，均为小型点礁，其中前者分布较广（尽管报道不多）。

法门期末与杜内期的礁的缺失可能与当时全球的冷室气候有关（Webb, 2002）。早石炭世早期的全球变冷事件在北美和欧洲表现在碳同位素的大规模正向漂移，$\delta^{13}C$ 达到 +7.1‰（Saltzman *et al.*, 2000）。在世界范围内，F-F 灭绝事件后礁生态系统的大规模复苏和辐射发生在早石炭世晚期（Serpukhovian，相当于我国的德坞期），如日本秋吉台的刺毛类-四射珊瑚-苔藓虫生物礁可延伸达上百公里（West *et al.*, 2001）。

## 三、结论

华南晚泥盆世后生动物礁的灭绝经历了两个明显的阶段：吉维特期末，后生动物礁的数量急剧减少；弗拉期末，后生动物礁完全灭绝。华南的礁生态系统的复苏经历了漫长的过程，整个法门期加上早石炭世杜内期（逾 22 Ma），仍没有确切的后生动物礁体的出现。桂林额头村法门晚期的层孔海绵点礁有待进一步证实。但是，在澳大利亚开宁盆地（Canning Basin）出现法门期的石海绵点礁（Wood, 2000）。在华南，直到维宪期早期，才发育后生动物造架的点礁（图 3.5.2）。

晚泥盆世 F-F 灭绝事件已有众多的讨论（如 McGhee, 1996; Chen *et al.*, 2002; House, 2002; Joachimski *et al.*, 2002）。生物礁的灭绝一般略早于生物的集群灭绝，因而是环境变化的很好的指标（Copper, 1994; Droser *et al.*, 1997）。然而，后生动物礁的复苏与后生动物生物多样性的恢复并不一致。在法门期晚期，四射珊瑚、层孔海绵、腕足类等底栖生物有一个短暂的复苏和辐射阶段（Poty, 1999; 廖卫华, 2001; Ma *et al.*, 2002），生物礁却没有复苏。这可能与群体造架生物的缺乏有关。如中泥盆世造礁的群体四射珊瑚在 F-F 灭绝事件中基本上全部消失，在法门期，仅存 2 属。尽管在杜内期，后生动物迅速复苏并开始辐射演化，四射珊瑚达到 50 属（图 3.5.2），其生物多样性已达到吉维特期的水平，但复体四射珊瑚类型仍不多见。直到杜内期后期，群体造架生物才开始重新出现和繁盛，维宪期的复体四射珊瑚已达到 23 属。此时，华南才出现后生动物礁。

后生动物礁的兴衰与后生动物生物多样性的不匹配关系说明，生物礁的生长所需要的环境条件更为苛刻。另一方面，后生动物礁需要有群体造架生物。华南中晚泥盆世-早石炭世群体四射珊瑚的多样性变化(图 3.5.2)与生物礁的兴亡似成耦合关系。

由于生物礁定义的扩大以及国际上对微生物菌类和藻类礁的广泛识别和深入研究(Webb,1998; Copper,2002; Riding,2002),需要对华南泥盆纪-石炭纪的礁,尤其是小型的后生动物点礁和微生物菌类和藻类礁,进行更细致的调查和重新研究。

**致　谢**　本文由国家重点基础研究发展规划项目(G2000077700)、中国科学院资源环境领域知识创新方向项目(No. KZCX2-SW-129)及国家自然科学基金(No. 40272004)资助。

## 参考文献

Chen Daizhao, Chen Qiying. 1994. Devonian sedimentary evolution and transgression-regression patterns in South China. Scientia Geologica Sinica, 29: 246～255 (in Chinese with English abstract)[陈代钊, 陈其英. 1994. 华南泥盆纪沉积演化及海水进退规程. 地质科学, 29: 246～255]

Chen D Z, Tucker M E, Jiang M S, Zhu J Q. 2001. Long-distance correlation between tectonic-controlled, isolated carbonate platforms by cyclostratigraphy and sequence stratigraphy in the Devonian of South China. Sedimentology, 48: 57～78

Chen D Z, Tucker M E, Shen Y N, Yans J, Preat A. 2002. Carbon isotope excursions and sea-level change: implications for the Frasnian-Famennian biotic crisis. Journal of the Geological Society, London, 159: 623～626

Chen Xu, Yuan Yiping, Boucot A J. 2001. Paleozoic climatic changes in China. Beijing: Science Press. 1～325 (in Chinese)[陈旭, 阮亦萍, A · J · 布科. 2001. 中国古生代气候演变. 北京:科学出版社. 1～325]

Copper P. 1994. Ancient reef ecosystem expansion and collapse. Coral Reefs, 13: 3～11

Copper P. 2002. Reef development at the Frasnian/Famennian mass extinction boundary. Palaeogeography, Palaeoclimatology, Palaeoecology, 181: 27～65

Dong Deyuan. 2001. Stromatoporoids of China. Beijing: Science Press. 1～423 (in Chinese with English abstract [董得源. 2001. 中国层孔虫. 北京: 科学出版社. 1～423]

Droser M L, Bottjer D J, Sheehan P M. 1997. Evaluating the ecological architecture of major events in the Phanerozoic history of marine invertebrate life. Geology, 25: 167～170

Fagerstrom J A. 1994. The history of Devonian-Carboniferous reef communities: extinctions, effects, recovery. Facies, 30: 177～192

Fang Shaoxian, Hou Fanghao. 1986. The Carboniferous sedimentary environments and the bryozoan-coral patch reef of the Datang age of the Longping carbonate platform in Tianling county, Guangxi Province. Acta Sedimentologica Sinica, 4: 31～42(in Chinese with English abstract)[方少仙, 侯方浩. 1986. 广西田林县浪平碳酸盐台地石炭纪沉积环境及大塘期苔藓虫-珊瑚点礁. 沉积学报, 4: 31～42]

Gong Yiming, Li Baohua, Si Yuanlan, Wu Yi. 2002. Late Devonian red tide and biotic mass extinction. Chinese Science Bulletin, 47: 554～559(in Chinese)[龚一鸣, 李保华, 司远兰, 吴诒. 2002. 晚泥盆世赤潮与生物集群绝灭. 科学通报, 47: 554～559]

Hong Tianqiu, Dai Qingming. 1997. Devonian reef in Qujing region, eastern Yunnan: its characteristics and significance. Acta Palaeontologica Sinica, 36: 70～76(in Chinese with English abstract)[洪天求, 戴清明. 1997. 滇东曲靖泥盆纪珊瑚礁的特征及其研究意义. 古生物学报, 36: 70～76]

Hou Hongfei, Wan Zhengquan, Xian Siyuan, Fan Yingnian, Tan Dezhang, Wang Shitao. 1988. Devonian stratigraphy, palaeontology and sedimentary facies of Longmenshan, Sichuan. Beijing: Geological Publishing House. 1～487(in Chinese with English summary)[侯鸿飞, 万正权, 鲜思远, 范影年, 唐德章, 王士涛. 1988. 四川龙门山地区泥盆纪地层古生物及沉积相. 北京: 地质出版社. 1～487]

House M R. 2002. Strength, timing, setting and cause of mid-Palaeozoic extinctions. Palaeogeography, Palaeoclimatology, Palaeoecology, 181: 5～25

Joachimski M M, Pancost R D, Freeman K G, Ostertag-Henning C, Buggisch W. 2002. Carbon isotope geochemistry of the Frasnian-Famennian transion. Palaeogeography, Palaeoclimatology, Palaeoecology, 181: 91～109

Lees A. 1964. The structure and origin of the Waulsortian (Lower Carboniferous) "reefs" of west-central Eire. Philosphical Transacions of the Royal Society of London, ser. B, 247: 483～531

Lees A, Miller J. 1985. Facies variations in Waulsortian buildups: part 2. Mid-Dinantian buildups from Europe and North America. Geological Journal, 20: 159～180

Liao Weihua. 2001. Biotic recovery from the Late Devonian F-F mass extinction event in China. Science in China (Series D), 31: 662～667 (in Chinese) [廖卫华. 2001. 中国晚泥盆世 F-F 生物集群灭绝事件及其后的生物复苏的研究. 中国科学(D 辑), 31: 662～667]

Liu Jiarun, Dong Deyuan. 1991. Middle Devonian stromatoporoids from mountlike superimposed bioherms along carbonate platform margin from Liuzhai, Nandan, Guangxi. Acta Micropalaeontologica Sinica, 8: 309～324(in Chinese with English abstract) [刘家润, 董得源. 1991. 广西六寨中泥盆统台地边缘丘状叠置礁内的层孔虫生物礁. 微体古生物学报, 8: 309～324]

Liu Pei. 1989. A brief introduction of Devonian Mantan bioreefs in Changshun, Guizhou. Guizhou Geology, 6: 65～70(in Chinese with English abstract) [刘沛. 1989. 贵州长顺漫滩泥盆系生物礁简介. 贵州地质, 6: 65～70]

Liu Zhuhan, Yang Mengda, Liu Xinghua, Yang Rongfeng, Mu Shixu. 2000. Late Paleozoic reefs in Hunan. Beijing: Coal Industry Press. 1～59 (in Chinese) [柳祖汉, 杨孟达, 刘新华, 杨荣丰, 莫时旭. 2000. 湖南晚古生代生物礁. 北京: 煤炭工业出版社. 1～59]

Ma X P, Sun Y L, Hao W C, Liao W H. 2002. Rugose corals and brachiopods across the Frasnian-Famennian boundary in central Hunan, South China. Acta Palaeontologica Polonica, 47: 373～396

Mao Yingjiang, Wu Daoyuan. 1995. Features of the Devonian reef in Maoying of Ziyun, Guizhou and its evolution. Guizhou Geology, 12: 307～310(in Chinese with English abstract) [毛应江, 吴道远. 1995. 贵州紫云猫营泥盆系生物礁特征及其演化. 贵州地质, 12: 307～310]

McGhee G R. 1996. The Late Devonian mass extinctions: the Frasnian-Famennian crisis. New York: Columbia University Press

Milhau B, Mistiaen B, Brice D, Degardin J M, Derycke C, Hou Hongfei, Rohart C, Vachard D, Wu Xiantao. 1997. Comparative faunal content of Strunian (Devonian) between Etaoucun (Guilin, Guangxi, South China) and the stratotype area (Etroeungt, Avesnois, North of France). In: Jin Yugan, Dineley D, eds. Palaeontology and Historical Geology, Proceedings of the 30 th International Geological Congress, 12: 79～94

Peng Maoyuan. 1985. The microfacies types of Devonian organic reefs in Dafengmen Beiliu,

Guangxi. Bulletin of Lithofacies and Palaeogeography, 1: 122～131(in Chinese with English abstract)[彭懋媛. 1985. 广西北流县大风门泥盆纪生物礁的微相类型. 岩相古地理文集, 1: 122～131]

Poty E. 1999. Famennian and Tournaisian recoveries of shallow water Rugosa following late Frasnian and late Strunian major crises, southern Belgium and surrounding areas, Hunan (South China) and the Omolon region (NE Siberia). Palaeogeography, Palaeoclimatology, Palaeoecology, 154: 11～26

Qi Wentong. 2002. Reef ecosystem evolution and global environmental changes. Beijing: Beijing University Press (in Chinese) [齐文同. 2002. 生物礁生态系统演化和全球环境变化历史. 北京: 北京大学出版社]

Riding R. 2000. Microbial carbonates: the geological record of calcified bacterial-algal mats and biofilms. Sedimentology, 47(Suppl. 1): 179～214

Riding R. 2002. Structure and composition of organic reefs and carbonate mud mounds: concepts and categories. Earth-Science Review, 58: 163～231

Saltzman M R, Gonzalez L A, Lohmann K C. 2000. Earliest Carboniferous cooling step triggered by the Antler orogeny? Geology, 28: 347～350

Scrutton C T. 1997. The Palaeozoic corals, Ⅰ: origions and relationships. Proceedings of the Yorkshire Geological Society, 51: 177～208

Shen Jianwei, Yu Changmin, Yin Baoan, Zhang Shuling. 1994. Sequence stratigraphy of Devonian carbonate platform and reef complex in Guilin, Guangxi. Journal of Stratigraphy, 18: 161～167 (in Chinese with English abstract) [沈建伟, 俞昌民, 殷保安, 张淑玲. 1994. 桂林泥盆纪碳酸盐台地礁组合的层序地层研究. 地层学杂志, 18: 161～167]

Shen J W. 2002. A Devonian (Givetian) fore-reef slope sequence at Liangshuijian and implication for Devonian platform-to-depression development in Guilin, South China. Carbonates and Evaporites, 17(1): 25～43

Shen J W, Zhang S L. 1997. A Late Devonian (Frasnian) coral-bafflestone reef at Houshan in Guilin, South China. Facies, 37: 95～108

Shen J W, Yu C M, Bao H M. 1997. A Famennian *Renalcis-Epiphyton* reef at Zhaijiang, Guilin, South China. Facies, 37: 195～210

Signor P W, Lipps J H. 1982. Sampling bias, gradual extinction patterns and catastrophes in the fossil record. In: Silver L T, Schultz P H, eds. Geological implications of impacts of large asteroid and comets on the earth. Geological Society of America, Special Paper, 190: 291～296

Stearn C W, Webby B D, Nestor H, Stock C W. 1999. Revised classification and terminology of Palaeozoic stromatoporoids. Acta Palaeontologica Polonica, 44: 1～70

Tan Zhengxiu, Li Shouqi, Dong Zhenchang, Jin Yulong, Jiang Shuigen, Yang Yuncheng. 1987. The Late Devonian and Early Carboniferous strata and Palaeobiocoenosis of Fuana. Beijing: Geological Publishing House. 1～200(in Chinese with English summary) [谭正修, 李寿耆, 董振常, 金玉龙, 姜水根, 杨云程. 1987. 湖南晚泥盆世和早石炭世地层及古生物群. 北京:地质出版社. 1～200]

Tsien H H, Fong C C. 1997. Sea-level fluctuations in South China. Courier Forschungsinstitut. Senckenberg, 199: 103～115

Tsien H H, Hou H F, Zhou W L, Wu Y, Yin D W, Dai Q Y, Liu W J. 1988. Devonian reef development and palaeogeographic evolution in South China. In: Mcmillan N J, Embr A F, Glass D J, eds. Devonain of the World. Canadian Society of Petroleum Geologists, Memoir, 14 (Ⅰ): 341～358

Wang Genxian. 1996. The Devonian reefs in Hunan Province, South China. In: Fan Jiasong, ed.

The ancient organic reefs of China and their relations to oil and gas. Beijing: Oceanic Press. 117～140(in Chinese)[王根贤. 湖南泥盆纪生物礁. 见:范嘉松编. 中国生物礁与油气. 北京:海洋出版社. 88～116]

Webb G E. 1996. Was Phanerozoic reef history controlled by the distribution of non-enzymatically secreted reef carbonates (microbial carbonate and biologically induced cement)? Sedimentology, 43: 947～971

Webb G E. 1998. Earliest known Carboniferous shallow-water reefs, Gudman Formation (Tnlb), Gueensland, Australia: implications for Late Devonian reef collapse and recovery. Geology, 26: 951～95

Webb G E. 2002. Latest Devonian and Early Carboniferous reefs: depressed reef building after the Middle Paleozoic collapse. In: Kiessling W, Flugel E, Golonka J, eds. Phanerozoic reef patterns. SEPM Special Publication, 72: 239～270

West R R. 1988. Temporal changes in Carboniferous reef mound communities. Palaios, 3: 152～169

West R R, Nagai K, Sugiyama T. 2001. Chaetetid substrates in the Akiyoshi Organic reef complex, Akiyoshi-dai, Japan. Bulletin of the Tohoku University Museum, 1: 134～143

Wood R. 2000. Novel palaeoecology of a post-extinction reef: Famennian (Late Devonian) of the Canning Basin, northwestern Australia. Geology, 28: 987～990

Yang Kaiji. 1986. Features and prospect meaning of the reefs of Middle -Upper Devonian, southwestern Hunnan, China. Earth Science—Journal of Wuhan College of Geology, 11: 21～31 (in Chinese with English abstract)[杨开济. 1986. 湘西南中、上泥盆统礁特征及其找矿意义. 地球科学—武汉地质学院学报, 11: 21～31]

Yu C M, Shen J W. 1998. Devonian reefs and reef complexes in Guilin, Guangxi, China. Nanjing: Jiangsu Science and Technology Press. 1～168

Zeng Dingqian, Liu Bingwen, Huang Yunming. 1988. Reefs through geological ages in China. Beijing: Petroleum Industry Press. 1～91(in Chinese with English summary)[曾鼎乾, 刘炳温, 黄蕴明. 1988. 中国各地质历史时期生物礁. 北京: 石油工业出版社. 1～91]

Zeng Yunfu, Chen Hongde, Zhang Jingquan, Liu Wenjun. 1992. Types and main characteristics of Devonian sedimentary basin in South China. Acta Sedimentologica Sinica, 10: 104～113(in Chinese with English abstract)[曾允孚, 陈洪德, 张锦泉, 刘文均. 1992. 华南泥盆纪沉积盆地类型和主要特征. 沉积学报, 10: 104～113]

Zhong Keng, Wu Yi, Yin Baoan, Liang Yanling, Yao Zhaogui, Peng Jinglan. 1992. The Devonian of Guangxi. Wuhan: The Press of the China University of Geosciences. 1～384(in Chinese with English summary)[钟铿, 吴诒, 殷保安, 梁演林, 姚肇贵, 彭金兰. 1992. 广西的泥盆系. 武汉: 中国地质大学出版社. 1～384]

Zhou Huailing. 1996. The Devonian reefs in Guangxi, South China. In: Fan Jiasong, ed. the ancient organic reefs of China and their relations to oil and gas. Beijing: Oceanic Press. 88～116(in Chinese)[周怀玲. 1996. 广西泥盆纪生物礁. 见:范嘉松编. 中国生物礁与油气. 北京:海洋出版社. 88～116]

Zhou Huailing, Luo Qihuai, Huang Tianyiu, Fu Jinghua, Wang Shubei. 1985. The reef of Devonian in Huanjiang region, Guangxi. Bulletin of Lithofacies and Palaeogeography, 1: 103～121(in Chinese with English abstract)[周怀玲, 罗其怀, 黄天佑, 付静华, 王树碑. 1985. 广西环江泥盆纪生物礁. 岩相古地理文集, 1: 103～121]

Zhou Huailing, Zhang Zhenxian. 1991. The Early Carboniferous stromatolitic algal reef in Laibin County, Guangxi. Guangxi Geology, 4: 1～6(in Chinese with English abstract)[周怀玲, 张振贤. 1991. 广西来宾早石炭世叠层石藻礁. 广西地质, 4: 1～6]

王玉净
罗　辉　huiluo@nigpas.ac.cn
中国科学院南京地质古生物研究所
南京市北京东路39号，210008

第六节

# 华南晚泥盆世弗拉期-法门期大灭绝事件中放射虫动物群的兴衰

王玉净，罗辉．2004．华南晚泥盆世弗拉期-法门期大灭绝事件中放射虫动物群的兴衰．见：戎嘉余，方宗杰主编．生物大灭绝与复苏——来自华南古生代和三叠纪的证据．合肥：中国科学技术大学出版社．381～408，1057

**摘　要**

根据盆地发育背景和化石组合特征，中国华南广西、贵州和云南等地13个剖面的晚泥盆世含放射虫的硅质岩相地层，可以分成两种相类型，即广海相硅岩盆地类型和台盆相硅岩盆地类型。这两种相类型在F-F生物集群灭绝事件中有着不同的发展历史。广海相硅岩盆地类型是在一个较长的时间（如志留纪-二叠纪或三叠纪）内处于同一沉积环境，属于深水缺氧环境下的欠补偿盆地。广西钦州地区板城石梯水库和云南西部昌宁-孟连地体的泥盆系剖面为这类盆地的典型代表。发育连续的放射虫化石带，晚泥盆世弗拉期包括 *Helenifore laticlavium* 带和 *H. robustum* 带，法门期仅含一个 *Holoeciscus foremanae* 带。台盆相硅岩盆地类型是在地台发育的某一时段（如弗拉早期或弗拉晚期）才产生，根据岩相和化石种类，属于在较深水体下缓慢沉积和缺氧环境下形成的盆地。除广西钦州和云南昌宁-孟连地体之外，其他地区所列硅质岩相地层剖面大多属于此相类型。在这类盆地中，没有发现连续的放射虫化石带，一般只识别出一个放射虫化石带，如弗拉晚期 *H. robustum* 带或弗拉早期 *H. laticlavium* 带的伴生放射虫，但没有找到带化石。法门期则没有发现放射虫化石。根据国内外所发表的晚泥盆世放射虫资料统计，弗拉期的 *H. laticlavium* 带动物群目前已描述15属77种，*H. robustum* 带动物群已描述15属35种，归属于8科。虽然这两个动物群在科和属的数目上相同，后一个动物群的种数不足前一个动物群的一半，种群丰度明显较低，但仍有10属12种是共有的，显示其密切关系。法门期的 *Holoeciscus foremanae* 带动物群已描述28属154种，归于10科，其中8科13属13种是从前两个带中延续的，有2新科和14新属，这些新属分子大约是弗拉期放射虫属数之和。法门期放射虫属种的丰度和分异度远比弗拉期的高。这些资料似乎说明：在广海相硅质岩盆地相区，弗拉阶-法门阶间发生的F-F生物集群灭绝事件对放射虫动物群不但没有造成重大影响，反而在弗拉期之后，放射虫动物群获得了很大的发展。然而，在台盆相硅质岩盆地相区，在弗拉早期或中晚期 *H. robustum* 带及其伴生动物群出现之后，盆地中硅质岩先后被扁豆状灰岩所替代，弗拉晚期-法门期未见放射虫化石。上述事实证实，F-F生物集群灭绝事件只造成了生活在浅水区的礁相生物群、部分伴生动物群和浮游生物群的灭绝，而对深水地带的放射虫动物群并未造成重大影响，相反，放射虫动物群在法门期得到重大发展。因此，可以认为，发生在弗拉末期至法门期的大规模海退似乎只对浅水区或半深水区的生物发生重大影响，而没有或很少波及到深水区。

**关键词**

放射虫动物群
F-F生物集群灭绝事件
弗拉阶-法门阶　华南

弗拉晚期至法门期，在许多地区发生了多门类的生物灭绝，这一事件被称为F-F生物集群灭绝事件。这个生物集群灭绝事件使大量无脊椎动物，如层孔虫、四射珊瑚、床板珊瑚、腕足类、三叶虫、竹节石、菊石、介形类、牙形类等灭绝或数量大幅度衰减，大约有60%以上的生物类群在弗拉末期消亡(鲜思远等，1995)。作为浮游类型的原生动物放射虫，在泥盆纪时十分活跃地生活在当时的海盆中，那么，它们是否也和其他的生物门类一样在弗拉末期遭到灭顶之灾呢？本节就中国和世界上其他国家发现的弗拉期和法门期放射虫动物群的材料来讨论F-F生物集群灭绝事件对放射虫的影响。

## 一、中国华南晚泥盆世放射虫地层学资料

根据盆地发育背景和化石组合情况，我们把华南晚泥盆世硅质岩相地层分成两种相类型，即广海相硅岩盆地类型和台盆相硅岩盆地类型(图3.6.2)。目前在我国泥盆系中，尚未发现台缘相或斜坡相硅岩盆地类型和混杂岩相硅岩盆地类型。

广海相硅岩盆地类型是指在台地、斜坡之外的深水盆地环境下形成的硅岩盆地，在一个较长的时间(如志留纪-二叠纪或三叠纪)内处于同一沉积环境，沉积物以薄层硅质岩为主，夹有少量泥页岩，化石以浮游相的放射虫为主，有时牙形类也很发育，没有底栖生物被发现。在野外露头上，由于受同斜褶皱的影响，这类盆地往往被误认为地层厚度很大，只有依靠放射虫化石带的鉴定才能确认地层的真实厚度，与同时期的台相地层相比，其沉积厚度不大。因此，这类硅岩盆地被认为是深水缺氧环境下的欠补偿盆地。广西钦州地区板城石梯水库和云南西部昌宁-孟连地体的泥盆系剖面为这类盆地的典型代表，发育连续的放射虫带，晚泥盆世弗拉期有 *Helenifore laticlavium* 带和 *H. robustum* 带，法门期有 *Holoeciscus foremanae* 带。

台盆相硅岩盆地类型是指台地内部，在地台背景上发育的硅岩盆地。这类硅岩盆地只在地台发育的某一时段(如弗拉早期或弗拉晚期)才会产生。沉积物以薄层硅质岩为主，还夹有薄层灰岩、泥页岩，甚至砂岩。化石以浮游相的放射虫和牙形类为主，但竹节石和海绵骨针有时特别发育，底栖生物较少。因此，这类盆地也是在较深水体和缓慢沉积的缺氧环境下形成的。除了广西板城和云南昌宁-孟连地体之外，其他地区所列的剖面大多数属于台盆相硅岩盆地类型，这类盆地中没有发现连续的放射虫化石带，一般只有一个化石带，即弗拉晚期的 *Helenifore robustum* 带，弗拉早期没有发现 *H. laticlavium* 带化石，但伴生放射虫是比较丰富的，法门期没有放射虫和放射虫化石带被发现。

本节选取的13个含放射虫的硅质岩相地层剖面，分别分布在华南的云南(6

个)、贵州(1个)和广西(6个)3个省区(图3.6.1),现从下到上简述如下:

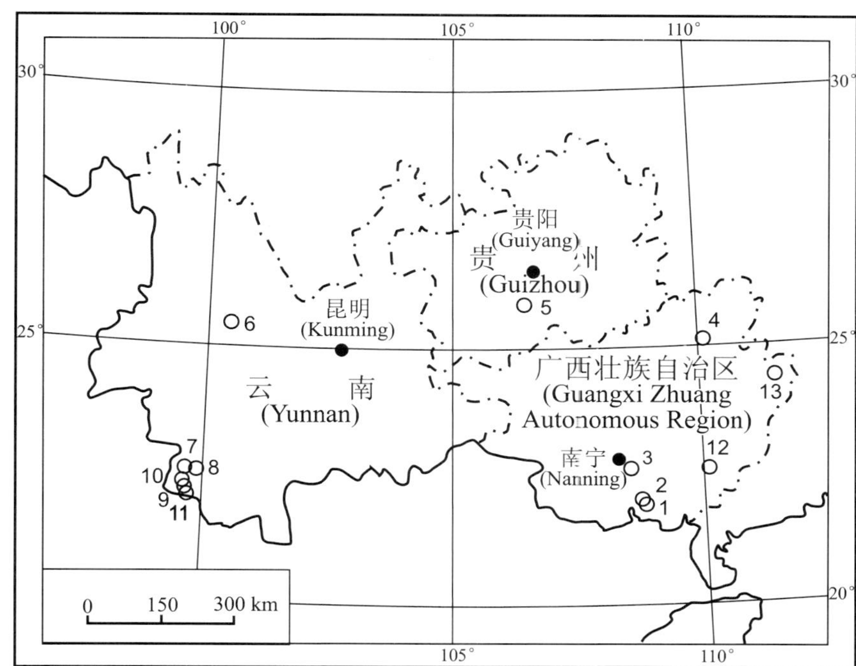


**图3.6.1** 华南晚泥盆世硅质岩相地层剖面位置图(图中1～13即文中相对应的剖面数字)

Figure 3.6.1 Map showing section places of Late Devonian cherty strata, South China

**1. 石梯水库右侧剖面**

剖面位于广西钦州板城石梯水库右侧公路旁,起点在水库渡口处。

下伏地层 小董群

以紫红色凝灰岩为主,夹薄层硅质泥岩和硅质岩,含放射虫 *Haplentactinia rhinophyusa* Foreman, *H.* sp., *H.* sp. B, *Bissylentactinia arrhinia* (Foreman), *Stigmosphaerostylus shitiensis* Luo, *Trilonche echinatum* (Hinde), *T. vetustum* Hinde, *T.* cf. *elegans* (Hinde), *Ceratoikiscum* sp. C 等。 厚40 m

石梯水库组

中厚层泥岩和薄层硅质岩为主,含放射虫 *Helenifore laticlavium* Nazarov and Ormiston, *Ceratoikiscum planistellare* Foreman, *C.* sp. D, *Bissylentactinia arrhinia* (Foreman), *Haplentactinia rhinophyusa* Foreman, *H.* sp., *Trilonche echinatum* (Hinde), *T. elegans* (Hinde), *T.* cf. *elegans* (Hinde), *T. davidi* (Hinde), *Helioentactinia perjucunda* Nazarov and Ormiston, *Stigmosphaerostylus shitiensis* Luo, *S.* sp. E 等。 厚20 m

与下伏地层中泥盆统小董群整合接触。此剖面只测了该组下部含 *H. laticlavium* 化石的一段作为左侧公路剖面的补充。

**2. 石梯水库左侧剖面**

剖面位于广西钦州板城石梯水库左侧公路,起点靠近农校。

下伏地层 小董群

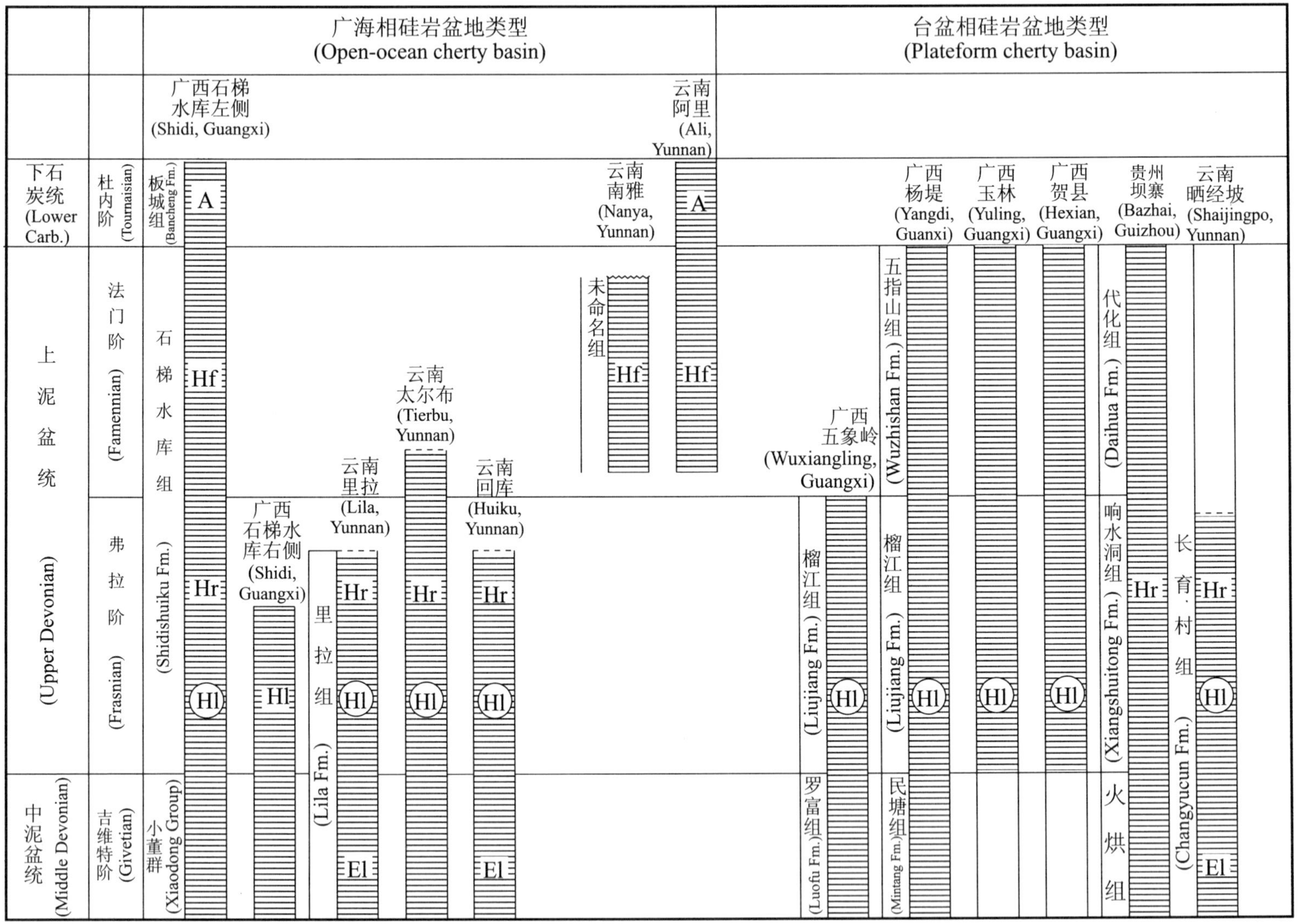

广海相硅岩盆地类型 (Open-ocean cherty basin)

台盆相硅岩盆地类型 (Plateform cherty basin)

下石炭统 (Lower Carb.)　杜内阶 (Tournaisian)

上泥盆统 (Upper Devonian)　法门阶 (Famennian)　弗拉阶 (Frasnian)

中泥盆统 (Middle Devonian)　吉维特阶 (Givetian)

广西石梯水库左侧 (Shidi, Guangxi)：板城组 (Bancheng Fm.)；石梯水库组 (Shidishuiku Fm.)；小董群 (Xiaodong Group)；A，Hf，Hr，Hl

广西石梯水库右侧 (Shidi, Guangxi)：Hl

云南里拉 (Lila, Yunnan)：里拉组 (Lila Fm.)；Hr，Hl，El

云南太尔布 (Tierbu, Yunnan)：Hr，Hl

云南回库 (Huiku, Yunnan)：Hr，Hl，El

云南南雅 (Nanya, Yunnan)：未命名组；Hf

云南阿里 (Ali, Yunnan)：A，Hf

广西五象岭 (Wuxiangling, Guangxi)：榴江组 (Liujiang Fm.)；罗富组 (Luofu Fm.)；Hl

广西杨堤 (Yangdi, Guanxi)：五指山组 (Wuzhishan Fm.)；榴江组 (Liujiang Fm.)；民塘组 (Mintang Fm.)；Hl

广西玉林 (Yuling, Guangxi)：Hl

广西贺县 (Hexian, Guangxi)：Hl

贵州坝寨 (Bazhai, Guizhou)：代化组 (Daihua Fm.)；响水洞组 (Xiangshuitong Fm.)；火烘组；Hr

云南晒经坡 (Shaijingpo, Yunnan)：长育村组 (Changyucun Fm.)；Hr，Hl，El

图 3.6.2　两种不同的硅质岩相盆地类型

Figure 3.6.2　Two different basin types of cherty facies

H1—*Helenifore laticlavium* 带动物群　El—*Eoalbaillella lilaensis* 带动物群　(Hl)—*Helenifore laticlavium* 带伴生动物群　Hf—*Holoeciscus foremanae* 带动物群　Hr—*Helenifore robustum* 带动物群　A—*Albaillella* 动物群

以紫红色凝灰岩为主，夹薄层硅质泥岩和硅质岩，含放射虫 *Trilonche* spp., *Stigmosphaerostylus* spp., *Haplentactinia rhinophyusa* Foreman, *H.* sp., *Ceratoikiscum* sp., *Bissylentactinia arrhinia*(Foreman)等。 厚度＞30 m

*石梯水库组*

下部为中厚层泥岩和薄层硅质岩，含放射虫 *Trilonche hindea*?（Hinde), *T. hindea*(Hinde), *T. elegans*(Hinde), *T. vetustum*(Hinde), *T.* sp. A, *T.* sp. E, *T.* sp. H, *Stigmosphaerostylus* sp. E, *S.* sp. F, *Helioentactinia perjucunda* Nazarov and Ormiston, *Spongentactinella borealia* Wang, *S.* sp., *Spongentactinia* sp. 等。

厚约 32 m

中部以浅灰绿色硅质岩、泥质硅质岩、泥岩为主，含放射虫 *Helenifore robustum*(Boundy-Sanders and Murchey), *Ceratoikiscum* sp. D, *Bissylentactinia arrhinia*(Foreman), *Haplentactinia rhinophyusa* Foreman, *H.* sp. 等。 厚 35 m

上部以灰绿、浅紫灰、灰黄色硅质岩为主，夹硅质泥岩和泥岩，含放射虫 *Holoeciscus foremanae* Cheng, *H. elongata* Cheng, *H. brevis* Cheng, *Archocyrtium ormistoni* Cheng, *A. delicatum* Cheng, *A. typicum* Cheng, *A. venustum* Cheng, *A.* sp. A, *A.* sp. B, *Trilonche vetustum* Hinde, *T. elegans*(Hinde), *T.* cf. *elegans* (Hinde), *T. minax*(Hinde), *T. echinatum* (Hinde), *T. hindea*? (Hinde), *Spongentactinia*? *prolata* (Foreman), *S.* sp. C, *Spongentactinella* sp., *Stigmosphaerostylus oumonhaoensis* (Wang), *S.* cf. *oumonhaoensis* (Wang), *Polyentactinia leptosphaera* Foreman, *Astroentactinia biaciculata* Nazarov, *A.* sp. 等。 约厚 72 m

*上覆地层　石夹组*

深灰色、灰黑色条纹状泥质硅质岩，含放射虫 *Albaillella* spp，该组与下伏地层中泥盆统小董群和上覆地层下石炭统石夹组均呈整合接触关系。

**3. 五象岭榴江组剖面**

剖面位于广西南宁市南约 4 km，去五象岭砖瓦厂的土路上。

*下伏地层　罗富组*

为黑色泥岩，含丰富的竹节石化石。

*榴江组*

以灰褐色、深灰色薄层硅质岩为主，夹少量灰红色泥岩和硅质泥岩，含放射虫 *Helioentactinia perjucunda* Nazarov and Ormiston, *Trilonche elegans* (Hinde), *T. minax* (Hinde), *T. vetustum* (Hinde), *T.* sp. A, *Palaeoscenidium cladophorum* Deflandre, *Astroentactinia stellata* Nazarov 等。 厚 90 m

与下伏地层中泥盆统罗富组整合接触。本剖面未见与上覆地层五指山组的接触关系，但在其他地区的剖面上，可见整合接触关系。

#### 4. 杨堤榴江组剖面

剖面位于广西桂林市南约 35 km 处保安至杨堤公路上。

下伏地层　民塘组

薄层-中层灰至深灰色泥晶灰岩夹钙质页岩。　　厚 84 m

榴江组

底部为薄层灰岩夹少量硅质-钙质页岩，下部为薄层硅质岩和少量含泥质结核的硅质页岩，放射虫产在薄层灰岩和硅质岩中，包括 *Trilonche hindea*（Hinde），*T. elegans*（Hinde），*T. minax*（Hinde），*T. echinatum*（Hinde），*T. inusitatum*（Foreman），*T.* sp. A，*T.* sp. B，*Palaeoscenidium cladophorum* Deflandre，*Ceratoikiscum planistellare* Foreman，*Stigmosphaerostylus additiva*（Foreman），*S.* cf *additiva*（Foreman），*S.* sp. A，*Astroentactinia stellata* Nazarov 等。

上部为深灰色、黑色薄层灰岩，透镜状灰岩，夹有硅质条带，产有丰富的竹节石、牙形类和有孔虫，但未见放射虫。　　厚 120 m

上覆地层　五指山组

为灰绿色、灰红色、灰黄色扁豆状灰岩，产丰富的牙形类化石。　　厚 244 m

与下伏地层中泥盆统民塘组和上覆地层上泥盆统法门阶五指山组均呈整合接触关系。

#### 5. 坝寨剖面

剖面位于贵州紫云县东南约 30 km 水塘至坝寨的公路旁。

下伏地层　火烘组

以泥岩、泥质灰岩、瘤状灰岩、燧石灰岩为主，产丰富的竹节石、腕足类和珊瑚等化石。

响水洞组

由硅质页岩、薄层硅质岩和泥灰岩组成，放射虫产于上部薄层硅质岩中，包括 *Helenifore robustum*（Boundy-Sanders and Murchey），*Palaeoscenidium cladophorum* Deflandre，*Trilonche vetustum* Hinde，*T. minax*（Hinde），*T. elegans*（Hinde），*T. echinatum*（Hinde），*T. davidi*（Hinde），*Archocyrtium ormistoni* Cheng，*Astroentactinia stellata* Nazarov，*Stigmosphaerostylus variospina*（Won），*S. dimidiata*（Nazarov），*Triaenosphaera* cf. *sicarius* Deflandre 等。　　厚 45 m

上覆地层　代化组

由灰色条带状（扁豆状）灰岩和硅质页岩组成，该组与下伏地层中泥盆统火烘组和上覆地层上泥盆统法门阶代化组均呈整合接触关系。

#### 6. 晒经坡剖面

剖面位于云南西部祥云县东南 320 国道晒经坡至伍家村公路南侧。

长育村组

下部由灰黑色、灰白色条带状硅质岩和少量页岩组成，硅质岩中含放射虫 *Eoalbaillella lilaensis* Feng and Liu，*Stigmosphaerostylus miopora* Wang，*S.* cf. *dissora*（Nazarov），*S.* sp.，*Trilonche shaijingpoensis* Wang，*T. inusitatum*（Foreman），*T.* cf. *palimbolum*（Foreman），*T.* sp.，*Spongentactinella* cf. *corynacantha* Nazarov and Ormiston，*Helioentactinia yunnanensis* Wang。

上部为黑白相间的条带状薄层硅质岩夹灰白色，粉红色页岩，硅质岩中含放射虫 *Helenifore laticlavium* m. Ⅱ（＝*H. robustum*），*Palaeoscenidium cladophorum* Deflandre，*Stigmosphaerostylus variospina*（Won），*Spongentactinella* cf. *corynacantha* Nazarov and Ormiston 等。 厚 165 m

这个剖面上下地层出露不全，下部化石代表中泥盆统吉维特阶，上部化石代表上泥盆统弗拉阶，中上泥盆统间为整合接触关系。

**7. 里拉剖面**

剖面位于云南西部澜沧县里拉村 38 道班房公路南侧。

下伏地层 腊垒组

里拉组

下部由黄褐色砂岩夹灰黑色砂质-炭质页岩和薄层硅质岩组成，硅质岩中含放射虫 *Eoalbaillella lilaensis* Feng and Liu，*Stigmosphaerostylus spongites*（Foreman），*Trilonche echinatum* Hinde，*Spongentactinella corynacantha* Nazarov and Ormiston。

上部由灰褐色砂岩夹薄层杂色硅质岩组成，硅质岩中找到放射虫 *Helenifore laticlavium* m. Ⅱ（＝*H. robustum*），*Trilonche grandis*（Nazarov），*T. minax*（Hinde），*Stigmosphaerostylus* sp. B，*S.* cf. *dimidiata*（Nazarov）等。 厚 182.9 m

上覆地层 腊垒组

里拉组与上覆和下伏地层腊垒组均呈整合接触关系，里拉组为一向斜构造，这个组的放射虫动物群与祥云县晒经坡的长育村组完全一致。

**8. 太尔布剖面**

剖面位于云南西部澜沧县太尔布山南公路北侧。

下伏地层 腊垒组

里拉组

下部灰绿色页岩夹灰黄色砂岩。未发现化石。上部黄绿色、灰色板岩、页岩和硅质岩互层，硅质岩中发现放射虫 *Helenifore laticlavium* m. Ⅱ（＝*H. robustum*），*Palaeoscenidium cladophorum* Deflandre，*Stigmosphaerostylus variospina*（Won），*S.* cf. *dimidiata*（Nazarov），*S.* sp. B，*Trilonche davidi*（Hinde），*T. vetustum* Hinde，*T.* sp. B，*Triaenosphaera* cf. *sicarius* Deflandre；伴生牙形类有 *Palmatolepis hassi*，*P. rhenana rhenana*，*P. rhenana nasuta*，*P.* sp.。在顶部硅质岩

中还找到法门早期的牙形类 *Palmatolepis triangularis*，*Bryantodus* sp. 等。

厚 44.8 m

上覆地层　第四系

与下伏地层腊垒组整合接触，与上覆地层第四系断层接触。

**9. 回库剖面**

剖面位于云南西部孟连县城东南约 7 km 处去腊垒公路南侧。

下伏地层　腊垒组

里拉组

浅灰、浅灰绿色薄层硅质岩，上部夹少量硅质页岩和砂岩，构成向斜轴部。在薄层硅质岩中找到放射虫 *Helenifore laticlavium* m. Ⅱ（= *H. robustum*），*Ceratoikiscum planistellare* Foreman，*Trilonche vetustum* Hinde，*Archocyrtium* cf. *typicum* Cheng，*A.* cf. *dilatipes* Deflandre，*Popofskyellum* sp. A 等。

厚度>50.5 m

上覆地层　腊垒组

与下伏和上覆地层腊垒组均呈整合接触关系。

**10. 南雅剖面**

剖面位于云南西部孟连县西去南雅的公路上。

下伏地层　中二叠统景冒组

未命名组（上泥盆统法门阶）

由黑色、灰黑色薄层硅质岩和少量泥、页岩组成，放射虫产在硅质岩中，包括 *Holoeciscus foremanae* Cheng，*Stigmosphaerostylus additiva*（Foreman），*S.* sp. A，*Polyentactinia leptosphaera* Foreman，*Trilonche* cf. *echinatum*（Hinde），*Triaenosphaera* cf. *sicarius* Deflandre，*T.* sp. A，*Haplentactinia* cf. *rhinophyusa* Foreman 等。　厚 27 m

上覆地层　中侏罗统花开左组

与下伏地层景冒组断层接触，与上覆地层花开左组不整合接触。

**11. 阿里剖面**

剖面位于云南西部澜沧县去阿里的公路上。

下伏地层　二叠系拉巴群

未命名组（上泥盆统法门阶）

由黑色、灰黑色薄层硅质岩和少量泥、页岩组成，硅质岩中发现放射虫 *Holoeciscus foremanae* Cheng，*Archocyrtium wonae* Cheng，*A.* cf. *ormistoni* Cheng，*A. validum* Cheng，*A.* sp. A，*A.* cf. *typicum* Cheng，*Popofskyellum* sp. B，*Stigmosphaerostylus variospina*（Won），*S. oumonhaoensis*（Wang），*S.* sp. A。

厚 36 m

上覆地层

下石炭统硅质岩，含 *Albaillella* 动物群，与下伏地层拉巴群断层接触，与上覆地层下石炭统整合接触。

**12. 牛运岭剖面**

剖面位于广西玉林市西约 5 km 的牛运岭西坡。

下伏地层　东岗岭组

榴江组

由薄层泥质硅质岩和少量泥、页岩组成，硅质岩中发现放射虫 *Entactinosphaera vetusta* (Hinde)，*E. guangxiensis* Wang，*Entactinia dissora* Nazarov，*E.* cf. *variospina* (Won)，*Ceratoikiscum* sp.。伴生竹节石有 *Styliolina domanicensis*，*S. philippovae*，*S.* sp.，*Homoctenus krestovnikovi*，*H.* sp.，*Costulatostyliolina* sp.，*Distriatostylus* sp. 等。 厚 256.3 m

上覆地层　(未见顶)

与下伏地层中泥盆统东岗岭组整合接触。

**13. 鹅塘剖面**

剖面位于广西贺县鹅塘以东约 1 km 处。

下伏地层　东岗岭组

榴江组

由薄层条带状泥质硅质岩夹少量页岩、泥岩组成，硅质岩中找到较丰富的放射虫 *Entactinosphaera egindyensis* Nazarov，*E. vetusta* (Hinde)，*E. inusitata* Foreman，*E. guangxiensis* Wang，*E. aitpaiensis* Nazarov，*E. tretactima* Foreman，*E. palimbola* Foreman，*E. variacanthina* Foreman，*Entactinia diversita* Nazarov，*Astroentactinia* sp.，*Palaeoscenidium cladophorum* Deflandre，*Cyclocarpus tubiformis* Li and Wang；伴生竹节石有 *Homoctenus krestovnikovi*，*H. tokmovensis*，*H.* sp.，*Styliolina philippovae*，*S.* sp.，*Costulatostyliolina minuta*，*Distriatostylus* sp. 等。 厚 138.2 m

上覆地层　(未见顶)

与下伏地层中泥盆统东岗岭组整合接触。

## 二、晚泥盆世放射虫动物群及 F-F 事件对放射虫动物群的影响

王玉净等(2000)在讨论 *Helenifore laticlavium* 带动物群时曾指出，发现于澳大利亚西部卡宁盆地晚泥盆世早弗拉期地层 Gogo 组中的 *H. laticlavium* Nazarov and Ormiston(1983)，其特点是骨架由板状环构成，两端通常有两根刺(顶刺和底刺)，环的一端开口，环近圆形，翼状物薄。Ishiga(1988)在澳大利亚东部新英格兰

造山带 Hastings 地块凝灰质粉砂岩中找到的 *H. laticlavium* 的环组织窄而厚，与 Gogo 种环薄而宽的骨架不同。当时建议把 Gogo 种称为 *H. laticlavium* m.Ⅰ Nazarov and Ormiston，而把 Ishiga 发现的环呈椭圆形、翼状物窄而厚的种叫 *H. laticlavium* m.Ⅱ Ishiga。最近，Boundy-Sanders 等(1999)研究的美国内华达州北 Shoshone 岭 Roberts 山外来体 Slaven 硅质岩中找到的新属种 *Duraheleni fore robusta*，无论是壳体形态和构造，还是化石所产出的地层时代，完全与 *H. laticlavium* m.Ⅱ 相同。因此，本节建议把 Gogo 种仍称为 *H. laticlavium* Nazarov and Ormiston，而把 *H. laticlavium* m.Ⅱ 改成 *H. robustum* (Boundy-Sanders and Murchey)。弗拉期放射虫可以建立两个放射虫带，下部的 *H. laticlavium* 带代表早弗拉期，中上部的 *H. robustum* 带代表晚弗拉期。现把晚泥盆世放射虫动物群的特征、分布、属种的丰度和分异度与牙形类的时代对比以及 F-F 事件对放射虫动物群的影响等问题讨论如下。

## (一) 晚泥盆世放射虫带与牙形类带时代对比

晚泥盆世弗拉期有 7 个标准牙形类带，它们分别是(自下而上) *falsiovalis* 带，*transitans* 带，*punctata* 带，*hassi* 带，*jamieae* 带，*rhenana* 带和 *lingui formis* 带；法门期也有 8 个带，即 *triangularis* 带，*crepida* 带，*rhomtoidea* 带，*margini fera* 带，*trachytera* 带，*postera* 带，*ex pansa* 带和 *praesulcata* 带。

产于美国内华达州 Roberts 山推覆体 Shoshone 岭 Slaven 硅质岩中的 *Heleni fore robustum* 带与牙形类 *Palmatolepis eureka*，*P. rhenana nasuta*，*P. subrecta*，*Polygnathus brevilaminus*，*P.* aff. *timanicus* 等伴生，这些化石被归入晚弗拉晚期牙形类 *Palmatolepis rhenana* 带(Boundy-Sanders *et al.*，1999)；我国云南西部澜沧县太尔布找到的 *Heleni fore robustum* 带也是与牙形类 *Palmatolepis rhenana rhenana*，*P. rhenana nasuta*，*P. hassi*，*P.* sp. 等伴生，而在其上的硅质岩中找到法门早期的牙形类 *Palmatolepis triangularis*，*Bryantodus* sp. (王玉净等，2000)，因此，放射虫 *Heleni fore robustum* 带可以与牙形类 *Palmatolepis rhenana* 带大体相当；德国北巴伐利亚的 Frankenwald 地区灰色和绿色硅质岩中找到的 *Holoeciscus foremanae* 带与牙形类 *Palmatolepis rugosa*，*P. glabra lepta*，*P. gracilis gracilis*，*P. perlobata schindewol fii*，*Branmehla bohlenana*，*Pseudopolygnathus granulosus* 等伴生，这些化石被归于法门中期牙形类 *Palmatolepis trachytera* 带-*P. postera*带下部(Kiessling and Tragelehn，1994)。我国广西钦州地区板城石梯水库左侧公路剖面中的 *Holoeciscus foremanae* 带也与牙形类 *Palmatolepis glabra acuta*，*P. perlomata schindewol fii* 等伴生，其时代可能属于法门期 *P. crepida*带-*P. margini fera* 带。因此，*H. foremanae* 带的时代相当于牙形类 *P. crepida*带-*P. postera* 带(表 3.6.1)。

**表 3.6.1　晚泥盆世放射虫带与牙形类带时代的对比**

**Table 3.6.1　Correlation of the Late Devonian radiolarian and Conodont zonations**

| | 牙形类带 (Conodont zones) | 放射虫带 (Radiolarian zones) |
|---|---|---|
| 法门期 (Famennian) | *praesulcata* | *Holoeciscus foremanae* |
| | *expansa* | |
| | *postera* | |
| | *trachytera* | |
| | *marginifera* | |
| | *rhomtoidea* | |
| | *crepida* | |
| | *triangularis* | |
| 弗拉期 (Frasnian) | *linguiformis* | *Helenifore robustum* |
| | *rhenana* | |
| | *jamieae* | |
| | *hassi* | |
| | *punctata* | *Helenifore laticlavium* |
| | *transitans* | |
| | *falsiovalis* | |

## （二）弗拉期放射虫动物群

*H. laticlavium* 带目前仅见于澳大利亚西部和中国广西钦州地区板城石梯水库。最早描述 *H. laticlavium* 带动物群的是 Nazarov 和 Ormiston(1983)，标本采自澳大利亚西部卡宁盆地晚泥盆世早弗拉期 Gogo 组，包括 *Helenifore* (1)[①]，*Ceratoikiscum* (2)，*Entactinia* (3)，*Entactinosphaera* (2)，*Astroentactinia* (2)，*Helioentactinia*(1)，*Spongentactinella*(2)，*Palaeoscenidium*(1)，*Haplentactinia* (1) 等 9 属 15 种，伴生牙形类有 *Polygnathus asymmetrica*，*Ancyrodella rotundilobata rotundilobata*，它们被归于牙形类 *Polygnathus asymmetrica* 带的中下部；此后，Aitchison(1993)在上述地点 Gogo 组碳酸盐岩结核中发现丰度比较高的 *H. laticlavium* 带动物群，包括 *Helenifore*(2)，*Ceratoikiscum*(10)，*Entactinia*(6)，*Entactinosphaera*(3)，*Spongentactinia*(2)，*Polyentactinia*(2)，*Astroentactinia*(1)，*Helioentactinia* (2)，*Somphoentactinia* (1)，*Spongentactinella* (2)，*Seccuicollacta*(2)，*Palaeoscenidium*(8)，*Palaeotripus*(1)等 13 属 42 种；我国目前仅在广西钦州板城石梯水库右侧公路剖面发现 *H. laticlavium* 带动物群，包括 *Helenifore*(1)，*Ceratoikiscum* (>2)，*Bissylentactinia* (1)，*Haplentactinia* (2)，*Trilonche*(7)，*Helioentactinia*(1)，*Stigmosphaerostylus*(6)，*Spongentactinia*(1)，*Spongentactinella*(1)，*Palaeoscenidium*(1)等 10 属 23 种(表 3.6.2)。

① 括号内数字为种数(下同)。

表 3.6.2 弗拉早期放射虫动物群

**Table 3.6.2 Early Frasnian radiolarian fauna**

| 属 种 (Taxa) | | 澳大利亚西部 (Wastern Australia) | | 中国广西石梯水库(本文) (This paper) |
|---|---|---|---|---|
| | | Nazarov and Ormiston(1983) | Aitchison (1993) | |
| 1 | *Helenifore laticlavium* | + | + | + |
| 2 | *H. gogoense* | | + | |
| 3 | *Ceratoikiscum robusta* | | + | |
| 4 | *C. patagiatum* | | + | |
| 5 | *C. spiculatum* | | + | |
| 6 | *C. fragile* | | + | |
| 7 | *C. bujugum* | | + | |
| 8 | *C. marginatum* | | + | |
| 9 | *C. echinatum* | | + | |
| 10 | *C. torela* | | + | |
| 11 | *C. stellatum* | | + | |
| 12 | *C. delicatum* | | + | |
| 13 | *C. pillaraense* | | + | |
| 14 | *C. planistellare* | + | + | + |
| 15 | *C. canningense* | | + | |
| 16 | *C.* sp. D | | | + |
| 17 | *C. vimenum* | + | | |
| 18 | *Stigmosphaerostylus* ( = *Entactinia* ) *shitiensis* | | | + |
| 19 | *S.* sp. E | | | + |
| 20 | *S.* sp. F | | | + |
| 21 | *S.* sp. H | | | + |
| 22 | *S. hystricopusa* | | + | |
| 23 | *S.* cf. *dissosa* | + | | |
| 24 | *S. gogoense* | | + | |
| 25 | *S.* cf. *micula* | + | | |
| 26 | *S. aperticuvas* | | + | |
| 27 | *S. additive* | + | | |
| 28 | *S. pillaraense* | | + | |
| 29 | *S. profundisulcus* | | + | |
| 30 | *S. proceraspina* | | + | |
| 31 | *Trilonche*(=*Entactinosphaera*)*echinata* | | | + |
| 32 | *T. elegans* | | | + |
| 33 | *T.* cf. *elegans* | | | + |
| 34 | *T. davidi* | | | + |
| 35 | *T. hindea* | | | + |
| 36 | *T. vetusta* | | | + |
| 37 | *T.* sp. A | | | + |
| 38 | *Entactinosphaera robusta* | | + | |
| 39 | *E.* cf. *assidera* | | + | |
| 40 | *E. australis* | | + | |
| 41 | *E. palimbola* | | + | |
| 42 | *E. aculeastissima* | | + | |

续表 3.6.2

| | 属　种 (Taxa) | 澳大利亚西部 (Wastern Australia) | | 中国广西石梯水库(本文) (This paper) |
|---|---|---|---|---|
| | | Nazarov and Ormistor(1983) | Aitchison (1993) | |
| 43 | *E.? cf. variacanthina* | | + | |
| 44 | *E. grandis* | + | + | |
| 45 | *Spongentactinia concinna* | | + | |
| 46 | *S.* sp. | | | + |
| 47 | *S. exquisita* | | + | |
| 48 | *Polyentactinia invenusta* | | + | |
| 49 | *P. tenera* | | + | |
| 50 | *Astroentactinia stellata* | + | + | |
| 51 | *A. radiata* | | + | |
| 52 | *A. paronae* | + | | |
| 53 | *Helioentactinia stellaepolus* | | + | |
| 54 | *H. perjucunda* | + | + | + |
| 55 | *H. aster* | | + | |
| 56 | *Somphoentactinia cavata* | | + | |
| 57 | *Spongentactinella intracta* | | + | |
| 58 | *S. borealia* | | | + |
| 59 | *S. corynacantha* | + | | |
| 60 | *S. abstrusa* | | + | |
| 61 | *S. vetus* | + | | |
| 62 | *Secuicollacta labyrinthica* | | + | |
| 63 | *S. araneam* | | + | |
| 64 | *Palaeoscenidium venustum* | | + | |
| 65 | *P. robustum* | | + | |
| 66 | *P. echinatum* | | + | |
| 67 | *P. nudum* | | + | |
| 68 | *P. daktylethra* | | + | |
| 69 | *P. tabernaculum* | | + | |
| 70 | *P. phalangium* | | + | |
| 71 | *P. delicatum* | | + | |
| 72 | *P. cladophorum* | + | + | + |
| 73 | *Palaeotripus gogoense* | | + | |
| 74 | *Haplentactinia rhinophyusa* | | + | + |
| 75 | *H.* sp. | | | + |
| 76 | *H.* cf. *rhinophyusa* | + | | |
| 77 | *Bissylentactinia arrhinia* | | | + |

*Helenifore robustum* 带动物群在世界上分布较为广泛，见于澳大利亚东部，泰国，美国内华达州，中国的广西、贵州和云南。这个动物群最早由 Ishiga(1988)描述，样品产自澳大利亚东部新英格兰造山带 Hastings 地块凝灰质粉砂岩中，包括 *Helenifore laticlavium*(= *H. robustum*)(1)，*Palacantholithus*(1)，*Haplentactinia*(1)，*Palaeoscenidium*(1)等 4 属 4 种；1993 年，Sashida 等在泰国北部与老挝接壤处 Chom-Loei 公路上一些硅质岩中找到了 *H. laticlavium*(= *H. robustum*)带动物

群，包括 *Helenifore* (1)，*Palaeoscenidium* (1)，*Ceratoikiscum* (1)，*Protoalbaillella*(1)，*Entactinia*(2)，*Entactinosphaera*(2)等 6 属 8 种；Boundy-Sanders 等(1999)报道了美国内华达州 Roberts 山外来体 Slaven 硅质岩中的 *Durahelenifore robusta*(=*H. robustum*)动物群，包括 *Helenifore* (1)，*Palaeoscenidium*(1)，*Ceratoikiscum*(2)，*Entactinia*(1)，*Entactinosphaera*(1)，*Spongentactinia* (1)等 6 属 7 种；中国的 *H. robustum* 带动物群是由王玉净等(1998)首先提到的，标本采自广西钦州板城石梯水库，包括 *Helenifore laticlavium* (= *H. robustum*)(1)，*Haplentactinia*(2)，*Ceratoikiscum*(1)，*Bissylentactinia*(1)等 4 属 5 种；王玉净等(2000)描述的云南西部祥云县晒经坡 *H. laticlavium* m. Ⅱ(=*H. robustum*)带动物群包括 *Helenifore*(1)，*Palaeoscenidium*(1)，*Stigmosphaerostylus*(1)，*Spongentactinella*(1)等 4 属 4 种；澜沧县里拉的 *H. laticlavium* m. Ⅱ(=*H. robustum*)带动物群，含有 *Helenifore* (1)，*Trilonche* (2)，*Stigmosphaerostylus* (2)等 3 属 5 种；澜沧县太尔布的 *H. laticlavium* m. Ⅱ(=*H. robustum*)带动物群，包括 *Helenifore* (1)，*Palaeoscenidium* (1)，*Stigmosphaerostylus* (3)，*Triaenosphaera*(1)等 4 属 6 种；孟连县回库的 *H. laticlavium* m. Ⅱ(=*H. robustum*)带动物群，包括 *Helenifore* (1)，*Ceratoikiscum*(1)，*Trilonche*(1)，*Archocyrtium*(2)，*Popofskyellum*(1)等 5 属 6 种；贵州紫云县坝寨的 *Helenifore robustum* 带动物群，包括 *Helenifore* (1)，*Palaeoscenidium* (1)，*Stigmosphaerostylus*(2)，*Trilonche*(5)，*Archocyrtium*(1)，*Astroentactinia*(1)，*Triaenosphaera*(1)等 7 属 12 种。*Helenifore laticlavium* 带动物群已描述 15 属 77 种(表 3.6.2)，*H. robustum* 带动物群已描述 15 属 35 种(表 3.6.3)，它们归属于 8 科。虽然，这两个动物群在科、属数目上相同，但 *H. robustum* 带动物群的种数不足前一个动物群的一半，种群丰度明显较低。在这两个动物群中，有 10 属 12 种是共有的，显示其密切关系。

### (三) 法门期放射虫 *Holoeciscus foremanae* 带动物群及 F-F 事件对放射虫动物群的影响

自程延年(Cheng，1986)建立 *Holoeciscus foremanae* 种以来，这个化石在世界各地陆续被发现，并成为上泥盆统法门阶的一个标准带化石。程延年发现的这个种产自美国南部俄克拉何马州瓦齐达山上泥盆统 Woodford 组下部的磷结核中，这个动物群包括 *Holoeciscus* (2)，*Ceratoikiscum* (10)，*Protoalbaillella* (3)，*Pylentonema*(4)，*Quadrapesus*(2)，*Cerarchocyrtium*(2)，*Popofskyellum*(8)，*Cyrtentactinia*(4)，*Huasha*(4)，*Cyrtisphaeractinium*(4)，*Archocyrtium*(9)，*Kantollum*(3)，*Deflandrellium*(3)，*Robotium*(6)等 14 属 64 种；最近，Schwartzapfel和Holdsworth(1996)在程延年发现这个种的同一地点Goddar组和

表 3.6.3　弗拉晚期放射虫动物群

**Table 3.6.3　Late Frasnian radiolarian fauna**

| | 属　种 (Taxa) | Ishiga (1988) | Sashida *et al.* (1993) | Boundy-Sanders *et al.* (1999) | 王玉净等 (1998) | 王玉净等(2000) | | | | 本文 |
|---|---|---|---|---|---|---|---|---|---|---|
| | | | | | 广西 钦州 | 云南晒经坡 | 云南里拉 | 云南太尔布 | 云南回库 | 贵州坝寨 |
| 1 | *Helenifore robustum* | + | + | + | + | + | + | + | + | + |
| 2 | *Palacantholithus* sp. | + | | | | | | | | |
| 3 | *Haplentactinia* sp. | + | | | | | | | | |
| 4 | *H. rhinophyusa* | | | | + | | | | | |
| 5 | *H.* sp. | | | | + | | | | | |
| 6 | *Palaeoscenidium cladophorum* | + | + | | | + | | + | | + |
| 7 | *P.* cf. *tabernaculum* | | | + | | | | | | |
| 8 | *Ceratoikiscus* sp. | | + | + | + | | | | | |
| 9 | *C.* cf. *planistellare* | | | + | | | | | | |
| 10 | *C. planistellare* | | | | | | | | + | |
| 11 | *Stigmosphaerostylus* (=*Entactinia*) *variospina* | | + | | | + | | + | | + |
| 12 | *S. dimidiata* | | | | | | | | | + |
| 13 | *S.* sp. B | | | | | | + | + | | |
| 14 | *S.* cf. *dimidiata* | | | | | | + | + | | |
| 15 | *S.* spp. | | + | | | | | | | |
| 16 | *S.* cf. *dissora* | | | + | | | | | | |
| 17 | *Trilonche* (=*Entactinosphaera*) *echinata* | | | | | | | | | + |
| 18 | *T. grandis* | | | | | | + | | | |
| 19 | *T.* cf. *grandis* | | + | | | | | | | |
| 20 | *T. vetusta* | | | | | | | + | + | + |
| 21 | *T. minax* | | | | | | + | | | + |
| 22 | *T. elegans* | | | | | | | | | + |
| 23 | *T. davidi* | | | | | | | + | | + |
| 24 | *T.* sp. | | | + | | | | + | | |
| 25 | *Protoalbaillella* sp. | | + | | | | | | | |
| 26 | *Spongentactinia* sp. | | | + | | | | | | |
| 27 | *Bissylentactinia arrhinia* | | | | + | | | | | + |
| 28 | *Archocyrtium* cf. *typicum* | | | | | | | | + | |
| 29 | *A.* cf. *dilatipes* | | | | | | | | + | |
| 30 | *Astroentactinia stellata* | | | | | | | | | + |
| 31 | *Triaenosphaera* cf. *sicarius* | | | | | | | + | | + |
| 32 | *Spongentactinella* cf. *corynacantha* | | | | | + | | | | |
| 33 | *Popofskyellum* sp. A | | | | | | | | + | |
| 34 | *P.* sp. B | | | | | | | | + | |
| 35 | *Entactinosphaera palimbola* | | + | | | | | | | |

Woodford组磷结核中也找到了 *H. foremanae* 带动物群，包括 *Holoeciscus*(5)，*Ceratoikiscum*(13)，*Protoalbaillella*(1)，*Pylentonema*(3)，*Quadrapesus*(6)，*Popofskyellum*(2)，*Totollum*(7)，*Cyrtisphaeractinium*(2)，*Lapidopiscum*(1)，*Cyrtentactinia*(4)，*Kantollum*(3)，*Staurentactinia*(1)，*Tetrentactinia*(1)，*Archocyrtium*(1)等 14 属 50 种；1988 年，Ishiga 报道的澳大利亚东部新英格兰造山带 Hastings 地块西部的 *Holoeciscus foremanae* 带动物群包括 *Holoeciscus*(1)，*Ceratoikiscum*(1)，*Popofskyellum*(2)，*Archocyrtium*(1)，*Palaeoscenidium*(1)，*Robotium*(1)等 6 属 7 种；1990 年，Braun 在研究德国 Frankfurt-Main 附近产于更新世地层中的一块晚泥盆世砾石中发现的 *H. foremanae* 带动物群，包括 *Holoeciscus*(1)，*Ceratoikiscum*(1)，*Archocyrtium*(1)，*Astroentactinia*(1)，*Entactinia*(1)，*Entactinosphaera*(1)，*Palaeoscenidium*(1)，*Polyentactinia*(1)等 8 属 8 种；1994 年，Kiessling 和 Tragelehn 报道的德国 Frankenwald 地区的 *Holoeciscus foremanae* 带动物群包括 *Holoeciscus*(3)，*Ceratoikiscum*(2)，*Pylentonema*(1)，*Popofskyellum*(3)，*Huasha*(1)，*Archocyrtium*(9)，*Astroentactinia*(6)，*Entactinia*(6)，*Entactinosphaera*(4)，*Polyentactinia*(3)，*Triaenosphaera*(2)，*Tetrentactinia*(2)等 12 属 42 种；Aitchison 于 1990 年、1992 年和 1993 年分别报道了澳大利亚东部新英格兰造山带 Anaiwan 地块中的 *Holoeciscus foremanae* 带动物群，包括 *Holoeciscus*(1)，*Ceratoikiscum*(1)，*Archocyrtium*(2)，*Cyrtentactinia*(>1)，*Palaeoscenidium*(1)等 5 属 6 种；我国广西钦州地区板城石梯水库左侧公路剖面中的 *H. foremanae* 带动物群包括 *Holoeciscus*(3)，*Archocyrtium*(6)，*Astroentactinia*(1)，*Stigmosphaerostylus*(1)，*Trilonche*(6)，*Palaeoscenidium*(2)，*Polyentactinia*(1)，*Spongentactinia*(2)，*Spongentactinella*(1)等 9 属 23 种；王玉净等(2000)在云南西部孟连至南雅公路上发现的 *H. foremanae* 带动物群含有 *Holoeciscus*(1)，*Stigmosphaerostylus*(3)，*Trilonche*(2)，*Polyentactinia*(1)，*Triaenosphaera*(1)，*Haplentactinia*(1)等 6 属 9 种；云南西部澜沧县阿里地区的 *H. foremanae* 带动物群包括 *Holoeciscus*(1)，*Popofskyellum*(1)，*Archocyrtium*(5)，*Stigmosphaerostylus*(3)等 4 属 10 种。法门阶 *Holoeciscus foremanae* 带动物群已描述 28 属 154 种(表 3.6.4)，归于 10 科，其中 *Ceratoikiscum planistellare*，*Protoalbaillella*，*Popofskyellum*，*Archocyrtium ormistoni*，*A. dilatipes*，*A.* cf. *typicum*，*Astroentactinia radiata*，*A. paronae*，*A. stellata*，*Stigmosphaerostylus* (= *Entactinia*) *additivus*，*S. variospina*，*Trilonche* (= *Entactinosphaera*) *echinatum*，*T. vetustum*，*T. minax*，*T. elegans*，*T.* cf. *elegans*，*T. hindea*，*Palaeoscenidium cladophorum*，*Polyentactinia*，*Triaenosphaera sicarius*，*Spongentactinia*，*Haplentactinia* cf. *rhinophyusa*，*Spongentactinella* 等 8 科 13 属 13种是从前两个带中延续的。Holoeciscidae科和Pylentonemidae科是新的，

表 3.6.4 法门期放射虫动物群

**Table 3.6.4 Famennian radiolarian fauna**

| | 属 种 (Taxa) | Cheng (1986) | Schwartzapfel *et al*. (1996) | Ishiga (1988) | Braun (1990) | Wang (1991) | Kiessling *et al*. (1994) | Aitchison (1990, 1992, 1993) | 本文 钦州板城 (This paper) | Wang *et al*. (2000) 云南南雅 | Wang *et al*. (2000) 云南阿里 |
|---|---|---|---|---|---|---|---|---|---|---|---|
| 1 | *Holoeciscus foremanae* | + | + | + | + | + | + | + | + | + | + |
| 2 | *H. brevis* | + | + | | | | + | | + | | |
| 3 | *H. renzae* | | + | | | | | | | | |
| 4 | *H.* sp. B | | + | | | | | | | | |
| 5 | *H. elongatus*= *H. longus* | | + | | | | + | | + | | |
| 6 | *Ceratoikiscum simplum* | + | + | | | | | | | | |
| 7 | *C. surculum* | | + | | | | | | | | |
| 8 | *C. extraordinarium* | + | | | | | + | | | | |
| 9 | *C. labyrintheum* | + | + | | | | | | | | |
| 10 | *C. avimexpectans* | + | | | | | | | | | | |
| 11 | *C. astrum* | + | + | | | | | | | | |
| 12 | *C. delicatum* | + | | | | | | | | | |
| 13 | *C. reideli* | + | | | | | | | | | |
| 14 | *C. chengi* | | + | | | | | | | | |
| 15 | *C. mirum* | + | + | | | | | | | | |
| 16 | *C. planistellare* | | + | + | | | | | | | |
| 17 | *C. sandbergi* | + | + | | | | | | | | |
| 18 | *C. herkommeri* | | + | | | | | | | | |
| 19 | *C. ardmorensis* | | + | | | | | | | | |
| 20 | *C.* sp. | | + | | + | | | + | | | |
| 21 | *C. spinosum* | + | | | | | | | | | |
| 22 | *C. bujugum* | | + | | | | + | | | | |
| 23 | *Protoalbaillella pinetopensis* | + | + | | | | | | | | |
| 24 | *P. deflandrei* | + | | | | | | | | | |
| 25 | *P. formosa* | + | | | | | | | | | |

续表 3.6.4

| | 属　种 (Taxa) | Cheng (1986) | Schwartzapfel *et al*. (1996) | Ishiga (1988) | Braun (1990) | Wang (1991) | Kiessling *et al*. (1994) | Aitchison (1990, 1992, 1993) | 本文 钦州板城 (This paper) | Wang *et al*. (2000) 云南南雅 | Wang *et al*. (2000) 云南阿里 |
|---|---|---|---|---|---|---|---|---|---|---|---|
| 26 | *Pylentonema* cf. *typica* | + | | | | | | | | | |
| 27 | *P. mira* | + | + | | | | | | | | |
| 28 | *P. triangulata* | + | | | | | | | | | |
| 29 | *P. typica* | + | + | | | | | | | | |
| 30 | *P. robusta* | | + | | | | | | | | |
| 31 | *P. hindei* | | | | | | + | | | | |
| 32 | *Quadrapesus dumitricai* | + | | | | | | | | | |
| 33 | *Q. unicus* | + | | | | | | | | | |
| 34 | *Q. araneae* | | + | | | | | | | | |
| 35 | *Q. sixi* | | + | | | | | | | | |
| 36 | *Q.* (?) *jimisonae* | | + | | | | | | | | |
| 37 | *Q. conili* | | + | | | | | | | | |
| 38 | *Q. bakeri* | | + | | | | | | | | |
| 39 | *Q. beseri* | | + | | | | | | | | |
| 40 | *Cerarchocyrtium singularium* | + | | | | | | | | | |
| 41 | *C. dirum* | + | | | | | | | | | |
| 42 | *Popofskyellum deflandrei* | + | | | | | + | | | | |
| 43 | *P. daisgensis* | + | | | | | | | | | |
| 44 | *P. elemense* | + | | + | | | | | | | |
| 45 | *P. dumitricai* | | | + | | | | | | | |
| 46 | *P. wonae* | + | | | | | | | | | |
| 47 | *P. obesum* | + | | | | | | | | | |
| 48 | *P. pulchrum* | | + | | | | | | | | |
| 49 | *P. undulatum* | | | | | | + | | | | |
| 50 | *P. delicatum* | + | | | | | | | | | |
| 51 | *P. annulatum* | | | | | | + | | | | |

**续表 3.6.4**

| | 属　　种 (Taxa) | Cheng (1986) | Schwartzapfel *et al*. (1996) | Ishiga (1988) | Braun (1990) | Wang (1991) | Kiessling *et al*. (1994) | Aitchison (1990，1992，1993) | 本文 钦州板城 (This paper) | Wang *et al*. (2000) 云南南雅 | Wang *et al*. (2000) 云南阿里 |
|---|---|---|---|---|---|---|---|---|---|---|---|
| 52 | *P. hendricksi* | + | | | | | | | | | |
| 53 | *P.* sp. | | + | | | | | | | | + |
| 54 | *P. turpiculum* | + | | | | | | | | | |
| 55 | *Cyrtentactinia splendida* | + | | | | | | | | | |
| 56 | *C. petrushevskayae* | + | | | | | | | | | |
| 57 | *C. formosa* | + | + | | | | | | | | |
| 58 | *C. macrocephala* | + | + | | | | | | | | |
| 59 | *C. pessagnoi* | | + | | | | | | | | |
| 60 | *C.* sp. A | | + | | | | | + | | | |
| 61 | *Huasha holdsworthi* | + | | | | | | | | | |
| 62 | *H. magnifica* | + | | | | | + | | | | |
| 63 | *H. densa* | + | | | | | | | | | |
| 64 | *H. quinguecostata* | + | | | | | | | | | |
| 65 | *Cyrtisphaeractenium spinosum* | + | | | | | | | | | |
| 66 | *C. crassum* | + | + | | | | | | | | |
| 67 | *C. shengi* | + | + | | | | | | | | |
| 68 | *C. delicatum* | + | | | | | | | | | |
| 69 | *Archocyrtium formosum* | + | | | | | | | | | |
| 70 | *A.* cf. *formosum* | | | | | | + | | | | |
| 71 | *A.* sp. B | | + | | | | | + | + | | |
| 72 | *A. typicum* | + | | | | | | | + | | |
| 73 | *A.* cf. *delicatum* | | | + | + | | + | | | | |
| 74 | *A. delicatum* | + | | | | | | | + | | |
| 75 | *A. ormistoni* | + | | | | + | | | + | | |
| 76 | *A.* cf. *angulosum* | | | | | | + | | | | |
| 77 | *A. diductum* | | | | | | + | | | | |

续表 3.6.4

| | 属　种 (Taxa) | Cheng (1986) | Schwartzapfel *et al*. (1996) | Ishiga (1988) | Braun (1990) | Wang (1991) | Kiessling *et al*. (1994) | Aitchison (1990, 1992, 1993) | 本文 钦州板城 (This paper) | Wang *et al*. (2000) 云南南雅 | Wang *et al*. (2000) 云南阿里 |
|---|---|---|---|---|---|---|---|---|---|---|---|
| 78 | *A. dilatipes* | | | | | | + | | | | |
| 79 | *A. effingi* | | | | | | + | | + | | |
| 80 | *A. eupectum* | | | | | | + | | | | |
| 81 | *A.* sp. A | | | | | | | + | + | | + |
| 82 | *A. ludicrum* | | | | | | + | | | | |
| 83 | *A. venustum* | + | | | | | | + | + | | |
| 84 | *A. obesum* | + | | | | | | | | | |
| 85 | *A. wonae* | + | | | | | + | | + | | + |
| 86 | *A.* cf. *ormistoni* | | | | | | | | | | + |
| 87 | *A. procerum* | + | | | | | | | | | |
| 88 | *A. validum* | + | | | | | | | | | + |
| 89 | *A.* cf. *typicum* | | | | | | | | | | + |
| 90 | *Lapidopiscum transversum* | | + | | | | | | | | |
| 91 | *Totollum deflandrei* | | + | | | | | | | | |
| 92 | *T. hendricksi* | | + | | | | | | | | |
| 93 | *T. wonae* | | + | | | | | | | | |
| 94 | *T. blomei* | | + | | | | | | | | |
| 95 | *T.* aff. *blomei* | | + | | | | | | | | |
| 96 | *T. undulatum* | | + | | | | | | | | |
| 97 | *T. ziegleri* | | + | | | | | | | | |
| 98 | *Kantollum brancoensis* | + | | | | | | | | | |
| 99 | *K.* cf. *crinerensis* | | + | | | | | | | | |
| 100 | *K. pittsburgense* | + | + | | | | | | | | |
| 101 | *K. undulatum* | + | + | | | | | | | | |
| 102 | *Staurentactinia nazarovi* | | + | | | | | | | | |
| 103 | *Astroentactinia biaciculata* | | | | + | | + | | + | | |

续表 3.6.4

| | 属　　种 (Taxa) | Cheng (1986) | Schwartzapfel *et al*. (1996) | Ishiga (1988) | Braun (1990) | Wang (1991) | Kiessling *et al*. (1994) | Aitchison (1990, 1992, 1993) | 本文 钦州板城 (This paper) | Wang *et al*. (2000) 云南南雅 | Wang *et al*. (2000) 云南阿里 |
|---|---|---|---|---|---|---|---|---|---|---|---|
| 104 | *A. multispinosa* | | | | | | + | | | | |
| 105 | *A. radiata* | | | | | | + | | | | |
| 106 | *A. digitosa* | | | | | | + | | | | |
| 107 | *A.* aff. *paronae* | | | | | | + | | | | |
| 108 | *A. stellata* | | | | | | + | | | | |
| 109 | *Stigmosphaerostylus* (= *Entactinia*) *herculea* | | | | + | + | | | | | |
| 110 | *S. oumonhaoensis* | | | | | + | | | + | + | + |
| 111 | *S.* sp. A | | | | | + | | | | + | + |
| 112 | *S. additiva* | | | | | | + | | | + | |
| 113 | *S. exilispina* | | | | | | + | | | | |
| 114 | *S. spongites* | | | | | | + | | | | |
| 115 | *S. tortispina* | | | | | | + | | | | |
| 116 | *S. variospina* | | | | | | + | | | | + |
| 117 | *S. vulgaris* | | | | | | + | | | | |
| 118 | *Trilonche* (= *Entactinosphaera*) *palimbola* | | | | + | | + | | | | |
| 119 | *T.* sp. A | | | | | + | | | | | |
| 120 | *T. fredericki* | | | | | | + | | | | |
| 121 | *T. vetusta* | | | | | | + | | + | | |
| 122 | *T. reideli* | | | | | | + | | | | |
| 123 | *T. minax* | | | | | | | | + | | |
| 124 | *T. elegans* | | | | | | | | + | | |
| 125 | *T.* cf. *elegans* | | | | | | | | + | | |
| 126 | *T. hindea* | | | | | | | | + | | |
| 127 | *T. echinata* | | | | | | | | + | + | |
| 128 | *Palaeoscenidium cladophorum* | | | | + | + | | + | + | | |

**续表 3.6.4**

| | 属　种 (Taxa) | Cheng (1986) | Schwartzapfel *et al*. (1996) | Ishiga (1988) | Braun (1990) | Wang (1991) | Kiessling *et al*. (1994) | Aitchison (1990，1992，1993) | 本文 钦州板城 (This paper) | Wang *et al*. (2000) 云南南雅 | Wang *et al*. (2000) 云南阿里 |
|---|---|---|---|---|---|---|---|---|---|---|---|
| 129 | *P*. sp. | | | + | | | | | + | | |
| 130 | *Polyentactinia* ? sp. | | | | + | | | | | | |
| 131 | *P*. *arenea* | | | | | | + | | | | |
| 132 | *P*. *leptosphaera* | | | | | | | | + | + | |
| 133 | *P*. *craticulata* | | | | | | + | | | | |
| 134 | *P*. *fenestrata* | | | | | | + | | | | |
| 135 | *Tetrentactinia* (?) sp. | | + | | | | | | | | |
| 136 | *T*. *spinulosa* | | | | | | + | | | | |
| 137 | *T*. *teuchestes* | | | | | | + | | | | |
| 138 | *Triaenosphaera sicarius* | | | | | | + | | | + | |
| 139 | *T*. *hebes* | | | | | | + | | | | |
| 140 | *T*. sp. A | | | | | | | | | + | |
| 141 | *Spongentactinia* sp. C | | | | | | | | + | | |
| 142 | *S*. *prolata* | | | | | | | | + | | |
| 143 | *Haplentactinia* cf. *rhinophyusa* | | | | | | | | | + | |
| 144 | *Deflandrellium georgesi* | + | | | | | | | | | |
| 145 | *D*. *minutum* | + | | | | | | | | | |
| 146 | *D*. *pronum* | + | | | | | | | | | |
| 147 | *Robotium biauriculum* | + | | | | | | | | | |
| 148 | *R*. *firmum* | + | | | | | | | | | |
| 149 | *R*. *gordoni* | + | | | | | | | | | |
| 150 | *R*. sp. | | | + | | | | | | | |
| 151 | *R*. *rusti* | + | | | | | | | | | |
| 152 | *R*. *validum* | + | | | | | | | | | |
| 153 | *R*. *venustum* | + | | | | | | | | | |
| 154 | *Spongentactinella* sp. | | | | | | | | + | | |

*Holoeciscus*, *Tetrentactinia*, *Robotium*, *Deflandrellum*, *Totollum*, *Cyrtentactinia*, *Staurentactinia*, *Kantollum*, *Lapidapiscum*, *Huasha*, *Quadrapesus*, *Cyrtisphaeractinium*, *Cerarchocyrtium*, *Pylentonema* 等 14 属也是这个动物群的新兴属群，这些新属数约为弗拉期放射虫属数之和。放射虫属种丰度和分异度，法门期的远比弗拉期的高(图3.6.3，表3.6.5)。在过去的文献中，Nazarov 和

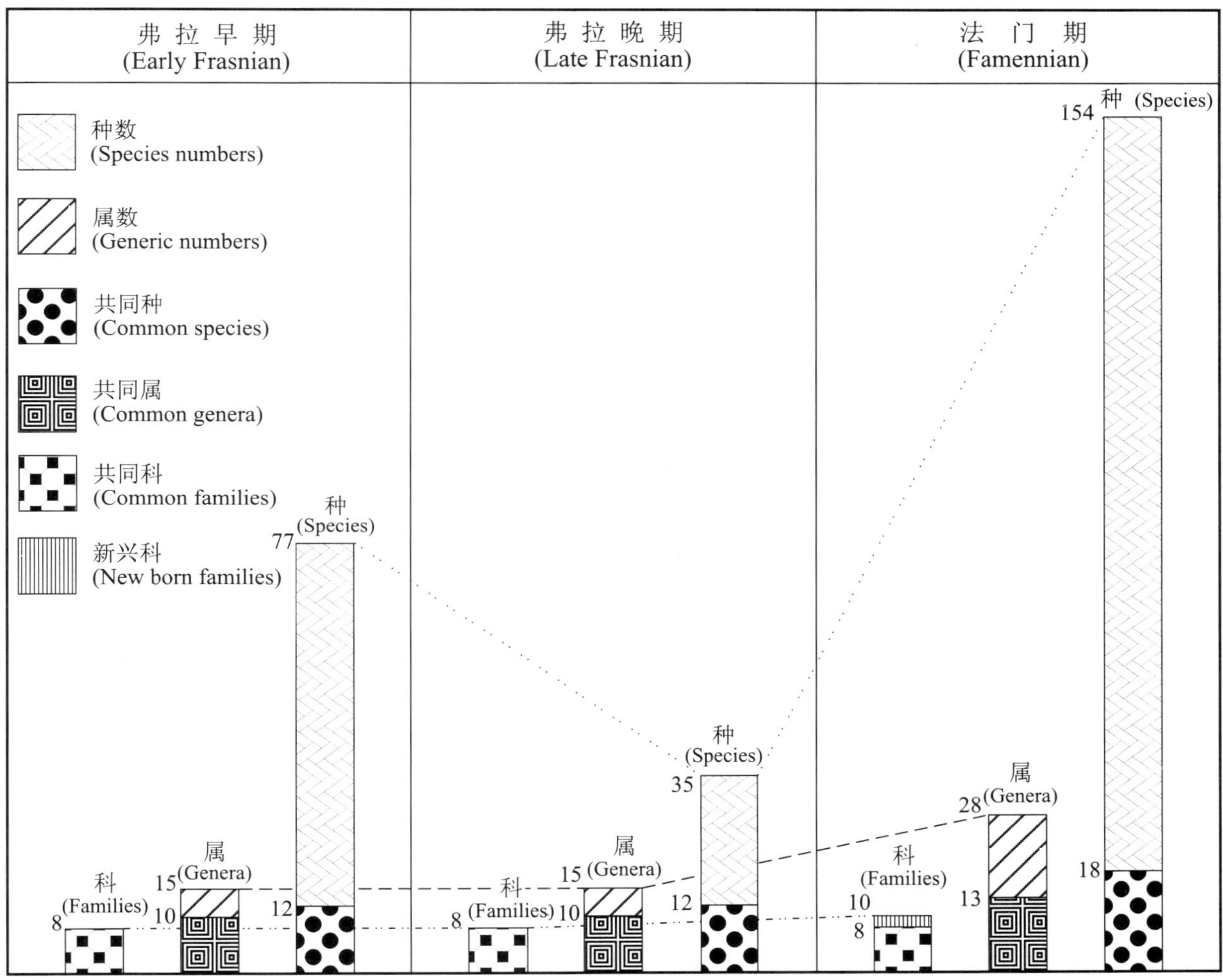


图 3.6.3　晚泥盆世放射虫动物群科、属、种的丰度和分异度

Figure 3.6.3　Abundance and diversity of family, genera and species in Late Devonian radiolarian fauna

Ormiston(1985)，Kiessling 和 Tragelehn(1994)等都曾注意到法门期放射虫具有较高的丰度和分异度这一现象。弗拉阶-法门阶之间发生的 F-F 生物集群灭绝事件，不但没有使广海相硅岩盆地相区放射虫动物群发生重大的生物灭绝，而且，它们在弗拉期之后获得了很大的发展；对台盆相硅岩盆地相区，在弗拉早期或中晚期 *Helenifore robustum* 带及其伴生放射虫动物群出现之后，由于海退等原因造成的盆地中硅质岩被扁豆状灰岩所替代，法门期不发育放射虫动物群。台盆剖面中这些放射虫动物群的消失可能是由于海平面的变化导致了放射虫动物群不适应当

**表 3.6.5 晚泥盆世放射虫属的历程**

**Table 3.6.5 Range of Late Devonian radiolarian genera**

| | 弗拉早期 (Early Frasnian) | 弗拉晚期 (Late Frasnian) | 法门期 (Famennian) |
|---|---|---|---|
| *Helenifore* | —— | —— | |
| *Ceratoikiscum* | —— | —— | —— |
| *Stigmosphaerostylus* = *Entactinia* | —— | —— | —— |
| *Trilonche* = *Entactinosphaera* | —— | —— | —— |
| *Spongentactinia* | —— | —— | —— |
| *Polyentactinia* | —— | - - - | —— |
| *Astroentactinia* | —— | —— | —— |
| *Helioentactinia* | —— | | |
| *Somphoentactinia* | —— | | |
| *Spongentactinella* | —— | —— | —— |
| *Secuicollacta* | —— | | |
| *Palaeoscenidium* | —— | —— | —— |
| *Haplentactinia* | —— | —— | —— |
| *Palaeotripus* | —— | | |
| *Bissylentactinia* | —— | —— | |
| *Palacantholithus* | | —— | |
| *Protoalbaillella* | | —— | —— |
| *Archocyrtium* | | —— | —— |
| *Triaenosphaera* | | —— | —— |
| *Popofskyellum* | | —— | —— |
| *Holoeciscus* | | | —— |
| *Pylentonema* | | | —— |
| *Quadrapesus* | | | —— |
| *Cerarchocyrtium* | | | —— |
| *Cyrtentactinia* | | | —— |
| *Huasha* | | | —— |
| *Cyrtisphaeractenium* | | | —— |
| *Lapidopiscum* | | | —— |
| *Totollum* | | | —— |
| *Kantollum* | | | —— |
| *Staurentactinia* | | | —— |
| *Tetrentactinia* | | | —— |
| *Deflandrellium* | | | —— |
| *Robotium* | | | —— |

时的生境造成的。而在广海相硅岩盆地剖面中,越过 F-F 界线,海平面变化影响不大,放射虫分异度没有出现明显的减少。另外,根据 Raup 和 Sepkoski(1982)关于集群灭绝最小量值为 11%的科和 20%～25%的属灭绝的观点来分析放射虫在 F-F 界线上下的量值标准,从上述资料可以看出,在广海相盆地中,弗拉晚期出现的 8 个放射虫科在法门期继续繁衍,15 属中只有 2 属在法门期灭绝,它们的最小灭绝量分别是 0 和 13%,这些数据远没有达到 Raup 提出的生物集群灭绝最小量值的范围。由此,我们获得如下结论:F-F 生物集群灭绝事件只造成了生活在浅水区的礁相生物群及部分伴生动物群和浮游生物群的灭绝,而对深水地带的放射虫动物群并未造成重大影响;相反,放射虫动物群在法门期得到了很大发展。因此,发生在弗拉末期至法门期的大规模海退似乎只对浅水区或半深水区的生物群发生重大影响,而很少波及到深水生物群。

## 参考文献


Aitchison J C. 1988. Late Paleozoic radiolarian ages from Gwydir Terrane, New England Orogen, Eastern Australia. Geology, 16:793～795

Aitchison J C. 1990. Significance of Devonian-Carboniferous Radiolarians from Accretionary Terrane of the New England Orogen, Eastern Australia. Marine Micropaleontology, 15:365～378

Aitchison J C. 1993. Devonian (Frasnian) radiolarians from the Gogo Formation, Canning Basin, Western Australia. Palaeontographica Abteilung A, 228(4-6):105～128

Aitchison J C, Flood P G. 1992. Implications of radiclarian research for analysis of subduction complex terranes in the New England Orogen, NSW, Australia. Palaeogeography, Palaeoclimatology, Palaeoecology. Special Issue: Significance and application of Radiolaria to terrane analysis. Amsterdam, The Netherlands. 96: 89～102

Aitchison J C, Davis A M, Stratford J M, Spiller F C P. 1999. Lower and Middle Devonian radiolarian biozonation of the Gamilaroi Terrane, New England Orogen, Eastern Australia. Micropaleontology, 45(2): 138～162

Braun A. 1990. Oberdevonische Radiolarien aus Kieselschiefer-Gerollen des unteren Maintales bei Frankfurt a. M. Geologisches Jahrbuch Hessen, 118: 5～27

Braun A, Maass R, Schmidt-Effing R. 1992. Oberdevonische Radiolarien aus dem Breuschtal (Nord-Vogesen, Elsas) und ihr regionaler und stratigraphischer Zusammenhang. Neue Jahrbuch fur Geologie und Palaontologie, Abhandlungen 185(2): 161～178

Boundy-Sanders S Q. Sandberg C A, Murchey B L, Harris A G. 1999. A late Frasnian (Late Devonian) radiolarian, sponge spicule, and conodont fauna from the slaven chert, northern Shoshone Range, Roberts Mountains allochthon, Nevada. Micropaleontology, 45(1): 62～68

Cheng Y N. 1986. Taxonomic Studies on Upper Paleozoic Radiolaria. National Museum of natural Science, Taiwan, Special Publication, 1:1～311

Foreman H P. 1963. Upper Devonian Radiolaria from the Huron Member of the Ohio shale. Micropaleontology, 9: 267～304

Hinde G J. 1899. On the Radiolaria in th Devonian rocks of New South Wales. Quarterly Jour. Geol. Soc. London, 55: 38～64

Holdsworth B K, Jones D L, Allison C. 1978. Upper Devonian Radiolaria separated from chert of the

Ford Lake shale, Alaska. Jour. Res. U. S. Geol. Survey, 6: 775～788

Ishiga H. 1988. Palaeontological study of radiolarians from the southern New England Fold Belt, Eastern Australia. In: Iwasaki M, *et al.*, eds. Preliminary Report on the Geology of the New England Fold Belt, Australia. 1: 77～93. Co-operative Research Group of Japan and Australia, Matsue, Japan

Kiessling W K, Tragelehn H. 1994. Devonian Radiolarian Faunas of Conodont-Dated Localities in the Frankenwald (Northern Bavaria, Germany). A. bh. Geol. B. -A., 50: 219～255

Li Hongsheng. 1986. The upper Paleozoic Radiolaria in Menlian county, Yunnan province, Qinghai-Tibet Plateau Research, Symposium for the Exploration in Hengduan Mountain, 2. Beijing: Beijing Scientific and Technical Press. 8～15(in Chinese) [李红生. 1986. 云南孟连县晚古生代放射虫化石,青藏高原研究,横断山考察专集,2. 北京:北京科学技术出版社. 8～15)

Li Youxing, Wang Yujing. 1991. Upper Devonian (Frasnian) radiolarian fauna from the Liukiang Formation, eastern and southeastern Guangxi. Acta Micropalaeontologica Sinica. 8(4): 395～404 [李西兴,王玉净. 1991. 桂东、桂东南晚泥盆世一个弗拉期放射虫动物群. 微体古生物学报,8(4):395～404]

Nazarov B B. 1975. Radiolaria of the Lower-Middle Paleozoic of Kazakhstan. Trudy geol. Inst. Akad. Nauk SSR, 275: 1～202(in Russian)

Nazarov B B, Ormiston A R. 1983. Upper Devonian (Frasnian) radiolarian fauna from the Gogo Formation, Canning Basin, Western Australia. Micropaleont., 29: 454～466

Nazarov B B,Ormiston A R. 1985. Evolution of Radiolaria in the Paleozoic and its correlation with the development of other marine fossil groups. Senckenbergiana lethaea, 66: 203～215

Raup D M, Sepkoski J J. 1982. Mass extinctions in the marine fossil record. Science, 215: 1 501～1 503

Sashida K, Igo H, Hisada K I, Nakornsri N, Amponmaha A. 1993. Occurrence of Paleozoic and early Mesozoic Radiolaria in Thailand (preliminary report). Journal of Southeast Asian Earth Sciences, 8(1～4): 97～108

Schmidt-Effing R. 1988. Eine Radiolarien-Fauna des Famenne(ober-Devon) aus dem Frankenwald. Geological *et* Palaeontologica, 22: 33～41

Schwartzapfel J A, Holdsworth B K. 1996. Upper Devonian and Mississippian radiolarian zonation and biostratigraphy of the Woodford Sycamore Caney and Goddard Formations, Oklahoma. Cushman Foundation for Foraminiferal Research (Special Publication), 33:1～275

Stratford J M C, Aitchison J C. 1997. Lower to Middle Devonian radiolarian assemblages from the Gamilaroi terrane, Glenrock station, NSW, Australia. Marine Micropaleont., 30(1～3): 225～250

Wang Chengyuan. 2000. Devonian system. In: Nanjing Institute of Geology and Palaeontology, Chinese Academy of Science, ed. The stratigraphic study of China since 20 years. Hefei: Press of University of Science and Technology of China. 73～94 (in Chinese) [王成源. 2000. 泥盆系. 见:中国科学院南京地质古生物研究所编. 中国地层研究二十年. 合肥:中国科学技术大学出版社. 73～94]

Wang Yujing. 1991. On Progress in the study of Paleozoic Radiolarians in china, Acta Micropalaeontologica Sinica, 8(3): 237～251(in Chinese with English summary) [王玉净. 1991. 中国古生代放射虫十年来研究的进展. 微体古生物学报, 8(3):237～251]

Wang Yujing. 1994. Cherts and Radiolarian Assemblage zones of Qinzhou Area, Guangxi. Chinese Sci. Bulletin, 39(15): 1 300～1 304

Wang Yujing. 1997. An Upper Devonian (Famennian) radiolarian fauna from carbonate rocks, northern Xinjiang. Acta Micropalaeontologica Sinica, 14(2): 149～160

Wang Yujing, Luo Hui, Kuang Guodun, Li Jiaxiang. 1998. Late Paleozoic strata of cherty facies at Xiaodong and Bancheng counties of the Qinzhou area, SE Guangxi. Acta Micropalaeontologica

Sinica，15(4)：351～366(in Chinese with English abstract)［王玉净，罗辉，邝国敦，李家骧. 1998. 广西钦州小董-板城上古生代硅质岩相地层. 微体古生物学报，15(4)：351～366］

Wang Yujing，Fang Zongjie，Yang Qun，Zhou Zhicheng，Cheng Yannian，Duan Yanxue，Xiao Yinwen. 2000. Middle-Late Devonian strata of cherty facies and radiolarian faunas from west Yunnan. Acta Micropalaeontologica Sinica，17(3)：235～254(in Chinese with English abstract)［王玉净，方宗杰，杨群，周志澄，程延年，段彦学，肖荫文. 2000. 云南西部中-晚泥盆世硅质岩相地层及其放射虫动物群. 微体古生物学报，17(3)：235～254］

Xian Siyuan，Chen Jirong，Wan Zhengquan. 1995. Devonian Ecostratigraphy，Sequence Stratigraphy and Sea-level Changes in Ganxi，Longmen Mountain Area，Sichuan. Sedimentary Facies and Palaeogeography，15(6)：1～47(in Chinese with English abstract)［鲜思远，陈继荣，万正权. 1995. 四川龙门山甘溪泥盆纪生态地层、层序地层与海平面变化. 岩相古地理，15(6)：1～47］

## 附录 3.6.1

（本节引用的泥盆纪放射虫属以上分类单位）

Subclass Radiolaria Müller，1858
- Order Polycystida Ehrenberg，1838
  - Suborder Albaillellaria Deflandre，1953，emend. Holdsworth，1969
    - Superfamily Albaillellacea Cheng，1986
      - Family Ceratoikiscidae Holdsworth，1969
        - Genus *Ceratoikiscum* Deflandre，1953
        - Genus *Helenifore* Nazarov and Ormiston，1983
      - Family Albaillellidae Deflandre，1952，emend. Holdsworth，1977
        - Subfamily Lapidopiscinae Deflandre，1958
          - Genus *Huasha* Cheng，1986
          - Genus *Lapidopiscum* Deflandre，1958，emend. Holdsworth，1971
        - Subfamily Albaillellinae Cheng，1986
          - Genus *Protoalbaillella* Cheng，1986
      - Family Holoeciscidae Cheng，1986
        - Genus *Holoeciscus* Foreman，1963
        - Genus *Eoalbaillella* Feng and Liu，1992
  - Suborder Nassellariina Ehrenberg，1875
    - Superfamily Cyrtoidea Haeckel，1862
      - Family Popofskyellidae Deflandre，1964，emend. Cheng 1986
        - Subfamily Popofskyellinae Cheng，1986
          - Genus *Popofskyellum* Deflandre，1964，emend. Cheng，1986
          - Genus *Cyrtentactinia* Foreman 1963，emend. Cheng，1986
          - Genus *Totollum* Schwartzaptel and Holdsworth，1996
        - Subfamily Kanlollinae Cheng，1986
          - Genus *Kantollum* Cheng，1986
      - Family Pylentonemidae Deflandre，1963，emend. Holdsworth，1977，emend. Cheng，1986
        - Genus *Pylentonema* Deflandre，1963，emend. Cheng，1986

Genus *Quadrapesus* Cheng, 1986

Family Archocyrtidae Kozur and Mostler, 1981, emend. Cheng, 1986

Genus *Tetrentactinia* Foreman, 1963

Genus *Archocyrtium* Deflandre, 1972, emend. Cheng, 1986

Genus *Cerarchocyrtium* Deflandre, 1973

Genus *Cyrtisphaeractenium* Deflandre, 1972

Genus *Deflandrellium* Cheng, 1986

Genus *Mostlerium* Cheng, 1986

Genus *Robotium* Cheng, 1986

Genus *Staurentactinia* Schwartzapfel and Holdsworth, 1996

Suborder Spumellaria Ehrenberg, 1875

Superfamily Entactiniacea Riedel, 1967

Family Entactiniidae Riedel, 1967, emend. Nazarov and Ormiston, 1984

Subfamily Entactiniinae Riedel, 1967, emend. Nazarov, 1975

Genus *Stigmosphaerostylus* Rüst, 1892, emend. Foreman, 1963

(= *Entactinia* Foreman, 1963)

Genus *Trilonche* Hinde, 1899, emend. Foreman 1963, emend. Aitchison and Stratford, 1997

(= *Entactinosphaera* Foreman, 1963)

Genus *Spongentactinia* Nazarov, 1975

Subfamily Astroentactiniinae Nazarov, 1975

Genus *Astroentactinia* Nazarov, 1975

Genus *Helioentactinia* Nazarov, 1975

Genus *Spongentactinella* Nazarov, 1975

Genus *Somphoentactinia* Nazarov, 1975

Family Haplentactiniidae Nazarov, 1980

Subfamily Haplentactiniinae Nazarov, 1980

Genus *Haplentactinia* Foreman, 1963

Subfamily Secuicollactinae Nazarov and Ormiston, 1984

Genus *Secuicollacta* Nazarov and Ormiston, 1984

Superfamily Entactiniacea? Riedel, 1967

Genus *Triaenosphaera* Deflandre, 1973

Suborder Collodaria? Haeckel, 1881

Family Orosphaeridae? Haeckel, 1887

Subfamily Polyentactiniinae Nazarov, 1975

Genus *Polyentactinia* Foreman, 1963

Family Palaeoscenidiidae Riedel, 1967

Subfamily Palaeosceniidinae Riedel, 1967

Genus *Palaeoscenidium* Deflandre, 1953

Genus *Palaeotripus* Goodbody, 1986

Subfamily Palacantholithinae Kozur and Mostler

Genus *Palacantholithus* Deflandre

马学平 maxp@pku.edu.cn
北京大学造山带与地壳演化教育部重点实验室
北京大学地球与空间科学学院
北京，100871

## 第七节

# 华南泥盆纪弗拉期-法门期之交的生物灭绝及相关沉积-地化事件

**摘 要 →**

华南晚泥盆世弗拉期-法门期(F-F)之交的生物群灭绝可能并不仅仅是简单的一次性灭绝，在弗拉阶最上部的一个牙形石带内(*linguiformis* 带)可先后出现两次规模较大的灭绝，其中第一次灭绝位于界线黑色页岩或相当层位之下，以底栖生物灭绝为特征，包括大量珊瑚、底栖介形虫、腕足类等，其原因可能与海洋还原环境-热液活动金属毒素有关；第二次为界线处牙形动物 manticolepid 类掌鳞牙形石等的快速灭绝。腕足动物五房贝目的鹰头贝属(*Gypidula*)在华南晚泥盆世地层中数量比较稀少，而无洞贝目则大量消失于距 F-F 界线之下 20～40 多米的地层处，到接近于 F-F 界线只有少量个体；小嘴贝目及弓石燕科的物种在华南弗拉阶、法门阶中均有明显的区别，到法门期腕足类以丰富的新型小嘴贝类、弓石燕类属种的出现为特色，如 *Yunnanellina* 和 *Sinospirifer*。弓石燕类在华南的出现应代表弗拉期中期的开始，而 *Yunnanellina* 和 *Yunnanella* 则分别出现于法门阶下部和中部的地层。晚泥盆世弗拉期末的海退在华南表现得很明显，在浅水区域或造成云化，或造成地层缺失。在华南的某些剖面上，F-F 之交的黑色岩层缺失或很不发育。在湘中该页岩可能形成于一种水体变浅的环境。华南 F-F 附近就地球化学的资料来看还没有比较肯定的地外证据，现有的数据表明用裂谷活动引起的海底热液成因来解释所发现的有关化学异常似更合理。$\delta^{13}C$ 的最大负异常出现于界线黑色页岩内，但不同研究者的 $\delta^{13}C$ 的最低值可以相差到 4.5‰或更大，此外不同剖面间氧、碳同位素之间也有较大的出入，锡矿山 F-F 之交的黑色页岩中有机碳的 $\delta^{13}C$ 也未见有异常，因此上述碳同位素负异常有可能为后期成岩作用所致。微球粒在 F-F 界线剖面纵向上集中分布的层位有 3 个，分别为 Upper *rhenana* 带、F-F 界线附近及 Upper *crepida* 带。从微球粒的形态及成分等方面来看，其形成用撞击成因解释较为合理，但其出现与化石集群灭绝的层位并不十分一致。值得注意的是华南晚泥盆世 F-F 界线上下主要的底栖生物群交替与裂谷或热液活动阶段比较一致，因此构造活动可能在华南晚泥盆世生物群的灭绝及演替中起着重要作用。

马学平. 2004. 华南泥盆纪弗拉期-法门期之交的生物灭绝及相关沉积-地化事件. 见：戎嘉余，方宗杰主编. 生物大灭绝与复苏——来自华南古生代和三叠纪的证据. 合肥：中国科学技术大学出版社. 409～436，1058

**关键词 →**

弗拉-法门事件　集群灭绝　晚泥盆世　华南

泥盆纪弗拉-法门期生物危机(又称 F-F 事件)是显生宙以来五次生物大灭绝事件之一(Sepkoski,1982)。在弗拉期晚期,浅水四射珊瑚全部 151 个种、47 个属中仅有 2～3 个属存活下来(Sorauf and Pedder,1986),而礁体则在弗拉期中期高海平面情况下,又一次达到繁盛,此后(*rhenana-linguiformis* 带)急剧减少,到法门期完全缺失(Copper,2002)。泥盆纪也是腕足动物的鼎盛时期,但在 F-F 事件中,大约 75%的属灭绝(McGhee,1996)。菊石只有 6 个属穿过了 F-F 界线,到了法门期则出现了完全不同的科(Becker and House,1994)。

有关泥盆纪弗拉-法门期生物危机研究的真正兴起是随着 20 世纪 80 年代初对白垩纪-第三纪事件(K-T)的研究而开展起来的,当时 Alvarez 等(1980)认为是一个小行星撞击地球导致 K-T 之交的生物集群灭绝。事实上,由地外事件引起生物灭绝的提法最初是针对 F-F 生物的灭绝而言的。McLaren(1970)首先注意到了 F-F 生物集群灭绝,并猜测其原因,认为浑浊水体是首选因素("turbid water, is therefore, my first choice"),受其控制的首要因素是在弗拉期末,可能有一颗非常大型的陨星撞击了古生代的太平洋,从而导致海啸及其浑浊的泥质沉积。自从 20 世纪 80 年代以来,随着国际上对 F-F 事件的普遍关注以及不同研究领域学者的综合研究,目前在诸方面已有许多成果(参见 McGhee,1996; Balinski *et al*.,2002; Racki and House,2002 及其所列的有关文献)。

我国针对 F-F 事件研究的有许多学者,也取得了不少成果。我国华南有关F-F 事件研究的情况可从以下诸方面评述。

## 一、华南深水相及浅水相 F-F 界线

在吉维特期晚期,华南海开始形成一系列交叉型的裂谷带,把一个统一的浅海区分割成了带状深水区(裂谷带)和浅水碳酸盐岩台地(图 3.7.1)。这种分布格局在广西地区尤为明显,其中深水区主要以浮游生物为主,底栖生物基本缺失;而浅水碳酸盐岩台地则含有丰富的底栖生物,但许多情况下,上泥盆统的化石保存不佳。上述两个相区曾分别被称为南丹型和象州型(如侯鸿飞、王士涛,1988)。

这种裂谷带也向北延伸到湖南,但因靠近古陆,在湖南岩相类型更加复杂。湖南的浅水台地相还可细分为 4 种类型(Yu *et al*.,1990; Ma and Bai,2002),包括近岸潮间带碎屑岩相、浅潮下带碳酸盐-碎屑岩相、礁间台地纯灰岩相以及礁间凹陷-盆地泥灰岩相。这些不同相区弗拉阶上部的岩性及化石内容往往不同,但法门阶下部则基本是一致的。

### (一)深水相

国际上弗拉-法门界线层型最后确定在法国的 Montagne Noire 地区,F-F 界线

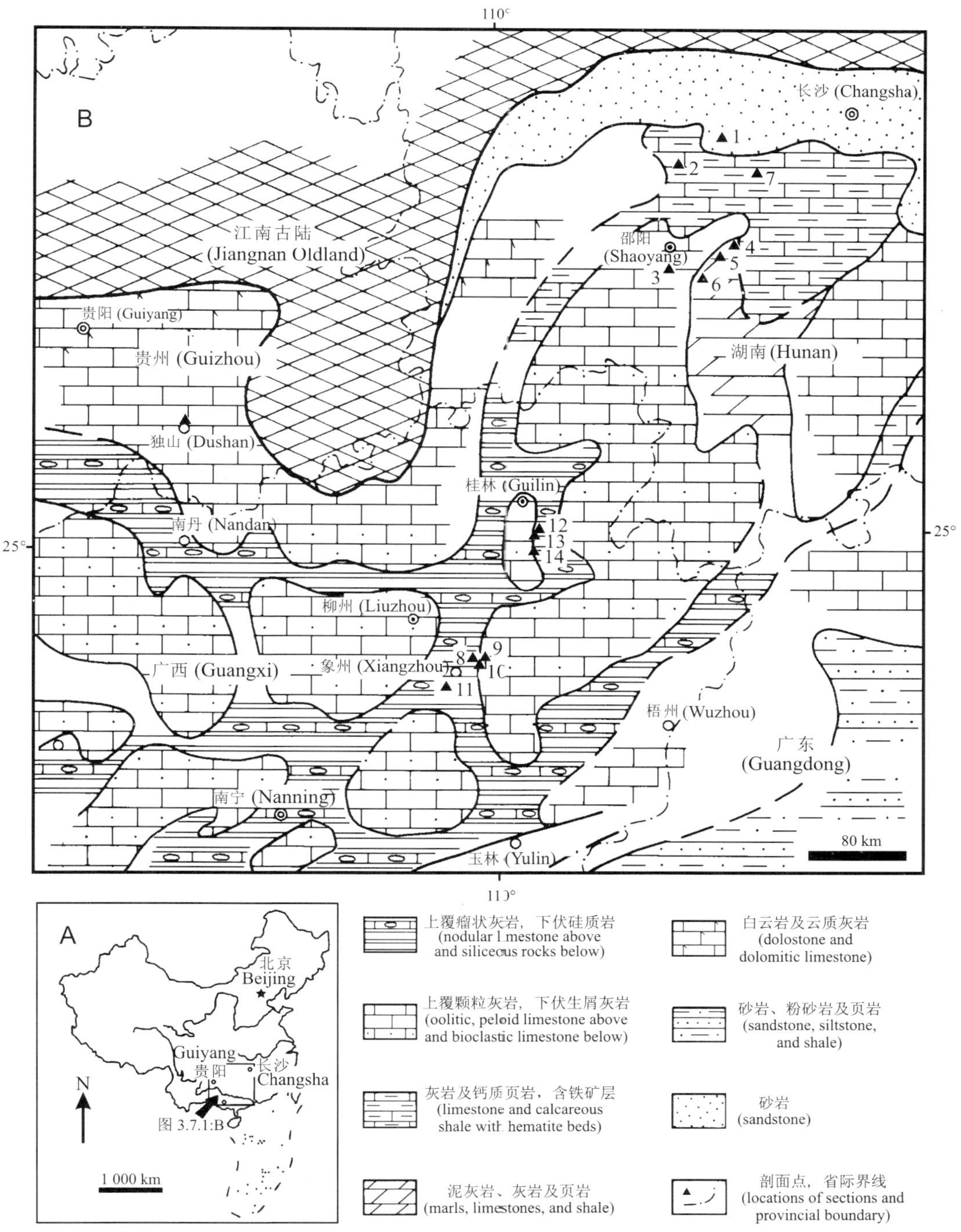


**图 3.7.1** 华南晚泥盆世岩相古地理，示裂谷带切割碳酸盐岩台地及主要剖面位置[自 Ma and Bai，2002；B 主要依据 Hou 等(1988)，略修改]

1. 雷鸣洞 2. 锡矿山 3. 大坪 4. 崇山铺 5. 佘田桥 6. 蒋家桥 7. 棋梓桥 8. 香田 9. 巴漆 10. 马鞍山 11. 南洞 12. 杨堤 13. 垌村 14. 白沙

Figure 3.7.1 Lithofacies palaeogeographic map of South China in the Late Devonian [revised from Ma and Bai (2002); B mainly after Hou *et al.*, 1988, partly revised based on data of different sources]

Localities of sections: 1. Leimingdong 2. Xikuangshan 3. Daping 4. Chongshanpu 5. Shetianqiao 6. Jiangjiaqiao 7. Qiziqiao 8. Xiangtian 9. Baqi 10. Maanshan 11. Nandong 12. Yangdi 13. Dongcun 14. Baisha

即牙形石 *linguiformis*-Lower *triangularis* 带的界线。确定这条界线在我国华南深水相地层中是没问题的，因为在绝大多数深水相剖面中都发现了这些标准分子，而且 Ziegler 和 Sandberg(1990)建立的上泥盆统牙形石分带在华南均可很好地得到应用(Ji and Ziegler,1993；Bai *et al*.,1994；Wang,1994)。但在个别剖面，不同研究人员所做出的 F-F 界线的具体位置不同，甚至在同一剖面其 F-F 界线位置也有不同的划分，例如广西香田剖面(例如，Bai *et al*.,1994；季强,1994)(图 3.7.1,图 3.7.2)。

化石带界线的不同认识影响到对 F-F 事件性质及顺序的认识。例如，广西罗秀香田剖面 *linguiformis* 带-Upper *rhenana* 带界线，该剖面的 D 层代表了还原事件(图 3.7.2)，相当于欧洲 Upper Kellwasser(简称 UKW)事件。根据 Hou 等(1992)和季强(1994)的研究，D 层的时限相当于整个 *linguiformis* 带。这在时限上与欧洲的 UKW 事件是不同的。在德国 Steinbruch Schmidt 剖面上，UKW 层只是 *linguiformis* 带最顶部的一小部分，其下还有 6 倍厚度的灰岩(Ziegler and Sandberg,1990)。但另一方面，Bai 等(1994)的研究表明在罗秀香田剖面上，F-F 界线还应向下移动，另外由此向西南约 35 km 位于同一相区的南洞剖面岩性层序及牙形石分布与此一致。

### (二) 浅水相

在近岸潮间带碎屑岩相区，F-F 界线处往往为砂页岩等，缺乏海相化石。在浅潮下带相区，F-F 界线比较容易识别，如锡矿山剖面，首先从牙形石来看，F-F 界线以下地层中出现牙形石 *Polygnathus xylus* 和 *Po. webbi*，前者尤其丰富，两者均指示时代不晚于弗拉末期(白顺良等,1982；Sandberg *et al*., 1988:275；Ziegler and Sandberg,1990)。此外在 F-F 界线处黑色页岩之下，含有大量单体和复体四射珊瑚，包括 *Disphyllum*，*Frechastraea*?，*Peneckiella*，*Pseudozaphrentis*，*Temnophyllum*，*Sinodisphyllum* 等。而在 F-F 界线之上 20 cm 出现了 *Icriodus*，包括 *I. deformatus* 和 *I. iowaensis*。*I. deformatus* 在广西较深水相剖面始现于 Lower *triangularis* 带(季强,1994；Wang,1994)或 Middle *triangularis* 带(Bai *et al*., 1994)。就大化石来说，腕足类小嘴贝目 *Yunnanellina* 出现的层位与牙形石 *triangularis* 带相当(Ma and Day,1999；Ma and Bai,2002)。礁间台地纯灰岩相，如大坪剖面，在 F-F 界线之下往往为厚层纯灰岩沉积，含层孔虫及少量的珊瑚、腕足类等；在 F-F 界线之上则出现腕足类 *Yunnanellina*，*Sinospirifer subextensus*，*Platyspirifer* sp. 等法门阶的分子。在礁间凹陷-盆地泥灰岩相，弗拉阶上部以腕足类无洞贝类、小型弓石燕类、小嘴贝类 *Hunanotoechia* 等为主，而在界线以上则出现典型法门阶的腕足类，包括 *Yunnanellina*、多种弓石燕类及丰富的小长身贝类。因此在浅水相剖面，无论是锡矿山剖面为代表的混积岩相区，还是佘田桥剖面

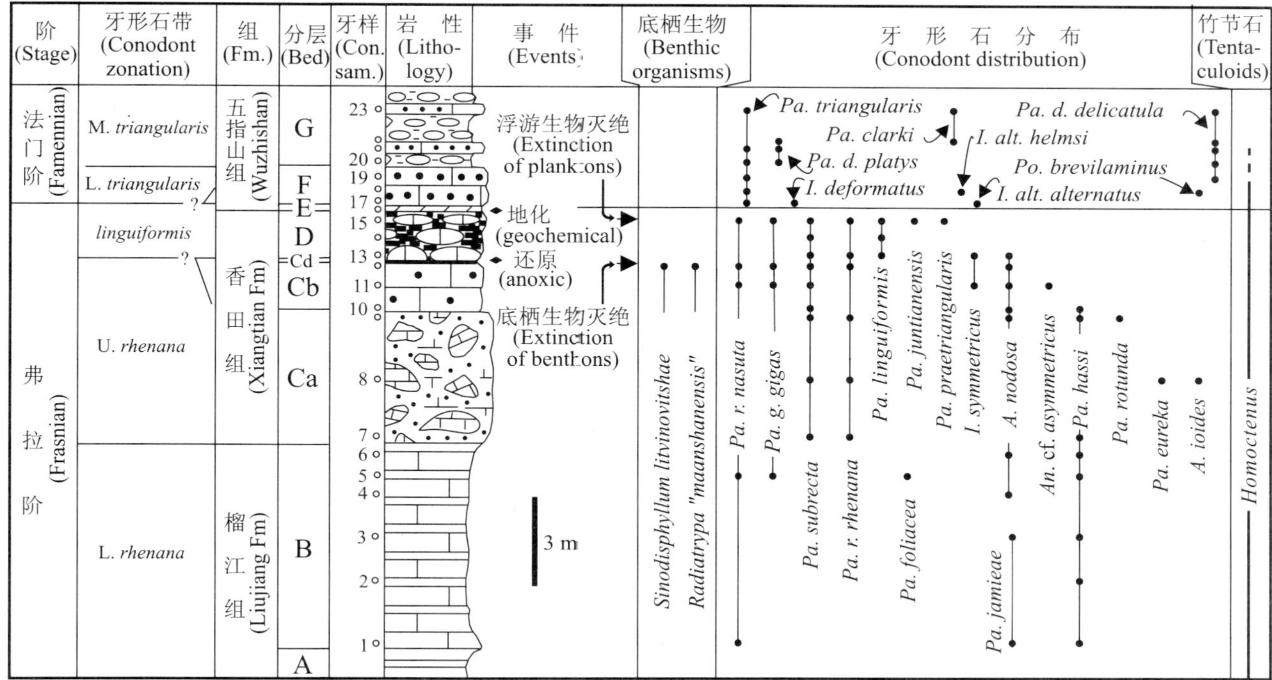


图 **3.7.2** 广西象州香田剖面，示地质事件及生物灭绝层位，注意 ***linguiformis*** 带及 **Lower *triangularis*** 带具体界线位置还有疑义[依据 Hou *et al*.(1992,图 3)及 Bai *et al*.(1994)、季强(1994)资料]

岩性如下：A—薄层硅质岩；B—硅质灰岩与泥岩互层；Ca—灰、暗灰色块状角砾状灰岩；Cb—浅灰色生屑砂屑灰岩；Cd—黑色页岩；D—黑色页岩与瘤状泥晶灰岩；E—棕色泥岩；F—似瘤状泥晶灰岩；G—浅灰色中薄层瘤状泥晶灰岩夹生屑灰岩。

Figure 3.7.2 The Xiangtian section in Xiangzhou County, Guangxi, showing geological events and positions of mass extinctions. Note that the boundary between the *linguiformis* Zone and Lower *triangularis* Zone(F-F boundary) is not exactly determined [based on Hou *et al*. (1992, fig. 3) and data from Bai *et al*. (1994) and Ji(1994)]

Lithologies as follows: A thinly bedded siliceous rocks; B Alternating siliceous limestones and mudstones; Ca Gray and dark gray massive brecciaed limestones; Cb Grayish bioclastic calcarenites; Cd 2 cm-thick black shale; D Alternating black shales and nodular micrites; E Brownish mudstones; F Lithology similar to nodular micrites in appearance; G Grayish medium-to thin-bedded nodular micrites intercalated with bioclastic limestones.

为代表的泥灰岩较深水相区，或者礁间碳酸盐岩台地相区，F-F 界线之下的大化石往往可分别见有四射珊瑚、无洞贝目以及层孔虫等，而界线之上则往往以 *Yunnanellina-Yunnanella* 为特征，并伴随有 *Sinospirifer*、*Cyrtiopsis*、*Platyspirifer* 等多种弓石燕类。

## 二、华南 F-F 附近生物群的面貌及地层分布

晚泥盆世 F-F 附近的生物集群灭绝中，最引人注目的是礁体及群体四射珊瑚在全球范围的灭绝，整个法门期地层中没有珊瑚礁。此外，腕足动物等许多门类也不同程度地受到了影响(McGhee,1996)，但关于生物灭绝的方式还有争论。经过多年的努力，我国华南上泥盆统海相的主要门类的地层分布逐渐清晰起来，尤其是

在 F-F 界线附近。根据目前对华南深水相及浅水相生物的研究，它们在 F-F 界线附近的分布简要叙述如下。

## （一）浮游生物

我国华南晚泥盆世有许多浮游生物化石，包括头足类、竹节石、牙形石、浮游介形虫、放射虫等，其中牙形石的几个属种因与化石分带有关，其分布最为清楚。在 F-F 界线之下，绝大部分竹节石灭绝了，但李酉兴（1995）报道有几个属种穿过了界线，并认为 F-F 灭绝对竹节石影响不大。应该指出的是，华南上泥盆统法门阶下部的地层中，经常出现再沉积的弗拉期牙形石，例如广西南洞剖面（Bai *et al*.，1994）、广西四红山剖面（Wang，1994）。王玉净等（2000）认为云南晚泥盆世法门期的放射虫比弗拉期有更高的分异度及丰度，F-F 事件对深水相的放射虫没有影响。然而据张宁、夏文臣（1998）的研究，广西东南部吉维特期-弗拉期的放射虫最为丰富，与海盆的最大扩张阶段相吻合，且常与海底火山喷发过程同步；而法门期则仅具有少量的放射虫。虽然生物群的分异度变化代表了其历史的一个重要方面，可能更重要的是需搞清具体种属在 F-F 界线上下的分布，这样就可以清楚灭绝的、穿过界线的、新生的各类比例情况，从而做出 F-F 事件对其影响大小的判断。在这一方面，牙形石的例子最为明显。

牙形石在 F-F 界线处的分布特点，就是 manticolepid 类掌鳞牙形石（平台后部向下弯曲的 *Palmatolepis* 类型），*Ancyrognathus*，*Ancyrodella* 等的大量灭绝，而界线之上则以 palmatolepid 类掌鳞牙形石为特点（Bai *et al*.，1994；季强，1994；Hou，2000）。虽然从属一级来看，*Palmatolepis* 穿过了 F-F 界线，但实际上，*Palmatolepis* 一属中只有 *Pa*. *praetriangularis* 一种跨过了 F-F 界线，由此而在法门期早期 Lower-Middle *triangularis* 带复苏并辐射出许多新类型，例如广西宜山、桂林、柳州等地剖面（Ji and Ziegler，1993；Bai *et al*.，1994；Wang，1994；Wang and Ziegler，2002），单就分异度来说，法门期的 *Palmatolepis* 比弗拉期的要丰富得多，但我们仍然认为该类牙形石在 F-F 事件中发生了明显的交替。

## （二）底栖生物

在受 F-F 事件影响的底栖生物中，最惹人注目的是造礁珊瑚的灭绝，其他受影响较大的门类包括腕足动物、介形虫以及层孔虫等。就华南来说，湖南上泥盆统地层的底栖生物最丰富，其他地区往往因为沉积相或盐度等不正常，或是浅滩-坡前滑塌沉积，地层中化石非常稀少，或者化石保存较差。

### 1. 珊瑚

湘中弗拉期四射珊瑚的发展可以分为 3 个阶段（Yu *et al*.，1990）：第一阶段相当于龙口冲组的 *Sinodisphyllum* 动物群，个体数量多，但分异度低；第二阶段相当于七里江组珊瑚，以多种多样的 *Hexagonaria-Disphyllum* 动物群为特征，其他还包括藻类、层孔虫及床板珊瑚，共同形成层状礁；第三阶段相当于老江冲组珊瑚，其中以 *Phillipsastrea-Disphyllum-Mictophyllum* 动物群为特征，分异度也达到了最高。我们的野外观察与此一致。在湘中锡矿山剖面，距 F-F 界线约 0.9 m 的 L5 顶部为礁灰岩，其上直接为黑色页岩沉积；崇山铺剖面的 T3 层也是珊瑚层（图 3.7.3），距 F-F 界线约 3.0 m。在这些层位中均含有丰富的复体和单体珊瑚，包括 *Disphyllum*，*Frechastraea*?，*Phillipsastrea*，*Peneckiella*，*Pseudozaphrentis*，*Temnophyllum*，*Sinodisphyllum*，以及床板珊瑚 *Sinopora*，*Syringopora* 等，但黑色页岩（L6）或相当层位之上，上述种类全部灭绝。

在这次集群灭绝之后的整个法门期中，华南与世界其他地区一样，没有珊瑚礁，而且在整个法门期早中期的地层中，几乎没有四射珊瑚的踪迹。根据廖卫华（2001）的研究，对于浅水相四射珊瑚群来说，法门期的早中期为其残存期，只有 *Smithiphyllum* 存活，到法门期晚期（相当于邵东组至孟公坳组的地层），四射珊瑚才开始复苏，但仅限于单体。

**2. 腕足动物**

应该说湘中是研究 F-F 之交腕足动物群变化的最佳地区，因为这里 F-F 界线的上下均有丰富的腕足动物，尤其是在浅水凹陷地区，如崇山铺、佘田桥、蒋家桥等剖面（图 3.7.1）。因相区相同而且距离较近，这 3 个剖面的沉积发育史也基本相同，因而可以利用岩性及生物群进行较为准确的对比（图 3.7.3），例如在 F-F 界线之下 20～40 m 的地层内，均发育一套含类似的腕足动物群的地层，尤其是均含有丰富的无洞贝类（佘田桥剖面第 12 层；蒋家桥剖面 C1 层；崇山铺剖面 T0a），这也是腕足动物主要消失或灭绝的一个层位，包括 *Ripidiorhynchus*? *gamma*，*Hypothyridina linglingensis*，*Spinatrypa subkwangsiensis*，*Spinatrypina* sp.，*S. shaodongensis*，*Kyrtatrypa*? *qidongensis*，*Athyris supervittata*，*Cyrtospirifer* cf. *whitneyi*，*Tenticospirifer* sp.及 *Mennespirifer yangqiaoensis* 等，在此以上的地层中没有发现。

在佘田桥和蒋家桥剖面，在该层位之上和 F-F 界线之下腕足动物以及其他门类的生物均很少。而崇山铺剖面因位于该相区的北缘，F-F 界线附近的特征又与浅水混积岩相区的锡矿山剖面近似，例如锡矿山剖面 F-F 界线黑色页岩之下的 L5 层含丰富的四射珊瑚（Ma *et al*.，2002，fig. 2），其顶部 20 cm 可称为礁灰岩，此外还含有小嘴贝类 *Hunanotoechia tieni* 及弓石燕类 *C*. "*sinensis*"等；而崇山铺剖面 F-F 界线之下也有一层（T3 层），其中含珊瑚非常丰富，而且另含有少量无洞贝类等（图 3.7.3）。这是底栖生物最主要的灭绝层位，包括了四射珊瑚、某些腕足类（*Hunanotoechia*，*Radiatrypa* 及 *Theodossia* 等）及大量介形虫在此层位灭绝（Ma *et al*.，2002，fig. 2）。

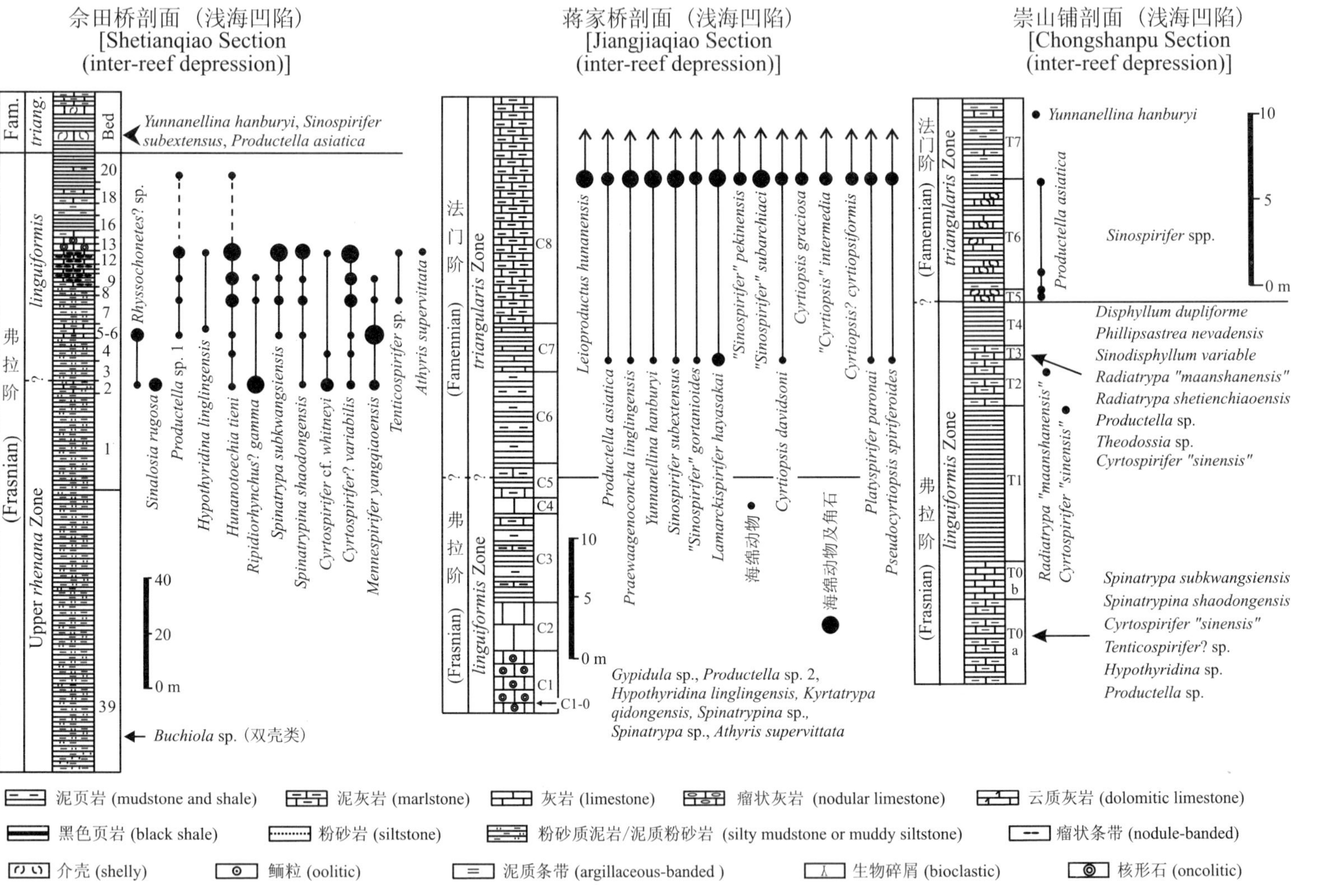


图 **3.7.3** 湘中佘田桥、蒋家桥及崇山铺剖面，示弗拉阶上部及法门阶下部腕足类等生物的分布[据 Ma（1998，fig. 2），Ma *et al*.（2002，fig. 2）及最新资料修改综合]

Figure 3.7.3 Shetianqiao, Jiangjiaqiao, and Chongshanpu sections showing brachiopods and minor other organisms across the Frasnian/Famennian boundary [after Ma (1998, fig. 2), Ma *et al*. (2002, fig. 2), and new data]

湘中 F-F 界线之上的腕足动物以长身贝目、小嘴贝目、石燕贝目弓石燕科最为繁盛，其中小嘴贝类 *Yunnanellina-Yunnanella* 的形态容易识别，且数量丰富、分布较广，因此常常以 *Yunnanellina-Yunnanella* 动物群的出现作为法门阶的标志。实际上，两者的地层分布是不同的，*Yunnanellina* 出现于长龙界组-锡矿山组的兔子塘灰岩段，大致相当于 *triangularis* 带-Upper *crepida* 带，而 *Yunnanella* 则基本出现于锡矿山组的泥塘里铁矿层，延续到整个玛牯脑灰岩段，大致相当于 Uppermost *crepida* 带-*marginifera* 带。个别剖面上，*Yunnanellina* 与 *Yunnanella* 的分布范围略有重叠(Wang and Bai，1988)，而另一些剖面上(如锡矿山剖面)，两者之间没有重叠。F-F 界线之上直接出现或在很短的距离内出现 *Yunnanella*，则说明有地层缺失，如棋梓桥剖面。

长身贝目的 *Praewaagenoconcha linglingensis*，*Leioproductus hunanensis* 及 *Productella asiatica* 是湘中法门阶下部较为丰富的类型。对华南石燕贝目弓石燕科的基础工作首推 Grabau(1931)，但由于其材料没有可靠的地点和层位以及当时分类概念的局限，分类上有这样或那样的问题，使得后人很难掌握，因而过去弓石燕类在 F-F 界线上下出现的各种层位显得比较混乱。作者过去多年致力于华南晚泥盆世弓石燕类的研究，其分布目前已比较清楚(图 3.7.3)。湘中弗拉阶上部包括了至少 5 种类型的弓石燕类：*Cyrtospirifer* cf. *whitneyi*，*C.* "*sinensis*"，*C.*? *variabilis*，*Tenticospirifer tenticulum* 及 *Mennespirifer yangqiaoensis*，其中 *C.* "*sinensis*"和 *C.*? *variabilis* 在锡矿山剖面可延续到 F-F 黑色页岩之下。所有这些种在华南法门阶下部的地层中均没有发现，而代之以 *Sinospirifer subextensus*，"*S*". *gortanioides*，"*S*". *pekinensis*，"*S*". *subarchiaci*，*Cyrtiopsis davidsoni*，*C. graciosa*，"*C*". *intermedia*，*C.*? *cyrtiopsiformis*，*Pseudocyrtiopsis spiriferoides*，*Lamarckispirifer hayasakai*，*Platyspirifer paronai* 等新型弓石燕类属种的出现为特色(图 3.7.3)。

## (三) 华南晚泥盆世腕足动物属级分类单位的分布

湘中的弗拉阶从岩性上三分较为清楚(图 3.7.4)，下部基本代表的是海侵环境下的沉积，不同剖面上包括砂岩、泥页岩、泥灰岩等；中部(相当于七里江组)以块状礁体灰岩为特色，这在全球范围内也是如此，代表海平面较为稳定且海域范围较广的时期，时间上大致相当于标准牙形石带的 *hassi*-Lower *rhenana* 带(Copper，2002)；上部则以泥页岩、泥灰岩等为特征，有些剖面接近于弗拉阶顶部则发育碎屑岩或白云质灰岩，代表水体变浅的环境。湘中弗拉阶地层所代表的岩性及海平面变化特征在贵州独山及四川龙门山地区明显具有可比性。湘中法门阶的地层岩性上四分较为明显，包括长龙界组、锡矿山组、欧家冲组以及邵东组-孟公坳组，其中欧家冲组以陆相碎屑沉积为主，是海退的产物。在美国西部，这次大规模海平面

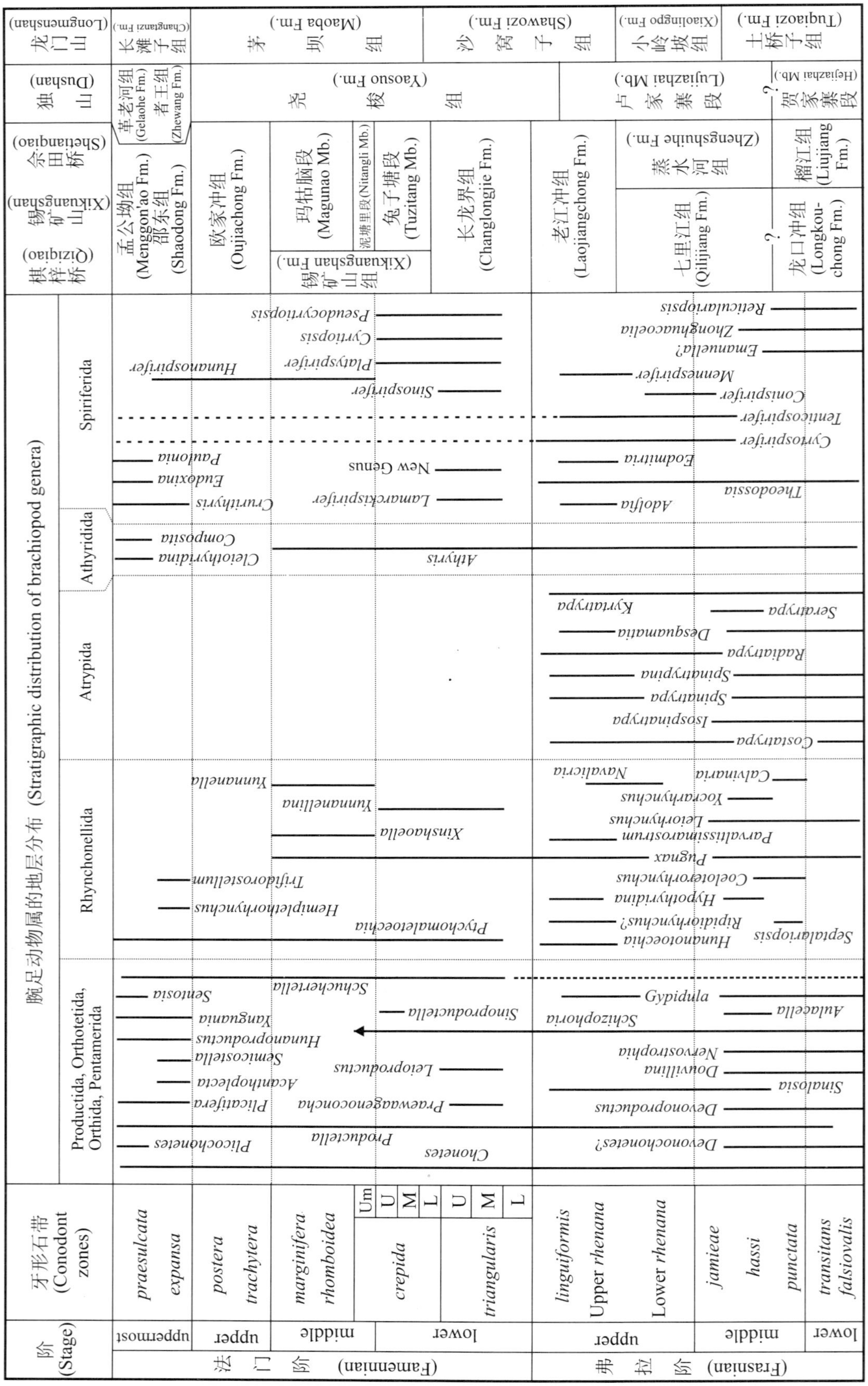

| 阶 (Stage) | | 牙形石带 (Conodont zones) | 棋梓桥 (Qiziqiao) 锡矿山 (Xikuangshan) 佘田桥 (Shetianqiao) | 独山 (Dushan) | 龙门山 (Longmenshan) |
|---|---|---|---|---|---|
| 法门阶 (Famennian) | uppermost | praesulcata<br>expansa | 孟公坳组 (Menggon'ao Fm.)<br>邵东组 (Shaodong Fm.) | 革老河组 (Gelaohe Fm.)<br>者王组 (Zhewang Fm.) | 长滩子组 (Changtanzi Fm.) |
| | upper | postera<br>trachytera | 欧家冲组 (Oujiachong Fm.) | 尧梭组 (Yaosuo Fm.) | 茅坝组 (Maoba Fm.) |
| | middle | marginifera<br>rhomboidea | 锡矿山组 (Xikuangshan Fm.): 玛牯脑段 (Magunao Mb.) | | |
| | lower | crepida (Um, U, M, L) | 锡矿山组 (Xikuangshan Fm.): 泥塘里段 (Nitangli Mb.); 兔子塘段 (Tuzitang Mb.) | | |
| | | triangularis (U, M, L) | 长龙界组 (Changlongjie Fm.) | | 沙窝子组 (Shawozi Fm.) |
| 弗拉阶 (Frasnian) | upper | linguiformis<br>Upper rhenana | 老江冲组 (Laojiangchong Fm.) | | |
| | | Lower rhenana | 七里江组 (Qilijiang Fm.); 蒸水河组 (Zhengshuihe Fm.) | 卢家寨段 (Lujiazhai Mb.) | 小岭坡组 (Xiaolingpo Fm.) |
| | middle | jamieae<br>hassi<br>punctata | 七里江组 (Qilijiang Fm.); 蒸水河组 (Zhengshuihe Fm.) — ? — 龙口冲组 (Longkou-chong Fm.); 榴江组 (Liujiang Fm.) | 卢家寨段 — ? — 贺家寨段 (Hejiazhai Mb.) | 土桥子组 (Tuqiaozi Fm.) |
| | lower | transitans<br>falsiovalis | 龙口冲组 (Longkou-chong Fm.); 榴江组 (Liujiang Fm.) | 贺家寨段 (Hejiazhai Mb.) | 土桥子组 (Tuqiaozi Fm.) |

腕足动物属的地层分布 (Stratigraphic distribution of brachiopod genera)

Productida, Orthotetida, Orthida, Pentamerida: Chonetes, Plicochonetes, Devonochonetes?, Productella, Devonoproductus, Praewaagenoconcha, Plicatifera, Sinalosia, Leioproductus, Acanthoplecta, Douvillina, Semicostella, Nervostrophia, Hunanoproductus, Yanguania, Schizophoria, Sinoproductella, Aulacella, Gypidula, Schuchertella, Sentosia

Rhynchonellida: Septalariopsis, Ptychomaletoechia, Hunanotoechia, Ripidiorhynchus?, Hemiplethorhynchus, Hypothyridina, Trifidorostellum, Coelotorhynchus, Pugnax, Parvaltissimarostrum, Xinshaoella, Leiorhynchus, Yocrarhynchus, Yunnanellina, Calvinaria, Yunnanella, Navalicria

Atrypida: Costatrypa, Isospinatrypa, Spinatrypa, Spinatrypina, Radiatrypa, Desquamatia, Seratrypa, Kyrtatrypa

Athyridida: Athyris, Cleiothyridina, Composita

Spiriferida: Theodossia, Adolfia, Cruritryris, Lamarckispirifer, New Genus, Eudoxina, Eodmitria, Paulonia, Cyrtospirifer, Tenticospirifer, Conispirifer, Sinospirifer, Mennespirifer, Hunanospirifer, Emanuella?, Platyspirifer, Cyrtiopsis, Zhonghuacoelia, Reticulariopsis, Pseudocyrtiopsis

图 3.7.4 华南上泥盆统腕足动物属级分布(资料来源见正文说明)

Figure 3.7.4 Distribution of brachiopod genera in the Upper Devonian of South China (see text for sources of data)

降低大致相当于 *trachytera-postera* 带(Sandberg *et al.*, 1988),而邵东组和孟公坳组则代表了泥盆纪最后一次海侵,其生物群面貌在华南各地一致。上泥盆统亚阶的划分在国际上还没有统一,图 3.7.4 所使用的是其中的一种方案。我国华南浅水相地层与标准牙形石带的对比,还只是一种初步方案,有待于今后工作的验证。腕足动物在华南整个晚泥盆世地层的分布可以明显地分为两个大的阶段:弗拉期和法门期。两者之间最主要的区别是法门期没有无洞贝目及五房贝目;此外,许多弗拉期的腕足类未能延伸到法门期,但可从吉维特期延伸上来,如 *Hypothyridina* 等,而法门期则出现了许多新的类型,如小嘴贝类 *Yunnanellina* 及许多弓石燕类。

就弗拉期及法门期内部来看,腕足类的分布基本反应了岩性/海平面变化情况,岩性组/段之间往往是属种消失及新生的分界线,例如龙口冲组和七里江组之间、七里江组和老江冲组之间、玛牯脑段和欧家冲组之间、欧家冲组和邵东组之间等。然而,有生物群面貌巨变的 F-F 生物集群灭绝并不是在岩性变化的界线上,其上下岩性没有太大的改变,这在湘中、贵州独山、四川龙门山均是如此。另一个较为重要的界线是欧家冲组与邵东组的界线,在此之上腕足动物面貌与以下的有很大不同,并且出现许多早石炭世的类型(参见 Xu and Yao,1988)。

F-F 集群灭绝的腕足动物目级类群是无洞贝类和五房贝类。然而后者的代表鹰头贝(*Gypidula*)仅在个别剖面如湖南蒋家桥剖面、贵州独山剖面弗拉阶的上部出现少量个体,其他剖面很少出现,应该说该类腕足动物很早就开始走下坡路了,到 F-F 界线附近已经是腕足动物无足轻重的一个类群。

无洞贝类在华南的弗拉期地层中仍是较为重要的一类腕足动物。在弗拉阶下部,如湖南棋梓桥剖面龙口冲组、贵州独山望城坡组贺家寨段等,无洞贝类数量很多,但分异度均较低,目前已知仅为 3~4 属;中部相当于湖南的七里江组、贵州的望城坡组卢家寨段下部,包括 *Radiatrypa*, *Kyrtatrypa*, *Spinatrypa*, *Desquamatia* 等,但个体数量并不丰富;到弗拉阶上部,在湖南,无洞贝类无论是种类还是数量似乎很突然地丰富起来,如佘田桥剖面、蒋家桥剖面、崇山铺剖面等,包括有 *Spinatrypa*, *Spinatrypina*, *Kyrtatrypa*? 等,之后仅有少量的无洞贝类延伸到弗拉阶近顶部,例如在崇山铺剖面 F-F 界线之下约 3.0 m 的层位出现少量的 *Radiatrypa*(Ma,1998)。迄今为止,在湖南、贵州等稳定浅水相区,没有发现无洞贝类穿过 F-F 界线到法门阶地层的。但是,值得注意的是在广西象州的一些剖面,无洞贝类可发现于法门阶下部的地层。但这些剖面如马鞍山、巴漆等位于台地-盆地相区过渡带,往往混生有弗拉期的牙形石,因此那些无洞贝类等化石很可能是再沉积的产物(Bai *et al.*, 1994; Ma,1998)。

小嘴贝类在华南弗拉阶地层中的分布很不均一。贵州独山剖面的整个弗拉阶地层中没有发现。湖南佘田桥剖面的弗拉阶下部报道有 *Leiorhynchus*(Yu *et al.*,

1990)，我们最近的野外工作发现该类腕足动物较为稀少，且多保存不佳。湖南弗拉阶中段顶部含 *Navalicria* 等。到弗拉阶上部，湖南的小嘴贝类相对较为繁盛，包括 *Pugnax*，*Parvaltissimarostrum*，*Hunanotoechia*，*Hypothyridina*，尤其以 *Hunanotoechia* 最为丰富。到弗拉阶顶部，*Hunanotoechia* 在锡矿山地区是惟一的小嘴贝类，且很繁盛，但灭绝于黑色页岩沉积之前，与造礁珊瑚一致（马学平，1993）。与此形成鲜明对照的是四川龙门山地区，在弗拉阶下部土桥子组的地层中有相当多的小嘴贝类（Chen，1984），包括"*Pugnax*"，*Striatopugnax*（=*Coelotero-rhynchus* Sartenaer，1966），*Hypothyridina*，*Ypsilorhynchus*，*Platyterorhynchus*，"*Leiorhynchus*"，*Calvinaria*，*Septalariopsis*（= *Flabellulirostrum* Sartenaer，1971），"*Ningbingella*"，以及后来的 *Yocrarhynchus* Sartenaer，1995；向上的地层中小嘴贝类绝迹（侯鸿飞，1988）。到法门期早期，湖南的小嘴贝类以 *Yunnanellina* 大量繁盛为特色，有些剖面上 *Ptychomaletoechia* 也相当丰富。到法门期中期，则以 *Yunnanella* 和 *Xinshaoella* 为特征。

弓石燕类在华南的晚泥盆世地层中非常丰富，前人往往以弓石燕（*Cyrtospirifer*）的始现作为中上泥盆统的大致界线，一般认为弓石燕在弗拉阶及法门阶的地层中均出现。然而从我们最近考察的湖南棋梓桥、贵州独山等剖面看，原来所谓的弓石燕需要重新研究，例如 Tien（1938）所描述的采自棋梓桥剖面龙口冲组的 *Sinospirifer sinensis* 和 *S. subextensus*，后人（如侯鸿飞、王士涛等，1988；Yu *et al.*，1990 等）相继记述为 *Cyrtospirifer sinensis*，但我们所采集到的标本实际上为 *Theodossia* sp.，按照 Carter 等（1994）的分类，该属与 *Cyrtospirifer* 属于两个不同的超科，前者属于 Theodossioidea 超科，只是到弗拉阶中部大套灰岩段开始时才出现 *Cyrtospirifer*。我们在贵州独山望城坡组卢家寨段底部所采集到的石燕类标本保存不好，难以确切鉴定，而另一种外形似帐幕石燕（*Tenticospirifer*）的实为 *Conispirifer*，也不属于弓石燕科（Ma and Day，2000）。四川龙门山在与贵州独山相应的层位中（小岭坡组）也曾报道有 *Cyrtospirifer* 和 *Tenticospirifer*，前者未见图版（侯鸿飞，1988），是否为真正的弓石燕有待证实。总之，弓石燕类在华南的出现应代表弗拉期中期的开始。

应该指出的是，图 3.7.4 主要是根据贵州独山、四川龙门山以及湘中几个剖面的实际资料综合而成的。引用的资料主要包括陈源仁（1983）、Chen（1984）、侯鸿飞（1965）、侯鸿飞（1988）、谭正修（1987）、Sartenaer（1991）、主要省区古生物图册以及作者本人许多发表和未发表的数据，其中地层资料太笼统或明显有误的属没有包括进来。然而由于基础工作是由不同作者在不同时期所做，因而分类上往往还有这样或那样的问题，尤其是一些"长命"的属，如 *Chonetes*，*Athyris* 等。此外，这里所表示的腕足动物的分布在许多情况下并不代表其整个地层分布范围，而且在所表示的实线范围内也并不一定连续出现，例如，小嘴贝类 *Hypothyridina* 在华南还常见于中泥盆世，而七里江组或相当地层内目前还没有报道。

## 三、华南 F-F 附近的地质环境背景

随着国际上对白垩纪-第三纪之交生物大灭绝的原因探讨的开展且常与地外事件联系起来以后，在国际上也对晚泥盆世 F-F 事件进行了广泛的研究，这其中有关非生物事件的研究是最主要的一个方面。迄今为止，国际上有两种截然不同的认识。以 McGhee 等人为代表的一派认为没有地球化学异常或其他撞击证据；而许多加拿大学者则认为有地球化学异常。对此，我国学者独立或开展国际合作，对我国的晚泥盆世剖面进行了不同程度的研究。

### （一）沉积环境

#### 1. 海平面变化

海平面的变化在浅水相区表现得比较明显。晚泥盆世弗拉期基本是一个完整的海侵-海退旋回。在混积岩相或碎屑岩相区，例如湖南雷鸣洞剖面、棋梓桥剖面、锡矿山剖面等，弗拉阶下部的地层往往为碎屑岩，相当于龙口冲组；中部往往为块状灰岩、珊瑚-层孔虫礁体，相当于七里江组；上部为灰岩/泥灰岩及页岩互层，本段地层相当于 Tien(1938)的“长龙界页岩”的下部，或王根贤等(1986)的老江冲段。弗拉期末期至法门期早期出现了广泛的海退，其结果是：①F-F 界线附近白云岩广泛分布，例如广西桂林唐家湾剖面、贵州独山剖面，而锡矿山剖面也有少量云化现象；②近岸相区如湖南雷鸣洞剖面、棋梓桥剖面等 F-F 界线以下往往出现各种碎屑岩沉积；③有些剖面缺失法门阶下部厚度不等的地层，例如棋梓桥剖面 F-F 界线之上很快就出现了 *Yunnanella*、邵阳大坪剖面 F-F 界线之上直接为 *Yunnanellina* 等，而正常层序的剖面中，*Yunnanellina* 往往在 F-F 界线之上约 10 m 才开始出现，*Yunnanella* 更是在 80～150 m 厚以上的地层(相当于泥塘里铁矿层)才开始出现。

在弗拉期这一总的海侵-海退旋回内还有许多次一级的旋回。例如 Wang(1994)认识到了 Lower *rhenana* 带早期的 *semichatovae* 海侵事件；在湖南浅水相区更可以识别出多次这种次级海侵-海退旋回(图 3.7.5)，但准确化石带目前尚难确定，因此今后还应加强浅水相和深水相剖面之间地层对比的研究。虽然华南F-F之交的海平面变化总的特征是下降，但由于受构造因素的影响，尤其是由于裂谷活动加剧，海平面的表现形式在不同剖面上可能出现不同的情况，其中有些剖面的水体非但没有变浅，反而变深，如 Chen 等(2001)和龚一鸣、李保华(2001)所报道的那样。

弗拉期末的这次海退具有全球性，例如 Johnson 等(1985)主要依据北美中西

部所建立的海侵-海退旋回在世界范围内得到了广泛应用，在F-F界线附近常表现为一个不整合面或剥蚀面，或向上变浅序列(Copper，2002：37；Devleeschouwer *et al*.，2002)；在北美中部弗拉阶最上部往往缺失一个牙形石带的地层(Day，1998)。关于这次海退的原因，许多人(如House，2002)认为气候变化造成海侵-海退，也就是说，气候变冷伴随的是海退；Copper(如1977，1998等)明确提出寒冷气候-冰川的发展与弗拉期末的大规模海退有关。这种学说关键是缺乏有说服力的证据。鉴于目前在弗拉期后期至F-F之交没有冰川的证据，而且晚泥盆世大部时间内全球仍然处于温暖的时期，有人用气候变化加全球构造活动来解释F-F之交这次较大规模的海平面下降(如Racki，1998；Racki *et al*.，2002；Hladil，2002)。晚泥盆世的构造活动在世界许多地区较为发育(Racki，1998；George and Chow，2002)，在华南也确实比较活跃，具体表现就是海底热液活动及裂谷活动(图3.7.1)。

**2. 华南的Upper Kellwasser的层位**

在接近于F-F之交时全球范围内出现了一次还原环境，即相当于欧洲Upper Kellwasser(简称UKW)的层位，以黑色碳酸盐岩及页岩为特征(Joachimski and Buggisch，1993)，相当的层位也出现于美国东部及华南(Over，2002；Hou *et al*.，1992；Bai *et al*.，1994)。应该指出的是在华南的某些剖面上，F-F之交的黑色岩层是缺失的或者很不发育，如较深水相的广西桂林杨堤，浅水相的广西桂林唐家湾、贵州独山、湖南崇山铺、佘田桥、蒋家桥等剖面。

国际上一般认为UKW层是水体加深的结果(如Sandberg *et al*.，1988)。然而国外那些有黑色岩层的剖面基本均属于深水相，因而对海平面变化不如浅水相剖面表现得那么灵敏，例如美国东部及乌拉尔北部深水相区剖面F-F附近很难观察到明显的水深变化(Over，2002：163；Yudina *et al*.，2002)。况且黑色页岩可以形成于许多情况下，尤其是变浅的情况下更容易富集陆生植物碎屑等(Copper，1998：149)，同样地，Whalen等(2000)也认为碳酸盐岩匮乏且局部有机质丰富的岩性往往是低位体系域(lowstand)及海侵早期的特征。对华南相当于UKW层位有两种不同的认识。Hou等(1996)及Muchez等(1996)认为华南这种黑色沉积为海侵，后者还认为相当于整个*linguiformis*带，这与欧洲的UKW层有相当大的不同，因为UKW层仅相当于*linguiformis*带最顶部的一小部分(Ziegler and Sandberg，1990)。但是，季强(1994)及马学平、白顺良(1996)认为，华南F-F界线黑色页岩应是海平面下降条件下产生的。Ma和Bai(2002)在讨论锡矿山剖面F-F黑色页岩沉积于海水变浅的环境中时指出：①黑色岩段中的灰岩层发生准同生白云岩化，其中生物群单调，代表了一种潮间带-潮上带的环境；②含有植物碎屑及石英碎屑；③该岩段在湘中分布并不十分普遍，在锡矿山矿区范围内，其厚度和岩性变化很大。

### 3. 气候温度变化

关于晚泥盆世 F-F 的气候温度变化有两种截然不同的观点，一种是降温说（如 Copper，1977 等），House（2002）和 Streel 等（2000）认为 F-F 之交可能出现一次短期的降温，这样才能解释海平面下降的问题，而 Joachimski 和 Buggisch（2002）根据牙形石氧同位素认为弗拉期后期有两次降温（基本对应于上、下 Kellwasser 层）；另一种是升温说（如 Thompson and Newton，1988），例如 Devleeschouwer 等（2002）认为从粘土矿物含量变化可以得出 F-F 之交应为温-湿气候。双方都还可提出其他一些证据，但似乎又都可用其他原因来解释，确信无疑的证据较少，但就碳酸盐岩及礁体在全球的广泛分布来看，泥盆纪总体上仍是一个非常温暖的时期。我国华南的情况与此相似，大多数学者认为，华南晚泥盆世是个温暖时期。最近王大锐等（2001）根据腕足动物壳体的氧同位素分析认为，接近于弗拉-法门期（F-F）之交可能出现了全球性的降温。但所测的地层范围太小，数据变化趋势也较弱。这项研究还有待于更广范围内测定更多的腕足动物壳体，尤其要注意腕足壳体氧同位素变化与海平面升降的关系。

## （二）地球化学

### 1. 微量元素

**铱异常：**铱异常是提出白垩纪-第三纪之交地外撞击事件的首要证据（Alvarez *et al.*，1980），因而在 F-F 事件研究的早期，人们也集中寻找与撞击有关的铱等几种元素异常。Wang 和 Bai（1988）在湖南祁东剖面的 F-F 界线之上认识到两层地球化学异常，分别为 Lower *crepida* 带和 Upper *crepida* 带，其中铱含量分别为 12.5 ppt 和 31 ppt。但因为时间上晚于普遍接受的 F-F 事件发生的层位，因此不管其成因如何，都与 F-F 集群灭绝无直接关系。而在广西罗秀香田剖面，F-F 界线附近也有弱铱异常（Wang *et al.*，1991；Hou *et al.*，1992），为 0.23 ppb(ng/g)[= 230 ppt (pg/g)]。这个异常值相对于当地背景值来说是比较明显的（20 倍左右），但相对于 K-T 界线来说几乎是微不足道的，K-T 界线处的铱异常达 10～87 ng/g（Alvarez *et al.*，1982），它们相差几十到几百倍。应该指出的是，异常层的岩性为黑色泥页岩，不同于上下以碳酸盐岩为主的岩性。实际上，Wang 等（1991）不同作者在同一文献中对上述元素异常的解释也是有疑问的，多数认为是地外星体撞击到海洋引起的，而其中两位地球化学研究者则认为是还原环境造成的。另一方面，火山活动也可以产生高度富集的铂族元素，包括铱等，例如夏威夷 Kilauea 火山（Finnegan *et al.*，1988）。

**多元素异常与海底热液：**Bai 等（1994）详细研究了华南泥盆纪各主要界线层附近的地球化学特征，发现在 F-F 附近有镍-铱等金属元素异常，但并不是仅限于 F-F 界线，从埃姆斯期到石炭纪最早期，共有 6 次镍事件幕（Nickel-episode）。并认为这些元素异常主要是由裂谷活动的加剧及还原环境造成的，而地外撞击事件又可能对裂谷活动起了推动作用。白顺良(1998)明确提出上述 Ni-Ir 异常都伴有亲铜元素异常，如 Cu、Zn、As、Mo、Sb、Pb 等，亲铜元素的富集可以否定地外成因，因为陨石缺损亲铜元素。上述现象与地堑或大洋中脊热液沉积可以类比，因此超量的 Ni 可能主要源自热液活动。在华南，晚泥盆世地层中矿产丰富，大都具有同生海底热液成因的性质(如 Chen and Gao，1988；陈学明等，1999；黄永平等，2000)。Ma 和 Bai(2002)发现在华南的 F-F 界线附近从 Lower *rhenana* 带至 *crepida* 带共有 3 次地球化学异常，而这 3 期异常在横向上均有相对应的成矿带或元素异常带，因此它们可能主要由华南同期裂谷和海底水热活动所引起的(图 3.7.5)。

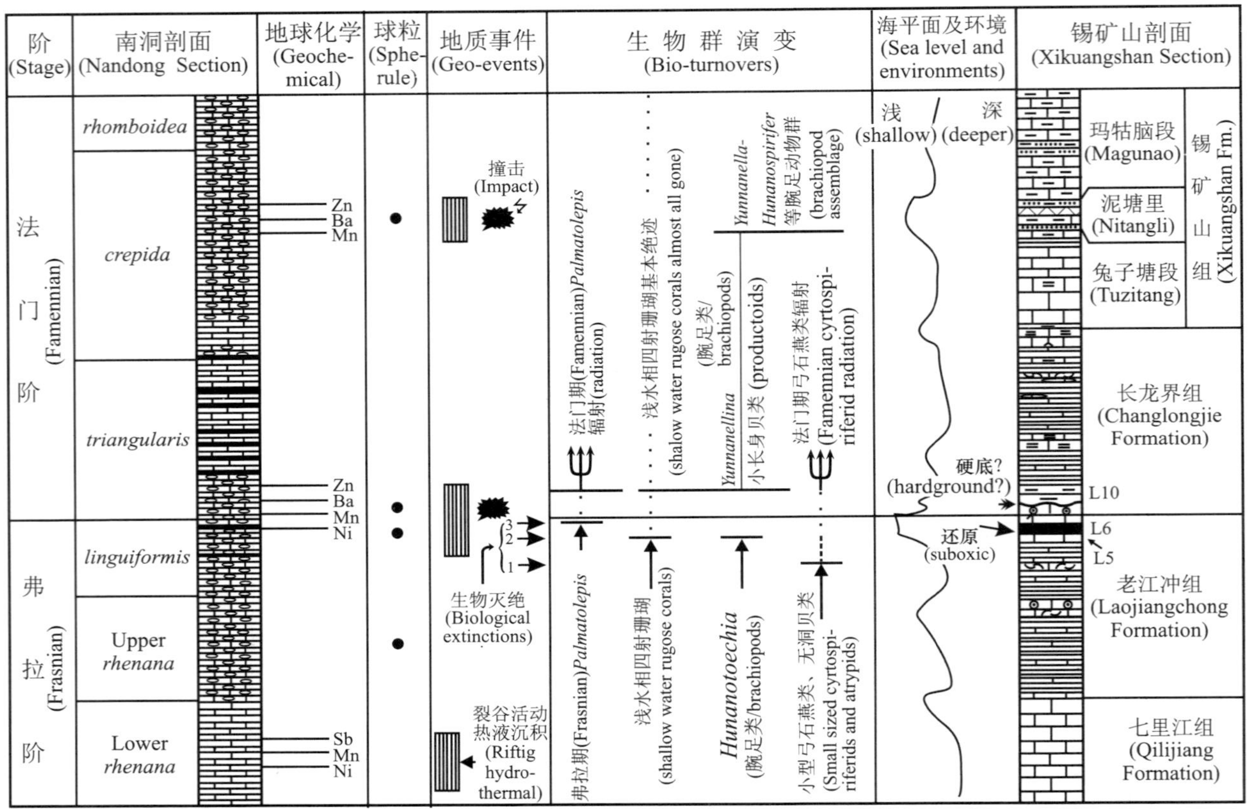


图 3.7.5 华南晚泥盆世 F-F 界线附近生物群演替及地质事件[据 Ma and Bai(2002，fig. 3)修改，并增补生物群演变及海平面变化资料，*crepida* 带的球粒资料据 Wang and Bai(1988)及 Wang(1992)。岩石图例见图 3.7.3]

Figure 3.7.5 Biotic turnovers and geological events near the Late Devonian Frasnian/Famennian boundary in South China [based on Ma and Bai(2002，fig. 3) and new data. Microspherule occurrence in the *crepida* Zone from Wang and Bai(1988) and Wang(1992). See Figure 3.7.3 for lithologies]

这些海底热液活动往往造成岩石的硅化或硅质生物的繁盛，例如广西东南部吉维特期-弗拉期的放射虫的繁盛(张宁、夏文臣，1998)，这在湖南表现得也非常明显。Lower *rhenana* 带的热液活动可能与锡矿山的锑矿的成因有关，其岩石往往改变成了硅质灰岩甚至是硅质岩；在广西香田剖面则发育有放射虫。*linguiformis* 带至 Lower *triangularis* 带的热液活动可能使得许多碳酸盐岩硅化，但基本限于弗拉阶的地层，表现为各种各样的硅质团块或结核，例如湘中邵阳以南的大坪剖面，贵州独山剖面原尧梭组下部，现已被改为弗拉阶上部(见王约、陈洪德，1999)。当然，这些结核或团块不一定是当时形成的，但可能与当时沉积物中丰富的硅质物质有关；或者硅质生物的繁盛，例如湖南蒋家桥剖面海绵动物近于形成块状灰岩礁体，其他剖面如锡矿山、香田剖面等放射虫或海绵动物也较为发育。牙形石 *crepida* 带上部的热液活动从层位上与泥塘里铁矿层(宁乡式铁矿)较为一致，但多数认为宁乡式铁矿与海水变浅后陆源物质的风化有关；在蒋家桥剖面，相当层位中的腕足动物壳体大都硅化了。

总的来看，华南 F-F 附近就元素成分来看还没有比较肯定的地外证据。现有的证据表明用裂谷活动引起的海底热液成因更合理些。而且，裂谷活动的加剧主要是地壳本身的发展规律，当然也不排除地外撞击事件的影响(见后面有关微球粒成因讨论)。这种海底热液-火山活动在世界许多其他地区表现强烈，如欧洲、哈萨克斯坦、乌拉尔北部等(Racki，1998；Racki *et al.*，2002；Yudina *et al.*，2002)，他们认为火山活动可造成富营养化，而富营养化又是解释晚泥盆世 F-F 大灭绝的假说之一(Murphy *et al.*，2000)。

**2. 同位素地球化学**

同位素地球化学用于 F-F 事件研究的包括氧、碳、硫，但在华南目前主要限于对氧、碳同位素的研究。过去多年来，我国华南有氧、碳同位素结果报道的 F-F 剖面主要包括广西罗秀香田、南洞、广西桂林白沙和垌村以及湖南锡矿山剖面等。

**广西罗秀香田剖面：**白顺良等(1990)报道在黑色钙质页岩中 $\delta^{13}C$ 为 －3.17‰，上下为 ＋0.5‰～0.9‰；Wang 等(1991)报道，$\delta^{13}C$ 从 ＋1‰ 降到 －2.49‰，然后又变为正常；严正等(1993)报道 $\delta^{13}C$ 负异常达 －6.6‰，而氧同位素则表现为正异常，达 2‰。

**广西桂林白沙及垌村剖面：**桂林附近既有浅水台地相沉积，也有较深水相沉积(图 3.7.1)，后者相区内有几个 F-F 界线剖面以泥晶灰岩为主，较适合做地球化学分析。Chen 等(2002)对白沙剖面的稳定同位素分析表明在 *linguiformis* 带上部至法门阶底部的一段地层中，$\delta^{13}C$ 达 2.5‰ 左右，比其下的背景值高 1.5‰～2‰。许冰等(2003)除在垌村剖面相应的层位中发现 $\delta^{13}C$ 值有类似的升高以外，在 *linguiformis* 带底部也发现有明显的 $\delta^{13}C$ 升高现象，从 0 左右升到 1.5‰ 左右。

**湖南锡矿山剖面：**Bai 等(1994)对锡矿山剖面 F-F 附近全岩样品碳酸盐岩中的氧、碳同位素进行了报道，发现 $\delta^{13}C$ 的最大负异常位于黑色页岩内，达 －3.5‰，其他样品一般为 0～0.5‰；而相应地则出现了最大的 $\delta^{18}O$ 正异常，达 －5‰，而一般其他样品的值介于 －8.5‰～－9.5‰ 之间。Hou 等(1996)的分析结果与此基本一致，其 $\delta^{18}O$ PDB 值一般为 －9.6‰～－8‰，也是在页岩中出现了正异常，为 －6‰ 左右；全岩样的 $\delta^{13}C$ 一般为 0～1.4‰。从趋势上看，这与广西香田剖面较为一致，在黑色页岩中也出现 $\delta^{18}O$ 正异常。最近对腕足类壳体的测试表明(王大锐等,2001),全岩样品与腕足类样品的同位素值是较为一致的,但法门阶底部的 $\delta^{13}C$ 值在两者之间有一定的差别,一般情况下腕足类样品的 $\delta^{13}C$ 可高达 1‰~1.5‰,较全岩样品高约 1.0‰。

2002 年以前,我国所测出的 $\delta^{13}C$ 值在 F-F 界线附近往往为一个大的负异常,其中许多作者认为 $\delta^{13}C$ 负异常与 F-F 生物集群灭绝有关,与此相对应的还往往有一个 $\delta^{18}O$ 正异常。这些异常往往出现于页岩或泥质含量较高的岩性中,而岩性对元素含量及氧、碳比值的影响在华南晚泥盆世各剖面是显而易见的,如广西及湖南各地剖面(Bai *et al*., 1994, fig. 2-1)。与此相反的是,Chen 等(2002)和许冰等(2003)对桂林附近较深水相泥晶灰岩为主的岩性的测定则发现 F-F 附近出现 $\delta^{13}C$ 正异常,这与欧洲 UKW 层位的高 $\delta^{13}C$ 异常值比较一致(如 Joachimski and Buggisch, 1993; Joachimski *et al*., 2002),这种正异常被解释为高埋藏率(及有机高产率);Chen 等(2002)则进一步指出,这种高 $\delta^{13}C$ 异常值与海平面降低相对应,这是因为从陆地带来的沉积物及营养元素的增加,导致了有机生产量及埋藏速率的提高。至于其他剖面的稳定同位素,Hou 等(1996)认为 F-F 附近的氧同位素都改变了,包括全岩样品及腕足类样品;而灰岩样品中 $\delta^{13}C$ 基本代表了原始成分,主要是因为围岩的重结晶对碳的化学组成起到了缓冲作用;页岩中的较大的 $\delta^{13}C$ 负异常(−8‰)是由于硫酸盐还原作用中结合进了轻碳($CO_2$)造成的。有机碳的 $\delta^{13}C$ 测定未能在锡矿山剖面黑色页岩中发现负异常,其数值与下伏的岩层相当一致(未发表的数据,王大锐测定),因此,把黑色页岩中所测出的无机碳 $\delta^{13}C$ 负异常作为成岩变化解释是有道理的。此外,在华南同一剖面(如广西罗秀香田剖面),不同研究者的 $\delta^{13}C$ 的最低值可以相差到 4.5‰,不同剖面间氧、碳同位素之间也有较大的出入,这也是许多国外研究者过去多年来对我国 F-F 附近的氧、碳同位素测量值持有疑义,认为它们已经经历了成岩改变的原因。而最近在广西桂林附近较深水相泥晶灰岩中测得的 $\delta^{13}C$ 值变化曲线比较一致。

## (三) 微球粒及撞击石英

### 1. 微球粒

微玻陨石和撞击石英(shocked quartz)是地外撞击事件的一种主要物理证据,历来受到重视。Wang 和 Bai(1988)及 Wang(1992)报道了湖南祁东剖面 Upper *crepida* (后者认为属 Lower *crepida*)带的微球粒,认为是撞击造成的;Wang(1992)认为它在时代上可与澳大利亚 Lower *crepida* 带的铱异常一致。然而祁东剖面上与球粒层位共生的牙形石为 *Pa. quadrantinodosalobata* 的后期类型(Ma and Bai, 2002),附近层位产 *Yunnanellina* 和 *Yunnanella*,时代上应与兔子塘段-泥塘里铁矿层交界的位置相当,即仍应属于 Upper *crepida* 带。时代无论如何均与

F-F 事件无关。Bai 等(1994)在华南泥盆纪许多相关界线处发现有微球粒,包括 $D_1$-$D_2$、F-F、D-C 界线附近,它们在华南的分布比较广泛,硅质含量较高,且具有一定量的 Ni、Cr 等,可能代表了撞击成因。

Ma 和 Bai(2002)详细报道了锡矿山剖面 F-F 附近的微球粒的形态、成分及分布。微球粒指那些表面比较反光、圆滑的球粒,往往为完美的球形,颜色多样,包括白色不透明、微棕或无色透明以及黑色等,大小一般为 100 μm(范围 50~100 μm),实心或(部分)中空,形态轮廓一般比较稳定,多为单个球保存,也有一些连体球。球表微细构造多样,有微突起、水滴状突起、凹陷等。成分上以硅、铝质为主,次为 CaO、MnO 和 FeO,另有少量的 $K_2O$ 和 $Na_2O$。

目前在湖南 F-F 界线上下的层位中,微球粒在纵向上集中分布的层位有 3 个,分别为 Upper *rhenana* 带、*linguiformis* 带上部至 Lower *triangularis* 带及 Upper *crepida* 带(图 3.7.5)。Wang(1992)及 Ma 和 Bai(2002)从微球粒的形态及成分等方面讨论后,认为微球粒的形成用撞击成因解释较为合理。另一方面,华南晚泥盆世裂谷活动强烈,并且其分布除 Upper *rhenana* 带外,其余与裂谷活动相对较为一致(图 3.7.5),海底火山或热液活动有没有可能形成华南 F-F 附近的微球粒呢? 在现代印度洋海底确实发现有热液火山活动形成的磁铁矿球粒(Iyer *et al*., 1997),但还没有发现有华南 F-F 附近的以硅-铝质为主的类型。但详细对比生物及微球粒的分布,发现这些球粒出现的层位与生物集群灭绝的层位并不一致,也就是说两者没有明确的直接因果关系。例如,在锡矿山剖面,L5 层(F-F 界线之下的珊瑚层)有 1 m 厚,其中部出现的微球粒数量最大,但本层上部的珊瑚非但没有减少,反而变得更加丰富。在世界其他地区如德国,微球粒的分布似乎也与生物群的灭绝没有因果关系(Walliser,1996:16,未见外形图片),然而比利时 Hony 剖面 F-F 处的微球粒曾被认为是地外撞击说造成 F-F 生物灭绝的主要证据之一(Claeys and Casier,1994),而 Senzeille 剖面的微球粒则被认为可能是现代筑路材料的污染造成的(Marini and Casier,1977,转引自 Streel *et al*.,2000: 142)。

**2. 撞击石英**

He 等(1991)曾在江苏太湖附近晚泥盆世五通砂岩中报道有撞击石英,这也是目前世界上的首次和惟一一次报道,并认为太湖就是地外撞击造成的陨石坑。正如作者自己承认的,这里仍有许多问题需要搞清,例如高压石英柯石英或超石英是否存在? 是否有陨星的残留物? 与其他地区撞击石英的特征有何异同? 此外样品的层位及时代也没有确定,尽管如此,Wang(1992)认为这次撞击是湖南祁东剖面法门阶下部微球粒的来源。

## 四、华南晚泥盆世生物灭绝的特征及原因

### （一）灭绝的特征

就目前掌握的华南生物分布特征来看，基本上可归为两种类型。一种是阶梯式灭绝的门类，例如浮游的竹节石、底栖的有某些腕足类等；另一种是较为突发式灭绝的门类，例如浮游的牙形石、底栖的有四射珊瑚和介形虫等。

在湖南及贵州，若以弗拉阶笼统分为下、中、上 3 段来看，腕足动物的分异度与珊瑚的情况相同，也是上升的。从湘黔几个主要剖面来看，下部含 7～10 属；中部 11～14 属；而上部则达 16～18 属，这还不包括许多未被研究的小型腕足类。腕足动物各属种的数量有很大的区别，例如五房贝类的代表 *Gypidula*，在华南整个晚泥盆世期间都是不太常见的类型。到弗拉阶上部个体数量相对较少的还包括 *Productella*，*Schizophoria*，*Pugnax*，*Hypothyridina*，*Athyris*，*Theodossia*，*Tenticospirifer* 等，而局部层位较丰富的包括"*Chonetes*"，*Sinalosia*，*Ripidiorhynchus*?，*Hunanotoechia*，无洞贝类及弓石燕类。但即使是这些类群，它们相对于 F-F 界线的分布也有很大的不同。例如无洞贝类在湘中的弗拉期晚期主要出现在浅水台地的较深水域，它们大量消失于在距 F-F 界线之下 20～40 多米的地层处（图 3.7.3；图 3.7.5：生物灭绝 1）。此外，*Gypidula*，*Hypothyridina*，*Tenticospirifer*，*Mennespirifer* 等可能同时消失（图 3.7.3）。这次底栖生物的消失与牙形石 *Ancyrodella nodosa* 及 *A. ioides* 的全球性灭绝可能一致，华南的情况也是如此（Bai *et al.*，1994）。石燕类 *Cyrtospirifer* 和 *Theodossia*，小嘴贝类 *Hunanotoechia* 及少量无洞贝类 *Radiatrypa* 一直延伸到了 F-F 界线黑色页岩及其相当层位之下，并与大量四射珊瑚共生。然后就在 F-F 界线黑色页岩或相当层位之下，全部珊瑚群及上述腕足动物突然灭绝（图 3.7.5：生物灭绝 2）。此外在锡矿山剖面，F-F 界线黑色页岩之下的灰岩中有多种类型的介形虫，这与珊瑚群的分异度形式相同，当上覆黑色页岩开始沉积时它们大部分突然灭绝。这次底栖生物群的灭绝规模大、范围广，如广西罗秀香田剖面上珊瑚及无洞贝的灭绝（图 3.7.2）、北非及欧洲（包括德国及法国的几个著名剖面如 Steinbruch Schmidt 及 Montagne Noire 等剖面）上 UKW层之下许多三叶虫的灭绝（Schindler，1990；Feist，2002）。到接近于 F-F 界线处是最后一次灭绝，这次灭绝主要涉及的是浮游门类牙形石（图 3.7.5：生物灭绝 3），其他浮游门类如放射虫、菊石等的分布情况目前不清楚。然而在世界其他地区，菊石动物也与牙形石动物一起灭绝（House，2002：17）。

### （二）F-F 灭绝的原因

提到 F-F 灭绝的原因，就会有地内、地外学说之争，即使同是地内说，也有具体

原因之争，这在国际上也是个悬而未决的问题（McGhee，1996；Racki，1999；Copper，2002）。下面简述一下我国研究人员所持的一些观点。地内说包括有弗拉期一系列海平面升降活动造成了持续重复恶劣环境条件（Ji，1989）或海平面的大规模下降及还原环境（廖卫华，2001；Chen *et al*.，2002；Chen and Tucker，2003）。龚一鸣等（2002）认为 F-F 之交发生过赤潮事件，而且与生物集群灭绝事件在时间、空间上紧密相伴，指出频繁出现的赤潮事件导致表层海水的富营养化、毒化、水柱底层缺氧，是低纬度礁生态系、浅水海相生物集群灭绝的重要因素和直接杀手。Chen 等（2002）及 Chen 和 Tucker（2003）则强调了海平面下降及其引起的效应，包括富营养化、蓝菌及浮游钙球的繁盛，导致上层水体透明度降低，并因有机质的腐烂而造成底层水体缺氧。气候温度变化也有人提到，但多数人不同意降温说。而在国际上降温说是目前较为流行的一种观点，代表人物为 Copper（如 1977，1998），并受到了氧同位素数据的支持（Joachimski and Buggisch，2002），此外 Streel 等（2000）从孢粉方面也认为弗拉期末可能有短期的寒冷或冰期。地外学说的支持者则认为 F-F 生物事件的主要因素是天体撞击地球，如 Wang 等（1991）、Hou 等（1992）、龚一鸣和李保华（2001）等。其证据主要包括弱铱异常等，另外世界范围内也确实有晚泥盆世的陨石坑（参见 McGhee，1996）；然而 Uysal 等（2001）报道的澳大利亚西部的陨石坑在时代及规模上都受到了质疑（Renne *et al*.，2002：比泥盆纪中期要早得多，直径要小两个数量级）。从总的成果看，似乎 F-F 灭绝的地内学说占了上风，因为要不没有发现地外撞击事件的证据（如 McGhee *et al*.，1986；Girard *et al*.，1997；Racki *et al*.，2002），要不虽发现可能为撞击成因的微球粒，但与灭绝层位并不一致（Ma and Bai，2002）。

那么，F-F 生物灭绝的直接原因是什么呢？如上所述，在华南弗拉期后期，与 F-F 生物灭绝有关的灭绝至少发生过 3 次。第一次是大量无洞贝类等的消失，在此之上即为海绵灰岩，并常见有角石（图 3.7.3：蒋家桥剖面），显示海水可能加深，其成因可能是裂谷活动等造成；另一方面，海绵的繁盛又是某些学者认为 F-F 之交温度降低的证据（参见 McGhee，1996）。当然，关于这次灭绝是真灭绝还是假灭绝，即是否由于岩相变化等因素造成的，还需要今后的工作验证。第二次是以珊瑚为代表的底栖生物的灭绝，这也是 F-F 生物灭绝最为明显的一次。在浅水相锡矿山剖面、较深水相广西罗秀香田、南洞等剖面的相当层位都发育有黑色页岩及泥质灰岩，而且相当的层位在全球广布，因此，底栖生物的这次灭绝很可能与突发的还原环境有关。然而另一方面，国际上目前对黑色岩性的成因还有不同的解释，例如有人（如 Copper，1998）认为黑色页岩在水体变浅及气候变冷的条件下更易形成，原因是陆地的植物碎屑及海洋中营养元素的丰富造成生物繁盛，并且也往往不同意用还原环境来解释 F-F 之交的灭绝；而其他人（如 Sandberg *et al*.，1988）对黑色岩性的成因则持相反的观点。所以今后还需搞清黑色页岩在纵向上及横向上的分布规律，探讨 F-F 黑色页岩在有些剖面缺失的原因，对准确掌握其性质有重要意义。第三次是以牙形动物为代表的浮游生物的灭绝，马学平和白顺良(1996)曾用 Thompson 和 Newton(1988)的升温说来解释这次灭绝。以上是根据我们过去多年来对华南 F-F 生物灭绝事件的研究提出的一种初步灭绝模式(Bai *et al.*, 1994；白顺良，1998；马学平、白顺良，1996；Ma *et al.*, 2002)，还需要今后工作的继续验证。

鉴于华南晚泥盆世 F-F 灭绝的模式、地球化学特征及撞击的微球粒证据，白顺良(1998)把地外撞击和地内因素综合了起来，认为小型天体的撞击，加剧了断裂带上的热液活动，与热液相伴随的是 Ni-Ir 及亲铜元素的异常沉积，而超量金属污染可能为引发大灭绝的主要原因之一。这种假说值得注意。在华南，主要的生物群交替与裂谷或热液活动阶段比较一致(图 3.7.5)，例如，*crepida* 带上部由 *Yunnanellina* 动物群到 *Yunnanella* 动物群的交替；F-F 之交由珊瑚群-无洞贝类等动物群到 *Yunnanellina-Sinospirifer* 动物群的交替。

关于华南泥盆纪的正常(背景)的生物灭绝，目前还知之甚少，今后应加强这方面，尤其是晚泥盆世期间整个生物群的分布情况的研究。这对于了解 F-F 生物集群灭绝的时间范围及探讨其原因尤为重要。

**致　谢**　本文主要是在国家重点基础研究发展规划项目(G2000077700)资助下完成的，另外国家自然科学基金(Nos. 40172006 和 40232019)及科技部专项资金(2001DEA20020-5)也联合给予了资助。工作期间还受到教育部等课题资助及研究生、本科生的帮助。

本文引用了诸多前人工作，对此表示衷心感谢；感谢白顺良、侯鸿飞、廖卫华、白志强、孙元林、殷保安、柳祖汉、王约等诸位老师和同事在室内、野外的支持。戎嘉余院士修改文稿，并提出宝贵意见。

## 参考文献

Alvarez L W, Alvarez W, Asaro F, Michel H V. 1980. Extraterrestrial cause for the Cretaceous-Tertiary extinction. Science, 208: 1 095～1 108

Alvarez W, Alvarez L W, Asaro F, Michel H V. 1982. Current status of the impact theory for the terminal Cretaceous extinction. In: Silver LT, Schultz P H, eds. Geological implications of impacts of large asteroids and comets on the earth; Geological Society of America, Special Paper, 190: 305～315

Bai S L, Bai Z Q, Ma X P, Wang D R, Sun Y L. 1994. Devonian events and biostratigraphy of South China. Beijing: Peking University Press. 1～303, 45 pls

Bai Shunliang. 1998. Chemo-biostratigraphic study on the Devonian Frasnian-Famennian event. Acta Scientiarum Naturalium Universitatis Pekinensis (Nature Sciences), 34 (2-3): 363 ～ 369 (in Chinese) [白顺良. 1998. 泥盆纪弗拉阶-法门阶事件的化学-生物地层学研究. 北京大学学报

(自然科学版)，34(2-3)：363～369]

Bai Shunliang, Jin Shanyu, Ning Zongshan. 1982. Devonian biostratigraphy of Guangxi and adjacent area. Beijing: Peking University Press. 1～203(in Chinese) [白顺良，金善燏，宁宗善等. 1982. 广西及邻区泥盆纪生物地层. 北京：北京大学出版社. 1～203]

Bai Shunliang, Wang Darui, Yang Jiajian. 1990. Application of the carbon stable isotope to the long-range stratigraphic correlation of the Devonian-Carboniferous and Frasnian-Famennian boundary beds. Acta Scientiarum Naturalium Universitatis Pekinensis(Nature Sciences), 26(4):497～505 (in Chinese with English abstract) [白顺良，王大锐，杨家健. 1990. 碳稳定同位素在泥盆系-石炭系及弗拉阶-法门阶界线层远距离地层对比的应用. 北京大学学报(自然科学版)，26(4)：497～505]

Baliński A, Olempska E, Racki G, eds. 2002. Biotic responses to the Late Devonian global events. Acta Palaeontologica Polonica, 47: 186～404

Becker T, House M R. 1994. Kellwasser events and goniatite successions in the Devonian of the Montagne Noire, with comments on possible causations. Courier Forschungsinstitut Senckenberg, 169: 45～77

Carter J L, Johnson J G, Gourvennec R, Hou H F. 1994. A revised classification of the spiriferid brachiopods. Annals of Carnegie Museum, 63: 327～374

Chen D, Tucker M E, Zhu J, Jiang M. 2001. Carbonate sedimentation in a starved pull-apart basin, Middle to Late Devonian, southern Guilin, South China. Basin Research, 13:141～167

Chen D Z, Tucker M E. 2003. The Frasnian-Famennian mass extinction: insights from high-resolution sequence stratigraphy and cyclostratigraphy in South China. Palaeogeography, Palaeoclimatology, Palaeoecology, 193:87～111

Chen D Z, Tucker M E, Shen Y N, Yans J, Preat A. 2002. Carbon isotope excursions and sea-level change: implications for the Frasnian-Famennian biotic crisis. Journal of the Geological Society, London, 159:623～626

Chen X P, Gao J Y. 1988. Thermal water deposition and Pb-Zn barite deposits in the Devonian System, Central Guangxi. Chinese Journal of Geochemistry, 7: 321～328

Chen Xueming, Deng Jun, Zhai Yusheng. 1999. Geological and geochemical characteristics of Fankou Pb-Zn deposit and its metallogenic analysis. Geology-Geochemistry, 27(1):6～14(in Chinese with English abstract) [陈学明，邓军，翟裕生. 1999. 凡口铅锌矿床地球化学特征及成矿作用分析. 地质地球化学，27(1):6～14]

Chen Y R. 1984. Brachiopods from the Upper Devonian Tuqiaozi Member of the Longmenshan area (Sichuan, China). Palaeontographica Abteilungen A, 184: 95～166

Chen Yuanren. 1983. Devonian atrypoids (brachiopods) from Longmenshan area, northwestern Sichuan, China. In: CGQXP Editorial Committee, Ministry of Geology and Mineral Resources, ed. Contribution to the Geology of the Qinghai-Xizang (Tibet) Plateau, 2. Beijing: Geological Publishing House. 265～338, pls. 24～33(in Chinese) [陈源仁. 1983. 四川龙门山区泥盆纪的无洞贝类(Atrypoida). 见：地质矿产部青藏高原地质文集编委会. 青藏高原地质文集，2. 北京：地质出版社. 265～338, pls. 24～33]

Claeys P, Casier J-G. 1994. Microtektite-like impact glass associated with the Frasnian-Famennian boundary mass extinction. Earth Planetary Science Letters, 122: 303～315

Copper P. 1977. Paleolatitudes in the Devonian of Brazil and the Frasnian-Famennian mass extinction. Palaeogeography, Palaeoclimatology, Palaeoecology, 21: 165～207

Copper P. 1998. Evaluating the Frasnian-Famennian mass extinction: Comparing brachiopod faunas. Acta Palaeontologica Polonica, 43: 137～154

Copper P. 2002. Reef development at the Frasnian-Famennian mass extinction boundary.

Palaeogeography, Palaeoclimatology, Palaeoecology, 181(1/3): 27～65

Day J. 1998. Distribution of latest Givetian-Frasnian Atrypida (Brachiopoda) in central and western North America. Acta Palaeontologica Polonica, 43: 205～240.

Devleeschouwer X, Herbosch A, Préat A. 2002. Microfacies, sequence stratigraphy and clay mineralogy of a condensed deep-water section around the Frasnian/Famennian boundary (Steinbruch Schmidt, Germany). Palaeogeography, Palaeoclimatology, Palaeoecology, 181 (1/3): 171～193

Feist R. 2002. Trilobites from the latest Frasnian Kellwasser crisis in North Africa (Mrirt, central Moroccan Meseta). Acta Palaeontologica Polonica, 47(2): 203～210

Finnegan D L, Zoller W H, Miller T M. 1988. Iridium emissions from Hawaiian volcanoes. LPI (Lunar and Planetary Institute) Contribution 673, Global catastrophes in Earth history; an interdisciplinary conference on impacts, volcanism, and mass mortality: 48

George A, Chow N. 2002. The depositional record of the Frasnian/Famennian boundary interval in a fore-reef succession, Canning Basin, Western Australia. Palaeogeography, Palaeoclimatology, Palaeoecology, 181(1/3): 347～374

Girard C, Robin E, Rocchia. Froget L, Feist R. 1997. Search for impact remains at the Frasnian-Famennian boundary in the stratotype area, southern France. Palaeogeography, Palaeoclimatology, Palaeoecology, 132 (1-4): 391～397

Gong Yiming, Li Baohua. 2001. Devonian Frasnian-Famennian transitional event deposits and sea level changes. Earth Science－Journal of China University of Geosciences, 26(3):251～257(in Chinese with English abstract) [龚一鸣,李保华. 2001. 泥盆纪弗拉阶-法门阶之交事件沉积和海平面变化. 地球科学—中国地质大学学报, 26(3):251～257]

Gong Yiming, Li Baohua, Si Yuanlan, *et al.*, 2002. The Late Devonian red tide and mass extinction. Chinese Science Bulletin, 47(7):554～560 (in Chinese) [龚一鸣,李保华,司远兰等. 2002. 晚泥盆世赤潮与生物群灭绝. 科学通报, 47(7):554～560]

Hladil J. 2002. Geophysical records of dispersed weathering products on the Frasnian carbonate platform and early Famennian ramps in Moravia, Czech Republic: proxies for eustasy and palaeoclimate. Palaeogeography, Palaeoclimatology, Palaeoecology, 181(1/3): 213～250

Hou H F. 2000. Devonian stage boundaries in Guangxi and Hunan, South China. Courier Forschungsinstitut Senckenberg, 225: 285～298

Hou H F, Ji Q, Wang J X. 1988. Preliminary report on Frasnian-Famennian events in South China. Canadian Society of Petroleum Geologists Memoir, 14 (3): 63～69

Hou H F, Muchez P, Swennen R. 1996. The Frasnian-Famennian event in Hunan Province, South China: biostratigraphical, sedimentological and geochemical evidence. Mémoires de l'Institut Géologique de L'Universite de Louvain, 36: 209～229

Hou H F, Yan Z, Zhou H L. 1992. Biological, sedimentological and geochemical events across the Frasnian-Famennian boundary in the Luoxiu of Guangxi, South China. International Symposium on Devonian System and its Economic Oil and Mineral Resources, Guilin, Field Trip Guidebook. 1～32

Hou Hongfei. 1965. Early Carboniferous brachiopods from the Mengkungao Formation of Gieling, central Hunan and discussion of the lower boundary of the Carboniferous. Professional Papers of the Chinese Academy of Geological Sciences Series B 1, 116～146, 6 pls (in Chinese) [侯鸿飞. 1965. 湘中界岭早石炭世孟公坳组腕足类化石兼论石炭系下界. 地质部地质科学研究院论文集,新乙种 1 号, 116～146, 6 图版]

Hou Hongfei (Editor-in-chief). 1988. Devonian stratigraphy, paleontology and sedimentary facies of Longmenshan, Sichuan. Beijing: Geological Publishing House. 1～487, 184pls (in Chinese with

English abstract)[侯鸿飞主编. 1988. 四川龙门山地区泥盆纪地层古生物及沉积相. 北京:地质出版社. 1～487, 184 图版]

Hou Hongfei, Wang Shitao, *et al*. 1988. Stratigraphy of China, No. 7: The Devonian System of China. Beijing: Geological Publishing House. 1～348 (in Chinese)[侯鸿飞,王士涛等. 1988. 中国地层,7,中国的泥盆系. 北京:地质出版社. 1～348]

House M R. 2002. Strength, timing, setting and cause of mid-Palaeozoic extinctions. Palaeogeography, Palaeoclimatology, Palaeoecology, 181(1/3): 5～25

Huang Yongping, Yin Yiqiu, Li Junqing, Ma Tianlong. 2000. Genesis and prospecting potential of Guigang-Pingnan. Mineral Resources and Geology, 14(4):215～219(in Chinese with English abstract)[黄永平,尹意求,李骏青,马天龙. 2000. 广西贵港-平南铅锌成矿带矿床成因及找矿前景. 矿产与地质, 14(4):215～219]

Iyer S D, Prasad M S, Gupta S M. 1997. Hydrovolcanic activity in the Central Indian Ocean Basin. Does nature mimic laboratory experiments? Journal of Volcanology and Geothermal Research, 78: 209～220

Ji Q. 1989. On the Frasnian-Famennian mass extinction event in South China. Courier Forschungsinstitut Senckenberg, 117: 275～301

Ji Qiang, Ziegler W. 1993. The Lali section—An excellent reference section for Upper Devonian in South China. Courier Forschungsinstitut Senckenberg, 157: 1～183

Ji Qiang. 1994. On the Frasnian-Famennian extinction event in South China as viewed in the light of conodont study. Professional Papers of Stratigraphy and Palaeontology, 24:79～107, pls. 13～14(in Chinese with English abstract)[季强. 1994. 从牙形类研究论华南弗拉斯-法门阶生物灭绝事件. 地层古生物论文集, 24: 79～107, 图版 13～14]

Joachimski M M, Buggisch W. 1993. Anoxic events in the late Frasnian: causes of the Frasnian-Famennian faunal crisis? Geology, 21: 675～678

Joachimski M M, Buggisch W. 2002. Conodont apatite $\delta^{18}O$ signatures indicate climatic cooling as a trigger of the Late Devonian mass extinction. Geology, 30:711～714

Joachimski M M, Pancost R D, Freeman K H, Ostertag-Henning C, Buggisch W. 2002. Carbon isotope geochemistry of the Frasnian-Famennian transition. Palaeogeography, Palaeoclimatology, Palaeoecology, 181(1/3): 91～109

Johnson J G, Klapper G, Sandberg C A. 1985. Devonian eustatic fluctuations in Euramerica. Bulletin of the Geological Society of America, 96: 567～587

Li Youxing. 1995. Famennian tentaculites from Luofu, Guangxi: Survivors of F-F extinction event. Journal of Guilin Institute of Technology, 15(2):157～170, 1 pl. (in Chinese with English abstract)[李酉兴. 1995. 广西罗富法门期竹节石——F-F 绝灭事件的幸存者. 桂林工学院学报, 15(2):157～170, 1 图版]

Liao Weihua. 2001. Biotic recovery from the Late Devonian F-F mass extinction event in China. Science in China (Series D), 31(8):663～667[廖卫华. 2001. 中国晚泥盆世 F-F 生物集群灭绝事件及其后的生物复苏的研究. 中国科学(D辑),31(8):663～667]

Ma X P. 1998. Latest Frasnian Atrypida (Brachiopoda) from South China. Acta Palaeontologica Polonica, 43: 345～360

Ma X P, Bai S L. 2002. Biological, depositional, microspherule, and geochemical records of the Frasnian-Famennian boundary beds, South China. Palaeogeography, Palaeoclimatology, Palaeoecology, 181(1/3): 325～346

Ma X P, Day J. 1999. The Late Devonian brachiopod *Cyrtiopsis davidsoni* Grabau, 1923, and related forms from central Hunan of South China. Journal of Paleontology, 73: 608～624

Ma X P, Day J. 2000. Revision of *Tenticospirifer* Tien, 1938, and similar spiriferid brachiopod genera from the Late Devonian (Frasnian) of Eurasia, North America, and Australia. Journal of Paleontology, 74: 444～463

Ma X P, Sun Y L, Hao W C, Liao W H. 2002. Rugose corals and brachiopods across the Frasnian-Famennian boundary in central Hunan, South China. Acta Palaeontologica Polonica, 47(2): 373～396

Ma Xueping. 1993. *Hunanotoechia*: a new Late Devonian rhynchonellid brachiopod from Xikuangshan, Hunan, China. Acta Palaeontologica Sinica, 32(6):716～724(in Chinese with English abstract) [马学平. 1993. 湘中锡矿山弗拉期晚期腕足动物一新属. 古生物学报, 32(6):716～724]

Ma Xueping, Bai Shunliang. 1996. Frasnian-Famennian mass extinction and its mechanisms in the benthic facies of central Hunan, China. Lithospheric Geoscience (Department of Geology, Peking University), 4:76～85(in Chinese with English abstract) [马学平,白顺良. 1996. 湘中底栖相泥盆纪弗拉-法门生物绝灭特征及原因. 见: 北京大学地质学系. 岩石圈地质科学. 北京: 地震出版社. 4:76～85]

McGhee G R, Jr. 1996. The Late Devonian Mass Extinction. The Frasnian-Famennian Crisis. New York: Columbia University Press. 303p

McGhee G R, Orth C J, Quintana L R, Gilmore J S, Olsen E J. 1986. Late Devonian "Kellwasser Event" mass extinction horizon in Germany: no geochemical evidence for a large-body impact. Geology, 14: 776～779

McLaren D J. 1970. Presidential address: time, life and boundaries. Journal of Paleontology, 44: 801～815

McLaren D J. 1988. Detection and significance of mass killings. Canadian Society of Petroleum Geologists Memoir, 14(3):1～8

Muchez Ph, Boulvain F, Dreesen R, Hou H F. 1996. Sequence stratigraphy of the Frasnian-Famennian transitional strata: a comparison between South China and southern Belgium. Palaeogeography, Palaeoclimatology, Palaeoecology, 123: 289～296

Murphy A E, Sageman B B, Hollander D J. 2000. Eutrophication by decoupling of the marine biogeochemical cycles of C, N, and P: A mechanism for the Late Devonian mass extinction. Geology, 28(5): 427～430

Over D J. 2002. The Frasnian-Famennian boundary in central and eastern United States. Palaeogeography, Palaeoclimatology, Palaeoecology, 181(1/3): 153～169

Racki G. 1998. Frasnian-Famennian biotic crisis: undervalued tectonic control? Palaeogeography, Palaeoclimatology, Palaeoecology, 141: 177～198

Racki G. 1999. The Frasnian-Famennian biotic crisis: How many (if any) bolide impacts? Geologische Rundschau, 87: 617～632

Racki G, House M R. 2002. Late Devonian biotic crisis: ecological, depositional and geochemical records. Palaeogeography, Palaeoclimatology, Palaeoecology, 181(1/3): 1～374

Racki G, Racka M, Matyja H, Devleeschouwer X. 2002. The Frasnian-Famennian boundary interval in the South Polish-Moravian shelf basins: integrated event-stratigraphical approach. Palaeogeography, Palaeoclimatology, Palaeoecology, 181(1/3): 251～297

Renne P R, Reimold W U, Koeberl C, Hough R, Claeys P. 2002. Comment on: "K-Ar evidence from illitic clays of a Late Devonian age for the 120 km diameter Woodleigh impact structure, Southern Carnarvon Basin, Western Australia", by I. T. Uysal, S. D. Golding, A. Y. Glikson, A. J. Mory and M. Glikson [Earth Planet. Sci. Lett. 192(2001)218-289]. Earth and Planetary Science Letters, 201(1): 247～252

Sandberg C A, Ziegler W, Dreesen R, Butler J L. 1988. Part 3: Late Frasnian mass extinction:

conodont event stratigraphy, global changes, and possible causes. Courier Forschungsinstitut Senckenberg, 102: 263～307

Sartenaer P, Xu H K. 1991. Two new rhynchonellid (brachiopod) species from the Frasnian Shetienchiao Formation of central Hunan, China. Bulletin de l'Institut royal des Sciences naturelles de Belgique, Sciences de la Terre, 61: 123～133

Schindler E. 1990. The Late Frasnian (Upper Devonian) Kellwasser crisis. In: Kauffman E G, Walliser O H, eds. Lecture notes on earth sciences: Extinction events in earth history. Heidelberg: Springer-Verlag. 151～159

Sepkoski J J, Jr. 1982. Mass extinctions in the Phanerozoic oceans: a review. In: Silver LT, Schultz P H, eds. Geological implications of impacts of large asteroids and comets on the earth. Geological Society of America, Special Paper, 190: 283～289

Sorauf J E, Pedder A E H. 1986. Late Devonian rugose corals and the Frasnian-Famennian crisis. Canadian Journal of Earth Sciences, 23: 1 265～1 287

Streel M, Caputo MV, Loboziak S, Melo J H G. 2000. Late Frasnian-Famennian climates based on palynomorph analyses and the question of the Late Devonian glaciations. Earth-Science Reviews, 52: 121～173

Tan Zhengxiu. 1987. Brachiopods. In: Regional Geological Surveying Party, Bureau of Geology and Mineral Resources of Hunan Province, ed. The Late Devonian and Early Carboniferous strata and palaeobiocoenosis of Hunan. Beijing: Geological Publishing House. 111～133(in Chinese with English abstract)[谭正修. 1987. 腕足类 Brachiopods. 见：湖南省地质矿产局区域地质调查队编著. 湖南晚泥盆世和早石炭世地层及古生物群. 北京:地质出版社. 111～133]

Thompson J B, Newton C R. 1988. Late Devonian mass extinction: Episodic climatic cooling or warming? Canadian Society of Petroleum Geologists Memoir, 14(3):29～34

Tien C C. 1938. Devonian Brachiopoda of Hunan. Palaeontologia Sinica, new series B, 4:1～192

Uysal I T, Golding S D, Glikson A Y, Mory A J, Glikson M. 2001. K-Ar evidence from illitic clays of a Late Devonian age for the 120 km diameter Woodleigh impact structure, Southern Carnarvon Basin, Western Australia. Earth and Planetary Science Letters, 192: 281～289

Walliser O H. 1996. Patterns and causes of global events. In: Walliser O H, ed. Global events and event stratigraphy in the Phanerozoic. Heidelberg: Springer-Verlag. 7～19

Wang C Y. 1994. Application of the Frasnian standard conodont zonation in south China. Courier Forschungsinstitut Senckenberg, 168: 83～129

Wang C Y, Ziegler W. 2002. The Frasnian-Famennian conodont mass extinction and recovery in South China. Senckenbergiana lethaea, 82(2):463～493

Wang Darui, Ma Xueping, Dong Aizheng, Zhu Desheng. 2001. Isotopic evidence for the temperature change of the paleo-ocean between Late Devonian Frasnian period and Famennian period in South China. Acta Geoscientia Sinica, 22(2):141～144(in Chinese with English abstract)[王大锐,马学平,董爱正,朱德升. 2001. 晚泥盆世弗拉斯期-法门期之交海水温度变化的同位素证据. 地球学报, 22(2):141～144]

Wang Genxian, Jing Yuanjia, Zhuang Jinliang, Zhang Caifan, Hu Wenqing. 1986. Stratigraphical system of Devonian-Lower Carboniferous Epoch of Xikuangshan area in central region of Hunan. Hunan Geology, 5(3):48～65; 5(4):36～50(in Chinese with English abstract)[王根贤,景元家,庄锦良,张采繁,胡文清. 1986. 湘中锡矿山地区泥盆纪-早石炭世地层系统. 湖南地质,5(3): 48～65; 5(4): 36～50]

Wang K. 1992. Glassy microspherules (microtektites) from an Upper Devonian limestone. Science, 256: 1 547～1 550

Wang K, Bai S L. 1988. Faunal changes and events near the Frasnian-Famennian boundary of South

China. Canadian Society of Petroleum Geologists Memoir, 14(3): 71～78

Wang K, Orth C J, Atrrep M, Chatterton B D F, Hou H F, Geldsetzer H H J. 1991. Geochemical evidence for a catastrophic biotic event at the Frasnian-Famennian boundary in South China. Geology, 19: 776～779

Wang Yue, Chen Hongde. 1999. New Data on the Frasnian-Famennian Event Boundary in the Dushan Area, South Guizhou. Journal of Stratigraphy, 23(1):26～30(in Chinese with English abstract)[王约,陈洪德. 1999. 从层序地层观点论黔南独山地区弗拉斯-法门阶事件界线. 地层学杂志, 23(1):26～30]

Wang Yujing, Fang Zongjie, Yang Qun, Zhou Zhicheng, Cheng Yannian, Duan Yanxue, Xiao Yinwen. 2000. Middle-Late Devonian strata of cherty facies and radiolarian faunas from west Yunnan. Acta Micropalaeontologica Sinica, 17(3): 235～254(in Chinese with English abstract)[王玉净,方宗杰,杨群,周志澄,程延年,段彦学,肖荫文. 2000. 云南西部中-晚泥盆世硅质岩相地层及其放射虫动物群. 微体古生物学报, 17(3):235～254]

Whalen M T, Eberli G P, Van Buchem F S P, Mountjoy E W, Homewood P W. 2000. Bypass margins, basin-restricted wedges, and platform-to-basin correlation, Upper Devonian, Canadian Rocky Mountains: Implications for sequence stratigraphy of carbonate platform systems. Journal of Sedimentary Research, 70(4): 913～936

Xu Bing, Gu Zhaoyan, Liu Qiang, Wang Chengyuan, Li Zhenliang. 2003. Carbon isotopic record from Upper Devonian carbonates at Dongcun in Guilin, southern China, supporting the worldwide pattern of carbon isotope excursions during Frasnian-Famennian transition. Chinese Science Bulletin,48(8):856～862(in Chinese)[许冰,顾兆炎,刘强,王成源,李镇梁. 2003. 广西桂林垌村上泥盆统碳同位素正偏移与全球一致性的记录. 科学通报, 48(8):856～862]

Xu Hankui, Yao Zhaogui. 1988. Brachiopods. In: Yu Changmin, ed. 1988. Devonian-Carboniferous boundary in Nanbiancun, Guilin area: Aspects and records. Beijing:Science Press. 263～329

Yan Zheng, Ye Lianfang, Hou Hongfei, Liu Rongmo. 1993. Frasnian-Famennian boundary event markers at Xiangtian, Guangxi—The characteristic of stable carbon and oxygen isotope anomalies. Scientia Geologica Sinica, 28(2):135～144(in Chinese with English abstract)[严正,叶莲芳,侯鸿飞,刘荣谟. 1993. 广西香田弗拉斯-法门阶界线事件标志——碳、氧稳定同位素异常特征. 地质科学, 28(2):135～144]

Yu C M, Xu H K, Peng J, Xiao S T, Liu Z H. 1990. Devonian stratigraphy, palaeogeography and mineral resources in Hunan. Palaeontologia Cathayana, 5: 85～138

Yudina A B, Racki G, Savage N M, Racka M, Malkowski K. 2002. The Frasnian-Famennian events in a deep-shelf succession, Subpolar Urals: biotic, depositional, and geochemical records. Acta Palaeontologica Polonica, 47(2): 355～372

Zhang Ning, Xia Wenchen. 1998. Time-space distribution of Late Paleozoic cherts and evolution of respreading trench in South China. Earth Science—Journal of China University of Geosciences, 23(5):480～486(in Chinese with English abstract)[张宁,夏文臣. 1998. 华南晚古生代硅质岩时空分布及再扩张残留海槽演化. 地球科学—中国地质大学学报,23(5):480～486]

Ziegler W, Sandberg C A. 1990. The Late Devonian standard conodont zonation. Courier Forschungsinstitut Senckenberg, 121: 1～115

廖卫华 weihualiao@163.com
中国科学院南京地质古生物研究所
南京市北京东路39号,210008

第八节

# 华南晚泥盆世弗拉期-法门期之交的生物大灭绝及其后的残存和复苏

摘 要 →

距今约3.74亿年前的晚泥盆世弗拉期(Frasnian)-法门期(Famennian)之交大规模的生物灭绝事件,是显生宙五大灭绝事件之一,当时全球热带、亚热带地区80%的海洋生物的种和21个科惨遭灭绝。F-F大灭绝事件有3个明显的特性:灾难性(特别是对浅海底栖生物造成重创)、同时性(均发生在弗拉期末)、全球性(在亚洲、欧洲、北非、北美和澳大利亚等地均有明显反映)。关于引发F-F大灭绝事件的假说颇多,但大致可归纳成"地内说"和"地外说"两类。前者如海平面上升或下降、气候变冷或变暖、黑色页岩缺氧事件、层状海水混入了缺氧的有毒海水、漂浮植物生长率过快、火山爆发、地壳构造运动等等;后者主要指小行星、陨石撞击地球而引起生物大灭绝。引发F-F灭绝事件的原因是很复杂的,不能只用一种因素来解释。不过根据作者对华南地区晚泥盆世地层考察的初步结果,海平面突然大规模地下降和黑色页岩缺氧事件可能是其中两个重要的因素。经研究表明:华南地区生物灭绝、复苏阶段的划分如下:弗拉期末为F-F大灭绝期,时间很短,最大跨度约为2 Ma,但主幕只有10万年左右;残存期比较长,这里主要指一些造礁生物如皱纹珊瑚、床板珊瑚、层孔虫等,几乎占了整个法门期的绝大多数的时间,如果说法门期的时间跨度是5~10 Ma(各国专家推算不一),残存期估计有4~8 Ma。不同门类的生物其残存期长短未必一致,如腕足类的残存期可能比较短暂,复苏期开始得比较早,例如在法门早期的锡矿山组先后出现了*Yunnannelina*和*Yunnanella*等属,而且,在下伏的佘田桥组(弗拉期)中常见的*Cyrtospirifer*,*Tenticospirifer*等属仍可上延到法门期的锡矿山组及其上覆的邵东组和孟公坳组中来;但造礁生物的复苏期来得比较晚,它们只发生在法门晚期的最后两个牙形类带(*expansa*带和*praesulcata*带)。按照生物演化规律,复苏阶段过后,接着进入生物的大辐射期,可是由于在泥盆纪末又发生了一次生物灭绝事件(即D-C事件),终止了本轮的演化进程,使晚泥盆世法门期只存在一个灭绝期、一个残存期和一个复苏期,缺少了一个生物辐射期。进入石炭纪以后,又开始了另一轮的生物演化进程:杜内早期为残存期(时间很短);杜内中、晚期为复苏期;维宪期进入辐射期,这时候生物的多样性达到了鼎盛。

廖卫华.2004.华南晚泥盆世弗拉期-法门期之交的生物大灭绝及其后的残存和复苏.见:戎嘉余,方宗杰主编.生物大灭绝与复苏——来自华南古生代和三叠纪的证据.合肥:中国科学技术大学出版社.437~456,1059

关键词 →

F-F生物大灭绝事件　复苏　泥盆纪　华南

## 一、F-F 生物集群灭绝事件特性

泥盆纪在地球生命发展史上是一个相当重要的时期，陆生植物开始兴盛，鱼类、无颌类大发展，海洋无脊椎动物的演化也达到了一个新的高潮。

距今约 3.74 亿年前的晚泥盆世弗拉阶与法门阶之交发生了一次大规模的生物灭绝事件，当时全球热带、亚热带几乎 80%海洋生物的种(Olempska，2002)、21 个科(Sepkoski，1982)惨遭灭绝。它是显生宙五大生物灭绝事件之一(Sepkoski，1982；Oliver and Pedder，1994；McGhee，1996)。通常人们取上述两个阶英文名称的第一个字母 F-F 作为这次大灭绝事件的简称。F-F 大灭绝事件有 3 个特点：一是灾难性(catastrophic)，二是同时性(synchronous)，三是全球性(global)。

F-F 大灭绝事件对生活在浅海海域的生物造成重创，但对于生活在深海或较深海海域的生物则影响较少，根据目前掌握的资料，F-F 事件对于生活在陆地上的生物也同样是影响甚微。

### (一) F-F 事件对浅海底栖生物造成重创

F-F 事件对于浅海台地的壳相底栖(shelly benthos)生物的影响最大，泥盆纪类型的生物礁消失，珊瑚、层孔虫、腕足类、三叶虫等惨遭厄运；全部的竹节石都惨遭灭绝；菊石、介形类、牙形类等也受重创。

广西泥盆纪生物礁在中泥盆世晚期吉维特期达到鼎盛，弗拉早期为衰亡期，而法门期只在台缘斜坡上发育了一些藻泥丘。在桂林奇峰镇弗拉晚期的地层中发育了葵盘石-藻礁，而在阳朔白沙的法门期地层中则形成了肾形藻泥丘(周怀玲，1996)。在湘东赣西的汝城、桂东晚泥盆世佘田桥组上部也发育了岸礁；在湘南的衡东、宜章、新宁等地也出现一些点礁；在湘中的新化、隆回、邵阳等地则发育了一些规模较小的礁丘(王根贤，1996)。

F-F 事件前珊瑚的骨骼构造及其微细结构都是属于泥盆纪类型，而 F-F 事件之后则属于石炭纪或接近石炭纪类型的，在全球弗拉期浅海相的 47 属珊瑚中，只有 2～3 个属经历 F-F 大灭绝后残存下来，151 个种全都灭绝(Sorauf and Pedder，1986)。华南地区晚泥盆世弗拉期的地层中计有 22 属珊瑚，如湖南的佘田桥组、广西的桂林组、贵州的望城坡组中均产有大量的珊瑚化石，如 *Disphyllum*，*Phillipsastrea*，*Pseudozaphrentis*，*Sinodisphyllum*，*Hunanophrentis*，*Wapitiphyllum*，*Mictophyllum*，*Temnophyllum*，*Thamnopora*，*Alveolites*，*Crassialveolites*，*Coenites* 等，但经过 F-F 事件后几乎“全军覆没”，在早法门期的地层(如湖南的锡矿山组、广西的东村组、贵州的尧梭组)中几乎无法寻觅到任何珊瑚化石的踪影，几年前，湖南区域地质调查队、湖南地质研究所(王根贤、左自壁，1983)曾在个别地点的法门早期的锡矿山组中找到过 *Smithiphyllum* 属的少量标本，只有到了法门晚期的邵东组和孟公坳组中才出现有 11 个属的皱纹珊瑚和 1 个属的床板珊瑚，它们大都是新生分子。

华南弗拉期层孔虫有 22 个属，经过 F-F 事件后，在法门早、中期地层中未曾发现过任何层孔虫化石，只有到了法门晚期的地层中，如贵州的者王组、广西的额头村组中才出现有 19 个属的层孔虫，除了 5 个属（*Actinostroma*，*Anostylostroma*，*Clathrostroma*，*Gerronostroma*，*Stictostroma*）曾是下伏的上泥盆统下部和中、下泥盆统中的一些复苏分子，其余 14 个属都是新生分子，特别是出现了许多骨骼由泡沫板和长支柱组成的拉贝希层孔虫类（labechiics）和支柱简单、限于相邻两细层之间、由细层向下弯折而成的网格层孔虫类（clathrodictyids）分子（董得源，2001）。

华南 F-F 事件发生之前，腕足类数量丰富，分异度高，计有 7 目、17 科、38 属。大灭绝后，有 2 个目（五房贝目和无洞贝目）、9 个科（Araksalosiidae，Atrypidae，Echinospiriferidae，Pentameridae，Pugnacidae，Reticulariidae，Schizophoriidae，Spinellidae，Theodossidae）、28 个属惨遭灭绝，腕足类目级、科级、属级的灭绝率分别为 28.6％、52.9％、73.7％。尤其引人瞩目的是，在这些被灭绝的 28 个属当中，大多数（约占 68％）是属于世界性分布的属（据陈秀琴手稿，2002）。

介形类（ostracodes）分底栖（benthic）和漂浮（planktic）两大生态方式。底栖介形类在中泥盆世晚期（Givetian）和在晚泥盆世早期（Frasnian）分别有 4 个和 3 个科消失，而在 F-F 界线附近，局部可有 65％的种消逝（McGhee，1996），但也有人估计在低纬度地区至少有 75％的晚泥盆世海相介形类在 F-F 事件中消失（Casier *et al.*，2002）；而营漂浮生活的足虫介类（entomozoaceans）在通过 F-F 界线时，其分异度却没有发生变化（McGhee，1996）。在华南的不少地区，特别是在泥盆纪南丹型地层中也发现过不少营漂浮生活的足虫介类化石（据王尚启面告）。

单细胞的有孔虫（foraminifers）分别栖息在海底和漂浮在海水表层。全球生活在泥盆纪古赤道附近温暖地区的底栖有孔虫 Semitextulariidae，Paratextulariidae，Multiseptidae，Nanicellidae 这 4 个科中大多数的种在 F-F 事件中均遭灭绝（McGhee，1996）。王克良曾研究过湖南省法门晚期孟公坳组中的一些有孔虫，认为它们完全可与西欧法、比等地 Strunian 阶地层中的分子进行互比（王克良，1987）。

全球棘皮动物（echinoderms）中的海星（asterozoans）和海百合（crinozoans）分别有 5 个科（约占 42％）和 15 个科（约占 32％）灭绝（McGhee，1996）。

全球三叶虫大约有 3 个目、5 个科（Tropidocoryphidae，Styginidae，Odontopleuridae，Aulacopleuridae，Dalmaniticae）、2 个亚科（Cornuproetinae，Dechenellinae）和 Acuticryphops 种系的成员也未能逃脱 F-F 事件劫难（Feist，2002）。大概有 42％的亚科在弗拉阶与法门阶界线消亡（McGhee，1996）。袁金良、

项礼文(Yuan and Xiang,1998)描述过我国南方一些法门晚期和杜内早期的三叶虫,但对于弗拉期或F-F之交地层中三叶虫的研究则尚未涉及。

节肢动物中的叶虾类(phyllocarids)在晚弗拉期已有68%的种消亡,只有7个种延续至弗拉期末(McGhee,1996)。

头足类(cephalopods)中的尖棱菊石类(manticoceratids)在F-F事件之后被海神石类(clymenids)所代替,其中有6个科(Triainoceratidae,Gephuroceratidae,Devonopronoritidae,Beloceratidae,Anarcestidae,Archoceratidae)在F-F界线附近消亡(据Kullmann函告,2002)。只有8个属的菊石残存至弗拉期的最晚期,其他的属早已消逝(McGhee,1996)。但Tornoceratidae一直可以延伸到法门晚期。法门期是菊石大量辐射时期,出现了Cheiloceratidae,Dimeroceratidae,Sporadoceratidae, Praeglyphioceratidae, Posttornoceratidae, Sinotitidae, Prolobitidae, Phenacoceratidae,Prionoceraatidae等9个科。在法门中、晚期的海洋中,以海神石类(共9个科:Clymeniidae,Gonioclymeniidae,Biloclymeniidae,Crytoclymeniidae, Carinoclymeniidae, Rectoclymeniidae, Platyclymeniidae, Hexaclymeniidae, Pseudoclymeniidae)和乌克曼菊石类(共3个科:Wocklumeriidae, Parawocklumeriidae,Glatziellidae等)占据统治地位,但它们到泥盆纪末又大都遭灭绝(House,1985)。弗拉期共有8个科菊石,只有1个科继续延伸到法门期去,其余均惨遭灭绝,灭绝率为87.5%,而法门期共有22个科菊石,也只有1个科还可以继续延伸到早石炭世,其余21个科亦遭灭绝,灭绝率高达95.5%。

中国南方发现的弗拉期菊石并不很多,目前报道在湖南、广西、贵州只发现过8个属(*Manticoceras*, *Beloceras*, *Eobeloceras*, *Probeloceras*, *Mesobeloceras*, *Tornoceras*,“*Ponticeras*”,*Synpharciceras*),其中只有*Tornoceras* 1个属尚能在法门期地层中继续生长,其余的7个属在F-F事件中均惨遭灭绝,灭绝率高达87.5%。而在贵州省的惠水县和长顺县的代化组上部(法门晚期)中却找到过19个属(*Clymenia*, *Progonioclymenia*, *Cyrtoclymenia*, *Platyclymenia*, *Protoxyclymenia*, *Kosmoclymenia*, *Cymaclymenia*, *Discoclymenia*, *Soliclymenia*, *Pachyclymenia*, *Kamptoclymenia*, *Glatziella*, *Lobotornoceras*, *Sporadoceras*, *Prionoceras*, *Kenseyoceras*, *Wocklumeria*, *Parawocklumeria*, *Imitocera*)。阮亦萍(1981)将广西、贵州等地的晚泥盆世菊石自下而上分成4个带:*Probeloceras*, *Manticoceras*, *Clymenia*, *Wocklumeria*带,分别可与欧洲相当的菊石带进行对比,它们分别代表弗拉阶中-下部、弗拉阶中-上部、法门阶上部和法门阶顶部,目前华南地区很少找到法门阶下部的菊石,可能是由于岩性的关系,或其他原因(图3.8.1)。

鹦鹉螺(nautiloids)中有29个属在弗拉期灭绝,另外还有20个属残存至法门期,而且在法门期迅速产生了46个新属(Teichert *et al.*, 1979)。

据 Aldridge(1988)估计,有近 90%的弗拉期牙形类(conodonts)没有延续到法门期去,如 *Ancyrodella* 和 *Ozarkodina* 这 2 个属完全消逝,许多 palmatolepids, ancyrognathids 和 polygnathids(类型)的牙形类也在弗拉晚期消失。远洋(pelagic)类型中,只有 *Palmatolepis praetriangularis*, *Polygnathus brevilaminus* 和 *Polygn.* cf. *planirostratus* 可以延续到弗拉期末;浅海(neritic)类型中,只有 *Icriodus alternatus* 和 *Icr. iowaensis* 可以延续至 F-F 灭绝事件之前(Sandberg *et al.*,1988)。经过对华南 2 个泥盆系剖面的研究,发现经过 F-F 集群灭绝事件后不久,牙形类很快就开始复苏,几乎不存在什么残存阶段,估计其间只有短短的 0.5 Ma(Wang and Ziegler,2002)。

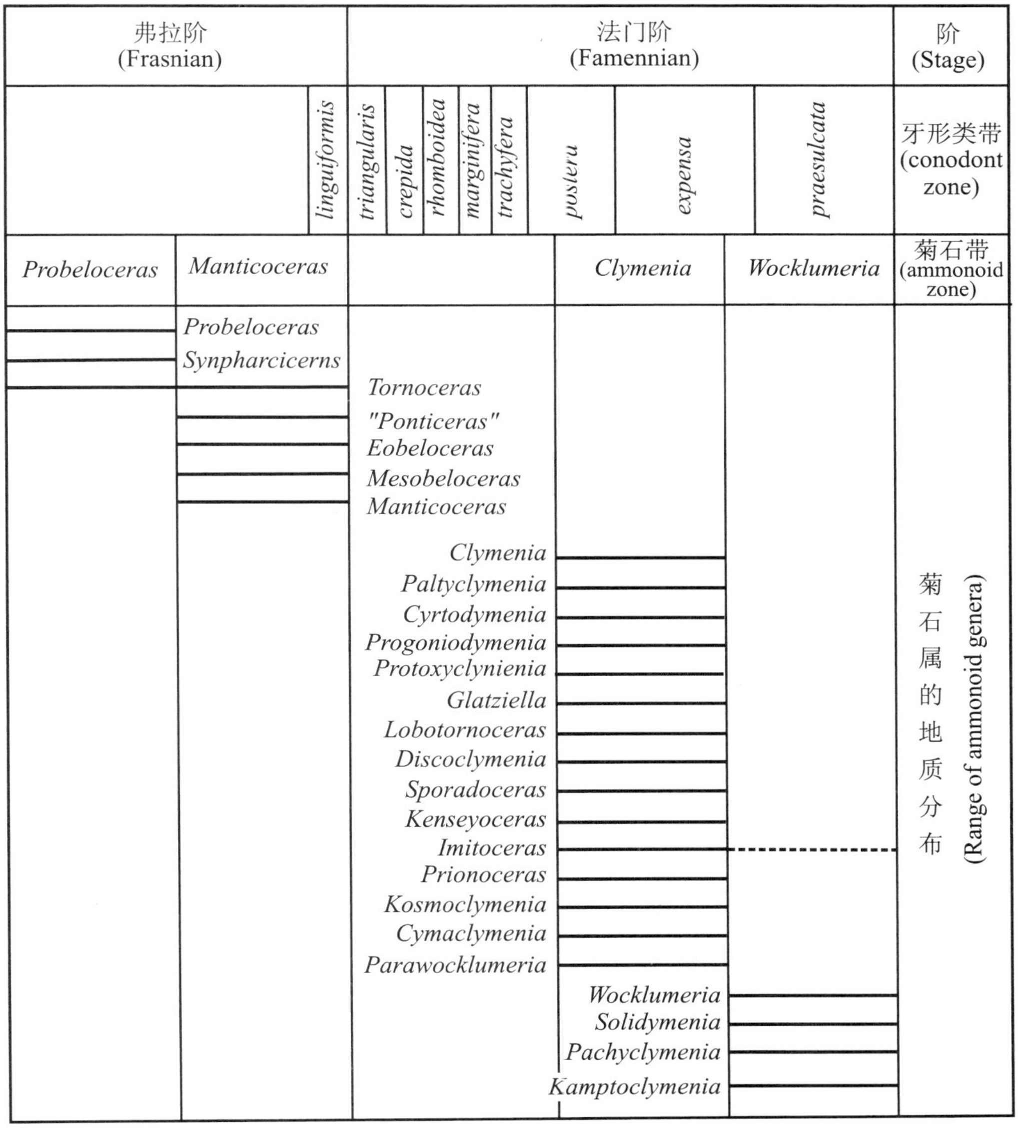

| 弗拉阶 (Frasnian) | | 法门阶 (Famennian) | | | | | | | | 阶 (Stage) |
|---|---|---|---|---|---|---|---|---|---|---|
| | *linguiformis* | *triangularis* | *crepida* | *rhomboidea* | *marginifera* | *trachyfera* | *postera* | *expensa* | *praesulcata* | 牙形类带 (conodont zone) |
| *Probeloceras* | *Manticoceras* | | | | | | *Clymenia* | | *Wocklumeria* | 菊石带 (ammonoid zone) |

*Probeloceras*
*Synpharcicerns*
*Tornoceras*
*"Ponticeras"*
*Eobeloceras*
*Mesobeloceras*
*Manticoceras*
*Clymenia*
*Paltyclymenia*
*Cyrtodymenia*
*Progoniodymenia*
*Protoxyclynienia*
*Glatziella*
*Lobotornoceras*
*Discoclymenia*
*Sporadoceras*
*Kenseyoceras*
*Imitoceras*
*Prionoceras*
*Kosmoclymenia*
*Cymaclymenia*
*Parawocklumeria*
*Wocklumeria*
*Solidymenia*
*Pachyclymenia*
*Kamptoclymenia*

菊石属的地质分布 (Range of ammonoid genera)

图 **3.8.1** 华南晚泥盆世菊石的地层分布(据阮亦萍,1981)

Figure 3.8.1 The range of Late Devonian ammonoid genera from South China(after Ruan, 1981)

绝大多数的竹节石(tentaculites)在 F-F 事件中惨遭灭绝,但有人认为 Styliolinidae(科)的个别分子可以延续到法门早期才消亡。有人则主张 Homoctenidae(科)的极少数分子可以延续到法门最早期的下 *triangularis* 带(McGhee,1996)。Sepkoski(1992)持有不同的观点,他认为只有 styliolinids 可以延续到法门阶,而 homoctenids 则在弗拉期已经消亡。李酉兴(1990,1993,1995,2000)也曾报道在我国广西的南丹、荔浦等地上泥盆统法门阶下部找到过竹节石 *Homoctenus*,*Styliolina* 等,实际情况还需进一步研究(图 3.8.2)。

营漂浮生活的放射虫(radiolarians)与介形类中的足虫介(entomozoacean)相似,F-F 事件对它们没有什么影响,反而在法门期还增加了大量的属(McGhee,1996;Vishnevskaya *et al*.,2002;王玉净、罗辉,2003 手稿)。

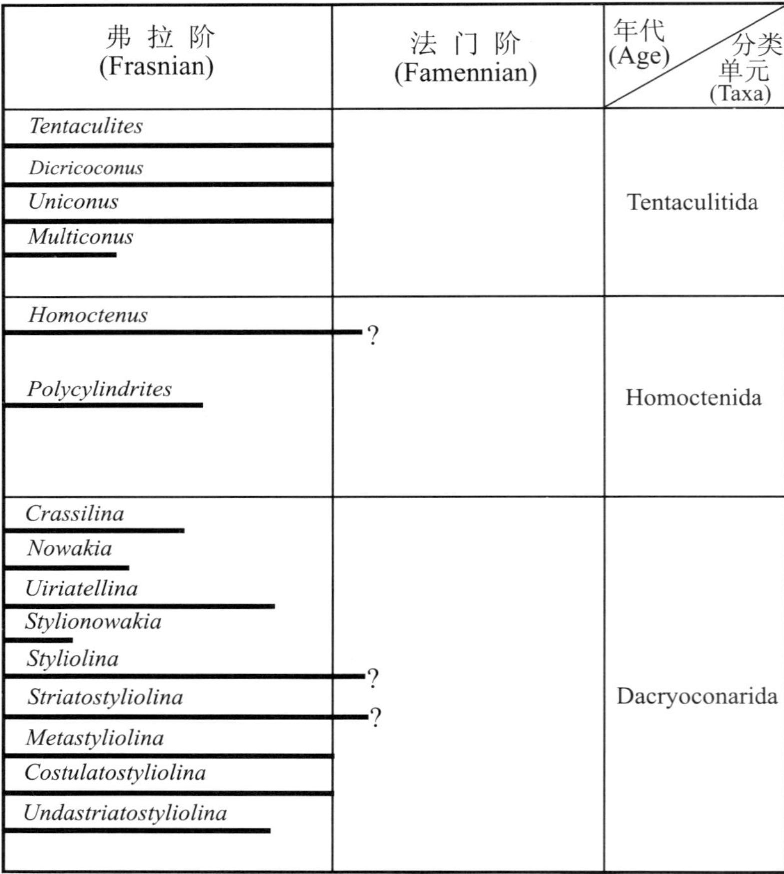


**图 3.8.2** 华南晚泥盆世几乎所有的竹节石都在弗拉期末灭绝(据阮亦萍、穆道成,1987;Li,2000)

Figure 3.8.2 Almost complete extinction of tentaculites at F-F boundary in South China (after Ruan and Mu, 1989; Li, 2000)

## (二) F-F 事件的主幕发生在 Frasnian 期末

同时性是指全世界的 F-F 生物集群灭绝事件几乎都发生在晚泥盆世牙形类 *linguiformis* 带与 *triangularis* 带之间,即相当于弗拉阶与法门阶之间。根据研究,所谓的 F-F 危机(crisis)最大的时限只有 3 Ma,灭绝事件主要发生在弗拉末期的 1.5～2.25 Ma(McGhee,1996)。灭绝事件主幕(main pulse)的跨度是 2 Ma,即

从牙形类的晚 *rhenana* 带至中 *triangularis* 带，而该危机的真正顶峰是发生在 *linguiformis* 带的 0.5 Ma 中，甚至在更短的一段时间(如主要只发生在该带的后期)，虽然有时也可以看出在晚 *linguiformis* 带的后期曾经发生过好几次事件，但经研究，发现所有的事件均发生在短短的 10 万年内(McGhee，1996)，故总的来说可以将它们视为同一次事件。在德国 Dillmulce 地区 Bicken 的 Benner 采石场出露的上泥盆统深海相浅灰色头足类石灰岩，夹了两层黑色沥青质灰岩，这就是著名的 Kellwasser 灰岩事件层，1984 年笔者等考察了该剖面，下面一层叫下 Kellwasser 灰岩，位于牙形类的下 *gigas* 带之上、上 *gigas* 带之下，上面的一层叫上 Kellwasser 灰岩(它是 F-F 灭绝事件的主幕)，位于牙形类的上 *gigas* 带之上、中 *triangularis* 带之下，二者相隔只有半个牙形类带，通常人们指的晚泥盆世 Kellwasser 大灭绝事件就是指上面那一个事件层(UKW)，不过也可把上、下两层合起来统称为 Kellwasser 事件层。

### (三) 在靠近古赤道的浅海地区 F-F 事件均有明显反映

全球性是指它的分布的广泛性，尤其是在当时泥盆纪的低纬度浅海区域，即目前的亚洲、欧洲、北美和澳大利亚等地，经过地质古生物学家的反复深入研究，如在美国的 Utah 和 Nevada、加拿大的 Medicine 湖和 Trout 河、比利时的 Hony 和 Sinsin 剖面、法国的 Montagne Noire、德国的 Bad Wildungen(Goodfellow *et al.*，1988)以及原苏联(Trancaucasus)、澳大利亚 Canning 盆地和中国湖南、广西、贵州等地均已证实 F-F 灭绝事件的存在。同时还必须指出的是，F-F 生物大灭绝事件在深海区域和陆地范围内却表现得不甚明显，例如生活在较深海水中的小单体珊瑚有不少的属就能继续保留下来，另外营浮游生活的足虫介、放射虫以及陆生植物如斜方薄皮木等似乎不受这一事件的影响。

## 二、关于引发 F-F 灭绝事件机制的种种假说

关于引发 F-F 灭绝事件的机制目前仍存在着不同的解释，归纳起来大致可分为地内(terrestrial)和地外(extra-terrestrial)两大类。

地内包括海平面升降(Johnson，1974；House，1985；Poty，1986，1999)、海水变冷(Copper，1986；Stanley，1984；Wilde and Berry，1984)、气候变暖(Thompson and Newton，1988)、稳定的层状海水中混入了有毒的缺氧水(Wilde and Berry，1984；Geldsetzer *et al.*，1987)、黑色页岩缺氧事件(Walliser，1985)、全球同时性的海退和缺氧事件(Goodfellow *et al.*，1988)、火山爆发(Officer and Drake，1983)、构造运动(Valentine and Moores，1970)、漂浮植物生长率的变化(Tappen，1980)等。Walliser 在 IGCP-216 项目的 1987 年度和 1988 年度报告中将地内原因归纳成生

物变革和地质因素两个方面，后者包括了海洋和大气层物理和化学组分的变化以及气候和海洋参数的变化等。

龚一鸣等(2002)认为，F-F之交低纬度礁生态系、浅海相生物集群灭绝可能与赤潮的频繁出现有关，他们认为广西泥盆纪近岸海域藻类大量繁殖、海水富营养化、高盐度、缺氧和碳同位素正偏，容易引起多发赤潮。

地外主要是指小行星、火流星(陨石)对地球的撞击结果(meteorite impact)(McLaren，1982)。在澳大利亚 Canning 盆地的 F-F 事件界线层中曾发现了微弱的铱(Ir)异常现象，另外，在其他两个剖面上还出现了冲击变质的特点。当海洋受撞击后引起沉积黄铁矿中的硫($\delta^{34}$S)值突然出现短期脉冲现象，例如在加拿大 Medicine 湖的沉积黄铁矿中就发现了较高的硫($\delta^{34}$S)正值(Geldsetzer *et al.*，1987)。

王琨、白顺良(Wang and Bai，1988)在广西、湖南的下法门阶内发现了3次碳($\delta^{13}$C)、氧($\delta^{18}$O)同位素地球化学的异常：第一次位于上-中 *triangularis* 带之间；第二次在 *triangularis* 带-*crepida* 带之间；第3次于上-下 *crepida* 带之间。他们在湖南祁东剖面的上 *crepida* 带的异常层中分析出铁微球粒和玻璃质硅质微球粒。他们还发现这3次地化异常都伴随着腕足动物群的更替：如 *crepida* 带-*triangularis* 带之间异常层之上 *Atrypa* 灭绝；而上-下 *crepida* 带异常层之上 *Yunnanella* 才开始出现。

白顺良等(Bai *et al.*，1994)在广西武宣、象州、上林和湖南冷水江的3种不同相(台地相、斜坡相和盆地相)的8条剖面上 F-F 界线层附近发现了多层镍(Ni)、铱(Ir)异常。铈/镧(Ce/La)上升代表缺氧环境，而且碳($\delta^{13}$C)的下降和锶(Sr)的上升则代表高死亡率环境。他们在湖南锡矿山剖面的 *linguiformis* 带末发现了镍的高峰值，伴随着碳($\delta^{13}$C)的下降。在 *linguiformis* 带 B 也发现了镍的高峰值，伴随着碳($\delta^{13}$C)的下降和锶的上升，这时出现黑色页岩的缺氧事件和铈/镧的高比值而引起造礁珊瑚的灭绝。在其上覆、下伏地层中还发现了大量的硅质微球粒。经过反复验证，这些剖面不同层位的镍-碳($\delta^{13}$C)高峰位置完全可以互比，虽然它们彼此远隔千里。广西武宣南洞剖面的铱异常与镍异常吻合，该剖面与德国 Schmidt 采石场剖面的镍-铱异常和碳($\delta^{13}$C)异常可以互相对比。法门最早期的海啸事件和 *linguiformis* 带 B 的缺氧事件亦可互比。

白顺良(1998)对广西武宣县南洞剖面进行过深入的研究，他认为 F-F 事件是生物-地化-沉积的综合事件，F-F 界线有3个镍-铱异常层，该异常层同时也富含亲铜元素，并伴有碳同位素负异常以及微玻陨石，紧随着覆盖有海啸岩。他主张有一颗直径1 km大小的小行星撞击地球，加剧了断裂带上的热液活动，超量的热液金属镍、铱及亲铜元素异常沉积的污染可能是大灭绝的原因之一。

侯鸿飞等(Hou *et al.*，1988)指出晚泥盆世 F-F 界线层中的亲铁和亲硫元素

(Co,Cr,Fe,As,Sb,Se)比背景值高出十倍或几十倍，在地化异常层之下的石灰岩中碳同位素正值在 0.8% PDB(国际通用标准)内，而在地化异常层之上的泥灰岩中 $\delta^{13}C$ 从正值突然变成负值，其扰动幅度竟达 2.8% PDB，但他们同时也发现，这一地化异常层与动物群变化、F-F 界线或锡矿山组-佘田桥组界线并不一致，因此地化异常层应位于 *crepida* 带之内或上 *triangularis* 带之内。

严正等(Yan *et al.*,1993)在广西象州的罗秀 F-F 界线剖面上首先发现海水变浅，接着是缺氧环境(黑色页岩)，最后是在弗拉阶之顶碳($\delta^{13}C$)负值和氧($\delta^{18}O$)正值的地化异常现象。

许冰等(2003)根据广西桂林垌村上泥盆统 F-F 转换时期碳同位素总体呈逐步增加趋势(正偏移)的现象，他们不同意王琨等(Wang *et al.*,1991)和严正等(Yan *et al.*,1993)有关 F-F 界线附近碳同位素负偏移的分析结果。

侯鸿飞等(Hou *et al.*,1996)在湘中的 F-F 界线剖面上的弗拉阶顶部发现海退现象，接着出现黑色页岩缺氧事件，珊瑚、层孔虫、无洞贝灭绝于 F-F 界线之下。

马学平、白顺良(1996)根据湖南中部剖面的沉积特征，认为弗拉期末出现了一次还原事件和升温事件。他们认为，锡矿山剖面的黑色页岩并不是由于海水加深的结果，相反，是在近岸浅水环境下形成的。他们还认为，锡矿山浅海泥盆系剖面 F-F 界线层中的碳氧同位素明显出现负异常，而 $\delta^{18}O$ 的负异常可能是由温度升高造成的，但升温事件仅涉及到浅海相地层，而在较深水相剖面上灰岩中的氧同位素变化不大。

但王大锐等(2001)采集湖南锡矿山老江冲剖面上的 *Cyrtospirifer* 壳体，进行了碳($\delta^{13}C$)、氧($\delta^{18}O$)稳定同位素地球化学分析，却认为华南地区从弗拉末期至法门期发生过降温事件。

龚一鸣、李保华(2001)则认为天体撞击地球造成全球范围的地震、火山爆发、海啸是诱发 F-F 生物集群灭绝事件最可能的因素之一。

正如上面已经谈到的那样，受 F-F 大灭绝事件影响最大的是热带浅海台地上的壳相底栖生物，而对陆地脊椎动物、陆生植物和海洋浮游生物以及居住在高纬度地区海水温度较低或深海中的底栖生物来说，往往比较容易躲过这次劫难。诚然，海水温度下降对生物的影响甚大，往往会使生物大面积死亡和生物礁绝迹，但 Boucot(1987)认为晚泥盆世的气候梯度很低，因此全球性气候突然变冷的证据不足。另外，变冷时期在地层序列中的具体位置并未取得确凿的证据。Copper (1986)和 Stanley(1988)等人所主张的海水可能变冷的理论假说是基于南(Gondwana)、北(Laurussia)两个大陆在晚泥盆世 F-F 之交发生了碰撞，致使东热带暖流消失，寒冷缺氧的海水流向温暖的热带地区和亚热带的 Laurussia 大陆架，导致海洋底栖动物惨遭灭绝。但根据 Hurley 和 Van der Voo(1987)所绘制的古地理图，F-F 时 Laurussia 与 Gondwana 两个大陆之间尚隔着一个宽阔的海洋，而这两个大陆的碰撞是发生在石炭纪 Namurian 期，而不是在晚泥盆世的 Frasnian-Famennian 之间。

Stanley(1984，1988)认为，古生代 3 次大灭绝事件都与冰期的开始大致吻合，生物集群灭绝常常发生在低纬度的赤道地区，原来居住在高纬度的喜温生物向赤道转移，代替已经消失了的原来居住在赤道的生物，但他们(Stanley 和 Copper)所列举的泥盆纪发现冷水动物群和冰水沉积的地点都只限于南美、南极、南非等地，这些地区当时本来就位于高纬度寒带的 Malvinokaffric 大区范围内，出现冰水沉积和冷水动物群理所当然，不足为奇，而其他广大的地区却尚未见报道，所以还不能说这就是全球性冰川期的开始。

虽然在澳大利亚 Canning 盆地的 F-F 事件界线层也曾经发现过铱微弱的异常现象，在其他两个剖面上还出现了冲击变质的特点，澳大利亚铱异常的地层是在上 *triangularis* 亚带，比欧洲生物大灭绝事件层(即 Kellwasser 灰岩)高，而且在德国的 Kellwasser 事件层中并没有铱异常，也无冲击变质石英、透长石球粒或富铁磁性球粒等发现(McGhee *et al.*，1986)。中国南方碳($\delta^{13}C$)、氧($\delta^{18}O$)同位素地球化学的 3 次异常(上-中 *triangularis* 带、*triangularis-crepida* 带、上-下 *crepida* 带)也都出现在 F-F 界线之上，而不是正好出现在 F-F 界线上，所以，地外撞击事件也嫌证据不足。

据 McGhee 等(1986)的研究，欧洲的 Kellwasser 灰岩是在滞流(stagnation)和缺氧(anoxic)的环境下形成的，这时海盆底流甚弱，在底部的海水中含有大量的酸和硫化氢，底栖和内底栖生物均不存在，虽然上层的海水是富含氧的，而且有大量的浮游和假浮游生物存在。

Goodfellow 等(1988)归纳了 F-F 集群灭绝 3 个方面的因素：

(1) 可能因素：有的是由于“地内”机制引起的，如构造运动和火山活动；有的与地球在太阳系中的位置有关，如太阳辐射和轨道变化；也有的是由于“地外”星体撞击的结果等。

(2) 直接因素：由于缺氧水的注入引起海水毒化事件，另外海水变冷(每当$\delta^{18}O$减少 0.02%时，温度下降 10℃)也是一个原因。

(3) 主要的因素(ultimate causes)：由于“地外”星体的撞击，在短时间内释放出足够的能量，搅翻了层状海水，使缺氧水与层状水体混合，导致生物集群灭绝。

## 三、华南 F-F 大灭绝事件之探讨

1999 年 8 月和 10 月、2000 年 12 月、2001 年 1 月以及 2002 年 7 月我们先后考察了湖南省的涟源、湘乡、冷水江，贵州省的独山、普安和广西壮族自治区的桂林、象州、武宣、横县、南宁等地的泥盆纪生物地层和生物灭绝事件，下面将野外考察到

的现象列述如下，供大家思考。

在广西桂林市郊的唐家湾-东村-额头村剖面上，我们发现上泥盆统的桂林组与东村组之间岩性和生物截然不同，表明它们之间的沉积环境和生物组合都发生了明显的变化。桂林组为灰色、深灰色灰岩、纹层状灰岩，厚约 510 m，属于局限、半局限台地相沉积环境，含层孔虫 *Paramphipora*, *Clathrodictyon*, *Actinostroma*, *Stromatopora*, *Ferestromatopora*, *Hammatostroma*；珊瑚 *Disphyllum*, *Temnophyllum*, *Grypophyllum*；腕足类 *Cyrtospirifer*, *Atrypa*, *Tenticospirifer*, *Emanuella*；牙形类 *Icriodus alternatus alternatus*, *Ozarkodina poster* 等，时代为晚泥盆世弗拉期。东村组为灰白色、浅灰色中厚层灰岩、白云质灰岩、白云岩，常具鸟眼、窗孔等构造以及龟裂纹和虫管等，厚度约 490 m，属于局限台地相沉积环境，海水非常浅，经常还处于潮上带部位，生物化石十分稀少，偶尔可见少许有孔虫、介形类、腹足类和腕足类等，时代应为晚泥盆世早法门期。桂林组与东村组的界线大致相当于 F-F 生物集群灭绝事件层。上述桂林市郊唐家湾-东村-额头村剖面 F-F 界线上、下岩性和化石等方面的突然变化，指示了一次明显的海平面下降。

在广西横县六景剖面上，上泥盆统下部叫谷闭组，谷闭组下、中部为薄-中层含泥质条带粉晶灰岩夹中-厚层生物灰屑灰岩，含珊瑚、层孔虫、腕足类等化石，上部为灰色薄层扁豆状生物屑泥晶灰岩，产牙形类 *Palmatolepis disparilis*, *Pal. gigas*, *Polygnathus asymmetricus asymmetricus*, *P. dubis*, *Ancyrodella gigas*, *An. nodosa* 等，属于较深水的台地前缘斜坡相沉积；上泥盆统上部暂称“融县组”，“融县组”下部为灰色中-厚层细-粉晶砾屑灰岩，含少量的珊瑚、腕足类、层孔虫等，中-上部为中-厚层藻粉晶灰岩，局部为块状藻礁灰岩（泥丘），产少量腕足类化石。闭谷组与“融县组”之间无论在岩性还是在化石方面均存在着明显的差异。前者处于水体较深的台地前缘斜坡相，而后者则处于海水较浅的碳酸盐台地相。由此说明，闭谷组与“融县组”之间也发生了明显的海平面下降。不过，真正的 F-F 界线还要略高一些，它应划在“融县组”下部的中间。

贵州独山上泥盆统望城坡组上部卢家寨段（灰岩）产许多腕足类 *Cyrtospirifer*, *Atrypa* 和珊瑚 *Disphyllum* 等，其上伏地层是尧梭组的四方坡段（白云岩）。经最新研究，在四方坡组底部的 80 m 中仍含有大量白云岩化的珊瑚、层孔虫化石，所以，真正的 F-F 界线应上移，放在四方坡段底界之上 80 m 处。在独山剖面法门阶下部的白云岩中未见到任何化石。

侯鸿飞等（Hou *et al.*, 1996）研究了湘中一些晚泥盆世 F-F 界线剖面后，发现在弗拉阶顶先发生海退现象，接着是黑色页岩缺氧事件，大量生物灭绝。法门阶底又开始海侵，出现浅海藻灰结核（oncolitic）、生物碎屑灰岩、黄铁矿、磷酸盐、氧化铁等，大约在中 *triangularia* 带时，海平面上升。

龚一鸣、李保华（2001）研究了广西较深水相的杨堤、白沙、香田、南垌、六景、那艺、都安等地 F-F 界线上、下的海平面变化有 5 种不同的情况：先下降接着就是上升；先上升接着就是下降；先上升接着还是上升；先下降接着还是下降；F-F 界线上、下海平面变化不明显。

季强(Ji,1989)在研究了广西阳朔的杨堤、白沙、南垌等地较深水相的地层剖面以后发现在 F-F 界线上、下牙形类生物相有明显变化，在界线之下的地层中，以含 *Palmatolepis* 为主；到了 F-F 界线附近 *Icriodus* 的分子突然明显增加，表明海水突然明显变浅。

湖南省冷水江市锡矿山矿区的老江冲剖面 F-F 界线层自上而下分为兔子塘组、长龙界组、老江冲组。兔子塘组为灰色、深灰色薄-中层灰岩和泥灰岩，产腕足类 *Yunnanella*；长龙界组为灰黄色、灰色钙质、粉砂质页岩夹薄层泥质灰岩，产腕足类 *Yunnanellina*。老江冲组顶部为介壳灰岩产腕足类 *Atrypa*, *Spinatrypa*, *Gypidula*(有人认为这些化石有可能是再沉积的)，其下为黑色页岩和硅质岩，所有造礁生物均灭绝于黑色页岩层之底部，因此，老江冲组的顶部相当于晚泥盆世灭绝期的沉积。F-F 界线可能划在黑色页岩之顶或介壳灰岩之顶即老江冲组之顶。老江冲组之下系晚泥盆世弗拉期的佘田桥组(当地称“七里江灰岩”)，该组属于浅海台地相沉积，珊瑚化石丰富，而位于 F-F 界线之上的“锡矿山组”(包括上述的长龙界组、兔子塘组、泥塘里铁矿层、马牯脑组)长期以来未见任何珊瑚化石。1976 年以后，在湖南道县、隆回县等地的“锡矿山组”下部 *Yunnanella* 层中[共生的还有早法门期的牙形类 *Polygnathus semicostatus*, *P. nodocostatus*, *P. semicostatus*, *Palmatolepis glabra*, *P. distorta*, *P. quadrantinodosa*, *Pelekysnathus* cf. *elevatus* 等]王根贤、左自壁(1983)发现了一些松散的丛状群体珊瑚 *Smithiphyllum*，但属种十分单调，分异度甚低，说明当时处于潮下带的顶部或潮间带位置，不适宜珊瑚的生长繁育。上述湖南省冷水江市老江冲剖面 F-F 界线层上、下岩性和珊瑚的截然不同表明法门早期在该剖面也发生了海平面的明显下降。

在国外，法国南部 Montagne Noire 的 La Serre 剖面也有类似的情况发生，晚泥盆世的地层以含 *Palmatolepis* 为主，但在 F-F 界线上，*Palmatolepis* 的数量突然减少，而 *Icriodus* 的数量急剧增加，说明该地区在 F-F 界线上海水也出现过突然明显变浅的现象(Girard,1994)。

根据华南地区和法国 Montagne Noire 等地晚泥盆世地层的发育状况，我们认为，海平面下降和黑色页岩缺氧事件是引起 F-F 生物集群灭绝的直接原因之一。

综上所述，晚泥盆世 F-F 集群灭绝是全球性的、影响巨大的、几乎是同时发生的一次生物集群灭绝事件，它对浅海台地壳相底栖生物的影响具灾难性，许多生物分类单元都惨遭厄运。至于引起 F-F 大灭绝事件的机制可能是很复杂的，不是由某一个简单的因素造成的，从目前大家争论的观点来看，地内的因素，如海平面升降、气候变化、缺氧环境、海水污染、食物链中断等都可能是影响生物集群灭绝很重要的因素，但地外巨大陨石的撞击也应该考虑在内。不过，目前从华南地区所了解到的情况来看，海平面下降和黑色页岩缺氧事件，可能是其中两种比较重要的因素。因此，今后还需寻找更多的资料对以上假说进行检验。

## 四、关于 F-F 灭绝事件后生物残存、复苏阶段的划分

### （一）大灭绝期（弗拉期末）

正如上面已经谈到的那样，发生在晚泥盆世弗拉期末的 F-F 事件是一个突发事件，时间相对是很短暂的，事件的主幕发生在牙形类弗拉期最晚期的 *linguiformis* 带与法门期最早期的 *triangularis* 带之间，即 *linguiformis* 带所持续的 0.5 Ma 中，更确切地说是在 *linguiformis* 带最后的短短 10 万年时间内。所以弗拉期末是集群灭绝期。根据华南泥盆纪皱纹珊瑚、床板珊瑚、层孔虫属一级的资料表明，上述造礁生物门类的灭绝率几乎接近 100%，或至少在 95% 以上（图 3.8.3）。

### （二）残存期（法门早、中期）

华南地区 F-F 大灭绝之前的晚泥盆世弗拉期的佘田桥组为正常浅海沉积，底栖动物非常发育，如腕足类 *Cyrtospirifer*, *Atrypa*, *Spinatrypa*, *Pugnax*, *Hypothyridina*, *Leiorhynchus*, *Gypidula*, *Schizophoria*, *Schuchertella* 和珊瑚化石 *Phillipsastraea*, *Sinodisphyllum*, *Disphyllum*, *Peneckiella*, *Temnophyllum*, *Pseudozaphrentis*, *Hunanophrentis*, *Mictophyllum*, *Thamnopora* 等，不论是分异度还是丰富度都相当高。

但经历了 F-F 事件后，海洋生物群落发生了巨大变化，情况大为改观。正如前面所说，由于 F-F 事件是显生宙 5 次最巨大的灭绝事件之一，影响巨大，特别是对低纬度浅海生物造成了重创，许多门类惨遭灭绝，在大灭绝事件发生过后很长的一段时间内，海洋环境相当恶劣，许多生物很难生存，一般把紧接着大灭绝之后的那段时间称之为残存期。F-F 大灭绝事件之后的残存期相当长，当然由于不同的生物门类自身的结构不同，以及它们对海洋环境的适应能力也不尽相同，所以各个门类的残存期长短也不会是完全一样的：例如皱纹珊瑚、床板珊瑚、层孔虫等造礁生物对其生活环境要求比较苛刻，它们对海水的深度、温度、含盐度、光照度等都有比较高的条件，所以一直到法门期的最晚期（Strunian）才开始复苏；腕足类生活的范围比较宽阔一些，适应性也比较强一些，所以它可能早一些时候就开始复苏了；底栖介形类适应能力更强，它可以生活在潮下带、潮间带甚至更浅的潮上带等不同的环境之中，它既可生活在正常盐度的海水之中，也可生活于咸化、半咸化甚至淡化

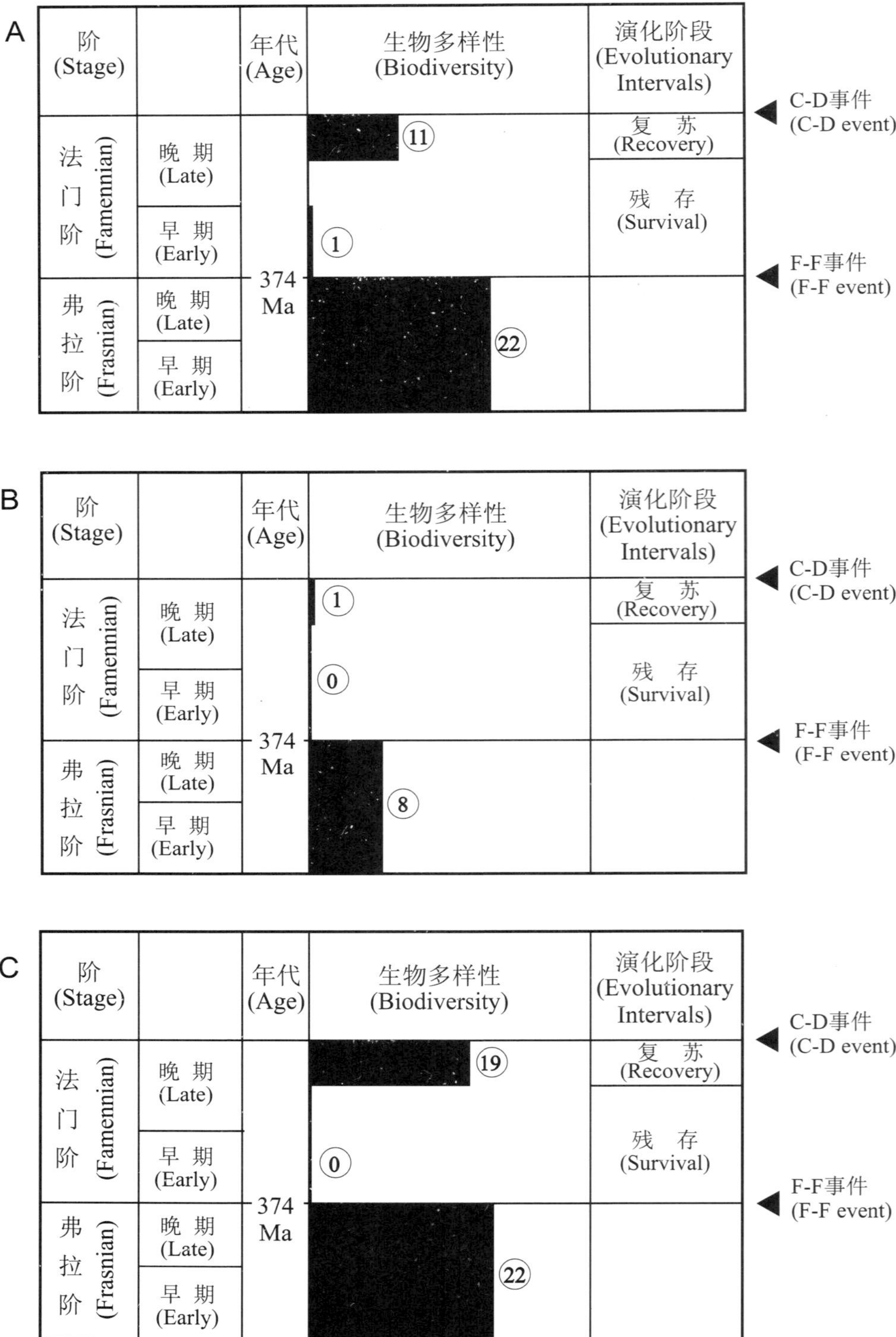


图 **3.8.3** 华南晚泥盆世 **F-F** 大灭绝前后皱纹珊瑚(**A**)、床板珊瑚(**B**)、层孔虫(**C**)属的数量变化及演化阶段

Figure 3.8.3 Rugosa (A), Tabulata (B) and Stromatoporoids (C) biodiversity and macroevolutionary intervals through F-F transition in South China

的海洋环境之中，所以它的复苏期开始得更早，有些生物如腕足类、双壳类、腹足类等甚至在残存期的中、后期就开始复苏了。

湖南法门早期的锡矿山组是在海水非常浅的环境中的沉积产物，一般是在潮下带的上部，局部为潮间带，海底有时甚至还会露出水面，所以层孔虫和珊瑚化石绝迹，仅在个别地方找到过少量的 *Smithiphyllum*（王根贤、左自壁，1983）。腕足类的分异度和丰富度也很低，种属比较单调，主要见有 *Cyrtospirifer*，*Tenticospirifer*，*Yunnanellina*，*Yunnanella* 等属。在欧洲的比利时、波兰和俄罗斯东北部的奥莫隆地区也有类似的情况（Poty，1986，1999）。虽然各个门类的残存期长短不一，但总的可以这么说，法门早、中期是 F-F 灭绝事件后生物的残存期。

### （三）复苏期（法门晚期）

关于 F-F 灭绝事件之后生物的复苏，由于各个生物门类的生活习性不同，以及它们各自对周围环境适应能力的差异，每个门类的复苏开始时间肯定会有不同的先后顺序。总的说来，F-F 事件之后，经过了一段漫长的发展阶段，海洋中各种能量逐渐积累，海洋环境逐步改善，到了法门晚期（有的门类可能早一些），各门类生物开始复苏，这时出现了许多新生类别，值得注意的是这些浅海底栖生物的面貌与泥盆纪的类型存在着较大的差异，却与石炭纪的分子比较相似，尚有不少的属、种还可延续到石炭纪中去。

在湖南中部、贵州南部和广西各地涌现了许多腕足类，如 *Trifidorostellum*，*Productella*，*Ptychomaletoechia*，*Hunanoproductus*，*Plicatifera*，*Semicostella*，*Yanguania*，*Paulonia*，*Mesoplica*，*Cleiothyridina*，*Acanthoplecta*，*Plicochonetes*，*Crurithyris* 等；珊瑚，如 *Ceriphyllum*，*Complanophyllum*，*Dematophyllum*，*Zaphrentoides*，*Cystoprentis*，*Beichuanophyllum*，*Neobeichuanophyllum* 等，而在较深水相的地层中则出现了一些骨骼结构简单的小型单体珊瑚，如 *Ufimia*，*Neaxon*，*Zaphriphyllum*，*Prosmilia*，*Ufimia* 等。中国法门晚期有 19 属的层孔虫，如 *Labechia*，*Pseudolabechia*，*Labechiella*，*Rosenella*，*Pennastroma*，*Stromatocerium*，*Cystostroma*，*Anostylostroma*，*Actinostroma*，*Gerronostroma*，*Stictostroma*，*Clathrostroma* 等，最后 5 个属是从早泥盆世-中泥盆世-晚泥盆世早期延续上来的，虽然在法门早期地层中尚未发现它们，也许它们暂时躲藏到"避难所（refugia）"中去了，后来海洋环境得到改善，又迁移回来了。

## 五、结语

按照生物演化规律，大致可以将它们划分成 4 个发展阶段：①灭绝期，②残存期，③复苏期，④辐射期。

就像前面已经阐述的那样，晚泥盆世弗拉期末是灭绝期，法门早、中期是残存期，法门晚期是复苏期。但这里必须指出的是，不同的化石门类的残存期和复苏期的划分不完全一致。

按照生物演化规律，在生物复苏阶段之后接着就应该是生物的辐射期，但由于在泥盆纪末又发生了一次新的生物事件（即 D-C 灭绝事件），中断了其原来的演化进程，缺少了最后一个生物辐射演化阶段。D-C 事件在欧洲称为 Hangenberg 事件，它对生物的影响远没有 F-F 事件那么严重，所以早石炭世初的残存期也比较短，Tournaisian 中、晚期很快就进入了复苏期，Visean 为生物的辐射期。但好景不长，到了中石炭世又发生了一次小规模的灭绝事件。

因此，纵观生物演化的历史，不难看出，灭绝—残存—复苏—辐射这 4 个发展阶段往往构成了生物演化的主旋律。当然，由于客观情况的变化，也可以缺少 4 个阶段当中的某一个阶段，例如晚泥盆世法门期就只有灭绝、残存和复苏 3 个阶段而缺少最后一个辐射阶段，接着又开始了另一轮的灭绝—残存—复苏—辐射演化进程，周而复始，并造就了地球历史中和当今生物界千姿百态的奇观。

**致　谢**　国家重点基础研究发展规划项目（G2000077700）、国家自然科学基金（No. 40272005）资助。

## 参考文献

Aldridge R J. 1988. Extinction and survival in the Conodonta. In: Larwood G P, ed. Extinction and Survival in the Fossil Record, Systematics Association Special Volume 34: 231～256

Bai Shunliang. 1998. Chem-biostratigraphic study on the Devonian Frasnian-Famennian event. Acta Scientiarum Naturalium Universitatis Pekinensis (Nature Sciences), 34 (2～3): 363～369 (in Chinese with English abstract) [白顺良. 1998. 泥盆纪弗拉阶-法门阶事件的化学-生物地层学研究. 北京大学学报(自然科学版), 34(2～3): 363～369]

Bai S L, Bai Z Q, Ma X P, Wang D R, Sun Y L. 1994. Devonian events and biostratigraphy of South China. Beijing: Peking University Press. 1～303, pls. 1～45

Boucot A J. 1990. Phanerozoic extinctions: how similar are they to each other: In: Kauffman E G, Walliser O H, eds. Extinction Events in Earth History [Lecture Notes in Earth Science]. Berling: Springer-Verlag. 5～30

Casier J G, Devleeschouwer X, Lethiers F, Préat A, Racki G. 2002. Ostracods and fore-reef sedimentology of the Frasnian-Famennian boundary beds in Kielce (Holy Cross Mountains, Poland). Acta Palaeontologica Polonica, 47(2): 227～246

Copper P. 1986. Frasnian-Famennian mass extinction and cold water oceans. Geology, 14:835～839

Copper P. 2002. Reef development at the Frasnian-Famennian mass extinction boundary. Palaeogeography. Palaeoclimatology, Palaeoecology, 181: 27～65

Dong Deyuan. 2001. Stromatoporoids of China. Beijing: Science Press. 1～423, pls. 1～175 (in

Chinese with English summary) [董得源. 2001. 中国层孔虫. 北京：科学出版社. 1～423,175 图版]

Feist R, Schindler E. 1994. Trilobites during the Frasnian Kellwasser Crisis in European Late Devonian cephalopod limestones. W. Ziegler-Festschrift Ⅱ. Courier Forschungsinstitut Senckenberg, 169：195～223

Feist R. 2002. Trilobites from the latest Frasnian Kellwasser crisis in North Africa (Mrirt, central Moroccan Meseta), Acta Palaeontologica Polonica, 47(2):203～210

Geldsetzer H H, Goodfellow W D, McLaren D J, Orchard M J. 1987. Sulphur-isotope anomaly associted with the Frasnian-Famennian extinction, Medicine Lake, Alberta, Canada. Geology, 5：393～407

Girard C. 1994. Les communautés de conodontes et les crises Kellwasser et Hangenberg de la fin du D vonien en Montagne Noire (Sud de la France). analyse faunistique et geochimique. Thesis. Univ. Montpellia Ⅱ, 1～112

Gong Yiming, Li Baohua. 2001. Devonian Frasnian/Famennian transitional event deposits and sea-level changes. Earth Science—Journal of China University of Geosciences, 26(3)：251～257(in Chinese with English abstract) [龚一鸣,李保华. 2001. 泥盆系弗拉阶-法门阶之交事件沉积和海平面变化. 地球科学—中国地质大学学报,26(3)：251～257]

Gong Yiming, Li Baohua, Si Yuansheng, Wu Yi. 2002. Late Devonian red tide and biotic mass extinction. Chinese Science Bulletin, 47(7)：554～560 (in Chinese) [龚一鸣，李保华，司远生，吴怡. 2002. 晚泥盆世赤潮与生物集群绝灭. 科学通报,47(7)：554～560]

Goodfellow W D, Geldsetzer H H, McLaren D J, Orchard M J, Klapper G. 1988. The Frasnian-Famennian extinction：current results and possible causes. In：McMillan N J, Embry A F, Glass D J, eds. Devonian of the World, vol. Ⅲ：Paleontology, Paleoecology and Biostratigraphy. 9～21

Hou Hongfei, Ji Qiang, Wang Jinxing. 1988. Preliminary report on Frasnian-Famennian events in South China. In：McMillan N J , Embry A F, Glass D J, eds. Devonian of the World, vol. Ⅲ：Paleontology, Paleoecology and Biostratigraphy. 63～69

Hou H F, Muchez P, Swennen R, Hertogen J, Yan Z, Zhou H L. 1996. The Frasnian-Famennian event in Hunan Province, South China：Biostratigraphical, Sedimentological and Geochemical evidence. Mémoires de l'Institut Géologique de l'Universit de Louvain, 36：209～229

House M R. 1985. Correlation of mid-Paleozoic ammonoid evolutionary events with global sedimentary perturbations. Nature, 313：17～22

Hurley N F, Van der Voo R. 1987. Paleomagnetism of Upper Devonian reefal limestones, Canning Basin, weswtern Australia. Bulletin of the Geological Society of America, 98:138～146

Ji Qiang. 1989. On the Frasnian-Famennian mass extinction event in South China. Courier Forschungsinstitut Senckenberg, 117：275～301

Johnson J G. 1974. Extinction of perched faunas. Geology, 2:479～482

Li Youxing. 1990. New materials of Devonian tentaculitoideeans in the Dachang area, Guangxi. Journal of Gulin College of Geology, 10(4)：409～416(in Chinese with English abstract) [李西兴. 1990. 广西大厂地区泥盆纪竹节石新资料. 桂林冶金地质学院学报,10(4)：409～416]

Li Youxing. 1993. Late Devonian Famennian tentaculites from Liujiang Formation of Lipu, Guangxi, China. Acta Micropalaeontologica Sinica, 10(3)：331～335(in Chinese with English abstract) [李西兴. 1993. 广西荔浦晚泥盆世法门期竹节石. 微体古生物学报,10(3)：331～335]

Li Youxing. 1995. Famennian tentaculites from Luofu, Guangxi：Survivors of F-F extinction event. Journal of Guilin Institute of Technology, 15(2)：157～170(in Chinese with English abstract) [李西兴. 1995. 广西罗富法门期竹节石. 桂林工学院学报,15 (2)：157～170]

Li Youxing. 2000. Famennian tentaculitids of China. Journal of Paleontology, 74(5): 969~975

Liao Weihua. 2002. Biotic recovery from the Late F-F mass extinction event in China. Science in China (Series D), 45(4): 380~384［廖卫华. 2001. 中国晚泥盆世 F-F 生物集群灭绝事件及其后的生物复苏的研究. 中国科学(D辑), 31(8): 663~667］

Ma Xueping, Bai Shunliang. 1996. Frasnian-Famennian mass extinction and its mechanisms in the benthic facies of central Hunan, China. In: Li Maosong, ed. Lithospheric Geoscience, 4. Beijing: Seismic Press. 76~85 (in Chinese with English abstract)［马学平，白顺良. 1996. 湘中底栖相泥盆纪弗拉-法门生物绝灭特征及原因。见:李茂松主编. 岩石圈地质科学，第四卷. 北京:地震出版社. 76~85］

Ma Xueping, Sun Yuanlin, Hao Weicheng, Liao Weihua. 2002. Rugose corals and brachiopods across the Frasnian-Famennian boundary in central Hunan, South China. Acta Palaeontologica Polonica, 47(2): 373~396

McGhee G R, Jr, Orth C J, Quintana L R, Gilmore J S, Olsen E J. 1986. Late Devonian "Kellwasser event" mass-extinction horizon in: Germany: No geochemical evidence for a large-body impact. Geology, 14:776~779

McGhee G R, Jr. 1988. Evolutionary dynamics of the Frasnian-Famennian extinction event. In: McMillan N J, Embry A F, Glass D J, eds. Devonian of the World, vol. Ⅲ: Paleontology, Paleoecology and Biostratigraphy. 23~28

McGhee G R, Jr. 1990. Catastrophes in the history of life. In: Allen K C, Briggs D E G, eds. Evolution and the fossil record. New York:Belhaven London and Smithsonian Institution Press. 26~50

McGhee G R, Jr. 1996. The Late Devonian mass extinction: the Frasnian-Famennian crisis. New York: Columbia University Press. 1~302

McLaren D J. 1982. Frasnian-Famennian extinction. In: Silver L T, Shultz P H, eds. Geological Implications of Large Asteroids and comets on the Earth. Geological Society America, Special Paper. 190:477~484

Officer C B, Drake C L. 1983. The Cretaceous-Tertiary transition. Science, 219: 1383

Olempska E. 2002. The Late Devonian Upper Kellwasser event and entomozoacean ostracods in the Holy Cross Mountains, Poland. Acta Palaeontologica Polonica, 47(2): 247~266

Oliver W A, Jr, Pedder A E H. 1994. Crises in the Devonian history of the rugose corals. Paleobiology, 20(2):178~190

Poty E. 1986. Late Devonian to early Tournaisian rugose corals. Annales de la Sociét Géologique de Belgique, 109: 65~74

Poty E. 1999. Famennian and Tournaisian recoveries of shallow water Rugosa fellowing late Frasnian and late Strunian major crises, southern Belgium and surrounding areas, Hunan (South China) and the Omolon region (NE Siberia). Palaeogeography, Palaeoclimatology, Palaeoecology, 154: 11~26

Racki G. 1998. The Late Devonian bio-crisis and brachiopods: Introductory remarks. Acta Palaeontologica Polonica, 43(2):135~136

Rong Jiayu, Fang Zhongjie, Liao Weihua. 2000. Preliminary study on mass extinction and recovery of marine invertebrates in South China. In: Proceedings of the 2000'Cross-Strait Symposium on Bio-diversitry and Conservation. Taichung: "National Museum of Natural Science", 459~473(in Chinese with English abstract)［戎嘉余，方宗杰，廖卫华. 2000. 华南史前海洋生物大灭绝与复苏之初探. 见:2000 年海峡两岸生物多样性与保育研讨会论文集. 台中:"国立自然科学博物馆"印. 459~473］

Ruan Yiping. 1981. Devonian and earliest Carboniferous ammonoids from Guangxi and Guizhou.

Memoirs of Nanjing Institute of Geology and Palaeontology, Academia Sinica, 15. Beijing: Science Press. 1～152(in Chinese with English abstract) [阮亦萍. 1981. 广西、贵州泥盆纪和早石炭世早期菊石群. 中国科学院南京地质古生物研究所集刊,15. 北京: 科学出版社. 1～152]

Ruan Yiping, Mu Daocheng. 1987. Tentaculitids. Beijing: Science Press. 1～135 [阮亦萍,穆道成. 1987. 竹节石. 北京:科学出版社. 1～135]

Sandberg C A, Ziegler W, Dreesen R, Butler J L. 1988. Part 3: Late Frasnian mass extinction: Conodont event stratigraphy, global changes, and possible cause. Courier Forschungsinstitut Senckenberg, 102: 263～307

Sepkoski J J, Jr. 1982. Mass extinctions in the Paleozoic oceans: a review. Geological Society America, Special Paper, 190:283～289. Boulder, Colorado

Sepkoski J J, Jr. 1992. A compendium of fossil marine animal families. 2nd edition Milwaukee Public Museum Contributions in Biology and Geology, 83: 1～156

Sorauf J E, Pedder A E H. 1986. Late Devonian rugose corals and the Frasnian-Famennian crisis. Canadian Journal of Earth Sciences, 23: 1 265～1 287

Stanley S M. 1984. Temperature and biotic crises in the marine realm. Geology, 12: 205～208

Stanley S M. 1988. Paleozoic mass extinctions:sharened patterns suggest Global cooling as a common cause. American Journal of Science, 288:334～252

Tappen H. 1980. The paleobiology of plant protists. W. H. Freeman, San Fransisco

Teichert C, Glenister B F, Crick R E. 1979. Biostratigraphy of Devonian nautilooid cephalopods. In: House M R, Scrutton C T, Bassett M G, eds. The Devonian System, Special Papers in Palaeontology, 23: 259～262

Thompson J B, Newton C R. 1988. Late Devonian mass extinction : Episodic climatic cooling or warming? In: McMillan N J, Embry A F, Glass D J, eds. Devonian of the World, vol. Ⅲ: Paleontology, Paleoecology and Biostratigraphy, 29～34

Valentine J W, Moores E M. 1970. Plate-tectonic regulation of faunal diversity and sea level: a model. Nature, 228: 657～659

Vishnevskaya V, Pisera A, Racki G. 2002. Siliceous biota (radiolarians and sponges) and the Late Devonian biotic crisis: The Polish reference. Acta Palaeontologica Polonica, 47(2): 211～226

Walliser O H. 1985. Natural boundaries and commission boundaries in Devonian. Courier Forschungsinstitut Senckenberg, 75:401～408

Wang Chengyuan, Willi Ziegler. 2002. The Frasnian-Famennian Conodont Mass Extinction and Recovery in South China. Senckenbergiana lethaea, 82(2): 463～493

Wang Darui, Ma Xueping, Dong Aizheng, Zhu Desheng. 2001. Isotopic evidence for the temperature change of the Paleo-Ocean between Late Devonian Frasnian period and Famennian period in South China. Acta Geoscientia Sinica, 22(2): 141～144(in Chinese with English abstract) [王大锐,马学平,董爱正,朱德升. 2001. 晚泥盆世弗拉斯期-法门期之交海水温度变化的同位素证据. 地球学报,22(2): 141～144]

Wang Genxian. 1996. The Devonian reefs in Hunan Province, South China. In: Fan Jiasong ed. The ancient organic reefs of China and their relations to oil and gas. Beijing: Marine Press. 117～140 (in Chinese with English abstract) [王根贤. 1996. 湖南泥盆纪生物礁. 见:范嘉松主编. 中国生物礁与油气. 北京:海洋出版社. 117～140]

Wang Genxian, Zuo Zibi. 1983. The distribution and age basis of tetracoralla of Famennian stage in Hunan. Hunan Geology, 2(1): 54～63(in Chinese with English abstract) [王根贤,左自璧. 1983. 湖南法门期四射珊瑚的分布和时代依据. 湖南地质,2(1): 54～63]

Wang Keliang. 1987. On the Devonian-Carboniferous Boundary based on foraminifera fauna from South China. Acta Micropalaeontologica Sinica, 4(2): 161～177(in Chinese with English abstract)[王克良. 1987. 从有孔虫动物群论华南泥盆-石炭系之分界. 微体古生物学报,4(2):161～177]

Wang Kun, Bai S. 1988. Faunal changes and events near the Frasnian-Famennian boundary of South China. In: McMillan N J, Embry A F, Glass D J, eds. Devonian of the World. vol. Ⅲ: Paleontology, Paleoecology and Biostratigraphy. 71～78

Wang Kun, Orth C J, Attrep M, Chartterton B D E, Hou Hongfei, Geoldsetzer H H J. 1991. Geochemical evidence for a catastrophic biotic event at the Frasnian/Famennian boundary in South China. Geology, 19: 776～779

Wilde P, Berry W B N. 1984. Destabilization of the oceanic density structure and its significance to marine "extinction" events. Palaeogeography, Palaeoclimatology, Palaeoecology, 48: 143～162

Wood R, 2000. Novel paleoecology of a postextinction reef: Famennian (Upper Devonian) of the Canning basin, northwestern Australia. Geology, 28(11):987～990

Xu Bing, Gu Zhaoyan, Liu Qiang, Wang Chengyuan, Li Zhenliang. 2003. Carbon isotopic record from Upper Devonian carbonates at Dongcun in Guilin, South China, supporting the world-wide pattern of carbon isotope excursions during Frasnian-Famennian transition. Chinese Science Bulletin, 48(8): 856～862(in Chinese)[许冰,顾兆炎,刘强,王成源,李镇梁. 2003. 广西桂林垌村上泥盆统碳同位素正偏移与全球一致性的记录. 科学通报,48(8):856～862]

Yan Z, Hou H F, Ye L F. 1993. Carbon and oxygen isotope event markers near the Frasnian-Famennian boundary, Luoxiu section, South China. Palaeogeography, Palaeoclimatology, Palaeoecology, 104: 97～104

Zhou Huailing. 1996. The Devonian reefs in Guangxi Province, South China. In: Fan Jiasong, ed. The ancient organic reefs of China and their relations to oil and gas. Beijing: Marine Press. 88～116[周怀玲. 1996. 广西泥盆纪生物礁. 见:范嘉松主编. 中国生物礁与油气. 北京:海洋出版社. 88～116]

顾兆炎　许　冰　刘　强
中国科学院地质与地球物理研究所
北京，100029
王成源
中国科学院南京地质古生物研究所
南京市北京东路 39 号，210008
李镇梁
广西区域地质调查研究院
桂林，541003

第九节

# 华南泥盆纪弗拉期-法门期之交碳酸盐沉积物同位素记录

顾兆炎，许冰，刘强，王成源，李镇梁. 2004. 华南泥盆纪弗拉期-法门期之交碳酸盐沉积物同位素记录. 见：戎嘉余，方宗杰主编. 生物大灭绝与复苏——来自华南古生代和三叠纪的证据. 合肥：中国科学技术大学出版社. 457～472，1060～1061

**摘　要**

碳同位素分析已被用来探讨晚泥盆世碳循环变化和弗拉阶(Frasnian)-法门阶(Famennian)生物灭绝事件(简称为 F-F 事件)的原因。对欧、美等数个 F-F 地层剖面的调查揭示了碳同位素有两次显著的正偏移，分别对应于上、下 Kellwasser 灭绝事件层，而广西罗秀香田剖面的碳同位素测量显示 $\delta^{13}C$ 在 F-F 界线严重负异常(Wang *et al.*，1991；Yan *et al.*，1993)，华南其他几个剖面的碳同位素分析也未能较好限定 F-F 地层碳同位素的变化特征(Chen *et al.*，1995，2002；Hou *et al.*，1996；Wang *et al.*，2001；Gong *et al.*，2002)。本节试图通过长尺度、高分辨率的碳同位素和地球化学分析，厘定华南晚泥盆世地层碳酸盐碳同位素的变化特征，探讨碳循环的变化对生态环境的可能影响。

通过对发育完整的广西桂林垌村和杨堤上泥盆统剖面 F-F 灰岩地层的系统采样和碳酸盐碳同位素分析以及元素地球化学测量，获得碳同位素以及元素地球化学变化的基本特征。总共采集样品约 750 块，涵盖下 *rhenana* 带至 *crepida* 带的地层，采样密度在 F-F 界线上下高达 20 个/m。分析表明，垌村和杨堤剖面 $\delta^{13}C$ 有两次显著正偏移。垌村和杨堤剖面较早的正偏移分别出现在上 *rhenana* 带和下 *rhenana* 带，偏移幅度分别为 1.5‰和 2‰；第二次正偏移一致性地出现在两个剖面的 F-F(*linguiformis-triangularis*)界线上下，偏移幅度分别为2.1‰和 2.6‰。元素化学分析显示：作为海水氧化还原电位或海平面变化的替代指标的 Mn/Fe 和U/Ti比值显示出约$10\sim10^2$倍的变化幅度，它们的高低变化不但与 F-F 时期海平面的变化模式(Johnson *et al.*，1985)一致，而且与碳同位素正偏移具有显著关系，即 Mn/Fe 和 U/Ti 比值达到极大值时也是 $\delta^{13}C$ 增加时期，碳同位素正偏移开始对应于相对缺氧或高海面时期，结束对应于相对富氧或低海面时期。分析结果还表明，垌村和杨堤剖面灰岩主要由低镁方解石组成，剖面绝大部分层位微量元素丰度与 $\delta^{13}C$ 不存在由成岩作用造成的、显著的协同变化关系(Banner and Hanson，1990)，尤其是在 $\delta^{13}C$ 发生正偏移的层位同位素组成没有受到成岩作用的严重影响，剖面 $\delta^{13}C$ 的变化反映了 F-F 时期海水碳同位素组成的基本变化趋势。另外，垌村和杨堤剖面化学地层的可比性说明，在垌村剖面上 *rhenana* 带中的碳同位素正偏移与在杨堤剖面下 *rhenana* 带中的正偏移可能是同时的。

广西罗秀香田 F-F 剖面 *linguiformis* 带顶部 $\delta^{13}C$ 负异常(Wang *et al.*，1991；Yan *et al.*，1993)很可能是富含有机质层的成岩作用造成的，而长尺度、高分辨率的同位素和地球化学分析确定的垌村和杨堤 F-F剖面碳同位素的正偏移在华南上泥盆统中有一定的代表性，一致于全球其他泥盆纪古地理地区碳同位素记录，支持 F-F 地层中的 $\delta^{13}C$ 两次正偏移具有全球性的认识(Joachimski *et al.*，2002)。碳酸盐碳同位素组成主要决定于其形成时海水溶解的无机碳同位素组成，F-F 地层记录的碳同位素正偏移是海水富集$^{13}C$ 的表现，反映了全球碳循环朝着有机碳埋藏速率增加的方向变化。缺氧环境和高海面可能是触发全球有机碳埋藏速率增加以及 F-F 生物灭绝的重要因素，而有机碳埋藏速率增加可能引起大气 $CO_2$ 浓度降低，气候变冷，海平面下降等，这一系列环境变化又可能进一步加重F-F时期生物灭绝的危机。

**关键词**

碳同位素　生物灭绝
晚泥盆世　华南

海洋沉积物中同位素的记录已被用于调查和研究沉积旋回的历史、生物的长期演化、海洋和大气的组成，以及氧化-还原作用、气候、侵蚀、大洋环流等。最近，地层中同位素的短期变化为研究某些事件（如陨石撞击、火山喷发、海洋革命性的变化以及生物集群灭绝）发生的过程提供了证据（Holser *et al*.，1996）。生物地球化学过程的变化往往导致全球碳循环的变化，造成碳同位素在不同的碳储库中的分馏。古生代以来的碳同位素记录中的各种变化通常与生物事件紧密相关（Holser *et al*.，1996），因此，沉积物中碳同位素组成的分析已成为推断全球碳循环以及探讨生态系统变化的有力工具（Hsü and Mckenzie，1990；Kump and Arthur，1999）。

晚泥盆世弗拉阶（Frasnian）-法门阶（Famennian）之交（简称为 F-F）发生了大规模生物灭绝事件，简称 F-F 事件（McLaren，1970），是已发现的古生代以来五大生物集群灭绝事件之一（ Raup and Sepkoski，1982；Sepkoski，1993；Beton and Storrs，1994；Beton，1995）。在欧洲等地，这次事件另称为 Kellwasser（KW）事件（Walliser，1984；Schindler，1990）。此次灭绝事件在规模和程度上仅次于二叠纪末的灭绝事件，大约 60％的弗拉阶生物灭绝（McLaren，1970；McGhee，1996），但是对于导致此次灭绝事件的发生原因至今仍众说纷纭、含糊不清（McGhee，1996）。华南泥盆纪地层发育，沉积类型齐全，尤其是广西的泥盆系具有层序完整、分布广泛、生物群落丰富、化石保存完整等特点（钟铿等，1992）。由于晚泥盆世扬子板块仍处于赤道低纬度位置（许靖华等，1998），生态系统遭受到 F-F 事件的严重影响（Liao，2002），因此，中国南方上泥盆统是研究 F-F 事件的理想地层之一。本节对广西桂林垌村和杨堤具有生物化石带控制的石灰岩地层进行了较长时间尺度的、高分辨率的碳酸盐同位素和元素分析，以求揭示华南上泥盆统碳同位素的变化特征，通过与全球碳同位素记录对比探讨碳循环的变化与 F-F 事件的关系。

## 一、样品与方法

垌村剖面位于广西桂林市和阳朔县城之间，距桂林市南偏东约 40 km 处（24.95°N，110.42°E）。在李镇梁和刘泰工等野外地质工作的基础上，王成源曾经先后 5 次取样对这套地层进行了牙形类生物地层学研究，尤其是在 F-F 界线以上 7 m和以下 12 m 的地层中采集了 100 余块样品，进行了高分辨率的牙形类鉴定，精确地确定了 F-F 界线，建立了生物年代序列（Wang，1994；Wang and Ziegler，2002）。整个剖面主要由一套深水沉积的微晶质灰岩和鲕粒灰岩组成，局部含有薄层硅质岩，少见白云石化现象。在 *triangularis*-*linguiformis*（F-F）界线以下约 2.0 m处发育一层厚约 9 cm 黑色泥质微晶灰岩。*linguiformis* 带的大部分牙形类化石从黑色灰岩层至 F-F 界线消失，与欧洲的上Keilwasser事件对应（Wang and Ziegler，2002）。为了进行同位素地层学研究，我们对 F-F 界线以下约 112 m 和以上 29 m 厚的晚泥盆世灰岩地层进行了系统采样，采样范围囊括了已进行牙形类鉴定的所有层位，从下到上分别为 *punctata-triansitans* 界线以下约 33 m 厚的未鉴定化石带的地层，*punctata* 带至 *triangularis* 带厚约 84 m 的地层，以及 *crepida-triangularis* 界线以上约 24 m 厚未鉴定化石带的地层。样品采集与牙形类化石样品层位对应，适当内插加密采集，大部分样品间距在 35 cm 左右，仅在剖面顶部 14.5 m 厚的地层采样间距为 75 cm。另外，对 *linguiformis* 带和 *triangularis* 带进行了加密采集，尤其对 F-F 界线以上 2 m 和以下 4 m 厚的地层进行了加密采样，平均采样间距为 10±5 cm，共采集样品 60 个。在剖面 141 m 厚的地层内合计采集样品 427 个。

杨堤剖面位于广西桂林东南（24.97°N，110.38°E）约 30 km。季强（1994）对此剖面上泥盆统的牙形类化石进行了研究，确定了 F-F（*linguiformis-triangularis*）界线，而其他生物带界线是暂时的，尚需进一步研究。杨堤剖面下部是中泥盆世东岗岭组上部的含黄铁矿的页岩，随后是一套白云岩和泥灰岩组合，并且随年代的变新逐渐转变为泥灰岩与硅质岩互层；晚泥盆世 Frasnian 阶的底部是一套硅质岩组合，中部主要由泥灰岩、粒屑灰岩以及微晶灰岩组成；Famennan 阶的底部主要是由扁豆状灰岩组成，上部由礁灰岩、生物碎屑灰岩、泥晶灰岩以及白云岩组成。本节工作主要集中在弗拉阶硅质岩序列之上的灰岩沉积，涵盖了下 *rhenana* 至 *crepida* 的所有牙形类带，从下至上分别主要由深灰色薄层泥质灰岩夹薄层硅质岩、泥灰岩和扁豆状灰岩组成，总体上为一套海水由深至浅的沉积序列。对这套地层进行了系统采样，采样间隔在 5～40 cm 之间；其中，F-F 界线以上0.7～8.2 m，8.2～12 m 和 12～26 m 的采样间隔分别为 10 cm，20 cm 和 40 cm；F-F 界线上、下各 0.6 m 采样间隔加密到 5 cm；在 F-F 界线以下 0.6～8 m 和 8～24.4 m 采样间隔分别又回落到 10 cm 和 20 cm；整个剖面共采集样品 311 块。

对采自广西桂林垌村和杨堤剖面所有灰岩样品进行了全岩碳酸盐碳、氧稳定同位素分析以及 Ca、Mg、Al、Ti、Fe、Mn、Sr 浓度测量；同时对采自垌村剖面上部 67 m 的 218 块样品进行了稀土元素和微量元素包括 U 含量分析；另外，对采自杨堤剖面的所有样品进行了 U 含量测定。同位素分析采用磷酸法，将选出的样品在玛瑙研钵中研磨成 200 目的粉末，然后与 100% $H_3PO_4$ 恒温（50±1℃）反应 12 小时，反应生成的 $CO_2$ 气体经纯化后在 MAT-251 质谱上测量 $^{13}C/^{12}C$ 和 $^{18}O/^{16}O$ 的比值，测量数据采用相对于 PDB 标准的千分差（δ）表示，其中，$\delta^{13}C$ 的标准偏差（1σ）为 0.1‰，$\delta^{18}O$ 的标准偏差＜0.2‰。Ca，Mg，Al，Ti，Fe，Mn，Sr，U 等元素测量采用等离子体光谱法（ICP-OES），其中，Ca 测量的相对误差为±0.9%，Mg 为±7.2%，其他＜10%。稀土和其他微量测量采用等离子体质谱法（ICP-MS），相对分析误差＜5%。

## 二、碳同位素分析结果

### (一) 垌村剖面

图 3.9.1 显示了广西桂林垌村晚泥盆世剖面 F-F 界线以下约 52 m 和以上约 29 m 全岩碳酸盐同位素组成分析结果。这部分结果是 *jamieae* 带上部至 *triangularis* 带，以及 *crepida-triangularis* 界线以上约 24 m 厚未鉴定化石带地层的 $\delta^{13}C$ 记录，其 $\delta^{13}C$ 变化具有如下特征：

(1) $\delta^{13}C$ 在分析的样品中具有较大幅度的变化，范围在－1.0‰～＋3.0‰之间。

(2) $\delta^{13}C$ 从下至上总体呈逐步增加的趋势。其中，下 *rhenana* 带 $\delta^{13}C$ 最低，平均为(－0.1±0.4)‰，具有一定的波动；*linguiformis* 带 $\delta^{13}C$ 平均为(0.5±0.5)‰；*triangularis* 带以上 $\delta^{13}C$ 最高，平均为(1.7±0.5)‰。

(3) $\delta^{13}C$ 从下到上增加不是渐变过程，而是由两次明显的快速的正偏移所组成。第一次正偏移从－19.4 m 处(Upper *rhenana* 带中)开始，在约－17.6 m 处达到最大(1.4 ‰)，相对于下 *rhenana* 带 $\delta^{13}C$ 平均值增加约 1.5 ‰，然后又在约－16.1 m处回落到 0.3 ‰的水平。第二次正偏移出现在 F-F 界线上下(±2.3 m)，增幅较大，达 2.1 ‰。第二次正偏移似乎又可以分成两步，第一步约在－2.5 m 处(黑色灰岩以下 40 cm)开始，$\delta^{13}C$ 净增约 0.6 ‰，达到(1.4±0.3)‰的水平；第二步在 F-F 界线(0 m)开始，$\delta^{13}C$ 快速增加，在 1.9 m 处攀升到 2.8 ‰左右，增幅达 1.4 ‰，这种较高的 $\delta^{13}C$ 值一直维持到 3.1 m 左右，此后呈逐渐降低趋势，在约 13.4 m处回落到(1.3±0.2)‰的相对稳定水平。

### (二) 杨堤剖面

广西桂林杨堤剖面所有碳酸盐样品的同位素组成分析结果显示于图 3.9.1：B 中，这些数据呈现了从下 *rhenana* 带至 *rhonboidea* 带碳酸盐 $\delta^{13}C$ 的变化。对比发现，其 $\delta^{13}C$ 具有与垌村剖面碳同位素记录基本相同的变化特征(图 3.9.1：A)：①同样出现两次正偏移，第一次正偏移出现在下 *rhenana* 带中，第二次开始于 F-F 界线以下 1.4 m 处，结束于 F-F 界线以上约 0.5 m；②第二次正偏移与垌村剖面一样，大致可以分成两步，第一步在 F-F 界线以下约 1.4 m 处开始，$\delta^{13}C$ 从0.3 ‰增加到(1.6±0.5)‰，第二步在 F-F 界线(0 m)处开始增加，在 1 m 处达到最大值 3 ‰，此后又逐渐降低，在约 6.8 m 处回落到(1.7±0.3)‰的相对稳定水平。惟一不同的是杨堤剖面 $\delta^{13}C$ 第一次正偏移出现在下 *rhenana* 带中，而垌村剖面出现在上 *rhenana* 带中，偏移幅度略大于垌村剖面。

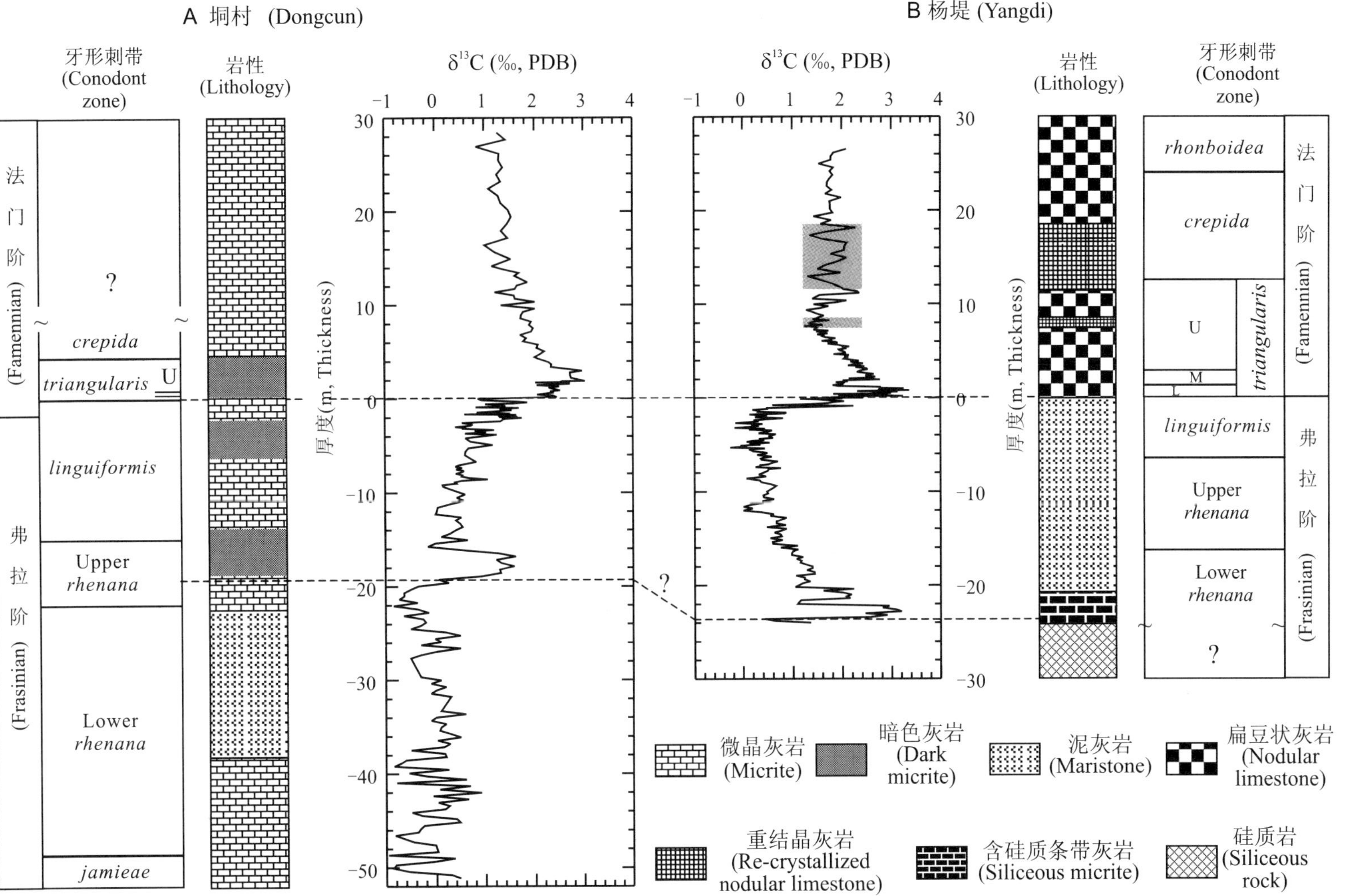


图 **3.9.1** 广西桂林垌村和杨堤弗拉阶–法门阶(**F-F**)剖面牙形刺地层(Wang，1994；Wang and Ziegler，2002；季强，1994)和碳酸盐碳同位素记录。其中,**0 m** 处为 **F-F** 界线;由于杨堤剖面重结晶层位同位素已受到严重影响,依据 **Banner** 和 **Hanson(1990)**及 **Marshall(1992)**的方法,阴影部分的数据已根据 $\delta^{13}C$ 与 $\delta^{18}O$ 的关系[$\delta^{13}C$ (‰) = 0.617 $\delta^{18}O$ (‰) + 5.22]校正到 $\delta^{18}O$ = −5.5 ‰ 对应的 $\delta^{13}C$ 值

Figure 3.9.1 Carbonate carbon isotopic records and conodont bio-stratigraphy (Wang, 1994; Wang and Ziegler, 2002; Ji, 1994) from the Frasnian-Famennian transition sequences at Dongcun and Yangdi in Guilin, southern China. The F-F boundary is located at the thickness of 0 meter. Based on the relationship [$\delta^{13}C$ (‰) = 0.617 $\delta^{18}O$ (‰) + 5.22] between $\delta^{13}C$ and $\delta^{18}O$ in the recrystallized limestone, the shadowed $\delta^{13}C$ data in Figure 3.9.1b have been corrected to the values at $\delta^{18}O$ = −5.5 ‰ after the suggestion by Banner and Hanson (1990) and Marshall (1992)

## 三、海相碳酸盐沉积物碳同位素组成及其变化

海相碳酸盐碳同位素组成直接取决于其沉淀时海水溶解的无机碳同位素组成和温度，其中，海水溶解的无机碳同位素组成的变化是导致碳酸盐 $\delta^{13}C$ 变化的主要原因，因为在常温下碳酸盐 $\delta^{13}C$ 随温度的变化率仅为 0.13‰/℃ 左右。理论上，海水溶解的无机碳同位素组成受多种因素影响，如海水的温度和酸碱度（pH），大气 $CO_2$浓度和碳同位素组成，海洋无机碳还原成有机碳的速率以及有机碳埋藏速率，但在 $10^4 \sim 10^5$ a 时间尺度上的海洋碳同位素组成的变化主要取决于无机碳还原成有机碳以及有机碳的埋藏速率，简单地说，取决于海洋生物基本产率相对于有机碳埋藏速率的变化（Holser，1997）。当海洋基本产率或有机碳埋藏速率增加时，海水中溶解的无机碳同位素 $^{13}C$ 富集，导致沉淀的碳酸盐 $\delta^{13}C$ 增加；反之依然。总之，在长时间尺度上碳酸盐 $\delta^{13}C$ 的变化趋势决定于全球光合作用强度，反映了全球碳循环的变化。

然而，成岩作用可以使碳酸盐同位素组成偏离碳酸盐沉积时的初始值，其偏离程度主要取决于碳酸盐沉积物的矿物组成以及成岩作用系统的开放性（Marshall，1992；Holser，1997）。一般来说，由高镁方解石、文石组成的碳酸盐，以及富含泥质和有机质、低碳酸盐含量的沉积物，其同位素组成较易受重结晶作用、白云石化和氧化作用等成岩过程的影响，在近地表大量大气降水介入的开放条件下，导致碳酸盐同位素组成严重偏离初始值，$\delta^{13}C$ 与 $\delta^{18}O$ 和微量元素往往成显著的线性关系（Banner and Hanson，1990）。与高镁方解石不同，低镁方解石相对难溶，重结晶作用不显著，由此组成的高碳酸盐含量以及低有机质含量的沉积物，在相对封闭的成岩条件下，尽管氧同位素组成可能会受大气降水的严重影响，但碳同位素组成往往不发生显著的变化。因此，微晶低镁方解石 $\delta^{13}C$ 基本继承了碳酸盐沉积时碳同位素组成的特征（Marshall，1992）。

对垌村和杨堤剖面上泥盆统的观察和样品化学分析显示：①没有出现富含有机质的黑色页岩沉积，碳酸盐含量高，平均达 90%左右；②样品主要由微晶方解石组成，其中 90%的样品 [Mg]/[Ca] mol 比值均落在< 3%的低镁方解石范围内（图 3.9.2：A），垌村剖面在 15.5～17.5 m，−21.5～−22.5 m，−39.7.3～−41.4 m 和−46.4.0 ～−47.8 m 处发生了局部的白云石化，杨堤剖面仅在−19.3～−19.9 m 处发生了局部的白云石化，导致[Mg]/[Ca]mol 比值显著增加；③绝大部分样品碳酸盐矿物重结晶程度较低，只有杨堤剖面 F-F 界线以上 7.5～8.5 m 和 11.5～18.5 m 处碳酸盐矿物重结晶程度相对较高，导致 $\delta^{18}O$ 和 $\delta^{13}C$ 明显偏负，协同变化（图 3.9.2：A 和 B虚线围成区域：$\delta^{13}C(‰) = 0.617\,\delta^{18}O(‰) + 5.22$，$r = 0.98$）；④除白云石化和重结晶程度较高的样品外，$\delta^{13}C$ 与[Mg]/[Ca]比值、$\delta^{18}O$、Sr 和 Mn 含

量没有呈现出受成岩作用影响后显著协同变化(Banner and Hanson,1990)的线性关系(图 3.9.2),尤其是在 $\delta^{13}C$ 发生正偏移的层位。这些数据说明垌村和杨堤剖面碳酸盐碳同位素绝大部分未受成岩作用的影响,碳酸盐$\delta^{13}C$记录了 F-F 沉积时期海水碳同位素变化的基本特征,$\delta^{13}C$ 增加反映了海洋有机碳埋藏速率相对于生物基本产率的增加。

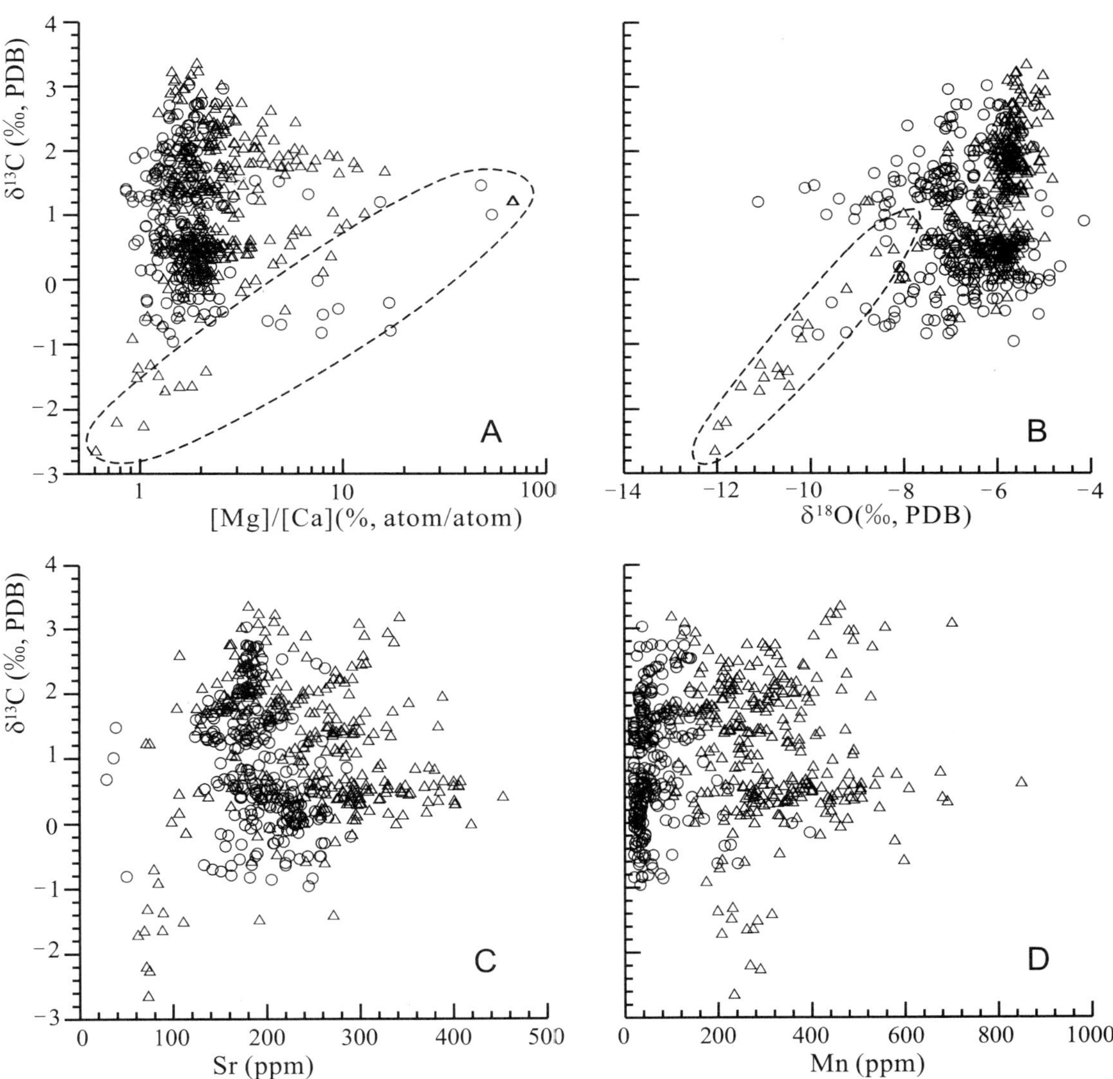


图 3.9.2　广西桂林垌村(空心圆)和杨堤(三角)剖面 **F-F** 灰岩地层碳酸盐 **$\delta^{13}$C** 与[**Mg**]/[**Ca**]比值,**$\delta^{18}$O**以及微量元素 **Sr** 和 **Mn** 含量的关系,显示绝大多数样品 **$\delta^{13}$C** 未受成岩作用严重影响。虚线围成区域(**A**,**B**)的 **$\delta^{13}$C** 值可能已受成岩作用的影响

Figure 3.9.2　Relationships between $^{13}$C,[Mg]/[Ca] molar ratio, $^{18}$O,and concentrations of Sr and Mn in the samples from the F-F sections at Dongcun(open circle)and Yangdi(triangle)in Guilin,southern China,showing that $^{13}$C values for most of the samples are not the signal from diagenesis. The $^{13}$C data in the areas surrounded by the dashed lines in A and B were reset by diagenesis,and they in Figure 3.9.1:B have corrected to the values at $^{18}$O = −5.5‰ after the suggestion by Banner and Hanson(1990)and Marshall(1992)

尽管如此，垌村和杨堤剖面较早出现的碳同位素正偏移在生物地层序列上并不一致，我们认为这种不一致是人为造成的，而不是成岩过程产生的噪音。首先，在这两个剖面上，这次正偏移出现的地层学序列是可以对比的，同样为海退序列，垌村剖面从下到上为含硅质岩条带灰岩至灰岩沉积，杨堤剖面为硅质岩至泥质灰岩沉积；其次，除 $\delta^{13}C$ 变化一致外，反映沉积环境还原程度或海水相对深度的 Mn/Fe和 U/Ti 比值，在这两个剖面也具有一致性的变化(图 3.9.3)，也就是说这两个剖面具有相同地球化学演化序列；第三，生物地层划分的精确程度取决于研究深度和分辨率，如垌村剖面 *linguiformis-rhenana* 界线起初被划定在 19.5 m 处(Wang，1994)，经过再研究(Wang and Ziegle，2002)认为此界线应向上移到 15 m 处(见图 3.9.1：A)；杨堤剖面牙形刺化石分析的样品密度较小(见季强，1994)，缺少严格的控制点。因此，根据岩石学和地球化学分析，我们没有理由拒绝这次正偏移在这两个剖面上的记录，更没有理由说，两个剖面出现的这次正偏移是在不同时期发生的，因为垌村和杨堤两地距离现今仅约 7 km，泥盆纪时期是同一海域，经历了同样的海洋地质作用过程。

## 四、F-F 时期全球碳循环变化

F-F 界线上下地层中的稳定同位素的研究已开展了许多工作(McGhee *et al.*，1986；Bugguish，1991；Wang *et al.*，1991；Yan *et al.*，1993；Joachimski and Buggisch，1993，2002；Joachimski *et al.*，1994，2002；Wang *et al.*，1996)。对欧洲晚泥盆世剖面较早的同位素调查(McGhee *et al.*，1986；Bugguish，1991)发现，在 F-F 事件地层中碳同位素 $\delta^{13}C$ 具有正偏移现象。随后对欧洲中部几个 F-F 剖面较广泛的研究(Joachimski and Buggisch，1993；Joachimski *et al.*，1994)划分出两次 $\delta^{13}C$ 的正偏移，首次出现在 Upper *rhenana* 带，第二次出现在 *triangularis-linguiformis* 带界线上下，偏移幅度达 3‰左右。此外，非洲、美洲和澳大利亚等地上泥盆统的 F-F 地层中，同样也存在碳同位素 $\delta^{13}C$ 正偏移的现象(Wang *et al.*，1996；Joachimski *et al.*，2002)。于是，F-F 事件地层碳同位素正偏移被认为是全球碳循环变化的特征(Joachimski *et al.*，2002)。然而，对华南泥盆纪 F-F 事件地层碳同位素较早的研究(Wang *et al.*，1991；Yan *et al.*，1993)，呈现广西罗秀香田剖面 *linguiformis* 带顶部 20 cm 地层中碳酸盐 $\delta^{13}C$ 的负异常，这种负异常被解释为F-F 时期陨石碰击导致海洋生物基本生产率下降，表层海水相对富集 $^{12}C$ 的结果。Joachimski 等(2002)认为，全岩样品碳酸盐 $\delta^{13}C$ 短暂的负异常很可能是成岩作用的结果。我们认为下列两种过程有可能造成香田剖面碳同位素的负异常：

(1) 风化作用。受风化成壤过程改造的碳酸盐往往贫 $\delta^{13}C$，香田剖面碳同位素负异常仅出现在 *linguiformis* 顶界一层较薄(约 20 cm)的、具有氧化色的(棕色)

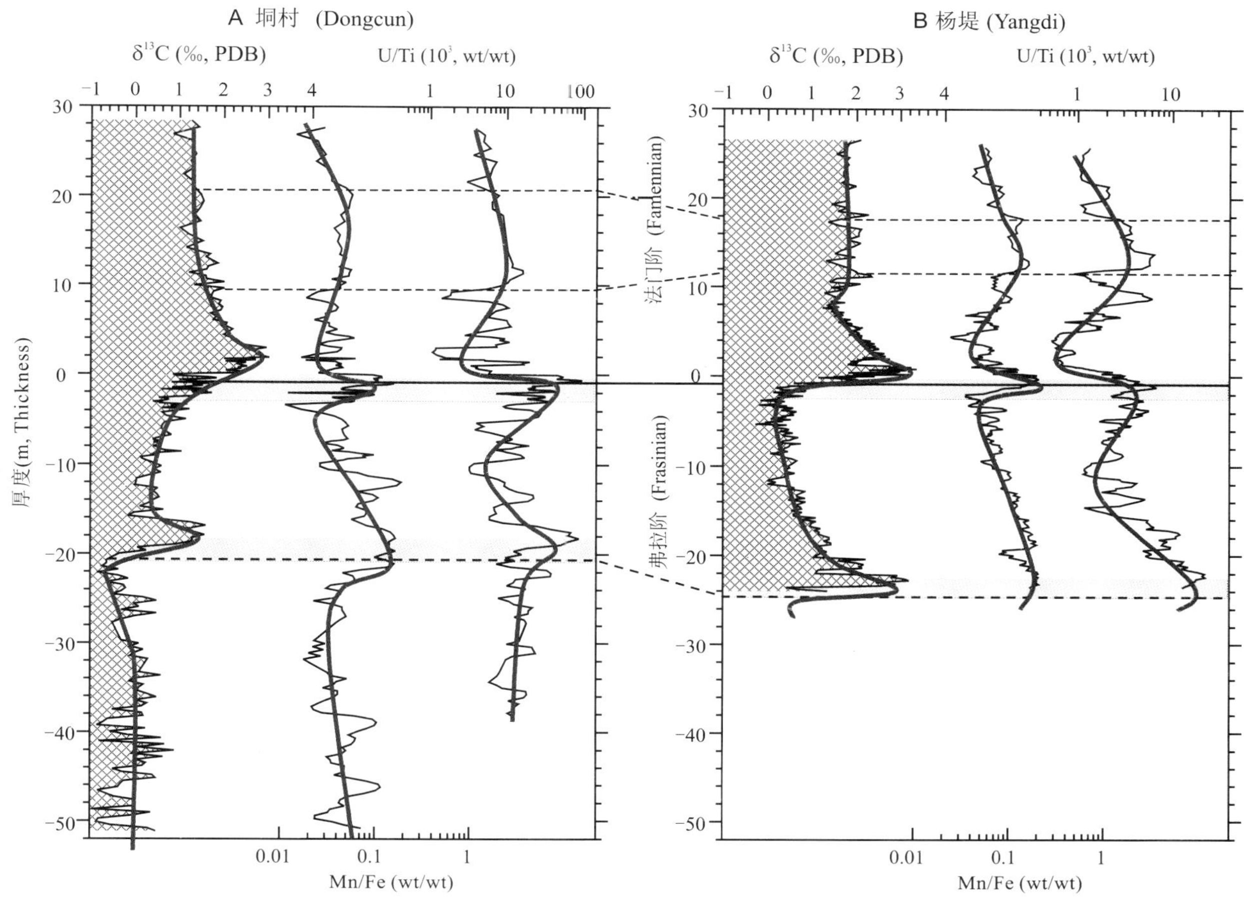


图 **3.9.3**　广西桂林垌村剖面 **F-F** 灰岩地层碳酸盐 $\delta^{13}$**C**,**Mn/Fe** 和 **U/Ti** 比值与杨堤剖面的对比。显示这两个剖面具有可对比的化学地层，说明剖面下部的碳同位素正偏移(阴影部分)尽管在生物地层上可能是不一致的(图 **3.9.1**)，但在化学地层上是同时的。图中粗曲线为趋势线

Figure 3.9.3　Correlations of $^{13}$C and ratios of Mn/Fe and U/Ti between Dongcun and Yangdi sections in Guilin, southern China, showing that the two sections have a comparable pattern of variations for $^{13}$C and ratios of Mn/Fe and U/Ti respectively, and indicating that the lower positive $^{13}$C excursion in the two sections is synchronous on chemostratigraphy although it presented apparently in different conodont zones(Figure 3.9.1). Note that the thick solid curves are trend lines

钙质页岩中(Yan *et al.*, 1993)，可能反映一个海面下降-沉积物暴露风化的短暂过程。

(2) 硫酸盐细菌还原-有机质的氧化作用。这种作用有可能致使孔隙水碳酸盐处于饱和状态，从而导致黄铁矿和贫$^{13}$C 的碳酸盐在地层中次生沉淀(Berner, 1971; Ben-Yaakov, 1973)。香田剖面 *linguiformis* 地层为富含带状黄铁矿和碳酸盐结核的黑色页岩(Yan *et al.*, 1993)，棕色钙质页岩层中的大部分碳酸盐很可能是在硫酸盐细菌还原-有机质氧化过程中次生沉淀的。

另外，相同地点不同研究获得的 $\delta^{13}$C 负异常幅度存在显著差异，Wang 等(1991)获得的 $\delta^{13}$C 负异常幅度约为 3.5‰；Yan 等(1993)获得的负异常幅度高达 7.6‰，如此大的差异用以解释海水溶解的无机碳同位素变化是难以令人信服的。

湖南冷水江锡矿山老江冲 F-F 地层中全岩碳酸盐 $\delta^{13}C$ 在含有机质层位呈负异常(Hou *et al.*,1996),以及与此形成鲜明反差的腕足类方解石壳 $\delta^{13}C$ 正偏移(Hou *et al.*,1996; Wang *et al.*,2001),是成岩作用对富含有机质层位的碳酸盐同位素影响的很好例证。近来的分析(陈代钊等,1995; Chen *et al.*,2002)显示,沉积速率较高的广西白沙和六景剖面全岩碳酸盐同位素$^{13}C$ 在 F-F 界线呈富集的现象,尽管 F-F 界线上下缺乏足够的同位素背景数据限定此次碳同位素偏移范围与幅度,但也没有呈现任何特征的负异常。

长尺度(*jamieae* 带上部至 *rhonboidea*)、高分辨率的同位素和地球化学分析确定的垌村和杨堤剖面 F-F 界线碳同位素的正偏移,与湖南老江冲剖面腕足类方解石壳 $\delta^{13}C$ 明显增加的趋势(Hou *et al.*,1996; Wang *et al.*,2001),以及与广西六景和白沙剖面全岩碳酸盐 $\delta^{13}C$ 正偏移的迹象(陈代钊等,1955; Chen *et al.*,2002)基本一致。不仅如此,其 $\delta^{13}C$ 的增加幅度在这些剖面上也基本相同,如垌村和杨堤分别约2.1‰和 2.7‰,老江冲约 2.2‰,六景约 2.2‰,白沙约 2.5‰。因此,我们认为垌村和杨堤剖面碳同位素记录所揭示的 F-F 地层中 $\delta^{13}C$ 正偏移在华南上泥盆统中具有一定的代表性,能够反映华南 F-F 时期海水碳同位素的变化特征,以及海洋生物基本生产率和有机碳埋藏速率的相对变化。结合牙形类生物地层单位,我们将具有代表性的广西桂林垌村上泥盆统碳同位素记录与世界典型剖面的记录进行了对比(图 3.9.4),发现各个剖面 $\delta^{13}C$ 主要变化的基本步骤是一致的,支持 F-F 地层中的 $\delta^{13}C$ 两次正偏移具有全球一致性的认识(Joachimski *et al.*,2002),也就是说F-F时期全球碳循环曾发生两次重要的变化。

## 五、碳循环的变化与 F-F 事件

F-F 地层中碳酸盐碳同位素一致性的正偏移反映了全球规模的有机碳埋藏速率的增加,即有机碳储库快速增大的过程。引起碳循环如此变化的原因主要有两种:①光合作用加强,生物产率增加;②海水氧逸度降低导致有机碳氧化速率下降,或沉积作用加强,最终致使有机碳埋藏速率增加,有机碳储库增大。在欧洲发现的 F-F 地层碳同位素正偏移分别对应于上、下 Kellwasser 缺氧事件的黑色页岩沉积或沥青质碳酸盐沉积。Joachimski 等(2002)认为海洋缺氧的发生导致了海水有机质氧化速率的降低、有机碳埋藏速率的增加,进一步驱使大气温室气体 $CO_2$ 浓度降低,全球变冷,致使暖水生物大量灭绝。

华南晚泥盆世相对深水沉积的 F-F 地层中少见黑色页岩沉积,反映缺氧事件的地层特征不显著,仅在浅水相出现黑色泥页岩沉积(钟铿,1992; Ma and Bai,2002)。广西桂林垌村和杨堤剖面同样也没有显著的缺氧沉积地层,但牙形类的研究较好地定义了与上 Kellwasser 事件相对应的层位(Wang and Ziegler,

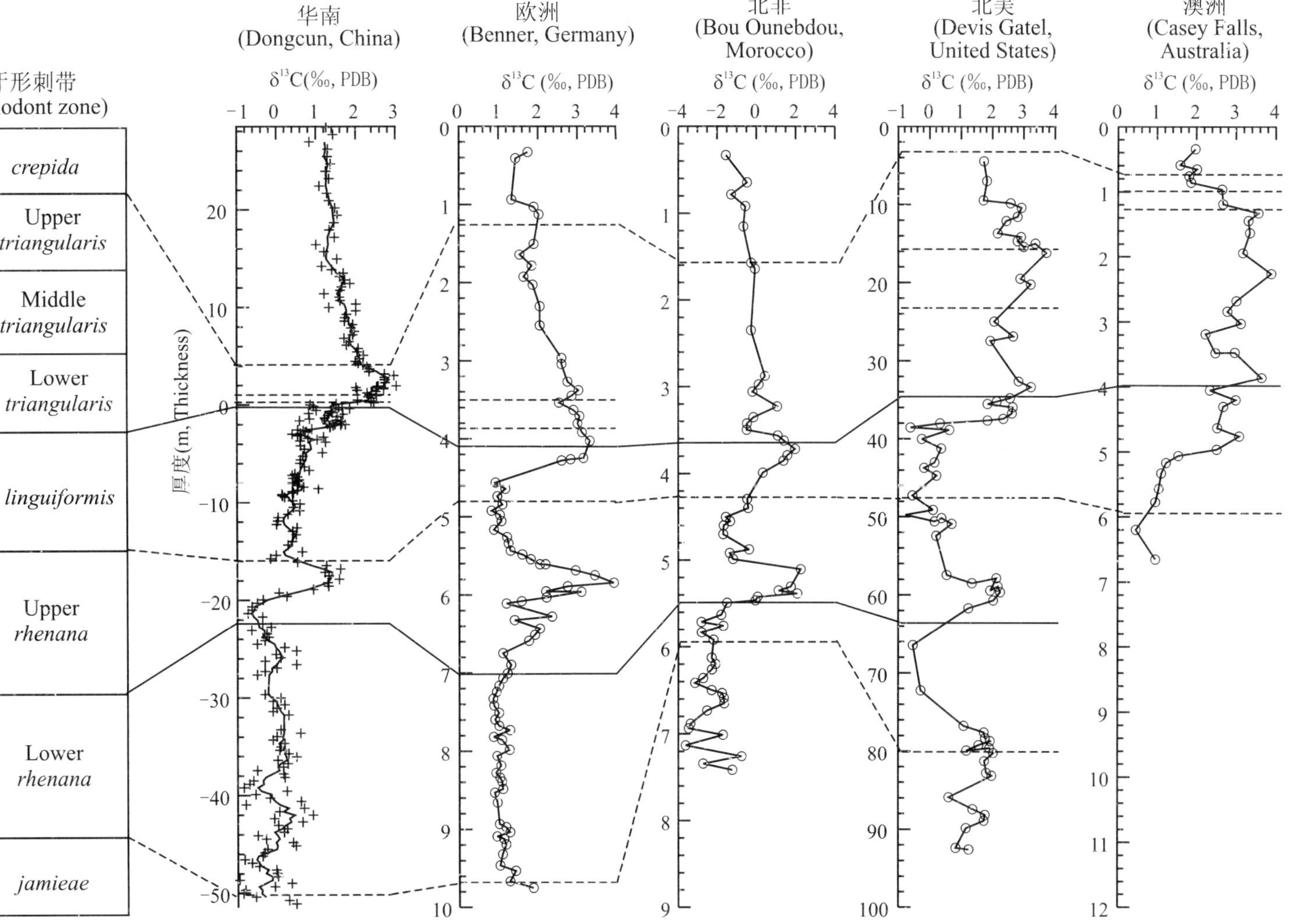


图 3.9.4 广西桂林垌村弗拉–法门阶(F/F)碳酸盐碳同位素记录(5点滑动平均)与上泥盆统 **Benner**(德国)、**Bou Ounebdou**(摩洛哥)、**Devil's Gate**(美国)和 **Casey Fall's**(澳大利亚)剖面碳同位素记录(Joachimski and Buggisch, 1993; Joachimski *et al.*, 2002)的对比

Figure 3.9.4 Correlation of the carbon isotopic record (5-point running average of $\delta^{13}C$) from the Late Devonian limestone sequence at Dongcun in Guilin, southern China with the $\delta^{13}C$ excursion patterns (Joachimski and Buggisch, 1993; Joachimski *et al.*, 2002) of Frasnian-Famennian transition carbonate deposits from Germany, Morocco, United States, and Australia

2002)，即 *linguiformis* 带顶部 2.0 m 厚的地层。这为进一步探讨生物灭绝-复苏与环境演化的关系提供了基础。

地球化学分析结果(图 3.9.3)显示 Mn/Fe 和 U/Ti 比值在垌村和杨堤剖面中具有显著而又一致性的变化，而且与碳同位素 $\delta^{13}C$ 变化具有明显的关系，即当 Mn/Fe 和 U/Ti 比值波动达到高峰值时，$\delta^{13}C$ 显著增加，发生正偏移。由于 Fe 和 Mn 化学性质的差异，当河流 Fe 和 Mn 带入海洋时，Fe 和 Mn 物质的沉淀将发生分异，远海沉积物中的 Mn/Fe 比值往往大于近海沉积物，因此，Mn/Fe 比值常常用来衡量沉积物离岸的远近。U 是变价元素，在表生富氧条件下呈 $UO_2^{2+}$ 状态易于溶解，而在缺氧条件下 $UO_2^{2+}$ 易还原成 $UO_2$ 沉淀，U 在深海沉积物中含量显著大于浅海沉积物，另外，碎屑沉积物中 U 往往高于碳酸盐沉积物，因此，理论上 U/Ti比值可以用来衡量沉积物沉积时海水的氧化还原条件，较高的 U/Ti 比值反映较缺氧的还原沉积环境。

显然，垌村和杨堤剖面 Mn/Fe 和 U/Ti 比值变化(图 3.9.3)就反映了 F-F 时期海水还原程度以及海面高-低(或海进-海退)的变化，这种变化趋势基本一致于晚泥盆世 F-F 时期全球海平面变化模式(Johnson *et al.*，1985)。由此，我们推测：在 Mn/Fe 和 U/Ti 比值波动达到极大值时，碳酸盐 $\delta^{13}C$ 发生正偏移可能与海面上升、海水氧逸度降低，形成缺氧环境，致使有机碳氧化速率降低以及埋藏速率增加有关。对比垌村剖面牙形类多样性在 F-F 界线上下的变化(图 3.9.5：A)可以发现：①弗拉阶结束时牙形类逐步灭绝过程与 Mn/Fe 和 U/Ti 比值升高-降低的变化一致；②F-F 界线上下牙形类灭绝-复苏过程与碳同位素逐步增加过程相吻合。这样的特征进一步支持和说明：

(1) 海平面上升-缺氧水体形成可能是上 Kellwasser 生物逐步灭绝以及碳循环变化的触发因素(Joachimski and Buggisch，1993；Joachimski *et al.*，2002)。上 Kellwasser 时期发生了一系列事件(Sandberg *et al.*，2002)，其中最初的事件就是海平面上升和海盆普遍缺氧，海水碳同位素正偏移开始，深水介形类迅速地演化。

(2) 碳循环变化对气候的影响又进一步加重了生物的危机和适应新环境的演化。碳同位素持续的正偏移所反映的有机碳快速埋藏，理论上将拉动大气 $CO_2$ 浓度的降低、气候变冷、海平面下降，从而进一步导致深水生物群落的逐步灭绝，浅水种群迁移至深水环境，生物的多样性降低(Sandberg *et al.*，2002)。与此同时，逐步变冷的气候将使有机碳氧化速率降低、海平面下降，最终将导致大陆侵蚀速率增加，大量的有机物质输入海洋，使浅海海域富营养化，形成缺氧环境，促使有机碳埋藏进一步增加。如此反馈作用有可能增大温度降低的幅度，导致生物进一步灭绝和迁移(Sandberg *et al.*，2002)。

(3) 生物在适应新环境后的复苏、生物产率的增加，又可能对碳循环起反馈作用。海平面进一步下降有可能导致海底甲烷水合物的分解，大气温室气体浓度增

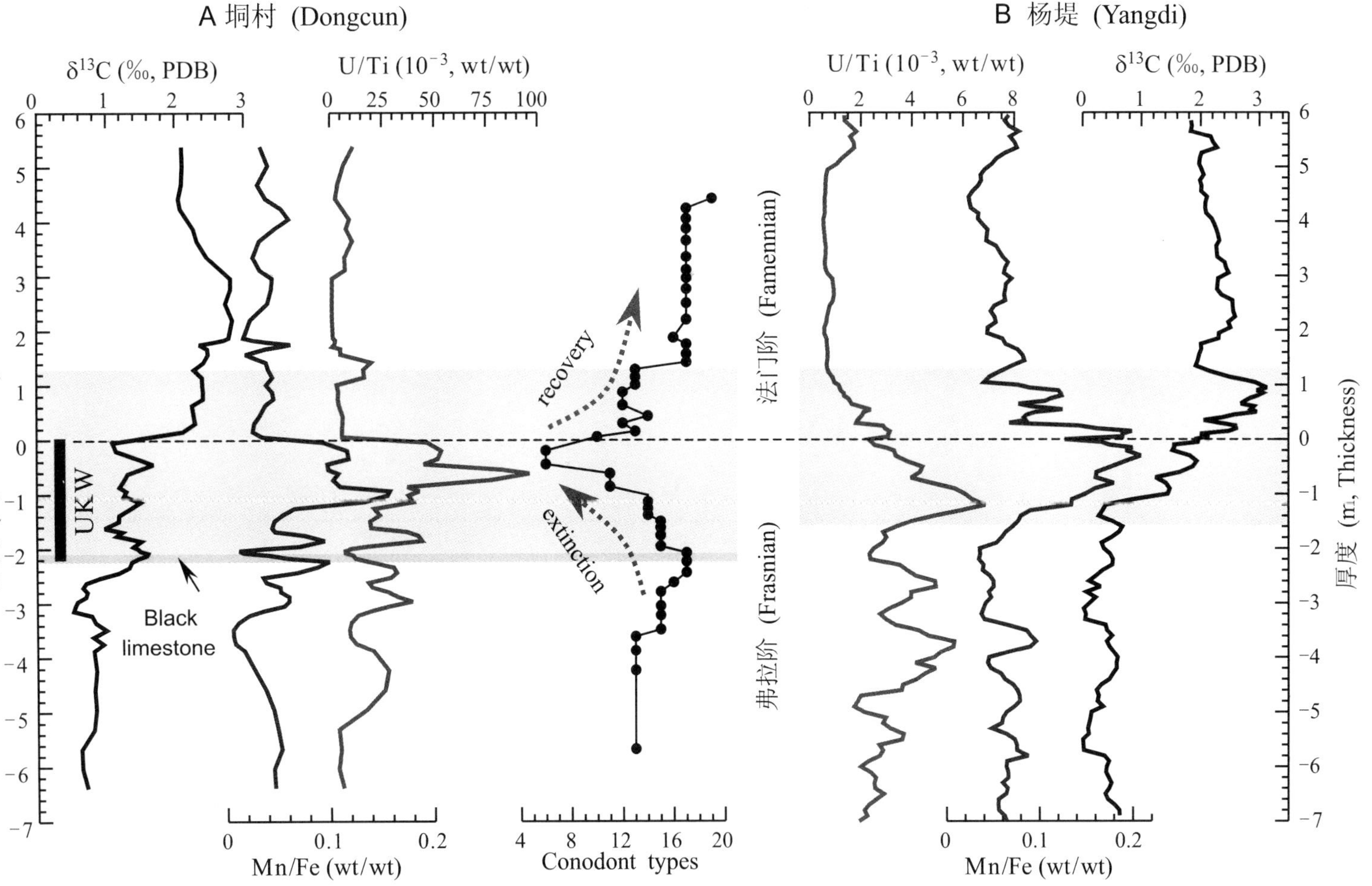


图 3.9.5 广西桂林垌村和杨堤剖面 **F-F** 界线上下碳酸盐 **$\delta^{13}C$** 和 **Mn/Fe**、**U/Ti** 比值的详细变化(**A** 和 **B** 中的曲线分别为 **3** 点和 **5** 点滑动平均值),显示随 **$\delta^{13}C$** 增加和 **Mn/Fe**、**U/Ti** 比值高峰值的出现,牙形刺种类数量出现一个低峰值,说明牙形刺的灭绝与复苏是伴随海水缺氧、海面升-降和有机碳埋藏速率增加的过程。**A** 中粗黑棒指示的位置是垌村剖面上 **Kellwasser(UKW)** 地层(Wang and Ziegler,2002)

Figure 3.9.5 High resolution records of $\delta^{13}C$, and Mn/Fe and U/Ti ratios (3 and 5 point running averages for A and B respectively) around the F-F boundary of the Dongcun and Yangdi sections for perturbation of global carbon cycle, anoxic and/or sea level changes, showing the extinction-recovery of conodont types was correlated to processes of the increasing of organic carbon burial, anoxia, and rising-lowering of sea level. The Upper Kellwasser (UKW) horizon of the Dongcun section (Wang and Ziegler, 2002 UKW) is shown by a black bar (A)

加，气温回升，生物复苏，基本产率增加。$\delta^{13}C$在缺氧事件之后持续增加(图 3.9.5)或在略有下降后的增加，不仅与缺氧水体形成-有机碳埋藏速率增加造成海水富集$^{13}C$的滞后效应有关，而且可能与生物复苏后生物基本产率增加造成海水富集$^{13}C$进一步滞后有关。

很明显，垌村和杨堤剖面晚泥盆世地层碳同位素和地球化学记录，支持海平面上升-缺氧环境形成触发一系列气候、环境和生物演化过程发生的观点(Joachimski and Buggisch，1993；Joachimski *et al*.，2002)。同时我们认为 F-F 事件地层碳同位素正偏移的过程可能与生物从灭绝至复苏的全过程对应。

## 六、结论

广西桂林垌村和杨堤晚泥盆世灰岩剖面高分辨率的碳酸盐同位素和元素地球化学分析结果，揭示了我国南方 F-F 地层碳同位素存在两次显著的$\delta^{13}C$值正偏移，进一步展示了海平面波动和海水氧化还原变化与$\delta^{13}C$正偏移具体过程和步骤以及相互关系，同时也强有力地支持了晚泥盆世地层$\delta^{13}C$在 F-F 之交具有全球一致性的变化模式的认识(Joachimski *et al*.，2002)，是全球有机碳埋藏增加-碳循环变化的记录。在 F-F 期间发生了全球性的海水缺氧事件和有机碳埋藏增强过程可能是导致 F-F 生物集群灭绝的重要因素。

**致　谢**　本工作受国家重点基础研究发展规划项目(G2000077708)和国家自然科学基金(Nos. 40073031 和 40373046)资助。

野外工作得到了中国科学院南京地质古生物研究所陈秀琴研究员，以及广西区域地质调查研究院卢宏金工程师的协助，中国科学院地质与地球物理研究所闻传芬和张福松工程师协助进行了碳酸盐同位素的分析工作，对此表示衷心的感谢。

## 参考文献

Banner J L，Hanson G N. 1990. Calculation of simultaneous isotopic and trace element variations during water-rock interaction with applications to carbonate diagenesis. Geochimica et Cosmochimica Acta，54：3 123～3 137

BenYaakov S. 1973. pH buffering of pore waters of recent anoxic marine sediments. Limnology and Oceanography，18：86～94

Berner R A. 1971. Principles of Chemical Sedimentology. New York：McGraw-Hill. 1～362

Beton M J. 1995. Diversification and extinction in the history of life. Science，268：52～58

Beton M J，Storrs G W. 1994. Testing the quality of the fossil record：paleontological knowledge is improving. Geology，22：111～114

Bugguish W. 1991. The global Frasnian-Famennian "Kellwasser Event". Geologische Rundschau, 80: 49～72

Chen Daizhao, Chen Qiying, Jiang Maosheng. 1995. Carbon isotopic composition and evolution in the Devonian carbonate rocks, South China. Sedimentary Facies and Palaeogeography, 5: 22～28(in Chinese with English abstract)[陈代钊，陈其英，江茂生. 1995. 泥盆纪海相碳酸盐岩碳同位素组成及演变. 岩相古地理，5: 22～28]

Chen Daizhao, Tucker M E, Shen Y, Yan S J, Preat A. 2002. Carbon isotope excursions and sea-level change: implications for the Frasnian-Famennian biotic crisis. Journal of the Geological Society, London, 159: 623～626

Gong Yiming, Li Baohua Si Yilan, Wu Yi. 2002. Late Devonian red tide and mass extinction. Chinese Science Bulletin, 47: 1 138～1 144

Holser W T. 1997. Geochemical events documented in inorganic carbon isotopes. Palaeogeography, Palaeoclimatology, Palaeoecology, 132: 173～182

Holser W T, Magaritz M, Ripperdan R L. 1996. Global isotopic events. In: Walliser O H, ed. Global Events and Event Stratigraphy in the Phanerozoic. Heidelberg: Springer-Verlag. 63～88

Hou Hongfei, Muchez P, Swennen R, Hertogen J, Yan Z, Zhou H L. 1996. The Frasnian-Famennian event in Hunan Province, South China: biostratigraphical, sedimentological, and geochemical evidence. Memoires de l'Institut Geologique de I'Universite de Louvian 36: 209～229

Hsü K J, Mckenzie J A. 1990. Carbon isotope anomalies at era boundaries:Global catastrophes and their ultimate causes. Geological Society of American, Special Paper, 247: 61～69

Ji Qiang. 1994. On the Frasnian-Famennian extinction event in South China as viewed in the light of conodont study. Professional Papers of Stratigraphy and Palaeontology. Beijing: Geological Publishing House. 24: 79～107(in Chinese with English abstract)[季强. 1994. 从牙形类研究论华南弗拉斯-法门阶生物灭绝事件. 地层古生物论文集,24: 79～107]

Joachimski M M, Buggisch W. 1993. Anoxic events in the late Frasnian—Cause of the Frasnian-Famennian faunal crisis? Geology, 21: 675～678

Joachimski M M, Buggisch W. 2002. Conodont apatite $\delta^{18}O$ signatures indicate climatic cooling as a trigger of the Late Devonian mass extinction. Geology, 30: 711～714

Joachimski M M, Buggisch W, Anders T. 1994. Mikrofazies, conodonten stratigraphie und isotopegeochemie des Frasnian-Famenne-Grenzprofiles Wolayer Gletscher (Karnische Alpen). Abhandlungen der Geologischen Bundesanstalt, 50: 183～195

Joachimski M M, Pancost R D, Freeman K H, Ostertag-Henning C, Buggisch W. 2002. Carbon isotope geochemistry of the Frasnian-Famennian transition. Palaeogeography, Palaeoclimatology, Palaeoecology, 181: 91～109

Johnson J G, Klapper G, Sandberg C A. 1985. Devonian eustatic fluctuations in Euramerica. Bulletin of the Geological Society of America, 96: 567～587

Kump L R, Arthur M A. 1999. Interpreting carbon-isotope excursions: carbonate and organic matter. Chemical Geology, 161: 181～198

Liao Weihua. 2002. Biotic recovery from the Late Devonian F-F mass extinction event in China. Science in China (Series D), 45: 380～384

Ma Xueping, Bai S L. 2002. Biological, depositional, microspherule, and geochemical records of the Frasnian-Famennian boundary beds, South China. Palaeogeography, Palaeoclimatology, Palaeoecology, 181: 325～346

Marshall J D. 1992. Climatic and oceanographic isotopic signals from the carbonate rock record and their preservation. Geological Magazine, 129: 143～160

McGhee G R. 1996. The Late Devonian Mass Extinction: The Frasnian-Famennian Crisis. New York: Columbia University Press. 1～327

McGhee G R, Orth L J, Quitana L R, Gilmore J S, Olsen E J. 1986. Late Devonian "Kellwasser Event" mass-extinction horizon in Germany: no chemical evidence for a large body impact. Geology, 14: 776～779

McLaren D J. 1970. Time, life and boundaries. Journal of Paleontology, 44: 801～815

Raup D M, Sepkoski J J, Jr. 1982. Mass extinction in the earth history. Science, 215: 1 501～1 503

Sandberg C A, Morrow J R, Ziegler W. 2002. Late Devonian sea-level changes, catastrophic events, and mass extinctions. Geological Society of America, Special Paper, 356: 473～487

Schindler E. 1990. Die Kellwasser-Krise (Hohe Frasne-Stufe. Ober-Devon). Göttinger Arbeiten zur Geologie und Palaeontologie, 46: 1～115

Sepkoski J J, Jr. 1993. Ten years in the library: new data confirm palaeontological patterns. Palaeontology, 19: 43～51

Walliser O H. 1984. Geologic processes and global events. Terra Cognita, 4: 17～20

Wang C Y. 1994. Application of the Frasnian standard conodont zonation in South China. Curier Forschungsinstitut Senchenberg, 168: 83～129

Wang C Y, Ziegler W. 2002. The Frasnian-Famennian conodont mass extinction and recovery in South China. Senchenbergiana lethaea, 82: 463～494

Wang Darui, Ma Xueping, Dong Aizheng, Zhu Desheng. 2001. Isotopic evidence for the temperature change of the paleo-ocean between late Devonian Frasnian period and Famennian period in South China. Acta Geoscientia Sinaica, 22: 141～144 (in Chinese with English abstract) [王大锐，马学平，董爱正，朱德升. 2001. 晚泥盆世弗拉斯-法门期之交海水温度变化的同位素证据. 地球学报，22: 141～144]

Wang K, Geldsetzer H H J, Goodfellow W D, Krouse H R. 1996. Carbon and sulfur isotope anomalies across the Frasnian-Famennian extinction boundary, Alberta, Canada. Geology, 24: 187～191

Wang K, Orth C J, Attrep M, Chatterton B D E, Hou H, Geldsetzer H H J. 1991. Geochemical evidence for a catastrophic biotic event at the Frasnian/Famennian boundary in south China. Geology, 19: 776～779

Xu Jinghua, Sun Shu, Wang Qingchen, Chen Haihong, Li Jiliang. 1998. Tectonic Facies Map of China. Beijing: Science Press. 91～115 (in Chinese) [许靖华，孙枢，王清晨，陈海泓，李继亮. 1998. 中国大地构造相图. 北京：科学出版社. 91～115]

Yan Z, Hou H F, Ye L F. 1993. Carbon and oxygen isotope event markers near the Frasnian-Famennian boundary, Luoxiu section, South China. Palaeogeography, Palaeoclimatology, Palaeoecology, 104: 97～104

Zhong Keng, Wu Yi, Yin Baoan, Liang Yanlin, Yao Zhaogui, Peng Jinlan. 1992. The Devonian system of Guangxi, China. Wuhan: China University of Geosciences Press. 1～384 (in Chinese with English abstract) [钟铿，吴诒，殷保安，梁演林，姚肇贵，彭金兰. 1992. 广西的泥盆系. 武汉：中国地质大学出版社. 1～384]